生物化学教程

（第四版）

Biochemistry Course

(4th Edition)

主　编◎张洪渊

副主编◎刘克武

编　者◎张洪渊　刘克武　魏　炜

郭训香　张　慧　龚由彬

四川大学出版社

责任编辑:黄新路
责任校对:敬铃凌　张春燕(特约)
封面设计:墨创文化
责任印制:王　炜

图书在版编目(CIP)数据

生物化学教程 / 张洪渊主编. —4 版. —成都：四川大学出版社，2016.10
ISBN 978-7-5690-0035-1

Ⅰ.①生… Ⅱ.①张… Ⅲ.①生物化学-高等学校-教材 Ⅳ.①Q5

中国版本图书馆 CIP 数据核字（2016）第 254197 号

书名　**生物化学教程(第四版)**
SHENGWU HUAXUE JIAOCHENG (DI SI BAN)

主　　编　张洪渊
出　　版　四川大学出版社
地　　址　成都市一环路南一段 24 号 (610065)
发　　行　四川大学出版社
书　　号　ISBN 978-7-5690-0035-1
印　　刷　郫县犀浦印刷厂
成品尺寸　185 mm×260 mm
印　　张　46.25
字　　数　1242 千字
版　　次　2017 年 1 月第 4 版
印　　次　2021 年 7 月第 3 次印刷
定　　价　76.00 元

◆读者邮购本书,请与本社发行科联系。
电话:(028)85408408/(028)85401670/
(028)85408023　邮政编码:610065
◆本社图书如有印装质量问题,请寄回出版社调换。
◆网址:http://press.scu.edu.cn

第四版序言

20 世纪末到本世纪初的 20 年，尤其是进入 21 世纪以来，生命科学的发展速度和所取得的成果，令人瞠目结舌！有的成果在 20 年前我们这些普通的生命科学教师和学生甚至连想都不敢想，但今天却成了现实。例如，对人类基因组的测序，30 亿碱基的排列在短短的 10 来年时间完成，真是难以想象。这完全有赖于之前生命科学各分支学科研究的基础和技术手段的创新。作为生命科学基础学科的生物化学，以及在它的基础上发展起来的分子生物学，无论在深度和广度上所发生的巨大变化，对今天生命科学所取得的成就是具有重大贡献的。诸如蛋白质的结构与功能、核酸的结构与功能、遗传信息的表达与调控、细胞信号的转导等在“人类基因组计划”研究中起了十分重要的启迪和推动作用。

“人类基因组计划”的实施和完成，促进和带动了一大批新的生命学科和技术的诞生和发展，包括基因组学和后基因组学、蛋白质组学、组合化学、生物信息学、生物芯片等，这些新兴学科和技术有赖于生物化学的基础和技术；反之，它们又促进和激发生物化学在更深层次和更广领域的发展和延伸。因此，今天的生物化学在广度和深度上都将发生巨大的变化。作为 21 世纪的教科书，如果再仅仅将“基础知识”作为侧重点，看来是不够了，也不适应现代教学的需要。事实上，国际上近期出版的几本权威性教科书，也是力求将生物化学和分子生物学研究中的重大最新成果写入书中。为此，本书在第四版修改中，除了注意基础理论、基础知识和基本技能外，还将相关的新知识、新概念和新内容纳入书中。与第三版比较，本书第四版内容更详实、更全面、更新颖，但其风格保持不变。不过这样一来，难免篇幅有所增大，读者在学习中可按自己的要求进行取舍。

为了顺应现代生命科学发展的趋势，本书最后增加了基因组学、后基因组学、蛋白质组学和生物芯片的一般介绍，以供读者对这些与生物化学关系密切的新学科有个初步了解，便于启发自己的思维，开拓自己的才智。

前三版出版后，曾经有部分师生多次反映将每章习题答案附上，以便于学习。本书第三版定稿时习题答案已经写好，但限于篇幅，最终还是将其删去。这次修改考虑到不能再辜负这些老师和同学们的期望，还是将其附后，但仅供参考。若有错误，请及时纠正。

本书第四版的出版，得到四川大学教务处、四川大学生命科学学院、四川大学出版社和原使用本教材的部分院校师生的大力支持，有的还提出了一些中肯的意见和建议，使我们在修改中得到有益的启迪。在此，我们一并表示衷心的感谢。在使用中如发现问题，甚至错误，望不吝斧正！

张洪渊

2016 年 4 月

绪　论

（第四版）

生物化学（Biochemistry）是研究生物机体的化学及其化学变化规律的科学，它是生物学（Biology）和化学（Chemistry）相互渗透、交叉而产生的一门边缘学科。从其研究内容和发展趋势而言，它是在分子水平上来研究生命现象和生命本质的科学，以阐明生物机体各种生理过程的分子机理。从这个角度看，生物化学和分子生物学（Molecular Biology）是不能截然分开的。这也正是"国际生物化学协会"（The International Union of Biochemistry）现更名为"国际生物化学与分子生物学协会"（The International Union of Biochemistry and Molecular Biology），"中国生物化学学会"，更名为"中国生物化学与分子生物学学会"的理由。

一、生物化学的研究内容

整个生物界从简单的病毒（virus）、细菌（bacteria）到复杂的高等动、植物和人，其化学组成及其变化尽管有相同之处，但更有着巨大的差别。因此，根据研究对象的不同，生物化学有多个分支：动物生化、植物生化和微生物生化，本书所涉及对象是整个生物界，称为普通生物化学（Ordinary Biochemistry）；从分子水平深入到生命科学的不同领域，探讨机体与免疫的关系，称为免疫生物化学（Immunobiochemistry）；以生物不同进化阶段的化学特征为研究对象，称为进化生物化学（Evolutionary Biochemistry）或比较生物化学（Comparative Biochemistry）；以细胞和组织器官分化的分子基础为研究内容，称为分化生物化学（Biochemistry of Development）。生物化学实际上也是一门应用科学，在生产实践中有着广阔的用途。按应用领域的不同，它又可分为工业生化（Industry Biochemistry）、农业生化（Agriculture Biochemistry）、医学生化（Medicine Biochemistry）、食品生化（Food Biochemistry）等。

本书内容属于普通生物化学范畴，主要涉及以下内容：

1．构成生物机体的物质基础

研究构成生物机体各种物质（称为生命物质）的化学组成、分子结构和理化性质，以及它们在生物机体内的分布和所起的作用。这些物质包括糖、脂、蛋白质、核酸、酶、维生素、激素、抗生素等。

2．生命物质在生物机体中的运动规律

构成生物体的各种生命物质在生命活动中是在不断变化的，即不断分解与合成，相互转换及相互影响。这种变化构成了生命的基本特征——新陈代谢（metabolism），包括物质代谢和能量代谢，并探讨机体与周围环境进行物质和能量交换的规律。

3. 生命物质的结构、功能与生命现象的关系

研究各种生命物质在生命活动中所起的作用，结构的变化对生命活动的影响，即探讨结构与功能的关系. 从中探索生命的奥秘，以便在实践中进行模拟、创建和改造生物或生物的功能，以便更好地为人类服务。

以上述三方面内容为研究核心，并将普通生物化学分成了有机生物化学（或静态生化）、代谢生物化学（动态生化）和功能生物化学（机能生化）三个部分。这几个部分既互相区别，又紧密联系，从而构成了生物化学研究的基本内容。

二、生物化学在生命科学中的作用和地位

生物学或称生命科学（Scienceo of Life），发展到今天已进入分子水平。因此，生命科学中许多分支在其学科名称前常冠以“分子”二字，因而出现了分子分类学（Molecular Taxonomy）、分子遗传学（Molecular Genetics）、分子免疫学（Molecular Immunology）、分子病理学（Molecular Pathology）等。这些学科的研究有赖于生物化学的理论和技术，因此，生物化学是现代生物学的基础，是各学科的共同语言，即“通用货币”。另一方面，生物化学又是现代生命科学的前沿，因为众多生物学科的发展水平及其速度，在一定程度上依赖于生物化学研究的进展和所取得的成就。事实上，没有生物化学上对生物大分子（蛋白质和核酸）结构与功能的阐明，没有遗传密码（genetic code）以及遗传信息传递途径的发现，就没有今天的分子生物学与分子遗传学；没有生物化学上对限制性核酸内切酶（restriction endonuclease）的发现及纯化，就没有今天的生物工程（Biotechnology）；没有 DNA 测序技术的发明及发展，就没有人类基因组计划（human genome project）等。可见，生物化学与生命科学中其他各学科之间的关系是非常密切的，在生命科学中占有重要的地位。

在此，需要一提的是，生物化学同其他生物学科一样，对生命现象只是在一个层次或一个角度上进行研究的，仅仅是对生物机体进行“分析”。但是生物体毕竟是一个完整的、统一并协调的机体，要全面认识它，并认识生命现象的本质，仅仅有这种“分析”性研究也是不够的，在“分析”的基础上还得进行“综合”的研究。换言之，在学习生物化学的同时，也得重视对生物进行宏观研究的一些传统生物学科的学习和研究。

三、生物化学的发展

生物化学是较为年轻的学科，作为一门独立的学科仅仅是从 20 世纪初形成的。初期的研究是分析生物机体的一些化学组成，如糖、脂、氨基酸等，由于碱基和核苷酸的发现，对遗传变异的物质基础——核酸的研究逐步深入和系统化。在 20 世纪 40 年代末到 50 年代初，由于同位素示踪、X－射线衍射等技术用于对生物分子的研究，使生物化学有了较大的发展。Frederick Sanger 提出了牛胰岛素的一级结构（1953），而在 1951—1959 年间，Linus Pauling 和 Robert Corey 提出了角蛋白的 α—螺旋及 β—折叠结构，John Kendrew 提出肌红蛋白的三级结构，Max Perutz 提出了血红蛋白的四级结构。也就是在 1953 年，James Watson 和 Francis Crick 提出了 DNA 双螺旋结构模型，开创了分子遗传学的新纪元，并诞生了分子生物学。在这之后，1965 年我国科学家首次用人工方法合成了有生物活性的胰岛素，并对胰岛素的晶体结构进行了一系列研究。

自 20 世纪 70 年代初发现限制性核酸内切酶后，逐步发展形成了以基因工程为核心的生物工程，对整个生命科学的发展及生物产业的建立起了很大的推动作用。近 20 年来，几乎

每年的诺贝尔医学和生理学奖以及部分化学奖都授予了从事生物化学和分子生物学的科学家。在新的世纪里，从事生物化学及分子生物学的研究将有着广阔灿烂的前景。

当前在以下几方面将成为生物化学研究的重点和热点：

1. 大分子的结构与功能

蛋白质、核酸和糖这些重要生物大分子的结构与功能关系的研究，仍是生物化学的首要任务。蛋白质重在对空间结构的研究，形成空间结构的密码，研究空间结构与其功能的关系。在核酸特别是 DNA 研究中，由于大规模测序技术的建立，在完成人类基因组计划之后，将进行所谓后基因组计划（post genome project），包括功能基因组学（functional genomics）、蛋白质组学（proteomics）、生物信息学（bioinformatics）和生物芯片（biochips）技术等。

2. 机体自身调控的分子机理

生物体内各种物质代谢的调节控制，生物信息的传递及其对物质代谢的调控作用，遗传基因信息的传递及其调控，将是机体自身调控机制研究中的主题，这将对揭示遗传变异、分化与增殖、机体的高度统一性和协调性的本质方面起决定作用。

3. 生化新技术的建立与发展

生物化学技术与研究手段对发展生命科学也至关重要。新技术的建立与完善将加速生命科学的发展速度。在当前，要求在蛋白质的分离纯化、微量与超微量生命物质的检测与分析、酶的分子改造与模拟、大规模测序技术、各种生物信息数据库的建立等方面有新的突破，这是近期及若干年内在技术发展上主攻的课题。

4. 生物化学研究的拓展

20 世纪最伟大的科技成果之一是人类基因组计划（human genome project，HGP），并由此带动了一批崭新的生命科学中新学科和新技术的诞生和发展，包括基因组学（gemomics）、蛋白质组学（proteomics）、代谢组学（metabonomics）、生物信息学（bioinformatics）和生物芯片（biochip）等，这些新学科和新技术的发展，使人们按前所未有的观念、规模和速度对生命现象及生理规律开展研究，研究的对象从微观逐步走向宏观，从分析走向综合，以便在更大范围、更深层次上揭示生命的本质。如果说基因组学研究可以表明细胞（基因）是什么，那么蛋白质组学将表明细胞（基因）表达的是什么，而代谢组学将表明在特定的时间（如发育的某个阶段）、特定的条件（如某种生理或病理状况）下细胞在做什么。这就比传统的针对一个基因或细胞的一种成分进行的研究更能了解生命现象的本来面貌。

然而，纵观这些新学科和新技术研究的基本理论和手段，与生物化学的关系是多么的密切。事实上，它们大多是以生物化学为基础，并以生物化学研究的新成就为依托，在整个生命科学发展的新形势下应运而生的。另一方面，我们也从中看到生物化学发展的某些趋势，以及生物化学应当承担的新的历史使命。

可以相信，在本世纪生物化学将比上世纪有无可比拟的发展和进步，新的生命科学研究的蓝图将逐步展现在每一个从事生命科学研究的工作者面前，生物化学将在促进生命科学发展中发挥更大的作用。

目　　录

第一篇　生命物质的化学

第二篇　生命物质的化学变化

第三篇　细胞信息转导

附 录

第一篇　生命物质的化学

第一章　糖　类

第一节　糖的定义、分类及生物学功能

糖类是自然界最丰富的有机物质，其总量大约比其他有机化合物加在一起还要多。地球上一半以上的有机碳都贮存于两种糖分子里——淀粉和纤维素，它们是植物中的主要糖类，在动物和人体中则具有其结构相似于淀粉的糖原。此外，在动物、植物和微生物中还存在着结构更为复杂的少量其他糖类。各种糖类都有着不同的生理功能。

一、糖的定义

糖类是由碳、氢、氧三种元素组成的有机化合物，它们可由实验式 $C_n(H_2O)_m$ 来表示。由此式可以看出，式中所含氢和氧之比，通常是 2∶1，与水的组成比例相同，故过去将糖类物质称为“碳水化合物”（carbohydrates）。这种按照所含元素比例来给糖类物质下定义是不恰当的，其原因是甲醛（H・CHO）、醋酸（CH_3・COOH）、乳酸（CH_3・CHOH・COOH）等物质从其理化性质看，它们显然不属于糖类，但其氢和氧之比也是 2∶1；其次，按其理化性质，某些应属于糖类的物质，如鼠李糖（rhanmose）（$C_6H_{12}O_5$）、脱氧核糖（deoxyribose）（$C_5H_{10}O_1$）等，其氢与氧之比又不是 2∶1，故“碳水化合物”一词用于给糖类下定义是不确切的。有的教科书和文献仍称糖为碳水化合物，只是一种习惯称呼而已。

从化学结构的观点出发，现在对糖类物质作如下定义：

糖类物质是一类**多元醇的醛衍生物或酮衍生物**，或者称为**多羟醛或多羟酮的聚合物**。实际上糖类包括多羟醛、多羟酮，以及它们的缩聚物及其衍生物。

二、糖的分类

糖类物质是一大类物质的总称。根据其分子的大小或水解程度，将糖类分为下列几类：

1. 单糖（monosaccharides）

单糖是糖类物质中最简单的一种，它不能再被水解为更简单的糖类物质。根据所含碳原子数的多少，单糖又分为丙糖（triose，含 3 个碳原子）、丁糖（butose，含 4 个碳原子）、戊糖（pentose，含 5 个碳原子）、已糖（hexose，含 6 个碳原子）和庚糖（heptose，含 7 个碳原子）等。其中丙糖和丁糖常见于糖代谢的中间物，丁糖和庚糖也存在于植物的光合作用中。自然界存在的单糖所含碳原子数即为 3～7，其中最常见的是戊糖和已糖，存在量较大的有：

戊糖—阿拉伯糖（arabinose）、核糖（ribose）、脱氧核糖（deoxyribose）。

已糖—葡萄糖（glucose）、果糖（fructose）、半乳糖（galactose）。

2. 寡糖（oligosaccharides）

寡糖由 2～6 个单糖分子缩合而成。其中最重要的是二糖（disaccharides），二糖可以看作是由两个分子单糖缩合失水而成的糖，因此，它们在水解时可生成两分子单糖。常见的二糖有蔗糖（sucrose）、麦芽糖（maltose）和乳糖（1actose）。

三糖（trisaccharides）水解时产生3 分子单糖；四糖（tetrasaccharides）水解时产生 4 分子单糖；此外，还有五糖（pentassaccharides）、六糖（hexasaccharides）等。

3. 多糖（polysaccharides）

多糖是由许多（至少 20 个）单糖分子缩合、失水而成，水解后可生成许多分子单糖。若构成多糖的单糖分子都相同就称为同聚多糖或均一多糖（homopolysaccharides）。由几种不同的单糖构成的多糖，则称为杂多糖或不均一多糖（heteropolysaccharides）。常见的多糖有淀粉（starch）、糖原（glycogen）、纤维素（cellulose）、琼脂（agar）、果胶（pectin）等。

三、糖类物质的生物学功能

糖类物质在自然界中分布广泛，特别是大量存在于植物体中。以干重计，植物中糖类约占 85%～ 90%，细菌占 10%～30%，动物体内小于 2%。尽管在动、植物及微生物中所含糖类物质的比例差别较大，但它们大体上都具有下列生物学功能。

1. 能源物质

糖类是绝大多数生物机体的主要能源物质，生命活动所需的能量主要来自糖类物质分解提供。人体所需能量的 70%来自糖类物质。作为能源物质的糖类有植物的淀粉、蔗糖、葡萄糖和动物的糖原等。

2. 结构组分

植物和微生物细胞的细胞壁以及一些支撑组织含有大量糖类，这是细胞或组织的结构组分。例如，纤维素、半纤维素、果胶物质等是植物细胞壁的主要成分；肽聚糖是细菌细胞壁的结构多糖；壳多糖则是昆虫和甲壳类这些动物外骨骼的重要结构成分。

3. 碳源物质

某些糖类或其中间代谢物为体内多种物质（如脂肪、蛋白质、核酸等）的合成提供碳源，作为分子的碳骨架。

4. 信息传递

糖类物质作为一种信息分子，在细胞与细胞间、生命分子与分子间的信息传递、识别中起主要作用，包括血型区分、细胞粘着、接触抑制和归巢行为、免疫反应、激素作用、发育分化、受精机制以及癌变等。可见，糖类物质的功能也是十分复杂的。

第二节　单糖的化学结构

一、异构现象、构型和构象

在介绍单糖的结构之前，先简单回顾一下《有机化学》中关于异构、构型和构象的基本概念。

异构（isomerism）或称同分异构，是指原子的种类和数目相同（因而分子式相同），但连接方式或次序不同，或原子在空间的排列方式不同的两个或几个化合物，它们之间互称为异构体。异构现象有下列几种类型：

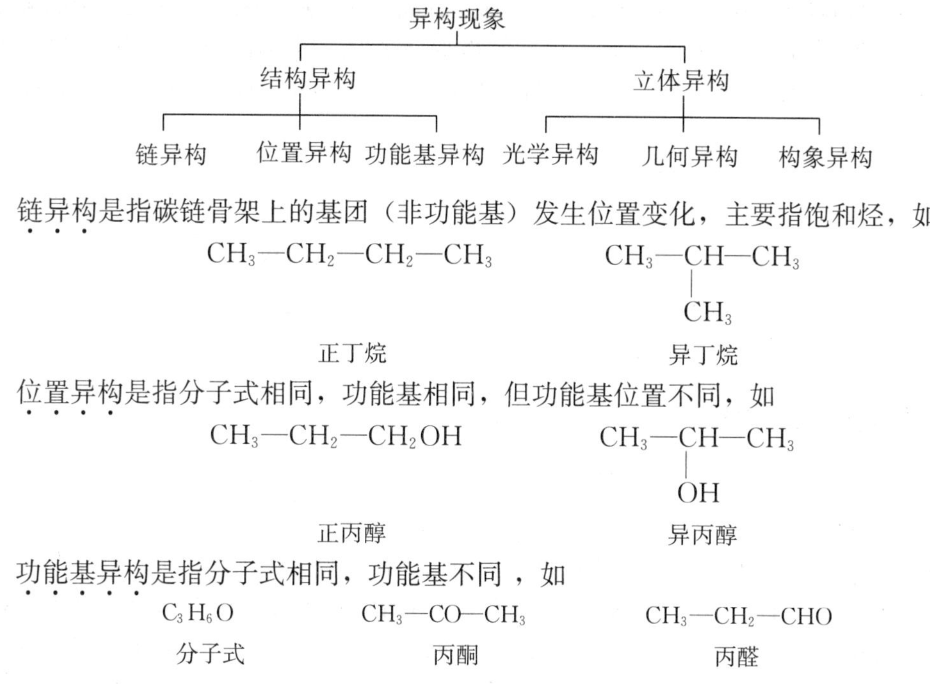

链异构是指碳链骨架上的基团（非功能基）发生位置变化，主要指饱和烃，如

$CH_3—CH_2—CH_2—CH_3$　　　$CH_3—CH(CH_3)—CH_3$

正丁烷　　　异丁烷

位置异构是指分子式相同，功能基相同，但功能基位置不同，如

$CH_3—CH_2—CH_2OH$　　　$CH_3—CH(OH)—CH_3$

正丙醇　　　异丙醇

功能基异构是指分子式相同，功能基不同，如

C_3H_6O	$CH_3—CO—CH_3$	$CH_3—CH_2—CHO$
分子式	丙酮	丙醛

光学异构又称旋光异构、对映异构、镜影异构。这种异构是由于分子中具有不对称碳原子（4个价键连接着不同原子或原子基团的碳原子）或称手性碳原子，这种分子具有旋光性。旋光性是具有手性碳原子的物质（称为旋光体），能使平面偏振光（简称偏光，即普通光通过尼柯尔棱镜后只能在一个平面上振动的光波）的偏振面（与平面偏振光振动平面相垂直的平面）发生旋转的性质。可向右或向左旋转一定角度，向右旋转的称为右旋（用 d 或＋表示），向左旋转的称为左旋（用 l 或－表示）。一对旋光异构体旋转的角度相等，但旋转的方向相反。

几何异构又称顺反异构，这是由于分子中双键或环的存在或其他原因限制原子间的自由旋转而引起的异构现象。一对顺反异构体不仅某些原子或基团的排布不同，而且其物理性质也不同。

构型（configuration）是指在立体异构体中，原子在空间的相对分布或排列，尤其是在一个具有不对称的化合物中不对称中心上的几个原子或基团的空间排列方式。一般说来，构型的改变会牵涉共价键的形成或破坏，而与氢键无关。

构象（conformation）则是指分子中由于围绕单键的旋转，使分子中所有原子的排布都发生改变，分子在空间所处的不同状态。构象的改变涉及氢键等次级键的形成和破坏，而不改变共价键。

二、单糖的定义及分类

具有1个自由醛基（aldehyde group）或酮基（ketone group），以及有两个以上羟基（hydroxyl group）的糖类物质称为单糖（monosaccharides）。含有醛基的单糖叫醛糖

(aldoses)，含有酮基的单糖叫酮糖（ketoses）。醛基和酮基是单糖的重要功能基。

根据所含碳原子的多少，单糖可分为三碳糖（丙糖）、四碳糖（丁糖）、五碳糖（戊糖）、六碳糖（已糖）等，自然界中最重要的单糖是戊糖和已糖。

最简单的单糖含 3 个碳原子，有两个，分别是甘油醛和二羟丙酮。醛糖碳原子的编号顺序是从醛基开始，依次编到末端碳原子。末端碳原子总是一个伯醇基（—CH_2OH）碳原子，而中间的碳原子都是仲醇基（—CHOH）碳原子。所有仲醇基碳原子都是不对称碳原子（用 * 表示）。

```
          O
         //
       1C—H
        |
   H—2C*—OH
        |
      3CH2OH
```

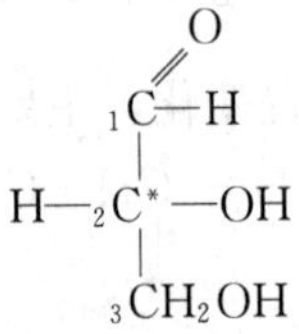

甘油醛（醛糖）(Glyceraldehyde)

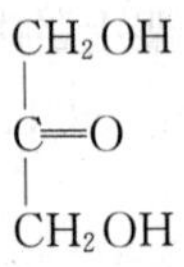

```
   CH2OH
    |
   C=O
    |
   CH2OH
```

二羟丙酮（酮糖）(Dihydroxyacetone)

三、单糖的开链结构

像上述醛糖和酮糖的这种书写结构形式称为投影式（projective formula），是由德国化学家 Emil Fischer（1852—1919）于 1891 年提出来的。投影式可以看成是分子的立体模型在纸面上的投影，水平方向的键伸向纸面前方，垂直方向的键伸向纸面后方。在书写投影式时，规定碳链处于垂直方向，羰基（—C=O）写在链的上端，羟甲基（又称伯醇基，—CH_2OH）写在下端，中间的碳原子都是不对称碳原子（用 * 表示），氢原子和羟基分处于碳链的两边，构成仲醇基（—CHOH）。碳原子的顺序从醛基到羟甲基依次编号。这样的投影式在纸面上可以转动 180°而不改变原来的构型，但不允许旋转 90°或 270°，更不能离开纸面加以翻转。

从平面甘油醛的分子结构可以看出，对于不对称碳原子而言，羟基（—OH）可以在右边，也可以在左边（只有这两种形式）。事实上，这是两种不同的物质，尽管它们的组成（C，H，O）相同，但它们在空间的结构（构型）不同，所表现出的性质也不同。为了加以区别和方便于研究，作如下的规定：

凡羟基（—OH）处于右边的，规定为 D−型；羟基处于左边的，规定为 L−型。

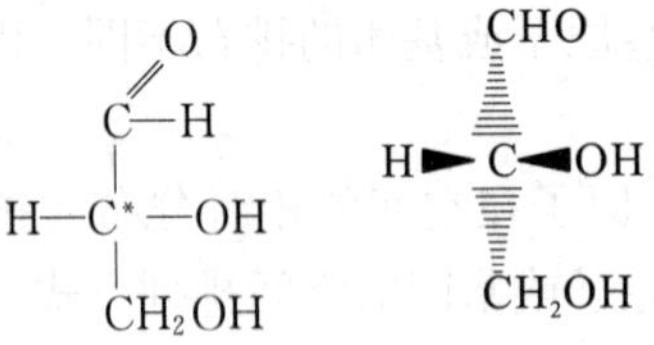

```
      O              CHO
     //               |||
    C—H          H▶ C ◀OH
    |                 |||
 H—C*—OH            CH2OH
    |
   CH2OH
```

D−甘油醛

```
      O              CHO
     //               |||
    C—H          HO▶ C ◀H
    |                  |||
 HO—C*—H             CH2OH
    |
   CH2OH
```

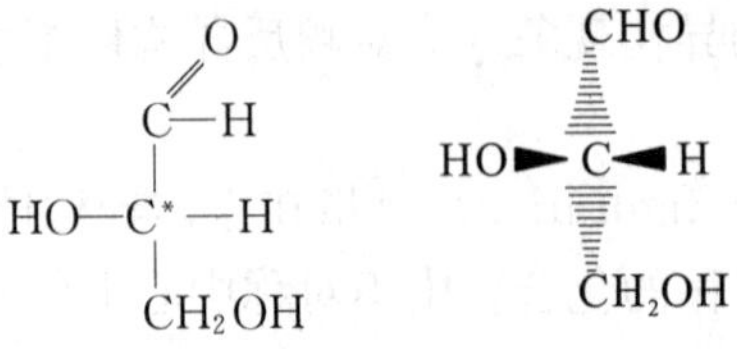

L−甘油醛

上述甘油醛的左边的结构表达方式称为投影式（projection formula），右边的结构形式称为透视式（persective formula），▼表示在纸平面后的键，▶表示在纸平面前的键。

D−甘油醛和 L−甘由醛是一对对映异构体，它们的化学性质和大部分物理性质相同，只是对平面偏振光的影响不同。如果将它们放在旋光仪中测定，就可看出旋光度（使偏振光偏振面旋转的角度）一个偏右，一个偏左。任何一种旋光物质在一定条件下都可使偏振光的偏振面旋转到一定的角度，这一角度称为该物质的旋光度，用 α_{λ}^{t} 表示。其中 λ 为测定光波波长，t 为测量温度。在一定条件下，旋光度与待测旋光物质的浓度（C）和偏振光在待测液中的路径长度（L）成正比：

$$\alpha_{\lambda}^{t}=[\alpha]_{\lambda}^{t}C\cdot L \text{ 或 } [\alpha]_{\lambda}^{t}=\frac{\alpha_{\lambda}^{t}}{C\cdot L}$$

式中，$[\alpha]$ 为比例常数，称为**比旋光度**或旋光率（specific rotation），即单位浓度和单位长度下的旋光度。比旋光度是旋光物质的特征物理常数。在实际测定中，光源用钠光灯（称为D线，λ=589.6 nm 和 589.0 nm），光程（旋光管的长度）用分米（dm）表示，浓度 C 用每毫升溶液中所含旋光物质的克数（g/mL）表示，此时比旋光度可写为 $[\alpha]_{D}^{t}$。旋转角度的方向有的向左（称为左旋），有的向右（称为右旋）。在书写结构时通常用 d 或（+）表示旋光物质的右旋性，l 或（−）表示旋光物质的左旋性。

这里需要强调指出，旋光物质的构型（D或L）与物质的实际旋光性（d 或 l）不能混淆。构型 D−或 L−是人为规定的，与物质的旋光性无关，而 d −或 l −是实际测得的右旋性或左旋性。

对于只含 3 个碳原子的单糖（如甘油醛），只具有 1 个不对称碳原子，在空间只有两种不同的排布方式，因此只有 2 个旋光异构体。

对于三碳以上的糖，由于存在不止一个不对称碳原子，在规定其构型时，以距醛基（或酮基）最远的不对称碳原子（或靠近伯醇基的不对称碳原子）为准，羟基在右的为D−型，羟基在左的为 L−型。

四碳糖由于具有 2 个不对称原子，其分子结构就可能有 4 种（2^2）不同的排布方式，因此具有 4 个旋光异构体：

```
      CHO              CHO               CHO              CHO
       |                |                 |                |
   H—C*—OH         HO—C*—H          HO—C*—H           H—C*—OH
       |                |                 |                |
   H—C*—OH         HO—C*—H           H—C*—OH         HO—C*—H
       |                |                 |                |
      CH2OH            CH2OH             CH2OH            CH2OH
```

D−赤藓糖（Erythrose）1　　L−赤藓糖 2　　D−苏阿糖（Threose）3　　L−苏阿糖 4

1 和 2，3 和 4 互为镜影，为对映异构体；1 和 3，或 1 和 4，2 和 3 或 2 和 4 不能互为镜影，称为非对映异构体。非对映异构体具有不同的化学性质和物理性质。

五碳醛糖有 3 个不对称碳原子，故有 8 个（2^3）异构体。其 D−型异构体如下（它们每个的镜影即为 L−型）：

```
      CHO              CHO              CHO              CHO
       |                |                |                |
   H—C*—OH         HO—C—H            H—C—OH          HO—C—H
       |                |                |                |
   H—C*—OH          H—C—OH          HO—C—H           HO—C—H
       |                |                |                |
   H—C*—OH          H—C—OH           H—C—OH           H—C—OH
       |                |                |                |
      CH2OH            CH2OH            CH2OH            CH2OH
```

D−核糖（Ribose）　　D−阿拉伯糖（Arabinose）　　D−木糖（Xylose）　　D−来苏糖（Lyxose）

六碳醛糖有 4 个不对称碳原子，故有 16 个（2^4）异构体。己糖的 8 个 D−系异构体如下（每一个的镜影即为 L−型）：

```
       CHO                 CHO                 CHO                 CHO
        |                   |                   |                   |
    H—C*—OH            HO—C—H              H—C—OH             HO—C—H
        |                   |                   |                   |
    H—C*—OH             H—C—OH            HO—C—H              HO—C—H
        |                   |                   |                   |
    H—C*—OH             H—C—OH             H—C—OH              H—C—OH
        |                   |                   |                   |
    H—C*—OH             H—C—OH             H—C—OH              H—C—OH
        |                   |                   |                   |
       CH2OH               CH2OH               CH2OH               CH2OH
```

D（+）－阿洛糖（Allose）　D（+）－阿洛糖（Altrose）　D（+）－葡萄糖（Glucose）　D（+）－甘露糖（Mannose）

```
       CHO                 CHO                 CHO                 CHO
        |                   |                   |                   |
    H—C—OH             HO—C—H              H—C—OH             HO—C—H
        |                   |                   |                   |
    H—C—OH              H—C—OH            HO—C—H              HO—C—H
        |                   |                   |                   |
   HO—C—H              HO—C—H             HO—C—H              HO—C—H
        |                   |                   |                   |
    H—C—OH              H—C—OH             H—C—OH              H—C—OH
        |                   |                   |                   |
       CH2OH               CH2OH               CH2OH               CH2OH
```

D（－）－古洛糖（Gulose）　D（－）－艾杜糖（Idose）　D（+）－半乳糖（Galactose）　D（+）－太洛糖（Talose）

在这 16 个异构体中，D－葡萄糖与 D－甘露糖或 D－葡萄糖与 D－半乳糖只有 1 个碳原子的羟基排布不同（前者为 C_2，后者为 C_4），这种有多个不对称碳原子的分子中，仅有 1 个不对称碳原子的排布不同，称为**差向异构体**（epimer）。

综上所述，在糖的分子结构中，凡含有 1 个不对称碳原子的，具有 2 个旋光异构体；分子中含有 2 个不对称碳原子的，可产生 4 个（2^2）旋光异构体；分子中含有 3 个不对称碳原子的，可产生 8 个（2^3）旋光异构体。因此，凡分子中含有 n 个不对称碳原子的化合物，就有 2^n 个旋光异构体。

以上讨论的系醛糖的旋光异构现象，酮糖也具有同样的旋光异构现象。自然界中重要的酮糖有下列几种：

```
       CH2OH               CH2OH               CH2OH
        |                   |                   |
       C=O                 C=O                 C=O
        |                   |                   |
   HO—C*—H             H—C*—OH            HO—C*—H
        |                   |                   |
    H—C*—OH             H—C*—OH             H—C*—OH
        |                   |                   |
       CH2OH               CH2OH             H—C*—OH
                                                |
                                               CH2OH
```

D－木酮糖（戊酮糖）（Xylulose）　D－核酮糖（戊酮糖）（Ribulose）　D－果糖（己酮糖）（Fructose）

具有相同碳原子数的醛糖和酮糖其异构体数不同，因酮糖比醛糖的手性碳原子少，故其异构体数比醛糖少。

四、单糖的环状结构

上述单糖的直链式结构不能完全解释单糖的某些理化性质。

1. 变旋性

葡萄糖分子具有不对称碳原子，因此具有一定的比旋光度。但是葡萄糖有两种结晶，一种是由酒精中结晶出来的，熔点是 146℃，$[\alpha]_D^{20}=+112.2°$；另一种是由吡啶中结晶出来的，熔点是 148℃～155℃，$[\alpha]_D^{20}=+18.7°$。将这两种葡萄糖结晶的任何一种溶解在水中时，比旋光度随时间延续而慢慢改变，最后达到一固定值，前者由+112.2°逐渐降低到+52.5°，后者由+18.7°逐渐增加到+52.5°。这种旋光度自行改变的现象，称为**变旋性**（mutarotation）。用葡萄糖的开链结构式就不能解释这种现象。

2. 葡萄糖的醛基不如一般醛类化合物的醛基活泼

我们知道，醛类化合物的化学活性主要表现在醛基上。例如，醛基上的碳氧双键可以与其他物质起加成反应（如与亚硫酸氢钠加成）。

葡萄糖虽有醛基，但不能发生此反应，而且葡萄糖与醛不同。它不能与两分子醇反应，而只能与一分子醇反应，说明它不能生成缩醛（acetal），只能生成半缩醛（hemiacetal）。

据此，费歇尔（E. Fischer）于 1893 年又提出了单糖的环式结构，认为葡萄糖的分子结构并不是完全呈开链直线式，而是由两个功能基反应生成环状。

葡萄糖分子的两个功能基处于适当位置时，分子内的基团发生相互作用而生成环状化合物。例如，葡萄糖分子中 C_1 上的氧原子（醛基）与 C_5 上的羟基发生缩合，结果变成环状的葡萄糖分子（图 1－1）。

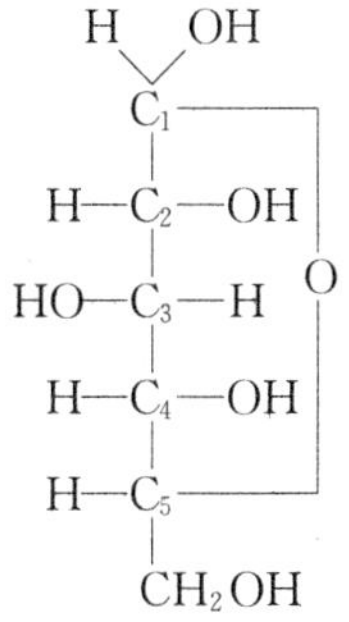

```
  H   OH
   \ /
    C1 ───────┐
    |         |
H ─ C2 ─ OH   |
    |         O
HO─ C3 ─ H    |
    |         |
H ─ C4 ─ OH   |
    |         |
H ─ C5 ───────┘
    |
   CH2OH
```

图 1－1 葡萄糖分子的环式结构（半缩醛式）

单糖分子中醛基和其他碳原子上的羟基所发生的这种成环反应为**半缩醛反应**（hemiacetal reaction），在此反应中没有任何原子的得失。所以，糖分子的结构既有开链的醛式，也有环状的半缩醛式。事实上，后者是主要的。

糖分子环状结构的提出，产生了两个新的分子结构问题：

其一，C_1 上的醛基与哪一个碳原子的羟基反应，即所生成的环应含有几个碳原子？实验证明，有两种形式：一种是醛基所形成的氧桥（oxybridge）由 C_1 和 C_5 连接（含 5 个碳原子），与吡喃（pyran）相似，称为**吡喃糖**（pyranose）；另一种是氧桥由 C_1 和 C_4 连接，与呋喃（furan）相似，称为**呋喃糖**（furanose）。天然葡萄糖多以吡喃型存在，呋喃型葡萄糖不够稳定。

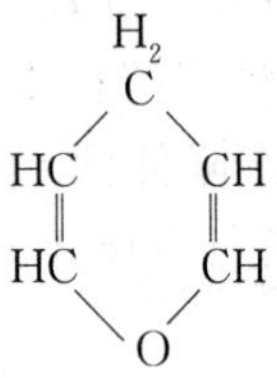

吡　喃
(Pyran)

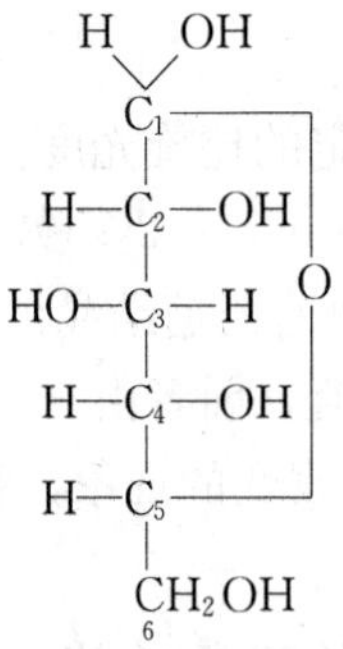

α－D－吡喃葡萄糖
(α－D－Glucopyranose)

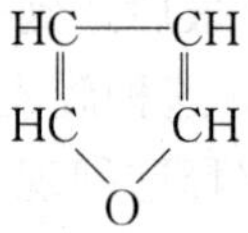

呋　喃
(Furan)

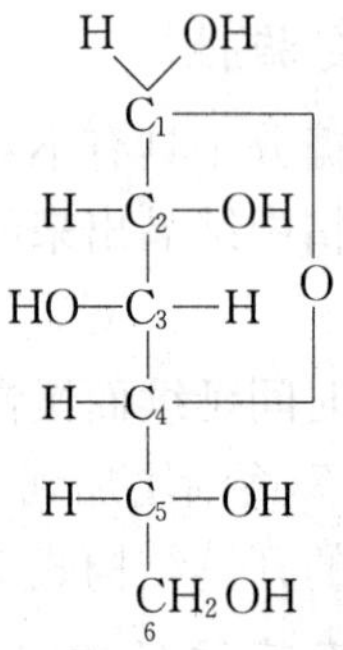

α－D－呋喃葡萄糖
(α－D－Glucofuranose)

其二，由于 C_1 上的醛基成环后新出现一个羟基（称为半缩醛羟基，hemiacetal hydroxyl group)，此羟基在空间可有两种不同的排布方式，因而可出现两种分子构型不同的分子异构体。为了便于研究，对环状结构异构体作如下规定：

根据半缩醛（酮糖为半缩酮）碳上的羟基所处的位置不同，将糖的环式结构分为α－型和β－型。凡半缩醛或半缩酮碳上的羟基与决定直链结构构型（D或L）的碳上的羟基（靠近伯醇基不对称碳原子上的羟基），处于碳链的同一边者为α－型；反之，在不同边者为β－型。例如，α－D－吡喃葡萄糖和β－D－吡喃葡萄的结构为：

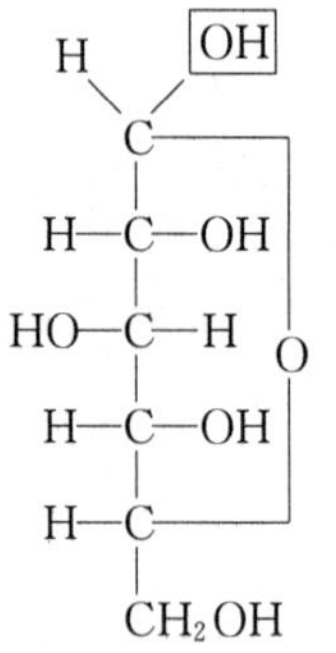

α－D－吡喃葡萄糖

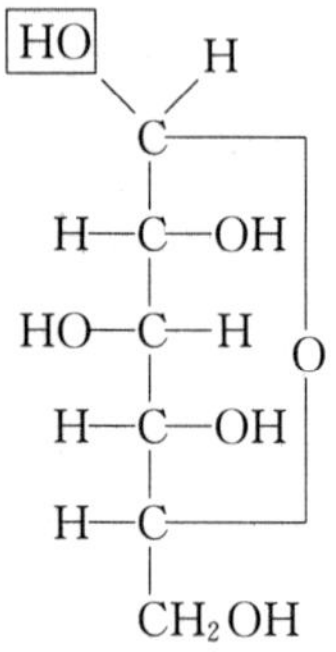

β－D－吡喃葡萄糖

α－D－吡喃葡萄糖与β－D－吡喃葡萄糖，只是 C_1 上的结构不同。这种只是在羰基碳原子上构型不同的同分异构体，称为异头物（anomer）（注意：它们不是对映异构体）。决定异头现象的碳原子，称为异头碳（anomeric carbon)。

鉴于上述环式结构式（称为 Fischer 式或投影式）过长的氧桥不符合实际情况（因为每个碳原子上的键角并非 180°，故现多采用另一种书写法，即所谓哈渥斯（Haworth）式透视式结构，这是英国化学家 W. H. Haworth 于 1926 年建议使用的，多边形糖环为一平面（称为 Haworth 环），环中省略了构成环的碳原子。例如，葡萄糖的两种环式结构形式可表示为：

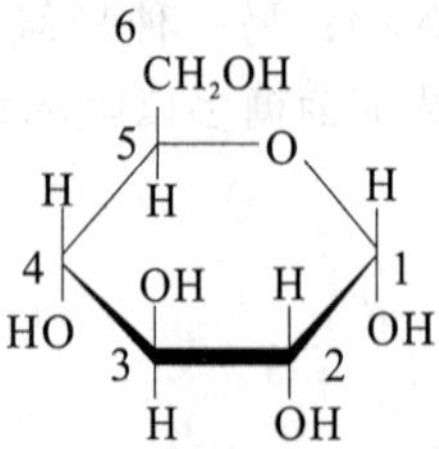

α－D－吡喃葡萄糖

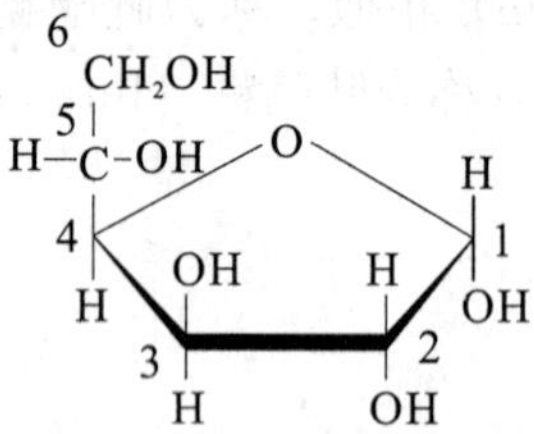

α－D－呋喃葡萄糖

(Haworth 式)

将 Fischer 式书写成 Haworth 式时，有两条规定：

一是将直链碳链（Fischer 式）右边的羟基写在 Haworth 环的下面，左边的羟基写在环的上面。

二是当糖的环形成后还有多余的碳原子时（未成环的碳原子），如果直链环（Fischer 式）中的氧桥是向右的，则未成环碳原子规定写在 Haworth 环之上，反之则写在环之下（酮糖的第一位碳除外）。

用糖的环式结构即能解释前述糖的一些理化性质。由于链形结构形成半缩醛式的环形结构后，式中的醛基在环式结构中变成了羟基，故不如一般醛基活泼，不能与亚硫酸氢钠等起加成反应；环式结构中由于半缩醛（或半缩酮）羟基的空间排布位置不同，即有不同的异构体，因此有一个以上的比旋光度，而且在成环过程中此羟基位置可发生改变，最后达到平衡，所以有变旋光现象。

由以上讨论可知，对于一种构型的糖（例如 D－葡萄糖），由于有开链形式，也有环状式，环状形式又分为 α 型和 β 型（从酒精结晶出来的为 α－型，从吡啶结晶出来的为 β－型），成环的方式不同，又有呋喃式和吡喃式之分。因此，一种单糖在溶液状态时至少有 5 种形式的糖分子存在（开链、α，β－呋喃型、α，β－吡喃型，它们处于平衡之中。各种糖结构形式在溶液中的比例不同，β－D－吡喃葡萄糖占的比例最大（占 63％），它比 α－D－吡喃葡萄糖（占 36％）和其他结构形式的葡萄糖稳定得多。

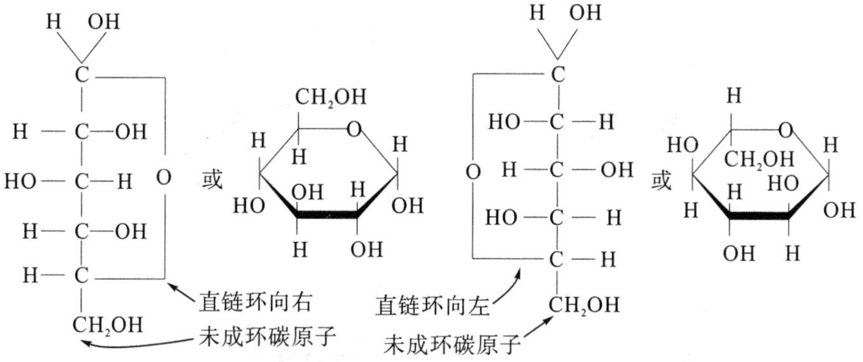

直链环向右　未成环碳原子　直链环向左　未成环碳原子

α-D-吡喃葡萄糖　　β-L-吡喃葡萄糖

果糖环式结构的成环情况与葡萄糖略有不同，果糖是 C_2 上的羰基与 C_5 上的羟基缩合。果糖的环式结构也有 α－型和 β－型之分，其规定原则与葡萄糖环式结构相同：半缩酮碳原子（C_2）上的羟基与其决定直链构型（D 或 L）的碳原子（C_5）上的羟基在同一边者为 α－型，不在同一边者为 β－型。在溶液中，环状的，α－与 β－D－果糖也可通过互变异构与开链结构建立起动态平衡：

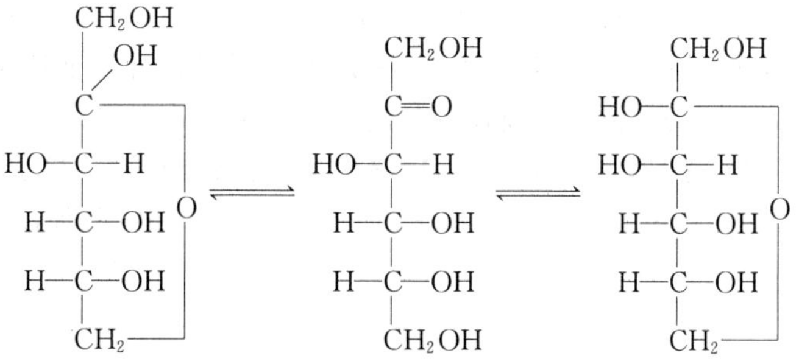

α－D－果糖　　D－果糖　　β－D－果糖

果糖在游离状态时，其环状结构为吡喃型（C_2-C_6 成环）；在结合状态（如与一分子葡萄糖结合成蔗糖）时，C_2 上的羟基与 C_5 上的羟基成环，构成五员环，相当于呋喃的结构，称为呋喃果糖（fructofuranose）。两者的哈渥斯式结构如下：

α-D-呋喃果糖　　　α-D-吡喃果糖

五、单糖的构象

Haworth 氏设计的葡萄糖环状结构式是将呋喃环和吡喃环设想成为一个平面，用粗线来代表靠近读者的一边。C－O－C 键角为 108°28′，但实际为 109.5°，接近于环己烷（cytohexane）的环角，而不是平面。这样形成一种立体结构，称为**构象**（confornnation）。葡萄糖有两种构象：船式和椅式（图 1－2）。椅式构象比船式构象稳定，故在溶液中己糖以椅式占优势。

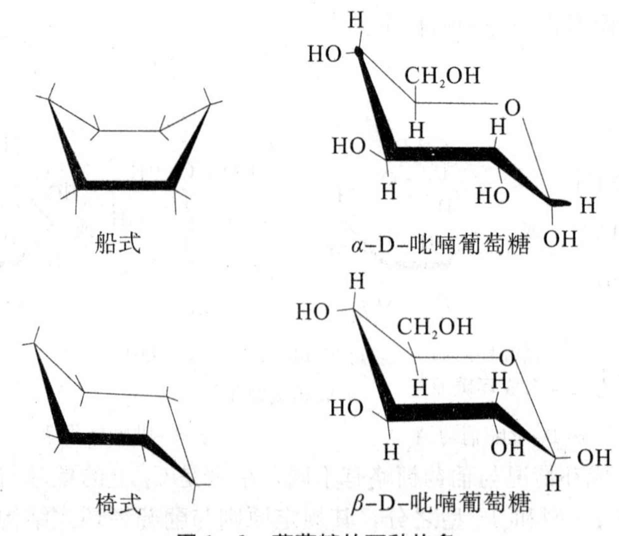

图 1－2　葡萄糖的两种构象

构象表达了氧环中 6 个原子的相对位置，它们并不在同一个平面上。每个碳原子所连接的原子或基团在几何学上和化学上都是不等同的，可将它们分为轴向的（sxial）和赤道的（equatorial）两类，分别称为轴键（a 键或直立键）和赤道键（e 键或平伏键）。这两种键的稳定性不同，一般说来，赤道键比轴键稳定一些。因为相邻的两个轴键间的距离小，两键上两个基团间排斥力大；赤道键间两个基团间的排斥力或位阻效应小。β－型葡萄糖的 C_1 羟基在赤道键上，α－型在轴键上，因此，β－葡萄糖比 α－葡萄糖稳定。这也说明在葡萄糖的平衡液中，为何 β－葡萄糖占的比例大些（63%）。但除葡萄糖外的其他己糖，α－异头物比 β－异头物更稳定。

第三节　单糖的性质

单糖由于某些结构的共同性，决定了它们具有一些共同的性质。如单糖都是白色结晶固体，能以任意比例溶解于水，大多具有甜味、旋光性和某些相同的化学反应等。

一、旋光性与变旋性

单糖的性质可以反映分子结构的一定特征，如由旋光性即可知其分子中具有不对称碳原子，从变旋性便可知其成环状态。

在单糖中除二羟丙酮（dihydroxyacetone）这种三碳酮糖外，其余单糖都具有不对称碳原子，因此都具有使偏振光的偏振面旋转的能力，即具有旋光性。各种糖的比旋光度（即旋光率）是一定的，借此可作糖的定性、定量测定。

由于单糖具有不同的异构体，故比旋光度不只一个，并且在水溶液中其比旋光度可发生改变，最后达到某一比旋光度值即恒定不变，这种现象称为变旋性（mutarotaion）。单糖的变旋性一般都是由成环后异头碳上的构型所引起，如葡萄糖的变旋现象就是 α－型和 β－型的互变。几种单糖的比旋光度见表1－1。一般说来，同种糖的 α－异构体其比旋光度总是比 β－异构体高。

表1－1　几种单糖的比旋光度（$[\alpha]_D^{20}$）

单糖名称	α－型	β－型	平　衡
D（+）－葡萄糖	+112.2°	+18.7°	+52.5°
D（+）－半乳糖	+150°	+52.8°	+80.5°
D（+）－甘露糖	+34°	−17°	+14.6°
D（−）－果　糖	−21°	−133.5°	−92.4°

二、甜度与甜味剂

单糖一般具有一定甜味，可作为甜味剂。甜味剂的甜味用甜度（sweetness）表示。各种甜味剂的甜度以蔗糖作为参照物，以它为100。常用甜味剂的甜度见表1－2。

表1－2　食用甜味剂的相对甜度

名　称	甜　度	名　称	甜　度	名　称	甜　度
乳　糖	16	葡萄糖	70	应乐果甜蛋白	20000
半乳糖	30	麦芽糖醇	90	蛋白糖	20000
麦芽糖	35	蔗　糖	100	甜叶菊苷	30000
山梨醇	40	木糖醇	125	糖　精	50000
木　糖	45	转化糖	150	新陈皮苷	100000
甘露醇	50	果　糖	175	神秘果糖蛋白	800000

甜味剂分为天然与合成两大类。天然甜味剂多从植物中提取或以天然物质为原料，经加工制成。合成甜味剂多以石油焦化产品为原料，用化学方法合成制得。表1－2中除糖精外，其余均为天然甜味剂。天然甜味剂包括糖类、糖醇类、二氢查耳酮（dihytrochalcone）类、苷类和二肽衍生物。

甜度是相对值，随浓度、溶解速度、温度和介质而有变化。多数糖的甜度随其在溶液中浓度的增高而增高。除糖类以外的其他甜味剂一般为低热量的，或吸收慢，或代谢速度及途径不同，或不易被细菌利用，因而可作为糖尿病人、心血管疾病病人及防龋齿的增甜剂。

表1-2中所列**转化糖**（invert suger）是指蔗糖经水解后产生的葡萄糖和果糖的混合物；**应乐果甜蛋白**（monellin）是存在于非洲几内亚、尼日利亚等国的一种植物（*Discoreohyllum cumminisii*）果肉中的一种蛋白质；**蛋白糖**是一种二肽衍生物：天冬苯丙二肽，即L-天冬氨酰-L-苯丙氨酸甲酯，在国外商品名为阿斯帕替姆（Aspatim），在我国商品名为蛋白糖，由天门冬氨酸和苯丙氨酸这两种氨基酸人工合成；**甜叶菊苷**（stevioside）是存在于多年生草本植物甜叶菊（*Stevia rebaudiana*）的叶和茎中的一种二萜烯糖苷，其味感类似于蔗糖，食用后不被人体利用，不参与代谢供能，因此可用于肥胖病人和糖尿病人的食品；**新陈皮苷**（neohesperidin）是通过酶反应和化学反应存在于柑桔皮中的黄酮苷类制得的二氢查耳酮（dihytrochalcone）衍生物，由于它的热值低，又不被细菌利用，可用于防龋齿和糖尿病人食品；**神秘果**存在于非洲一种植物（*Synsopalum dulcificum*）的果实中，它含蛋白质约40%，含糖约25%。其甜度相当高；**糖精**（saccharin）为合成甜味剂，其化学名称为邻苯甲酰磺亚胺（O-bemzoic sulfimide），其钠盐和铵盐易溶于水，甜度为蔗糖的500倍到700倍。被人体吸收后，不参与代谢，大部分以原状排出体外。对糖精的安全性尚无一致认识，虽然使用已有100多年，但动物试验仍发现有致癌和致畸作用。因此，一般禁用或限用。

三、单糖的反应

1. 氧化还原反应

单糖的氧化与还原反应在生物体内极为重要。糖的氧化使糖得以分解，从而使机体获得能量；CO_2 和水在光合作用（photosynthesis）中发生还原而生成糖。单糖所含的醛基和酮基都具有还原性，不过酮糖的还原性不是因为酮基具有还原性，而是由于酮糖在碱性溶液中经烯醇化作用（enolization）可变成烯二醇（enediol），后者具有还原性。如：

$$\begin{array}{lcl} CH_2OH & & CHOH \\ | & & \| \\ C{=}O & \longrightarrow & C{-}OH \\ | & & | \\ (CHOH)_n & & (CHOH)_n \\ | & & | \\ CH_2OH & & CH_2OH \\ \text{酮　糖} & & \text{烯二醇} \end{array}$$

所有单糖（包括醛糖和酮糖）在有氧化剂存在时，都具有还原性（reducibility），它可使某些金属离子还原，这种糖称为**还原糖**（reducing suger）。

通常可用两种反应来测定还原糖：

一种反应为Fehling氏反应，这是在碱性条件下，以 Cu^{2+} 为氧化剂，还原糖将 Cu^{2+} 还原为 Cu^{+}（红色 Cu_2O）：

$$RCHO+2Cu^{2+}+5OH^{-}\longrightarrow RCOO^{-}+Cu_2O\downarrow+3H_2O$$

另一种反应为Tollen氏反应，是以银氨离子 $Ag(NH_3)_2^{+}$ 为氧化剂，当有还原糖存在时，可发生银镜反应（silver mirror reaction），试管壁上有银沉积。

$$RCHO+2Ag(NH_3)_2^{+}+2OH^{-}\longrightarrow RCOO^{-}+2Ag\downarrow+3NH_3+NH_4^{+}+H_2O$$

样品中总糖量测定常用蒽酮反应，这是利用糖类物质经脱水后与蒽酮（anthrone）缩合而生成蓝绿色复合物这一性质来对糖类物质作定量测定。

单糖在碱性条件下具有还原性，其本身被氧化成糖酸（醛基氧化成羧基）；在酸性条件下，单糖也要被氧化，但其氧化情况与碱性条件不同。

单糖的醛基和伯醇基（$-CH_2OH$）都易被氧化。氧化可以从醛基开始，产生糖酸（suger acids）；也可以从伯醇基开始，产生糖醛酸（uronic acids）；如果醛基和伯醇基都被氧化，则产生糖二酸（aldaric acids）。究竟从哪个基团开始氧化，完全取决于氧化剂的强弱。例如：

$$\underset{\text{葡萄糖酸}}{\begin{matrix}COOH\\|\\(CHOH)_4\\|\\CH_2OH\end{matrix}}\xleftarrow{\text{溴水}}\underset{\text{葡萄糖}}{\begin{matrix}CHO\\|\\(CHOH)_4\\|\\CH_2OH\end{matrix}}\xrightarrow{\text{浓 }HNO_3}\underset{\text{葡萄糖二酸}}{\begin{matrix}COOH\\|\\(CHOH)_4\\|\\COOH\end{matrix}}\xrightarrow[\triangle]{-H_2O}\underset{\text{葡萄糖二酸}-\gamma-\text{内酯}}{\begin{matrix}C(=O)-O\text{(环)}\\|\\H-C-OH\\|\\HO-C-H\\|\\H-C-O\text{(环)}\\|\\H-C-OH\\|\\COOH\end{matrix}}\xrightarrow[\text{(还原)}]{Na-Hg\text{ 齐}}\underset{\text{葡萄糖醛酸}}{\begin{matrix}CHO\\|\\(CHOH)_4\\|\\COOH\end{matrix}}$$

葡萄糖酸　　葡萄糖　　葡萄糖二酸　　葡萄糖二酸－γ－内酯　　葡萄糖醛酸

当一些非氧化性强酸（如浓硫酸或浓盐酸）存在下，戊糖可脱水产生糠醛或称呋喃醛（aldofuran），己糖产生羟甲基糠醛（hydroxymethy alclofuran），这些醛类物质可与酚类发生颜色反应，常用于糖类物质的鉴别（见表 1－3）。

表 1－3　单糖的颜色反应

反应名称	试　剂	产物颜色	糖　类	备　注
Molisch 反应	α－萘酚	紫红色	所有糖类	
Seliwanoff 反应	间苯二酚	鲜红色	酮　糖	
Tollen 反应	间苯三酚（藤黄酚）	朱红色	戊　糖	己糖反应慢，黄色
Bial 反应	地衣酚（苔黑酚）	蓝绿色	戊　糖	己糖反应慢，樱红色

2. 酯化反应

单糖具有多个醇性羟基，故具有醇的性质。尤其是半缩醛羟基更活泼，容易与酸反应生成酯。例如，葡萄糖与磷酸反应生成磷酸葡萄糖（酯）：

$$\underset{\text{葡萄糖}}{\begin{matrix}H-C-OH\text{(环)}\\|\\H-C-OH\\|\\HO-C-H\\|\\H-C-OH\\|\\H-C-O\text{(环)}\\|\\CH_2OH\end{matrix}}+\underset{\text{磷酸}}{HO-P(=O)(OH)_2}\longrightarrow\underset{\text{磷酸葡萄糖（酯）}}{\begin{matrix}H-C-O-P(=O)(OH)_2\text{(环)}\\|\\H-C-OH\\|\\HO-C-H\\|\\H-C-OH\\|\\H-C-O\text{(环)}\\|\\CH_2OH\end{matrix}}+H_2O$$

酯键

葡萄糖和磷酸成酯反应所生成的磷酸葡萄糖是糖代谢的中间产物，居很重要的地位。磷酸除了与糖 C_1 上的羟基缩合生成 1－磷酸葡萄糖（glucose－1－phosphate）外，还可与 C_6 位羟基缩合，生成 6－磷酸葡萄糖（glucose－6－phosphate）以及 1，6－二磷酸葡萄糖（glucose－1，6－bisphosphate）。

3. 甲基化与乙酰化反应

单糖的所有羟基都能被甲基化（称为完全甲基化或彻底甲基化），但不同羟基甲基化（methylation）所要求条件不同。半缩醛羟基在酸性条件下加甲醇，可发生缩醛反应（aceta reaction），甲基缩醛加热煮沸时容易水解失去甲基；其他羟基在碱性条件下加硫酸二甲酯（dimethy sulfate），或者碘化银加碘甲烷，可以生成甲醚（methyl ether），加酸煮沸时甲基不易去掉。

糖的甲基化可用于确定单糖或多糖取代基的位置（如氨基、磷酸基的取代等），因为被取代的位置羟基不是游离的，不能形成醚。甲基化常常用于多糖的组成及结构研究；还可用来判断单糖是呋喃型还是吡喃型。

因为 C_1 键不稳定，煮沸后即脱掉甲基。因此，彻底甲基化后，若生成 2，3，4，6－四甲基糖，即为吡喃型；若得到 2，3，5，6－四甲基糖，则为呋喃型，例如：

H　O CH_3
C
H—C—OH
HO—C—H　O
H—C—OH
H—C
CH_2OH

$\xrightarrow{CH_3I}$

H　O CH_3
C
H—C—OCH_3
H_3CO—C—H　O
H—C—OCH_3
H—C
CH_2OCH_3

甲基－α－D－吡喃葡萄糖　　　甲基－2，3，4，6－甲基－D－吡喃葡萄糖

另外，单糖的所有羟基都可与乙酸酐（acetic anhydride）反应，被乙酰化（acetyation），这种酰化反应常用于多糖的结构分析。

4. 高碘酸反应

单糖为多元醇，具有连续羟基（相邻碳原子均连有羟基）。高碘酸（periodic acid）作用于相邻羟基，断裂 C－C 键，醇基氧化成醛基，与醇基相邻的醛基氧化成甲酸。连续羟基结构，两端氧化成醛，中间羟基氧化成甲酸。例如，葡萄糖的高碘酸氧化：

6 CH_2OH；5 H O；H 4 H 1 H；OH H；HO 3 2 OH；H OH

$\xrightarrow{IO_4^-}$

HCOOH ↑ HCHO（1） ＋ 2HCOOH（2,3） ＋ H—C—OH（5，$_6CH_2OH$，$_4CHO$）

葡萄糖　　　甲醛　　　甲酸　　　甘油醛

可见，1 分子葡萄糖经高碘酸处理，可产生 3 分子甲酸。

高碘酸与糖的反应可定量地进行，每断裂一个 C—C 键，消耗 1 分子高碘酸。通过测定高碘酸的消耗量及甲酸的释放量，可以判断单糖单位间连键的位置、直链多糖的聚合度（degree of polymerization）、支链多糖的分支数目等，因此，高碘酸氧化常用于多糖结构测定。

第四节 单糖衍生物

单糖经多种反应或体内酶促过程可生成不同的衍生物（derivants），这些衍生物（又称为取代单糖）可以游离存在，但更常见于构成寡糖及多糖，具有特殊的功能。

单糖衍生物包括脱氧糖、氨基糖、糖酸、糖醇、糖苷等。

一、脱氧糖

自然界中的脱氧糖（deoxysugers）主要见于脱氧己糖（deoxyhexose），其脱氧位置在 C_2、C_3、C_6 位以及 C_3、C_6 双脱氧。重要的脱氧戊糖（deoxypentose）是脱氧核糖（deoxyribose），它是 DNA 的重要成分（这种核酸因含有此糖而被称为脱氧核糖核酸，见第四章）。己糖 C_6 位的—CH_2OH 基脱氧后成为甲基（—CH_3），称为甲基糖。重要的甲基糖是**L—鼠李糖**（rhamnose）和**L—岩藻糖**（fucose），其结构如下：

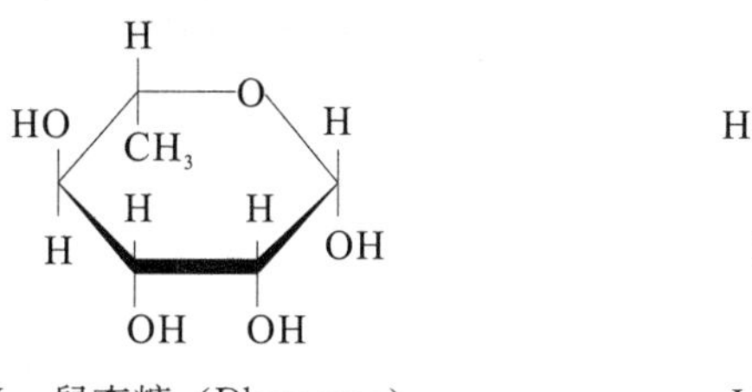

L—鼠李糖（Rhamnose） L—岩藻糖（Fucose）

L—鼠李糖，即 6—脱氧—L—甘露糖，是最常见的天然脱氧糖，是一些糖苷和多糖的组成成分。L—岩藻糖，即 6—脱氧—L—半乳糖，存在于海藻细胞壁、西黄芪胶（gum tragacanth）和某些细菌的多糖中，以及某些血型物质分子中。

二、氨基糖

单糖中一定位置的羟基可被氨基取代，如果环式单糖结构中的半缩醛羟基被氨基取代，称为**糖基胺**（glycosyl amine）；如果是伯醇羟基或仲醇羟基被氨基取代，则称为**氨基糖**（amino sugers）或**糖胺**（glycosamine）。这类取代糖中的氨基有游离的，也可以被乙酰化（acetylation）。氨基糖中氨基的取代位置多见于 C_2 位（脱氧），也有 C_3、C_4 和 C_6 位的。

氨基糖常以聚糖（polysaccharide 或 glycan）形式或结合状态存在。例如，**葡萄糖胺**（glucosamine 或称氨基葡萄糖 aminoglucose）存在于甲壳质（chitin）中；**半乳糖胺**（galactosamine 或称氨基半乳糖 aminogalactose）存在于动物的软骨中；**甘露糖胺**（mannosamine）存在于肺炎双球菌（*Diplococcus pneumomiae*）中。

营养学家早已发现人乳和牛乳对儿童有不同的营养价值。原因之一就是人乳中含有一种刺激素（stimulant），能刺激婴儿肠道中的双岐乳杆菌（*Lactobacillus bifidus*）的生长，这类细菌对婴儿营养有益。这种刺激索（牛乳中没有）就是有氨基取代的寡糖，包括氨基乳四糖（lacto－N－tetraose）、氨基乳五糖（lacto－N－pentaose）等氨基糖组分。

酸性氨基糖是氨基糖的衍生物，重要的如胞壁酸（muramic acid）是由 2－氨基葡萄糖的 C_3 位羟基与乳酸（lactic acid）的羟基缩合失水成醚键相连接而成，它以乙酰胞壁酸（acetyl muramlic acid）形式存在于细菌细胞壁的胞壁质（murein）中。另外，广泛存在于动物和细菌中的唾液酸（sialic acid）或称乙酰神经氨酸（N－acetylneuraminic acid），是神经氨酸（neuraminic acid）的氨基酰化衍生物，也是一种氨基糖类。

几种常见的氨基糖结构如下：

氨基葡萄糖　　N－乙酰葡萄糖胺　　N－乙酰半乳糖胺

胞壁酸　　唾液酸（N－乙酰神经氨酸）

三、糖酸和糖醇

醛糖分子的醛基或伯醇基氧化为羧基（carboxyl group）后的糖衍生物称为糖酸（suger acids），醛基或酮基被还原后的产物则称为糖醇（suger alcohols）。无论糖酸或糖醇，在体内和体外都能由单糖转化生成。在体内由酶催化，在体外可由无机催化剂催化。体内生成的某些糖酸和糖醇具有一定生理功能，工业上生产的糖酸和糖醇则为多种工业原料。

1. 糖酸

糖酸包括醛糖酸（aidonic acids）、糖醛酸（uronic acids）、糖二酸（aldaric acids）、糖醛酮（osones）、酮糖酸（2－keto－aldonic acids）和抗坏血酸（ascorbic dcid）等。这些糖酸都可由醛糖经氧化生成，其转化关系如下：

醛糖 $CHO-(CHOH)_n-CH_2OH$ → 醛糖酸 $COOH-(CHOH)_n-CH_2OH$ → 糖二酸 $COOH-(CHOH)_n-COOH$ →脱氧糖酸

醛糖 ↓ 糖醛酸 $CHO-(CHOH)_n-COOH$ → 糖醛酮 $CHO-C(=O)-(CHOH)_{n-1}-CH_2OH$ → 糖酮酸 $COOH-C(=O)-(CHOH)_{n-1}-CH_2OH$ →抗坏血酸

天然的醛糖酸主要是由己糖衍生的己糖醛酸，一般有 γ 和 δ 两种内酯（lactone）中间物平衡存在。各种糖酸，尤其是葡萄糖酸（gluconic acid），能与钙、铁、锌等离子形成可溶性盐类，易被人体吸收。作为药物的葡萄糖酸钙（或锌）用于消除过敏、补充钙质（或锌）。此外，葡萄糖酸钙及其内酯还可作为大豆蛋白凝聚剂用于豆腐制作。

醛糖的伯醇基被氧化成羧基后，则成为糖醛酸。天然存在的糖醛酸有 D-葡萄糖、D-甘露糖和 D-半乳糖衍生的三种己糖醛酸，它们分别是动、植物和微生物多糖的重要组分。在动物及人体内，葡萄糖醛酸（glucuronic acid）在肝脏中具有解毒作用。

抗坏血酸（维生素 C，见第六章）的生物合成起源于 D-葡萄糖醛酸，经转变为中间物 L-古洛糖酸（gulonic acid），最后生成抗坏血酸。

2. 糖醇

糖醇是糖分子中的醛基或酮基经还原后的产物，又称为多元醇（polyols）。常分为直链糖醇（alditols）和环状糖醇（cyclitols）两类。它们通常是有机体的组成及代谢产物，同时也是医药工业、化学工业、食品工业的重要原料。

自然界中重要的直链糖醇分别由丁糖、戊糖、己糖还原产生，具代表性的结构举例如下：

苏糖醇主要存在于食用菌蜜环菌（*Armillaria mellea*）内，赤藓糖醇存在于报春花属（*primulales*）植物、草本植物以及地衣、藻类中，核糖醇是构成核黄素（riboflavin）（维生素 B_2，见第六章）的成分，也是枯草杆菌（*Bacillus subtilis*）、金黄色葡萄球菌（*Staphylococcus aureus*）、阿拉伯聚糖乳杆菌（*Lactobacillus arabinoszts*）等细菌细胞壁的组分。

山梨糖醇（或简称山梨醇）可由葡萄糖和果糖还原产生，在植物界分布广泛。某种红藻（*Bostrychia scropoides*）中山梨糖醇约含 14%，梅树和苹果树叶中其含量也较高。山梨糖醇可被胶醋酸杆菌（*Acetobacter xylium*）氧化为山梨糖（L-sorbose，结构类似于 D-果糖，只是 C_5 位羟基在左边），它是合成抗坏血酸的重要中间产物。

甘露糖醇（简称甘露醇）由甘露糖（mannose）还原产生。D-果糖还原后既产生山梨糖醇，也产生甘露糖醇。甘露糖醇大量存在于洋葱、胡萝卜、菠萝、海藻中，柿饼表面的白色霜状物就是甘露醇。褐藻（*Laminaria digitata*）中含量尤多，海带中的含量可达干重的5%~20%，是工业上提取甘露醇的重要原料。甘露糖醇可作为许多微生物的碳源；在医药上它可用作降低头颅内压的药物，使脑膜炎和乙型脑炎病人神态恢复清醒，减轻后遗症；还可用于治疗急性青光眼（glaucoma）和防治急性肾功能衰竭。

半乳糖醇或称**卫矛醇**（dulcitol）由半乳糖还原产生。在植物中分布较广泛，尤其富含于红藻（*Rhodophyta*）、紫果卫矛（*Euonymus atropur pureus*）和山萝花（*Melampyrum nemorosum*）等植物中。

环状糖醇是一类多元醇的碳环化合物及其衍生物的总称。根据其碳环的大小和碳原子上羟基的多少，可以将环状糖醇分为环己烷六醇、环己烷五醇、环己烷四醇、环己烯四醇、环戊烯三醇等。其中最重要、研究最多的是肌醇（inositol），即环己烷六醇（cyclohexanhexol）。

肌醇有 9 种异构体，其中 6 种为天然存在，分布较广的 3 种结构如下：

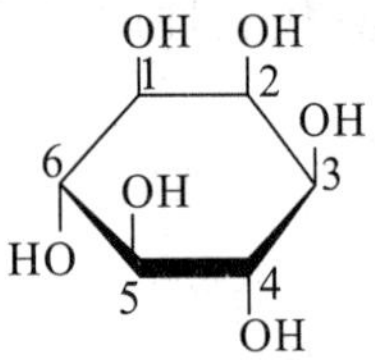

肌一肌醇 (myo—inositol)	D—手性肌醇 (D—chiro—（+）—inositol)	L—手性肌醇 (L—chiro—（—）—inositol)

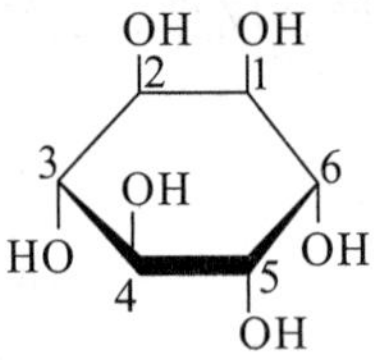

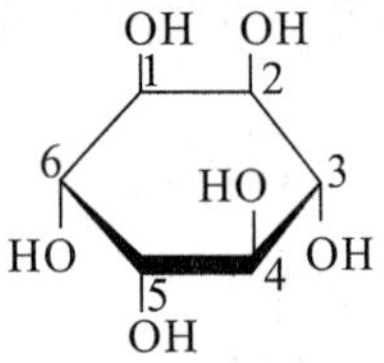

由肌醇的结构可以看出，肌醇具有不对称碳原子，因此有构型。环上向的羟基位置按逆时针方向编序号规定为 D—型，以顺时方向编序号规定为 L—型。在天然存在的肌醇中，以肌肌醇分布最广，分别以游离形式或结合形式存在于一切生物组织中。D—chiro—（+）—肌醇和 L—chiro—（—）—肌醇存在于植物中。前者主要存在于绿藻（*chlorophyta*）中，是抗菌素春日霉素（kasugamycin）的结构组分；后者主要存在于菊科植物中。

在生物体内，肌醇常与磷酸结合成磷酸肌醇（phosphoinositides）。在低等植物中主要形式是一磷酸肌醇，高等植物中肌醇的 6 个羟基都成磷酸酯，称肌醇六磷酸（inositol hexaphosphate，旧称植酸 phytic acid），它的钙镁盐，称为菲丁（phytin）。植酸和菲丁是具有广泛用途的工业原料，用于化工、食品、医药、轻工等。工业上多从生产玉米淀粉时的浸液中提取，或以米糠、棉籽饼、玉米芯等为原料制备。

肌醇可生成一磷酸酯、二磷酸酯、三磷酸酯等。其中三磷酸肌醇（inositol triphosphate，简称 IP_3）在细胞内代谢的调节中起着重要作用，调节细胞质中 C_{a}^{2+} 的浓度（见第十七章）

四、糖苷

环状单糖是一种半缩醛（hemiacetals），它的半缩醛羟基（或半缩酮羟基）与另一含羟基化合物（或其他非羟基化合物）缩合生成的缩醛（acetals）类物质，称为**糖苷**（glycosides）。连于半缩醛（或半缩酮）羟基上新生成的化学键叫**糖苷键**（glycosidicbond）。例如，葡萄糖与甲醇反应（在 HCl 催化下）可生成甲基葡萄糖苷：

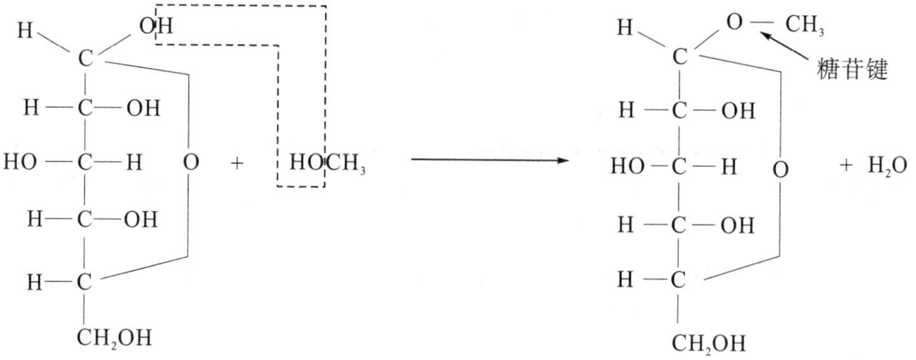

α-D-葡萄糖 + 甲醇（$HOCH_3$）→ 甲基α-D-葡萄糖（糖苷键）+ H_2O

α-D-葡萄糖　　甲醇　　甲基α-D-葡萄糖

单糖的半缩醛羟基与另一含羟基化合物的羟基缩合所生成的化学键，称为O−苷键，此外还有N−苷键、C−苷键和S−苷键，糖苷物质中最常见的是O−苷键和N−苷键。糖苷键有α−型和β−型，这由生成糖苷键的单糖的半缩醛羟基（或半缩酮羟基）的构型决定。例如，由α−葡萄糖生成的糖苷称为α−糖苷，由β−葡萄糖生成的糖苷称为β−糖苷。

糖苷中提供半缩醛羟基的糖称为**糖基**（glycone），糖苷中的非糖部分称为**配基**或**配糖体**（aglycone）。糖苷中常见的糖基为葡萄糖、半乳糖、甘露糖、鼠李糖等已糖。糖苷的名称即是按糖基的名称来命名的。但有的糖苷的糖基为寡糖，这些糖苷常以来源或习俗称名。糖苷的配基为许多不同结构的化合物（有的甚至具有毒性），大多为环状。

糖苷在植物界分布最为广泛，在生物体中有着重要的生理功能。许多都作为药物或工业原料，因此有着重要的实用价值。在目前使用的药剂中，植物性药剂超过30%，其中大部分为糖苷。糖苷具有多方面的药理作用，包括强心、利胆、利尿、致泻、抗菌、升高或降低血压、祛痰、抗癌、抗氧化等。例如，目前用于维持血管正常渗透压、治疗心血管系统疾病的橙皮苷（hesperidin）、芦丁（rutin）；作为抗菌药用于呼吸道感染、急性扁桃腺炎、咽炎及肺炎的黄嶺苷（baicalin）；作为保肝药的飞水蓟素（silybin）；乌本苷（ouabain）具有强心作用，同时能抑制Na^+，K^+−ATP酶（细胞膜上一种与Na^+、K^+转运有关的特殊蛋白质）；氨基糖苷是某些抗生素的主要组分，如链霉素（streptomycin）、新霉素（neomycin）、卡那霉素（kanamycin）等。

此外，还有些糖苷是天然的颜料和色素，常用于纺织印染及食品工业。

第五节　寡　糖

一、寡糖的命名

如果糖苷的配基是另一分子单糖，这个缩醛衍生物就称为二糖；若干个单糖间若都以糖苷键相连接，就构成三糖、四糖等。一般把单糖基数为2～10个（常见的为2～6个）构成的糖类物质，称为**寡糖**或**低聚糖**（oligosaccharides），而把糖基数大于10的单糖聚合物称为多糖或高聚糖（polysaccharides）。但实际上寡糖中单糖单位的上限数目并不确定，而且寡糖与多糖之间并无绝对界线。天然寡糖大多来自于植物，现已发现自然界存在的寡糖达580余种，其中多数为二糖。

现在寡糖多用习惯名称。如果按结构来命名，一般考虑以下三个方面：

①单糖种类。即由哪一种或哪几种单糖构成的。

②连接方式。指出糖苷键连接在糖的哪个位置上。

③糖苷键构型。即糖苷键是 α－型还是 β－型。

在表示寡糖结构式时，常用英文名词前 3 个字母作为单糖基的符号。例如，果糖基用 Fru，甘露糖基用 Man，半乳糖基用 Gal，鼠李糖基用 Rha，只有葡萄糖基例外，用 Glc 表示（以免与谷氨酸的符号 Glu 相混淆）。

根据结构特点的命名，单糖与单糖间通过糖苷键连接。糖苷键连接的方向用箭头表示，由糖基的半缩醛羟基指向配基糖的位置。例如，麦芽糖（maltose）表示为：α－葡萄糖（1→4）葡萄糖［α－Glc（1→4）α－Glc］；乳糖（lactose）表示为：β－半乳糖（1→4）葡萄糖［β－Gal（1→4）Glc］。如果两个糖基均是半缩醛羟基缩合连接，则用 1↔1 表示。

二、二糖

二糖（或称双糖 disaccharides）是两分子单糖缩合失去 1 分子水而生成的，因此，二糖水解后可得到两分子单糖。自然界存在的二糖有 140 多种，常见的有：蔗糖、麦芽糖和乳糖，此外，还有纤维二糖（cellobiose）、蜜二糖（melibiose）、龙胆二糖（gentobiose）等。

1. 蔗糖（sucrose）

蔗糖广泛地存在于植物体内，尤以甘蔗和甜菜（*Beta vulgaris*）中含量最高，因此，它们是制糖工业的重要原料。

蔗糖由 1 分子葡萄糖和 1 分子果糖脱水缩合而成，即 α－葡萄糖（吡喃型）C_1 上的半缩醛羟基与 β－果糖（呋喃型）C_2 上的半缩酮羟基相互作用所形成的化学键为（1↔2）糖苷键。因为葡萄糖和果糖互为配基，所以蔗糖可以称为 β－果糖（1↔2）葡萄糖苷或 α－葡萄糖（2↔1）果糖苷。

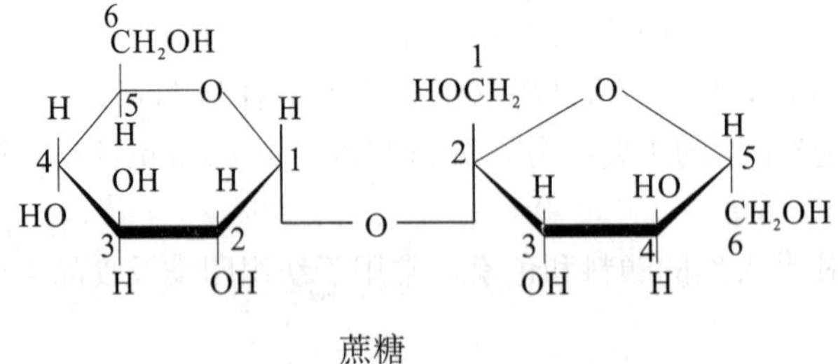

蔗糖

蔗糖具有右旋性，比旋光度为＋66.5°；蔗糖受稀酸或蔗糖酶（sucrase）作用时，可以水解成等量的葡萄糖及果糖的混合物；果糖的左旋性（比旋光度为－92.4°）比葡萄糖的右旋性（比旋光度为＋52.5°）强，因此蔗糖水解后所得的等量葡萄糖和果糖的混合物具有左旋性，其比旋光度为－19.95°。在水解过程中蔗糖这种由右旋变为左旋的过程，称为转化（inversion），转化作用所生成的等量葡萄糖和果糖的混合物称为**转化糖**（invertsuger）。蜂蜜中含有大量天然转化糖，因为在蜜蜂体内含有蔗糖酶。

从结构上看，因为葡萄糖与果糖结合成蔗糖后其醛基和酮基都完全丧失，所以蔗糖没有还原性（为非还原糖），也没有变旋性。

2. 麦芽糖（maltose）

各种谷物发芽的种子中都含有麦芽糖，淀粉水解后大多也能得到麦芽糖。麦芽糖在麦芽糖酶（maltase）的作用下，可水解产生 α－葡萄萄糖。

麦芽糖由两分子葡萄糖失水缩合而成。其连接方式是：一分子葡萄糖半缩醛羟基与另一个葡萄糖 C_4 位上的羟基发生缩合，生成 α（1→4）糖苷键。

麦芽糖分子中存在一个半缩醛羟基，此羟基可转变成自由醛基（醛式麦芽糖），因此有还原性，为还原糖。麦芽糖有旋光性和变旋性，它在水溶液中存在着 α，β 和开链式异构体。α 式麦芽糖的 $[\alpha]_D^{20}=+168°$，β 式麦芽糖的 $[\alpha]_D^{20}=+112°$，变旋达到平衡时的 $[\alpha]_D^{20}=+136°$。工业上通常得到的晶体麦芽糖是 β 式的，其甜度为蔗糖的 1/3，食品工业中常作为膨松剂、填充剂和稳定剂。

如果两个葡萄糖分子以 β（1→4）糖苷键连接，所生成的二糖称为纤维二糖（cellobiose），它是纤维素（cellulose）的水解产物。

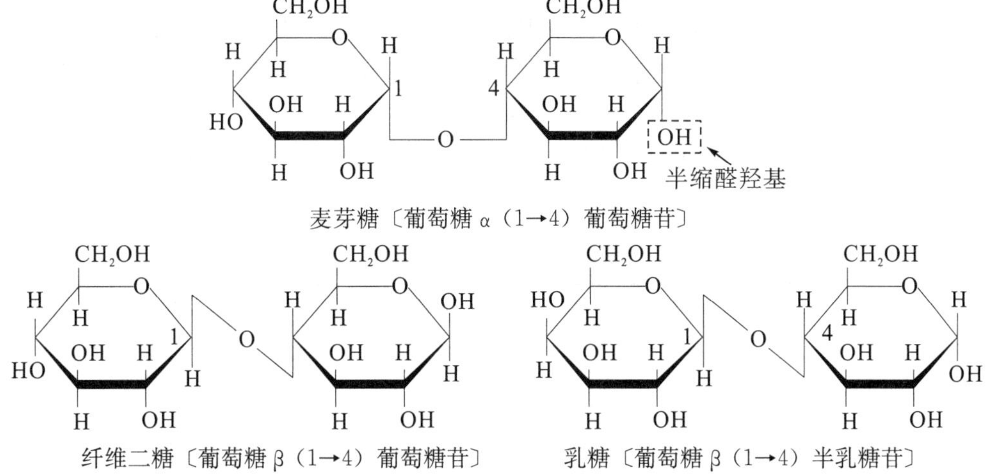

麦芽糖〔葡萄糖 α（1→4）葡萄糖苷〕

纤维二糖〔葡萄糖 β（1→4）葡萄糖苷〕　　乳糖〔葡萄糖 β（1→4）半乳糖苷〕

3. 乳糖（lactose）

乳糖主要存在于各种哺乳动物的乳汁中。牛奶中含乳糖 4%，人奶含乳糖 5%～7%。此外，乳糖也存在于人心果树（*Archras sapota*）的果实及连翘属（*Forsythia*）花的雄性器官等植物中。

乳糖是由 1 分子葡萄糖与 1 分子半乳糖缩合而成的，其连接方式为半乳糖 C_1 上的半缩醛羟基与葡萄糖 C_4 上的羟基以 β 方式连接。

从结构上看，乳糖分子中葡萄糖残基的半缩醛羟基尚存在，因此具有还原性。水解后产生葡萄糖与半乳糖。乳糖有旋光性及变旋作用，结晶时有 α－式及 β－式之分，其 $[\alpha]_D^{20}$ 分别＋85°和＋34°，水溶液平衡时为＋52.6°。

三、三糖

棉子糖（raffinose）是已知的广泛游离于自然界中的重要三糖，它存在于棉子、桉树及甜菜中。其分子结构是由各 1 分子的半乳糖、葡萄糖及果糖组成。棉子糖具有旋光性，比旋光度为＋130°，无还原性，可被酸及酶水解，用蜜二糖酶（melibiase）水解生成蔗糖和半乳糖。

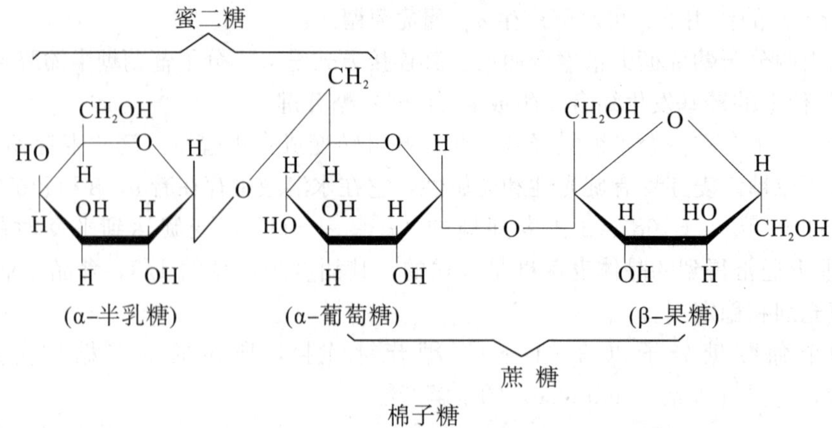

棉子糖

寡糖的命名从左边第一糖基开始，指出每个糖基的构型，用阿拉伯数字和箭头（加括号）表示糖苷键连接碳原子的位置和连接方向。如棉子糖为 α－D－吡喃半乳糖基（1→6）α－D－吡喃葡萄糖基（1→2）β－D－呋喃果糖苷。

其他常见的三糖还有龙胆三糖（gentiatriose）、松三糖（melezitose）、洋槐三糖（robinose）等。现将一些重要的寡糖列于表 1－4 中。

表 1－4 一些重要的寡糖

名 称	结 构	来 源
蔗糖（sucrose）	α－Glc(1↔2)β－Fru	甘蔗、甜菜、水果；食品
麦芽糖（maltose）	α－Glc(1→4)Glc	发芽种子、淀粉水解；食品
乳糖（lactose）	β－Gal(1→4)Glc	乳汁；食品
蜜二糖（melibiose）	α－Gal(1→6)Glc	花蜜、棉子糖水解；食品
海藻糖（trehalose）	α－Glc(1↔1)α－Glc	海藻、蕈类；食品
纤维二糖（cellobiose）	β－Glc(1→4)β－Glc	纤维素水解；食品、化工原料
龙胆二糖（gentobiose）	β－Glc(1→6)Glc	龙胆根、植物组织；糖苷配基
海带二糖（laminarabiose）	β－Glc(1→3)Glc	海带
几丁二糖（chitbiose）	β－GlcNAc(1→4)GlcNAc*	几丁质水解
芸香糖（rutinose）	β－Rha(1→6)Glc	芦丁糖苷的糖基
菊二糖（inulobiose）	β－Fru(2→1)Fru	菊糖水解
棉子糖（raffinose）	α－Gal(1→6)α－Glc(1↔2)β－Fru	甜菜、糖蜜；制糖原料
龙胆三糖（gentianose）	β－Glc(1→6)α－Glc(1→6)Glc	龙胆属植物
松三糖（melezitose）	α－Glc(1→3)β－Fru(2↔1)α－Glc	松属植物
水苏糖（stachyose）	α－Gal(1→6)α－Gal(1→6)α－Glc(1↔2)β－Fru	宝塔菜（*Stachys sieboldii*）
毛蕊花糖（verbascose）	α－Gal(1→6)α－Gal(1→6)α－Gal(1→6)α－Glc(1↔2)β－Fru	毛蕊花属（*Verbascose*）、大豆
筋骨草糖（ajugose）	α－Gal(1→6)α－Gal(1→6)α－Gal(1→6)α－Gal(1→6)α－Glc(1↔2)β－Fru	筋骨草（*Ajuga nippon nensis*）

＊GlcNAC 为 N－乙酰氨基葡萄糖的缩写。

第六节 多 糖

多糖（polysaccharides）是指由 20 个以上单糖分子缩合而成的糖类。多糖是一类结构复杂的大分子物质，广泛地存在于动、植物中。可分为植物多糖、动物多糖和微生物多糖。

生物体内的多糖，仅由少数几种单糖（或单糖衍生物）组成。如果仅由一种单糖构成，即称为同聚多糖（homopolysaccharides），如果由几种不同的单糖（或其衍生物）构成，则称为杂聚多糖（heteropolysaccharides），简称杂多糖。葡萄糖是组成多糖的最常见糖单位，由葡萄糖聚合而成的多糖称为葡聚糖（glucan），其他还有甘露聚糖（mannan）、半乳聚糖（galactan）、木聚糖（xylan）等（表1—5）。无论同聚多糖还是杂聚多糖，其分子结构都可以看成是由1个二糖单位（disaccharide unit）通过糖苷键连接多次重复聚合而成的。

表1—5 常见的同聚多糖

名称		糖苷键	来源
葡聚糖	直链淀粉(amylose)	α(1→4)	植物
	支链淀粉(amylopectin)	α(1→4),含5%α(1→6)	植物
	纤维素(cellulose)	β(1→4)	植物
	糖原(glycogen)	α(1→4),含12~18%α(1→6)	动物
	右旋糖酐(直链)(dextran,linear chain)	α(1→6)	微生物
	右旋糖酐(支链)(dextran,branch chain)	α(1→6),含8%α(1→3)(1→4)	微生物
	香菇多糖(lentinan)	β(1→3)	香菇
	茯苓多糖(pachyman)	β(1→3),含β(1→6)	茯苓
	昆布多糖(laminarin)	β(1→3)	海带
果聚糖(菊粉)(fructan,inulin)		β(2→1)	菊科、牡丹、蒲公英等
甘露聚糖(直链)(mannan,linear chain)		β(1→4)	谷类作物杆、兰科球根
甘露聚糖(支链)(mannan,branch chain)		(1→6)，含(1→2)(1→3)	酵母
半乳聚糖(直链)(galactan,linear chain)		β(1→4)	果胶质
半乳聚糖(支链)(galactan,branch chain)		β(1→6)，含β(1→3)	蜗牛
阿拉伯聚糖(arabinan)		(1→5)，含(1→2)	花生米、甜菜
木聚糖(xylan)		β(1→4)	玉米芯、麻、芦苇

多糖在性质上与单糖及寡糖不同。多糖一般不溶于水，有的即使能溶解，但只能形成胶体溶液；多糖无甜味，无还原性；多糖有旋光性，但无变旋现象；多糖在酸或酶作用下，可以水解成单糖、二糖以及部分非糖物质。

一、同聚多糖

1. 淀粉（starch）

（1）存在

人类食物的糖类大部分是淀粉。淀粉广泛分布于自然界，特别是在植物的种子（大米、小麦、玉米等）、根茎（马铃薯、红薯）及果实（花生、白果、板栗等）内储存甚多。作物中淀粉的含量随品种、生理条件等因素而不同。

（2）结构

淀粉是由许多α—D—葡萄糖分子以糖苷键结合而成的高分子化合物。天然淀粉由两种成分组成，一种是溶于水的糖淀粉（直链淀粉），另一种是不溶于水的胶淀粉（支链淀粉）。这两种淀粉在不同的植物中其含量是不同的，一般说来，直链淀粉占10%~20%，支链淀粉占80%~90%。二者所占比例受遗传因子的控制，也与成熟度及生长条件有关。

①直链淀粉（amylose）。直链淀粉是由α—D—葡萄糖通过1→4糖苷键连接而成的大分子，其相对分子质量约为$1\times10^5\sim2\times10^6$，相当于含有600~12000个葡萄糖基。所以，构成直链淀粉的二糖单位为麦芽糖。由末端分析得知，每个直链淀粉分子是一条线型的不分支的

链型结构，它的真实空间结构是以平均每 6 个葡萄糖单位构成的一个螺旋圈，许多螺旋圈构成弹簧状的空间结构（图 1-3）。

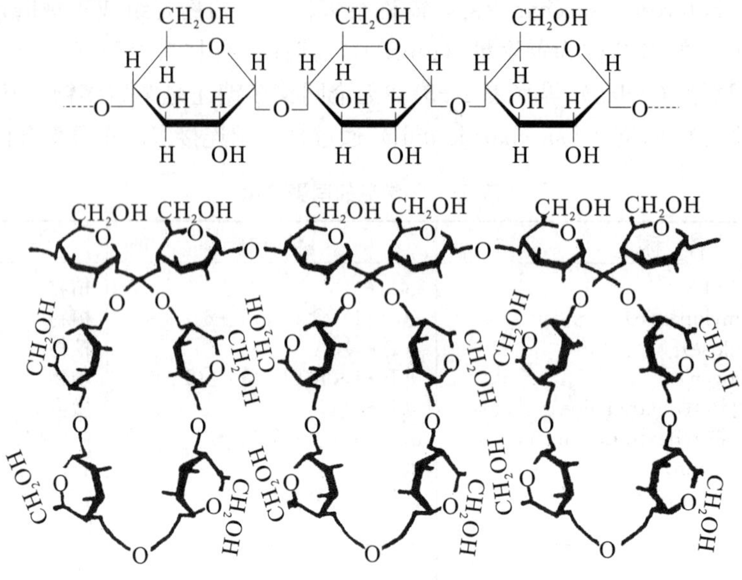

图 1－3　直链淀粉的结构

②支链淀粉（amylopectin）。支链淀粉的分子比直链淀粉大，相对分子质量约在 $1\times10^6\sim6\times10^6$ 之间，相当于含有 6000～37000 个葡萄糖基。葡萄糖与葡萄糖分子之间主要以 α（1→4）糖苷键连接，在结合到一定长度后即产生 1 个分支，分支与主链以 α（1→6）糖苷键连接。每个支链平均含有 24～30 个葡萄糖基，而在主链上每两个分支点的距离平均约为 11～12 个葡萄糖基。支链的数目可达 50～70 个（图 1-4）。构成支链淀粉的二糖单位为麦芽糖和异麦芽糖（somaltose，即 α（1→6）连接）。

1 个直链淀粉分子具有两个末端，一端存在 1 个游离的 C_1 半缩醛羟基，称为**还原端**（reducing end）；另一端存在 C_4 羟基，称为**非还原端**（nonreducing end）。单个直链淀粉分子具有 1 个还原端和 1 个非还原端。1 个支链淀粉分子有 1 个还原端和 $n+1$ 个非还原端，n 为分支数。

图 1-4 支链淀粉的结构

(3) 性质

淀粉的一个主要性质是与碘的反应，糖淀粉（直链）遇碘会产生蓝色，胶淀粉（支链）遇碘会产生紫红色。利用这种颜色反应可以鉴别淀粉。

淀粉的碘反应性质与淀粉分子的螺旋结构有关。当淀粉形成螺旋圈时，碘分子进入其内，糖的羟基成为电子供体，碘分子成为电子受体，形成络合物。一个螺旋圈所含葡萄糖基数称为聚合度或重合度（degree of polymerization）。一个螺旋圈平均含 6 个葡萄糖基（聚合度为 6），可结合 1 个碘分子。当聚合度为 20 左右（3 个螺旋圈）时，与碘形成的络合物显红色，在 20～40 时为紫红色，一般聚合度大于 36（6 个螺旋圈）与碘结合方呈现蓝色。当链长小于 6 个葡萄糖基时，不能形成一个螺旋圈，此时遇碘不显色。

在淀粉水解过程中产生的一系列分子大小不等的复杂多糖，统称为糊精（dextrins）。由于糊精不是一种天然产物，只是水解过程中的一些中间产物，故无一定的相对分子质量和结构。淀粉水解时一般先生成淀粉糊精（与碘成蓝色），继而生成红糊精（与碘成红色），再生成低分子质量的无色糊精（遇碘不呈色）以至麦芽糖，最终生成葡萄糖，即

淀粉→淀粉糊精→红糊精→无色糊精→麦芽糖→葡萄糖

淀粉与无机酸一起加热时，可被水解，最终产物是 α-D-葡萄糖。若淀粉与酸缓慢地作用（7.5%HCl，室温放置 7 天），则形成“可溶性淀粉”（soluble starch）。

淀粉无还原性（糊精具有还原性），但具右旋光性（$[\alpha]_D^{20}=+201.5°\sim205°$）。淀粉颗粒一般不溶于冷水，但在热水中可膨胀成浆糊。由于天然淀粉不溶于水，且比重很大（平均约为 1.5），因此，当生淀粉的悬浮液放置时，很容易沉淀，工业上就是利用这个原理来精制淀粉的。

2. 糖原（glycogen）

(1) 存在

糖原主要存在于动物体内的肝脏（肝糖原）和肌肉（肌糖原）中，以肌肉中含量最多，所以有动物淀粉之称。此外，在一些植物（如甜玉米）、真菌、酵母和细菌（如大肠杆菌）中，也存在类似的糖原物质。

糖原是人和动物的一种能量来源。人体内缺乏葡萄糖时，肝糖原经分解而被输入血液中，并变成葡萄糖以供消耗；在饭后或其他情况下血中葡萄糖的含量（血糖）升高时，多余的葡萄糖又可以转变成糖原而贮存于肝脏中，肌糖原则是肌肉收缩的重要能源。

(2) 结构

糖原的基本组成单位也是α-D-葡萄糖，相对分子质量很大（肝糖原为3×10^6，肌糖原为5×10^6），相当于3万个葡萄糖单位。它的基本结构与支链淀粉相似，但分支更多，且分支的支链长度一般由8～12个葡萄糖单位组成，主链上每3～5个葡萄糖基就有一个分支。葡萄糖的连接方式也是α（1→4）苷键和α（1→6）苷键，糖原的整个分子呈球形，以颗粒状存在于动物细胞的胞液中。

(3) 性质

糖原与碘作用呈现红色，无还原性；糖原能溶于水及三氯醋酸，但不溶于乙醇及其他有机溶剂。因此，可用三氯醋酸提取动物肝脏中的糖原，然后再用乙醇沉淀。糖原对碱稳定，比旋光度$[\alpha]_D^{20}$约为+200°。

3. 纤维素（cellulose）

(1) 存在

纤维素是构成植物细胞壁和支撑组织的重要成分。木质部内纤维素的含量达50%以上，棉花的纤维素含量达90%以上。除植物外，在某些动物如海洋无脊椎动物被囊类（*Tunicata*）的外套膜（mantle）中也含有丰富的纤维素。纤维素是自然界存在最丰富的多糖。

人和动物不能直接利用纤维素作食物，因为人体内没有一种能够催化水解纤维素的酶。反刍动物（牛、羊）及某些吃木材的昆虫之所以能够消化纤维素，是因为在它们的消化道中具有某些微生物，这些微生物体内存在能够水解纤维素的酶。

(2) 结构

纤维素是由许多β-D-葡萄糖分子脱水缩合而成的。其结构类似于直链淀粉，不分支，β-葡萄糖分子借β（1→4）糖苷键连接。结构的二糖单位为纤维二糖（cellobiose）。纤维素的相对分子质量因植物种类、处理过程及测定方法而不同，出入较大，一般约为5万至200万不等。格莱伦和斯维德堡（Gralen & Svedberg，1943）以超离心法测得棉花纤维素的相对分子质量为1.5×10^6，相当于9260个葡萄糖基；蓖麻纤维素的相对分子质量为1.84×10^6，相当于11360个葡萄糖基。

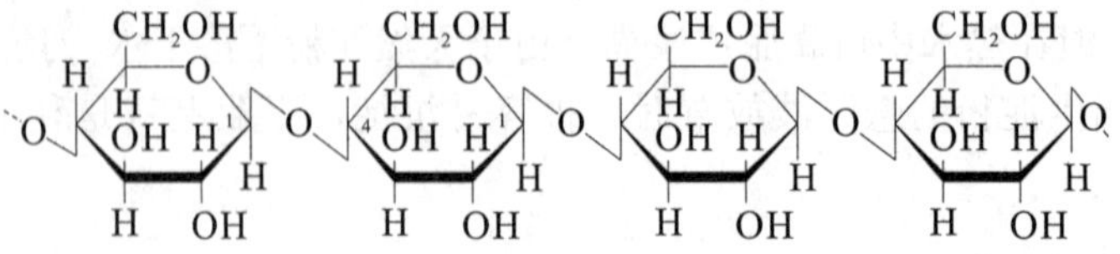

纤维素的分子是一条螺旋状的长链，由100～200条这样彼此平行的长链通过氢键结合成纤维束。氢键是由纤维素分子的羟基与纤维素所吸附的水分子形成的，纤维素的化学稳定性和机械性能都取决于这种纤维束的结构。

(3) 性质

纤维素在性质上与其他糖类的主要区别是在大部分普遍溶剂中极难溶解。例如，纤维素不溶于水、稀酸和稀碱，也不溶于一般的有机溶剂。

从纤维素的结构可以看出，每一个葡萄糖分子含有3个自由羟基（C_2，C_3和C_6），因此能与酸生成酯。如果将纤维素加入到浓硝酸和浓硫酸的消化剂中，由于所用酸的浓度和消化的时间不同，可以将其中的3个羟基逐步酯化。根据羟基的不同反应，可制备各种改性纤维素，从而满足不同的用途。

纤维素三硝酸酯（cellulose nitrate），即所谓硝化纤维（又称火棉），是制造炸药的原料，在外表上与棉花区别很小，但一遇火即迅速燃烧。纤维素一硝酸酯和二硝酸酯的混合物溶于醚和醇的混合液中，可得到一种粘稠的制品，如火棉胶或珂罗酊，这种制品是工业和医药的原料。

醋酸纤维素（酯）（cellulose acetate）可用于制造胶片和薄膜，醋酸纤维素薄膜在生化实验中可作为电泳支撑物；羧甲基纤维素（carboxymethyl cellalose）和微晶纤维素（microcrystalline cellulose）在食品工业中分别用作粘稠剂和填充剂，在生化实验中作为层析介质；乙基纤维素（ethyl cellulose）是一种热塑塑料（thermoplastic）和黏合剂（binder）；人造丝（rayon）、粘胶丝（viscose）以及赛珞玢或称玻璃纸（cellophane）也是改性纤维素。

4. 几丁质（chitin）

几丁质又名壳多糖、甲壳素、甲壳质，是昆虫、甲壳类动物硬壳的主要成分，一些霉菌和藻类的细胞壁中也含有。几丁质是地球上仅次于纤维素的含量的同聚多糖。

构成几丁质的基本糖单位是一种氨基糖，即N－乙酰葡萄糖胺（N－acetyl glucosamine，缩写 GlcNAc），通过β（1→4）糖苷键连接成大分子。

几丁质及其脱乙酰基产物脱乙酰几丁质（chitosan）在工业上和医药上有广泛的用途：可用作粘结剂、上光剂、填充剂、乳化剂；可用于透析膜、超滤膜和农用膜；可作为药物载体、手术缝合线、人造皮肤、人造血管；还可直接用作药物治疗胃溃疡，降低血脂、血胆固醇等。

5. 菊糖（inulin）

菊糖又称菊粉，存在于向日葵属的菊芋（*Helianthus tuberosus*）、菊科的大理菊（*Asterales dahlia*）、菊苣（*Cichorium inth ybus*）的块茎或块根中，在菊芋的块茎中含12%～15%，菊苣的块根中含15%～20%。在这些植物中菊糖代替淀粉成为主要的贮存多糖。此外，在葱蒜、蒲公英中的含量也较丰富。

菊糖是一种多聚果糖（fructan），大约由34个β－果糖和1个α－葡萄糖构成，果糖与果糖间以β（2→1）苷键连接，其末端的1个葡萄糖以α（1→2）苷键与果糖链连接，即：

α－吡喃葡萄糖（1→2）$[\beta$－呋喃果糖$]_{33}$（2→1）$[\beta$－呋喃果糖$]$

菊糖溶于热水，不溶于乙醇。水溶液的 $[\alpha]_D^{20}=-33°$，可被稀酸水解，随食物进入人体，由胃酸水解后可被消化利用。若通过静脉注射，它不能被机体吸收，完全由肾脏排出。菊糖分子可通过肾小球膜（glomerular membrane）的特性在临床上用于肾功能检验及肾生理研究。

二、杂聚多糖

杂聚多糖又称不均一多糖（hetropolysaccharides），通常由两种单糖（或单糖衍生物）构成（个别含两种以上单糖），有的还含有N和S等元素。杂聚多糖在植物多糖（半纤维素、琼脂、果胶、树胶）、动物多糖（糖胺聚糖）和微生物多糖（脂多糖）中均含有。

1. 半纤维素（hemicelluloses）

半纤维素包括很多高分子多糖，这些高分子多糖是多聚戊糖、已糖和少量的糖醛酸，如多聚木糖（xylan）、多聚半乳糖（galactan）、多聚甘露糖（mannan）、多聚阿拉伯糖（arabinan）等。它们的结构较为复杂，多以β-糖苷键方式相连，如多聚半乳糖（约 120 个糖基）、多聚木糖（150～200 个糖基）、多聚甘露糖（200～400 个糖基）都以β（1→4）苷键连接，而多聚阿拉伯糖含有 1→5 和 1→3 两种苷键。

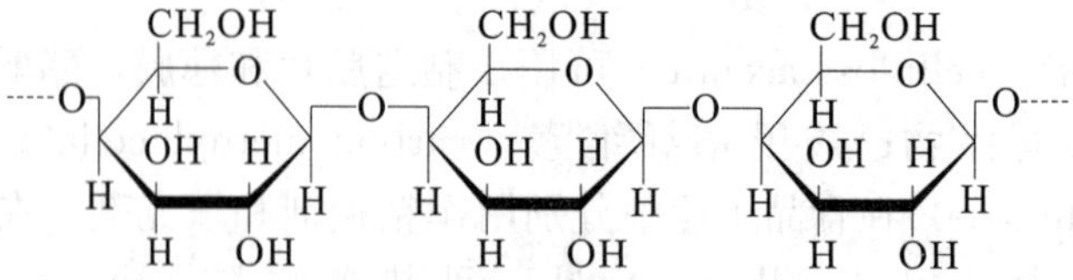

多聚半乳糖

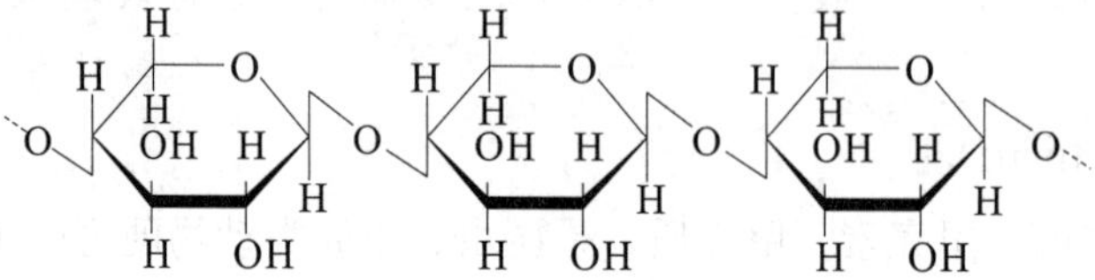

多聚木糖

有的半纤维素由两种单糖缩合而成，如葡甘聚糖（glumannan）是葡萄糖和甘露糖聚合而成的，它是一些裸子植物（针叶植物）细胞壁的主要成分：木葡聚糖（xylglucan）是由木糖和葡萄糖聚合而成，存在于罗望子（*Famarindus indica*）等豆科植物种子中，用于食品工业。

这些多聚糖都有共同的特征：不溶于水，但可溶于稀碱；比纤维素更易被酸水解，水解产物为甘露糖、半乳糖、阿拉伯糖、木糖及糖醛酸等。

半纤维素大量存在于植物木质化部分，如种子的坚果、木质部以及压米芯内。多聚木糖主要存在于木质部以及植物的纤维组织内；多聚半乳糖为木质部和种子细胞壁的组成成分；多聚甘露糖也发现于酵母中。

稻谷、棉子壳、蒿杆中都含有多聚戊糖，这是制造糠醛（aldofuran）的原料，而糠醛是制造树脂、尼龙等的重要原料。

2. 琼脂（agar）

琼脂（或称琼胶）是一类海藻多糖的总称，商品生产的琼脂主要来自石花菜科（*Gelidiaceae*）几个属的海藻。琼脂是糖琼脂（agarose）和胶琼脂（agaropectin）的混合物。糖琼脂（或称琼脂糖）为聚半乳糖（galactan），每 9 个 D-半乳糖（互相以β（1→3）苷键连接）与 1 个 L-半乳糖通过β（1→4）苷键连接起来；胶琼脂则是糖琼脂的硫酸酯（大约每 53 个糖单位有一个—SO_3H 基，磺酸酯化位置在 L-半乳糖的 C_6 上）。琼脂的 L-半乳糖不是一个完整的半乳糖分子，而是 3，6-脱水-L-半乳糖，即 C_3 位上的羟基与 C_6 位上的伯醇基失去 1 分子水后相连接（图 1-5）。另外，琼脂水解后还得到大约 2%的丙酮酸（pyruvic acid），胶琼脂就是含有硫酸酯和丙酮酸的糖琼脂。丙酮酸是与 D-半乳糖的 C_4 和 C_6 缩合成为缩醛化合物。

琼脂常用作微生物培养基凝固剂。在医药、食品、化工等工业中广泛用作凝固剂、赋形剂、浊度稳定剂等。糖琼脂（又称琼脂糖，商品名为 Sepharose）在生化实验中常用作层析、电泳支持物，用于核酸等的分析。

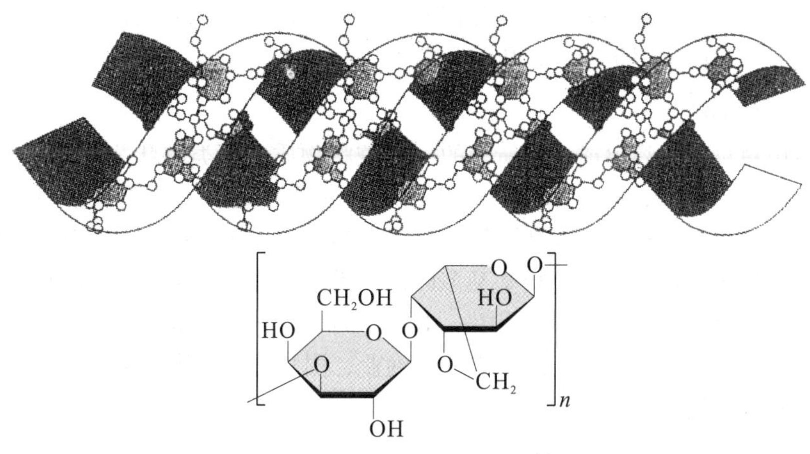

3，6—脱水半乳糖

图 1—5　琼脂糖的构象及结构单位

3. 果胶类物质（pectic substance）

果胶类物质是植物细胞壁的组成成分。它由多种聚糖组成，包括两种酸性多糖：半乳糖醛酸聚糖（galacturonan）和鼠李半乳糖醛酸聚糖（rhamnogalacturonan），以及三种中性多糖：阿拉伯聚糖（arabinan）、半乳聚糖（galactan）和阿拉伯半乳聚糖（arabinogalactan）。果胶类物质包括果胶（pectin）、原果胶（protopectin）、果胶酸（pectic acid）和果胶酯酸（pectinic acid）。

果胶是由半乳糖醛酸聚糖和鼠李半乳糖醛酸聚糖构成的线形结构，其羧基被甲酯化的称为果胶酯酸，完全去掉甲酯化的称为果胶酸。原果胶是指水不溶性的果胶类物质，通常与纤维素和半纤维等结合在一起。

果胶的基本结构为半乳糖醛酸聚糖，以 α（1→4）糖苷键连接，主要为 D—吡喃半乳糖醛酸（GalUA）和少量 L—鼠李糖（Rha）组成的没有分支的线性分子。半乳糖醛酸与 L—鼠李糖之间以 α（1→2）苷键连接。原果胶则是具有分支的复杂结构，支链上有半乳糖（Gal）、木糖（Xyl）、甘露糖（Man）、阿位伯糖（Ara）和 L—鼠李糖（Rha）等构成的寡糖链。支链与主链的连接，若是连接在半乳糖醛酸上，为 1→3 连接；若是连接在 L—鼠李糖上，则为 1→4 连接（图 1—6）。

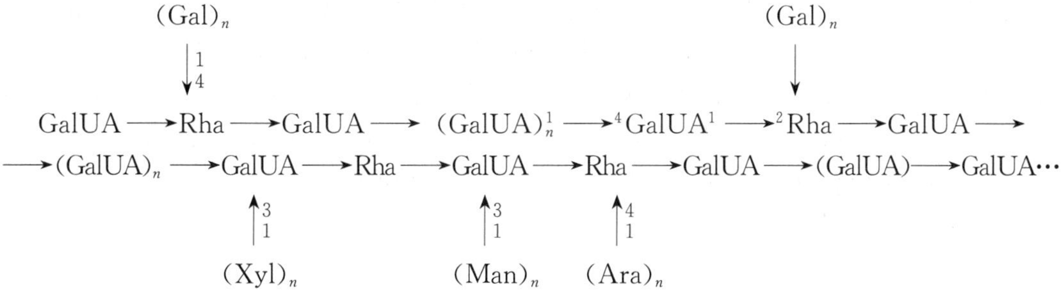

$$
\begin{array}{l}
\qquad\qquad (Gal)_n \text{ (1→4 to Rha)} \qquad\qquad\qquad\qquad\qquad\qquad (Gal)_n \text{ (to Rha)}\\
GalUA \rightarrow Rha \rightarrow GalUA \rightarrow (GalUA)^{1}_{n} \rightarrow {}^{4}GalUA^{1} \rightarrow {}^{2}Rha \rightarrow GalUA \rightarrow \\
\rightarrow (GalUA)_n \rightarrow GalUA \rightarrow Rha \rightarrow GalUA \rightarrow Rha \rightarrow GalUA \rightarrow (GalUA) \rightarrow GalUA\cdots \\
\qquad\qquad (Xyl)_n \text{ (1→3)} \qquad\qquad (Man)_n \text{ (1→3)} \qquad (Ara)_n \text{ (1→4)}
\end{array}
$$

图 1—6　果胶的结构

在植物成熟过程中，侧链寡糖被逐渐降解下来。不同植物、不同的组织部位，果胶的侧链寡糖的组成和长短有所不同。

果胶类物质的一个特性是可以形成凝胶和胶冻。果胶水溶液（pH2～3.5）与糖共沸，冷却后形成果胶-糖-酸固体胶冻，因此果胶广泛用于制糖、饮料、面包、蜜饯、奶品等食品加工业。此外，果胶还用于制药、化妆品等工业。

4. 树胶（gum）

树胶是指由植物树皮渗出或种子所含的一类胶状物质。这类胶状物质如果是疏水性的，称为树脂（resin）；是亲水性的，即称为树胶。它们是由葡萄糖、葡萄糖醛酸、半乳糖、甘露糖、阿拉伯糖等糖基组成的一类杂多糖。不同植物产生不同的树胶。在各种树胶中，糖基成分常常含有羧基等酸性基团，而羧基又多以钙、镁、钾盐形式存在。树胶在工业上有广泛的用途，已用于食品、制药、纺织、印染、造纸、印刷、水泥、涂料、皮革、橡胶、陶瓷、电渡、金属加工、包装材料、化妆品、农业、渔业、国防等。按用途可将其分为食品胶和工业胶两大类。重要的树胶见表1-6。

表1-6　重要的工业用树胶

名　称	主要来源	成分及糖苷键	用途
刺槐树胶 (gum locust)	刺槐树（*Loscust bean*）种子	主链：β-甘露糖（1→4） 支链：α-半乳糖（1→6）	食品、纺织、造纸、采矿
阿拉伯胶 (gum arabic)	金合欢属（*Acacia*）树皮分泌物	主链：β-D-半乳糖（1→3） 支链：L-阿拉伯糖、L-鼠李糖、半乳糖	食品、制药、化妆品、纺织、印染、油漆、涂料
黄芪胶 (gum tragacanth)	黄氏属（*Astragalus*）植物分泌物	阿拉伯半乳聚糖；L-岩藻糖、D-木糖、D-半乳糖醛酸	制药、食品、皮革、印染、造纸
瓜儿豆胶 (guar gum)	瓜儿豆（*Cyamopsis proraloides*）种子	主链：β-甘露糖（1→4） 支链：α-半乳糖（1→6）	食品、石油、纺织、印染、造纸、矿石加工
刺梧桐胶 (gum karaya)	刺梧桐（*Steculia urens*）树皮分泌物	D-半乳糖、L-鼠李糖 半乳糖醛酸	制药、造纸、食品、印染、石油
罗望子胶 (tamarind seed gum)	罗望子树（*Tamarindus indica*）种子	主链：β-葡萄糖（1→4） 支链：α-木糖（1→5） 支链：β-半乳糖（1→2）	陶瓷、纺织、造纸、建材、炸药

5. 糖胺聚糖（glycosaminoglycan）

糖胺聚糖，曾称为粘多糖（mucopolysaccharide），存在于动、植物，特别是高等动物的结缔组织中。这类多糖一般同蛋白质结合在一起，构成结合多糖（conjugated saccharides），称为蛋白聚糖（proteoglycan）。另一类多糖（或寡糖）与蛋白质结合的结合糖类（或称结合蛋白）称为糖蛋白（glycoprotein），将在第三章讨论。糖蛋白和蛋白聚糖都是由蛋白质与糖通过共价键连接的复合物，前者糖含量约占总质量的1%～60%，由多种具有分支的短寡糖链组成；后者糖含量可达98%，主要由无分支的糖胺聚糖链组成。

糖胺聚糖的组成与分布见表1-7。

表 1—7 糖胺聚糖的组成及分布

名称	组成成分	相对分子质量 ($\times 10^3$)	主要存在部位
透明质酸（HA）	N—乙酰葡萄糖胺，葡萄糖醛酸	4000～8000	眼球玻璃体、脐带、关节
4—硫酸软骨素（Ch—4—S）	4—硫酸—N—乙酰半乳糖胺，葡萄糖醛酸	5～50	骨、软骨、皮肤、血管、角膜
6—硫酸软骨素（Ch—6—S）	6—硫酸—N—乙酰半乳糖胺，葡萄糖醛酸	5～50	骨、软骨、皮肤、血管、角膜
硫酸皮肤素（DS）	4—硫酸乙酰半乳糖胺，艾杜糖醛酸	15～40	皮肤、韧带、动脉壁
硫酸角质素（KS）	6—硫酸乙酰葡萄糖胺，半乳糖	4～19	角膜、软骨
肝素（Hp）	6—硫酸—N—乙酰葡萄糖胺，2—硫酸艾杜糖醛酸，葡萄糖醛酸，6—硫酸—N—硫酸葡萄糖胺	6～25	肝、肺、肾、肠粘膜
硫酸乙酰肝素（HS）	6—硫酸—N—乙酰葡萄糖胺，艾杜糖醛酸，N—乙酰葡萄糖胺，葡萄糖醛酸	50	肝、肺、动脉、细胞膜

糖胺聚糖是脊椎动物（vertebrate）结缔组织基质和细胞外基质成分。特别是软骨、筋、腱等含量尤高。现已确定结构的糖胺聚糖有 7 种，即透明质酸（hyaluronic acid，简写 HA）、4—硫酸软骨素（chondroitin—4—sulfate，Ch—4—S；旧称硫酸软骨素 A）、6—硫酸软骨素（chondroitin—6—sulfate，Ch—6—S；旧称硫酸软骨素 C）、硫酸皮肤素（dermatan fulfate，DS；旧称硫酸软骨素 B）、硫酸角质素（keratan sulfate，KS）、肝素（heparin，Hp）和硫酸乙酰肝素（heparan sulfate，HS；旧称硫酸类肝素）。

糖胺聚糖为不分支的线性高分子，由含己糖醛酸（角质素除外）和己糖胺构成的重复二糖单位形成（图 1—7）。其通式为：(己糖醛酸→己糖胺)$_n$，n 随糖胺聚糖的种类而异，一般在 30～25 之间，个别可达数万（如透明质酸分子二糖单位为 5 万多个）。二糖单位内两个单糖单位间通常以 β—苷键连接。因二糖单位中至少有一个单糖单位（糖醛酸）带有负电荷，多呈离子态，故也曾将其称为酸性多糖。

由上述结构和表 1—7 可以看出，糖胺聚糖类杂多糖在结构上有几个共同特点：①各种聚糖都由含 D—葡萄糖胺或 D—半乳糖胺的重复二糖单位所构成；②除硫酸角质素外，都含有糖醛酸（uronic acids），要么是葡萄糖醛酸（glucuronic acid），要么是艾杜糖醛酸（idouronic acid），或二者兼有；③除透明质酸外，都含硫酸基团。由于糖醛酸的羧基和硫酸基在生理条件下都是解离的，因而糖胺聚糖为多阴离子；④糖苷的连键大多为 β（1→3）和 β（1→4）苷键，肝素和硫酸乙酰肝素具有 α（1→3）和 α（1→4）苷键。

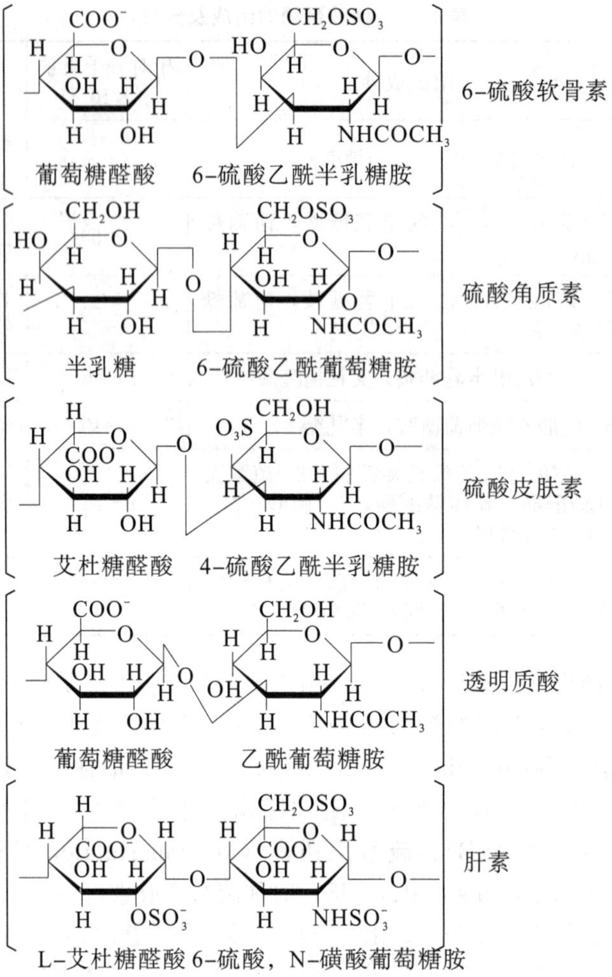

葡萄糖醛酸 6-硫酸乙酰半乳糖胺 6-硫酸软骨素

半乳糖 6-硫酸乙酰葡萄糖胺 硫酸角质素

艾杜糖醛酸 4-硫酸乙酰半乳糖胺 硫酸皮肤素

葡萄糖醛酸 乙酰葡萄糖胺 透明质酸

L-艾杜糖醛酸 6-硫酸，N-磺酸葡萄糖胺 肝素

图 1－7 构成糖胺聚糖的二糖结构

糖胺聚糖类物质具有多种生理效应及用途。肝素是天然的抗凝血剂，它还可以加速血浆中三酰甘油（triacylglycerols）的清除，防止血栓形成；透明质酸可以增加关节间的润滑性，是良好的润滑剂，在做剧烈运动时可起减震作用（透明质酸也是，惟一被发现存在于细菌中的糖胺聚糖）；硫酸软骨素的作用更为广泛，它不仅具有特殊的免疫抑制作用（immunosuppression），还能减少局部胆固醇的沉积，起到抗动脉粥样硬化（antiatherosclersis）的作用。在临床上，硫酸软骨素用于治疗神经痛、偏头痛、关节炎、多种中毒症，且可预防手术后粘连以及链霉素引起的听觉障碍等。此外，硫酸软骨素具有吸湿保水、改善皮肤细胞代谢的功能，已用于化妆品。

三、细菌多糖

细菌多糖包括构成细菌细胞壁的结构性多糖和分泌到胞外的分泌性多糖。这里介绍细胞壁的结构性多糖。

存在于细菌细胞壁与原生质膜之间有一种多糖类物质称为**胞壁质**（murein），连接胞壁质的次级结构多糖为**磷壁酸**（teichoic acid），它们都是细胞壁的组分。

细菌细胞壁主要含多糖，其次含脂质和蛋白质。根据细胞壁的化学组成和结构不同。将细菌分为两大类，这两类细菌根据其对一种称为革兰氏染色（Grainstain，含有一种碱性染料结晶紫与碘的络合物）的实验的情况不同而加以区别：能染色的称为革兰氏阳性细菌（Gram-positive bacteria），不能染色的称为革兰氏阴性细菌（Gram-negative bacteria）。革兰氏阳性细菌的细胞壁含多层肽聚糖和磷壁酸，革兰氏阴性细菌的细胞壁含单层肽聚糖，不含磷壁酸。此外还含有脂多糖、脂蛋白和磷脂等，它们构成外膜（outer membrane）。

1. 胞壁质（murein）

胞壁质又称肽聚糖（peptidoglycan），是糖和肽（peptide，见第三章）的复合物，由两种单糖衍生物和 4 种氨基酸构成。两种单糖是：N－酰葡萄糖胺（N－acetylglucosamine，NAG）和 N－乙酰胞壁酸（N－acetyl－muramic acid，NAM）。

胞壁质的主链是由 NAG 和 NAM 相间排列而成的多糖链，NAG 与 NAM 之间通过 β（1→4）苷键连接。每个胞壁酸连接 4 个氨基酸（其中 2 个为 D－型），然后通过 5 个甘氨酸（glycine）把糖链连接起来而形成网状结构（图 1－8）。

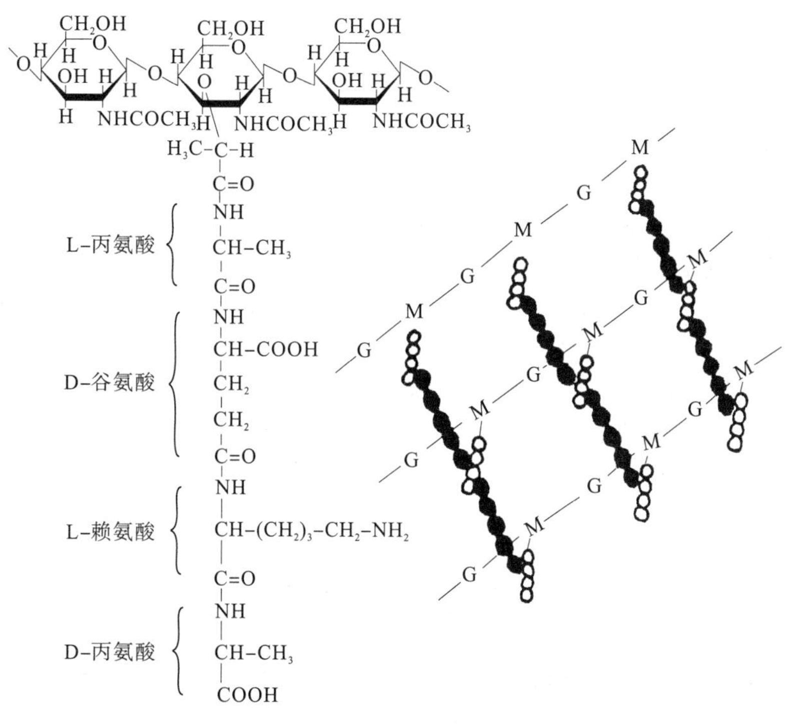

图 1－8　细菌细胞壁肽聚糖结构

G 代表 NAG，M 代表 NAM，O 代表 4 种氨基酸，●代表甘氨酸

这种网状结构又通过磷酸与磷壁酸（teichoicacid）连接，而形成更为复杂的结构。溶菌酶（lysozyme）之所以能够溶菌，因为它可以水解 NAG 和 NAM 间的糖苷键，从而破坏胞壁质构成的网状结构。

2. 磷壁酸（teichoic acid）

磷壁酸（又称菌壁酸）是革兰氏阳性细菌特有的细胞壁组分，由葡萄糖和磷酸核糖醇（ribitol phosphate）或磷酸甘油（glycerol phospbate）组成的寡糖，前者称为核糖醇磷壁酸（ribitol teichoic acid），后者称为甘油磷壁酸（glycerol teichoic acid）。它们的结构核糖醇磷壁酸是由核糖醇与磷酸连成一条链，核糖醇的一个羟基与葡萄糖以苷键连接，核糖醇的另一羟基与丙氨酸（alanine）以酯键相连。在甘油磷壁酸的结构中，甘油与磷酸连接成链，甘油的一个羟基与葡萄糖以苷键相连，另一羟基与丙氨酸以酯键相连。

3. 脂多糖（lipopolysaccharide）

脂多糖为革兰氏阴性细菌细胞壁特有成分。在细胞外膜覆盖一层复杂的脂多糖。由于脂多糖具有抗原性（antigenicity，即由于抗原的刺激能形成特异抗体的能力），故又称为抗原性多糖。不同细菌所含组分及其结构都有较大差别。通常含有 5～9 种单糖或其衍生物。例如，肠道细菌除含有 D－葡萄糖、D－半乳糖、N－乙酰葡萄糖胺外，还含有一些特殊的糖组分，如 3，6－二脱氧岩藻糖（3，6－dideoxyfucose）、L－甘油甘露糖（L－glycerolmannose）、2－酮－3－脱氧－辛糖酸（2－keto－3－deoxy-octonicacid）等。

沙门氏菌（*Salmanella*）的脂多糖研究较为深入，全部结构可分为 3 个部分：由寡糖重复单位组成的 O－抗原、核心多糖和脂质 A。

O－抗原（O－antigen）常具有下列重复单位：

$$\left[\ \mathrm{D{-}Man} \rightarrow \underset{\substack{\uparrow \\ \mathrm{X}}}{\mathrm{L{-}Rha}} \rightarrow \mathrm{D{-}Gal}\ \right]_n$$

X 为一些双脱氧己糖（如阿比可糖、太威糖、泊雷糖等）。

核心多糖（core saccharides）含有 Gal、Glc、2－乙酰胺－2－脱氧葡萄糖、L－甘油甘露糖、2－脱氧－D－甘露辛糖酸、磷酸和乙醇胺。

脂质 A（lipids A）是（1→6）连接的葡萄糖胺二聚物，它的氨基上的一个氢原子被 β－羟基十四烷酸（β－hydroxymyristic acid）所取代，两个羟基上连接长链脂肪酸（fatty acid），尚有一个羟基与核心多糖相连。

由于脂多糖具有亲水性，使细菌细胞表面成为亲水的，这对许多疏水性物质（如疏水抗生素、去污剂、胆酸和染料等）具有通透性屏障作用。此外，从繁殖或破裂细菌中释放出的脂多糖在宿主哺乳动物中可引起多种生物效应，由于常常产生毒性效应，故又将脂多糖称为内毒素（endotoxin）。

本章学习要点

糖是多羟醛或多羟酮的聚合物及其衍生物，根据分子大小不同可将其分为单糖、寡糖和多糖。单糖的构型是本章学习的一个重点。

①单糖是含有 1 个醛基或酮基，2 个以上羟基构成的化合物。常见的单糖含 3～7 个碳原子。单糖具有不对称碳原子，故有旋光性，直链结构的单糖有 D－型和 L－型两种构型，环状结构的单糖还有 α－和 β－两种构型。旋光性是实测的，构型是人为规定的。直链构型（D－和 L－）由 1 个碳原子即靠近伯醇基（或距羰基最远的）不对称碳原子的排布决定，环状构型（α－和 β－）则由两个碳原子即异头碳和决定直链构型的不对称碳原子二者的排布来决定。

②寡糖是糖的低聚合物，其中重要的是二糖。环状单糖为半缩醛，所以二糖实际上是缩醛衍生物，是一种糖苷。糖苷的名称由糖基决定，糖苷键的构型由糖基的半缩醛羟基（或半缩酮羟基）决定。

③多糖是糖的高聚合物。按组成成分多糖分为同多糖和杂多糖；按功能分为结构多糖、

贮存多糖和结合多糖；按来源分为植物多糖、动物多糖和微生物多糖。许多多糖的结构都是基本二糖单位多次重复形成的。一种多糖的结构，应注意其组成糖基成分及糖基间连接的糖苷键。

④糖类物质除了作为能源和结构组分外，还具有细胞识别、细胞通讯、信息传递等重要生物学功能。实现这些功能主要由己糖或己糖衍生物构成的寡糖链，尤其是氨基己糖和乙酰化的氨基己糖，在实现这些生物学功能中起着十分重要的作用。

Chapter 1 CARBOHYDRATES

Carbohydrate are polymers of polyhydroxy aldehydes or polyhydroxy ketones and their derivatives. Carbohydrates can be classified into monoscaecharides, oligosaceharides and polysaccharides by the molecular weight. The instant note of this chapter is configuration of monosaccharides.

1. A monosaccharide consists of one aldehyde group or one ketone group and 2 or more hydroxyl groups. The general monosaccharides have 3 ～ 7 carbon atoms. Because monosaccharide has asymmetric carbon atom, so it has optical rotation. Monosaccharides with straight chain have D—and L—configuration. Cyclic monosaccharides have α—and β—configuration. Optical rotation can be measured, but configuration is stipulated by people. D—and L—configuration depend on the asymmetric carbon atom nearest from the primary alcohol (or farthest from the carbonyl group). α—and β—configuration depend on the anomeric carbon and asymmetric carbon atom which decide the straight chain configuration.

2. Oligosaccharides are carbohydrates possessing two to ten monosaccharide units linked by glycoside bonds. The important oligosuccharide is disaccharide. Because cyclic monosaccharide is hemiacetal, so disaccharide is derivative of acetal and glycoside too. The name of glycoside is decided by glycone. The configuration of glycosidic bond is decided by the hydroxyl group of hemiacetal (or hemiketal).

3. Polysaccharides are high-molecular carbohychates containing more than ten monosaccharide units linked by glycoside bonds. Polysaccharides can be classified into homopolysaccharides and heteropolysaccharides by the components. According to the function, polysaccharides can be classified into structural polysaccharides, store polysaccharides and binding polysaccharldes; Accordlng to the source, polysacchaides can be classified into plant polysaccharides, animal polysaccharides and microorganism polysaccharides. The structure of many polysaccharides is polymers of disaccharide unit. The component of glycosyl and the glyeosidic bond linked glycosyl are instant notes of structure of Polysaccharldest.

4. Apart from the energy source and structure composltion, the important functions of carbohydrate are cell recognition, cell communication and message transmission etc. The oligosaccharide chains of hexoses or derivatves of hexoses can accomplish these functions, particulerly hexosamine and aeetyl hexosamine.

习 题

1. 用对或不对回答下列问题。如果不对，请说明原因。

(1) L—构型的糖，其旋光性为左旋，D—构型的糖，其旋光性为右旋。

(2) 所有单糖都具有旋光性。

(3) 所有单糖都是还原糖。

(4) α—D—葡萄糖和β—D—葡萄糖是对映异构体。

(5) 凡具有变旋性的物质一定具有旋光性。

2. 戊醛糖可能有多少个立体异构体（包括α，β异构体）？写出它们的开链结构式（注明构型与名称）。

3. 请指出表1—4中的寡糖，哪些是还原糖，哪些是非还原糖？

4. 乳糖是葡萄糖苷还是半乳糖苷？是α苷还是β苷？蔗糖是什么糖苷？是α苷还是β苷？两分子D—吡喃葡萄糖可以形成多少种不同的双糖？

5. α—和β—D—葡萄糖平衡混合物的 $[\alpha]_D^{20}$ 为+52.5°，纯α—D—葡萄糖的 $[\alpha]_D^{20}$ 为+112.2°，纯β—D—葡萄糖的 $[\alpha]_D^{20}$ 为+18.7°。计算平衡混合物中α—和β—D—葡萄糖各占的百分比？

6. 从某动物肝脏提取糖原样品共25 mg，以2 mL 2 mol·L^{-1} H_2SO_4水解，水解液中和后，再稀释到10 mL，最终溶液的葡萄糖含量为2.35 mg·mL^{-1}。问分离出的糖原纯度是多少？

7. 100 mg纤维素用酸水解，测得水解液中含葡萄糖95 mg。计算该样品纤维素的纯度。

8. 称取糖原81.0 mg，将其完全甲基化，然后再用酸水解，水解产物中得到2，3—二甲基葡萄糖62.5μmol。问：

(1) 糖原分子分支点占全部葡萄糖残基的百分数是多少？

(2) 甲基化和水解后还有哪些其他产物？每一种有多少？

9. 若前一题中糖原的相对分子质量为3×10^6，请回答以下问题。

(1) 1分子糖原含有多少个葡萄糖残基？

(2) 在分支点上有多少个残基？

(3) 有多少个残基在非还原末端上？

10. 今有32.4 mg支链淀粉，完全甲基化后酸水解，得到10μmol 2，3，4，6—四甲基葡萄糖。问：

(1) 此外还有哪些甲基化产物，每种是多少？

(2) 通过1→6苷键相连的葡萄糖残基的百分数是多少？

(3) 若该支链淀粉的相对分子质量为1.2×10^6，则一分子支链淀粉中有多少分支点残基？

第二章 脂质和生物膜

第一节 脂质的定义、分类及生物学功能

脂质或称脂类（lipids），主要是根据它们不溶于水（或微溶于水）而溶于有机溶剂这一特性将其归为一类。从它们的分子结构来看，脂质分子基本上分为两个部分，一部分是疏水的（hydrophoic），另一部分是亲水的（hydrophilic）。这一特性恰好使脂类成为构成生物膜（biomembrane）的良好材料。生物膜实际上就是一些特异蛋白质“镶嵌”在由脂类构成的骨架上而形成的一层薄膜，担负着物质转运、信息传递和能量转换等重要功能。

一、脂质的定义及存在

1．脂质的定义

脂质是由脂肪酸（fattyacids）和醇（alcohols）作用生成的酯（esters）及其衍生物。构成脂质的脂肪酸为含长链（通常在12个碳原子以上）的一元羧酸，称为高级脂肪酸。构成脂质的醇有甘油（丙三醇）、鞘氨醇、固醇和高级一元醇。

一般说来，各种脂质虽然在化学结构上有较大差异，但它们具有共同的特点：

①分子中含有脂肪酸和醇，有的还含有磷酸、氮碱或糖等；

②与糖类比较，其碳氢比例较高；

③不溶或微溶于水，而溶于非极性有机溶剂，如氯仿（chloroform）、丙酮（acetone）等；

④能被生物利用，分解时可为机体提供能量。

2．脂质的存在形式

脂质在生物体内以两种方式存在：贮存脂质（store lipids）和结构脂质（structural lipids）。贮存脂质是作为一种贮存能源物质，其含量随食物而改变。在不同生物体内贮存脂质的贮存方式有所不同。在人及哺乳动物体内，脂质贮存在于肠系膜、大网膜等特异分化的脂肪组织中，在一些植物中则由特异分化的脂肪细胞贮存，在细菌细胞中脂质贮存在脂肪颗粒内。结构脂质是细胞的一种结构组分，尤其是生物膜，其主要成分是脂质。这类脂质含量恒定，不因食物而改变。它们常常与蛋白质结合成脂蛋白（lipoprotein），或与糖结合成糖脂（glucolipid），具有重要生物学作用。

二、脂质的分类

按脂质分子的化学组成可将其分为三大类（表2-1）：

1. 简单脂质（simple lipids）

简称单脂，是指仅仅由脂肪酸和醇构成的酯。根据醇成分的不同，又分为：

表 2-1 生物体中的脂类及其化学组成

类 别	名 称		组成成分
简单脂质	1. 脂肪		甘油＋脂肪酸
	2. 蜡		长链一元醇＋长链脂肪酸
复合脂质	磷脂	1. 甘油磷脂	脂肪酸＋甘油＋磷酸＋含氮组分
		2. 鞘磷脂	脂肪酸＋鞘氨醇＋磷酸＋胆碱
	糖脂	1. 鞘糖脂	脂肪酸＋鞘氨醇＋己糖（及己糖衍生物）
		2. 甘油糖脂	脂肪酸＋甘油＋半乳糖
其他脂质	1. 固醇及类固醇		固醇及其衍生物
	2. 萜		异戊二烯衍生物
	3. 二十碳酸类化合物		前列腺素、凝血噁烷、白三烯
	4. 结合脂质		脂多糖、脂蛋白

①三酰甘油：又称甘油三酯或脂肪，由 1 分子甘油和 3 分子脂肪酸组成。

②蜡：由长链脂肪酸和长链一元醇组成。

2. 复合脂质（compound lipids）

简称复脂，分子中除含脂肪酸和醇外，还含有其他成分，根据这些成分的不同，又分为：

①磷脂：除含脂肪酸和醇外，还含有磷酸和含氮化合物（胆碱、乙醇胺、丝氨酸等）。磷脂又根据醇成分的不同，分为甘油磷脂和鞘磷脂。

②糖脂：除含脂肪酸和醇外，还含有单糖或寡糖。根据醇成分的不同，又分为鞘糖脂（脑苷脂、神经节苷脂）和甘油糖脂。

3. 其他脂质（other lipids）

除了上述两类脂质外，将由这两类脂质衍生的或其他具有脂质主要特性的物质归入此类。包括：

①固醇和类固醇：固醇（或称甾醇）包括动物固醇、植物固醇和微生物固醇。类固醇是固醇的衍生物，包括维生素 D、胆酸及胆汁酸、性激素和肾上腺皮质激素等。

②萜：由异戊二烯衍生的不饱和烃类，包括胡萝卜素等天然色素、天然橡胶等。

③二十碳酸类化合物：包括前列腺素（prostaglandin）、凝血噁烷（thromboxane）和白三烯（leukotriene）。

④结合脂质：包括脂蛋白、脂多糖等。

三、脂质的生物学作用

从生物学作用的角度而言，脂质可分为贮存脂质、结构脂质和活性脂质，它们在生物体内发挥着不同的生物学作用。

1. 贮存能源

贮存能源物质主要是脂肪，其次是蜡。生物在进化过程中之所以选择了脂肪而不是糖作为贮存能源. 这是因为脂肪是一种高还原性化合物，其氢含量相当高，氧化分解时释放能量多，1g 油脂完全氧化分解可产生 38 kJ（9.3 kcal）的能量，而 1g 糖只产生 17kJ（4 kcal），1g 蛋白质产生 23 kJ（5.6 kcal）的能量。而且由于脂肪是疏水的，作为贮存能源比糖少许多结合水。

在海洋浮游生物中蜡是主要的贮能物质。

2. 结构组分

生物膜的骨架主要由磷脂构成，其次是固醇和糖脂。这些脂质的分子结构特点是具有一个亲水的头部和一个疏水的尾部，这种两亲性（amphipathic）正好在构成生物膜时，两分子脂质尾对尾形成双分子层，即为生物膜的基本骨架。此外，有些生物膜磷脂还参与细胞识别和信息传递。

3. 特异生理活性

一些脂质的衍生物有重要的生理活性。如固醇衍生物类固醇激素（包括性激素和肾上腺皮质激素）、脂溶性维生素（A、D、E、K）、某些光合色素（如类胡萝卜素）、20 碳衍生物（包括前列腺素、凝血噁烷和白三烯）、磷脂酰肌醇等，都是重要的活性脂质，具有多种多样的重要生理功能。

4. 保护作用

在动物和人体的许多器官表面分布有脂质，可起到防震、润滑、缓冲、御寒等作用。脂肪还是生物体的热、电和机械力的隔绝屏障。

第二节　油脂

一、油脂的存在及其生物学意义

油脂（glycerides）广泛地存在于动植物体内，是构成动植物体的重要成分之一。机体内油脂以结构脂肪和贮存脂肪两种形式存在。结构脂肪处于细胞内，是构成细胞原生质的组成成分；贮存脂肪主要存在于脂肪组织或脂肪细胞中，在高等动物中主要存在于皮下结缔组织、大网膜、肠系膜等处，具有润滑、防震、防寒以及通过分解而提供能量等功能。

植物的油脂多存在于果实和种子中，如大豆、花生、油菜籽、芝麻、向日葵等，其脂肪含量可达 40%～50%。

在某些产脂性微生物中，其脂肪含量也较高。在微生物细胞中，脂肪常以脂肪颗粒形式存在。

二、油脂的结构

油脂只是一种俗称，它的化学名称为脂酰甘油（acyl glycerols）或脂酰甘油酯（acyl glycerides)。由甘油（glycerol）和脂肪酸（fatty acids）组成。脂酰甘油分子含有 3 分子脂肪酸，故名三酰甘油（triacylglycerol)，其结构通式为：

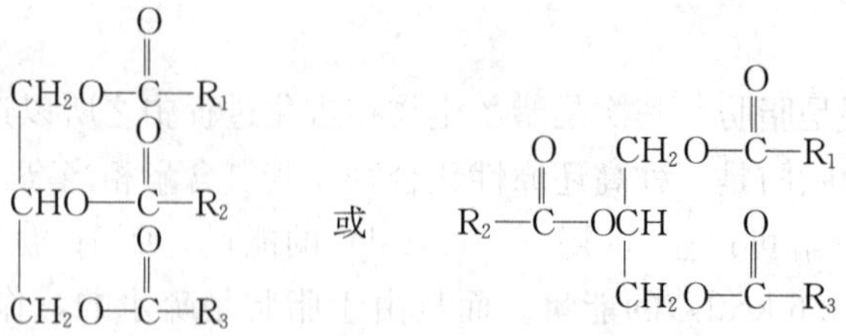

$$\begin{array}{l} CH_2O-\overset{O}{\overset{\|}{C}}-R_1 \\ | \\ CHO-\overset{O}{\overset{\|}{C}}-R_2 \\ | \\ CH_2O-\overset{O}{\overset{\|}{C}}-R_3 \end{array} \quad 或 \quad \begin{array}{r} CH_2O-\overset{O}{\overset{\|}{C}}-R_1 \\ R_2-\overset{O}{\overset{\|}{C}}-OCH \\ CH_2O-\overset{O}{\overset{\|}{C}}-R_3 \end{array}$$

式中，R_1、R_2、R_3 为各种脂肪酸的烃基（hydrocarbon group）。R_1、R_2、R_3 相同者，称为**单纯甘油酯**（simple triacylglycerides）；R_1、R_2、R_3 有 2 个或 3 个不同者，称为**混合甘油酯**（mixed triacylglycerides）。

油脂是由 1 分子甘油和 3 分子脂肪酸反应而生成的。

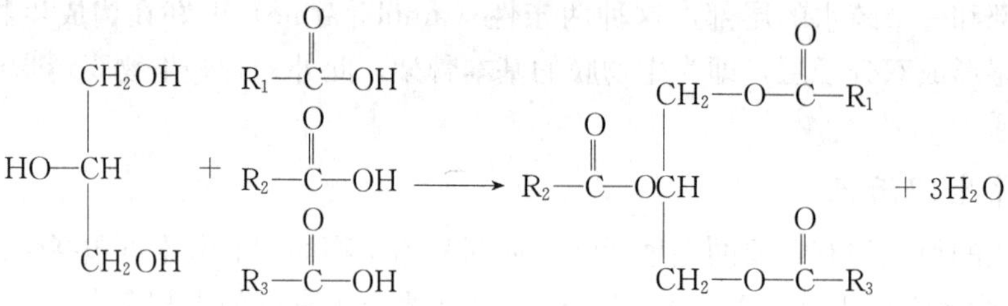

$$\underset{甘油}{\begin{array}{c} CH_2OH \\ | \\ HO-CH \\ | \\ CH_2OH \end{array}} + \underset{脂肪酸}{\begin{array}{c} R_1-\overset{O}{\overset{\|}{C}}-OH \\ R_2-\overset{O}{\overset{\|}{C}}-OH \\ R_3-\overset{O}{\overset{\|}{C}}-OH \end{array}} \longrightarrow \underset{三酰甘油}{\begin{array}{r} CH_2-O-\overset{O}{\overset{\|}{C}}-R_1 \\ R_2-\overset{O}{\overset{\|}{C}}-OCH \\ CH_2-O-\overset{O}{\overset{\|}{C}}-R_3 \end{array}} + 3H_2O$$

甘油的 3 个羟基全部与脂肪酸酯化时，这个结构就称为**三酰甘油**（triacylglycerols）；如果甘油只有 1 个羟基或 2 个羟基被脂肪酸酯化，则分别称为**单酰甘油**（monoacylglycerols）和**二酰甘油**（diacylglycerols）。

1. 甘油（glycerol）

甘油，即丙三醇，因具有甜味而得名。甘油为无色、无臭的黏稠状液体，溶于水及乙醇，不溶于其他有机溶剂。甘油的用途很广，可作制造炸药的原料（硝化甘油）以及防冻剂、防干剂、柔软剂。甘油还广泛用于纺织、染料、医药、油漆等工业部门。

2. 脂肪酸（fatty acids）

组成脂肪的脂肪酸为有机羧酸，含有 1 个烃基及末端 1 个羧基。烃基含碳原子数为 3～33 个，其中含 14～24 个碳原子的脂肪酸占多数，称为高级脂肪酸。油脂中的脂肪酸具有下列特点：

第一，在高等动植物体内主要存在 12 碳以上的高级脂肪酸，12 碳以下的低级脂肪酸存在于哺乳动物的乳脂中；绝大多数含有偶数碳原子，极少数含奇数碳原子（主要存在于海洋生物中）。

第二，烃链有饱和的，有不饱和的，有的还有取代基（如羟脂酸）。常见的饱和脂肪酸有软脂酸（含 16 个碳原子，用 C_{16} 表示）和硬脂酸（C_{18}）；常见的不饱和脂肪酸有油酸、亚油酸、亚麻酸和花生四烯酸。

第三，不饱和脂肪酸中有含 1 个双键的（称为单烯酸，monoenoic fatty acid），有含 2 个以上双键的（称为多烯酸，polyenoic fatty acid）。单烯酸的双键位置，一般在第 9～10 碳原子之间（用希腊字母记为 Δ^9，其右上标数字表示双键位置）；多烯酸通常间隔 3 个碳原子出现一个双键（如 $\Delta^{9,12,15}$）。不饱和脂肪酸由于具有双键，因此具有顺——反异构现象。天然存在的多为顺式异构体。

第四，不饱和脂肪酸的分布：细菌含单烯酸，动植物既含单烯酸又含多烯酸。

脂肪酸的简写表示法是先写出碳原子数，再写双键数，最后表明双键的位置。

例如，软脂酸 $C_{16:0}$，表示含 16 个碳原子，无双键（“0” 通常省去）。又如，亚油酸 $\Delta^{9,12}-C_{18:2}$，表示含 18 个碳原子，有两个双键，位于 9～10 碳及 12～13 碳间。

各种天然脂肪酸中以软脂酸（又称棕榈酸）分布最广，其次是硬脂酸。动物脂肪的脂肪酸比较单纯，多为直链饱和或不饱和的。细菌的脂肪酸有饱和的，有含 1 个双键或含 1 个环丙烷基的。含侧链的饱和脂肪酸（结核酸和结核硬脂酸）存在于结核菌脂肪中。植物中的脂肪酸种类较多，含烯键（双键）、炔键（三键）、环氧基以及含环丙烯基等的脂肪酸主要存在于植物中。

常见的天然脂肪酸见表 2－2 所示。

表 2－2　重要的天然脂肪酸

脂　肪　酸	结　构
饱和脂肪酸：	
月桂酸（十二酸）（lauric acid）	$CH_3(CH_2)_{10}COOH$
豆蔻酸（十四酸）（myristic acid）	$CH_3(CH_2)_{12}COOH$
软脂酸（十六酸）（palmitic acid）	$CH_3(CH_2)_{14}COOH$
硬脂酸（十八酸）（stearic acid）	$CH_3(CH_2)_{16}COOH$
花生酸（二十酸）（arachidic acid）	$CH_3(CH_2)_{18}COOH$
结核硬脂酸（10－甲基硬脂酸）（tuberoulostearic acid）	$CH_3(CH_2)_7CH(CH_2)_8COOH$ | CH_3
结核酸（3，13，19－三甲基二十三酸）（phthioic acid）	$CH_3(CH_2)_3CH(CH_2)_5CH(CH_2)_9CHCH_2COOH$ |　　　　|　　　　| CH_3　　CH_3　　CH_3
不饱和脂肪酸：	
油酸（Δ^9－十八烯酸）（oleic acid）	$CH_3(CH_2)_7-CH=CH-(CH_2)_7COOH$
神经油酸（Δ^{15}－二十四烯酸）（nervonic acid）	$CH_3(CH_2)_7-CH=CH-(CH_2)_{13}COOH$
亚油酸（$\Delta^{9,12}$－十八（二）烯酸）（linoleic acid）	$CH_3(CH_2)_4-CH=CH-CH_2-CH=CH-(CH_2)_7COOH$
亚麻酸（$\Delta^{9,12,15}$－十八（三）烯酸）（linolenic acid）	$CH_3CH_2-CH=CH-CH_2-CH=CH-CH_2-CH=CH-(CH_2)_7COOH$
桐油酸（$\Delta^{9,11,13}$－十八（三）烯酸）（tungic acid）	$CH_3(CH_2)_3-CH=CH-CH=CH-CH=CH-(CH_2)_7-COOH$
花生烯酸（$\Delta^{5,8,11,14}$－二十（四）烯酸）（arachidonic acid）	$CH_3(CH_2)_4-CH=CH-CH_2-CH=CH-CH_2-CH=CH-CH_2-CH=CH-(CH_2)_3COOH$
环状脂肪酸：	
大风子酸（chaulmoogric acid）	$CH=CH$ |　　　＼ |　　　　$CH(CH_2)_{12}COOH$ |　　　／ $CH=CH$
干酪乳酸（lactobacic acid）	$CH_3(CH_2)_5CH$——$CH(CH_2)_9COOH$ ＼　／ CH_2
含羟基脂肪酸：	
脑羟脂酸（cerebronic acid）	$CH_3(CH_2)_{21}CHOHCOOH$
蓖麻子酸（Δ^9－12 羟－十八烯酸）（ricinoleic acid）	$CH_3(CH_2)_5CHOHCH_2-CH=CH-(CH_2)_7COOH$
α－羟二十四烯酸（Δ^{15}）（hydroxynervonic acid）	$CH_3(CH_2)_7-CH=CH(CH_2)_{12}-CHOH-COOH$

3. 天然油脂的组成成分

天然油脂并非由一种物质组成，而是三酰甘油（triacylglycerols）的混合物。过去曾认为天然油脂是简单甘油酯的混合物，而实际上天然油脂是混合甘油酯的混合物。只有在极少数的情况下，即当脂肪中含有大量某一脂肪酸时，才含有简单甘油酯。如在橄榄油及人的脂肪中，因油酸较多（达70%以上），故主要是三油酰甘油。在一般情况下，从脂肪的水解产物中可得到多种脂肪酸。

三、油脂的理化性质

油脂的理化性质主要决定于脂肪酸。

1. 溶解性

脂肪的一个主要特点是一般不溶于水，而溶于乙醚、丙酮、氯仿、石油醚及四氯化碳等非极性溶剂。但这不是绝对的，由低级脂肪酸（如丁酸）所构成的脂肪就溶于水。脂肪在水中的溶解度随脂肪酸分子中所含碳原子数的增加而降低。例如，在20℃时在水中的溶解度：己酸为9.7 mg/g，月桂酸为0.055 mg/g，硬脂酸为0.003 mg/g。即使是完全不溶于水或很少溶于水的脂肪，在高温高压下也能大量溶于水。

2. 熔点

脂肪的熔点取决于所含脂肪酸的成分，脂肪酸都有固定的熔点（melting point）。如果饱和度相同，则脂肪酸的熔点随碳原子数的增加而升高（如月桂酸为44℃，软脂酸为63℃，花生酸为77℃）；当碳原子数相等时，不饱和脂肪酸的熔点比相应的饱和脂肪酸低。硬脂酸的熔点为70℃，而引入1个双键，如油酸，其熔点则降至14℃，而且双键加入得越多，熔点也就越低。因此，天然脂肪的熔点与其所含的某一主要成分的脂肪酸密切相关。例如三硬脂酰甘油和三软脂酰甘油约在60℃左右熔化，而三油酰甘油在0℃时已是液体。

动物脂肪通常含软脂酸和硬脂酸较多，因此在常温下皆呈固态。如猪的脂肪中含油酸50%，在36℃～46℃熔化，羊的脂肪含油酸约36%～40%，熔点44℃～50℃。植物油含有大量的油酸、亚油酸以及其他在常温下为液态的不饱和脂肪酸，因此植物油在常温下为液体。

3. 乳化作用

脂肪虽不溶于水，但在乳化剂（emulsifying agent）作用下，可变成很细小的颗粒，均匀地分散在水里面而形成稳定的乳状液，这个过程叫乳化作用（emulsification）。所谓乳化剂是一种去污剂（detergent），属于可溶性脂，为两亲分子。在油水混合物中，分子的疏水部分与油结合，亲水部分与水分子结合，在油水界面形成单分子层，因此乳化剂又是一种表面活性物质，能降低水和油两相交界处的表面张力。

油脂的乳化作用是一种普遍现象。动物对于脂肪的消化吸收需要胆汁酸盐（bile salt），胆汁酸盐起乳化剂的作用，脂肪乳化后才能被肠壁细胞吸收。在日常生活中，用肥皂洗去油污也是一种乳化作用，以肥皂作乳化剂，把衣物上的油污变成细小的颗粒使之均匀地分散在水中，以达到去污的目的。

4. 水解作用

一切油脂都能被酸、碱和脂肪酶（lipase）所水解，水解的产物是甘油和各种高级脂肪酸。在高温、高压和催化剂存在的情况下，油脂可以按下列反应式进行水解。

$$\begin{array}{c} CH_2-O-CO-R_1 \\ | \\ R_2-CO-O-CH \\ | \\ CH_2-O-CO-R_3 \end{array} + 3H_2O \longrightarrow \begin{array}{c} CH_2OH \\ | \\ CHOH \\ | \\ CH_2OH \end{array} + \begin{array}{c} R_1-COOH \\ R_2-COOH \\ R_3-COOH \end{array}$$

脂　肪　　　　　　　　　　甘　油　　　　脂肪酸

水解作用如在碱性溶液（NaOH 或 KOH）中进行（为不可逆反应），则产物为甘油及高级脂肪酸的盐（钠盐或钾盐），后者即通常所称的肥皂。因此，我们把脂肪的碱水解过程称为皂化作用（saponification）。皂化作用分两步进行：首先脂肪被碱水解为甘油和脂肪酸，然后碱才能与脂肪酸起中和反应而生成肥皂。

$$\underset{\text{脂肪}}{C_3H_5(OCOR)_3} + 3H_2O \longrightarrow \underset{\text{脂肪酸}}{3RCOOH} + \underset{\text{甘油}}{C_3H_5(OH)_3}$$

$$\underset{\text{脂肪酸}}{RCOOH} + NaOH \longrightarrow \underset{\text{肥皂}}{RCOONa} + H_2O$$

在体内，脂肪主要由脂肪酶水解，其产物为甘油和脂肪酸。

5. 加成作用

不饱和脂肪酸中的双键在适当的温度和催化剂的作用下，可与氢或卤素起加成作用（addition reaction）。与卤素的加成作用，称卤化作用（halogenation），与氢加成，称氢化作用（hydrogenation）。例如，与碘加成：

$$-\overset{H}{\overset{|}{C}}=\overset{H}{\overset{|}{C}}- + I_2 \xrightarrow{\text{卤化}} -\underset{I}{\underset{|}{\overset{H}{\overset{|}{C}}}}-\underset{I}{\underset{|}{\overset{H}{\overset{|}{C}}}}-$$

无论卤化或氢化，加成的结果可使不饱和脂肪酸转变成饱和脂肪酸。氢化作用通常用于使液体油脂变成固体油脂，后者称为硬化油或氢化油。硬化油是食品、肥皂和脂肪酸等工业的原料，如人造奶油（margarine）就是用精炼棉子油等植物油经氢化制成的。液体油脂不便运输，容易发生酸败，海产油脂还有臭味，经氢化后可以克服这些缺点。食品工业上还利用此原理将棉子油改制为人造牛油。

6. 氧化作用

天然油脂暴露在空气中相当一段时间后，就会产生一种刺鼻臭味，称为酸败（rancidity）。油脂酸败的主要原因有两个：一是空气中的氧使其氧化分解，二是微生物的作用。

油脂中不饱和脂肪酸的双键受到空气中氧的氧化作用后成为过氧化物，继续分解产生低级醛、酮、羟酸和醛或酮的衍生物，这些物质使油脂产生臭味。这种由于空气中的分子氧在常温常压下对油脂的直接作用，从而导致氧化的进行，称为自动氧化（autoxidation）。光、热、湿气可加速油脂的自动氧化。

油脂酸败的另一个原因是霉菌或脂肪酶将油脂水解成低级脂肪酸，再经过一系列的化学变化后生成 β—酮酸，这个过程称为 β—氧化（β—oxidation）。生成的 β—酮酸脱羧而成低级酮类。

油脂酸败对油脂的储藏和运输不利，因此，在油脂保藏中应低温、干燥、避光和防止微生物的作用。在油脂中加入适量抗氧化剂，也可延缓油脂的自动氧化过程，从而减少酸败。

另一方面，油脂的氧化作用也有其可利用的一面。含高度不饱和脂肪酸的油类（如桐油、亚麻油）经空气氧化后，可形成一层坚硬不溶而富于弹性的薄膜。脂肪酸的不饱和程度愈高，就愈容易形成氧化膜。工业上所用的干性油（drying oil）和半干性油（semidrying oil）即是根据此原理。

四、油脂的鉴定

由于油脂在应用上的目的不同，因此对油脂的成分和性质要求也不相同。例如，肥皂工业上应用的油脂应以含多量饱和脂肪酸甘油酯为宜，在油漆工业上应用的油脂则以含高度不饱和脂肪酸甘油酯为宜。油脂在储藏期间也需要经常检查有无酸败。因此，对油脂的组成、游离脂肪酸的含量及不饱和程度等需要进行分析鉴定。

对油脂的分析鉴定可利用其物理特性及化学特性。常用的物理常数有熔点、凝固点、比重、折射率、旋光性及光谱吸收等。化学特性是根据油脂中所含脂肪酸的结构特性。常用的有下列几个测定指标：

1. 皂化值

完全皂化1克（g）油脂所需氢氧化钾的毫克（mg）数，称为油脂的皂化值（saponification number）。皂化值可用下式计算：

$$\text{皂化值}=\frac{V \cdot N \cdot 56.1}{W}$$

式中，V 为测定皂化值时用来滴定的盐酸样品所耗毫升数（空白样品），N 为盐酸的浓度，56.1为氢氧化钾的相对分子质量，W 为测定时所用油脂的重量。

从皂化值的大小可以推知脂肪中所含脂肪酸的平均分子质量。油脂的皂化值与分子质量成反比。如果1 g油脂完全水解后得到的脂肪酸的分子数愈少，则用以中和的KOH的量也愈少，即皂化值愈小，这说明组成这种油脂的脂肪酸的平均分子质量大；反之，皂化值愈大，则其脂肪酸的平均分子质量愈小。

因为皂化1 mol油脂需3 molKOH，因此，皂化值也可表示为

$$\text{皂化值}=\frac{3\times56\times1000}{M_r} \quad \text{或} \quad M_r=\frac{3\times56\times1000}{\text{皂化值}}$$

测定皂化值可以检查油脂的质量（是否掺有其他物质），测定油脂的水解程度，可指示转变油脂为肥皂所需的碱量。由皂化值可求得相对分子质量（M_r）。

2. 碘值

碘值（iodine number）是指在油脂的卤化作用中，100 g油脂与碘作用所需碘的克数。用下式计算：

$$\text{碘值}=\frac{N \cdot V \cdot \frac{127}{1000}}{W}\times100$$

式中，V 为滴定时用去的硫代硫酸钠的毫升（mL）数，N为硫代硫酸钠的浓度，127为碘原子质量，W 为样品油脂重量（g）。

碘值可表示油脂中脂肪酸的不饱和程度。碘值愈大，油脂的不饱和程度愈大。因此，根据碘值可以推断干性油的优劣。碘值大于130的叫干性油（drying oil），在100～130之间的叫半干性油（hemidrying oil），在100以下的叫非干性油（nondrying oil）。在油脂的氢化

中，可根据碘值的变化来指示氢化进行的程度。

3. 酸值

酸值（acid number）是指中和1克（g）油脂中的游离脂肪酸所需要的氢氧化钾的毫克（mg）数。天然油脂由于制造方法和储存过程不同，会影响游离脂肪酸的含量。例如，油脂酸败后，就有大量游离脂肪酸出现，酸值增加。因此，酸值可以用来衡量油脂品质的优劣。

第三节 磷脂

磷脂（phospholipids）是含有磷酸的脂质，是构成生物膜的重要组分。根据其分子中所含醇的不同可分为两类：甘油磷脂（phosphoglycerides）和神经鞘磷脂（sphigomyelins）。

一、甘油磷脂

甘油磷脂（phosphoglycerides）或称磷脂酰甘油（phosphacylglyceros），是一类含甘油的磷脂。根据国际理论和应用化学联合会及国际生物化学联合会（IUPAC-IUB）的生物化学命名委员会（Commission on Biochemical Nomenclature）的建议，甘油采用下列命名原则：

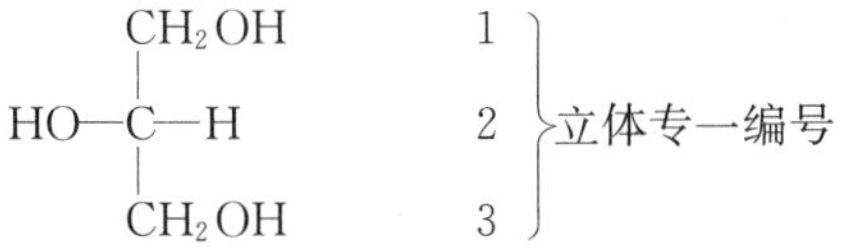

$$\begin{array}{ll} \quad\ \ CH_2OH & 1 \\ HO-C-H & 2 \\ \quad\ \ CH_2OH & 3 \end{array} \Bigg\} \text{立体专一编号}$$

将甘油的3个碳原子指定为1、2、3（其顺序不能颠倒）。第二个碳原子的羟基用投影式（Fischer式）表示，一定要放在左边。位于碳2上面的碳原子称为碳1，位于碳2下面的碳原子称为碳3。这种编号称为立体专一编号（Stereospecific numbering），用Sn表示，写在化合物名称的前面。

构成甘油磷脂的母体结构称为磷脂酸（phosphatidic acid），它的结构是1，2-二脂酰-3-磷酸甘油（磷酸与甘油的C_3羟基酯化）：

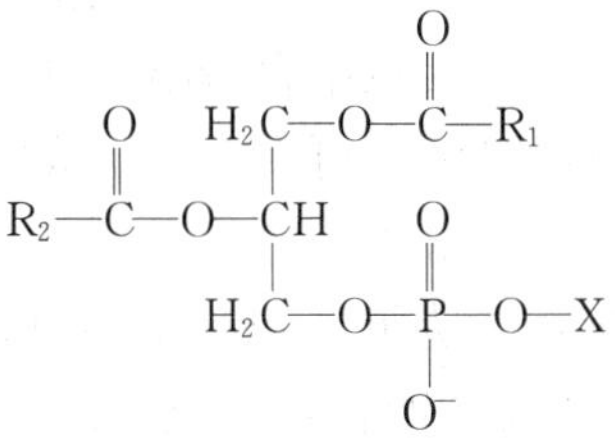

$$\begin{array}{l} \qquad\qquad\quad\ H_2C-O-\overset{O}{\overset{\|}{C}}-R_1 \\ R_2-\overset{O}{\overset{\|}{C}}-O-CH \\ \qquad\qquad\quad\ H_2C-O-\overset{O}{\overset{\|}{P}}-O-X \\ \qquad\qquad\qquad\qquad\ \ | \\ \qquad\qquad\qquad\qquad\ O^- \end{array}$$

磷脂的母体结构（磷脂酸）

在磷脂分子中，甘油的C_1羟基通常与一个饱和脂肪酸（常为软脂酸或硬脂酸）酯化，C_2羟基通常与一个不饱和脂肪酸（十八碳烯酸或花生四烯酸）酯化，C_3通过磷酸酯键与磷酸连接。磷酸再通过酯键与另一含氮物或非含氮物连接（上式中的X），即构成各种磷脂。X如为胆碱（choline），即为磷脂酰胆碱（phosphatidyl choline），俗称卵磷脂（lecithin）；与乙醇胺（ethanolamine，或称胆胺 cholamine）连接，即构成磷脂酰乙醇胺（phosphatidyl ethanolamine），俗称脑磷脂（cephalin）；与丝氨酸（serine）连接，即为磷脂酰丝氨酸（phosphatidyl serine）；与肌醇（inostol）连接，构成磷脂酰肌醇（phosphainositol）等。另外，存在于细菌和蓝细菌膜及动物线粒体膜上的心磷脂（cardiolipin），是惟一带两个负电荷的磷脂。它们的结构如下：

磷脂酸　胆碱

磷脂酰胆碱（卵磷脂）

胆胺

磷脂酰胆胺（脑磷脂）

磷脂酰丝氨酸

肌醇

肌醇磷脂

二磷脂酰甘油（心磷脂）

磷脂分子中甘油的 C_1 和 C_2 上两个脂肪酸之一被酶作用水解掉，尤其是 C_2 位上缺不饱和脂肪酸的磷脂称为**溶血磷脂**（lysophospholipids），因为它有溶血的作用。动物的脑、细胞膜、卵黄中含有丰富的卵磷脂和脑磷脂。磷脂酰丝氨酸在血小板（platelet）中含量丰富，被称为血小板第三因子，与血凝有关。大豆中含磷脂丰富，大豆磷脂是卵磷脂、脑磷脂和心磷脂等的混合物，其亲水性大于三酰甘油，可在水中形成胶乳，因而在食品工业中常作为乳化剂用于制造人造黄油、巧克力、冰淇淋等。

在甘油磷脂中还有一类称为**醚甘油磷脂**（ether phosphoglycerides），它与上述甘油磷脂的差别，在于甘油的 C_1 位与不饱和烃链键合，形成醚键（ether hond），而非酯键。醚甘油磷脂包括**缩醛磷脂**和**血小板活化因子**两类。

1. 缩醛磷脂（plasmalogen）

缩醛磷脂有两种类型，一种是甘油 C_1 上连接一个不饱和醛基，C_2 上连接一个脂肪酸基；另一种是 C_2 位脂肪酸被水解除去后，C_2 上留下的羟基与 C_1 位双键碳原子键合，形成缩醛结构。

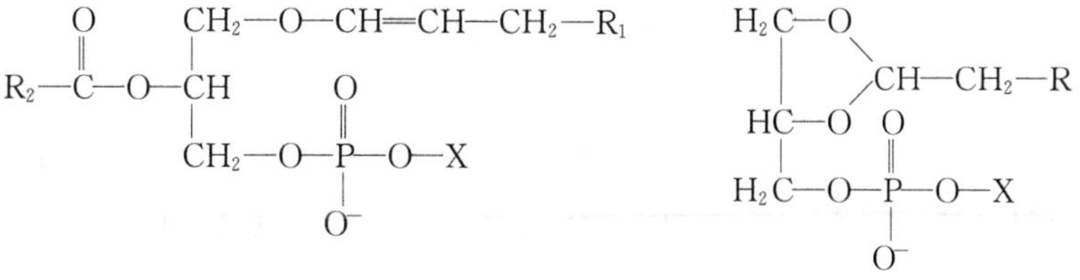

$$\begin{array}{l} R_2-\overset{\displaystyle O}{\overset{\|}{C}}-O-CH\begin{cases}CH_2-O-CH{=}CH-CH_2-R_1\\ CH_2-O-\underset{\underset{\displaystyle O^-}{|}}{\overset{\overset{\displaystyle O}{\|}}{P}}-O-X\end{cases}\end{array}$$

$$\begin{array}{l} H_2C-O \\ \quad\;\; \Big| \qquad \rangle CH-CH_2-R \\ HC-O \\ \quad\;\; | \\ H_2C-O-\underset{\underset{\displaystyle O^-}{|}}{\overset{\overset{\displaystyle O}{\|}}{P}}-O-X \end{array}$$

缩醛磷脂结构通式

通式中的 X 部分可为胆碱、乙醇胺和丝氨酸，分别称为缩醛磷脂酰胆碱（phosphatidal choline)、缩醛磷脂酰乙醇胺（phosphatidal ethanolamine）和缩醛磷脂酰丝氨酸(phosphatidal serine)。缩醛磷脂 C_1 水解产生一个长链烯醇，它很容易互变异构成醛，因此缩醛磷脂具有醛的性质，可用红色品红使之显色。

缩醛磷脂在红细胞和心脏中含量较高。从红细胞中分离出的缩醛磷脂有 19 种，它们的脂肪酸组分与一般磷脂有些不同，有奇数碳和羟脂酸。脊椎动物心脏中的磷脂约一半是缩醛磷脂（主要是缩醛磷脂酰胆碱)。

2. 血小板活化因子（platelet-activating factor)

醚磷脂分子中甘油 C_1 位通过醚键连接一个十六烷基，C_2 位羟基被乙酰化，C_3 位磷酸基连接胆碱：

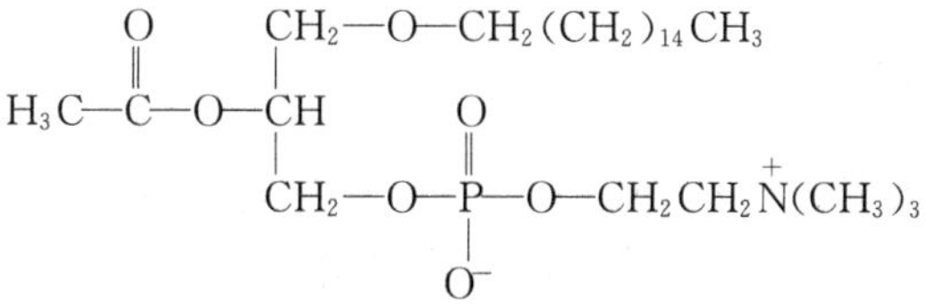

$$H_3C-\overset{\displaystyle O}{\overset{\|}{C}}-O-CH\begin{cases}CH_2-O-CH_2(CH_2)_{14}CH_3\\ CH_2-O-\underset{\underset{\displaystyle O^-}{|}}{\overset{\overset{\displaystyle O}{\|}}{P}}-O-CH_2CH_2\overset{+}{N}(CH_3)_3\end{cases}$$

血小板活化因子

血小板活化因子是嗜碱性粒细胞（basophil，一种白细胞）释放的，是一种强烈的生物信号分子，可凝集和激活血小板，可扩张血管，可引起炎症和过敏反应。

此外，强嗜热古细菌（*Hyperthermophilic archaea*）的细胞膜主要由醚磷脂组成。在其细胞膜上已发现两种类型的醚磷脂. 一类为甘油二醚（glycerol diether)，其脂醚基为含有分支的长链碳氢链（二十碳)；另一类为二甘油四醚（diglycenol tetraether)，两个含有分支的长链碳氢链（四十碳）的两端各与两个甘油分子以醚键相连。醚磷脂稳定的结构有利于这一类生物生活在极端恶劣的环境中。

二、神经鞘磷脂

神经鞘磷脂（简称鞘磷脂，sphingomyelins）为一种不含甘油的磷脂，其醇基部分是一种不饱和的带有氨基的多碳醇，称为神经鞘氨醇（sphingenine)。现已发现的神经鞘氨醇有 60 多种，在哺乳动物中常见的一种结构如下：

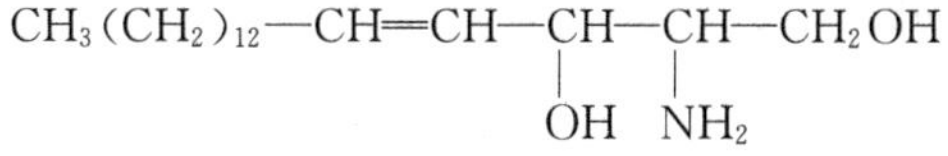

$$CH_3(CH_2)_{12}-CH{=}CH-\underset{\underset{\displaystyle OH}{|}}{CH}-\underset{\underset{\displaystyle NH_2}{|}}{CH}-CH_2OH$$

神经鞘氨醇

神经鞘磷脂与前述的几种磷脂不同，它的脂肪酸并非与醇基相连，而是借酰胺键与 C_2 上的氨基结合生成 N−脂酰鞘氨醇（又称为神经酰胺，ceramide)。C_1 上的羟基再与磷酸胆碱连接，即为神经鞘磷脂。可见在神经鞘磷脂中的酯键位于神经鞘氨醇、磷酸与胆碱之间，因此，在神经鞘磷脂中只有一个脂肪酸分子。神经鞘磷脂的结构如下：

$$\underbrace{CH_3(CH_2)_{12}-CH{=}CH-\underset{|}{\overset{HO}{CH}}-\underset{|}{\overset{HN-\overset{\overset{O}{\|}}{C}-R}{CH}}-CH_2}_{\text{神经酰胺}}-\underbrace{O-\underset{O^-}{\overset{O}{\overset{\|}{P}}}-O-CH_2CH_2N^+(CH_3)_3}_{\text{磷酸胆碱}}$$

神经鞘磷脂

神经鞘磷脂不仅大量存在于神经组织和红细胞膜中，而且还存在于脾脏、肺等组织中。它也是构成生物膜的重要磷脂，常与卵磷脂并存于细胞膜的外侧。在髓鞘（myelin sheath）中它具有保护和使神经纤维绝缘的作用。

第四节　固醇和类固醇

严格说来，固醇类和下一节介绍的萜类不应属于脂质类化合物，但由于它们常常与油脂共存，而且具有脂质的一些特性，因此一般也就将其归入脂类。因为这两类化合物不含脂肪酸（固醇酯除外），所以不能皂化，并且统称为非皂化物（nonsaponifiate）。

一、固醇类（sterols）

固醇（又称甾醇），及其酯是类脂质中的一种重要化合物。固醇为环状醇，是环戊烷多氢菲的衍生物。环戊烷多氢菲可以看做是环戊烷与完全氢化的菲（phenanthrene）缩合而成的产物。

自然界中各种环戊烷多氢菲的衍生物不但基本碳架相同，而且所含侧链的位置也往往相同。例如 C_3 上有一羟基，C_{10} 和 C_{13} 上各有一个甲基称为角甲基，C_{17} 上有侧链，这类化合物称为固醇（或甾醇）。在环上的取代基，若在环平面以上的称为 β，用实线表示；在平面以下的称为 α，用虚线表示。

环戊烷多菲（Cyclopentanoperhydrophenanthrene）

各种固醇物质都具有上述共同的骨架，差别只是在 B 环（C_5～C_{10}）中的双键位置、双键数目以及 C_{17} 上侧链的结构各不相同。一般天然固醇 C_5～C_6 间具有双键。固醇类分为动物固醇、植物固醇和微生物固醇三类。

1. 动物固醇

动物固醇（zoostarols）包括胆固醇、胆固醇酯、7-脱氢胆固醇和粪固醇。

动物细胞和组织中都含有胆固醇（cholesterol），尤其是神经组织含量较多（人体中大约 1/4 的胆固醇分布在脑及神经组织中），其次是血液、胆汁、肝、肾及皮肤组织。生物体内的胆固醇有以游离形式存在的，也有与脂肪酸结合而以胆固醇酯（cholesterol ester）的形式存在的。例如，在人体中，血浆60%～80%的胆固醇被酯化，脂肪酸主要为不饱和脂肪酸。胆结石的成分通常70%～80%是胆固醇。

胆固醇为侧链含8个碳原子的饱和烃链固醇衍生物，其结构如下：

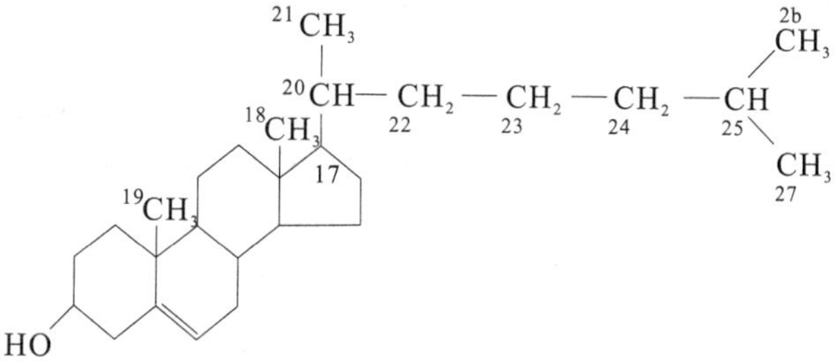

胆固醇（Cholesterol）

胆固醇是生物膜的结构组分，它与血浆脂蛋白合成及脂质代谢有关，在神经系统中与神经兴奋的传导有关，此外，它还是合成多种激素的原料。

7－脱氢胆固醇（7－dehydrocholesterol）与胆固醇比较，在B环的 C_7～C_8 位多一个双键，它是由胆固醇脱氢转变而来，存在于皮肤和毛发中，经阳光或紫外线照射后可转变为维生素 D_3（vitamin D_3）。因此，7－脱氢胆固醇又称为维生素 D_3 原（维生素D的结构见第六章）。

粪固醇（coprostanol）是胆固醇经肠道微生物作用转变而来的，随粪便排出。它比胆固醇少一个双键，即 C_5～C_6 间没有双键。

2. 植物固醇

在植物中有多种固醇，其结构与胆固醇相似，主要是侧链上含有乙基（$-C_2H_5$，ethyl group），统称植物固醇（phytosretrols），包括高等植物中的有谷固醇（glusterol），或称麦固醇（sitosterol）、大豆中的豆固醇（stigmasterol）和菜油中的菜油固醇（campesterol）等。其结构如下：

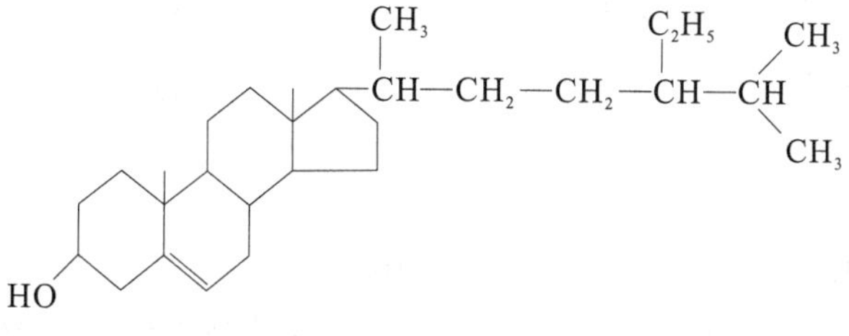

谷固醇（Glusterol）

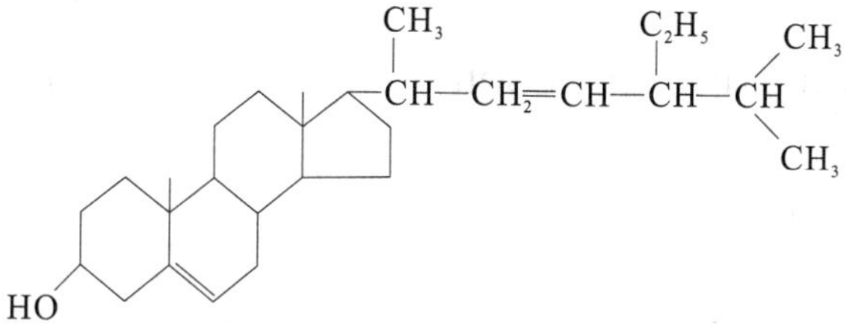

豆固醇（Stigmasterol）

植物固醇为植物细胞组分，不能被人体肠道吸收。饭后服用谷固醇还能抑制肠黏膜对胆固醇的吸收，故可作为降低胆固醇的药物。

3. 微生物固醇

微生物固醇（microsterols）的典型代表是含于真菌的麦角固醇（ergosterol）。与胆固醇比较，B环 C_7～C_8 位多一个双键，侧链上也有一个双键（C_{22}位），C_{24}位多一个甲基。其结构如下：

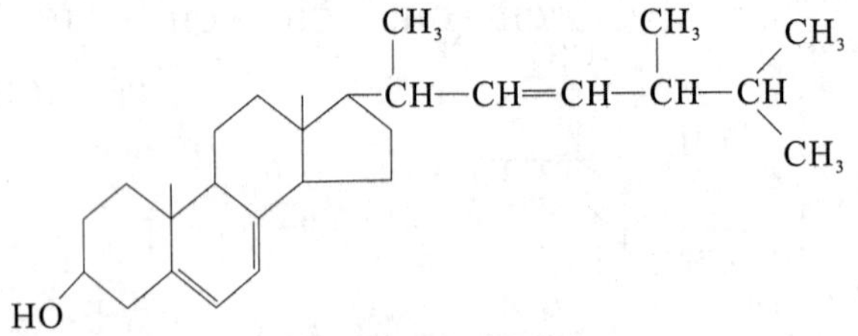

麦角固醇（Ergosterol）

麦角固醇在阳光或紫外线照射下，可转变为维生素 D_2（vitamin D_2），故麦角固醇又称为维生素 D_2 原。

二、类固醇（steroids）

固醇的衍生物称为类固醇，包括动物中由胆固醇衍生的胆酸（及胆汁酸）、固醇激素和维生素D，植物中强心苷和皂素的配基，以及昆虫的蜕皮激素（见第七章）和蟾蜍的蟾毒素（bufotoxin，具有强心作用）等。

1. 胆酸和胆汁酸

胆酸（cholic acid）及其衍生物是胆汁（bile）的重要成分，在脂肪代谢中起着重要作用。胆酸可看作是固醇衍生的一类固醇酸。固醇酸除胆酸外，还有脱氧胆酸、鹅脱氧胆酸和石胆酸等，它们统称为胆汁酸（bile acids）。其结构如下：

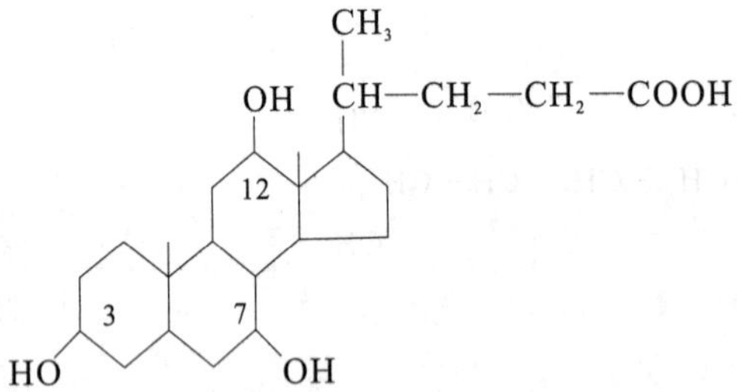

胆　酸（Cholic acid）

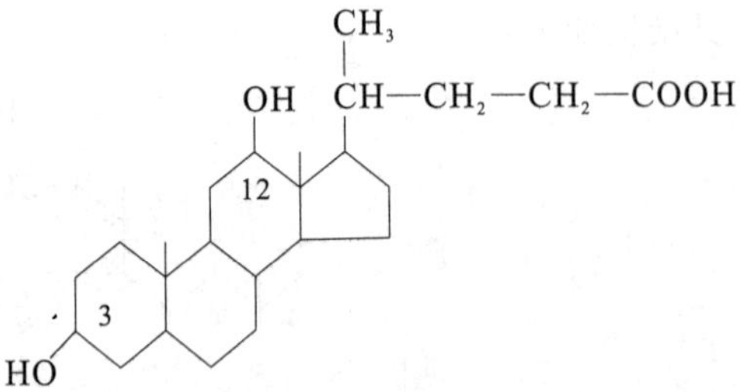

脱氧胆酸（Deoxycholic acid）

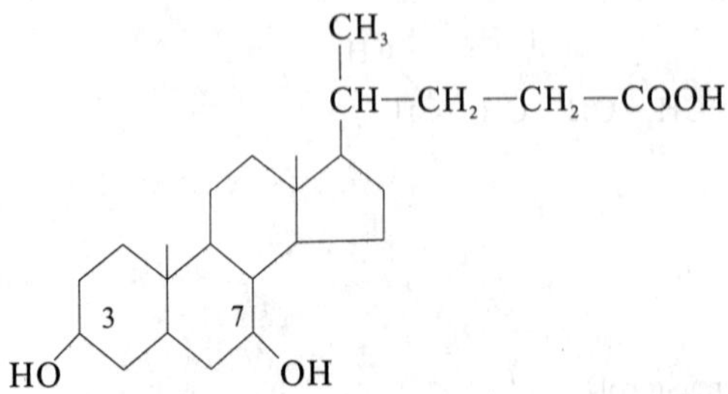

鹅脱氧胆酸（Chenodeoxycholic acid）

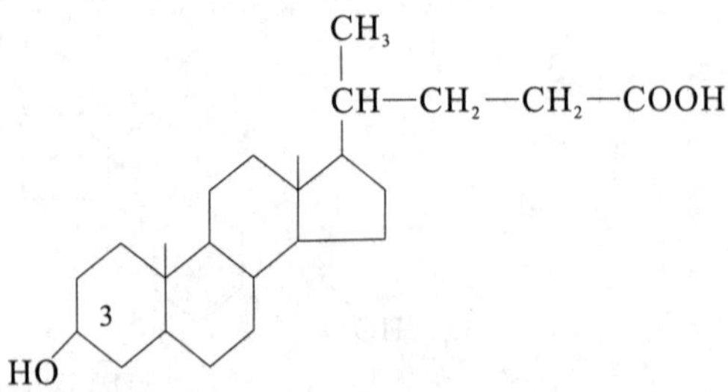

石胆酸（Lithocholic acid）

以上4种固醇酸通常都不是以游离状态存在于人及动物体内，而是分别与甘氨酸

(glycine，H_2NCH_2COOH) 或牛磺酸 (taurine，$H_2NCH_2CH_2SO_3H$) 结合成甘氨胆酸 (glycocholic acicl) 或牛磺胆酸 (taurocholic acid)，也可生成盐，称胆汁酸盐 (胆盐 bile salt)，并以不同比例存在于各种动物胆汁中。胆盐是水溶性的，作为一种乳化剂可使脂肪乳化，以促进肠壁细胞对脂肪的消化吸收。

2. 固醇激素

固醇激素 (steroid hormone) 是一类存在于人和动物体内的、起调节代谢作用的一类固醇衍生物，包括肾上腺皮质激素 (adrenocorticotrophin) 和性激素 (sex hormone)。在结构上与一般固醇比较，C_3 上除少数为羟基 (—OH) 外，多数为酮基 (—C═O)；有的在 C_{11} 位有酮基；在 C_{17} 位的侧链基团比胆固醇和胆酸都小，为一个酮基或酮羟甲基 ($-COCH_2OH$)；在 A 环上的双键位置有变化。它们的结构和功能见第七章。

3. 植物类固醇

植物类固醇 (phytosteroid) 是存在于一些植物中的固醇衍生物。有许多植物固醇有较强的生理活性，可作为多种药物的药理成分。如强心苷 (cardiac glycoside) 是一类与葡萄糖、L－鼠李糖等构成的寡糖与固醇所成的糖苷，它可使心肌收缩作用增强、心率减慢，用于治疗心力衰竭、心率失常等心脏病。皂素 (saponin) 是一类结构复杂的固醇糖苷，它们主要分布于单子叶植物 (monocotyledonae) 的丝兰属 (*Yucca*)、薯蓣属 (*Dioscorea*)、龙舌兰属 (*Agave*) 等植物中，用于制备一些药物或用于合成固醇激素的原料。

第五节　其他酯类

一、萜类 (terpenes)

萜类是异戊二烯 (isoprene) 的衍生物。异戊二烯是含有支链的五碳烯烃，其结构为：

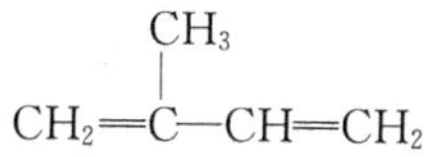

$$CH_2{=}\underset{}{\overset{\overset{\large CH_3}{|}}{C}}{-}CH{=}CH_2$$

两分子异戊二烯构成的萜称为单萜 (monoterpenes，含 10 个碳原子)，4 分子异戊二烯构成二萜 (diterpenes，20 个碳)，依次还有三萜 (triterpenes，30 个碳)、四萜 (tetraterpenes，40 个碳) 等。如果由 3 分子异戊二烯构成，则称为倍半萜 (sesquiterpene，15 个碳)。异戊二烯在构成萜时，大多为头尾相连，也有尾尾相连。连接成的萜分子有的呈线状，有的呈环状。叶绿醇 (phytol，二萜)、法尼醇 (farnenol，倍半萜)、维生素 A、E (单萜衍生物)、维生素 K (倍半萜衍生物)、番茄红素 (lycopene) 和 β－胡萝卜素 (β－carotene) (均为四萜，见第六章) 等都是天然存在的重要萜类或其衍生物。天然橡胶 (rubber) 则是由几千个异戊二烯构成的，称为多萜 (polyterpene)。

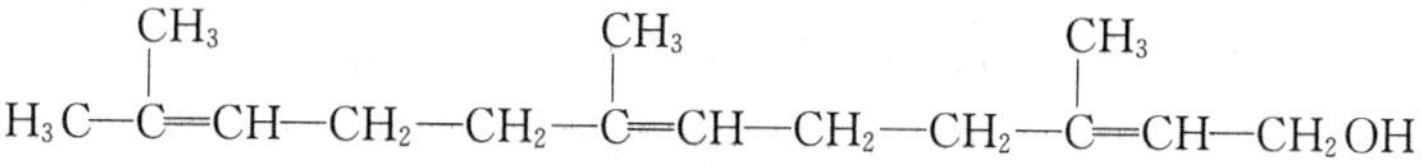

$$H_3C{-}\overset{\overset{\large CH_3}{|}}{C}{=}CH{-}CH_2{-}CH_2{-}\overset{\overset{\large CH_3}{|}}{C}{=}CH{-}CH_2{-}CH_2{-}\overset{\overset{\large CH_3}{|}}{C}{=}CH{-}CH_2OH$$

法尼醇 (Farnenol)

$$H_3C{-}\overset{\overset{\large CH_3}{|}}{CH}{-}(CH_2)_3{-}\overset{\overset{\large CH_3}{|}}{CH}{-}(CH_2)_3{-}\overset{\overset{\large CH_3}{|}}{CH}{-}(CH_2)_3{-}\overset{\overset{\large CH_3}{|}}{C}{=}CH{-}CH_2OH$$

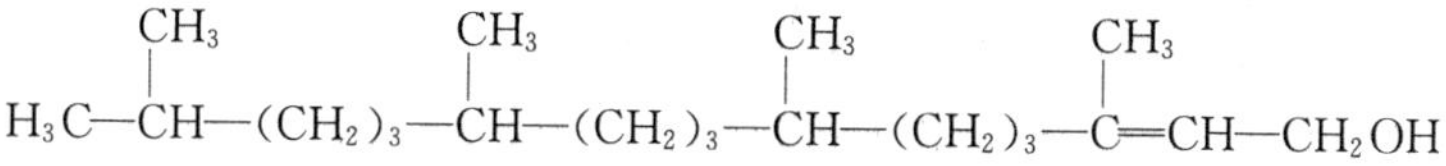

叶绿醇 (Phytol)

植物中多数萜类具有特殊臭味，是各种植物特有油的主要成分。例如薄荷油中的薄荷醇（menthol）、樟脑油中的樟脑（camphor）等。

二、蜡（waxes）

蜡是与中性脂肪在理化性质上很相似的一类脂质，而且在生物体内它们常常与脂肪共存。蜡是由高级一元醇（直链的或环状的）和高级脂肪酸（碳原子数在24～36）所构成的酯。脂肪酸为饱和脂肪酸，醇有饱和醇、不饱和醇或固醇。天然蜡按其来源分为动物蜡和植物蜡两大类。动物蜡多半是昆虫的分泌物，而植物蜡广泛地存在于植物体中，许多植物的叶、茎和果实的表皮上常有蜡质覆盖。

蜡是动植物代谢的最终产物，有多种生物学作用，大多具有保护作用。例如，植物的根、茎、叶、果表皮的蜡质可防止水分的蒸发，防止细菌及某些有害物质的侵蚀。脊椎动物的某些皮肤腺分泌蜡以保护毛发和皮肤，使之柔软、润滑并防水。鸟类，特别是水禽，从其尾羽腺分泌的蜡能使羽毛防水。

多种蜡是重要的工业原料，用于一些轻、化工领域。重要的蜡有下列几种：

1. 蜂蜡（beewax）是蜂的分泌物，用于建造蜂巢。蜂蜡的主要成分是软脂酸与饱和31醇形成的酯（$C_{15}H_{31}COOC_{31}H_{63}$），同时含有羟脂酸。熔点60℃～82℃。

2. 白蜡（leucowax）是白蜡虫（*Coccus Cerifera*）的分泌物。其主要成分是26醇和26酸所成的酯（$C_{25}H_{51}COOC_{26}H_{53}$），熔点80℃～83℃。此外，由紫胶虫（*Coccus lacca*）分泌的虫蜡（lacca）是C_{26}～C_{34}醇和C_{30}～C_{34}酸所成的酯。

蜂蜡和虫蜡都用于涂料、润滑剂及其他化工原料。

3. 鲸蜡（spermaceti wax）是抹香鲸（*Sperm whale*）等鲸鱼头部产生的，其主要成分是软脂酸和十六烷醇（鲸蜡醇，celyl alcohol）所成的酯，熔点42℃～47℃。

4. 棕榈蜡（palm wax）因为主产于巴西，故又称为巴西棕榈蜡（carnauba wax）。是一种有重要经济价值的植物蜡。它主要是由C_{32}和C_{34}饱和醇与C_{24}和C_{28}饱和酸所成酯的混合物，由于它的熔点高（86℃～90℃）、硬度大和不透水性，被用作高级抛光剂，用于汽车、船、地板抛光和鞋油等。

三、糖脂（glycolipids）

糖脂是一类含有糖成分的结合脂质，是指糖通过其半缩醛羟基与脂质缩合生成糖苷键而连接的化合物，在理化性质上，是典型的脂类物质。糖脂在动植物和微生物中均有存在。

糖脂主要包括鞘糖脂和甘油糖脂，此外还有由固醇衍生的糖脂。

1. 鞘糖脂

鞘糖脂（glycosphingolipids）是以神经酰胺（ceramide）为母体结构，由鞘氨醇（sphingosine）、脂肪酸、单糖或寡糖构成，主要包括脑苷脂和神经节苷脂。

脑苷脂（cerebrosides）是动物体内的一种糖脂，在神经的髓鞘（myelin sheth）中最为丰富。它由β-己糖（多数为半乳糖，少数为葡萄糖）、脂肪酸（22～26碳）和鞘氨醇各一分子组成。例如，半乳糖脑苷脂（galactocerebroside），其结构如下：

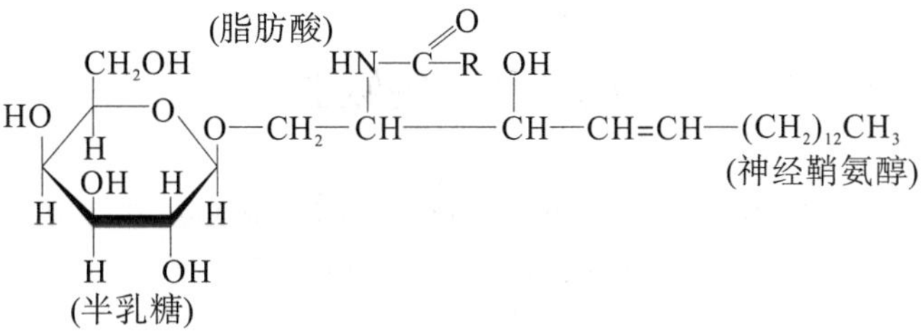

半乳糖脑苷脂（Galactorerebroside）

脑苷脂中的高级脂肪酸有：二十四酸、二十四烯酸、α－羟二十四酸等。这些脂肪酸以酰胺键与神经鞘氨醇中的氨基相连。由于所连脂肪酸不同而分别命名为角苷脂（kerasine）（含二十四酸）、烯脑苷脂（nervone）(含 Δ^9－二十四烯酸）和羟苷脂（oxynervone）（α－羟二十四酸）。脑苷脂中不含酸性基团，属于中性糖苷脂。

此外，还有一种脑苷脂，因其半乳糖的 C_3 位羟基被硫酸酯化，称为硫苷脂（sulfatide)，现已分离到几十种。因分子中含硫酸基，故硫苷脂为酸性糖苷脂。

神经节苷脂（gangliosides）是存在于神经组织的另一种糖脂，也存在于其他组织如脾脏中。神经节苷脂中的醇也是神经鞘氨醇，所含糖往往是几分子，多为氨基己糖，如 N－乙酰半乳糖胺（N－acetylgalactosamine)、N－乙酰葡萄糖胺（N－acetylglucosamine)、N－乙酰神经氨酸（N－acetylneuraminic acid）等。糖分子末端因常是唾液酸（sialic acid)，分子显酸性，为酸性糖苷脂。

各种神经节苷脂结构不同，各组分的连接方式也各异。下列结构为一种神经节苷脂的各组分连接方式：

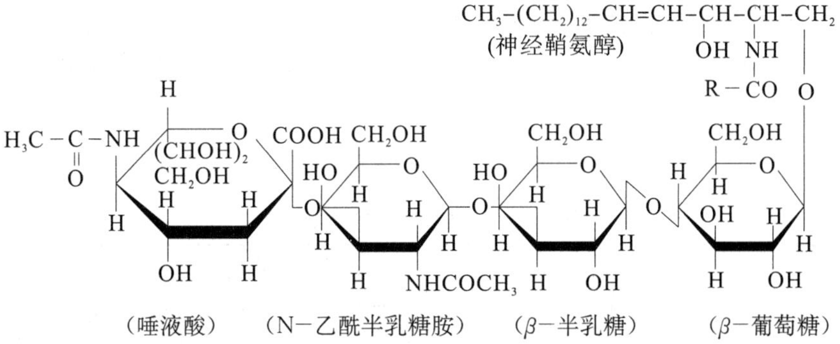

（唾液酸） （N－乙酰半乳糖胺） （β－半乳糖） （β－葡萄糖）

神经节苷脂

迄今已知神经节苷脂有 60 多种，它们大量存在于脑灰质。神经节苷脂在神经突轴（synapse）的传导中起重要作用。此外，还可能与血型的专一性、组织器官的专一性、组织免疫、细胞识别等功能有关。例如，霍乱毒素、破伤风毒素等的受体就是细胞表面的一种神经节苷脂。

2. 甘油糖脂

甘油糖脂（glyceroglycolipids）的醇为甘油，它的结构与甘油磷脂相似。甘油的 C_1 和 C_2 位通过酯键连接两个脂肪酸基，C_3 位通过糖苷键与糖连接。甘油糖脂中所含的糖基本上为己糖。如主要存在于植物甘油糖脂的半乳糖和 6－脱氧葡萄糖，存在于微生物甘油糖脂的葡萄糖和甘露糖等。

第六节　生物膜

生物膜（biological membranes）包括细胞质膜（plasm membranes）和细胞器膜（organelle membranes），是将细胞或细胞器与周围环境隔离的一层薄膜。不仅如此，细胞所表现的许多生命现象，与生物膜都紧密相关。生物膜具有一些重要的生理功能. 而这些功能的完成有赖于膜的化学组成及其结构。

一、生物膜的化学组成

所有生物膜都由脂质和蛋白质（protein）组成，有的膜还含少量的糖类，构成糖蛋白（glycoprotein）或糖脂（glycolipid）。生物膜在化学组成上具有几个显著的特点：

（1）比例变化大

不同生物膜上脂质和蛋白质的比例不同，从 1∶4 到 4∶1 的范围变化。例如，神经髓鞘（neuromyelin sheath，神经纤维外面包裹的薄膜）蛋白质占 18%，脂质占 79%；而线粒体内膜蛋白质占 75%，脂质占 25%。一般而论，膜的功能愈复杂，蛋白质含量愈高。神经髓鞘主要起绝缘作用，仅含 3 种蛋白质，而线粒体内膜功能复杂，约含有 60 种蛋白质。

（2）各组分在膜上分布具有不对称性

无论膜脂、膜蛋白及膜糖在膜的内、外两侧的分布是不均一、不对称的，这种特性保证了生物膜的某些特定功能，如物质运输的方向性、膜电位（membrane potential）的维持、膜的流动性等。这种特性也确定了膜的内外侧具有不同的功能。

（3）各种化学组分具有运动性和协同性

膜上各组分不是固定不变的，有的要进行更新，有的保持一动态变化过程。在完成某项功能时，膜上的一些组分要发生相对移动，而且这种运动各组分保持相互协调、统一。

1．膜脂

膜脂以磷脂为主，其次是糖脂和胆固醇。但不同膜却有较大变化（见表 2-3）。

表 2-3　一些生物膜的化学组成

组　分	占膜总干重的%					
	髓鞘膜（牛）	视网膜（杆细胞）	浆膜（人红细胞）	线粒体膜（肝）	大肠杆菌（质膜）	叶绿体类囊体膜（菠菜）
总脂	78	41	40	24	25	52
总磷脂（与总脂的百分比）	33（42）	27（66）	24（60）	22.5（94）	25（>90）	4.7（9）
磷脂酰胆碱	7.5	13.0	6.9	8.8		
磷脂酰乙醇胺	11.7	6.5	6.5	8.4	18	
磷脂酰丝氨酸	7.1	2.5	3.1			
磷脂酰肌醇	0.6	0.4	0.3	0.75		
心磷脂		0.4		4.3	3	
神经鞘磷脂	6.4	0.5	6.5			
胆固醇	17.0	2.0	9.2	0.24		1
糖　脂	22.0	9.5	微	微		23
蛋白质	22	59	60	76	75	48

组成生物膜的磷脂分子有以下几个主要特征：

(1) 具有一个极性头和两个非极性尾（脂肪酸的烃链），但心磷脂除外，它具有 4 个非极性的尾部。

(2) 多数生物膜上以甘油磷脂为主，鞘磷脂较少。

(3) 在同一类磷脂中，脂肪酸的长短和不饱和程度不同，一般说来磷脂上脂肪酸的碳原子数在 14～24 之间，以 16 碳和 18 碳最常见。甘油 C_2 上连不饱和脂肪酸，双键为顺式。

生物膜磷脂的主要作用为：①为生物膜的骨架；②为极性化合物的通透屏障（permeability barrier）；③可激活某些膜蛋白。

生物膜糖脂具有种属特异性。细菌和植物的膜糖脂几乎都是甘油的衍生物，非极性的脂肪酸是以亚麻酸为主，极性部分为糖基（1 个或多个）。动物细胞质膜的糖基几乎都是神经鞘磷脂的衍生物。最简单的是脑苷脂（cerebrosides），只含 1 个单糖基（葡萄糖或半乳糖）；神经节苷脂（gangliosides）含 7 个糖基，具有受体（receptor）功能，为一些激素、毒素（toxin）和神经递质（neurotransmitter）的受体。

膜胆固醇的含量，一般说来，动物高于植物，质膜高于内膜。胆固醇对生物膜中脂质的物理状态有一定调节作用：在相变温度（凝胶态与液态互变的温度）以上时，胆固醇阻挠磷脂分子脂酰链的旋转异构化运动，从而降低膜的流动性；在相变温度以下时，胆固醇又会阻止磷脂脂酰链的有序排列，从而防止其向凝胶态的转变，保持膜的流动性，降低相变温度。

2. 膜蛋白

生物膜蛋白担负着生物膜的主要功能。根据其在膜上的分布，分为外周蛋白（extrinsic protein）和内在蛋白或镶嵌蛋白（intrinsic protein 或 mosaic protein）（图 2－1），前者分布于膜的表面（约占膜蛋白的 20％～30％），后者埋藏于脂质层内（约占膜蛋白的 70％～80％）。内在蛋白又有多种类型：有的全埋于脂质层内（如髓磷脂蛋白脂质，proteolipid），有的部分镶嵌在脂质层内（如细胞色素 aa_3，cytochrome aa_3），有的则横跨全膜，蛋白质分子在膜内、外表面均有露出（如血型糖蛋白，glycophorin）。

外周蛋白为水溶性蛋白，借离子键和其他次级键（见第三章）与膜表面的蛋白质分子或脂质结合，因此，只要改变溶液的离子强度就可将其提取出来。而内在蛋白与脂质结合紧密，只有用蛋白质去垢剂（detergent）使膜崩解后才能分离出来。膜蛋白不仅是构成膜的组分，而且有着许多重要的生物学功能。

此外，还有一类膜蛋白称为脂锚定蛋白（lilpid-anchored protein），脂质（主要是豆蔻酸）通过共价键与蛋白质连接而定位在膜上（见第三章第八节）。这种蛋白有的锚定在细胞质侧，有的锚定在非细胞质侧。

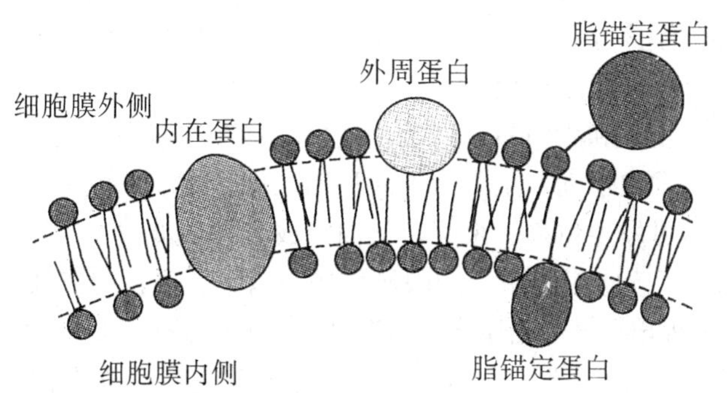

图 2－1 细胞膜脂蛋白

3. 膜糖

在质膜和内膜系统均有糖类分布。质膜糖类占质膜重量的 2%～10%，大多数为糖蛋白，少数为糖脂。

膜糖在膜上的分布是不对称的，而且无论质膜还是内膜系统糖蛋白及糖脂的寡糖都分布在非细胞质一侧：质膜在外表面，内膜系统的糖类分布于膜系的内腔。

糖与膜蛋白及膜脂均以共价键连接。膜蛋白与膜糖结合成的膜糖蛋白大多数同细胞表面行为有关，细胞与周围环境的相互作用均涉及膜糖。

二、生物膜的结构模型

尽管对生物膜的结构曾经提出过多种不同的模型，但目前流行并被公认的是 1972 年由美国科学家 S. Jonathan Singer 和 Garth Nicolson 提出的液态镶嵌模型（fluid mosaic model）（图 2−2）。

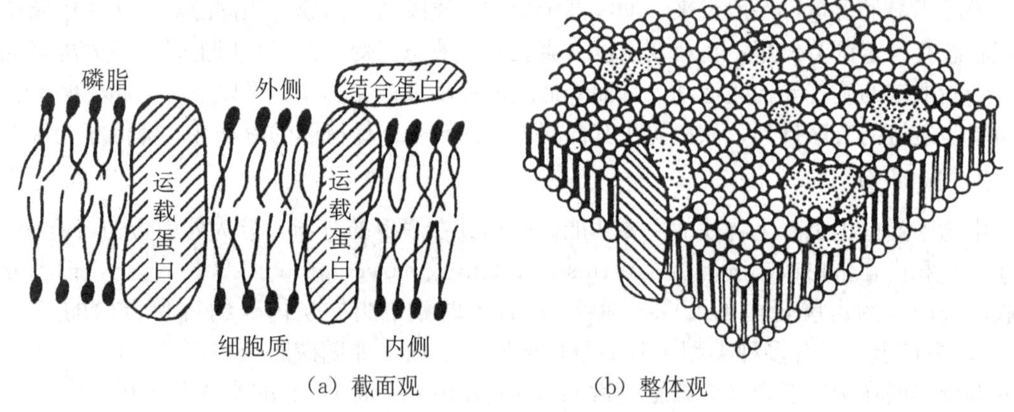

（a）截面观　　（b）整体观

图 2−2　液态镶嵌模型

液态镶嵌模型与以往提出的模型的重要区别在于：一是突出了膜的流动性，一是表明了蛋白质分布的不对称性。这两个特点正好反映了生物膜的多种生物学功能。

该模型的要点如下：

（1）具有极性头部和非极性尾部的磷脂分子在水相中具有自发形成封闭的膜系统的性质。膜是一种双分子脂质层，磷脂分子的疏水性尾部，尾尾相对，使膜内部为疏水性的，磷脂分子的极性头部处于膜的内外表面。

（2）膜蛋白“镶嵌”在磷脂双分子层中，有的全部埋于脂双层内部疏水区；有的部分镶嵌其中，其亲水性部分暴露于膜表面；有些蛋白质还可以穿过膜，将其亲水部分置于膜的内、外两侧，疏水部分则埋于脂质层内。

（3）由于磷脂含有不饱和脂肪酸，因此，生物膜具有“液态”性质，即具有流动性。这种流动性使得膜蛋白可发生运动，主要为侧向移动、旋转运动，但不能翻转滚动。这种运动的结果使膜上的蛋白质可发生位移、聚集，从而完成多种功能。

液态镶嵌模型忽视了膜脂对膜蛋白的限制作用，以及膜蛋白对脂质双层的控制作用。因此，1975 年 Wallach 又提出了“晶格镶嵌模型”（lattice mosaic model），指出：生物膜并非完全处于自由流动性，而是“流动态”与“晶态”可逆地相互转变（称为相变，phase transition），脂质双层既非液态，也非晶态，而是处于二者之间的、动态的“液晶态”（liquid crystal state）。

因此，处于脂质层上的蛋白质即可发生运动，但这种运动又受到限制。

三、生物膜的功能

生物膜具有多方面的功能，包括物质运输、能量转换、信息传递、细胞识别、细胞免疫、神经传导、药物作用、反应催化、代谢调控等。这里只对其主要功能作简要介绍，如需深入了解，请参阅《细胞生物学》等有关书籍。

1. 物质运输

细胞质膜是一种半通透性膜，细胞与环境进行物质交换都必须通过质膜，营养物质通过质膜由外向内转运，代谢产物由内向外转运。细胞质膜对这些物质的转运具有选择通透性。

生物膜对物质的运输方式分为被动运输（passive transport）和主动运输（active transport）。

被动运输是物质从高浓度一侧向低浓度一侧转运，即是一种顺浓度梯度方向的跨膜运输过程，这种运输无需另外提供能量。被动运输又可分为简单扩散（simple diffusion）和协助扩散（facilitated diffusion）。

简单扩散是物质顺浓度梯度从膜的高浓度一侧转运到低浓度一侧，物质通过膜上的“孔”（通道），并与膜上分子结合或反应。扩散的速度取决于膜两侧物质的浓度差和分子的大小。转运过程既不需要提供能量，也无需膜蛋白的协助。水、酒精、尿素、丙酮等物质可通过这种方式进人细胞。

协助扩散（或称促进扩散、易化扩散），即是物质顺浓度梯度减小的方向的一种跨膜转运，它不需要细胞提供能量，但需要特异的膜蛋白“协助”其转运。这种膜蛋白称为运载蛋白或载体蛋白（carrier proteins）及通道蛋白（channel proteins）。这些蛋白对物质的转运具有专一性（specificity），即一定运载蛋白及通道蛋白只能转运一定的物质，不同物质的转运需要不同的运载蛋白。转运的速度随被转运物质浓度的增加而增大（但不成正比），最后达到饱和。葡萄糖、氨基酸等可通过这种方式进入细胞。

主动运输与上两种转运方式截然不同，它是物质逆浓度梯度或电化学梯度运输的跨膜方式，转运过程中需要 ATP（三磷酸腺苷，见第四章）分解提供能量，并需要特异膜蛋白参与。例如 K^+ 和 Na^+ 的转运。细胞内 K^+ 浓度比细胞外高，Na^+ 浓度则相反，外高内低。但通过主动运输，这两种离子可以逆浓度梯度转运，即 K^+ 由外向内转运，Na^+ 由内向外转运。这种转运有赖于膜上的一种特异蛋白——Na^+-K^+－泵（sodium-potassium pump），它能像“水泵”将水从低处向高处运输一样，将钾离子和钠离子从膜的低浓度一侧向高浓度一侧转运。“水泵”在抽水过程中要耗电能，“Na^+-K^+－泵”转运钠钾离子时依赖 ATP 分解提供能量。ATP 的水解也是由这个特异膜蛋白催化的，因此，又把它称为Na^+-K^+－ATP 酶（Na^+-K^+－ATPase）。在质膜内侧，它与 Na^+ 结合，引起此蛋白空间结构改变，将 Na^+ 排出到胞外，这时它又与胞外的 K^+ 结合，再变回原来的空间结构，于是又将 K^+ 转运到胞内。这个过程有 ATP 的分解，每水解 1 分子 ATP 转出 3 个 Na^+，转入 2 个 K^+。这个酶的活性受乌本苷（ouabain，一种强心糖苷）的抑制。

2. 能量转换

线粒体（mitochondria）和叶绿体（chloroplast）是重要的能量转换器，前者是在呼吸作用（respiration）中将储存于有机物中的化学能转变为可为细胞所利用的自由能（ATP）；

后者是在光合作用（photosynthesis）中将光能转变为可利用的自由能。这些能量转换过程有赖于线粒体和叶绿体的膜，因为有关能量转换的装置存在于它们的膜上。其转换机制，我们将分别在第八章和第十章中讨论。

3. 信号转导

细胞外信号（signal），包括激素（hormone）、神经递质（neurotransmitter）、细胞生长因子（cell growth factor）等，可以影响细胞内的代谢，这些信号首先通过结合在细胞膜表面的特异膜蛋白——受体（receptor）将其传入细胞内，以启动一系列生化过程，并产生多种生物效应。膜表面的受体有的与膜上通道蛋白（channel proteins）相偶联，有的与膜上一种称为G蛋白（G prote.ns）的特异蛋白质相偶联，通过这些膜蛋白的转换，将细胞外的信号转变为细胞内的信号，然后引发细胞内多种生化反应，导致物质的分解或合成，或改变一些细胞行为。相关内容我们将在第十七章详细讨论。

本章学习要点

凡具水不溶性的、基本成分含有醇和脂肪酸的一类化合物，统称为脂质类。包括单脂（简单脂质）和复脂（复合脂质），前者仅由醇和脂肪酸构成，后者除含脂肪酸和醇外，还含有其他成分。有的含有磷酸和含氮化合物，称为磷脂；有的含有糖，称为糖脂；有的含有蛋白质，称为脂蛋白等。

1. 三酰甘油（甘油三酯）是贮存能源。由甘油（丙三醇）和高级脂肪酸构成。脂肪酸有饱和的，有不饱和的。脂肪酸碳原子数的多少及所含双键的多少是影响脂肪多种性质的两个重要因素。

2. 磷脂是构成生物膜的基本成分。它是一种两亲分子，即头部是亲水的，尾部是疏水的。头部由磷酸胆碱、磷酸乙醇胺、磷酸丝氨酸等构成，尾部由脂肪酸的烃链构成。除了甘油磷脂外，还有一类含鞘氨醇（一种十八碳不饱和醇）的鞘磷脂，它们大量存在于动物神经组织中。

3. 固醇和类固醇都是一类环状化合物，其中重要的有胆固醇和胆酸等，它们可衍生为多种活性物质。

4. 生物膜由磷脂、胆固醇、糖脂和蛋白质构成，其中磷脂构成膜的骨架，为双分子层，其上“镶嵌”着多种蛋白质、胆固醇和糖，完成物质转运、能量转换、信息传递等多种功能。膜蛋白是实现这些功能的主要化学成分。

Chapter 2 LIPIDS AND BIOMEMBRANE

Lipids are insoluble compounds which basic components are alcohol and fatty acid. Lipids which components only have alcohol and fatty acid are named simple lipids. Complex lipids have other components apart from alcohol and fatty acid. Phospholipids have phosphonic acid and nitrogen compounds; Glycolipids have carhohydrate and lipoproteins have protein.

1. Triacylglycerols are depot energy source. They are made up of glycerol and senior fatty acid. Fatty acids have saturated fatty acid and unsaturated fatty acid. The quality of

fatty acid is depended mainly by the numbers of carbon atoms and the double bond.

2. Phospholipids are basic components of biomembrane. They are amphipathics which heads are hydrophilic and tail are hydrophobic. The heads of phospholipids are made up of phosphatidyl cholines, phosphatidyl ethanolamines and phosphatidyl serine etc. The tails of phospholipids are made up of hydrocarbon chain of fatty acids. Apart from the glycerol phospholipids, there are a kind of sphingomyelin which have sphingenine (in a unsaturated alcohol have be 18 carbon atoms) and mostly store in animal nerve tissues.

3. Sterol and steroid are a kind of cyclic compounds, such as cholesterol and cholic acid, etc. They can derivatize mlany active compounds.

4. Biomembrane is made up of phospholipid, cholesterol, glycolipid and protein. Phospholipids are structural compment of biomembrane and bilayers. They are mosaiced by many kinds of proteins, cholesterols and carbohydrates. Biomembrane have many functions sueh as matter transport, energy change and message transmission. Membrane proteins are major compment to accomplish these functions.

习 题

1. 用对或不对回答下列问题。如果不对，请说明原因。

(1) 无论甘油酯或磷脂，都是“双亲”分子，即分子中既有亲水基团，又有疏水基团。

(2) 单酰甘油比三酰甘油的亲水性大。

(3) 所有磷脂的醇都是甘油。

(4) 硫苷脂和神经节苷脂都是酸性糖苷脂。

(5) 膜脂的流动性仅受膜脂中脂肪酸的影响。

2. 计算一软脂酰二硬脂酰甘油的皂化值。

3. 测得某脂肪样品的皂化值为 210，碘值为 68，试计算该脂肪样品中 1 分子三脂酰甘油平均含有多少个双键?

4. 计算用下法测定的菜子油的碘值。秤取 80 mg 菜子油，与过量的溴化碘 (IBr) 作用，并加入一定量的碘化钾 (KI)。然后用 0.05 mol/L 硫代硫酸钠 ($Na_2S_2O_3$) 标准溶液滴定，用去硫代硫酸钠 11.5 mL。另作一空白 (不加菜子油)，消耗硫代硫酸钠标准溶液 24.0 mL。

5. 假定有一种适于在 25℃生长的细菌，如果将它移到 37℃环境中，从而使细胞膜的流动性增加。怎样才能重新获得原来的最适流动性? 如果将它移到 18℃环境，又采取什么措施来恢复其最适流动性?

6. 从一种生物样品中分离出一种酸性脂溶性化合物。经元素分析知其元素组成为：C 占 67.8%，H 占 9.6%，O 占 22.6%。

(1) 写出该化合物可能的实验式。

(2) 该化合物的最小相对分子质量是多少?

7. 三酰甘油有没有构型? 什么情况下有构型，什么情况下没有构型?

8. 膜脂的流动性与哪些因素有关?

第三章 蛋白质

第一节 蛋白质的分类及生物学功能

一、蛋白质是生命活动的物质基础

什么是生命？早在100多年前，恩格斯在《反杜林论》中就指出：“生命是蛋白体的存在方式”，“无论在什么地方，只要我们遇到生命，我们就发现生命是和某种蛋白质相联系的；并且无论在什么地方，只要我们遇到不处于解体过程的蛋白体，我们也无例外地发现生命现象。”100多年的科学实践，特别是近几十年现代生物学、生物化学的成就，充分证实和发展了恩格斯的伟大预见。实践证明，蛋白质与生命现象是密切相关的，凡有生命的地方，基本上都有蛋白质在起作用。蛋白质是生命现象的主要体现者。

1838年荷兰化学家G. J. Mülller用当时最先进的元素分析法对血清、蛋清、蚕丝等物质进行分析，从中发现蛋白质的重要性，并将蛋白质命名为proten（取自希腊文πρoτo），意为“最原始的”、“第一重要的”。

今天，我们可以认为，生命是蛋白质和核酸这两类大分子物质相互依存及相互作用的表现。

二、蛋白质的生物学功能

不同生物体内蛋白质的含量虽然相差很大，但对生命活动而言，蛋白质都占有很特殊的重要地位。就植物体内的糖、脂和蛋白质三大物质的含量而言，糖占首位，一般可达85%～90%，但对植物生命活动起主要作用的仍然是植物细胞的蛋白质。人和动物体中，蛋白质含量一般很高，人可达干重的45%，在肝、脾、心、肺、肾、肌肉等器官可高达60%～80%。

蛋白质在生物体中的重要性不仅在于数量的多少，而且在于它具有多种多样的生物功能。可以说，蛋白质其生物学功能的多样性是其他生命物质不可比拟的，而且生物体结构越复杂其蛋白质种类和功能也越繁多。蛋白质的重要生物学功能有下列诸方面。

1. 催化作用

生命活动最基本的特征就是不断地与自然界进行物质和能量的交换，即新陈代谢(metabolism)。它由许许多多的化学反应来实现，而生物体内的所有化学反应几乎都是在特异蛋白质—酶（enzyme）的催化下完成的。酶是蛋白质中最大的一类，其数量在3000种以上。

2. 运动功能

有些蛋白质可使细胞、组织或生物机体具有收缩、变形或移动的能力。这些蛋白质呈丝状分子或丝状聚集体，包括参与肌肉收缩的肌球蛋白（myosin）和肌动蛋白（actin），以及作为细胞质骨架的微管（microtubule）主要成分的微管蛋白（tubulin）。此外，还有可驱使小泡、颗粒和细胞器沿微管移动的动力蛋白（dynein）和驱动蛋白（kinesin）等。

3. 物质转运

血液中的一些蛋白质通过血液循环转运多种物质。例如，红细胞中的血红蛋白（hemoglobin）将氧气从肺部转运到各组织，同时将 CO_2 从各组织转运到肺；血清清蛋白（serum albumin）将脂肪从脂肪组织转运到各组织；转铁蛋白（transferrin）将血液中的铁离子转运到肝脏贮存。另一类物质转运蛋白为细胞膜上的通道蛋白（channel proteins），它们将营养物质从细胞外转运到细胞内，将代谢产物从细胞内转运到细胞外。

4. 贮存作用

蛋白质是生物机体发育生长所需氮及氨基酸的主要来源，贮存蛋白在这方面发挥重要作用。例如，卵清蛋白（ovalbumin）为鸟类的胚胎发育提供氮源；乳中的酪蛋白（casein）是哺乳动物幼子的主要氮源；许多高等植物的种子含高达60%的贮存蛋白，为种子的发育提供氮源，如谷蛋白（glutelin）、醇溶谷蛋白（prolamine）等。

5. 调节作用

有些特异蛋白质对机体的发育、生长、代谢及基础活性起调节控制作用，使机体各种代谢及生长发育具有协调、统一和连续的特点。例如，胰岛素（insulin）调节血糖浓度，生长素（grawth hormone）促进器官的生长发育，组蛋白（histone）、阻遏蛋白（aporepressor，见第十六章）调节基因的活性等。

6. 信息传递

存在于生物膜上和细胞内的一些称为受体（receptor）的蛋白质可以接受或传递来自胞外（或胞内）的特异信号，并将其放大、传递，从而调节胞内的代谢活动。例如，质膜上的激素受体、药物受体蛋白，可与某些激素或药物结合，然后将这一信息传递给胞内。视色素（visual pigment）是存在于视网膜细胞上的光敏蛋白，可将不同波长的光信号传递给神经中枢。显然，这种信息传递涉及体内分子识别问题。

7. 保护作用

有些蛋白质对机体本身具有积极的防御和保护作用。例如，抗体蛋白（又称免疫球蛋白，antibody）是在一类称为抗原（antigen）的外源性蛋白质、病毒或细菌的刺激下，由淋巴细胞产生后与抗原结合，并产生特异效应，避免对机体的损伤。动物和人体血液中的纤维蛋白质（fibrin）、北极和南极鱼体内的抗冻蛋白（antifreeze protein）、蛇毒和蜂毒中的溶血蛋白（hemolytic protein）及神经毒蛋白（neurotoxin），以及植物毒蛋白（phytotoxin），细菌毒素（bacterial toxin）等都是保护性蛋白。

8. 结构组分

动物的毛发、角、蹄、甲中的角蛋白（keratin）和存在于骨、筋腱、韧带和皮的胶原蛋白（collagen）参与建造一些特异组织的结构，使细胞或组织保持一定强度，并起一定保护作用。这些蛋白质的结构一般比较坚固，具有较强的韧性。

除上述各种具有普通而重要的功能外，有些蛋白质还具有其他独特的功能。例如，甜蛋白（monellin）具有很高的甜度，蚕和蜘蛛的丝蛋白（fibroin）用来建造“巢”（蚕茧）或捕捉食物的工具（蛛网）等。

三、蛋白质的分类

蛋白质的种类繁多，已经纯化的蛋白质达数千种之多。为了研究和应用的方便，人们从不同角度对蛋白质进行分类。根据其在生物体内所起作用不同，可分为结构蛋白（structural proteins）和功能蛋白（functional proteins），功能蛋白又可分为活性蛋白（active proteins）和信息蛋白（informational proteins）两类；根据其分子形状，又分为纤维状蛋白（fibrous proteins）和球状蛋白（globular proteins）。分子轴比（即分子长度与其直径之比）大于10的为纤维状蛋白，小于10的为球状蛋白（实际上，许多球状蛋白的轴比接近1∶1）。一般说来，纤维状蛋白大多为结构蛋白，球状蛋白为功能蛋白；按照分子组成成分还可分为单纯蛋白和结合蛋白。

1. 单纯蛋白质（simple proteins）

单纯蛋白质是仅由氨基酸组成的蛋白质，水解后产物只有氨基酸。根据理化性质，单纯蛋白质可以分为下列各类：

（1）清蛋白和球蛋白

清蛋白（白蛋白，albumins）和球蛋白（globulins）广泛存在于动植物组织。二者在水中的溶解度不同，清蛋白溶于水，球蛋白微溶于水，但溶于稀盐溶液。二者在化学组成上也有区别，清蛋白含甘氨酸少，血清清蛋白差不多不含甘氨酸，乳清蛋白含0.4%，卵清蛋白含1.6%，而球蛋白通常含3.5%左右的甘氨酸。

（2）谷蛋白和醇溶谷蛋白

谷蛋白（glutelins）和醇溶谷蛋白（prolamines）是植物性蛋白质，常共同存在于谷类种子（麦类、大米）中。它们是面筋的主要成分。这两种蛋白质都不溶于水，但可溶于稀酸稀碱溶液中。醇溶谷蛋白可溶于70%～80%乙醇中，而谷蛋白则不溶，借此可将二者分开。

（3）精蛋白和组蛋白

精蛋白（spermatins）和组蛋白（histones）都是碱性蛋白质，相对分子质量较低。这两种蛋白质含有大量的碱性氨基酸（赖氨酸、组氨酸和精氨酸）。精蛋白含碱性氨基酸达80%以上，而组蛋白中含量仅20%～30%。

精蛋白和组蛋白均可溶于纯水及稀酸稀碱溶液。它们是构成细胞核成分的主要蛋白质。

（4）硬蛋白

各种支柱组织（骨骼、软骨、腱、毛、发、丝等）中所含的蛋白质总称为硬蛋白类（scleroproteins）。它们的显著特点是不溶于水、盐溶液及稀酸稀碱，也不溶于一般有机溶剂，这类蛋白质大多是纤维状蛋白质。

硬蛋白又可分为角蛋白（keratin，指甲、蹄、角、皮肤、毛发角蛋白）、胶原蛋白（collagen，皮胶原、骨胶原蛋白）、弹性蛋白（elastin，筋腱、韧带弹性蛋白）、丝蛋白[包括丝心蛋白（fibronin）和丝胶蛋白（sericin）]。

角蛋白含有大量的胱氨酸，因此，毛、发、角、指甲等是制造胱氨酸的原料。丝蛋白多由昆虫（蜘蛛、蝴蝶幼虫、蚕等）的丝囊腺所分泌，分泌时为液态，遇空气则硬化，丝蛋白是丝纤维的主要成分。

2. 结合蛋白质（conjugated protelns）

结合蛋白质除含有氨基酸外，还含有糖、脂肪、核酸、磷酸以及色素等其他成分。因此，结合蛋白质由两部分组成：一部分含有各种氨基酸，为蛋白质部分；另一部分为非蛋白质部分，称为辅基（prosthetic group）。结合蛋白质中的辅基大多数是通过共价键（coralent bond）与蛋白质部分牢固地结合在一起。

（1）核蛋白

核蛋白（nucleoproteins）由蛋白质与核酸组成，在生物的遗传变异中起重要作用。

（2）色蛋白

色蛋白（chromoproteins）的辅基是含金属的色素。这些辅基有的含铁（如血红蛋白、肌红蛋白、细胞色素等含亚铁血红素），有的含镁（叶绿蛋白含叶绿素），有的含铜（无脊椎动物的血液中含血蓝蛋白）等。

（3）糖蛋白

糖蛋白（glycoproteins）的辅基是糖或糖的衍生物，包括甘露糖、半乳糖、氨基己糖、葡萄糖醛酸、醋酸和硫酸等。

糖蛋白几乎存在于所有组织中，在血液、骨骼、角膜、内脏、黏膜等组织以及细胞膜中都存在大量各类糖蛋白，它们具有多种功能。

（4）脂蛋白

蛋白质与脂肪或类脂结合就形成脂蛋白（lipoproteins）。脂蛋白多存在于乳汁、血液、细胞核和细胞膜中。各种脂蛋白与脂质代谢、运输等功能有关。

（5）磷蛋白

磷蛋白（phosphoproteins）的辅基为磷酸，磷酸以酯键与氨基酸（丝氨酸或苏氨酸）的羟基相结合。最重要的磷蛋白有乳中的酪蛋白，卵黄中的卵黄蛋白（ritellenin）等。

第二节　蛋白质分子的组成成分

一、蛋白质的元素组成

蛋白质的元素组成与糖和脂肪不同，其特点是含有氮。蛋白质就是一种含氮的有机化合物，并且占生物组织中一切含氮物质的绝大部分，因此，可将生物组织的氮量近似地全部作为蛋白质所含有。由于大多数蛋白质含氮量相当接近，约为15.0%～17.6%，平均为16%，故在任何生物样品中，每克氮的存在，大约表示该样品含有$\frac{100}{16}=6.25$g的蛋白质。因此，只要测定生物样品中的含氮量就能算出其中蛋白质的大约含量：

$$每克样品中含氮的克数\times 6.25\times 100=该样品中的蛋白质含量（g\%）$$

蛋白质除了含氮外，也和糖、脂及其他许多有机化合物一样，含有碳（平均含52%）、氢（7%）、氧（23%）3种元素。大多数蛋白质还含有少量的硫（2%），有的含有磷（0.6%），少数还含有铁、铜、锰、锌、钼等金属元素，个别还含碘。

二、蛋白质的水解

蛋白质是一种大分子物质，为了研究其结构及组成，可将这种大分子用适当的方法进行分解。水解蛋白质的方法有酸、碱和酶法。

1. 酸水解

蛋白质在进行酸水解时，通常以5～10倍的20%HCl煮沸回流16 h～24 h，或加压于120℃水解12h，这样可将蛋白质水解成氨基酸。用HCl的优点是可加热蒸发除去HCl。也可用20%H_2SO_4水解，然后加Ba^{2+}或Ca^{2+}沉淀去硫酸根。酸水解的优点是水解彻底，水解的最终产物是L－氨基酸，没有旋光异构体产生；缺点是营养价值较高的色氨酸几乎全部被破坏，而与含醛基的化合物（如糖）作用生成一种黑色物质，称为腐黑质（melanoidins），因此水解液呈黑色。此外，含羟基的丝氨酸、苏氨酸、酪氨酸也有部分被破坏。此法常用于蛋白质的分析与制备。

2. 碱水解

蛋白质在进行碱水解时，可用6 mol/L NaOH或4 mol/L $Ba(OH)_2$煮沸6 h即可完全水解得到氨基酸。此法的优点是色氨酸不被破坏，水解液清亮，但缺点是水解产生的氨基酸发生旋光异构作用，产物有D－型和L－型两类氨基酸。D－型氨基酸不能被人体分解利用，因而营养价值减半；此外，丝氨酸、苏氨酸、赖氨酸、胱氨酸等大部分被破坏，精氨酸脱氨生成鸟氨酸和尿素，因此，碱水解法一般很少使用。

3. 蛋白酶水解

蛋白质借助一些蛋白酶（protease）可发生水解。这种水解法的优点是条件温和，常温（36℃～60℃）、常压和pH值在2～8时，氨基酸完全不被破坏，不发生旋光异构现象；其缺点是水解不彻底，中间产物较多。

在蛋白质的水解过程中，由于水解方法和条件的不同，可得到不同程度的降解物：

$$\text{蛋白质} \longrightarrow \text{脲} \longrightarrow \text{胨} \longrightarrow \text{多肽} \longrightarrow \text{二肽} \longrightarrow \text{氨基酸}$$

相对分子质量：$>10^4$　$\sim 5\times10^3$　$\sim 2\times10^3$　1000～500　～200　～100

蛋白质煮沸时可凝固，而脲、胨、肽均不能；蛋白质和脲可被饱和的硫酸铵和硫酸锌沉淀，而胨以下的产物均不能；胨可被磷钨酸等复盐沉淀，而肽类及氨基酸均不能，借此可将各产物分开。

三、蛋白质的基本结构单位——氨基酸

蛋白质和多糖一样，都是相对分子质量很大的一类高分子化合物。多糖分子的基本组成单位是单糖，组成蛋白质的基本单位则是氨基酸（amino acid，简写AA）。氨基酸是具有氨基的羧酸。氨基酸中的氨基都连在羧基相邻的碳原子（称为α－碳原子，用C_α表示）上，因此天然氨基酸都是α－氨基酸。基结构通式如下：

$$H_2N-\overset{\displaystyle COOH}{\underset{\displaystyle R}{\overset{|}{\underset{|}{C}}}}-H \quad \text{或} \quad H_3^+N-\overset{\displaystyle COO^-}{\underset{\displaystyle R}{\overset{|}{\underset{|}{C}}}}-H$$

式中R表示不同的化学基团，R基不同就构成不同的氨基酸。R基在蛋白质结构中又称为侧链基团。不同氨基酸的R基其大小、结构、极性、电离趋势等都不相同。

1. 构成蛋白质的氨基酸

自然界发现的氨基酸已有300多种，但由蛋白质的水解产物分析，可知蛋白质仅由20多种氨基酸组成。其中20种称为“基本氨基酸”（constitutive amino acid），它们是构成蛋

白质的未经化学修饰的基本元件。这些氨基酸可按性质进行分类，也可按化学结构进行分类。按酸碱性质可分为三类。

(1) 中性氨基酸

中性氨基酸为含一个氨基一个羧基的氨基酸，此类氨基酸最多。按其侧链基团的不同，中性氨基酸可分为五类：

脂肪族氨基酸：甘氨酸、丙氨酸、缬氨酸、亮氨酸和异亮氨酸；

芳香族氨基酸：苯丙氨酸、酪氨酸和色氨酸；

含羟基氨基酸：丝氨酸、苏氨酸；

含硫氨基酸：半胱氨酸、甲硫氨酸（蛋氨酸）；

亚氨基酸：脯氨酸。

(2) 酸性氨基酸

酸性氨基酸为含 1 个氨基、2 个羧基的氨基酸，有两种：天门冬氨酸和谷氨酸。这两种酸性氨基酸可产生两种酰胺：天门冬酰胺和谷氨酰胺。它们也是蛋白质的组成成分（两种酰胺属于中性）。

(3) 碱性氨基酸

碱性氨基酸为含 1 个羧基、2 个氨基的氨基酸。碱性氨基酸有精氨酸和赖氨酸，另外组氨酸具氮环，呈弱碱性，也是碱性氨基酸。

此外，氨基酸也可按其极性进行分类，分为极性氨基酸（12 种）和非极性氨基酸（8 种）。极性氨基酸中又可分为带电荷和不带电荷的两类。带电荷的极性氨基酸在生理条件下有的带负电荷（酸性氨基酸），有的带正电荷（碱性氨基酸）。

蛋白质中存在的 20 种氨基酸的名称、结构及主要存在和用途见表 3－1 所示。每种氨基酸名称代号以其英文名称的前 3 个字母或 1 个大写字母表示。为方便起见，本书个别地方也用氨基酸中文名称的第一个字（个别为 2 个字）代表。

表 3－1　构成蛋白质的氨基酸

名　称	符号	结构式	存在及用途
甘氨酸 (Glycine)	Gly G	$H-CH(NH_2)-COOH$	有甜味，胶原中含 25%～30%，可治胃酸过多与肌力衰竭
丙氨酸 (Alanine)	Ala A	$H_3C-CH(NH_2)-COOH$	丝纤维蛋白中含 25%
缬氨酸 (Valine)	Val V	$(H_3C)_2CH-CH(NH_2)-COOH$	卵及乳蛋白中含 10%
亮氨酸 (Leucine)	Leu L	$(H_3C)_2CH-CH_2-CH(NH_2)-COOH$	谷物、玉米蛋白中含 22%～24%

续表

名　称	符号	结构式	存在及用途
异亮氨酸 (Isoleucine)	Ile I	$(H_3C-CH_2)(H_3C)CH-C(NH_2)(H)-COOH$	糖蜜、肉蛋白中含 5%~6.5%
苯丙氨酸 (Phenylalanine)	Phe F	$C_6H_5-CH_2-C(NH_2)(H)-COOH$	一般蛋白含 4%~5%
酪氨酸 (Tyrosine)	Tyr Y	$HO-C_6H_4-CH_2-C(NH_2)(H)-COOH$	奶酪中含量最多，明胶中最少
色氨酸 (Tryptophan)	Try (Trp) W	$C_8H_6N-CH_2-C(NH_2)(H)-COOH$	各种蛋白中均含少量
丝氨酸 (Serine)	Ser S	$HO-CH_2-C(NH_2)(H)-COOH$	丝蛋白中含量丰富，精蛋白中占 7.8%
苏氨酸 (Threonine)	Thr T	$H_3C-C(H)(OH)-C(NH_2)(H)-COOH$	酪蛋白较多，肉、乳、卵蛋白中占 4.5%~5%，有抗贫血的作用
半胱氨酸 (Cysteine)	Cysh (Cys) C	$HS-CH_2-C(NH_2)(H)-COOH$	毛、发、角、蹄等角蛋白中含量较多，有解毒作用，促进肝细胞再生
甲硫氨酸 (Methionine)	Met M	$H_3C-S-CH_2-CH_2-C(NH_2)(H)-COOH$	肉、卵蛋白中占 3%~4%，用于抗脂肪肝，治疗肝炎、肝硬化等
天门冬氨酸 (Asparic acid)	Asp D	$HOOC-CH_2-C(NH_2)(H)-COOH$	多种蛋白中均具有，植物蛋白中尤多
谷氨酸 (Glutamic acid)	Glu E	$HOOC-CH_2-CH_2-C(NH_2)(H)-COOH$	谷物蛋白中含 20%~45%，用于降血氨，治肝昏迷，其钠盐即食用味精
天门冬酰胺 (Asparagine)	Asn N	$H_2N-C(=O)-CH_2-C(NH_2)(H)-COOH$	多种蛋白中均具有

续表

名　称	符号	结构式	存在及用途
谷氨酰胺 (Glutamine)	Gln Q	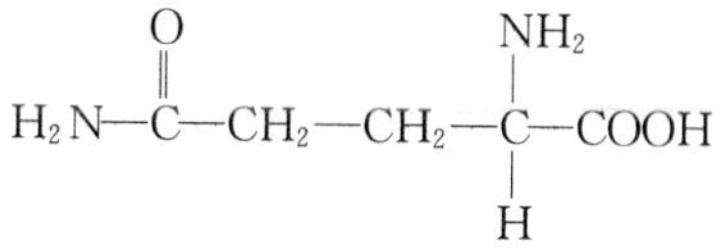 $H_2N-C(=O)-CH_2-CH_2-CH(NH_2)-COOH$	多种蛋白中均具有
精氨酸 (Arginine)	Arg R	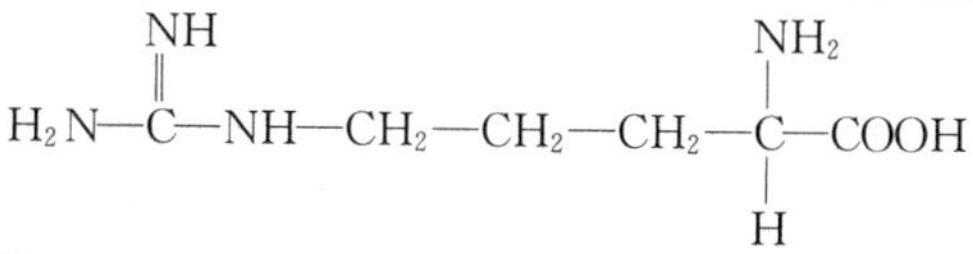 $H_2N-C(=NH)-NH-CH_2-CH_2-CH_2-CH(NH_2)-COOH$	鱼精蛋白的主要成分
赖氨酸 (Lysine)	Lys K	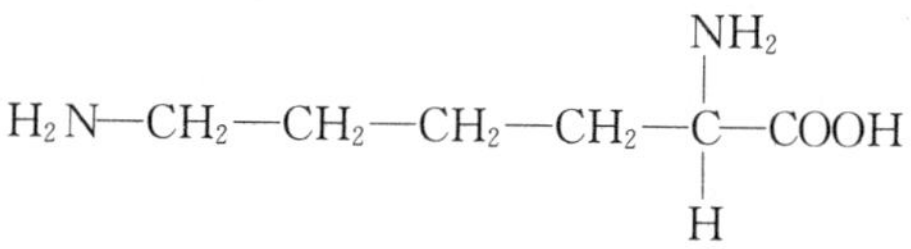 $H_2N-CH_2-CH_2-CH_2-CH_2-CH(NH_2)-COOH$	肉、乳、卵的蛋白中占7%～9%，血红蛋白中含量也多
组氨酸 (Histidine)	His H	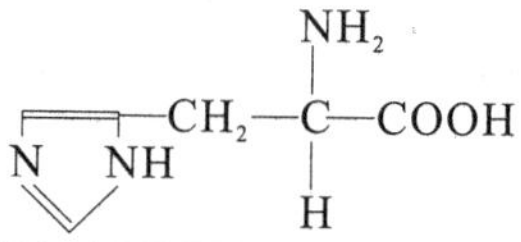 (咪唑环)$-CH_2-CH(NH_2)-COOH$	血红蛋白中含量最多，一般蛋白含1%～3%，明胶、玉米中最少，可作消化性溃疡的辅助治疗剂
脯氨酸 (Proline)	Pro P	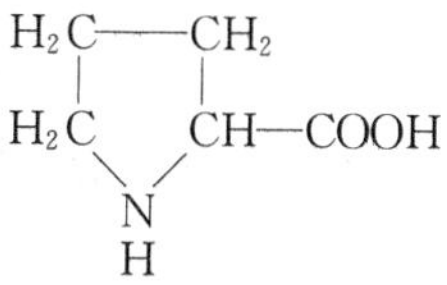 (吡咯烷环：H_2C-CH_2，H_2C，$CH-COOH$，NH)	结缔组织与谷蛋白中最多，明胶中含20%

构成蛋白质的氨基酸除上表中的20种基本氨基酸外，还有几种氨基酸也是蛋白质的组成成分，因含量少，并且是在蛋白质合成后经修饰形成的，因而一般未列入20种基本氨基酸之中。

羟脯氨酸（Hydroxyproline，Hyp）是脯氨酸经过羟化反应（hydroxylating）生成的。羟脯氨酸在明胶中含量较多，占14%，一般蛋白质中含量较少。

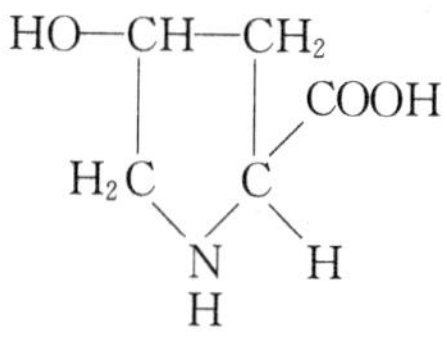

(结构式：HO—CH—CH₂，COOH，H₂C，C，N，H，H)

羟脯氨酸（Hydroxyproline）

羟赖氨酸（Hydroxylysine，Hyl）由赖氨酸经过羟化反应生成，羟赖氨酸是动物组织蛋白成分之一。

胱氨酸（Cystine，Cys）是两个半胱氨酸氧化后生成的，在毛、发、角、蹄等蛋白中含量丰富。

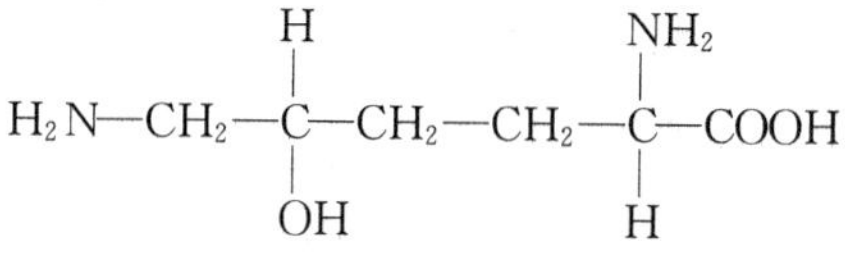

$$H_2N-CH_2-CH(OH)-CH_2-CH_2-CH(NH_2)-COOH$$

羟赖氨酸（Hydroxylysine）

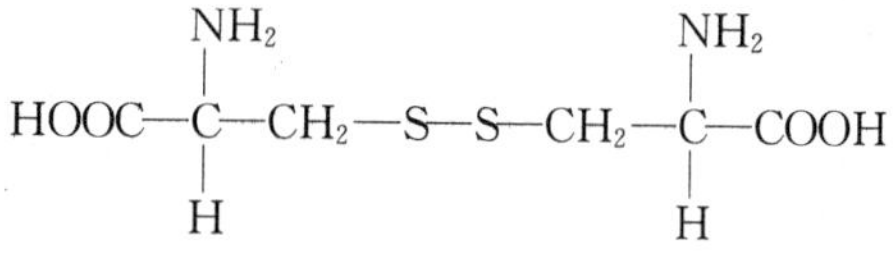

$$HOOC-CH(NH_2)-CH_2-S-S-CH_2-CH(NH_2)-COOH$$

胱氨酸（Cystine）

另有两种比较罕见，只发现存在于某些特殊蛋白质分子中，它们是含硒半胱氨酸（Selenocysteine）和吡咯赖氨酸（Pyrrolysine）。前者存在于含硒蛋白中，后者存在于一些古细菌和真细菌中，作为与产甲烷代谢有关的某些酶的组分。

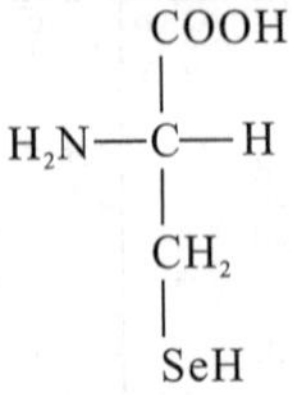

$$\begin{array}{c} COOH \\ | \\ H_2N—C—H \\ | \\ CH_2 \\ | \\ SeH \end{array}$$

含硒半胱氨酸
(Sec，U)

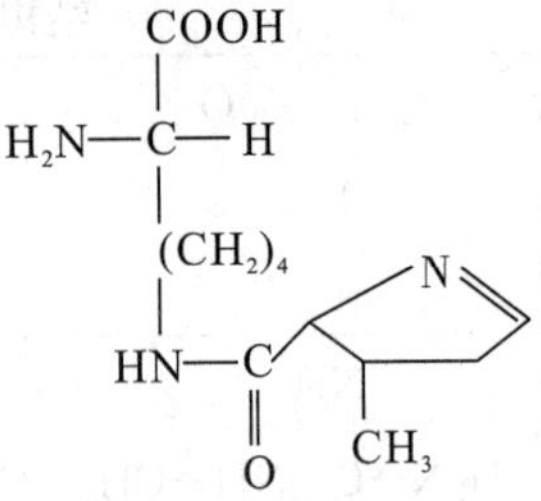

$$\begin{array}{c} COOH \\ | \\ H_2N—C—H \\ | \\ (CH_2)_4 \\ | \\ HN—C(=O)—\text{(吡咯啉环, }CH_3\text{)} \end{array}$$

吡咯赖氨酸
(Pyl)

此外，还有肌球蛋白中的甲基化氨基酸，包括甲基组氨酸（methylhistidine）、ε−N−甲基赖氨酸（methyllysine）（距 C_α 最远的末端 C 称 ε−C，所连 $-NH_2$ 称 ε−氨基）、ε−N，N，N−三甲基赖氨酸；存在于有关血液凝固蛋白质中的 γ−羧基谷氨酸（γ−carboxyglutamic acid）；组蛋白（histone）中的 N−甲基精氨酸（N−methylarginine）和乙酰赖氨酸（aoetyllysine）等。

2. 非蛋白质氨基酸

除了上述构成蛋白质的氨基酸外，天然存在的氨基酸还有一些并不是蛋白质的组成成分，这些氨基酸称为非蛋白质氨基酸。非蛋白质氨基酸种类很多，它们大多是 L−氨基酸的衍生物，也有少量 D−型。氨基大多连于 α 碳，但也有 β−，γ−，δ−位。它们的功能各异，现择其常见和重要的列于表 3−2 中。

表 3−2　非蛋白质氨基酸

名　称	结构式	存　在
β−丙氨酸 (β−Alanine)	$H_2N—CH_2—CH_2—COOH$	泛酸及辅酶 A 的组成成分
γ−氨基丁酸 (γ−Aminobutyric acid)	$H_2N—CH_2—CH_2—CH_2—COOH$	存在于脑组织中，与脑组织营养及神经传递有关
高半胱氨酸 (Homocysteine)	$\begin{array}{c} NH_2 \\ \vert \\ HS—CH_2—CH_2—C—COOH \\ \vert \\ N \end{array}$	甲硫氨酸生物合成的中间产物
高丝氨酸 (Homoserine)	$\begin{array}{c} NH_2 \\ \vert \\ HO—CH_2—CH_2—C—COOH \\ \vert \\ H \end{array}$	苏氨酸、天门冬氨酸、甲硫氨酸代谢的中间产物
鸟氨酸 (Ornithine)	$\begin{array}{c} NH_2 \\ \vert \\ H_2N—CH_2—CH_2—CH_2—C—COOH \\ \vert \\ H \end{array}$	尿素生成的中间产物
瓜氨酸 (Citruline)	$\begin{array}{c} O \qquad\qquad\qquad\qquad\qquad\qquad NH_2 \\ \Vert \qquad\qquad\qquad\qquad\qquad\qquad \vert \\ H_2N—C—NH—CH_2—CH_2—CH_2—C—COOH \\ \vert \\ H \end{array}$	尿素生成的中间产物

续表

名　称	结构式	存　在
苯甘氨酸（Phenoglycine）	苯基—CH(NH_2)—COOH	抗生素（Micakgcin B）
甲基天门冬氨酸（Methyl Aspartic acid）	HOOC—CH(CH_3)—CH(NH_2)—COOH	天门冬霉素（Aspartocin） 颖芒霉素（Glumamgcin）

第三节　氨基酸的性质

一、氨基酸的光学活性和光吸收性质

由氨基酸的结构可知，除甘氨酸外，构成蛋白质的所有氨基酸的 α－碳原子都是不对称碳原子，因此，氨基酸具有光学异构现象或称具有手性（chirality）。凡具有手性的分子都具有构型（configuration）。氨基酸 α－碳原子上的 4 个不同取代基可以有两种不同的排布方式，形成彼此成镜像的结构。当然还可以有一些其他的排布方式，但都与这两种排布方式中的一种等效，因为只要简单地转动，就可以互相代替。我们把彼此成镜像的两种结构分别称为 D－型和 L－型。因此，除甘氨酸外的其他氨基酸都有 D－型和 L－型之分。图 3－1 表示氨基酸的构型，在书写结构时，α－氨基排布在羧基左边的为 L－型，反之为 D－型。

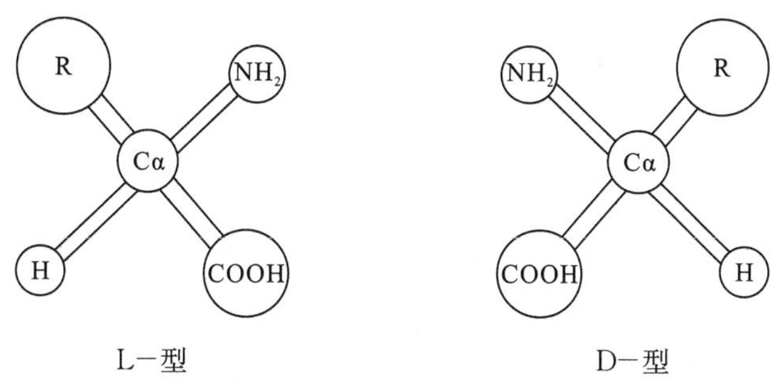

图 3－1　氨基酸的构型

从天然蛋白质分离出的所有氨基酸都是 L－型氨基酸。但在一些多肽抗生素和少数植物碱中发现有 D－型氨基酸，如短杆菌肽（gramicidin）中存在的 D－苯丙氨酸、D－谷氨酸和细菌细胞壁具有的 D－丙氨酸。人体不能利用 D－型氨基酸，但一些 D－氨基酸在人体内也具有一定的生理意义。如青霉素（penicillin）中的 D－半胱氨酸换成 L－型的，则失去抗菌效能。在哺乳动物中存在游离的 D－氨基酸，如前脑（forebran）中的 D－丝氨酸以及存在于脑和外周组织的 D－天门冬氨酸。

苏氨酸、胱氨酸、异亮氨酸及羟脯氨酸具有 2 个不对称碳原子，故有 4 个异构体。

L－苏氨酸与 D－苏氨酸为对映异构体，其化学性质相同，偏振光旋转角度相等，但方向相反；L－苏氨酸与 L－别苏氨酸（或 D－别苏氨酸）则是非对映异构体，两者化学性质不同，故它们的偏振光旋转性质也无关系。

L－苏氨酸	D－苏氨酸	L－别苏氨酸	D－别苏氨酸
COOH	COOH	COOH	COOH
H_2N—C*—H	H—C—NH_2	H_2N—C—H	H—C—NH_2
H—C*—OH	HO—C—H	HO—C—H	H—C—OH
CH_3	CH_3	CH_3	CH_3
L－苏氨酸	D－苏氨酸	L－别苏氨酸 (L－Allothreonine)	D－别苏氨酸 (D－Allothreonine)

各种氨基酸有其特定的比旋光度，由此可做各种氨基酸的定性定量测定，这是氨基酸的一个重要物理常数。各种氨基酸的比旋光度见表 3－3 所列。表中数值是在波长 589 nm 钠光下，在酸性溶液（5 mol/L HCl）中测定的，浓度为 0.5%～2.0%。氨基酸的旋光性不仅与本身结构（R 基）有关，而且受测定时溶液 pH 的影响，因为在不同的 pH 条件下氨基和羧基的解离情况不同。

表 3－3　氨基酸的比旋光度、熔点及溶解度

氨基酸	相对分子质量	比旋光度 $[\alpha]_D^{25}$ (5 mol/L HCl)	熔点 (℃)	水中溶解度 (g/100g) (25℃)	第一次从蛋白质中分离	
					年代	来　源
甘氨酸	75.07	—	290	24.99	1820	明胶
L－丙氨酸	89.09	+14.6	297	16.51	1888	丝纤维蛋白
L－缬氨酸	117.10	+28.3	293～295	8.85	1901	酪蛋白
L－亮氨酸	131.17	+16.0	337	2.19	1820	肌肉纤维，羊毛
L－异亮氨酸	131.17	+39.5	284	4.12	1904	纤维蛋白
L－苯丙氨酸	165.09	−34.5	284	2.96	1881	羽扁豆
L－酪氨酸	181.09	−10.0	344	0.04	1849	酪蛋白
L－色氨酸	204.20	+2.8*	282	1.14	1902	酪蛋白
L－丝氨酸	105.09	+15.1	228	5.02	1865	丝胶蛋白
L－苏氨酸	119.18	−15.0	253	1.59	1925	燕麦蛋白
L－半胱氨酸	121.15	+6.5	178	—	—	
L－胱氨酸	240.29	−232.0	261	0.01	1899	角蛋白
L－甲硫氨酸	149.21	+23.2	283	3.35	1922	酪蛋白
L－天冬氨酸	133.60	+25.4	270	0.50	1868	兰豆朊 豆球朊
L－谷氨酸	147.13	+31.8	249	0.84	1866	谷纤维蛋白
L－天冬酰胺	132.60	+33.2**	236	3.11	1932	麻仁球朊
L－谷氨酰胺	146.15	+31.8*	185	3.60	1932	麸朊
L－精氨酸	174.20	+27.6	238	71.80	1895	角蛋白
L－赖氨酸	146.19	+25.9	224	66.60	1889	酪蛋白
L－组氨酸	155.16	+11.8	277	4.29	1896	鲟精朊
L－脯氨酸	115.13	−60.4	222	62.30	1901	酪蛋白
L－羟脯氨酸	131.10	−50.5		36.11	1902	明胶
L－羟赖氨酸	162.19	+17.8			1925	鱼明胶

*表示在 1 mol/L HCl 溶液中测定；**表示在 3 mol/L HCl 溶液中测定。

氨基酸在可见光区都没有光吸收，在紫外区只有酪氨酸、色氨酸和苯丙氨酸具有光吸收能力。酪氨酸的最大吸收在 278 nm，色氨酸的最大吸收在 279 nm，而苯丙氨酸的最大吸收在 259 nm。

二、氨基酸的解离和酸碱性质

氨基酸既含有酸性的羧基，又含有碱性的氨基，羧基可以解离释放质子（酸性），氨基可以结合质子（碱性），因此，氨基酸为一种两性电解质（ampholytes）。氨基酸的氨基和羧基的解离情况以及氨基酸本身带电的情况取决于它所处环境的酸碱性。事实证明，氨基酸主要是以偶极离子（dipolar ion）形式存在。因为氨基酸的熔点高（大多在 200℃以上，见表 3－3），非离子态（分子态）的熔点低（110℃左右）。当它处于酸性环境时，由于羧基结合质子而使氨基酸带正电荷；若处于碱性环境时，由于氨基的解离而使氨基酸带负电荷；当其在某一 pH 值时，氨基酸所带正电荷和负电荷相等，即净电荷为零，此时的 pH 值称为氨基酸的**等电点**（lsolectric point），用 pI 表示。氨基酸在等电点时，主要以偶极离子形式存在。

$$\underset{\text{（正离子）}pH<pI}{R-\overset{COOH}{\underset{NH_3^+}{C}}-H} \underset{+H^+}{\overset{-H^+}{\rightleftharpoons}} \underset{\text{（偶极离子）}pH=pI}{R-\overset{COO^-}{\underset{NH_3^+}{C}}-H} \underset{-OH^+}{\overset{+OH^-}{\rightleftharpoons}} \underset{\text{（负离子）}pH>pI}{R-\overset{COO^-}{\underset{NH_2}{C}}-H}$$

氨基酸在水溶液中既可被酸滴定，又可被碱滴定，因而具有两性解离的性质。现以甘氨酸滴定为例来说明氨基酸两性解离的特点。图 3－2 是甘氨酸的酸碱滴定曲线．A 段是用标准盐酸滴定得到的曲线，B 段是用标准氢氧化钠滴定得到的曲线。

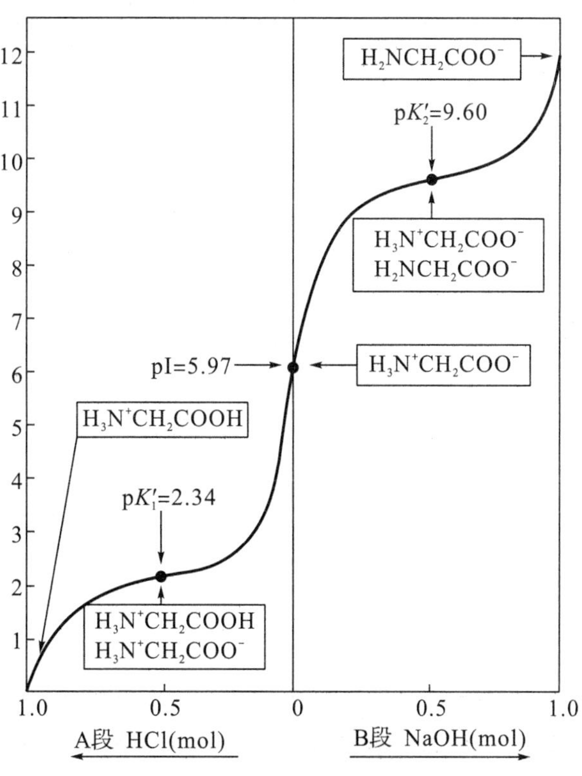

图 3－2　基氨酸的解离曲线

从滴定曲线的左段可以看出，处于等电状态的甘氨酸当加酸滴定时，溶液的 pH 值由大逐渐变小（pH＝6→pH＝1），表明溶液的碱性在逐渐下降，而酸性在逐渐增高。曲线中部的转折点（pK'_{a1}=2.34）是甘氨酸羧基（—COOH）的解离常数[①]（dissociation constant），这个常数说明被滴定的两性甘氨酸离子中可作为 H^+ 受体的 $-COO^-$ 基已有半数被中和了。从滴定曲线的右段可以看出，当对甘氨酸溶液用碱滴定时，溶液中的 pH 值由小变大（pH=6→pH=12），这说明溶液的酸度在逐渐下降，而碱度在逐渐升高。在曲线中部出现一个转折点（pK'_{a2}=9.6），它是甘氨酸氨基（$-NH_3^+$）的解离常数，表明被滴定的甘氨酸分子中可解离提供 H^+ 与碱基 OH^- 结合的 $-NH_3^+$ 基已有半数被中和了。

由氨基酸的滴定，可用下列 Henderson－Hasselbalch 方程求出各种解离基团的解离常数（pK'_a）：

$$pH=pK'_a+\lg\frac{[质子受体]}{[质子供体]}$$

而由 pK'_a 可求出氨基酸的等电点（pI）。某氨基酸的等电点可由其等电点左右的两个 pK'_a 值的算术平均值得出。

中性氨基酸和酸性氨基酸为 $pI=\frac{pK'_{a1}+pK'_{a2}}{2}$；碱性氨基酸为 $pI=\frac{pK'_{a2}+pK'_{a3}}{2}$

例如甘氨酸 pK'_{a1}=2.34，pK'_{a2}=9.60，所以甘氨酸的等电点为：

$$pI=\frac{1}{2}(2.34+9.60)=5.97$$

各种氨基酸的 pK'_a 值及 pI 见表 3－4。

表 3－4　氨基酸的解离常数及等电点

氨基酸	pK'_{a1}（COOH）	pK'_{a2}（N^+H_3）	pK'_{a3}（R）	pI
甘氨酸	2.34	9.60		5.97
丙氨酸	2.34	9.69		6.02
缬氨酸	2.32	9.62		5.97
亮氨酸	2.36	9.60		5.98
异亮氨酸	2.36	9.68		6.02
丝氨酸	2.21	9.15		5.68
苏氨酸	2.63	10.43		6.53
天冬氨酸	2.09	3.86（β－COOH）	9.82（NH_3^+）	2.98
天冬酰胺	2.02	8.80		5.41
谷氨酸	2.19	4.25（γ－COOH）	9.67（NH_3^+）	3.22
谷氨酰胺	2.17	9.13		5.65
精氨酸	2.17	9.04（NH_3^+）	12.48（胍基）	10.76
赖氨酸	2.18	8.95（α－NH_3^+）	10.53（ε－NH_3^+）	9.74
组氨酸	1.82	6.00（咪唑基）	9.17（NH_3^+）	7.59
半胱氨酸	1.71	8.33（NH_3^+）	10.78（SH）	5.02
甲硫氨酸	2.28	9.21		5.75
苯丙氨酸	1.83	9.13		5.48
酪氨酸	2.20	9.11（NH_3^+）	10.07（OH）	5.66
色氨酸	2.38	9.39		5.89
脯氨酸	1.19	10.60		6.30

应注意的是，含一氨基一羧基的氨基酸其等电点不为绝对中性（pH=7），而是偏酸

① 在生物化学中，应用解离常数时，习惯于在特定条件下（一定浓度及离子强度等）进行测定，这样测定的常数称为表观解离常数（apparent dissociation constant），用符号 K′表示，以区别物理化学中常用的真实解离常数 K（true dissociation constant）。K 是校正值，是对由浓度和离子强度等所造成的偏差经校正后的数值。

（一般 pH=6 左右），这是由于羧基的解离程度大于氨基的解离程度。因此，在 pH=7.0 的纯水中，一氨基一羧基的氨基酸略呈酸性，只有在微酸性的溶液中，它才能呈中性，即具等电的性质。当然一氨基二羧基的氨基酸的等电点要比中性氨基酸更小些，而一羧基二氨基的氨基酸的等电点要比中性氨基酸大些。

通常氨基酸处于等电点状态时，其溶解度最小，这一性质可用于氨基酸的分离。

由上述 Handerson-Hasselbalch 方程可以看出，当 pH 值为 pK'_a 时，质子供体与质子受体相等，此时对酸碱的缓冲能力最大（或缓冲容量最大）。由表 3－4 可见，在生理 pH（7 左右）下，除组氨酸外，其他氨基酸都没有明显的缓冲容量，因为 pK'_{a1} 在 2 左右，pK'_{a2} 和 pK'_{a3} 在 9 以上。组氨酸咪唑基 pK'_a 值为 6.0，在 pH 为 7 左右有明显的缓冲作用。组氨酸的这种缓冲能力对于某些酶的催化作用及红细胞血红蛋白运输氧气和二氧化碳都是很重要的。

三、氨基酸的化学反应

氨基酸的化学反应主要是指它的 α－氨基、α－羧基以及侧链上的基团所参与的一些反应。下面我们着重讨论在蛋白质化学中具有重要意义的氨基酸的化学反应。

1. 由 α－氨基参加的反应

（1）与亚硝酸的反应

除脯氨酸、羟脯氨酸外，氨基酸的 α－氨基和其他一级胺一样，能与亚硝酸作用。生成相应的羟基酸和氮气。虽然赖氨酸的 ε－NH_2 也能与亚硝酸反应，但速度很慢。

$$\underset{\displaystyle NH_2}{R-\underset{|}{CH}}-COOH + HNO_2 \longrightarrow \underset{\displaystyle OH}{R-\underset{|}{CH}}-COOH + N_2\uparrow + H_2O$$

上述反应产生的氮气一半来自氨基酸的氨基氮，一半来自亚硝酸。在标准条件下，测定生成氮的体积即可计算氨基酸的量，这便是范斯莱克（Van Slyke）定氮法的基础。生产上常用此法来测定蛋白质的水解程度。

（2）与甲醛的反应

氨基酸的氨基能与甲醛反应生成羟甲氨基衍生物：

$$\underset{\displaystyle NH_3^+}{R-\underset{|}{CH}}-COO^- + HCHO \rightleftharpoons \underset{\displaystyle NH-CH_2OH}{R-\underset{|}{CH}}-COO^- + H^+ \overset{HCHO}{\rightleftharpoons} \underset{\displaystyle N(CH_2OH)_2}{R-\underset{|}{CH}}-COO^-$$

二羟甲基氨基酸

氨基酸的酸性羧基与碱性氨基相距很近，当用碱来滴定羧基时，由于氨基的影响，致使氨基酸这种两性离子即使达到滴定终点也不完全分解，因而不能准确测定。如果用中性甲醛与氨基酸的氨基化合，将氨基保护起来使其不生成两性离子，然后再用碱来滴定氨基酸中的羧基，就能用滴定的方法来测定氨基酸的量。这便是 Srensen 首先设计提出来的**甲醛滴定法**（formol titration）。这种反应是一种可逆反应，需要加过量的甲醛使氨酸酸完全转变为羟甲基衍生物，才能得到较准确的结果。

（3）酰化反应

氨基酸与酰氯（acyl chloride）或酸酐（acid anhydride）作用时，氨基中有一个氢原子或甚至两个氢原子被酰基取代而被酰化。

$$R-\underset{\underset{NH_2}{|}}{CH}-COOH \xrightarrow{R'-\overset{\overset{O}{\|}}{C}-Cl} R-\underset{\underset{NH-\underset{\underset{O}{\|}}{C}-R'}{|}}{CH}-COOH+HCl$$

氨基酸与邻苯二甲酸酐（phthalic abhydride）反应，生成的邻苯二甲酰氨基酸，在人工合成多肽中是很有用的保护 α－氨基的中间体。

$$C_6H_4(CO)_2O + H_2N-\overset{\overset{R}{|}}{CH}-COOH \longrightarrow C_6H_4(CO)_2N-\overset{\overset{R}{|}}{CH}-COOH + H_2O$$

苯二甲酸酐　　　　苯二甲酰氨基酸

苄氧（苯甲氧）酰氯（carbobenzyloxychloride）与氨基酸作用生成氨基酸取代的苄氧甲酰氨基酸，这个反应在人工合成多肽中用于保护氨基。

$$C_6H_5-CH_2-O-\underset{\underset{O}{\|}}{C}-Cl+H_2N-\underset{\underset{R}{|}}{CH}-COOH \xrightarrow{NaOH}$$

苄氧酰氯

$$C_6H_5-CH_2-O-\underset{\underset{O}{\|}}{C}-\underset{\underset{H}{|}}{N}-\underset{\underset{R}{|}}{CH}-COOH+NaCl+H_2O$$

苄氧甲酰氨基酸

在蛋白质的结构分析及氨基酸定量测定中，除上述酰化剂外，常用的还有叔丁氧甲酰氯（tertiary butyloxycarbonyl chloride）、对甲苯磺酰氯（*p*-toluenesulfonyl chloride）、丹磺酰氯（dansyl chloride）等。

（4）与二硝基氟苯的反应

氨基酸的氨基与一般氨基化合物一样，遇卤素化合物时，能生成氨基取代化合物。其中重要的是与 2，4－二硝基氟苯（2，4－dinitrofluorobenzene，简称 DNFB）的反应，在弱碱性溶液中氨基酸与 DNFB 反应，生成黄色的二硝基苯氨基酸（dinitrophenyl amino acid，简称 DNP-AA)。这个反应现被广泛用于肽链末端分析，是蛋白质结构测定中的一个重要反应。

$$HOOC-\underset{\underset{R}{|}}{CH}-NH_2+F-C_6H_3(NO_2)-NO_2 \longrightarrow HOOC-\underset{\underset{R}{|}}{CH}-NH-C_6H_3(NO_2)-NO_2+HF$$

DNFB　　　　DNP－氨基酸

（5）成盐作用

氨基酸的氨基与 HCl 作用产生氨基酸盐酸化合物。用 HCl 水解蛋白质制得的氨基酸是氨基酸盐酸盐。氨基酸盐比游离氨基酸溶解度大，这在实践中便于应用。

$$\underset{\displaystyle \mathrm{NH_2}}{\mathrm{R{-}\underset{|}{CH}{-}COOH}} + \mathrm{HCl} \longrightarrow \underset{\displaystyle \mathrm{NH_3^+ \cdot Cl^-}}{\mathrm{R{-}\underset{|}{CH}{-}COOH}}$$

氨基酸盐酸盐

(6) 与醛类的反应

氨基酸的 α－氨基能与醛类化合物反应生成弱碱，即所谓西夫碱（Schiff'sbase）。西夫碱是氨基酸代谢的中间产物。

$$\mathrm{R'CH{=}O} + \mathrm{H_2N{-}CH(COOH){-}R} \rightleftharpoons \mathrm{R'CH{=}N{-}CH(COOH){-}R} + \mathrm{H_2O}$$

醛　　氨基酸　　西夫碱

2. 由 α－羧基参加的反应

氨基酸的羧基和其他有机羧酸一样，在一定条件下可以起成盐、成酯、成酰氯、酰胺、脱羧和叠氮等反应。

(1) 成盐反应

氨基酸的 α－羧基可以和碱作用而生成盐。

$$\mathrm{CH_3{-}CH(NH_3^+){-}COO^-} + \mathrm{NaOH} \longrightarrow \mathrm{CH_3{-}CH(NH_2){-}COO^-\ Na^+} + \mathrm{H_2O}$$

丙氨酸　　丙氨酸钠盐

如果与二价金属离子反应，则生成复盐，即两个氨基酸分子与一分子二价金属离子化合。常与氨基酸生成复盐的有 Cu^{2+}、Mn^{2+}、Ca^{2+}、Co^{2+} 等金属离子。

(2) 成酯反应

在有干燥的氯化氢气体存在下，氨基酸可与甲醇或乙醇作用生成氨基酸甲酯或乙酯。

$$\mathrm{R{-}CH(NH_2){-}COOH} + \mathrm{C_2H_5OH} \xrightarrow{\text{HCl 气体}} \mathrm{R{-}CH(NH_2){-}COOC_2H_5} + \mathrm{H_2O}$$

乙醇　　氨基酸乙脂

羧基被酯化后，可增强氨基的化学活性，氨基更易起酰化反应。在蛋白质人工合成中此反应可用于氨基酸的活化。此外，这种性质也可用于氨基酸的分离纯化，因为各种氨基酸与醇所生成的酯其沸点不同，故可进行分级蒸馏而加以分离。

(3) 酰化反应

羧酸的一个性质是羧基中的羟基可以被卤素取代，所生成的化合物称为酰卤。在氨基酸中，因为氨基与羧基相距很近，难于直接形成酰卤，故一般是先用一种酰化剂（如氯乙酰）将氨基保护起来，而后再用另一种酰化剂（如 PCl_5、PCl_3 等）使羧基酰化。

$$\mathrm{R{-}CH(NH_2){-}COOH} + \mathrm{CH_3{-}CO{-}Cl} \longrightarrow \mathrm{R{-}CH(NH{-}CO{-}CH_3){-}COOH} + \mathrm{HCl}$$

氯乙酰

$$\mathrm{R{-}CH(NH{-}CO{-}CH_3){-}COOH} + \mathrm{PCl_5} \longrightarrow \mathrm{R{-}CH(NH{-}CO{-}CH_3){-}CO{-}Cl} + \mathrm{POCl_3} + \mathrm{HCl}$$

所生成的酰氯是很活泼的，比较容易起多种反应，因此，这个反应常常用于肽的合成。

(4) 脱竣反应

氨基酸在生物机体内能够脱羧而生成相应的胺（amine）。此反应需在脱羧酶（decaboxylase，一种催化氨基酸脱羧产生 CO_2 反应的生物催化剂）的催化下进行，也可用一种弱碱〔如 $Ba(OH)_2$〕在加热时发生脱羧反应。

$$R-\underset{\underset{NH_2}{|}}{CH}-COOH \xrightarrow[\triangle]{Ba(OH)_2} \underset{\text{胺}}{R-CH_2-NH_2} + CO_2$$

在体内代谢中，氨基酸脱羧产生的胺具有一定的生理效应。

3. 氨基及羧基同时参加的反应

这种反应具有重要意义的是与茚三酮的反应。茚三酮（ninhydrin）在微酸性溶液中与氨基酸加热，发生氧化、脱氨、脱羧作用而生成蓝紫色化合物。

茚三酮 $\underset{-H_2O}{\overset{+H_2O}{\rightleftharpoons}}$ 水合茚三酮

水合茚三酮 $+ H_2N-\underset{R}{CH}-\overset{OH}{CO} \longrightarrow$ 还原茚三酮 $+ R-CHO + NH_3 + CO_2$

茚三酮 $+ 2NH_3 +$ 还原茚三酮 $\longrightarrow$ 蓝紫色化合物 $+ 2H_2O$

此反应是氨基酸的特异性化学反应，常用于氨基酸的定性、定量测定。反应产生的 CO_2 可以定量测定其体积，从而测定氨基酸的量。产生的蓝紫色化合物可在 570 nm 波长比色，定量测定氨基酸的含量。在一定范围（0.5 μg～50 μg）内，氨基酸量与颜色深度成正比。这种颜色反应也常用于氨基酸的纸层析、薄层层析及电泳等的显色。

脯氨酸和羟脯氨酸与茚三酮反应不释放 NH_3，而直接生成黄色化合物。

4. 由R基产生的反应

氨基酸分子中除 α－氨基与 α－羧基以外的部分，统称为R基（或称侧链基），不同氨基酸的主要区别就在于R基不同。氨基酸中的R基包括：苯环（苯内氨酸及酪氨酸）、酚基（酪氨酸）、羟基（丝氨酸、苏氨酸）、巯基及“—S—S—”键（半胱氨酸及胱氨酸）、吲哚基（色氨酸）、胍基（精氨酸）、咪唑基（组氨酸）等。因此，凡具有这些功能基团的氨基酸必然也具有这些基团的化学性质，这也是用以鉴别各种氨基酸的基础。

氨基酸的侧链基团具有一些特殊性质与反应，尤其是各具有特殊的颜色反应，这些反应常常用作各种氨基酸的测定。此外，利用氨基酸侧链基团的化学性质，常常用各种化学试剂来对蛋白质做分子修饰以改变蛋白质的功能。

一些侧链基团的化学反应及用途见表 3－5 所示。

表 3－5 氨基酸侧链 R 基团的部分反应

R 基名称	化学反应	用途及重要性
苯 环 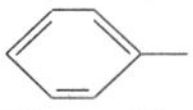 Tyr，Phe	黄色反应：与 HNO_3 作用产生黄色物质	作蛋白质定性试验，用于鉴定苯丙氨酸和酪氨酸
酚 基 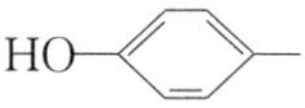 HO— Tyr	Millon 反应：与 $HgNO_3$、Hg（NO_3）$_2$ 和 HNO_3 反应呈红色 Folin 反应：酚基可还原磷钼酸、磷钨酸生成蓝色物质	用于鉴定酪氨酸，作蛋白质定性定量测定
吲哚基 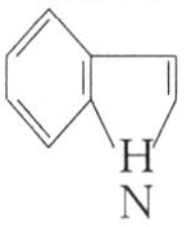 H N Try	乙醛酸反应：与乙醛酸或二甲基氨甲醛反应（Ehrlich），生成紫红色化合物 还原磷钼酸、磷钨酸成钼蓝、钨蓝	鉴定色氨酸，作蛋白质定性试验
胍 基 H_2N—C—NH— ‖ NH Arg	坂口反应（Sakaguchi 反应）：在碱性溶液中胍基与含有 α－萘酚及次氯酸钠的物质反应生成红色物质	作精氨酸的测定
咪唑基  N NH His	Pauly 反应：与重氮盐化合物结合生成棕红色物质。酪氨酸的酚基与重氮化合物反应生成橘黄色物质	用于组氨酸及酪氨酸的测定
巯 基 HS－ Cys	亚硝基亚铁氰酸钠反应：在稀氨溶液中与亚硝基亚铁氰酸钠反应生成红色	作半胱氨酸及胱氨酸的测定
羟 基 HO－ Thr，Ser	与乙酸或磷酸作用生成酯	保护丝氨酸及苏氨酸的羟基，用于蛋白质的合成

第四节 氨基酸的分离与测定

对于氨基酸的分离、测定，无论是在氨基酸的生产和利用，还是在蛋白质的研究方面都具有重要的意义。因为欲了解蛋白质的化学结构，就必须知道它的氨基酸组成。经过适当处理的蛋白质分解后，首先遇到的问题就是要测定该蛋白质含有什么氨基酸，以及这些氨基酸的含量。在生产上要鉴定某种氨基酸制剂的纯度和产量，也会遇到分离和测定氨基酸的方法问题。用于氨基酸分离和测定的方法较多，但最常用的为**层析**（chromatography）和**电泳**（electrophorisis）两类方法。电泳法将在本章蛋白质测定部分介绍，这里主要介绍用于氨基酸分离测定的几种层析方法原理。

层析法（chromatography）是利用被分离样品混合物中各组分性质的差别，使各组分以不同程度分布在两个“相”中。这两个相中的一个被固定在一定的支持介质上，称为固定相（staionary phase）；另一个是移动的，称为移动相（mobil phase）。当移动相流过固定相时，在流动过程中由于各组分在两相中的分配情况不同，或电荷分布不同，或离子亲和力不同等，而以不同速度前进，从而达到分离的目的。

根据层析法的原理与方式的不同，层析法有分配层析、吸附层析、离子交换层析、分子筛层析以及亲和层析等不同类别。这里仅介绍分配层析和离子交换层析原理，其他层析方法将在本章最后一节介绍。

一、滤纸层析

滤纸层析（filter-paper chromatography）是一种分配层析（partition chromatogrphy）。当一种溶质（例如氨基酸）在两种一定的不互溶或几乎不互溶的溶剂中分配时，在一定温度下达到平衡后，它在两相中的浓度比值与在这两种溶剂中的溶解度比值相等，称为分配定律。这个比值是一个常数，称为分配系数（partition coefficient）。

滤纸层析是以滤纸为支持物，以滤纸纤维所吸附的水为固定相，以水饱和的有机溶剂为移动相。将氨基酸的混合样品点于滤纸上，当有机相经过此样品时，混合物中的各种氨基酸就在有机溶剂和水中分配。由于水相被滤纸纤维固定，而有机相不断地前进，不同氨基酸在水与有机溶剂中的分配情况（溶解度）不同，各氨基酸随有机相前进的速度也就不一样。经过一定时间后，各种氨基酸彼此即可分开。各种物质在层析中前进的速率可用 R_f 值（比移值）（Rate flow）来表示：

$$R_f=\frac{\text{原点到层析点中心的距离}}{\text{原点到溶剂前沿的距离}}$$

各种物质在一定溶剂系统中，其 R_f 值是一定的，借此可作物质的鉴定。从定义可以看出，R_f 值就是溶剂前进一个单位距离时溶质前进的距离。R_f 值愈大，说明该物质前进愈快，在有机相中的溶解度愈大。

用纸层析分离氨基酸，可用单向层析（图 3－3），但更常用双向层析（图 3－4），即用一种溶剂系统（如丁醇—醋酸）沿滤纸的一个方向进行层析，滤纸烘干后，旋转 90°，然后再用另一个溶剂系统（如酚—甲酸—水）进行第二向层析，这样可使各种氨基酸更好地分开。

氨基酸的纸层析分离除了与层析条件有关外，更主要的是取决于氨基酸的分子结构。因为水是极性溶剂（固定相），所以极性氨基酸在水中的溶解度大，R_f 值就小。酸性和碱性氨基酸的极性强于中性氨基酸，所以中性氨基酸在水中的分配小些，R_f 值较酸性和碱性氨基酸大些。碳氢链（$-CH_2-$）是非极性结构，若分子中极性基团相同，而亚甲基数增加（分子量增大），则整个分子的极性相应降低，R_f 值随之增大。

现在多用聚酰胺（polyamide）薄膜代替滤纸进行物质的层析分离，其原理与纸层析相同，但层析速度更快，效果更好。

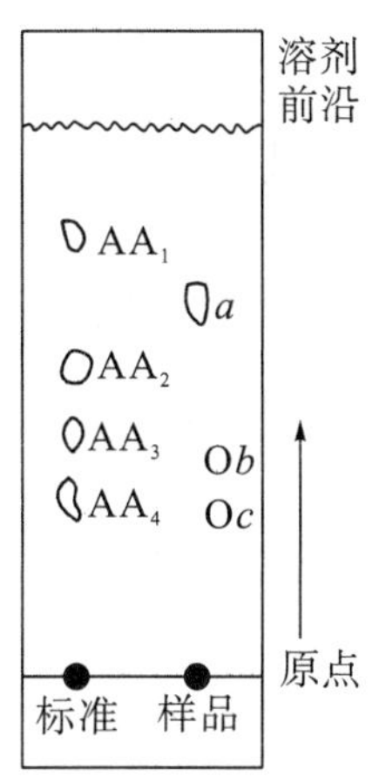

图 3－3　氨基酸单向纸层析图谱

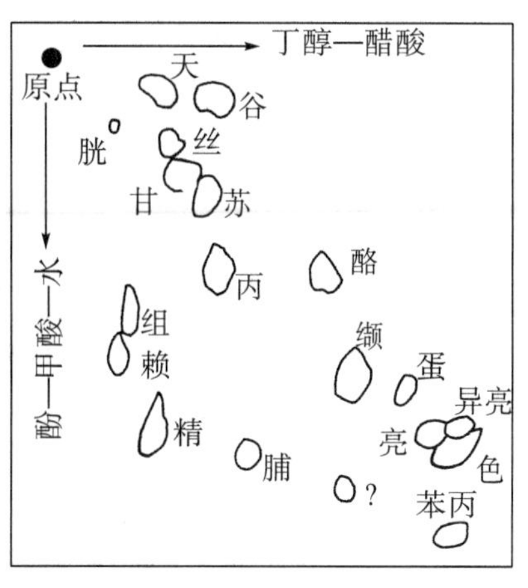

图 3－4　氨基酸双向纸层析图谱

二、薄层层析

薄层层析（thin-layer chromatography，TLC）是一种快速而微量的层析方法。这是一种将固体支持剂涂在玻璃板或塑料板上，对物质进行层析的方法。根据所用支持剂及分离原理的不同，薄层层析又有多种不同类型。如果支持剂是吸附剂（如硅胶粉），层析时主要是根据吸附剂对样品中各组分的吸附力不同，这种层析法称为**吸附薄层层析**；如果支持剂是硅藻土或纤维素粉，则是利用各组分的分配系数不同，此法就称为**分配薄层层析**；如果薄板上涂以离子交换剂，根据各组分的离子交换性质不同而加以分离，则称为**离子交换薄层层析**；薄板上还可以涂上凝胶，根据各组分相对分子质量大小而加以分离，这种方法称为**凝胶过滤薄层层析**等。

薄层层析不仅适用于氨基酸的分离鉴定，而且对于生物体内其他许多化学物质的定性、定量测定，都是一种很有用的方法。

三、离子交换层析

离子交换层析（ion-exchange chromatography）对于氨基酸的制备和分析都是一种常用的方法。这种方法通常是把一种称为离子交换树脂的大分子聚合物填装于柱内而进行的一种层析方法。

离子交换树脂是具有酸性或碱性基团的人工合成的高分子化合物（如聚苯乙烯）。阳离子交换树脂含有酸性基（如$-SO_3H$或$-COOH$），这些酸性基可以解离释放出氢离子。当溶液中含有其他阳离子时（如在酸性环境中的氨基酸阳离子），它们可以和氢离子发生交换，与酸根（$-SO_3^-$或COO^-）结合，交换到树脂上去；当改变 pH 时，氨基酸阳离子又能可逆地被洗脱下来。同样，阴离子交换树脂含有碱性基［如$-N(CH_3)_3^+OH^-$或$NH_3^+OH^-$］，这些碱性基团解离出的OH^-离子可以和溶液里的阴离子（如在碱性环境中的氨基酸阴离子）发生交换，后者交换到树脂上去，然后再被洗脱。图 3－5 所表示的就是氨基酸阳离子交换及洗脱过程。

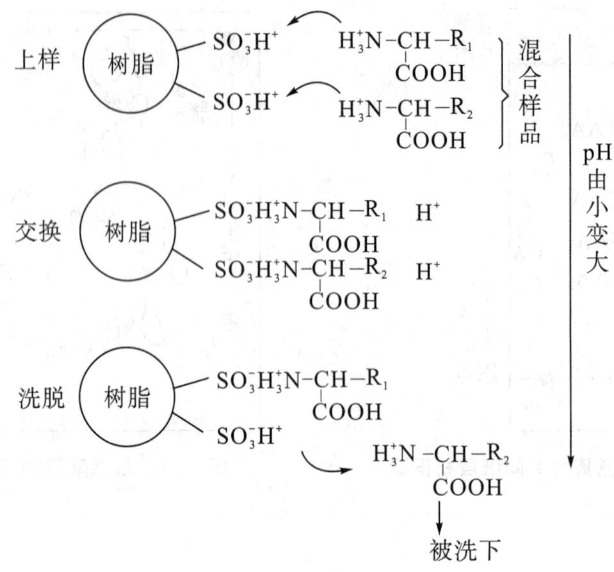

图 3-5 阳离子树脂分离氨基酸示意图

由图可见，氨基酸混合物的离子交换分离与环境的 pH 关系甚大。因为各种氨基酸可解离基团的 pK_a' 值不同，因而在一定 pH 值下各氨基酸带电荷的情况不一样，离子交换行为也就不同，由此可达到分离的目的。

混合氨基酸对于阳离子交换一般有如下的洗脱规律：酸性氨基酸先被洗下，接着是中性氨基酸被洗下，碱性氨基酸最后被洗下；在极性基团相同的情况下，相对分子质量小的比相对分子质量大的先洗下来。在进行洗脱时，在层析柱的下面用试管或其他容器按一定体积进行分部收集，即可将不同的氨基酸分离开。

四、高效液相层析

高效液相层析（high performance liquid chromatography，HPLC）的优点是快速、灵敏、高效。其特点是层析分离物质是在高压下（3.4×10^7 Pa，即 25×10^4 mmHg，相当于 330 个大气压）进行的，因而又曾称为高压液相层析。

层析柱中所装载体材料必须能够承受高压，在高压下减小被分离物质所走距离，从而提高层析速度。HPLC 所使用的载体颗粒很细（5μm 左右），因而表面积很大；溶剂系统采取高压进入柱内，因此洗脱速度增大。HPLC 可用于分配层析、吸附层析、离子交换层析和凝胶过滤。不同物质的分离，主要依靠流动相组成的变化。

一般 HPLC 是固定相为极性载体，流动相为非极性的有机溶剂。由于强极性分子牢固地吸着于固定相上，因而样品保留时间长，容易造成分离峰拖尾。反相高效液相色谱（reversed phasc HPLC）则使用非极性的固定相和极性流动相。极性分子对流动相有较高的亲和力，因此洗脱相对更迅速。反相方法对氨基酸等极性分子的分离尤为适用。更换层析柱即可用于不同物质的分离。

为了提高分离分析氨基酸的灵敏度，通常在层析前先在氨基酸上标记一些能产生荧光或在紫外光区有较强吸收的化学物质，这样经反相高效液相层析后可以直接用荧光检测仪（spectrofluorometer）或紫外检测仪（ultraviolet monitor），高灵敏度地检测和定量各种氨基酸。

五、氨基酸的显色反应

借助于层析、电泳等方法将氨基酸分离后，还没有完成定性定量的任务，因为氨基酸一般都是无色的，所以还需借助一定的手段使它们显现出来。有的氨基酸（如酪氨酸、色氨酸）具有紫外吸收特性，借此，可在紫外光下显现出来；有的氨基酸可加入一定的荧光剂后显现出来，因此也可以找到它们的踪迹。而更常用的是借助一些化学试剂使氨基酸显现一定的颜色。用来使氨基酸显现不同颜色的化学试剂，称为显色剂。显色剂的种类很多，其灵敏度也不相同，有些适用于纸上显色（用于纸层析和纸电泳），有些适用于溶液显色（适用于离子交换层析）。有些显色剂对各种氨基酸都有作用，如茚三酮、吲哚醌等；而某些显色剂只对个别氨基酸有显色作用，这是由于不同显色剂作用于氨基酸的不同基团所致，如对二甲氨基苯甲醛使色氨酸显蓝色，就是由于色氨酸中的吲哚基引起。有些显色剂同氨基酸所生成的颜色与氨基酸的含量成正比，借此可作定量测定；有些显色剂对不同氨基酸显现不同的颜色，借此可作氨基酸的鉴别。

鉴别氨基酸显色的常用方法见表 3－6 所示。

表 3－6　氨基酸的显色反应

氨基酸	显色试剂	颜　色
各种氨基酸	0.1%～0.5%茚三酮丙酮（或乙醇）溶液	蓝紫色
多种氨基酸	1%吲哚醌酒精冰醋酸溶液	不同氨基酸显不同颜色
各种氨基酸	1%溴酚蓝酒精溶液	蓝　色
甘　氨　酸	0.1%邻苯二醛酒精溶液	墨绿色
酪　氨　酸	α－亚硝基－β－萘酚酒精硝酸溶液	红　色
酪　氨　酸	对氨基苯磺酸－碳酸钠溶液	浅红色
组　氨　酸	对氨基苯磺酸－碳酸钠溶液	桔红色
丝　氨　酸	碘酸钠甲醇溶液及醋酸铵处理	黄　色
精　氨　酸	尿素萘酚酒精溶液、氢氧化钠溴溶液	红　色
半胱氨酸	亚硝酸铁氰化钠甲醇溶液	红　色
脯　氨　酸	吲哚醌－醋酸锌异丙醇溶液	蓝　色
色　氨　酸	对甲基苯甲醛丙酮溶液	蓝紫色

第五节　肽

一、肽的结构和性质

由两个以上的氨基酸通过肽键连接起来的化合物，称为肽（peptide)。肽除了可由蛋白质的酶水解产生外，自然界中也有许多天然存在的肽，它们具有不同的生理功能。

两个以上的氨基酸构成肽时，是由 1 个氨基酸的 α－氨基与另 1 个氨墓酸的 α－羧基缩合失去 1 分子水而形成的，所生成的化学键为酰胺键，在肽及蛋白蛋中叫做**肽键**（peptide bond)。这是肽和蛋白质中的一个很重要的化学键。

$$H_2N-\overset{R_1}{\overset{|}{CH}}-CO\boxed{OH+H}-\overset{H}{\overset{|}{N}}-\overset{R_2}{\overset{|}{CH}}-COOH \longrightarrow H_2N-\overset{R_1}{\overset{|}{CH}}-CO-\underset{\text{肽键}}{\underset{\uparrow}{NH}}-\overset{R_2}{\overset{|}{CH}}-COOH+H_2O$$

两个氨基酸由1个肽键连接而成的化合物称为二肽（dipeptide）；若1个肽由3个氨基酸构成，则称为三肽（tripeptide），等等。按习惯，含有少于10个氨基酸的肽称为**寡肽**（oligopeptide），含有10个以上氨基酸的肽称为**多肽**（polypeptide）。一个多肽（或寡肽）的一端具有1个游离的α－氨基，另一端具有1个游离的α－羧基；具有游离α－氨基的一端称为**氨基末端**（amino terminal）或**N－末端**，具有游离α－羧基的一端称为**羧基末端**（carboxyl terminal）或**C－末端**。C－末端的羧基在一些肽或蛋白质分子中可以与氨基连接而生成酰胺，在环状肽中C－末端羧基与N－末端氨基缩合成肽键。此外，在一些肽或蛋白质中，N－末端氨基可被甲酰化或乙酰化而被封闭，C－末端的羧基可被酰胺化而封闭。组成肽分子的每一个氨基酸因参与肽键的形成，已经不是原来完整的分子，故称为氨基酸**残基**（residue）。依惯例，在一个肽或蛋白质分子中，以氨基末端的氨基酸为第一个氨基酸（残基），命名时，从氨基末端开始，在每一个氨基酸名称后加一“酰”字，而C－末端最后一个氨基墓酸因存在游离α－羧基，故称某氨基酸。如下列三肽被命名为丝氨酰甘氨酰酪氨酸。

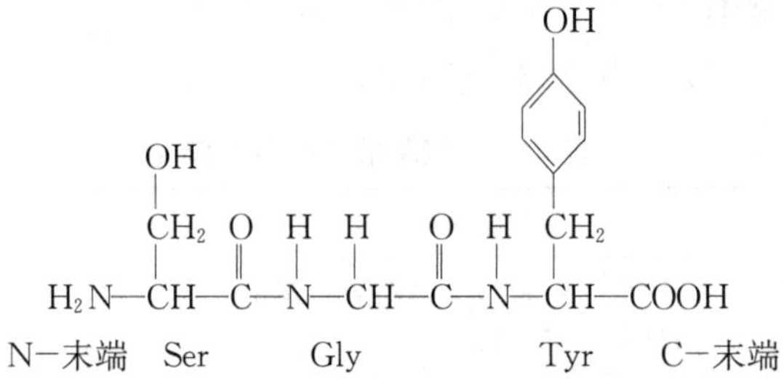

```
                                         OH
                                         |
                                      (苯环)
                                         |
          OH                             |
          |                              |
          CH2   O    H    H     O    H   CH2
          |     ‖    |    |     ‖    |   |
   H2N—CH——C——N——CH——C——N——CH——COOH
 N－末端  Ser          Gly             Tyr     C－末端
```

多肽或蛋白质就是由许多个氨基酸残基通过肽键连接起来的一个线性链状结构，称为**肽链**（peptide chain）。肽链的骨架为－N－C_α－C－重复排列，这里N为酰胺氮（由一个氨基酸的α－NH_2提供），C为羧基碳（由同一氨基酸的α－COOH提供），C_α为氨基酸的α碳原子。各种多肽或蛋白质的差异就在于侧链R基的种类及排列顺序不同。

许多寡肽晶体的熔点很高，说明寡肽在水溶液中主要以偶极离子形式存在。对于肽的旋光性质较氨基酸复杂，一般而论寡肽的旋光度约等于组成该肽中各氨基酸旋光度的总和，但对多肽及蛋白质而言不符合此规律，因为其高级结构对旋光性有影响。

肽的酸碱性质主要取决于R基。肽链中α－COOH与α－NH_2间的距离比氨基酸大，因此它们间的静电引力较弱，可离子化程度较氨基酸低。不同肽的大小也可以用它的离子化程度高低来加以鉴别，大肽链的离子化程度比小肽链的离子化程度低，即大肽完全质子化所需pH比小肽低。肽中N－末端的α－NH_3^+的pKa'值要比游离氨基酸的小一些，而C－末端α－COOH的pKa'值比游离氨基酸的大一些。侧链R基的pK'值两者差别不大。

二、天然活性肽

已发现的天然存在的肽大多具有生物活性，它们广泛地存在于动植物和微生物中。它们在体内一般含量少，结构多样，功能各异。例如动物体内的激素（一类调节代谢的活性物质），许多都是肽类，微生物中的一些抗生素也是肽类。

1. 谷胱甘肽

谷胱甘肽（glutathione）是一种三肽，广泛地存在于动、植物和微生物细胞中，在体内的氧化还原反应中起重要作用。谷胱甘肽由L－谷氨酸、L－半胱氨酸和甘氨酸组成（注意：谷氨酸由γ－羧基生成肽键，而在其他肽和蛋白质分子中谷氨酸由α－羧基生成肽键）。

$$\underbrace{H_2N-\overset{\overset{\displaystyle COOH}{|}}{C}H-CH_2-CH_2-}_{Glu}\overset{\overset{\displaystyle O}{\|}}{C}\underbrace{-\overset{\overset{\displaystyle H}{|}}{N}-\overset{\overset{\boxed{SH}}{|}}{\overset{\displaystyle CH_2}{|}}{C}H-\overset{\overset{\displaystyle O}{\|}}{C}}_{Cys}-\underbrace{\overset{\overset{\displaystyle H}{|}}{N}-CH_2-COOH}_{Gly}$$

谷胱甘肽

谷胱甘肽中因含有$-SH$，故通常将其简写为G_{SH}。它参与的氧化还原反应可表示如下：

$$2G_{SH}\underset{+2H}{\overset{-2H}{\rightleftharpoons}}G-S-S-G$$

谷胱甘肽的巯基（sulfhydryl group，$-SH$）具有还原性，可作为体内重要的还原剂保护某些蛋白质和酶分子中的巯基免遭氧化，使其处于活性状态。另外，G_{SH}的巯基具有亲核性（nucleophile），可与外源的亲电子（electrophile）毒物（如致癌物或药物）结合，从而阻断其毒性。

2. 激素肽和神经肽

动物及人体内的一些激素，如催产素、胰增血糖素、舒缓激肽、促肾上腺皮质激素、促黑激素及其他一些促激素（trophic hormone）都是多肽，请参阅第七章相关内容。

神经肽（nervonic peptide）是首先从脑组织中分离出来，并主要存在于中枢神经系统（central nervonic system）（其他组织也有分布）的一类活性肽。重要的神经肽包括脑啡肽（enkephalin）、内啡肽（endorphin）、强啡肽（dynorphin）等一系列脑肽和P－物质。因为这些肽类都与痛觉有关，且具有吗啡（morphine）一样的镇痛作用，所以就将它们称为脑内产生的吗啡样肽（脑啡肽），或内源性吗啡样肽（内啡肽）。

脑啡肽（enkephalin）是1975年英国的J. Hughes等从猪脑中发现并分离出来的，有两种，均为5肽。二者仅有一个氨基酸残基不同。

Tyr・Gly・Gly・phe・Met　　甲硫氨酸脑啡肽（Met-enkephalin）

Tyr・Gly・Gly・phe・Leu　　亮氨酸脑啡肽（Leu-enkephalin）

它们是由同一前体——前脑啡肽原（preproenkephalin）（含267个残基）转变而来，两者都具有镇痛作用。

内啡肽（endorphin）有3种：α－、β－和γ－内啡肽，它们由同一前体——促黑素促皮质激素原（proopiomelanocortin）（含265个残基）转变而来。其中β－内啡肽（31肽）的镇痛作用最强，α－内啡肽（16肽）和γ－内啡肽（17肽）除具有镇痛作用外，还对动物行为起调节作用。但二者对动物的行为效应刚好相反。

强啡肽（dynorphin）是A. Goldstein等从猪脑垂体（hypophysis）中提取出来的几个具有格外强镇痛作用的吗啡样活性肽。其中强啡肽A（17肽）比亮氨酸脑啡肽的活性强700倍，比β－内啡肽的活性强50倍。强啡肽和一种称为**新内啡肽**（neo－endorphin）（为9肽，其N－端5肽为一个亮氨酸脑啡肽）的脑肽来自同一前体（含256个残基）。

P－物质（substance P）是由瑞典学者Von Ealer Gaddum（1931）首先在马肠中发现的，它能引起肠平滑肌收缩、血管舒张、血压下降。因为当时不知其化学本质，取名为P－物质，仅表示是一种制剂（proparation）或粉状物（powder），取其头一个字母。现在确知是肽类，而且与痛觉（pain）有关，刚好第一个字母也是"P，于是这个名词就沿用下来了。P－物质是一种特殊的化学信使（chemical messenger），它是将外周感官神经冲动传入脊髓经转换后继续传至大脑的一种致痛物质。P−物质直到 20 世纪 70 年代初才得以纯化，为 11 肽，其结构为：

$$\text{Arg}\cdot\text{Pro}\cdot\text{Lys}\cdot\text{Pro}\cdot\text{Gln}\cdot\text{Gln}\cdot\text{phe}\cdot\text{phe}\cdot\text{Gly}\cdot\text{Leu}\cdot\text{Met}\cdot\text{NH}_2$$

p−物质不仅是一种神经递质（neurotransmitter），与痛觉和调节血压有一定关系，而且参与控制呼吸、心脏跳动等非随意活动，还可以刺激垂体（hypophysis）分泌催乳激素（luteotropic hormone）和生长激素（growth hormone）。

此外，在动物和人体内比较重要的还有肌肉组织中的肌肽（carnosine）和鹅肌肽（anserine），它们都是二肽，都含 β−丙氨酸。肌肽为 β−丙氨酰组氨酸，鹅肌肽为 β−丙氨酰−1−甲基组氨酸。它们的功能尚未确知，可能与肌肉收缩和起生理缓冲作用有关。

3. 抗生素肽

抗生素（antibiotic）是一类抑制细菌或其他微生物生长或繁殖的物质。

许多抗生素也是肽或肽的衍生物。从分子结构上看，不少抗生素肽有两个特点：其一是通常含有 D−氨基酸（蛋白质分子中不含 D 型氨基酸），其二是某些抗生素肽为环状肽，因而没有游离末端。

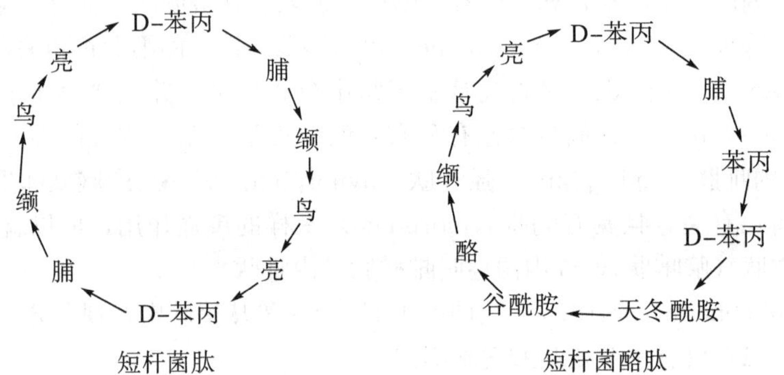

短杆菌肽　　　　短杆菌酪肽

短杆菌肽 S（gramicidin S）及短杆菌酪肽 A（tyrocidine A）均是环状十肽，其结构如上（环状多肽一般用箭头表示）。结构中的鸟氨酸（ornitine）通常是氨基酸代谢的中间物（见第十二章）。环状抗生素肽对革兰氏阴性细菌有杀害作用，主要作用于细胞膜。也破坏真核细胞的线粒体膜。

青霉素（penicillin）的主体结构可以看作是由 D−半胱氨酸和 D−缬氨酸结合成的二肽衍生物。不过这种结合为非肽键结合，其结构如下：

```
                               H    H  O
                               |    |  ||
H3C          S ———— CH ———— C ——— N — C ——— R
    \  C  /          |        |
H3C /  |             |        |
      HC ——————————— N ——————  C = O
       |
      COOH
             缬               半胱
```

青霉素结构通式（R 为侧链基团，R 基不同，则构成不同的青霉素）

青霉素主要破坏细菌细胞壁粘肽（mucopeptide）的合成，引起溶菌（bacteriolysis）。

第六节 蛋白质的一级结构

一、蛋白质的结构层次

蛋白质是具有复杂结构的大分子，为了研究的方便，丹麦生物化学家 Kai Linderstrφm 早在 20 世纪 50 年代曾建议将蛋白质分为不同的结构层次，即分为一级、二级和三级结构，后来英国化学家又用四级结构来描述复杂蛋白质的结构。一级结构又称为初级结构或共价结构，二、三、四级结构又称为高级结构或空间结构。

蛋白质四个结构层次的基本概念见图 3－6。

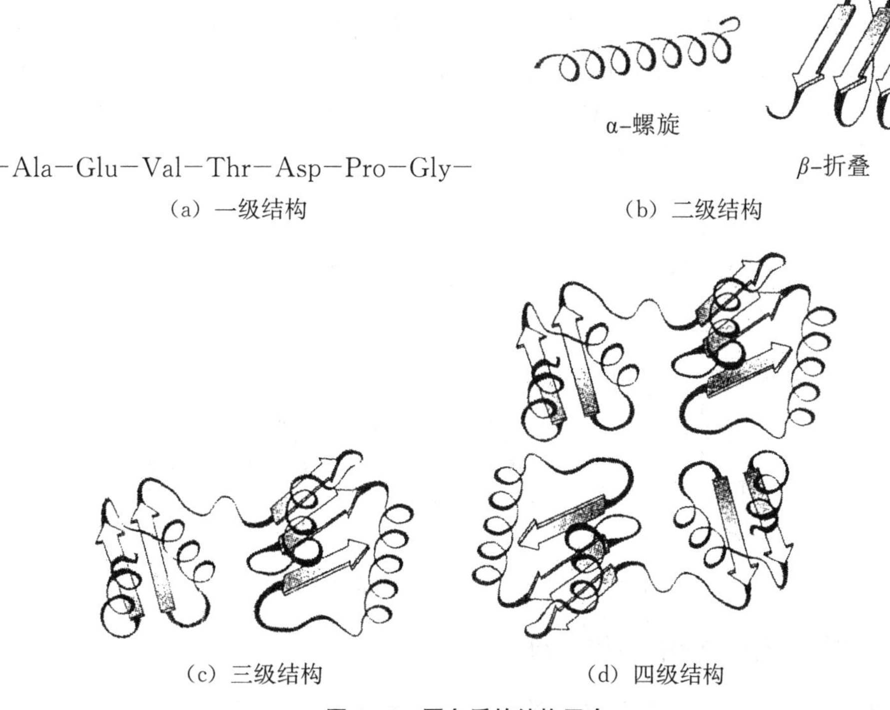

(a) 一级结构　(b) 二级结构

(c) 三级结构　(d) 四级结构

图 3－6　蛋白质的结构层次

一级结构（primary structure）：曾经将蛋白质的化学结构（共价结构）与一级结构视为同一概念，即指肽链的数目、末端组成、氨基酸组成及排列顺序和二硫键的位置。但 1969 年国际纯化学和应用化学协会（Internation Union of Pure and Applied Chemistry，IUPAC）规定，一级结构特指肽链中的氨基酸排列顺序。

二级结构（secondary structure）：多肽链并不是简单的线形，而是按照一定方式规则地旋转或折叠，这就是蛋白质的二级结构形式。多肽链的二级结构主要是 α－螺旋结构，其次是 β－折叠结构，是指主链在空间的走向，不涉及侧链 R 基在空间的排列。

三级结构（tertiary structure）：螺旋形的肽链非几何状地进一步折叠或卷曲而构成复杂的空间结构，整个分子成为球状或颗粒状，称为蛋白质的三级结构。三级结构包括肽链中一切原子的空间排布方式。在一级结构上相距甚远的残基由于三级结构的形成而可以相互靠近，这对于蛋白质的功能是必需的。

四级结构（quaternary structure）：由两条或两条以上多肽链构成的蛋白质分子，结构就更为复杂，其结构的最小共价单位称为亚基或亚单位（subunit）。亚基与亚基的结合方式称为四级结构。一般说来，具有四级结构的蛋白质分子的亚基数目、种类和亚基间的相互结合关系均是严格的。

具有四级结构的蛋白质分子中，有的亚基是相同的，有的则是不同的，前者称为均态四级结构（homogeneous quaternary structure），后者称为非均态四级结构（heterogeneous quaternary structure）。例如，谷氨酸脱氢酶由 6 个相同亚基组成，为均态四级结构；而血红蛋白的 4 条肽链不同，其中两条是 α—链，另两条是 β—链，故为非均态四级结构。

蛋白质功能的多样性是以其结构的复杂性为基础的。事实上随着蛋白质结构测定和研究的深入，发现在每个结构层次中还具有多种结构模式，而不同结构层次的组合中又有多种多样的组合方式。例如，在二级结构与三级结构之间又发现了超二级结构（或称结构模体）和结构域；在四级结构的基础上，几种具有不同功能的蛋白质还可能发生更高层次的聚合（图 3-7）。近年发现，结构域（domain）是蛋白质结构和功能表现的基本单位，尽管蛋白质总体分子形貌具有极大的多样性，但对大量已知蛋白质结构的统计揭示，它们的结构域只表现出有限的类型。因此，有人建议以结构域为基础，可以对蛋白质结构进行分类。

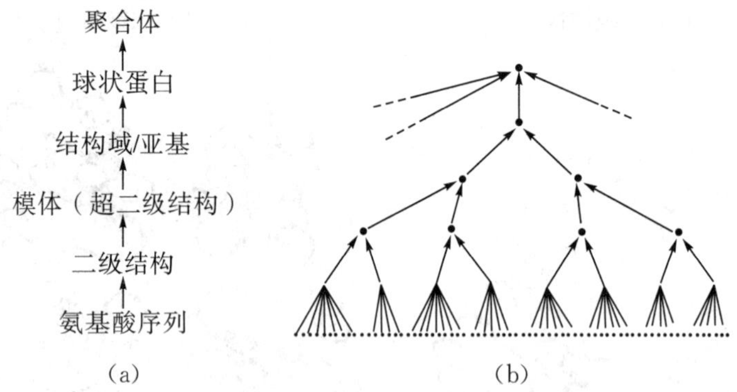

图 3-7　蛋白质结构层次的复杂体系

二、蛋白质分子结构中的化学键

蛋白质的各级结构是由特定的化学键来维系的。在蛋白质分子中除了具有碳碳键（C—C）、碳氢键（C—H）、碳氧键（C—O）、碳硫键（C—S）、氧氢键（O—H）、硫氢键（S—H）等普通化学键（均为共价键）外，还具有一些特殊的化学键，即肽键、二硫键、酯键、盐键和氢键等。这些化学键使氨基酸与氨基酸之间，或肽链与肽链之间连接起来，从而构成蛋白质分子的初级结构和高级结构。

对于一般的化学键，可查阅无机化学和有机化学方面的书籍，这里不再重述，只着重讨论一些维系蛋白质结构的重要化学键。

1. 肽键（peptide bond）

前已述及，一个氨基酸的羧基与另一氨基酸的氨基缩合失去 1 分子水后形成二肽，失水后生成的化学键即称为肽键。许多氨基酸以肽键互相连接起来所成的长链称为肽链（peptide chain）。氨基酸残基数在 10 以上的称为多肽。如果氨基酸残基数多到几百或几千以上，就构成了蛋白质。至于多少个氨基酸残基构成的肽链为肽或蛋白质，没有严格的界限。习惯上将氨基酸残基数在100以上的称为蛋白质，在100以下的称为多肽。但这也不是截然能划分的，如胰岛素由51个氨基酸残基组成，按上面的说法为多肽，但是在溶液中，特别是有金属离子存在时，它容易聚集，所形成的聚集体的相对分子质量不再是6000（胰岛素相对分子质量），而是12000、36000或48000，也就是说是51个氨基酸组成的胰岛素相对分子质量的2倍、6倍或8倍，这样，它在肽和蛋白质之间就不能明确地区分了。由于它的特殊生理功能和理化性质，现在一般把它划在蛋白质的范围。

肽键是多肽和蛋白质的最基本、最主要的化学键，为一特殊共价键，键长0.132 nm，比通常的C—N键长（0.147 nm）要短一些，而与C=N键长（0.127 nm）接近。因此，肽键C—N具有部分双键的性质，而C=O具有部分单键的性质。肽键可以用共振结构形式来表示：

$$\begin{matrix} C_\alpha & & H \\ & C-\ddot{N} & \\ O & & C_\alpha \end{matrix} \rightleftharpoons \begin{matrix} C_\alpha & & H \\ & C=\overset{+}{N} & \\ O^- & & C_\alpha \end{matrix}$$

由于肽键具有双键性质，因而不能沿C—N轴自由转动。与肽键相关的6个原子处于一个平面内（称为肽平面）。在pH=0至pH=14范围内，H不解离，O也不会质子化。

肽键有顺式（cis）与反式（trans）之分，蛋白质分子中多为反式。因为在反式构型中，邻近的非成键原子的空间位阻更小，因而更稳定，但如果肽键由一种氨基酸的羧基与Pro的亚氨基形成，则可能是反式，也可能是顺式。这是由于脯氨酸的四氢吡咯环造成的空间位阻抵消了反式构型原有的在空间位阻上的优势。

2. 二硫键（disulfide bond）

二硫键（—S—S—）又称二硫桥（disulfide bridge），它是连接不同肽链或同一肽链的不同部分的化学键。二硫键只能由含硫氨基酸形成，常见的是半胱氨酸被氧化成胱氨酸时即形成二硫键。形成二硫键的两个半胱氨酸残基的α—碳原子间的距离一般为0.4 nm～0.9 nm。

二硫键是比较稳定的共价键，在蛋白质分子中，起着稳定肽链空间结构的作用。二硫键一经破坏，蛋白质的生物活力即行丧失。二硫键数目越多，蛋白质分子对抗外界因素影响的稳定性就愈大。例如一般蛋白质在稀碱溶液中即被水解，而动物的毛、发、鳞、甲、角、爪中的主要蛋白——角蛋白（keratin）所含的二硫键最多，故角蛋白对外界物理的及化学的因素都极稳定。

3. 酯键（ester bond）

在蛋白质分子中，苏氨酸和丝氨酸的羟基可与氨基酸的羧基缩合成酯，生成酯键。在磷蛋白（phosphoprotein）中，更常见的是磷酸与含羟基氨基酸的羟基缩合生成磷酸酯键（phosphoester bond）。这种键的形成不仅对维系某些蛋白质的结构是必需的，而且对其行使功能也是必不可少的。

4. 离子键（ionic bond）

离子键又称盐键（salt linkage）。这是一种具有相反电荷的两个基团之间的库仑作用，这种作用力的大小取决于两个基团间的距离。其键能一般在41.8 kJ·mol^{-1}～83.7 kJ·mol^{-1}的范围。

蛋白质分子中的酸性氨基酸和碱性氨基酸在一定的条件下可以形成离子。如谷氨酸、天冬氨酸比其他氨基酸多1个羧基，在一定pH条件下，由于羧基解离而带负电荷；赖氨酸和精氨酸多带1个氨基，氨基为一碱性基团，可与质子结合而带正电荷。在带正负电荷的基团相遇时，由于静电引力的作用可形成盐键。

高浓度的盐、过高或过低的pH值都可以破坏蛋白质分子中的离子键。如果溶液中的pH值比羧基的pK_a值低1～2个pH单位，或者比氨基的pK_a值高1～2个pH单位，此时这些基团就不能形成离子键。这是强酸强碱使蛋白质变性的原因。

5. 配位键（dative bond）

配位键是两个原子之间形成的共价键，共用电子对由其中的一个原子提供。许多蛋白质分子含有金属离子，如铁氧还蛋白（ferredoxin）、固氮酶铁蛋白（azofer）、细胞色素C（cytochrome C）含有铁离子；胰岛素（insulin）含有锌离子，等等。金属离子与蛋白质的连接，往往是配位键。在一些含金属的色蛋白分子中，金属离子通过配位键参与维系蛋白质分子的高级结构。当用螯合剂（chelating agent）从蛋白质中除去金属离子时，则蛋白质分子便解离成亚单位，高级结构遭到部分破坏，以致变性失去活性。

6. 氢键（hydrogen bond）

氢键是氢原子与两个电负性强（吸引电子的趋势较大）的原子（如F、O、N）相结合而形成的弱键。氢原子与一个电负性强的原子以共价键结合后，还可与第二个电负性强的原子结合，所形成的第二个化学键即为氢键。与氢原子共价结合的那个电负性原子称为氢供体，另一个电负性强的原子称为氢受体。氢键的一个重要特点是有方向性。当供体原子、氢和受体原子处于一直线时形成的氢键最强；反之，不在一直线上，而有一定交角时，氢键则弱得多。

在蛋白质分子中，一些基团可提供形成氢键所共用的氢原子，这些基团包括$=NH$（肽键、咪唑、吲哚）、$-OH$（丝氨酸、苏氨酸、酪氨酸、羟脯氨酸）、$-NH_2$、$-NH_3^+$（α－氨基、精氨酸、赖氨酸）和$-CONH_2$（天冬酰胺、谷氨酰胺）；另外一些基团可以接受共用的氢，即含有可形成氢键的氧，包括$-COO^-$（α－羧基、天冬氨酸、谷氨酸）、$>C=O$（肽键和酯键）。由于蛋白质分子中有较多的氢原子和氧原子，故可形成较多的氢键，无论是肽链与肽链之间，还是一条肽链的不同区段，都能形成氢键。

7. 范德华（Van der waal's）作用力

这是原子、基团或分子之间的一种弱相互作力。任何两个原子（基团、分子）之间相距约为0.3 nm～0.4 nm时，就存在一种非专一性的吸引力，这种相互作用就称为范德华作用力或范德华键。这种作用力有三种表现形式：一是极性基团之间，偶极与偶极之间的相互吸引（取向力）；二是极性基团的偶极与非极性基团的诱导偶极之间的相互吸引（诱导力）；三是非极性基团瞬时偶极之间的相互吸引（色散力）。这种作用的强度依赖于两个分子（或基团）间的距离，其变化与距离的6次方成反比。总的趋势是互相吸引，但不相碰。因为当两个基团靠得很近时，电子云之间的斥力增大，使二者不能相碰。

这种作用在蛋白质内部非极性结构中较重要，在维系蛋白质分子的高级结构中也是一个很重要的作用力。

8. 疏水作用（hydrophobic bond）

这是非极性侧链（疏水基团）在极性溶剂水中为避开水相而彼此靠近所产生的一种作用力，其本质也是范德华力，主要存在于蛋白质分子的内部结构中。

在上述各种化学键中，维系一级结构的主要是肽键；维系二级结构的为氢键；维系三、四级结构的包括疏水作用、盐键、范德华力等。二硫键可以参与一级结构或四级结构的形成。

三、蛋白质一级结构的测定

蛋白质的一级结构指的是以肽键连接而成的肽链中氨基酸的排列顺序。如一个蛋白质含有二硫键，则一级结构还包括二硫键的数目和位置。通常一种蛋白质由 20 种不同的氨基酸组成，如果仅从数学上的排列组合来看，蛋白质的种类将是一个很大的天文数字。因为一个蛋白质至少含 100 个氨基酸残基，如果氨基酸排列成直线链，就可能有 20^{100} 种排列方式，也就是说这种蛋白质有 20^{100} 个异构体，这是难以想象的，事实也绝非如此。生物界在亿万年的进化过程中，经过不断进行的对立、统一斗争过程的选择之后，蛋白质的一定生物功能的表现只由相应固定的氨基酸排列顺序所决定。例如，人体内大约有 5 万～10 万种蛋白质，而整个生物界有特定生物功能的蛋白质分子总数也不会超过 100 亿种。

测定蛋白质分子的氨基酸顺序，要求分析的样品必须是均一的、已知相对分子质量的蛋白质。测定的一般步骤如下：①测定肽链末端的数目，由此确定蛋白质分子是由几条肽链构成的；②将蛋白质分子中的几条肽链拆开，并分离出每条肽链；③将肽链的一部分样品进行完全水解，测定其氨基酸组成，由此确定各种氨基酸成分的分子比；④对肽链的另一部分样品做末端分析，从而了解 N－末端和 C－末端的氨基酸组成；⑤肽链用酶法或化学法部分水解得到一套大小不等的片段（算作第一套片段），并将各个片段分离出来；⑥测定第一套片段中每个片段的氨基酸顺序；⑦再用另一种酶或化学试剂对第二步中所得的样品（即肽链）进行不完全的水解，从而得到另一套片段（算作第二套片段），将各片段分离，并测定顺序；⑧比较两套片段的氨基酸顺序，拼凑出整个肽链的氨基酸顺序；⑨最后测定原来多肽链中的二硫键的位置，从而确定出全部一级结构。

现将其中重要的几个步骤的原理简介如下：

1. 肽链末端分析

(1) N－末端测定

①二硝基氟苯法（Sanger 法）。在氨基酸的化学性质一节曾讨论过，氨基酸的自由氨基中与卤素化合物发生取代反应，因此，用二硝基氟苯（2，4－dinitrofluorobenzene，DNFB）可与肽链末端的自由氨基反应，生成 2，4－二硝基苯衍生物，即 DNP－肽链。新生成的 DNP－肽链中苯核与氨基之间的键比肽键稳定，不易被酸水解。因此，用酸水解 DNP－肽链将肽链中的所有肽键破坏，结果生成一个 DNP－氨基酸（dinitrophenyl amino acid，简称 DNP－AA）和组成该肽链的所有氨基酸的混合物。其反应如下：

$$O_2N\text{-}C_6H_3(NO_2)\text{-}F + H_2N\text{-}CH(R_1)\text{-}CO\text{-}NH\text{-}CH(R_2)\text{-}CO\text{-}NH\text{-}CH(R_3)\text{-}CO\sim\sim$$

（DNFB）　　　　（肽链）

$$\xrightarrow[-HF]{pH=8.5\sim9\ \text{弱碱}}$$

$$O_2N\text{-}C_6H_3(NO_2)\text{-}NH\text{-}CH(R_1)\text{-}CO\text{-}NH\text{-}CH(R_2)\text{-}CO\text{-}NH\text{-}CH(R_3)\text{-}CO\sim\sim$$

（DNP－肽链）

(DNP—肽链)

$$\downarrow \text{水解}\ HCl$$

$$O_2N-C_6H_3(NO_2)-NH-CH(R_1)-COOH + H_2N-CH(R_2)-COOH + \cdots$$

(DNP—氨基酸) (氨基酸) 氨基酸

所生成的DNP—氨基酸为黄色，可用乙醚抽提，然后用纸层析或聚酰胺薄层层析做定性和定量测定，即可知道肽链的N—末端是何种氨基酸。Frederick Sanger用此法测得相对分子质量为6000的胰岛素分子的N—末端有一个甘氨酸，一个苯丙氨酸，并确定了胰岛素有两条肽链。

除末端氨基外，侧链氨基（如赖氨酸的ε—氨基）及酚羟基（酪氨酸）等也能形成DNP—衍生物，但因极性较强，不会被乙醚所提取。N—末端如果是亚氨酸（脯氨酸及羟脯氨酸），就不宜用此法，因为DNP和亚氨基酸间的键很不稳定。

②苯异硫腈法（Edman法或PTH法）。在弱碱性条件下，苯异硫腈（phenylisothiocyanate，PITC）（C_6H_5NCS）与肽链N—末端作用，形成苯氨基硫甲酰衍生物（简称PTC—肽链）。除去过量试剂后，在酸性溶液中，末端氨基酸环化并释放出来，为苯乙内酰硫脲衍生物，即PTH—氨基酸（phenylthiohydantion amino acid）。其反应如下：

$$C_6H_5-N{=}C{=}S + H_2N-CH(R_1)-CO-NH-CH(R_2)-CO\sim\sim$$

(PITC) (肽链)

$$\downarrow pH=8.9\sim9.0\ (40℃)$$

$$C_6H_5-NH-C(=S)-NH-CH(R_1)-CO-NH-CH(R_2)-CO\sim\sim$$

(PTC—肽链)

$$\downarrow H^+\ (40℃)$$

$$\text{PTH氨基酸环：}C_6H_5-N-C(=S)-NH-C(H)(R_1)-C(=O)-N \quad + \quad H_2N-CH(R_2)-CO\sim\sim$$

(PTH氨基酸) (减少一个氨基酸的肽链)

PTH—氨基酸用乙酸乙酯抽提后，可用纸层析或薄层层析鉴定。

这一方法有一个特殊优点，将PTH—氨基酸抽提后的剩余肽链，还可重复应用这一方法，以了解递减一位的氨基酸。这样从N—末端可以一个一个地了解氨基酸的排列顺序，以至测定出整个片段的顺序。现在已有根据此原理设计的全部操作程序自动化的氨基酸顺序自动分析仪（amino acid sequencer），可方便地测定氨基酸顺序。

③二甲基氨基萘磺酰氯法（DNS法）。二甲基氨基萘磺酰氯（dimethylamnonaphthalene sulfonyl chloride）简称为丹磺酰氯（Dansyl chloride，DNS），是一种荧光试剂，它是由一

种染料中间体1－萘胺－5－磺酸经过磺酸二甲酯甲基化和五氯化磷反应后制得的。

二甲基氨基萘磺酰氯（DNS－Cl）与肽链N－末端作用生成DNS－肽链；用恒沸6 mol/L HCl在105℃封管水解18h，得到DNS－氨基酸；然后用电泳或层析鉴定，或用荧光光度计检测。

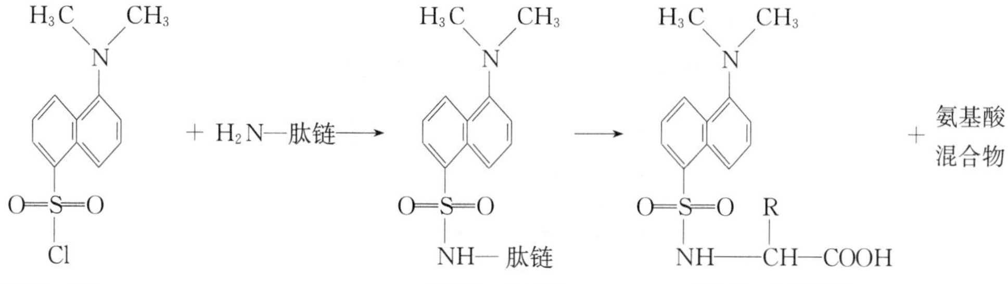

（DNS—Cl）＋ H_2N—肽链 ⟶ （DNS—肽链）⟶ （DNS—氨基酸）＋ 氨基酸混合物

此法灵敏度高，比DNFB法灵敏度高100倍。

④氨肽酶法。氨肽酶（aminopeptidase）是一类能从肽链N－末端逐一向里切下氨基酸的酶，称为肽链外切酶或外肽酶（exopeptidase）。按照不同的反应时间测出酶水解所释放的氨基酸种类和数量，以反应时间和氨基酸释放量作动力学曲线，就可推知肽链的N－末端氨基酸序列。

（2）C－末端测定

测定C－末端最常用的是肼解法（hydrazinolysis method）。多肽与肼（hydrazine）在无水条件下加热可以断裂所有的肽键，除C－末端氨基酸外，其他氨基酸都转变成相应的酰肼化合物。肼解下来的C－末端氨基酸借DNFB试剂的作用转变成黄色的DNP－氨基酸，然后用乙醚提取并用层析法加以鉴定。肼解法的缺点是：讲解中天冬酰胺、谷氨酰胺和半胱氨酸被破坏，精氨酸转变为鸟氨酸，因此，由这些氨基酸组成的C－末端不能准确测定。

$$\sim\!\!\sim CH(R_{n-2})-C(=O)-NH-CH(R_{n-1})-C(=O)-NH-CH(R_n)-COOH + NH_2\cdot NH_2$$

（肽链）　　（肼）

$$\downarrow$$

$$\cdots + H_2N-CH(R_{n-2})-C(=O)-NH\cdot NH_2 + H_2N-CH(R_{n-1})-C(=O)-NH\cdot NH_2 + H_2N-CH(R_n)-COOH$$

（氨基酸酰肼衍生物）　　（C－末端氨基酸）

C－末端的测定还常采用羧肽酶法。羧肽酶（carboxypeptidase）是一种专门水解肽链C－末端氨基酸的蛋白水解酶。已发现有A、B、C、Y等几种，其中最常用的是前两种。其水解速度与C－末端氨基酸的种类有关。羧肽酶A能水解除Pro、Arg和Lys之外的所有C－末端残基，而羧肽酶B只水解以碱性氨基酸（Arg和Lys）为C－末端的肽链。常将两者混合使用，可水解除Pro以外的任一C端残基。羧肽酶Y能作用于任一残基。将多肽或蛋白质在pH为8.0（30℃）时与羧肽酶一起保温，按一定时间间隔取样分析，用层析法测定释放出来的氨基酸，根据所测得氨基酸的量与时间的关系，就可以知道C端氨基酸的排列顺序。图3－8为用羧肽酶A处理促肾上腺皮质激素（adrenocorticotropic hormone一种激素肽）所得到的氨基酸含量的时间进程曲线，由图可推测其C－末端顺序为：—Leu · Glu · phe · COOH。

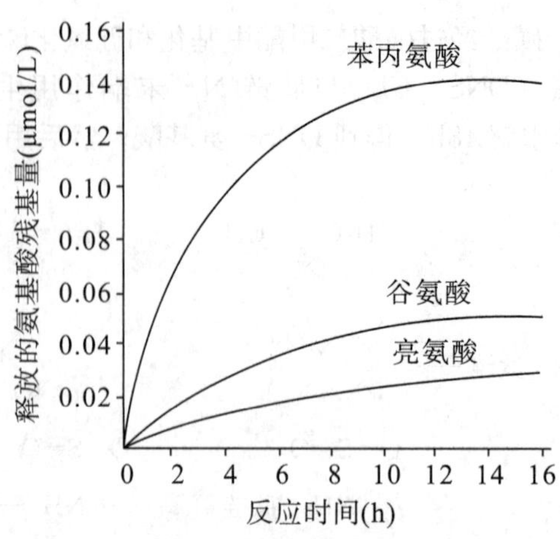

图 3－8　羧肽酶 A 作用于促肾上腺皮质激素氨基酸的释放曲线

除用羧肽酸 A 以外，目前已有人将羧肽酶 Y 进行改造，使之能够像 Edman 降解一样从 C 端向 N 端连续测定肽段的氨基酸顺序。

2. 二硫键的拆开和肽链的分离

一般情况下，一个蛋白质分子中肽链的数目应等于 N 末端氨基酸的残基数目，因此可以根据末端基的分析来确定一种蛋白质分子是由几条肽链构成的。如果已知一种蛋白质分子含有几条肽链，然后设法把这些肽链分拆开来，测定每条肽链的氨基酸顺序。如果蛋白质分子中的多条肽链不是共价交联的，则可用酸、碱、高浓度的盐或其他变性剂（denaturant）处理，即可把肽链分开；如果肽链间是通过二硫键交联的，或者虽然蛋白质分子只由一条肽链构成，但存在链内二硫键，在这两种情况下，均可用氧化还原的方法使二硫键还原。通常用过量的巯基乙醇（mercaptoethanol）处理，然后用碘醋酸（indoacetate）保护还原生成的半胱氨酸的巯基，以防它重新被氧化。

$$\left|\begin{array}{c} -S-S- \\ -S-S- \end{array}\right| \xrightarrow{HOCH_2CH_2SH} \left|\begin{array}{cc} -SH & HS- \\ \multicolumn{2}{c}{+} \\ -SH & SH- \end{array}\right| \xrightarrow{ICH_2COOH} \left|\begin{array}{cc} -SCH_2COOH & HOOC\,CH_2S- \\ \multicolumn{2}{c}{+} \\ -SCH_2COOH & HOOC\,CH_2S- \end{array}\right|$$

也可用过甲酸处理，使二硫键氧化成磺酸基而将链分开：

$$\left|\begin{array}{c} -S-S- \\ -S-S- \end{array}\right| \xrightarrow{HCOOOH} \left|\begin{array}{cc} -SO_3H & HO_3S- \\ \multicolumn{2}{c}{+} \\ -SO_3H & HO_3S- \end{array}\right|$$

此外，目前认为较好的方法是用二硫苏糖醇（dithiothreitol）或二硫赤藓糖醇（dithioerythritol）还原二硫键，本身生成环化物，而使还原性巯基稳定，即

$$\left|\begin{array}{c} -S-S- \\ -S-S- \end{array}\right| + \begin{array}{c} CH_2-SH \\ | \\ HOCH \\ | \\ HCOH \\ | \\ CH_2-SH \end{array} \longrightarrow 2\left|\begin{array}{c} -SH \\ -SH \end{array}\right. + \begin{array}{l} CH_2-S \\ | \qquad\;\; | \\ HOCH \quad | \\ | \qquad\;\; | \\ HCOH \quad | \\ | \qquad\;\; | \\ CH_2-S \end{array}$$

二硫苏糖醇

二硫键拆开后形成的单个肽链，可用纸层析、离子交换柱层析或电泳等方法进行分离。

3. 氨基酸组成分析

各种蛋白质的氨基酸组成种类和含量各不相同。经过纯化的蛋白质水解后，可通过我们前面介绍过的方法（如层析技术、各种氨基酸的特殊反应等）来进行氨基酸的定性和定量全分析，从而了解氨基酸的组成情况。有时仅需要测定某一种氨基酸，例如测定赖氨酸的含量，即可作为谷物蛋白营养价值的一个指标。

在做蛋白质结构测定之前，要对氨基酸组成进行全分析。这项工作虽然最初 Sanger 在做胰岛素结构研究时，用化学方法一步一步进行，耗时达数年。但现在应用“氨基酸分析仪”，可以在几十分钟内做出一个蛋白质氨基酸组成的全分析（图 3－9）。通常所用的氨基酸分析仪样品采用酸水解，即将待测样品用 6 mol/L HCl 于 110℃在真空或充氮的安瓿瓶内水解 10h～24h，除去盐酸后再用仪器分析。因为是酸水解，样品中的色氨酸全部被破坏（结果中不能显示），丝氨酸、苏氨酸和酪氨酸遭到部分破坏。同时，Asn 和 Gln 的酰胺基被水解下来，生成 Asp、Glu 和 NH_4^+，因此，结果中所生成的氨（NH_4^+）量代表两种酰胺的量，分析结果中所得到的 Asp 和 Glu 含量实际上分别代表 Asp＋Asn 和 Glu 和 Gln 含量，分别用 Asx 和 Glx 表示。

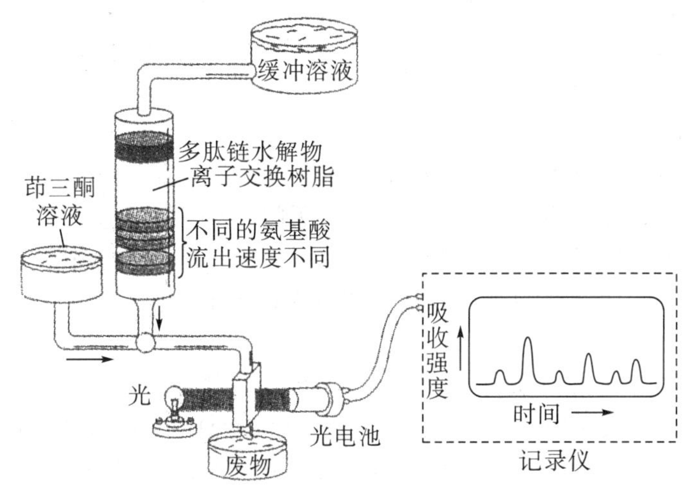

图 3－9 氨基酸分析仪的原理

测定蛋白质分子中的色氨酸，通常用碱水解，即用 5 mol/L NaOH，于 110℃在真空或充氮下水解 16h～20h，然后进行测定。

蛋白质的氨基酸组成可用残基质量百分数表示，也可用蛋白质分子中各种氨基酸的分子数来表示。

氨基酸的质量百分数组成是按照分析时回收到的氨基酸的质量计算的。实际上在蛋白质分子中是氨基酸残基，与自由氨基酸相差一个水分子，因此，表示蛋白质样品中残基的量时应经过换算。例如，100g 胰岛素分析得到苯丙氨酸 8.6g，换算成残基量则 $8.6\times\frac{147}{165}=7.7g$ [165 是苯丙氨酸的相对分子质量，147 为苯丙氨酸残基的相对分子质量，即 165－18（水分子质量）＝147]，这是用百分含量来表示各组分的量。

通过实验分析得到蛋白质的各种氨基酸百分组成后，可以算出每种氨基酸的分子数。例如胰岛素的相对分子质量为 6000，胰岛素中丙氨酸占 4.6％，丙氨酸残基占 $4.6\times\frac{71}{89}=3.66$

(89——丙氨酸相对分子质量，71——丙氨酸残基相对分子质量)，则丙氨酸残基在胰岛素中占总相对分子质量的 $6000\times\frac{3.66}{100}=219$ ，所以胰岛素分子中丙氨酸残基的分子数为 $\frac{219}{71}=3$，即胰岛素分子中含有 3 个丙氨酸残基。由此法即可求得胰岛素分子中各种氨基酸残基的分子数（共 51 个残基)。

4. 肽链的部分水解和肽段的分离

当已纯化的一条肽链通过上述方法测定其末端及氨基酸组成后，随后的步骤就是对肽链做不完全水解（部分水解)，以便对每一肽段做氨基酸的顺序分析。

对肽链的部分水解条件的基本要求是：选择性强，裂解点少，反应产率高。其基本方法有化学裂解法和酶解法。化学裂解法最常用的是溴化氰裂解和酸水解，酶解法是用不同的蛋白水解酶进行降解。

(1) 溴化氰（CNBr）裂解

溴化氰（cyanogen bromide）法是化学裂解法中迄今最理想的方法。它切断肽链中甲硫氨酸羧基侧的肽键，因此，一个肽链中有几个甲硫氨酸就会产生几个肽段。反应在 70%甲酸中进行，这样可使卷曲的肽链松散，使甲硫氨酸侧链暴露，便于 CNBr 作用。

这一方法的优点是产率高（可达 85%)，专一性强，切点少。蛋白质一般含甲硫氨酸很少。因此，利用溴化氰来裂解肽链可获得较大的片段。

(2) 部分酸水解

一般酸水解是用限制水解时间、降低温度和控制酸的强度来进行的。酸的部分水解一般分稀酸和浓酸两种条件。在稀酸条件下，肽链中天门冬氨酸的羧基端容易断裂；在浓酸条件下，含羟基氨基酸的氨基侧肽键容易断裂。酸水解虽然具有一定的规律性，但其专一性远远不如其他方法，因此，酸水解法常常仅用于对小肽的分析。

(3) 酶水解

酶水解是更常用的蛋白质部分水解法。蛋白质水解酶或称蛋白酶（proteinase 或 protease）是一类肽链内切酶，称内肽酶（endopeptidase)，对肽键的水解率很高，而且不同蛋白酶的作用点不同，因此，根据需要可以选择不同的蛋白酶作肽链的部分水解。一般蛋白水解酶的切点比溴化氰多，不同的蛋白酶水解所得片段的大小不一样，用于肽链水解的蛋白酶已有十多种，常用的有以下几种。

①胰蛋白酶（trypsin)：这是最常用的蛋白水解酶，它的专一性强，只作用于碱性氨基酸（Lys 和 Arg）的羧基侧肽键，因此它作用的产物是以 Lys 和 Arg 为羧基末端的片段再加上原肽链的 C-末端片段。有时待测的蛋白质分子中 Lys 和 Arg 数量较多（如组蛋白)，为了减少胰蛋白酶的作用位点，以便产生稍大一些的片段，可通过化学修饰将其侧链基团加以保护，使其酶只作用于这两种氨基酸中的一种。例如，用马来酸酐（maleic anhydride，即顺丁烯二酸酐）保护 Lys 侧链的 $\varepsilon-NH_2$，这样胰蛋白酶就只作用于 Arg，而不作用于 Lys；相反，用 1，2-环己二酮（cyclohexanedione）修饰 Arg 的胍基，胰蛋白酶就只作用于 Lys。

②胰凝乳蛋白酶或称糜蛋白酶（chymotrypsin)：它能特异断裂芳香族氨基酸（phe、Tyr 和 Trp）羧基侧肽键。如果芳香族氨基酸邻近是碱性氨基酸，则裂解作用增强；相反，若邻近是酸性氨基酸，则裂解能力较弱。

③胃蛋白酶（pepsin)：它的专一性不如前述两种酶，主要作用于两个疏水性氨基酸间的肽键，因此，它可作用于芳香族氨基酸（Phe、Tyr、Trp)、亮氨酸（Leu）和甲硫氨酸

(Met) 羧基侧肽键。但它不作用于二硫键，因此在确定二硫键位置时，常用胃蛋白酶降解肽链。

④嗜热菌蛋白酶（thermolysin）：它来源于嗜热可溶性蛋白芽孢杆菌（*Bacillus thermoproteolyticus Rokko*），是一种含锌和钙的蛋白水解酶，其专一性较差，常用于断裂较短的肽链或大肽段。

⑤葡萄球菌蛋白酶和梭菌蛋白酶：这是近年来发现的具有高考一性的内肽酶，在蛋白结构测定中很有用途。葡萄球菌蛋白酶（staphylococcal protase）又称 Glu 蛋白酶，是从金黄色葡萄球菌 Vs 珠（*Staphylococoas aureus strain Vs*）中分离得到的，在磷酸缓冲液（pH=7.8）中，它可使肽链的 Glu 和 Arg 羧基侧的肽键断裂，如果改用醋酸铵缓冲液（pH=4.0）或碳酸氢铵缓冲液（pH=7.8）时，则只断裂 Glu 羧基侧肽键。

梭菌蛋白酶（clostripain）又称 Arg 蛋白酶，是从不溶组织梭状芽孢杆菌（*Clostridium histolyticcum*）中分离得到的。它特异裂解 Arg 羧基侧的肽键，而且即使在 6 mol/L 尿素中 20h 内仍具有活力，这对不溶性蛋白质的长时间裂解是很有用的。

多肽链经部分水解后，即成为长短不一的大小肽段，这些肽段可以应用层析和电泳的方法加以分离纯化。双向纸层析或双向纸电泳，或一向层析一向电泳等是常用来分离和鉴定短肽混合物的方法。所得双向图谱可用茚三酮显色，这种图谱称为**指纹图谱**（fingerpint mapping）。

5. 测定每一片段的氨基酸顺序

现以一个假想的八肽（BACDABCD）为例来加以说明。

第一步：做末端测定，得知氨基末端为 B，羧基末端为 D（对于蛋白水解酶的产物，常常可知其一个末端或两个末端的特征，在这种情况下，此步骤可免之）。

第二步：假如我们选用一种蛋白酶专一地作用于 A 的羧基端肽键，则当此酶和这个八肽作用后，得到的产物为 3 个小肽：BA，CDA 和 BCD。

第三步：将上一步得到的 3 个小肽混合物用层析法将它们分离，然后再分别做末端测定，最后可得知此八肽的顺序为：BACDABCD。

6. 由重叠片段推断肽链顺序

测定了部分水解后各个片段的氨基酸序列后，最后要确定各个片段在原肽链中的位置，以便排出全序列。这需要用两种或两种以上用不同方法断裂的多肽样品，使成两套或几套肽段。用两种方法产生的肽段切口是错位的，因此它们可以相互跨过切口而重叠，称为重叠肽（overlaping peptide）。如果两套肽段还不能提供全部必要的重叠肽，则必须使用第三种或更多种断裂方法以便得到足够的重叠肽。

分别用两种蛋白酶按上法分析各片段的氨基酸序列，然后将两组片段重叠对照，推断出整个肽链的氨基酸序列，例如：

胰蛋白酶降解的产物：Ala—Glu—Lys　Glu—Phe—Arg　Gly
胃蛋白酶降解的产物：Ala—Glu　Lys—Glu　Phe—Arg—Gly
推断的序列：Ala—Glu—Lys—Glu—Phe—Arg—Gly

7. 二硫键位置的确定

在做肽链序列测定时是将二硫键破坏，在序列测定完成后还需确定二硫键的位置，包括链内的和链间的二硫键，即找出序列中哪些半胱氨酸间形成二硫键。其方法是直接用酶来水解原来的蛋白质，保留二硫键的完整性，然后找出含二硫键的肽，再将这个肽的二硫键拆开，分别测定两个肽的序列。将这两段肽的序列与原来的一级结构对比，就能找出相应二硫键的位置。

用来确定二硫键所使用的酶一般选用胃蛋白酶，这是因为它的专一性低，切点多，二硫键稳定，这样生成的包括含有二硫键的肽段比较小，容易分离和鉴定。水解后所得的肽段混合物利用对角线电泳进行分离。即将水解后的混合肽段点在滤纸的中央，在 pH 为 6.5 的缓冲液中进行第一次电泳，各个片段将按其大小和电荷的不同而分离开。然后将滤纸暴露在过甲酸蒸气中，使二硫键断裂，此时每个含二硫键的肽段被氧化成一对含磺酸基丙氨酸的肽。将滤纸旋转 90°后在与第一向完全相同的条件下进行第二向电泳。此时大多数肽段的迁移率未变，并将位于滤纸的一条对角线上，而含磺酸基丙氨酸的成对肽段比原来含二硫键的肽小而且负电荷增加，使它们偏离了对角线（见图 3－10），图中 a、b 两个斑点是由一个二硫键断裂产生的肽段。将它们取下来进行氨基酸序列分析，再与多肽链的氨基酸序列比较，即能推断出二硫键的位置。

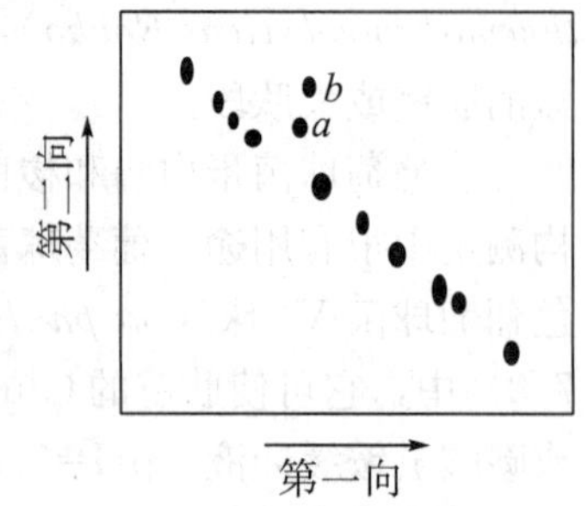

图 3－10　对角线电泳分离含二硫键肽段

8. 蛋白质一级结构的间接测定及蛋白质序列数据库

前面对于蛋白质一级结构的测定是一种直接的方法。近年来，由于核酸序列测定技术的迅猛发展，利用测定蛋白质相应基因的核苷酸顺序来推测蛋白质的一级结构，已成为蛋白质序列测定的一种快捷方法，特别是对那些难以纯化或含量很低的蛋白质而言，此方法更为有效。但这种间接测定的方法难以确定蛋白质分子中二硫键的位置，蛋白质合成后被修饰的氨基酸残基也不能确定。

根据大量蛋白质一级结构的测定，现已建立多个蛋白质序列数据库（database），目前规模较大、国际上有名气的有 PIR（由美国国家生物医学基金会主持的蛋白质信息库）、SWISS－PROT/TrEMBL（由瑞士生物信息研究所和欧洲生物信息研究所支持的欧洲分子生物学实验室数据库）、GenBank（由美国政府支持的基因序列数据库，由它可推导出氨基酸的顺序）等。这些数据库及其他更详尽的内容可经 World Wide Web 访问，从而了解到所需的数据。

在测定了一种蛋白质的氨基酸顺序后，首先就必须将它与蛋白质数据库中的其他已知序列进行比较，确定是否存在同源性，或是否发现了新的蛋白质。

四、几种蛋白质的一级结构

应用上述所谓片段重叠法（fragment dverlapping method），英国科学家 Frederick Sanger 等人首先确定了牛胰岛素（insulin）的结构（1953）。牛胰岛素是由两条肽链组成的，一条含有 21 个氨基酸残基，称为 A 链，另一条含有 30 个氨基酸残基，称为 B 链。两条链通过两个二硫键连接，同时 A 链还有一个链内二硫键，其结构如图 3－11 所示。

继胰岛素之后，又测定了核糖核酸酶（ribonuclease）的全部氨基酸顺序。核糖核酸酶由一条肽链构成，含 124 个氨基酸残基和 4 个链内二硫键。此外，已测定一级结构的蛋白质还有细胞色素 C（cytochrome C，104 个氨基酸残基）、溶菌酶（lysozyme，129）、肌红蛋白（myoglobin，153）、烟草斑纹病毒蛋白亚基（158）、胰蛋白酶（trypsin，195）等。

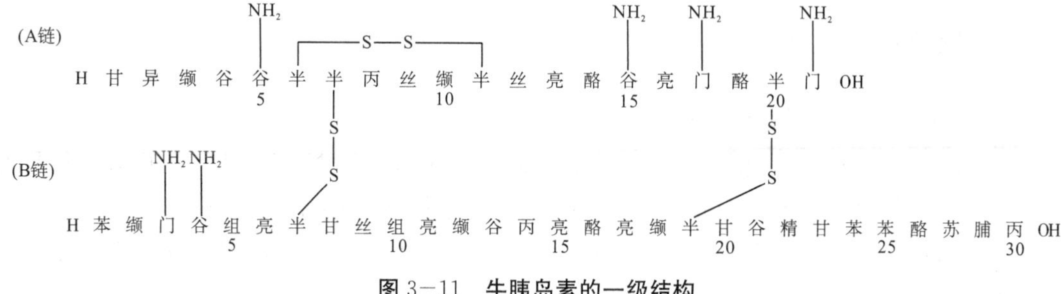

图 3-11　牛胰岛素的一级结构

在 Sanger 发表胰岛素的一级结构之后，我国科学工作者从 1958 年开始，经过几年的艰苦工作于 1965 年在世界上第一次人工合成了第一个蛋白质牛胰岛素，这标志着人类在研究生命本质和生命起源的伟大历程中迈进了一大步。在我国之后，一些实验室先后又合成了另外一些蛋白质。现已能人工合成含几百个氨基酸残基的蛋白质，并开始迈向实现人工合成的自动化阶段。

对于蛋白质一级结构的测定，现已做到自动化，即采用根据 Edman 降解法设计的氨基酸序列仪（amino acid sequencer）进行测定。这种仪器已有多种规格和型号的商品出售。有液相测序仪、固相测序仪和气相测序仪，有的既适用于液相，也适用于气相，并由电脑全自动控制，大大提高了工作效率。用这些先进的测序仪已测定了数万种蛋白质的一级结构，并通过计算机建立了蛋白质序列库，为结构研究提供了更方便的手段。

第七节　蛋白质的高级结构

蛋白质的高级结构是蛋白质的三维立体结构，又称构象，包括蛋白质分子的二、三、四级结构。

从理论上讲，蛋白质分子中的各原子都能沿着一定的共价键转动，因此可产生许多不同的构象。但实际上一个蛋白质分子的多肽链在生物体内正常的温度和 pH 条件下，只有一种或很少几种构象，这种天然构象保证了它的生物活性，同时具有一定的稳定性。这一事实说明了天然蛋白质主链上的单键并不能自由旋转。蛋白质分子正像它的一级结构一样，其高级结构也是一定的。

研究蛋白质的一级结构主要是用化学方法。对蛋白质高级结构的研究主要是物理方法，其中 X-射线衍射法（X-ray diffraction method）是主要的手段。X-射线衍射技术与光学显微镜或电子显微镜技术的原理是相似的。光源照射到物体时产生散射，此时物体的每一小部分都起着新光源的作用，收集所有散射波可产生放大的物体图像。在 X-射线衍射中，光源不是用可见光，而是用 X-射线。因为可见光的波长大（在 400 nm 以上），远远大于分子中原子间的距离（0.1 nm 数量级），因此不能反映每个原子在分子中所处的位置。但 X-射线由于其波长在 0.01 nm～10 nm 范围，因此就具有高分辨率，可以区别不同原子所处的位置。利用 X-射线照射蛋白质晶体，蛋白质分子中的每个原子都可产生相应的衍射点，从不同角度照射晶体，就可产生一系列衍射图，然后利用计算机处理分析这些衍射图，就有可能提出其空间结构的模型。

在介绍蛋白质高级结构前，对构成蛋白质高级结构的基本元件——肽平面作一简单介绍。

一、肽平面及二面角

1. 肽平面的键长键角一定

肽键所处的平面，称为肽平面（peptide plane），即 O－C－N－H 四个原子在一个平面上，Cα 处于相邻两个肽平面交界处。Linus Pauling 根据 X－射线衍射数据，指出肽平面的各个原子所构成的键长键角（图 3－12）在蛋白质构象中是恒定不变的（图 3－12 中键长单位为 nm）。

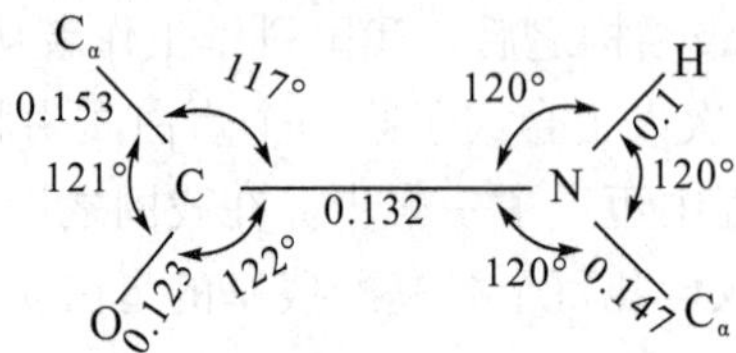

图 3－12　肽键的键长键角

2. 肽键的原子排列主要呈反式构型

由于肽键具有部分双键性质，因此两个 Cα 可以处于顺式构型，也可以处于反式构型。在顺式构型中，两个 Cα 原子及 R 基互相靠近，而产生空间位阻效应；在反式构型中，两个 C_α 原子及 R 基相距较远，故反式构型比顺式构型稳定。在蛋白质分子中 CO 和 NH 主要呈反式排列，即 O 和 H 分别处于肽键的两边。

3. 相邻肽平面构成二面角

一个 α 碳原子相连的两个肽平面，由于 N_1－Cα 和 Cα－C_2（羧基碳）两个键为单键，肽平面可以分别围绕这两个键旋转，从而构成不同的构象（图 3－13）。一个肽平面围绕 N_1－Cα（氮原子与 α－碳原子）旋转的角度，用 ϕ（读 phi）表示；另一肽平面围绕Cα－C_2（α－碳原子与羧基碳）旋转的角度，用 ψ（psi）表示。这两个旋转角度叫二面角（dihedral angle）。一对二面角（ϕ，ψ）决定了与一个 α 碳原子相连的两个肽平面的相对位置。

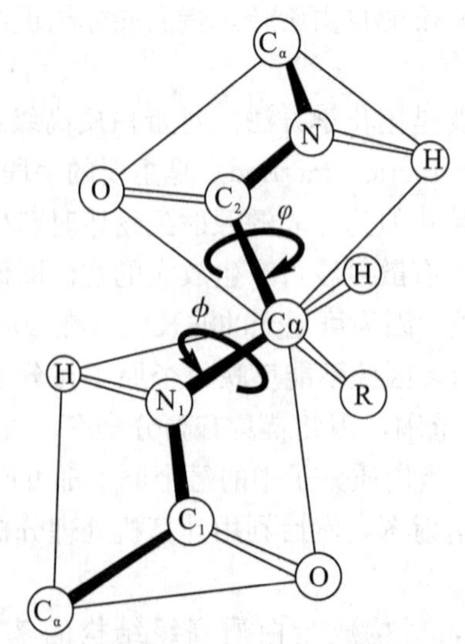

图 3－13　多肽链中两个相邻肽平面的关系

二、蛋白质的二级结构

蛋白质高级结构的形成总的趋势是分子的轴比（axilal ratio）逐步减小，使分子最后趋近球状。所谓轴比是指分子的长度与其直径之比。

蛋白质的二级结构是指多肽链主链的有规则的结构，实际上是指多肽链主链上的原子在空间的排列，这种排列不涉及侧链原子的排布，即与侧链构象无关。二级结构主要包括 α－螺旋、β－折叠、β－转角和无规卷曲等几种结构形式。

1. α－螺旋（α－helix）

一条多肽链靠自身氢键的维系可形成螺旋式的规则结构，由于形成氢键方式的不同，即形成一个氢键的供体（NH）和受体（C=O）之间所含原子数的不同，分为 α－螺旋、3_{10} 螺旋和 π 螺旋，它们的氢键所包含的原子数分别为 13、10 和 16，如图 3－14 所示。显然，螺旋结构是链内形成氢键。

这些螺旋结构中，α－螺旋是其主要结构形式。这是 Linus Pauling 和 Robert Corey 于 20 世纪 40 年代末至 50 年代初，用 X－射线衍射技术对角蛋白（keratin）研究结果提出来的。在 α－螺旋中每个肽平面围绕同一轴旋转，每个 α－碳的 ϕ 和 φ 分别为－57°和－47°，每个 Cα 的二面角具有相同数值。螺旋一圈（360°）沿轴上升的距离称为螺距（pitch），为 0.54 nm，含 3.6 个氨基酸残基，因此相邻两个残基的距离为 0.15 nm（0.54/3.6）。螺旋的半径为 0.23 nm。氨基酸的 R 基位于螺旋的外侧，并不参与螺旋的形成，但其大小、形状和带电状态对螺旋的形成和稳定性产生影响。

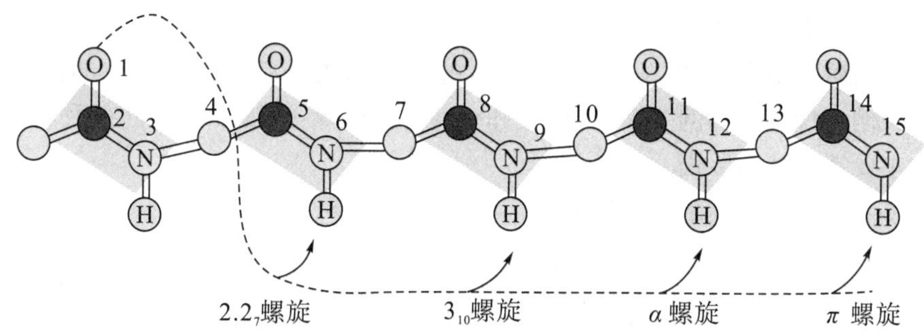

图 3－14　α－**螺旋**（3.6_{13}）、3_{10} **螺旋和** π **螺旋**（4.4_{16}）

α－螺旋有左手螺旋和右手螺旋，天然蛋白质的 α－螺旋都是右手螺旋（极个别例外）（图 3－15），因为右手螺旋比左手螺旋稳定。右手螺旋和左手螺旋并不是对映异构体，因为它们都是由 L－氨基酸构成的（D－氨基酸构成的 α－螺旋才是 L－氨基酸构成的 α－螺旋的对映体）。α－螺旋的比旋光度并不等于构成它的氨基酸比旋光度的简单总和，这是因为 α－螺旋的旋光性是氨基酸 α－碳原子构型的不对称性和 α－螺旋构象不对称性的总反映。

螺旋结构通常用符号“S_N”来表示，S 为螺旋每旋转一圈所含的残基数，N 是形成氢键的 O 与 N 原子之间在主链上的原子数。如 α－螺旋 O 与 N 原子之间（包括 O 和 N）共有 13 个原子（图 3－14），因此，α－螺旋可用 3.6_{13} 表示。同样，π－螺旋含有 4.4 个残基，氢键含有 16 个原子，用 4.4_{16} 表示。3_{10} 螺旋含 3 个残基，氢键含 10 个原子。

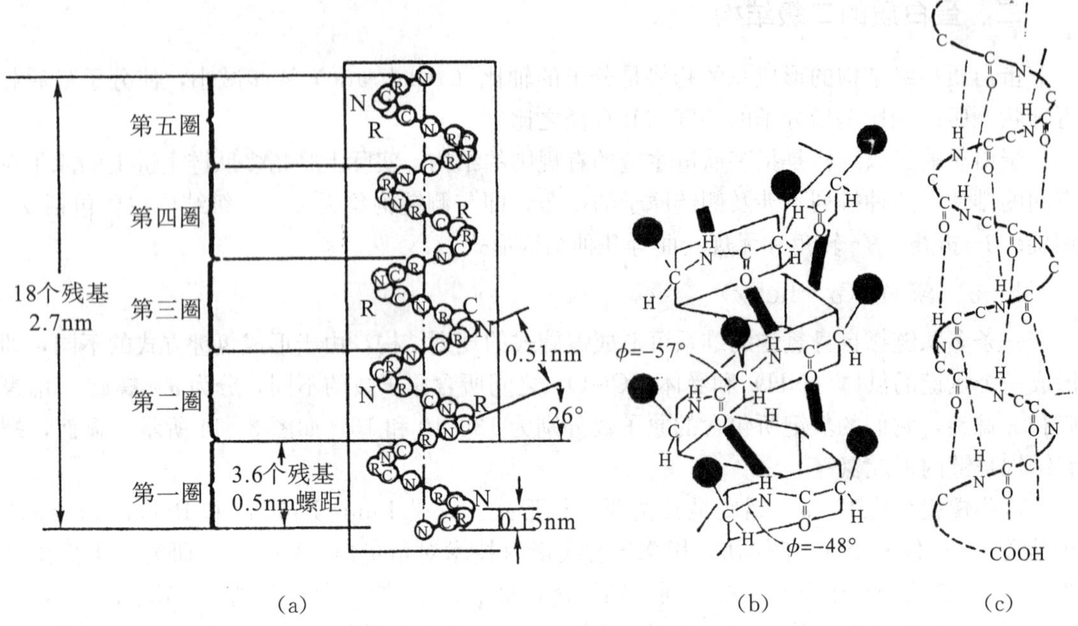

图 3-15　肽链 α-螺旋的三种表示方法

不同蛋白质所含 α-螺旋的比例不同。有的几乎全部由 α-螺旋构成（如毛发的 α-角蛋白、肌肉的肌球蛋白、血凝块中的纤维蛋白等）或大部分由 α-螺旋构成（如肌肉中的肌红蛋白约占 75%），有的仅含一部分 α-螺旋（如溶菌酶），而有的蛋白质则完全不具备 α-螺旋结构（如丝纤维蛋白、铁氧还蛋白等）。

有人在蛋白质数据库中搜寻过 30000 左右的螺旋片段以后，发现几乎都是右手 α-螺旋，只发现一例 π 螺旋、一例左手 α-螺旋和一些自由的 3_{10} 螺旋。可见，右手 α-螺旋是蛋白质分子的主要螺旋结构形式。

2. β-折叠（β-pleated sheet）

在研究丝蛋白的 X-射线衍射时，发现丝蛋白肽链并不具备像 α-螺旋结构那样的衍射规律，故 Pauling 等提出了肽链的 β-折叠结构学说，以解释丝蛋白的结构。与 α-螺旋结构比较，β-折叠结构具有下列特点：

α-螺旋结构的肽链是卷曲的棒状结构，β-折叠结构的一条肽链（称为 β-链）几乎是完全伸展的，整个肽链成一种折叠的形式（图 3-16）。β-折叠结构是比 α-螺旋结构更坚硬的一种结构形式。

在 β-折叠结构中，肽键的键长、键角与 α-螺旋结构相同。在 β-折叠结构中，肽键的 4 个原子仍处于一个平面上，α-碳原子总是处于折叠的“角”上，氨基酸的 R 基处于折叠的棱角上并与棱角垂直（图 3-16），两个氨基酸之间的轴心距为 0.35 nm（α-螺旋为 0.15 nm）。

β-折叠结构是肽链与肽链之间或一条肽链的不同肽段间形成氢键（α-螺旋结构是链内形成氢键），其中每一股肽段称为 β 股（β-strand）。几乎所有的肽键都参与链间氢键的交联，氢键与链的长轴接近垂直。

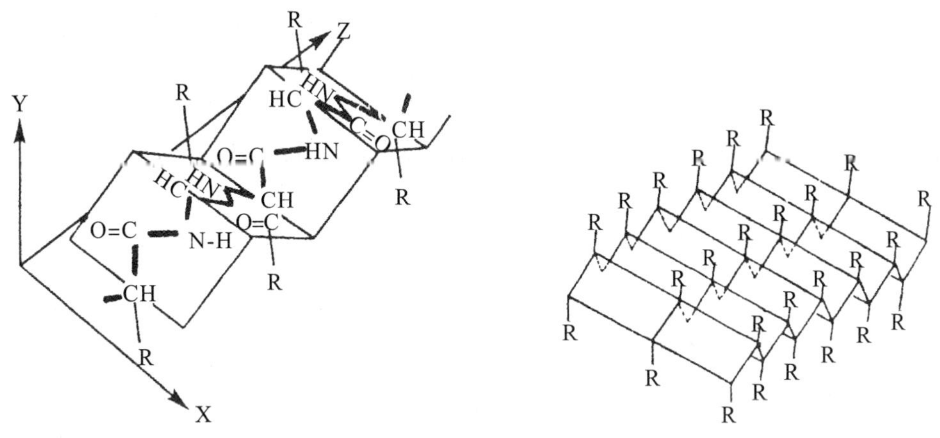

图 3－16　β－折叠结构示意图

β－折叠结构有两种类型，一为平行式（parallel），即所有肽链的 N－末端都在同一端；另一类型为反平行式（antiparallel），即相邻两条肽链的方向相反，一条为 N－端，另一条则为 C－端（图 3－17），两条反平行链之间的间距为 0.7 nm。平行式 C_α 的 ϕ 和 φ 值分别为 $-119°$和$+113°$，在反平行式分别为$-139°$和$+135°$。在纤维状蛋白质中 β－折叠主要呈反平行式，而球状蛋白质中平行式和反平行式均存在。反平行式 β－折叠片比平行式 β－折叠片结构更稳定。

在 β－折叠结构中，两个蛋白质分子可各提供一个 β 股形成 β－折叠，从而使两个蛋白质分子结合形成复合物；而两个以上的 β 股可以聚集成伸展的右手扭曲结构（extend－ed right-handed tewiste）。如果 β 股交替出现极性残基和非极性残基，则可形成两亲的 β－折叠。这样的结构存在于孔蛋白（porin）上。孔蛋白是一种膜蛋白，由其两性 β－折叠构成的 β 桶结构（β－barrel）形成极性分子进出的孔道。

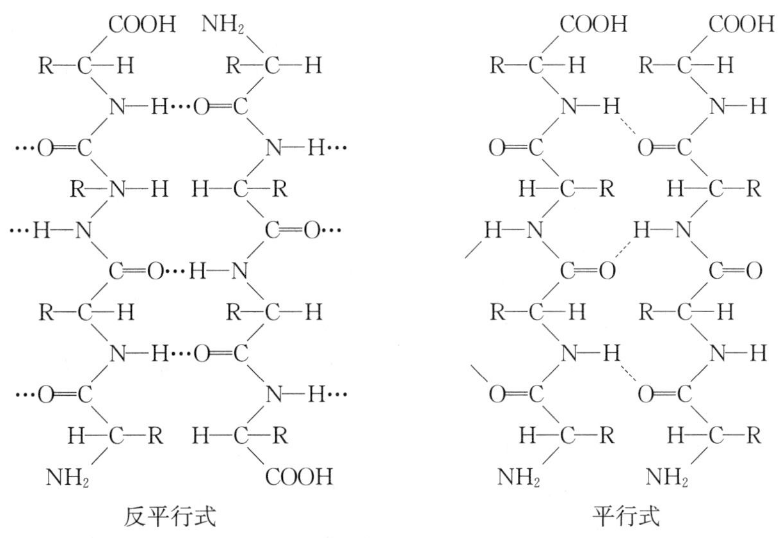

图 3－17　β－折叠结构的链间氢键交连形式

3. β－转角（β－turn）

蛋白质分子中，肽链经常出现 180°的回折，这种回折结构即称为 β－转角或 β－弯曲（β－bend）或发夹结构（hairpin structure）。之所以称为 β－转角是因为它们往往连接相邻的反平行 β－折叠。它由 4 个连续的氨基酸残基组成，第一个残基的 CO 基与第四个残基的

NH 基形成氢键。甘氨酸和脯氨酸常常出现在β－转角中。β－转角在球状蛋白质分子中较大量地存在，占全部残基的 1/4 左右，而且大多出现在分子表面。

α－螺旋、β－折叠和β－转角是构成蛋白质空间结构的基本形式，因此又称为蛋白质构象的结构单元（structure element）。此外，还有一种称为无规卷曲（randomcoil）的结构单元，这是指没有确定规律性的那部分肽链构象。π－螺旋主要是胶原蛋白的构象单元。还有一种形似希腊字母 Ω（omega）的结构单元称为 Ω 环，总是出现在分子表面，与蛋白质的生物活性有关。

三、三级结构的结构部件

蛋白质的结构分为 4 个结构层次，但实际上一个天然球状蛋白质分子就是球状或颗粒状，在研究其结构时常常发现某些有规律的结构形式，介于两个结构层次之间，模体和结构域就是这种结构形式，实际上它们就是构成三级结构的结构部件。

1. 模体

在一些具有特殊功能的球状蛋白质分子中，常常出现若干相邻的二级结构单元按照一定规律规则地组合在一起，彼此相互作用，形成在空间构象上可彼此区别的二级结构组合单位，这种结构称为模体（motif），又称为超二级结构（super-secodary structure），它可以作为构成三级结构的元件。

已发现的大多数模体都是由α－螺旋、β－折叠构成，它们之间由或多或少、或长或短的连接肽（或称环肽链）连接。其基本类型有下列几种。

（1）αα，它又称为螺旋—转折—螺旋模体（helix-turn-helix motif）或螺旋—环链—螺旋模体（helix-loop-helix-motif）。它由两条具右手螺旋的α－螺旋互相缠绕形成左手超螺旋（superhelix）结构（图 3－18，A）。在球状蛋白中两条α－螺旋链是由同一条肽链相邻两段α－螺旋段构成，它们间通过一个连接段（或称环链）连接；但在纤维状蛋白中，则是由几条链的α－螺旋区段缠绕而成。每条α－螺旋链中的残基有所偏转，每圈螺旋含 3.5 个残基（而不是 3.6 个残基），螺距为 0.51 nm（而不是 0.54 nm）。这种超二级结构出现在多种钙离子结合蛋白和 DNA 结合蛋白中。

（2）βαβ，是由两条平行β－折叠链通过一段具α－螺旋的连接链连接起来构成的模体（图 3－18，B）。连接链的α－螺旋轴近似地平行于 β 链，它将一股 β 链的羧基端与另一股 β 链的氨基端连接起来。最常见的 βαβ 组合是由 3 段平行β－折叠通过两段α－螺旋链连接而构成 βαβαβ，这种结构称为 Rossman 折叠，相当于由两个 βαβ 组成（图 3－18，C）。虽然 βαβ 是一种十分普遍的超二级结构形式（几乎在所有含平行β－折叠的结构中都含有 βαβ），但至今未发现它与任何生物活性相关。

（3）ββ，是由两条反平行的β－折叠链通过一个短的连接链（或β－转角）连接起来形成一个貌似"发夹"的超二级结构形式，故又称为发夹式β－模体（hairpin β matif）（图 3－18，D），这是在具有反平行式β－折叠结构中普遍存在的一种超二级结构形式。如果由多条反平行β－折叠链构成的 ββ，则称为β－曲折（β－meander）（图 3－18，E）或希腊钥匙模体（Greek Key motif），因为其形貌类似于古希腊钥匙上的回形装饰花纹（图 3－18，F）。ββ 结构迄今未发现与特定功能相关，但常常出现在蛋白质结构中。

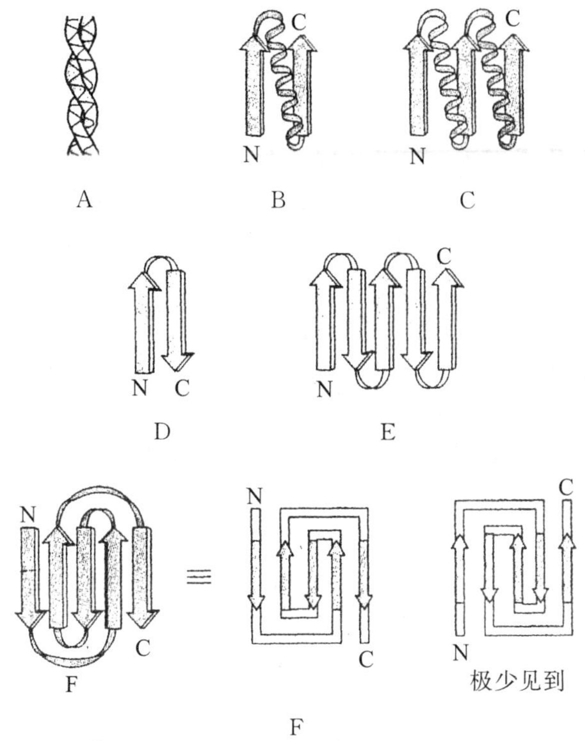

图 3－18 蛋白质中的超二级结构

2. 结构域

对于一些相当大的蛋白质分子，一条长的肽链，有时要先分别折叠成几个相对独立的区域，再组装成球状或颗粒状的复杂构象（三级结构）。这种在二级或超二级结构基础上形成的特定区域，称为结构域（structural domain）。一个结构域至少含 40 个左右氨基酸残基，最大的结构域可含多达 400 个残基，一般含 100～200 个氨基酸残基。一个结构域的平均直径约 2.5 nm。

每个结构域自身是紧密装配的，但结构域之间的联系可以相当松散，彼此共价连接。不同的蛋白质，所具有的结构域数目不同。小分子蛋白质，如果仅有 1 个结构域，则此蛋白质的结构域和三级结构为同一个结构层次；较大的蛋白质分子往往有多个结构域。在具多结构域的蛋白质分子中，有的几个结构域十分相似（如硫氰酸酶，thiocyanase），有的却迥然不同（如木瓜蛋白酶，papain）。蛋白质分子分成几个结构域的现象，通常是与其功能相联系的。

结构域往往具有一定功能，但它与功能域的概念又有区别。功能域（fuctional domain）是蛋白质分子中能独立存在的功能单位。一个功能域可以是 1 个结构域（此时二者的概念是一致的），也可以是由几个结构域组成。例如，表皮生长因子（epidermal growth factor，EGF）只有 1 个结构域，也就是它的功能域；胰凝乳蛋白酶（chymotrypsin）有 2 个结构域，它们共同组成功能域；而免疫球蛋白（immunoglobulin）有 12 个功能域。蛋白质分子的活性部位都是它的功能域，往往位于结构域之间的连接部位。

四、蛋白质的三级结构

1. 肌红蛋白的三级结构

三级结构是由蛋白质螺旋链（二级结构）不同区段的 R 基相互作用形成的空间构象，即肽链所有原子的空间排布，但不包括肽链间的相互关系。球状蛋白不像纤维状蛋白肽链呈简单的平行和有规律的排列，球状蛋白质分子的 α－螺旋链在三维空间沿多个方向并呈一定形式的（非几何形）卷曲、折叠、盘绕，使整个分子成为紧密的近似球状或颗粒状。这种在二级结构或超二级结构基础上肽链发生的再折叠、卷曲，称为蛋白质的三级结构。维系这种特定构象的化学键有氢键、疏水作用、盐键和 Van der waal's 作用力等。尤其是疏水作用，在维持蛋白质的三级结构中起着很重要的作用。

鲸肌红蛋白（myoglobin，是含于肌肉中具有呼吸作用的蛋白质）是第一个被阐明三级结构的蛋白质，这是由英国剑桥的 John Kendrew（1959）等用 X－射线衍射研究而确定的。鲸肌红蛋白由一条肽链构成，含 153 个氨基酸残基。它的 α－螺旋肽链再发生折叠盘绕，这种折叠并不按一定几何形状，而是不规则的。所以从外表看，整个分子为球状（图 3－19）。肽链可分成 8 段长度为 7～24 个氨基酸残基组成的 α－螺旋区（分别称为 A 区、B 区、C 区、D 区、…F 区），转折处有 1～8 个结构松散的氨基酸残基，没有形成 α－螺旋。这些拐角处的氨基酸主要是脯氨酸和羟脯氨酸。整个分子有大约 77％的 α－螺旋构象，分子十分紧密结实，分子内部有一个可容纳 4 个水分子的空间。具有极性基团侧链的氨基酸残基几乎全部分布于分子的表面，而非极性氨基酸残基则被埋在分子内部。因而分子内部疏水，外部亲水。辅基血红素（heme，为铁卟啉衍生物，其结构见图 3－27）垂直地伸出在分子表面，并通过组氨酸残基与肌红蛋白分子内部相连。在四吡咯中央的 Fe 原子以配位键（第五个配位键）与组氨酸的咪唑基相连，第六个配位键为水分子占据。

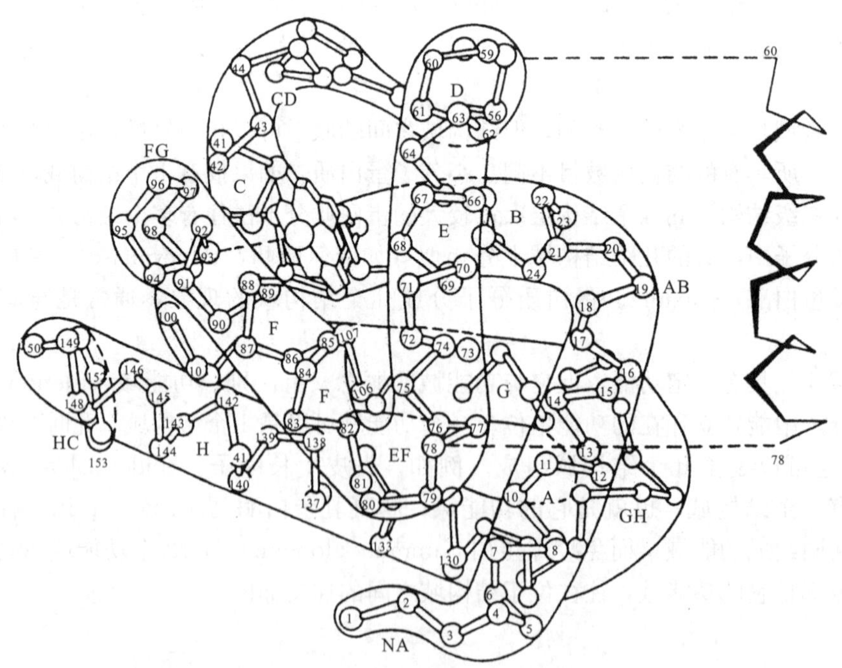

图 3－19　肌红蛋白的三级结构

2. 三级结构的常见类型

一种纤维状蛋白一般仅含一种二级结构元件，如 α－角蛋白（α－keratin）含 α－螺旋，丝心蛋白（silk fibroin）含反平行 β－折叠；而球状蛋白含多种二级结构元件，但主要的仍然是 α－螺旋和 β－折叠。不同蛋白质所含二级结构元件的比例也不相同。例如，血红蛋白主要由 α－螺旋构成，螺旋之间由短的具无规卷曲构象的片段连接（图 3－20，A）；伴刀豆球蛋白（concanavlin）含高比例的 β－折叠，由连接链连接，缺乏 α－螺旋（图 3－20，B）；更大量的蛋白质，具有混合型的二级结构单元，如磷酸丙糖异构酶（一种糖代谢的酶）（图 3－20，C）。

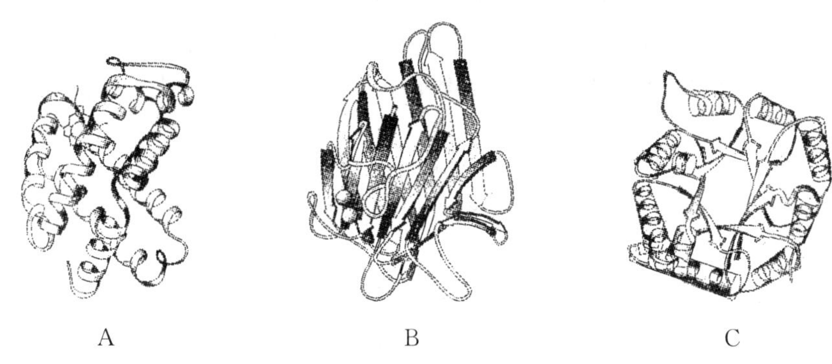

图 3－20　球状蛋白质三级结构的几种类型

3. 折叠卷曲的结果使球状蛋白表面亲水内部疏水并形成核心

球状蛋白质分子的折叠、卷曲与本身所含氨基酸的种类和序列有关。氨基酸根据它们侧链的极性来安排其空间位置。

（1）借助疏水作用使非极性残基 Leu、Ile、Val、Met 和 Phe 分布于分子的内部，避开与水分子的接触。

（2）不带电荷的极性残基 Asn，Gln、Ser、Thr 和 Tyr 等通常位于分子的表面，但也有出现在分子内部的情况。Ser、Cys 常常处于功能蛋白质（如酶）的内部，并实现重要的功能。

（3）带电荷的极性残基 Asp、Glu、Arg、Lys 和 His 大多位于分子的外部，与水分子结合。但也经常出现在分子内部，在这种情况下它们通常具有特定的生化功能，如参与生化反应、参与金属离子的结合等。

球状蛋白质分子在结构上是十分紧密的，在它们内部只有很小很小的空间，以致于连水分子都难以容纳。三维折叠的结果，使其内部形成疏水的核心。这种核心的**堆砌密度**（packing density）约为 0.75，与小分子有机物的分子晶体的堆砌密度处于同一范围。所谓堆砌密度是指组成蛋白质的氨基酸的范德华体积（组成的原子依范德华力作用范围所占的体积）与蛋白质所占体积之比。这意味着蛋白质总体积的 25%左右不被原子所占据，这个空间处于很小的空腔形式。但处于核心邻近或其他部分的堆砌密度小得多，这意味着在这较松散的区域有较大的空间可塑性，使构象容易发生变化，可允许水分子及其他小分子进入，而成为蛋白质的活性部位。

4. 三级结构的形成

一条线性的多肽链是怎样形成独特的三级结构的？形成独特三级结构由什么因素决定？形成的途径如何？显然，这涉及三级结构形成的机理。虽然至今尚未完全阐明，但对下列几点是比较肯定的：

(1) 天然蛋白质的三维结构是由其氨基酸的序列决定的，即决定蛋白质正确三维结构的信息寓存于组成它的氨基酸序列之中，或者说一级结构决定三级结构。

(2) 天然蛋白质的构象相对于其他任何构象而言，其所处自由能是最小的状态。

(3) 肽链的折叠是一个自发过程，肽链在生物合成中边合成边自发折叠。

(4) 疏水相互作用是形成三级结构的主要动力。

蛋白质究竟怎样折叠成它的天然构象？有人猜测这可能是一个随机的过程，即在各种可能的构象中去选择一种，最后形成该蛋白质的天然构象。这显然是行不通的，因为按随机理论的简单计算，即使仅由 100 个残基构成的一个蛋白质分子，按随机方式去选择可能达到的构象至少也需要 10^{87} s。实际上已知蛋白质形成天然构象的时间只需 0.1s～1000s。显然蛋白质的折叠不是一个随机过程。它一定是以某种动力学途径按一定方式指导整个折叠过程，其中氨基酸的序列起着关键作用。

球状蛋白质的折叠大体上经历下列几个步骤（图 3－21）：

①肽链多处同时进行初步折叠。一条线性序列多肽链通过氢键形成小段 α－螺旋和β－折叠，这是一个快速的可逆过程，仅需 1ms。

②中间态熔球体的生成。多肽链的疏水侧链具有避开水的倾向，疏水侧链内埋并逐渐集中而形成球状中间体，称为熔球体（melton globule)。熔球体具有天然态的大多数二级结构，但它不如天然结构致密，侧链是活动的，其表面结构大多数处于未折叠状态，具有不同的构象。因此熔球体不能视为单一的结构实体，而是一些处于相互转换中的关联结构的组装体。这一阶段大约需 1s。

③亚结构域的形成。大约经过千分之几 s 后，二级结构变得稳定，相邻二级结构彼此靠近而形成超二级结构，在这期间保持近似天然结构的元件以亚结构域（subdomain）的方式发展，此时构象总数大为减少，但离天然单一构象仍较远。

④由结构域最后形成天然构象。对单结构域的小分子蛋白质来说，由亚结构域折叠形成结构域后即为其三级结构；对于多结构域的蛋白质，亚结构域还需进一步折叠、聚合、装配，以调整构象，最后形成紧密的球状或颗粒状。

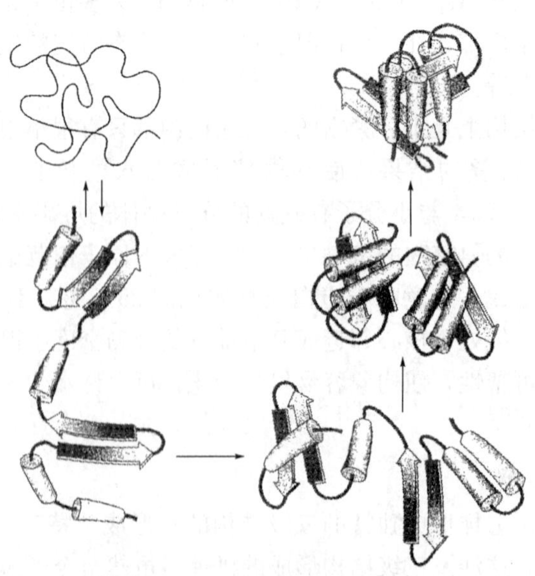

图 3－21　蛋白质的折叠模型

5. 分子伴侣

在蛋白质的折叠过程中常常遇到折叠的障碍，这些障碍包括折叠中所形成的中间体由于疏水基团外露而造成聚合、不正确二硫键的形成和脯氨酸残基的异构化等。为了克服这些障碍，细胞内有一些特殊蛋白质来帮助一些蛋白质完成正确折叠，这些特殊蛋白质包括分子伴侣、二硫键异构酶、脯氨酸异构酶等。

蛋白质分子在尚未折叠成天然构象之前，其疏水部分有可能暴露在外，从而使其具有分子内或其他蛋白分子发生聚合的倾向，使之不能形成正确构象，分子伴侣（molecular chaperone）可以阻碍这种现象的出现。它能可逆地与未折叠肽段的疏水部分结合并随后松开，这样重复地进行以防止错误聚集，直到正确折叠为止；它也可以与错误聚集的肽段结合，使之解聚合，再诱导其正确折叠。但它们不与天然态的蛋白质结合。

分子伴侣早先曾称为热激蛋白或称为热休克蛋白（heat stock protein，HSP），因为这类蛋白质在提高温度时可诱导生成，并且高温有助于蛋白质的解折叠和聚合。研究得较多的分子伴侣是大肠杆菌（E. *coli*）中的HSP60和HSP10（Mr分别为60000和10000），在发挥功能时，它们结合在一起构成一个复合物，称为伴侣蛋白（chaperonin）。

此外，蛋白质分子中的二硫键必须是由特定位置的两个半胱氨酸氧化生成，不能发生错配。细胞内有两种起分子伴侣作用的酶——二硫键形成酶和二硫键异构酶帮助正确二硫键的形成，以保证正确构象的形成。

由于肽键具有部分双键性质，O和H具有反式排列。顺式排列的稳定性仅为反式排列的千分之一，因此蛋白质分子中N－H和C=O总是反式排列。但如果肽键上的第二个残基是脯氨酸时，由于肽键上少一个H（即少一个氢键），此时顺式的稳定性提高到反式稳定性的约五分之一，这使得顺式脯氨酸出现在蛋白质的某些区域，但天然蛋白质分子中的脯氨酸绝大多数仍是反式。细胞中有一种催化脯氨酸顺—反异构的酶，以纠正错误区域的顺式脯氨酸，使其转变为反式。

6. 蛋白质错误折叠导致的疾病

细胞内大约有1/3的蛋白质可能发生错误折叠，但是由于分子伴侣的参与和一种称为泛素（ubiquitin）的蛋白质的作用（参见第十二章第一节），在蛋白酶体（proteosome）这种细胞器中将错误折叠的蛋白质降解，因此不会出现多少错误折叠的蛋白质。一般情况下，细胞内出现少量的折叠异常的蛋白质并不会影响细胞的正常功能。

然而，如果一个细胞内的错误折叠蛋白超过一定的量或某些重要蛋白发生异常折叠，这些蛋白可能会聚集在一起，形成不溶性的淀粉样纤维（amyloid fibrils），则将大大影响细胞的功能，最终导致某些疾病。

近几年来，已经在一些退化性疾病（如阿尔茨海默病、帕金森病、牛海绵状脑病等）患者体中貌似健康的细胞内，发现存在一些细小的由4～30个错误折叠的蛋白质组成的被称为原纤维（protofibrils）的可溶性球状凝集物，而在已明显病变的细胞内，原纤维已聚合成不溶的纤维。

（1）阿尔茨海默病（Alzheimer's disease，AD）

AD即常见的老年性痴呆症，它是一种渐进的神经退化性疾病。患者的认知能力，包括决策能力和日常活动能力，逐渐丧失，性情改变，行为困难，最后导致智力丧失而死亡。

AD的神经细胞内由于蛋白质折叠错误并形成β－淀粉样肽（beta-amyloid protide）。正常折叠的形式是可溶性的，当折叠异常后，聚集而形成原纤维，最后形成神经炎斑状(meuritic plagues）结构，堆积在控制记忆、情绪和空间认知的神经元上。此外，折叠异常的β- 淀粉样肽还可以与患者脑细胞上的一种受体结合，阻断参与学习和记忆的信号转导。

（2）帕金森病（Parkinson's disease，PD)

PD是中老年人一种常见疾病，临床表现为震颤、强直、运动迟缓及姿势障碍等。

PD是由于一种称为α－突触核蛋白（α－synuclein）在脑部错误折叠而引起的，它聚合成斑，并形成Lewy小体（Lewy bodies)，直接损伤产生多巴胺的神经细胞，致使多巴胺类激素不能正常合成，造成神经功能异常。

（3）海绵状脑病（spongiform encephalopath，SE)

SE是一种致命性神经退化性疾病，因受感染的动物在脑的某些部分出现海绵状的空洞而得名。主要症状为进行性痴呆和运动功能失调、最后导致死亡。SE可以感染人和多种动物，例如，人的克雅病（Creutzfeldt-Jakob disease)、GSS病（Gerstmann-Straussler-Scheinker disease)、库鲁病（Kuru)、致死性家族性失眠症（fatal familial insomnia)、幼儿海绵状脑病（alpers disease)、山羊和绵羊的羊瘙痒病（scraple)，以及牛的疯牛病（mad cow disease）等。

SE是一种错误折叠的朊蛋白（prion protein，PrP）所导致的疾病。正常的PrP富含α－螺旋（简写为PrP^{c})，而折叠异常的朊蛋白为β－折叠（简写为PrP^{sc})，容易形成聚集体，最后形成淀粉样纤维杆状结构。如果正常朊蛋白PrP^{c}折叠发生错误，可形成致病朊病毒PrP^{sc}，在这种病毒中，PrP^{sc}一旦形成后，自身可作为模板，催化宿主更多的PrP^{c}转变为PrP^{sc}，这种转变导致神经退化和病变。

五、蛋白质的四级结构

1. 四级结构的含义

许多天然球状蛋白质由两条或多条肽链组成，肽链间并无共价连接，而是通过离子键、疏水作用等次级键维系。每条肽链都有各自的一、二、三级结构。这种蛋白质分子中的最小共价单位常常称为蛋白质的亚基或亚单位（subunit)。单独的亚基并无生物活性。所以，亚基是独立的结构单位，但不是独立的功能单位。亚基一般由一条肽链组成，有的亚基也可由几条肽链组成（在这种情况下肽链间通常以二硫键连接)。因此，亚基是肽链，但一个亚基并不一定就只是一条肽链（如胰岛素中的A链和B链就不能称为亚基，因为它们之间是以二硫键共价连接)。亚基都用希腊字母α、β、γ、δ等命名，其下标阿拉伯数字表示亚基的数目。由亚基聚合而成的蛋白质称为寡聚蛋白（oligomeric protein)。现在已有不少例子表明，相对分子质量在35000以上的蛋白质几乎都有亚基。四级结构指的就是在寡聚蛋白中亚基的种类、数目、空间排布以及亚基间的相互作用关系，而不包括亚基本身的构象。

在讨论四级结构时，还经常遇到单体（monomer）和原体（proromer）这两个术语。单体的含义比较广泛，不同情况下，其含义不同：①仅由一条肽链构成的蛋白质如肌红蛋白、溶菌酶等，称为单体或单体蛋白；②寡聚蛋白中的一条肽链叫做一个单体，此时单体即亚基；③蛋白质聚合体中的重复单位，此时蛋白质分子本身就是单体（例如，胰岛素可聚合成二体或六体，此时胰岛素分子本身即为单体)。

原体是指在寡聚蛋白分子中具有一套不同结构和功能亚基的最小单位。原体可以是1个亚基，也可以是2个或多个亚基的聚集体。例如，血红蛋白一个原体含有2个亚基（1个α

亚基，1个β亚基)，而乙酰辅酶A羧化酶（acetyl coenzyme A carboxylase，一种合成脂肪酸的酶）其原体含有4个亚基（实际上是具有不同结构和功能的4种蛋白)。

2. 亚基的排布

在研究蛋白质的四级结构时必须了解：在一种蛋白质分子中有多少个亚基？这些亚基是否相同？亚基是如何排布的？维系亚基间的化学键主要是疏水作用，此外，氢键、离子键及范德华力也参与四级结构的形成。

对于亚基数目和种类的测定，一般先用超离心法或凝胶过滤法测定天然寡聚蛋白的相对分子质量，然后再用SDS（十二烷基硫酸钠）凝胶电泳法测定亚基的相对分子质量（见本章最后一节)，亚基的空间排布则用X-射线衍射及电子显微镜进行分析。

构成蛋白质分子的亚基种类，可以是相同的（称为同聚蛋白)，也可以是不同的（称为杂聚蛋白)。亚基的数目从两个到几十个、几百个不同。如促甲状腺素（thyrotropin）为αβ（二聚体)，神经生长因子（nerve growth factor）为αβγ（三聚体)、血红蛋白（hemoglobin）为$\alpha_2\beta_2$（四聚体)、天门冬氨酸转氨甲酰酶（aspartate transcarbamylase）由γ_6C_6组成，而烟草花叶病毒（tobacao mosaic virus）由2130个相同亚基组成。

在构成四级结构时，虽然少数由不同亚基构成的蛋白质分子（如促甲状腺素和神经生长因子)，其亚基的排布是不规则的几何形状，但许多寡聚蛋白亚基的排列具有规则的几何形状，而且都是一种对称排布。主要有下列几种类型（图3-22)：

（1）环状对称（cyclic symmletry，简称Cn)

这是一种最简单的旋转对称。在这种排布方式中亚基绕单一的旋转轴排列。如果由两个亚基构成，称为二重对称，用C_2表示（图3-22，A）每个亚基沿中轴旋转180°（360°/2）就能与另一亚基重合；由3个亚基构成的，称为三重对称（C_3)，每个亚基旋转120°（360/3）便可以与另一亚基重合（图3-22，B)；由5个亚基构成的，称为五重对称（C_5)，每个亚基沿中轴旋转72°（360°/5）就能与另一亚基重合（图3-22，C)；同理，如果一个寡聚蛋白由n个亚基构成，称为n重对称，每个亚基沿中轴旋转360°/n便能与另一亚基重合。

（2）二面体对称（dihedral symmetry，简称D_n)

这是一种比较复杂的旋转对称。这种聚集体有两个或多个对称轴。如果寡聚蛋白含有一个C_n旋转轴，并且在一个垂直于该旋转轴的平面内存在着n个与该轴相交的C_2轴，则称为二面体对称，用D_n表示。由1个纵轴2个横轴决定的四聚体（图3-22，D）是常见的四级结构，称D_2；一个六聚体具有1个纵轴和3个与之垂直的横轴（图3-22，F)，称为D_3。

（3）立方体对称（cubic symmetry)

它或称多面体对称，蛋白质分子的各亚基缔合的结果形成一个多面体，各亚基分别排布在多面体的各顶点或边上。如常见的四面体（tetrahedral，T)、八面体（octahedral，O)、二十面体（icosahedral，I）等对称（图3-22，G、H、I)。二十面体是表面积与体积之比值最有利的一种多面体，本身接近于球形。许多球形病毒具有这种空间结构。

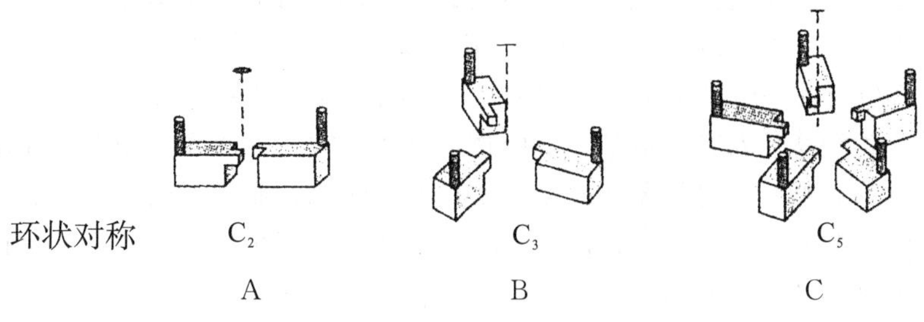

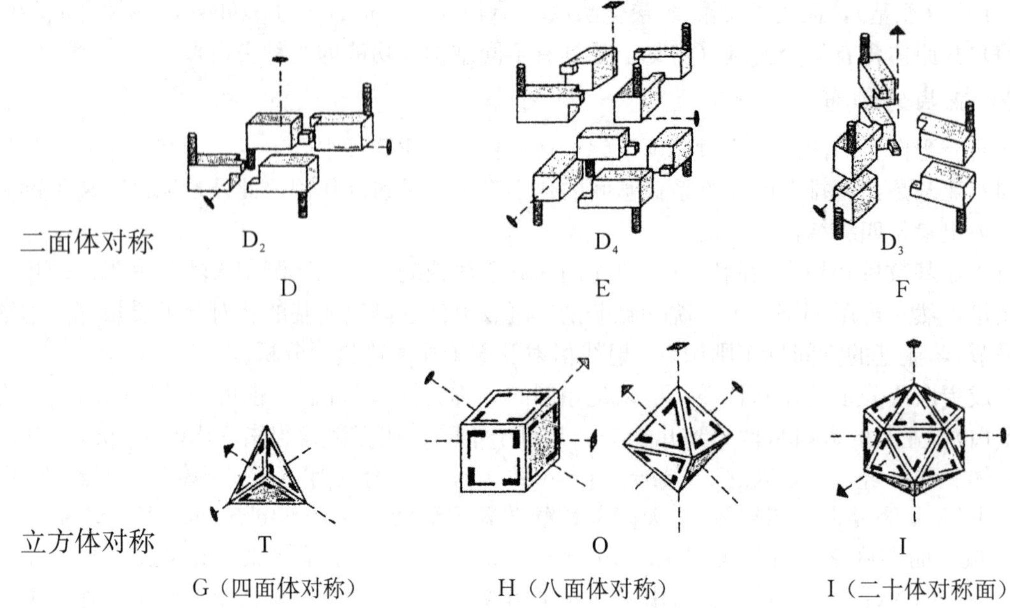

图 3－22 寡聚蛋白中相同亚基的排布类型

3. 亚基缔合（四级结构）的生物学意义

许多球状蛋白具有四级结构，即亚基或原体的缔合在结构和功能上都具有一定的优越性，具有重要的生物学意义。

（1）增强结构的稳定性

亚基或原体的缔合有利于减小蛋白质的表面积（S）与体积（V）之比。对于一个球状或颗粒状的物体而言，这个比值越小，其半径（r）就越大。因为对于球状物体来说，表面积是半径平方的函数（$S=4\pi r^2$），体积是半径立方的函数（$V=\frac{4}{3}\pi r^3$），（$S/V=3/r$）因为内部的相互作用有利于蛋白质的稳定性，而表面与水的相互作用常不利于稳定，所以，降低表面积与体积的比值总的效果是增强蛋白质结构的稳定性。

（2）在遗传上更经济、更有效

蛋白质多肽链是由核酸（DNA，见第四章）决定的。决定一个具有相同亚基的单体（一条肽链）所需要的 DNA 片段比决定与该同聚蛋白具同样相对分子质量的多肽所需的 DNA 片段少，显然这是一种“节约”遗传物质的经济形式，而且决定几个亚基（或单体）由同一个 DNA 片段负责，可减少遗传上的变异。事实上，决定寡聚体装配和亚基－亚基的相互作用的全部信息都包含在决定单体（亚基）所需的遗传物质中。

（3）更有利于功能的发挥和调节

许多功能蛋白质的生物活性或其生物活性的调节都是借助于亚基之间的相互作用，事实上，几乎所有调节蛋白（regulator protein）都是寡聚蛋白，大多具有别构效应（allosteric effect）。多亚基蛋白质一般有多个结合部位，每个结合部位都能与效应物结合，一个亚基的结合部位与效应物结合后对其他亚基与效应物结合的影响（如改变亲和力、催化能力等）称为别构效应，这种影响是通过构象的改变来实现的。例如，血红蛋白由 4 个亚基组成，两个 α 亚基和两个 β 亚基（$\alpha_2\beta_2$），4 个亚基呈四面体对称排布（图 3－25），两个 β 亚基之间的接触面比两个 α 亚基间的接触面更为宽松，使它们容易与 n 个重要的效应分子（O_2、CO_2 等）

结合，这种亚基间的相互作用沟通了亚基间的信息传递，使某一亚基与效应分子结合后产生的信息传递给其他亚基，同时引起构象变化，从而改变各亚基与 O_2 等效应分子的亲和力。这种现象又称为协同效应（synergism）。

（4）提高生物效能

如果蛋白质是酶，形成寡聚体可将催化位点聚集在一起，以便提高催化能力。

（5）提高选择性

在蛋白质－核酸、蛋白质－蛋白质相互作用中，寡聚体更有利于二者相互结合与识别。

（6）有利于包装

在病毒中，由同一个相同亚基可包装成庞大的结构。

六、蛋白质一级结构对高级结构的影响

蛋白质的高级结构是在一级结构的基础上形成的，一级结构所包括的氨基酸组成和顺序包含了决定其高级结构的所有信息。来源于不同种类生物的同源蛋白（lomologous prtein）具有相似的氨基酸顺序，而且有相似顺序的相同肽链往往意味着它们具有相似的高级结构。因此，确定一个蛋白质的一级结构是研究其高级结构和功能的前提。

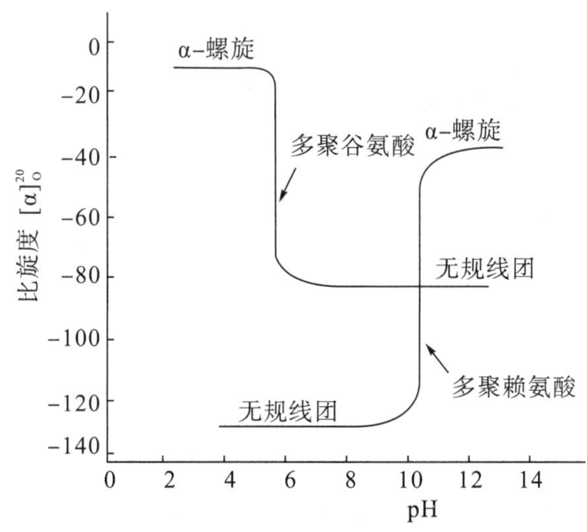

图 3－23　pH 对多聚赖氨酸及多聚谷氨酸构象的影响

一条多肽链能否形成 α－螺旋以及形成螺旋后的稳定程度如何，与它的氨基酸组成和顺序关系极大。关于这方面的知识，很大部分来自对多聚氨基酸的研究。研究发现，R 基小，并且不带电荷的多聚丙氨酸在 pH=7 的水溶液中能自发地卷曲成 α－螺旋。但是多聚赖氨酸在同样的 pH 条件下却不能形成 α－螺旋，而是以无规卷曲存在。这是因为多聚赖氨酸在 pH=7 时侧链 R 基具有正电荷，彼此间由于静电排斥，不能形成链内氢键。但在 pH＝12 时，多聚赖氨酸则能自发地形成 α－螺旋。同样，多聚谷氨酸也与此类似（图 3－23）。形成 α－螺旋的程度可通过测比旋光度来指示，因为 α－螺旋是一种不对称的分子结构，具有旋光性，正是这种不对称性使偏振面右旋。

除侧链 R 基的电荷性质之外，R 基的大小对多肽链能否形成螺旋也有影响。多聚异亮氨酸由于在它的 α－碳原子附近有较大的 R 基造成空间阻碍，因而不能形成 α－螺旋。多聚脯氨酸的 α－碳原子参与 R 基吡咯的形成，环内的 C－N 键不能旋转，而且由于脯氨酸不具

有 α－氨基，不能形成链内氢键。因此，多肽链中只要存在脯氨酸（或者羟脯氨酸），α－螺旋就被中断。在三级结构中，此处肽链即发生折叠。

判断一个氨基酸残基是不是有利于形成 α－螺旋的标准是看它的侧链能不能遮盖和保护螺旋核心上的骨架氢键。由于舒展的结构为氨基酸侧链留下最大的空间，因此，侧链基团庞大的氨基酸残基（如 Ile、Val、Tyr、Trp、Phe 等）倾向于形成 β－折叠。

第八节　几种典型蛋白质的结构与功能

前面讨论了蛋白质结构的一般特点，本节用几个不同类型的蛋白质作为例子，以说明蛋白质在类别上的多样性，结构上的复杂性，以及功能上的重要性。

一、纤维状蛋白质

纤维状蛋白（fibrous proteins）在动物（特别是在高等动物）体内含量十分丰富（占脊椎动物总蛋白质的一半以上），对组织器官起着支持、保护等作用，属于结构蛋白质类。纤维状蛋白质可分为两类：角蛋白类和胶原蛋白类。这两类蛋白质的结构特点是多肽链沿着单向排列或卷曲形成平行束，二级结构是它的主要结构形式。纤维状蛋白一般具有下列特点：其外形呈纤维状；不溶于水；在一定限度内伸长后还可以复原；不被一般的蛋白水解酶所水解；具有不同于球蛋白的特殊的氨基酸组成。

1. α－角蛋白（keratin）

角蛋白可分为 α－角蛋白和 β－角蛋白两类。前者主要存在于动物的毛、发、蹄、爪、羽毛、甲壳和指甲中，后者则主要存在于蜘蛛和蚕的丝纤维及爬行类的鳞片、爪和嘴喙中。α－角蛋白富含胱氨酸（可高达 22%），而 β－角蛋白不含胱氨酸，却富含带小侧链的氨基酸，主要是甘氨酸、丙氨酸和丝氨酸。此外，两类角蛋白的另一重要差别是，当加热时 α－角蛋白会伸展，例如当毛发暴露在湿热中时其长度伸展到原来的 1～2 倍，冷却后又回缩到正常的长度，在这些条件下 β－角蛋白并不能伸展。

α－角蛋白的基本结构单位是右手 α－螺旋。每 3 条 α－螺旋肽链互相以左旋缠绕成直径为 2 nm 的绳状初原纤维（protofibril），肽链之间由二硫键维持其稳定性；9 条原纤维围绕另 2 条原纤维为轴心而形成微纤维（microfibril），微纤维直径约 8 nm；再由许多微纤维组成直径为 200 nm 的大纤维（macrofibril）。所以，毛纤维是由许多具有 α－螺旋的肽链平行排列，并由氢键和二硫键作为交联键将它们聚集成不溶性蛋白质的。α－角蛋白经加热或被外力拉直，氢键被破坏后可转变成 β－角蛋白（β－折叠结构）。

2. 丝心蛋白（fibroin）

蚕丝含有纤维状的丝心蛋白和无定形的粘性丝胶蛋白（sericin）。在用茧制作丝时，用煮沸的碱水可除去丝胶蛋白。茧内的蛹变成蛾后可分泌一种称为茧酶（cocoonase）的特殊蛋白质，可将丝胶蛋白分解，从而使蛾从茧内钻出来。

丝心蛋白是典型的 β－角蛋白，它以反平行式 β－折叠构成的肽链平行地堆积成多层结构。β－折叠链之间由氢键连接，堆积层之间由范德华力作用维系。正是由于具有这种特殊的结构，使得丝既具有很高的抗张强度，又具有柔软性。

丝心蛋白所含的氨基酸比较单纯，主要由具小侧链的甘氨酸、丙氨酸和丝氨酸组成，而且几乎每隔一个残基就是甘氨酸，另一个残基为丙氨酸或丝氨酸，这就使得所有的甘氨酸位于折叠片层结构的一侧，丝氨酸和丙氨酸位于另一侧。肽链由多个六肽重复单位连接而成，这个六肽的基础顺序为：

$$(Gly-Ser-Gly-Ala-Gly-Ala)_n$$

丝纤维具有很高的抗张强度，但伸展性差，这是因为共价键合的肽链几乎达到最大可能的伸展长度，它所承受的张力并不直接放在肽链的共价键上；又由于堆积层之间是由非键合的范德华力作用维系的，使得丝纤维又具有柔软性。

丝心蛋白除主要含有上述 3 种氨基酸（约占 87%）外，还含有少量的大侧链氨基酸，如缬氨酸和酪氨酸，它们不适合这种 β−结构，由它们构成的区域为无规则的非晶状区，使得分子中交替出现有序的晶状区和非晶状区。无定形区的存在，使得丝纤维具有一定的伸展性。

天然的 β−角蛋白除丝心蛋白外，还存在于鸟类和爬行动物的羽毛、皮肤、爪、啄和鳞片中。

3. 胶原蛋白（collagen）

胶原蛋白或称为胶原，是高等脊椎动物中含量丰富的一种蛋白质，占机体总蛋白的 25%～30%，是皮肤、软骨、动脉管壁以及结缔组织的成分。胶原在氨基酸组成上比较特殊，除类似于 β−角蛋白含有丰富的甘氨酸和丙氨酸外，还含有脯氨酸和羟脯氨酸以及少量的羟赖氨酸。羟脯氨酸在其他蛋白质中很少发现。在胶原分子中，氨基酸的排列基本上是每隔两个氨基酸就有一个甘氨酸，每两个甘氨酸间的两个氨基酸之一为脯氨酸或羟脯氨酸，另一氨基酸为其他氨基酸（图 3−24）。

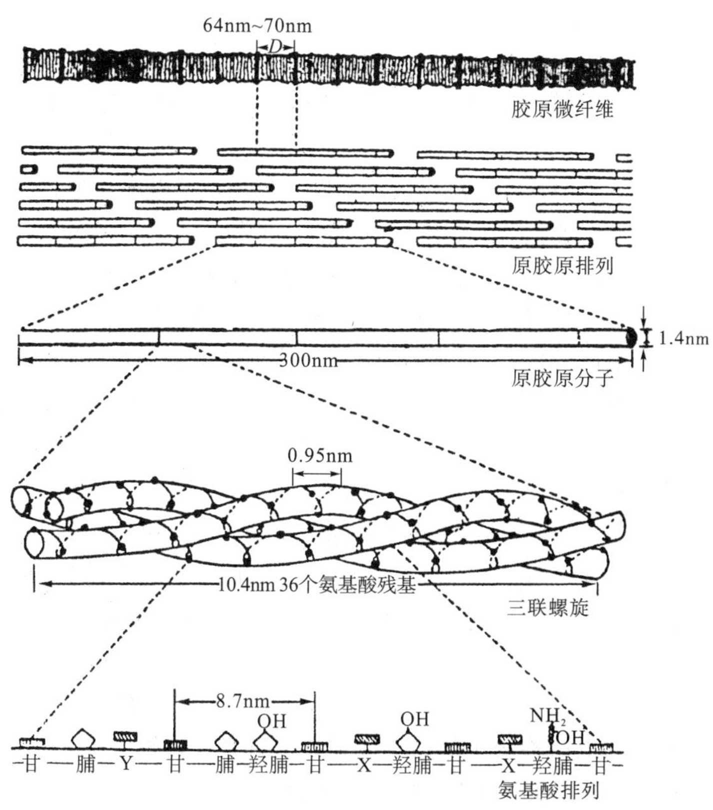

图 3−24　胶原蛋白结构

在胶原纤维中，胶原的分子结构单位称为原胶原（procollagen）。原胶原分子定向排列整齐，分子之间通过共价交联，形成稳定的胶原微纤维，再由许多微纤维聚集成胶原纤维。原胶原分子中每隔 64 nm～70 nm 距离（称为 D）就有易于染色的极性部位存在，而在微纤维中又呈阶梯式定向排列，故在染色的胶原纤维上可看到颜色较深的横纹。

原胶原蛋白分子是直径 1.4 nm、长约 300 nm 的棒状物，相对分子质量为 360000。它由 3 条多肽链组成，每条肽链含有大约 1000 个氨基酸残基，其相对分子质量约为 120000。每条肽链略微向左扭成左手螺旋，3 条肽链相互缠绕成右手大螺旋。在此螺旋中，肽链之间靠氢键联系。

胶原有多种不同类型，不同类型的胶原在组织分布、氨基酸组成及结构上都有所不同。

二、球状蛋白

球状蛋白（globular proteins）是结构最复杂、功能最多样的一大类蛋白质。球状蛋白分子的多肽链折叠很紧密，分子内部几乎没有空隙可容纳水分子。氨基酸的极性 R 基位于分子表面，并与水结合，非极性（疏水）的 R 基位于分子内部。因此，许多球蛋白分子外面是亲水的，而内部则是疏水的。

1. 血红蛋白

血红蛋白（hemoglobin，Hb）无论结构和功能都是研究得最多的球状蛋白之一，而肌红蛋白（myoglobin，Mb）在结构和功能上都与血红蛋白相关，因此，我们在讨论血红蛋白的结构和功能的同时与肌红蛋白加以比较，使读者对这类重要蛋白质有更清晰的认识。

（1）血红蛋白和肌红蛋白的生理功能

肌红蛋白主要存在于哺乳动物的肌细胞内，其功能是贮存和分配氧。氧同肌红蛋白结合后可提高氧的溶解度，在呼吸作用较强并耗氧的组织中，肌红蛋白可使其结合的氧迅速扩散，以满足组织对氧的需要。

血红蛋白存在于红细胞中，在红细胞成熟期间（经历由骨髓干细胞产生并分化→早幼红细胞→中幼红细胞→晚幼红细胞→网织细胞→成熟红细胞）产生大量的血红蛋白，并失去细胞内的核、线粒体、内质网等细胞器。血红蛋白通过血液循环在体内转运氧和二氧化碳。从肺部经心脏的动脉血中含有大量的被氧饱和的血红蛋白（称氧合血红蛋白，HbO_2），它们被运送到各组织（由毛细血管将 O_2 扩散到组织），被组织中的肌红蛋白吸收并结合。将 O_2 释放后的血红蛋白（称脱氧血红蛋白，Hb，此时可大量结合 CO_2）经静脉转运到肺，并将 CO_2 释放，通过呼吸作用排出体外。

（2）血红蛋白的结构

血红蛋白是一种结合蛋白，其蛋白质部分称为**珠蛋白**（globin），非蛋白辅基为**血红素**（heme）。含珠蛋白和血红素的蛋白质是一类可逆结合氧的蛋白质，称为珠蛋白家族（globin family），包括血红蛋白、肌红蛋白、神经珠蛋白（neuroglohin）和细胞珠蛋白（cytoglobin）。

血红蛋白由 4 个亚基组成，每个亚基都结合 1 个血红素。人在不同的发育阶段其亚基组成有所不同。成人的血红蛋白称为 HbA（或 HbA_1），含有 2 条 α 链、2 条 β 链（$\alpha_2\beta_2$），α 链由 141 个氨基酸残基构成，β 链由 146 个残基构成。胚胎期血红蛋白为 $\zeta_2\varepsilon_2$，胎儿期的血红蛋白称为 HbF，由 $\alpha_2\gamma_2$ 组成。HbF 对 O_2 的亲和性要比 HbA 高，这显然有利于胎儿在氧分压相对低的环境下能从母体中获取氧气。此外，在人群中大约有2%的血红蛋白为$\alpha_2\delta_2$，称为HbA_2。可见各种不同血红蛋白的α亚基相同（ζ亚基类似于α），而β、γ、δ亚基的结构却有所不同，但它们都由146个残基构成。

血红蛋白的三维结构近似球形（图3－25），其大小为6.4 nm×5.5 nm×5.0 nm。4个亚基位于相当于四面体的4个顶角。α亚基和β亚基的三级结构与肌红蛋白十分相似（图3－26）。

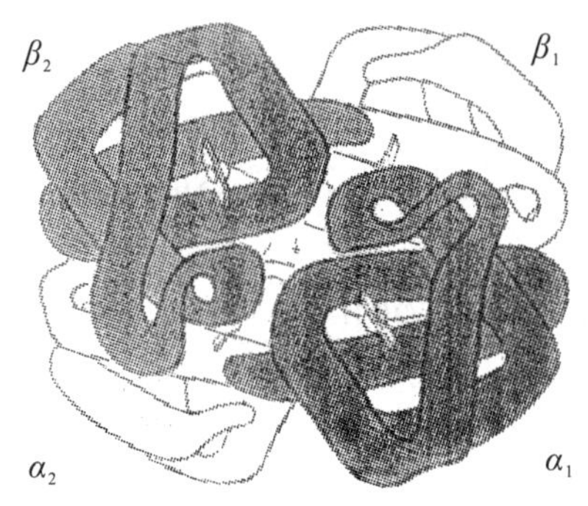

图3－25　血红蛋白的四级结构

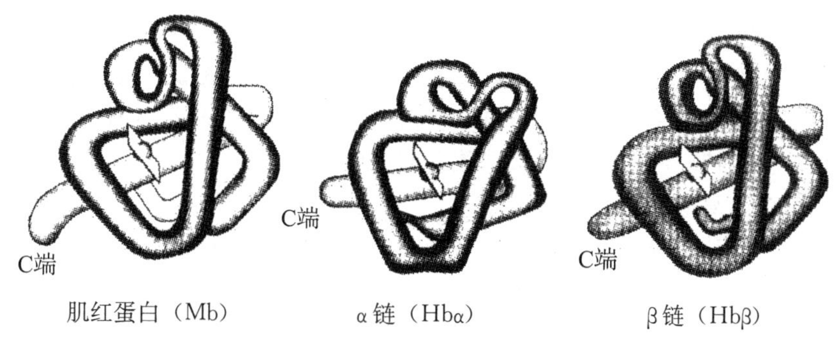

图3－26　肌红蛋白和血红蛋白两种亚基三级结构比较

在4个亚基的相互作用中，相同亚基之间（$\alpha_1-\alpha_2$和$\beta_1-\beta_2$）的相互作用较小，两个不同亚基之间（$\alpha_1-\beta_1$和$\alpha_2-\beta_2$）的相互作用较大。

一分子肌红蛋白结合1个血红素，一分子血红蛋白结合4个血红素，即每个亚基结合1个血红素。血红素是一种含铁的色素，是卟吩的衍生物，卟吩（porphine）是由4个吡咯（pyrrole）借4个亚甲烯基连接而成的环状四吡咯结构。吡咯的衍生物1～8位被甲基或其他几种基团取代后即构成卟啉（norphyrin），卟啉的种类较多，其中2、4位被乙烯基取代，6、7位被丙酸基取代，称为原卟啉Ⅸ（protoporphyrin Ⅸ），它与铁络合后称为铁卟啉，即血红素。血红素中的铁为亚铁（Fe^{2+}），称为Fe（Ⅱ）；若亚铁氧化成高铁（Fe^{3+}）即Fe（Ⅲ），称为高铁血红素（ferriheme或hematin），则失去运输O_2的功能。游离的血红素也可与氧结合，但很容易被氧化成高铁血红素。

每条肽链结合一个血红素。血红素为一平面分子，亚铁离子位于平面外约0.075 nm处。铁离子有6个配位键（容易形成含有6个配位数的化合物），除4个分别同吡咯的氮原子相连接外，另2个配位键垂直于卟啉平面，其中一个与珠蛋白肽链中的组氨酸（α链的第87位，β链的第92位）咪唑氮相连（图3－27），其余1个配位键（与前一个键方向相反，即在卟啉环的上面）可与一些小分子如O_2、H_2O、CO、NO、H_2S等结合，而且CO、NO和

H_2S 与血红素的亲和力比 O_2 大，因此，当它们与血红素结合后，血红蛋白即失去运输 O_2 的功能，这便是 CO、NO、H_2S 中毒的机制。

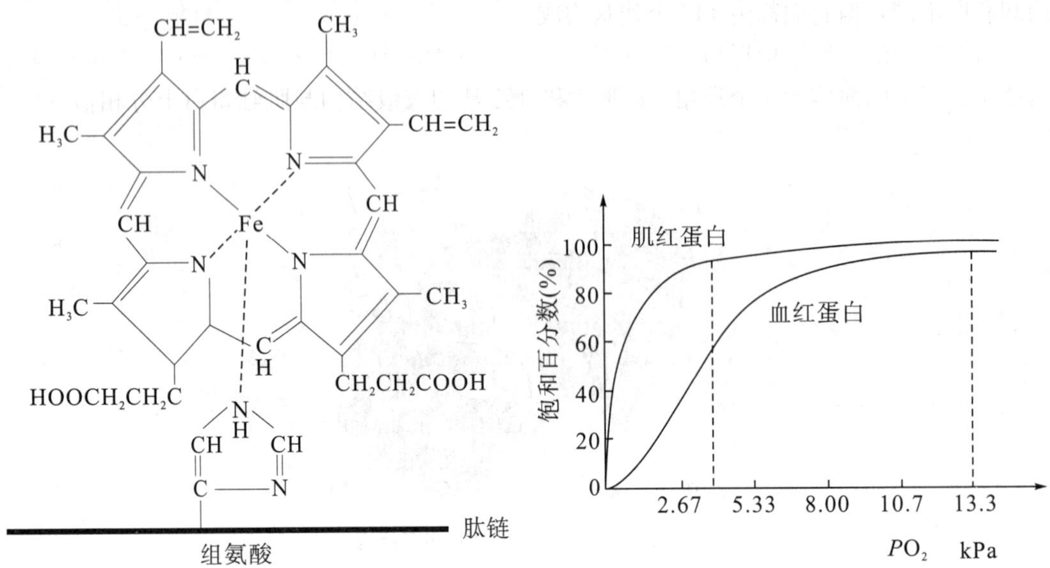

图 3－27 血红素的结构及与珠蛋白的连接方式　　图 3－28 血红蛋白和肌红蛋白的氧合曲线

维系血红素和珠蛋白肽链的作用力，除上述特定位置的组氨酸与铁离子形成配位键外，还有氢键、盐键、疏水作用等。例如，血红素第 6、7 位的丙酸基在生理条件下解离带负电荷，很容易与珠蛋白特定位置的碱性氨基酸形成盐键。

(3) 血红蛋白与氧的结合及变构作用

血红蛋白的主要功能是运输氧。血红素中的第六个配位键在无氧情况下与水分子或质子结合成脱氧血红蛋白（Hb），有氧存在时，此键与氧（O_2）结合而形成氧合血红蛋白（HbO_2）。

血红蛋白与氧结合后，亚铁离子的价数不变，这是血红蛋白的一个重要性质。血红蛋白与氧的结合不牢固，容易解离。HbO_2 的形成和解离受氧分压（PO_2）和 pH 值等因素的影响。血红蛋白与氧的结合能力（称为饱和百分数）与氧分压的关系如图 3－28。由图可见，血红蛋白氧的饱和百分数与氧分压的关系同肌红蛋白不一样，前者为 S 形曲线，后者为一简单双曲线（说明肌红蛋白与 O_2 的亲和力比血红蛋白大），这两种结合氧的方式是与它们的结合不同相关的。

血红蛋白具有 4 个亚基，当第一个亚基和氧结合后，增加了其余亚基对氧的亲和力。氧的释放也具有这种效应。这种现象曾被解释为是由于血红蛋白分子构象的改变所致。据认为，血红蛋白有两种构象，一种构象对氧的亲和力高（称为 R 态，松弛态），另一种构象对氧的亲和力低（称为 T 态，紧张态）。当血红蛋白的一个亚基结合氧后，使整个分子发生构象改变（由 T 态变为 R 态），因而对氧的亲和力急剧增加，这种由于构象改变而使功能改变的现象称为**变构作用**（allosterism）。这种变构作用在蛋白质表现其生物功能中，是一个相当普遍而重要的现象。

(4) H^+、CO_2 和 BPG 对血红蛋白与氧结合的影响

血红蛋白同氧的结合不仅取决于自身结构的变化，而且受着环境因素的影响，这些因素包括氢离子浓度（pH）、CO_2 和糖代谢中间产物 2，3－二磷酸甘油酸，（2，3－bisposphate glycerate，BPG）等。总的效果是 H^+ 和 CO_2 促进氧合血红蛋白释放 O_2，而 BPG 可降低血红蛋白对 O_2 的亲和力。

在一定氧分压下，血红蛋白的氧饱和度随其 pH 值的升高而升高。产生这种效应的原因是因为当氧与血红蛋白结合时，由于亚基的相互关系而发生解离（释放质子），每结合一分子氧，就释放出一个质子：

$$HbH^+ + O_2 \rightleftharpoons HbO_2 + H^+$$

这里 HbH^+ 是脱氧血红蛋白分子的一个质子化亚基。由于这个反应是完全可逆的，增加氢离子浓度（pH 值降低）将引起平衡向左移动，即 H^+ 促进氧合血红蛋白中 O_2 的释放；相反，降低氢离子浓度（pH 值升高）时，平衡向右移动，血红蛋白氧的饱和度增加，即去氧血红蛋白与 O_2 的亲和力增大，生成氧合血红蛋白。pH 值对氧－血红蛋白平衡的影响称为**波尔效应**（Bohr effect），这是丹麦生理学家 Christian Bohr 于 1904 年发现的。

在肺部氧分压高（约 13kPa）、pH 较高（pH7.6）时，有利于血红蛋白与氧结合，使氧的饱和度达到最大值（约 96%）。在其他组织里（如肌肉），氧分压低（约 6kPa），pH 也较低（pH7.2，这是呼吸作用产生的 CO_2 所致），血红蛋白的氧合能力减弱，HbO_2 所结合的氧利于释放，以供细胞呼吸所需，放氧至氧的饱和度达到 65%为止。

$$HbO_2 + H^+ + CO_2 \underset{\text{pH7.6（肺）}}{\overset{\text{pH7.2（肌肉）}}{\rightleftharpoons}} Hb\begin{matrix} \diagup H^+ \\ \\ \diagdown CO_2 \end{matrix} + O_2$$

Hb 同 CO_2 的结合与同 O_2 的结合机制不同，CO_2 并不是与铁离子结合，而是与血红蛋白的自由氨基结合生成氨基甲酸衍生物。

$$Hb(-NH_2) + CO_2 \rightleftharpoons HbCO_2(-NHCOOH)$$

由于 CO_2 的结合不在血红素的铁离子上，因此氧合血红蛋白也能与 CO_2 结合，不过 HbO_2 结合 CO_2 的量要少得多。例如，每克 Hb 可结合 0.44 mL CO_2，而每克 HbO_2 仅能结合 0.13 mL CO_2。CO_2 同 HbO_2 结合促进 O_2 的释放。

血红蛋白除运输氧及 CO_2 外，还有一个重要的功能，就是对血液的 pH 值起缓冲作用。组织中的氧合血红蛋白在释放一分子氧的同时，结合一个氢离子（Bohr 效应），这样可以补偿由于呼吸作用产生 CO_2 引起的 pH 降低。

氧的 S 形曲线结合波尔效应使血红蛋白的输氧功能达到最高效力，同时由于在较窄的氧分压范围内完成输氧功能，因此使机体的氧水平不致有较大的变化。此外，血红蛋白使机体内的 pH 也维持在一个较稳定的水平。这就是血红蛋白的主要功能。

除了 H^+ 和 CO_2 影响血红蛋白与 O_2 的结合外，Reinhold Benesch 和 Ruth Benesch 发现（1967）2，3－二磷酸甘油酸（BPG）对血红蛋白同氧的亲和力也有很大影响。在正常人的红细胞中，BPG 的量差不多与血红蛋白相等。一分子的血红蛋白（四聚体）只有一个 BPG 结合位点，但在高浓度下，由于 BPG 的高负电荷可与珠蛋白中某些带正电荷的氨基酸（β82 位 Lys、β2 位 His、β143 位 His 等）结合，这种结合有助于脱氧血红蛋白构象（T 态）的稳定，促进氧的释放。在 BPG 缺乏时，血红蛋白同 O_2 的亲和力增高，血红蛋白结合的氧很少释放出来。增大 BPG 浓度时，可降低血红蛋白同 O_2 的亲和力，从而促进氧释放。

为什么胎儿血红蛋白（HbF）与 O_2 的亲和力比母亲血红蛋白（HbA）与 O_2 的亲和力高？就是因为 BPG 同 HbA 的结合力比同 HbF 的结合力高（虽然两种血液中 BPG 的浓度相

同)，BPG 与 HbA 结合，促进母亲的血红蛋白释放 O_2，使其与胎儿血红蛋白结合。另外，人的某些生理性和病理性的缺氧也可以通过红细胞中 BPG 浓度的改变来调节对组织的供氧量。例如，在海拔 4500m 以上时常常出现“高原反应”，这是由于缺氧造成的。但健康人体可通过红细胞中 BPG 的浓度变化来调节。在两天内 BPG 浓度可由 4.5mmol/L 升高到 7.5mmol/L，血红蛋白与 O_2 的亲和性下降，促使 HbO_2 的氧释放。又如患阻碍性肺气肿的病人，由于细支气管的气流受到堵塞，动肺血的氧饱和度降低（只有正常人的一半），此时红细胞中的 BPG 浓度可代偿性地升高（从 4.5mmol/L 升至 8.0mmol/L），使氧亲和力降低，促进 O_2 的释放。

（5）神经珠蛋白和细胞珠蛋白

神经珠蛋白（Ngb）和细胞珠蛋白（Cygb）是近年来才发现的属于珠蛋白家族的两个新成员。Ngb 主要在脊椎动物的大脑和视网膜细胞中合成，而 Cygb 几乎在脊椎动物所有细胞中都能合成。

这两种珠蛋白同肌红蛋白一样，只由一条肽链构成，Ngb 含有 151 个氨基酸残基，人和小鼠的 Cygb 含有 190 个残基，而斑马鱼的 Cygb 含有 174 个残基。它们的三级结构与肌红蛋白和血红蛋白很相似，不同的是 Ngb 和 Cygb 有两个 His 残基参与形成配位键，而且 Ngb 还含有链内二硫键，这种链内二硫键的形成有利于提高与氧的亲和力。

关于 Ngb 和 Cygb 的生理功能目前尚无定论，也许它们在氧气的代谢上，有和肌红蛋白类似的功能，即促进氧气扩散进入线粒体。此外，它们还可能具有下列功能：作为细胞内氧气浓度变化的感受器，调节与氧气浓度变化有关的信号转导；具有还原型辅酶Ⅰ氧化酶（NADH oxidase，见第八章）的活性，促进氧化型辅酶Ⅰ（NAD^+）的再生，以保证在缺氧情况下糖代谢的正常进行（见第九章）。

2. 免疫球蛋白

免疫球蛋白（immunoglobulin，Ig），又称为**抗体**（antibody）。是一类由淋巴细胞（lymphocyte）产生并分泌的特异蛋白质，它们由称为**抗原**（antigen）的外源性大分子或病原微生物的刺激、诱导产生，通过机体免疫系统所进行的免疫反应，对机体发挥保护作用。

（1）免疫系统

人和脊椎动物具有两套免疫系统：体液免疫系统（humoral immune system）和细胞免疫系统（cellular lmmune system）。这两种免疫系统分别通过淋巴细胞和巨噬细胞（macrophage）来完成防御作用（图 3－29）。

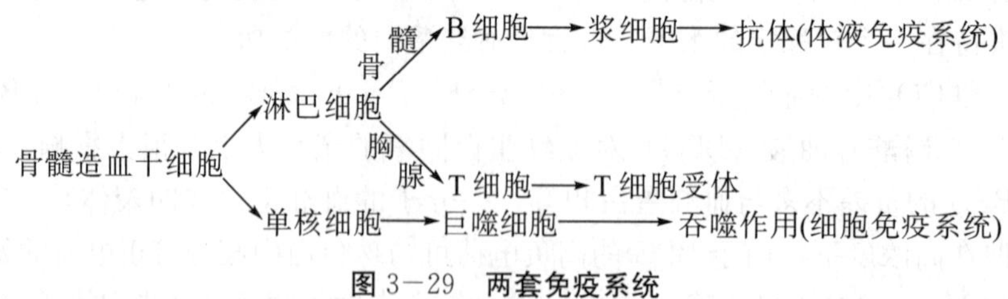

图 3－29　两套免疫系统

淋巴细胞由骨髓造血干细胞分化生成，然后通过血液或淋巴系统转移到胸腺（thymus gland）中发育完成的称为 T 淋巴细胞或 T 细胞，直接在骨髓（bone marrow）中发育完成的称为 B 淋巴细胞或 B 细胞。B 细胞再转化为浆细胞（plasma cell），分泌抗体（免疫球蛋白），参与体液免疫反应。B 细胞（通过浆细胞）产生的抗体可直接识别抗原，并形成抗原

-抗体复合物，最终被吞噬细胞吞噬。T 细胞产生一种特异膜蛋白质，称为 T 细胞受体，它不能直接识别抗原，只有当抗原与 B 细胞的特异膜蛋白结合后，才能识别，从而激活、分裂形成多种免疫细胞，并增强吞噬细胞的作用。

(2) 免疫球蛋白的结构

病毒、细菌、异源性蛋白质或其他大分子都可以成为抗原。相对分子质量小于 5000 的分子一般不能成为抗原（称为不具抗原性），但它们如果与蛋白质共价连接，也可引起免疫反应，这种小分子称为半抗原（hepten）。抗原的种类很多，但淋巴细胞可产生的抗体种类也相当多，例如，人体可产生 10^8 种以上具有不同特异性的抗体，以适应繁多的抗原-抗体特异反应。

抗体的种类很多，但其基本结构都是由一个四聚体球蛋白，即由 4 条（两对）多肽链组成，包括两条大的称为重链或 H 链和两条小的轻链或 L 链，它们通过二硫键和非共价键连接。整个分子呈 Y 字形。每条链都有两个区，位于肽链 N-端的为可变区或称为 V 区（variable region），位于 C-端的为恒定区域称为 C 区（constant region）（图 3-30）。这是因为不同免疫球蛋白（Ig）其 C 区的氨基酸序列十分保守，而 V 区的氨基酸序列却变化很大。

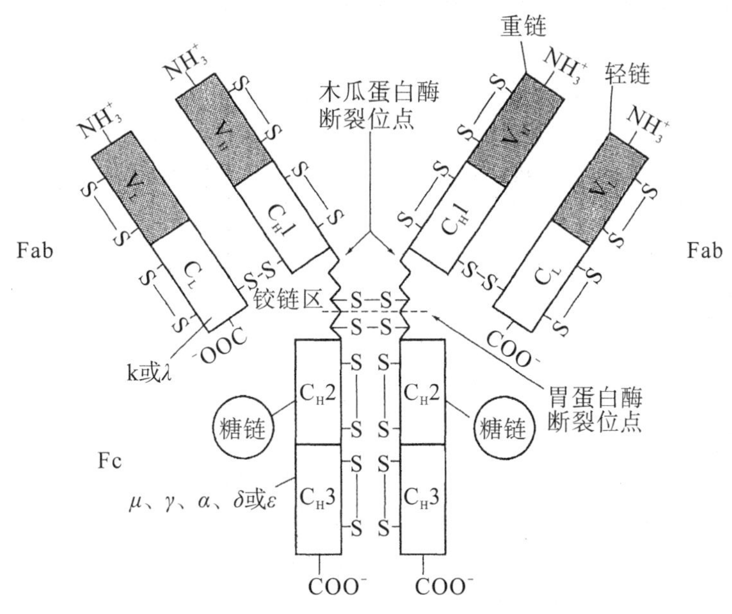

图 3-30 免疫球蛋白的结构

(3) 免疫球蛋白的基本类型

根据 Ig 恒定区的结构特点可将其分为若干类别。按照轻链恒定区（C_L）的氨基酸序列分为两种基本类型：κ（kappa）型和 λ（lambda）型。按照重链恒定区（C_H1、C_H2、C_H3）的氨基酸序列特征可分为 5 种基本类型：γ、α、μ、δ 和 ε。根据抗原性、基本结构及一些免疫特征的不同，将抗体分为 5 类：IgG、IgA、IgM、IgD 和 IgE（表 3-7），其中 IgG 是最基本的，约占血清中 Ig 总量的 80%。

表 3-7 免疫球蛋白的分类

抗体类别	IgG	IgA	IgM	IgD	IgE
重链	γ	α	μ	δ	ε
肽链组成	$\gamma_2\kappa_2$	$\alpha_2\kappa_2$ 或 $\alpha_2\lambda_2$	$\mu_2\kappa_2$ 或 $\mu_2\lambda_2$	$\delta_2\kappa_2$ 或 $\delta_2\lambda_2$	$\varepsilon_2\kappa_2$ 或 $\varepsilon_2\lambda_2$
近似相对分子质量	150000（单体）	320000（二聚体）	950000（五聚体）	185000（单体）	190000（单体）
占总 Ig 量的百分比（%）	80	14	5	1	<1
成人血清中平均含量（mg/mL）	12	2	1	0.03	0.003
半衰期（天）	25	6	5	3	2
生物学特性	激活补体；可与巨噬细胞及粒细胞结合	分泌蛋白	早期出现；固定补体；激活巨噬细胞	主要存在于细胞表面，血清中含量甚微	激活肥大细胞；释放组胺

当抗原入侵机体时，首先引起 IgM 的产生。单个 IgM 分子是四链结构的五聚体，对病原体有很高的亲和力。IgM 可以激活补体（complement，存在于血清中的特异蛋白质，参与抗原–抗体免疫反应，并可使与抗原结合的细胞裂解），激活巨噬细胞摄取和杀死细菌；IgG 是主要的血清抗体，它同 IgM 一样，可激活补体和巨噬细胞，IgG 能通过胎盘进入胎儿体内，参与胎儿的免疫反应；IgE 在变态或过敏反应（allergic reaction）中起重要作用，如荨麻疹、气管炎等。过敏反应也是一种免疫反应。引起过敏反应的物质称为过敏原（allegen），IgE 一旦与过敏原（也是一种抗原）结合，可诱导肥大细胞（mast cell）分泌组织胺（histamine），从而引起抗过敏反应；IgA 可以单体、二聚体或三聚体形式存在，主要分布于上皮组织表面。当有抗原入侵时，有大量的 IgA 分泌入唾液、眼泪、肠道和乳中，成为身体抗微生物感染的第一道防线。

三、糖蛋白

糖蛋白（glycoprotein）是一类由糖同蛋白质以共价键连接而成的结合蛋白。根据分子中氨基己糖含量的不同，习惯上将这类蛋白质分为粘蛋白（mucoprotem 或 mucin，含氨基己糖在 4%以上）和糖蛋白（glycoprotein，含氨基己糖在 4%以下）两类。蛋白聚糖（proteoglycan）虽然也由糖和蛋白质构成，但其所含蛋白质部分很少，而且多为短肽，因此它们是与糖蛋白不同的结合糖类。

糖蛋白在自然界中分布很广，一切动植物（包括细菌）组织、体液（包括组织液、分泌液）都含有糖蛋白。例如神经组织、眼球水晶体液、眼角膜、视网膜等都含有不同成分、不同比例的糖蛋白。过去认为纯化的蛋白质，有些实际上也是糖蛋白，如凝血酶（thrombin）、核糖核酸酶（ribonuclase）、促性腺激素（gonadotrophic hormone）等等。现已清楚，几乎所有的血浆蛋白质都含有糖，所有细胞生物膜上都有糖蛋白。

植物糖蛋白。一部分与细胞壁多糖结合，一部分以可溶形式存在。这些糖蛋白大多是酶或植物凝集素（lectin，如伴刀豆球蛋白 concanavalin）。某些凝集素由于可与癌细胞结合，而不与正常细胞膜结合，已作为肿瘤生化及细胞学的研究工具。

许多细菌细胞壁的组成成分肽聚糖（peptidoglycan）也是糖蛋白，它们不仅维持细菌细胞的形态和保护细胞，还具有其他功能。

糖蛋白中的糖辅基一般都是低聚糖，常分支，整个分子具不均一性。低聚糖中糖分子的数目也很不一致，差异很大（占相对分子质量的1%～85%）。例如，有的糖基为二糖（如粘蛋白和胶原蛋白），但大多为寡糖；寡糖糖基中有的是直链，但更多的是支链；有的是同聚糖，有的是杂聚糖。细胞膜糖蛋白的糖基为支链多糖。含糖基数少的糖蛋白只有一个糖基，如卵蛋白、核糖核酸酶B及脱氧核糖核酸酶等。含糖基多的糖蛋白，其每分子所含糖基可多至数百个，如颌下腺糖蛋白。糖基在肽链上的分布也不一样，如甲状腺球蛋白差不多每隔300个氨基酸残基才有一个糖基，而羊颌下腺糖蛋白，每隔6个氨基酸残基即有一个二糖侧链。不仅不同糖蛋白有如此差别，就是同一种糖蛋白肽链上糖基的距离也不一致。

至今发现的构成糖蛋白中的单糖有11种，主要是己糖：D－半乳糖、D－甘露糖、D－葡萄糖、L－岩藻糖、L－阿拉伯糖、L－艾杜糖醛酸、N－乙酰葡萄糖胺、N－乙酰半乳糖胺以及唾液酸等。

糖基与蛋白质多肽链是通过糖苷键连接的。在糖蛋白的各种糖成分中，岩藻糖和唾液酸经常处于糖蛋白分子的外围部分（远离肽链端），乙酰葡萄糖胺和乙酸半乳糖胺常与肽链连接（处于分子内部）。在多肽链的20多种氨基酸中，通常有5种能与糖生成糖苷键，即天冬氨酸（及其酰胺）、丝氨酸、苏氨酸、羟脯氨酸及羟赖氨酸。糖蛋白分子中糖与多肽链的连接方式有N－苷键和O－苷键两种类型（图3－31）。

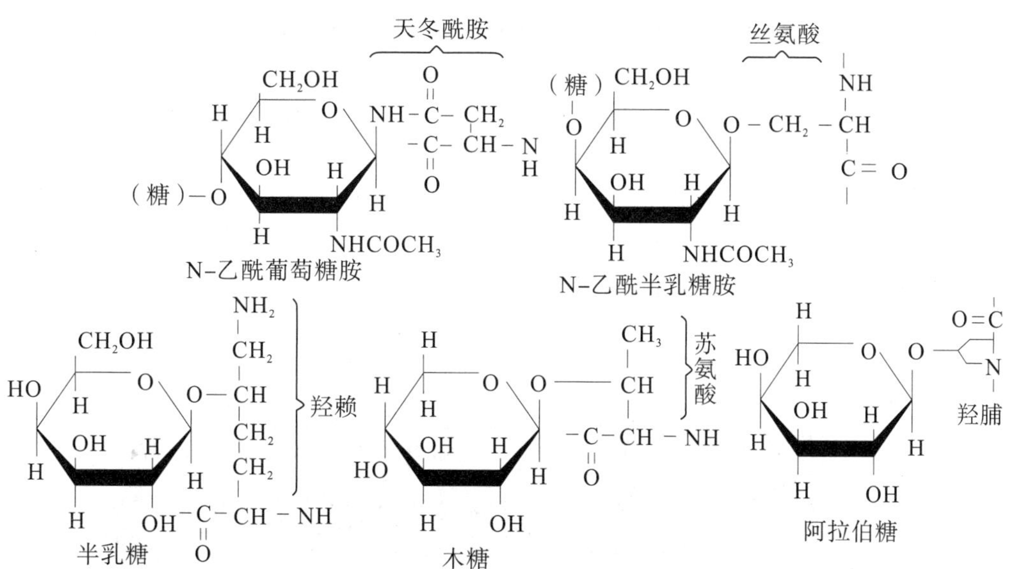

图3－31　糖蛋白中糖与肽链氨基酸的连接方式

糖蛋白具有多种生理功能。不少酶和激素本身就是糖蛋白，糖蛋白中有的是金属或化学基团的受体或载体，能转运其他物质或元素（例如，运铁蛋白能转运铁元素）。糖蛋白是细胞膜的结构物质，也是细胞膜的功能物质。例如细胞识别、细胞凝集、细胞联络与通讯等功能均与膜上的糖蛋白有关。糖蛋白参与细胞表面的各种识别作用，包括细胞增殖的调控、发育、分化、受精等。在识别作用中，在细胞表面作为信息分子，糖的结构信息比蛋白质和核酸丰富得多。此外，细胞免疫作用和血型区分等功能都是由糖蛋白完成的。

四、脂蛋白

脂蛋白（lipoprotein）是指脂质同蛋白质结合而成的结合蛋白质。这种结合主要靠次级键包括疏水键、Van der waal's 力等，但也有共价结合的（如脂锚定蛋白）。

脂蛋白广泛分布于生物细胞和血液中，因此常分为细胞脂蛋白和血液脂蛋白两类。

1. 细胞脂蛋白（cell lipoprotein）

细胞脂蛋白主要存在于生物膜，为膜蛋白。它的蛋白质部分不止一种，它们常常又是糖蛋白。例如红细胞膜的主要蛋白质是红细胞膜糖肽（glycophorin A），约占血细胞唾液酸糖肽总量的75%。红细胞膜糖肽是一种含唾液酸的糖肽，是由131个氨基酸所组成的单链多肽，肽链上带有16个低聚糖单位。

细胞脂蛋白的脂质也不止一种，主要是磷脂，其次是糖脂。磷脂中包括磷脂酰胆碱、磷脂酰丝氨酸、磷脂酰乙醇胺、神经磷脂和缩醛磷脂等。不同种属细胞脂蛋白的蛋白质和脂质在质与量上都有较大差异。

脂锚定蛋白（lipid-anchored protein）是一类特殊的膜内在蛋白质，它是脂质通过共价键与蛋白质相连，然后插入膜内侧或外侧，但它们并不垮膜。脂质与蛋白质形成共价键有几种不同类型：一种是蛋白质肽链N端的Gly残基的氨基与脂肪酸（主要是豆蔻酸和软脂酸）形成酰胺键，脂肪酰基与膜的疏水部分结合，而将蛋白质锚定在膜上（图3－32）；另一种是脂肪酸（豆蔻酸、软脂酸和油酸）与Gys的巯基形成硫酯键或与Ser和Thr的羟基形成酯键而与蛋白质连接；第三种是通过硫醚键相连的异戊二烯化蛋白（prenylated protein）。这些脂锚定蛋白含有若干个与Gys的巯基共价相连的异戊二烯基团，如法尼基化（farnesylation，含3个异戊二烯）、牻牛儿基化（eranylgeranylation，含2个异戊二烯），通过疏水的异戊二烯基团将蛋白质锚定在膜上；第四种是通过糖基磷脂酰肌醇（glycosylphosphatidylinositol，GPI）锚定的蛋白质。这是通过糖基磷脂酰肌醇分子的脂肪酸的烃链插入膜内，将蛋白质锚定在膜上。

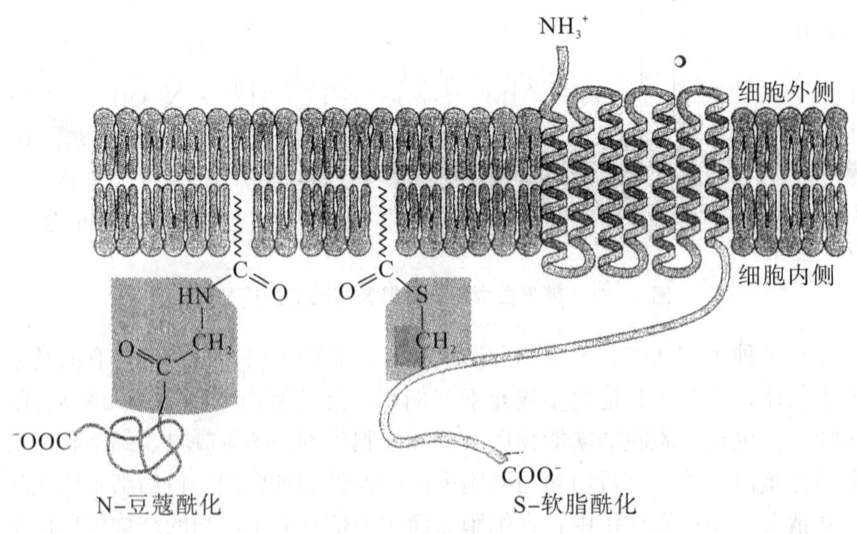

图3－32 脂锚定蛋白

除脂锚定蛋白外，其他内在蛋白是肽链进入膜内，或形成跨膜结构。因为膜内部是脂双层的疏水核心，一条伸展的多肽链插入或贯穿一个脂双层膜在能量上是不利的。于是多肽链总是通过形成特殊的二级结构或三级结构来避免肽键与疏水的脂环境接触，以便插入到脂双屋结构中。事实上，疏水环境有利于二级结构的形成，因为在疏水环境中没有水的竞争干扰，肽链中的氢键更容易形成。

解决多肽链通过脂双层的能量不利问题最简单的办法是形成 α－螺旋，因为 α－螺旋满足了主链原子形成氢键的倾向，并使侧链 R 基面向脂环境。因此，许多跨膜蛋白在膜内都形成 α－螺旋。跨膜蛋白也可形成 β－折叠，但这时对氨基酸序列有特定要求。

2. 血浆脂蛋白（plasma lipoprotem）

（1）血浆脂蛋白的组成及分类

血浆脂蛋白又称可溶性脂蛋白，在水中部分溶解；由脂质和蛋白质两部分构成，蛋白质部分称为载脂蛋白（apolipoprotein）或称脱辅基脂蛋白。不同脂蛋白不仅其脂质和蛋白质组成成分不同，而且二者的比例也不同。因此，不同脂蛋白的电泳行为和密度均不相同。现在一般都根据这两种差异而将其分类。

用电泳法将血浆脂蛋白分为 4 类（按从负极到正极的顺序）：乳糜微粒、β－脂蛋白、前 β－脂蛋白和 α－脂蛋白。用超离心法根据其密度大小分为 4 类（密度由小到大顺序）：乳糜微粒（chylomicron，CM）、极低密度脂蛋白（very low density lipoprotein，VLDL）、低密度脂蛋白（low density lipoprotein，LDL）和高密度脂蛋白（high density lipoprotein，HDL）。

除上述 4 类脂蛋白外，还有密度变化较大的中间密度脂蛋白（intermediate density lipoprotein，IDL），它是 VLDL 在血浆中的代谢物，其组成及密度介于 VLDL 及 LDL 之间。此外，在 HDL 中，由于蛋白质和脂质含量的不同（因而密度也不同），还分为 HDL_2 和 HDL_3。

各类脂蛋白之所以密度不同，是因为所含蛋白质和脂质的比例不一样。含蛋白质越多，其密度越大。CM 含蛋白质小于 2%，脂质 98%以上；VLDL 含蛋白质 5%～10%，脂质 90%～95%；LDL 含蛋白质 20%～25%，脂质 75%～80%；HDL 含蛋白质及脂质各 50%。各类脂蛋白的脂质中，三酰甘油、磷脂和胆固醇（及其酯）的比例也不一样。CM 中大部分为三酰甘油（占 85%～90%），VLDL 中三酰甘油占一半，而在 LDL 和 HDL 中主要是磷脂和胆固醇（及其酯），所含三酰甘油很少（仅占 3%～5%）。

脂蛋白中的载脂蛋白种类也较多，迄今已从人血浆中分离出 20 多种，分为 apoA、B、C、D 及 E 等五类。每类中还可分为一些亚类，apoA 分为 AⅠ、AⅡ、AⅣ及 AⅤ；apoB 分为 B100 及 B48；apoC 分为 CⅠ、CⅡ、CⅢ及 CⅣ等。不同类型的脂蛋白含不同的载脂蛋白。如 CM 含 apoB48；而 LDL 只含 apoB100；HDL 含 apoAⅠ和 apoAⅡ；VLDL 除含 apoB100 以外，还含有 apoCⅠ、CⅡ、CⅢ及 apoE。

（2）血浆脂蛋白的结构及功能

血浆脂蛋白为一球状，由其内部的核心和外部单分子层的外壳层构成（图 3－33）。核心由三酰甘油和胆固醇酯组成，因而为疏水的；外壳层主要由磷脂、胆固醇和载脂蛋白构成，为极性的。载脂蛋白的极性氨基酸处于外壳层的表面，非极性的疏水氨基酸处于靠向核心的一面。这种两亲性质使它能很好地与脂质结合。载脂蛋白的功能包括下列几方面：①构成脂蛋白结构，帮助脂质的运输；②作为配体，被特定受体识别和结合；③激活或抑制参与脂代谢酶的活性；④诱发脂蛋白残体的清除。

细胞脂蛋白不仅是膜的结构物质，同时也具有转运物质的功能。血浆脂蛋白的主要功能是转运脂质及固醇类物质。细胞膜内外、细胞与细胞间以及器官之间脂质的转运都需要与蛋白结合成脂蛋白才能完成。载脂蛋白是脂质及固醇的载体。

不同血浆脂蛋白，在血液中转运不同的脂质组分（见第十一章第五节）：CM 转运外源性脂质，即从小肠将三酰甘油等脂质转运到各种组织；VLDL 从肝脏将三酰甘油和胆固醇转运到其他组织；LDL 将肝内胆固醇转运到肝外组织；HDL 则相反，将肝外组织的胆固醇及磷脂转运入肝内。各种脂蛋白的合成由于机体调节作用而保持平衡。血浆 LDL 水平高而 HDL 水平低容易导致心血管系统疾病。

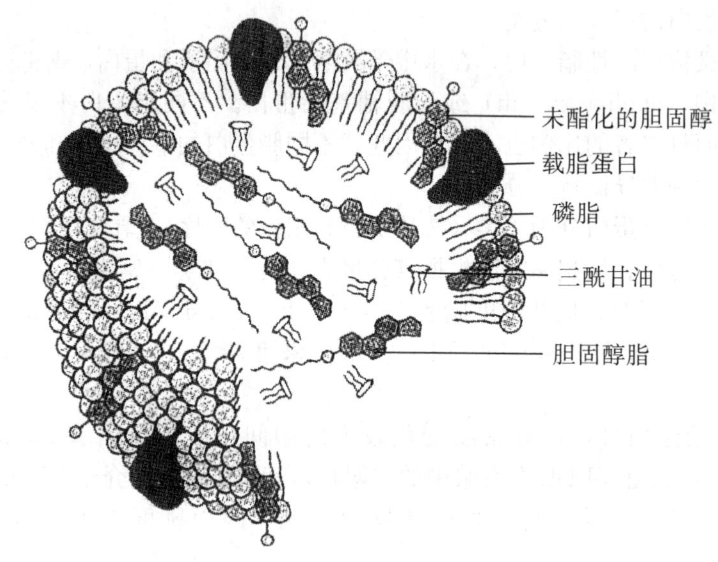

图 3－33　血浆脂蛋白的结构

第九节　蛋白质结构与功能的关系

生物大分子——蛋白质和核酸的结构与功能的研究是当前分子生物学的中心课题。以蛋白质和核酸的结构与功能为基础，从分子水平上来认识生命现象，已经成为生物学发展的主要方向之一。这不仅因为这些方面的研究对于生命起源、生物进化、物种形成、细胞分化、遗传变异、代谢控制等重大理论问题的解决具有重要意义，而且工农业生产和医学实践对这些方面也提出了日益增多的新课题，例如肿瘤和一些代谢病、遗传病的病因研究及防治，农作物优良品种的选育和病虫害的防治，工业上新型催化剂的发展等。

蛋白质的结构与功能是既对立又统一，它们之间有统一的、互相依赖的一面，但又有相互制约、相互矛盾的一面。正因为如此，才推动了结构与功能的向前发展，也才推动了生物的进化。

一般说来，蛋白质的生物学功能是蛋白质分子的天然构象所具有的属性，其功能表现在依赖于其相应的构象。但是，蛋白质的构象又是由一级结构和周围的环境所决定的。因此，蛋白质的一级结构也是与其功能紧密相关的。

一、一级结构与功能的关系

1. 比较生物化学

生物体内各种蛋白质都具有一定的结构，而这种结构是与它们各自的功能相适应的。例如，血红蛋白和胰岛素的结构不同，功能各异，前者专司氧和二氧化碳的运输，而后者却是与糖脂代谢的调节有关。从比较生化（comparative biochemistry）的角度来研究同功能蛋白质的结构在种属之间的差异，指出不同来源的同功能蛋白质的一级结构基本相同。例如，牛、猪、羊、鲸、人等，虽在种属上差异很大，但它们的胰岛素在一级结构上几乎是一致的，仅在 A 链的第 8、9、10 位上的 3 个氨基酸有差异（表 3—8），但这些差异并不影响功能，可能仅表现其种属特异性而已。

图 3—8　不同种属来源的胰岛素分子中氨基酸顺序的部分差异

胰岛素来源	氨基酸顺序的部分差异			
	A_8	A_9	A_{10}	B_{30}
人	Thr	Ser	Ile	Thr
猪	Thr	Ser	Ile	Ala
狗	Thr	Ser	Ile	Ala
兔	Thr	Ser	Ile	Ser
牛	Ala	Ser	Val	Ala
羊	Ala	Gly	Val	Ala
马	Thr	Gly	Ile	Ala
抹香鲸	Thr	Ser	Ile	Ala

由此可见，A 链上的第 8、9、10 位的氨基酸残基对其功能可能是不重要的，这几个氨基酸可以互相替换。

2. 分子进化

在生物进化过程中，具有相同功能的蛋白质在结构上是相同还是不同？即蛋白质结构是否具有进化的意义？这就是所谓分子进化（molecular evolution）问题。

在不同生物体中具有相同或相似功能的蛋白质称为同源蛋白质（homologous protein）。由于同源蛋白质其氨基酸序列具有明显的相似性，因此，进行氨基酸序列比较不仅可以提供结构与功能的信息，而且可以揭示进化上的关系。对同源蛋白质一级结构进行比较，可以表明哪些氨基酸残基是该蛋白质功能所必需的，哪些是不重要的，哪些没有特定的功能。在同源蛋白质中，在某些位置的氨基酸残基对所有已研究过的物种而言都是相同的，这些残基称为不变残基或恒定残基（inriable residue）。一般说来不变残基通常是功能所必需的；其他位置的残基对其侧链没有严格的要求，可以由相似性质的残基（如 Asp 与 Glu、Ser 与 Thr 等）取代，这些残基称为可变残基（variable residue）；在一级结构的某些位置上的残基可以被任一残基取代，对蛋白质的功能并没有影响，这些残基称为超变残基（heperriable residue）。例如，细胞色素 C（cytochrome C）分子中有 28 个位置上的氨基酸残基在已研究过的物种中都是相同的，它们是不变残基，对其功能是必不可少的。像第 17 位和第 14 位两个半胱氨酸残基是不能被取代的，因为它们与辅基血红素相连接。

比较不同物种的同源蛋白质，可以比较其亲缘关系，从而探索其进化关系。

在这方面研究较多的是细胞色素 C。细胞色素 C 是一种广泛存在于生物体内，具有铁卟啉的色蛋白，在生物氧化中起传递电子的作用。大多数生物的细胞色素 C，由 104 个氨基酸残基组成。对目前已搞清楚的 100 多种生物的细胞色素 C 的氨基酸顺序进行比较，发现人类和黑猩猩的细胞色素 C 分子无论是 104 个氨基酸的种类和顺序，还是三级结构，大体上都相同，但人和马相比有 12 处氨基酸不同，与鸡相比有 13 处不同，与昆虫相比有 25 处不同，相差最大的是人与酵母相比有 44 处氨基酸不同（表 3-9）。

从表 3-9 可以看出，亲缘关系越近，其结构越相似；亲缘关系越远，在结构上差异越大。根据它们在结构上的差异程度，可以断定它们亲缘关系的远近，可以反映出生物系统进化的情况，核对分类学上的关系，就可以绘制出分子进化树（evolutionary tree）或称为系统树（phylogenetic tree）（图 3-34）。

表 3-9　不同生物细胞色素 C 的氨基酸差异（与人比较）

生物名称	与人不同的氨基酸数目	生物名称	与人不同的氨基酸数目
黑猩猩	0	响尾蛇	14
猕猴	1	海龟	15
兔	9	金枪鱼	21
袋鼠	10	狗鱼	23
鲸	10	小蝇	25
牛、猪、羊	10	小麦	35
狗、驴	11	粗糙链孢霉	43
马	12	酵母	44
鸡	13		

图 3-34 系统树是用计算机分析不同物种间的细胞色素 C 序列差异而做出的，分支顶端是现存物种，分支的长度代表不同物种间的氨基酸差异。根据系统树不仅可以研究各种生物的进化过程，而且可以估计现存物种的分歧时间。例如，人和马的分歧时间约 7000 万～7500 万年，哺乳类和鸟类为 28000 万年，脊椎动物和酵母为 110000 万年。

不同蛋白质的进化速度是不一样的，如纤维蛋白（fibrous protein）约 200 万年有一个氨基酸残基被取代，而组蛋白（histone）约 3000 万年才有一个氨基酸残基被取代。

由分子进化所建立的分子进化系统树与传统从形态学建立的系统树相比较，二者不仅可以相互印证，而且前者比后者能更精细、更准确地表明进化进程。

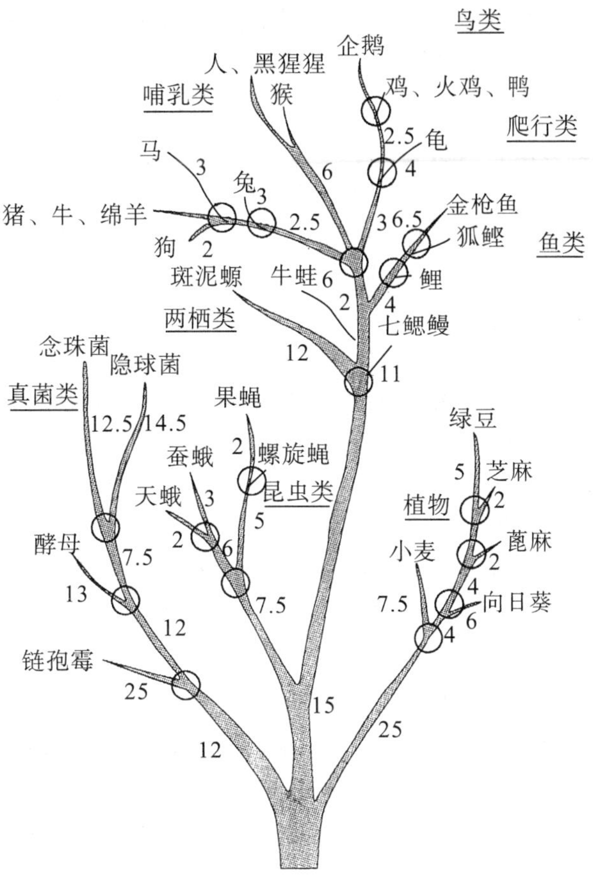

图 3—34　根据细胞色素 C 分子进化作出的系统树

3. 分子病

蛋白质结构与功能的统一性，功能对结构的依赖性，这在自然界是普遍存在的规律。有什么样的结构，就决定具有什么样的功能。如果结构发生了改变，一般说来，功能也会发生变化。这方面最突出的例子是分子病（molecular disease）。有一种分子遗传病叫镰刀形细胞贫血病（sickle cell anemia），病人的血液中不仅红细胞数目和血红蛋白含量都只有正常人的一半，而且其红细胞在缺氧时变成镰刀形。这种细胞的血红蛋白（简称 HbS）和正常细胞的血红蛋白（HbA）仅仅是一个氨基酸的改变，即在正常 β 链的第六位谷氨酸被缬氨酸取代，从而导致形成异常血红蛋白，使运输氧的能力大大降低，而且常常导致死亡。

		1	2	3	4	5	6	7	8	
正常（HbA）：	H_2N	缬	组	亮	苏	脯	谷	谷	赖	……
镰刀形细胞贫血病（HbS）：	H_2N	缬	组	亮	苏	脯	缬	谷	赖	……

此外，还有一些贫血病人的血红蛋白，若 α—链的第 58、87 位，β—链的第 63、92 位上的任何一个组氨酸被取代，血红蛋白就容易氧化成高铁血红蛋白，这样也会丧失运输氧的能力。

4. 蛋白质的激活

在动物体内的某些生物化学过程中，蛋白质分子的部分肽链必须先按特定方式断裂，然后才呈现出活性。例如，血液凝固时血纤维蛋白原和凝血酶原的复杂变化，消化液中一系列蛋白水解酶原的激活等都属于这种情况。蛋白质分子这一特性具有重要的生物学意义，它是在生物进化过程中发展起来的，是蛋白质分子的结构与功能具有高度统一性的表现。

(1) 血液凝固的生物化学机理

可以设想一下，如果血液中的凝固因子都处于活性状态，则血液有随时凝固而被阻流的危险；但是，如果血液中没有凝血因子存在，那么，动物一旦受到创伤将会流血不止。有机体在进化中发展起来的克服这个矛盾的办法是凝血因子以前体（precursor）的形式存在。动物体受到创伤而流血时，这些前体将在其他因子的作用下被激活，使血液迅速凝固而将创伤处封闭，防止继续流血，起着保护机体的作用。

血液凝固是一系列复杂的生物化学过程。这一过程的主要环节有二：一是血浆中的凝血酶原（prothrombin）受到血液中多种凝血因子（现已知有 14 种以上，按发现先后以罗马数字命名）的激活而形成凝血酶（thrombin）；二是血浆中的纤维蛋白原（fibrinogen）在凝血酶激活下转变成为不溶性纤维蛋白网状结构，使血液变成凝胶。可见，凝血系统对机体具有保护作用。另一方面，凝血过程是在一系列调节控制下进行的，若这种机能失调，会在血管内形成凝血而堵塞血管（血栓）。因此，血液中还存在另一系统，即纤维蛋白溶酶原（profibrinolysin），在被激活后转变成纤维蛋白溶酶（fibrinolysin），它的作用是使纤维蛋白溶解。这种与凝血相反的过程对于保持血液的流动性有重要的意义。上面这三个激活过程都是专一性很高的一级结构的局部水解作用，肽链的局部断裂导致蛋白质生物功能的表现。

凝血酶原是一种糖蛋白，相对分子质量约为 66000。在血液中的凝血酶原激活物及钙离子的催化下，凝血酶原被激活，肽链局部断裂（$Thr_{274}\underset{\uparrow}{—}Arg_{275}$ 和 $Arg_{323}\underset{\uparrow}{—}Ile_{324}$）而释放出多肽和糖，形成相对分子质量约为 34000 的凝血酶。

纤维蛋白原（fibrinogen）转变成纤维蛋白（fibrin）的过程由于末端基测定的结果而得到初步的阐明，整个过程如下：

$$\text{纤维蛋白原 F}\xrightarrow{\text{凝血酶}}\text{纤维蛋白 f}+\text{多肽 p}$$

$$\text{n 纤维蛋白 f}\xrightarrow{\text{聚合}}\text{纤维蛋白 fn}$$

$$\text{m 纤维蛋白 fn}\xrightarrow{\text{凝聚}}\text{纤维蛋白 mfn（脲溶）}$$

$$\downarrow \text{血浆因子},Ca^{2+}$$

$$\text{纤维蛋白（脲不溶）}$$

末端基的测定表明，纤维蛋白原有 6 条肽链。凝血酶的作用是从 4 条肽链的 N 端切断一个特定的肽键（$—Arg\underset{\uparrow}{—}Gly—$），放出两个 A 肽和两个 B 肽，另两条 N 端为酪氨酸的肽链没有变化。已经证明人的 A 肽是一个 19 肽，B 肽是一个 21 肽，它们都含有较多的酸性氨基酸残基。纤维蛋白原在转变成纤维蛋白的过程中，由于释放出这两个酸性多肽，使纤维蛋白单体容易聚合成多聚体而成为纤维状结构。

(2) 胰岛素原的激活

某些激素蛋白最初由内分泌细胞分泌出来时，是以无活性的前体出现的，经过激活后才转变为有活性的激素。由胰岛 β-细胞分泌的胰岛素原（proinsulin）含有 86 个氨基酸残基（人），可以看作由三段构成：一个 A 链，一个 B 链和一个连接肽（C 肽）。胰岛素原在体内被类胰蛋白酶激活，切去 C 肽即转变成具活性的胰岛素（图 3-35）。

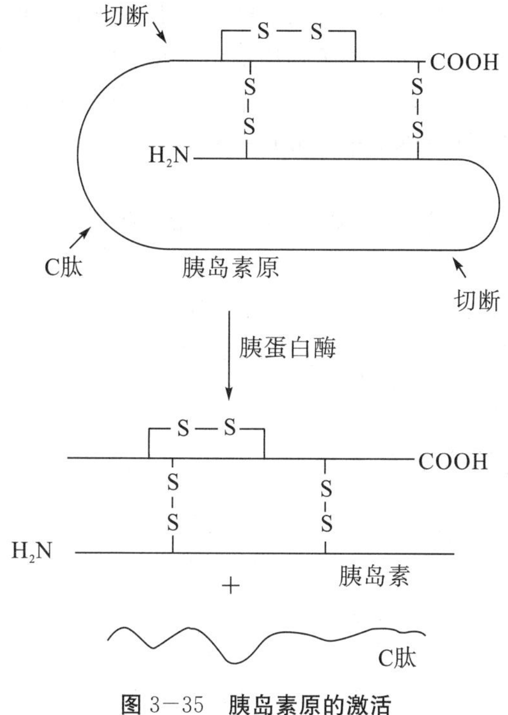

图 3—35　**胰岛素原的激活**

二、高级结构与功能的关系

1. 变构蛋白

有一些蛋白质可通过改变其构象来改变其生物活性，这种蛋白称为变构蛋白（allosteric proteins)。变构蛋白通常具有两种不同的构象，一种构象为无活性的或低活性的，另一种构象为有活性的或高活性的。通过空间结构的变化，使其能更充分、更协调地发挥其功效，完成复杂的生物功能。例如，血红蛋白就是一个典型的变构蛋白。当它的一个亚基同氧结合后，整个分子的空间结构发生改变，这时其他 3 个亚基同氧的亲和力大大增强，有利于血红蛋白分子同氧的结合。

在物质代谢（metabolism）过程中，有些起调节作用的酶常常是变构蛋白，称为变构酶（allosteric enzyme)，通过改变酶分子的构象来改变酶的活性，从而控制代谢速度。

2. 蛋白质变性与复性

在某些物理化学因素影响下，可使蛋白质分子的空间结构解体，从而使其活性丧失，这称为变性（denaturation)。蛋白质变性有可逆与不可逆两种情形，在某些蛋白质变性中，若除去变性因素后，蛋白质分子的空间结构又得以恢复，可完全或部分恢复其生物活性，这称为复性（renaturation)。无论变性或复性，可见蛋白质的空间结构与其功能的关系。

在体内，在某些酶的作用下，也可以使蛋白质发生变性。在实际应用中对于蛋白质变性，有时可加以利用（如消化作用，变性蛋白更易于消化），有时则要防止（如制备活性蛋白）。

3. 构象变化导致功能改变

跟一级结构变化可引起功能变化一样，蛋白质高级结构改变也可导致其功能异常。在人和动物中，如果由于遗传的或非遗传的蛋白质肽链的折叠错误，可导致功能改变，引发某些疾病，称为构象病，如老年痴呆症、亨丁顿舞蹈病、疯牛病等。这些疾病都是由于一些蛋白质发生错误折叠，形成异常构象，分子容易聚集，形成淀粉样纤维沉淀，不易被蛋白水解酶作用，产生毒性而致病的（详见本章第七节）。

第十节　蛋白质的性质

蛋白质由氨基酸构成，在蛋白质分子中具有氨基酸的一些功能基团，因此，必然保留一些氨基酸的理化性质。但是蛋白质在由氨基酸构成时，又发生了质的变化（如生成肽键），因而必然具备一些氨基酸没有的性质。

一、蛋白质的两性解离和等电点

蛋白质与氨基酸相似，也是两性电解质，但其解离情况比氨基酸复杂。它的可解离基团包括末端的 $\alpha-NH_2$、$\alpha-COOH$ 及可解离的侧链 R 基。其中侧链 R 基是主要的可解离基团。如果是结合蛋白质，还有辅基部分所包含的解离基团。

这些可解离基团在特定的 pH 范围内解离，而产生带正电荷或负电荷的基团。蛋白质分子一些可解离基团的 PK_a' 值见表 3－10。这些 PK_a' 值主要是由分析蛋白质的滴定曲线而得到的，它们和自由氨基酸中相应基团的 PK_a' 值不完全相同。在蛋白质分子中，游离 $\alpha-NH_2$ 和游离 $\alpha-COOH$ 间的距离较氨基酸的远，因此，两者的静电引力较弱。蛋白质的末端 α－羧基的 PK_a' 值要比游离的氨基酸大，而末端 α－氨基的 PK_a' 值要比游离的氨基酸小。但 R 基的 PK_a' 值两者差别不大。

天然球状蛋白质的可解离基团的大部分可被滴定，这是因为几乎全部的天然球状蛋白的极性 R 基部分都分布在分子的表面。某些天然蛋白质有一部分可解离基团可能由于埋藏在分子内部或参与氢键的形成而不能被滴定。例如在肌红蛋白中，11 个组氨酸残基中有 5 个咪唑基在变性前不能被滴定。所有天然球状蛋白质只有处于变性状态时，可解离基团才能全部被滴定。

表 3－10　蛋白质分子中可解离基团的 PK_a' 值

可解离基团		PK_a'（25℃）
α－羧基	$-COOH \rightleftharpoons -COO^- + H^+$	3.0～3.2
β－羧基（Asp）	$-COOH \rightleftharpoons -COO^- + H^+$	3.0～4.7
γ－羧基（Glu）	$-COOH \rightleftharpoons -COO^- + H^+$	4.4
α－氨基	$-NH_3^+ \rightleftharpoons -NH_2 + H^+$	7.6～8.4
ε－氨基（Lys）	$-NH_3^+ \rightleftharpoons -NH_2 + H^+$	9.4～10.6
咪唑基（His）	咪唑环（N^+－H, CH, N－H）$\rightleftharpoons$ 咪唑环（N, CH, N－H）$+H^+$	5.6～7.0
巯基（Cys）	$-SH \rightleftharpoons -S^- + H^+$	9.1～10.8

续表

可解离基团		PK'_a (25℃)
苯酚基（Tyr）	$—C_6H_4—OH \rightleftharpoons —C_6H_4—O^- + H^+$	9.8~10.4
胍基（Arg）	$-C(=NH)—NH_3^+ \rightleftharpoons -C(=NH)—NH_2 + H^+$	11.6~12.6

蛋白质由于含有多个可解离基团，因而在一定 pH 下可发生多价解离。因此，蛋白质分子所带电荷的性质和数量是由蛋白质分子中的可解离基团的种类和数目以及溶液的 pH 值所决定的。对某一蛋白质而言，当在某一 pH 值时，其所带正、负电荷恰好相等（净电荷为零），这一 pH 值就称为该蛋白的等电点（isoelectric point）。在不同 pH 下，蛋白质分子的带电行为与氨基酸类似。处于等电点的蛋白质分子在电场中既不向阳极移动，也不向阴极移动；在小于等电点的 pH 溶液中，蛋白质带正电荷，在电场中向阴极移动；在大于等电点的 pH 溶液中，蛋白质带负电荷，在电场中向阳极移动。

蛋白质处于等电点时具有一些特殊的理化性质，此时不仅是它的阴、阳离子性质向相反方向转化的转折点，而且在此特定情况下，其导电率、渗透压、粘度以及溶解度等性质均达最低值。通常利用蛋白质在等电点时溶解度最小的特性来制备或沉淀蛋白质。

表 3－11　列出了一些蛋白质的等电点。

表 3－11　一些蛋白质的等电点

蛋白质	pI	蛋白质	pI
胃蛋白酶（pepsin）	2.2	血红蛋白（hemoglobin）	6.7
丝蛋白（家蚕）（silk fibroin）	2.2	肌红蛋白（myoglobin）	7.0
卵清蛋白（ovalbumin）	4.6	α－凝乳蛋白酶（α－chymotrypsin）	8.3
甲状腺球蛋白（thyroglobulin）	4.6	核糖核酸酶（ribonuclease）	9.5
血清清蛋白（serum albumin）	4.7	细胞色素 C（cytochrome C）	10.7
脲酶（urease）	5.1	胸腺组蛋白（thymohistone）	10.8
胰岛素（牛）（insulin）	5.3	溶菌酶（lysozyme）	11.0
过氧化氢酶（catalase）	5.6	鱼精蛋白（protamine）	12.0
羧肽酶（carboxypeptidase）	6.0		

蛋白质的等电点不是一成不变的，它随溶剂性质、离子强度等因素而改变。中性盐的存在，可以明显地改变蛋白质的等电点。这是由于蛋白质分子中的某些解离基团可以与中性盐中的阳离子（如 Na^+、Ca^{2+}）或阴离子（如 Cl^- 或 HPO_4^{2-}）相结合。因此，蛋白质等电点在一定程度上受介质中离子组成影响。在没有其他盐类存在下，蛋白质质子供体基团解离出来的质子数与质子受体基团结合的质子数相等时的 pH 值称为等离子点（isoionic point），即指在纯水中蛋白质的正离子数等于负离子数的 pH 值。等离子点对每种蛋白质都是一种特征常数。

二、蛋白质分子的大小

蛋白质是大分子物质，其相对分子质量（M_r）很大，从一万到几百万或更大。因此，

用于小分子物质 M_r 的测定方法，如沸点升高、冰点下降等，对于蛋白质 M_r 的测定就不适用了。对于蛋白质 M_r 的测定方法，按其性质而言，主要有两类：

1. 根据化学组成测定最低相对分子质量

利用化学分析定量测定蛋白质中某一特殊元素的含量，并且假定蛋白质分子中只含有一个这种元素的原子，即可计算蛋白质的最低相对分子质量。典型的例子是对血红蛋白 M_r 的测定。用化学分析方法测得血红蛋白中含铁量为 0.34%。则血红蛋白的最低 M_r 为：

$$55.84\times\frac{100}{0.34}=16700 \qquad \text{(55.84 为铁的原子质量)}$$

这是血红蛋白的最低相对分子质量。用其他方法测定，血红蛋白的实际 M_r 约为 16700 的 4 倍，即 67000，由此可知，血红蛋白分子不是含一个铁原子，而是含 4 个铁原子。

有时蛋白质分子中某一氨基酸的含量特别少，应用同样的原理，由这一氨基酸含量的分析结果也可以计算蛋白质的最低相对分子质量。例如，牛血清蛋白质含色氨酸 0.58%，计算所得的最低相对分子质量为 35000，用其他方法测得的相对分子质量是 69000，所以，每一分子牛血清蛋白含有两个色氨酸残基。这些例子都说明化学方法测得的蛋白质的最低相对分子质量只有和别的物理化学方法配合使用时，才能给出真实的相对分子质量。但是，根据最低相对分子质量算出的真实分子质量是十分精确的。

2. 用物理化学方法来测定蛋白质的相对分子质量

这一类方法是目前用来测定蛋白质相对分子质量的常用方法。这些方法包括测定质点的扩散系数、渗透压，采用沉降超离心与凝胶过滤等。这些方法各自有其优缺点。渗透压测定法最为简便，但准确度较差；超离心法最为准确，但需要昂贵的超速离心机。这里将超离心法测定相对分子质量的基本原理作一简介。超离心法测相对分子质量一般有沉降速度法（sedimentation velocity method）和沉降平衡法（sedimentation equilibrium method）两种方法。

我们知道，悬浮在液体中的较大的质点，如果它们的比重大于液体的比重，就会因重力的作用而沉入器底，这个过程称为**沉降**（sedimentation）。沉降的速度与质点的大小成正比。另一方面，浮在液体中的质点还有使浓度趋于均匀的过程，即有**扩散作用**（diffusion），这是抗拒沉降的因素。扩散作用的方向与沉降作用的方向相反，质点愈小，扩散的速度愈大。所以，对于较大的质点（如蛋白质颗粒），重力的作用是占优势的。这样按质点的大小，以不同速度向器底（离心管底）沉降，这就是对于悬浮物质离心的简单原理。根据不同大小的离心力（或转速）和离心时间，即可将不同大小的质点前后沉降而加以分离。

用超速离心机来测定蛋白质的相对分子质量时，通常用每分钟 6 万～8 万转的转速使其产生强大的离心力（相当于地球重力 g 的 40 万至 50 万倍）。离心管中的蛋白质分子在强大的离心力作用下，由于沉降而由离心机中心向外周移动，产生界面。在界面处由于浓度差造成的折光指数不同，可借助光学系统观察到这种界面的移动。在离心场中，蛋白质分子所受到的净离心力（离心力减去浮力）与溶剂的摩擦阻力平衡时，单位离心力场下的沉降速度为一定值，称为**沉降常数**或**沉降系数**（sedimentation coefficient），用 s 表示：

$$s=\frac{\mathrm{d}x/\mathrm{d}t}{w^2x}$$

这里，x 为离心界面与转子中心之间的距离（cm），t 是离心时间（s），$\mathrm{d}x/\mathrm{d}t$ 为离心速度，

ω 为转头的角速度〔弧度·秒$^{-1}$（rda·s^{-1}）〕，$\omega^2 x$ 即相当于离心力场下的加速度。因为 $\frac{速度}{加速度}$=时间（或速度=加速度×时间），所以沉降系数 s 的单位为秒（s）。

蛋白质分子的沉降系数一般在 1×10^{-13} s～200×10^{-13} s 的范围内。在实际应用时将系数 10^{-13}省去，而用另一符号 S（大写），称为 S 单位或沉降系数单位。这是为了纪念超离心法创始人瑞典化学家 T. Svedberg。沉降系数 s（小写）与 S（大写）单位的关系为：

$$s=S\times10^{-13}$$

用 S 值来表示蛋白质或其他生物高分子的大小时，S 值越大，相对分子质量越大；S 值越小，则相对分子质量越小。

虽然蛋白质的沉降系数随着相对分子质量的增加而增加，但并没有正比的关系，因为它还受蛋白质分子的摩擦系数（即分子形状）的影响。如果同时测得有关分子形状的参数（如扩散系数），则可按下式计算相对分子质量（Svedberg 公式）：

$$M_r=\frac{RTs}{D(1-V\rho)}$$

式中：M_r 为相对分子质量；R 为气体常数，$R=8.314$ 焦耳·摩尔$^{-1}$·度$^{-1}$〔J·mol^{-1}·(^{0})$^{-1}$〕，T 为绝对温度（K）；D 为扩散系数〔厘米^2·秒$^{-1}$（cm^2·s^{-1}）〕，如果蛋白质相对分子质量很大，而离心机转速又很快，则 D 的影响很小，可略而不计；ρ 为溶剂的密度；V 为大分子物质的偏微比容（partial specific volume，为其密度的倒数，即每克蛋白质加于溶剂中所增加的体积），蛋白质在水中的偏微比容约为 0.74 mL·g^{-1}，s 为沉降系数。

用沉降速度法测得的一些蛋白质的相对分子质量见表 3－12。

表 3－12　部分蛋白质的相对分子质量（超离心法）

蛋白质	相对分子质量	蛋白质	相对分子质量
鲑精蛋白（salmine）	5600	己糖激酶（酵母）（hexokinase）	102000
胰岛素（insulin）	5700	醇脱氢酶（酶母）（alcohol dehydrogenase）	150000
核糖核酸酶（牛）（ribonulease）	12700	天冬酰胺酶（E. *coli*）（asparaginase）	255000
细胞色素 C（马心）（cytochrome C）	13700	糖原磷酸化酶（牛肝）（glycogen phosphorylase）	370000
溶菌酶（卵清）（lysozyme）	13900	脲酶（urease）	480000
肌红蛋白（马心）myoglobin	16900	甲状腺球蛋白（thyroglobulin）	650000
卵白蛋白（ovalbumin）	44000	斑纹病毒蛋白（烟叶）（tobacco masaic virus protein）	40000000
血红蛋白（人）（hemoglobin）	64000		
α－淀粉酶（α－amylase）	97000		

三、蛋白质的胶体性质

凡质点大小在 1 nm～100 nm 范围内所构成的分散系统（dispersion system）就称为胶体

(colloid)。因为蛋白质分子的直径一般在 2 nm～20 nm 的范围内，所以蛋白质溶液是胶体溶液。蛋白质分子表面分布着亲水氨基酸的极性 R 基，通常与水分子结合着，故蛋白质溶液是一种亲水胶体（hydrophilic colloid），具有亲水胶体的一些典型性质，如具有半通透性(semipermeability)、丁达尔（Tyndall）效应和具有布朗（Brown）运动等。

因为蛋白质的相对分子质量大，在溶液中形成的颗粒较大，因此，不能通过半透膜(semipermeable membrane)。利用这种性质可将蛋白质和一些小分子物质分开，这种分离方法称为透析（dialysis）。这是将欲纯化的蛋白质溶液盛入半透膜袋内放在流水中让小分子物质扩散入水中而除去（图 3-37）的一种分离方法。

四、蛋白质的沉淀作用

天然蛋白质溶液保持稳定的亲水胶体状态，这种稳定性主要由两个因素决定：一是水化作用（hydration）。由于蛋白质分子表面分布着极性 R 基（如氨基、羧基、羟基等），因此分子表面结合有一层水分子，称为水化膜（hydration shall）。这层水化膜的存在可防止蛋白质分子因相互碰撞而聚集，保证了蛋白质溶液的稳定性。二是电荷排斥作用（charge rejection）。蛋白质是两性离子，颗粒表面具有可解离的基团，在酸性溶液中带正电荷，在碱性溶液中带负电荷。在一定 pH 值时，同种蛋白质分子总是带相同的电荷，由于同性电荷互相排斥，蛋白质颗粒就不能聚集。

蛋白质的稳定性对于生物机体来说是必要的，它保护新陈代谢的正常进行，从而保证了生物机体得以生存和延续后代。如果这种稳定性被破坏，则体内代谢失调，导致病变乃至死亡。

然而，蛋白质的稳定性同任何平衡状态一样，是相对的、暂时的、是有条件的。当改变条件时，这种稳定性就被破坏，蛋白质就从溶液中沉淀出来。这就是蛋白质的沉淀作用(precipitation)。蛋白质溶液的稳定性既然与质点大小、电荷和水化作用有关，那么，任何影响这些条件的因素都会破坏蛋白质溶液的稳定性，从而使蛋白质沉淀。例如在蛋白质溶液中加入脱水剂以除去水化膜，或者改变溶液的 pH 达到蛋白质的等电点，或者加入电解质使质点表面失去同种电荷，蛋白质的分子就能聚集而沉淀。如同时破坏水化膜及中和表面电荷，则蛋白质分子更易沉淀（图 3-36）。

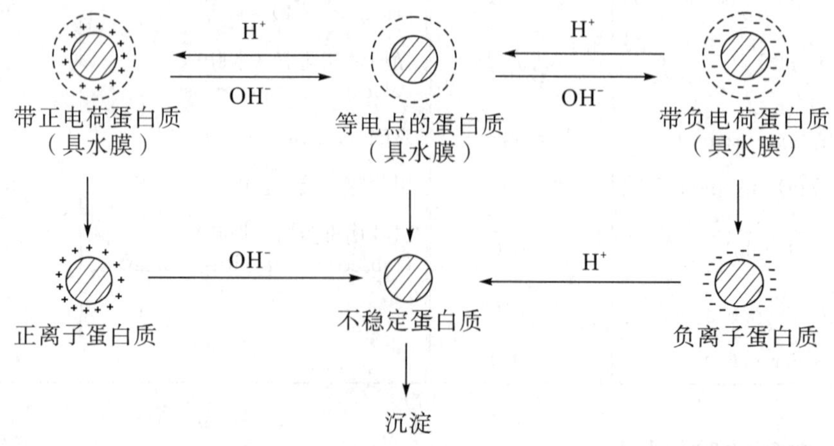

图 3-36　蛋白质的沉淀作用

五、蛋白质的变性作用

当天然蛋白质受到某些物理因素或化学因素的影响后，由氢键、盐键等次级键维系的高级结构遭到破坏，分子内部结构发生改变，致使其生物学性质、理化性质改变，这种现象称为蛋白质的变性作用（denaturation）。加热、紫外线、X－射线、超声波处理等物理因素和强酸、强碱、尿素（urea）、乙醇、三氯醋酸（trichloroacetic acid）等化学因素都能引起蛋白质变性。变性蛋白质的理化性质均要发生改变，最显著的是溶解度降低，粘度增大，分子扩散速度减慢，渗透压降低，易于发生沉淀等。由于所带电荷改变而引起等电点改变，以及表现出一些新的颜色反应等。蛋白质变性后其生物活性降低或丧失，如酶失去活性，激素蛋白失去原有生理功能等，而且变性蛋白易于被酶水解。

有些蛋白质受酸、碱作用变性后，仍能溶解在溶液中而不发生沉淀，这是因为电荷稳定因素未被破坏，当调节 pH 到等电点时，立即结成絮状不溶物，这种现象称为结絮作用（flocculation），但此结絮物仍可溶于酸、碱。絮状物如被加热，则变成较坚固的凝块，不能再溶于酸和碱，此现象称为凝固（coagulation）。

怎样解释蛋白质的变性现象呢？现在认为主要是由于分子内部的结构发生改变所致。天然蛋白质分子内部通过氢键等化学键联系使整个分子具有紧密的结构，变性后，氢键被破坏，蛋白质分子就从原来有秩序的紧密的结构变为无秩序的松散的结构。换言之，蛋白质的变性是由于二级以上的空间结构发生改变或破坏所致。变性作用并不引起一级结构的破坏（肽键不被破坏），故变性后的蛋白质在结构上虽有改变，但组成成分及相对分子质量没有改变。

上述关于变性的理论可用来解释变性的种种现象。例如，蛋白质分子的空间结构是表现生物活性的物质基础，蛋白质变性后氢键被破坏，改变了原来的空间构象，也就很难保持原有的生物活性；变性后，蛋白质分子的溶解度降低，易沉淀，这是由于氢键遭到破坏，肽链展开成没有秩序的结构，分子表面结构发生变化，亲水基团相对减少，原来藏在分子内部的疏水基团大量暴露于分子表面，使蛋白质不能与水结合而失去水膜，加上肽链松散紊乱，就不可避免地引起分子间相互碰撞聚集而沉淀。又如，天然蛋白质中一些侧链基团（如巯基）原来隐藏在分子内部，故试剂不易测出，变性后结构松散，基团暴露，易与试剂接触，使颜色反应增强；天然蛋白质不易被酶水解，变性后由于高级结构破坏，容易被酶降解；尿素之所以是有效的变性剂，就是因为尿素分子上的$-NH_2$ 和$=CO$（羰基）可与肽链争夺氢键，而使肽链螺旋松开变性；三氯醋酸为酸性物质，可使蛋白质成为带正电荷的离子，从而与三氯醋酸的负离子结合成为溶解度很小的盐。

蛋白质的变性作用具有一定的实践意义。在工农医实践及日常生活中有时要防止蛋白质变性，有时则要促进蛋白质变性。活细胞内如果发生蛋白质变性，就会导致生物死亡，这就是利用高温、高压、紫外线以及某些化学试剂杀菌消毒的原理。在制备酶制剂及其他活性蛋白质时，则要防止蛋白质变性。

六、蛋白质的颜色反应

蛋白质分子中的某些氨基酸可与多种化合物作用产生各种颜色反应，这些颜色反应可以作为蛋白质的定性定量测定。重要的颜色反应见表 3－13。

表 3－13　蛋白质的颜色反应

反应名称	试剂	颜色	反应基团	有此反应的蛋白质或氨基酸
双缩脲反应	$NaOH+CuSO_4$	紫红色	两个以上的肽键	所有蛋白质均具此反应
米伦反应（Millon 反应）	$HgNO_3$ 及 Hg $(No_3)_2$ 混合物	红色	酚基	酪氨酸，酪蛋白
黄色反应	浓硝酸及碱	黄色	苯基	苯丙氨酸，酪氨酸
乙醛酸反应（Hopkins-Cloe 反应）	乙醛酸	紫色	吲哚基	色氨酸
茚三酮反应	茚三酮	蓝色	自由氨基及羧基	α－氨基酸，所有蛋白
酚试剂反应（Folin Cioculten 反应）	碱性硫酸铜及磷钨酸—钼酸	蓝色	酚基，吲哚基	酪氨酸，色氨酸
α－萘酚——次氯酸盐反应（Sakaguchi 反应）（坂口反应）	α－萘酚，次氯酸钠	红色	胍基	精氨酸

双缩脲（biuret）是两分子尿素经加热放出一分子 NH_3 而得到的产物。

在浓碱液中，双缩脲能与硫酸铜结合生成紫色或紫红色的复合物，故这一反应称双缩脲反应（biuret reaction）。凡含有两个或两个以上肽键结构的化合物都具有双缩脲反应，因此一切蛋白质及肽均具有此反应。

第十一节　蛋白质的分离、纯化与测定

现在对于蛋白质的制备都是从生物组织中提取。因为各种组织材料所含蛋白质的种类及数量不一，因此，首先应选取含有某种蛋白质丰富的材料，然后再进行组织破碎，用适当的方法提取。对粗提取物的分离与纯化，则根据对制品的要求而选用适当的纯化方法。由于蛋白质种类繁多，性质各异，又处于不同的体系中，因此，不可能有一个固定的程序适合于各类蛋白质的分离工作，但多数分离工作的关键部分，基本手段还是相同的。这里仅对蛋白质的提取与分离纯化的一般原理作简要介绍。

一、蛋白质分离纯化的一般原则

蛋白质在组织或细胞中都是以复杂的混合物形式存在的，每种类型的细胞都含有上千种不同类型的蛋白质。分离纯化的目的就是要从复杂的混合物中将所需要的某种蛋白质提取出来，并达到一定的纯度。因纯度是相对的，因此提纯的目标是尽量提高蛋白质的纯度或比活性（增加单位重量中所需蛋白质的含量或生物活性），设法除去变性的和不需要的蛋白质的生物活性（称为杂蛋白），并尽可能提高蛋白质的产量。

分离提纯某一特定的蛋白质，首先要使蛋白质从原来的组织或细胞中以溶解的状态释放出来，并保持原有的天然状态（不失去生物活性）。为此，动物组织的细胞膜可用电动捣碎机或匀浆器破碎，细菌和植物的细胞壁可用超声波或加沙研磨等机械方法破碎，但更常用的是低温冰冻、化学试剂及溶菌酶处理。破壁后再用适当溶剂提取。

获得蛋白质溶液后，再用适当的分离方法将所需蛋白质和其他蛋白质分开。一般采用等

电点沉淀、盐析和有机溶剂分级分离，然后再用离子交换、凝胶过滤等层析方法进行纯化。如果有必要和可能的话，还可用亲和层析以及各种电泳等方法进行高度纯化。

蛋白质分离提纯的最后目标往往是制成晶体，尽管结晶并不能保证蛋白质的均一性，但是对蛋白质的纯化而言，结晶毕竟还是一个重要的步骤。因为结晶往往要经过反复多次的分级分离与提纯，直到某种蛋白质组分在数量上占优势时才能形成。结晶过程本身也伴随着一定程度的纯化，而重结晶又是除去少量杂蛋白的有效措施。同时，由于变性蛋白不会结晶出来，因此蛋白质的结晶也是判断制品是否处于天然状态的有力依据之一。

蛋白质纯度愈高，溶液愈浓就愈容易结晶。结晶的最佳条件是使溶液略处于过饱和状态。这可利用控制温度、加盐盐析、加有机溶剂或调节 pH 等方法来实现。

在制备具生物活性的蛋白质（如酶制剂）时，均需注意上述各步骤中蛋白质的变性、蛋白酶的作用以及微生物的污染等问题。总的原则是要求条件温和，并加入少量杀菌剂。

二、蛋白质分离纯化的方法

对于蛋白质分离与纯化的方法，可根据蛋白质的不同性质而加以选择。蛋白质的性质是指分子大小、溶解度、电荷、吸附性质及对其他分子的生物学亲和力等。

1. 针对分子大小不同的分离方法

蛋白质分子都是大分子，在提取过程中，与混合物中的其他“杂质”相对分子质量相差较大，而且不同的蛋白质其大小也不同。根据这种性质而采用的分离方法有：

（1）透析和超过滤

透析（dialysis）和超过滤（ultrafiltration）是根据蛋白质分子不能通过半透膜的性质使蛋白质和其他小分子物质（如无机盐、单糖等）分开。常用的半透膜是玻璃纸（cellophane，赛璐玢）、火棉纸（celluloid，赛璐珞）等合成材料。

透析是将待提纯的蛋白质溶液装在半透膜的透析袋里放在蒸馏水或流水中，蛋白质溶液中的无机盐等小分子通过透析袋扩散入纯水中以此除去（图 3－37）。

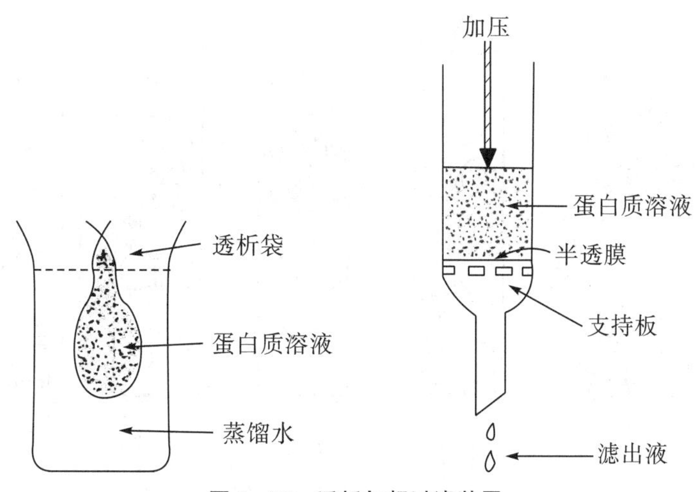

图 3－37　透析与超过滤装置

如果将装有蛋白质或其他大分子溶液的透析袋放入高浓度吸水性强的多聚物（如聚乙二醇）中，透析袋内溶液中的水便迅速被袋外多聚物所吸收，从而达到使袋内溶液浓缩的目的。这种方法称为**反透析**（antidialysis）。

超过滤是利用外加压力或离心力使水和其他小分子通过半透膜，而蛋白质留在膜上。

上述两种方法只能将蛋白质和小分子物质分开，而不能将不同的蛋白质分离开。

（2）密度梯度离心（density gradient centrifugation）

蛋白质颗粒的沉降不仅决定于它的大小，而且也取决于它的密度。如果蛋白质颗粒在具有密度梯度的介质中离心时，则质量和密度大的颗粒比质量和密度小的颗粒沉降得快，而且每种蛋白质颗粒沉降到与自身密度相等的介质梯度时，即停止不前，最后各种蛋白质在离心管中被分离成各自独立的区带。分成区带的蛋白质可以在管底刺小孔逐滴放出，分部收集，然后再对每个组分进行小样分析以确定区带位置。

密度梯度离心常用蔗糖来制备密度梯度，根据物质的沉降系数不同来进行分离。如果用氯化铯（CsCl）建立密度梯度，根据物质本身的密度来进行分离，则称为平衡密度梯度离心（equilibrium density gradient centrifugation）。前者依赖离心时间，后者不依赖于离心时间。

（3）凝胶过滤（gel filtration）

凝胶过滤又称分子筛层析（molecular-sieve chromatography），这是根据分子大小和形状的差异来分离蛋白质混合物最有效的方法之一。凝胶过滤是一种柱层析，柱中的填充物是大分子的惰性聚合物，最常用的有葡聚糖凝胶（商品名为 Sephadex）、琼脂糖凝胶（商品名为 Sepharose 或 Bio-Gel A）和聚丙烯酰胺凝胶（商品名为 Bio-gel P）等。葡聚糖凝胶是具有不同交联度的网状结构物，它的“网孔”大小可以通过控制交联剂（环氧氯丙烷）与葡聚糖的比例来达到。不同型号的葡聚糖凝胶装在层析柱中，不同分子的蛋白质混合物借助重力通过层析柱时，比“网孔”大的蛋白质分子不能进入凝胶颗粒的网格内，而被排阻在凝胶粒之外，随着洗脱剂通过凝胶粒外围而流出；比“网孔”小的分子则扩散进入凝胶粒内部，然后再可逆地扩散出来通过下层凝胶。这样，由于不同大小的分子所经路程不同而得以分离，大分子先洗下来，小分子后洗下来（图 3-38）。

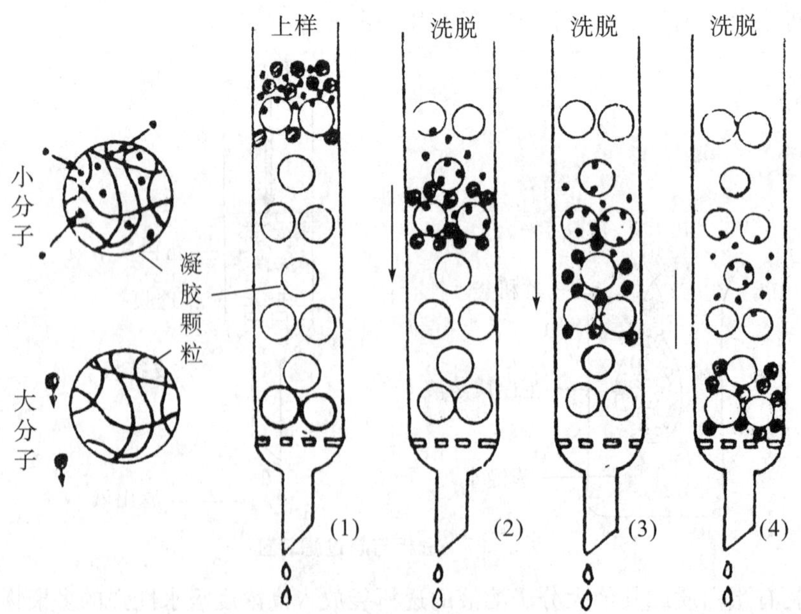

图 3-38 凝胶过滤层析的原理

2. 利用溶解度差别的分离方法

物质的溶解度取决于溶质分子间的亲和力和溶质分子与溶剂分子间的亲和力。任何能降低溶质分子间的亲和力或增大溶质分子与溶剂分子间亲和力的因素都有助于提高溶质的溶解度；反之，能增大溶质分子间的亲和力或降低溶质与溶剂分子的亲和力，则可降低溶解度。各种蛋白质的溶解度大小在相同的外界条件下，主要取决于它们的结构特点，例如分子中极性的亲水基团与非极性的疏水基团的比例，它们在蛋白质分子表面的排布等。因此，根据各种蛋白质的不同溶解度，选择适当的外部条件，即能加以分离。

（1）等电点沉淀法

由于蛋白质分子在等电点时净电荷为零，减少了分子间的静电斥力（非等电点时，蛋白质分子带同种电荷而相互排斥），因而容易聚集而沉淀，此时溶解度最小。由于不同蛋白质的等电点不同，所以调节 pH 达某蛋白质的等电点时，则该蛋白质首先沉淀。这种方法被称为等电点沉淀法，其分离出的蛋白质保持着天然构象，改变 pH 又可重新溶解。

（2）盐溶与盐析

中性盐对蛋白质的溶解度有显著的影响，这种影响具有双重性。低浓度的中性盐可以增加蛋白质的溶解度，称为盐溶（salting-in）；高浓度的中性盐则可降低蛋白质的溶解度，使蛋白质发生沉淀。这种由于在蛋白质溶液中加入大量中性盐，使蛋白质沉淀析出的作用称为盐析（ salting-out）。对于难溶于水的蛋白质（如植物球蛋白），由于盐离子的加入增加了水溶液的极性，减弱了蛋白质分子间的亲和力，从而促进其溶解；但当加入的盐浓度达到一定程度后，再继续加盐，蛋白质的溶解度反而降低，自溶液中析出。这是因为高浓度的盐与水结合后降低了水的相对浓度，争夺了蛋白质分子水膜层的水分子；而且中性盐都是强电解质，完全解离，离子浓度的增高大量地中和了蛋白质的表面电荷。换言之，由于大量加入中性盐，破坏了蛋白质的稳定因素，因而发生沉淀。

不同蛋白质由于所带电荷不同以及水化程度不同，因而盐析时所需盐的浓度也不同。在蛋白质溶液中逐渐增大盐（常用硫酸铵）的浓度，不同蛋白质就会先后析出，这种方法称为分段盐析（fractional salting-out）。血清中加入 0.5 饱和度的硫酸铵可使所有球蛋白沉淀下来，留在清液中的蛋白质可再用饱和硫酸铵使之沉淀。临床上可用此法来测定血清中清蛋白与球蛋白的比例，作为诊断的一个指标。

（3）有机溶剂沉淀法

有机溶剂沉淀法是指在蛋白质溶液中，加入一定量的与水相溶的有机溶剂，由于这些溶剂与水的亲和力大，能夺取蛋白质颗粒上的水膜，使蛋白质的溶解度降低而沉淀。常用的有机溶剂有乙醇、丙酮等。由于有机溶剂往往能使蛋白质变性失活，因此宜用稀浓度有机溶剂，并在低温（0℃～4℃）下操作。

3. 针对电荷不同的分离方法

根据蛋白质所带电荷不同进行分离的方法主要是电泳法与离子交换法。

（1）电泳法

电泳（electrophoresis）是指带电质点在电场中向与本身电荷相反的电极移动的现象。带电质点在电场中泳动时受到两个力的作用：一个是外加电场与质点所带电荷决定的静电吸引力，这是推动质点前进的力；另一个是带电质点前进时受到的阻力，这是阻碍质点前进的力。

带电质点在电场中由于静电引力作用，向着与它所带电荷相反的电极移动，它所受到的这个力的大小为 $Q \cdot E$。这里 Q 是质点所带电荷的大小；E 为外加电场的电位梯度（单位长度所加电压大小，以 $V \cdot cm^{-1}$ 表示）。

同时，质点向前运动时必然受到介质的阻力，或称摩擦力。这个力的大小与介质的性质、质点的大小、形状和运动速度有关。例如，球形分子运动时，其摩擦阻力为 $6\pi ru\eta$。这里的 r 为质点半径，u 为质点移动速度，η 为介质粘度。

在平衡状态下，这两个力相等，即

$$Q \cdot E = 6\pi ru\eta$$

故

$$u = \frac{Q \cdot E}{6\pi r\eta}$$

由上式可见，带电质点移动的速度与外加电场强度和它本身所带电荷成正比，而与介质的粘度及质点本身的大小成反比。当两种质点（如两种不同的氨基酸）在同样条件下电泳时，因为 E 和 η 为恒量，所以各质点运动的速度取决于它们各自所带电荷 Q 及质点的大小（r），所带电荷多或质点小，移动就快。

电泳可用于分离氨基酸和蛋白质，分离氨基酸时，由于氨基酸具有两性解离，其带电情况就取决于环境的 pH 值。当氨基酸处于等电点时，由于所带正负电荷相等，因此在外加电场中就不会发生移动；如果介质的 pH 小于氨基酸的等电点，氨基酸带正电荷，此时在电场中向阴极移动；介质的 pH 大于氨基酸的等电点时，氨基酸带负电荷，此时在电场中向阳极移动。由于氨基酸带电荷的多少影响它在电场中的运动速度，因而具有二氨基和二羧基的氨基酸在电场中比中性氨基酸（一氨基一羧基）移动得快，因为它们有一个以上的电荷。

用于蛋白质分离时，各种蛋白质在电场中的运动速度取决于缓冲液的 pH 值、蛋白质分子所带净电荷量及蛋白质分子的大小。缓冲液的 pH 值与蛋白质的等电点相差愈大，蛋白质带电荷愈多，在电场中的移动速度就愈快。各种蛋白质的等电点不同，在某一 pH 值时，所带电荷不同，加之分子大小也不完全相同（运动时受到的阻力不同），因而就可通过电泳将它们分离。

现在用于分离两性电解质的电泳方法类型很多，可分为两大类：自由界面电泳和区带电泳。自由界面电泳是利用一个 U 形管，内装缓冲溶液或其他溶液，两端各接一个直流电极。被分离物质加入 U 形管内后，根据它们各自带电种类及电荷数量的差异，分别向不同电极移动。这种电泳的优点是带电质点所受阻力小，移动快。如果将缓冲液装在一个毛细管（内经约 50μm）内进行电泳，则称为毛细管电泳（capillary electrophoresis），它的优点是散热快，可以减少由于产热引起的样品扩散。毛细管内也可以加入一定介质而成为毛细管区带电泳。

区带电泳（zone electrophoresis）是将一定介质作为支持物，样品在支持物上进行电泳分离。根据支持物介质的不同，可分为：①滤纸电泳和薄膜电泳（常用醋酸纤维素膜和聚酰胺膜）；②粉末电泳（常用的介质有淀粉、硅胶粉和纤维素粉）；③凝胶电泳（常用的介质是聚丙烯酰胺凝胶和琼脂糖凝胶）。在蛋白质和核酸的分离分析中，经常使用凝胶电泳，因为它们的分辨率相当高。

聚丙烯酰胺凝胶电泳（polyacrylamide gel electrophoresis，PAGE）是用自制的聚丙烯酰胺凝胶作为电泳支持物对蛋白质（及核酸）进行分离分析，其分辨率相当高。例如，人血清蛋白电泳用滤纸或薄膜电泳时只能分成 5~7 个组分，而用 PAGE 可分出 40 余条区带。这种电泳之所以有如此高的分辨能力，主要依赖于3种基本效应：①样品的浓缩效应；②分子筛效应（按分子质量大小分离）；③电荷效应。

聚丙烯酰胺凝胶（polyacrylamide gel），是由单体丙烯酰胺（acrylamide，Acr）和少量交联剂甲叉双丙烯酰胺（methylene bisacrylamide，Bis）在催化剂的作用下，聚合交联而成的具有三维网状结构的凝胶。改变单体浓度或单体与交联剂的比例，可以得到不同孔径的凝胶，从而用于不同相对分子质量范围的蛋白质分离。在常见的蛋白质分离中，凝胶浓度多采用7.5%。

利用聚丙烯酰胺凝胶作为支持载体进行电泳，分为连续凝胶电泳和不连续凝胶电泳。后者又称为盘状电泳（disc eleetrophoresis），这是基于载体的不连续性（discontinuity），而且刚好电泳后分离出的区带呈圆盘状（discoid shape），取二者的英文词头，即译为盘状电泳。

所谓不连续凝胶电泳，是用两种浓度的凝胶：一种胶浓度为7.5%或7%，具有较小的孔径，称为分离胶；另一种胶浓度为2.5%，具有较大的孔径，称为浓缩胶。这种电泳除了具有电荷效应外，还具有对样品的浓缩效应和分子筛效应。为了提高分离的灵敏度，常常在样品中加入一种蛋白质去污剂十二烷基硫酸钠（sodium dodecyl sulfate，SDS），它可与蛋白质结合（每克蛋白质大约可结合1.4g SDS），形成蛋白质－SDS复合物。由于SDS带负电荷，可使各种蛋白质的SDS－蛋白质复合物都带上相同密度的负电荷，这种负电荷的量大大超过了蛋白质分子本身的电荷量，因而掩盖了不同种类蛋白质间的电荷差异，即去除了电荷效应。在这种情况下，不同蛋白质的移动速度（或迁移率）主要取决于蛋白质的相对分子质量，因此，可用于蛋白质的分离分析。

（2）离子交换法分离蛋白质

在氨基酸的分离中常用树脂作为交换剂的基质，但在蛋白质的离子交换分离纯化中，常用纤维素或交联葡聚糖作为交换剂的基质。这是因为纤维素离子交换剂和交联葡聚糖离子交换剂的交换容量比离子交换树脂大，而且其电荷密度较小，洗脱条件温和，蛋白质回收率高。无论纤维素离子交换剂或交联葡聚糖离子交换剂都有多种型号可供选择，以满足对不同蛋白质分离的需要。例如，CM－Cellulose（羧甲基纤维素）（弱酸型）、SE－Cellulose（磺乙基纤维素）（强酸型）、SP－Sephadex（磺丙基交联葡聚糖）（强酸型）等均为阳离子交换剂；AE－Cellulose（氨基乙基纤维素）（弱碱型）、PAB－Cellulose（对氨基苯甲基纤维素）（弱碱型）、DEAE－Cellulose（二乙基氨基乙基纤维素）（中强碱型）、DEAE－Sephadex（二乙基氨基乙基交联葡聚糖）（中强碱型）、TEAE－Cellulose（三乙基氨基乙基纤维素）（强碱性）等为阴离子交换剂。

蛋白质对离子交换剂的结合力取决于彼此间相反电荷的静电吸引，这与溶液的pH值有关，因为pH值决定离子交换剂与蛋白质的电离程度。盐类的存在可以降低离子交换剂的离子基团和蛋白质的相反电荷基团之间的静电吸引。因此，蛋白质混合物的分离可用改变溶液（洗脱液）中盐类的离子强度和pH值来完成。对离子交换剂结合力最小的蛋白质，首先从层析柱中洗脱下来。

当蛋白质的混合样品上柱后，用含有一定盐浓度的洗脱液进行洗脱，柱下面按一定体积或一定时间进行分部收集。洗脱的方式有3种：①连续洗脱（continuous elution），即在洗脱过程中洗脱液pH值和离子强度保持不变；②分段洗脱（stepwise elution）在洗脱过程中分阶段改变洗脱液的盐浓度或pH值；③梯度洗脱（gradient elution），这是在洗脱过程中连续改变洗脱液盐浓度（递增）或pH的洗脱方法。这3种洗脱方法中梯度洗脱用得更多，因为它的分离效果好，分辨率高。

4. 蛋白质的选择吸附分离

某些物质，例如极性的硅胶（适于分离碱性物质）和氧化铝（适于分离酸性物质）以及非极性的活性炭等粉末具有吸附能力，能够将其他种类的分子吸附在其粉末颗粒的表面，而吸附力又因被吸附的物质性质不同而异，吸附层析法就是利用这种吸附力的强弱不同而达到分离目的的。人们对蛋白质分子与各种吸附剂结合的真实性知道得还很少，但多数人认为与非极性吸附剂作用可能主要是靠范德华力和疏水作用；而与极性吸附剂作用的主要作用力，可能是离子吸引和氢键连接的力。

在吸附层析分离中，对洗脱剂应加以选择。一般选择其极性与待分离的混合物中极性最大组分的极性相当的洗脱液。例如，被分离物含羟基的，则选用醇类洗脱；含羰基的，则选用丙酮或酯类洗脱；非极性物质则适于选用烃类（如己烷、庚烷）和甲苯洗脱。

蛋白质提纯中使用最广泛和最有效的吸附剂是结晶磷酸钙，即羟基磷灰石（hydroxy-apatite，简称 HA)。据推测，蛋白质分子中带负电荷的基团是与羟基磷灰石晶体的钙离子结合。蛋白质可用磷酸缓冲液从羟基磷灰石柱上洗脱下来。

此外，还有一种疏水作用层析（hydrophobic interaction chromatography，HIC)，这是利用层析基质表面连接的疏水基团（如辛基或苯基）与蛋白质表面的疏水侧链之间产生的相互作用来进行分离的。蛋白质分子表面虽然主要分布着极性基团，但少量疏水氨基酸侧链也可分布于分子表面，不同蛋白质分子表面所含的疏水基团种类和数量不同，利用这种差异可进行分离。蛋白质被吸附后，可用逐渐降低离子强度或增加洗脱液的 pH（提高蛋白质的亲水性）来进行洗脱，也可用含 Triton－100（非离子型去污剂）、脂肪醇、脂肪胺等置换剂 (displacer）的洗脱液洗脱，因为这些置换剂对层析基质（固定相）的亲和力比蛋白质与层析基质的亲和力大。

5. 根据配体特异性的分离——亲和层析

亲和层析法（affinity chromatography）是分离蛋白质的一种极为有效的方法。它通常只需经过一步的处理，即可使某种待提纯的蛋白质从复杂的蛋白质混合物中分离出来，并且纯度很高。这种方法根据的是某些蛋白质所具有的生物学性质，即它们与另一种称为配体 (ligand）的分子能特异而非共价地结合（图 3－39)。这种结合是非共价的、特异的和可逆的，如酶同其底物、抗体同抗原、糖蛋白同糖等的结合。亲和层析的基本原理是：先把提纯的某一蛋白质的配体通过适当的化学反应共价地连接到像琼脂糖（agarose）一类的多糖颗粒表面的官能团上，这种多糖材料在其他性能方面允许蛋白质自由通过；当含有待提纯的蛋白质的混合样品加到这种多糖材料的层析柱上时，待提纯的蛋白质则与其特异的配体结合，因而吸留在配体的载体——琼脂糖颗粒的表面上，而其他的蛋白质，因对这个配体不具有特异的结合位点，将通过柱子而流出，被特异地结合在柱子上的蛋白质，可用含自由配体的溶液洗脱下来。

免疫亲和层析、染料配体层析、金属螯合层析等均属于亲和层析类，在生物化学技术中具有广泛的用途。

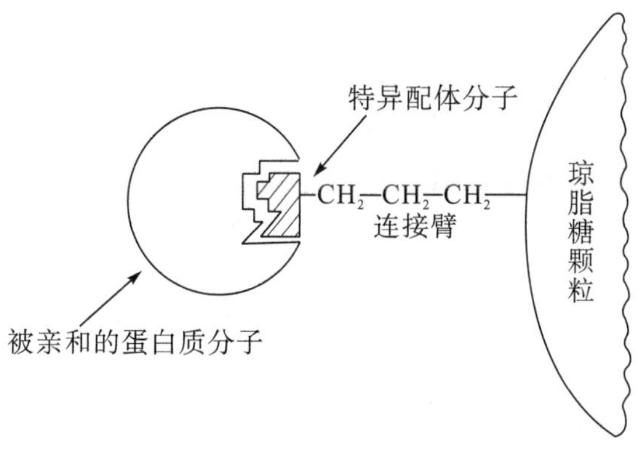

图 3－39　亲和层原理

三、蛋白质的分析测定

对于已分离纯化的蛋白质样品，必须知道它的纯度和含量，即蛋白质的定性定量测定。这里介绍常用测定方法的基本原理。

1. 蛋白质含量的测定

(1) 凯氏定氮法

这是 19 世纪丹麦化学家凯道尔（Johan Kjedahl，1883）所创造的方法，继后又出现了一系列改良的凯氏法。由于这个方法是将样品蛋白质中的氮通过消化全部转变成无机氮，再通过分析化学的手段测出氮的含量，从而得出蛋白质含量。其所得结果误差较小，比较准确，因而至今仍常采用。

定氮法是根据氮在蛋白质分子中含量恒定（平均占 16%），因此测出样品中氮的含量后，即可求得样品中的蛋白质含量（氮量乘上 16%的倒数，即 6.25）。

测定时将蛋白质样品用浓硫酸消化分解，使其中的氮转变为铵盐，再与浓碱反应，放出的氨被酸吸收，滴定剩余的酸，算出氮的含量。

样品加浓硫酸，再加热消化（常加少量硫酸铜作催化剂，加硫酸钾提高硫酸的沸腾温度），蛋白质中的氮转变为硫酸铵，碳转变为 CO_2，硫转变为 SO_2、SO_3 等逸散。

消化产生的硫酸铵与浓氢氧化钠作用，产生氢氧化铵，然后经蒸馏生成 NH_3，用硼酸吸收，再用强酸（HCl）滴定，直到恢复至原来的氢离子浓度，根据用去盐酸的量即可算出氮量。

$$NH_3+H_3BO_4 \longrightarrow (NH_4)H_2BO_4$$
$$(NH_4)H_2BO_4+HCl \longrightarrow NH_4Cl+H_3BO_4$$

(2) 双缩脲法

在强碱性溶液中，蛋白质与 $CuSO_4$ 反应，生成紫红色化合物，这个反应称为双缩脲反应（biuret reaction）。现多采用法因（Fine J. 1935）的方法作蛋白质定量测定。

在碱性条件下，蛋白质与 $CuSO_4$ 所生成的颜色深浅与蛋白质的浓度成正比，而与蛋白质的相对分子质量及氨基酸组成无关。将样品同标准蛋白质同时试验，并于 540 nm～560 nm 波长下测其光吸收值，通过标准曲线即可求得蛋白质的含量。

此方法简便、迅速，不受蛋白质特异性的影响，但方法的灵敏度较差，所需样品量大约在 0.2 mg/mL～1.7 mg/mL。

(3) 福林－酚试剂法

福林－酚试剂（Folin-phenol reagent）包括两组试剂：碱性铜试剂和磷钼酸及磷钨酸的混合试剂。碱性铜试剂与蛋白质产生双缩脲反应，这是蛋白质中肽键的反应。这种被作用的蛋白质中的酚基（酪氨酸），在碱性条件下很容易将磷钼酸和磷钨酸还原为蓝色的钼蓝和钨蓝，所生成蓝色的深浅，与蛋白质的含量成正比。因此，在 650 nm 或 660 nm 波长下测定光吸收值，即可测定蛋白质含量。

这个方法实际上是劳里（Lowry，O. H.，1951）在原方法的基础上加以改进的，常称 Lowry 法，具有操作简便、灵敏度高（比双缩脲法灵敏 100 倍）等优点。蛋白质测定范围为 25 μg/mL～250 μg/mL。但不同蛋白质显色强度稍有不同，而且酚类物质和柠檬酸有干扰。

近年研究的一个新试剂 4，4′－二羧基－2，2′－二喹啉（bicinchoninic acid，BCA），在碱性溶液中与 Cu^{+} 反应形成紫色复合物，此反应比福林－酚试剂与 Cu^{+} 反应更强，此测定法称为 BCA 法。

(4) 紫外吸收法

蛋白质分子中酪氨酸、色氨酸在波长为 280 nm 左右具有最大吸收，由于在各种蛋白质中这几种氨基酸含量差别不大，所以 280 nm 的吸收值与浓度具正相关，可用于蛋白质含量的测定。此种方法称为 280 nm 吸收法。其方法简便，测定迅速，样品可回收，低浓度盐无干扰。但若样品蛋白质中酪氨酸含量与标准蛋白质相比较差别较大时，则测定有一定误差，其他具有紫外吸收的物质（如核酸类）有干扰。

另外，280 nm 和 260 nm 波长吸收差法也常用于蛋白质含量的测定。在被测样品中常含有核酸类物质。利用核酸类物质的吸收值在 260 nm 大于 280 nm，而蛋白质的吸收值在 280 nm 大于 260 nm 的特性，可分别于 280 nm 和 260 nm 波长下测定光吸收值（分别以 A_{280} 和 A_{260} 表示），然后按下列经验公式计算蛋白质的含量：

$$蛋白质浓度\ (mg/mL) = 1.45A_{280} - 0.75A_{260}$$

除上述方法外，测定蛋白质的方法还有**染料结合法**和**胶体金测定法**等，这些方法都具有很高的灵敏度。染料结合法中最常用的是一种称为考马斯亮蓝 G－250 的染料（此法称为 Bradford 法），这种染料带有负电荷，一旦与蛋白质分子的正电荷结合后，即由红色变为蓝色。此法测定快速、重现性好、干扰少、灵敏度高（可测定到微克级水平）。胶体金是一种带负电荷的疏水胶体，与蛋白质结合后即由洋红色转变为蓝色。胶体金测定法是上几种蛋白质测定法中灵敏度最高的，可测定到纳克级水平。

2. 蛋白质纯度的鉴定

经分离纯化某种蛋白质样品后，常常需要测定它的纯度。纯度是相对的，尽管用亲和层析纯化的样品是目前所得样品中纯度最高的，但也很难避免夹杂有微量其他蛋白质（称为杂蛋白）或其他杂质。因此，和分离方法一样，任何一种纯度测定方法所得结果也是相对的。

蛋白质纯度测定的方法有多种，包括电泳、超离心、高压液相色谱、溶解度分析和N－末端测定等，普遍采用的是聚丙烯酰胺凝胶电泳。将纯化的蛋白质样品在高 pH 缓冲液中（碱性系统）及在低 pH 缓冲液中（酸性系统）进行 SDS 盘状电泳。如果在两种系统中电泳都得到均一的一条区带，一般说来，该样品即达到电泳纯；若得到几条区带，说明此样品中可能还含有其他蛋白质（或蛋白质分子具有几个亚基）。

等电聚焦（isoelectric focusing，IEF）电泳是一种特殊的凝胶电泳，它是在聚丙烯酰胺凝胶中加入一种称为两性电解质载体（ampholine）的混合物，在外加电场作用下，在凝胶内形成一个稳定的从正极到负极依次递增的 pH 梯度。当蛋白质样品加到凝胶中进行电泳，蛋白质将向与本身所带电荷相反的电极移动，移动到与本身等电点相当的部位时即不再前进，形成一条区带（聚焦）。等电聚焦电泳可用于蛋白质的分离、纯度鉴定和等电点测定。一个纯化样品如果得到一个区带，表明是相对纯的，测定聚焦部位凝胶的 pH 值，就是该蛋白质的等电点。

3. 蛋白质相对分子质量的测定

测定蛋白质的相对分子质量是实践中经常遇到的问题。对一个样品蛋白质相对分子质量的测定，除前面介绍的分析蛋白质分子中的特殊化学组成及超离心法外，普通实验室更常采用下述两种方法：

（1）SDS－聚丙烯酰胺凝胶电泳法测相对分子质量

在聚丙烯酰胺凝胶电泳中加入 SDS，则蛋白质分子的迁移率主要取决于它的相对分子质量，而与它所带电荷及分子形状无关。在一定条件下，蛋白质相对分子质量与迁移率存在下列关系：

$$M_r = k\ (10^{-bm})$$

即

$$\lg Mr = \lg k - bm = k_1 - bm$$

式中，相对分子质量（M_r）的对数与相对迁移率（m）呈线性关系（图 3－40）。k 及 k_1 均为常数，b 为斜率，相对迁移率为 m，即

$$m = \frac{\text{样品移动距离}}{\text{前沿（染料）移动距离}}$$

在实际测定中，常常用几种已知相对分子质量的单体蛋白质作为标准，根据相对分子质量和实际迁移率作图，然后由样品的迁移率即可从图上求得其相对分子质量。

若在样品中加入少量巯基乙醇（mercaptoethanol）并加热，由于拆开二硫键，再做 SDS－PAGE，即可测定寡聚蛋白各亚基的相对分子质量。

（2）凝胶过滤法测相对分子质量

前已讨论，凝胶过滤分离蛋白质，主要是依据蛋白质的相对分子质量大小，不同 M_r 的蛋白质分子其洗脱体积不同。在一定条件下，M_r 与洗脱体积 V_e 存在下列关系：

$$\lg M_r = k_1 - k_2 V_e$$

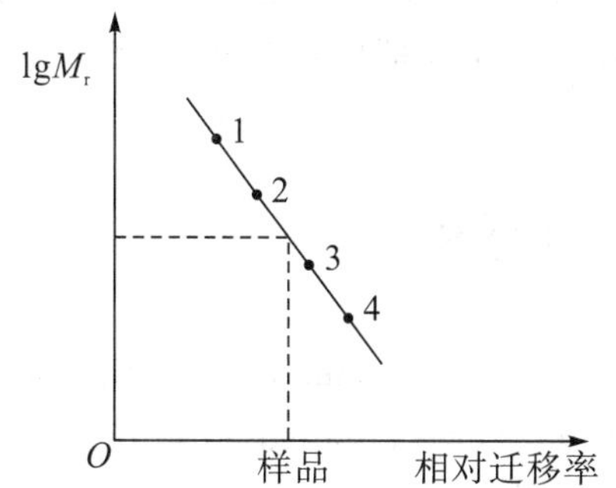

（1～4 为不同相对分子质量的标准蛋白质）

图 3－40　SDS－PAGE 测定相对分子质量

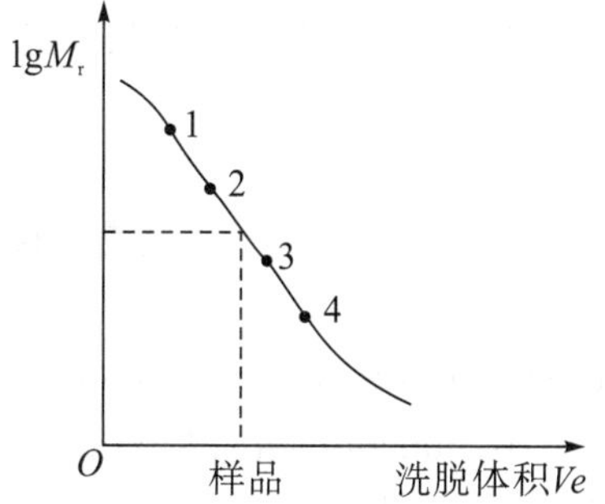

（1～4 为不同相对分子质量的标准蛋白质）

图 3－41　凝胶过滤法测相对分子质量

因此，相对分子质量的对数与洗脱体积呈线性关系（图 3－41）。式中，k_1，k_2 为常数。在实际测定时，用已知相对分子质量的几种蛋白质作为标准，分别求出在凝胶柱上的洗脱体

积，用相对分子质量的对数对洗脱体积作图。测出待测样品在同一凝胶柱上的洗脱体积，然后由图求出相对分子质量。

该法设备简单，操作方便，重复性好，而且样品不太纯同样可测定，但要求样品蛋白质与标准蛋白质应具有相同的分子形状，否则结果不够准确。

本章学习要点

蛋白质是生命的物质基础。蛋白质是所有生命物质中结构最复杂、功能最多样的组分。按分子形状可将蛋白质分为纤维状蛋白和球状蛋白；按组成分为单纯蛋白和结合蛋白；按其在生物体内所起作用分为结构蛋白和功能蛋白。

1. 蛋白质的基本结构单位是氨基酸，即 α－碳原子上有一氨基取代的羧酸，共 20 种。除甘氨酸外，其余氨基酸都有构型。构成蛋白质的都是 L－型氨基酸，按其酸碱性可分为酸性、碱性和中性氨基酸，按其极性则分为极性和非极性氨基酸。

2. 由两个以上氨基酸通过肽键连接构成肽链，它有两个特异末端：N－端和 C－端。根据氨基酸（残基）数量的多少，分为寡肽、多肽和蛋白质。氨基酸在肽链中的排列顺序，称为蛋白质的一级结构。一级结构的测定现一般采用化学方法片段重叠法。用氨基酸顺序仪可以很方便地测定肽或分子质量不太大的蛋白质的一级结构。如果知道一个基因的结构，也可以推断其相应蛋白质的一级结构。

3. 蛋白质的二、三、四级结构称为高级结构或构象。二级结构是指有规则的螺旋或折叠，这是肽链的空间走向，不涉及侧链 R 基；三级结构是指螺旋肽链的进一步折叠、卷曲，形成球状或颗粒状的结构，这涉及所有原子在三维空间的排布；四级结构是指由两条以上肽链构成的蛋白质，亚基间的相互关系，而不涉及每个亚基的构象。目前测定空间结构的有力手段仍然是物理方法，主要是 X－射线衍射，其次是圆二色性、旋光色散以及核磁共振等。

4. 两性解离是蛋白质和氨基酸的重要性质，这涉及它们在不同 pH 环境下的带电性质、电泳行为、结构的稳定性等。蛋白质的沉淀作用、变性作用、胶体性质等在蛋白质的研究和应用中是常用的性质，在蛋白质的分离纯化和测定中，常常根据这些性质来加以选择和设计。

5. 蛋白质的结构与功能是统一的。构象决定功能，但一级结构是蛋白质结构的基础，它影响和决定其高级结构。因此，蛋白质的一级结构和高级结构均与蛋白质的功能紧密相关。

Chapter 3　PROTEINS

Proteins are the material bases of life. They are the most complicated components and have the most functions in all living components. Proteins are classified into fibrous proteins and globular proteins by the shape of molecule; According to the components of proteins, they can be classified into simple proteins and conjugated proteins; But according to the functions they can be classified into structural proteins and functional proteins.

1. The basic structural units of proteins are amino acids. Amino acids are a kinds of carboxylic acids, which α－carbon atom attached to a amino group. Amino acids have 20

sorts. Amino acids all have configuration except glycine. Amino acids which made up proteins are all L-configuration. According to the acid-base nature of amino acids, they can be classified into acidic amino acid, basic amino acid and neatral amino acid. But according to the polarity of amino acids, they can be classified into polar amino acid and nonpolar amino acid.

2. Peptide is made up of two or more amino acids linked together by peptide bonds. Peptide has two terminals: N-terminal and C-terminal. According to the numlber of amino acid residue, peptides can be classified into oligopeptide polypeptide and proten. The linear sequence of amino acids is termed the prrimary structure of the protein. The primary structure of protein can be determined by chemical method-fragment overlapping. We can conveniently determine the primary structure of peptides and proteins which molecule weight are not very high by amino acld sequenator. If we know the sequence of gene coding the protein, we can also deduce the primary structure, of the protein.

3. The senior structure or conformation of protein refer to the secondary structure, tertiary structure and quaternary structure. The secondary structure is the regular helix or folding of polypeptide chain. It is steric trend of peptide chain and don't involve the side-cham (R group); Terttary structure reiers to the further folding and rolling of helix peptide chain. It involves the arrangement of all atoms in tertiary steric; Quaternary structure refers to the relationship of subunits of proteins containlng more than one polypeptide chain, but it don't invole the conformations of every subunits. The powerful method to determine the steric structure of proteins are also physical methods, such as X-ray diffraction, circular dichroism (CD), optical rotatory dispersion (ORD) and nuclear magnetic resonance (NMR), etc.

4. Ampholyte is important property of proteins and amino acids. It involves the electrochemical properties, electrophoresis and the structure stability of proteins and amino acids in different pH. Prectpitation, denaturation and colloidal property are important properties in protein research and applying. The methods of isolation and determine of proteins are ofen choiced and designed according to these properties.

5. The structures and functions of proteins are uniform. Functions are decided by conformation. The primary structure is the base of protein structure and it influence and decide the senior structure of protein structure. The primary and senior structure of proteins are closely related to their functions.

习　题

1. 用对或不对回答下列问题。如果不对，请说明原因。

(1) 构成蛋白质的所有氨基酸都是L—型的。

(2) 当谷氨酸在pH5.4的醋酸缓冲液中进行电泳时，它将向正极运动。

(3) 如果用末端测定法测不出某肽的末端，则此肽必定是个环肽。

(4) α—螺旋就是指右手螺旋。

(5) β—折叠仅仅出现在纤维状蛋白分子中。

2. 已知Lys的ε—氨基的pK'_a为10.5，问在pH9.5时，Lys水溶液中将有多少份数这种基团给出质子（即〔$-NH_3^+$〕和〔$-NH_2$〕各占多少）?

3. 在强酸性阳离子交换柱上Asp、His、Gly及Leu等几种氨基酸的洗脱顺序如何？为什么?

4. Gly、His、Glu和Lys分别在pH1.9、6.0和7.6三种不同缓冲液中的电泳行为如何？电泳完毕后它们的排列次序如何?

5. 1.068g的某种结晶α—氨基酸，其pK'_1和pK'_2值分别为2.4和9.7，溶解于100 mL的0.1 mol/L NaOH溶液中时，其pH值为10.4。计算该氨基酸的相对分子质量，并提出其可能的分子式。

6. 求0.1 mol/L谷氨酸溶液在等电点时三种主要离子的浓度各为多少?

7. 向1升1 mol/L的处于等电点的甘氨酸溶液中加入0.3 mol HCl，问所得溶液的pH值是多少？如果加入0.3 mol NaOH以代替HCl时，pH值又将如何?

8. 现有一个六肽，根据下列条件，作出此六肽的氨基酸排列顺序。

(1) DNFB反应，得到DNP—Val;

(2) 肼解后，再用DNFB反应，得到DNP—Phe;

(3) 胰蛋白酶水解此六肽，得到三个片段，分别含1个、2个和3个氨基酸，后两个片段呈坂口反应阳性;

(4) 溴化氰与此六肽反应，水解得到两个三肽，这两个三肽片段经DNFB反应分别得到DNP—Val和DNP—Ala。

9. 有一个肽段，经酸水解测定知由4个氨基酸组成。用胰蛋白酶水解成为两个片段，其中一个片段在280 nm有强的光吸收，并且对Pauly反应、坂口反应都呈阳性；另一个片段用CNBr处理后释放出一个氨基酸与茚三酮反应呈黄色。试写出这个肽的氨基酸排列顺序及其化学结构式。

10. 一种纯的含钼蛋白质，用1 cm的比色杯测定其消光系数为$\varepsilon_{280}^{0.1\%}$为1.5。该蛋白质的浓溶液含有10.56 μg/mL的钼。1∶50稀释该浓溶液后A_{280}为0.375。计算该蛋白质的最小相对分子质量（钼的原子质量为95.94)。

11. 对1.0 mg某蛋白质样品进行氨基酸分析后得到58.1 μg的亮氨酸和36.2 μg的色氨酸，计算该蛋白质的最小相对分子质量。

12. 某一蛋白质分子具有α—螺旋及β—折叠两种构象，分子总长度为5.5×10^{-5}cm，该蛋白质相对分子质量为250000。试计算该蛋白质分子中α—螺旋及β—折叠两种构象各占多少？(氨基酸残基平均相对分子质量以100计算)

第四章 核 酸

第一节 核酸的分类及生物学功能

遗传（heredity）和变异（variation）是生物界最重要、最本质、最普遍的生命现象。所谓遗传就是指生命在世代间的延续，上一代通过遗传可将它的生命特征准确无误地传给下一代；变异则是指在一个群体中生物个体间的差异，这种差异又使下一代在某些方面比上一代有所变化。在生物界遗传性决定了生物在种系繁衍中的稳定性，所以才有“种豆得豆，种瓜得瓜”，“龙生龙，凤生凤”之说；而变异性决定了生物的进化，从而出现了今天的生物多样性，所以也有“一胎生十子，十子十个样”的说法。

那么，遗传性和变异性这两个生物机体生命的根本属性是由什么物质决定的呢？现在可以肯定地说：“遗传变异的物质基础是核酸”。

一、核酸是遗传变异的物质基础

1869年瑞士年轻的Friedrich Miescher（1844—1895）从外科诊所遗弃绷带上的脓细胞中分离出一种含磷丰富的物质，他称之为“核素”（nuclein），实际上是含有蛋白质的核酸制品。此后R. Altmann从酵母和动物中也分离出同样的物质。直到1889年才正式将其定名为“核酸”（nucleic acid），意指含于细胞核中的酸性物质。

19世纪末到20世纪初不到30年的时间，不少人把注意力集中到对核酸的研究，其中贡献最大的是德国的A. Kossel和他的学生们，以及美国的P. A. Levene和他的同事。Kossel发现了构成核酸的四种碱基（他因此获得1910年诺贝尔化学奖）。Levene等则对核糖、2-脱氧核糖、核苷和核苷酸的鉴定等做出了贡献。Levene并于1934年提出了“核苷酸是核酸的结构单位”的基本概念。

以后，有愈来愈多的证据证明，核酸就是引起生物遗传和变异的物质。

1928年，英国细菌学家、医生Frederick Griffith发现了细菌的转化现象（transformation）。肺炎球菌（*Streptococcus pneumoniae*）有两种类型：一种为光滑型（Smooth，S型或Ⅲ型），有荚膜，有致病力；另一种为粗糙型（*rough*，R型或Ⅱ型），无荚膜，无致病力。Griffith做了下列三组实验（图4-1）：

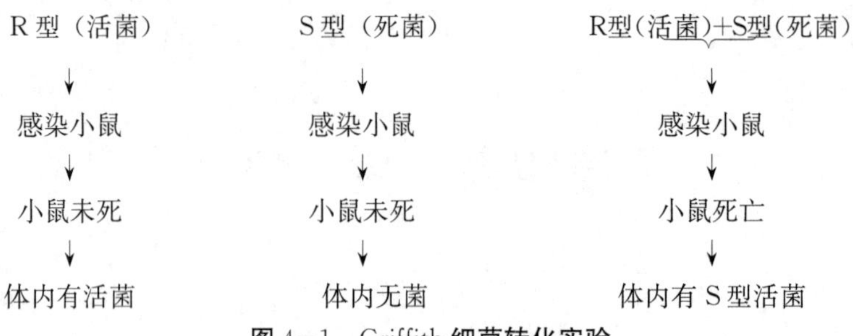

图 4-1　Griffith 细菌转化实验

从第三组实验结果，Griffith 认为 R 型菌在鼠体内转变成了 S 型，称为转化。

1935 年，美国的 Stanley 从感染花纹病的烟叶中结晶出烟草花叶病毒（tobcco mosalc virus，TMV），并将它的蛋白质和核酸分离开，再将它们分别感染新的植株，结果 TMV 的核酸可引起花纹病，而 TMV 的蛋白质不致病，且从新感染花纹病的植株中分离出病毒颗粒。

1944 年，美国洛克菲勒基金会医学研究所的 Oswald T. Avery、Coli Macleod 和 Maclyn Mccarty 重复 Griffith 的实验，并从已转化的 S 型菌中分离出一种物质——DNA，认为 DNA 是使 R 型菌转化为 S 型菌的决定性物质，并提出“遗传的物质基础是 DNA”。转化的本质是外源 DNA（S 型）整合到受体细胞（R 型）DNA，从而使受体细胞获得了外源 DNA 的遗传信息。

1952 年，美国冷泉港卡内基遗传学实验室的科学家 Alfred D. Hershey 和他的学生 Martha Chase 对噬菌体（phage，即感染细菌的病毒）T_2 的双标记实验更进一步证实了核酸在遗传中的作用。他们用 ^{35}S 和 ^{32}P 分别标记噬菌体 T_2 的蛋白质和核酸（称为双标记），然后用这种带放射性的双标记 T_2 感染大肠杆菌（*Escherichia coli*），结果发现带 ^{32}P 的核酸进入细菌内，并繁殖产生新的噬菌体，而带 ^{35}S 的噬菌体蛋白质并不进入细菌内。

由上几个典型的实验和其他诸多实验证明，核酸是引起生物遗传变异的基本物质，因此，可以肯定地认为，一切生物机体都含有核酸，因为遗传变异是生物最根本的特征。

二、核酸的类别

核酸分为两大类：核糖核酸（ribonucleic acid，RNA）和脱氧核糖核酸（deoxyribonucleic acid，DNA）。早先核糖核酸称为酵母核酸，脱氧核糖核酸称为胸腺核酸。

此外，病毒有不同于细菌和高等生物的核酸，称为病毒核酸。

1. 脱氧核糖核酸

脱氧核糖核酸（DNA）是生物的遗传信息载体，即生物机体的所有生物性状（包括遗传、变异、发育、分化、生长等）的信息基本上都储存在 DNA 分子上，因此，DNA 是非常巨大的分子。DNA 分子大多为双链结构，少数为单链；有线性结构，也有呈环状的结构。

作为遗传信息载体的 DNA 构成染色体（chromosome）或染色质（chromatin），在原核细胞中存在于核区，在真核细胞中存在于细胞核内。除染色质 DNA 外，核或核区外原核细胞还有质粒 DNA，真核细胞还有线粒体、叶绿体等细胞器 DNA。质粒（plasmid）是细菌染色体以外的能够进行独立复制的遗传单元，能够给细菌附以抗药性等性状。

原核生物染色体 DNA、质粒 DNA、真核生物细胞器 DNA 都是环状双链 DNA（也有个别为线性的），真核生物染色体 DNA 是线型双链，末端具有特殊的称为端粒（telomere）的结构。

2. 核糖核酸

核糖核酸（RNA）为单链。90%的 RNA 存在于细胞质中，约 10%的 RNA 存在于细胞器中，包括细胞核、线粒体和叶绿体。RNA 主要参与蛋白质的生物合成。

（1）主要 RNA

直接参与蛋白质生物合成的 RNA 主要有 3 类，在真核生物中它们存在于细胞质内。

①核糖体 RNA（rRNA，ribosomal RNA）。这是细胞内的一种主要 RNA，占细胞质总 RNA 的 80%左右，是一种代谢稳定、相对分子质量最大的 RNA（一般为 10^6 数量级），含于核糖体内。

核糖体（ribosome）又称核蛋白体或核糖核蛋白体，是分布在细胞质内的微小颗粒，有的呈游离状态，而多数附着于称为内质网（endoplasmic reticulum）的网状结构上，它是细胞内蛋白质生物合成的场所。核糖体含有 RNA（占 60%）和蛋白质（占 40%），整个颗粒分为一大一小两个亚基（subunit），两个亚基都含有蛋白质和 RNA，但其种类和数量却不相同。

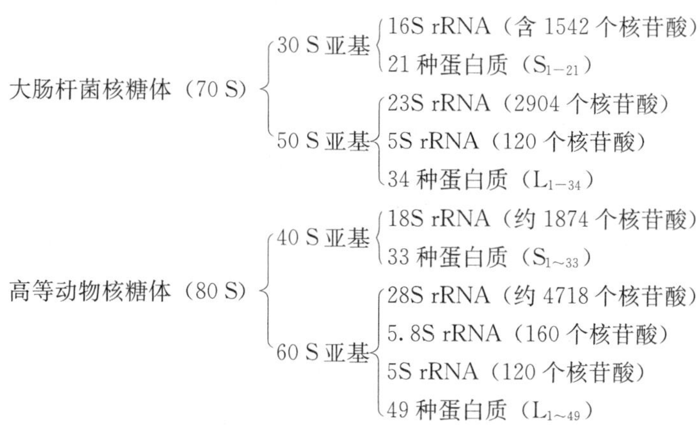

低等真核生物的 rRNA 与上述高等真核生物 rRNA 不同，小亚基含 17S rRNA，大亚基含 5S、5.8S 和 26S rRNA。

S—沉降系数（见第三章），表示的是超速离心时沉降速度的大小。为了方便起见，对大分子物质（包括细胞器、亚细胞器等）通常并不直接比较相对分子质量，而是比较 *S* 值。

②转移RNA（transfer RNA，tRNA）。这是细胞中较小的一种 RNA 分子（4S），含 75～90 个核苷酸，相对分子质量为 23000～28000。tRNA 约占细胞质 RNA 总量的 15%，是目前结构研究得最清楚的一类 RNA。在蛋白质的生物合成中，tRNA 起携带氨基酸的作用。

除此而外，还有几种特殊的 tRNA：一种是专门携带含硒半胱氨酸的 tRNA；另一种是 tmRNA，它是在原核生物中发现的兼有 mRNA 功能的 tRNA；还有一种是校正 tRNA（suppressor tRNA），是一种在蛋白质合成中纠正错误氨基酸掺入的 tRNA。

③信使 RNA（messenger RNA，mRNA）。此类 RNA 在细胞中含量很少，占细胞质 RNA 的 5%，相对分子质量较大，代谢活跃。其在蛋白质生物合成中起模板（template）的作用，是将 DNA 储存的遗传信息传给蛋白质的桥梁。

（2）线粒体 RNA 和叶绿体 RNA

在真核细胞的线粒体和叶绿体内，存在着独立的蛋白质合成系统，因此也有与细胞质蛋白质合成中相应的几种 RNA，但其大小和结构都与细胞质 RNA 不同。

线粒体 RNA（mitochondria RNA，mtRNA）中大部分是线粒体 rRNA，有 3 种：5S rRNA、18S rRNA 和 26S rRNA。线粒体 tRNA 与细胞质 tRNA 相似，大小也是 4S，但其结构不同。线粒体 mRNA 与细胞质 mRNA 的大小和结构都有较大差别。

叶绿体 RNA（chloroplastid RNA，chl RNA）约占植物总 RNA 的 25%～30%。与线粒体一样，叶绿体有自己特有的 rRNA、tRNA 和 mRNA。

（3）其他 RNA

除了上述几类主要 RNA 外，细胞内还有一些 RNA，虽然它们的含量较少，其结构与上述 RNA 也迥然不同，而且其功能有的也未完全搞清楚，但愈来愈多的研究表明，这些 RNA 的生物功能也是十分重要的，受到广泛的重视。

在真核细胞的细胞核内存在多种 RNA，有的是细胞质 RNA 的前身物. 称为前体 RNA（precursor RNA）。它们通常比细胞质中相应的“成熟”RNA 相对分子质量大，如大肠肝菌 rRNA 的前体为 30 S 核 RNA（真核细胞 rRNA 前体为 45S 核 RNA），它要经过加工、剪切才能转变成 23S、16S 和 5S rRNA；真核 mRNA 的前体称为不均一核 RNA（heterogeneous nuclear RNA，hnRNA），不同 hnRNA 的相对分子质量差别较大。

此外，在细胞核和细胞质中还存在许多小分子 RNA，这些小分子 RNA 笼统称为非 mRNA 小 RNA（small non-messenger RNA，snmRNAs），由于发现的这类小分子 RNA 愈来愈多，并且有着重要的功能，受到广泛重视，因而产生了一个新概念—**RNA 组学**（RNomics）。RNA 组学研究细胞中 snmRNAs 的种类、结构和功能。从现已有研究得知，同一生物体内不同种类的细胞、同一细胞在不同时期、不同状态下 snmRNAs 的生物合成和存在量具有时间和空间特异性。

现已发现的 snmRNAs 主要包括核内小 RNA（small nuclear RNA，snRNA）、核仁小 RNA（small nucleolar RNA，snoRNA）、胞质小 RNA（small cytoplasmic RNA，scRNA）、染色质 RNA（chromosomal RNA，chRNA）、催化性小 RNA（small catalytic RNA）、小片段干扰 RNA（small interfering RNA，siRNA）等。它们的大小从 4S 到 8S 不等，大约由 80～300 个核苷酸组成。这些小分子 RNA 在 hnRNA 和 rRNA 的成熟加工、转运以及基因活性调节、蛋白质和核酸合成的某些环节的调节中起着重要作用。

3. 病毒核酸

病毒（virus）是比细菌还低等的、无细胞结构的生物体，不能独立生活，只能寄生于其他生物细胞内，利用寄主细胞的代谢系统，进行自身的繁殖、生长和发育。同时扰乱寄生细胞的正常生理活动，常常导致寄生机体的病变。

病毒只含一种核酸，含 DNA 的称为 DNA 病毒，含 RNA 的称为 RNA 病毒。病毒颗粒是以核酸为核心，外面包裹蛋白质外壳（称为衣壳，capsid)。在一些较复杂的动物病毒中，蛋白外壳外面还包有含脂类和糖蛋白的被膜（envdope）。

（1）DNA 病毒

DNA 病毒的种类较多，结构也各有不同。感染细菌的病毒（称为噬菌体，phage），有 DNA 病毒（如 ΦX174、T 系噬菌体、λ 噬菌体等），有 RNA 病毒（如噬菌体 Qβ、噬菌体 MS_2、R_{17}等）。感染动物的病毒种类很多，许多是病原体（如痘病毒、疱疹病毒、多瘤病毒等)；感染植物的病毒基本上都是 RNA 病毒，个别为 DNA 病毒（如花椰菜花叶病毒、双粒病毒）。

噬菌体 DNA 大多是线型双链结构，如 λ 噬菌体、T 系噬菌体，但也有环状双链（如覆盖噬菌体 PM_2）或环状单链（如噬菌体 174、fd、M_{13} 等）结构。

动物病毒 DNA 大多为双链，有的为线型双链（如痘病毒、虹彩病毒、腺病毒、疱疹病毒等），有的为环状双链（如多瘤病毒、杆菌病毒、乳头瘤病毒、嗜肝 DNA 病毒等），此外还有极个别的为单链（如感染哺乳动物和鸟类的微小病毒为线型单链 DNA）。

（2）RNA 病毒

绝大多数植物病毒和一些肿瘤病毒属于 RNA 病毒，有些噬菌体也是 RNA 病毒。在这些病毒中遗传信息储存在 RNA 分子中。病毒 RNA 有双链的，如呼肠孤病毒；有些是单链的，如脊髓灰质炎病毒、狂犬病病毒和噬菌体 αβ 等。

类病毒（viroid）是只含 RNA 而不含蛋白质的病原体，其结构比病毒还简单，RNA 为环状单链，仅含 300 个左右核苷酸。类病毒可导致多种植物染病。如马铃薯纺锤形块茎类病毒（PSTV）、柑橘裂皮类病毒（CEV）等。还有一类称为卫星病毒（satellite virus），它们是病毒的寄生物。它们必须在另外的所谓辅助性病毒（helper virus）的协助下，才能在宿主细胞内繁殖。

三、核酸的生物功能

1. DNA 的功能

DNA 为绝大多数生物（除 RNA 病毒外）的遗传信息载体，其相对分子质量很大。从其功能而言，可将 DNA 看成由许许多多具有相对独立功能的片段组成，每一个片段称为基因（gene）。20 世纪 40 年代美国科学家 E. L. Tatum 和 G. W. Beadle 发现了基因和酶的特殊关系，曾提出“一个基因一个酶”的概念，后来又拓宽为“一个基因一个蛋白质”的概念。但是，许多功能蛋白质是由多条肽链构成的寡聚体，于是将这个概念发展为“一个基因，一条多肽链”。也就是说基因决定了蛋白质的结构。随着对核酸的深入研究，对 DNA 和 RNA 之间关系的阐明，发现 RNA 的结构也是由 DNA 基因决定的。此外，在 DNA 分子还有许多段落既不决定蛋白质结构，也不决定 RNA 结构，而是参与 DNA 的自身合成（称为复制）和 RNA 合成的调节控制。为此，将决定蛋白质结构和 RNA 结构的基因称为结构基因（structure gene），而对结构基因起调节控制作用的基因称为调节基因（regulator gene）。

作为遗传物质其结构是相对稳定的，这样才能保证遗传的稳定性；但也不是永远一成不变的，否则就没有变异性，就没有生物的进化。为确保生物的遗传性和变异性这种既独立又统一的辩证关系，DNA 通过下列诸方面来确保这种重要功能的实现。

（1）复制

DNA 在生物机体繁衍下一代时首先要进行自身复制（replication），即亲代的 DNA 合成出与自身完全一样的子代 DNA，也就是将储存于 DNA 分子中的遗传信息准确无误地传递给下一代。这是通过一套精密的机制和酶系统来完成的。

（2）转录

生物的遗传信息是储存在 DNA 分子上，但生物性状并不是 DNA 直接表现的，而是由蛋白质表现，因此，遗传信息必须由 DNA 传递给蛋白质，这种传递通过 RNA 中间介导，即遗传信息先由 DNA 传向 RNA（mRNA），再由 RNA 传向蛋白质，前者称为转录（transcription），后者称为翻译（translation）。无论转录或翻译，其信息传递过程都是非常精确的。

(3) 重组

遗传学研究表明，基因并不是一成不变的。在多变的内外环境中，基因（DNA）序列可以不同方式和机制进行重新组合。重组的结果，有的对机体不利，造成病变或致死，有的却是有利重组，使机体获得更优良的性状，这就促进生物的进化。DNA 重组可发生在基因与基因之间，也可发生在大范围的 DNA 序列之间。

(4) 修复

当在某些生物因素或理化因素（如电离辐射、紫外线）作用下，DNA 分子结构可发生损伤，此时机体内有一套机制可将 DNA 受损伤的部位进行修补，称为修复（repairing）。这种功能可保证 DNA 结构的完整性，从而保证遗传的稳定性。

2. RNA 的功能

(1) RNA 的基本功能

RNA 最基本的功能是参与蛋白质的生物合成。细胞质中的 3 种主要 RNA 在蛋白质合成中既有严格分工，又有彼此协作，以精密地完成这一复杂的生物过程。mRNA 作为蛋白质合成的模板，它能准确地将相应基因的信息传递给蛋白质，它的结构信息决定了蛋白质肽链中的氨基酸顺序，即决定蛋白质的基本结构；rRNA 不仅是构建核糖体的基本成员，以提供蛋白质合成的场所，而且有的 rRNA 还具有“酶”的催化作用（如 23S rRNA 可催化肽键的形成）；tRNA 是搬运氨基酸的工具，每种氨基酸都有相应的 tRNA，将其搬运到核糖体内作为合成蛋白质的原料。因此，在蛋白质合成中，这 3 种 RNA 是缺一不可的，而且其中任何一种的结构改变，都将导致蛋白质合成的异常。

(2) RNA 的其他功能

RNA 不仅是遗传信息由 DNA 传向蛋白质的中间传递体，而且随着研究的深入，自 20 世纪 80 年代以后陆续发现 RNA 还具有多方面的功能：①参与转录后的加工与修饰。RNA 由相应基因指导合成的初始产物，要经过修饰加工后才转变为“成熟”RNA，这种修饰加工有的过程是 RNA 自身促成的；②有的 RNA 具有催化作用，如肽键的形成、rRNA 的加工等都有 RNA 起“酶”的催化作用；③参与基因活性及某些细胞功能的调节。例如细胞核内的一些小分子 RNA 可调节基因的活性，从而控制蛋白质的生物合成；④参与细胞发育和分化的调节。

由此可见，RNA 的生物功能是多种多样的，随着 RNA 组学的发展，RNA 的其他一些重要功能也将陆续被揭示。

第二节　核酸的组成成分

核酸（nucleic acid）和蛋白质一样，是一类具有生物功能的有机化合物，其化学元素组成除含有碳、氢、氧、氮外，与蛋白质不同之处是含有较多的磷。在生物体内核酸大多与蛋白质结合成核蛋白，因此，从机体抽提得到的核蛋白中除去蛋白质后就得到核酸。核酸经过不同程度的水解，可以得到一系列产物：多核苷酸、核苷酸、核苷、糖、含氮碱和磷酸，完全水解的最终产物为糖、含氮碱和磷酸。

一、糖组分

组成核酸的糖主要有两种，即核糖和 2-脱氧核糖，两者都是 β-构型。

根据所含糖组分的不同，可将核酸分为两大类：一类含有核糖，称为核糖核酸（ribonucleic acid，RNA），另一类含有脱氧核糖，称为脱氧核糖核酸（deoxyribonucleic acid，DNA）。其结构式如下：

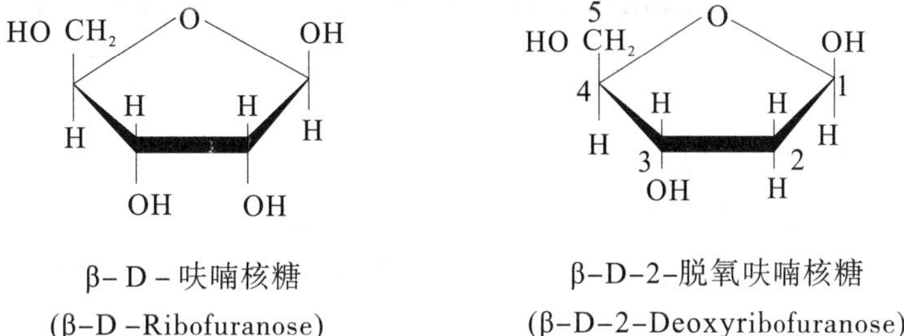

β-D-呋喃核糖
(β-D-Ribofuranose)

β-D-2-脱氧呋喃核糖
(β-D-2-Deoxyribofuranose)

二、碱基

核酸中的碱基（base）是含氮的杂环化合物，具碱性，主要是嘌呤和嘧啶的衍生物。

1. 嘧啶碱（Pyrimidine，Py）

Beilstein系统
（旧系统）

应用化学协会系统
（新系统）

嘧啶有两种编号系统（如上图），现教科书及文献中多采用后者。

嘧啶的1、3位可以看成是苯环上的—CH=基被−N=取代，—N=为三级胺基，因而具弱碱性。氮原子具亲电子性，因此使相邻的2、4、6位缺电子，这些位置容易发生亲核反应（nucleophilic reaction），而5位不具此性质。易发生亲电子反应（electrophilic reaction），故在嘧啶的衍生物中主要是在2、4、6位发生取代。

核酸分子中主要含有3种嘧啶衍生物：RNA含胞嘧啶和尿嘧啶，DNA中含胞嘧啶和胸腺嘧啶。

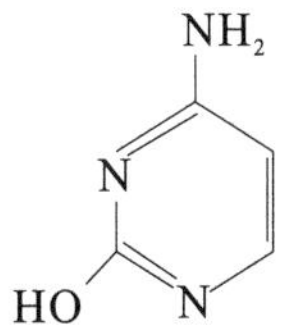

胞嘧啶
(Cytosine，Cyt)

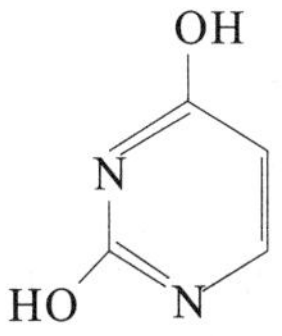

尿嘧啶
(Uracil，Ura)

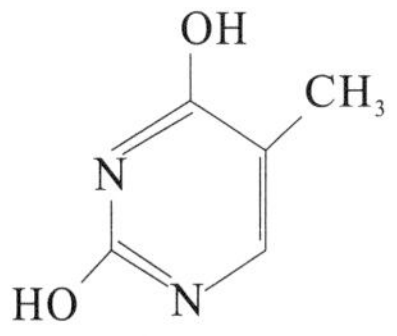

胸腺嘧啶
(Thymine，Thy)

除上述3种嘧啶衍生物外，在核酸中还存在一些稀有嘧啶衍生物，如常见于植物细胞DNA中的5－甲基胞嘧啶，某些细菌病毒（噬菌体）中的5－羟甲基胞嘧啶、5－羟甲基尿嘧啶等。

5-甲基胞嘧啶
(5-Methyl cytosine)

5-羟甲基胞嘧啶
(5-Hydroxymethyl cytosine)

5-羟甲基尿嘧啶
(5-Hydroxymethyl uracil)

2. 嘌呤碱（Purine，简写 Pu）

嘌呤是由一个嘧啶和一个咪唑（imidazole）环组合成的。

核酸中所含的嘌呤碱是嘌呤的衍生物，主要有两种：腺嘌呤和鸟嘌呤。这两种嘌呤碱在 RNA 和 DNA 中都含有。

此外，机体体内还有几种次要的嘌呤衍生物，它们是核酸代谢的产物。

嘌　呤
(Purine)

腺嘌呤
(Adenine, Ade)

鸟嘌呤
(Guanine, Gua)

次黄嘌呤
(Hypoxanthine, Hyp)

黄嘌呤
(Xanthine, Xan)

尿　酸
(Uric acid)

根据 X 射线衍射分析，证明在碱基的空间结构中，嘧啶是一个平面 环，嘌呤接近于平面，具有固定的键长、键角（图 4-2）。

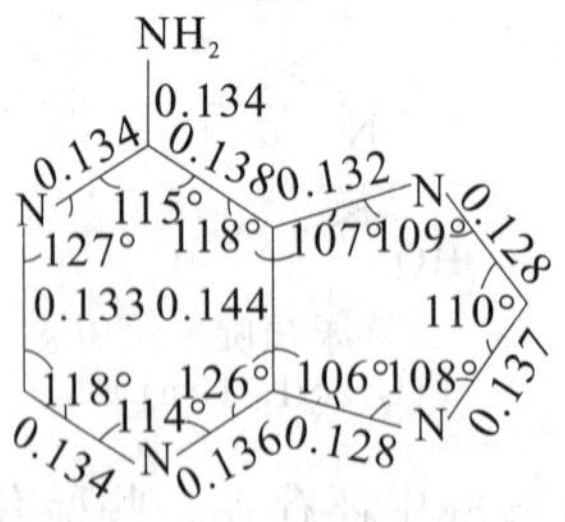

图 4-2　腺嘌呤的键长键角（键长单位为 nm）

受环境 pH 的影响，碱基有酮式与烯醇式互变、氨基态与亚氨基态互变的结构形式。在生理条件下以酮式和氨基态为主要结构形式。在核酸分子中，无论嘌呤或嘧啶，氢原子的位置都是固定的，即腺嘌呤和胞嘧啶 C_6 位连接的氮原子常处于氨基态（$—NH_2$），而鸟嘌呤和尿嘧啶 C_6 连接的氧原子常为酮式（C=O）。如果它们异构化为亚氨基态（C=NH）或烯醇式（=C-OH），将可能引起核酸功能的改变。

烯醇式（尿嘧啶）　酮　式（尿嘧啶）　氨基态（胞嘧啶）　亚氨基态（胞嘧啶）

三、核苷

含氮碱与糖组分缩合成的糖苷叫**核苷**（nucleoside）。由于含氮碱主要有两类（嘌呤和嘧啶），糖组分主要也有两类（核糖与脱氧核糖），故核苷主要分为四类，即嘌呤核糖核苷、嘧啶核糖核苷、嘌呤脱氧核糖核苷、嘧啶脱氧核糖核苷。碱基与糖成苷的位置，糖在 C_1 位，嘌呤碱在 N_9 位，而嘧啶碱在 N_1 位。糖与碱基之间的连键是 N—C 键，一般称为 N—苷键。这里必须注意，在核苷的编号中，糖的编号数字上应加一撇，以便与碱基编号区别。应用 X 射线衍射证明，核苷中的碱基与糖环平面互相垂直。从理论上讲，嘌呤环和嘧啶环与糖形成的 N—苷键可自由转动，但事实上由于空间障碍，限制了这种转动。因此，碱基的排布就出现顺式与反式（图 4−3）。在天然核酸中，主要以反式构成核酸分子结构，若转变为顺式则核酸的结构将发生改变。

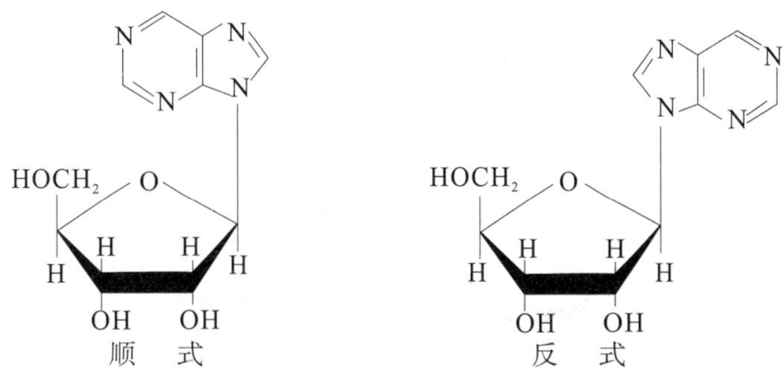

图 4−3　嘌呤核苷的两种排布方式

RNA 中主要的核糖核苷有 4 种。即腺苷、鸟苷、胞苷和尿苷。

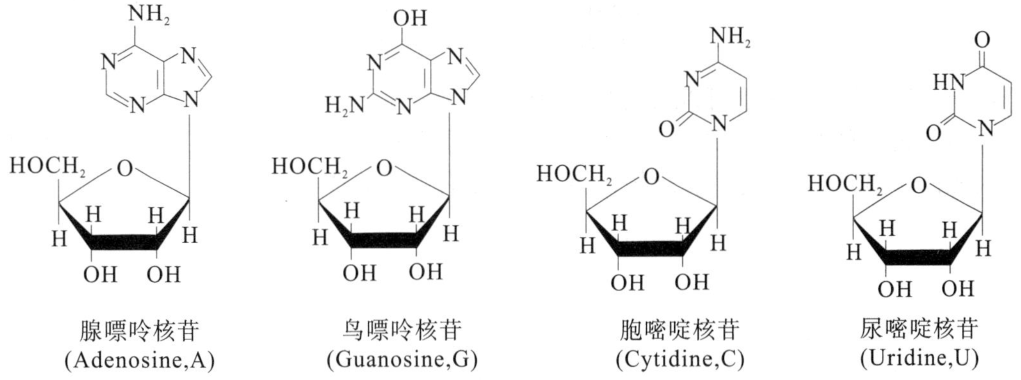

DNA 中主要的脱氧核糖核苷也有 4 种，即脱氧腺苷、脱氧鸟苷、脱氧胞苷和脱氧胸苷。

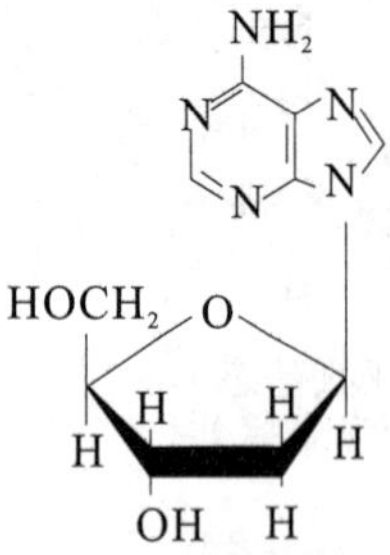

脱氧腺苷
(deoxyadenosine,dA)

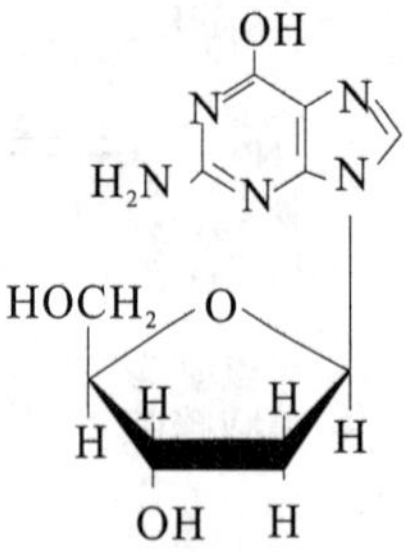

脱氧鸟苷
(dG)

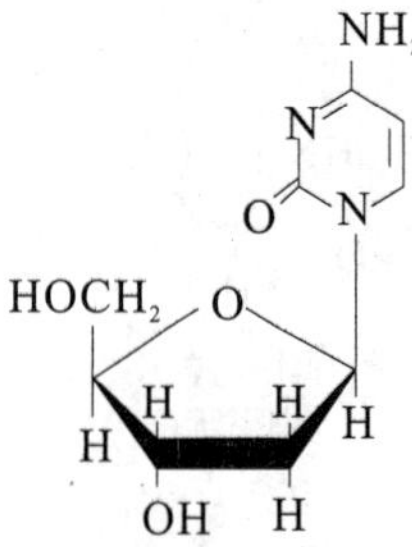

脱氧胞苷
(dC)

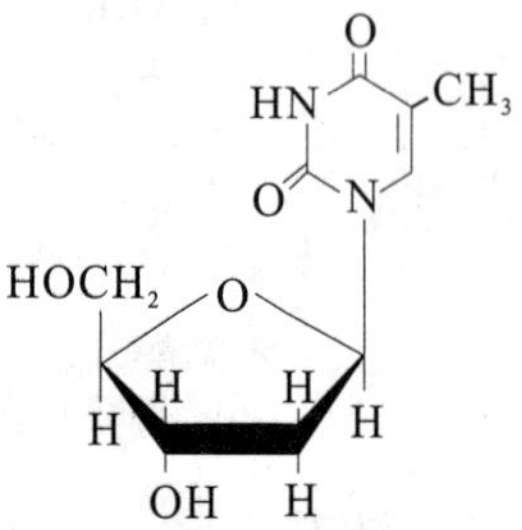

脱氧胸苷
(dT)

四、核苷酸

核苷与磷酸形成的磷酸酯叫核苷酸（nucleotide）。核苷酸是构成核酸分子的基本结构单位。由于核糖有 3 个游离醇性羟基（2′、3′和 5′），因此核糖核苷酸有 2′、3′和 5′－核苷酸（即磷酸接于核糖的 2′位、3′位或 5′位），而脱氧核糖只有 3′和 5′两个游离羟基可被酯化，故只有两种脱氧核苷酸。

实验证明，无论在 RNA 还是在 DNA 中，核苷酸之间都是通过 3′－5′磷酸二酯键（3′, 5′－phosphodiester bond）连接起来的，因此，核酸降解后由一种核碱构成的核苷酸只有 4 种，不存在 2′－核苷酸。以腺苷酸为例有下列几种：

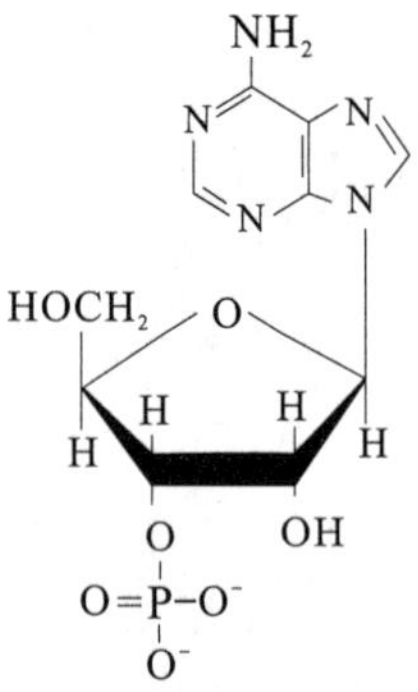

3′－磷酸腺苷
(3′-AMP)

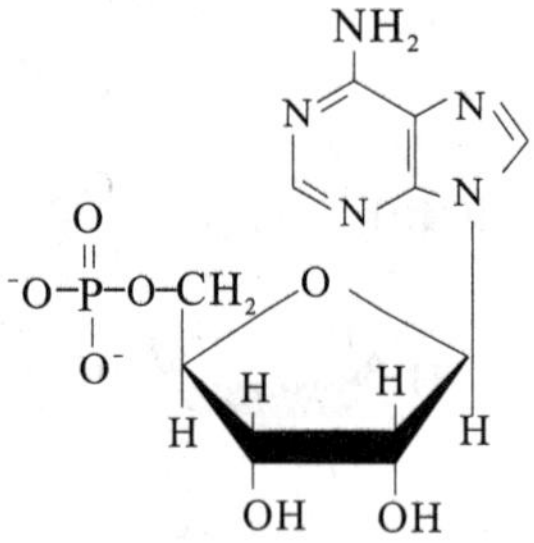

5′－磷酸腺苷
(5′-AMP)

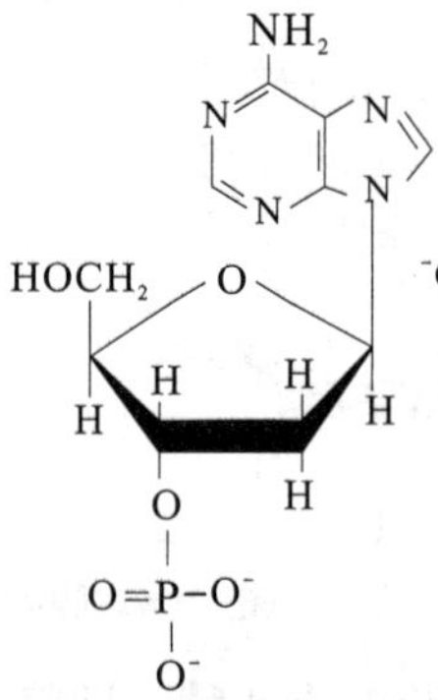

3′－磷酸脱氧腺苷
(3′-dAMP)

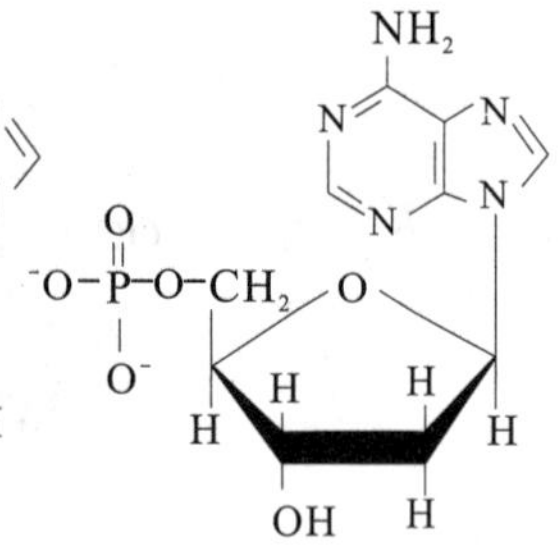

5′－磷酸脱氧腺苷
(5′-dAMP)

(Adenosine monophosphate)

同理，其他几种碱基也可以构成相应的核苷酸及脱氧核苷酸。

参与核酸生物合成的底物（反应物）并不是一磷酸核苷，而是三磷酸核苷。三磷酸核苷与二磷酸核苷都是富于能量的化合物，参与体内多种物质的合成代谢。

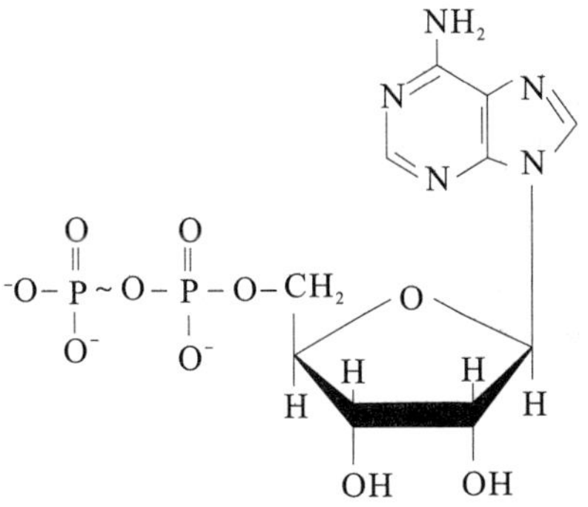

二磷酸腺苷(ADP)
(Adenosine diphosphate)

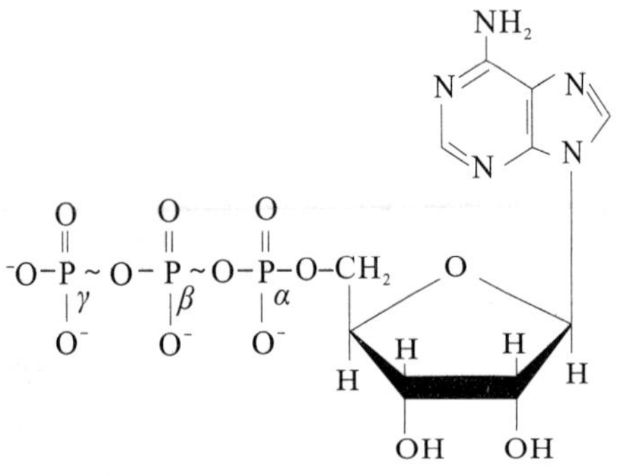

三磷酸腺苷(ATP)
(Adenosine triphosphate)

上式结构中的“～”称为高能磷酸键（high-energy phosphate bond），它水解时比普通化学键所释放的能量高得多。高能键可为机体代谢提供能量。三磷酸核苷具有 3 个磷酸基，靠近核糖 C—5′位的为 α 磷酸基，顺次为 β、γ—磷酸基。

此外，在生物体内还存在两种核苷的环状磷酸酯，即环腺苷酸（cAMP）和环鸟苷酸（cGMP），它们在物质代谢中起重要调节作用。

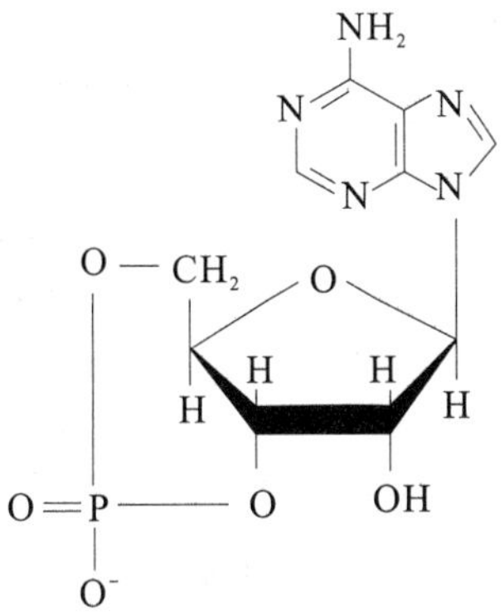

环腺苷酸(cAMP)
(cyclic AMP)

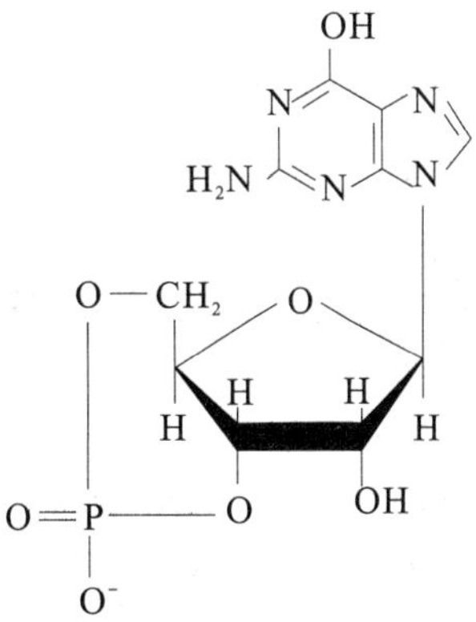

环鸟苷酸(cGMP)
(cyclic GMP)

五、修饰成分

在核酸分子组成中，除上述主要成分外，还存在一些一定部位被化学基团取代的组分，称为修饰成分（modified component）或稀有组分，现已发现核酸分子中的烯有组分有近百种。这些修饰成分中大多为修饰核苷，可分为三类：第一类是由修饰碱基组成的核苷；第二类是 2 位的羟基氢原子被甲基取代的核糖（称 2—O—甲基核糖）组成的核苷；第三类是碱基与戊糖连接方式不同形成的核苷。其中第一类最多，第三类仅指假尿嘧啶核苷：尿嘧啶的 C_5 与核糖 C_1 位成键（见下页图）。

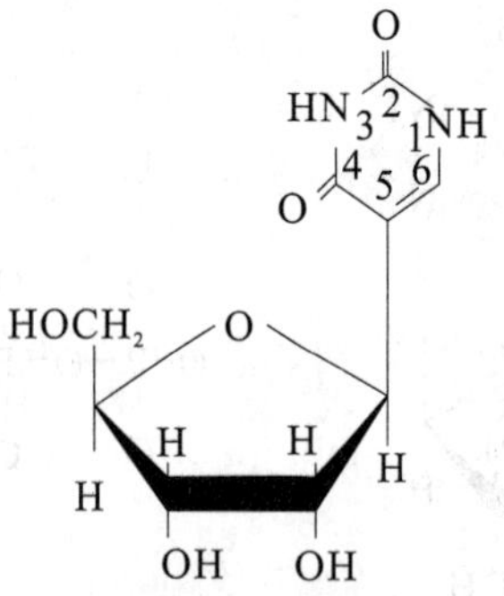

假尿嘧啶核苷(φ)
(Pseudouridine)

在碱基修饰成分中，甲基化组分尤为常见。其表示方法是用“m”（methyl 的缩写）代表甲基，其右上角的数字代表甲基所处的位置，右下角数字表示甲基的数目，如 $m_2^{2,2}G$ 为 N^2，N^2－二甲基鸟苷。其他取代稀有组分如异戊烯腺苷（i^6A）、硫尿嘧啶核苷（S^4U）等。

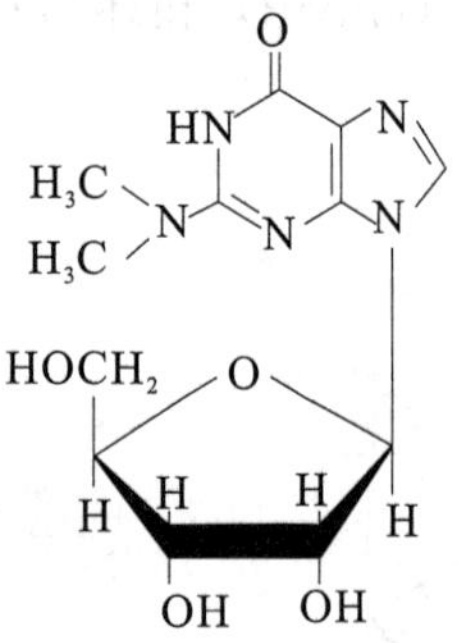

N^2，N^2—二甲基鸟苷($m_2^{2,2}G$)
(N^2，N^2—Dimethylguanosine)

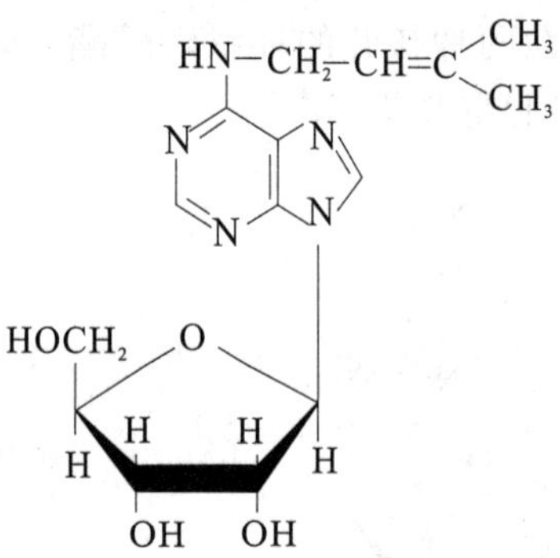

N^6—Δ^2—异戊烯腺苷（i^6A）
(N^6—(Δ^2—)—Isopentenyladenine)

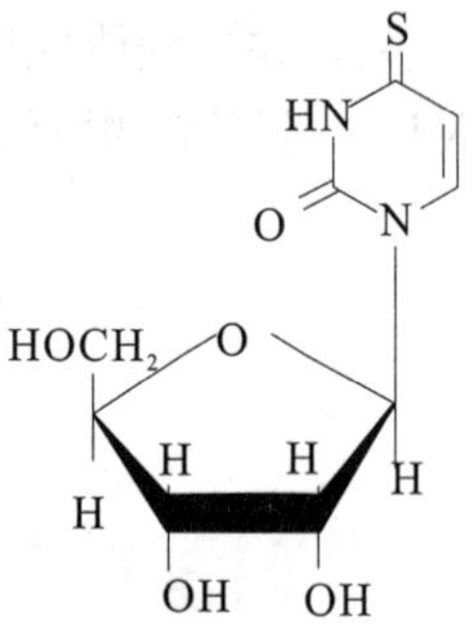

4—硫尿嘧啶核苷(S^4U)
(4—Thiouridenosine)

修饰成分主要存在于 RNA（尤其是 tRNA）中，DNA 中较少见，主要发现于细菌 DNA 病毒（DNA 噬菌体）中。

第三节　RNA 的结构

一、RNA 一级结构的概念

RNA 分子由许多核苷酸构成，核苷酸与核苷酸之间通过磷酸二酯键（phosphodiester bond）连接起来。连接方式是：磷酸分子的一个酸性基与一个核苷的核糖 C－3′位羟基缩合成酯，磷酸分子的另一个酸性基与第二个核苷的核糖 C－5′位羟基缩合成酯，即一个磷酸基连接两个核苷，生成的两个酯键称3′，5′磷酸二酯键（图 4－4）。

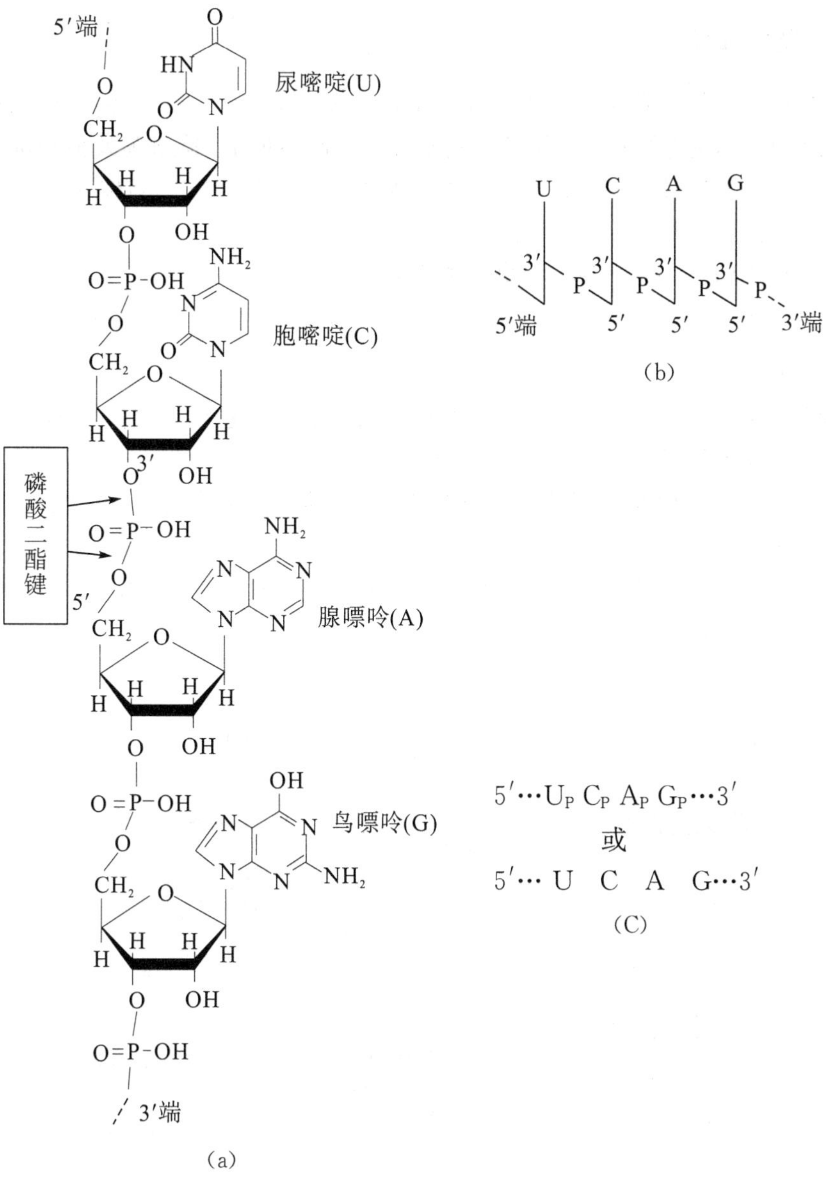

(a)

(b)

$5'\cdots U_P\ C_P\ A_P\ G_P\cdots 3'$

或

$5'\cdots$ U C A G$\cdots 3'$

(C)

(a) RNA 一片段结构式 (b) 线条式缩写 (c) 字母式缩写

图 4—4 RNA 的结构（一部分）

RNA 分子的一级结构就是指组成 RNA 分子的核苷酸通过 3′，5′—磷酸二酯键连接而成的多核苷酸链中核苷酸的排列顺序。

图 4—4 是 RNA 一级结构的一部分，表示核苷酸的连接方式。不同的 RNA 分子在 4 种碱基的组成及排列顺序上均不相同。

由图 4—4 可见，一个多核苷酸链存在两个末端，一个称为3′—末端（3′—terminal）（通常含有游离羟基），另一个称为5′—末端（5′—terminal）（通常含有磷酸基）。

图 4—4 中的（b）、（c）是 RNA（片段）的简化表示方式。在简化表示中，磷酸基在左边表示接于 C—5′位，在右边，则表示接于 C—3′位。有时甚至连 P 也省去〔图 4—4（c)〕。这些简化表示也适用于 DNA。

二、核酸的降解

要研究核酸的结构，常常需要将大分子核酸降解成小分子片段，然后逐个加以分析研究，最后综合推测其完整结构。根据条件的不同，可将核酸分子降解为大小不同的核苷酸片段、单核苷酸、核苷和核碱（碱基）。核酸的降解除用作研究核酸的结构外，在生产上还可用来制备核酸产物，以作药品和化学试剂。

核酸降解的方法分为化学降解和酶法降解两种。

1. 化学降解

(1) 碱降解

RNA 用 0.3 mol/L NaOH 在 37℃处理 16h，RNA 降解完全，得到 2′-核苷酸和 3′-核苷酸。这是生产上和实验室制备核糖单核苷酸常用的方法。

在核酸分子中，核糖的 C-2′位并未结合磷酸，碱水解产物为什么会产生 2′-核苷酸呢？这是由于在稀碱水解过程中，先形成一个中间产物，即 2′，3′-环状核苷酸，这个中间产物很不稳定，进一步水解而得到 2′-核苷酸和 3′-核苷酸（两者的比例为 4∶6）。其反应机制如下图所示（B 代表任一碱基）。

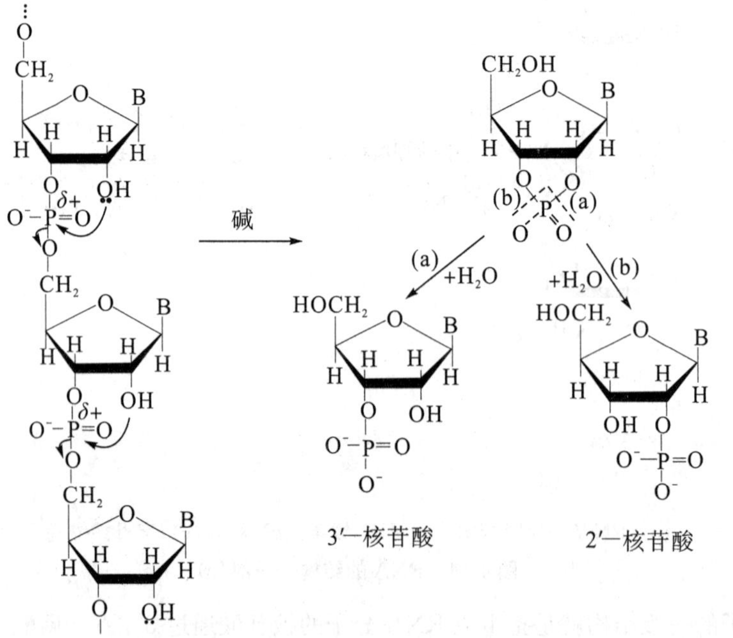

碱

(a) $+H_2O$

$+H_2O$ (b)

3′-核苷酸

2′-核苷酸

以上反应是 RNA 特有的，在同样条件下 DNA 很稳定，即稀碱不能将 DNA 水解成脱氧单核苷酸。这是因为 DNA 的脱氧核糖 2′-位上没有 OH 基，不能形成环状的中间产物。借此可以对 RNA 及 DNA 做定量测定。当核酸混合液用 0.3 mol/L NaOH 在 37℃下作用 16h～18h 后，RNA 水解成单核苷酸，而 DNA 不水解，以钠盐状态存在；进一步酸化后，RNA 水解产生的单核苷酸溶解，DNA 则沉淀，这样即可分别测定两者的含量。

(2) 酸降解

在不同酸浓度的酸性条件下，核酸降解的产物不同。一般说来，嘌呤 N-苷键比嘧啶的 N-苷键对酸更不稳定，脱氧核糖的 N-苷键比核糖 N-苷键更易被酸水解。因此，在酸性条件下，常常可将 DNA 的嘌呤碱水解下来，所余产物称为无嘌呤酸（apurinicacid，APA）。

在酸、碱的降解中，常常会引起腺嘌呤、胞嘧啶等含氨基的碱基发生脱氨作用，从而转变成相应的次黄嘌呤和尿嘧啶等。

2. 酶法降解

特异降解 RNA 的核酸酶称为核糖核酸酶（ribonuclease，RNase），特异降解 DNA 的核酸酶称为脱氧核糖核酸酶（deoxyribonuclease，DNase）。这是根据对底物作用的专一性加以区分的。若按对底物作用方式又可分为核酸内切酶（endonuclease）和核酸外切酶（exonuclease）两类。按所作用的化学键来区分，则分为磷酸二酯酶（phosphodiesterase，PDase）和磷酸单酯酶（phosphomonoesterase，PMase）。现择其重要的核酸酶类简述如下：

（1）核糖核酸酶类

这是一类切断 RNA 中磷酸二酯键的内切酶，特异性较高。

①牛胰核糖核酸酶（pancreatic ridonuclease，RNase A）。此酶因首先从牛胰中提取出来而得名。这种酶特异作用于 RNA 中嘧啶核苷酸的 C—3′位磷酸与其相邻核苷酸 C—5′位所成的磷酸酯键（表示为—Pyp↑N，N 代表任一核苷）。因此，酶作用于 RNA 后的产物为 3′嘧啶单核苷酸和以嘧啶核苷酸为 3′—末端的寡核苷酸。

②核糖核酸酶 T_1（RNase T_1）。此酶特异作用于鸟嘌呤核苷酸的 C—3′位磷酸与其相邻核苷酸的 C—5′位所成的磷酸酯键，即—Gp↑N—。

③核糖核酸酶 U_2（RNase U_2）。此酶是具有嘌呤特异性的一种核酸内切酶，其作用方式为—Pup↑N—。

④多头绒孢菌核糖核酸酶Ⅰ（RNase phyⅠ）。此酶的特异性较低，除了对—Cp↑N—的水解作用极慢而外，其他几种核苷酸的酯键均可作用。在核酸结构分析中，此酶通常与 RNase A 联用。

（2）核酸外切酶（exonuclease）

这类酶与前面几种酶（均为核酸内切酶）的作用特点不同，它作用于 RNA 时是从多核苷酸链的一端逐个切下单核苷酸，而且对碱基无选择性。

①牛脾磷酸二酯酶（spleen phosphodiesterase，SPDase）。它首先从牛脾中提取出来，在作用于 RNA 时，是从多核苷酸链的 5′—OH 末端逐一切断磷酸二酯键，产物是 3′—单核苷酸。此酶对 RNA 和 DNA 均可作用。

②蛇毒磷酸二酯酶（venom phosphodiesterase，VPDase）。多种毒蛇的毒液中含有。其作用方式与牛脾磷酸二酯酶相反，是从多核苷酸链的 3′—OH 端开始，逐个切断，产生一系列 5′—单核苷酸。此酶既作用于 RNA，也作用于 DNA。

（3）磷酸单酯酶（PMase）

磷酸单酯酶是切断磷酸单酯键的酶，可切去核酸分子的末端磷酸基及核苷酸的磷酸基。

（4）脱氧核糖核酸酶类

这是一类特异水解 DNA 的酶类，可切断磷酸二酯键。

①牛胰脱氧核糖核酸酶（pancreatic deoxyribonuclease，DNaseⅠ）。此酶对双链 DNA 及单链 DNA 均能作用，其产物是 5′—末端带磷酸的寡聚脱氧核苷酸片段（平均长度含有 4 个脱氧核苷酸），因此，这个酶的特异性不强。

②牛脾脱氧核糖核酸酶（spleen deoxyribonuclease，DNaseⅡ）。此酶作用于 DNA，其产物是 3′—末端带磷酸的寡聚脱氧核苷酸片段（平均长度含有 6 个脱氧核苷酸）。镁离子抑

制此酶的活性，但对 DNase Ⅰ，镁离子却起激活作用，可见这是两种完全不同的脱氧核糖核酸酶。

此外，作用于 DNA 的还有一类重要的限制性内切酶（restriction endonuclease），见第十八章。

三、RNA 一级结构的测定

20 世纪 60 年代，Robert W. Holley 曾借鉴 Sanger 研究胰岛素的“片段重叠法”，建立了核酸研究的片段重叠法。主要应用了 RNase A 和 RNase T_1 这两种核酸酶作为工具，首次研究了酵母丙氨酰 tRNA（特异携带丙氨酸）的一级结构。现在则多采用 Sanger 在 20 世纪 70 年代建立的研究 DNA 一级结构的方法（见本章第三节），由凝胶电泳研究 RNA 的结构，此方法快速、简便。这种方法是将 RNA 样品分别用几种核酸内切酶进行部分降解，其产物为 5′－端用同位素标记的具有不同长度的几组寡核苷酸，然后用板状聚丙烯酰胺凝胶电泳进行分离。利用酶的不完全降解，产生从单核苷酸到整个分子的不同链长的片段，电泳后各种片段在凝胶上按链长排列，结合各酶的作用特点（产物末端特征）即可从电泳图谱上直接读出核苷酸序列。例如，有下列一个八核苷酸片段，先用（$\gamma^{32}P$）－ATP 和多核苷酸激酶（polynucleotide kinase）（一种催化末端连接上磷酸基的酶）标记其 5′－末端，而后分别用 RNase A、RNaseT_1、RNaseU_2 和 RNase Phy Ⅰ不完全降解，将各自得到不同长度的片段，在同一块凝胶板上进行电泳，电泳后从放射自显影图谱上读出顺序（图 4－5）。

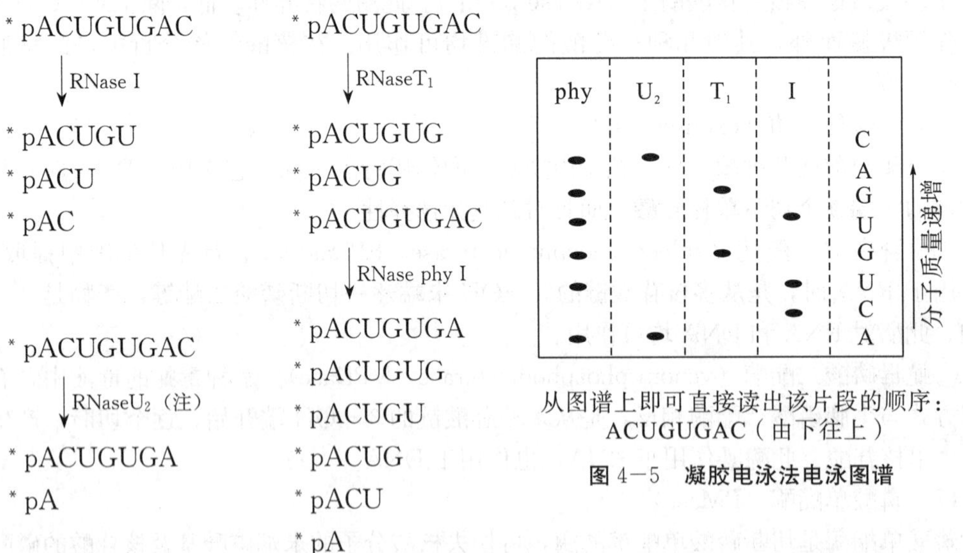

从图谱上即可直接读出该片段的顺序：ACUGUGAC（由下往上）

图 4－5　凝胶电泳法电泳图谱

注：U_2 酶作用的底物用水溶性碳化二亚胺处理后，G 可被修饰而不被 U_2 酶作用，在这种情况下 U_2 酶只作用于 A。

四、RNA 一级结构的特点

对于 RNA 的一级结构，研究得最多的是 tRNA。tRNA 的 5′－末端总是磷酸化，而且常常是 pG；3′－末端最后 3 个核苷酸的顺序相同，总是 CCA_{OH}，A 始终是非磷酸化；tRNA 分子中含有较多的修饰成分（约 70 种）．每分子含 7～19 个，占总核苷酸数的 5%～20%。

修饰成分中最常见的是碱基甲基化，甲基化后使这部分碱基的性质发生变化（如疏水性等）。

在 rRNA 中，研究得较多的是 5S rRNA 和 16S rRNA。大肠杆菌（E. *coli*）的 5S rRNA5′－端常常是 pppU，3′－端为 U_{OH}；5S rRNA 有两个高度保守的序列，其一是第 43～47 位的核苷酸顺序为 CGAAC（真核细胞此序列则出现在 5.8S rRNA），这是 rRNA 与 tRNA 相互识别、相互作用的部位；另一区域含有保守序列 GCGCCGAAUGGUAGU，它与 23S rRNA 中的一段互补；原核细胞 16S rRNA 的 3′－端总存在序列 ACCUCCU，这是 mRNA 的识别位点。

5S rRNA 不含稀有组分，5.8S rRNA 则含有稀有成分。细菌 16S 和 23S rRNA 分别有 10 个和 20 个甲基化核苷，真核的 18S 和 28S rRNA 分别含 43 和 74 个甲基化核苷。tRNA 的甲基化发生在碱基上，而 rRNA 的甲基化多发生在核糖 C－2′位上。

mRNA 相对分子质量不均一，代谢活跃，这给一级结构的研究带来一定困难。真核细胞 mRNA 与原核细胞 mRNA 比较，在结构上具有明显的区别。真核细胞 mRNA 的 3′－末端有一段长达 20～200 个左右的聚腺苷酸（poly A），称为“尾”结构；5′－末端有一个甲基化的鸟苷酸，称为“帽”结构，表示为 $m^7G^{5'5'}_{ppp}X^m_pY$。其结构如下：

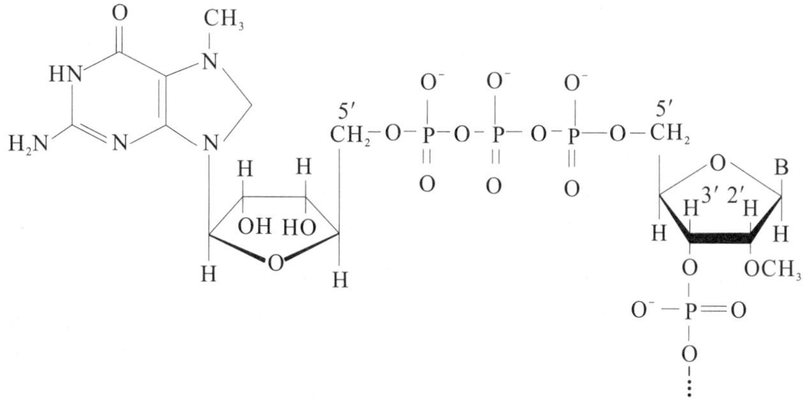

这种“尾”和“帽”结构在 mRNA 的功能表现中具有重要作用。

五、RNA 的高级结构

构成 RNA 的多核苷酸发生自身回折形成“发夹”结构或局部螺旋结构称为 RNA 的二级结构；进一步折叠形成立体的三级结构；除 tRNA 外，其他 RNA 基本上都与蛋白质结合成核蛋白，这种结合形式称为四级结构。

根据一些理化性质及 X－射线衍射证明，多数 RNA 分子都是单链，由磷酸二酯键连接的线性多核苷酸链可发生自身回折，链上的碱基可按一定规律（A 与 U，G 与 C）形成碱基对（见下面 DNA 结构）。RNA 链由于自身回折的结果可以形成“发夹”（hairpin）结构（图 4－6）。这种“发夹”结构可进而形成螺旋结构（图 4－7）。RNA 链在发生回折时，某些不能形成碱基配对的则形成“突环”（loop）。

这些结构形式便是 RNA 的二级结构。

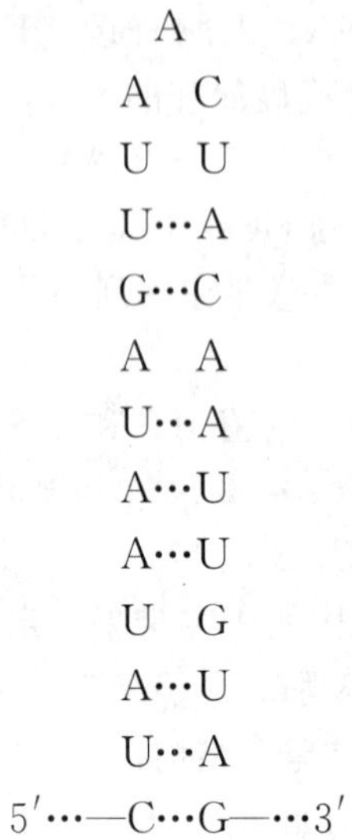
A
A C
U U
U···A
G···C
A A
U···A
A···U
A···U
U G
A···U
U···A
5′···—C···G—···3′

图 4－6 RNA 回折形成“发夹”结构

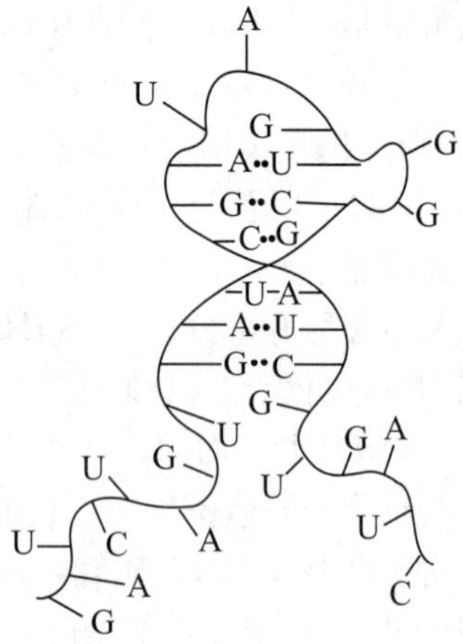
A
U
G
A··U
G
G··C
G
C··G
U-A
A··U
G··C
G
U
G A
U
G
U
U
U
C
A
A
C
G

图 4－7 RNA 链形成的一个螺旋区

因为对 tRNA 的结构研究得较多，也较清楚，在这里重点讨论 tRNA 的高级结构。

1. tRNA 的高级结构

(1) tRNA 的二级结构

第一个 RNA 分子的二级结构是美国康乃尔大学的 Robert W. Holley 于 1965 年提出的酵母丙氨酸 tRNA（简写 $tRNA^{Ala}$）的二级结构。Holley 等在测定了 $tRNA^{Ala}$ 的一级结构之后，根据其碱基排列情况以及碱基的可能配对形式。提出了 tRNA 多核苷酸链自身回折形成几个局部螺旋区和几个突环，其形状类似“三叶草”（cloverleaf）的二级结构模型。根据这个模型，$tRNA^{Ala}$ 中有 20 到 21 对碱基对，这一预见后来为许多物理化学方法所证实。至今，从已研究过的 400 多种 tRNA 的二级结构来看，都呈“三叶草”形，并且在结构上有某些共同处，可将其划分为五臂（arm）四环（loop）（图 4－8）。

环是由未配对碱基形成的，而配对碱基形成双螺旋，称为臂，包括其附近未配对的碱基。也有人将形成双螺旋的配对碱基部分称为茎（stem），将紧靠着茎而又不属于环的碱基称为臂（arm）。

酵母丙氨酸 tRNA 由 77 个核苷酸残基组成，相对分子质量为 26600。分析 $tRNA^{Ala}$ 的一级结构知道，核苷酸链的 3′－末端为腺嘌呤核苷，5′－末端为鸟嘌呤核苷酸。在 tRNA 分子中含有丰富的稀有组分，例如，图 4－8 中除 φ、m_2^2G 等已在本章第一节讨论外，其余几种稀有组分（hU、m^1G、m^1I）的结构如下：

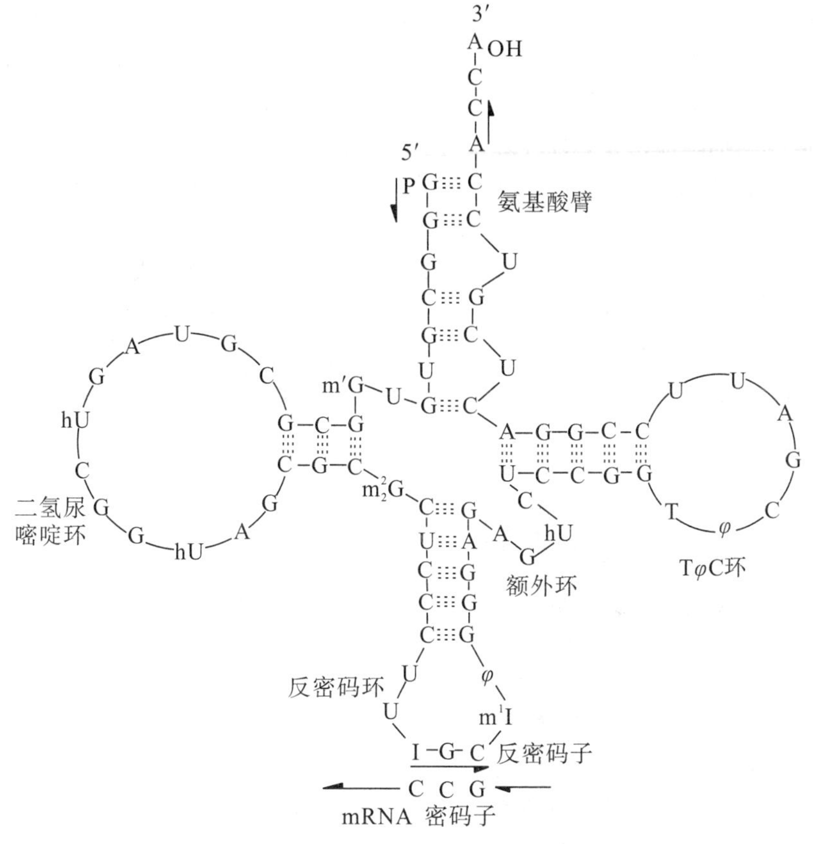

图 4-8 酵母 $tRNA^{Ala}$ 的二级结构

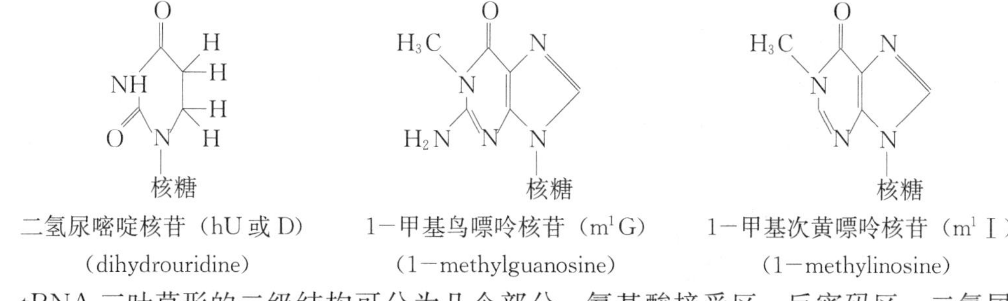

二氢尿嘧啶核苷（hU 或 D）（dihydrouridine） 1-甲基鸟嘌呤核苷（m^1G）（1-methylguanosine） 1-甲基次黄嘌呤核苷（m^1I）（1-methylinosine）

tRNA 三叶草形的二级结构可分为几个部分：氨基酸接受区、反密码区、二氢尿嘧啶区、TφC 区和可变区。除氨基酸接受区外，其余每个区含一个突环和一个臂。在已知结构的 tRNA 中，这些区域有如下特点：

①氨基酸接受区。这个区包括有 tRNA 的 3′-末端和 5′-末端。3′-末端的最后 3 个残基是 CCA，A 为核苷。tRNA 在蛋白质生物合成中携带的氨基酸即以酯键连于此端。这个区有 5~7 个碱基对（base pair，bp）。

②反密码区。这个区是与氨基酸接受区相对的一个区域，它有一个突环，一般含有 7 个核苷酸残基，其中正中的 3 个核苷酸残基称为反密码子（anticodon），这是对应于 mRNA 链上的遗传密码（code）而言的。mRNA 链上的每 3 个核苷酸构成一个密码子（codon，代表一种氨基酸），RNA 上的反密码子恰与 mRNA 上的密码子相对应，形成碱基对。这个区域含有 5 个碱基对。

③二氢尿嘧啶区。因为该区总含有二氢尿嘧啶（用 hU 或 D 表示）而得名。这个突环含

有 8～12 个核苷酸残基。除了非配对的突环外，还含有 3～4 个碱基对。

④TφC 区。这是与二氢尿嘧啶区相对的一个区域，因各种 tRNA 在此区均含有 TφC 这个序列而得名。由 7 个核苷酸构成一个突环，此外含 5 个碱基对。

⑤可变区（又称附加区或额外环）。它位于反密码区与 TφC 区之间，这个区的长度变化较大（含 3～18 个核苷酸），随 tRNA 的种类而异。因此，此区常作为 tRNA 分类的标准。

（2）tRNA 的三级结构

tRNA 分子的核苷酸链不仅可以通过氢键连接使碱基配对而形成三叶草形的二级结构，而且在此基础上，突环上的未配对碱基由于整个分子的扭曲而形成配对。自 1968 年制得 tRNA 的晶体后，像研究蛋白质一样，也开始用 X 射线衍射来研究 tRNA 的高级结构。根据 X 射线衍射结果，S. H. Kim 等（1973）及 Robertus（1974）提出了 tRNA 的三级结构模型（图 4－9）。

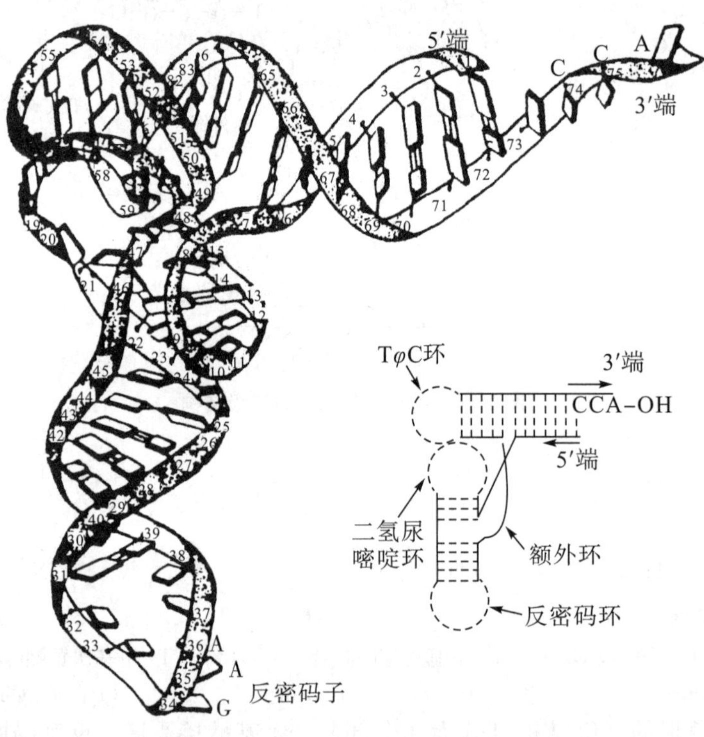

图 4－9　酵母 tRNA^{phe} 三级结构模型

酵母苯丙氨酸 tRNA 的三级结构像一个倒“L”形，其大小为 6.5×7.5×2.5 nm。在二级结构的三叶草结构基础上，未配对碱基再按碱基配对原则，一个突环上的碱基由于空间位置的改变而与另一个环上的碱基形成氢键（称为三级氢键。在二级结构“三叶草”中的氢键称为二级氢键），这样就形成了三维空间的立体结构。全貌为一倒“L”形，有两个双螺旋区，一个是氨基酸臂和 TφC 臂形成的，另一个是由二氢尿嘧啶臂和反嘧啶臂形成。这种双螺旋为反平行右手螺旋。TφC 环和二氢尿嘧啶环构成倒 L 形的拐角。倒 L 形的一端是 3′端，另一端是反密码环。

所有 tRNA 在形成三级结构中的共性是：折叠后形成大小相似以及三维构象相似，这有利于携带氨基酸的 tRNA 进入核糖体的特定部位。

2. rRNA 的高级结构

各种 rRNA 的碱基顺序测定均已完成，并由此推测各种 rRNA 的二级结构，提出过多种模型。相对分子质量较大的 rRNA（原核 16S rRNA，真核 18S rRNA）其二级结构形成一个“花形”（图 4－10），有将近一半的碱基参与配对，从而形成较多的茎环结构（stem loop structure）。这些茎环结构为核蛋白体蛋白的结合和组装提供了结构基础。

比较不同物种来源的 16S rRNA 和类似 16S rRNA 的一级结构和二级结构发现，尽管它们在一级结构上相似性并不高，但它们的二级结构却惊人地相似。显然，16S rRNA 的分子进化是二级结构在起作用，而不是在核苷酸的序列上。

不仅 16S rRNA，在所有的 rRNA 分子都发现有大量链内互补的序列，这些序列通过互补配对，使得 rRNA 高度折叠。不同类型 rRNA 折叠的模式不同，但在不同物种的同一类型 rRNA 上存在十分保守的折叠样式。

rRNA 在核糖体的组装和催化某些特异反应中起着重要的作用。将参与组成该糖体的蛋白质和 rRNA 纯化后在试管内混合，不需要加入另外的酶和 ATP 就可以自动组装成有活性的大、小亚基，但 rRNA 之间不能互相代替。说明核糖体立体结构的组装可能是由 rRNA 主导的，蛋白质维持着 rRNA 的构象。

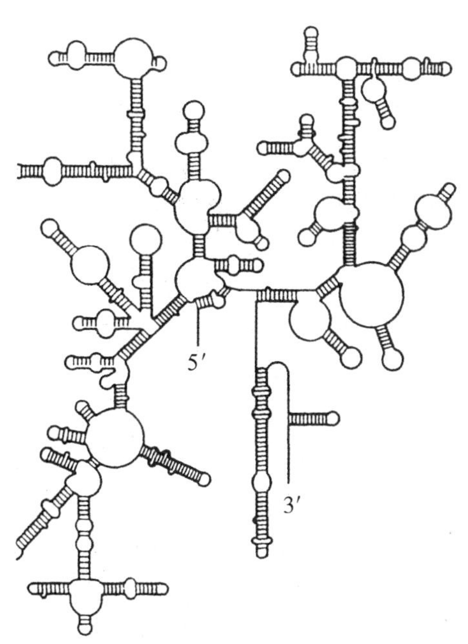

图 4－10 大肠杆菌 16S rRNA 的二级结构

此外，过去一直认为在蛋白质合成中肽键的形成是由一种肽酰转移酶（peptidyl transferase）催化的，直到 20 世纪 90 年代，H. F. Noller 等证明在大肠杆菌中肽键的形成是由 23S rRNA 催化的，并非由核糖体的一种蛋白质催化。显然，这种催化作用与 rRNA 的高级结构紧密相关。

第四节 DNA的结构

脱氧核糖核酸（DNA）作为遗传信息的载体，相对分子质量都很大。例如，大肠秆菌（E. *coli*）的 DNA 为 2.8×10^9，含有 3.8×10^6 bp 碱基对（base pair，bp）。又如，人生殖细胞的 DNA 相对分子质量为 2.1×10^{12}，含 2.9×10^9 bp。DNA 分子的大小与生物进化有关，一般说来，生物愈高等，其 DNA 相对分子质量愈大。但这不是绝对的，事实上不少动植物物种的细胞 DNA 含量远大于人类细胞的 DNA 含量。这种现象称为 C 值佯谬（C value paradox）。造成此现象的原因是基因组 DNA 存在重复序列，以及基因组除染色体基因外还有染色体外基因（extrachromesomal gene）和细胞器基因。

DNA 所含信息量只与 DNA 的复杂度（complexity）有关。复杂度是指单倍体细胞基因组 DNA 非重复序列的碱基对数，并不相等于细胞的 DNA 含量。

DNA 大多是线性分子，而原核生物染色质 DNA、一些病毒（如噬菌体 ΦX174，M_{13} 等）及高等植物的线粒体 DNA、叶绿体 DNA 等都是环状的。多数 DNA 是双链，少数是单链。

一、DNA 的一级结构

1. DNA 一级结构的概念

DNA 是由脱氧核苷酸构成的，其连接方式也是由 3′，5′－磷酸二酯键连接。DNA 一级结构指的就是构成 DNA 的脱氧核苷酸按照一定的排列顺序而形成的线性结构。因为 DNA 是遗传变异的物质基础，不同的生物性状就是由 DNA 分子上的脱氧核苷酸的排列顺序来决定的，因此研究 DNA 的一级结构具有很重要的意义。

因为 DNA 是生物遗传信息的载体，生物性状基本上都由 DNA 分子决定。生物性状多种多样，因而在 DNA 分子的一级结构上，一定是不同的段落有着不同的功能，不同的生物性状在 DNA 分子上由其相应的段落来决定。换言之，我们可以把 DNA 分子看做是由许多相对独立的单位构成的，而把每一个独立单位叫做**基因**（gene）。按照现在的概念，基因就是 DNA 分子上的一个节段，大约含 1000～2000 个脱氧核苷酸残基。

一个细胞的 DNA 含有许许多多基因，各具有不同的功能，一个生物机体 DNA 分子上的全套基因通常称为**基因组**（genome）。在一个基因组中各个基因又是如何排列的，即基因组中基因的排列顺序，称为**DNA 顺序组织**（DNA sequence organization）。因此，DNA 的一级结构除脱氧核苷酸的排列顺序外，从广义而言，DNA 顺序组织即基因的排列顺序也是 DNA 一级结构的研究范畴。

2. DNA 一级结构的测定

对于 DNA 一级结构的研究在 20 世纪 50 年代至 60 年代远远落后于蛋白质和 RNA 的研究，这是因为 DNA 分子太大，很难用传统的片段重叠法做序列测定。直到 70 年代，Sanger 等打破了片段重叠法的框框，用“酶法”或“化学法”建立一套 DNA 片段，再通过灵敏的聚丙烯酰胺凝胶电泳（PAGE）分离和放射自显影（radioautography），直接推断 DNA 的一级结构。

(1) 末端终止法

Frederick Sanger 在 1975 年利用特异 DNA 聚合酶（DNA polymerase，一种催化 DNA

合成的酶）建立了“加减法”，利用此法测定了噬菌体 ΦX174DNA 的 5386 个脱氧核苷酸的全部顺序（第一个 DNA 全结构测定）。之后不久他又建立了“末端终止法”。这是利用 2′,3′——双脱氧核苷三磷酸（2′,3′－dideoxynucleoside triphosphate，ddNTP）作为 DNA 合成链延伸的抑制剂（因为 ddNTP 的糖 3′位脱氧，不能再生成酯键，因而不能再掺入任何脱氧核苷酸，合成终止），产生长短不一，并具有特定末端的 DNA 片段。其操作要点如下：

①将待测 DNA 加热变性成单链，作为合成的模板，并加入与其 5′－端互补的短链作为引物（primer）（引物的 5′－端用 ^{32}P 标记）；

②将样品分成 4 份，每 1 份中加入 4 种脱氧核苷三磷酸（dNTP）以及一种双脱氧核苷三磷酸（4 份样品中分别加入 ddATP，ddGTP，ddCTP 和 ddTTP），并加入 DNA 聚合酶，催化合成一系列不同长度的片段，每个片段在加入的那种双脱氧核苷三磷酸处终止；

③合成产物在同一块凝胶板上进行聚丙烯酰胺凝胶电泳。在电泳中每相差一个核苷酸都可以分离成不同的区带，最后进行放射自显影，从电泳图谱上即可直接读出其序列（图 4－11）。从电泳图谱上读出的序列是待测 DNA 的互补序列。

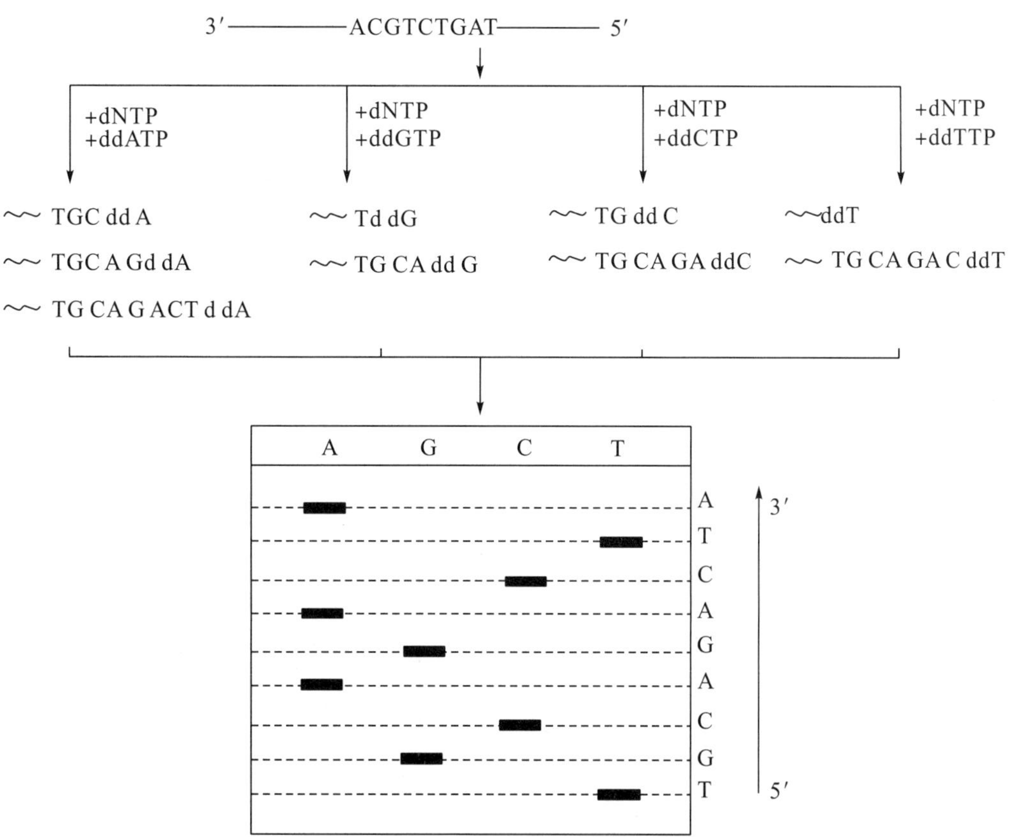

图 4－11 末端终止法 DNA 测序

（2）化学法

由美国哈佛大学的 Allan Maxam 和 Walter Gilbert 所发明的化学法（1977）是利用硫酸二甲酯和肼这两种试剂，特异修饰碱基，产生一套长短不等的片段，然后进行聚丙烯酰胺凝胶电泳及放射自显影，从电泳图谱上读出顺序。

硫酸二甲酯（dimethylsulphate）可特异修饰 G 和 A（使其甲基化），但修饰后的 G 比

A 其糖苷键更易断裂。用甲酸代替硫酸二甲酯，则两种嘌呤核苷酸均断裂。肼（hydrazine）断裂嘧啶核苷酸，但有 NaCl 存在时，肼专门断 C，无 NaCl 存在时，则 C 和 T 均切断。所以在不同条件下可分别产生以 4 种碱基为末端的片段。操作要点如下：

①用多核苷酸激酶（一种可将 ATP 的 γ－P 转移到 DNA5′－末端使其磷酸化的酶）对待测 DNA 片段进行^{32}p 标记，使其带放射性；

②将样品分成 4 份，分别加入上述化学试剂，反应后产生一套片段；

③反应后将其在同一块凝胶板上电泳，电泳完毕后进行放射自显影，从电泳图谱上可直接读出序列（图 4－12）。

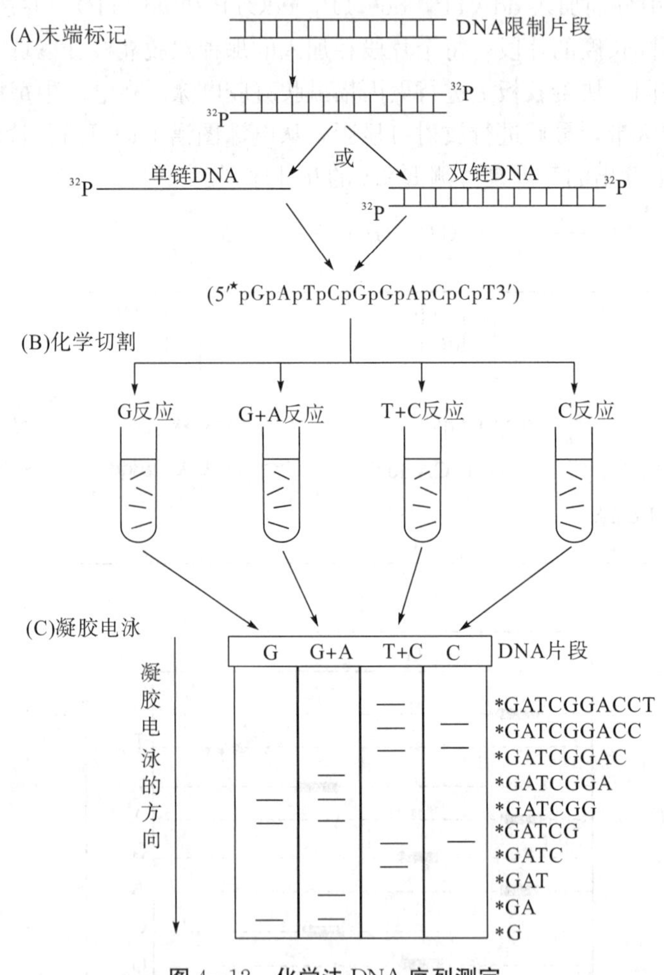

图 4－12 化学法 DNA 序列测定

（3）DNA 序列测定的自动化

上述 Sanger 的双脱氧末端终止法和 Maxam-Gilbert 的化学修饰法虽然是目前公认的最有效的 DNA 测序法，但由于存在都要使用放射性同位素、操作繁琐、效率低、速度慢等缺点，许多科学家自 DNA 测序技术问世不久，即开始 DNA 测序的自动化研究，现已日臻完善，已有多种类型的 DNA 自动测序仪诞生（图 4－13）。

DNA 序列测定自动化包括两个方面：一是“分析反应”的自动化，二是“读片过程”的自动化。在分析反应方面，现多采用一种特异荧光剂代替放射性同位素，用来标记引物。

即用四甲基若丹明（tetramethylrhodamine）标记引物 DNA，然后按双脱氧末端终止法进行测序反应，用聚丙烯酰胺凝胶进行电泳。在凝胶板的一端侧面打一小孔，以便激光通过。在凝胶板的上面装上一套荧光信号接收装置（包括一组透镜、信号转换器和相机）。在电泳过程中，当 DNA 区带在电场作用下经过激光通道小孔时，带有荧光标记的 DNA 在激光的激发下产生荧光。这些荧光通过聚焦透镜集中后传给滤光镜/棱镜系统，区分 4 种碱基产生的不同波长，经过成像透镜后由高灵敏度的相机分段收集信号。即将荧光信号转换为电信号，再输入到计算机进行数据处理，最后将测得的序列直接打印出来。由这种自动化的测序系统，每天可以测定大约 10000 个碱基的顺序。

在使用荧光标记方面，也可用具有不同颜色的荧光标记 DNA 引物到测序反应中，不同颜色代表不同碱基，例如，红色荧光标记引物用于 A 反应，蓝色用于 T 反应，绿色用于 G 反应，黄色用于 C 反应。先按照标准的末端终止法进行测序反应，然后将四组反应混合物合并在同一个凝胶的同一个泳道进行电泳。电泳后荧光的颜色被自动检测，不同颜色的荧光代表不同的核苷酸。

除此而外，近几年来科学家还发明了一些新的测序方法，这些新方法从不同的角度进行测定，各具有突出的特点。这些方法包括：MALDI-TOF 质谱测定法（Sequencing by MALDF-TOF Mass Spectrometry）、原子力显微镜（Atomic Force Microscopy）测定法、单分子荧光显微镜（Single-Molecule Fluorescence Microscopy）测定法、纳米孔测序法（Nanopore Sequencing）、杂交测序法（Sequencing by Hybridization）和 DNA 染色测序法（Sequencing by DNA dye）。

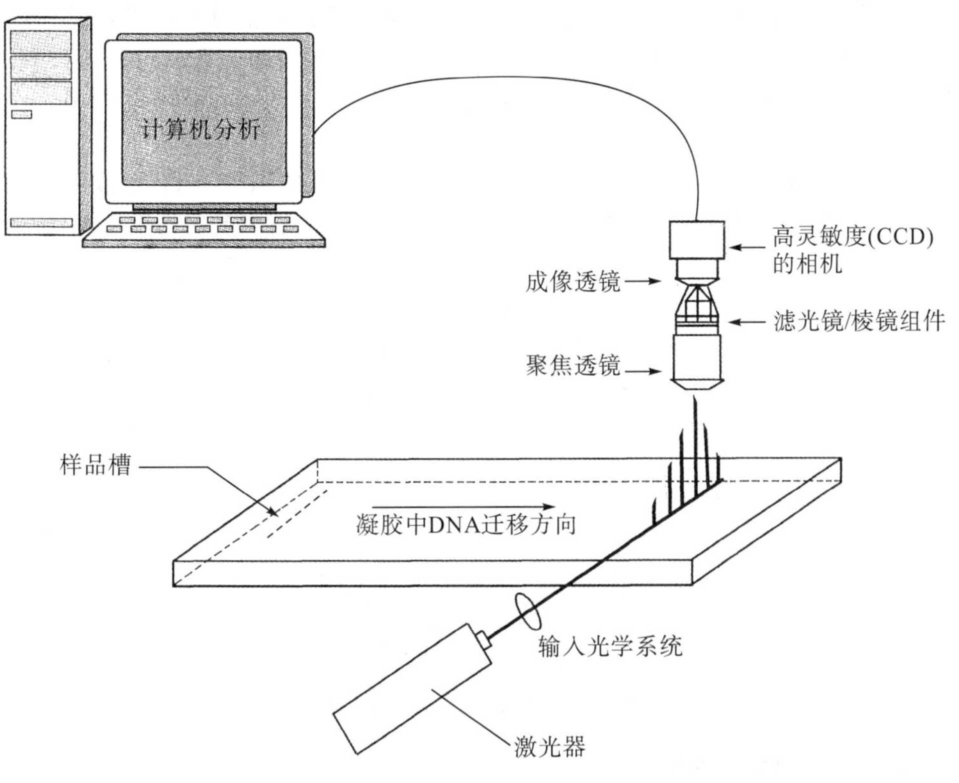

图 4-13 DNA 自动测序仪工作原理

3. DNA在一级结构上的一些重要特征

DNA分子不仅在大小上比RNA分子大得多，而且是遗传信息的载体，它决定所有蛋白质和 RNA 的结构。在 DNA 分子中决定蛋白质和 RNA 结构的序列，称为结构基因(structural gene) 或编码序列 (coding sequence)，不决定蛋白质和RNA结构的部分称为非编码序列 (non-coding sequence)。DNA的核苷酸序列 (一级结构) 与蛋白质的氨基酸序列并不是一一对应关系。某些病毒的DNA分子似乎小到不足以为它的所有蛋白质编码，但实际上它将它过量的信息压缩到它的DNA分子中；相反，在真核生物中为蛋白质和RNA编码的序列只占总DNA的很小部分。例如，在人基因组中用于编码蛋白质的序列仅占基因组的1.1%到1.4%。存在这些情况必然在DNA的一级结构上存在某些特征才能加以解释。从已对多种生物基因组的研究，发现DNA在一级结构上具有某些特征，可对上述现象作出部分解释。

(1) 重叠基因

按照传统的观念，在一个基因组中，相邻两个结构基因所含的脱氧核苷酸是不重叠的。即一段具有特征序列的DNA只编码一种蛋白质。然而，Sanger在对噬菌体ΦX174的DNA做一级结构测定时，ΦX174基因组的总长度 (5386个核苷酸) 不足以编码它的9种蛋白质，进一步分析DNA序列和9种蛋白质氨基酸序列的关系后发现，基因出现重叠现象，称为重叠基因 (overlapping gene) (图4－14)。A基因与B基因重叠 (B基因完全被包在A基因内)；D基因与E基因重叠 (D基因从第390位核苷酸到第846位，而E基因起始于566位，止于840位)。

基因重叠现象的出现对于DNA而言，显然是一种储存遗传信息的经济形式，对于某些病毒来说可以利用有限的DNA分子储存更多的信息。这种现象是否具有普遍性现尚无定论，但已知至少不是惟一的。在另外的细菌噬菌体 (如 G_4 基因组) 和猴病毒 SV_{40} (simian virus) 基因组中都发现有重叠基因。

近年来在人线粒体DNA中也发现了重叠基因。与呼吸作用中ATP生成的ATP合酶 (ATP synthase) 的亚基6基因和亚基8基因就是重叠基因。看来基因的重叠现象并不足限于原核生物。

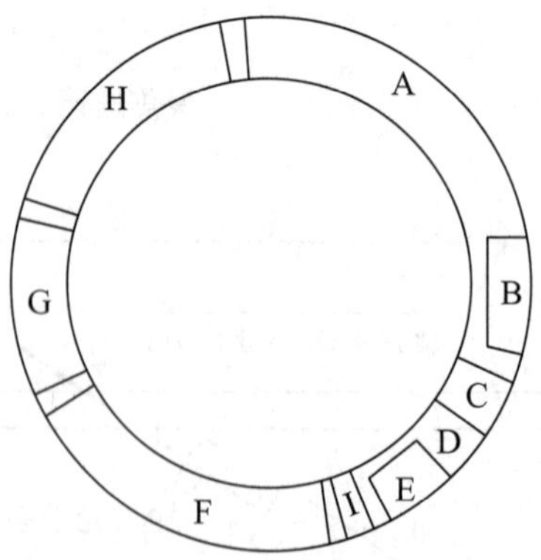

图4－14　噬菌体ΦX174基因组

(2) 插入序列和断裂基因

在真核生物的DNA分子中，除了编码蛋白质和RNA的一些段落 (基因) 外，还有一些段落不编码任何蛋白质和RNA，这些段落有的存在于基因与基因之间，称为间隔序列

(spacer sequence)；有的存在于基因内部，称为插入序列（intervening sequnce）。具有插入序列的基因称为断裂基因（interrupted gene）。分子生物学中常将编码蛋白质或 RNA 的序列称为外显子（exon），而其间的插入序列称为内含子（intron）。如鸡卵清蛋白基因总长度约为 7700 bp，其中只有 1158 个核苷酸为编码序列（外显子），它决定了卵清蛋白的 386 个氨基酸残基的顺序，插入序列（内含子）占了很大一部分，共有 7 个插入序列。在文献中有的将内含子和外显子的概念也用于基因的转录产物 RNA 分子中。

断裂基因的存在在真核基因组中是很普遍的，但在不同断裂基因中，内含子的数目和大小有很大的差别。例如，上述卵清蛋白基因只有 7 个内含子，而胶原蛋白基因（长约 40000 bp），至少有 40 个内含子，其中短的只有 50 bp，长的可达 2000 bp。

基因内存在插入序列，把一个基因隔开成若干段这种组织方式提供了进行重组的潜在位点，对于基因进化和基因活性调控具有重要意义。

（3）重复序列（repeated sequence）

真核细胞染色质 DNA 具有许多重复排列的核苷酸序列，称为重复序列，根据重复出现的程度不同，可将重复序列分为高度重复序列（highly repeated sequence）、中度重复序列（moderately repeated sequences）和单一序列（unique sequence）三类。一般说来，基因组愈大，重复序列含量愈丰富，而且重复序列具有种属特异性。

①高度重复序列。迄今发现的真核细胞染色质 DNA 几乎都含有高度重复序列。这种结构的“基础序列”短，含 5 bp～100 bp，重复次数可高达几百万次（10^6～10^7）。这种重复序列，成简单的串联形式，因此称为简单序列（simple sequence）。因为这种序列 G—C 含量高于 DNA 的其他结构，因此在氯化铯（CsCl）密度梯度离心时，常常在 DNA 主峰旁显示一个小峰，此小峰称为卫星峰，因而将这部分 DNA 又称为卫星 DNA（satellite DNA）。高度重复序列在整个 DNA 中所占比例一般为 15%左右，随种属不同而不同，这种序列与进化和基因活性调节有关。

②中度重复序列。这种结构的“基础序列”长，可达 100 bp～300 bp 或更长，重复次数从几百到几万不等。组蛋白基因、rRNA 基因（简称 rDNA）及 tRNA 基因（tDNA）大多为中度重复序列。此外，在这类重复序列中，还有一类可移动片段称为逆转座子（retroposon），它们可能在进化过程中发挥重要作用。中度重复序列占总 DNA 的 12%左右，不同种属有差别。

③单一序列，又称单拷贝（copy）。在真核细胞中，除组蛋白以外的其他所有蛋白质都是由 DNA 中单一序列决定的。这种序列的大小不等，每一段序列决定一个蛋白质结构，为一个蛋白基因，称为结构基因（structnral gene）。单一序列占总 DNA 的 50%以上。

（4）回文结构（palindromic structure）

在真核细胞染色质 DNA 分子中，还存在大量特殊的序列，这种结构中脱氧核苷酸的排列在 DNA 两条链中顺读与倒读其意义是一样的（脱氧核苷酸排列顺序相同），脱氧核苷酸的排列对于一个假想的轴成为 180°旋转对称（在纸平面上绕轴旋转 180°两部分结构完全重合），这种结构称为回文结构（图 4—15）。

5′—T—A—G—C—T—A— ¦ —T—A—G—C—T—A—3′
3′—A—T—C—G—A—T— ¦ —A—T—C—G—A—T—5′

旋转轴

图 4—15 回文结构脱氧核苷酸顺序

回文结构是某些特异蛋白的结合位点，从而调节基因活性。例如，在RNA合成的终止位点，有的RNA基因就存在回文结构，是RNA合成终止的一种机制（见第十四章）。

二、DNA的二级结构

1. DNA的碱基摩尔比例

大多数DNA仅含有腺嘌呤、鸟嘌呤、胞嘧啶和胸腺嘧啶4种碱基，但也有少数DNA还含有其他一些稀有碱基，如小麦胚的DNA含有5－甲基胞嘧啶（m^5C）；在某些噬菌体中，5－羟甲基胞嘧啶代替了胞嘧啶。不同来源的DNA其碱基的摩尔比例见表4－1。

根据多种DNA的碱基组成分析结果，发现这些碱基的摩尔比例有一定的规律。从表4－1中可以看出：①嘌呤的总数等于嘧啶的总数（A+G=C+T）；②6－位上含氨基的碱基（A+C）总数等于6－位上含羰基的碱基（G+T）的总数，即A+C=G+T；③腺嘌呤和胸腺嘧啶的摩尔数（mol）相同（A=T），而鸟嘌呤和胞嘧啶的摩尔数（mol）也相同（G=C）。

以上规律首先由Erwin Chargaff发现，称为**Chargaff定则**或**碱基等比定律**。

表4－1 不同来源DNA的碱基摩尔比例（以每100g原子磷所含氮组分的摩尔数表示）

DNA来源	A	T	G	C	m^5C	$\frac{A+G}{C+T+m^5C}$	$\frac{A+C+m^5C}{G+T}$	$\frac{A}{T}$	$\frac{G}{C+m^5C}$
小牛胸腺	28.2	27.8	21.5	21.2	1.3	0.99	1.01	1.01	0.96
大白鼠骨髓	28.6	28.4	21.4	20.4	1.1	1.00	1.00	1.00	1.00
小麦胚	27.3	27.1	22.7	16.8	6.0	1.00	1.00	1.01	1.00
酵母	31.3	32.9	18.7	17.1		1.00	0.94	0.95	1.09
噬菌体T_5	30.3	30.8	19.5	19.5		0.99	0.97	0.98	1.00
人结核分枝杆菌	15.1	14.6	34.9	35.4		1.00	1.02	1.03	0.99
噬菌体ΦX174	24.3	32.3	24.5	18.2					

在表4－1中有两种DNA与此定则不符：一是在小麦胚的DNA中，G≠C，这可解释为由于胞嘧啶稀少而被5－甲基胞嘧啶补偿之故；二是在ΦX174中，A≠T，G≠C，这是因为ΦX174DNA是单链的。

DNA的碱基组成具有种属特异性，即不同生物的DNA其碱基组成不同；但不具有组织器官特异性，即同一生物的不同组织或器官具有相同的碱基组成。

2. DNA二级结构的多态性

所谓DNA二级结构的多态性，是指DNA不仅具有多种形式的双螺旋结构，而且还能形成三链结构、四链结构，说明DNA的结构是动态的，不是静止不变的。

（1）Watson－Crick双螺旋结构模型

在Chargaff对DNA做碱基组成分析的同时，当时就职于英国伦敦大学王室学院的Maurice Wilkins和Rosalind Franklin（1920－1958）对DNA进行了结晶，并对DNA晶体进行了大量X－射线衍射的研究工作，为DNA二级结构模型的提出奠定了坚实的基础。

在以上各项研究的基础上，年轻的遗传学家James Watson和中年物理学家Francis

Crick 联合研究 DNA 的结构。他们提出碱基配对的思想很好地解释了 Chargaff 的实验结果。他们认为，在 DNA 分子中，碱基由于氢键连接而形成碱基对。在形成碱基对时，A 与 T 对应，G 与 C 对应。A 与 T 之间形成两个氢键，G 与 C 之间形成三个氢键（图 4－16）。这种碱基之间互相对应的关系称为碱基互补（base complementation）。DNA 两链互补现象具有重要生物学意义，对 DNA 本身功能的发挥也是必需的。

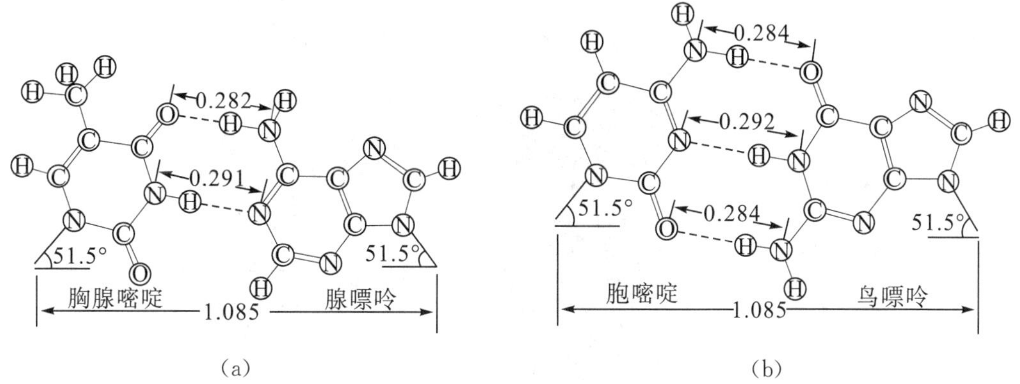

图 4－16 DNA **中的碱基配对（图中长度单位** nm）

Watson 和 Crick 在 1953 年提出了 DNA 双螺旋结构模型。其要点如下（图 4－17）：

①DNA 由两条脱氧多核苷酸链构成，每一条链为右螺旋，两条链互相平行缠绕，因而成双螺旋（double helix）。每一条链的骨架是脱氧核糖和磷酸，它们处于双螺旋的外侧。两条链的磷酸二酯键的方向相反，即一条为 5′→3′，另一条链为 3′→5′。习惯上将 3′→5′方向定为正向。

②每条链的疏水碱基处于双螺旋结构的内部，相邻两个脱氧核苷酸的碱基平面互相平行，并都垂直于螺旋轴。两个碱基在中心轴向的距离为 0.34 nm，双螺旋的螺距（螺旋一圈）为 3.4 nm（后来精确测定为 3.6 nm），含 10 个碱基对（后来精确测定为 10.4 bp）。因此，每个碱基沿轴扭转 36°（偏角）。

③两条链之间通过碱基与碱基之间的氢键维系其结构稳定性。整个 DNA 分子各处的直径相同，为 2 nm。这是因为一条链的嘌呤（含两个环）和另一条链的嘧啶（一个环）配对，而且 A 与 T 配对，G 与 C 配对，因而两条链是互补的。

④沿螺旋轴方向观察，配对的碱基并不充满双螺旋的全部空间。由于碱基对的方向性使得碱基对占据的空间不对称，因而在双螺旋的表面形成两个凹下去的槽，一个大些，称为大沟（major groove），宽 2.2 nm；另一个小些，称为小沟（minor groove），宽 1.2 nm。目前认为这些沟状结构与蛋白质和 DNA 的识别作用有关。

⑤维系 DNA 二级结构的主要有 3 种作用力。一是氢键，包括螺旋内部的氢键和螺旋外部的氢键。螺旋内氢键是碱基对之间形成的氢键，螺旋外氢键是戊糖－磷酸骨架上的极性原子与周围水分子之间形成的氢键，对稳定 DNA 双螺旋结构起辅助作用，这是维系两链间的相互作用力。其二是碱基堆积作用（base stacking action），这是由于杂环碱基的 π 电子之间的相互作用而形成的作用力，它维系了一条链内碱基间的相互关系，其本质是一种范德华作用力。堆积作用力的大小与碱基的种类有关，一般说来，碱基间相互作用的强度与相邻碱基间环重叠的面积成正比。另外，碱基的甲基化能提高碱基堆积作用力，碱基堆积作用在维系 DNA 二级结构上甚至比氢键更为重要。此外，由于 DNA 分子中的磷酸基团在生理条件下

解离，使 DNA 为一多阴离子，可与金属离子或组蛋白等带正电荷蛋白质形成盐键，这也是维系 DNA 分子稳定性的一种作用力。

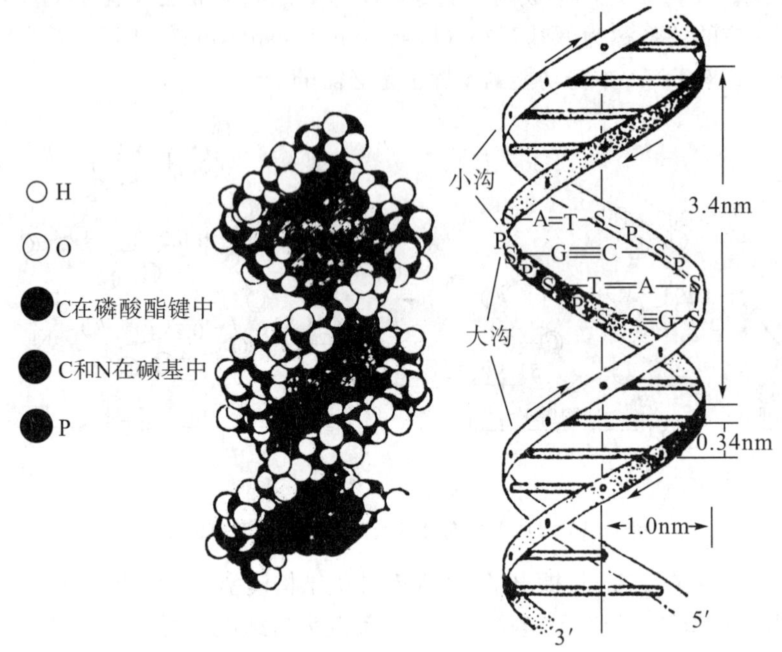

图 4-17 DNA 双螺旋结构模型

天然 DNA 在不同湿度、不同盐溶液中的结晶，其 X-射线衍射所得数据是不一样的。因而 DNA 的二级结构可分为 A、B、C、D、E、T 和 Z 等不同的构象（表 4-2）。Watson 和 Crick 提出的结构为 B 型，溶液中及细胞内天然状态的 DNA 主要是 B 型。在 DNA 分子中 A-T 含量丰富的 DNA 片段通常呈 B 型。如果 DNA 双链中一条链为 RNA 替换，形成 DNA-RNA 杂合分子，或者双链 RNA 都呈 A 型。由此提示，A 型构象可能与基因的活性有关，因为在基因合成蛋白质（称为基因表达）时就必须形成 DNA-RNA 杂合分子。

表 4-2 DNA 的类型

类型	结晶状态	螺距	堆积距离	每圈碱基对数	碱基夹角
A	75%相对湿度，钠盐	2.8 nm	0.25 nm	11	32.7°
B	92%相对温度，纳盐	3.4 nm	0.34 nm	10	36°
C	66%相对温度，锂盐	3.1 nm	0.33 nm	9.3	38°

Watson 和 Crick DNA 双螺旋模型能够解释许多重要的生命现象，如 DNA 复制、蛋白质的合成、遗传与变异等，因此是目前公认的一个模型。这个模型的提出，被认为是 20 世纪在自然科学方面的重大突破之一，它揭开了分子生物学研究的序幕，为分子遗传学的发展奠定了基础，并直接导致分子生物学的诞生和后来的迅猛发展，为现代生命科学和技术所取得的成就做出了不朽的贡献。

(2) 左旋 DNA-Rich 模型

自 1953 年 Watson 和 Crick 提出 DNA 的右旋模型以来，普遍为生物化学家和分子生物学家所接受。但 1979 年 Alexander Rich 由对 d（GCGCGC）这样一个脱氧六核苷酸的 X 射线衍射结果，发现了左旋的现象，并提出了具有左旋的 Z—DNA 模型。

Watson-Crick 右旋 DNA 模型是平滑旋转的梯形螺旋结构，新发现的左旋 DNA，虽也是双股螺旋，但旋转方向与它相反，并在旋转的同时作 Z 字形扭曲，磷酸基在骨架上的分布呈 Z 字形（zigzag），故称 Z—DNA（图 4—18）。Z—DNA 中的两条糖磷酸骨架比 B—DNA 中靠得更近，因而碱基对位于螺旋的外侧，而不是内侧。B—DNA 具有两个槽（大沟和小沟），而 Z—DNA 只有一个槽（大沟）。此外。许多数据均与 B—DNA 不同（表 4—3）。

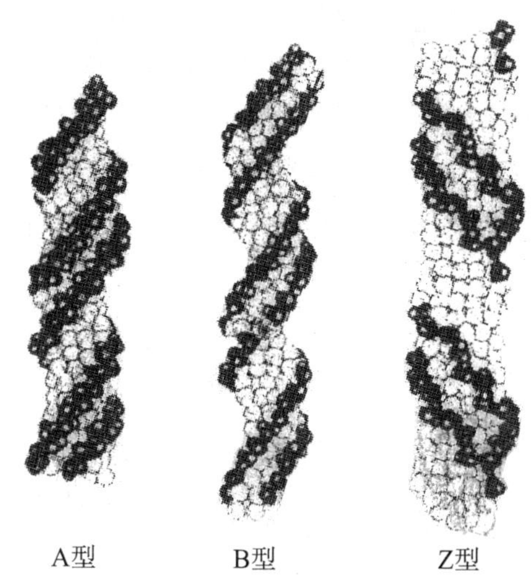

图 4—18　A—DNA、B—DNA **和** Z—DNA **的结构模型比较**

表 4—3　B—DNA **与** Z—DNA **的比较**

类型	旋转方向	每圈残基数	直径	碱基堆积距离	螺距	每个碱基旋转角度
B—DNA	右旋	10.4	2.37 nm	0.34 nm	3.6 nm	36°
Z—DNA	左旋	12	1.84 nm	0.38 nm	4.5 nm	−60°

Rich 提出的左旋 DNA 模型虽然来自人工合成的脱氧六核苷酸的实验结果，但在 20 世纪 80 年代以来一些学者在多种实验基础上，指出左旋 DNA 也可能是天然 DNA 的一种构象，而且在一定条件下右旋 DNA 可转变为左旋。Rich 使用荧光标记的 Z—DNA 特异性抗体发现了在某些生物体内存在 Z—DNA。例如，果蝇的 X 染色体就存在 Z—DNA，而人类基因组上类似的可暂时形成 Z—DNA 的片段约为 10^5 bp。Z—DNA 的形成是有条件的，而且细胞内 Z—DNA 形成的条件与体外有所不同。例如，体内很难达到高盐浓度，但细胞内存在带正电荷的多胺化合物，如精胺（spermine）和亚精胺（spermidine）等，能和盐一样同 DNA 上的磷酸基团结合，减少相邻核苷酸之间负电荷的排斥作用，可使 B—DNA 转变为 Z—DNA。而且 Z—DNA 结合蛋白等带正电荷蛋白质也可促进 B—DNA 向 Z—DNA 转变。

关于体内 Z—DNA 形式的生物学意义尚未完全阐明，现在一般认为可能与基因表达调控有关。DNA 的局部区域发生 Z—DNA 和 B—DNA 的可逆性转变，也许就充当了调节基因表达的开关。当一个 DNA 分子的某个区域（如一个或几个基因）从 B—DNA 转变成 Z—DNA以后，细胞内某些调节蛋白可以结合上去，从而改变基因表达。事实上，在基因表达前，Z—DNA 的形成更有利于 DNA 双螺旋的解除，变成单链后才能作为合成 mRNA 的模板。

此外，也有人提出 DNA 的左旋化可能与 DNA 的重组、突变和致癌等有密切关系。

(3) 三链 DNA

在一定条件下，DNA 可形成三股螺旋（triple helix)，称为三链 DNA（triple-strand DNA，tsDNA)。这是在双螺旋 DNA 的大沟中插入第三条链，从而形成三股螺旋（图 4－19)，但不是任意区段都能形成，而是整段的碱基都是嘌呤或都是嘧啶。有两种类型：①嘌呤－嘌呤－嘧啶型（Pu－Pu－ Py 型）；②嘧啶－嘌呤－嘧啶型（Py－Pu－Py 型）。可见，形成三股螺旋时，中间一条链必须是多聚嘌呤。在三条链中，双螺旋的两条通过正常的 Watson-Crick 配对，而第三条链与中间那条链的配对称为 Hoogsteen 配对（形成 Hoogsteen 氢键)。在 Pu－Pu－Py 型中形成 A＝A＝T 和 G＝G≡C 配对（其中 A＝A 和 G＝G 为 Hoogsteen 配对)。在 Py－Pu－Py 型中形成 G^+＝G≡C（第三链的 C 必须质子化）和 T=A=T配对（其中 G^+=G 和 T=A 为 Hoogsteen 配对)。

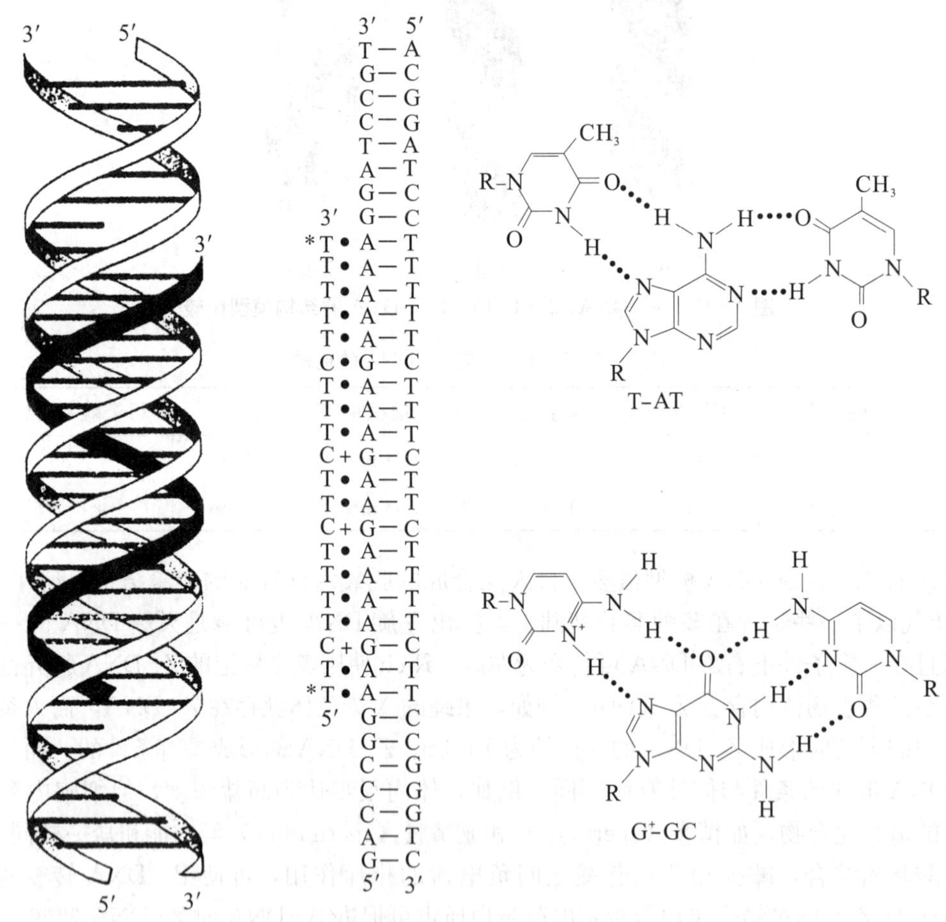

图 4－19　三链 DNA 模型

Hoogsteen 碱基对具有顺式和反式两种构象，顺式是指第三条链与嘌呤链呈平行排列，反式则是第三条链与嘌呤链呈反平行排列。

这种三股螺旋和单链 DNA 形成的复合区称为 H－DNA，这恰好符合其形状称为铰链 DNA（Hinged DNA）和其组成为高嘌岭－高嘧啶 DNA（Homopurine-Homopyrimidine

DNA）的特征。H－DNA 通常是分子内折叠形成的一种三股螺旋，在酸性 pH 下更易形成，因为酸性条件可促进 C 质子化，容易形成 Hoogsteen 配对（图 4－20）。

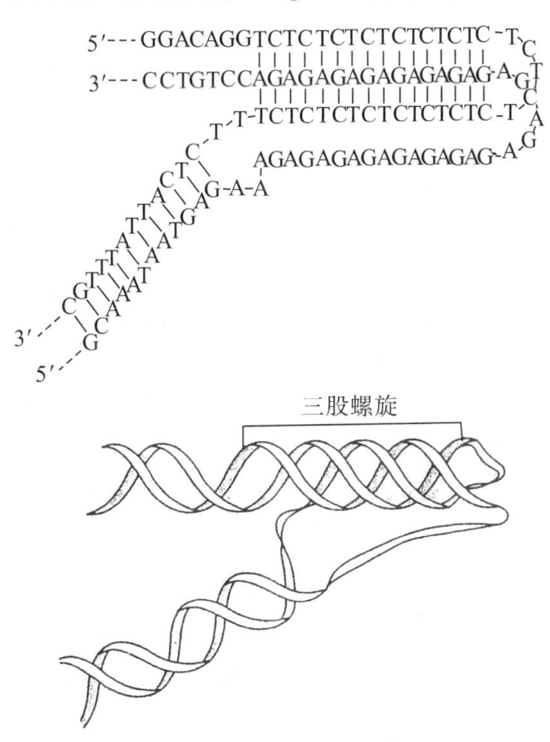

图 4－20 H－DNA **的结构**

由于形成三链要求特异多聚嘌呤或多聚嘧啶序列，而这些序列常常出现在调控区及 DNA 复制的起点和终点，由于三链 DNA 的形成，双螺旋 DNA 就不易解开成单链，而且 H－DNA经常出现在 DNA 复制、转录（合成 RNA）和重组的起始位点或调节位点，由此推测三链 DNA 可能与基因表达的调控、DNA 复制及染色体的重组有关。

（4）四链 DNA

用 X 射线衍射和核磁共振（nuclear magnetic resonance，NMR）研究合成序列 $(T/A)_{1-4}G_{1-8}$发现，单链 DNA 中 4 个鸟嘌呤可通过 Hoogsteen 碱基配对，形成分子内或分子间的四螺旋结构（tetraple helix structure），在不同的盐浓度和湿度下可形成不同的构象。

在真核细胞染色体的端粒（telomere）（见第十三章）DNA 中，其 3′－端含有几百个类似的六核苷酸重复序列，这部分结构有可能形成四链 DNA。富含 G 的 3′端游离序列可发生回折，形成 G－G 配对（Hoogsteen 氢键）的局部双链，它或者与邻近的一个同样的 DNA3′端通过 G－G 配对形成多个由 4 个 G 组成的四碱基体而形成四螺旋，或者同一条链的每个重复单位提供一个 G 而形成四碱基体。

目前，推测四链 DNA 可能在稳定染色体的结构以及在复制中保持 DNA 的完整性等方面起作用。此外，体内的四链 DNA 结构可能参与某些癌基因（oncogene）转录的调节。

三、DNA 的三级结构

1. 超螺旋结构

DNA 的二级结构指双螺旋结构。双螺旋链的扭曲或再次螺旋就构成了 DNA 的三级结构。超螺旋（superhelix）是 DNA 三级结构的一种形式，超螺旋是除氢键和碱基堆积以外的力所维持的构象。除超螺旋外，DNA 三级结构还具有其他形式的分子构象。

在 DNA 双螺旋中，每 10 个核苷酸残基的长度螺旋转一圈，这时双螺旋处于最低能量状态（称为松弛态）。如果使这种正常的双螺旋 DNA 分子额外地多转几圈或少转几圈，就会使双螺旋内的原子偏离正常位置，这样，在双螺旋分子中就存在额外的张力。如果双螺旋末端是开放的，这种张力可通过链的转动而释放出来，DNA 将恢复到正常的双螺旋状态；如果 DNA 分子末端是以某种方式固定的，或者是环状 DNA 分子，这些额外的张力就不能释放到分子之外，而只能在 DNA 分子内部使原子的位置重排，这样 DNA 就会发生扭曲，这种扭曲就称为超螺旋（图 4－21）。可见，DNA 双螺旋分子的链间螺旋数若发生改变，就会出现超螺旋结构。超螺旋有两种方式：放松双螺旋形成的超螺旋为负超螺旋，它是一种右手超螺旋；旋紧双螺旋形成的超螺旋为正超螺旋，它是一种左手超螺旋。负超螺旋 DNA 是由于两条链的缠绕不足引起，很容易解链，因此有利于 DNA 的复制、转录和重组（见第十三章）。

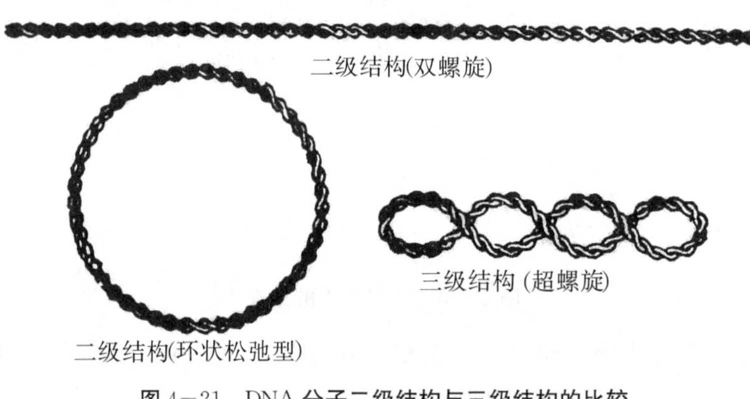

图 4－21　DNA 分子二级结构与三级结构的比较

超螺旋的变化可用下列数学式来描述：

$$L=T+W \quad 或 \quad W=L-T$$

式中 L 称为连环数（linking number），它是指 DNA 双螺旋结构中一条链与另一条链交叉的次数；T 称为缠绕数（twisting number），是指双链环绕螺旋轴旋转的周数，即 Watson-Crick 螺旋的数目；W 为超螺旋数（writhing number）。当 $L<T$ 时，即 DNA 相互缠绕不足时，产生负超螺旋；当 $L>T$ 时，即 DNA 双链盘绕过度时，产生正超螺旋；而 $L=T$ 时，不产生超螺旋，此时 DNA 处于松弛态（relaxed state），此时 DNA 仅具有双螺旋的二级结构。

2. 真核细胞染色质的组装

在真核细胞的染色质（chromatin）中，DNA 由高级结构进行了高度的压缩，在细胞分裂时期形成染色体（chromosome）。染色体的基本结构单位是核小体（nucleosome）。核小体由 DNA 和组蛋白（histone）构成。组蛋白有 5 种，其中 H2A、H2B、H3、H4 各两分子构成一个八聚体，其外再由双螺旋的 DNA 绕其旋转 $1\frac{3}{4}$ 圈（为 DNA 的三级结构），约含 140 bp，称为核小体的核心颗粒（core particle），两个核心颗粒间由一段双螺旋 DNA 相连，称为连接部（约 60 bp），组蛋白 H1 即处于这个部位。核小体是染包质的第一结构层次；第二层次的折叠是核小体卷曲（每周含 6 个核小体）形成直径为 30 nm 的纤维状结构；第三层次的折叠是 30 nm 纤维再螺旋排列形成柱状（或管状）结构，再由这种柱状结构最后形成染色体。经过这几个层次的折叠、螺旋，整个 DNA 分子压缩近 10000 倍。

第五节　核酸及核苷酸的性质

核酸的性质是由其结构决定的。核酸的结构特点是分子大，有一些可解离基团，具有共轭双键等。这些特点决定了核酸及其组分核苷酸性质的基础，本节介绍几种重要的性质。

一、溶解性

RNA 及其组成成分核苷酸、核苷、嘌呤和嘧啶碱的纯品都呈白色粉末或结晶，DNA 则为疏松的石棉一样的纤维状固体。

DNA 和 RNA 都是极性化合物，一般说来，这些化合物都微溶于水而不溶于乙醇、乙醚、氯仿、三氯醋酸等有机溶剂。它们的钠盐比自由酸易溶于水，RNA 钠盐在水中的溶解度可达 4%。核苷酸的碱基在水中的溶解度比核苷酸更低。

DNA 和 RNA 在生物细胞内大都与蛋白质结合成核蛋白。DNA 蛋白（DNP）和 RNA 蛋白（RNP）的溶解度受溶液盐浓度的影响而不同。DNA 蛋白的溶解度在低浓度盐溶液中随盐浓度的增加而增加，在 1 mol/L NaCl 溶液中的溶解度比纯水高 2 倍，可是在 0.14 mol/L的 NaCl 溶液中溶解度最低，仅为水的 1%，几乎不溶解；而 RNA 蛋白在盐溶液中的溶解度受盐浓度的影响较小，在 0.14 mol/L NaCl 溶液中溶解度较大。因此在核酸提取中，常用此法分别提取这两种核蛋白，然后再用蛋白变性剂去除蛋白质。

因为核酸为两性电解质，故溶解度与 pH 也有关。DNA 蛋白在 pH4.2 时溶解度最低，而 RNA 蛋白在 pH2～2.5 时熔解度最低，故也可用调节溶液的 pH 值使二者达到分离的目的。

二、核酸及其组分的酸碱性质

核酸和核苷酸具有磷酸基，因而呈酸性，同时它们又有含氮碱基，所以又具有碱性，为两性电解质。无论是碱基、核苷还是核苷酸，其嘌呤或嘧啶环上的取代基对环状氮的解离都有明显的影响，而磷酸对环氮的解离影响却较小。可见碱基、核苷、核苷酸以及大分子核酸的解离情况有共同之处，也有不同点。

1. 碱基的解离

由于嘧啶和嘌呤化合物杂环中的氮原子以及各种取代基具有结合或释放质子的能力，所以核酸组成的含氮碱基既具有碱性解离又具有酸性解离的性质。胞嘧啶环所含氮原子上有一对未共用电子可与质子结合，使第三位的—N=转变成带正电荷的—N^+H=基团。

$$\text{胞嘧啶}(N_3\text{-}H^+) \xrightleftharpoons{pK'_{a1}=4.4} \text{胞嘧啶} \xrightleftharpoons{pK'_{a2}=12.2} \text{胞嘧啶}(O^-)$$

此外，胞嘧啶上的烯醇式羟基（C_2 位）的性质与酚基很相似，具有释放质子的能力，呈酸性。因此，在水溶液中，胞嘧啶的中性分子、阳离子和阴离子之间具有一定的平衡关系。曾经认为 pH4.4 的解离与胞嘧啶的氨基有关，其实氨基在嘧啶碱中所呈的碱性极弱。这是因为嘧啶环与苯环相似，具有吸引电子的能力，使得氨基氮原子上未共用电子对不易与氢离子结合，氢离子主要是与环中的第三位的氮原子（N_3）相结合。

尿嘧啶及胸腺嘧啶环上 C_4 位无氨基，对 N_3 的影响不同于胞嘧啶，故 N_3 酸性解离的值 pK'_{a1} 值较高（N_3 不易离子化）。

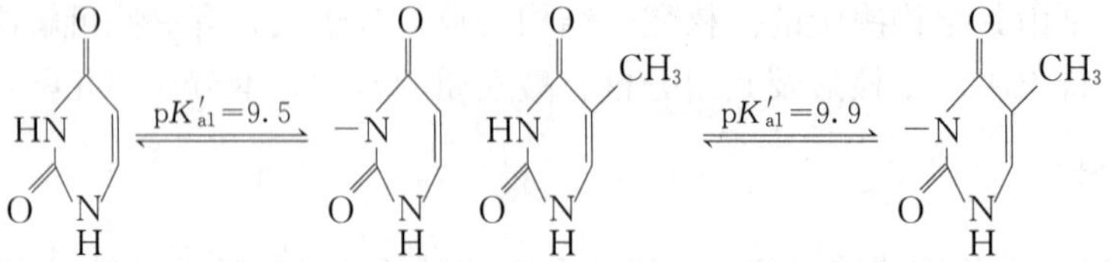

$pK'_{a1}=9.5$　　$pK'_{a1}=9.9$

在腺嘌呤中，质子结合于 N_1 上，其 $pK'_{a1}=4.15$。腺嘌呤的 pK'_{a2} 是由于 N_9 位上的解离。在它的核苷及核苷酸中，由于 N_9 上已形成了糖苷键，故无 $pK'_{a2}=9.8$ 的解离。

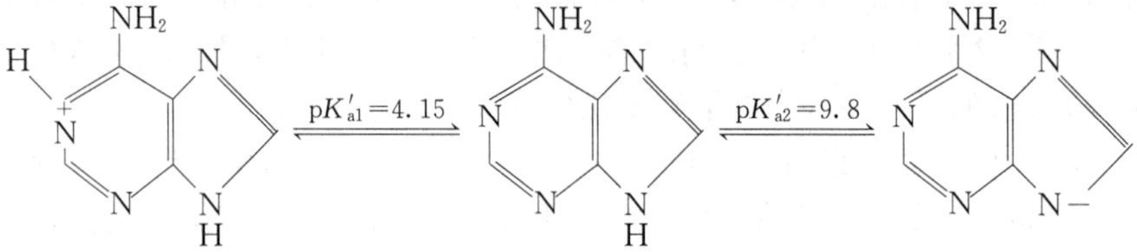

$pK'_{a1}=4.15$　　$pK'_{a2}=9.8$

在鸟嘌呤和次黄嘌呤中，C_6 位没有氨基，质子结合于 N_7 上。以鸟嘌呤为例，N_7 上的解离 $pK'_{a1}=3.3$，N_1 上的解离 $pK'_{a2}=9.6$，咪唑环 N_9 上的解离 $pK'_{a3}=12.3$，鸟苷和鸟苷酸没有 pK'_{a3}。

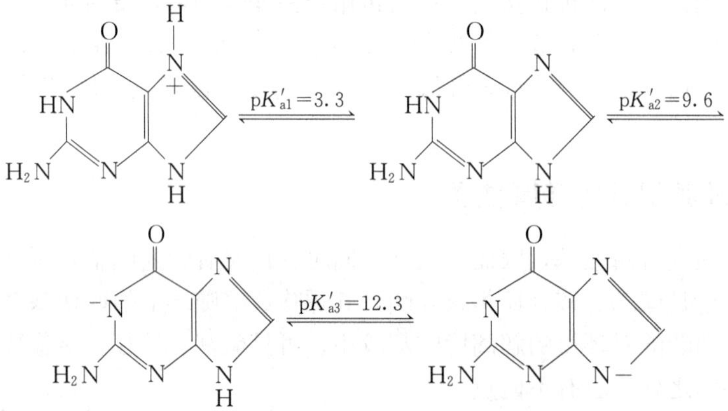

$pK'_{a1}=3.3$　　$pK'_{a2}=9.6$　　$pK'_{a3}=12.3$

2. 核苷的解离

在核苷中，糖的存在对碱基的解离有一定影响，例如，腺嘌呤环的 pK'_{a1} 值由原来的 4.15 降为 3.63，胞嘧啶的 pK'_{a1} 由 4.4 降为 4.1。pK'_{a1} 值的下降说明糖的存在增强了碱基的酸性解离。核糖中的羟基也可以发生解离，其 pK'_{a} 值通常在 12 以上，所以一般不予考虑。

3. 核苷酸的解离

核苷酸中含有磷酸，使核苷酸具有较强的酸性。在结构上磷酸与糖连接的位置不同，对 pK'_{a} 值略有影响。一般说来，磷酸基与碱基之间的距离越小，由于静电作用，其 pK'_{a} 值应越大。此外，核苷酸中的磷酸可发生两级解离，分别称为第一磷酸基团解离 $pK'_{\mathrm{I}P}$ 和第二磷酸基团解离 $pK'_{\mathrm{II}P}$。

综上所述，无论碱基、核苷或核苷酸，凡由正离子状态（质子化）转变为中性分子的解离为 pK'_{a1}，由中性分子向负离子状态的转变为 pK'_{a2}。pK'_{a1}一般偏酸性，pK'_{a2}偏碱性。各组分的 pK'_{a}值见表 4—4 和表 4—5。

表 4—4　碱基及核苷的解离常数（pK'_{a}）

组分	pK'_{a1}	pK'_{a2}	pK'_{a3}
腺嘌呤	4.15（N_1）	9.80（N_9）	
鸟嘌呤	3.30（N_7）	9.60（N_1）	12.3（N_9）
胞嘧啶	4.40（N_3）	12.20（OH）	
尿嘧啶	—	9.50（N_3）	
胸腺嘧啶	—	9.90（N_3）	
腺苷	3.63（N_1）	—	
鸟苷	1.60（N_7）	9.20（N_1）	
胞苷	4.11（N_3）	—	
尿苷	—	9.25（N_3）	
胸苷	—	9.80（N_3）	

表 4—5　核苷酸的解离常数（pK'_{a}）

核苷酸	pK'_{a1}	pK'_{a2}	pK'_{a3}	pK'_{a4}
腺苷酸	0.9（Ⅰp）	3.7（N_1）	6.2（Ⅱp）	
鸟苷酸	0.7（Ⅰp）	2.4（N_7）	6.1（Ⅱp）	9.4（N_1）
胞苷酸	0.8（Ⅰp）	4.5（N_3）	6.3（Ⅱp）	
尿苷酸	1.0（Ⅰp）	—	6.4（Ⅱp）	9.5（N_3）
胸苷酸	1.6（Ⅰp）	—	6.5（Ⅱp）	10.0（N_3）

4. 核酸分子的解离

核酸分子的多核苷酸链除了末端磷酸残基外，磷酸二酯键中的磷酸残基只有一个解离常数，$pK'_{a}=1.5$。

由于核酸分子中磷酸残基解离的 pK'_{a}值较低，而且核酸分子中有许多磷酸基，故当溶液的 pH 值高于 4 时，核酸分子的磷酸基全部解离呈多阴离子状态，因此，可以把核酸看成为具有较强酸性的多元酸。多阴离子状态的核酸可与金属离子结合生成盐，也可与碱性蛋白质（如组蛋白等）结合。

由于碱基对之间的氢键的性质与其解离状态有关，而碱基的解离状态又与 pH 值有关，所以溶液的 pH 值直接影响核酸双螺旋结构中碱基对之间氢键的稳定性。对 DNA 来说，碱基对在 pH4.0～11.0 之间最为稳定，越此范围，DNA 的结构与性质就要发生变化。

5. 核苷酸与核酸的等电点

由于核苷酸是两性电解质，不同 pH 值下碱基与磷酸基的解离程度不同，在一定条件下可形成兼性离子。在腺苷酸、鸟苷酸和胞苷酸中，pK'_{a1}值是由于第一磷酸基团($-PO_3H_2$)的解离，pK'_{a2}是由于含氮环—NH=的解离，而pK'_{a3}则是由于第二磷酸基团（$-PO_3H^-$）的解离。在某一 pH 值下，带负电荷的磷酸基正好与带正确的含氮环数目相等，此 pH 值即为该核苷酸的等电点（pI)。核苷酸的等电点可按下式计算：

$$pI=\frac{pK'_{a1}+pK'_{a2}}{2}$$

处于等电点时，核苷酸主要呈兼性离子状态。当溶液的 pH 值小于等电点时，核苷酸的$-PO_3H^-$基即开始与 H^+ 结合成$-PO_3H_2$，因此，$-N^+H=$基的数量比$-PO_3H^-$基的数量多，核苷酸带正电荷；反之，当溶液的 pH 值大于等电点时，$-N^+H=$基上的 H^+ 解离下来，$-PO_3H^-$基数目多于$-N^+H=$基，核苷酸即带负电荷。尿苷酸的碱基碱性极弱，故不能形成兼性离子。

由于大分子核酸是多价解离，pK'_a值较低（pH1.5). 故等电点较低。RNA 的等电点约为 pH2.0～2.5，而 DNA 的等电点在 pH4～4.5 的范围内。

三、紫外吸收

在核酸分子中，由于嘌呤碱和嘧啶碱具有共轭双键体系（即单双键交替排列，如−C=C−C=C−)，因而具有独特的紫外线吸收光谱，尤其是对 240 nm～290 nm 波长的紫外光具有强烈的吸收能力，一般在 260 nm 左右有最大吸收峰（图 4−22)。紫外吸收光谱与分子中可解离基团的解离状态、pH、光波波长等因素有关。一定组分具有特征的最大吸收波长（λ_{max})、最小吸收波长（λ_{min})，因此有特定的消光系数（ε_{max}、ε_{min})，这些数据即作为核酸及其组分定性定量测定的依据。

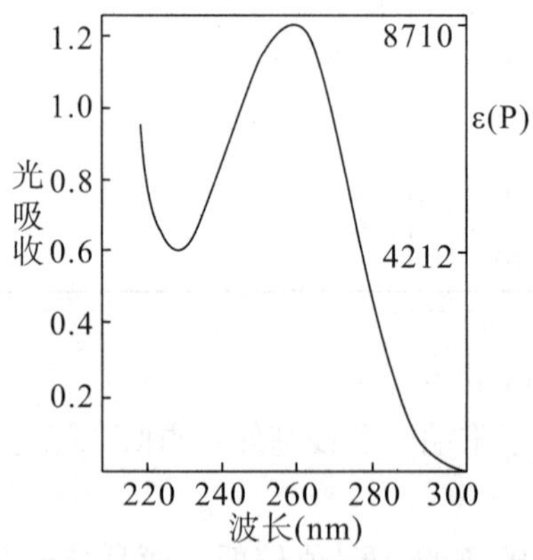

图 4−22　酵母 RNA 钠盐溶液的紫外吸收光谱

一些核酸组分的光谱数据见表 4−6。

表 4−6　常见核碱、核苷和核苷酸的光谱数据

组分	pH	λ_{max} (nm)	ε_{max} ($\times10^{-3}$)	ε_{260} ($\times10^{-3}$)	λ_{min} (nm)	ε_{min} ($\times10^{-3}$)	250/260	280/260	290/260
腺嘌呤	1～3	262.5	13.1	13.0	229	2.6	0.76	0.38	0.04
鸟嘌呤	1～2	275.5	7.4	8.0	267	7.2	1.37	0.84	0.49
胞嘧啶	1～3	276	10.0	6.0	238		0.48	1.53	0.78

续表

组分	pH	λ_{max} (nm)	ε_{max} ($\times10^{-3}$)	ε_{260} ($\times10^{-3}$)	λ_{min} (nm)	ε_{min} ($\times10^{-3}$)	250/260	280/260	290/260
尿嘧啶	2～7	259.5	8.2	8.2	227	1.8	0.84	1.17	0.01
腺苷	1～2	257	14.6	14.3	230	3.5	0.84	0.22	0.03
鸟苷	1	256.5	12.2	11.7	228	2.4	0.94	0.69	0.50
胞苷	1～2	280	13.4	6.4	241		0.45	2.10	1.58
尿苷	1～7	260	10.1	9.5	231	2.0	0.74	0.35	0.03
AMP	2	257	15.0	14.5	230	3.5	0.84	0.22	0.04
ATP	2	257	14.7	14.3	230	3.5	0.85	0.22	0.03
GMP	1	256	11.2	11.6	223		0.96	0.67	
CMP	1～2	280	13.2	6.3	240		0.45	2.10	1.55
UMP	2～7	262	10.0	9.9	230		0.73	0.39	0.03

核酸吸收紫外线的强度可利用紫外分光光度计测定各波长下的光吸收值或称吸光率（absorbance，A）来表示。另外，也可用摩尔磷消光系数 ε（P）来表示。ε（P）是指每升含1摩尔磷的核酸溶液（pH=7）的消光系数（extinction coefficient，用符号 ε 表示）。在 260 nm 波长下天然 RNA 的 ε（P）在 7000～10000 之间，而 DNA 的 ε（P）在 6000～8000 之间。

核苷酸中的磷酸基团在结构上与含氮碱基并无直接联系，因此，一般说来磷酸基团对碱基的紫外吸收没有多大影响，即同一含氮碱的核苷酸光谱与其核苷差异不大，但它们与相同的含氮碱基比较，其光谱有明显的差异。

四、核酸的变性与复性

1. DNA 的变性

核酸与蛋白质一样，分子都具有一定空间构象，维持这种空间构象的主要是氢键和碱基堆积力。某些理化因素会破坏氢键和碱基堆积力，使核酸分子的高级结构改变，从而引起核酸理化性质及生物学功能发生改变，这种变化称为变性（denaturation）。核酸变性与蛋白质变性又有很大区别。蛋白质变性引起功能的丧失或降低，但核酸（DNA）功能的发挥正需要变性。

多种因素可引起核酸分子的变性，如加热、过高过低的 pH 值、有机溶剂、尿素及酰胺等。变性作用不仅取决于这些外部条件，而且与核酸分子本身的结构紧密相关。例如分子中 G、C 含量高，分子就较稳定。这是因为 G、C 之间可形成 3 个氢键，而 A、T 间只形成 2 个氢键。

核酸变性后，引起一系列性质发生变化，如粘度下降，某些颜色反应增强，生物学功能改变等，但最显著而又特别重要的是紫外线吸收增加。例如，天然状态的 DNA 在完全变性（双链变为单链）后，吸收 260 nm 紫外光的能力增加 25%～40%，而 RNA 变性后约增加 1.1%。这种由于核酸的变性（或降解）而引起对紫外线吸收增加的现象称为增色效应或高色效应（hyperchromicity）。相反，某些变性是可逆的，如在一定条件下，变性 DNA（单链）又可以相互结合成双链，此过程称为复性（renaturation）。复性时紫外光吸收减少，称为减色效应或低色效应（hypochromicity）。

DNA 变性通常有热变性、酸碱变性和化学试剂变性三种方法。热变性是升温使 DNA 双链拆开，一般在 90℃以上 DNA 完全变性；酸碱变性是 pH 值低于 3 或高于 10 时，引起 DNA 双链打开，在核酸研究中更常用碱变性；化学试剂变性是用尿素、甲酰胺、甲醛等试剂破坏氢键等次级键，使 DNA 变性。

在热变性中，DNA 在升温的情况下可以使具二级结构的双螺旋解开，由双链变成单链。但 DNA 这种随温度升高而变性的过程不是一种“渐变”，而是一种“跃变”过程，即变性作用不是随温度的升高徐徐发生，而是在一个很狭窄的临界温度范围内突然引起并急剧完成，就像固体的结晶物质在其融点时突然融化一样（图 4－23）。因此，现在一般将引起 DNA 变性的温度称为融熔温度或融点，用 T_m（为 melting temperature 的缩写）表示。DNA 的变性过程通常用测定紫外线吸收的增加来指示，融熔温度（T_m）即指增色效应达50％时的温度（或 DNA 变性一半所需温度）。一般 DNA 的 T_m 值在 85℃～90℃之间。

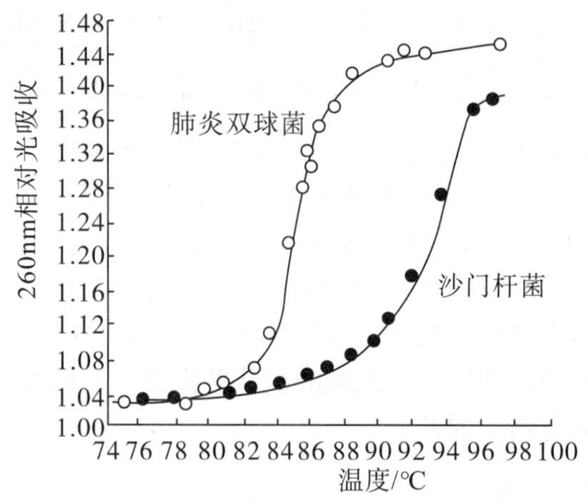

图 4－23　两种细菌 DNA 的热变性曲线

如果 DNA 是均一的（如病毒 DNA 或某些细菌 DNA），其 T_m 值的范围较窄；如果 DNA 是不均一的（如动植物细胞的 DNA），T_m 值的范围则较宽。同时 T_m 与 DNA 分子中的 G、C 含量有关，G、C 含量高，T_m 值高；G、C 含量低，则 T_m 值低。因而测定 T_m 可反映 DNA 分子中的 G、C 含量，可按下列经验公式计算：

$$(G+C)\%=(T_m-69.3)\times 2.44 \text{或} T_m=(G+C)\%\times 0.41+69.3$$

除了核酸的均一性和 G、C 含量直接影响 T_m 值外，溶液的离子强度对 T_m 也有重要影响。一般说来，在离子强度较低的溶液中，DNA 的 T_m 较低，而且融熔温度的范围较宽；在较高离子强度的溶液中，T_m 值较高，而且融熔过程发生在一个较小温度范围内。在离子强度低于 0.001 mol/L 的溶液中，无须加热，溶于其中的 DNA 就会发生不可逆变性。因此，DNA 样品不宜保存在极稀的电解质溶液中。

2. 复性

加热后的 DNA 溶液，若缓慢冷却（称为退火 annealing）至室温，变性的 DNA 可以恢复其原有的理化性质。这是由于被拆开的两股多核苷酸链重新由氢键连接而形成双螺旋结构，这是变性过程的逆过程，即复性（renaturation），可见这种变性是可逆的。但是，如果使加热后的 DNA 溶液迅速冷却，则变性的 DNA 分子不能重新结合成双螺旋，这种变性就是不可逆变性。

DNA复性的第一步是两个互补的单链分子间的接触，以启动部分互补碱基的配对，这是所谓的“成核”作用（nucleation），这一步反应较慢，其反应速度取决于两条单链的浓度，所以是个二级反应。随后，成核的碱基对经历小范围重排以后，由“成核”部分向单链的其他区域像“拉链”一样迅速扩展而成为双螺旋，这一步反应与单链浓度无关（图4－24）。

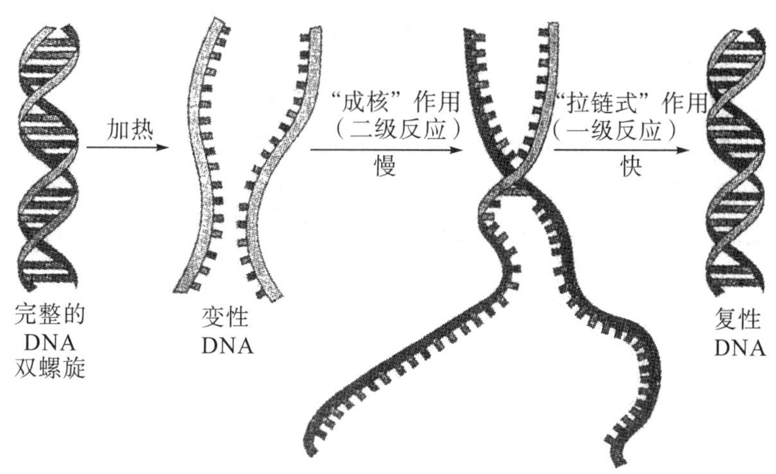

图4－24　DNA的复性过程

DNA的热变性与DNA的均一性、GC含量和溶液的离子强度有关，而复性则取决于DNA的浓度、DNA片段的大小及离子强度。DNA的浓度越大，复性越快，DNA的片段越大，复性越慢；加大离子强度，可以提高复性速度。复性温度一般选择在比T_m低25℃左右为最佳。通常用$Cot_{1/2}$来表示复性的速度，C_O为DNA的原始浓度，t为复性时间（秒）。$Cot_{1/2}$即表示DNA复性一半所需时间与DNA浓度的乘积，即反映复性速度。

在分子生物学中经常用到DNA变性与复性的一些特征。

第六节　核酸及其组分的分离纯化

一、分离核酸的一般原则

在细胞内DNA、RNA都以核蛋白形式存在，且两者在提取过程中常混在一起；同时细胞内还有其他许多“杂质”，如蛋白质、糖、脂质等；加之核酸本身很不稳定，容易受多种因素的影响而变性或降解，所以，在提取核酸时应注意对条件的控制。一般说来，为保持核酸的完整性，在提取过程中必须至少满足下列要求：

1. 防止核酸酶的降解

细胞内凡有核酸存在的部位，几乎都有降解这种核酸的酶存在，因此分离和提取核酸时应尽量降低核酸酶的活性。通常用加入核酸酶的抑制剂或去激活剂，如柠檬酸钠、EDTA（editic acid，乙二胺四乙酸）等来达到此目的。

2. 防止化学因素的降解

在核酸的提取过程中常常用到酸碱，故在提取时应注意强酸强碱的降解作用。

3. 防止物理因素的降解

核酸（特别是DNA）是大分子，高温、机械作用力等均可以破坏核酸分子的完整性。因此，核酸的提取过程适于在低温以及避免剧烈搅拌等条件下进行。

二、DNA 的分离纯化

在生物体内，DNA 和 RNA 通常都与蛋白质结合成核蛋白复合物（分别称为 DNA 蛋白 DNP 和 RNA 蛋白 RNP），利用在 0.14 mol/L 盐溶液中 RNP 溶解，而 DNP 溶解度最小这一性质可将二者分开。将细胞提取物用 1 mol/LNaCl 溶解，然后稀释到 0.14 mol/L，使 DNP 沉淀，离心得到的沉淀即为 DNA 蛋白。

进一步必须除去 DNP 中的蛋白质。通常采用三种办法：

①辛醇－氯仿法：用含辛醇（或异戊醇）的氯仿振荡核蛋白溶液，蛋白质发生变性，而处于水相和氯仿相之间，DNA 处于水相，再用酒精将 DNA 沉淀。

②SDS 法：用去污剂 SDS（十二烷基硫酸钠）处理，也可使蛋白质变性，从而与 DNA 分开。

③苯酚法：苯酚不仅可使蛋白质变性，而且能抑制核酸酶的活性，可防止核酸的降解。用苯酚处理后，DNA 存在于水相，而变性的 DNA 存在于苯酚相中。

用上述任一种方法所制得的 DNA 为粗提取物，尚需进一步纯化才能得到纯品。如用蔗糖密度梯度离心可将相对分子质量大小不等的线性 DNA 分开，也可将相对分子质量相同而构象不同的均一 DNA（如某些病毒 DNA）分开。用氯化铯密度梯度离心可将双股 DNA 和单股 DNA 分开。用羟基磷灰石（HA）柱层析或甲基化白蛋白硅藻土（MAK）柱层析，可分离变性 DNA 与天然 DNA 等。

三、RNA 的分离纯化

对 RNA 的提取多采用酚提取法，即用缓冲液饱和的酚溶液直接处理组织或细胞以除去蛋白质和 DNA。也可用稀碱或盐溶液，并结合调节等电点而沉淀的方法制备 RNA。或用蛋白质强变性剂异硫氰酸胍（guanidine isothiocyanate）处理，使所有蛋白变性。通常将其加入提取液中，配合氯化铯密度梯度离心，可大量制备高纯度的天然 RNA。提取不同种类的 RNA 时，最好先离心将有关细胞器分离后，再从细胞器中提取某种 RNA。如从核糖体提取 rRNA，从细胞质提取 tRNA，从多聚核糖体提取 mRNA。

至于 RNA 的分离纯化，有多种方法可选用。不同的 RNA 还有其特有的分离方法，如密度梯度离心、DEAE－纤维素、DEAE－Sephadex、甲基化白蛋白硅藻土等各种特异柱层析，以及特异亲和层析（分离 mRNA）、免疫法（分离 mRNA）等。

四、核酸组分的分离纯化

核酸用化学方法或酶方法降解可得到核碱、核苷和核苷酸。根据需要的不同，必须将各组分分离纯化，以获得某种单一产品。常用于核酸组分的分离方法有离子交换柱层析、凝胶过滤、薄层层析以及高压液相层析等。这里介绍离子交换与凝胶过滤法分离核酸组分的基本原理。

1. 离子交换法分离核酸组分

由于核酸组分有多种基团可发生解离，在一定 pH 下各组分基团的解离情况是不一样的，因而所带电荷也不同。如碱基环氮结合质子可带正电荷（$-N^+H=$），而磷酸根可解离而带负电荷。在一定 pH 下各组分所带电荷的种类和数量不同，故可用离子交换法进行分离。

核酸组分的分离可用阳离子交换，也可用阴离子交换。用阳离子交换时，主要考虑环氮$-N^+H=$ pK'_{a2}的解离，其根据是各种核苷酸含氮环$-N^+H=$的pK'_a的值的大小不同（见表4－5），它们与阳离子交换剂的交换行为就有所不同。尿苷酸不带正电荷（环氮不易于质子化），很难被树脂吸留，因而最先洗脱下来。其他几种核苷酸，按其$-N^+H=$解离常数的大小（pK'_a值愈大，表示$-N^+H=$解离释放质子愈难，因而与树脂吸留最紧密，不容易洗脱下来），按理应依 U→G→A→C 的次序洗脱下来，但实际洗脱顺序是 U→G→C→A。这是因为嘌呤在聚苯乙烯树脂上的吸着作用比嘧啶大 3 倍，因此 A 比 C 吸留得更牢固些，最后才被洗脱下来。

如果用阴离子交换法来分离核苷酸，则考虑第一磷酸基团和含氮环二者的解离，其洗脱顺序为 C→A→U→G。

离子交换除了用于单核苷酸、核苷和碱基的分离外，还可用于 5′－、2′－及 3′－核苷酸异构体的分离。采用不同的条件也可用于分离低聚核苷酸。

2. 凝胶过滤法分离核苷酸组分

用于核酸组分分离的凝胶常常采用交联葡聚糖（Sephadex），用不同型号的 Sephadex 来分离纯化核苷酸是很方便的。例如。用磷酸二酯酶（phosphodiesterase）降解核酸来制备单核苷酸时，混合溶液中除有大量我们所需要的单核苷酸外，还常常伴随有许多未降解完全的核酸大分子、蛋白质、色素等，因为核苷酸分子较小，而这些物质一般相对分子质量均较大，所以用 Sephadex G－75 或 G－100 即可将它们完全分开。

凝胶过滤也可用于核碱、核苷和核苷酸的分离，由于这些组分相对分子质量相差不大，所用 Sephadex 应选用交联度较大的，一般用 G－25 或 G－10。

此外，为了分离核酸的稀有组分，又出现了其他一些分离方法，如双向层析或层析电泳结合的双向图谱法，尤其是双向薄板层析法具有快速、灵敏度高的特点，是用于核酸组分分离中一种较好的方法。

第七节　核酸的分析测定及研究方法

核酸及其组分的纯度、浓度、相对分子质量的测定及一些研究方法是生物化学及分子生物学中常遇到的问题，本节择其重要而常用的方法，介绍其基本原理。

一、核酸及其组分含量的测定

对于制备的核酸或核酸降解产物必须测定其含量或浓度。常用的方法有紫外吸收法、定糖法、定磷法、凝胶电泳法等，这些方法是依据核酸及其组分的某些特异理化性质或组成，各有其优缺点。

1. 紫外吸收法

这是根据核酸中所含碱基是具有紫外线特征吸收的性质而进行测定的。根据朗白－比尔定律，利用核酸或其组分对紫外线吸收的吸光率与其浓度成正比的性质进行定量。

在一定 pH 下测得样品的紫外吸光率（A_{260}），即可由下式计算样品中核酸（或核苷酸）的含量。

$$C=\frac{M_r \times A_{260}}{\varepsilon \times L}$$

式中：C 为核酸（或核苷酸）的含量（mg/mL），M_r 为相对分子质量，ε 为摩尔消光系数（1 升溶液中含 1 mol 核酸或核苷酸的光吸收值），L 为比色杯的内径（cm）。

对于一个纯的样品，1 μg/mL DNA 溶液，在 260 nm 的 A 值为 0.020，RNA 为 0.022～0.024，即一个 A 值相当于 50 μg/mL 双螺旋 DNA，或 40 μg/mL RNA 或单链 DNA。

此法准确、简便、快速、灵敏度高（4 μg/mL），RNA 和 DNA 的产物均可测定，但色素及其他具有紫外吸收的物质有干扰。

2. 定糖法

因为核酸及核苷酸中含有核糖或脱氧核糖，根据这两种糖的颜色反应可作核酸的定量测定。

RNA 及其组分的测定：RNA 分子中所含的核糖经浓盐酸或浓硫酸作用脱水生成糠醛（aldofuran），糠醛可与酚类物质缩合生成有色化合物。核酸中的核糖转变成糠醛后可与 3，5－二羟甲苯（又称苔黑酚或地衣酚，orcinol）反应生成绿色物质。当有高铁离子存在时，反应更灵敏。所显颜色的深浅与 RNA 的含量成正比，因此可在 670 nm～680 nm 波长下做比色测定。

DNA 及其组分的测定：DNA 中的脱氧核糖在冰醋酸或浓硫酸存在下可与二苯胺（diphenylamine）反应生成蓝色物质，可在 595 nm～620 nm 波长下做比色测定。

地衣酚法的测定范围为 20 μg～250 μg RNA，二苯胺法的测定范围为 40 μg～400 μg DNA。此法易受蛋白质、糖等其他物质的干扰，因此在做比色测定前，应尽可能去除干扰杂质。但由于此法简便、快速，不需要特殊仪器即可直接鉴别 DNA 和 RNA，故这个方法仍是测定 DNA 和 RNA（尤其是 DNA）的常用方法。

3. 定磷法

RNA 和 DNA 中都含有磷酸，根据元素分析知道，纯的核酸含磷量在 9.5%左右。因此，当测得某核酸样品含 1g 磷时，就相当于样品中含有 10.5g（100/9.5）的核酸，用定磷法测得样品中的含磷量再乘上此系数即得核酸含量。

定磷法用于测定无机磷酸的含量时须先将核酸样品用强酸消化成无机磷，后者与定磷试剂中的钼酸反应生成磷钼酸（phosphate-molybdic acid），再经过还原作用而生成蓝色复合物，最后进行比色测定（650 nm～660 nm 波长）。此法测出的磷含量为总磷（核酸磷加上无机磷）量，此量减去无机磷的量才是核酸磷的真实含量。定磷法测定范围为 10 μg～100 μg 核酸（以抗坏血酸为还原剂），是比较普遍采用的方法。

$$\underset{\text{(无机磷)}}{H_3PO_4}+\underset{\text{(钼酸)}}{12H_2MoO_4}\longrightarrow \underset{\text{(磷钼酸)}}{H_3P(Mo_3O_{10})_4}+12H_2O$$

$$\downarrow \text{抗坏血酸}$$

钼蓝

4. 琼脂糖凝胶电泳法

这是实验室中最常用于测定核酸（尤其是 DNA）的方法。其原理是溴化乙锭

(ethidium bromide，EtBr) 在紫外光照射下能发射荧光。当 DNA 样品在琼脂糖凝胶中电泳时，加入的溴化乙锭插入 DNA 分子的碱基间形成复合物，使发射的荧光增强几十倍。荧光的强度与 DNA 的含量成正比。因此，将已知浓度的标准样品作电泳对照，就可估计出待测样品的含量。若用薄层分析扫描仪检测，就可精确地测得样品中的 DNA 浓度。电泳后的琼脂糖凝胶直接在紫外灯下拍照，只需 5 ng～10 ng（1 ng=$10^{-3}\mu g$）DNA，就可从照片上比较鉴别。

二、核酸纯度的测定

从某种意义说来，含量测定也可以反映样品的纯度。但在实践中，常常需要知道分析制备的核酸样品是否是相对纯的，而并不需要知道样品中的核酸含量，所以两者也有区别。核酸纯度的测定，最简便的方法也是紫外吸收法。双链和单链 DNA 的吸收光谱，以及在双链向单链转化过程中的光吸收增加（增色性），这些都可用来测定出核酸制品的纯度。

通常测定核酸样品在 230 nm～320 nm 的光吸收值，若在 320 nm 的光吸收比在260 nm 的光吸收多百分之几，便表明样品不纯，含有蛋白质等其他杂质；也可测定增色性，将样品加热变性，当 A_{260}增色值为 35%左右时，表明样品为相对纯净的 DNA；此外，也可通过测定 260 nm 和 280 nm 的光吸收比值来确定其纯度。纯 DNA 的 A_{260}/A_{280}为 1.8（或 A_{280}/A_{260}为 0.5），纯 RNA 为 2.0。因此，在纯化 DNA 时，通常用 A_{260}/A_{280}＝1.8～2.0 作为纯度标准，若大于此值，表示有 RNA 污染；小于此值，则有蛋白质或酚的污染。

三、DNA 的凝胶电泳

凝胶电泳能够按相对分子质量的大小来分离分子，这不仅用于蛋白质，也广泛用于核酸研究。在核酸研究中常用凝胶电泳来测定 DNA、片段或基因的相对分子质量。倘若两个 DNA 片段长度相差在 1%以上，则长度范围在 1～50 个碱基对以内的两个 DNA 片段都可在凝胶上分辨出来。分离范围的大小与凝胶浓度有关，上述分离 1 bp～50 bp 范围系用 20%丙烯酰胺；10%的丙烯酰胺则可分离 25 bp～500 bp；4%丙烯酰胺分离 100 bp～1000 bp。琼脂糖凝胶可分离更大片段：1.4%琼脂糖分离 200 bp～ 6000 bp；0.7%琼脂糖分离 300 bp～20000 bp；0.3%琼脂糖则可分离 1kb～50kb（千碱基对）。由此可见，不同浓度的凝胶分离 DNA 片段时其大小范围有一定交叉，在实践中必须选择适当的凝胶浓度，以提高分辨率。

用凝胶电泳可以测定 DNA 的相对分子质量。通常在与待测样品邻近的泳道中加入已知相对分子质量的 DNA 样品（称为 DNA marker），用限制性内切酶（见第十八章）处理噬菌体 λDNA 或 M13 DNA，得到几种已知相对分子质量的片段，电泳后根据样品的迁移率并与标准 DNA 比较，即可求得样品 DNA 的相对分子质量（图 4－23）。用此法可以求得单个 DNA 分子的相对分子质量（如质粒 DNA），也可求得 DNA 的限制酶切各片段的相对分子质量。

凝胶电泳不仅可以分离不同相对分子质量的 DNA，用于相对分子质量的测定，而且也可以鉴别相对分子质量相同但构象不同的 DNA 分子。例如，在提取质粒 DNA 的过程中，由于各种因素的影响，使超螺旋的共价闭合环状结构的 DNA 分子（用 cccDNA 或 scDNA 表示）的一条链断裂，变成开环状（ocDNA）分子，如果两条链都发生断裂，就转变为线状（L DNA）分子。这三种构象的分子有不同的迁移率。在一般情况下，超螺旋型（SC）迁移速度最快，线状分子（L）次之，最慢的为开环状（OC）分子（图 4－24）。

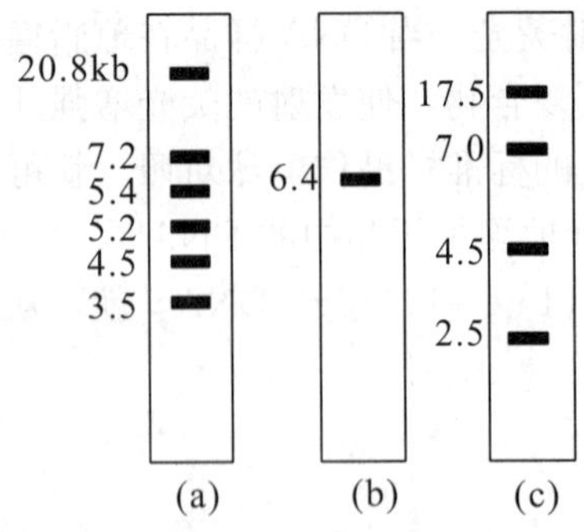

(a) λDNA的*Eco*RI酶切图谱（标准）
(b) 样品DNA（质粒DNA）
(c) 一种样品DNA的限制酶切图谱

图 4-23 凝胶电泳测定 DNA（片段）的分子质量

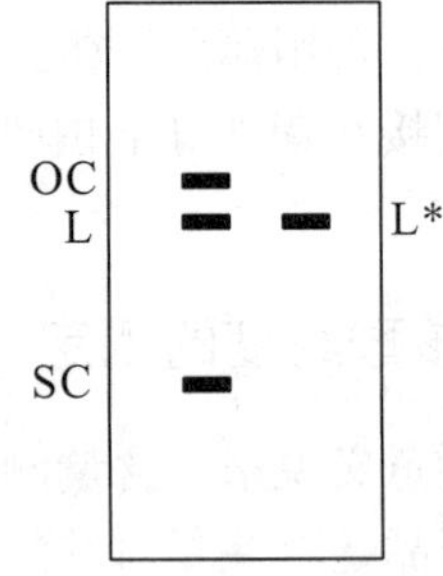

(*为单一切点*Eco*RI酶切)

图 4-24 不同构象的 6.4kb 质粒 DNA 的电泳图谱

四、核酸分子杂交

将不同来源的 DNA 经热变性后退火（缓慢冷却），若这两种 DNA 有相同的碱基序列，则一种来源 DNA 中一条链的此区段可以与另一来源 DNA 中一条链的相同区段（互补链）形成双螺旋（复性），这就是 DNA 的杂交（hybridization）。同理，一条 DNA 链也可与互补的 RNA 杂交。这两种分子中，把已知序列并预先用放射性同位素（常用^{32}P）或荧光素（fluorescein）标记的分子或片段，称为“探针”（probe），用它来识别或“钓出”另一分子中与其同源的部分。

如果不将核酸提取出来，而使它保持在细胞或组织切片中，经适当方法处理细胞或组织后，将标记的核酸探针与组织或细胞中的核酸进行杂交，称为原位杂交（in situ hybridization）。这种技术能更准确地反映出核酸在组织细胞中的功能状态，并检测细胞内极微量的核酸（如某种 mRNA）。

核酸分子杂交是定性定量检测特异 DNA 或 RNA 序列片段的有力工具。它可用于筛选特定的基因或克隆（clone）片段，获得所需重组体；可以确定 DNA 特定区域的同源顺序（homologous sequence）；对某一已知基因可利用杂交技术进行染色体定位；在医学和法医学上可用此技术做基因诊断、性别分析和亲子鉴定等。最新发展起来的基因芯片（gene chip）技术最基本的原理就是核酸分子杂交，而且核酸分子杂交已成为基因芯片研究和发展的关键技术。

五、印迹技术

在进行分子杂交的研究中，英国爱丁堡大学的 Edwen Southern 在 1975 年发明了一种转移 DNA 的技术，由于这种技术类似于用吸墨纸吸收纸张上的墨迹，因此称为印迹（blotting）（或印渍）技术，后就称为 Southern 印迹法。这是将 DNA 分子经限制性内切酶降解后，经琼脂糖凝胶电泳分离，得到按片段的相对分子质量大小分离的酶切图谱。将凝胶经碱液处理，使 DNA 变性，将变性的 DNA 转移到硝酸纤维素（nitrate cellulose，NC）膜或尼龙膜上（称为印迹），由于 NC 膜只能吸附变性 DNA，未变性 DNA（片段）则被洗去。吸附在 NC 膜上的片段，其形状和位置与原凝胶板上一致。然后用标记的探针与之进行杂交，之后将未杂交的片段洗去。最后用放射自显影或化学试剂显色，即可探知或分离互补序列 DNA。此技术可用于基因组 DNA 的定性和定量，用于特定基因的检测和定位等。

根据 DNA 由凝胶向 NC 膜或尼龙膜转移的方式不同，Soutbern 印迹又分为毛细管虹吸印迹法、电转移印迹法、真空转移印迹法等。

Southern 印迹法是 DNA 转移技术。之后，J. C. Alwin 等人利用同样原理建立了 RNA 转移的方法，称为 Northern 印迹法（1979）。此外，用类似的方法，也可进行蛋白质分析。用于分析单向电泳的蛋白质分子，称为 Western 印迹法（Towin 等，1979），用于分析双向电泳后的蛋白质分子，称为 Eastern 印迹法（Reinher，1982）。现在，印迹法已成为分子生物学研究的常规实验技术。

六、PCR 技术

聚合酶链反应（polymerase chin reaction，PCR）技术是 1985 年由美国 PE Cetus 公司的 Kary Mullis 发明的，它是根据生物体内 DNA 复制的某些特点而设计在体外对特定 DNA 序列进行快速扩增的一项新技术。利用这一技术能使人们通过试管内的数小时反应将特定的 DNA 片段扩增几百万倍，十分方便地得到所需 DNA 片段或特定基因。现在 PCR 技术已广泛地应用于核酸基因研究的各个领域。

PCR 技术主要利用了一种催化 DNA 合成的酶，称为 DNA 聚合酶（DNA polymerase）（见第十三章）。它以一条单链 DNA 作为模板，合成一条与它互补的新链。这种合成需一小段 DNA 作为引物（primer），并以 4 种脱氧核苷三磷酸（dNTP）为合成所需要的原料。新链合成延伸的方向是 $5'\rightarrow3'$。

用于 PCR 的聚合酶为一种耐热的 *Taq* DNA 聚合酶，它首先来自美国黄石森林公园火山温泉的水栖嗜热菌（*Thermus aquaticus*），现已有基因重组的产品。这个酶能耐 95℃的高温，在 75℃～80℃具有最高活性，每秒钟可延伸 150 个核苷酸。

PCR 需要引物，为长约 15～30 个长度的寡聚核苷酸，一般用 16 核苷酸，因为 $4^{16}=4.29\times10^9$，已大于人基因组 3×10^9 bp，这种引物可防止随机结合。现在一般用 DNA 自动合成仪合成。引物有两种：5′端引物和 3′端引物，5′端引物与位于待扩增片段 5′端的一小段 DNA 序列相同，3′端引物与位于待扩增片段 3′端的一小段 DNA 序列互补。PCR 扩增片段的长度、位置和结果依赖于引物，因而设计高效而特异性的引物是 PCR 成败的一个关键因素。

PCR 技术就是不断重复下列三个步骤：变性、退火、延伸（图 4－25）。

（1）变性（denature）：加热至 95℃左右，使待扩增 DNA 双螺旋解开成单链，作为合成新链的模板。

（2）退火（annealing）：将温度缓慢降至 T_m 左右（一般比 T_m 低 5℃），使引物与模板 DNA 末端互补部分结合，形成杂交链。通常情况下，需加入大量引物。

（3）延伸（extension）：再将反应温度升到 72℃，*Taq* DNA 聚合酶即催化在引物的 3′端使链延伸，合成出一条与模板互补的新链。

由于 PCR 所需 DNA 的量极微，用 1 μg 的基因组 DNA 序列，就足以进行 PCR 分析。因此，它比传统的 DNA 克隆技术（clone technique）优越得多。在比较短的时间，由极微量的样品就可得到大量的所需基因或特异 DNA 片段。因此可用于 DNA 测序、基因突变的分析和建立、DNA 重组、基因序列比较研究等。而且由于 DNA 在不遇脱氧核糖核酸酶

(DNase) 时是非常稳定的这一特点，可将几十年、上百年前的生物材料由 PCR 扩增，甚至可对几千年的古尸 DNA 进行 PCR 扩增，以研究古人类的生命特征。

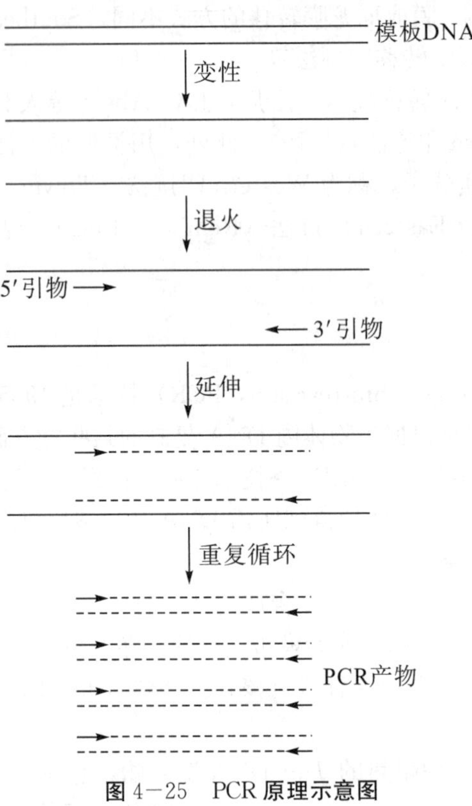

图 4－25　PCR 原理示意图

尤其是 1990 年以后发展起来的原位 PCR（*in situ* PCR）技术，能够检测单拷贝的 DNA 或 RNA 序列，并在细胞形态学上准确定位。这一新兴技术有着巨大的发展前景和应用潜力。例如，在艾滋病等病毒病因、潜伏性、隐性感染及发病机制的探讨，肿瘤细胞的基因突变、基因重排，良性与恶性肿瘤的鉴别，以及对遗传性基因缺陷等方面，原位 PCR 都是强有力的手段。可以预料，原位 PCR 技术将会在分子生物学、分子遗传学、分子神经生物学、分子发育生物学、分子病理学、肿瘤学及病毒学等学科领域及其相应的应用领域中发挥巨大的作用。

本章学习要点

核酸是所有生物遗传变异的物质基础。绝大多数生物的遗传信息贮存在 DNA 分子中，而 RNA 病毒则以 RNA 为遗传信息载体。

1. 构成核酸的基本结构单位为核苷酸，它由一种含氮碱基（嘌呤或嘧啶）、戊糖（核糖或脱氧核糖）和磷酸构成。构成 RNA 的称为核糖核苷酸，有 4 种：AMP、GMP、CMP 和 UMP；构成 DNA 的称为脱氧核糖核苷酸，也有 4 种：dAMP、dGMP、dCMP 和 dTMP。除了这 8 种基本成分外，还有一些修饰成分（或称稀有组分）。

参与核酸合成的原料是核苷三磷酸（NTP 及 dNTP）。

2. 核酸分为 DNA 和 RNA 两大类，DNA 主要作为遗传信息载体，有线状的，也有环状的。RNA 主要有 rRNA、mRNA、tRNA 等几类，它们在蛋白质生物合成中各自担任不同的角色。

由 3′，5′－磷酸二酯键将一个个核苷酸连接成链状结构，称为多核苷酸链，它有两个特征末端：3′端和 5′端。核酸的一级结构就是指多核苷酸链中核苷酸的排列顺序，以及一个基因组中各基因的排列顺序。

3. 核酸的构象具有多态性。tRNA 的二级结构为“三叶草形”，三级结构为倒 L 状。RNA 的构象由氢键维系。

DNA 的二级结构包括双螺旋结构、三链螺旋和四链结构，其中 Watson-Crick 右手双螺旋（B－DNA）是重要的基本结构形式，其次为左旋 Z－DNA。维系 DNA 二级结构的作用力是氢键、碱基堆积力和盐键。DNA 的三级结构主要为超螺旋结构。

4. 核酸和核苷酸均为两性电解质。因而可用离子交换和电泳等进行分离。在生理条件下 DNA 为多阴离子态，可与组蛋白（真核）或金属离子（原核）结合。

核酸的碱基具有特征紫外吸收，便于测定及核酸功能研究；DNA 的变性与复性在其功能发挥及人工重组（基因工程）中具有重要意义。

5. 在核酸的研究技术中，凝胶电泳、分子杂交、印迹技术和 PCR 技术等是目前广泛采用的常规手段。

Chapter 4 NUCLEIC ACIDS

Nucleic acids are material bases of heredity and variation of organism. Genetic information of most organisms are stored in DNA, but heredity message carrier of RNA virus is RNA.

1. The basic structure unit of nucleic acid is nucleotide. Nucleotide is made up of base (purine or pyrimidine), pentose (ribose or deoxyribose) and phosphoric acid. RNA is made up of ribonucleotide. It has four sorts: AMP, GMP, CMP and UMP; DNA is made up of deoxyribonucleotide. It also has four sorts: dAMP, dGMP, dCMP and dTMP. Apart from the eight basic components, there are some modification components (or minor components).

The materials of compounding nucleic acids are nucleoside triphosphate (NTP and dNTP).

2. Nucleic acids are divided into two sorts: DNA and RNA. DNA is carrier of hereditary message and has linear DNA and circular DNA. RNA bas rRNA, mRNA and tRNA etc. These RNA take on different roles in protein biosynthesis.

Polynucleotide is chain structure which nucleoticles are linked by 3′, 5′－Phosphodlester bonds. lt has two characteristic terminals: 3′－termmal and 5′－terminal. The primary structures of nucleic acids refer to the sequence of nucleotides in polynucleotide chain and the sequence of genes in genome.

3. The conformation of nucleic acids is pleolnorplnsm. The secondary structure of tRNA is “doverleaf”, but the tertiary structure has the shape of a bent elbow. The conformation of RNA is linked by hydlrogen bonds.

The secondary structure of DNA has double helix, triple helix chain and tetra chain structure, The important base structure of these structures is Watson-Crick right hand double helix (B－DNA). The next structure is levorotatory Z－DMA. The secondary structure of DNA is linked by hydrogen bonds, base stacking actions and salt links. The main tertiary structure of DNA is superhelix.

4. Nucleic acids and nucleotides are all ampholyte. They can be seperated by ion-exchange and electrophoresls. DNA is polyanion in physiological conditions. It can be combined with histone (eucaryote) or metal ion (procaryote). The bases of nucleic aeids have characteristic ultraviolet absorbing. It can be conveniently used in determining and studing of nucleic acids functions. Denaturation and renaturation of DNA are import ant in developing functions and recombination (gene engineering).

5. The normal methods at present in nucleic acids researching have gel eleetro phoresis, molecular hybridization, blotting and PCR. etc.

习　题

1. 用对或不对回答下列问题。如果不对，请说明原因。

（1）真核细胞的DNA都是线状的，原核DNA都是环状的。

（2）在DNA分子中碱基配对以A—T和G—C方式为标准配对，但也可发生A—A、G—G等非标准配对。

（3）稀碱对RNA和DNA都可将其降解为单核苷酸。

（4）在细胞内DNA的三级结构主要是负超螺旋。

（5）用琼脂糖凝胶电泳分离DNA时，分离大片段DNA其胶浓度应较高。

2. 写出下列符号所代表物质的名称：

dT，CTP，m^6A，$M^{2,2,7}_3$G，φ，m^1I，ppG，ppGpp，pGpTp

3. 某RNA完全水解得到4种单核苷酸样品500 mg，用水定容至50 mL，吸取0.1 mL稀释到10 mL，测A_{260}=1.29。已知4种单核苷酸的平均相对分子质量为340，摩尔消光系数为6.65×10^3，求该产品的纯度。

4. 从一种哺乳动物组织细胞中提纯出含有23.3%（按摩尔计算）Ade的DNA样品，其他碱基的百分比是多少？大肠杆菌DNA的T_m为88℃，问大肠杆菌DNA中A、G、T、C组成百分比各占多少？

5. 试用碱和两种核酸内切酶分析下列寡核苷酸片段的一级结构：

5′UpGpApCpGpApAp3′

6. 有一假定为圆柱状的B型DNA分子，其相对分子质量为3×10^7，试问此DNA分子含有多少圈螺旋？(一对脱氧核苷酸残基平均相对分子质量为618)

7. 有下列低聚核苷酸片段：

5′ApGpGpCpUpApApCpG3′

写出以下产物：

（1）RNase A完全降解产物；

（2）RNase T_1完全降解产物；

（3）RNase U_2 完全降解产物；

（4）VPDase 完全降解产物；

（5）SPDase 完全降解产物。

8. AMP 和 GMP 的混合溶液在 260 nm 的吸光率为 0.752，在 280 nm 处的吸光率为 0.312。计算此混合液中 AMP 和 GMP 的浓度（腺苷酸 ε_{260}：13.0×10^3，ε_{280}：2.5×10^3；鸟苷酸 ε_{260}：8.0×10^3，ε_{280}：7.7×10^3）。

9. 有一个十六核苷酸片段，经 RNase T_1 酶解后得到 Gp、ApGp、ApUpUpA、UpApUpUpGp、CpUpApGp 各一分子，经用 RNase A 酶解后得到 1A、3Up、1ApGpCp、1ApUp、1GpApUp 和 1ApGpGpUp，请按重叠法排出该十六核苷酸的顺序。

第五章　酶　学

生物与非生物的重要区别之一就是任何一个生物体都具有新陈代谢（metabolism），即体内的重要物质都在不断地更新。这种更新由许多的化学反应来完成，包括各种物质的分解、合成及转化，而且这种转化具有复杂、高效、协调的特点。体内这些复杂多变的反应都是由一类特殊催化剂——酶所催化完成的。

酶（enzyme）是由活细胞产生的生物催化剂（biological catalyst），它可使化学反应速度比没有酶存在时高 10^{20} 倍！这种能力是由它的结构决定的。对于酶的认识来源于生产实践。1857 年法国著名微生物学家 Louis Pasteur 首先提出酒的发酵是活的酵母细胞起作用。20 年后，Kühne 提出了 enzyme（酶）这个词，它来自希腊文，意思是"在酵母中"。又过了 20 年，1897 年德国的 Hans Büchner 和 Eduard Büchner 兄弟用不含细胞的酵母液实现了酒的发酵，从而证明发酵过程并不需要完整的细胞。1926 年，美国生物化学家 James B. Sumner 首次从刀豆中制得脲酶结晶，并证明酶的化学本质是蛋白质，以后陆续发现上千种酶的本质都是蛋白质。直到 1982 年，美国的 Thomas Cech 发现在四膜虫的 rRNA 前体加工中，RNA 具有自身催化作用，证明某些 RNA 也具有酶的催化特性，使酶学得到了进一步的发展。

现在一般认为，自然界绝大多数酶是蛋白质，仅有少数为 RNA。具有催化活性的 RNA 被称为核酶（ribozyme）。现在就连原核细胞核糖体大亚基上的 23S rRNA 也被证明是一种核酶，它催化肽键的形成。

第一节　酶促反应特点及酶的分类

一、酶的催化特性

酶作为一种特殊催化剂，它在催化一个化学反应时也具有一般催化剂的特征。例如，在反应的前后，酶本身并没有量的改变，它只能加快一个化学反应的速度，而不能改变反应的平衡点等。但是，酶作为一种生物催化剂，它又与一般催化剂不同。酶是生命活动的产物，在物质运动的形式上处于更高级的阶段。因此，它比一般催化剂更优越，对化学反应的催化作用有更为显著的特点。

1. 酶的催化效率高

酶的催化效率比一般化学催化剂高 $10^6 \sim 10^{13}$ 倍，比无催化剂存在时高 $10^8 \sim 10^{20}$ 倍。如在 0℃时，1 mol 铁离子（Fe^{2+}）每秒只能催化分解 10^{-5} mol H_2O_2，而在同样情况下，1 mol 过氧化氢酶却能催化分解 10^5 mol H_2O_2，两者相比，酶的催化能力比 Fe^{2+} 高 10^{10} 倍。这一特性使得在生物细胞内，虽然各种酶的含量很低，但却可催化大量的作用物发生反应。

2. 酶催化的反应具有高度的专一性

一种酶只能作用于一类或一种物质的性质，称为酶作用的专一性或特异性

(specificity)。通常把被酶作用的物质（反应物）称为该酶的底物（substrate），所以也可以说酶的专一性是指酶对底物具有选择性。一般无机催化剂对其作用物没有严格的选择性，如 HCl 可催化糖、脂肪、蛋白质等多种物质水解。而蔗糖酶只能催化蔗糖水解，蛋白酶催化蛋白质水解，它们对其他物质则没有催化作用。酶作用的专一性具有很重要的生物学意义。

3. 酶催化反应的条件温和

酶在接近生物体温的温度和接近中性的环境下起反应。这一特点为酶制剂在工业上的应用展现了良好的前景，使一些产品的生产可以免去高温高压耐腐蚀的设备，因而可降低产品的成本。相反，在一般无机催化剂所需要的高温高压、强酸强碱下，酶反而因失活而丧失催化能力。

4. 酶的催化活力可被调节控制

在体内，酶的活性（activity）受多种机理的调节控制，因而它的催化能力可随生理需要而改变，这就保证了生物体代谢活动的协调性和统一性，保证了生命活动的正常进行。

酶除了催化特定的化学反应以外，还具有下列功能：①控制一个反应在何时何地进行；②调节反应的速率；③防止副反应的发生；④优化特殊条件下的反应。

二、酶专一性的类别

酶对底物的选择性称为酶的专一性或特异性（specificity）。可按下列方式分为几种不同的类别：

- 酶的专一性
  - 反应专一性
    - 绝对专一性
    - 相对专一性
      - 族专一性
      - 键专一性
  - 结构专一性
    - 光学专一性
    - 几何专一性

1. 绝对专一性（absolute specificity）

有的酶对它所催化的底物要求非常严格，它仅仅催化一种底物反应，与这种底物结构相似的物质它都不催化，这种专一性称为绝对专一性。例如脲酶（urease）、精氨酸酶（arginase）属于此类。

2. 相对专一性（relative specificity）

这类酶对底物的专一性程度较低，能作用于和底物结构类似的一系列化合物，很多水解酶类属于这种情况。由于对底物要求程度的不同，又可分为两类：

(1) 族专一性（group specificity）

族专一性又称基团专一性，这类酶除了要求底物中的某一化学键外，还要求该化学键旁具备一定基团。这类酶比绝对专一性酶作用的底物范围大得多。如动物肠液中的麦芽糖酶（maltase）水解麦芽糖，也水解其他 α-葡萄糖苷。它作用于 α-糖苷键，而且此糖苷的糖基（键旁的一个基团）一定是葡萄糖基，至于是什么样的配基（键旁的另一个基团）它并不作要求。

(2) 键专一性（bond specificity）

这类酶对底物的要求更低，它仅要求一定的化学键，对键旁的基团没有任何要求。例如，酯酶（esterase）只作用于酯键，对酯键旁的两个基团并不作要求，即不管什么醇与什么酸缩合成的酯它都能作用。它既催化简单酯类、甘油酯类，也催化一元醇酯、乙酰胆碱、丁酰胆碱等。

3. 光学专一性（optical specificity）

有些酶所作用的底物具有不对称碳原子，因而有构型。这类酶通常只作用于其底物的两种旋光异构体中的一种。如L－氨基酸氧化酶（L－amino acid oxidase）只催化L－氨基酸发生氧化，而不催化D－氨基酸氧化；D－乳酸脱氢酶（D－lactate dehydrogenase）只催化D－乳酸脱氢，而不催化L－乳酸脱氢。

4. 几何专一性（geometrical specificity）

如果酶作用的底物是含有双键的不饱和化合物，因而有几何异构（或顺反异构）现象。有的酶只作用于底物的顺式和反式异构体中的一种，而不作用另一种，这种专一性称为几何专一性。例如，延胡索酸酶（fumarase）只催化反丁烯二酸（延胡索酸）水化生成苹果酸，而不能作用于顺丁烯二酸。

$$
\begin{array}{c} HC{-}COOH \\ \| \\ HOOC{-}CH \end{array} + H_2O \xrightarrow{\text{延胡索酸酶}} \begin{array}{c} H_2C{-}COOH \\ | \\ HOOC{-}CHOH \end{array}
$$

反丁烯二酸（延胡索酸）　　苹果酸

以上光学专一性和几何专一性都涉及底物的空间结构，因而这种专一性又称为立体异构专一性。这种与空间结构相关的专一性对某些酶而言，还表现在能够区分从有机化学观点看来属于对称分子中的两个等同的基团。例如，在甘油分子中有两个伯醇基($-CH_2OH$)，从有机化学而言，这两个伯醇基是等同的，但酶却能区分它们，在酶催化的反应中，这两个基团是不等同的。用同位素标记证明，在ATP存在下，甘油激酶（glycerokinase）仅催化甘油的C_1位磷酸化生成甘油－1－磷酸，而不生成甘油－3－磷酸（其机理见第三节）。

$$
\begin{array}{l} 1\ CH_2OH \\ \quad | \\ 2\ CHOH \\ \quad | \\ 3\ CH_2OH \end{array} + ATP \xrightarrow{\text{甘油激酶}} \begin{array}{l} 1\ CH_2OPO_3H_2 \\ \quad | \\ 2\ CHOH \\ \quad | \\ 3\ CH_2OH \end{array} + ADP
$$

甘油　　甘油—1—磷酸

三、酶的命名

酶的命名有两种方法，一种称为习惯命名法，另一种为系统命名法。按前一种方法命名的习惯名称要求简短，使用方便。习惯命名有的根据酶的来源，有的按照酶所催化反应的性质，有的将二者结合起来给一个名称。这种命名方法的缺点是不够系统、不够准确，难免有时会出现一酶数名或一名数酶的混乱情况。为此，1961年，国际生化联合会酶学委员会提出了系统命名法。按此法规定的系统名称包括两部分：底物名称和反应类型。如果反应中有多个底物，则每个底物均需写出（水解反应中的“水”可以省去），底物名称间用“:”隔开。如果底物有构型，亦需表明。例如，谷丙转氨酶（glutamate-pyruvate transaminase）（习惯名）的系统名称为L－丙氨酸：α－酮戊二酸氨基移换酶（L－Alanine：α－ketoglutarate aminotransferase）。

四、酶的分类

按照酶所催化的反应类型，由酶学委员会规定的系统分类法，将酶分为六大类：氧化还原酶类、转移酶类、水解酶类、裂合酶类、异构酶类、合成酶类（或称连接酶类）。现将这六大类酶的特点及分类原则简述如下：

1. 氧化还原酶类（oxidoreductases）

催化底物的氧化还原反应。包括脱氢酶（dehydrogenase）和氧化酶（oxidase）。这类酶与细胞内能量代谢紧密相关，在能量代谢中普遍存在的脱氢反应即由脱氢酶催化。

$$A \cdot 2H + B \rightleftharpoons A + B \cdot 2H$$

这里 A 和 B 代表两种不同的代谢底物。

2. 转移酶类（transferases）

催化底物之间功能基团转移反应：

$$A \cdot X + B \rightleftharpoons A + B \cdot X \qquad \text{（X 代表某一功能基团）}$$

被转移的基团有多种，因此有不同的转移酶。如氨基转移酶（俗称转氨酶）、磷酸基转移酶、甲基转移酶（甲基化酶）、转酮酶（transketolase）、转醛酶（transaldolase）等。

3. 水解酶类（hydrolases）

催化底物的水解反应，即底物加水分解反应：

$$A-B + H_2O \longrightarrow A \cdot H + B \cdot OH$$

按断裂化学键的不同，再分为若干亚类。例如，水解肽键的有蛋白酶（protease）、肽酶（peptidase）等；水解酯键的有脂肪酶（lipase）、磷酸酶（phosphatase）等；水解糖苷键的有淀粉酶（amylase）、蔗糖酶（sucrase）、纤维素酶（cellulase）、溶菌酶（lysozyme）、果胶酶（pectate lyase）等。

4. 裂合酶类（lyases）

这类酶催化一类可逆反应：催化一种化合物分裂为几种化合物，或催化其逆反应。在催化中既可催化底物裂解（故又称裂解酶），又能催化合成（故又称合酶，但不同于第 6 类的合成酶）。催化裂解时，大多是从底物上移去一个基团而留下含双键的化合物。这类酶催化的通式为：

$$A-B \rightleftharpoons A + B$$

如脱水酶（dehydratase）、脱氨酶（deaminase）、脱羧酶（decarboxylase）、醛缩酶（aldolase）、合酶（synthase）等均属此类酶。

5. 异构酶类（isomerases）

催化各种同分异构体的相互转变（一般为单底物单产物反应），包括醛酮异构反应（如醛糖与酮糖的互变）、基团异向反应（如 α－糖与 β－糖的互相转换）和基团易位反应（如 6－磷酸葡萄糖与 1－磷酸葡萄糖的互变）等。

6. 合成酶类（synthetases）

合成酶也称连接酶（ligase）（但不同于核酸代谢中的 DNA 连接酶和 RNA 连接酶），是催化两种分子合成一种分子的反应。这种合成反应一般是吸能过程，因而通常与 ATP 的分解相偶联，由 ATP 分解提供能量（如果没有 ATP 参加反应，则底物之一必为高能化合物，以便提供能量）。其反应通式为：

$$A + B + ATP \longrightarrow A-B + ADP + P_i$$

第 4 类裂合酶类所催化的逆反应并不需要 ATP 提供能量。

在以上 6 大类酶中，根据反应的性质和基团的差异，每一类酶可再进一步细分为亚类及亚亚类。

五、酶的系统编号

根据上述分类标准，国际生化联合会还对每一个酶做了统一编号。一个酶只有一个编号，因此不会混淆。酶的系统编号由 4 个阿拉伯数字组成，前面冠以 EC（酶分类标志，enzyme classification）。每个数字之间用一圆点隔开。这 4 个数字的含义分别是：

表 5-1　酶的系统分类表（表示编号中各数字的意义）

1. 氧化还原酶类
(第二位：亚类数字表示底物中发生氧化基团的类别)
1.1　底物上的 —CH—OH 被氧化
1.2　被氧化底物的醛基或酮基被氧化
1.3　被氧化基团为 —CH—CH—
1.4　被氧化基团为 —CH—NH_2
1.5　被氧化基团为 —CH—NH
1.6　NADH 及 NADPH 的氧化
1.7　其他含氮化合物的氧化
1.8　含硫基团的氧化
1.11　H_2O_2 的氧化
1.17　被氧化基团为 —CH_2—CH_2—
(第三位：亚亚类数字表示氢受体基团的类别)
1　以 NAD^+ 或 $NADP^+$ 为受体
2　以细胞色素为受体
3　以 O_2 为受体
4　以二硫化物为受体
5　以醌及其有关化合物为受体
6　以含氮基团为受体
7　以铁硫蛋白为受体

2. 转移酶类
(亚类表示底物中被转移基团的类别)
2.1　转移一碳基团
2.2　转移醛基或酮基
2.3　转移酰基
2.4　转移糖基
2.5　转移除甲基之外的烃基或酰基
2.6　转移含氮的基团
2.7　转移磷酸基团
2.8　转移含硫基团

3. 水解酶类
(亚类表示被水解的键的类别)
3.1　水解酯键
3.2　水解糖苷键
3.3　水解醚键
3.4　水解肽键
3.5　非肽键的其他 C−N 键断裂
3.6　水解酸酐键
3.7　水解 C−C 键
3.8　作用于卤素的键
3.9　水解 P—N 键
3.10　水解 S—N 键
3.11　水解 C−P 键

4. 裂合酶类
(亚类表示分裂下来的基团与残余分子间键的性质)
4.1　裂解 C−C 键
4.2　裂解 C−O 键
4.3　裂解 C−N 键
4.4　裂解 C−S 键
4.5　裂解 C−卤素键
4.6　裂解 P−O 键

5. 异构酶类
(亚类表示异构现象的类型)
5.1　消旋酶及表构酶
5.2　顺反异构酶
5.3　分子内氧化还原酶
5.4　分子内转移酶
5.5　分子内裂解酶

6. 合成酶类
(亚类表示新形成的键的类型)
6.1　形成 C−O 键
6.2　形成 C−S 键
6.3　形成 C−N 键
6.4　形成 C−C 键

第一个数字——代表大类，即前述 6 大类；

第二个数字——亚类，每一大类中再根据底物被作用的基团或键的特点分成若干亚类；

第三个数字——亚亚类，在亚类中更精确地表示底物或产物的性质；

第四个数字——在亚亚类中的序号。

例如，核糖核酸酶 T_1（RNase T_1）的编号为 EC 3·1·4·8，第一个数字“3”为水解酶类；第二个数字“1”为亚类，在水解酶类的亚类中“1”表示断酯键，“2”为断糖苷键，

"3"为断醚键，"4"为断肽键等；第三个数字"4"为亚亚类，"4"为断磷酸二酯键，"3"为断磷酸单酯键；第四个数字"8"为该酶在亚亚类中的序号。所以，RNase T_1 是水解酶，是水解磷酸二酯键中的第 8 号酶。

每一个酶的这种系统编号能清楚地表明它在分类中的地位，不会发生混淆。

酶的分类、编号、亚类及反应性质见表 5-1。

第二节　酶的结构与功能的关系

酶是蛋白质，因此酶分子具有一、二、三级或四级结构。不同的酶具有不同的结构，根据酶分子结构的特点和大小可将酶分为 3 类：①单体酶（monomeric enzymes）。由 1 条多肽链构成，相对分子质量较小，约为 13000～35000，水解酶属于此类。②寡聚酶（oligomeric enzymes）。由几条到几十条多肽链或亚基组成，这些多肽链或相同，或不同。多肽链之间通常以非共价键相连。寡聚酶的相对分子质量从 35000 到几百万。③多酶体系（multienzyme system）。这是在一个代谢途径中，催化几个不同反应的酶按照一定方式组成一个酶的复合体。例如，在脂肪酸合成的途径中，几个酶就构成一个多酶体系。

一、酶的分子组成

按照分子组成的不同，分为单纯酶（simple enzymes）和结合酶（conjugated enzymes）。单纯酶为单成分酶，仅仅由多肽链构成；结合酶为双成分酶，除了含有蛋白质多肽链外，还含有非蛋白质的其他成分。

在结合酶分子中，蛋白质部分称为脱辅基酶或酶蛋白（apoenzyme），非蛋白质部分称为辅因子（cofactor）。脱辅基酶加上相应的辅因子构成的完整分子称为全酶（holoenzyme）。只有全酶形式才具有活性，单独的脱辅基酶及辅因子是没有催化活性的。在结合酶分子中，酶蛋白决定酶的专一性，辅因子决定酶所催化反应的性质或反应类型。通常，一种酶蛋白只与一种辅因子结合，而同种辅因子可与不同的酶蛋白结合，从而构成催化同类反应的不同酶。

酶的辅因子分为辅酶（coenzyme，简写 Co）和辅基（prosthetic group），但习惯上也统称为辅酶，这是根据辅因子与酶蛋白结合的牢固程度来区分的。与酶蛋白结合比较疏松（一般为非共价结合）并可用透析方法除去的称为辅酶；与酶蛋白结合牢固（一般以共价键结合），不能用透析方法除去的称为辅基。

辅酶和辅基的化学本质主要是两类物质：一类为金属元素，如铜、锌、镁、锰、铁等；另一类为小分子有机物，如维生素（vitamin）和铁卟啉（iron-porphyrin）。维生素的结构和功能见第六章，多数维生素以其衍生物的形式构成酶的辅酶或辅基。

一些酶的辅因子见表 5-2。表中维生素辅因子的结构见第六章。

表 5-2　一些酶的辅因子

类别	酶	辅因子	辅因子的作用
含金属离子辅基	酪氨酸酶、细胞色素氧化酶、漆酶、抗坏血酸氧化酶	Cu^+ 或 Cu^{2+}	连接作用或传递电子
	碳酸酐酶、羧肽酶、醇脱氢酶	Zn^{2+}	连接作用
	精氨酸酶、磷酸转移酶、肽酶	Mn^{2+}	连接作用
	磷酸水解酶、磷酸激酶	Mg^{2+}	
含铁卟啉辅基	过氧化物酶、过氧化氢酶、细胞色素、细胞色素氧化酶	铁卟啉	传递电子
含维生素的辅酶	多种脱氢酶	NAD 或 NADP	传递氢
	各种黄酶	FMN 或 FAD	传递氢
	转氨酶、氨基酸脱羧酶	磷酸吡哆醛	转移氨基
	α-酮酸脱羧酶	焦磷酸硫胺素	催化脱羧基反应
	乙酰化酶等	辅酶 A	转移酰基
	α-酮酸脱氢酶系	二硫辛酸	氧化脱羧
	羧化酶	生物素	传递 CO_2
其他	磷酸基转移酶	ATP	转移磷酸基
	磷酸葡萄糖变位酶	1，6-二磷酸葡萄糖	转移磷酸基
	UDP 葡萄糖异构酶	二磷酸尿苷葡萄糖	异构化作用

辅酶或辅基在酶所催化的反应中主要起着传递氢、传递电子、传递原子或化学基团，以及某些金属元素起着底物与酶蛋白间的“搭桥”等作用。

这里需要指出的是，除辅酶外，还有一些金属离子等非蛋白成分与酶的活性也有关。例如 Mg^{2+}，当它存在时，某些酶的活性可大大提高，没有它存在时，酶的活性降低，这些成分称为酶的激活剂（activator）。激活剂与辅因子的区别在于：前者决定酶活性的大小（不是酶的固有成分），后者决定酶活性的有无（是酶的必需成分）。

二、酶的活性中心

1. 必需基团与活性中心的概念

（1）必需基团（essential group）

酶分子中有多种功能基团，如 $-NH_2$、$-COOH$、$-SH$、$-OH$ 等，但不是酶分子中所有的这些基团都与酶的活性直接相关，而只是酶蛋白一定部位的少数几个功能基团才与催化作用有关。这种与酶催化活性直接相关的化学基团称为酶的必需基团。常见的有组氨酸的咪唑基、半胱氨酸的巯基、丝氨酸的羟基、谷氨酸的 γ-羧基等。必需基团多数位于酶的活性中心，直接与底物结合，或直接参与催化底物的反应；少数必需基团位于活性中心以外，它们可以稳定酶的分于构象，对催化活性起间接作用。D. E. Koshland 曾将酶分子中的氨基酸残基分为 4 类：

①接触残基（contact residue）。直接与底物接触的基团，如图 5-1 中的 R_1、R_2、R_6、R_8、R_9、R_{163}、R_{164}、R_{165}。它们参与底物的化学转变，是活性中心的主要必需基团。这些

基团中，有的能与底物结合，称为结合基团（binding group），有的直接作用于底物的某些化学键，参与催化底物的反应，称为催化基团（catalytic group）。在有的酶分子中，也有同时兼备这两种功能的基团。

②辅助残基（auxiliary residue）。这种残基既不直接与底物结合，也不催化底物的化学反应，但对接触残基的功能有促进作用。它可促进结合基团对底物的结合，促进催化基团对底物的催化反应。它也是活性中心不可缺少的组成部分，如图 5-1 中的 R_4。

③结构残基（stucture residue）。这是活性中心以外的必需基团，它们与酶的活性不发生直接关系，但它们可稳定酶的分子构象，特别是稳定酶活性中心的构象，因而对酶的活性也是不可缺少的基团，只是起间接作用而已。如图 5-1 中的 R_{10}、R_{162} 和 R_{169}。

④非贡献残基（noncontribution residue）。除了上述 3 类必需基团外，酶分子的其他所有残基，对酶的活性“没有贡献”，也称为非必需残基（nonessential residue），如图 5-1 中的 R_3、R_5、R_7。这些残基对酶活性的发挥不起作用，它们可以被其他氨基酸残基取代，甚至可以去掉，都不会影响酶的催化活性。那么，这些残基是不是多余的呢？据目前所知，这也不是生物进化发生的“错误”，推测它们可能在系统发育的物种专一性方面、免疫方面，或者在体内的运输转移、分泌、防止蛋白酶降解等方面起着一定作用。如果没有这些残基，对酶的寿命、酶在细胞内的分布等方面受到限制，因而从整体上看，在代谢中它们对酶的活性并不是没有贡献的，只是它们的确切贡献至今尚不清楚而已。况且，这些残基的存在也可能是该酶迄今未发现的新的活力类型的活性中心。因为事实上现在已逐渐发现一些多功能酶（multifunctional enzyme），即一种酶能够催化两种以上的不同反应。

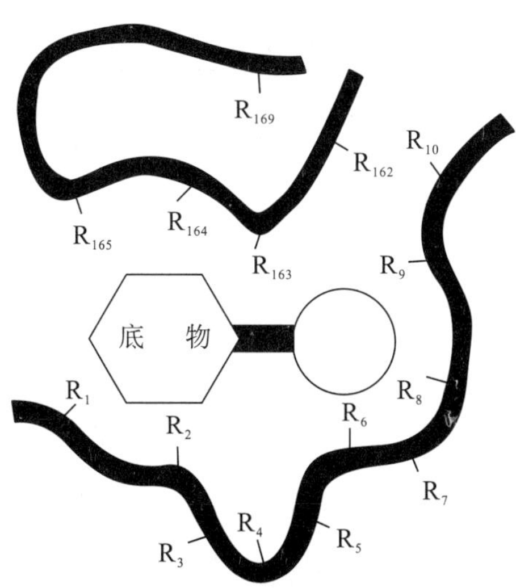

图 5-1 酶分子中各种残基的作用示图

(2) 活性中心（active center）

酶分子所具有的特殊催化活性不仅需要必需基团，而且要求这些基团构成一定的空间结构。实验证明，酶的催化活性并不是与整个分子各部分有关，其活力表现是集中在某一区域。例如，木瓜蛋白酶（papain）（来自亚热带植物番木瓜（*Papaya latrex*）的果实）由 212 个氨基酸残基组成，当用氨基肽酶从 N 端水解掉肽链的 2/3 后，剩下 1/3 的片段其酶活性为原活性的 99%。这说明木瓜蛋白酶的活性是集中在肽链 C 端的少数氨基酸所构成的空间结构中的。我们把酶分子上必需基团比较集中并构成一定空间构象、与酶的活性直接相关的结构区域称为酶的活性中心或称活性部位（active site）。

活性中心是直接将底物转化为产物的部位，它通常包括两个部分：与底物结合的部分称为结合中心（binding center）；促进底物发生化学变化的部分称为催化中心（catalytic center）。前者决定酶的专一性，后者决定酶所催化反应的性质，即负责底物旧键的断裂和产物新键的形成。有些酶的结合中心和催化中心是同一部位。

不同的酶构成活性中心的基团和构象均不同，对不需要辅酶的酶（单纯酶）来说，活性中心就是酶分子在三维结构中比较靠近的少数几个氨基酸残基或是这些残基上的某些基团，它们在一级结构上可能相距甚远，甚至位于不同肽链上，通过肽链的折叠盘绕而在空间构象上却相互靠近；对需要辅酶的酶（结合酶）来说，活性中心主要就是辅酶分子，或辅酶分子上的某一部分结构，以及与辅酶分子在结构上紧密偶联的蛋白质结构区域。

酶分子的活性中心一般只有一个，有的有几个。催化中心常常只有一个，包括 2 个或 3 个氨基酸残基（表 5−3）。结合中心则随酶而异，有的仅一个，有的有数个。每个结合中心的氨基酸数目也很不一致。

事实上，活性中心为酶分子表面的一个裂缝（cleft）、空隙（crevice）或口袋（pocket），中心内多为疏水氨基酸，少数为极性氨基酸。活性中心这样设计的目的是把降低酶催化活性的溶剂（水）排除在外，以防止副反应的发生。除非水作为底物。底物分子在进入活性中心前一般需要去溶剂化。

活性中心的构象具有柔性和可塑性。活性中心中结合中心和催化中心的基团在空间结构上是精确定位的，但是可变的。酶活性的提高或增大与酶活性中心构象的柔性有关。

图 5−3　某些酶的活性中心残基

酶　名　称	总氨基酸残基数	活性中心残基
牛胰核糖核酸酶（ribonuclease）	124	组$_{12}$，组$_{119}$，赖$_{41}$
溶菌酶（lysozyme）	129	天$_{52}$，谷$_{35}$
胰凝乳蛋白酶（chymotrypsin）	241	组$_{57}$，丝$_{195}$，天$_{102}$
胰蛋白酶（trypsin）	238	组$_{46}$，丝$_{183}$，天$_{90}$
木瓜蛋白酶（papain）	212	半胱$_{25}$，组$_{159}$
弹性蛋白酶（elastase）	240	组$_{45}$，天$_{93}$，丝$_{188}$
枯草杆菌蛋白酶（subtilisin）	275	组$_{64}$，丝$_{221}$，天$_{32}$
碳酸酐酶（carbonic anhydrase）	258	组$_{93}$，−Zn−组$_{95}$，组$_{117}$ ↓ 组$_{117}$
羧肽酶 A（carboxypeptidase A）	307	谷$_{270}$，酪$_{248}$，精$_{127}$，Zn^{2+}

2. 活性中心必需基团的鉴定

酶的必需基团参与酶同底物的结合、参与催化底物转化的反应，以及稳定酶的分子构象。了解必需基团的种类、性质对研究酶的结构和功能，以及酶的催化机制具有重要的意义。在现有的鉴定方法中，除用 X 射线衍射法直接检测底物（或抑制剂）在酶分子上的结合位点外，更多的是采用化学修饰的方法研究酶活性中心的必需基团。此外，近年来也有用基因突变的方法来进行鉴定（见第十八章）。

（1）共价修饰（covalent modification）

应用一些化学试剂可与某些氨基酸侧链基团发生结合、氧化或还原等反应，生成一共价修饰物，使酶分子的一些基团发生结构和性质的变化，从而鉴定必需基团。如果酶被修饰后不失活，表明被修饰的氨基酸侧链基团不是必需基团；如果修饰后酶完全失活，表明它是酶活性中心的必需基团；如果酶部分失活，说明这个氨基酸侧链基团可能是位于结合中心，而非催化中心，或为活性中心外的必需基团。

由于存在修饰试剂往往对某一氨基酸的侧链基团不是绝对专一的，有的修饰试剂可引起酶分子空间构象改变，以及处于酶分子不同部分的相同基团对修饰试剂的反应性不同等原因，对修饰结果的解释必须十分谨慎。但若注意下列两点，即可提高对必需基团鉴别的准确性。

①酶活力的丧失程度与修饰剂的浓度成一定比例关系。因此，可用一系列不同浓度的修饰剂处理酶，再测定酶活力，观察其活力丧失的情况，做出判断。

②底物（或竞争性抑制剂）可保护共价修饰剂的抑制作用。先用底物（或抑制剂）与酶结合，再用修饰剂处理，然后透析除去保护的底物（或抑制剂），可使酶活力不致丧失。用这种方法不但可以肯定某基团是否是必需基团，而且可确定此基团是否位于活性中心。

不同氨基酸的侧链基团用不同的修饰剂，同一侧链基团可用几种修饰剂修饰。常用于修饰氨基的修饰剂有顺丁烯二酸酐（即琥珀酸酐）、乙酸酐、二硝基氟苯等；用于修饰组氨酸咪唑基的有溴丙酮、二乙基焦磷酸盐以及光氧化；修饰精氨酸的胍基常用丙二醛、2，3－丁二酮或环己二酮；修饰半胱氨酸巯基用碘乙酸、对氯汞苯甲酸、磷碘苯甲酸等；修饰丝氨酸羟基常用二异丙基氟磷酸（DEP）。

（2）亲和标记（affinity labeling）

利用酶对底物具有特殊亲和力这一性质，人工合成一些与底物结构相似的修饰剂，使其与酶反应，活性中心中与底物起反应的基团就同这种修饰剂结合。这样可以提高修饰作用的专一性，以确定活性中心的必需基团。这种修饰剂有两个特点：一是可以较专一地引入酶的活性中心，接近底物结合位点；二是具有活泼的化学基团（如卤素），可以与活性中心的某一基团形成稳定的共价键。

常用的亲和标记试剂有L－苯甲磺酰苯丙氨酰氯甲酮（TPCK）（用于修饰组氨酸、半胱氨酸）、苯甲烷磺酰氟（PMSF）（修饰丝氨酸）、溴代甲基反丁烯二酸（修饰甲硫氨酸）等。

（3）差别标记（difference labeling）

先用过量底物与酶结合，此时用某种修饰剂处理时，酶结合中心的必需基团因被底物保护而不被修饰。然后除去底物，再用同位素标记的同一种修饰试剂作用，则原来被保护的基团即可带上同位素标记。最后将酶水解，分离出这个带标记的氨基酸，即可判断活性中心的这个氨基酸。

3．酶活性中心的一级结构

应用上述化学修饰方法对多种酶的活性中心进行了研究，发现有7个氨基酸参与酶活性中心的频率最高：丝氨酸、组氨酸、天冬氨酸、谷氨酸、酪氨酸、赖氨酸和半胱氨酸（见表5－3）。如果用同位素将活性中心标记后，用酶部分水解，分离水解片段，再对带同位素标记的片段做氨基酸顺序测定，即可了解酶活性中心的一级结构。

分析酶活性中心的一级结构发现，在同一类酶中，其活性中心一级结构的氨基酸顺序具有惊人的相似性（见表5－4）。这也就可以解释同一类酶为什么能催化类似的化学反应。

表 5-4 一些蛋白水解酶活性中心丝氨酸附近的肽链组成

酶	氨基酸顺序
胰蛋白酶（牛）	—天冬·丝·半胱·谷酰胺·甘·天冬·丝·甘·甘·脯·缬—
胰凝乳蛋白酶（牛）	—丝·丝·半胱·甲硫·甘·天冬·丝·甘·甘·脯·亮—
弹性蛋白酶（猪）	—丝·甘·半胱·谷酰胺·甘·天冬·丝·甘·甘·脯·亮—
凝血酶（牛）	—天冬·丙·半胱·谷·甘·天冬·丝·甘·甘·脯·苯丙—
蛋白酶（S·*griseus*）	—苏·半胱·谷·甘·天冬·丝·甘·甘·脯·甲硫—

从表 5-4 可见。一些丝氨酸蛋白酶在活性丝氨酸附近的氨基酸顺序几乎是完全一样的，而且这个活性丝氨酸最邻近的 5～6 个氨基酸顺序，从微生物到哺乳动物都一样，说明蛋白质活性中心在种系进化上具有严格的保守性。

活性中心的形成要求酶蛋白分子具有一定的空间构象，因此，酶分子中的其他部分的作用对于酶催化活性来说，可能是次要的，但绝不是毫无意义的。因为至少为酶活性中心的形成提供了结构的基础，保证了活性中心结构的稳定性。

三、酶的活性与其高级结构的关系

酶的活性不仅决定于一级结构，而且与其高级结构紧密相关。就某种程度而言，在酶活性的表现上，高级结构甚至比一级结构更为重要，因为只有高级结构才能形成活性中心。对此，C. Anfinsen 的牛胰核糖核酸酶拆合实验是个很好的例证。

牛胰核糖核酸酶（RNase A）的活性中心主要由第 12 位和 119 位两个组氨酸残基构成，这两个残基在一级结构上相隔 107 个氨基酸残基，但是它们在高级结构中却相距得很近，两个咪唑基之间约 0.5 nm，这两个氨基酸（还有 41 位的赖氨酸）就构成了酶的活性中心。

Anfinsen 用枯草杆菌蛋白酶（subtilisin）水解 RNase A 分子中的丙$_{20}$—丝$_{21}$间的肽键，其产物仍具有活性，称为 RNase S。产物中含有两个片段：一个小片段，含有 20 个氨基酸残基（1～20），称为 S 肽；一个大片段，含有 104 个氨基酸残基（21～124），称为 S 蛋白。S 肽含有组$_{12}$，S 蛋白含有组$_{119}$。S 肽与 S 蛋白单独存在时，均无活性，若将二者按 1∶1 的比例混合，则恢复酶活性，虽然此时第 20 与 21 之间的肽键并未恢复，这是因为 S 肽通过氢键及疏水作用与 S 蛋白结合，使组$_{12}$和组$_{119}$在空间位置上互相靠近而重新形成了活性中心（图 5-2）。可见。只要酶分子保持一定的空间构象，使活性中心必需基团的相对位置保持恒定，一级结构中个别肽键的断裂，乃至某些区域的小片段（如 RNase A 中的第 15～20）的去除，并不影响酶的活性。

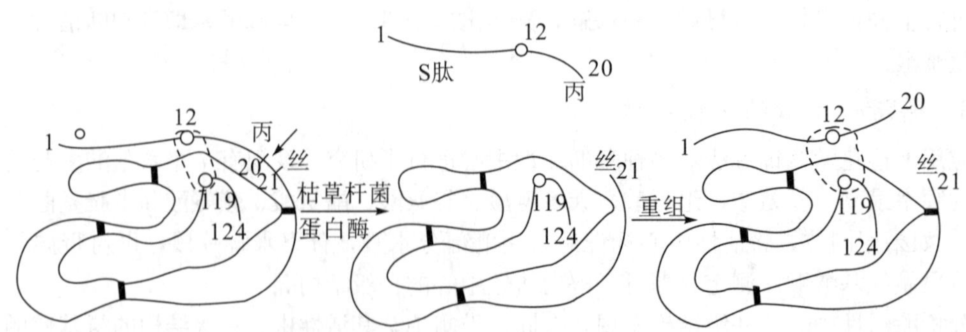

图 5-2 牛胰核糖酸酶分子的切断与重组

四、酶原的激活

有的酶，当其肽链在细胞内合成之后，即可自发盘曲折叠成一定的三维结构，一旦形成了一定的构象，酶就立即表现出全部酶活性，如溶菌酶。然而，有些酶（大多为水解酶）在生物体内首先合成出来的只是它的无活性的前体，即酶原（zymogen）。酶原在一定的条件下才能转化成有活性的酶，这一转化过程称为酶原激活（zymogen activation）（见表 5－5）。

表 5－5 几种酶原的激活

激 活 作 用	激 活 剂
胃蛋白酶原 ⟶ 胃蛋白酶＋6 个多肽片段 （Mr：42500） （34500） （6000）	H^+、胃蛋白酶
胰蛋白酶原 ⟶ 胰蛋白酶＋六肽 （24000） （≈23800）	肠激酶、胰蛋白酶
胰凝乳蛋白酶原 ⟶ α－胰凝乳蛋白酶＋2 个二肽 （22000） （≈22000）	胰蛋白酶、胰凝乳蛋白酶
羧肽酶原 A ⟶ 羧肽酶 A＋几个碎片 （96000） （34000）	胰蛋白酶
凝血酶原 ⟶ 凝血酶＋多肽	凝血酶原激活剂、Ca^{2+}
弹性蛋白酶原 ⟶ 弹性蛋白酶＋几个碎片	胰蛋白酶

酶原的激活过程是通过去掉分子中的部分肽段，引起酶分子空间结构的变化，从而形成或暴露出活性中心，转变成为具活性的酶。不同的酶原在激活过程中去掉的肽段数目及大小不同。使酶原激活的物质称为激活剂（activator）。虽然不同酶原的激活剂不完全相同，但有的激活剂可激活多种酶原。例如胰蛋白酶可以激活动物消化系统的多种酶原。

1. 胰蛋白酶原的激活

由胰腺细胞分泌的胰蛋白酶原（trypsinogen）在肠腔内激活。其机制是胰蛋白酶原被肠激酶（enterokinase）或胰蛋白酶作用而切去肽链 N 末端的一个六肽，由于肽链的卷曲和收缩使构象发生变化，第 46 位组氨酸和第 183 位丝氨酸得以靠近，从而形成酶的活性中心（图 5－3）。

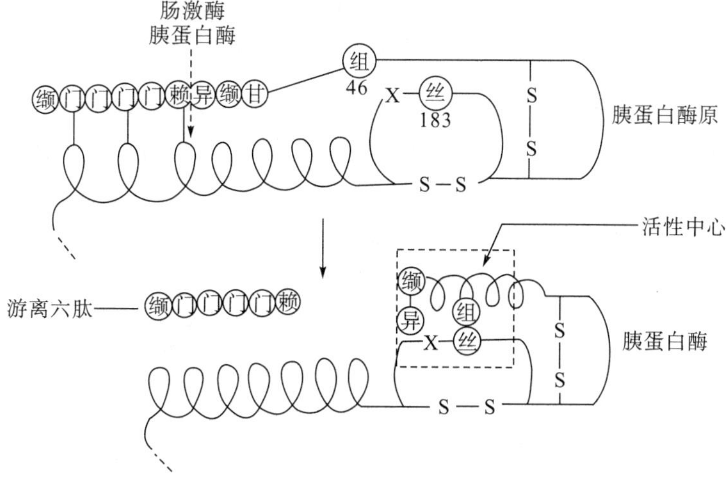

图 5－3 胰蛋白酶原的激活示意图

2. 胰凝乳蛋白酶原的激活

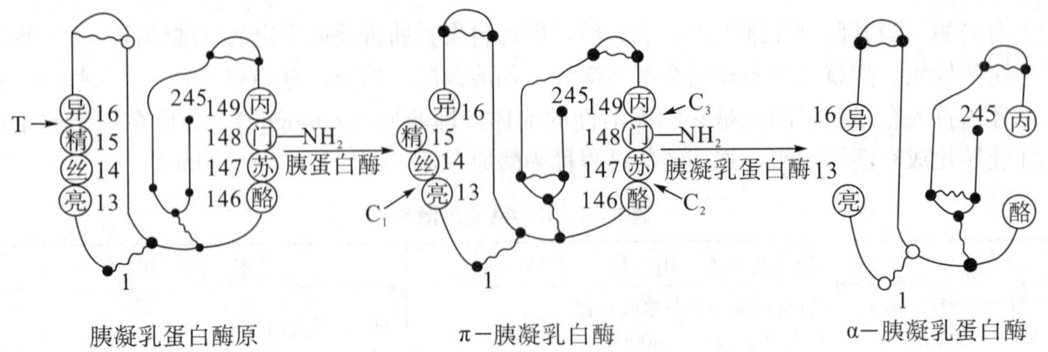

图 5—4 胰凝乳蛋白酶原的激活过程示意图

胰凝乳蛋白酶原（chymotrypsinogen）是一条含 245 个氨基酸残基的肽链，自胰脏分泌出来后，在肠腔中受到胰蛋白酶的作用，使肽链中的精$_{15}$—异$_{16}$之间的肽键水解断裂，形成有活性的 π—胰凝乳蛋白酶，后者再作用于其他的 π—胰凝乳蛋白酶（这种激活作用称为自身激活），使另一分子的 π－胰凝乳蛋白酶的亮$_{13}$－丝$_{14}$、酪$_{146}$－苏$_{147}$和天冬酰胺$_{148}$－丙$_{149}$三个肽键断裂，游离出两个二肽（丝$_{14}$—精$_{15}$和苏$_{147}$—天冬酰胺$_{148}$），形成 α－胰凝乳蛋白酶（见图 5—4）。实际上 α－胰凝乳蛋白酶是由 5 个二硫键连起来的 3 个多肽链组成的。当第 16 位的异亮氨酸的氨基游离出来后，这个新末端的氨基再与第 194 位的天冬氨酸的羧基发生静电作用而形成盐键，从而触发一系列的构象变化，使第 195 位的丝氨酸和第 57 位的组氨酸转到活性中心，而第 192 位的甲硫氨酸从分子内部转向表面，这样就形成了活性的胰凝乳蛋白酶（图 5—5）。

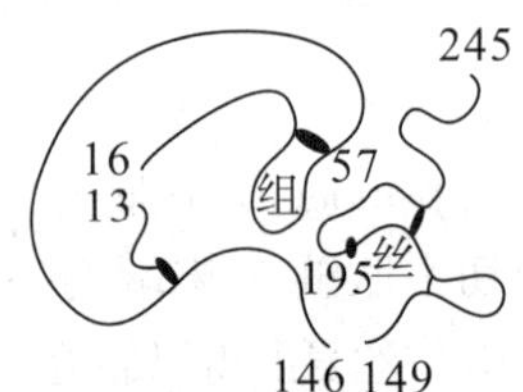

图 5—5 激活后的胰凝乳蛋白酶

（由组$_{57}$、丝$_{195}$及天冬$_{102}$构成活性中心）

在组织细胞内，某些酶（特别是水解酶）以酶原的形式存在具有重要的生物学意义。这可以保护组织细胞不致因酶的作用而发生自身消化和使组织细胞破坏。胰腺细胞分泌的大多数水解酶都以酶原的形式存在，分泌至消化道后才被激活而起作用，这就保护了胰腺细胞不受酶的破坏。又如，血液中的凝血酶（thrombin）以酶原的形式存在，这就保证了在正常循环中不会出现凝血现象，只有在出血时，凝血酶原才被激活，促进伤口处血液凝固以防止大量出血。

第三节　酶作用的机制

作为催化剂，酶具有催化效率高，能在常温常压以及近中性的溶液中进行催化反应，对底物有一定的选择性，以及不发生副反应等显著的优点。但是，酶为什么能催化化学反应?酶又是怎样催化的?酶催化作用的高效性、专一性又是如何决定的?这就是酶作用机制的问题。

一、酶为什么能催化化学反应

一个化学反应的发生并不是所有反应物分子都能参加反应。因为各个分子所含能量高低不同，只有那些所含能量达到或超过一定限度（分子平均能量）的分子才能参加反应，这些分子称为活化分子（activated molecule）。活化分子比一般分子所多含的能量称为活化能（activation energy），换言之，分子进行反应所必须取得的最低限度的能量就称为活化能（通常以一定温度下 1 mol 底物全部转变成活化状态所需要的自由能来量度）。活化分子含有的能参加化学反应的最低限度的能量称为化学反应的能阈或能障（energy barrier）。因此，只有那些所含能量大于能阈的分子才能参加化学反应。反应的这种高能量状态是不稳定的，称为过渡态（transition state）。

在一个化学反应体系中，活化分子越多，反应就越快（图 5－6）。因此，设法增加活化分子数，就能提高反应速度。要使活化分子增多，有两种可能的途径：一种是加热或光照射，使一部分分子获得能量而活化，直接增加活化分子的数目，以加速化学反应的进行；另一种是降低活化能的高度（即能阈），间接增加活化分子的数目。催化剂的作用就是能够降低活化能。活化能愈低，反应物分子的活化愈容易，反应也就愈容易进行。据计算，在25℃时活化能每减低 4.184 kJ/mol（1 kcal/mol），反应速度可提高 5.4 倍。

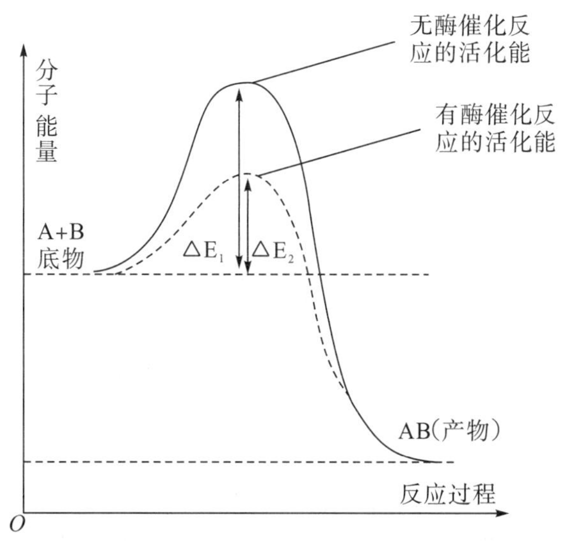

图 5－6　非催化过程与催化过程的自由能变化

酶的催化作用的实质就在于它能降低化学反应的活化能，使反应在较低能量水平上进行，从而使化学反应加速。例如，过氧化氢的分解，无催化剂时活化能为 75.4 kJ/mol，用钯作催化剂时，活化能降低为 48.9 kJ/mol，而用过氧化氢酶催化时，反应活化能仅为 8.4 kJ/mol。

二、酶催化化学反应的中间产物学说

酶之所以能降低活化能，加速化学反应，可以用目前比较公认的中间产物学说（intermediate theory）的理论来解释。这个理论认为，在酶促反应中，底物先与酶结合成不稳定的中间物（过渡态），然后再分解释放出酶与产物。可用下式表示：

$$S+E \rightleftharpoons ES \longrightarrow E+P$$

这里 S 代表底物（substrate），E 代表酶（enzyme），ES 为中间物，P 为反应的产物（product）。

中间产物学说现已得到一些可靠的实验证据。例如，用吸收光谱法证明了在含铁卟啉的酶（如过氧化物酶）参加催化的反应中，确有中间产物的形成，因为过氧化物酶的吸收光谱在与 H_2O_2 作用前后有所改变，这说明过氧化物酶与 H_2O_2 作用后，已经转变成了新的物质。另外，用 ^{32}P 标记底物的方法，也证明在磷酸化酶（phosphorylase）催化的蔗糖合成反应中有酶同葡萄糖结合的中间产物（葡萄糖－酶络合物）。有的酶同底物结合的中间物甚至可以直接用电镜观察或 X 射线衍射而证实其存在。

Pauling 曾提出酶与过渡态中间物的亲和力要比对基态（底物）的亲和力高得多，要证明这一点，可以根据中间物的结构设计一种稳定的过渡态类似物，以检测它能否作为酶的抑制剂，以及抑制效果是不是比竞争性抑制剂（见本章第五节）更强。因为如果酶促反应中的确存在所谓过渡态的中间物，那么由此人工设计得到的过渡态类似物只要遇到酶就会与活性中心紧紧地结合，此时底物就不能结合，使之无法完成反应。

底物具有一定的活化能，当底物和酶结合成过渡态的中间物时，要释放一部分结合能，这部分能量的释放，使得过渡态的中间物处于比 E+S 更低的能级，因此使整个反应的活化能降低，使反应大大加速。

底物同酶结合成中间复合物是一种非共价结合，依靠氢键、离子键、范德华力等次级键来维系。

三、决定酶作用高效率的机制

在阐述酶的作用机制时，对酶的两个主要特点，即高效率和专一性的机制也应作出一定的解释，虽然这也尚未完全解决，但根据一些实验数据的分析，以及影响这两个特点的一些因素，曾提出一些假说。

1. 底物与酶的邻近效应（proximity effect）和定向效应（orientation）

由于化学反应速度与反应物浓度成正比，若在反应系统的某一局部区域，反应物浓度增高，则反应速度也随之增高。酶促反应加速的原因之一，就是底物分子浓集于酶的活性中心，从而大大提高了这个区域底物的有效浓度。例如，在体内生理条件下，底物浓度一般约为 0.001 mol/L，而在酶的活性中心部位曾测定出底物浓度约 100 mol/L，比溶液中高 10^5 倍。这样，十分有利于分子的相互碰撞而发生反应。在活性中心进行的反应有点类似于分子内反应，而有机化学的分子内反应比分子间反应快得多，因为在分子内反应中邻近基团具有很高的有效浓度。所以在酶的活性中心区域反应速度必定是极高的。

在酶促反应中，底物向酶的活性中心“靠近”，从而形成局部区域高浓度还不够，还需要使反应的基团（包括底物的及酶的）在反应中彼此相互严格地“定向”。如图 5-7 所示：图中（a）表示酶与底物（或底物与底物）虽然靠近，但二者的反应基团却不靠近，彼此也不定向；（b）表示反应基团靠近，但不定向，仍不利于反应；只有两个反应基团既靠近，又定向（c），才有利于底物形成转变态，从而加速反应的进行。显而易见，酶促反应的这种邻近效应和定向效应，是与酶活性部位与底物的特殊结合紧密相关的，而这种结合就使分子间反应转变为分子内反应。这种效应在游离的反应物体系中是很难实现的。

当底物未与酶结合时，活性中心的催化基团还未能与底物十分靠近，但由于酶活性中心的结构有一种可塑性（适应性），即当专一性底物与活性中心结合时，酶蛋白会发生一定的构象改变，使反应所需要的酶中的催化基团与结合基团正确地排列并定位，以便能与底物契合，使底物分子可以“靠近”和“定向”于酶。这样，活性中心局部的底物浓度也才能大大提高。酶构象发生的这种改变是反应速度增高的一种很重要的原因。反应后，释放出产物，酶的构象再逆转，回到它的初始状态。由 X 射线衍射分析证明，溶菌酶（lysozyme）及羧肽酶（carboxypeptidase）具有这样的机制。

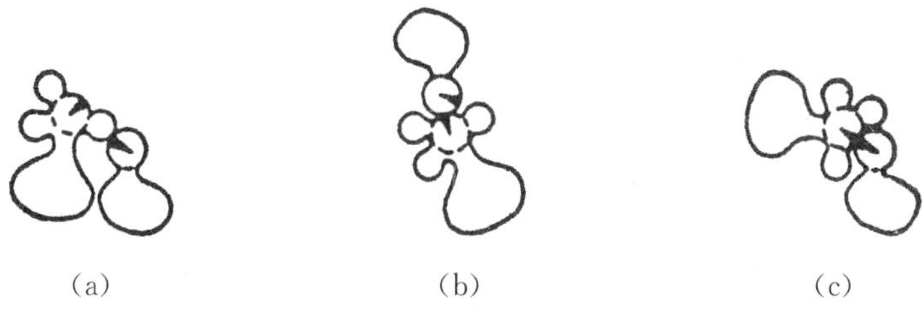

（a）　　（b）　　（c）

（a）反应物的反应基团和催化剂的催化基团既不靠近，也不彼此定向

（b）两个基团靠近，但不定向，还是不利于反应

（c）两个基团既靠近、又定向，大大有利于底物形成转变态，加速反应

图 5-7　底物与酶的靠近与定向

2. 共价催化（covalent catalysis）

这种方式是底物与酶形成一个反应活性很高的共价中间物，这个中间物很容易变成转变态，因此，反应的活化能大大降低，底物可以越过较低的能阈而形成产物。比如，最常见的亲核催化（nucleophilic catalysis）和亲电催化（electrophilic catalysis）就属这种机制。

这类酶的活性中心通常都含有亲核基团，如丝氨酸的羟基、半胱氨酸的巯基、组氨酸的咪唑基等。这些基团都有剩余的电子对作为电子的供体，和底物的亲电子基团（如脂肪酸中羧基的碳原子和磷酸基中的磷原子）以共价键结合。此外，许多辅酶也有亲核中心。

酶的亲核基团重要的有：

$-CH_2-\ddot{O}H$ 　　 $-CH_2-\ddot{S}H$ 　　 $-CH_2-C(=CH-\ddot{N}=CH-NH-)$（咪唑环）

丝氨酸的羟基　　半胱氨酸的巯基　　组氨酸的咪唑基

现以酰基（如脂酰和磷酰）移换反应为例来说明共价催化的原理。这类酶分子活性中心的亲核基团首先与含酰基的底物（如脂类分子）以共价结合，形成酰化酶中间物，接着酰基从中间产物转移到另一酰基受体（醇或水）分子中。这可用下列反应式表示。

含亲核基团的酶 E 催化的反应（R 为酰基）：

$$\text{第一步：} RX + E \xrightarrow{\text{快}} RE + X^-$$

酰基供体物（底物）酶　　酰化酶

$$\text{第二步：} RE + H_2O \xrightarrow{\text{快}} ROH + E + H^+$$

＋　　最终酰基受体

$$\text{总反应：} RX+H_2O \xrightarrow{\text{酶，快}} ROH+X^-+H^+$$

$$\text{非催化反应：} RX+H_2O \xrightarrow{\text{慢}} ROH+X^-+H^+$$

在酶催化的反应中，第一步是有酶参加的反应，故比没有酶时对底物与酰基受体的反应快一些；第二步反应，因酶含有易变的亲核基团，因而如此形成的酰化酶与最终酰基受体的反应，也必然要比无酶的最初的底物与酰基受体的反应要快一些。合并两步催化的总速度要比非催化反应大得多，因此形成不稳定的共价中间物可以大大加速反应。

3. 酸碱催化（acid-base catalysis）

化学键的断裂、形成和重排，都涉及电子的转移。以这种概念而言，化学反应基团可分为亲核基团和亲电基团两大类。亲核基团富含电子，易于与缺少电子的基团反应；亲电基团缺少电子，倾向于和电子多的物质反应。催化作用就是通过某种方式增加反应基团的亲核性或亲电性。最简单的方式就是在反应基团上增加或除去一个质子，这就是**酸碱催化**。

酸碱催化剂是催化有机反应的最普通、最有效的催化剂。有两种酸碱催化剂，一种是狭义的酸碱催化剂，即 H^+ 及 OH^-，由于酶反应的最适 pH 一般接近于中性，因此 H^+ 与 OH^- 的催化在酶反应中的意义是比较有限的；另一种是广义的酸碱催化剂，即质子受体和质子供体的催化，它们在酶反应中的重要性要大得多，发生在细胞内的许多类型的有机反应都是受广义酸碱催化的。例如将水加到羧基上，羧酸酯及磷酸酯的水解，以及许多取代反应等。

酶蛋白中含有好几种可以起广义酸碱催化作用的功能基，如氨基、羧基、巯基、酚羟基及咪唑基等（见表 5－6）。其中组氨酸的咪唑基尤为重要，因为它既是一个很强的亲核基团，又是一个有效的广义酸碱功能基。

表 5－6　酶蛋白中可作为广义酸碱的功能基

广义酸基团（质子供体）	广义碱基团（质子受体）
$—COOH$	$—COO^-$
$—NH_3^+$	$—NH_2$
$—SH$	$—S^-$
$—C_6H_4—OH$	$—C_6H_4—O^-$
—C═CH HN　N^+ H C H	—C═CH HN　N C H

影响酸碱催化反应速度的因素有两个：第一个因素是酸碱的强度。在这些功能基中，组

氨酸咪唑基的 pKa 约为 6.0，这意味着由咪唑基上解离下来的质子的浓度与水中的氢离子浓度相近。因此，它在接近于生理体液 pH 的条件下（在中性条件下），有一半以酸形式存在，另一半以碱形式存在。也就是说，咪唑基既可作为质子供体，又可作为质子受体在酶促反应中发挥催化作用。

$$\text{HN}\diagup\!\!\!\diagdown\text{N}^+\text{H} \rightleftharpoons \text{HN}\diagup\!\!\!\diagdown\text{N:} + \text{H}^+$$

酸形式　　碱形式

因此，咪唑基是催化中最有效、最活泼的一个催化功能基。

第二个因素是这些功能基供出质子或接受质子的速度。在这方面，咪唑基又有其优越性，它供出或接受质子的速度十分迅速，其半寿期小于 10^{-10}s，而且，供出质子或接受质子的速度几乎相等。由于咪唑基有如此优点，所以，组氨酸在大多数蛋白质中虽然含量很少，却很重要。推测很可能在生物进化过程中，它不是作为一般的结构蛋白成分，而是被选择作为酶分子中的催化成员而存留下来的。事实上，组氨酸是许多酶的活性中心的构成成分。

由于酶分子中存在多种供质子或受质子的基团，因此，酶的酸碱催化效率比一般酸碱催化剂高得多。例如肽键在无酶存在下进行水解时需要高浓度的 H^+ 或 OH^-、长的作用时间（10h～24h）和高温（100℃～120℃），而以胰凝乳蛋白酶作为酸碱催化剂时，在常温、中性 pH 下很快就可使肽键水解。

所以，酸碱催化的重要性就在于，它保证了许多依赖于质子传递的酶促反应在生理条件（近中性 pH）下顺利进行，从而避免了要求过高过低反应条件的限制。在体内，酸碱催化的反应有羰基的加成反应、酮基和烯醇基的互变、异构反应、肽和酯的水解、磷酸和焦磷酸参加的反应等。

4. 电荷效应（electrostatic effect）

在一些反应中，并不需要质子的转移，而是依赖于电子的转移，使亲核基团与亲电基团发生反应，这是两类基团间的静电相互作用，故称为**电荷效应**。

两个相反电荷之间的电荷效应，同电荷数成正比，与二者之间的距离和介电常数成反比。两个相反电荷之间的库仑作用（静电吸引）的能量是可观的。在真空中（介电常数为1）相距 1 nm 的两个相反单位电荷的电荷效应约为－138.9 kJ/mol。即使基团的表观静电荷为零，它们之间的静电相互作用也是明显存在的，因为基团内部的电荷分布往往是不均一的。

酶分子中的功能基团（活性中心必需基团）常常十分有利于与底物间的电子转移，特别是酶蛋白活性中心的带正电荷氨基酸残基（Arg 和 Lys）与底物的氧阴离子靠近，带负电荷的氨基酸残基（Asp 和 Glu）与底物的正碳离子靠近，均有利于电子的迁移，从而使反应易于进行。

另外，已知的酶中大约有 1/3 需要 1 个或几个金属离子参与催化作用。这些金属离子无论是作为辅基与酶蛋白结合，还是作为激活剂，都有助于通过静电效应促进电子的迁移，而且金属离子与底物之间的弱相互作用可以释放少量自由能，类似于酶同底物间的结合能。

5. 结合能效应（binding energy effect）

从热力学角度而言，酶促反应过程需要消耗能量。在酶同底物结合成复合物时，酶同底物之间存在着多个弱相互作用（氢键、离子键、疏水作用、范德华力），而每一种弱相互作用的产生都伴随着少量自由能的释放，以保证酶–底物相互作用的稳定性。所谓结合能，就是酶同底物结合成复合物时所产生的能量。

结合能是降低酶促反应活化能的主要来源，酶的催化过程所需要的能量来自结合能，即酶同底物间多个弱相互作用所释放自由能的总和。结合能可以解释为什么酶促反应的反应速度大大增加，即高效性。反应速度常数与活化能之间呈反比和指数关系。在生理条件下，一级反应速度每增加 10 倍，一般需要自由能约 5.7 kJ/mol。单独一种次级键产生的能量为 4 kJ/mol～30 kJ/mol，如果同时存在几种弱相互作用，则释放的能量之和可以使活化能降低 60 kJ/mol～80 kJ/mol。

酶同底物之间的相互作用除了可降低活性能外，还产生其他一些效应。由于二者的相互作用，两者的相对运动受到很大限制，底物和酶分子的功能基团被约束于适合发生反应的方向和位置上，即有利于靠近和定向效应；大多数生物分子表面存在一层由氢键形成的水化膜，这些分子要进行反应必须去除这种水化膜。而酶和底物间的弱相互作用将取代绝大多数甚至全部底物与水分子之间的氢键，即破坏底物分子表面的水化膜，有利于反应的进行。

上述各种酶加速反应机理的加速程度是不一样的。如依靠酶将底物固定于其表面并使之靠近与定向，可加速反应 10^8 倍；而以共价结合及酸碱催化使反应加速不多，仅 10^3 倍左右。虽然如此，这两种机制在酶促反应中仍有很重要的作用，尤其是广义酸碱催化还有其独特之处：它在近于中性（生理环境）的 pH 下进行催化创造了很有利的条件，因为，在这种接近中性 pH 的条件下，H^+ 及 OH^- 的浓度太低，不足以起到催化剂的作用。在体内的酶促反应中，常常不是单一机制起作用，在同一酶促反应中经常出现两种或两种以上机制协调作用，使反应大大加速。

四、决定酶作用专一性的机制

一种酶为什么只能催化一定的物质发生反应，即一种酶只能同一定的底物结合，酶对底物的这种选择特异性的机制曾经提出过几种不同的假说。

1. 锁钥学说（lock-key theory）

E. Fischer 提出的锁钥学说（1894）是最早用来解释酶作用专一性的学说。这个学说认为整个酶分子的天然构象是完整无缺的，具有刚性。酶表面具有特定的形状，只有特定的化合物才能契合得上，即酶与底物在表面结构的特定部位其形状是互补的，一定的酶只能与一定的底物结合，就好像一把钥匙对一把锁一样。把酶比作锁，底物比作钥匙，锁眼比作活性中心。酶与底物表面结构的特定部位之所以能够契合，这与它们表面某些化学基团的亲和性有关，主要取决于二者的构象（图 5–8）。

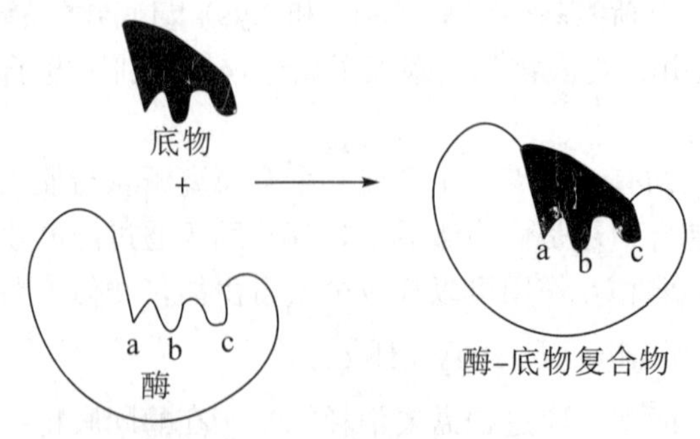

图 5–8 锁钥学说示意图

2. 诱导契合学说（induced-fit theory）

D. E. Koshland 提出的诱导契合学说（1958）认为：酶并不是原来就以一种与底物互补的形状存在，而只是由于底物的诱导才形成了互补形状。这种情形与一只手对一只手套诱导其形状变化类似。Koshland 认为，酶的活性部位在结构上是柔性的，即具有可塑性或弹性，而非刚性的。当底物与酶的这个部位接触时，可使酶蛋白发生构象变化，这样就使反应所需的基团正确地排列和定向，使之与底物结合，容易进行反应（图 5－9）。图中 A、B 为酶分子活性中心的催化基团，C 为结合基团。Ⅰ表示酶分子的原有构象，Ⅱ表示底物诱导酶分子发生了构象变化，形成酶－底物复合物（中间产物）。如果引入了不正常的、非专一性的底物，情形就不同了，Ⅲ和Ⅳ分别表示引入一个比底物大或小的分子，在这两种情况下都不能使 A、B 并列，妨碍了酶－底物中间复合物的形成，故不起催化作用。由 X 射线衍射及旋光测定，确证许多酶促反应中有构象变化，为诱导契合学说提供了有力证据。

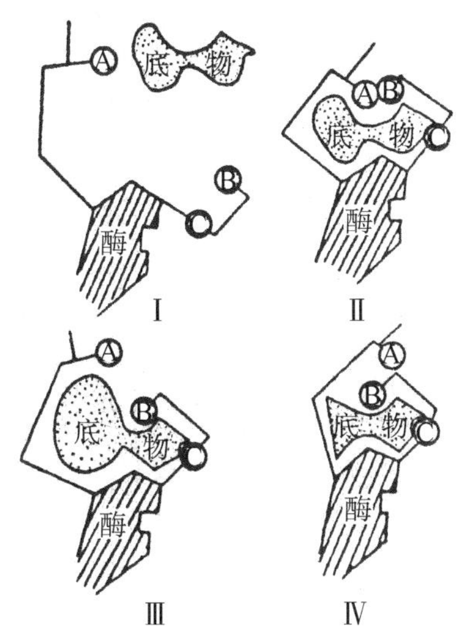

图 5－9 诱导契合学说图解

3. 结构性质互补假说（structure-property complemention theory）

有人认为酶同底物结合的专一性，与底物结构和酶活性中心的空间结构相关，二者的结构是互补的。如果底物是解离带电荷的，则酶的活性中心必然带相反电荷才能很好结合（称为静电效应，electrostatic effect）。而且底物同酶活性中心的极性也必然相同。

例如，各种动物蛋白酶具有不同的专一性。胰蛋白酶催化由碱性氨基酸（Lys 和 Arg）的羧基所形成的肽键水解，胰凝乳蛋白酶则催化由芳香族氨基酸（Phe、Tyr 和 Trp）的羧基所形成的肽键水解。这些特异性是由酶的活性中心的空间构象所决定的。X－射线衍射表明，在胰凝乳蛋白酶的活性丝氨酸（195 位）近侧有一深的凹陷，凹陷的四壁由非极性氨基酸的侧链组成，当底物蛋白质与酶蛋白接触时，底物分子中的芳香族氨基酸侧链借分子引力正好嵌入凹陷内，而使底物固定于酶的活性中心（图 5－10）。

胰蛋白酶、弹性蛋白酶等的活性中心也有一个类似胰凝乳蛋白酶的凹陷，由非极性氨基酸侧链组成。但是三者在结构上有细微的区别：胰凝乳蛋白酶的凹陷底部是丝氨酸残基；胰蛋白酶是天冬氨酸残基，它刚好可与伸入其内的、带正电荷的赖氨酸或精氨酸侧链形成一个较强的静电作用；弹性蛋白酶的凹陷较浅，而且其上部有两个较大的氨基酸即缬氨酸和苏氨酸挡住，而不像胰凝乳蛋白酶凹陷上方是两个甘氨酸，因此只能让丙氨酸这样小 R 基进入。

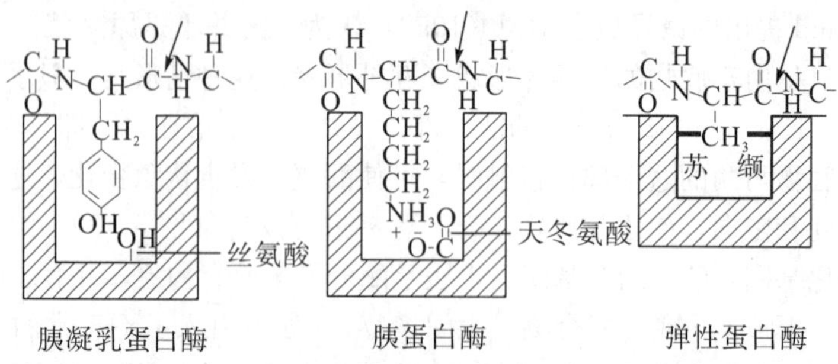

图 5－10　三种胰脏蛋白酶的底物结合部位示意图

4. “三点附着”假说（“three-point attachment” theory）

具有立体异构专一性的酶对底物异构体的识别也是由活性中心的构象决定的。对于甘油激酶（glycerokinase）所催化的甘油磷酸化的机制，A. Ogster 提出了一个“三点附着”假说来解释甘油激酶怎样识别甘油分子的 1 位碳。他认为甘油的 3 个基团都同时附着于甘油激酶分子表面的特异结合部位上（称为三点附着或三点结合），这三个部位之一是催化部位，使底物磷酸化。三点的附着有一定的顺序，因此，甘油与甘油激酶只有一种结合方式（图 5－11）。

糖代谢中，乌头酸酶（aconitase）与底物柠檬酸（citric acid）的结合，也可用这种机制来解释。

乳酸脱氢酶（lactate dehydrogenase）与底物的结合与上述情形类似。图 5－12 表示乳酸脱氢酶与其底物特异结合的方式。L（+）—乳酸通过不对称碳原子上的$-CH_3$、—COOH 及—OH 基分别与乳酸脱氢酶上的 A、B 及 C 三个特异部位结合，故可由 L—乳酸脱氢酶催化而转变为丙酮酸。D（－）—乳酸由于—OH 和—COOH 的位置相反，与 L—乳酸脱氢酶三个结合部位不能完全吻合，因而不被催化形成丙酮酸。

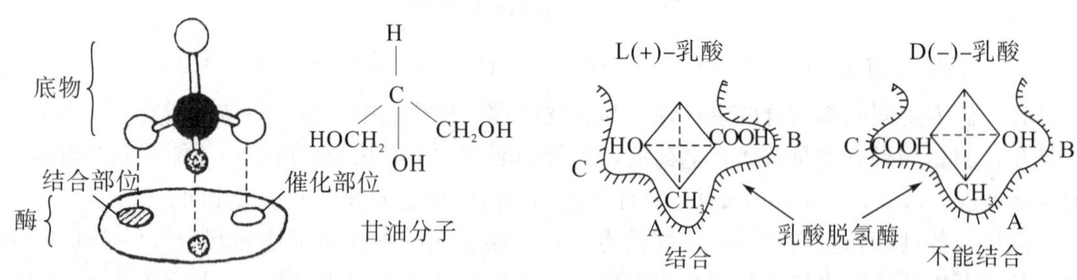

图 5－11　甘油激酶与甘油的三点附着示意图

图 5－12　乳酸脱氢酶的立体异构专一性

然而，近年来美国加州大学伯克利分校的 Koshland Jr 和 Andrew D. Mesecar 在研究异柠檬酸脱氢酶（isocitrate dehydrogenase，一种糖代谢的酶）的作用机制时发现，对酶而言，一种镜影异构体是真正的底物，而另一种却是抑制剂。于是，他们认为仅仅三点附着还不足以让一个蛋白质区分进入的对映异构体。例如，一个手性分子从前面进入活性很合适，但它的对映异构体也许从后面进入更合适。因此，他们提出，通常情况下活性中心存在第四个相互作用点（例如，一个金属离子），将底物与活性中心接触转变为一种“四点着陆”（four-point landing）。Koshiland 和 Mesecar 提出“三点附着”模型应该被新的“四点定位”模型

(four-point location model) 所取代。

第四节　酶促反应的动力学

酶促反应动力学是研究酶促反应的速度以及各种因素对反应速度的影响，本节主要讨论底物浓度与酶促反应速度的关系，其他因素对酶促反应的影响将在下节讨论。

一、米—曼氏方程（Michaelis-Menten Equation）

早在 20 世纪初（1902 年 Brown 和 1903 年 Henri）即已发现底物浓度对酶促反应具有特殊的饱和现象，而这种现象在非酶促反应中是不存在的。

如果酶促反应的底物只有一种（称单底物反应），当其他条件不变，酶的浓度也固定的情况下，一种酶所催化的化学反应速度与底物的浓度间有如下的规律：在低底物浓度时，反应速度随底物浓度的增加而急剧增加，反应速度与底物浓度成正比，表现为一级反应；当底物浓度较高时，增加底物浓度，反应速度虽随之增加，但增加的程度不如底物浓度低时那样显著，即反应速度不再与底物浓度成正比，表现为混合级反应；当底物浓度达到某一定值后，再增加底物浓度，反应速度不再增加，而趋于恒定，即反应速度与底物浓度无关，表现为零级反应，此时的速度为最大速度（V_{max}），底物浓度即出现饱和现象。

对于上述变化，如果以酶促反应速度对底物浓度作图，则得到如图 5－13 所示的矩形双曲线（rectangular hyperbola）。

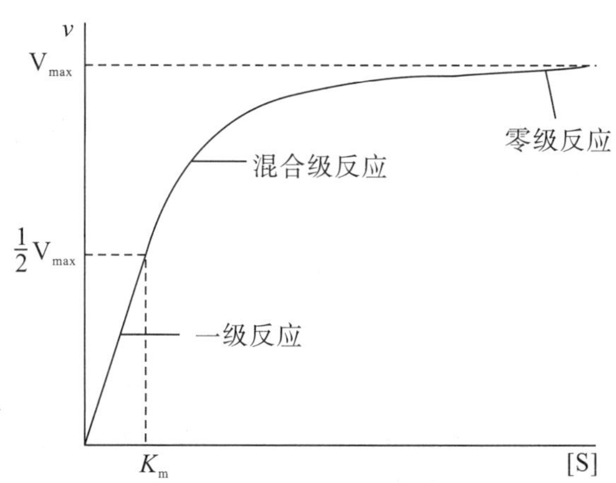

图 5－13　酶促反应速度与底物浓度的关系

为了解释这个现象，并说明酶促反应速度与底物浓度间量的关系，1913 年 Leonor Michaelis（1875—1949）和 Maud Menten（1879—1960）提出了酶促反应动力学的基本原理，并归纳成一个数学式：

$$v=\frac{V_{max}[S]}{K_m+[S]}$$

此式即称为米—曼氏方程，它反映了底物浓度与酶促反应速度间的定量关系。式中 V_{max} 为最大反应速度，〔S〕为底物浓度，K_m 为米氏常数（Michaelis constant），v 为不同〔S〕时的反应速度。

二、米式方程的推导

在做底物浓度的速度方程推导时，Michaelis 和 Menten 做了以下 3 个假设：

（1）底物的浓度远远大于酶的浓度（〔S〕≫〔E〕），所以中间物 ES 的形成不会明显地降低底物浓度。

（2）测定的速度为反应的初速度，此时底物 S 的消耗很少，只占原始浓度的极小部分，故在测定反应速度所需的时间内，产物 P 的生成是极少的，此时由 P+E 逆转而重新生成中间物 ES 的可能性不予考虑。即可视为 ES 转变为 P+E 的反应不可逆。

（3）ES 解离成 E+S 的速度显著快于 ES 转变成 P+E 的速度，或者说 E+S⇌ES 这个可逆反应在测定初速度的时间内已达平衡，而小量产物 P 的生成不影响这个平衡，这就是平衡学说（equilibrium theory）或快速平衡学说（quick equilibrium theory）。

后来 G. E. Biggs 和 J. B. S. Haldane（1925）对米－曼氏平衡学说作了些修改。他们认为，因为酶有很高的催化效率，当 ES 形成后，随即迅速地转变成产物而释放出 E，因此，米－曼氏的所谓快速平衡不一定能成立。于是他们提出了“稳态学说”（steady-state theory），认为在测定初速度的过程中，底物浓度降低，产物浓度增加，而中间复合物 ES 在一开始增加后，可在相当一段时间内保持浓度的恒定，在这段时间内，ES 生成的速度和 ES 消失（包括分解成 E+S 和 E+P）的速度相等，达到动态平衡，即所谓稳态或恒态。

根据上述假定，对米－曼氏方程推导如下。

由瑞典化学家 Svante Arrhenius（1888）提出的中间产物理论，酶促反应可按下列两步进行：

$$\mathrm{E+S} \underset{k_2}{\overset{k_1}{\rightleftharpoons}} \mathrm{ES} \underset{k_4}{\overset{k_3}{\rightleftharpoons}} \mathrm{E+P} \tag{1}$$

反应中每一步有各自的速度常数：由酶和底物生成不稳定中间复合物 ES 的速度常数为 k_1，反向为 k_2；由 ES 转变为产物的速度常数为 k_3，反向为 k_4。由于 P+E 形成 ES 的速度极小（特别是在反应处于初速阶段时，产物的量 P 很少），故 k_4 可忽略不计。

根据质量作用定律，由 E+S 形成 ES 的速度为：

$$v=\frac{-\mathrm{d}[\mathrm{ES}]}{\mathrm{d}t}=k_1([\mathrm{E}]-[\mathrm{ES}][\mathrm{S}]) \tag{2}$$

上式中〔E〕为酶的总浓度（游离酶与结合酶之和），〔ES〕为酶与底物形成的中间复合物的浓度，而〔E〕-〔ES〕即为游离酶的浓度，〔S〕为底物浓度。通常底物浓度比酶浓度过量得多，即〔S〕≫〔E〕，因而在任何时间内，与酶结合的底物的量与底物总量相比可以忽略不计。

同理，ES 复合物的分解速度，即〔ES〕的减少率可用下式表明：

$$-v=\frac{-\mathrm{d}[\mathrm{ES}]}{\mathrm{d}t}=k_2[\mathrm{ES}]+k_3[\mathrm{ES}] \tag{3}$$

当处于衡定状态时，ES 复合物的生成速度与分解速度相等，即

$$k_1([\mathrm{E}]-[\mathrm{ES}])[\mathrm{S}]=k_2[\mathrm{ES}]+k_3[\mathrm{ES}] \tag{4}$$

将（4）式移项整理，可得到：

$$\frac{[\mathrm{S}]([\mathrm{E}]-[\mathrm{ES}])}{[\mathrm{ES}]}=\frac{k_2+k_3}{k_1}=K_\mathrm{m} \tag{5}$$

K_m 称为米氏常数（Michaelis constant）。从式（5）中解出〔ES〕，即可得到 ES 复合物的稳

定态浓度：

$$[ES]=\frac{[E][S]}{K_m+[S]} \tag{6}$$

因为酶促反应的初速度与 ES 复合物的浓度成正比，所以，可以写成

$$v=k_3[ES] \tag{7}$$

当底物浓度达到能使这个反应体系中所有的酶都与其结合形成 ES 复合物时，反应速度 v 即达到最大速度 V_{max}。〔E〕为酶的总浓度，因为这时〔E〕已相当于〔ES〕，（7）式可以写成

$$V_{max}=k_3[E] \tag{8}$$

将（6）式的〔ES〕值代入（7）式，得

$$v=k_3\frac{[E][S]}{K_m+[S]} \tag{9}$$

以（8）式除（9）式，则可得

$$\frac{v}{V_{max}}=\frac{k_3\frac{[E][S]}{K_m+[S]}}{k_3[E]}$$

故

$$\boxed{v=\frac{V_{max}[S]}{K_m+[S]}} \tag{10}$$

这就是米－曼氏方程。如果 K_m 和 V_{max} 均为已知，便能够确定酶促反应速度与底物浓度之间的定量关系。

三、米氏常数（K_m）的意义

当酶促反应处于 $v=\frac{1}{2}V_{max}$ 的特殊情况时，则米氏方程变为

$$\frac{V_{max}}{2}=\frac{V_{max}[S]}{K_m+[S]}$$

$$(K_m+[S])\times V_{max}=2V_{max}[S]$$

$$K_m+[S]=2[S]$$

故

$$K_m=[S]$$

这就是说：米氏常数 K_m 为反应速度是最大反应速度一半时的底物浓度。因此，K_m 的单位为 mol/L。

1. 米氏常数是酶学研究中的重要数据

K_m 是酶学研究中的一个极重要的数据。在实际应用中，应注意它的特点：

（1）K_m 是酶的特征常数

由于 $K_m=\frac{k_2+k_3}{k_1}$，说明 K_m 是反应速度常数 k_1、k_2 和 k_3 的函数，由于这些反应速度常数是由酶反应的性质、反应条件决定的，因此，对于特定的反应、特定的反应条件而言，K_m 才是一个特征常数。它只与酶的性质有关而与酶的浓度无关。不同的酶，具有不同的 K_m 值。各种酶的 K_m 值一般在 10^{-2}mol/L～10^{-6}mol/L 数量级范围内（见表 5－7）。

表 5-7　一些酶的米氏常数

酶　名　称	底　物	K_m (mol/L)
蔗糖酶（sucrase）	蔗糖（sucrose）	2.8×10^{-2}
蔗糖酶（sucrase）	棉子糖（raffinose）	35×10^{-2}
α-淀粉酶（α-amylase）	淀粉（starch）	6×10^{-4}
麦芽糖酶（maltase）	麦芽糖（maltose）	2.1×10^{-1}
脲酶（urease）	尿素（urea）	2.5×10^{-2}
己糖激酶（hexokinase）	葡萄糖（glucose）	1.5×10^{-4}
己糖激酶（hexokinase）	果糖（fructose）	1.5×10^{-3}
胰凝乳蛋白酶（chymotrypsin）	N-苯甲酰酪氨酰胺（N—benzoyl—tyrosylamine）	2.5×10^{-3}
胰凝乳蛋白酶（chymotrypsin）	N-甲酰酪氨酰胺（N-formyl-tyrosylamine）	1.2×10^{-2}
	N-乙酰酪氨酰胺（N-acetyl-tyrosylamine）	3.2×10^{-2}
过氧化氢酶（catalase）	H_2O_2	2.5×10^{-2}
琥珀酸脱氢酶（succinate dehydrogenase）	琥珀酸盐（succinate）	5×10^{-7}
丙酮酸脱氢酶（pyruvate dehydrogenase）	丙酮酸（pyruvic acid）	1.3×10^{-3}
乳酸脱氢酶（lactate dehydrogenase）	丙酮酸（pyruvic acid）	1.7×10^{-5}
碳酸酐酶（carbonic anhydrase）	HCO_3^-	9×10^{-3}

（2）K_m 的应用是有条件的

K_m 值作为常数只是对固定的底物、一定的温度、一定的 pH 等条件而言的。因此，在应用 K_m 值时（如用来鉴定酶），必须在指定的实验条件下进行。

（3）K_m 值可以反映酶同底物的亲和力

由 $K_m=\frac{k_2+k_3}{k_1}$，而酶与底物的解离常数 $K_s=\frac{[E][S]}{[ES]}=\frac{k_2}{k_1}$。当 $k_2\gg k_3$ 时，即 ES 解离成 E 和 S 的速度大大超过 ES 分解成 P 和 E 的速度，k_3 可忽略不计。此时 K_m 值近似于 ES 的解离常数 K_s。在这种情况下，K_m 值可用来表示酶对底物的亲和力。

$$K_m=\frac{k_2}{k_1}=\frac{[E][S]}{[ES]}=K_s$$

此时，K_m 值愈小，表明酶与底物的亲和力愈大。值得注意的是，不是所有酶促反应的 k_3 都远远小于 k_2，即如果不是 $k_2\gg k_3$ 时，K_m 值并不能代表 ES 的解离常数 K_s，此时 K_m 值也不能准确反映酶对底物的亲和力。

如果用 k_{cat} 代表 ES 和 E+P 之间所有反应的速度常数，$V_{max}=k_{cat}[E_0]$，则米氏方程可以改写为 $v=\frac{k_{cat}[E_0]\cdot[S]}{K_m+[S]}$。对于两步反应而言，$k_{cat}=k_3$。

k_{cat} 给出了酶被底物饱和以后，酶催化产物的生成情况。k_{cat} 的单位是 S^{-1}，其倒数为一个酶分子“转化”（turn over）一个底物分子所需要的时间。有时 k_{cat} 被称为酶的**转化数**（turnover number），具体是指在单位时间内，一个酶分子将底物转变为产物的分子总数。如果一个酶遵守米氏方程，则 $k_{cat}=k_3=\frac{V_{max}}{[E_0]}$。

k_{cat}/K_m可以用来衡量酶的催化效率。它也是一个十分重要的常数，具体表现为：①它是一个表观二级速度常数；②它可以表示一个酶的催化效率或者完美程度；③它可以反映在较低的底物浓度下，一个酶的催化“表现”；④k_{cat}/K_m的上限 k_3 是由酶与底物扩散到一起的限制因素决定的。

2. 酶的 K_m在实际应用中的重要意义

酶的 K_m在实际应用中，有很重要的意义。

（1）鉴定酶

通过测定 K_m，可鉴别不同来源或相同来源但在不同发育阶段、不同生理状态下催化相同反应的酶是否属于同一种酶。

（2）判断酶的最适底物

一种酶如果可以作用于几个底物，就有几个 K_m 值。测定各种底物的值 K_m，可以找出酶的**最适底物**（optimum substrate），或称天然底物。K_m值最小（或 V_{max}/K_m最大）的就是最适底物。酶通常是根据最适底物来命名的。例如，蔗糖酶既可催化蔗糖分解（K_m为 28 mmol/L），也可催化棉子糖分解（K_m为 350 mmol/L），因为前者为最适底物，故称蔗糖酶，而不称棉子糖酶。

（3）计算一定速度下的底物浓度

由 K_m值及米氏方程可决定在所要求的反应速度下应加入的底物浓度，或者已知底物浓度来求该条件下的反应速度（估计产物生成量）。例如，假设要求反应速度达到 V_{max}99%，则底物浓度应为

$$99\%=\frac{100\%〔S〕}{K_m+〔S〕}$$

$$99\%K_m+99\%〔S〕=100\%〔S〕$$

故

$$〔S〕=99K_m$$

如果要求反应速度达到 V_{max}的 90%，其底物浓度应为

$$90\%=\frac{100\%〔S〕}{K_m〔S〕}$$

$$90\%K_m+90\%〔S〕=100\%〔S〕$$

故

$$〔S〕=9K_m$$

若要求反应速度达到 V_{max}的 x%，则其底物浓度为

$$〔S〕=\frac{x}{100-x}\cdot K_m$$

（4）了解酶的底物在体内具有的浓度水平

一般说来，作为酶的天然底物，它在体内的浓度水平应接近于它的 K_m值，如果 $〔S〕_{体内} \ll K_m$，那么 $v \ll V_{max}$，大部分酶处于“浪费”状态；相反，如果 $〔S〕_{体内} \gg K_m$那么，v 始终接近于 V_{max}，则这种底物浓度失去其生理意义，也不符合实际情况。

（5）判断反应方向或趋势

催化可逆反应的酶，对正逆两向的 K_m 值常常是不同的，测定这些 K_m 值的大小及细胞内正逆两向的底物浓度，可以大致推测该酶催化正逆两向反应的效率。这对了解酶在细胞内的主要催化方向及生理功能具有重要意义。

(6) 推测代谢途径

一种物质在体内的代谢途径往往不只一个，在一定条件下该代谢物究竟走什么样的代谢路线，可由 K_m 推测。例如，丙酮酸在某些生物体内可转变成乳酸、乙酰辅酶A和乙醛，分别由乳酸脱氢酶、丙酮酸脱氢酶和丙酮酸脱羧酶（pyruvate decarboxylase）催化，这3种酶催化丙酮酸转变成上述3种产物时的 K_m 值分别为 1.7×10^{-5}、1.3×10^{-3} 和 1.0×10^{-3}。所以，当丙酮酸浓度较低时，主要转变成乳酸（K_m 值小的反应占优势）。

(7) 判断抑制类型

测定不同抑制剂对某个酶的 K_m 及 V_{max} 的影响，可以判断该抑制剂的抑制作用类型（见本章第五节）。

四、米氏常数的求法

由米－曼氏方程，从酶的 v－〔S〕图上可以得到 V_{max}，再从 $\frac{1}{2}V_{max}$ 可求得相应的〔S〕即为 K_m 值。但实际上用这个方法来求 K_m 值是行不通的，因为即使用很大的底物浓度，也只能得到趋近于 V_{max} 的反应速度，而达不到真正的 V_{max}，因此测不到准确的 K_m 值。为了得到准确的 K_m 值，可以把米－曼氏方程的形式加以改变，使它成为相当于 $y=ax+b$ 的直线方程，然后用图解法求出 K_m 值。

1. Linleweaver-Burk 方程（双倒数作图法）

将米氏方程两边取倒数：

$$\frac{1}{v}=\frac{K_m+[S]}{V_{max}\cdot[S]}$$

即

$$\boxed{\frac{1}{v}=\frac{K_m}{V_{max}}\left(\frac{1}{[S]}\right)+\frac{1}{V_{max}}}$$

此式即称为 Lineweaver-Burk 方程。这一线性方程，用 $\frac{1}{v}$ 对 $\frac{1}{[S]}$ 作图即得到一条直线（图5－14），直线的斜率为 K_m/V_{max}，$1/v$ 的截距为 $1/V_{max}$。当 $1/v=0$ 时，$1/[S]$ 的截距为 $-\frac{1}{K_m}$。

$$O=\frac{K_m}{V_{max}}\left(\frac{1}{[S]}\right)+\frac{1}{V_{max}}$$

因此

$$\frac{1}{[S]}=\frac{-(1/V_{max})}{(K_m/V_{max})}=-\frac{1}{K_m}$$

如果实验数据没有误差，双倒数作图法无疑是最佳确定酶动力学常数的方法。然而，实验误差总是存在的，双倒数作图不能很好地处理这些误差，特别是在底物浓度很低的情况下，出现的误差会导致 $1/v$ 出现更大的误差。这是双倒数作图的缺点。

2. Eadie-Hofstee 方程

米氏方程两边分别乘以 $(K_m+[S])/[S]$，经整理即得到 Eadie-Hofstee 方程，

$$v=\frac{V_{max}[S]}{K_m+[S]}\qquad v\times\left(\frac{K_m+[S]}{[S]}\right)=V_{max}\qquad v\left(\frac{K_m}{[S]}\right)+V_{max}$$

故

$$v=-K_m\left(\frac{v}{[S]}\right)+V_{max}$$

Eadie-Hofstee方程也是一个直线方程。$v/[S]$ 是 v 的函数，斜率为 $-K_m$，截距为 V_{max}。$v/[S]$ 的截距为 V_{max}/K_m，由此可求得 K_m（图5-15）。

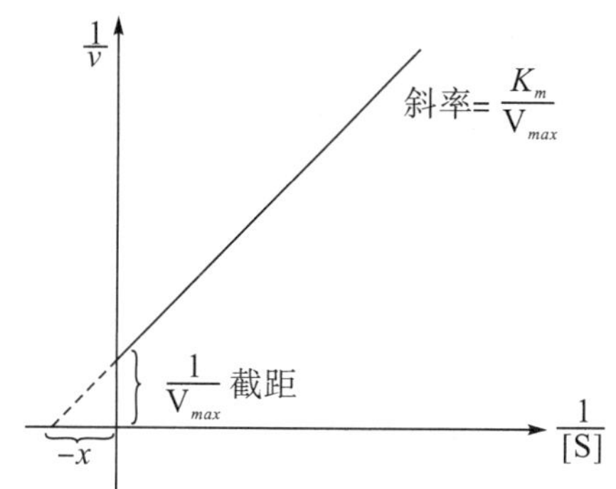

图5-14　Lineweaver-Burk方程 $\frac{1}{v}$ 对 $\frac{1}{[S]}$ 作图

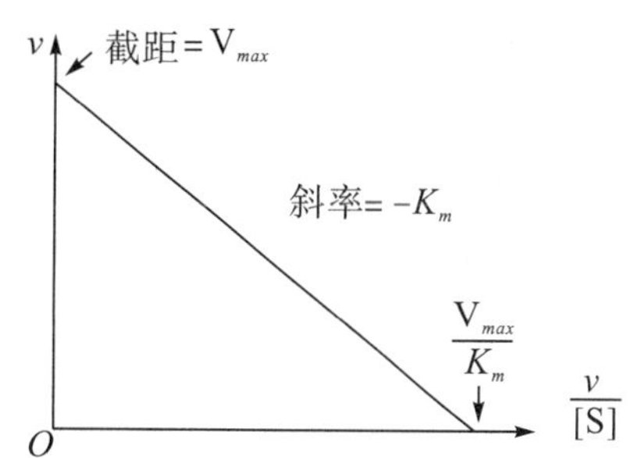

图5-15　Eadie-Hofstee方程 v 对 $\frac{v}{[S]}$ 作图

近年来，开始采用计算机程序直接计算与米氏方程能最佳配合的 K_m 和 V_{max}，将会逐渐取代上述几种经典的作图法来求 K_m。

五、多底物反应

上述米氏方程的讨论，是针对只有一种底物的酶促反应，称为单底物反应(monosubstrate reaction)。单底物反应是不多的，真正的单底物反应，主要是异构酶催化的反应，其次是单底物单向反应（裂合酶类）。在水解反应中，由于水常常是过量的，其浓度恒定，因此也可视为单底物反应（实验证明，水解酶催化的反应遵从Michaelis-Menten动力学）。

实际上，许多酶所催化的反应，其底物有两个或两个以上，称为多底物反应（multi-substrate reaction)，其中尤以两个底物的二底物反应居多，如氧化还原酶类、转移酶类、合成酶类等所催化的反应。在大多数情况下，对于酶促反应的辅因子，可以将它看做反应的底物或产物。这里我们重点讨论二底物反应的动力学。在二底物反应中，如果一个底物浓度恒定，而另一底物浓度改变，则仍可视为单底物反应，它仍遵从米氏动力学。这里讨论的二底物反应，系指两种底物浓度均发生变化，产生两种或两种以上产物，可用下式表示：

$$A+B\xrightleftharpoons{E\cdot E'}P+Q$$

式中A和B为反应物，P和Q为反应产物，并设反应中E和E′为酶的不同形式。

1. 二底物反应的几种机制

(1) 有序机制（ordered mechanism)

在这类反应机制中，底物A和B与酶的结合，以及产物P和Q的释放是按照一定顺序进行的，并且产物不能在底物完全与酶结合前释放。

$$E+A\rightleftharpoons EA\overset{B}{\rightleftharpoons}EAB\rightleftharpoons EPQ\overset{P}{\rightleftharpoons}EQ\rightleftharpoons E+Q$$

或用图式表示：

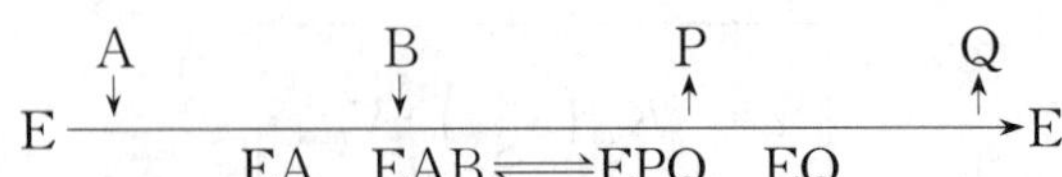

在反应中生成两个二元复合物（EA 和 EQ）和两个三元复合物（EAB 和 EPQ）。EAB $\rightleftharpoons$EPQ 这一步包含着共价键的生成和断裂（这一步也可能有几种中间过渡态）。因为反应历程为一线性，故有序机制又称线性机制。

以 NAD^+ 和 $NADP^+$（结构见第六章）为辅酶的脱氢酶催化的反应（见第八章）属于这种机制。NAD^+ 相当于一种底物，它与酶蛋白结合后，可引起构象的变化，这种构象变化增强了酶同其他底物的亲和力。

（2）随机机制（random mechanism）

在这类反应机制中，底物同酶的结合是随机的（可先 A 后 B，亦可先 B 后 A），产物的释放也是随机的（先 P 先 Q 均可）。

$$E+A \rightleftharpoons EA \quad\quad EP \rightleftharpoons E+P$$
$$EA \xrightarrow{+B} EAB \rightleftharpoons EPQ \xrightarrow{-Q} EP$$
$$EB \xrightarrow{+A} EAB \quad\quad EPQ \xrightarrow{-P} EQ$$
$$E+B \rightleftharpoons EB \quad\quad EQ \rightleftharpoons E+Q$$

或用图示表示：

A B P Q
E — EA / EB — EAB⇌EPQ — EQ / EP → E
B A Q P

在反应中生成 4 个二元复合物（EA、EB、EP 和 EQ）和 2 个三元复合物（EAB 和 EPQ）。共价键的生成和断裂仍包含在 EAB$\rightleftharpoons$EPQ 这一步反应中。因为反应是分支的，因此随机机制又称分支机制。

一些激酶和少数脱氢酶（见第八章）催化的反应属于这种类型。如肌酸激酶（creatine kinase），底物有两种：肌酸和 ATP；产物也有两种：磷酸肌酸和 ADP。两个底物同酶的结合以及两个产物的释放都是随机的。

（3）乒乓机制（ping pong mechanism）

在这类反应机制中，一次仅一个底物（或一个产物）与酶相结合。在各种底物中酶结合之前，已有一种或几种产物释出，因此各种底物不能同时与酶形成多元复合物。由于底物和产物是交替地与酶相结合或从酶释放，好像打乒乓球一样地一来一去，故称乒乓机制。

$$E+A \rightleftharpoons EA \rightleftharpoons \overset{P}{\overset{\updownarrow}{E'P}} \rightleftharpoons E' \rightleftharpoons \overset{B}{\overset{\updownarrow}{E'B}} \rightleftharpoons EQ \rightleftharpoons E+Q$$

或用图式表示：

A P B Q
E ——————————→ E
EA⇌E′P E′ E′B⇌EQ

在反应中生成 4 个二元复合物（EA、E′P、E′B 和 EQ），不生成三元复合物。EA$\rightleftharpoons$E′P和 E′B$\rightleftharpoons$EQ 两步反应包含着共价键的生成和断裂。E 和 E′是酶的两种不同形式，两者在反应中可以互相转变。E'和 E 的差别可能是金属或其他辅因子的氧化状态不同，也可能是酶蛋白的构象不同。

大多具有辅酶的一些结合酶类（如转氨酶、黄酶等）所催化的反应就属于这种机制。

2. 二底物反应动力学方程

有序机制和随机机制具有一个共同点：在任何产物释放之前，所有的底物必须与酶相结合。因此，这两种机制可以统称为序列机制或顺序机制，可用同一速度方程式来表示它们的动力学：

$$v=\frac{V_{max}\cdot[A][B]}{K'_AK_B+K_B[A]+K_A[B]+[A][B]}$$

式中 v 为反应速度；V_{max}为当底物 A 及 B 的浓度均达饱和时，反应的最大速度；K_A 是当底物 B 的浓度达饱和水平并且反应速度为$\frac{1}{2}V_{max}$时，底物 A 的浓度，也就是对底物 A 的米氏常数；同理，K_B 是 A 浓度达饱和恒定时，B 的米氏常数；K'_A 是反应 $EA \rightleftharpoons E+A$ 的解离常数。

如果用〔B〕去除上式右边的分子分母，得到下式：

$$v=\frac{V_{max}\cdot[A]}{\frac{K'_AK_B}{[B]}+\frac{K_B[A]}{[B]}+K_A+[A]}$$

当〔B〕→∞时，$\frac{1}{[B]}\rightarrow 0$，上式就转变为

$$v=\frac{V_{max}[A]}{K_A+[A]}$$

显然，这就是对底物 A 的米氏方程，K_A 就容易理解。同理，也可推导出 K_B 的意义。

乒乓机制的二底物反应的速度方程为

$$v=\frac{V_{max}[A][B]}{K_B[A]+K_A[B]+[A][B]}$$

第五节 影响酶作用的因素

酶的催化作用除了决定于酶本身的结构与性质而外，外界条件也有重要的影响。这些因素主要有温度、pH、底物浓度、酶浓度、产物浓度、激活剂、抑制剂等，它们不仅影响体外的酶促反应，也影响体内的酶促反应。任何因素的失常都会引起酶活性的失常，其结果代谢失常，从而导致生理活动失常，出现病变。因此，维持这些因素的正常和协调，对于促进和控制生物体的正常生长发育是极为重要的。

一、温度对酶作用的影响

酶促反应同其他大多数化学反应一样，受温度的影响较大。温度高时，反应速度加快，温度降低时，反应速度减慢。温度每升高 10℃ 所增加的反应速度称为温度系数（temperature coefficint，一般用 Q_{10}表示）。一般化学反应的 Q_{10} 为 2～3（提高 2～3 倍），但酶促反应的 Q_{10} 仅为 1～2（提高 1～2 倍）。

在一定范围内，反应速度达到最大时的温度称为酶的最适温度（optlimlum

temperature)，(图 5－16)。各种酶的最适温度是不同的，就整个生物界而言，动物组织的各种酶的最适温度一般在 35℃～40℃，植物和微生物的各种酶的最适温度范围较大，大约在 32℃～60℃之间，少数酶的最适温度在 60℃以上，如液化淀粉酶（liquefying amylase）的最适温度是 90℃左右。

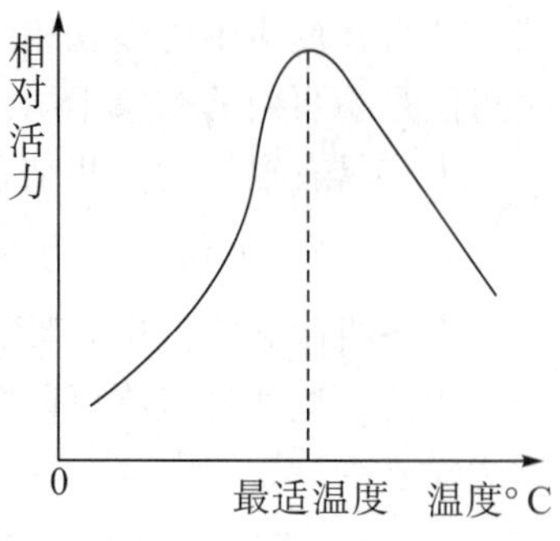

图 5－16　温度对酶活性的影响

温度对酶促反应速度的影响有两方面：一方面是在一定范围内当温度升高时，反应速度也加快，这与一般化学反应一样；另一方面，随温度升高而使酶蛋白逐渐变性，超过一定范围，反应速度反而降低。这是由于酶蛋白变性之故，各种酶的变性温度不一，大多在 60℃以上变性，少数酶可耐受较高的温度。

最适温度不是酶的特征物理常数，因为一种酶具有最高活力的温度不是一成不变的，它要受到酶的纯度、底物、激活剂、抑制剂以及酶促反应时间等因素的影响。酶可以在短时间内耐受较高的温度，延长反应时间，最适温度会降低。因此，对同一种酶来讲，应说明是在什么条件下的最适温度。

掌握温度对酶作用的影响规律，具有一定实践意义。如临床上的低温麻醉就是利用低温能降低酶的活性，减慢细胞的代谢速度，以利于手术治疗。低温保存菌种和作物种子，也是利用低温降低酶的活性，以减慢新陈代谢这一特性。相反，高温杀菌则是利用高温使酶蛋白变性失活，导致细菌死亡的特性。

二、pH 对酶作用的影响

大多数酶的活性受 pH 的影响较大。在一定 pH 下酶表现最大活力，高于或低于此 pH，活力均降低。酶表现最大活力时的 pH 值称为酶的**最适 pH**（optimum pH)。pH 对不同酶的活性影响不同，如图 5－17。典型的最适 pH 曲线是钟罩形曲线。但有的酶活力—pH 曲线并不一定呈钟罩形。

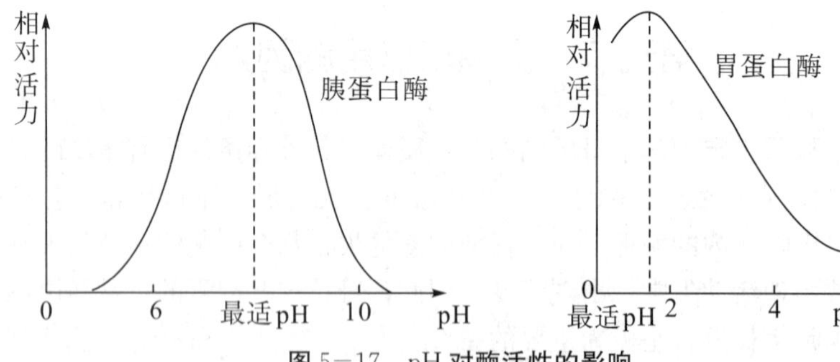

图 5－17　pH 对酶活性的影响

各种酶在一定条件下都有一定的最适 pH 值。一般说来大多数酶的最适 pH 值在 5～8 之间，植物和微生物的最适 pH 值多在 4.5～6.5 左右，动物体内的酶其最适 pH 值在 6.5～8.0 左右。但也有例外，如胃蛋白酶最适 pH 值是 1.5，肝中精氨酸酶的最适 pH 值是 9.8。一些酶的最适 pH 值见表 5－8。

表 5-8 某些酶的最适 pH

酶的名称	底物	最适 pH	pI
胃蛋白酶（pepsin）	蛋白质（protein）	1.5~2.5	3.8
蔗糖酶（sucrase）	蔗糖（sucrose）	4.5	5.0
α-淀粉酶（麦芽）（α-amylase）	淀粉（starch）	4.7~5.4	5.7
β-淀粉酶（麦芽）β-amylase	淀粉（starch）	5.2	6.0
木瓜蛋白酶（papain）	蛋白质（protein）	5.0~5.5	6.0
脲酶（urease）	尿素（urea）	6.4	5.0
胰蛋白酶（trypsin）	蛋白质（protein）	7.5	7.8
胰凝乳蛋白酶（chymotrypsin）	蛋白质（protein）	8~9	8.1~8~6
己糖激酶（hexokinase）	葡萄糖（glucose）、ATP	8~9	4.5~4.8
碱性磷酸酶（alkaline phosphatase）	磷酸甘油（glycerophosphate）	9.5	
精氨酸酶（arginase）	精氨酸（arginine）	9.8	

必须注意的是，最适 pH 因底物的性质及浓度、缓冲液的性质和浓度、介质的离子强度、温度和作用时间等不同而不同，因此，它不是一个常数。而且，多数酶的最适 pH 与它的等电点（pI）并不完全一致。最适 pH 和酶的最稳定 pH 不一定相同，而且与体内环境的 pH 也未必完全相同。

pH 对酶促反应速度的影响，主要有下列原因：

1. 影响酶和底物的解离

酶的活性基团的解离受 pH 的影响，有的酶必须处于解离状态方能很好地与底物结合，在这种情况下，酶和底物解离最大量的 pH 有利于酶促反应的加速。如胃蛋白酶与带正电荷的蛋白质分子相结合最为敏感，乙酰胆碱酯酶（acetylcholinestcrase）也只有底物（乙酰胆碱）带正电荷时，酶与底物最易结合。相反，有的酶（如蔗糖酶、木瓜蛋白酶）则要求底物处于兼性离子时最易结合。因此，这些酶的最适 pH 在等电点附近。所以，pH 对不同酶和底物的影响不同，对其酶促反应速度的影响也就不同。

2. 影响酶分子的构象

过高过低的 pH 会改变酶的活性中心的构象，或甚至改变整个酶分子的结构使其变性失活。

三、酶浓度对酶作用的影响

在酶催化的反应中，酶先要与底物形成中间复合物，当底物浓度大大超过酶浓度时，反应速度随酶浓度的增加而增加（当温度和 pH 不变时），两者成正比例关系。酶反应的这种性质是酶活力测定的基础之一，在分离提纯上常被应用。例如，要比较两种酶活力的大小，可用同样浓度的底物和相同体积（或相同质量）的甲乙两种酶制剂一起保温一定的时间，然后测定产物的量。如果甲产物是 0.2 mg，乙产物是 0.6 mg，这就说明乙制剂的活力比甲制剂的活力大 3 倍。

四、激活剂对酶作用的影响

凡能提高酶的活性，加速酶促反应进行的物质都称为激活剂或活化剂（activator）。酶的激活与酶原的激活不同，酶激活是使已具活性的酶的活性增高，使活性由小变大；酶原激活是使本来无活性的酶原变成有活性的酶。

有些酶的激活剂是金属离子和某些阴离子，如许多激酶需要 Mg^{2+}，精氨酸酶需要 Mn^{2+}，羧肽酶需要 Zn^{2+}，唾液淀粉酶需要 Cl^- 等；有些酶激活剂是半胱氨酸、巯基乙醇、谷胱甘肽、维生素 C 等小分子有机物；有的酶还需要其他蛋白质激活。

激活剂的作用是相对的，一种酶的激活剂对另一种酶来说，也可能是一种抑制剂。不同浓度的激活剂对酶活性的影响也不同。

五、抑制剂对酶作用的影响

研究抑制剂对酶的作用，对于研究生物机体的代谢途径、酶活性中心功能基团的性质、酶作用的专一性、某些药物的作用机理以及酶作用的机制等方面都具有十分重要的意义。

1. 抑制作用的概念

某些物质能够降低酶的活性，使酶促反应速度减慢。但不同物质降低酶活性的机理是不一样的，可分为下列 3 种情况：

（1）失活作用（inactivation）

这是指酶蛋白分子受到一些物理或化学因素的影响后破坏了次级键，部分或全部改变了酶分子的空间构象，从而引起酶活性的降低或丧失，这是酶蛋白变性的结果。因此，凡是蛋白质变性剂（denaturant）均可使各种酶失活，变性剂对酶没有选择性。

（2）抑制作用（inhibition）

是指酶的必需基团（包括辅因子）的性质受到某种化学物质的影响而发生阻断或改变，导致酶活性的降低或丧失。这时酶蛋白一般并未变性，有时可用物理或化学方法使酶恢复活性，这就是抑制作用。能引起酶抑制作用的物质称为抑制剂（inhibitor）。抑制剂对酶有一定的选择性，即一种抑制剂只能引起某一类或某几类酶的活力降低或丧失，不像变性剂那样几乎可使所有酶都丧失活性。

（3）去激活作用（deactivation）

某些酶（金属激活酶）只有在金属离子存在下才能很好地表现其活性，如果用金属螯合剂（chelaging agents）去除金属离子会引起这些酶活性的降低或丧失。常见的例子是用乙二胺四乙酸盐（EDTA）去除二价金属离子（如 Mg^{2+}、Mn^{2+} 等）后，可降低某些肽酶或激酶的活性。但这并不是真正的抑制作用，因为抑制作用是指化学物质对酶蛋白或其辅基的直接作用。EDTA 等去激活剂（deactivator）并不和酶直接结合，而是通过去除金属离子而间接地影响酶的活性。因为这些金属离子大多是酶的激活剂，所以将这类对酶活性的影响称为去激活作用，以区别于抑制作用。

2. 抑制作用的类型

根据抑制剂与酶作用的方式不同，可把抑制作用分为不可逆抑制和可逆抑制两类。可逆抑制是因抑制剂与酶可逆结合，因而这些键形成得快，断裂也快。抑制效果来得快，但不能使酶永久性失活。不可逆抑制因形成共价键较慢，因而所需时间较长，抑制作用对时间有依赖性。

（1）不可逆抑制（irreversible inhibition）

这类抑制作用通常指抑制剂与酶活性中心必需基团以共价结合，引起酶活性丧失。由于抑制剂同酶分子结合牢固，故不能用透析、超过滤、凝胶过滤等物理方法来去除。根据不同抑制剂对酶的选择性不同，这类抑制作用又可分为非专一性不可逆抑制与专一性不可逆抑制两类。前者是指一种抑制剂可作用于酶分子上的不同基团或作用于几类不同的酶，后者是指一种抑制剂通常只作用于酶蛋白分子中一种氨基酸侧链基团或仅作用于一类酶。根据作用特点的不同，可将具有不可逆抑制作用的抑制剂分为 3 类：

①基团特异性抑制剂。这类抑制剂在结构上与底物并无相似之处，但能共价修饰酶活性中心的必需基团而导致酶不可逆地失活。这类抑制剂大多具有亲电基团，它们可与酶活性中心的一些亲核基团反应。常见的作用于 Ser 羟基的有二异丙基氟磷酸（diisopropylfluorophosphate，DIFP）、甲基氟磷酸异丙酯（sarin，沙林）、有机磷农药（敌百虫、敌畏）等有机磷化合物、以及烷化剂碘代乙酸、二硝基氟苯（DNFB）等，作用于 Cys 巯基的有对氯汞苯甲酸等有机汞化合物、有机砷化合物路易斯毒气（Lewisite，$CHCl=CHAsCl_2$）等。

乙酰胆碱酯酶（acetylcholinesterase）是催化神经递质乙酰胆碱分解的酶，它的活性中心必需基团是 Ser 的羟基，如果被抑制，会引起乙酰胆碱的积累，过分刺激自主性神经系统，将产生灾难性的后果。1995 年 3 月 20 日，日本“奥姆真理教”一名恐怖分子在东京的 5 个地铁站释放沙林，结果造成 12 人死亡，5 千多人受伤。此次沙林毒气案，是世界上首次利用化学武器进行的恐怖活动。

第二次世界大战期间德国法西斯利用路易斯毒气杀死了许多犹太人，它就是通过抑制巯基酶而起作用。很快英国人发明了一种含双巯基的化合物，与路易斯毒气具有更大的亲和力，从而起解毒剂的作用，使失活的酶恢复活性。

②底物类似物抑制剂。这类抑制剂的结构与底物相似，因此能结合于酶的活性中心，但它不可逆地修饰酶活性中心的必需基团，从而导致酶失活。根据这类抑制剂的作用特点，可用于酶活性中心的亲和标记，以鉴定必需基团（见本章第二节）。

例如，苯甲磺酰苯丙氨酰氯甲酮（TPCK）为胰凝乳蛋白酶的底物类似物，可修饰酶的 His 残基，导致酶失活。此外，它也可修饰 Cys 的巯基。

苯甲磺酰赖氨酰氯甲酮（TLCK）为胰蛋白酶的底物类似物，它可修饰酶活性中心 Cys 残基的巯基，从而使胰蛋白酶被抑制。

溴丙酮磷酸（bromoacetol phosphate）是磷酸丙糖异构酶的底物磷酸二羟丙酮的类似物，共价修饰该酶的 Glu 残基，导致酶失活。

③自杀性抑制剂。这类抑制剂本身没有直接的抑制活性。它必须首先与酶结合，导致酶催化几步反应，但并没有产物的生成，反应的结果使得抑制剂修饰酶的必需基团，从而导致酶失活。这类抑制剂的特点是：没有酶，它本身无活性，必须受到靶酶的激活，而且与酶反应的速率快于与酶解离的速率。

例如，N，N－二甲基炔丙胺（N，N－Dimethylpropargylamine）是单胺氧化酶的自杀性抑制剂，在与酶结合以后，受到酶的辅基黄素核苷酸（见第六章）氧化以后，反过来修饰酶的黄素核苷酸辅基，导致酶被不可逆抑制。

（2）可逆抑制（reversible inhibition）

这类抑制作用是指抑制剂与酶蛋白以非共价键结合，具有可逆性，可用透析、超滤、凝胶过滤等方法将抑制剂除去。这类抑制剂与酶分子的结合可以是活性中心，也可以是非活性中心。根据抑制剂与酶结合的关系，可逆抑制作用可分为竞争性抑制、非竞争性抑制和反竞争性抑制等类型。

竞争性抑制（competitive inhibition）：某些抑制剂的化学结构与底物相似，因而与底物竞争性地同酶活性中心结合。当抑制剂与活性中心结合后，底物就不能再与酶活性中心结合；反之，如果酶活性中心已被底物占领，则抑制剂也不能同酶结合。所以，这种抑制作用的强弱取决于抑制剂与底物浓度的比例，而不取决于两者的绝对量。竞争性抑制通常可用增大底物浓度来消除。

最典型的竞争性抑制是丙二酸（malonic acid）对琥珀酸脱氢酶（succinate dehydrogenase）的抑制作用。丙二酸与琥珀酸（succinic acid）结构相似，因而竞争性地争夺琥珀酸脱氢酶的活性中心，产生竞争性抑制。

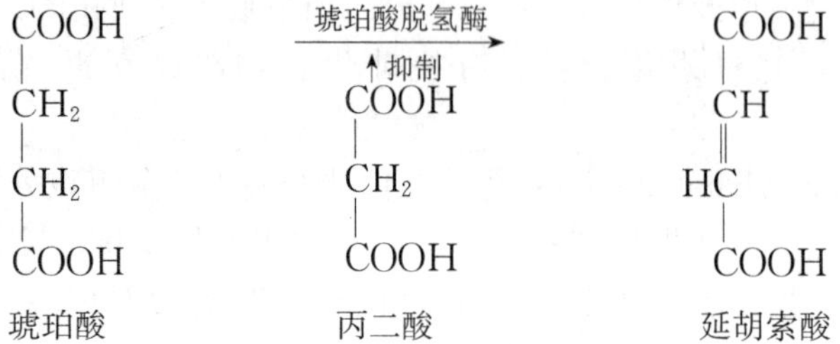

琥珀酸　丙二酸　延胡索酸

产物抑制（product inhibition）实际上也可视为一种竞争性抑制。因为产物和底物都能占据活性中心，这种结合二者是相互排斥的。如果产物先结合于活性中心，则底物的结合被阻止，于是产物充当了抑制剂的角色。在单底物反应中，产物实际上是一种特殊的竞争性抑制剂。

非竞争性抑制（noncompetitive inhibition）：酶可以同时与底物及抑制剂结合，两者没有竞争作用。酶与抑制剂结合后，还可与底物结合；相反，酶与底物结合后，也还可以与抑制剂结合。不管抑制剂与酶先结合还是后结合，只要抑制剂与酶结合后，酶—底物复合物就再不能转化为产物。非竞争性抑制剂通常与酶的非活性中心部位结合，这种结合引起酶分子构象变化，致使活性中心的催化作用降低。非竞争性抑制作用的强弱取决于抑制剂的绝对浓度，因而不能用增大底物浓度来消除抑制作用。

某些含金属离子（Cu^{2+}、Ag^{+}、Hg^{2+}）的化合物和 EDTA（乙二胺四乙酸）等通常与酶活性中心以外的—SH 基等基团反应，改变酶分子的空间构象，引起非竞争性抑制。

3. 抑制作用的动力学

(1) 竞争性抑制（competitive inhibition）

在竞争性抑制中，抑制剂或底物与酶的结合都是可逆的，可用下式表示（I 表示抑制剂）：

$$
\begin{array}{l}
E+S \underset{k_2}{\overset{k_1}{\rightleftharpoons}} ES \xrightarrow{k_3} E+P \\
+ \\
I \\
k_{i2} \Big\| k_{i1} \\
EI
\end{array}
$$

在竞争性抑制中，抑制剂同酶结合成为复合物 EI，不能再同底物结合。

式中，k_i 为抑制常数，$k_i=\dfrac{k_{i2}}{k_{i1}}$，因此，$k_i$ 是 EI 复合物的解离常数，可写成

$$k_i=\frac{[\mathrm{E}][\mathrm{I}]}{[\mathrm{EI}]}$$

按照米氏方程推导的方法，可推演出竞争性抑制剂、底物浓度与酶反应的动力学方程：

$$\frac{1}{v}=\frac{K_m}{V_{max}}(1+\frac{[\mathrm{I}]}{k_i})\frac{1}{[\mathrm{S}]}+\frac{1}{V_{max}}$$

依据此方程可作竞争性抑制作用的米氏方程和萘氏方程特征曲线（图 5－18）。

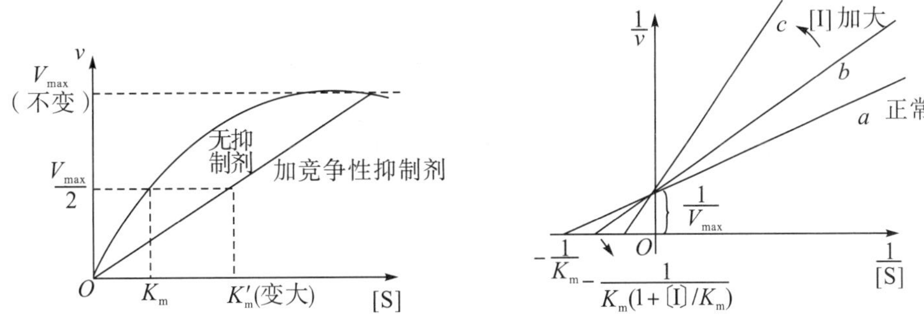

图 5－18　竞争性抑制作用特征曲线

图 5－18 中，a 为没有抑制剂的曲线，b 和 c 为存在抑制剂的曲线，〔I〕的浓度 c>b。由图可见，V_{max}没有改变，说明酶同底物的结合部位没有改变，在增加底物浓度的情况下，可达到同一个最大反应速度。在有竞争性抑制剂存在的情况下，K_m 值增大，$K_m{}'>K_m$。这说明酶同底物结合的能力（亲和力）降低，其原因是酶的某些活性部位被抑制剂占领，而且抑制剂浓度愈高（$c>b$），底物同酶结合的能力就愈低。

（2）非竞争性抑制（noncompetitive inhibition）

在非竞争性抑制作用中，存在着如下的平衡：

$$\begin{array}{ccc}\mathrm{E+S} & \xrightleftharpoons{K_m} & \mathrm{ES}\longrightarrow \mathrm{P}\\ + & & +\\ \mathrm{I} & & \mathrm{I}\\ \Big\Updownarrow k_i & & \Big\Updownarrow k_i\\ \mathrm{EI} & \xrightleftharpoons[-s]{+s} & \mathrm{EIS}\end{array}$$

酶与底物结合后，可再与抑制剂结合；酶与抑制剂结合后，也可再与底物结合。

$$\mathrm{ES+I}\rightleftharpoons\mathrm{EIS}\qquad k_i=\frac{[\mathrm{ES}]\cdot[\mathrm{I}]}{[\mathrm{EIS}]}$$

或

$$\mathrm{EI+S}\rightleftharpoons\mathrm{EIS}\qquad k_i=\frac{[\mathrm{EI}]\cdot[\mathrm{S}]}{[\mathrm{EIS}]}$$

经过类似的推导，可得出非竞争性抑制作用的动力学方程：

$$\frac{1}{v}=\frac{K_m}{V_{max}}\left(1+\frac{[\mathrm{I}]}{k_i}\right)\frac{1}{[\mathrm{S}]}+\frac{1}{V_{max}}\left(1+\frac{[\mathrm{I}]}{k_i}\right)$$

其米氏方程及萘氏方程的特征曲线如图 5－19 所示。

由图 5－19 可见，在有非竞争性抑制剂（b 和 c）存在的情况下，增加底物浓度不能达到没有抑制剂存在时（a）的最大速度（V_{max}）。有非竞争性抑制剂存在时，虽然最大反应速度减小，但 K_m 不变。

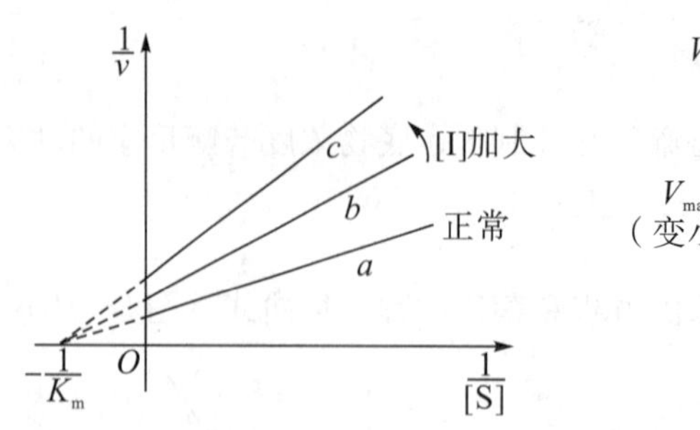

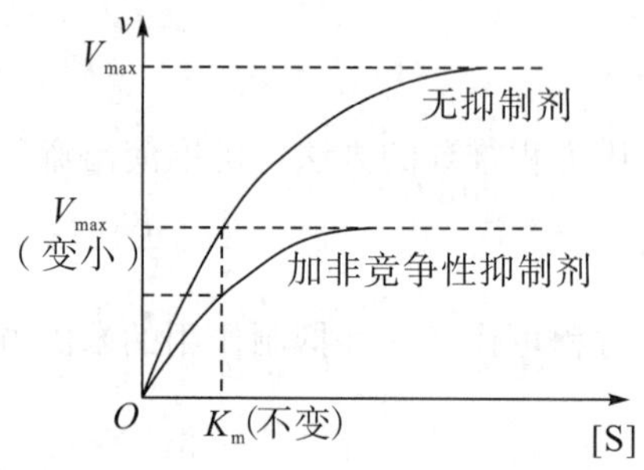

图 5－19　**非竞争性抑制作用特征曲线**

（3）反竞争性抑制（uncompetitive inhibition）

相对于竞争性抑制与非竞争性抑制，反竞争性抑制存在着下列平衡，抑制剂只能与酶－底物中间复合物结合。例如：

$$
\begin{array}{c}
E+S \underset{}{\overset{K_m}{\rightleftharpoons}} ES \longrightarrow P \\
+ \\
I \\
\Big\Updownarrow k_i \\
ESI
\end{array}
$$

酶蛋白必须先与底物结合，然后才与抑制剂结合。抑制剂不能单独同酶结合。其动力学方程为：

$$\frac{1}{v}=\left(\frac{K_m}{V_{max}}\right)\frac{1}{[S]}+\frac{1}{V_{max}}\left(1+\frac{[I]}{k_i}\right)$$

在反竞争性抑制作用下，K_m 及 V_{max} 都变小（图 5－20）。

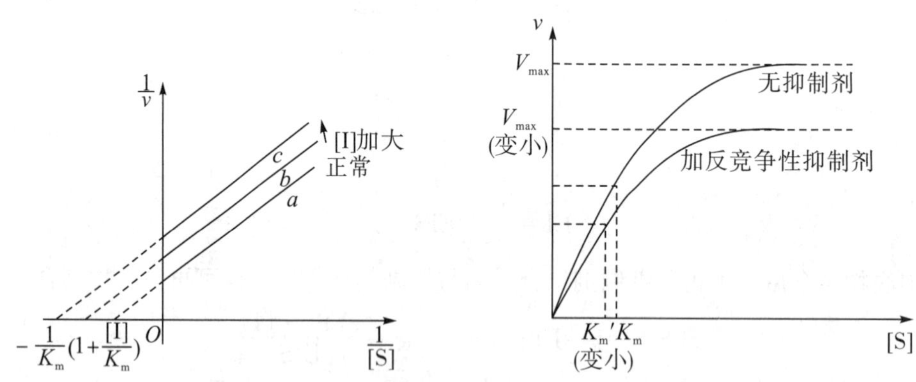

图 5－20　**反竞争性抑制作用的特征曲线**

反竞争性抑制剂之所以只能同 ES 结合，可能是因为底物本身直接参与抑制剂的结合，也可能因为是底物结合导致原来不能结合抑制剂的位点构象发生改变，转向能够结合抑制剂的构象。抑制的机理可能是抑制剂的直接作用，也可能是因为其结构导致活性中心的构象发生了变化。

反竞争性抑制可能仅存在理论上的价值，迄今还没有文献报道哪一种酶受到一种反竞争性抑制剂的作用。

酶促反应与抑制剂的关系总结于表 5－9。

表 5-9 酶促反应与抑制剂的关系

类 型	反应式	速度方程	V_{max}	K_m
无抑制剂	$E+S \rightleftharpoons ES \longrightarrow E+P$	$v=\frac{V_{max}[S]}{K_m+[S]}$	V_{max}	K_m
竞争性抑制	$E+S \rightleftharpoons ES \longrightarrow E+P$ $E+I \rightleftharpoons EI$	$v=\frac{V_{max}\cdot[S]}{K_m\left(1+\frac{[I]}{k_i}\right)+[S]}$	不变	增大
非竞争性抑制	$E+S \rightleftharpoons ES \longrightarrow E+P$ $E+I \rightleftharpoons EI$ $ES+I \rightleftharpoons ESI$	$v=\frac{V_{max}\cdot[S]}{\left(1+\frac{[I]}{k_i}\right)(K_m+[S])}$	减小	不变
反竞争性抑制	$E+S \rightleftharpoons ES \longrightarrow E+P$ $ES+I \rightleftharpoons ESI$	$v=\frac{V_{max}\cdot[S]}{K_m+\left(1+\frac{[I]}{k_i}\right)[S]}$	减小	减小

第六节 酶活力的测定

酶的定性和定量测定的原理不同于一般化学物质，它不能用重量和体积来表示。要检查某一个酶是否存在，一般利用该酶所催化的化学反应特征，将所提取的酶液与它所催化的底物在一定条件下进行反应，如有产物产生，并且一经煮沸此种活性即消失，就可以证明提取液中有此酶存在。例如，栖土曲霉（*Asperillus terreus*）的发酵液能促使酪蛋白（casein）水解，就可以断定栖土曲霉能形成蛋白酶（protease）；红曲霉（*Aspergillus ruber*）发酵液能使淀粉糖化，证明红曲霉发酵液具有糖化淀粉酶（saccharogenic amylase）。

一、酶活力及其测定

在酶的提取制备中，要不断进行酶的定量测定，这种定量不是指在一定制剂中含有多少重量或多少体积的酶，而是要知道我们所提取或使用的酶制剂中含有多大催化能力的酶（因为酶制剂中常常含有不具催化能力的其他蛋白质，称为杂蛋白）。酶催化一定化学反应的能力称为**酶活力**（activity）。

酶活力通常以在一定条件下，酶所催化的化学反应的速度来确定。因此，酶活力的测定也就是酶所催化的反应速度的测定。所测反应速度大，表示酶活力高；反应速度小，则表示酶活力低。

酶促反应的速度可用单位时间内、单位体积中底物的减少量或产物的增加量来表示。所以，反应速度的单位为：浓度/单位时间。

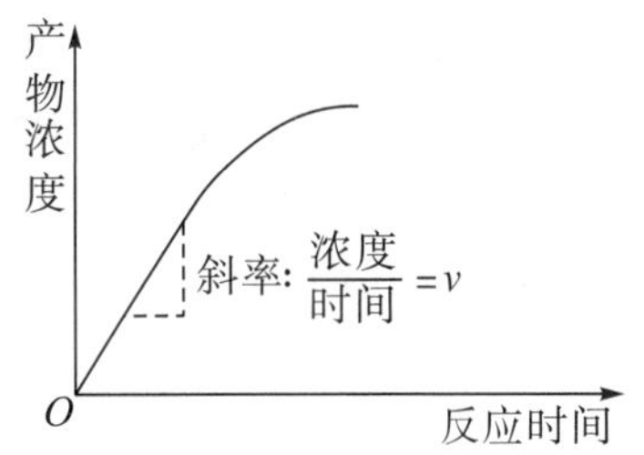

图 5-21 酶反应的速度曲线

将产物浓度对反应时间作图（图 5-21），反应速度即为图中曲线的斜率。从图中可知，反应速度只在最初一段时间内保持恒定，随着反应时间的延长，酶反应速度逐渐下降。引起反应速度下降的原因很多，如底物浓度的降低，酶在一定的 pH 下部分失活，产物对酶的抑制，产物浓度增加而加速了逆反应的进行等。因此，作酶活力测定时应以测其反应的**初速度**为准。这时上述各种干扰因素尚未起作用或影响甚小，速度基本保持恒定。不回的酶维持初速度的时间长短不等，如脲酶为 0 min～300 min，而乳酸脱氢酶则为 0s～30s。

对酶活力的测定通常采用两种办法：

1. 测定一定时间内的化学反应的量

在一定时间内，在最适于酶的条件下测定被酶作用的底物减少的量或产物生成的量，通常是测定产物生成的量。因为在实验中底物一般都是过量的，反应时底物减少的量只占总量的一个极小部分，定量分析时不易测准，而产物则从无到有，比较容易测定准确。例如，淀粉酶（amylase）的活力测定，可以根据在酶作用下淀粉水解生成具有还原性的葡萄糖，再用费林滴定法测定葡萄糖的生成量，即可测定淀粉酶的活力。又如，蛋白酶（protease）的活力可以根据酶催化酪蛋白水解生成的酪氨酸与酚试剂（Folin 试剂）作用呈蓝色反应，再用比色法测定。

2. 测定完成一定量反应所需的时间

测定酶所催化的一定量底物的减少或一定量产物的生成所需要的时间，显然酶的活力与所需时间成反比。例如，液化淀粉酶（liquefying amylase）的活力可以根据在一定条件下，致使一定量的淀粉失去与碘生成蓝色的时间来确定。

二、酶活力单位及比活力

酶活力的高低是用酶活力单位（active unit，U）来表示的。所谓酶活力单位是根据某种酶在最适条件下，单位时间内被酶作用的底物的减少量或产物的生成量来规定的。例如，栖士曲霉蛋白酶的活力单位规定在 40℃、pH 在 7.2 的条件下，每分钟分解酪蛋白产生相当于 1 微克（μg）酪氨酸的酶量为一个活力单位；α－淀粉酶的活力单位规定在 60℃、pH6.2 的条件下，每小时可催化 1g 可溶性淀粉液化所需要的酶量为一个活力单位，或是每小时催化 1 毫升（mL）2％的可溶性淀粉液化所需要的酶量为一个活力单位。可见，各种酶的活力单位是不同的，就是同一种酶也有不同的活力单位标准。所以在比较文献上记载的酶活力单位时必须谨慎，以免造成差错。

为了便于比较和统一活力标准，1961 年国际酶学委员会曾作过统一规定：在标准条件下，1 分钟内催化 1 微摩尔（μmol）底物转化的酶量定义为一个酶活力单位，亦即国际单位（international unit，IU）。如果底物有一个以上可被作用的键，则一个活力单位是指 1 分钟内使 1 微摩尔（μmol）有关基团转化的酶量。上述“标准条件”是指温度在 25℃，以及被测酶的最适条件，特别是最适 pH 及最适底物浓度。

1972 年国际纯粹与应用化学联合会（IUPAC）又推荐一个新的酶活力国际单位，即 Katal（Kat）单位。1 Kat 单位定义为：在最适条件下，每秒钟可使 1 摩尔（mol）底物转化的酶量；同理，可使 1 微摩尔（μmol）底物转化的酶量为 μKat 单位；以此类推有 nKat（毫微，nano）和 pKat（微微，pico）等。

酶的比活力（specific activity）是指每毫克（mg）酶蛋白（或每 mg 蛋白氮）所含的酶活力单位数（有时也用每 g 酶制剂或每 mL 酶制剂含多少活力单位来表示），即

$$比活力=\frac{活力单位数}{毫克酶蛋白（氮）}$$

比活力是表示酶制剂纯度的一个指标，在酶学研究和提纯酶时常用到。在纯化酶时不仅

在于拿到一定量的酶，而且要求得到不含或尽量少含其他杂蛋白的酶制品。在一步步纯化的过程中，除了要测定一定体积或一定重量的酶制剂中含有多少活力单位外，往往还需要测定酶制剂的纯度如何，酶制剂的纯度一般都用比活力的大小来表示。比活力愈高，表明酶愈纯。当一种酶的比活力不能再增加的时候，此酶可视为高纯度。此外，尚需注意的是，酶的比活力与酶的稳定性有密切的关系。任何一种酶的比活力都会随着时间的推移而下降，稳定性越差，比活力下降就越快。

三、酶活性中心转换数

酶的**转换数**（turnover number）表示酶的催化中心的活性，它是指单位时间（如每秒）内每一催化中心（或活性中心）所能转换的底物分子数，或每摩尔酶活性中心单位时间转换底物的摩尔数。米氏方程推导中的 k_3 即为转换数（$ES \xrightarrow{k_3} E+P$）。当底物浓度过量时，因为 $V_{max}=k_3[E_0]$，故转换数可用下式计算：

$$转换数=k_3=\frac{V_{max}}{[E_0]}$$

四、酶活力的测定方法

在进行酶活力测定时，应尽量降低不利因素对酶促反应的影响，总的原则是：①反应条件为最适条件，包括最适温度、最适 pH 和最适离子强度；②在反应初速度时进行测定；③底物浓度过量。

酶活力测定的方法分为直接测定法和间接测定法。前者是酶促反应的产物或底物具有明确的可检测信号，直接利用专门的仪器测定信号的变化；后者是酶促反应的产物或底物无法提供明确的可检测信号，但可以将释放的产物与一个能产生特定的可检测信号的非酶促反应偶联在一起，进行间接的测定。这种间接测定中，也可以使第一个酶促反应的产物作为第二个酶促反应的底物，通过测定第二个酶反应来测定第一个酶的活性。

根据测定原理，可将酶活力测定的方法分为终点法、动力学法、酶偶联法及电化学法等。

1. 终点法（end-point method）

终点法又称**化学反应法**（chemical reaction method），是使酶促反应进行到一定时间后，终止其反应，再用化学方法或物理方法测定产物或底物变化的量。具体操作时，通常是每隔一定时间，分几次取出一定容积的反应液，用5%以上的三氯乙酸（trichloroacetic acid，简写 TCA）或加热终止反应（使酶蛋白变性，失活），然后用显色剂与底物或产物进行显色反应，产生的有色物质用比色法（colorimetry）或分光光度法（spectrophotometry）在一定波长下测定其吸光率（A），从标准曲线求出底物减少量或产物的量，再按活力单位规定算出酶活力。如果底物或产物之一为旋光物质，则用旋光法（optical method）测其旋光率（specific rotation）的变化来作酶活力测定也是很方便的。

这种方法的优点是不受酶的限制，几乎所有酶都可用此法测定。但缺点是所需时间较长，工作量大，而且不能观察反应的全过程。现已有新型酶分析仪（enzyme analyzer），可在不同时间取样、终止反应、加入显色剂、保温、比色，或采用其他测定方法编制程序，并自动地依次完成，然后将分析结果用打印机打印出来，因此也是很方便的。

2. 动力学法（kinetic method）

动力学法不需要取样终止反应，是连续测定酶反应过程中底物、产物或辅酶的变化量，可以直接测定出酶促反应的初速度。在这种测定方法中，因为在一定条件下，酶促反应速度与酶的浓度成正比，测得反应速度后即可测得出酶浓度。测定时可用自动记录分光光度计连续测定一定波长下的吸光率，计算酶反应初速度。这种方法的优点是迅速、简便、特异性强，并可方便地测得反应进行的过程，特别是对于反应速度较快的酶作用，能够得到比终点法更准确的结果。

3. 酶偶联法（enzyme coupled method）

在某些酶促反应中，测其底物及产物均不太方便时，可选择另一种酶与之发生偶联反应，即第一种酶催化的产物作为第二个酶的底物，通过测第二个酶促反应产物的量或辅酶的变化来测定第一个酶的活力，此方法称为酶偶联法。

$$S \xrightarrow{E_1} P_1 \xrightarrow{E_2} P_2$$

在这个反应系统中，被测酶 E_1 所催化的第一步反应速度慢，而与它偶联的酶 E_2 所催化的第二步反应却很快，所得产物易被测定。例如，有多种酶的测定与脱氢酶偶联，脱氢酶的辅酶变化易于测定。氧化型的 $NAD(P)^+$ 和还原型的 NAD（P）H（辅酶的结构见第六章）的光吸收不同，还原型 NAD（P）H 在 340 nm 波长处有一吸收峰，而氧化型 $NAD(P)^+$ 没有这个吸收峰。这就很容易测定整个偶联反应的反应速度，从而侧出酶 E_1 的活力。

此法很适用于那些活力不高或所催化产物不便测定的一些酶活力测定。

4. 电化学法（electrochemical method）

电化学法是测定用离子选择性电极（ion selective electrode）跟踪反应过程所生成的离子或气体分子的浓度，从而得到反应的初速度。包括有离子选择性电极法（有 O_2 电极、CO_2 电极、H^+ 电极、NH_4^+ 电极等）、微电子电位法（micronegatron potential method）、电流法（electric current method）、电量法（coulometric method）、极谱法（polarography）等方法，这是根据反应中底物或产物的不同电学性质而设计的一些方法，针对不同的酶促反应而加以选择。

第七节　酶的多样性

虽然一种酶催化一种反应，不同酶催化不同的反应，但酶的催化活性不是一成不变的。有些酶在不同条件下，其结构发生变化使活性改变；有些酶具有不同结构形式，从而具有不同的催化效率，甚至改变催化性质；有的酶一种酶分子甚至具有几种不同的功能；酶的本质也不仅仅是蛋白质，现在发现有的 RNA 也具有酶的催化特性。所有这些均说明，酶的结构和功能都是多种多样的，是变化的、动态的。也正因为如此，才构成了生物体内物质代谢的复杂性、多样性和统一性，以及对于多变环境的适应性。

一、核酶和蛋白质的自我剪接

“酶是由活细胞产生的具有催化能力的蛋白质”这一概念，在 20 世纪 80 年代以前几乎已是天经地义无可置疑的了。但自 80 年代初以来，由于 Cech 和 Altman 等的研究，发现一些 RNA 也具有催化特性，从而打破了这一传统概念。

1. 核酶的特性

1982 年美国科罗拉多大学的 Thomas Cech 在研究原生动物四膜虫（Tetrahymena）的 rRNA 前体加工中发现 rRNA 有自我催化剪接的作用。26S rRNA 前体（约含 6400 个核苷酸）含有 3 个部分：由它的基因的两个外显子（exon）和 1 个内含子（intron）产生的 3 段 RNA 组成，在有鸟苷酸和 Mg^{2+} 存在下，无需任何蛋白质酶的作用，它可将内含子产生的那一段 RNA 切去，并将两个外显子产生的那两段 RNA 连接起来，从而构成成熟的 26S rRNA。1985 年 Cech 进一步发现，催化 26S rRNA 成熟反应的，就是前体中由内含子产生的那段含有 395 个核苷酸的线状 RNA，称为 L_{19} RNA。它在由 26S rRNA 前体转变为成熟 26S rRNA 时，催化了剪切和连接两个反应，故称为自我剪接（self-splicing）作用。继后研究发现，L_{19} RNA 在体外还能催化一系列分子间反应，它可作用于多种多聚嘧啶核苷酸，还具有氨酰酯酶（aminoacyl esterase）的活性，催化氨酰酯的水解。

RNase P（核糖核酸酶 P）是 tRNA 成熟加工的一个酶，它催化切除 tRNA 前体 5′端多余的部分（见第十四章）。这个酶由蛋白质（含 119 个氨基酸，占 23%）和 RNA（称为 M1RNA，由 377 个核苷酸组成，占 77%）两部分组成。1983 年 Sidney Altman 发现，大肠杆菌 RNase P 的 RNA 部分具有催化 tRNA5′端成熟的反应，而蛋白质部分不具有这种活性。蛋白质部分在这个酶分子中只起稳定 RNA 构象的作用。迄今为止尚未发现真核生物的 RNase P 具有此活性，可能真核生物 tRNA 前体加工与原核生物具有不同机制。

鉴于上述 RNA 具有酶的催化特性，但它又不同于传统的化学本质为蛋白质的酶，Cech 给这类具有催化特性的 RNA，取名为“ribozyme”，现有多个中译名：核酶、核糖酶、催化性核酸、酶性 RNA 等，尚未统一。国内多数作者采用核酶这个译名。

2. 核酶的类别

迄今发现的核酶有催化分子内反应的，也有催化分子间反应的。前者包括自我剪接（self-splicing）核酶和自我剪切（self-cleavage）核酶，后者如上述 RNase P。自身剪接核酶催化底物 RNA 特定部位磷酸二酯键的断裂并可将不同区段 RNA 连接起来的两种反应。有两类自身剪接核酶，一类需要鸟苷和 Mg^{2+}，另一类不需要鸟苷参与。

自我剪切核酶只能催化底物特定部位磷酸二酯键断裂，而不催化连接反应。这类核酶已发现的有 T_4 噬菌体 RNA、丁型肝炎病毒 RNA、烟草环斑病毒 RNA 等。对已研究过自我剪切核酶的结构分析知，得知其俱有一个共同结构，即所谓锤头结构（hammer head structure），其二级结构像一个锤头（图 5－22）。这是一种分子内催化，同一分子上包括两个部分：底物部分和催化部分。底物部分（图中箭头所指处）只要含有 UGN 顺序，即可从 UG 的 3′－端切断磷酸二酯键；催化部分就是锤头结构：含有 3 个茎（stem）和 1～3 个环（loop），只要保持图中的 13 个核苷酸保守序列不变，剪切反应就会自动发生。据 20 世纪 90 年代以后所报道，只需要 11 个、10 个甚至 3 个核苷酸的保守序列，都具有催化活性。

此外，1995 年 Jack W. Szostak 研究室首次报道具有 DNA 连接酶活性的 DNA 片段。Cuenond 等在体外筛选到一些 DNA 序列，它们起 DNA 连接酶作用，在分析这些 DNA 序列及推测其二级结构后，他们设计了 47 个核苷酸构成的单链 DNA 取名 E_{47}，它具有连接两个底物 DNA 片段的活性，并将它称之为脱氧核酶（deoxyribzyme）。

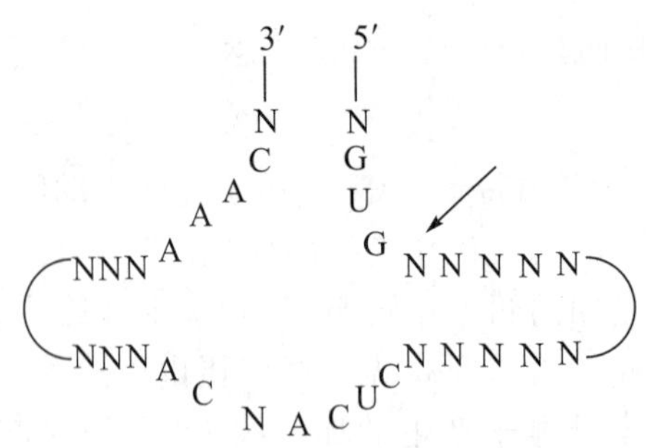

图 5－22　最简单核酶的锤头状结构

3. 核酶研究的意义

20 世纪 90 年代以来的研究表明，这类具 RNA 本质的新酶，基本的底物是 RNA，但不局限于 RNA，它还可以催化 DNA 分子的断裂和直链淀粉的分支反应（branching reaction）。蛋白质生物合成中的氨酰 tRNA 合成酶（aminoacyl-tRNA synthetase，催化氨基酸与它相应的 tRNA 相连接）及肽酰转移酶（peptidyl transferase）（见第十五章）中的 RNA 组分也起催化作用。除了以单纯 RNA 作催化的天然核酶外，RNA－蛋白质复合物作催化剂（RNA 和蛋白质共同起催化作用）也已陆续发现，如端粒酶（telomerase，维持真核 RNA 复制完整性的一种酶）、snRNP（核内小 RNA－蛋白质复合物）等。这些新型催化剂的发现及新的催化机理的阐明，将极大地扩展和丰富酶学的内涵。

核酶的发现，在生物起源和生物进化中提供了新的证据，同时可能产生一些新概念。在分子起源上长期争论不休的“先有核酸，还是先有蛋白质”的问题，有了倾向性的认识。生物分子起源可能是按下列模式进行的：

RNA ⟶ RNA（DNA）⟶ RNA（DNA）－蛋白质 ⟶ 蛋白质

天然存在的核酶，多在进化上保守，而且主要存在于古老物种中。因此，有人认为核酶是物种中的“活化石”，在物种起源上具有重要的研究价值。

对核酶的研究不仅具有上述理论意义，而且具有重要的实践意义。

由于核酶具有内切酶（endonuclease）的活性，切割位点高度特异，根据其结构特点可以设计出人工核酶，将自我剪切转换成分子间剪切，就可用于某些特定基因转录产物（例如癌基因产生的 RNA）。用人工合成的一小段 RNA、配合在欲破坏的 RNA（或 DNA）分子上，使其成为锤头结构，就成为人工核酶，用它来切割 rRNA、mRNA 或病毒 RNA。理论上可设计出针对任何 RNA 分子的核酶用于催化切割特定靶基因的转录产物，从而抑制基因表达。这就有可能成为基因阻断剂（block reagent），广泛用于抗病毒、抗肿瘤、抗艾滋病毒（HIV）、基因表达调控、基因功能分析及发育生物学等众多领域的研究实践中。

4. 蛋白质的自我剪接

蛋白质剪接是指一条多肽链内部的一段被称为内蛋白子（intein，或称内含肽）序列剪切以后，两侧被称为外蛋白子（extein）的序列重新连接起来的过程，这是蛋白质合成的后加工，这种后加工方式仅发生在一些特殊的蛋白质分子。迄今为止，已在 34 种不同类型的蛋白质中发现 130 多个内含肽，这些内含肽长度在 134～608 个氨基酸残基之间。已发现的含有内含肽的蛋白质覆盖代谢酶、蛋白酶、核苷酸还原酶、DNA 聚合酶、RNA 聚合酶和 ATP 酶等。

蛋白质切除内蛋白子的方式是蛋白质分子通过自我剪接进行的，即蛋白质分子通过自身催化（不需其他酶参与）将内蛋白子剪切掉，而后将内蛋白子两侧的外蛋白子连接起来，这个过程包括肽键断裂和新肽键形成。因此，它不同于某些酶原（如胃蛋白酶原、组氨酸脱羧酶原等）的激活，酶原的自身激活是只能裂解肽键，而不能形成肽键，即只有“剪”而没有“接”，而且不需要另外的酶参与。

蛋白质的这种自我剪接作用是蛋白质活性调节的一种方式。首先被发现的是来自啤酒酵母（*Saccharomyces cerevisiae*）TFP1 基因的表达产物，这种蛋白质通过自我剪接作用，产生相对分子质量为 69000 和 50000 的两个片段，其中大片段即为 H^+—ATPase（生物膜上一种借助水解 ATP 而转运 H^+ 的酶）的催化亚基。在 20 世纪 90 年代以后又相继发现了一些蛋白质的自我剪接作用，如结核分支杆菌（*mycobacteria tuberculosis*）的 Rec A 蛋白（含有近 440 个氨基酸残基组成的内蛋白子）、一种嗜热原生动物（*Thermococcus Litorralis*）的 DNA 聚合酶（含有两个内蛋白子，分别含有 538 和 390 个氨基酸残基）等。这就对酶的认识有了新的进展，说明生物催化作用的多样性。

二、调节酶

酶同一般无机催化剂比较，重要的特点之一就是有的酶的催化活性是可以调节的，即在不同条件下，它所催化的化学反应速度是可变的，这种在体内活性可发生改变并调节代谢速度的酶，称为**调节酶**（regulatory enzyme）。调节酶通常是通过酶分子本身的结构变化来改变酶的活性。调节酶主要包括共价修饰酶和别构酶两大类。此外，有的酶还可通过亚基的聚合或解聚等方式来调节酶的活性。

1. 共价修饰酶（covalent modification enzyme）

酶蛋白分子肽链上某些氨基酸侧链基团，在另一种酶的催化下，发生可逆的化学修饰，使酶分子共价连接（或脱掉）一定的化学基团，称为共价修饰或化学修饰（chemical modification）。酶被修饰后，有的被激活（或活性增高），有的被抑制（或活性降低）。通过这种修饰作用，使酶处于活性与非活性形式的互变状态，从而调节酶的活性。

根据修饰化学基团的不同，共价修饰酶可分为磷酸化与脱磷酸化调节酶、腺苷酰化与脱腺苷酰化调节酶、尿苷酰化与脱尿苷酰化调节酶等类型。其中通过磷酸化与脱磷酸化来改变酶活性的调节酶最为普遍，也最重要。这类酶通过下列方式进行共价修饰：

$$\text{酶} \underset{\substack{\text{磷 酸 酶}\\(\text{脱磷酶化})\\ \swarrow \text{Pi} \qquad \nwarrow H_2O}}{\overset{\substack{\text{NTP} \searrow \qquad \nearrow \text{NDP}\\(\text{磷酸化})\\ \text{蛋白激酶}}}{\rightleftharpoons}} \text{酶—P}$$

酶的磷酸化由核苷三磷酸（如 ATP）提供磷酸基，生成磷酸化的酶，使酶共价连接一个或几个磷酸基。磷酸化作用由一类称为**蛋白激酶**（protein kinase）的酶催化；相反，磷酸化的酶通过磷酸酶（phosphatase）催化，可脱去磷酸基。有的酶磷酸化后为活性形式（或活性升高），脱磷酸化后为无活性的（或活性降低），而另外的酶则是脱磷酸化后为活性形式。

酶的磷酸化对酶蛋白具有下列影响：①增加了两个负电荷，影响其静电作用；②磷酸化基团可形成 3 个氢键；③较大的自由能变化，贮存在磷蛋白上；④磷酸化和脱磷酸化可发生在很长的一段时间内，或在不同条件下发生，这十分有利于代谢的调节；⑤可产生放大效应。

真核细胞中蛋白激酶广泛地存在，估计人基因组可编码1000种以上不同的蛋白激酶。不同蛋白激酶催化蛋白质分子不同氨基酸残基的磷酸化（大多生成磷酸酯键），因此分为丝氨酸/苏氨酸蛋白激酶、酪氨酸蛋白激酶和多功能蛋白激酶（既可修饰Ser/Thr，又可修饰Tyr）。此外，微生物体内还存在一种组氨酸蛋白激酶。

2. 别构酶（allosteric enzyme）

（1）别构酶的特点

别构酶是另一类重要的调节酶，它同共价修饰酶不同，不是通过共价键的变化（化学基团），而是通过酶分子构象的变化来改变酶的活性，因此又称为变构酶。这类酶具有两个在空间上彼此独立并分开的特异部位（或称中心）：即活性部位（active site）和调节部位（regulatory site）。前者是底物结合部位，后者是称为效应物（或调节物，常常是代谢的产物）的结合部位。当底物同活性部位结合时，酶即催化底物转变为产物；当效应物同调节部位结合时，可引起酶分子的构象改变，从而引起酶活性的改变（降低或升高）。

别构酶的特性主要有以下六点：①迄今发现的别构酶都是寡聚酶，含有多个亚基（通常为偶数）。活性部位与调节部位可能处于同一亚基上（由相同亚基组成的同源寡聚酶），但更多的是处于不同亚基上（由不同亚基组成的异源寡聚酶）。②别构酶一般位于代谢途径中的第一步反应。别构酶所催化的反应常常控制着整个代谢途径的速度，因此把这个反应称为限速反应或关键反应（见第十六章）。③效应物（effector）或称别构剂，一般都是小分子，它们同别构酶调节部位的结合是特异的。如果效应物的结合导致酶活性增高，这种效应物称为正效应物或别构激活剂（allosteric activator）；相反，使酶活性降低的，称为负效应物或别构抑制剂（allosteric inhibitor）。④绝大多数别构酶所催化反应的初速度与底物浓度的关系，不遵循经典的Michaelis-Menten关系。别构抑制剂产生的抑制作用，不同于典型的竞争性、非竞争性和反竞争性抑制。⑤从动力学特征看，一般遵从米氏特征的酶的动力学呈矩形双曲线，而别构酶呈S形曲线（正协同）或表观双曲线（负协同）（图5-23）。⑥别构酶具有协同效应。所谓协同效应，是指一个分子与酶结合后对第二个分子结合的影响。

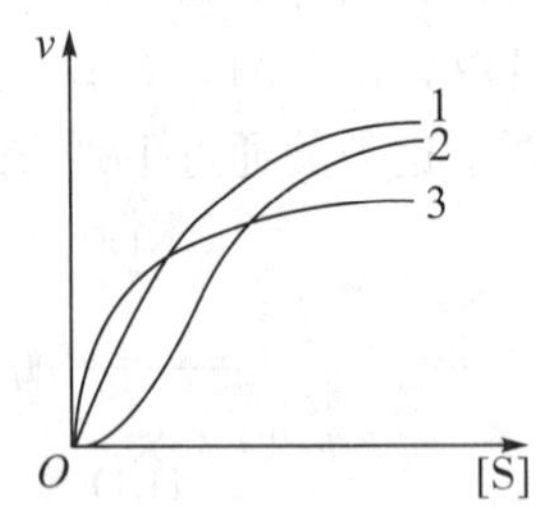

1. 米氏酶 2. 正协同 3. 负协同

图5-23 米氏酶和别构酶的动力学曲线

（2）别构酶的底物动力学

并不是所有别构酶的反应速率对底物浓度作图都是S形曲线。例如，一些多底物酶，也许它们对某一种底物表现正协同性，从而反应速率对这一底物浓度表现为S形曲线，但对其他底物无正协同性，因而也就得不到S形曲线。此外，某些别构酶对底物表现的是负协同性，这种情况下的速率对底物浓度的作图也不是S形曲线，而是接近双曲线（图5-23）。

从别构效应物的影响也可进一步看出别构酶在不同情况下反应速度对底物浓度作图的图

形变化规律（图 5－24）。

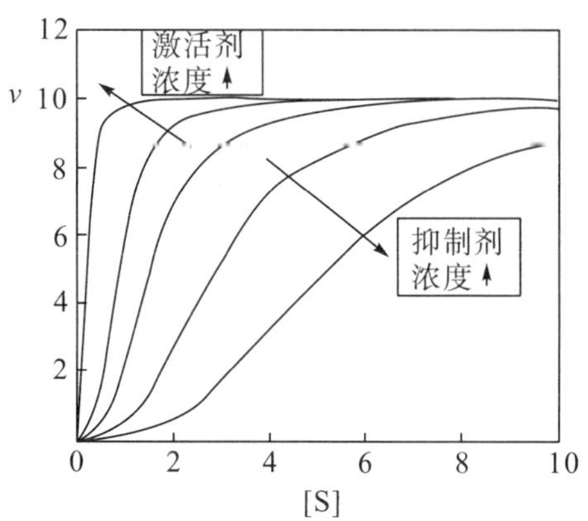

图 5－24 **别构效应物对别构酶活性的影响**

图 5－24 为一个典型的别构酶分别在有无别构效应物的条件下反应速率对底物浓度的作图，中央曲线为没有效应物时的情形，它是一个典型的 S 形曲线。最上面的两条曲线是在有别构激活剂存在时的情形，可见激活剂可以提高任何底物浓度下的反应速率；最下面的两条曲线是在有别构抑制剂存在时的情形，可见抑制剂可以降低任何底物浓度下的反应速率。仔细分析图的走势就会发现，抑制剂可加强曲线的 S 形，而激活剂减弱 S 形。在高水平的激活剂存在下，S 形曲线将转变成双曲线。可见，别构抑制剂增强酶对底物的协同性，而激活剂则削弱酶对底物的协同性。

从图 5－24 还可看出，所有曲线都趋向于同一个 V_{max}，这意味着这一种别构酶的别构效应物是通过改变酶与底物的亲和性，即改变 K_m 来调节酶活性，这样的系统称为 K－系统酶，这种效应物称为 K 型效应物；另外，还有一类别构酶的抑制剂通过改变酶的 V_{max} 而起作用（K_m 保持不变），这样的系统称为 V－系统酶，这种效应物称为 V 型效应物。

（3）别构酶的协同效应

别构酶的基本特征之一是具有协同效应（cooperative effect）。通常将能同别构酶结合的效应物、底物和产物统称为配体或配基（ligands）。协同效应就是指一个配体分子与酶结合后，使酶的构象改变，从而影响第二个配体的结合。这种影响可能是有利于第二个配体分子的结合，即一个配体分子同酶的结合，促进另外配体分子的继续结合，这种协同效应称为正协同效应（positive cooperative effect）；如果一个配体的结合，不利于第二个配体分子结合，即抑制后续配体分子的结合，这种协同效应称为负协同效应（negative cooperative effect）。在协同效应中，如果与酶结合的几个配体相同，称为同种效应（homotropic effect）；如果是不同配体产生的协同效应，则称为异种效应（heterotropic effect）。一般来说，同种效应都是正协同效应（个别例外），而异种效应可以是正协同性，也可能是负协同性。

酶的协同性通常用协同指数（cooperativity index，简称 CI）来表征。它是指酶分子中的结合位点被底物（或配体）饱和 90％（或 $v=0.9V_{max}$）与饱和 10％（或 $v=0.1V_{max}$）时底物浓度的比值，故协同指数又称饱和比值（Saturation ratio，简称及 R_s）。即

$$R_s=\frac{\text{位点被 90\%饱和时的底物浓度}}{\text{位点被 10\%饱和时的底物浓度}}$$

假设某酶含有 n 个结合部位，并且底物 S 同时结合到 n 个结合位点（一个位点结合一

分子底物）按照酶—底物动力学可推导出反应速度公式为

$$\frac{v}{V_{max}}=\frac{[S]^n}{K_s+[S]^n}$$

此式称为 Hill 方程。式中 n 为每分子酶结合的底物（或配体）分子数。K_s 为常数，当 $n=1$ 时，$K_s=K_m$ 即为米氏方程。当 $n>1$（至少是二聚体），K_s 不等于反应速度达到 $\frac{1}{2}V_{max}$ 时的底物浓度。在正协同效应中 n 总是大于 1 的。

当 $v=0.9V_{max}$（底物结合饱和度为 90%）时，$[S]=[S]_{0.9}$，则

$$0.9=\frac{[S]_{0.9}^n}{K_s+[S]_{0.9}^n}$$

$$0.9K_s=0.1[S]_{0.9}^n$$

所以 $$[S]_{0.9}=\sqrt[n]{9K_s}=(9K_s)^{\frac{1}{n}}$$

当 $v=0.1V_{max}$（底物结合饱和度为 10%）时，$[S]=[S]_{0.1}$，则

$$0.1=\frac{[S]_{0.1}^n}{K_s+[S]_{0.1}^n}$$

$$0.1K_s=0.9[S]_{0.1}^n$$

故 $$[S]_{0.1}=\sqrt[n]{\frac{K_s}{9}}=\left(\frac{1}{9}K_s\right)^{\frac{1}{n}}$$

所以，协同指数为

$$R_s=\frac{[S]_{0.9}}{[S]_{0.1}}=\left(\frac{9K_s}{\frac{1}{9}K_s}\right)^{\frac{1}{n}}=81^{\frac{1}{n}}$$

由此，即可判断协同效应。

当 $n=1$，$R_s=81$，为无协同效应，表示反应速度 v 增大 9 倍，底物浓度 [S] 需增加 81 倍。这是一般米氏酶的特征。

当 $n>1$ 时，$R_s<81$，表示 v 对 [S] 改变的灵敏度增加，表现为正协同效应。

当 $n<1$，$R_s>81$，表示 v 对 [S] 改变的灵敏度减小，表现为负协同效应。

由此可见，根据 R_s 可以判断协同性。同样根据 n 值也可进行判断。n 值称为 Hill 系数（或协同系数）。当 $n>1$ 时，则 n 愈大，表明正协同效应愈大：若 $n<1$ 时，则 n 愈大，表示负协同效应愈小。

在米氏酶（非调节酶）中，当 [S] =0.1 时，v 达到 V_{max} 的 10%，当 [S] =9 时，v 达到 V_{max} 的 90%。达到这两种速度的底物浓度之比为 81；在具有正协同性的变构酶（S 形曲线）中，v 达到 V_{max} 的 10%，[S] =3，v 达到 V_{max} 的 90%，[S] =9，两者的比值仅为 3。这表明对别构酶而言，底物浓度增加 3 倍，即可使反应速度由 10% V_{max} 迅速上升到 90% V_{max}，而米氏酶要达到同样效果，底物浓度需增加 81 倍！这说明调节酶几乎是以“全”或“无”的形式调节着代谢速度，比非调节酶控制代谢的速度有高得多的灵敏度。

上述结果说明，正协同效应意味着酶对环境中底物浓度的变化更为敏感。这样的结果可以使得机体内某些重要的调节酶能够根据环境的变化对代谢进行更加灵敏的调节。

在具有负协同效应的别构酶（$n=0.5$）中，要将其反应速度从 V_{max} 的 10%增加到 90%，需要将底物浓度提高 6561 倍。如此大幅度的提高就意味着该酶对底物浓度的变化极度不敏感。这样的结果可以保证体内某些重要的反应不受底物浓度波动的影响，能够始终进行下

去。尽管具负协同性的别构酶比较少见，但某些控制重要反应的酶仍存在负协同效应。糖代谢中的3－磷酸甘油醛脱氢酶（见第九章）即是一例。该酶对它的辅酶 NAD^+（氧化型辅酶Ⅰ）的结合即表现负协同性。由于细胞内的 NAD^+ 容易缺乏，此酶所具有的这种性质，使得即便细胞内的 NAD^+ 浓度很低，它仍然具有一定的活性，从而保证了糖的分解仍能继续进行，为细胞产生 ATP，以供能量之需。

3. 聚合解聚调节酶（polymeric-depolymeric regulatory enzyme）

调节酶都是寡聚酶，有的酶的活性通过酶的各个亚基的聚合与解聚来调节酶的活性。在这类调节酶中，有的是亚基聚合后才具有活性（或活性提高），有的则相反，解聚后才是有活性的，聚合后是无活性的（或活性降低）。前者如脂肪酸合成中的乙酰辅酶 A 羧化酶（acetyl-CoA carboxylase），当有柠檬酸或异柠檬酸存在时，各亚基聚合使酶成为活性形式；后者如依赖于 cAMP 的蛋白激酶（A 激酶），它的两种亚基聚合在一起时是无活性的，当解聚分开后，酶才转变为活性形式。

三、同工酶

1. 同工酶的概念

同工酶（isoenzyme 或 isozyme）是指催化相同的化学反应，但其酶蛋白的分子结构、理化性质和免疫特性等不同的一组酶。同工酶是由不同基因或等位基因编码（coding）的多肽链，或由同一基因生成的不同 mRNA 产生的多肽链组成的蛋白质。所谓等位基因（allele）是指位于成对染色体上同一位置的两个对应基因。等位基因中如果其中一个发生突变，这样一对等位基因所产生的两个多肽链在结构上有差异，它们互为同工酶。生物体的不同器官、不同细胞或同一细胞的不同部分，以及在生物生长发育的不同时期和不同条件下，都有不同的同工酶分布。自从1959年C. Markert发现乳酸脱氢酶同工酶以来，迄今已发现数百种同工酶。

同工酶都是由两个或两个以上的肽链聚合而成。它们的生理性质及理化特性，如血清学性质、K_m 值及电泳行为等都是不同的。

2. 同工酶的结构与功能

同工酶是功能相同而结构不同的几种酶。同工酶的结构主要表现在非活性中心部分不同，或所含亚基组合情况不同。对整个酶分子而言，各同工酶与酶活性有关的部分结构相同，即活性中心相同或极为相似。

同工酶的存在并不表示酶分子的结构与功能无关，或结构与功能的不统一，而只是表示同一种组织或同一细胞所含的同一种酶可在结构上显示出器官特异性或细胞部位特异性。

乳酸脱氢酶（lactate dehydrogenase，LDH）是最早发现的一种同工酶，从其电泳图谱分析，LDH 有5种同工酶（图5－25）。从阳极到阴极的5个带依次称为 LDH_1、LDH_2、LDH_3、LDH_4 和 LDH_5。

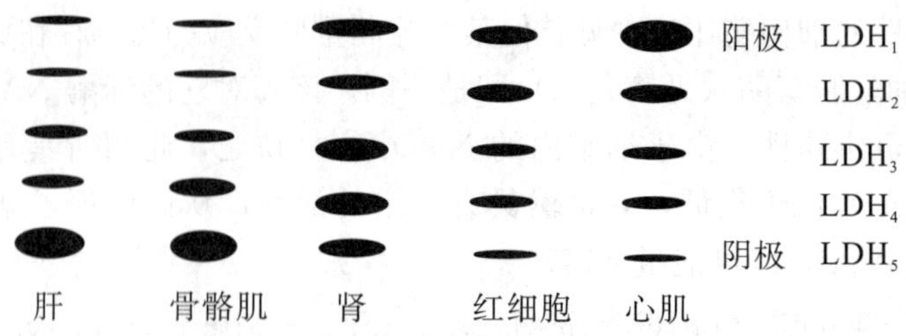

图 5－25 乳酸脱氢酶同工酶电泳图谱

LDH 含有 α 和 β 两种亚基，它们分别由两个基因产生，在人的 LDH 中，α 亚基由第 12 号染色体的基因位点 B 产生，β 亚基由第 11 号染色体的基因位点 A 产生。LDH 为一四聚体蛋白，有 5 种同工酶，分别由不同亚基组成（图 5－26）。

α α α α（α_4）	LDH_1
α α α β（$\alpha_3\beta$）	LDH_2
α α β β（$\alpha_2\beta_2$）	LDH_3
α β β β（$\alpha\beta_3$）	LDH_4
β β β β（β_4）	LDH_5

图 5－26 乳酸脱氢酶同工酶的亚基组成

LDH_1 主要分布于心肌中，LDH_5 主要分布于骨骼肌中，因而也将 α 亚基称为心肌型（H 型），β 亚基称为骨骼肌型（M 型）。这两种亚基在氨基酸组成上有较大差异：H 型富含酸性氨基酸，M 型富含碱性氨基酸。因此。在电泳中容易分开。

LDH 是一种参与糖酵解（糖的无氧分解代谢）的酶，它既可以催化丙酮酸还原成乳酸，也可以催化乳酸脱氢氧化为丙酮酸。这种功能上的差异与不同组织的 LDH 同工酶不同有关。因此，LDH 同工酶各成分在不同组织的分布就不相同（反映组织器官特异性）。一般在厌氧环境的器官，如骨骼肌中，LDH_5 含量高，在这些环境中主要反应是催化丙酮酸还原为乳酸；在有氧环境的器官，如心脏、脑及肾脏中，LDH_1 含量高，在这些环境中因为氧气供应充足，该酶可催化乳酸氧化为丙酮酸，从而使丙酮酸进一步氧化（有氧代谢），为机体提供能量。由此可见，不同的同工酶在功能上也是有差别的。

骨骼肌（无氧代谢）：葡萄糖 ⟶ 丙酮酸 $\xrightarrow[\text{(M 型)}]{LDH_5}$ 乳　酸

↓（血液）

心肌（有氧代谢）：CO_2+H_2O ⟵ 丙酮酸 $\xleftarrow[\text{(H 型)}]{LDH_1}$ 乳　酸

3. 研究同工酶的意义

由于同工酶在结构、性质和分布上的特点，对不同同工酶的研究在生命科学多方面的理论研究和工、农、医实践应用方面都具有重要的意义。

（1）对代谢的调节作用

在体内复杂的代谢中，为适应不同组织器官或不同细胞器在代谢上的不同需要，同工酶虽然做相同的“工作”，不一定具有相同的功能（过去曾称为同功酶，现统一称为同工酶，看来更确切一些），它们在不同的组织器官或细胞器具有不同的功能，如上述乳酸脱氢酶同工酶在骨骼肌和心肌对代谢的影响。另外，在一些微生物的分支代谢中，同工酶的存在可以避免由于一种代谢产物的过量而影响其他代谢产物的生成（见第十六章第二节）。

(2) 发育与分化

在个体发育和组织分化中，从胎儿、新生儿到成年个体中，多种同工酶在个体的发育和组织分化过程中，其合成的量和结构都在不断地变化。有的同工酶存在于胚胎发育早期，在新生儿和成年个体中消失；相反，有的同工酶仅存在于成年个体，而在胎儿时期不存在。有的同工酶其活力随组织的分化和发育而逐渐增高，而有的同工酶活力随组织的分化和发育而逐渐降低。因此，在个体发育和组织分化研究中测定某些同工酶可以反映发育与分化的进程，反映发育与分化的时空程序。

(3) 遗传分析研究

因为一个基因编码一个同工酶亚基，测定同工酶的变异可以直接推测其基因型的变异。显然这比传统的某些形态学遗传指标更加优越，因为形态学指标常常是多个基因型的综合表现型。同工酶作为遗传标志，比其他遗传学指标更灵敏，DNA 分子上一个核苷酸的变化它都可以测定。

(4) 用于临床诊断

在临床上可用同工酶作为某些病变的诊断指标。例如，冠心病及冠状动脉血栓引起的心肌受损，患者血清中的 LDH_1 及 LDH_2 含量增高，而骨骼肌损伤、急性肝炎及肝癌患者 LDH_5 增高；肌酸激酶（creatine kinase，CK）有 3 种同工酶，CK_1 主要存在于脑中，CK_2 存在于心脏，CK_3 含于骨骼肌中，血清 CK_2 活性测定可用于早期诊断心肌梗死。

(5) 农业上用于优势杂交组合预测

优势杂交组合与弱优势杂交组合及普通品系的多种同工酶谱有明显差异，通过几种酶的同工酶比较，可以方便地筛选出优势杂交组合。

四、多功能酶

多功能酶（multifunctional enzyme）是指结构上仅为一条肽链，却具有两种或两种以上功能的酶蛋白。例如，大肠杆菌（*E. coli*）的天冬氨酸激酶Ⅰ（aspartate kinaseⅠ）和高丝氨酸脱氢酶Ⅰ（homoserine dehydrogenaseⅠ）就组成一个多功能酶，尽管这个酶分子由 4 个相同亚基组成，但上述两种酶的活性中心却在一个亚基上，其中链的 N 末端部分具有天冬氨酸激酶活性，C 末端部分具有高丝氨酸脱氢酶活性。

高等动物的脂肪酸合成酶也是一个多功能酶，7 种酶活性集中在一条肽链上（见第十一章）。哺乳动物催化嘧啶核苷酸合成的 3 个酶活性（氨甲酰磷酸合酶、天冬氨酸转氨甲酰酶和二氢乳清酸酶）集中在相对分子质量为 2.4×10^5 的一条多肽链上，也是一个多功能酶。

有的寡聚酶由不同的亚基组成，每种亚基表现出不同的功能，因而整个分子能够催化两个或两个以上的相关反应，这种酶也可称为多功能酶。例如，大肠杆菌的色氨酸合成酶（tryptophan synthetase）。此酶含有 A 和 B 两种蛋白质，A 的相对分子质量为 29500，仅由 1 个 α 亚基组成；B 含有 2 个相对分子质量各为 45000 的亚基 ββ。这两种蛋白质各自催化一个独立的反应：

$$\text{吲哚甘油磷酸} \xrightleftharpoons{\alpha} \text{吲哚} + \text{3—磷酸甘油醛}$$

$$\text{吲哚} + \text{L—丝氨酸} \xrightarrow{\beta_2} \text{L—色氨酸}$$

当两个 A 蛋白和 1 个 B 蛋白结合形成 $\alpha_2\beta_2$ 聚合体时，就构成了完整的色氨酸合成酶，即可催化合成色氨酸。

$$吲哚甘油磷酸 \xrightarrow{\alpha_2\beta_2} L—色氨酸 + 3-磷酸甘油醛$$

五、人工酶

所谓人工酶（artificial enzyme）是指非天然存在的、在人工参与下体外合成、半合成、模拟或对天然酶加以改造后形成的酶。由于对酶的结构与功能研究的日益深入，人们已从多方面改造或构建天然酶，以便更好发挥酶的功能，或创建新酶，赋予酶的新功能。

1. 抗体酶（abzyme）

抗体酶是将抗体（免疫球蛋白）的高度选择性（专一性）与酶的高效催化能力融为一体的特殊蛋白质，它既具有酶的催化特性，又能与特异抗原相结合。

抗体酶是用人工合成的半抗原（hapten）（酶和底物结合的中间过渡态类似物）免疫动物，使该动物产生抗体，这种抗体即具有酶的催化功能和抗体专一性。

最早仅是模拟具酯酶催化特性的抗体酶，现已能模拟多种酶特性的抗体酶，包括催化水解反应、金属螯合反应、氧化还原反应、脱羧反应、转酯反应、酰胺键生成反应、光诱导裂解及聚合反应等抗体酶。对这些抗体酶的研制，人们期望得到某些新药，使其具有针对性强、药效高的特点，以便用于治疗艾滋病和癌症等重大疾病，用来专一地破坏病毒蛋白质以及专一地清除心血管病人血管壁上的血液凝块等。更引人注目的是，将来有可能制造出对氨基酸序列分析特异的抗体酶，它们能像限制性核酸内切酶（restriction endonuclease）（见第十八章）切割 DNA 一样，限制性地切断多肽链，以加快蛋白质的结构与功能的研究。

2. 突变酶（mutation enzyme）

应用蛋白质工程（见第十八章）技术将天然酶的活性基团进行改造所得到的酶称为突变酶。因为目前蛋白质工程的主要手段是通过改变酶的基因来改造酶，要引起基因突变，故名突变酶。这种改造通常使活性中心的某些氨基酸被取代，从而改变酶的活性。例如，枯草杆菌蛋白酶（subtilisin）的第 99 位的天冬氨酸和第 156 位的谷氨酸这两种酸性氨基酸在被碱性氨基酸赖氨酸替换后，将产生了一种活性很高的枯草杆菌蛋白酶。

3. 模拟酶（analog enzyme）

利用有机化学的方法合成比酶分子结构简单得多的具有催化功能的非蛋白分子，这种分子模拟天然酶对底物的结合和催化过程，既具有酶催化作用的高效率和专一性，又具有比天然酶稳定的特性，这种物质即称为模拟酶。现在也可以通过计算机进行模拟。这种模拟可分为 3 个层次：①合成具有类似酶活力的简单化合物；②酶活性部位模拟；③整个酶分子模拟。现在已利用环糊精（cyclodextrins）（为含 6～8 个葡萄糖基的环状寡糖）成功地模拟了核糖核酸酶、胰凝乳蛋白酶、碳酸酐酶等。1993 年，曾人工合成了两种“肽酶”（pepzyme），每种仅含 29 个氨基酸，但分别具有胰蛋白酶和胰凝乳蛋白酶的催化活性。人工合成的“酯酶”的某些特性比天然酶优越，它催化简单酯反应的速率与天然酶相近，但它的热稳定性和 pH 稳定性大大优于天然酶，在 80℃时仍能保持活力，在 pH2 至 pH13 的范围内都很稳定。虽然如此，至今已制备的人工模拟酶，大多在活力大小、底物适应性、分子结构稳定性等多方面还不是令人满意的，尚需进一步研究和改进。

本章学习要点

酶是由活细胞产生的生物催化剂，除了具有一般催化剂的特性外，还具有高效性、专一性、可调性等特点，这些特点保证了体内新陈代谢的正常进行，使得体内各种复杂万端的反应保持有序性与延续性。

根据相对分子质量不同，可将酶分为单体酶、寡聚酶和多酶系；根据分子组成不同，可将酶分为单纯酶和结合酶。结合酶为双成分酶，由脱辅基酶（酶蛋白）和辅因子两部分构成，前者决定酶对底物的专一性，后者决定酶所催化反应的性质或类别。辅因子包括辅酶和辅基（统称为辅酶），其化学本质是维生素及铁卟啉衍生物和金属离子。在反应中辅因子起着传递电子、氢原子、基团等作用。以金属离子作为辅因子的酶称为金属酶，需金属离子作为激活剂的酶称为金属激活酶。

1. 在一个酶分子中，与其活性直接相关的是活性中心和必需基团。分子的其余部分对稳定酶的分子构象、分子进化、酶的分泌等有关。酶分子的一级结构和高级结构对酶的活性均有影响，但影响最直接、最重要的还是分子构象。构象改变可调节酶的活性。酶原激活是切去一定片段。

2. 酶对底物具有选择性，称为专一性。根据对底物要求的不同分为绝对专一性、相对专一性、立体异构专一性等类别。对酶的高效性和专一性这两大特点已有不同的假说来加以解释，其中核心是酶促反应可降低反应的活化能和酶与底物在结构上具有可塑互补性。

3. 酶促反应速度与各种影响因素的关系称为反应动力学。其中底物的影响称为基本动力学，用米－曼氏方程描述，为一矩形双曲线，其中 K_m 为米氏常数，是一个重要的酶学参数，在实践中有许多用途。此外，温度、pH、酶浓度、激活剂、抑制剂等对酶促反应速度均有较大影响，尤其是抑制剂的影响，具有重要的生理意义和实践意义，有几种不同抑制机理。

4. 酶催化反应的能力称为酶活力。一个酶制剂的活力大小用活力单位或转换数表示，其纯度用比活力表示，有多种测定酶活力的方法，针对具体酶而加以选择。

5. 酶的结构和功能具有多样性。酶的本质不仅是蛋白质，也发现有 RNA（核酶）；酶的活性可通过酶分子的多种结构变化而加以调节（调节酶）；具有催化相同反应的酶可以有不同结构（同工酶），而具有同种结构的酶可以有几种不同的功能（多功能酶）；对于天然酶的结构可用不同方法加以适当改造或模拟（人工酶），以适应人们的需要。

Chapter 5 ENZYMOLOGY

Enzymes are biological catalysts which are produced by living cell. Enzymes have high efficiency, high specificity and controllable activity apart from the characteristic of common catalysts. These characteristics ensure normal carring on of metabolism in organism. and keep complicated reactions in organism to be in an orderly way and continue.

According to the relative molecular weight, enzymes can be classified into monomeric enzymes, oligomeric enzymes and multienzyme system. According to the components of enzymes, it can be classified into simple enzymes and conjugated enzymes. Conjugated enzymes are made up of apoenzyme and cofactor. Apoenzyme decided substrate specificity. Cofactor decided the nature and kind of reactions which are catalied by enzymes. Cofactors have coenzyme and prosthetic group. In fact, cofactors are derivatives of vitamin and iron-porphyrin and metal ions. Cofactors play tile role of transmission of electron, hydrogen and group in reac tions. Metalloenzyme is enzyme which cofactor is metal ions. Metal activated enzyme is enzyme which activator is metal ion.

1. Active center and essential group of a enzyme directly relate to the activity of enzyme. The rest part of enzyme relate to the conformation of enzyme, molecular evolution and secretion of enzyme. The primary strucfure and senior structure of enzyme influence of the activity of enzyme, but the conformation is the most direct and important factor. The changing of conformatlon can control the activity of enzyme. zymogen activation is cutting a part of fragment of enzyme molecular.

2. The specificity of enzyme is mean that the substrate is selective by enzyme. According to the requesting to substrates, the specificity of enzyme is classified into absolute specifity, relative specificity and stereochemical specificity, etc. High efficiency and specificity of enzyme have been defined by different hypothesis. The center contents of these hypothesis are lowering the activation energy of reactions and the complementation of structure of enzyme and substrate.

3. Kinetics of enzymic reactions refer to the relattonship of enzyme—catalyzed reaction rates and different influences. The influences of substrates are named basic kinetics, they are double reciprocal which was described by Michaelis-Menten equation. Km is the Michaelis constant snd an important enzymatic parameter. it has many use in practice. Besides Km, temperature, pH, concentration of enzyme, activator and inhibitor are influence to the rate of enzyme-catalyzed reaction. The influence of inhibitor has important meaning in physiology and practice. There are a few of inhibition mechanisms.

4. The activity of enzyme refer to the ability of enzyme-catalyzed reaction. Active unit or turnover number is used to express the activity of enzyme. The purity of enzyme is expressed by specific activity. Different enzymes have different methods to determine activity.

5. The structure and function of enzyme have varieties. Enzyme is not only a kind of protein, but also is found to be RNA (ribozyme); The activity of enzyme can be controlled by the changing of structure of enzyme (regulatory enzyme); Isoenzymes refer to enzymes which have catalyze identical reaction but different structures; Polyfunctional enzymes refer to enzymes which have same structures but different functions; The natural enzyme can be transformed or imitated by different methods to meet the demands of people (artificial enzyme).

习　题

1. 用对或不对回答下列问题。如果不对，请说明原因。

(1) 所有结合酶都含有辅酶或辅基。

(2) 酶促反应的初速度与底物浓度无关。

(3) 一种酶的米氏常数 K_m 就是它同底物的结合常数 K_s。

(4) 测定酶的活力时，必须在酶促反应的初速度时进行。

(5) 竞争性抑制剂既可同游离酶结合，也可同酶和底物结合的复合物结合。

2. 现有 1g 淀粉酶制剂，用水稀释成 1000 mL，从中吸取 0.5 mL 测定该酶的活力，得知 5 分钟分解 0.25g 淀粉。试计算每克酶制剂所含的淀粉酶活力单位数。

(淀粉酶活力单位规定为：在最适条件下，每小时 (h) 分解 1g 淀粉的酶量为 1 个活力单位)

3. 称取 25 mg 蛋白酶粉配成 25 mL 酶溶液，从中取出 0.1 mL 酶液，以酪蛋白为底物，用 Folin 比色法测定酶活力，得知每小时产生 1500 μg 酪氨酸；另取 2 mL 酶液用凯氏定氮法测得蛋白氮为 0.2 mg。根据以上数据，求出：

(1) 1 mL 酶液中所合的蛋白质量及活力单位；

(2) 比活力；

(3) 1g 酶制剂的总蛋白含量及总活力。

(每分钟产生 1 μg 酪氨酸的酶量规定为 1 个活力单位)

4. 某酶制剂的比活力为 42U/mg 蛋白，每毫升含蛋白质 12 mg。试问：

(1) 每毫升反应液中含 20μL 酶制剂和 5μL 酶制剂时的反应初速度是多大?

(2) 该酶制剂在使用之前是否需要稀释?

5. 已知反应 $E+S \underset{k_2}{\overset{k_1}{\rightleftharpoons}} ES \xrightarrow{k_3} E+P$，$k_1=1\times10^7\ mol\cdot S^{-1}$，$k_2=1\times10^2\cdot S^{-1}$，$k_3=3\times 10^2\cdot S^{-1}$。计算 ES 的解离常数 K_s 和 K_m。

6. 某组织细胞的粗提取液中含蛋白质 32 mg/mL，在最适条件下，用 10μL 该提取液可以 0.14μmol/min 的速度催化一个反应。用硫酸铵沉淀法分级分离 50 mL 上述提取液，将其在饱和度 0.2～0.4 之间沉淀的部分重新溶解于 10 mL 水中，得到的这种溶液含蛋白质为 50 mg/mL。用 10μL 这种纯化的酶液，以每分钟 0.65μmol 的速度催化上述反应。计算：

(1) 纯化的酶液中该酶回收的百分率；

(2) 用分级分离法得到的提纯程度 (提纯倍数)。

7. 在生物进化中，为什么许多酶选择组氨酸作为活性中心成分?

8. 由表 5−7，指出蔗糖和胰凝乳蛋白酶的最适底物。

第六章　维生素和辅酶

第一节　维生素的概念和类别

一、维生素的概念

维生素（vitamin）是机体维持正常生命活动所必不可少的一类有机物质。它与糖、脂、蛋白质和核酸等生命物质不同，在体内含量很少。在生命活动中，维生素既不是构成组织的基础物质，也不是能源物质，但它是一类重要的生命物质，在代谢中起调节作用，如果缺乏会导致一定疾病。

人体、动物及多数微生物都不能自行合成维生素，都必须从食物或环境中取得。植物体能够合成维生素，因此植物是人体、动物和微生物维生素的主要来源。

维生素都是小分子有机物，从化学结构来看，各种维生素并没有相似之处，但它们在体内所起的作用，以及多数生物不能自行合成这一点是相同的，故归入同一类。有的维生素（如脂溶性维生素）在体内可直接对某些代谢起调节作用，而多数维生素是通过转变成酶的辅酶对代谢起调节作用。

二、维生素的命名及分类

维生素的种类很多，化学结构各不相同，有的是胺，有的是酸，有的是醇或醛，有的则属于固醇类。因此，维生素不能按照化学结构来分类。现在一般习惯是按溶解性将维生素分为脂溶性维生素与水溶性维生素两大类。维生素的分类及名称见表 6－1。

表 6－1　维生素的分类及名称

类　别	名　称	别　名
脂溶性维生素	维生素 A（vitamin A）	视黄醇（retinol），抗干眼病维生素
	维生素 D（vitamin D）	钙化醇（calciferol），抗佝偻病维生素
	维生素 E（vitamin E）	生育酚（tocopherol），抗不育维生素
	维生素 K（vitamin K）	抗出血维生素
水溶性维生素	维生素 B 族	
	维生素 B_1（vitamin B_1）	硫胺素（thiamine），抗脚气病维生素
	维生素 B_2（vitamin B_2）	核黄素（riboflavin）
	维生素 B_3（vitamin B_3）	泛酸，遍多酸（pantothenic acid）
	维生素 B_5（vitamin B_5）	烟酰胺，维生素 PP（nicotinamide）
	维生素 B_6（vitamin B_6）	吡哆素（pyridoxine），抗皮炎维生素
	维生素 B_7（vitamin B_7）	生物素（biotion），维生素 H
	维生素 B_{11}（vitamin B_{11}）	叶酸（folic acid）
	维生素 B_{12}（vitamin B_{12}）	钴胺素（cobalamin），抗恶性贫血维生素
	维生素 C（vitamin C）	抗坏血酸（ascorbic acid）

对于维生素的命名，有的按英文字母，如维生素 B 等；有的按生理功能，如维生素 C 又称抗坏血病维生素；有的按它们的化学结构，如维生素 B_1 是个含硫的胺类物质，所以又称硫胺素。因此，对于维生素没有统一的命名法，通常沿用习惯名称。

第二节　水溶性维生素及辅酶

多数水溶性维生素通过转变为辅酶或辅基参与能量代谢和血细胞形成。当水溶性维生素缺乏时，机体的能量代谢和血细胞形成出现障碍，最容易受到损伤的是生长和分裂旺盛的细胞和组织。不同水溶性维生素缺乏，往往会出现交叉的症状，如皮炎（dermatitis）、舌炎（glossitis）、口角炎（cheilitis）、腹泻（diarrhea）等。由于神经组织的活动强烈依赖于持续的能量供应，因此，在很多情况下，神经系统的功能会受到影响，主要症状有外周神经炎（peripheral neuropathy）、忧郁（depression）、精神紊乱（metal confusion）和运动失调等。

水溶性维生紫（water-soluble vitamin）包括 B 族维生素及维生素 C。B 族维生素所包括的各种维生素在化学结构和生理生化功能上彼此无关，但分布及溶解性质则大致相同。B 族维生素的衍生物大多是辅酶或辅基（表 6－2），因此，这类维生素很重要。

表 6－2　维生素、辅酶形式及其相关酶

维生素	辅酶形式（衍生物）	酶（主要功能）
B_1（硫胺素）	焦磷酸硫胺素（TPP）	脱羧酶、转酮酶（α－酮酸脱羧）
B_2（核黄素）	黄素单核苷酸（FMN）	脱氢酶（催化氢脱落并转移）
	黄素腺嘌呤二核苷酸（FAD）	脱氢酶（催化氢脱落并转移）
PP（烟酸和烟酰胺）	烟酰胺腺嘌呤二核苷酸（NAD）	脱氢酶（催化氢脱落并转移）
	烟酰胺腺嘌呤二核苷酸磷酸（NADP）	脱氢酶（催化氢脱落并转移）
B_6（吡哆素）	磷酸吡哆醛、磷酸吡哆胺	转氨酶、氨基酸脱羧酶（氨基转移、脱羧）
泛酸（B_3）	辅酶 A（CoA_{SH}）	酰基转移作用
叶酸（B_{11}）	四氢叶羧（FH_4）及其衍生物	传递含一个碳原子的基团
生物素	生物胞素	羧化酶（催化 CO_2 加到底物上）
B_{12}（钴胺素）	CoB_{12}（脱氧腺苷钴素），甲基钴胺素	一碳代谢，氢原子 1，2 交换（重排），甲基化

一、硫胺素和脱羧辅酶

1. 化学结构

硫胺素（thiamine）即维生素 B_1，是由一个嘧啶环和一个噻唑环结合而成的化合物，分子中含有硫和氨基。其纯品通常以盐酸盐的形式存在。

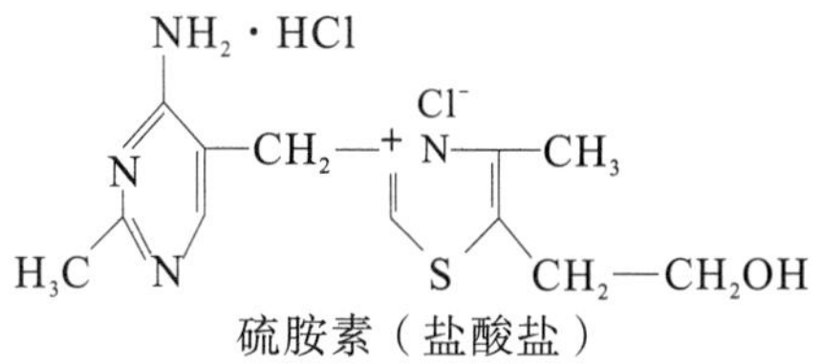

硫胺素（盐酸盐）

脱羧辅酶是硫胺素的衍生物，称为焦磷酸硫胺素（thiamine pyrophosphate，TPP），它是在硫胺素焦磷酸激酶（thiamine pyrophosphate kinase）的催化下由 ATP 提供焦磷酸，以酯键同硫胺素的伯醇基连接形成的。

2．来源及生理功能

硫胺素在植物中分布很广，谷类、豆类的种皮含量最高，米糠及酵母含量也特别丰富。在动物及酵母中，硫胺素主要以焦磷酸硫胺素的形式存在，在高等植物中则以游离硫胺素的形式存在。

硫胺素在细胞内以 TPP 形式存在，并作为 α－酮酸脱羧酶及转酮醇酶的辅酶而参与糖代谢。当肌体缺乏硫胺素时，糖代谢受阻，丙酮酸、乳酸在组织中积累，使血液和脑组织中丙酮酸的含量升高，从而影响心血管和神经组织的正常功能，表现出多发性神经炎、皮肤麻木、心力衰竭、心律加快、四肢无力、下肢水肿，这些症状临床上称为脚气病（beriberi），故硫胺素又称抗脚气病维生素。

此外，硫胺素能抑制胆碱酯酶的活性，减少乙酰胆碱的水解。乙酰胆碱有增加肠胃蠕动和腺体分泌的作用，有助于消化。当硫胺素缺乏时，消化液分泌减少，肠胃蠕动减弱，出现食欲不振，消化不良等症状。因此，临床上常用硫胺素或酵母片为辅助药物治疗神经炎、心肌炎、食欲不振、消化不良等疾病。

人体对硫胺素的需要量为正常成人每日 1.0 mg～1.5 mg。需要量常与糖类食物消耗量有关，糖消耗量大，对硫胺素的需要量也增大。高烧、甲状腺机能亢进，或大量输给葡萄糖的病人，都应适当补充硫胺素。

二、核黄素和黄素辅酶

1．化学结构

核黄素（riboflavin）即维生素 B_2，因其溶液呈黄色而得名。核黄素分子由核糖醇（ribitol）和 6，7－二甲基异咯嗪（dimethylisoalloxazine）两部分组成，其结构如下：

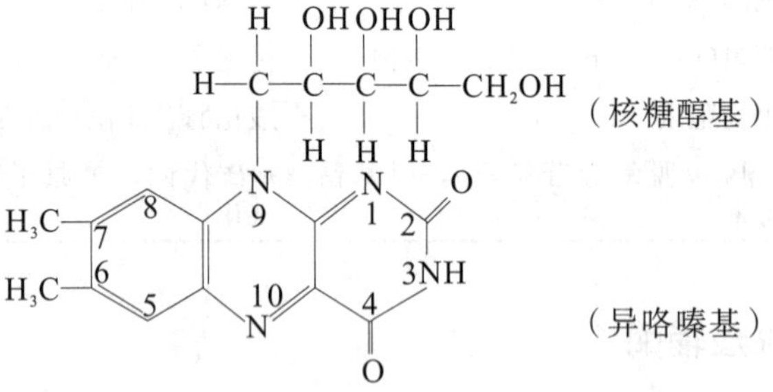

（核糖醇基）

（异咯嗪基）

核　黄　素

在机体内，核黄素主要以两种形式存在：黄素单核苷酸（flavin mononucleotide，FMN）和黄素腺嘌呤二核苷酸（fiavin adenine dinucleotide，FAD）。

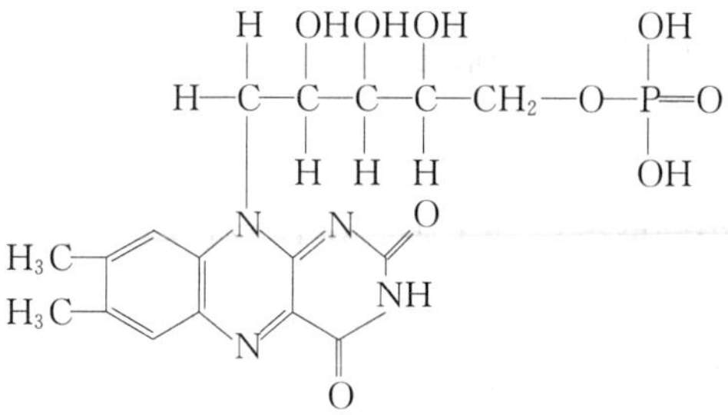

黄素单核苷酸（FMN）

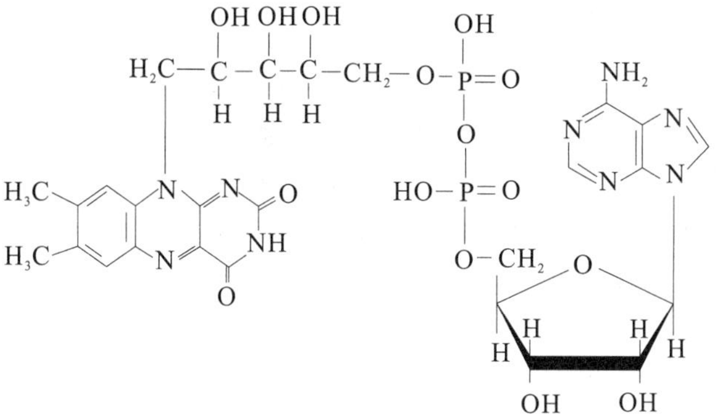

黄素腺嘌呤二核苷酸（FAD）

细胞内的 FMN 和 FAD 均来自核黄素。核黄素与 ATP 作用即转变为 FMN，FMN 再经 ATP 磷酸化即生成 FAD。

$$核黄素 + ATP \longrightarrow FMN + ADP$$

$$FMN + ATP \longrightarrow FAD + PPi（焦磷酸）$$

2. 来源及生理功能

核黄素分布于酵母、绿色植物、谷物、鸡蛋、乳类及肝脏等。植物和许多微生物能合成核黄素，动物不能合成核黄素，但在昆虫体内及哺乳动物肠道内寄生的微生物能合成核黄素而被动物吸收。

FMN 及 FAD 作为一类脱氢酶黄素酶（flavoenzyme）的辅基，通过氧化态与还原态的互变，促进底物脱氢或起递氢的作用。

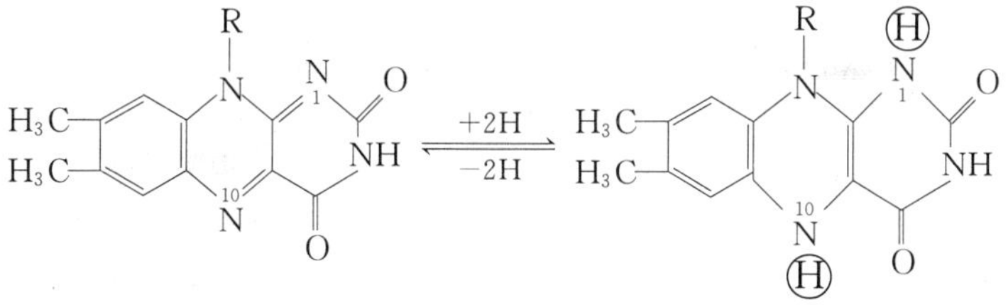

氧化态 $\underset{-2H}{\overset{+2H}{\rightleftharpoons}}$ 还原态

由于核黄素广泛参与体内多种氧化还原反应。能促进糖、脂肪和蛋白质代谢，维持眼内的正常视觉机能，成人每日需要量为 1.2 mg～1.5 mg。缺乏时组织呼吸减弱，代谢强度降低，主要症状为口腔发炎、舌炎、眼皮红肿、角膜发炎、皮炎等。临床上用于治疗结膜炎、角膜炎、角膜溃疡及口角炎等。

三、维生素PP和脱氢辅酶

1. 化学结构

维生素PP又称抗癞皮病维生素，包括尼克酸（又称菸酸，nicotinc acid）和尼克酰胺（又称菸酰胺，nicotinamide)。二者都是吡啶的衍生物，且都有生物活性，但在体内主要以酰胺形式存在。它们的结构式如下所示。

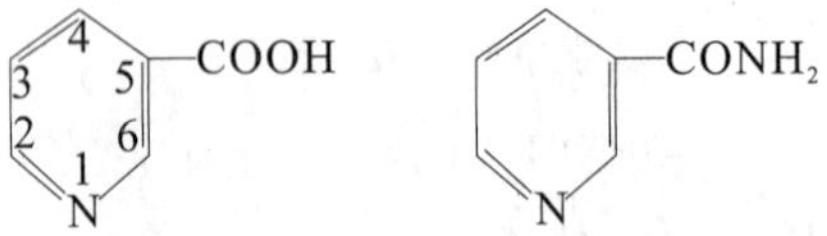

尼克酸　　尼克酰胺

尼克酰胺在体内主要转变成辅酶Ⅰ（Co Ⅰ）和辅酶Ⅱ（Co Ⅱ)。辅酶Ⅰ的化学名称是菸酰胺腺嘌呤二核苷酸（nicotinamide adenine dinucleotide，NAD)。辅酶Ⅱ的化学名称是菸酰胺腺嘌呤二核苷酸磷酸（nicotinamide adenine dinucleotide phosphate，NADP)，二者都是脱氢酶的辅酶，其结构式如下：

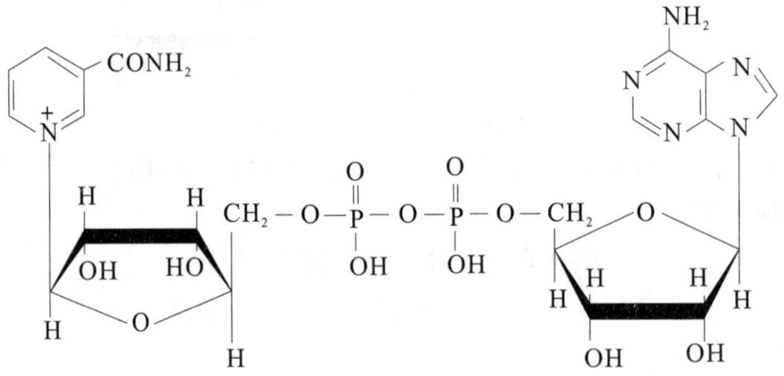

NAD^+(菸酰胺腺嘌呤二核苷酸)

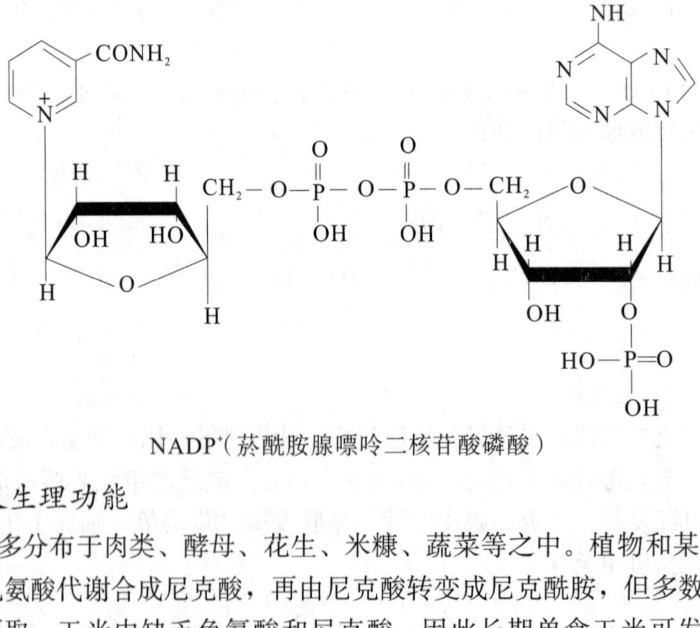

$NADP^+$(菸酰胺腺嘌呤二核苷酸磷酸)

2. 来源及生理功能

维生素PP多分布于肉类、酵母、花生、米糠、蔬菜等之中。植物和某些细菌以及少数动物可以通过色氨酸代谢合成尼克酸，再由尼克酸转变成尼克酰胺，但多数动物和一些微生物需要从外界摄取。玉米中缺乏色氨酸和尼克酸，因此长期单食玉米可发生维生素PP缺乏病。

维生素 PP 为无色晶体；性质稳定，不易受酸和热的破坏，对碱也很稳定；溶于水及酒精；在 260 nm 处有一吸收光谱；与溴化氰作用产生黄绿色化合物，此反应可用于定量测定。

NAD 及 NADP 都是脱氢酶的辅酶，它们在催化底物脱氢时通过氧化态与还原态的互变而传递氢。

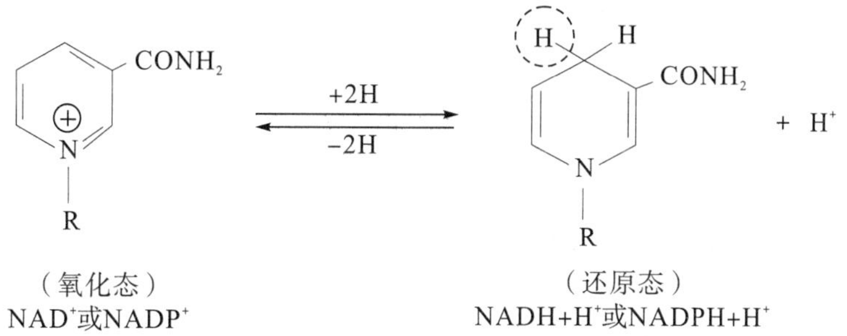

$$\text{(氧化态) } NAD^+ \text{或} NADP^+ \underset{-2H}{\overset{+2H}{\rightleftharpoons}} \text{(还原态) } NADH+H^+ \text{或} NADPH+H^+$$

（氧化态）
NAD^+或$NADP^+$

（还原态）
$NADH+H^+$或$NADPH+H^+$

除上述脱氢反应外，这类脱氢酶还参与氨基酸脱氨、β－羟酸氧化、β－酮酸脱羧、醛的氧化、双键的还原等反应。

维生素 PP 作为原原料合成 NAD 及 NADP，在生物氧化过程中起着重要的作用。此外，维生素 PP 能维持神经组织的健康，对中枢及交感神经系统有维护作用。因此，当肌体缺乏时表现出神经营养障碍，出现皮炎，称为癞皮病（pellagra）。但在一般情况下很少缺乏。抗结核药异烟肼（iproniazid）的结构与维生素 PP 很相似，二者有拮抗作用，长期服用可引起维生素 PP 缺乏。菸酸可作血管扩张药，并具有降低血浆胆固醇和脂肪的作用。

四、吡哆素和转氨辅酶

1. 化学结构

吡哆素（pyridoxine）即维生素 B_6，包括吡哆醇、吡哆醛和吡哆胺三种化合物，其结构如下：

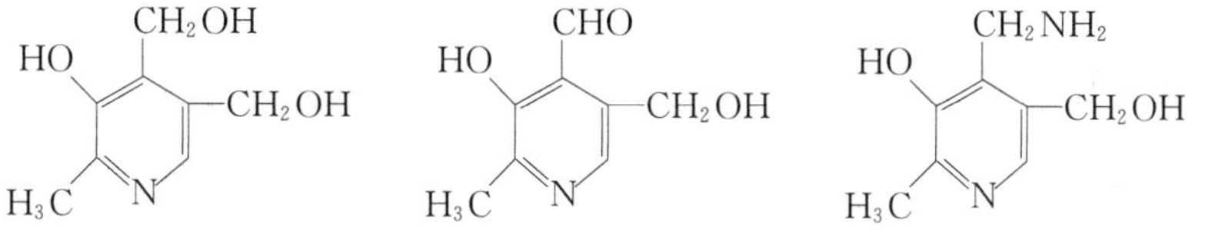

吡哆醇（Pyridoxol）　吡哆醛（Pyridoxal）　吡哆胺（Pyridoxamine）

维生素 B_6 的磷酸酯—磷酸吡哆醛和磷酸吡哆胺是转氨酶和氨基酸脱羧酶的辅酶。

2. 来源及生理功能

维生素 B_6 分布于肝、肾、肌肉、米糠、种子胚及酵母中。在植物组织中多以吡哆醛的形式存在，而在动物组织中以吡哆醛及吡哆胺两种形式存在。

维生素 B_6 在机体内是以辅酶的形式参与代谢，特别是氨基酸代谢，主要是参与氨基酸的转氨、脱羧、内消旋、β－和 γ－消除作用和羟醛反应等，此外，它还参与 5－羟色胺、去甲肾上腺素、鞘磷脂及血红素的合成。不饱和脂肪酸的代谢也需维生素 B_6。

人体很少发生缺乏症。异烟肼可与磷酸吡哆醛结合，使其失去辅酶的作用。所以在服用异烟肼时，应补充维生素 B_6。

五、泛酸和辅酶 A

1. 化学结构

泛酸又名遍多酸（pantothenic acid），因它在自然界分布很广而得名。泛酸是由一个有取代基的丁酸（α，γ－二羟基－β－二甲基丁酸）和一分子β－丙氨酸借酰胺键连接而成的。

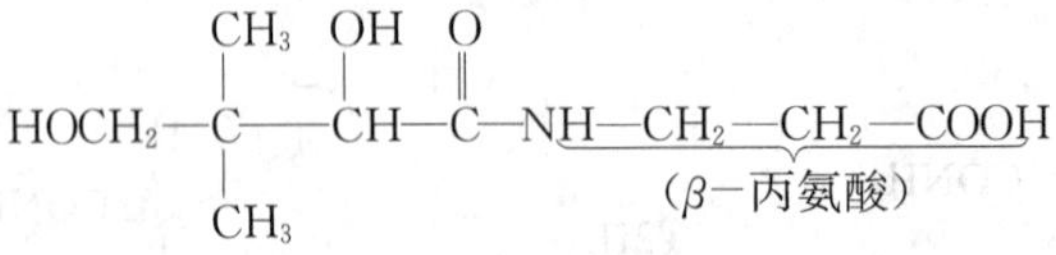

$$HOCH_2-C(CH_3)_2-CH(OH)-CO-\underbrace{NH-CH_2-CH_2-COOH}_{(\beta-丙氨酸)}$$

泛　酸

2. 来源及生理功能

泛酸广泛地分布于动植物组织中，尤其以肝脏、酵母等含量丰富。

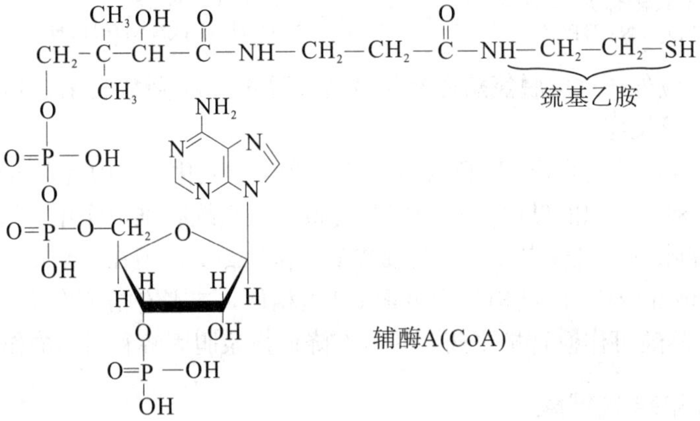

CH₂ 等结构式略：

$$CH_2-C(CH_3)_2-CH(OH)-CO-NH-CH_2-CH_2-CO-\underbrace{NH-CH_2-CH_2-SH}_{巯基乙胺}$$

辅酶A(CoA)

泛酸在体内主要以辅酶 A（Coenzyme A，CoA）及酰基载体蛋白（acyl carrier protein，ACP。见第十一章）的形式参加代谢。CoA 是一个很重要的辅酶，与糖、脂、蛋白质代谢均有密切关系。CoA 含有巯基（因此常可写成 CoA_{SH} 或 $_{HS}CoA$），可与酰基形成硫酯，在代谢中起转移酰基的作用。

六、叶酸和叶酸辅酶

1. 化学结构

叶酸（folic acid）又称蝶酰谷氨酸（pteroyl glutamic acid，PGA）。其结构由蝶啶（pteridine）、对氨基苯甲酸及 L－谷氨酸三个部分组成，谷氨酸含有 1～7 个。植物体中的叶酸含 7 个谷氨酸，肝中叶酸含 5 个谷氨酸（谷氨酸间以 γ－羧基与 α－氨基相连）。它们可被小肠黏膜上皮细胞分泌的蝶酸－L－谷氨酸羧基肽酶（pteroylglutamate carboxypeptidase）水解，生成蝶酰单谷氨酸。蝶酰单谷氨酸再在还原酶作用下生成四氢叶酸（tetrahydrogen folic acid，THFA）（代号为 FH_4 或 THFA）。

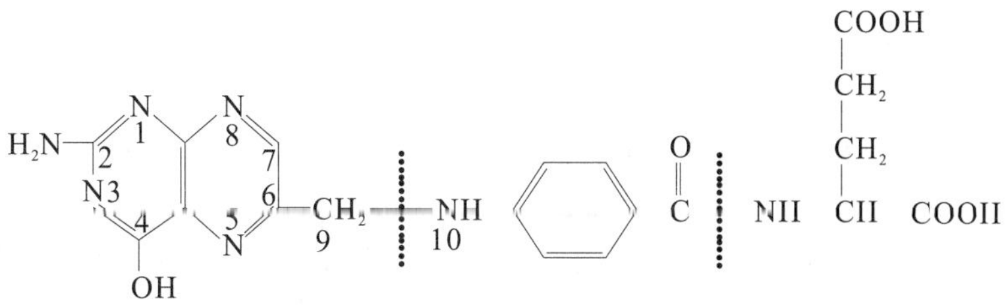

（蝶 啶） （对氨基苯甲酸） （谷氨酸）

叶 酸 (F)

2. 来源及生理功能

叶酸分布于植物叶、酵母及动物肝、肾中。

四氢叶酸在体内作为一碳基团转移酶系的辅酶，是一碳基团的传递体。一碳基团包括甲基、甲酰基、甲烯基等。这些一碳基团主要连接于四氢叶酸的 N^5 位和 N^{10} 位。结合的一碳基团及连接部位不同，名称也不同，见表 6－3。

表 6－3 一碳基团载体辅酶

叶酸辅酶	一碳基团
N^5—甲酰 FH_4（N^5—formyl FH_4）	—CHO
N^{10}—甲酰 FH_4（N^{10}—formyl FH_4）	—CHO
N^5—甲亚胺 FH_4（F^5—formimino FH_4）	—CH=NH
N^5—甲基 FH_4（N^5—methyl FH_4）	$—CH_3$
N^5，N^{10}—甲烯 FH_4（N^5，N^{10}—methylene FH_4）	$>CH_2$
N^5，N_{10}—甲川 FH_4（N^5，N^{10}—methenyl FH_4	≥CH)

叶酸辅酶作为一碳基团载体参与核苷酸、某些氨基酸等的合成代谢。人体缺乏时，DNA 合成受到抑制，骨髓幼红细胞 DNA 合成减少，细胞分裂速度减慢，细胞体积增大，造成巨幼红细胞贫血。叶酸缺乏造成贫血的另一原因是血红蛋白合成不正常。在甘氨酸合成中需四氢叶酸，而甘氨酸又是卟啉的前体，卟啉用于合成血红素。所以，叶酸缺乏血红素不能正常合成，造成贫血。

七、生物素和羧化辅酶

1. 化学结构

生物素（biotin）又名维生素 H，是一个含硫的环状物，可以看作是由噻吩环和咪唑环结合而成的，侧链上有一个戊酸（pentoic acid）。

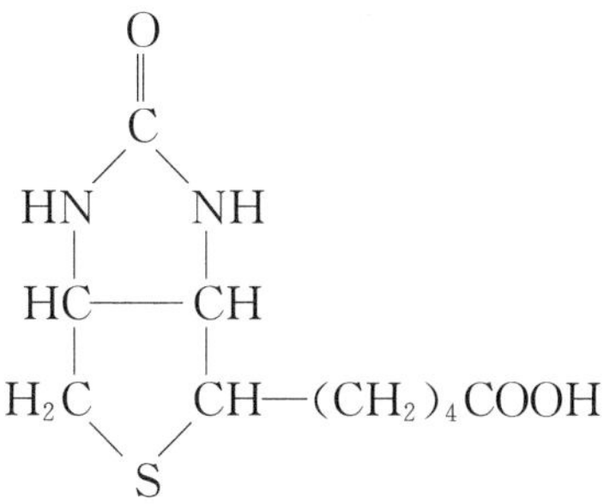

生物素（维生素 H）

2. 来源及生理功能

生物素在动植物界分布很广，如酵母、肝、肾、蛋黄、蔬菜、谷物中都有。许多生物都能自身合成生物素，有的动物如牛，羊也能合成，人体不能合成，但人肠道中的细菌能合成少量生物素。

生物素是羧化酶（carboxylase）的辅酶，在 CO_2 的固定反应中起重要作用。生物素分子侧链戊酸的羧基与酶蛋白分子中的 Lys ε－氨基通过酰胺键结合，形成生物素—酶复合物，称为生物胞素（biocytin），转移活化的羧基。动物缺乏生物素时有毛发脱落、皮肤发炎等症状。鸡蛋清中含有的抗生物素蛋白（avidin），若与生物素结合，生物素即不能发挥作用，因而吃过多的生鸡蛋，会造成缺乏症。生物素缺乏的主要症状是鳞状皮炎、精神忧郁、脱发和厌食等。

八、维生素 B_{12} 和辅酶 B_{12}

1. 化学结构

维生素 B_{12} 是一种含钴的化合物，所以又称为钴胺素（cobalamine）。它是维生素中结构最复杂的环系化合物，其结构式见下页。

维生素 B_{12} 主体结构由一个类似卟啉的咕啉（corrin）核和一个拟核苷酸（pseudonucleotide）两部分组成。咕啉核中心有一个钴原子，钴原子可以是一价、二价或三价。钴原子上有一个键可以连接不同的基团。上述结构中连接的是 CN 基，称为氰钴素（cyanocobalamine），此外，还可连接－OH、－CH_3 或 5′－脱氧腺苷，分别称为羟钴素、甲基钴素和 5′－脱氧腺苷钴素。维生素 B_{12} 主要转变成两种辅酶：5′－脱氧腺苷钴素和甲基钴素。前者在代谢中更为重要，它是钴与腺苷的 5′位连接，称为 5′－脱氧腺苷钴素或辅酶 B_{12}（coenzyme B_{12}），辅酶 B_{12} 在代谢中有很重要的作用。

2. 来源及生理功能

维生素 B_{12} 主要存在于肝脏、酵母中，其次肉、蛋、乳、肾等也含有。维生素 B_{12} 只能由某些细菌和古细菌合成，少见于植物。动物肠道细菌也可合成维生素 B_{12}。

维生素 B_{12} 的吸收与胃黏膜分泌的一种糖蛋白密切相关，这种糖蛋白称为内在因子（intrinsic factor）。维 B_{12} 必须与内在因子结合后才能被小肠吸收。在吸收以后，维 B_{12} 需要与一种被称为转钴胺素Ⅱ（transcobalamin）的血浆蛋白结合以运输到特定的组织。某些疾病如萎缩性胃炎、胃全切除患者或先天性缺乏内在因子，均可因维生素 B_{12} 的吸收障碍而致维 B_{12} 的缺乏。对这类患者只有采取注射的方式补充维生素 B_{12} 才有效。

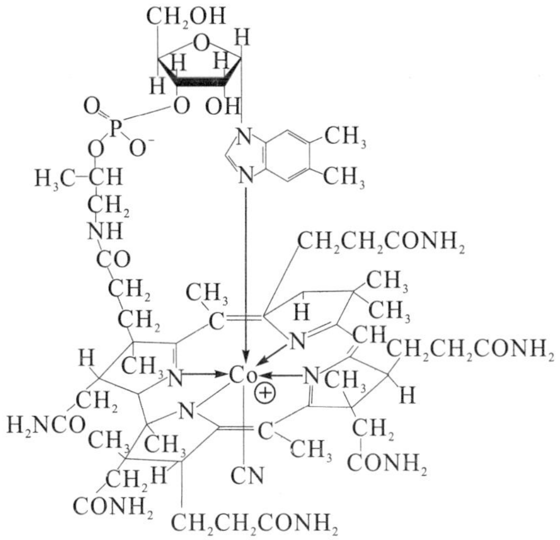

维生素B_{12} 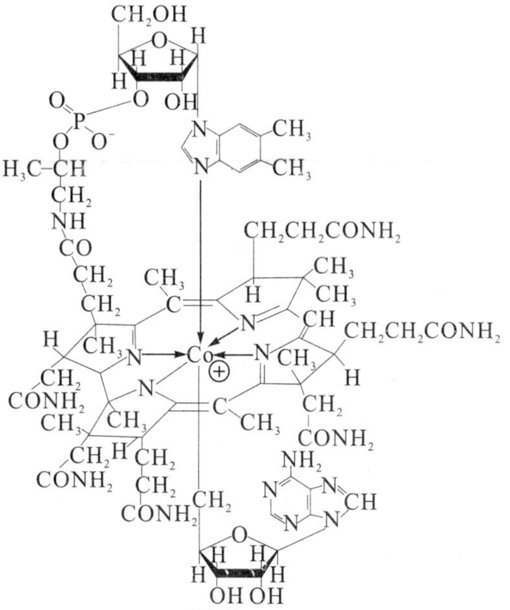　　　　辅酶B_{12}

维生素 B_{12} 及其类似物对维持动物正常生长和营养、上皮组织细胞的正常新生以及红细胞的新生和成熟都有很重要的作用。它以辅酶的形式参与体内一碳基团代谢，是生物合成核酸和蛋白质所必需的因素。

甲基钴素（$CH_3 \cdot B_{12}$）参与体内甲基移换反应和叶酸代谢，是 N^5－甲基四氢叶酸甲基移换酶的辅酶。此酶催化 $N^5-CH_3 \cdot FH_4$ 和同型半胱氨酸（homocysteine）之间的甲基移换反应，产生四氢叶酸和蛋氨酸（见第十二章）。

5′－脱氧腺苷钴素是甲基丙二酸单酰辅酶 A 变位酶的辅酶，此酶催化甲基丙二酸单酰辅酶 A 转变成琥珀酰辅酶 A。这个反应是联系脂代谢的反应之一（见第十一章）。

维生素 B_{12} 与叶酸的作用有时是互相关联的，当体内缺乏 B_{12} 时，由于核酸合成和蛋白质合成障碍，表现为巨幼红细胞贫血（megaloblastic anemia）。这是因为 B_{12} 缺乏时，$N^5-CH_3 \cdot FH_4$ 上的甲基不能转移，这样不仅不利于蛋氨酸合成，而且也影响四氢叶酸的再生，从而导致核酸合成障碍，影响细胞分裂，造成恶性贫血（见第十二章）。

九、维生素 C

1. 化学结构

维生素 C 可预防坏血病，故又称抗坏血酸（ascorbic acid）。维生素 C 是一种酸性的己糖衍生物，是烯醇式己糖酸内酯。立体结构与糖类相似，有 D 型和 L 型两种异构体，但只有 L 型有生理功效，可发生氧化与还原互变。氧化型和还原型都有生物活性，但氧化型的活性仅为还原型的 1/15。

分子中第二、二两位碳上烯醇羟基上的氢容易成 H^+ 而释出，故抗坏血酸虽然不含自由羧基，仍具有有机酸的性质。

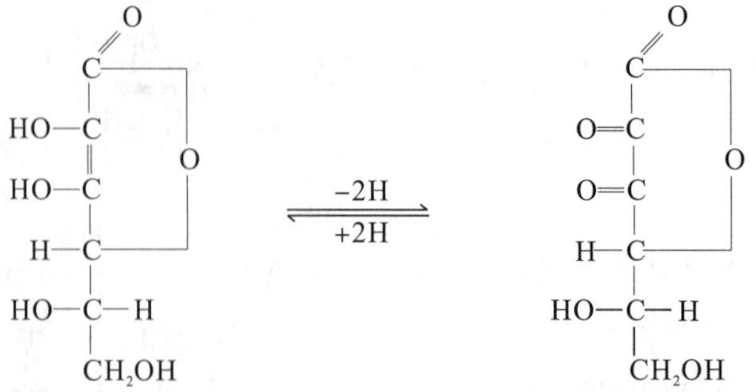

抗坏血酸(还原型) $\underset{+2H}{\overset{-2H}{\rightleftharpoons}}$ 脱氢抗坏血酸(氧化型)

2. 来源及生理功能

许多动物能够利用葡萄糖合成维生素 C，但人类、灵长类、某些鸟类、鱼类、豚鼠和无脊椎动物不能合成维生素 C。维生素 C 主要来自植物。

新鲜水果及蔬菜含有丰富的维生素 C，尤其是橙子、桔子、番茄、辣椒以及猕猴桃、鲜枣和松针等含量最丰富。植物中含有抗坏血酸氧化酶（ascorbic acid oxidase），可将维生素 C 氧化为二酮古洛糖酸而失去活性，所以储存久的水果、蔬菜中维生素 C 的含量大量减少。

维生素 C 有广泛的生理作用，除了防治坏血病外，还用于防感冒、消炎、预防动脉硬化到抗癌。这主要通过它的抗氧化作用和参与羟化反应来实现。

（1）抗氧化作用

维生素 C 参与体内某些氧化还原反应，是一些氧化还原酶的辅酶，作为一种抗氧化剂，它能保护一些酶中的－SH 基，使之不被氧化，可使氧化型谷胱甘肽还原为还原型谷胱甘肽，使－SH 基得以再生，从而保证谷胱甘肽的功能。

维生素 C 的抗氧化作用还可防止铁的氧化，促进铁的吸收。Fe^{2+} 比 Fe^{3+} 更容易吸收，维 C 促进 Fe^{3+} 还原为 Fe^{2+}，因此有利于铁的吸收。此外，维 C 使 Fe^{3+} 还原为 Fe^{2+}，有利于血红素的合成和使高铁血红蛋白还原，恢复它的携氧功能。

（2）参与羟化反应

维生素 C 参与体内一些羟化反应，而羟化反应是许多物质合成、转化、分解所必需的反应。例如，胶原的生成、类固醇及其衍生物的合成及转化、芳香族氨基酸的羟基化、有机药物或毒物的生物转化等。

维生素 C 在体内能促进胶原蛋白和粘多糖的合成，增加微血管的致密性，降低其通透性及脆性，增加机体抵抗能力。缺乏时，引起造血机能障碍、贫血、微血管壁通透性增加、脆性增强和血管易破裂出血，严重时，肌肉、内脏出血导致死亡。这些症状在临床上通常称为坏血病（scurvy）。

胆酸的合成需要胆固醇羟化，缺乏维生素 C 时造成这种羟化反应受阻，胆固醇不能转化为胆酸排出，因而造成肝中胆固醇堆积，血中胆固醇浓度增高。

许多药物和毒物需经羟化后发挥作用或解除毒性，缺乏维生素 C 时，这种羟化反应受阻，药物不能发挥有效作用，毒物的毒性不能很好排出。

第三节　脂溶性维生素

维生素 A、D、E、K 均溶于脂类溶剂而不溶于水，故称为脂溶性维生素（lipid-soluble vitamin）。这类维生素在食物中通常和脂肪共存，这些维生素的吸收，需要脂肪和胆汁酸。

一、维生素 A

1. 化学结构

维生素 A 的化学本质是不饱和一元醇类，分为 A_1 和 A_2 两种。其分子组成为 β－白芷酮（β－ionone）、两个异戊二烯单位和一个伯醇基。维生素 A_1 又称视黄醇（retinol），A_2 又称脱氢视黄醇（dehydroretinol），即 A_1 的 C_3 位和 C_4 位各脱 1 个氢，成为双键。

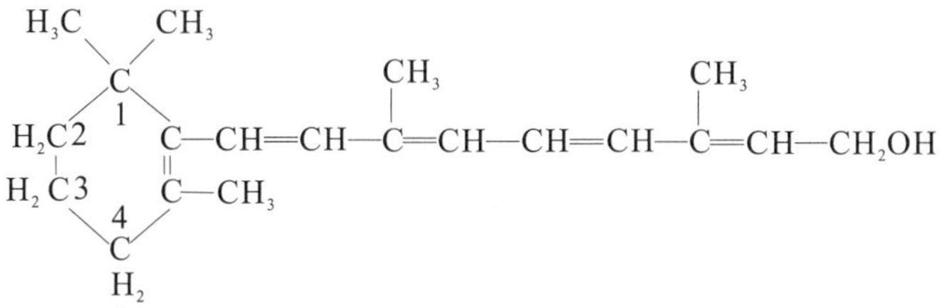

（β－白芷酮）　维生素 A_1（视黄醇）

可简写为：

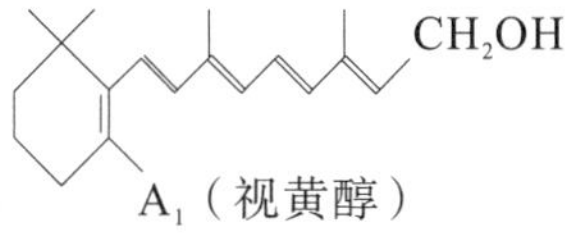

A_1（视黄醇） 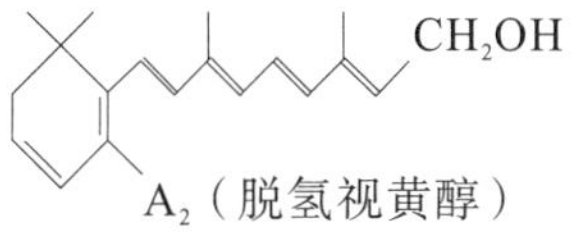　　A_2（脱氢视黄醇）

二者的生理功能相同，但其生理活性 A_2 只有 A_1 的 40%。

2. 来源及生理功能

维生素 A 存在于动物性食物中，A_1 和 A_2 的来源不同，A_1 存在于哺乳动物及咸水鱼的肝脏中，A_2 存在于淡水鱼肝脏中。植物组织中尚未发现维生素 A，但植物中存在的一些色素具有类似于维生素 A 的结构，它们进入动物体后，受肠壁中的加氧酶的作用而转变成维生素 A_1，因此，把它们称为维生素 A 原（provitamin A）。维生素 A 原包括 α、β、γ－胡萝卜素（carotene）和玉米黄素（zeaxanthin）。其中最重要的是 β－胡萝卜素，它在动物体内受肠壁分泌的胡萝卜素加氧酶的作用，将 β－胡萝卜素裂解转变成维生素 A_1。

α、γ－胡萝卜素和玉米黄素与 β－胡萝卜素的差异仅在第Ⅱ环略有不同，其余部分（以 R 代表）相同。

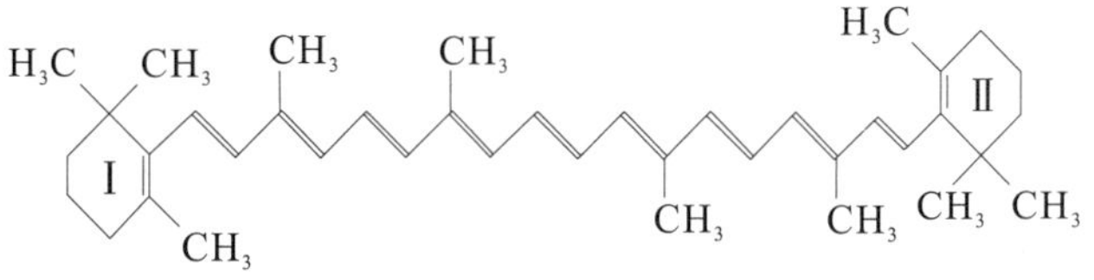

（β－白芷酮环）　　（β－白芷酮环）

β－胡萝卜素

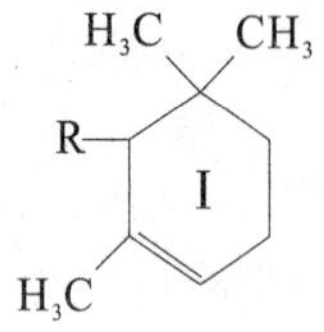

α-胡萝卜素

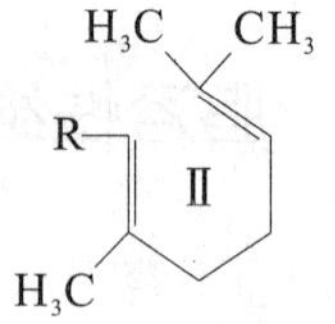

γ-胡萝卜素

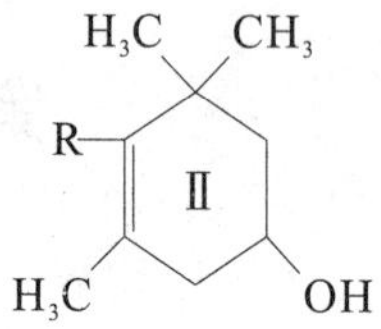

玉米黄素

胡萝卜素在胡萝卜、菠菜、番茄、辣椒等植物中含量较丰富，人体和动物利用维生素 A 原的能力不相等。人体能将 α、β、γ 胡萝卜素转化为维生素 A，但两者的转化效率不同，β-胡萝卜素转化率最高，α-胡萝卜素的转化率次之，γ-胡萝卜素的转化率最低。各种动物对维生素 A 原的利用能力不同，鱼、鼠的利用能力较高，鸡、兔、猪、豚鼠次之，而猫完全不能利用。

维生素 A 的主要功能是维持上皮组织的健康和正常视觉。

(1) 维生素 A 与正常视觉的关系

眼球的视网膜上有两类感觉细胞，即圆锥细胞和圆柱细胞（或称杆细胞）。圆锥细胞在强光下接受不同波长可见光的刺激，能够感觉到颜色，而杆细胞只是负责微弱光线下的暗视觉。维生素 A 与暗视觉直接有关。两种细胞的视觉都与一类感光物质视色素（visual pigment）相关，圆锥细胞所含的能感受强光和色觉的是视紫蓝质（visual violet，或 porphyropsin），杆细胞中所含的感受弱光的是视紫红质（visual purple 或 rhodopsin）。这两类视色素都是由视蛋白（opsin）和视黄醛（retinal）结合成的色素蛋白。杆细胞中所含的视紫红质在光中分解，在暗中再合成。视紫红质在光下分解成反视黄醛和视蛋白，反视黄醛在暗条件下转化成顺视黄醛，并和视蛋白结合重新形成视紫红质，从而出现暗视觉。视黄醛的产生和补充都需要维生素 A 为原料（维生素 A 氧化脱氢即产生视黄醛）（图 6-1）。

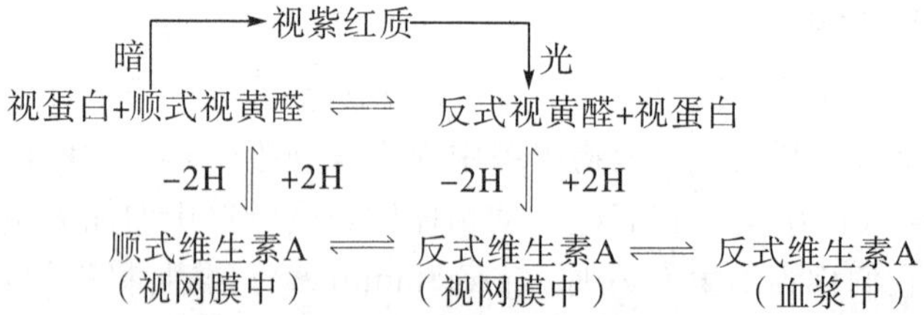

图 6-1　维生素 A 与视紫红质的相互转化

若维生素 A 供应不足，导致视紫红质恢复缓慢，因而造成暗视觉障碍，即夜盲症（night blindness）。

两种视黄醛结构如下所示。

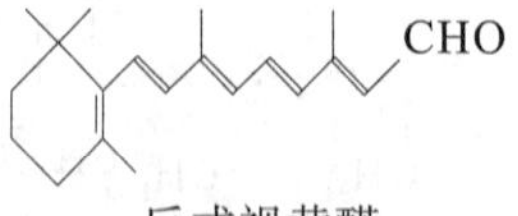

反式视黄醛

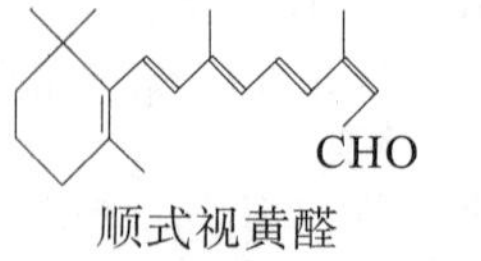

顺式视黄醛

(2) 维持上皮组织结构的完整与健全

维生素 A 是维持一切上皮组织健全所必需的物质，缺乏时上皮干燥、增生及角质化。其中以眼、呼吸道、消化道、泌尿道及生殖系统等的上皮组织受影响最为显著。在眼部，由于泪腺上皮角质化，泪液分泌受阻，以致角膜干燥而产生干眼病（xerophthalmia），所以维生素 A 又称为抗干眼病维生素。皮脂腺及汗腺角质化后，皮肤干燥，毛囊周围角质化过度，使毛发脱落。上皮组织的不健全会导致机体抵抗微生物侵袭的能力降低，容易感染疾病，补充维生素 A，可促进上皮细胞的再生。

此外，维生素 A 还与粘多糖和糖蛋白合成有关，这些粘多糖和糖蛋白大多参与调节细胞的生长发育，因而能促进机体的生长与发育。

二、维生素 D

1. 化学结构

维生素 D 是固醇类化合物，即环戊烷多氢菲的衍生物。现已知的维生素 D 主要有 D_2、D_3、D_4 和 D_5，它们在结构上很相似，具有相同的核心结构，其区别仅在侧链上。过去认为的 D_1，实际上是 D_2 与感光固醇的混合物。

在 4 种维生素 D 中，以 D_2 和 D_3 的活性较高。维生素 D_2 又称为钙化醇（calciferol），维生素 D_3 又称为胆钙化醇（cholecalciferol）。几种维生素 D 都是由相应的维生素 D 原经紫外线照射转变而来的。其转变关系如下：

麦角固醇 ⟶ 维生素 D_2

7－脱氢胆固醇 ⟶ 维生素 D_3

22－双氢麦角固醇 ⟶ 维生素 D_4

7－脱氢谷固醇 ⟶ 维生素 D_5

维生素 D_2 R：$-CH(CH_3)-CH=CH-CH(CH_3)-CH(CH_3)_2$

维生素 D_3 R：$-CH(CH_3)-CH_2-CH_2-CH_2-CH(CH_3)_2$

维生素 D_4 R：$-CH(CH_3)-CH_2-CH_2-CH(CH_3)-CH(CH_3)_2$

维生素 D_5 R：$-CH(CH_3)-CH_2-CH_2-CH(CH_2CH_3)-CH(CH_3)_2$

维生素D的结构通式（R为侧链基团）

在体内，无论维生素 D_2 或 D_3，其本身并不具有生物活性，它们必须进行一定的代谢变化后才能生成具有活性的化合物，称为活性维生素 D。这种代谢变化主要是在肝脏及肾脏中进行羟化反应，生成 1,25－二羟维生素 D。1,25－二羟维生素 D_3〔1,25－$(OH)_2$·D_3〕是迄今已知的维生素 D 衍生物中活性最强的一种，其转变过程如下。

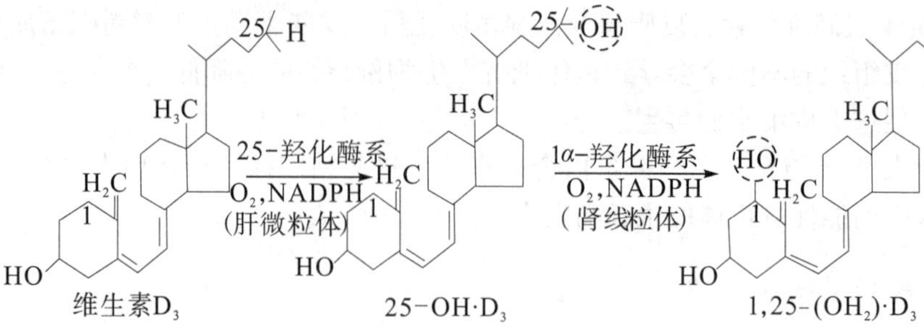

维生素D_3 $\xrightarrow[\text{O}_2,\text{NADPH}(\text{肝微粒体})]{25-\text{羟化酶系}}$ 25-OH·D_3 $\xrightarrow[\text{O}_2,\text{NADPH}(\text{肾线粒体})]{1\alpha-\text{羟化酶系}}$ 1,25-(OH_2)·D_3

2. 来源及生理功能

维生素D都由维生素D原转变来，维生素D原在植物和动物中均存在。例如，D_2 原麦角固醇存在于植物中，D_3 原7－脱氢胆固醇存在于人和动物的皮下组织和血液等。维生素D在动物的肝、肾、脑、皮肤以及蛋黄、牛奶中含量较高，鱼肝油含量最丰富。维生素D常与维生素A共存。

维生素D在体内主要以1,25－$(OH)_2$·D_3 的形式发挥作用。1,25－$(OH)_2$·D_3 在体内的主要功能是促进肠壁对钙和磷的吸收，以及促进肾小管对钙磷的重吸收，调节钙磷代谢，有助于骨骼钙化和牙齿形成。

肠粘膜细胞具有钙结合蛋白，它能将钙转运入细胞。钙结合蛋白的合成受1,25－$(OH)_2$·D_3 的控制，1,25－$(OH)_2$·D_3 能刺激钙结合蛋白的合成，促进钙的吸收。小孩缺乏维生素D时，钙和磷吸收不足，骨骼钙化不全，骨骼变软，软骨层增加、胀大，结果两腿因受身体重力的影响而形成弯曲或畸形，这种疾病称为佝偻病或软骨病（rickets或rachitis）。所以，维生素D又称为抗佝偻病维生素。

若维生素D吸收过多，可出现表皮脱屑，内脏有钙盐沉淀，还可使肾功能受损。

三、维生素E

1. 化学结构

维生素E又称生育酚（tocopherol）。现在发现的生育酚有6种，其中α、β、γ、δ这4种有生理活性。生育酚的化学结构都是苯骈二氢吡喃的衍生物，侧链相同，只是苯环上甲基的数量及位置不同。

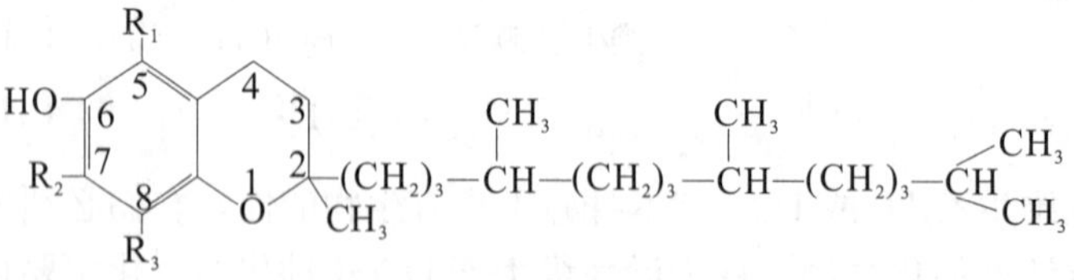

不同的生育酚，其R_1、R_2 和 R_3 基团不同（见表6－4）。

表6－4　各种生育酚的基团差异

种　类	R_1	R_2	R_3
α－生育酚	$—CH_3$	$—CH_3$	$—CH_3$
β－生育酚	$—CH_3$	—H	$—CH_3$
γ－生育酚	—H	$—CH_3$	$—CH_3$

续表

种　类	R_1	R_2	R_3
δ-生育酚	—H	—H	$—CH_3$
ζ-生育酚	$—CH_3$	$—CH_3$	—H
η-生育酚	—H	$—CH_3$	—H

2. 来源及生理功能

维生素 E 存在于植物油中（如棉子油、米、麦胚油、花生油），豆类及莴苣叶等蔬菜中也含有，动物组织中的维生素 E 都来自食物。

维生素 E 能抗动物不育症。实验动物缺乏维生素 E 会因生殖器官受损而不育，雄性睾丸萎缩，不能产生精子，雌性动物则因胚胎及胎盘萎缩而引起流产。人类虽尚未发现因缺乏维生素 E 所引起的不育症，但临床上常用维生素 E 治疗先兆流产和习惯性流产。

维生素 E 是体内重要的抗氧化剂，能避免脂质过氧化物的产生，保护生物膜的结构与功能。临床上用于治疗营养性巨红细胞贫血，就是由于保护了红细胞膜中的不饱和脂肪酸不被氧化破坏，从而防止了红细胞因破裂而引起的溶血。此外，维生素 E 还促进血红素的生成，所以新生儿缺乏时可引起贫血。

四、维生素 K

1. 化学结构

维生素 K 有 3 种，即 K_1、K_2 和 K_3。K_1 和 K_2 是天然存在的维生素 K，K_3 是人工合成的产物。它们都是 2-甲基萘醌的衍生物，K_3 无侧链，K_1 和 K_2 只是侧链基团不同，其结构如下：

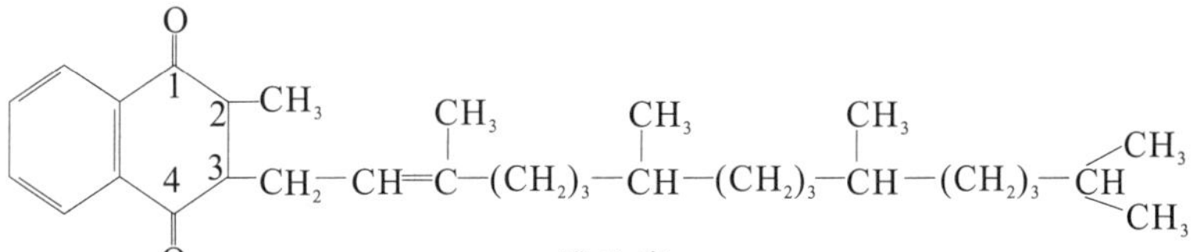

O
1　2 —CH_3
4　3 —CH_2—CH═C(CH_3)—$(CH_2)_3$—CH(CH_3)—$(CH_2)_3$—CH(CH_3)—$(CH_2)_3$—CH(CH_3)—CH_3
O

维生素K_1

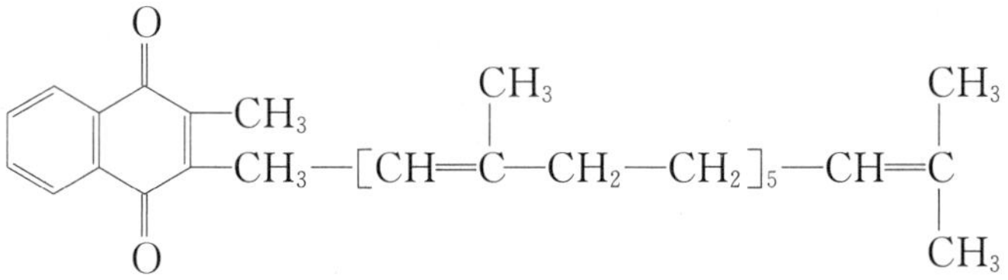

—CH_3
—CH_3—[CH═C(CH_3)—CH_2—CH_2]$_5$—CH═C(CH_3)—CH_3

维生素 K_2

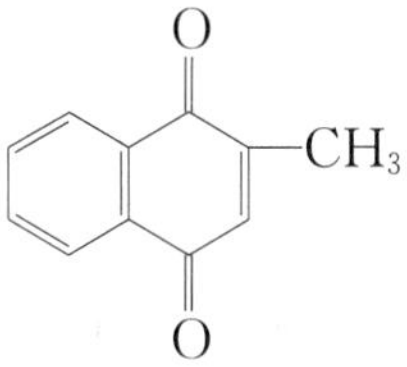

O，O，—CH_3

维生素 K_3

O，O，SO_3Na，CH_3

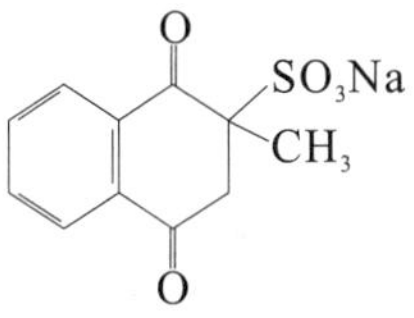

亚硫酸钠甲基萘醌

$OCOCH_3$，CH_3，$OCOCH_3$

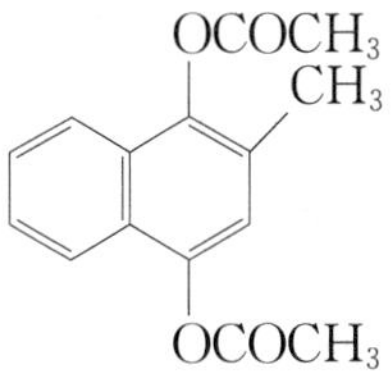

二乙酰甲基萘醌

此外，K_3 的一些衍生物也具有维生素 K 的生物活性，如亚硫酸钠甲基萘醌和二乙酰甲基萘醌。

2. 来源及生理功能

维生素 K_1 在绿叶植物（如苜蓿、蔬菜等）及动物肝中含量丰富，K_2 则是细菌代谢的产物，人体肠道细菌能够合成。K_2 在鱼肉中含量也较丰富。

维生素 K 在体内主要作为依赖于维生素 K 的羧化酶的辅酶，参与某些蛋白质的后加工，使这些蛋白质的特定 Glu γ-羧基被修饰而活化，这些蛋白质包括凝血因子（dotting factor）Ⅱ、Ⅶ、Ⅸ、Ⅹ和骨钙蛋白（osteocalin）。因此，维生素 K 参与凝血和骨的形成。

维生素 K 之所以能促进血液凝固，其作用就是维持上述各种凝血因子的正常水平，促进肝脏合成凝血酶原（prothrombin）。如果缺乏维生素 K，血液中凝血酶原含量降低，凝血时间延长，因而导致皮下、肌肉及肠道出血，或者因为受伤后血流不凝或难凝，因此维生素 K 又称为凝血维生素或抗出血维生素。

一般说来，人体不会缺乏维生素 K，成人每日需要量为 60 μg～80 μg。绿色植物中含量丰富，而且人和哺乳动物肠道中的某些细菌可以合成维生素 K，供给寄主，只有当长期服用抗菌素或磺胺药物使肠道细菌生长被抑制或脂肪吸收受阻，或者食物中缺乏绿色蔬菜时，才会发生维生素 K 的缺乏症，新生婴儿因为肠道中还缺乏细菌，可能出现暂时性缺乏症。

第四节　卟啉及金属辅基

酶的辅因子，除了维生素及其衍生物外，重要的还有卟啉衍生物和金属离子。

一、铁卟啉辅基

卟啉类化合物的基本骨架结构是卟吩（porphine），它由 4 个吡咯（pyrrole）构成，吡咯间由甲川（methenyl）（—CH=）所构成的桥基（bridging group）连接成一个大环体系。卟吩的衍生物称为卟啉（porphyrin），即卟吩分子上被一些侧链基团取代。4 个吡咯氮原子对位的两个碳原子依次编号为 1～8 号，若 1、3、5、8 位连甲基（$—CH_3$），2、4 位连接乙烯基（$-CH=CH_2$），6、7 位连丙酸基（$-CH_2CH_2COOH$）的卟啉，则称为原卟啉（protoporphyrm）（图 3-27，血红素结构）。

金属与卟啉形成的配位化合物，称为金属卟啉（metalloporphyrm）。金属卟啉是许多酶的辅基。也是一些色蛋白（chromoprotein）的辅基。原卟啉的铁配位化合物称为铁卟啉（iron-porphyrin），即血红素，为红色。它是血红蛋白的辅基、细胞色素等多种酶的辅基，体内的铁约有 75%处于铁卟啉中。卟啉的镁配位化合物为叶绿素，为绿色。这些卟啉衍生物，也可以把卟啉看成金属的螯合物（chelate）。金属螯合物除卟啉外，生物体内还有维生素 B_2 的异咯嗪（isoalloxazine）和维生素 B_{12} 的咕啉（corrin），这些金属螯合物都起着重要的辅酶作用。

二、金属辅基

金属离子是最多见的酶的辅因子，约有 2/3 的酶需要金属离子。有的金属离子是酶结构的组成部分，这种酶称为**金属酶**（metalloenzyme）；有的金属离子虽然不是酶的结构组分，但只有加入金属离子后才有活性或使活性提高，这类酶称为**金属激活酶**（metal activated enzyme)。所以，金属酶类和被金属激活的酶类是两个不同的概念，但有时很难将二者明确划分。一般金属酶中的金属离子在酶的分离纯化中不与酶蛋白分离，结合较为牢固；而被金属激活的酶，在纯化过程中往往失去金属离子。可见这两类酶中金属离子与酶蛋白结合的紧密程度不一样，二者的亲和力不同。

金属酶中的金属离子大多处于元素周期表中第一过渡系后半部的微量元素，如锰、铁、钴、铜、锌、铬等，此外还有钼（人体内所谓微量元素除以上 7 种外，还加上碘、硒、氟，共 10 种）。这些金属离子容易形成稳定的配合物（coordination compound）。不同的金属酶所需要的金属不同，同一类酶所需金属种类也可以相同。表 6－5 列出了一些重要的金属酶及所需的金属。

表 6－5　一些有代表性的金属酶

金　属	酶	主要功能
铁（非血红素）	铁氧还蛋白（ferredoxin） 铁硫蛋白（iron-sulfur protein） 琥珀酸脱氢酶（succinate dehydrogenase）	参与光合作及固氮作用 在呼吸作用中传递电子 糖类有氧氧化
铁（血红素中）	醛氧化酶（aldehyde oxidase） 细胞色素（cytochrome） 过氧化氢酶（catalase） 过氧化物酶（peroxidase）	醛类的氧化 呼吸作用中传递电子 过氧化氢分解 过氧化氢分解
铜	血浆铜蓝蛋白（ceruloplasmin） 细胞色素氧化酶（cytochrome oxidase） 单胺氧化酶（monoamine oxidase） 超氧化物歧化酶（superoxide dismutase） 酪氨酸酶（tyrosinase） 质蓝素（plastocyanin）	氧载体，铁的利用 呼吸作用中传递电子 氧化一元胺 处理超氧离子自由基（另含锌或锰） 黑色素形成 光合作用中转移电子
锌	碳酸酐酶（carbonic anhydrase） 羧基肽酶（carboxypeptidase） 醇脱氢酶（alchol dehydrogenase） 碱性磷酸酶（alkaline phophatase） 谷氨酸脱氢酶（glutamic dehydrogenase） 中性蛋白酶（neutral protease） DNA（RNA）聚合酶〔DNA（RNA） polymerase〕	碳酸分解与合成 水解蛋白质 C 末端 醇代谢 磷酸酯水解 谷氨酸氧化脱氨 水解蛋白质 DNA 或 RNA 合成
钴	核苷酸还原酶（nucleotide reductase） 谷氨酸变位酶（glutamate mutase）	脱氧核苷酸合成 谷氨酸代谢
锰	精氨酸酶（arginase） 丙酮酸脱羧酶（pyruvate decarboxylase） RNA 聚合酶（RNA polymerase）	尿素生成 丙酮酸分解 RNA 合成
钼	黄嘌呤氧化酶（xanthine oxidase） 硝酸盐还原酶（nitrate reductase）	嘌呤分解（另含铁） 硝酸盐的利用

本章学习要点

酶的辅酶包括维生素及其衍生物、卟啉衍生物和金属离子。

维生素是动物和人体不能合成，但代谢所必需的活性物质，分为脂溶性和水溶性两大类。水溶性维生素包括B族和维生素C，如果缺乏某种维生素会产生某种疾病，所以，维生素也是不可缺少的营养要素。

1. B族维生素是多种酶的辅酶。B_1 的衍生物TPP是 α－酮酸脱羧酶及转酮醇酶的辅酶；B_2 的衍生物FMN和FAD及PP的衍生物NAD和NADP是脱氢酶的辅酶；B_6 的衍生物磷酸吡哆醛和磷酸吡哆胺是转氨酶和氨基酸脱羧酶的辅酶；泛酸是辅酶A和酰基载体蛋白的成分，是酰基转移酶的辅酶；生物素是羧化酶的辅酶；叶酸的还原产物四氢叶酸是一碳基团载体，参与核酸及蛋白质的生物合成；B_{12} 的衍生物是多种酶的辅酶，参与脂肪代谢，参与蛋白质和核酸代谢。

2. 脂溶性维生素各自具有一些特异生理效应。维生素A与维持暗视觉和上皮细胞健康有关；维生素D与钙磷代谢有关，促进骨骼与软骨的生长发育；维生素E具有抗氧化作用，促进血红素代谢，并维持动物生殖器官发育正常；维生素K与凝血关系，维持多种凝血因子的正常水平。

3. 金属酶和金属激活酶都需要金属离子。有的是游离的金属离子与酶结合而起作用(作为激活剂)，有的是通过与卟啉或咕啉以配位结合，作为酶的辅酶起作用。其中铁卟啉更为常见。

Chapter 6 VITAMNS AND COENZYMES

Coenzymes include vitamins and its derivatives, derivatives of porphyrin and metal ions.

Vitamins can't be compounded by animal and people, but they are necessary active substance for metabolism. Vitamins can bc classified into fat-soluble and water-solubie vitamins. Water-soluble vitamins include B groups and vitamin C. Lacking a kind of vitamin can lead to some diseases. Vitamins are a kind of necessary nutrient.

1. B group vitamins are coenzymes of many enzymes. TPP (derivative of VB_1) is coenzyme of α－keto acid decarboxylase and transketolase; FMN and FAD (derivative of VB_2) and NAD and NADP (derivative of Vpp) are coenzymes of dehydrogenase; Pyridoxal phosphate and pyridoxamins phosphate (derivative of VD_6) are coenzymes of transaminase and amino acid decarboxylase; Pantothenic acid is compound of coenzyme A and acyl carrier protein. It is coenzyme of aeyltransferase too; Biotin is coenzyme of carboxylase; Tetrahydrogen folic acid which is reduced by folic acid is carrier of single carbon group; It take pant in nucleic acid and protein synthesis. Derivatives of VB_{12} are coenzymes of many enzymes. They take part in the metabolism of fat, protein and nucleic acid.

2. Fat-soluble vitamins have some special physiology functions. Vitamin A relates to keep scotopic vision and health of epithelial cell; Vitamin D is related to the metabolism of calcium and phosphorus. It can promote growth of bone and cartilage; Vitamin E have antioxidation and can promote the metabolism of heme. It can also keep the development of germ organs of animals; Vitamin K is related to blood clotting and can keep the normal value of coagulation factor.

3. Metalloenzyme and metal activated enzyme need metal ions. Some dissociation metal

ions (as activator) combine with enzyme. Some metal ions (as coenzyme) combine with porphyrin and corrin by cooorditnate covalent bond. Iron-porphyrin is common of them.

习　题

1. 用对或不对回答下列问题。如果不对，请说明原因。

(1) 维生素对于动植物和微生物都是不可缺少的营养成分。

(2) 植物是动物和人体获得维生素的惟一来源。

(3) 维生素C之所以又称为抗坏血酸，是因为它可释放质子。

(4) 人体内可直接将β-卜胡萝卜素转变为维生素A。

(5) 人体缺乏维生素PP可得脚气病。

2. 恶性贫血是因为缺乏什么维生素，其影响机制如何？

3. 脱氢酶的辅酶（或辅基）有哪些？它们是由什么维生素转化的？

4. 泛酸缺乏可干扰哪些物质代谢？是怎样干扰的？

5. 某一种酶的活性需要一种金属离子，如何鉴别这种金属离子是该酶的组成成分，还是酶的激活剂？

第七章　激素化学

第一节　激素的概念和分类

一、激素的一般概念

从化学结构的角度来看，激素并不是同一类化合物，它们的化学本质是多种多样的。从生理功能来看，它们在机体内的作用有着共同的特征。由亿万个细胞组成的生物体，其机体的各个部分执行着不同的生理功能，它们总是彼此合作，互相协调一致，即使最简单的动物和植物，在它们体内都进行着复杂的、但是完全有条不紊的新陈代谢过程。是什么因素在这些执行不同功能的组织或器官之间起着统一协调作用，从而构成了有机体的完整性呢？大量的试验证明，是激素在机体内起着这样的作用。

现在认为，在动植物体内由细胞产生的、其量甚少的，或在有机体的新陈代谢中起着调节作用的一类有机物质称为激素（hormone）。激素具有多方面的功能，包括生殖与性分化、发育与生长、内环境的维持、代谢和营养供应的调节等。一种激素可能有多种功能，而一种功能也可能由几种激素来调节。

一般而论，激素应具备下列几个特点：①它们是生物体内某一种特殊组织或细胞产生的物质，在体内其量甚微；②这些物质产生以后，通过体液的运动而被输送到生物体内其他组织中发挥作用；③这些物质虽然含量甚少，但在机体内的作用很大，效率高，在新陈代谢中起着调节控制的作用。凡具有上述 3 个条件的，通常将其归入激素类。

虽然动植物激素都具有上述几个特点，但在概念上有区别。

动物激素包括由腺体细胞和非腺体细胞所分泌的激素，由腺体细胞分泌的称为腺体激素（glandular hormone），由非腺体组织细胞分泌的称为组织激素（tissue hormone）。腺体激素中主要的是内分泌激素（endocrine hormone），它是由内分泌腺分泌的激素。

植物激素是植物的生长调节物质，它们主要是对植物的发芽、生根、开花等生长发育过程起促进或抑制作用。

二、动物激素的一般介绍

动物激素是由动物的某些器官、组织或细胞所产生的一类量微而效高的调节代谢的化学物质。这些物质或贮存或直接经血液运至它所作用的部位，发挥其生理作用。

动物激素都具有细胞特异性或组织特异性，即一种激素由某一特殊组织细胞分泌后，经过体液（包括血液、淋巴液、脑脊液和肠液）运输，只在一定的组织或细胞中发挥作用，这种组织或细胞称为该激素的靶组织（target tissue）或靶细胞（target cell）。

每种激素都具有显著而特殊的生理功能，有的调节全身的营养和脂肪的分配，有的促进骨骼和肌肉的发育，有的促进智力发育，有的控制性别发育等。由于激素的存在，使得组织与组织之间，器官与器官之间建立起化学性的联系，从而保持生命活动上的均衡与协调。如果体内激素分泌过多或不足，将会导致生理过程和新陈代谢的紊乱。

过去认为机体的神经系统和内分泌（体液）系统是截然分开和互不相关的，现在逐渐了解到这两个系统是紧密联系和不可分割的。例如，通过对垂体及下丘脑的研究，发现下丘脑的神经细胞具有内分泌的功能，它们产生两类激素：一类是由丘脑下部神经细胞分泌后经垂体门静脉系统作用于垂体前叶，从而影响垂体前叶激素释放的激素（这类激素通常称为促激素），如生长激素释放激素、促肾上腺皮质激素释放激素、促甲状腺素释放激素、促性腺激素释放激素以及催乳激素抑制激素；另一类是由丘脑下部神经细胞分泌后沿轴突贮存于垂体后叶，再由垂体后叶释放入血的激素，即抗利尿激素和催产素。科学的进展已逐步地把神经系统和内分泌系统统一成为一个体系，并发展成为专门的学科，称为神经内分泌学（neuroendocinology）。

在正常情况下机体内的激素处于高度的平衡状态，当人体某一激素分泌过多或缺乏时，机体内部的激素平衡遭到破坏就会出现病态。在医疗上激素作为一种药物，可治疗由于内分泌失调而引起的疾病，并对某些疾病有着治疗和急救的价值。使用激素时必须谨慎，使用不当或滥用会产生有害的影响。据目前所知，某些激素的生理效应，其种属特异性不强，如临床上用于治疗糖尿病的胰岛素就是用猪胰脏制备的，结构虽有差异，但其调节作用一样。但有的激素却具有明显的种属特异性。

三、激素的类别

激素只有动物和植物才有，微生物没有激素（虽然近年来有报道某些微生物中存在激素类似物）。因此，一般将激素分为动物激素和植物激素两大类。动物激素又区分为高等动物激素和昆虫激素。本章重点讨论人及高等动物激素，其次也简述昆虫激素及高等植物激素的一些结构特点和生理功能。

就动物而言，分泌激素的细胞称为内分泌细胞（endocrine cell），受激素作用的细胞称为靶细胞（terget cell）。按分泌方式及作用距离的不同，激素可分为内分泌激素（endocrine hormone）、旁分泌激素（paracrine hormone）和自分泌激素（autocine hormone）。内分泌激素（包括神经内分泌激素）作用的距离最远，分泌细胞（或神经元）将激素分泌出来后，通过血液运输到靶细胞而起作用；旁分泌激素作用的距离次之，激素分泌出来后作用于邻近细胞；自分泌激素有两种类型，一种是作用于分泌细胞本身，如刺激 T 淋巴细胞分裂的白细胞介素－2（interleukin－2），另一种是激素由细胞内合成以后并不分泌到胞外，而是在本身分泌细胞内发挥作用。

如果按照溶解性质来分类，激素可分为水溶性激素和脂溶性激素。根据溶解性来分类可以更容易理解激素的作用机制。这两类激素的主要差别在于：①脂溶性激素因为容易通过脂溶性的生物膜，因此一般并不储存，在需要的时候才合成（甲状腺素例外），而水溶性激素可以被包裹在具膜结构的囊泡内，在体内储存方便，当需要的时候可立即分泌；②脂溶性激素很难溶于水，因此在血液中运输时必须与特异血清蛋白结合，这种结合同时又保护了激素，从而提高了它们的稳定性，而绝大多数水溶性激素的运输并不需要与血清蛋白结合，因此它们容易被代谢掉；③脂溶性激素的疏水性质允许它们能自由通过细胞膜，因此它们的受体（receptor）存在于细胞内，而水溶性激素不能通过细胞膜，它们的受体存在于细胞膜上；

④水溶性激素产生的效应快，发生“快反应”，而脂溶性激素产生效应慢，发生“慢反应”。

根据化学本质来分类是激素分类的常用方法，按化学本质高等动物激素可分为 3 类：

① 含氮激素，包括氨基酸衍生物激素（如酪氨酸衍生的甲状腺素、肾上腺素和色氨酸衍生的血清素、褪黑激素等）、肽类激素（如催产素、加压素、促肾上腺皮质激素等）和蛋白质激素（如胰岛素、生长素等），含氮激素一般为水溶性激素（个别例外）。

② 类固醇激素，包括肾上腺皮质激素和性激素，类固醇激素为脂溶性激素。

③脂肪酸衍生物激素，主要为前列腺素，是脂溶性激素。

第二节　含氮激素

一、氨基酸衍生物激素

1. 甲状腺激素（thyroid hormone）

（1）分泌部位及化学结构

甲状腺激素是由甲状腺分泌的。甲状腺位于气管上端的两侧，呈椭圆形，人类的两个腺体连接在一起，呈盾甲状，故称为甲状腺（thyroid）。

甲状腺激素有两种，最先发现的是 3，5，3′，5′，－四碘甲腺原氨素（tetraiodothyronine），简称 T_4，一般所说的甲状腺素（thyroxine）即指 T_4。以后又发现另一种甲状腺激素 3，5，3′－三碘甲腺原氨素（triiodothyronine），简称 T_3。T_3 比 T_4 的含量少，但其活性却比 T_4 大 5 倍以上。

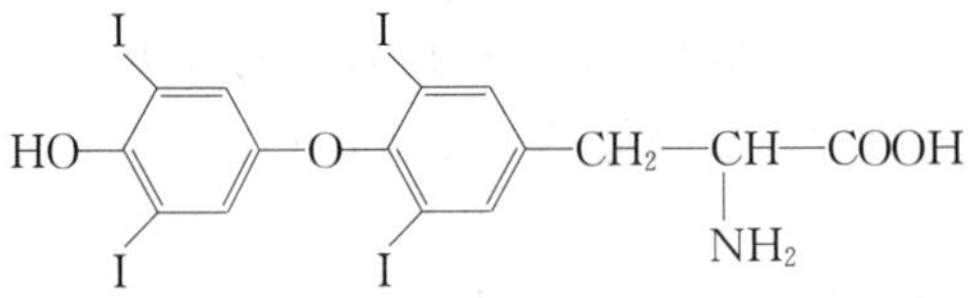

甲状腺素（T_4）

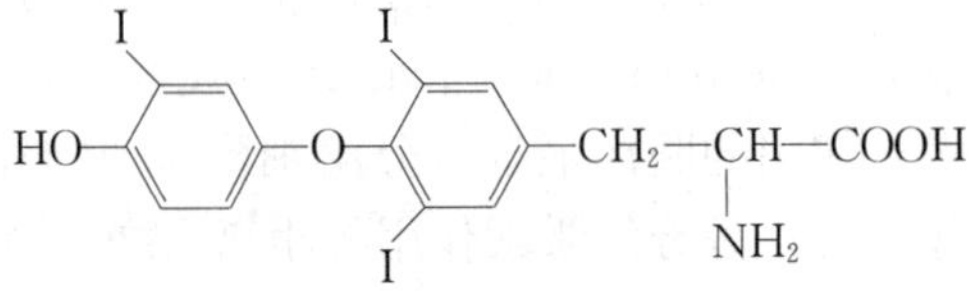

3,5,3′－三碘甲腺原氨素（T_3）

甲状腺是体内吸收碘能力最强的组织，可将体内 70%～80%的碘浓集于其中。甲状腺中碘浓度比血浆高 25 倍以上。甲状腺泡上皮细胞内所吸收的碘（I^-）要经过活化才能用于甲状腺素的合成，这个碘的活化过程由甲状腺过氧化物酶催化。

$$2I^- + 2H^+ + H_2O_2 \xrightarrow{\text{甲状腺过氧化物酶}} I_2\ (\text{活性碘}) + 2H_2O$$

活性碘先与酪氨酸作用生成一碘酪氨酸（MIT），继而形成二碘酪氨酸（DIT），两分子 DIT 再相连而成 T_4。T_3 主要是在周围组织中由 T_4 脱碘产生，但在上皮细胞内也可以由 1 分子 MIT 和 1 分子 DIT 连接生成。

在甲状腺素的合成过程中，碘化过程并不是发生在游离酪氨酸上，而是使甲状腺球蛋白（thyroglobulin 为一种糖蛋白，相对分子质量 660000）分子上的酪氨酸残基碘化，因而甲状腺素合成的全过程是在甲状腺球蛋白分子上进行的。

甲状腺素是脂溶性的，甲状腺素分泌出来后，需与血浆中的甲状腺素结合球蛋白结合后才能通过血液运输。

（2）生理功能

甲状腺激素的生理功能很广泛，主要是促进能量的合成，因而也就促进糖、脂肪及蛋白质代谢，促进基础代谢率增高。甲状腺激素有促进蛋白质合成的功能，当体内含量过多时，如甲状腺机能亢进，不仅不能促进蛋白质的合成，反而促进蛋白质的分解。这也就是甲亢病人身体消瘦、肌肉萎缩的原因。

甲状腺激素对于机体的正常生长和发育是必需的，它能维持骨骼和神经系统的正常发育，促进骨的钙化。在胎儿或婴儿时期甲状腺机能不足时，由于长骨生长和脑发育障碍，以致身体矮小，智力低下，此即“呆小病”（cretinism）；如发生于成人，则出现“黏液性水肿”（myxedma），患者皮肤浮肿，代谢率降低，智力减退。

甲状腺素能使交感神经系统的作用加强，所以甲亢病人常有心跳加快加强、失眠、情绪急躁等表现。

2. 肾上腺素（epinephrine 或 adrenaline）

（1）分泌部位及化学结构

肾上腺素由肾上腺髓质分泌。肾上腺位于左右两肾的上端，故称“肾上腺”（adrenal gland）。每一腺体分内外两层，外层称皮质，内层称髓质。髓质分泌肾上腺素和少量去甲肾上腺素（noradrenaline，又称正肾上腺素）。去甲肾上腺素主要由交感神经和中枢神经分泌。肾上腺素和去甲肾上腺素的化学结构很简单，可以看作邻苯二酚的衍生物，其结构如下：

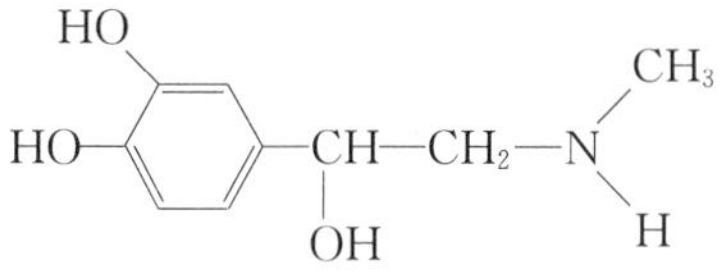

HO　HO—⟨苯环⟩—CH(OH)—CH_2—N(H)—CH_3

肾上腺素

HO　HO—⟨苯环⟩—CH(OH)—CH_2—NH_2

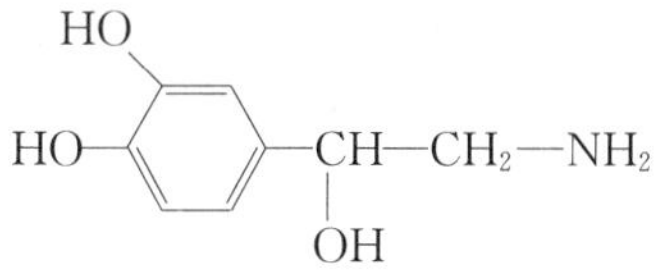

去甲肾上腺素（或正肾上腺素）

肾上腺素和去甲肾上腺素都由酪氨酸转变而来，其转变途径见第十二章图 12－21。

（2）生理功能

肾上腺素的生理效应比较复杂，概括起来有：①促进糖原分解，提高代谢率，增强氧耗和产热；②刺激脂肪动员，为许多组织提供脂肪酸和能源，有助于维持血糖恒定；③提高心率和心肌收缩力；④促使血管收缩；⑤使其细支气管扩张，协助肺通气；⑥可使瞳孔放大；⑦抑制胃肠分泌和运动。

在代谢方面肾上腺素主要是调节糖代谢，并且有与交感神经兴奋相同的作用。

在糖代谢方面，肾上腺素主要促进糖原的分解，故可增强血糖及血中乳酸的含量。肾上腺素的分泌增加，常常是应付机体额外负担的应急反应，当机体遭到非常事变时，肾上腺素分泌增加，糖原大量分解，从而产生大量能量。肾上腺素还能使血压升高、心跳加快、脉搏增强、微血管收缩，所以临床上常用作抗休克药（升压药）。

二、多肽及蛋白质激素

由脑下垂体、下丘脑、胰腺、甲状旁腺、胃肠黏膜以及胸腺等所分泌的激素属于多肽或蛋白质。这些激素具有多种多样的功能，现择其重要的部分介绍如下。

1. 脑垂体激素

脑垂体位于间脑底部、视交叉神经之下，可分为前叶、中叶和后叶 3 个部分。脑垂体分泌的激素达 10 多种，有调节和控制其他激素的作用。

垂体前叶和中叶能自行合成激素，后叶仅贮存和分泌激素。后叶所分泌的激素由下丘脑制造，包括催产素及加压素两种。中叶主要分泌促黑色细胞素（MSH）。前叶分泌的激素较多，现已知的有 6 种：生长素（GH）、促甲状腺激素（TSH）、促肾上腺皮质激素（ACTH）、催乳素（LTH）黄体生成素（LH）和卵泡刺激素（FSH）。现分述如下：

（1）生长素（growth hormone，简称 GH）

生长素的本质是蛋白质。不同动物的生长素的相对分子质量不同，可由 20000～50000。人的生长素相对分子质量为 21700，由 191 个氨基酸残基构成，其一级结构已搞清，两个末端均为苯丙氨酸，其空间结构由两个二硫键维系。牛的生长素相对分子质量是 45750，含 396 个氨基酸，为一分支多肽链，有两个 N 端（一个苯丙氨酸，一个丙氨酸），一个 C 端（苯丙氨酸）。不同种属动物的生长素的分子大小、氨基酸组成、结构及生理功能等皆有不同程度的差异。

生长素的分泌受下丘脑产生的生长素释放激素和生长素释放抑制激素的调节，此外，它还受血浆饥饿激素（ghrelin）的刺激而释放。

生长素的主要作用是促进 RNA 的生物合成，从而促进蛋白质的合成，促进软骨和骨骼的生长，使器官得以正常的生长和发育；同时，生长素也能促进糖、脂代谢，在糖代谢中的作用与胰岛素相反，生长素长期分泌过多可引起垂体性糖尿病。

人在幼年时期，如果生长素分泌不足，则生长发育迟缓，身材矮小，称为“侏儒症”（dwarfism），但智力发育一般正常。若在幼年时生长素分泌过多，全身各部分都过度生长，四肢长度更为突出，称为“巨人症”（gigantism）。成年人由于生长素分泌过多而产生的疾病则称为“肢端肥大症”（acromegly）。

（2）促甲状腺激素（thyroid stimulating hormone，TSH，或 thyrotropin）

促甲状腺激素是一种糖蛋白。牛的 TSH 已提纯，相对分子质量为 28300，由两个亚基组成，一个亚基是 TSH_{α}，相对分子质量为 13600，另一个亚基是 TSH_{β}，相对分子质量 14700。行使生理功能的是 β 链，α 链与黄体生成素及卵泡刺激素的 α 链相似，含 96 个氨基酸残基，并含有分支的糖链。

促甲状腺激素的生理功能是促进甲状腺的发育和分泌，从而影响全身代谢。促甲状腺激素的分泌受下丘脑分泌的促甲状腺激素释放激素（TRH）的调节。

（3）促肾上腺皮质激素（adrenocorticotropic hormone，ACTH，或 corticotropin）

促肾上腺皮质激素是一个含有 39 个氨基酸残基的直链多肽，牛、羊、猪和人的 ACTH 结构不完全相同，但是从氨基端的丝氨酸数起，1～24 个氨基酸都是相同的，只是在第 25 位到 33 位的序列中，个别氨基酸的位置不同而已。这说明 ACTH 的生物活性主要表现在前 24 个氨基酸残基上。牛的 ACTH 的结构如图 7-1。

H_2N—丝(1)—酪—丝—蛋—谷(5)—组—苯—精—色—甘(10)—赖—脯—缬—甘—赖(15)—赖—精—精—脯—缬(20)—

赖—缬—酪—脯—天(25)—甘—谷—丙—谷—天(30)—丝—丙—谷(NH_2)—丙—苯(35)—脯—亮—谷—苯(39)—COOH

图 7-1　牛的 ACTH 的氨基酸顺序

ACTH 的功能是促进肾上腺皮质激素的合成和分泌，此外，它还刺激某些蛋白质的合成。在医学上，ACTH 用于诊断肾上腺皮质的生理状况，也用于治疗痛风、气喘和皮肤病等疾患。

(4) 催乳素（luteotropic hormone，LTH，或 prolactin）

催乳素是一种单纯蛋白质，含 199 个氨基酸残基。其主要生理功能是刺激已发育完全的乳腺分泌乳汁，刺激并维持黄体分泌孕酮。LTH 不仅大大地促进乳腺中 RNA 及蛋白质的合成，而且还可以提高乳腺中糖代谢及脂代谢中许多酶的活性。现已发现有 300 种以上功能（超过所有其他垂体激素功能之和）与 LTH 有关，包括水盐平衡、细胞生长与分裂等，它还是免疫功能的刺激调节物。

甲状腺素释放激素刺激分泌 LTH，多巴胺抑制它的分泌。

(5) 黄体生成素（luteinizing hormone，LH）

黄体生成素也是糖蛋白，由 α 及 β 两种亚基组成，β 亚基是行使功能的亚基。α 亚基的结构与促甲状腺激素的 α 亚基相似。

黄体生成素的生理功能是促使卵泡发育成黄体，促进孕酮的形成及分泌，或是刺激雄性激素的分泌。

(6) 卵泡刺激素（follicle－stimulating hormone，FSH）

卵泡刺激素（或称为促卵泡激素）也是糖蛋白，由 α、β 两种亚基构成，生理功能由 β 亚基表现。α 亚基可与黄体生成素、促甲状腺激素的 α 亚基互换。卵泡刺激素和黄体生成素统称为促性腺激素（gonadotropic hormone）。

卵泡刺激素对雌雄两性皆有作用。对雌性能促进卵巢发育，促进卵泡组织成熟，准备产生卵子和促进雌性二醇分泌；对雄性则刺激睾丸发育，促进精子的生成和释放。

(7) 促黑色细胞素（melanophore stimulating hormone，MSH）

MSH 是垂体中叶分泌的激素，有 α 及 β－MSH 两种，均为肽类。α－MSH 是 13 肽，在各种哺乳动物中相同；β－MSH 则有种属差异性。人的 β－MSH 为 22 肽，牛、羊的 β－MSH 为 18 肽。脊椎动物和人的 MSH 结构见图 7－2。

$CH_3-\overset{\overset{O}{\|}}{C}-NH-$丝$_1$—酪—丝—蛋—谷$_5$—组—苯—精—色—甘$_{10}$—赖—脯—缬$_{13}$—$NH_2$

α－MSH（脊椎动物）

H·丙$_1$—谷—赖—赖—天$_5$—谷—甘—脯—酪—精$_{10}$—蛋—谷—组—苯—精$_{15}$—色—甘—丝—脯—脯$_{20}$—赖—天·OH

β－MSH（人）

图 7－2　MSH 的氨基酸顺序

α－MSH 的氨基酸顺序与 ACTH 的 1～13 氨基酸完全相同，这说明二者在功能上可能有某种联系，如高纯度的 ACTH 也有促进黑色素细胞形成的作用。MSH 分子中有共同的 7 肽（下划线），是其活性所必需的。

MSH 的功能是促进皮肤中黑色素细胞产生黑色素，并控制色素在细胞内的分布。

(8) 催产素（oxytocin）和加压素（vasopressin）

催产素和加压素都是 8 肽，都有一个环状 5 肽和一个侧链 3 肽。二者的差别只有两处：一处是催产素的亮氨酸，在加压素中为赖氨酸（或精氨酸）；另一处是催产素为异亮氨酸，在加压素中为苯丙氨酸（图 7－3）。

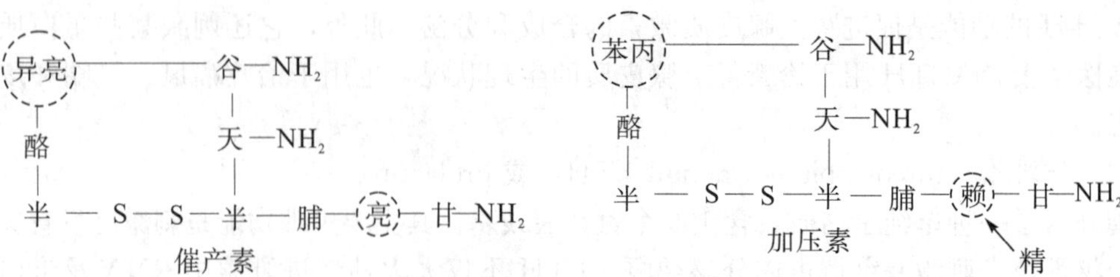

图 7-3　催产素和加压素的结构

催产素的生理作用是能够使多种平滑肌收缩（特别是子宫肌肉），所以它具有催产和使乳腺排乳的作用。

加压素能使小动脉收缩，因而可以提高血压。此外，加压素还有减少排尿的作用，故又称抗利尿激素（antidiuretic hormone)。加压素在水盐代谢中也起重要作用。

2. 下丘脑激素

下丘脑所分泌的激素主要是对垂体前叶激素起调节作用，包括一些释放激素和释放抑制激素。下丘脑激素经过垂体门静脉到达脑垂体，作用于垂体细胞，有的促进某种垂体激素的分泌，有的抑制某种垂体激素的分泌。前者称为释放激素，后者称为释放抑制激素。

现已知道，下丘脑至少可分泌 9 种激素：促甲状腺素释放激素（TRH)、促肾上腺皮质激素释放激素（CRH)、生长素释放激素（GRH)、生长素释放抑制激素（GRIH)、促性腺激素释放激素（GnRH)、催乳素释放激素（PRH)、催乳素释放抑制激素（PIH)、促黑激素释放激素（MRH）和促黑激素释放抑制激素（MRIH)。此外，下丘脑还产生多巴胺(dopamine)，它主要是抑制催乳素的分泌。

近年发现，下丘脑外的某些神经细胞及一些脏器组织细胞，也可产生某些下丘脑激素。

（1）促甲状腺激素释放激素（thyrotropin releasing hormone，TRH)

TRH 是一种 3 肽，由焦谷氨酸、组氨酸和脯氨酰胺组成（图 7－4)。焦谷氨酸(pyroglutamic acid) 是由谷氨酸分子中的 γ－羧基与 α－氨基失去 1 分子水缩合而成。N－端生成焦谷氨酸，可防止氨肽酶的作用，C－端有酰胺（而不是游离羧基)，可避免羧肽酶的水解，这是某些多肽激素的特征。因为它们都要经过血液运输才能到达靶组织，显然这是一种保护作用。

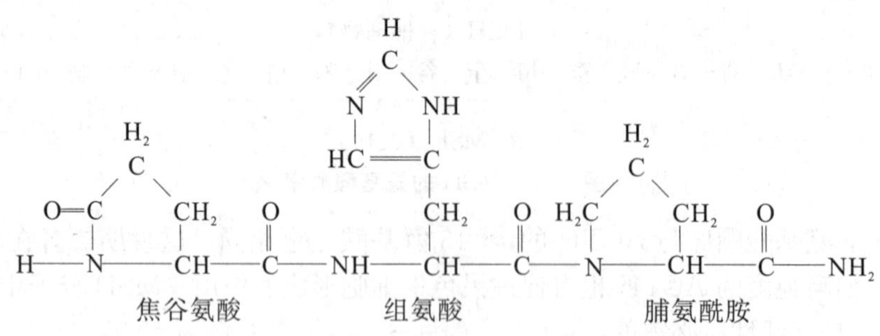

图 7-4　TRH 的结构

TRH 的功能是促进垂体分泌促甲状腺激素和促进分泌催乳素。

（2）生长素释放激素（growth hormone releasing hormone，GRH）和生长素释放抑制激素（growth hormone release inhibitory hormone，GRIH)

GRH 是一个 10 肽（猪)，GRIH 为 14 肽，其结构如下（图 7-5)：

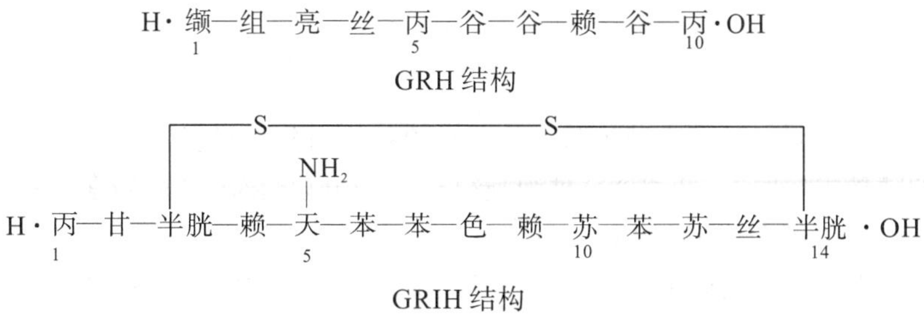

H· 缬—组—亮—丝—丙—谷—谷—赖—谷—丙·OH
1　　　　　5　　　　　10

GRH 结构

H·丙—甘—半胱—赖—天—苯—苯—色—赖—苏—苯—苏—丝—半胱·OH（3 位与 14 位半胱氨酸间以 S—S 相连，5 位天冬氨酸带 NH_2）
1　　　　　5　　　　　10　　　14

GRIH 结构

图 7－5　GRH 和 GRIH 的氨基酸序列

GRH 可促进垂体生长素的释放，而 GRIH 则抑制其释放。在正常情况下抑制生长素释放主要是 GRIH，GRH 的作用不大，GRIH 不仅抑制生长素分泌，还可抑制甲状腺素、胰岛素和胰高血糖素的分泌。

（3）促性腺激素释放激素（gonadotropin releasing hormone，GnRH）

GnRH 这个激素是一个 10 肽，含有一个焦谷氨酸（图 7－6）。

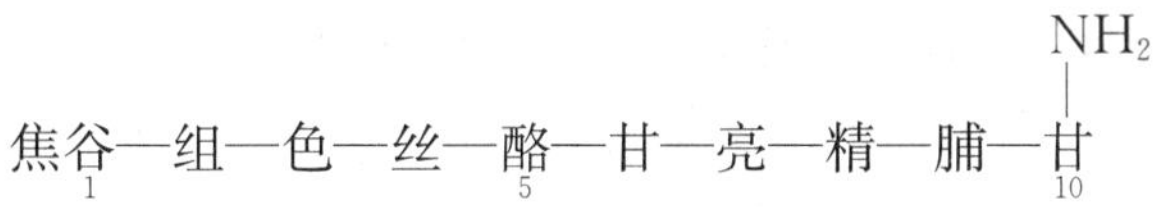

焦谷—组—色—丝—酪—甘—亮—精—脯—甘（10 位带 NH_2）
1　　　　5　　　　10

图 7－6　GnRH 氨基酸序列

垂体前叶可分泌两种不同的促性腺激素（FSH 和 LH）。因此，曾设想下丘恼也应该有两种相应的释放激素，即卵泡刺激素释放激素（follicle stimulating hormone releasing hormone，FRH）和黄体生成素释放激素（luteinizing hormone releasing hormone，LRH），以便分别调节两种促性腺激素的分泌。但至今只分离出一种促性腺激素释放激素，对分泌 FSH 的作用弱，对分泌 LH 的作用强，因此，有时把 GnRH 又称为黄体生成素释放激素（LRH）。有人认为，这种释放激素可以调节垂体前叶的两种促性腺激素。

（4）促黑激素释放激素（melanophorestimulating hormone releasing hormone，MRH）和促黑激素释放抑制激素（melanophorestimulating hormone releasing inhibitory hormone，MRIH）

MRH 为 5 肽。已发现的 MRIH 有 3 肽和 5 肽两种（图 7－7），3 肽活性强，5 肽活性较弱。

半胱—酪—异亮—谷—天（谷、天带 NH_2）　MRH

脯—亮—甘（甘带 NH_2）　MRIH Ⅰ

脯—组—苯—精—甘（甘带 NH_2）　MRIH Ⅱ

图 7－7　MRH 和 MRIH 的结构

其余几种下丘脑激素的结构还不完全清楚。促肾上腺皮质激素释放激素（corticotropin releasing hormone，CRH）可能有 α_1、α_2 和 β 三种，由 41 个氨基酸残基构成。α_1 和 α_2 的结构与 α－MSH 相似，β 的结构与抗利尿激素相似。它们都有促进垂体释放 ACTH 的作用，但其作用环节不同。

催乳素释放激素（prolactin releasing hormone，PRH）和催乳素释放抑制激素（PIH）都是小分子肽类。在正常生理情况下，PRH 的作用意义不大，因为 TRH（促甲状腺激素释放激素）刺激催乳素分泌的效率远比 PRH 大。PIH 主要是调节催乳素的分泌量，以免分泌过多。

3．胰岛激素

胰腺既是外分泌腺，又是内分泌腺。胰岛是胰脏的内分泌组织，成人胰脏约有200万个小胰岛。人的胰岛主要由α、β和δ三种细胞组成。α细胞分泌胰高血糖素，β细胞分泌胰岛素，δ细胞分泌生长素释放抑制激素（GRIH）。

它们的主要功能是通过调节一系列参与细胞能量供应有关的代谢酶的浓度及活性，对整个机体的能量代谢进行调控。

（1）胰岛素（insulin）

胰岛素为含有A、B两链的多肽激素，由51个氨基酸残基组成，胰岛β细胞初合成的是活性很低的胰岛素原（proinsulin），胰岛素原由80多个氨基酸残基组成。在分泌之前，胰岛素原经酶作用切去30个左右氨基酸残基的C肽后才转变成胰岛素。胰岛素及胰岛素原的结构见第三章蛋白质。

胰岛素的生理功能是：促进组织细胞摄取葡萄糖；促进肝糖原和肌糖原的合成，促进脂肪合成；抑制肝糖原分解。上述功能总的效果是使血糖含量降低。

正常人体血液中所含葡萄糖的浓度维持在一定范围内（70 mg/100 mL～110 mg/100 mL）。当体内胰岛素分泌不足时，则产生高血糖现象。血糖浓度超过（160 mg/100 mL～180 mg/100 mL）称为高血糖。例如，血糖浓度超过一定限度〔（160～180）mg/100 mL〕，则尿中可出现葡萄糖，这种疾病称为糖尿病。其原因是胰岛素分泌不足，糖原合成受阻。

此外，胰岛素还能抑制脂肪分解，促进蛋白质合成，刺激细胞生长、细胞分裂等。

（2）胰高血糖素（glucagon）

胰高血糖素（又称胰增血糖素）是胰岛α－细胞分泌的多肽激素，为一直链29肽，相对分子质量3485，等电点约为7.5～8.5。

胰高血糖素具有提高血糖含量的效应，与肾上腺素的效应相同。但胰高血糖素的靶组织不如肾上腺素广泛，它只能促进肝糖原的分解，不能促进肾糖原及肌糖原的分解。

4．甲状旁腺激素

甲状腺附近的甲状旁腺分泌甲状旁腺素（PTH）和降钙素（CT），它们都是多肽激素。二者的生理作用相反，PTH可升高血钙，CT则降低血钙，因此都是调节钙磷代谢的激素。

（1）甲状旁腺素（parathyroid hornmone，PTH，或parathormone）

甲状旁腺素是含有84个氨基酸残基的直链多肽，由甲状腺的主细胞（chief cell）分泌。

甲状旁腺素具有促进骨骼脱钙、增高血钙、抑制肾小管重吸收磷酸离子等作用。当甲状旁腺机能减退时，血钙含量下降，当血清低至只含7 mg/100 mL以下时（正常人血清钙为9 mg/100 mL～11 mg/100 mL），则神经兴奋性增高，引起痉挛，患者四肢抽搐，手足强直，注射甲壮旁腺素，可以恢复正常；相反，如果甲状旁腺机能亢进，则发生脱钙性骨炎及骨质疏松症（osteoporosis）。

（2）降钙素（calcitonin，CT，或thyrocalcitonin）

降钙素是含32个氨基酸残基的直链肽，主要由甲状旁腺的C细胞分泌，肺、肠等组织也能合成。它的分泌受血钙浓度的调节，其功能是使血钙浓度降低，在体内由降钙素和甲状旁腺素共同作用以维持血钙正常。

5. 胃肠道激素

现已发现消化道中存在 30 种以上的多肽激素。

（1）胃泌素（pastrin）

胃泌素由胃壁 G 细胞分泌，为一线性多肽。以前体胃泌素原分泌，而后被蛋白酶切成一类具有相同 C 端的多肽，包括胃泌素－14 和胃泌素－34，都具有生物活性。

胃泌素的主要生理功能是调节胃酸的分泌，促进胃黏膜的生长。

（2）促胰液素（secretin）

促胰液素为 27 肽，由前体促胰液素原加工而成。其主要功能是刺激胰腺释放碱性的碳酸氢盐到小肠，以中和由胃进入小肠的胃酸，便于食物在小肠内消化。

（3）胆囊收缩素（cholecystokinin，CCK）

CCK 主要由十二指肠上段的黏膜上皮细胞分泌，因而又称其为肠胰酶素（pancreozymin），肠道的神经元也能分泌。分泌出来时也是前体激素原的形式，被蛋白酶切割成一组具有相同 C 端的多肽，包括 CCK－8、CCK－33、CCK－38 和 CCK－59，其中 CCK－8 才具有完全的生物活性。所有 CCK 的 C 端 5 肽与胃泌素 C 端 5 肽完全相同。

CCK 的主要生理功能是刺激胰脏分泌消化酶和促进胆囊收缩，分泌胆汁到小肠，因此，它在促进食物在小肠中的消化起重要作用。

（4）胃动素（motilin）

由近端小肠黏膜上的内分泌细胞分泌，为 22 肽。它的主要功能是控制消化道上部的平滑肌收缩，促进胃的蠕动和肠的运动。

（5）血浆饥饿素（ghrelin）

血浆饥饿素主要在胃底的上皮细胞中合成，少数在肾、垂体、下丘脑中合成。主要存在于脑垂体、下丘脑、心脏和脂肪组织。血浆饥饿素主要以激素原的形式分泌，而后被切割成 28 肽为其活性形式。

血浆饥饿素的生理功能包括两个方面：一是刺激脑垂体分泌生长激素（GH），二是调节能量平衡和增进食欲。

（6）血管活性肠肽（vasoactive intestial peptide，VIP）

VIP 为 28 肽，其结构类似于促胰液素，广泛存在于周围神经和中枢神经系统。

VIP 的生理功能包括：有强烈的血管扩张作用；在消化系统，它诱导平滑肌的松弛；刺激水分泌到胰液和胆汁；抑制胃酸分泌。

（7）胰高血糖素样肽（glucagonlike peptide，GLP）

GLP 是由小肠末端和大肠细胞合成胰高血糖素原（proglucagon）经不同的后加工而形成的几种多肽（肠道胰高血糖原不能加工成胰高血糖素），包括 GLP－1、GLP－2、胃泌酸调节素（oxyntomodulin，OXM）、胰高糖素（glicetin）、胰高糖素相关胰多肽（glicetinrelated pancreatic peptid，GRPP）。此外，脑也能合成 GLP。

GLP－1 的主要功能是增强胰岛素的释放，抑制胰高血糖素的分泌。GLP－1 还能强烈抑制消化功能，包括胃排空、胃胰的分泌等；GLP－2 能刺激肠上皮细胞的分裂；OXM 的序列与胰高血糖素基本相同，只是它的 C 端比胰高血糖素多 8 个氨基酸残基。OXM 有类似胰高血糖素的活性，此外，它还抑制胃分泌、胃运动和胰腺分泌；胰高糖素的功能是刺激胰岛素分泌、抑制胃酸分泌、调节胃运动和刺激胃生长；GRPP 未发现其生物活性。

6. 胸腺激素

胸腺主要分泌胸腺素（thymosin），是一类多肽激素，由激素原加工成 α、β、γ 三类胸腺素，主要活性是由 28 个氨基酸残基组成的胸腺素肽 α_1。牛的胸腺素有Ⅰ、Ⅱ两种类型，其中Ⅱ型为 49 肽，已测定一级结构。

胸腺素的主要功能是增强免疫力，它促进胸腺中原始的干细胞或未成熟的 T 淋巴细胞分化为成熟 T 细胞，T 细胞是细胞免疫的主要细胞。

7. 肾素（renin）

肾素是肾脏分泌的一种特殊蛋白酶，它与血管紧张素（angiotensin）一起负责调节血压。

肾素的功能就是剪切血管紧张素原（angiotensinogen），释放出 N 端 10 肽，称为血管紧张素Ⅰ，随后它再被血管紧张素转化酶（angitensin-converting enzyme）催化切掉 C 端的 2 个氨基酸残基，转化成有活性的血管紧张素Ⅱ。

血管紧张素Ⅱ又称高血压素（hypertensin），是最强的天然血管收缩剂，作用于小动脉，引起血压升高。血管紧张素的其他功能有：诱导肾上腺皮质合成和分泌醛固酮；作用于脑导致血压升高、加压素和 ACTH 分泌；可引起肾小球滤过率降低。

第三节　类固醇激素

类固醇激素都是环戊烷多氢菲（cyclopentanoperhydrophenanthrene）衍生物。脊椎动物的类固醇激素有肾上腺皮质激素和性激素两类。

一、肾上腺皮质激素

肾上腺皮质激素（adrenocortical hormone）是由肾上腺皮质分泌的。肾上腺皮质激素不是单一化合物，它是由胆固醇衍生的多种皮质激素的总称。迄今从皮质提取液中分析而发现的肾上腺皮质类固醇多达数 10 种，已知有生理活性的有 7 种：皮质酮（corticosterone）、11－脱氧皮质酮（deoxycorticosterone）、11－脱氢皮质酮（dehydrocorticosterone）、醛固酮（aldosterone）、17－羟皮质酮（hydroxycorticosterone）、17－羟脱氧皮质酮（hydroxydeoxycorticosterone）和17－羟脱氢皮质酮（hydroxydehydrocorticosterone）。其结构见图 7－8。由此可见，7 种皮质固醇激素的化学结构极为相似，差异仅在 11 和 17 位碳上的基团不同。肾上腺皮质激素的分泌受垂体前叶促肾上腺皮质激素（ACTH）的调节。

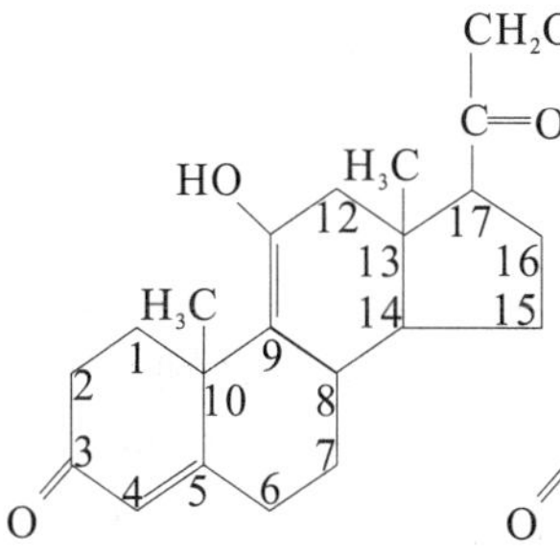

皮质铜 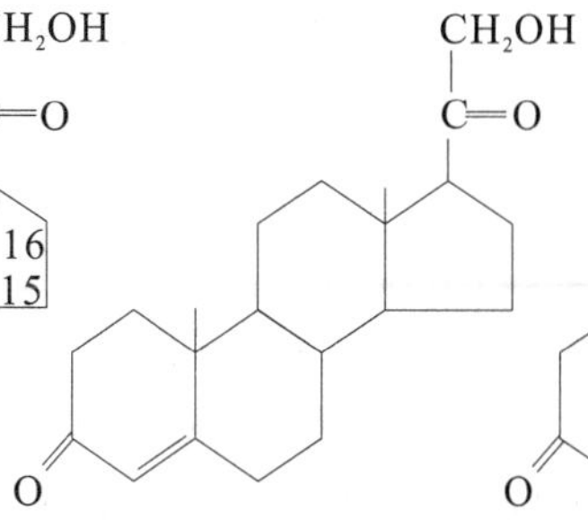　　11—脱氧皮质酮 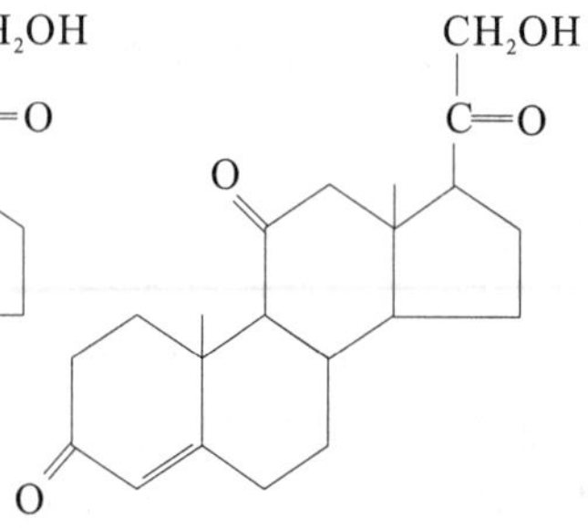　　11—脱氢皮质酮

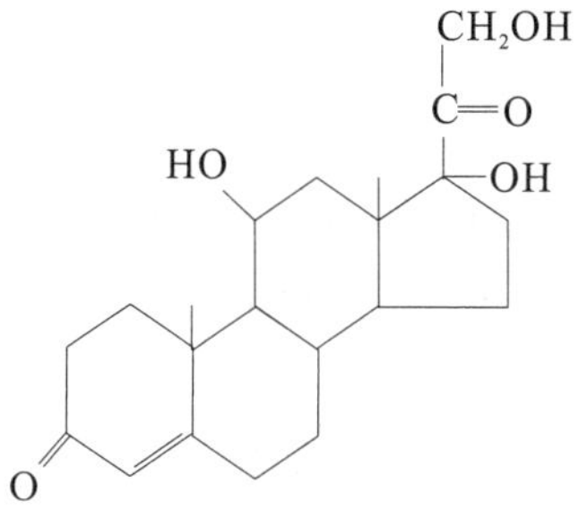

17—羟皮质酮 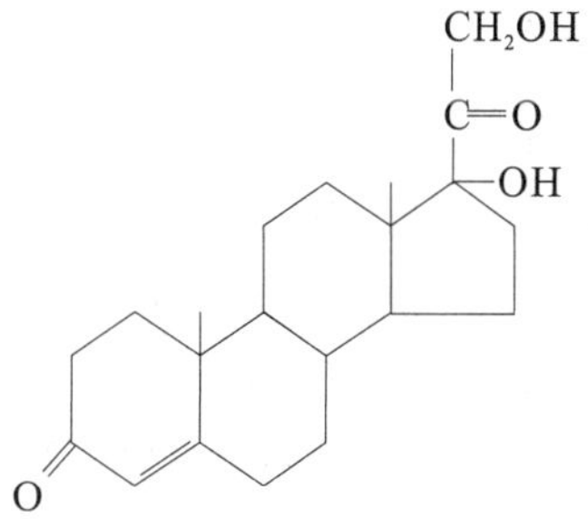　　17羟—11脱氧皮质酮

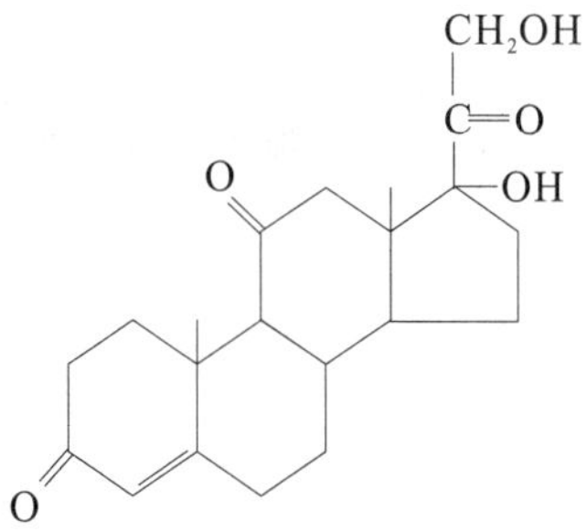

17羟—11脱氢皮质酮 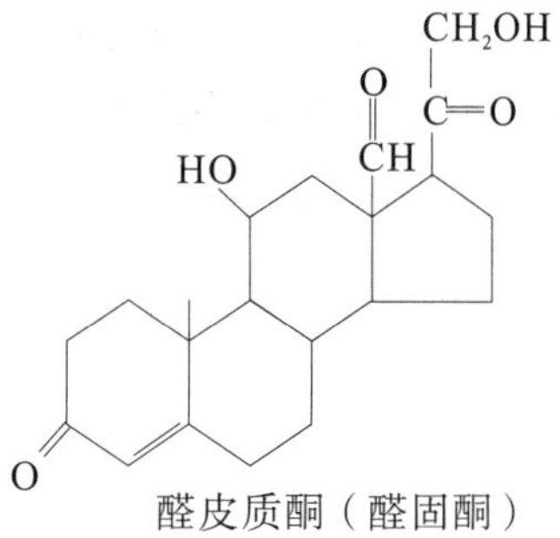　　醛皮质酮（醛固酮）

图 7—8　肾上腺皮质激素

上述 7 种肾上腺皮质激素按其功能可分为两类：

1. 糖皮质激素（glucocorticoid）

糖皮质激素的主要作用是抑制糖的氧化，促使蛋白质转化为糖。调节糖代谢，使血糖升高。此类激素包括皮质酮、11－脱氢皮质酮、17－羟皮质酮和 17－羟脱氢皮质酮。

2. 盐皮质激素（mineralocorticoid）

盐皮质激素的主要作用是促使体内保留钠及排出钾，调节细胞外液中矿物质的浓度，调节水盐代谢。这类激素包括 11－脱氧皮质酮、17－羟脱氧皮质酮和醛固酮（醛皮质酮）。其中醛固酮对水盐代谢的作用强度比脱氧皮质酮大 30～120 倍。醛固酮主要作用于肾远曲小管，提高 Na^+ 的重吸收，提高水的重吸收，增强肾对 K^+ 的排泄。此外，醛固酮对糖代谢也有一定的调节作用。

人工合成的糖皮质激素如可的松（17－羟脱氢皮质酮）和氢化可的松（17－羟皮质酮）除调节糖代谢外。还有消炎作用，作为药物常用于抗炎症和作为免疫抑制剂使用，如治疗关节炎、皮炎、肾炎和红斑狼疮等。

在肾上腺皮质部机能减退或病变时，可出现糖代谢及无机盐代谢紊乱，引起阿狄森

(Addison) 病。患者皮肤呈青铜色，血糖降低，血浆 K^+ 增加，Na^+ 减少，导致整个新陈代谢降低。

二、性激素

性激素（sex hormone）有雄性激素和雌性激素两类。它们与动物性别及第二性征发育有关，其化学本质都是类固醇衍生物。性激素的分泌受垂体促性腺激素（LH 和 FSH）的调节。性激素为脂溶性的，它们必须与相应蛋白结合才能由血液运输。雄性激素和雌性激素主要与肝细胞产生的性激素结合蛋白（一种 β 球蛋白）结合，睾酮和少量雌二醇还可与皮质类固醇结合球蛋白结合。

1. 雄性激素（androgen）

雄性激素包括睾酮（testosterone）、雄素酮（androsterone）、雄素二酮（androstenedione）和脱氢异雄酮（dehydroisoandrosterone）等（图 7－9）。睾酮由睾丸分泌，其他几种都是睾酮的代谢产物。

睾酮⟶雄素酮⟶雄素二酮⟶脱氢异雄酮

肾上腺皮质也分泌一种雄激紫，即肾上腺雄酮（androstenedione）。

雄性激素刺激雄性的性器官和第二性征的发育，促进精子成熟，以及促进蛋白质的生物合成等。其活性以睾酮最强，比雄素酮的活性大 6 倍，比脱氢异雄酮活性大 18 倍。此外，雄性激素还能促进肾脏合成促红细胞生成素（erythropoietin），刺激骨髓的造血功能。

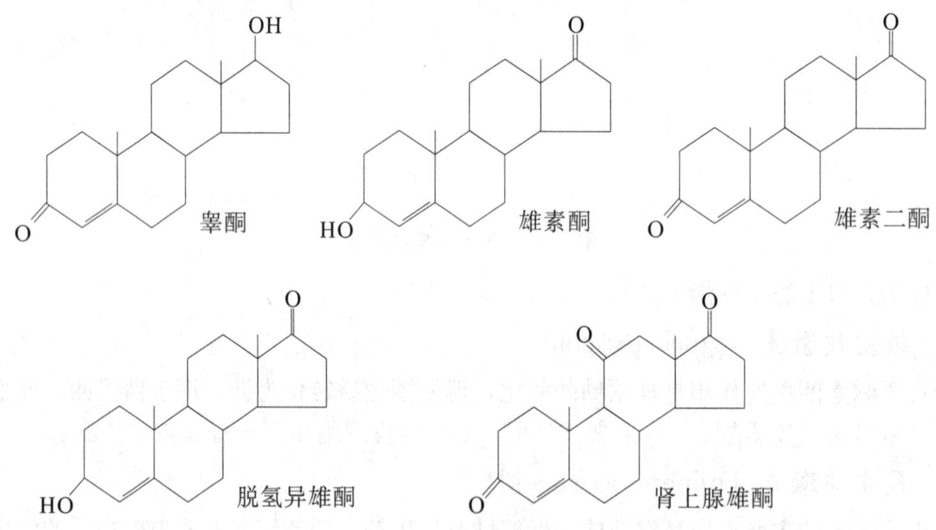

图 7－9　**雄性激素**

2. 雌性激素（estrogen）

卵巢能分泌两类激素：一类是卵泡素，这是卵泡在卵成熟前分泌的激素，它包括雌素酮（estrone）、雌素二醇（estradiol）及雌素三醇（estriol）；另一类为黄体激素，主要是黄体酮（progesterone，又称孕酮），为排卵后卵泡发育成黄体所分泌的激素（图 7－10）。胎盘也能分泌这两类激素，而且是妊娠后期孕酮的主要来源。

雌二醇的活性最高，约为雌素酮的 6 倍、雌三醇的 300 倍。三种雌激素在体内可互相转换。

卵泡素（FSH）促进雌性激素分泌，促进雌性生殖器官的生长、发育和维持雌性生理特征。黄体酮主要是促进子宫及乳腺的发育，防止流产。

此外，雌性激素对非生殖系统也有许多影响，如促进肝脏合成多种血浆中的转运蛋白：拮抗甲状旁腺素的作用，促进钙盐在骨沉积；促进凝血等。

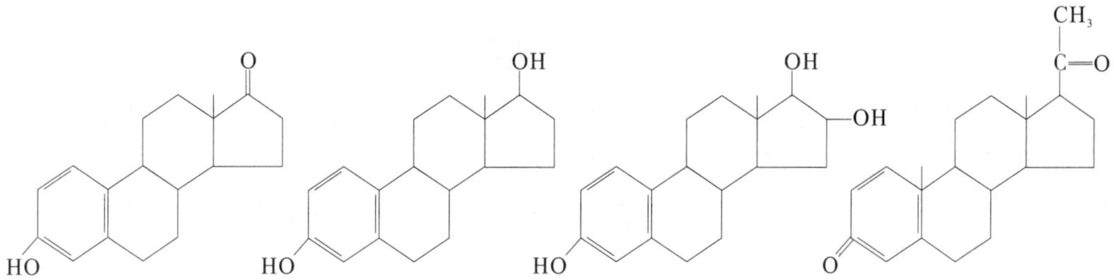

雌素酮　　雌二醇　　雌三醇　　孕酮（黄体酮）

图 7－10　**雌性激素**

3. 两类性激素的相互关系

雄性激素和雌性激素在机体中的作用虽然很不相同，但它们在结构上很相似，特别是睾酮和雌素酮之间非常相似。

两类性激素都是由胆固醇衍生而成的（中间经过孕酮）。二者可以相互转变，雄性激素在机体内可变为雌性激素，由尿排出；雌性激素也可以变为雄性激素，由尿排出。已经知道，不论雄性和雌性动物体内都存在着一定比例的雄性激素和雌性激素（如雌性动物的肾上腺皮质及卵巢也能产生两类性激素）。这两类性激素之间存在着一种平衡，在雄性中，这种平衡偏向于雄激素，所以在雄畜的尿中排出较多的雌素酮；在雌性中，这种平衡偏向于雌激素，所以在雌畜尿中雄性激素较多。这种观点，已在医药和兽医方面得到证实并已实际应用。

第四节　前列腺素

一、分泌部位及化学结构

早在 20 世纪 30 年代瑞典的 Von Euler 从精液中发现了具有生理功用的物质，他当时命名为前列腺素（prostaglandin，PG），实际上这是一个误称，因为 Euler 误认为这类激素是前列腺产生的，事实上它是由精囊产生的。现已发现，前列腺素广泛存在于哺乳动物的各种组织中。不仅如此。还在海藻、甘蔗、香蕉、椰子等植物的组织中也发现含量较少的前列腺素或前列腺素前体物质。

前列腺素是一大类物质，化学本质为脂肪酸衍生物，其母体结构是一个 20 碳的一元羧酸，称为前列腺酸（prostanoic acid）（图 7－11）。前列腺酸为一饱和羧酸，含有一个环戊烷。各种前列腺素都含有不饱和双键。

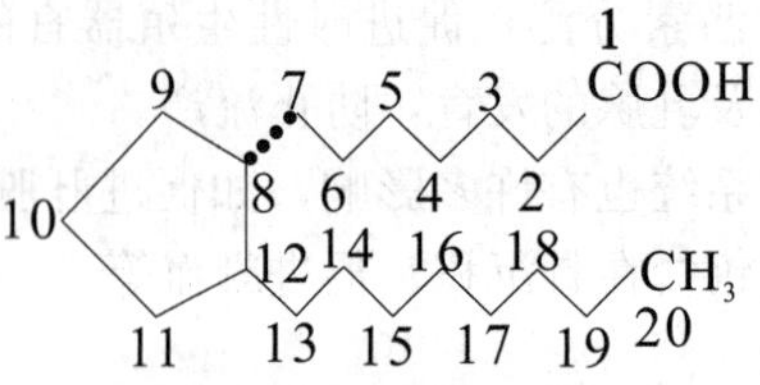

图 7-11　前列腺酸

现已发现 16 种前列腺素。根据五碳环上取代基及双键位置不同，将前列腺素分成若干类型，按字母列为 PGA、PGB、PGC、PGD、PGE、PGF、PGH，其中 PGE、PGF、PGA 和 PGB 四种比较重要（图 7-12）。各种类型中根据侧链上双键的数目和位置不同又可分为 1、2、3 类（图 7-13）。

前列腺素中有的（如 PGE_1 和 PGF_α）由 $\Delta^{8,11,14}$—二十碳三烯酸转化而成，但大多数由 $\Delta^{5,8,11,14}$—二十碳四烯酸（花生四烯酸）转化生成。

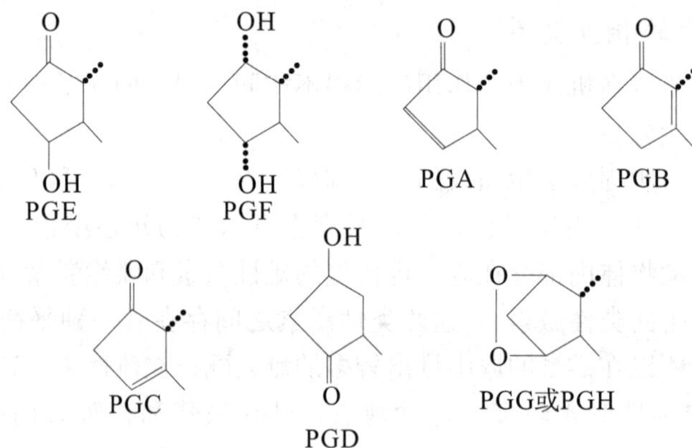

图 7-12　前列腺素的不同类型

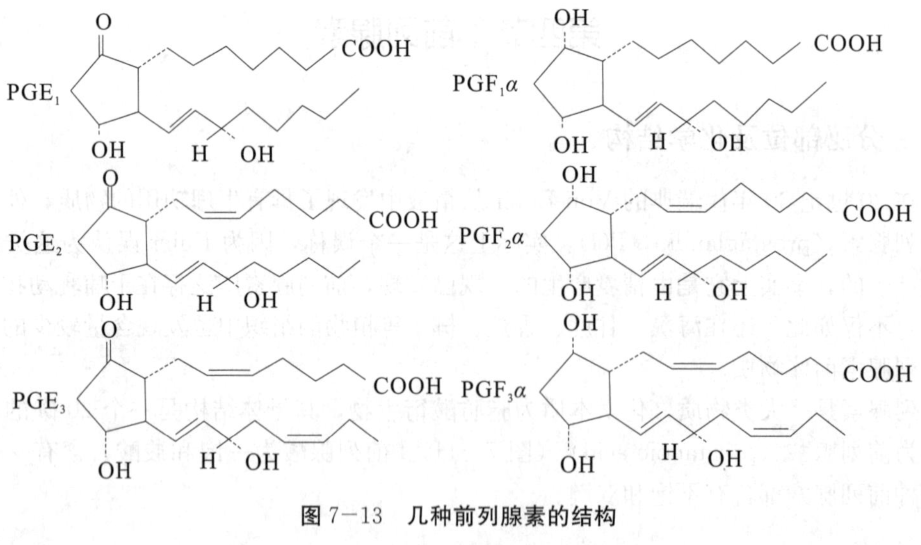

图 7-13　几种前列腺素的结构

二、生理功能

前列腺素是人体中分布最广、效应最大的生物活性物质之一。其主要功能有：改变平滑肌的收缩；调节分泌、血流、生殖、呼吸、血小板功能、神经冲动传导、脂肪代谢和免疫反应；调节发炎、发热和疼痛。不同组织对同一种前列腺素有不同反应，同一种组织对不同前列腺素反应也不同，这说明前列腺素有多种生理活性。前列腺素对生殖、心血管、呼吸、消化和神经等系统都有作用，在不同组织系统中发挥不同的生理功能。例如，能使子宫及输卵管收缩，可用于引产；能溶解黄体，可治疗持久性黄体，提高怀胎率；能使血管扩张或收缩；可抑制胃酸分泌；调节各特殊器官血流量；控制离子对某些膜的穿透以及突触传递、抑制脂质分解等。

前列腺素本身在机体内并不作为激素起作用，而是通过对某些激素的调节来产生不同的生理效应。在机体各组织内，前列腺素是腺苷酸环化酶（adenylate cyclase）（见第十七章第三节）的抑制剂或激活剂。例如，前列腺素对脂解的抑制作用是 PGE_1 通过抑制脂肪细胞中的腺苷酸环化酶，减少 cAMP 的形成，限制促甲状腺激素、促肾上腺皮质激素、胰高血糖素、肾上腺激素的作用，从而引起抑制脂解的作用。在另一些细胞中，前列腺素有增加 cAMP 形成的效应。例如，促甲状腺激素对甲状腺的作用以及促肾上腺皮质激素对肾上腺皮质的作用，就是通过前列腺素对腺苷酸环化酶的激活而增强的。

此外，前列腺素（主要是 PGE）有促进发炎的作用，阿司匹林可减少发炎，因为阿司匹林可抑制由花生四烯酸转变为前列腺素的反应。

现将高等动物激素总结于表 7-1。

表 7-1 高等动物激素

内分泌腺		激素名称	化学本质	主要生理功能
脑下垂体	前 叶	生长素（GH）	蛋白质（人：191AA）	促进生长，促进代谢
		促甲状腺素（TSH）	糖蛋白（约 220AA）	促进甲状腺发育及分泌
		促肾上腺皮质激素（ACTH）	39 肽	促进肾上腺皮质激素分泌
		催乳素（LTH）	蛋白质（198AA）	促进乳腺分泌乳汁
		促卵泡素（FSH）	糖蛋白	促进卵泡激素分泌
		黄体生成素（LH）	糖蛋白	促进排卵与黄体生成
	中 叶	α-促黑色细胞素（α-MSH）	13 肽	促进黑色素生成和沉着
		β-促黑色细胞素（β-MSH）	人：22 肽 牛羊：18 肽	
	后 叶	催产素	8 肽	促进子宫收缩
		加压素	8 肽	升高血压，抗利尿作用
下丘脑		促甲状腺素释放激素（TRH）	3 肽	促进促甲状腺素释放
		促肾上腺皮质激素释放激素（CRH）	41 肽	促进 ACTH 释放
		促性腺激素释放激素（GnRH）	10 肽	促进卵泡素及黄体生成素释放
		生长素释放激素（GRH）	10 肽	促进生长素释放
		生长素释放抑制激素（GRIH）	14 肽	抑制生长素释放
		促黑激素释放激素（MRH）	5 肽	促进促黑激素释放
		促黑素释放抑制激素（MRIH）	3 肽，5 肽	抑制促黑激素释放
		催乳素释放激素（PRH）	肽类	促进催乳素释放
		催乳素释放抑制激素（PRIH）	肽类	抑制催乳素释放
胰岛	α-细胞	胰高血糖素	29 肽	促进糖原分解，使血糖升高
	β-细胞	胰岛素	蛋白质（51AA）	促进糖原合成和葡萄糖利用

续表

内分泌腺		激素名称	化学本质	主要生理功能
肾上腺	皮质	皮质酮、脱氢皮质酮、羟脱氢皮质酮、羟皮质酮	类固醇	抑制糖氧化，促进蛋白质转化为糖
		脱氧皮质酮、羟脱氧皮质酮、醛固酮	类固醇	调节水盐代谢，保钠排钾
	髓质	肾上腺素、去甲肾上腺素	酪氨酸衍生物	促进糖原分解，血糖升高，心跳加速，微血管收缩等交感神经兴奋效应
甲状腺		甲状腺素，三碘甲腺原氨素	酪氨酸衍生物	促进能量生成和基础代谢，促进智力发育
甲状旁腺		甲状旁腺素（PTH）	84 肽	升高血钙，调节钙磷代谢
		降钙素（CT）	32 肽	降低血钙，调节钙磷代谢
睾丸		睾酮、雄素酮、雄素二酮、脱氢异雄酮	类固醇	促进雄性器官及第二性征发育，促进精子成熟
卵巢	卵泡	雌素酮、雌素二醇、雌素三醇	类固醇	促进雌性器官及第二性征发良，促进卵子成熟
	黄体	黄体酮	类固醇	促进子宫及乳腺发育
小肠黏膜		促胰液素 促肠液素 肠抑胃素 胆囊收缩素（促胰酶素）	27 肽 蛋白质 43 肽 33 肽	促使胰液分泌 促使肠液增多 抑制胃的收缩及分泌 促使胆囊收缩，促使胰液中酶的活性增高
胃黏膜		胃泌素	14 肽、34 肽	促使胃液分泌
松果腺		退黑激素	N-乙酰一甲氧色胺	调节昼夜节律
胎盘		绒毛膜促性腺激素（HCG）	蛋白质	功能类似孕酮
		耻骨松弛素	53 肽	促使耻骨松弛
生殖系统、肾、脾、肠、神经系统等		前列腺素（PG）	脂肪酸衍生物	降低血压；刺激平滑肌收缩；抑制胃酸及胃蛋白酶分泌；抑制脂肪分解；降低神经系统兴奋性等

第五节　昆虫激素

昆虫激素主要是调节昆虫的生长、发育、变态等生理过程。昆虫激素的研究对某些学科的理论研究（如仿生学）和生产实践（如农业）都有一定的意义。

一、昆虫激素的类别

在昆虫体内已经发现的激素主要有发育激素、性激素和变色激素三类。

1. 发育激素

这一类激素能够促进幼虫变态成为成虫。产生这类激素的内分泌腺有脑神经分泌细胞（secretary cell）、咽侧体（corpora allata）、胸腺（thymus）以及环腺（ring gland）等。

昆虫的咽侧体能够分泌一种激素，它可抑制成虫特征的出现，以保持幼虫特征，因而将这种激素称为保幼激素（juvenile hormone）。它的化学本质是带有环氧与双键的脂类物质，其结构如下：

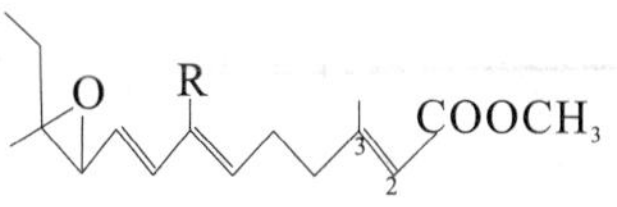

保幼激素Ⅰ：$R=C_2H_5$

保幼激素Ⅱ：$R=CH_3$

胸腺（或称前胸腺）所分泌的激素与昆虫的蜕皮变态有关。在促前胸腺激素（prothoracicotropic hormone）（一种相对分子质量为 4500 的多肽激素）的刺激下，产生一种类固醇激素，称为蜕皮激素（ecdysone 或 molting hormone）（图 7－14），它刺激基因活化，合成新的外表皮，从而使其开始蜕皮。新合成的外表皮与旧外表皮脱开，旧外表皮由一种降解酶（digestive enzyme）进行部分降解。新表皮开始形成时是柔软的，可以迅速扩展，然后再由与腹部神经节相连的神经血器官（neurohemal organ）释放的鞣化激素（bursion）的刺激，促进表皮蛋白与新表皮共价交联而使其硬化。鞣化激素是一种相对分子质量为 20000～40000 的蛋白质。在蜕皮结束时，还需一种称为羽化激素（eclosion hormone）的作用，使旧外表皮脱落。羽化激素为一种多肽，相对分子质量为 8000。

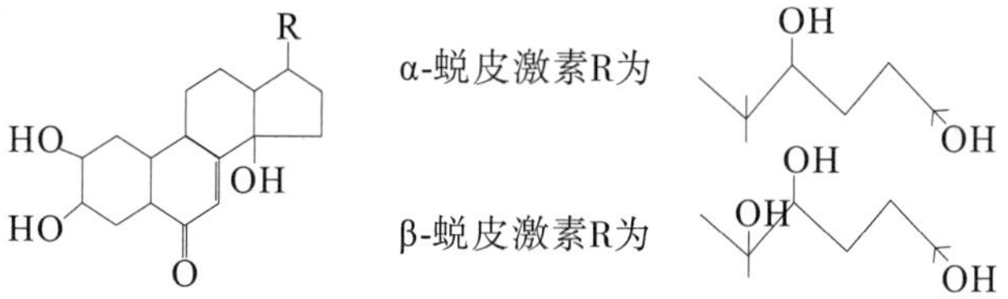

α-蜕皮激素R为

β-蜕皮激素R为

图 7－14　蜕皮激素的结构

保幼激素和蜕皮激素在多种昆虫中还能调节卵黄蛋白（vitellogenin）的合成。这种相互关系揭示了在许多激素调节系统中均发现的共同特点：神经来源的多肽激素控制类固醇激素的合成和分泌，类固醇激素再作用于靶组织；激素与拮抗剂的效应（蜕皮激素和保幼激素）作用于同一个靶组织。

2. 性激素

已经知道某些种类昆虫，如鞘翅类（*Coleoptera*）、双翅类（*Diptera*）、直翅类（*Orthopera*）等的雌虫体内能产生促性腺激素以控制性腺和附属性腺的正常分泌活动。有的昆虫分泌一种性激素，然后排到体外，这类激素称为外激素（ectohormone）。外激素在昆虫个体间起着传递信息的作用，故又叫信息素（pheromone）。信息素具有传递性行为、集结和追踪等作用。目前已搞清了包括蜜蜂、家蚕、家蝇、红铃虫等 30 多种昆虫性外激素的化学结构。有的已能人工合成。现将几种信息素（性激素）的结构表示如下：

白菜切根虫（*Trogoderma inclusum*）　$CH_3(CH_2)_3CH{=}CH(CH_2)_6\overset{\overset{O}{\|}}{C}{-}OCH_3$

秋粘虫（*Spodoptera eridania*）　$CH_3(CH_2)_3CH{=}CH(CH_2)_8\overset{\overset{O}{\|}}{C}{-}OCH_3$

舞毒蛾（*Porthetria dispar*） $(CH_3)_2CH(CH_2)_4CH—CH(CH_2)_9CH_3$（CH—CH 间以 O 成环氧）

3. 变色激素

某些昆虫（如甲壳类）的头部能分泌一种激素，在受外界刺激时，能促使表皮细胞内部的色素颗粒发生收缩或伸张而改变身体外表的颜色，使之与周围环境的色调相近似，以此保护自身的安全。一般昆虫的保护色或警戒色都和这种变色激素有关。

二、在农业生产上的应用

昆虫激素的研究已用于防治农业害虫，这是“以虫治虫”的方法之一。这种方法主要是破坏昆虫体内的激素平衡，破坏昆虫的正常生长、分化和变态程序，造成畸形与死亡。通常是根据昆虫激素的结构，化学合成一种带有气味的引诱剂，将害虫引诱到一定区域，再以适当的方法集中杀灭。

目前，将昆虫激素用于杀虫方面已有很大进展，人工合成的保幼激素类似化合物的效果超过天然激素 14 倍以上。如我国合成的 2，6-二叔丁基枯基酚对蚊子幼虫有专属性的保幼激素活性，是一种新型激素杀虫药物，其化学结构如下图所示。

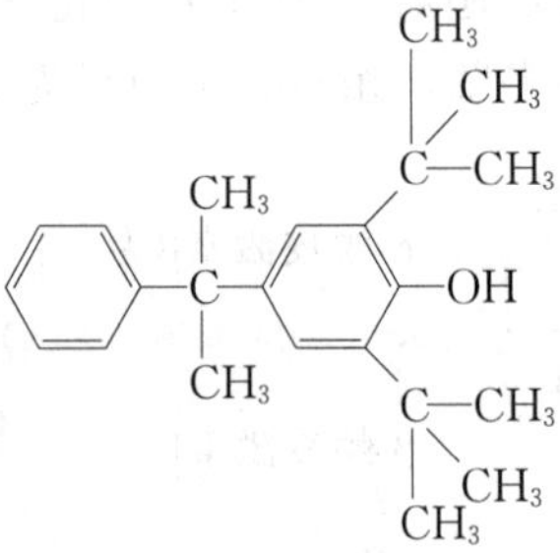

2，6—二叔丁基枯基酚

人工合成的舞毒蛾引诱剂虽比天然引诱剂多两个碳原子，但其效力与天然引诱剂相当。这种人工合成的舞毒蛾引诱剂（商品名为 Gyplure）是一个 18 碳化合物，其结构如下图所示。

除了人工合成外，也可从昆虫中提取某些激素用于灭虫。如从金龟子（*Cetonia aurata*）雌虫分离到的山黎酸丁酯和从东方果蝇（*Bactracera dorsalis*）分离到的甲基丁子香酚，对这两种昆虫就具有强烈的引诱作用. 在实践应用中都取得了代价小效果好的成效。这两种引诱剂的化学结构如下：

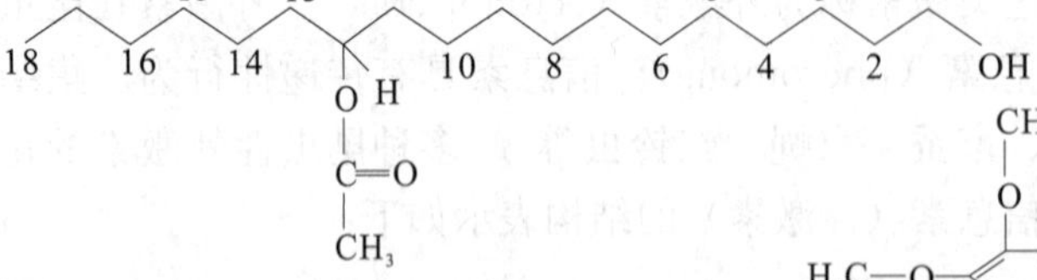

舞毒蛾引诱剂（人工合成）

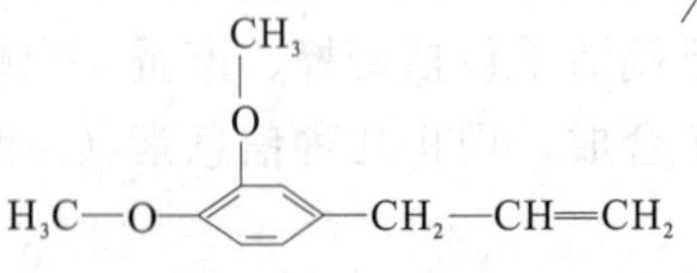

甲基丁子香酚（东方果蝇）

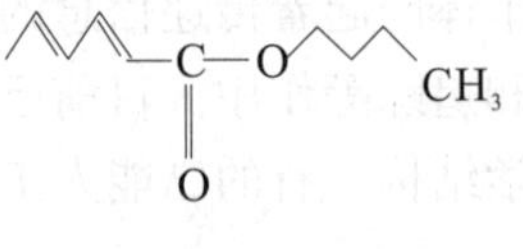

山黎酸丁酯（金龟子）

昆虫激素的研究除了用于杀灭害虫外，近年来也已用于蚕丝生产上。例如，用极少量的保幼激素类似物处理家蚕幼虫，可适当延长幼虫龄期，使蚕体长得肥大，体内的绢丝腺相应增大，因而增加吐丝量。此外，蜕皮激素还能促进蚕上簇整齐，可节省人力。

第六节　植物激素

植物激素又名植物刺激素，是由植物体内一定部位产生，并输送到其他部位起特殊生理作用的一类微量物质。与动物激素比较，植物激素仅仅是一些刺激生长或抑制生长的小分子物质，而不是内环境稳定的调节物，不像动物激素那样由专门的特异性器官分泌，而是所有植物细胞都能产生。在植物的生命活动中，它对于发芽、生根、茎叶生长、开花、结果等生理过程起着调节控制的作用。

已知与植物生长发育有密切关系的天然植物激素有：生长素、赤霉素、激动素、脱落酸、乙烯、水杨酸盐、油菜素内酯、茉莉酸等。已经鉴定过的植物激素都是相对分子质量较小的化合物。

一、生长素

植物体内普遍存在的天然生长素（auxin）是吲哚乙酸（indoleacetic acid，简写 IAA）。此外，几种人工合成的激素也具有生长素的生理活性，常见的如萘乙酸（naphthalene acetate，低浓度使用可防止棉花及果树过早落花落铃）、2，4－二氯苯氧乙酸（2，4－dichlophenoxygen acetate，简称 2，4－D）和增产灵（4－todopllenoxygen acetate）。其化学结构如下：

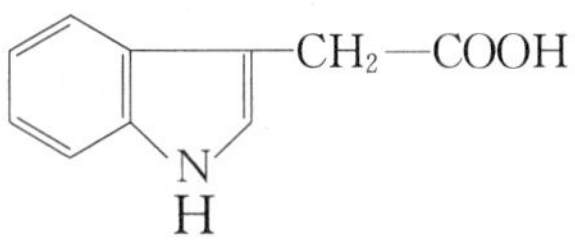

$CH_2—COOH$（吲哚环 3 位，N—H）

吲哚乙酸

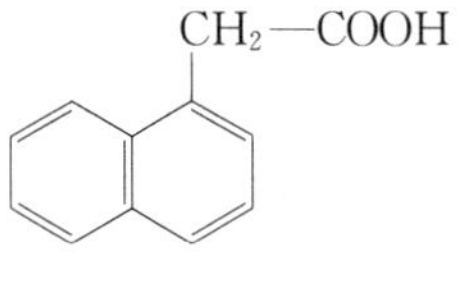

$CH_2—COOH$（萘环 1 位）

萘乙酸

$O—CH_2—COOH$（苯环 2 位 Cl，4 位 Cl）

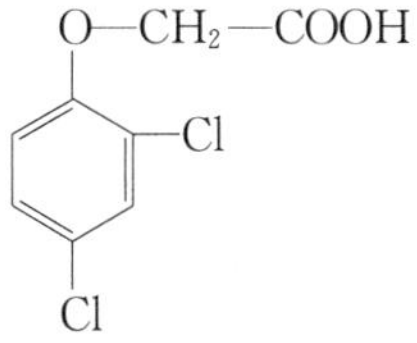

2，4－D（2，4－二氯苯氧乙酸）

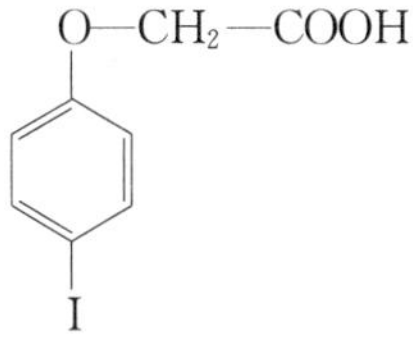

$O—CH_2—COOH$（苯环 4 位 I）

增产灵（4－碘苯氧乙酸）

根据许多人工合成物质对植物生长的生理效应试验，有人提出生长素类物质具有的羧基或容易羧基化的侧链和侧链上的$-CH_2-$基团为奇数，以及整个分子有一定空间结构，这对于植物的生长活性是必要的。

生长素由高等植物的茎尖或根尖产生，由色氨酸转化，然后输送到植物的伸长区，促使细胞分裂，植株伸长，长出新根和无子果实等。低浓度的生长素可促进植物的生长，但高浓度的生长素反而抑制植物的生长活动。农业上已用来处理马铃薯，以延长其贮存期。若用来处理果树，可防止落叶落果以及防止棉花脱桃等。

二、赤霉素

赤霉素（gibberellin）是一类化合物的总称。最初从水稻恶苗病的病原菌赤霉菌（*Gibberella fujikuroi*）中分离得到，后来发现高等植物体内也产生赤霉素类物质。至今已从高等植物及微生物中分离得到 70 多种不同的赤霉素。

赤霉素的基本结构含有四个碳环，称为赤霉素烷（gibberellane），许多赤霉素都是它的衍生物。通常用得最多的赤霉素为赤霉酸 A_3（gibberellic acid），是个一元羧酸，在体内以葡萄糖苷形式存在。其他还有 A_7、A_4、A_{14} 等几种也是较常见的。它们的结构如下：

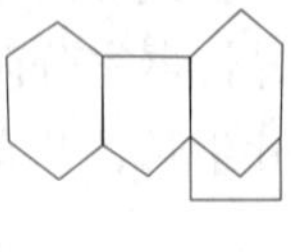

赤霉素烷 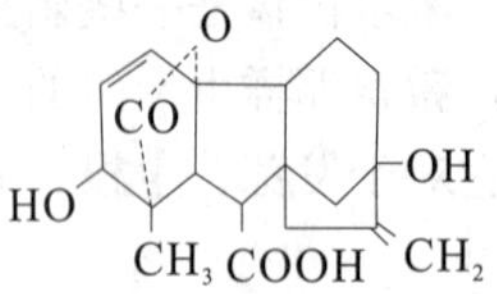　　赤霉酸 (A_3) 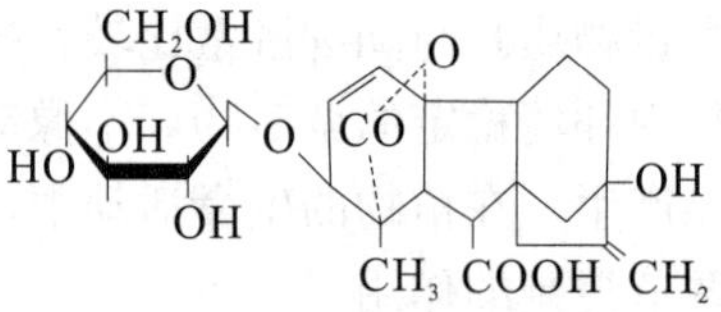　　A_3葡萄糖苷

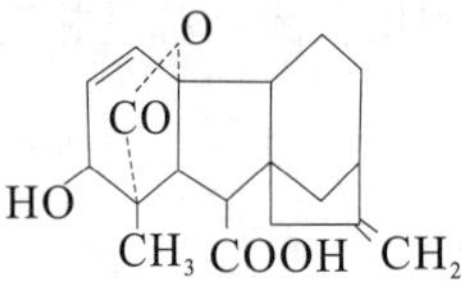

A_7 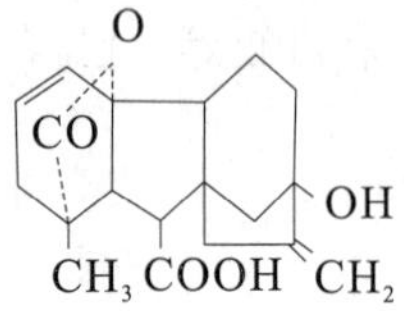　　A_4 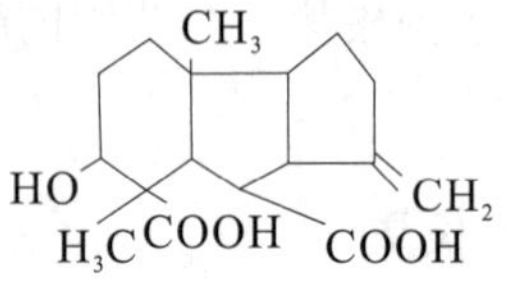　　A_{14}

赤霉素对植物的生理作用是多方面的，它可促进茎叶生长，加速发育过程；可打破休眠，促进萌发；促进果实生长，形成无子果实，防止果实脱落等。对此只要使用得当，会有明显的增产效果。

三、细胞激动素

细胞激动素（cytokinin）最初是从青鱼精液的 DNA 中分离出来，后来在玉米种子中发现，是一类具有取代基的嘌呤衍生物。从酵母中发现的 6−呋喃甲氨嘌呤称为激动素（kinin 或 kinetin），从玉米中发现的称为玉米素（zeitin），它们都具有促进细胞分裂的作用，因此有人又将这类植物激素称为细胞分裂素（cytomin）。

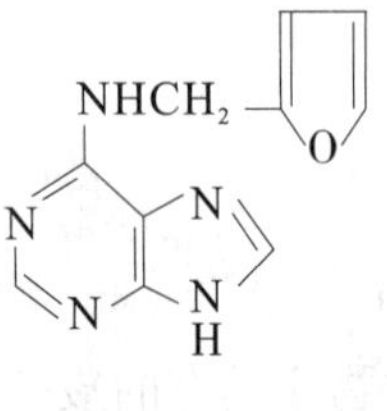

6−呋喃甲氨嘌呤（激动素） 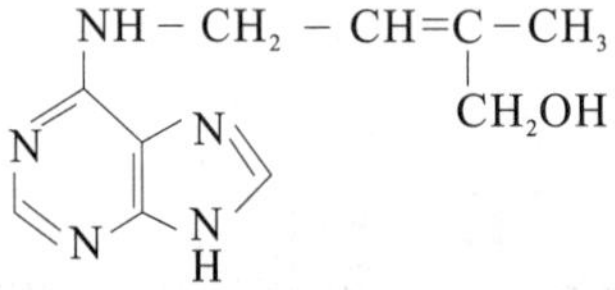　　玉米素 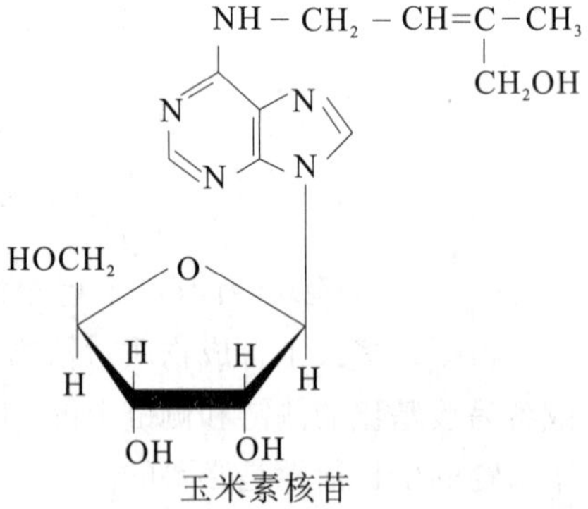　　玉米素核苷

现在发现具有促进细胞分裂的物质有几十种，重要的只有六七种，有的以游离形式存在，有的与核糖结合成核糖苷。除此之外，近年来合成的许多人工合成产物也具有天然激动素的生理活性。

细胞激动素是细胞生长和分化所必需的激素，它在体内能促进核酸和蛋白质的合成，促进物质的运转，强烈促进细胞分裂，延迟和防止器官衰老。

四、脱落酸

脱落酸又称离层酸（abscisic acid，ABA），是一种一元羧酸，其化学结构如下：

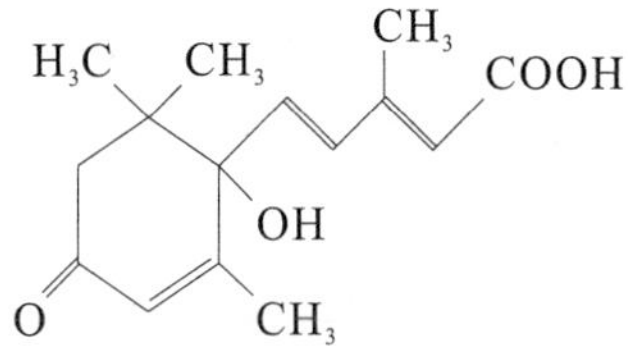

脱 落 酸

脱落酸主要是促进脱叶、脱果、诱导休眠和抑制侧芽的生长。它的作用在一定程度上与生长素相拮抗。在年幼的绿色植物组织中同时存在着生长素、赤霉素、细胞激动素和脱落酸。在衰老和休眠的器官中，只有脱落酸存在。各种植物激素在不同生长时期的分布差异是与其各时期新陈代谢特点相适应的。

五、乙烯

乙烯（ethene）（$CH_2=CH_2$）是一种气体分子，它以典型的植物作用方式对植物生理效应产生影响。它通过更改植物生长素的输送方向，促进植物的横向生长；它能抑制果实成熟和花的衰老；抑制苗的生长和促进根毛的分化。在果实成熟过程中，乙烯具有自身催化作用，这种作用也可导致其他衰老组织产生大量乙烯。乙烯是果实成熟的一个控制因素。

由于乙烯是气体，这给应用造成一定困难。现已有一种人工合成的化合物，称为2－氯乙烯磷酸（乙烯利，ethrel），被植物体吸收后可以释放出乙烯，已在生产上使用。对控制开花、休眠、落叶、催熟及抗病等都有明显的效果。

六、油菜素内酯

油菜素内酯或称云苔素内酯（brassinosteroid 或 brassinolide）是美国学者 J. M. Mirchell 于1970年从油菜花粉中发现的，是一种类固醇激素，目前已发现60种以上。它广泛地存在于植物的花粉、种子、茎和叶等。科学家们已认可它是继上述五种植物激素后的第六大植物激素。其化学本质为类固醇衍生物，其生理活性大大超过上述五种激素，属新型广谱植物生长调节剂。它的生理作用包括刺激茎的生长、抑制根生长，提高作物的耐冷性、提高抗病、抗盐能力，使作物的耐逆性增强、促进乙烯的生物合成、刺激植物营养体生长和促进受精作用等。

现已人工合成油菜素内酯及其类似物，已在农业上应用，在促进植物生长上，使用时其浓度比生长素低几个数量级，而且无毒性。经使用，可以提高小麦、玉米、烟草、葡萄、西瓜等作物的产量。因此，已成为农业上很有前景的一种植物刺激素。

七、水扬酸

水扬酸（Salicylic acid，SA）是植物体内普遍存在的一种小分子酚类物质，其化学名为邻羟基苯甲酸。它以游离态和结合态两种形式存在。结合态是 SA 与糖苷、糖脂、甲基或氨基酸等结合形成复合物。这是一种新型植物激素，它在植物的抗病、抗旱、抗冷和抗盐方面，以及对种子萌发、果实成熟和园艺产品保鲜等都具有明显的作用。

八、茉莉酸

茉莉酸（Jasmonic acid，JA）是一种亚麻酸衍生物。作为一种新型植物生长调节调对植物体有广泛的生理效应，存在于多种高等植物体内。其生理作用包括：抑制生长和发芽；促进衰老、落叶、块茎形成和果实成熟；促进色素合成；诱导蛋白酶合成；诱导气孔关闭。此外，JA 还与植物抵抗病原侵染有关，可使植物体对外界伤害（机械、食草动物、昆虫伤害）和病原菌侵染做出相应反应。

本章学习要点

激素是动植物体特异分化的细胞或某些组织细胞分泌的量少而作用大的活性物质，可使组织之间、器官之间的代谢协调与平衡。它的作用方式通常是：由特异细胞分泌后，经血液循环的运送，在相应的靶细胞中发挥作用。因此，激素作用的特点之一就是具有组织特异性和效应特异性，不同激素所产生的生理效应不同。

激素分为动物激素和植物激素，动物激素中又有高等动物激素和昆虫激素之分。

1. 高等动物激素主要包括含氮激素和类固醇激素，此外，前列腺素因它的作用与激素紧密相关，故一般也将其列入激素类。

含氮激素包括氨基酸衍生物、肽类和蛋白质激素。氨基酸衍生物主要是由酪氨酸衍生的儿茶酚胺类，包括甲状腺素、肾上腺素、去甲肾上腺素等。由下丘脑、脑腺垂体、胰岛、甲状旁腺和胃肠黏膜所分泌的激素基本上都是肽类或蛋白质激素。

类固醇激素（甾类激素）包括肾上腺皮质激素和性激素。

前列腺素是脂肪酸衍生物，主要由含 20 碳的花生四烯酸转化。前列腺素的种类多，有广泛的生理效应。

2. 昆虫激素是调节昆虫的生长发育、变态、蜕皮化蛹等生理过程的活性物质，此外，有的昆虫激素还与性行为、变色等有关。研究昆虫激素在农业上有重要的用途。

3. 植物激素是刺激植物生长发育、开花结果以及产生对环境的抗逆性等生理过程的调节物质，包括生长素、赤霉素、细胞激动素、脱落酸、乙烯和油菜素内酯等。现已有多种仿天然激素人工合成的产物，并已用于农业。

Chapter 7　HORMONE CHEMISTRY

Hormone is active substance which is secreted byspecial differentiation cells of animal and plant or seine tissue cells. The quantity of hormone is very little but the function of it is very impor tant. Hormone can keep the harmony and balance of metabolism of tissues and organs. The way by which ehormone bring into play is assuch：After hormone was secreted by special cells，it was transported by blood circulation and then bring into play in corresponding target cell. One of the characteristics hormone is tissue specificity and effect specificity. Different hormone have different physiology functions.

hormone is calssified into animal hormone and plant hormone. Animal hormone is classified into senior animal hormone and insect hormone.

1. Hormones of senior animal include nitrogenous hormone and steroid hormone. Apart from these hormones，prostaglandin is included in hormone because its function is closely related to hormone

Nitrogenous hormones include derivatives of amino acid，peptide and protein hormones. Deri Vatie of ainlno acid mainly are catecholamines which is derivates from tyrosine. They include thyroxine，epinephrine and noradrenaline，etc. Hormones which are secreted by hypothalamus，hypophysis，islets of Langerhans，parathyroid gland and mucous membrane of gastrointestinal are peptide and protein hormones.

Steroid hormones include adrenocortical hormone and sex hormone.

Prostaglandin is derivative of fatty acid. It is transformed from arachidonic acid (have 20 carbon atoms). Prostaglandin have many kinds and extensive physiology functions.

2. Insect hormone is active substance which regulate the growth，development，metamorphosis and ecdysis of insects. Apart from these functions，insect hormones related to sex behaviour and changing colour. Research of insect hormone have important use in agriculture.

3. Plant hormone include auxin，gibberellin，cytokinin，abscisic acid，brassinosteroid and ethene，etc. They are regulated substances of growth，development，blossom and bear fruit of plants. There are many artificial compounds which are imitated natural hormones and have applied in agriculture.

习　题

1. 用对或不对回答下列问题。如果不对，请说明原因。
   (1) 所有动物激素都是机体自身产生的。
   (2) 下丘脑所分泌的激素都是肽类激素。
   (3) 甲状腺素是由蛋白质水解产生的酪氨酸经碘化后生成的。
   (4) 激素对代谢的调节，多数是促进性的，少数是抑制性的。
   (5) 脑下垂体（腺垂体）分泌激素均受下丘脑激素的控制。
2. 哪些激素是蛋白质类？哪些激素属于氨基酸衍生物？
3. 哪些激素与维持血糖的正常有关？
4. 哪些物质是转变成下列激素的前体？

生长素释放激素（GRH）、雄素二酮、雌素二醇、前列腺素、甲状腺素、肾上腺皮质激素。

第二篇　生命物质的化学变化

第八章　生物氧化

生物体在生命活动中所需要的能量是通过代谢物在体内的氧化而获得的，这种氧化作用不同于体外的物质氧化作用。有机物质在生物体内的氧化作用（伴随着还原作用）称为生物氧化（biological oxidation）。因为这一过程通常要消耗氧，生成二氧化碳，并且在组织细胞中进行，所以生物氧化又称组织呼吸或细胞呼吸（cellular respiration），在整个生物氧化过程中，除了消耗氧和生成 CO_2 外，还要产生水和能量。

生物氧化所要讨论的问题是：细胞如何利用氧分子把代谢物分子中的氢氧化成水；细胞如何在酶的催化下把代谢物分子中的碳变成二氧化碳；当有机物被氧化时，细胞如何将氧化时产生的能量搜集和贮存起来。

第一节　生物氧化的方式、特点和酶类

一、生物氧化中 CO_2 生成的方式

呼吸作用中所产生的二氧化碳并不是代谢物中的碳原子与氧结合产生的，而是来源于有机酸在酶催化下的脱羧作用（decarboxylation）。根据脱去二氧化碳的羧基在有机酸分子中的位置，可把脱羧作用分为 α－脱羧和 β－脱羧两种类型。脱羧过程有的伴有氧化作用，称为氧化脱羧；有的没有氧化作用，称为直接脱羧或单纯脱羧。

直接脱羧基作用（direct decarboxylation）是指代谢过程中产生的有机酸不经过氧化作用，在特异性脱羧酶（decarboxylase）的催化下，直接从分子中脱去羧基的过程。

例如，丙酮酸（pyruvic acid）和草酰乙酸（oxaloacetic acid）的脱羧：

$$\underset{\text{丙酮酸}}{CH_3COCOOH} \xrightarrow{\text{丙酮酸脱羧酶}} \underset{\text{乙醛}}{CH_3CHO} + CO_2$$

$$\underset{\text{草酰乙酸}}{HOOC \cdot CH_2 \cdot CO \cdot COOH} \xrightleftharpoons{\text{丙酮酸羧激酶}} \underset{\text{丙酮酸}}{CH_3COCOOH} + CO_2$$

氧化脱羧基作用（oxidative decarboxylation）是指代谢过程中所产生的有机酸（特别是酮酸）在特殊酶系统作用下，在脱羧基的同时也发生氧化（脱氢）作用。氧化脱羧作用不是在一种酶催化下完成的，而是需要多种酶及辅助因子，这些酶和辅助因子统称为氧化脱羧酶系统（oxidative decarboxylase system）。

例如，丙酮酸在丙酮酸氧化脱羧酶系（pyruvate oxidative decarboxylase system）的催化下就可发生氧化脱羧：

$$\underset{\text{丙酮酸}}{CH_3COCOOH} + \underset{\text{辅酶 A}}{CoA_{SH}} + NAD^+ \longrightarrow \underset{\text{乙酰 CoA}}{CH_3CO\sim sCoA} + CO_2 + NADH + H^+$$

无论直接脱羧还是氧化脱羧，根据脱下的羧基在原羧酸分子上所处位置的不同，又分为

α—脱羧（脱去α—羧基）和β—脱羧（脱去连于β碳原子上的羧基）。

二、生物氧化中物质氧化的方式

根据化学上的定义：一种原子在反应中失去了电子，该原子就被氧化了；一种原子在反应中获得了电子，该原子就被还原了。在化合价上的反应是：一种原子被氧化，其化合价数成代数地增加；一种原子被还原，则其化合价数成代数地减少。

生物氧化中物质的氧化核心仍然是失去电子．但在表现形式上有失电子、脱氢、加氧和加水脱氢等方式，其中脱氢和加水脱氢最为常见。许多脱氢酶催化的反应就是使底物脱氢氧化。加水脱氢是在底物分子上先加1分子水，再脱氢，这种方式具有重要的意义。

例如，醛氧化为酸的过程，首先是醛分子结合1分子水，而后脱去2个氢原子（一对质子和一对电子)，其总结果是醛分子加入了一个来自水分子的氧原子，总反应仍表现为失去电子。

$$R-\overset{\overset{H}{|}}{\underset{\underset{O}{\|}}{C}} \xrightarrow{H_2O} \left[R-\overset{OH}{\underset{OH}{C}}-H \right] \longrightarrow R-\overset{OH}{\underset{\underset{O}{\|}}{C}} + 2H^+ 2e^-$$

因为体内并不存在游离的电子或氢原子，故上述氧化反应中脱下的电子或氢原子必须由另一物质所接受，这种接受电子或氢原子的物质称为受电子体或受氢体，而供给电子或氢原子的物质称为供电子体或供氢体。失电子、脱氢、加氧都称为氧化；得电子、加氢、脱氧则称为还原。由此可见，有物质被氧化，必有物质被还原。被氧化的物质称为还原剂(reduetant)，被还原的物质称为氧化剂（oxidant)。氧化与还原是偶联发生的，故称为氧化还原反应（oxidation-reduction reaction)。通常，将生物体内的氧化还原反应简称为生物氧化。

应当注意的一个重要事实是：在生物体内发生氧化还原反应的同时，有能量的释放和转换。

三、生物氧化的特点

生物氧化作用和常见的燃烧现象（一种剧烈的氧化现象）在本质上没有什么不同，但在表现形式上却有很大差别。体外的物质燃烧通常是在干燥、高温下进行的，热能以骤发的形式释放出来，并伴有光和热的产生。生物氧化作用都是在活细胞内的水溶液中（pH近乎中性以及体温条件下）进行的，进行的途径迂回曲折、有条不紊，其能量是逐步释放的，这有利于机体对能量的截获与利用。

水对体外燃烧是一种灭火剂，但在体内，水不仅为生物氧化提供氧化的环境，而且它还直接参加生物氧化过程。体内生物氧化广泛存在的加水脱氢方式为代谢物提供了很多的脱氢机会，使生物能获取更多的能量。如果单纯从代谢物上脱氢，数量有限，不能完成能量释放的需要。以葡萄糖为例，每分子葡萄糖含12个氢原子，由于每次脱2个氢原子，所以只能进行6次脱氢反应。按每2个氢原子氧化成水能生成2.5分子ATP计算，只能生成15分子ATP，但在糖代谢过程中多次出现加水脱氢反应，结果每分子葡萄糖在体内氧化后可以生成32（或30）分子ATP。

四、参与生物氧化的酶类

凡是参与生物体内氧化还原反应的酶类都可称为生物氧化还原酶。它包括脱氢酶（使代谢物的氢激活）、氧化酶（使受氢体的氧激活）、传递体（传递氢或电子）以及其他一些酶类。这些酶类主要存在于线粒体中，故生物氧化主要在线粒体内进行。此外，在微体等其他细胞器中也发生生物氧化过程，不过所产生的能量不能加以利用。

1．脱氢酶（dehydrogenase）

脱氢酶的作用是使代谢物的氢活化、脱落，并传递给其他受氢体或中间传递体。

这类酶有个显著的特点，即在离体实验中，它可以甲烯蓝（methylene blue，简写为MB）为受氢体，使蓝色的氧化型甲烯蓝还原成无色的还原型甲烯蓝。

MB	+	E·2H	$\rightleftharpoons$	MBH_2	+	E
氧化型甲烯蓝（蓝色）		脱氢酶（还原型）		还原型甲烯蓝（无色）		脱氢酶（氧化型）

$$[\text{氧化型甲烯蓝}]Cl^- \underset{-2H}{\overset{+2H}{\rightleftharpoons}} [\text{还原型甲烯蓝}]Cl^-$$

氧化型甲烯蓝（蓝色）　　还原型甲烯蓝（无色）

根据所含辅因子的不同，可将脱氢酶分为两类：

（1）以黄素核苷酸为辅基的脱氢酶

黄素核苷酸有两种，即黄素单核苷酸（FMN）和黄素腺嘌呤二核苷酸（FAD）。它们的结构见第六章。

这类酶都以黄素单核苷酸（FMN）或黄素腺嘌呤二核苷酸（FAD）为辅基，因此称为黄素酶（flavoenzyme）。黄素核苷酸与酶蛋白一般不以共价键连接，但是，它们的结合仍然是十分牢固的（解离常数为10^{-8}～10^{-11}），只有在高离子强度及低 pH 下才被解离。在这类酶中也有共价键连接的，例如琥珀酸脱氢酶，酶蛋白与 FAD 以共价键连接。

这类酶是直接催化底物（SH_2）脱下一对氢原子，由 FMN 或 FAD 接受。

$$SH_2 + E-FMN \rightleftharpoons S + E-FMNH_2$$

$$SH_2 + E-FAD \rightleftharpoons S + E-FADH_2$$

根据受氢体的不同，这类酶又可分为两类：

①需氧黄酶（aerobic flavoenzyme）。这是以氧为直接受氢体，氢与氧结合生成 H_2O_2。其氧化底物的方式可表示为：

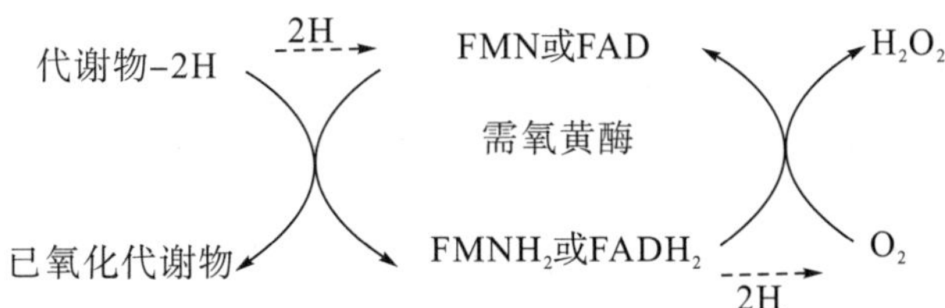

例如，氨基酸脱氢酶（习惯上也称氨基酸氧化酶）催化氨基酸氧化脱氨，分两步进行，首先氧化脱氢生成亚氨酸，而后再加水生成酮酸及 NH_3。

$$H-\underset{\underset{COOH}{|}}{\overset{\overset{R}{|}}{C}}-NH_2+O_2 \longrightarrow \underset{\underset{COOH}{|}}{\overset{\overset{R}{|}}{C}}=NH+H_2O_2 \qquad \underset{\underset{COOH}{|}}{\overset{\overset{R}{|}}{C}}=NH+H_2O \longrightarrow \underset{\underset{COOH}{|}}{\overset{\overset{R}{|}}{C}}=O+NH_3$$

②不需氧黄酶（anaerobic flavoenzyme）。这是指不以氧为直接受氢体，催化代谢物脱下的氢首先传给中间传递体，最后才传给分子氧而生成 H_2O。属于这类酶的有琥珀酸脱氢酶（以 FAD 为辅基）、NADH 脱氢酶（以 FMN 为辅基）、脂肪酰 CoA 脱氢酶（FAD）和 α－磷酸甘油脱氢酶（FAD）等。其作用方式为：

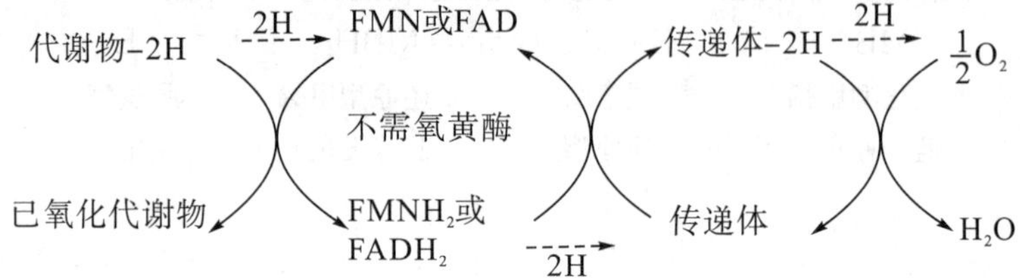

（2）以烟酰胺核苷酸为辅酶的脱氢酶

这类脱氢酶以 NAD（CoⅠ）或 NADP（CoⅡ）为辅酶。催化代谢物脱氢，由 NAD^+ 或 $NADP^+$ 接受，然后将氢交给中间传递体，最后传给分子氧生成 H_2O。因为不能直接以氧为受氢体，所以这类酶与不需氧黄酶一样，属于不需氧脱氢酶（anaerobic dehydrogenase）。这类酶较多，现已发现 200 多种，一些常见的列于表 8－1 中。

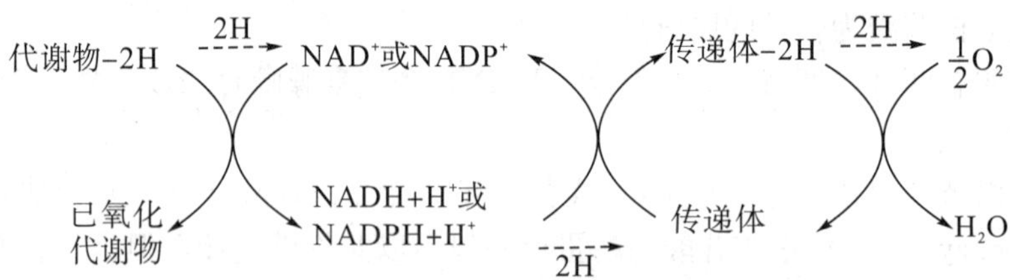

表 8－1　一些重要的烟酰胺核苷酸脱氢酶

酶	辅　酶	催化的反应
醇脱氢酶	NAD^*	乙醇⇌乙醛　维生素 A⇌视黄醛
异柠檬酸脱氢酶	NAD	异柠檬酸⇌草酸琥珀酸⇌α－酮戊二酸＋CO_2
异柠檬酸脱氢酶	NADP	异柠檬酸⇌α－酮戊二酸＋CO_2
β－羟丁酸脱氢酶	NAD	β－羟丁酸⇌乙酰乙酸
β－羟脂酰 CoA 脱氢酶	NAD	β－羟脂酸 CoA⇌β－酮脂酸 CoA
乳酸脱氢酶	NAD	L—乳酸⇌丙酮酸
苹果酸脱氢酶	NAD	L—苹果酸⇌草酰乙酸
苹果酸酶	NADP	L—苹果酸⇌丙酮酸＋CO_2
胆碱脱氢酶	NAD	胆碱⇌三甲铵乙醛
3－磷酸甘油醛脱氢酶	NAD	3—磷酸甘油醛＋磷酸⇌1，3－二磷酸甘油酸

续表

酶	辅 酶	催化的反应
6－磷酸葡萄糖脱氢酶	NADP	6—磷酸葡萄糖⇌6－磷酸葡萄糖酸
谷氨酸脱氢酶	NAD 或 NADP	L—谷氨酸⇌α－酮戊二酸＋NH_3
谷胱甘肽脱氢酶	NADP	还原型谷胱甘肽⇌氧化型谷胱甘肽
胱氨酸还原酶	NAD	胱氨酸⇌2 半胱氨酸
α－酮戊二酸脱氢酶	NAD	α－酮戊二酸＋CoA⇌琥珀酰 CoA＋CO_2
丙酮酸脱氢酶	NAD	丙酮酸＋CoA⇌乙酰 CoA＋CO_2
类固醇脱氢酶	NADP	类固醇⇌类固酮

* NAD 及 NADP 的结构见第六章。

2. 氧化酶（oxidase）

在生物氧化过程中，以氧为直接受氢体的氧化还原酶类称为氧化酶，例如细胞色素氧化酶、抗坏血酸氧化酶等。这类酶是激活氧，把来自传递体的氢传给活化的氧而生成水。氧化酶一般是含金属 Cu 的结合蛋白质，当这些金属离子从还原态转变为氧化态时，就把电子传给分子氧，使氧激活，从而容易与质子结合生成水。

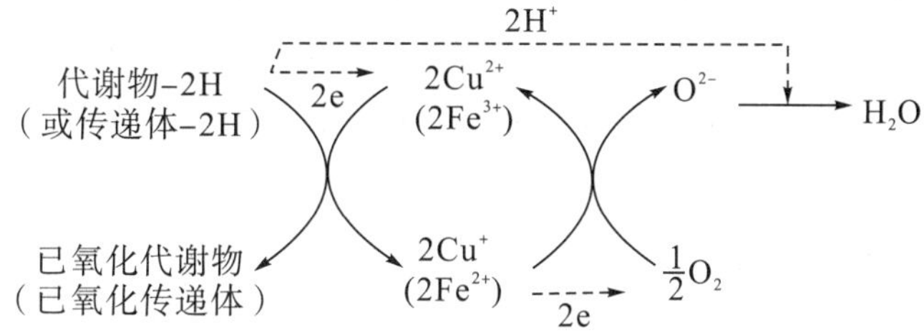

3. 加氧酶（oxygenase）

催化加氧反应的酶称为加氧酶。根据底物分子中加入的氧原子数目不同，又分为加单氧酶（monoxygenase）和加双氧酶（dioxyenase）。加单氧酶是将一个氧原子加到底物分子上，一些羟化酶（hydroxygenase）即属于此类。加双氧酶是将分子氧中的两个氧原子分别加到底物分子中构成双键的两个碳原子上。

4. 传递体（carrier）

传递体是生物氧化过程中起着中间传递氢或传递电子作用的物质，它们既不能使代谢物脱氢，也不能使氧活化。传递体只存在于由不需要脱氢酶所催化的代谢物脱氢的生物氧化体系中。有的传递体起着传递氢原子的作用，这种传递体叫递氢体（hydrogencarrier），主要有黄素蛋白传递体及辅酶 Q（CoQ）。有的传递体起着传递电子的作用，故称为递电子体（electron carrier），主要有细胞色素及铁硫蛋白。这些传递体递氢（或递电子）的机制将在第二节讨论。

第二节　线粒体氧化体系

机体内存在着多种生物氧化体系，其中最重要的是存在于线粒体内的细胞色素氧化酶体系，或称线粒体氧化体系。此外，还有微粒体氧化体系、过氧化物体氧化体系以及存在于植物和微生物中的多酚氧化酶体系、抗坏血酸氧化酶体系等。本节讨论线粒体氧化体系，其他氧化体系将在下节讨论。

一、呼吸链的概念

细胞内的线粒体是生物氧化的主要场所。线粒体的主要功能是将代谢物脱下的氢通过多种酶及辅酶所组成的传递体系的传递，最后与氧结合生成水。这个过程由一系列连续的反应组成，它包括代谢物的脱氢、氢及电子的传递以及受氢体的激活。

由供氢体、传递体、受氢体以及相应的酶系统所组成的这种代谢体系，一般称为生物氧化还原链。如果受氢体是氧，则称为呼吸链（respiratory chain）。呼吸链的作用是将氢和电子传给氧，递氢实际上也是传递电子，因此呼吸链又称为电子传递链（electro transfer chain）。

按照生物氧化过程中最初的氢和电子受体的性质，呼吸链可分为 NADH 呼吸链、FADH 呼吸链和细胞素 P_{450}呼吸链。前两种呼吸链位于原核细胞的细胞膜和真核细胞的线粒体内膜，它们的主要功能是通过氧化磷酸化（见本章第四节）产生 ATP，我们下面主要讨论这两种呼吸链。第三种呼吸链在真核细胞位于内质网，它并不能产生 ATP，其主要功能是参与某些代谢物的合成或降解。

二、呼吸链的组成成分

至今已发现的构成整个呼吸链的组成成分有 20 多种，大体上可分为 5 类：

1. 以 NAD 或 NADP 为辅酶的脱氢酶

这是一类不需氧脱氢酶，首先激活代谢物上特定位置的氢，并使之脱落，脱下来的氢由酶的辅酶 NAD^+（CoⅠ）或 $NADP^+$（CoⅡ）接受。NAD^+ 和 $NADP^+$ 在生理 pH 条件下，其吡啶氮为五价氮，它能可逆地接受电子成三价氮。从代谢物分子上脱下的两个氢原子，其中一个加合到吡啶环氮对位的碳原子上；另一个氢原子分裂为质子（H^+）和电子（e^-）两部分，电子和吡啶环上的五价氮（N^+）结合，中和了它的正电荷，而变为三价氮，质子则留在介质中。为简化起见，文献中通常将上述反应以下式表示：

$$NAD^+ + 2H \rightleftharpoons NADH + H^+ \qquad NADP^+ + 2H \rightleftharpoons NADPH + H^+$$

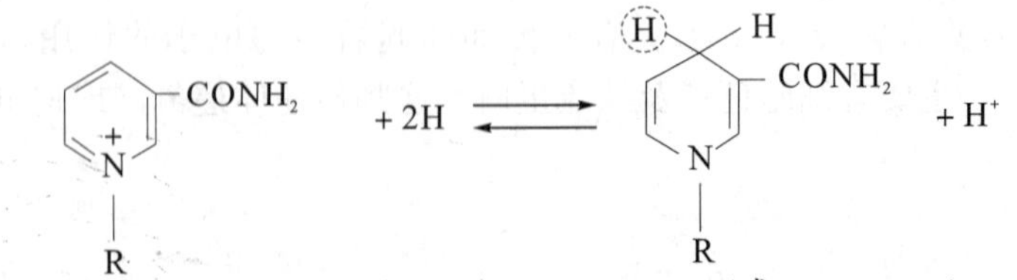

NAD^+或$NADP^+$（氧化态） + 2H ⇌ NADH+H^+或NADPH+H^+（还原态） + H^+

NAD^+ 和 $NADP^+$ 因含有腺嘌呤和吡啶环，在 260 nm 处有一吸收峰，当它们还原成

NADH 和 NADPH 后，在 260 nm 处的吸收峰值下降，而在 340 nm 处出现一新的吸收峰。根据这个特点可以测定该辅酶的还原态与氧化态，并用于这类脱氢酶的活力测定。

2. 黄素酶（flavoenzyme）

这是一类以黄素核苷酸（FMN 或 FAD）为辅基的不需氧脱氢酶。它们催化代谢物脱下来的两个氢原子由辅基 FMN 或 FAD 接受，从而变成还原态的 $FMNH_2$ 或 $FADH_2$。氧化态的黄素核苷酸接受的两个氢加在异咯嗪（isoalloxazine）的 N_1 和 N_{10} 位上。氧化态的黄素核苷酸呈黄色，在 450 nm 处有一吸收峰，当其接受氢转变为还原态后，黄色消退为无色，450 nm 处的吸收峰值下降。

$$\text{FMN或FAD（氧化态）} \underset{-2H}{\overset{+2H}{\rightleftharpoons}} FMNH_2\text{或}FADH_2\text{（还原态）}$$

3. 铁硫蛋白（iron-sulfur protein）

铁硫蛋白（或称铁硫中心）是存在于线粒体内膜上的一种与电子传递有关的蛋白质。最早发现的一种是厌氧菌中的铁氧还蛋白（ferredoxin），后来又从高等植物中分离出类似的蛋白质，它们存在于叶绿体中，参与光合作用的电子传递。在线粒体中也存在这类与呼吸作用相关的电子传递蛋白。它们的辅基含有非血红素铁（nonheme iron）和对酸不稳定的硫，故名铁硫蛋白，其辅基称为铁硫簇（iron-sulfur cluster，Fe—S）。

现已发现的铁硫蛋白可分为 3 类：第一类含有铁，但没有无机硫。此类铁硫蛋白上的单个 Fe 与 4 个半胱氨酸残基上的巯基 S 相连；第二类含有两个铁和两个无机硫（用 2Fe—2S 表示），其中每个 Fe 与两个无机 S 和两个半胱氨酸残基的巯基 S 相结合；第三类含有 4 个铁和 4 个无机硫（4Fe—4S），其中的 Fe 与 S 相间排列在一个正六面体的 8 个顶点。此外 4 个 Fe 还各与 1 个半胱氨酸残基上的巯基 S 相连（图 8—1）。

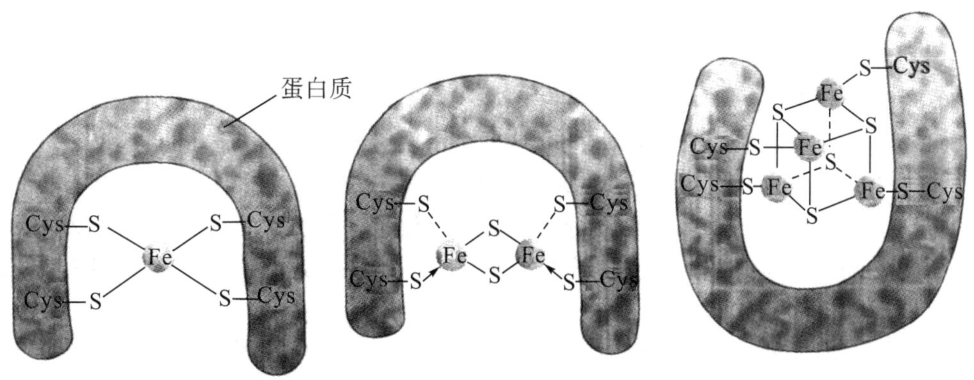

图 8—1　三类铁硫蛋白的结构

铁硫蛋白在线粒体内膜上往往与其他递氢体或递电子体结合成复合物，通过亚铁

(Fe^{2+}) 与高铁 (Fe^{3+}) 的互变而传递电子。铁硫蛋白是一种单电子传递体，因此，每一次只有一个铁 (Fe^{3+}) 被还原 (Fe^{2+})。铁硫蛋白在生物氧化中不仅参加线粒体氧化体系，而且也参加某些微粒体氧化体系。

4. 辅酶 Q (coenzme Q，CoQ)

辅酶 Q 是一种脂溶性的醌类物质，广泛存在于生物体内，故又称为泛醌 (ubiquinone，UQ)。CoQ 有许多种，它随着生物种类的不同而异。其结构是醌的衍生物，不同的 CoQ 主要是侧链异戊二烯基的数目不同。

$$\text{环上: } H_3CO-,\ H_3CO-,\ -CH_3,\ -[CH_2CH{=}C(CH_3)-CH_2]_nH;\ \text{两个 } =O$$

辅酶 Q 的结构通式

辅酶 Q 有两种表示方法：最常用的一种是表示出侧链异戊二烯基的数目 CoQ_n。例如 CoQ_6 表示有 6 个异戊二烯单位，CoQ_{10} 表示有 10 个异戊二烯单位等。哺乳动物一般为 CoQ_{10}，其他生物为 $CoQ_{6\sim9}$。另一种是以侧链碳原子的数目来表示，即 UQ_n。例如 UQ_{50} 表示异戊二烯侧链有 50 个碳原子，它相当于 CoQ_{10}。异戊二烯链的作用是使 CoQ 具有疏水性，便于在线粒体内膜的脂双分子层中迅速移动。

CoQ 是呼吸链中与蛋白质结合较疏松的一种辅酶，它可以结合到膜上（真核生物的线粒体内膜，原核生物的质膜），也可以游离存在。在电子传递链中处于中心地位。

CoQ 的醌型结构可以结合两个氢而被还原为氢醌型，因此，它在呼吸链中是一种递氢体。它一次接受两个氢，即两个质子和两个电子，质子游离于线粒体基质中，两个电子分两次传给单电子传递体。

$$\text{氧化型 CoQ (}H_3CO-,\ H_3CO-,\ -CH_3,\ -R;\ =O,\ =O) \underset{-2H}{\overset{+2H}{\rightleftharpoons}} \text{还原型 CoQ (}H_3CO-,\ H_3CO-,\ -CH_3,\ -R;\ -OH,\ -OH)$$

氧化型 CoQ　　　　还原型 CoQ

5. 细胞色素 (cytochrome，Cyt)

细胞色素是属于色蛋白类的结合蛋白，其辅基是含铁卟啉 (ironporphyrin) 的衍生物（称为血红素）。各种细胞色素的辅基结构略有不同，根据所含辅基的差异而将细胞包素分为若干种，迄今已发现的细胞色素有 30 多种，但在细胞内参与生物氧化的，在线粒体中有细胞色素 a、b、c 和 c_1 等几种，称为细胞色素体系。还有一种细胞色素 a_3，又称为细胞色素氧化酶 (cytochrome oxidase)，它不属于传递体，而是氧化酶。此外，微粒体中还有 b_5、P_{450} 等。

细胞色素 b 因最大光吸收峰的差异可分为几个亚类，在呼吸链中主要有两种：一种为 b_{562} 或称 b_L（最大吸收波长为 562 nm），另一种为 b_{566} 或称 b_H（最大吸收波长为 566 nm）。Cyt b 的辅基是血红素 B，Cyt a 的辅基是血红素 A。根据光谱分析，至今尚未将 a 和 a_3 分开，故有人将其统称为 Cyt aa_3 复合体。复合体中除含 2 个铁卟啉外，还含有 2 个铜原子。

Cyt c 所含色素为血红素 C。这些血红素的区别仅在于卟啉的侧链基团不同（图 8−2）。

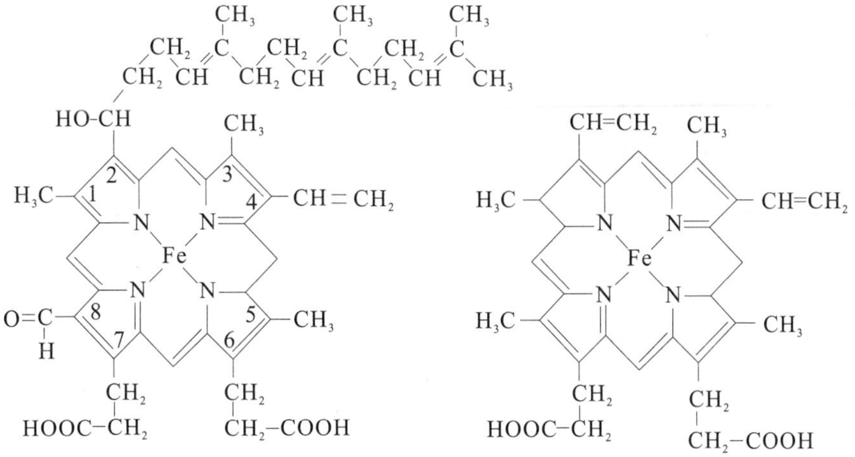

血红素A

血红素B

图 8−2 细胞色素 a 和 b 的辅基

线粒体中的细胞色素绝大部分和内膜紧密结合，只有 Cyt c 结合较松，较容易分离纯化，因此，对 Cyt c 的结构研究较其他细胞色素清楚。

大多数细胞色素的铁卟啉是以非共价键和酶蛋白结合，而细胞色素 C 的血红素则是通过卟啉上乙烯基的 2−碳和酶蛋白半胱氨酸的巯基连接成硫醚键（thioether bond），这是细胞色素中辅基和酶蛋白以共价键结合的惟一例子（图 8−3）。

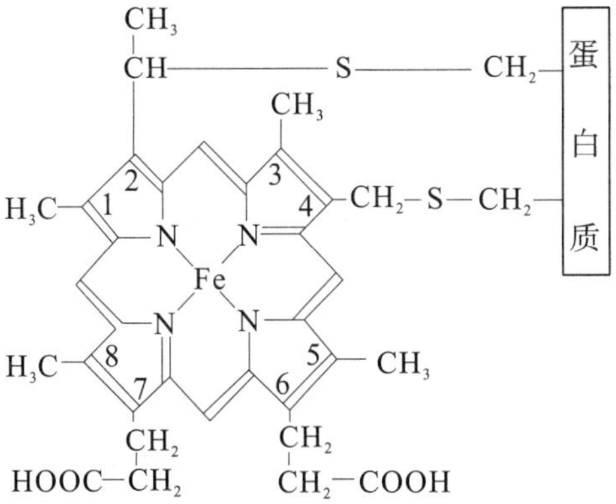

图 8−3 细胞色素 c 中辅基同酶蛋白的连接方式

细胞色素类在生物体内氧化还原过程中的作用与黄素传递体及辅酶 Q 不同，它们不是传递氢原子，而是通过铁卟啉中的铁原子氧化还原而往复传递电子，因而属于电子传递体。传递电子的方式如下：

$$2Cyt \cdot Fe^{3+} + 2e^- \rightleftharpoons 2Cyt \cdot Fe^{2+}$$

在各种细胞色素中，只有细胞色素 a_3（或 aa_3）可以直接以氧分子为电子受体，因此 a_3 又称为细胞色素氧化酶（cytochrome oxidase）。这个酶含有两个血红素 a 和两个 Cu，两个血红素 a 虽然化学结构相同，但由于处于酶的不同部位，具有不同的性质，因此一个称为 Cyta，一个称为 $Cyta_3$。此酶在电子传递过程中，其分子中的铜可发生 $Cu^+ \rightleftharpoons Cu^{2+} + e$ 的互变，电子最终传给氧使氧变为活化氧（O^{2-}）而与 $2H^+$ 结合成水。

$Cytaa_3$ 和内质网上的 $CytP_{450}$ 辅基中的铁原子只形成了 5 个配位键，因此可能与 O_2 再形成一个配位键，从而将上游传过来的电子直接交给氧，但它们也可与 CO、氰化物、H_2S 或叠氮化物等含有孤对电子的物质形成一个配位键。如果 $Cytaa_3$ 与 O_2 以外的上述物质结合，就会阻断整个呼吸链的电子传递，引起中毒（见本章末）。

三、呼吸链中各组分的排列顺序

呼吸链中各成员在线粒体内膜上是如何排列的？它们的排列顺序主要是根据下列几个方面的实验结果，并加以综合分析而得出来的。①根据各组分的标准氧化还原电位，由低到高的顺序排列（见表 8−2）。电位低的容易失去电子（被氧化），电位高的容易接受电子（被还原）；②用胆酸和脱氧胆酸等化学试剂可将呼吸链从线粒体内膜上分离出几个复合体（见本章第四节），分析每个复合体的成分，然后再进行重组；③利用呼吸链的各种特异抑制剂阻断呼吸链（见本章第四节），在阻断部位前的组分处于还原状态，阻断后的组分处于氧化状态。各组分氧化态和还原态的吸收光谱不同，而加以鉴定。

1. NADH 氧化呼吸链

这是细胞内最主要的呼吸链，因为生物氧化过程中绝大多数脱氢酶都是以 NAD^+ 为辅酶，当这些酶催化代谢物脱氢后，脱下来的氢使 NAD^+ 转变为 NADH，后者通过这条呼吸链将氢最终传给氧而生成水。NADH 呼吸链各成员的排列如图 8−4，

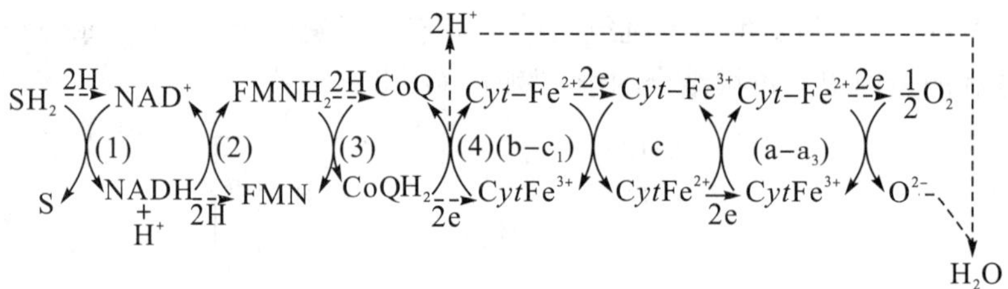

图 8−4　NADH 氧化呼吸链

如图 8−4 所示，底物在相应脱氢酶的催化下脱氢（$2H^+ + 2e$），脱下的氢交给 NAD^+ 生成 $NADH + H^+$；在 NADH 脱氢酶（一种含铁硫中心的黄素酶复合体，或称黄素蛋白传递体）作用下，NADH 中的一个 H 和一个 e 以及介质中的 H^+ 又传给此传递体的辅基 FMN，使生成 $FMNH_2$；$FMNH_2$ 将 2H 传给 CoQ 而生成 $CoQH_2$；$CoQH_2$ 中的 2H 分裂成 $2H^+$ 和 2e，$2H^+$ 游离于介质中，而 2e 则通过一系列的细胞色素（称为细胞色素体系，包括 b，c，c_1 和 a）的传递，最后由细胞色素氧化酶（a_3）将两个电子交给氧，使氧活化（O^{2-}），已活化的氧 O^{2-} 即与介质中的 $2H^+$ 结合生成 H_2O。

上述细胞色素体系中的各种细胞色素也有一定的排列顺序（即 $b \to c_1 \to c \to a$）。细胞色素为单电子传递体，故一般认为每次应有两分子细胞色素参与电子传递反应。这个途径的细胞色素 b 有两种，分别在 562 nm 及 566 nm 处有最大吸收，故分别称为 b_{562} 和 b_{566}。

在 NADH 呼吸链中，已知至少有 7 个不同的铁硫中心，4 个在 NADH 脱氢酶复合体中，2 个与细胞色素 b 有关，还有 1 个与细胞色素 c_1 有关。

关于 NADPH 如何进入呼吸链的问题，一般认为 NADPH 大多数在线粒体外生成，主要用于合成代谢。线粒体也可生成少量 NADPH，它是在转氢酶（transhydrogenase）的催化下将氢先传给 NAD^+，再进入呼吸链的。NADH 脱氢酶也具有这种转氢作用。

$$NADPH + H^+ + NAD^+ \xrightleftharpoons{\text{转氢酶}} NADP^+ + NADH + H^+$$

2. FADH 氧化呼吸链

以琥珀酸的氧化为例。这个呼吸链由琥珀酸脱氢酶复合体、CoQ 和细胞色素组成。其中琥珀酸脱氢酶复合体包括 FAD、铁硫中心和另一种细胞色素 b（称为 b_{558}）。这种细胞色素 b 与处于 CoQ 和细胞色素 c_1 之间的细胞色素 b 不同。FADH 氧化呼吸链的电子传递途径如图 8－5。

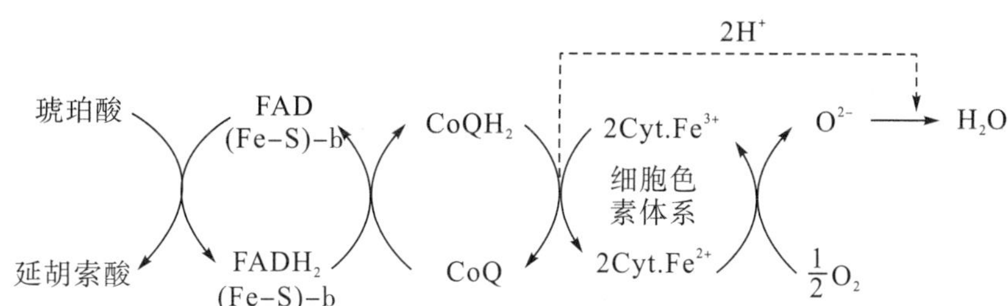

图 8－5　FADH 酸氧化呼吸链

由图 8－5 可见，FADH 氧化呼吸链与 NADH 氧化呼吸链的区别在于从琥珀酸（或其他黄素酶催化的底物）分子中脱下的氢原子不经 NAD^+，而直接传递给黄素酶的辅基 FAD^+。现已知，除琥珀酸外，线粒体中脂酰辅酶 A 和 α－磷酸甘油的脱氢氧化也是通过类似的途径，即从底物脱下的氢由黄素酶传递给 CoQ。由此可见，CoQ 是线粒体中上述两种呼吸链的汇合点。

现将线粒体中某些重要底物氧化时的呼吸链总结于图 8－6。

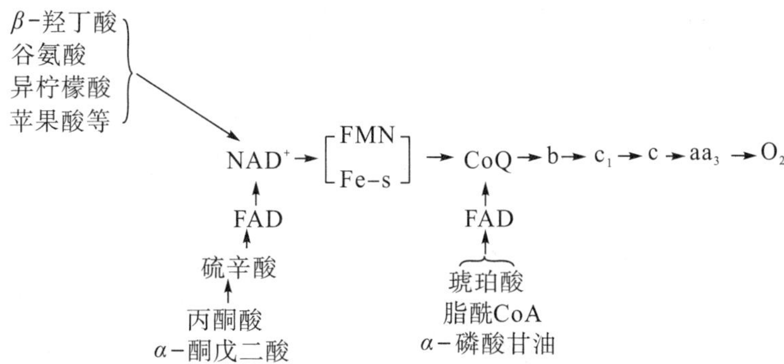

图 8－6　线粒体中某些底物氧化的呼吸链

第三节　非线粒体氧化体系

在高等动植物细胞内，线粒体氧化体系是主要的氧化体系，此外，还有其他一些氧化体系。如微粒体或过氧化体中的氧化体系、高等植物中的一些氧化体系等。这些氧化体系一般没有能量的贮存与利用。

一、微粒体氧化体系（加氧体系）

微粒体（microsome）中存在一类加氧酶（oxygenase），这类加氧酶也参与物质的氧化作用。这类酶催化的氧化反应不是使底物脱氢或失电子，而是加氧到底物分子上。加氧酶类可分为加双氧酶和加单氧酶两类。

1. 加双氧酶类（dioxygenases）

催化氧分子直接加到底物分子上：

$$R+O_2 \longrightarrow RO_2$$

如色氨酸吡咯酶（tryptophan pyrrolase）、β−胡萝卜素加双氧酶等，它们催化两个氧原子分别加到构成双键的两个碳原子上。

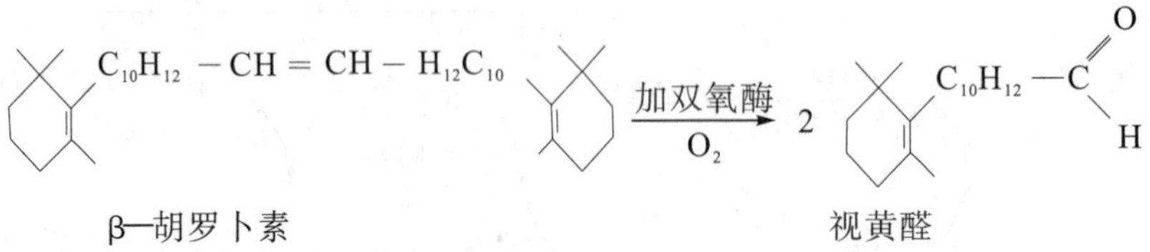

$$C_{10}H_{12}-CH=CH-H_{12}C_{10} \xrightarrow[O_2]{\text{加双氧酶}} 2\ C_{10}H_{12}-CHO$$

β—胡罗卜素　　　　视黄醛

2. 加单氧酶类（monoxygenases）

这类酶催化在底物分子上加一个氧原子的反应，许多羟化反应都属于这种情形，因此这类酶又称为**羟化酶**（hydroxygenase）。在反应中，参加反应的氧分子 O_2 起了“混合”的功能：一个氧原子进入底物分子中，另一个氧原子还原为水，因此，也有人将此类酶称为**混合功能氧化酶**（mixed fuction oxidase）。这类酶所催化的加氧反应，可表示如下：

$$RH+NADPH+H^{+}+O_2 \longrightarrow ROH+NADP^{+}+H_2O$$

加单氧酶并不是一种单一的酶。而是一个酶体系。这个体系的全部成员至今尚未完全清楚，但至少包括两种分子。一种是细胞色素 P_{450}，这是一种含铁卟啉辅基的 b 族细胞色素，因为它与一氧化碳结合时，在 450 nm 波长处有最大吸收峰而得名。P_{450} 的作用类似于细胞色素 aa_3，能与氧直接反应，也是一种终末氧化酶。另一种成分是 NADPH－细胞色素 P_{450} 还原酶，辅基是 FAD，催化 NADPH 和细胞色素 P_{450} 之间的电子传递。另外，加单氧酶体系中可能还存在细胞色素 b_5，以及另一种催化 NADPH 与 b_5 间电子传递的黄素酶。有时上述黄素酶与铁硫蛋白形成复合体。在完整的细胞中，这些酶大部分存在于滑面内质网上，少数存在于线粒体中。

加单氧酶的作用机制：各种加单氧酶的底物（RH）在滑面内质网上先与氧化型细胞色素 P_{450}（$P_{450}—Fe^{3+}$）结合，形成底物复合物（$P_{450}—Fe^{3+}—RH$）；在 NADPH 细胞色素 P_{450} 还原酶的催化下，由 NADPH 供给电子（H^{+} 留于介质中），经 FAD 传递而使氧化型复合物还原成还原型复合物（$P_{450}—Fe^{2+}—RH$），此复合物与分子氧作用，产生含氧复合物（$P_{450}—Fe^{2+}—RH$，O_2 结合于其上），后者再接受一个电子，使分子活化而生成（$P_{450}—Fe^{3+}—ROH$），同时氧分子中另一个氧原子被电子还原，并和介质中的 H^{+} 结合成水；最后，复合物释放出氧化产物而完成整个氧化过程（图 8−7）。

用于还原的两个电子各来自半个 NADPH 分子，其总和相当于消耗一分子 NADPH。其中第二个电子供体也可以是 NADH，但其传递过程尚不十分清楚。

微粒体中的加氧反应虽然不能产生可供利用的能量（不产生 ATP），但在体内多种物质的代谢中也是不可缺少的。例如，类固醇激素的合成、维生素 D 的活化（1 位的羟化由加单氧酶催化）、胆汁酸、胆色素代谢、某些毒物和药物的转化等都需加单氧酶的催化作用。

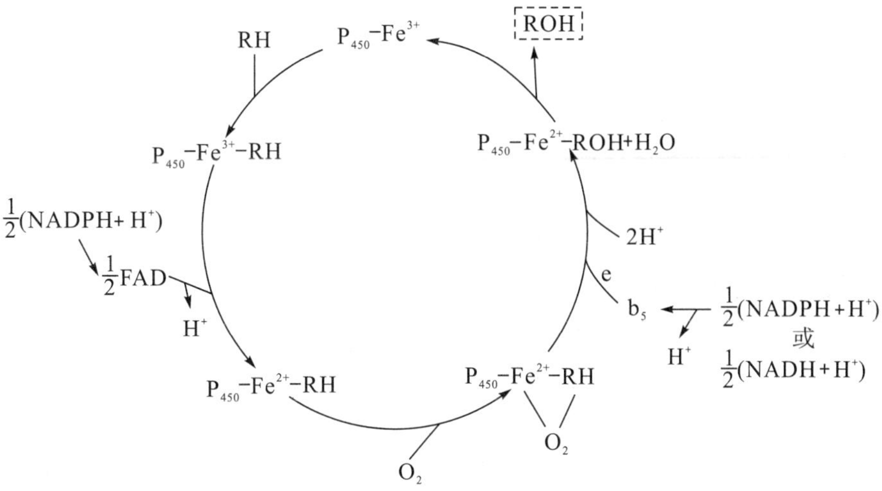

图 8－7　加单氧酶作用机制

二、过氧化体氧化体系

过氧化体（或称过氧物酶体，peroxisome）即微体（microbody），它是细胞内也能进行生物氧化还原的细胞器。它主要含过氧化氢酶（catalase）和过氧化物酶（peroxidase）等，这些酶能催化另一些氧化还原反应。

1. 过氧化氢的生成

过氧化体中含有较多的需氧脱氢酶，此酶可以催化 L－氨基酸、D－氨基酸、黄嘌呤等化合物脱氢氧化，产物之一为过氧化氢（H_2O_2）。

例如：

$$\underset{\text{氨基酸}}{H-\underset{COOH}{\overset{R}{\underset{|}{\overset{|}{C}}}}-NH_2}\xrightarrow[\text{氨基酸氧化酶}]{O_2,\ H_2O}\underset{\alpha-\text{酮酸}}{\underset{COOH}{\overset{R}{\underset{|}{\overset{|}{C}}}}=O}+NH_3+H_2O_2$$

$$\text{黄嘌呤}\xrightarrow[\text{黄嘌呤氧化酶}]{+H_2O}\cdots\xrightarrow{H+O_2}\text{尿酸}+H_2O_2$$

此外，在人体及动物的中性粒细胞中还存在 NADH 氧化酶和 NADPH 氧化酶，分别可将糖脂代谢产生的 NADH 及 NADPH 与氧结合氧化产生 H_2O_2。

$$NADH+H^++O_2\xrightarrow{\text{NADH 氧化酶}}NAD^++H_2O_2$$

$$NADPH+H^++O_2\xrightarrow{\text{NADH 氧化酶}}NADP^++H_2O_2$$

在呼吸链终末氧化酶或加氧酶的反应中，每分子氧需接受 4 个电子才能完全还原生成氧离子，并进一步生成水。如果接受的电子不足，就形成超氧化基团（O_2^-）或过氧化基团（O_2^{2-}）；后者在接受 $2H^+$ 后即形成 H_2O_2，而前者在线粒体或胞液中**超氧化物歧化酶**（superoxide dismutase，缩写 SOD）的催化下与 H^+ 作用，一个 O_2^- 被氧化成 O_2，另一个

O_2^- 被还原成 H_2O_2，也可能是体内 H_2O_2 的重要来源。

$$O_2+4e \longrightarrow 2O^{2-} \xrightarrow{4H^+} 2H_2O$$

$$O_2+2e \longrightarrow O_2^{2-} \xrightarrow{2H^+} H_2O_2$$

$$O_2+e \longrightarrow O_2^-$$

$$2O_2^- + 2H^+ \xrightarrow{\text{超氧化物歧化酶}} H_2O_2 + O_2$$

2. 过氧化氢的处理和利用

某些组织产生的 H_2O_2 具有一定的生理意义，它可以作为某些反应的反应物。例如，在粒细胞和巨噬细胞中，过氧化氢可以杀死吞噬进来的细菌，在甲状腺中 H_2O_2 参与酪氨酸的碘化反应等。但对大多数组织来说，H_2O_2 是一种毒物，它可以氧化某些具有重要生理作用的含巯基的酶和蛋白质，使之丧失活性；还可以将细胞膜磷脂分子高度不饱和脂肪酸氧化成脂性过氧化物，结果使磷脂功能阻碍，对生物膜造成严重损伤。如红细胞膜被损伤就易发生溶血，线粒体膜被损伤，则能量代谢受阻；脂性过氧化物与蛋白质结合形成的复合物进入溶酶体（lysosome）后不易被酶分解或排出，就可能形成一种棕色的称为脂褐质（lipofuscin）的色素颗粒，这与组织的老化有关。因此，在许多情况下，H_2O_2 是一种有害物质，必须除去。

过氧化体中所含的过氧化氢酶和过氧化物酶可将 H_2O_2 处理和利用。

过氧化氢酶又称触酶，其辅基含 4 个血红素。可催化两分子 H_2O_2 反应生成水，并放出 O_2。实际上这是一种氧化还原反应，即一分子 H_2O_2 被氧化成 O_2，另一分子 H_2O_2 则被还原为 H_2O。

$$H_2O_2 + H_2O_2 \xrightarrow{\text{过氧化氢酶}} 2H_2O + O_2$$

过氧化物酶又称为过氧化酶，也含有血红素辅基。可催化 H_2O_2 直接氧化酚类和胺类等底物，催化底物脱氢，脱下的氢将 H_2O_2 还原成水。

$$RH_2 + H_2O_2 \xrightarrow{\text{过氧化物酶}} R + 2H_2O$$

三、植物细胞中的生物氧化体系

在高等植物中除主要存在细胞色素氧化酶体系外，还存在着其他一些氧化体系，这些氧化体系催化某些特殊底物的氧化还原反应，一般也不产生可利用的能量。

1. 多酚氧化酶体系（polyphenol oxidase system）

这一生物氧化体系存在于高等植物细胞的线粒体和叶绿体中，主要催化酚类物质的氧化，使对苯二酚氧化成对苯醌。

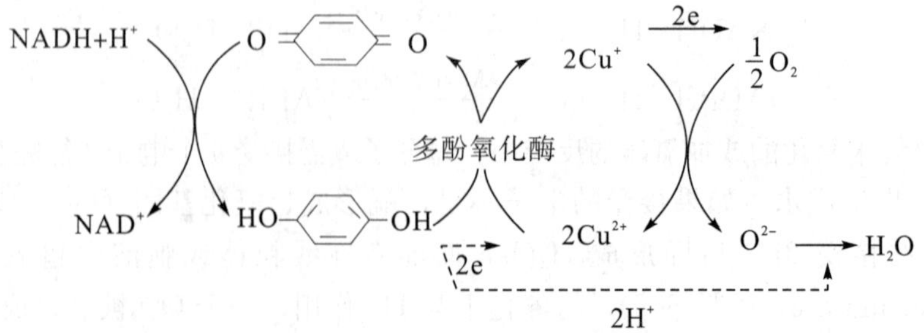

2. 抗坏血酸氧化酶体系（ascorbic acid oxidase sestem）

此生物氧化体系最初发现于冬瓜中，后来在南瓜、豌豆、香蕉、卷心菜、胡萝卜、马铃薯和水稻等多种作物中都发现有这个体系存在，但在动物及酵母菌中至今尚未发现。

例如，在豌豆植株中，苹果酸的氧化就是通过这个体系来完成的。其反应历程如下：

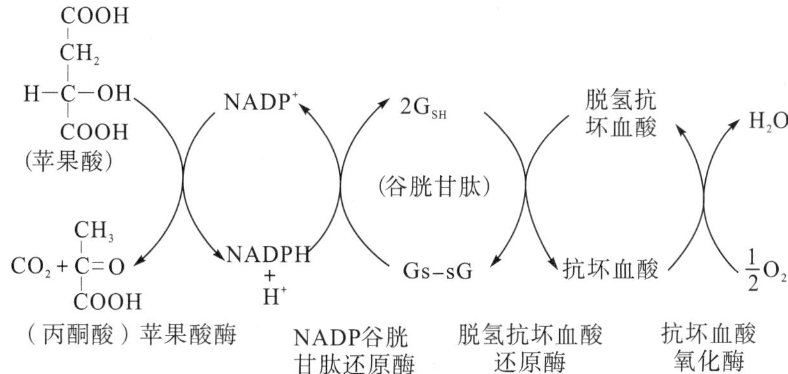

3. 乙醇酸氧化酶体系（glycolate oxidase system）

这个体系存在于绿色植物的光合组织中，整个体系由乙醛酸还原酶（glyoxylate reductase）、乙醇酸氧化酶（glycolate oxidase）和过氧化氢酶（catase）3 种酶构成。其反应历程如下：

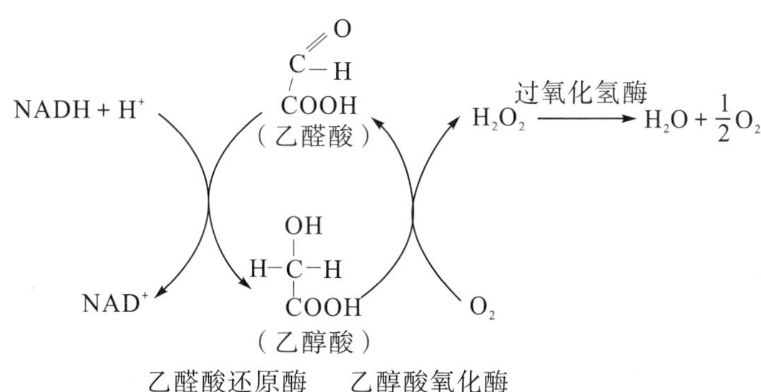

第四节 生物氧化过程中能量的转移和利用

生物氧化不仅消耗氧，产生二氧化碳，更重要的是在这个过程中有能量的释放，释放出来的能量在细胞内以 ATP 的形式贮存起来，以供细胞代谢活动的需要，这就是氧化磷酸化。本节要讨论的就是生物氧化中能量的释放、转移和贮存利用问题。

一、生化反应中的自由能及自由能变化

1. 自由能及自由能变化的概念

在某一系统的总能量中，能够在恒定的温度、压力以及一定体积下用来作功的那部分能量，称为自由能（free energy）或 Gibbs 自由能（这是由于 1878 年化学家 Josiah Willard

Gibbs 提出自由能公式而得名)，常用 G 表示①：

$$G=H-TS$$

式中 H 为焓（enthalpy，热含量，即以热表示的总能量），T 为绝对温度（K，即 273 +℃），S 为熵（entropy，一个系统中不能做有效功的那一部分能量，是一种处于混乱或无序状态的能量）。这就是说，一个系统的总热含量减去不能做功的那部分能量后就是这个系统的自由能。而不能做功的那部分能量（熵）是直接受着温度影响的（所以乘以 T）。

设反应前的自由能为 $G_1=H_1-TS_1$，反应后的自由能为 $G_2=H_2-TS_2$。反应前后的自由能变化则为

$$G_2-G_1=(H_2-H_1)-T(S_2-S_1)$$

即

$$\Delta G=\Delta H-T\Delta S$$

式中 ΔG 称为自由能变化；ΔH 为热焓变化，它主要是由化学键的形成和断裂有关的能量变化所引起的；ΔS 为熵的变化，它与一个系统中能量分布的混乱度有关。

在反应 A$\rightleftharpoons$B 中，产物 B 和反应物 A 的自由能之差 G_B-G_A，就是这个反应的自由能变化 ΔG。在生化反应能力学中，ΔG 值是很重要的参数。它只取决于反应系统的始态和终态，而与反应机理及途径无关。ΔG 值可以是负值，也可以是正值，它决定了反应进行的方向。

$-\Delta G$，即 $G_B<G_A$，表示反应中有自由能释放，因此，反应能自发进行。

$+\Delta G$，即 $G_B>G_A$，表示反应是吸能的，在输入所需能量后，反应才能进行；在没有外加能量的情况下，反应不能自发进行。

若 $\Delta G=0$，即 $G_B=G_A$，反应没有自由能变化，表明反应处于平衡状态。

2. 自由能变化与反应平衡常数的关系

自由能变化与产物和反应物浓度以及温度有关：

$$\Delta G=\Delta G^\circ+RT\ln\frac{[\text{产物}]}{[\text{反应物}]}$$

式中 R 为气体常数（8.315 J·mol^{-1}·K^{-1}或 1.987 cal·mol^{-1}·K^{-1}），T 为绝对温度，〔产物〕及〔反应物〕浓度单位为 mol/L，ln 为自然对数。这个公式说明，一个化学反应的自由能变化包括两个部分：一部分是恒定的（ΔG°），它由反应物本身的性质决定；另一部分是可变的，它由反应的温度和反应物及产物的浓度决定。如果 ΔG 是一个非常大的正值，则意味着整个反应处于一个非常稳定的状态，几乎没有发生反应的可能。

ΔG°称为标准自由能变化，它是指在 1 mol/L 浓度，1 个大气压，温度为 298K（25℃），pH=0 条件下，反应的自由能变化。考虑到机体内反应一般是在 pH7 下进行的，在上述其他条件不变的情况下，标准自由能变化，用 $\Delta G^{\circ\prime}$表示。

当反应达到平衡时 $\Delta G=0$，即无自由能变化，$[B]_{eq}/[A]_{eq}=K'_{eq}$。$K'_{eq}$表示上述特定条件下的生化反应的平衡常数（equilibrium constant）。因此将

$$\Delta G^{\circ\prime}=-RT\ln K'_{eq}$$

换算成常用对数，则

$$\Delta G^{\circ\prime}=-2.303RT\lg K'_{eq}$$

① 能量的单位习惯上用卡（cal）或千卡（kcal）表示，按国际单位制（简称 SI 制）则用焦耳（J）或千焦耳（kJ）表示。1 cal=4.184 J 或 1 kcal=4.184 kJ。

将 R、T 值代入上式，得

$$\Delta G^{\circ\prime} = -2.303\times 8.315\times 298\ \lg K'_{eq} = -5706\ \lg K'_{eq}\ (\mathrm{J\cdot mol^{-1}})$$

$$(\text{或}\ \Delta G^{\circ\prime} = -1364\ \lg K'_{eq}\,\mathrm{cal\cdot mol^{-1}})$$

可见，如果一个反应的平衡常数已知，则很容易通过上式计算出该反应的标准自由能变化。

自发反应判断的依据是 ΔG 值，而不是 $\Delta G^{\circ\prime}$ 值。$\Delta G^{\circ\prime}$ 是在标准条件下（1 mol/L，pH7，25℃），对一个反应而言是一个特征值，可能是正值、负值或为零，它随反应的平衡常数而定；而 ΔG 是某一给定条件下化学反应的实际自由能变化，它随浓度、pH、温度而变化。在自发进行的反应中，自由能总是在降低，因此，ΔG 总是负值。如果 ΔG 为一个非常大的负值，则表明比反应趋于完全，为不可逆反应。

在考虑细胞内能量生成和能量利用系统时，整个途径中各个酶促反应的自由能变化具有加合性，即在途径 A→B→C→D 中，其总的自由能变化：

$\Delta G_{D-A} = \Delta G_{B-A} + \Delta G_{C-B} + \Delta G_{D-C}$

尽管反应系列中某一酶促反应自由能变化可能是正值，但只要自由能变化的总和为负值，则这个反应途径能自发进行。

二、氧化还原电位与自由能变化

每一种化合物都具有一定的化学能，化学能主要以键能的形式储存在化合物原子间的化学键上，原子间的化学键靠电子以一定的轨道绕核运行来维持。电子占据的轨道不同，其具有的电子势能就不同。当电子由一较高能级的轨道转移到一较低能级的轨道时，就有一定的能量释放；反之，则要吸收一定的能量。氧化还原的本质是电子的迁移，即电子从一个化合物迁移至另一个化合物（从某一能级至另一能级）。因此，在生物氧化过程中，由于被氧化底物上的电子势能发生了跃降而有能量释放出来。

在生物氧化反应中，氧化与还原总是相偶联的，即一种物质失去电子（还原剂）的同时总伴随着另一物质接受电子（氧化剂）。因此，通过研究各种化合物对电子的亲和力，可以了解它们容易被氧化（作为电子供体）还是容易被还原（作为电子受体）。通常用氧化还原电位（oxidation-reduction potential）来相对地表示各种化合物对电子亲和力的大小。氧化还原电位包括氧化电位和还原电位。氧化电位是指通过失去电子而发生氧化还原反应趋势所得到的电极电位；还原电位是指通过得到电子而发生氧化还原反应趋势所得到的电极电位，两者数值相等，但符号相反。

所谓电极电位（electrode potential）是以氢电极作为标准，来测定一化合物给出电子（氧化电位）或得到电子（还原电位）的趋势大小。氢电极的氧化还原电位被人为地规定为零（$E_0=0$ 伏），氧化还原电位为负值的氧化还原系统将 H^+ 还原为 H_2；而电极电位为正值的系统可被 H_2 还原。

一个氧化还原反应的氧化还原电位与温度、氧化剂和还原剂的浓度有关：

$$E = E_0{}' + \frac{RT}{nF}\ln\frac{〔\text{氧化剂}〕}{〔\text{还原剂}〕}$$

式中 R 为气体常数；F 为法拉第常数 96487 库仑·伏特$^{-1}$（C·V^{-1}）或 23063 卡·伏特$^{-1}$（cal·V^{-1}）；n 为反应中每摩尔物质失去或接受电子的摩尔数（即价数变化）；$E_0{}'$，为标准电位，即在标准条件（规定的温度和 pH 为 7.0）下，〔氧化剂〕和〔还原剂〕都是 1 mol/L

时的电极电位；T 为绝对温度；ln 为自然对数。

氧化还原电位是量取一样品半电池（样品电极）相对于一标准参考半电池（标准参考电极，即标准氢电极，电极浸于 1 mol/L H^+溶液中，它与一个大气压下处于平衡时）所生成的、直接测得的电极电位。

一些重要的生化物质氧化还原体系的氧化还原电位已被测定，见表 8-2。

标准电极电位 E_0'值越小（负值越大），提供电子的趋势越大，即还原能力越强；E_0'值越大（负值越小或正值越大），得到电子的趋势越大，即氧化能力越强。因此，电子总是从较低的电位（E_0'值较小）向较高电位（E_0'值较大）流动。

表 8-2　生物体内一些重要氧化还原体系的标准电位 E_0'（pH=7.0，25℃～30℃）

氧化还原体系（半反应）	E_0'（伏）
$\frac{1}{2}$ $H_2O_2+H^+/H_2O$	+1.35
$\frac{1}{2}$ O_2/H_2O	+0.82
细胞色素 aa_3 Fe^{3+}/Fe^{2+}；Cu^{2+}/Cu^+	+0.29
细胞色素 C Fe^{3+}/Fe^{2+}	+0.25
高铁血红蛋白/血红蛋白	+0.17
辅酶 Q/还原型辅酶 Q	+0.10
脱氢抗坏血酸/抗坏血酸	+0.08
细胞色素 b Fe^{3+}/Fe^{2+}	+0.07
甲烯蓝 氧化型/还原型	+0.01
延胡索酸/琥珀酸	−0.03
黄素蛋白 FMN/$FMNH_2$	−0.03
丙酮酸+NH_3/丙氨酸	−0.13
α−酮戊二酸+NH_3/谷氨酸	−0.14
草酰乙酸/苹果酸	−0.17
丙酮酸/乳酸	−0.19
乙醛/乙醇	−0.20
1，3−二磷酸甘油酸/3−磷酸甘油醛	−0.29
$NAD^+/NADPH+H^+$	−0.32
丙酮酸+CO_2/苹果酸	−0.33
乙酰乙酸/β−羟丁酸	−0.34
α−酮戊二酸+CO_2/异柠檬酸	−0.38
H^+/H_2	−0.42
乙酸/乙醛	−0.58
琥珀酸/α−酮戊二酸+CO_2	−0.67

在一个氧化还原反应中，标准自由能变化与标准电极电位变化（氧化剂电极电位减去还原剂电极电位）存在下列关系：

$$\Delta G^{\circ\prime}=-nF\Delta E_0'$$

利用上式对于任何一个氧化还原反应都可由 $\Delta E_0'$计算出 $\Delta G^{\circ\prime}$，从而可估计氧化还原反应的方向和趋势。因为 $\Delta E_0'$值愈大，$\Delta G^{\circ\prime}$愈大，而由 $\Delta G^{\circ\prime}=-RT\ln K_{ep}'$，表明平衡常数 K_{eq}'愈大。所以，氧化还原反应能自发进行的方向为 $\Delta G^{\circ\prime}<0$ 和 $\Delta E_0'>0$，$\Delta G^{\circ\prime}$，负值愈大，$\Delta E^{\circ\prime}$正值愈大，则反应自发倾向愈大。

例如，NAD 电子传递链中 $NAD^+/NADH$ 的标准电位为－0.32V，而$\frac{1}{2}O_2/H_2O$ 的标准电位切＋0.82 V，则一对电子由 $NADH+H^+$ 传递至氧分子的反应中，标准自由能变化可按上式计算：

反应中电位差：$\Delta E_0'=0.82-(-0.32)=1.14$（V）

自由能变化：$\Delta G^{\circ\prime}=-2\times23.06\times1.14=-52.6$（kcal）（200 kJ）

即是说，当一对电子从 $NADH+H^+$ 传到氧而生成水的过程中，有 200 kJ（52.6 kcal）的能量释放。然而，在生物体内，并不是存在电位差的任何两个半反应构成一个氧化还原体系都能发生反应，如上述 $NAD^+/NADH+H^+$ 和$\frac{1}{2}O_2/H_2O$ 两个半反应之间的电位差很大，它们之间直接反应的趋势强烈。但在体内，这种直接反应通常不能发生，因为生物体是有高度组织的，电子（氢）通过组织化了的各种传递体按顺序传递，能量的释放才能逐步进行。

三、线粒体膜结构的特点

1. 线粒体膜相的形态

线粒体（mitochondria）是生物氧化和能量转换的主要场所，是细胞内比较大的一种细胞器。线粒体具有两层膜，即外膜和内膜。外膜平滑有弹性，内膜有许多向内折叠的突起，称为嵴（cristae）（见图 8－8）。内外膜之间有膜间空隙，内膜以内为线粒体的基质，基质是胶体，含 50％的蛋白质（酶）。此外，还含有 DNA、RNA 和核糖核蛋白体。在呼吸过程中，基质的体积和结构都在不断地变化。

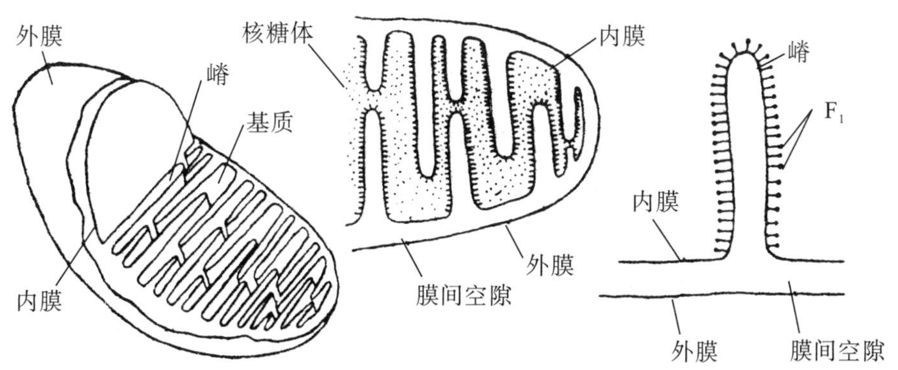

图 8－8　线粒体膜相结构

线粒体内膜和外膜的超微结构不同。内膜的内表面有一层规则的、间隔排列着的球形颗粒，其直径为 9 nm，这种结构对能量的转移甚为重要。

2. 线粒体中的酶

线粒体的内膜和外膜具有不同的密度，外膜密度为 1.09～1.12，内膜密度为 1.19～1.23。这种密度的差异是由它们的化学组成决定的，外膜脂质较多，如外膜较内膜多 3 倍以上的磷脂和约 6 倍以上的胆固醇，蛋白质的分布却是内膜高于外膜。线粒体中总蛋白质的 4%位于外膜，21%位于内膜，基质占 67%以上。

由于线粒体内膜和外膜的密度不同，因而对代谢物的通透性不同。外膜密度小，一些相对分子质量较大的中间代谢物可通过外膜，但不能透过内膜。因此能源物质的不同代谢中间物是在线粒体的不同部位进行氧化的，这也与线粒体中各部分酶的分布不同有关。用不同的方法逐级去除外膜和内膜，可以研究线粒体中各部分酶的分布。外膜、内膜和基质所含的酶都不相同（见表 8−3）。虽然各部分的酶并未完全搞清，但各部分酶的分布是与代谢特点紧密相关的。大体上说来，催化糖的有氧分解的三羧酸循环（见第九章）、脂肪酸氧化、氨基酸分解等有关的酶分布在线粒体基质中；一些脱氢酶、电子传递体系，偶联磷酸化的酶类以及一些物质的转运载体位于内膜和嵴上；而外膜的酶较少，主要是单胺氧化酶等。从酶的分布可以看出，线粒体内膜在生物氧化及能量转换方面起着主要作用。

表 8−3　鼠肝线粒体各部分中酶的分布

外膜：

- 单胺氧化酶（monamine oxidase）
- 犬尿氨酸羟化酶（kynurenine hydroxylase）
- 酰基 CoA 合成酶（acyl CoA synthetase）
- NADH 细胞色素 b_5 还原酶（NADH cytochrome b_5 reductase）
- NADH 脱氢酶（对鱼藤酮不敏感 NADH dehydroenssc）
- 核苷二磷酸激酶（nucleoside diphosphokinase）
- 磷脂酶 A_2（phosphatidase A_2）

膜间空隙：

- 腺苷酸澈酶（adenylate kinase）
- 肌酸磷酸激酶（creatine phosphokinase）
- 核苷一磷酸激酶（nuchoside monophosphate kinase）
- 核苷二磷酸激酶（nucleoside diphosphate kinase）

内膜：

- 细胞色素 b，c，c_1，a，a_3（cytochrome）
- NADH 脱氢酶（对鱼藤酮敏感）
- 琥珀酸脱氢酶（succinate dehydrogenase）
- β−羟丁酸脱氢酶（β−hydroxybutyrate dehydrogenase）
- 肉碱酰基转移酶（cavnitine acyl transferase）
- 丙酮酸脱氢酶（pyruvate dehydrogenase）
- 磷酸甘油脱氢酶（phosphoglycerol dehydrogenase）
- ATP 合酶（ATP synthase）

基质：

- 丙酮酸脱氢酶系（pyruvate dehydrogenase system）
- 柠檬酸合酶（citrate synthase）
- 异柠檬酸脱氢酶（isocitrate dehydrogenase）
- 乌头酸酶（aconitase）
- α−酮戊二酸脱氢酶系（α−ketoglutate dehydrogenase system）
- 延胡索酸酶（fumarase）
- 苹果酸脱氢酶（malate dehydrogenasc）
- 脂肪酸 β−氧化酶系（fatty acid β−oxidase system）
- 谷氨酸脱氢酶（glutamate dehydtogenase）
- 丙酮酸羧化酶（pyruvate carboxylase）
- 氨基甲酰磷酸合成酶（carbamyl phosphate synthetase）
- 鸟氨酸氨甲酰转移酶（ornithine transcarbamylase）
- 转氨酶（transaminase）

3. 线粒体内膜的结构特点

线粒体内膜结构复杂，分布的酶及蛋白质种类很多。例如肝脏线粒体内膜至少有 60 种以上具有不同生物功能的蛋白质镶嵌在磷脂双层体系中。这些蛋白质，包括电子传递酶类和其他有关的蛋白质、与 ATP 合成有关的酶类、多种脱氢酶类、各种代谢物转运系统的蛋白质等。这些蛋白质在内膜上排列不均一，但有一定顺序性。这里重点讨论与能量代谢有关的结构组分。

实验证明，呼吸链的各组分都处于线粒体内膜上，各组分并不是以多分子混合物的形式存在，而是以超分子复合物的形式存在。在复合物中，各组分有严格的顺序。现已经分离出 4 种复合物，这几种复合物中的成员及其在线粒体内膜上的定位如图 8—9 和表 8—4。

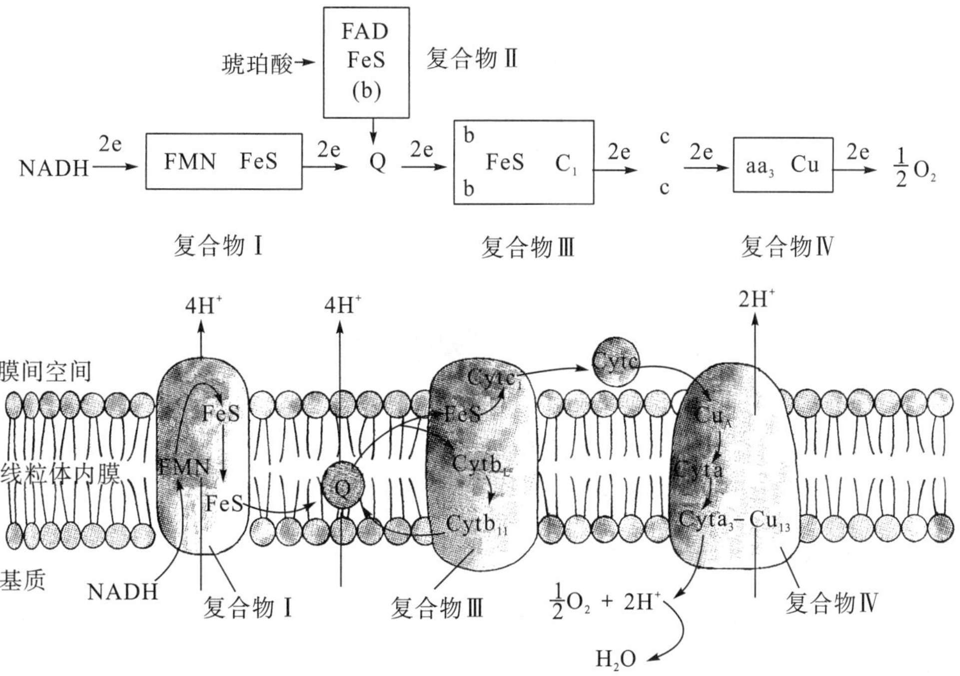

图 8—9 呼吸链中 4 个复合物的组分及顺序

表 8—4 线粒体复合物的组成

复合物	酶名称	相对分子质量	成 分
Ⅰ	NAD^+—CoQ 还原酶（NADH 脱氢酶）	670000（39 条多肽链）	FMN，铁硫蛋白（FeS）
Ⅱ	琥珀酸—CoQ 还原酶（琥珀酸脱氢酶）	125000（4 条多肽链）	FAD，铁硫蛋白（FeS），细胞素 b_{558}
Ⅲ	$CoQH_2$—细胞色素 C 还原酶	250000（10 条多肽链）	细胞色素 b、c，铁硫蛋白（FeS）
Ⅳ	细胞色素 C 氧化酶	160000（13 条多肽链）	细胞素 a、a_3，Cu^{2+}/Cu^+

在线粒体内膜和嵴上有许多突出的球形小体，这是催化 ATP 合成的装置，称为ATP 合酶（ATP synthase）。在体外它也可催化 ATP 水解。

ATP 合酶是一个多亚基酶（图 8－10），分为 F_1 和 F_0 两个部分。其中 F_1 含有 3 个 α 亚基、3 个 β 亚基、1 个 γ 亚基、1 个 δ 亚基和 1 个 ε 亚基（可表示为 $\alpha_3\beta_3\gamma\delta\varepsilon$）。α 亚基和 β 亚基交替排列形成一种环形结构，直接与 ATP 的合成相关。催化活性存在于 β 亚基中，但它必须与 α 亚基结合才有活性。γ 亚基形成一个中央柄，δ 亚基和 ε 亚基直接与 F_0 相连接。F_0 含有 1 个 a 亚基、2 个 b 亚基和 10～14 个 c 亚基（ab_2C_{10}）。10 多个 c 亚基横跨内膜形成一个环状桶样结构，a 亚基在位于环状桶的外侧，与 c 亚基一起构成质子通道。

寡霉素（oligomycin）和二环己基碳二亚胺（dicyclohexylcarbodiimdide，DCCD）能够直接作用于 F_0，从而抑制 ATP 合成。

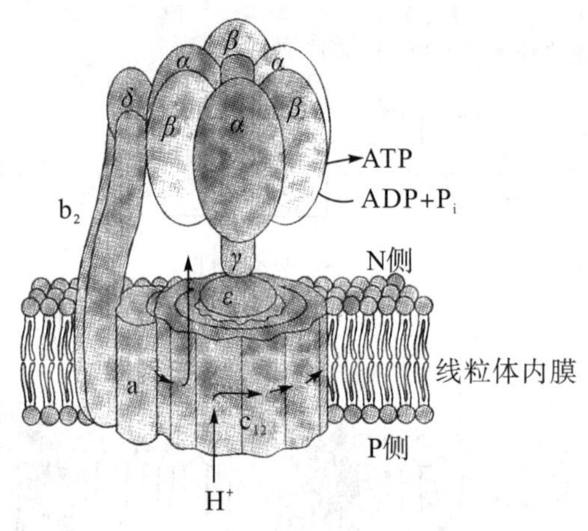

图 8－10　ATP 合酶结构

四、高能磷酸键的生成机制

在生物化学中所谓的“高能键”和物理化学中的“高能键”的含义是不同的。物理化学中的高能键指的是当该键断裂时，需要大量的能量（ΔG 为正值）。例如 P－O 键断裂时，需要提供 335 kJ・mol^{-1} 热能，而 O－O 键断裂时只需 146 kJ・mol^{-1}，热能，从物理化学概念出发，二者比较，P－O 键更稳定。但在生物化学中，所谓的“高能键”指的是含有这种化学键的高能化合物水解反应或基团转移反应可放出大量自由能（ΔG 为负值）(这种习以为常的称呼实际上是一种误称，容易使人误认为高能化合物水解时所释出的能量集中在这些化学键上)。高能化合物指的是在生物化学反应中能放出大量自由能的化合物。其所释放的能量等于或大于 ATP 水解成 ADP 所释放的能量。一般将水解时能释放 20.9 kJ・mol^{-1}（或 5 kcal・mol^{-1}）以上能量的化合物所含的这种化学键称为高能键。高能键常用符号“～”来表示。从生物化学的角度而言，高能键水解时自由能大量降低，因而是比较不稳定的化学键，容易分解释放能量。

生物体内的 ATP 是高能化合物，它由 ADP 磷酸化生成。由于 ADP 生成 ATP 是生成一个高能磷酸键，因此需要大量的能量。根据能量来源不同，可分为氧化磷酸化（oxidative phosphorylation）和光合磷酸化（photophosphorylation）。前者是利用物质氧化过程中所放出的化学能，这是所有生物所共有的 ATP 生成途径；后者则仅是绿色植物及某些自养型微生物所特有的 ATP 生成途径，是利用太阳光能使 ADP 磷酸化生成 ATP。

1. 氧化磷酸化作用

代谢物的氧化（脱氢）作用与 ADP 的磷酸化作用相偶联而生成 ATP 的过程称为氧化磷酸化作用（oxidative phosphorylation）或偶联磷酸化作用（coupled phosphorylation），即代谢物氧化时所放出的化学能供给 ADP 与无机磷酸反应而生成 ATP。

氧化磷酸化作用根据是否需要分子氧参加，又分为呼吸链磷酸化（或电子传递水平的磷酸化）和底物水平磷酸化两种。前者需要氧分子参加，后者不直接需要氧分子参加。一般所称氧化磷酸化系指呼吸链磷酸化，这是主要的。

（1）呼吸链磷酸化（respiratory chain phosphorylation）

这种氧化磷酸化作用需氧参加。当氢从代谢物分子脱下并进入呼吸链，在呼吸链传递过程中就有大量能量产生，还要消耗氧、ADP 和无机磷酸，其产生的能量用于合成 ATP。这种方式生成的高能键最多，因而是生理活动所需能量的主要来源。

按照传统线粒体离体实验证明，代谢物每脱下两个氢，经过呼吸链传递给氧生成水就要消耗 3 个无机磷，应该生成 3 分子 ATP。也就是说，每消耗 1 个氧原子（$\frac{1}{2}O_2$），代谢物脱下 2H，就有 3 分子无机磷与 ADP 作用产生 3 分子 ATP，P/O 值即为 3。因此，测定线粒体 P/O 比值，可以测定 ATP 的生成量。P/O 比值是指应用某一物质作为呼吸底物，消耗 1 摩尔氧时，有多少摩尔无机磷转化为有机磷，它可反映氧化磷酸化的效率。根据电化学计算能量释放结果，在呼吸链中大约是下列三个部位发生磷酸化产生 ATP（图 8-11）：

$$\text{NADH} \longrightarrow \text{FMN} \qquad \text{Cytb} \longrightarrow \text{Cytc} \qquad \text{Cytaa}_3 \longrightarrow O_2$$

因为这三个部位的 $\Delta E_0'$ 值较大，其自由能变化 $\Delta G^{\circ\prime}$ 都在 30.5 kJ · mol^{-1} 以上，足以形成 ATP（ATP 分解成 ADP 时释放 30.5 kJ · mol^{-1} 的能量）。

$$\text{NADH} \longrightarrow \text{FMN}：\Delta G^{\circ\prime} = -2\times 23.063 \left[(-0.03)-(-0.32)\right]\times 4.184 = -55.6\ (\text{kJ}\cdot\text{mol}^{-1})$$

$$\text{Cytb} \longrightarrow \text{Cytc}：\Delta G^{\circ\prime} = -2\times 23.063 \left[(+0.25)-(+0.07)\times 4.184\right] = -34.7\ (\text{kJ}\cdot\text{mol}^{-1})$$

$$\text{Cytaa}_3 \longrightarrow O_2：\Delta G^{\circ\prime} = -2\times 23.063\times \left[(+0.82)-(+0.29)\right]\times 4.184 = -102.1\ (\text{kJ}\cdot\text{mol}^{-1})$$

其余部位电极电位的变化所释放的自由能均小于 30.5 kJ · mol^{-1}，因此不足以形成 ATP。

如果代谢物脱下的氢不是经过整个呼吸链传递，而是从中间插入，则不能生成 3 个 ATP。例如琥珀酸脱氢经过呼吸链传递时从 CoQ 处插入，不经过 NADH ⟶ FMN 阶段，就只有两个 ATP 生成（P/O=2）；能使细胞色素 C 还原的还原剂（如抗坏血酸的氧化），P/O=1，此时只产生一个 ATP。

以上系根据质子和电子在传递过程中电位变化的化学计量来计算产生的 ATP 数，但是实际上氧化磷酸化产生 ATP 的分子数并不十分准确。因为质子泵、ATP 合成以及代谢物的转运过程并不一定是完整的数值甚至不一定是固定值。根据当前最新测定，H^+ 经 NADH—CoQ 还原酶（NADH ⟶ FMN）、细胞色素 c 还原酶（Cytb → Cytc）和细胞色素氧化酶（$\text{Cytaa}_3 \rightarrow O_2$）从线粒体内膜泵出到膜外时（见以下氧化磷酸的机制），一对电子泵出的质子数依次为 4、2 和 4。合成 1 分子 ATP 需要 4 个 H^+（3 个在合成 ATP 时被 ATP 合酶消耗，另一个在 ATP 与 ADP 经膜交换运输过程中因电荷不平衡而被消耗），因此，当代谢物每脱 2 个 H（1 对电子）从 NADH 传到 O_2 时实际上生成 2.5 个 ATP，从 FADH 传到 O_2 时实际上生成 1.5 个 ATP，而抗坏血酸的氧化（电子只经最后一步传递）仅生成 0.5 个 ATP。

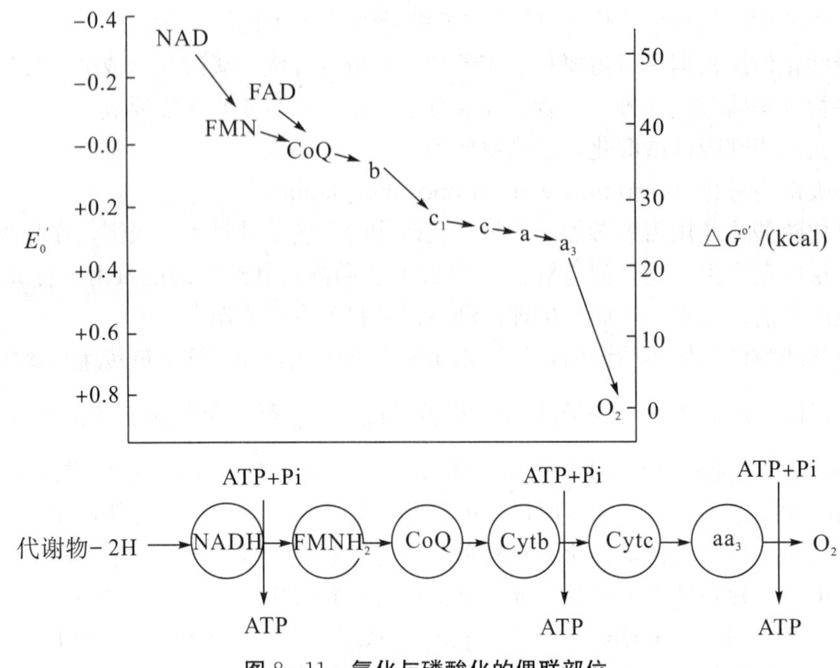

图 8－11　**氧化与磷酸化的偶联部位**

由以上讨论可以看出，只有不以氧为直接受氢体的生物氧化类型（不需氧脱氢酶）才与呼吸链磷酸化作用有关，并将其放出的能量贮存于有用的高能磷酸键。以氧为直接受氢体的体系（氧化酶及需氧脱氢酶）可能与呼吸链磷酸化无关，故放出的能量不可能贮存于高能磷酸键以供生物体利用。

（2）底物磷酸化（substrate phosphorylation）

以上讨论的是在有氧条件下的氧化性高能磷酸键的生成机制，在生物体内还有另一种类型的高能磷酸键氧化性的生成，这一类型没有氧参加，只需要代谢物脱氢（氧化）及其分子内部所含能量重新分布，即可生成高能磷酸键，这种作用称为“底物磷酸化”或“代谢物水平的无氧磷酸化”。这种高能键的形成是分子内部在脱氢的同时，发生能量的重新分配，并集中于磷酸键的结果。

例如，3－磷酸甘油醛的氧化与磷酸化形成 1，3－二磷酸甘油酸时，由于氧化脱氢的同时发生了能量的重新分布，能量集中于酰化磷酸基团而形成一个高能磷酸键，这个高能磷酸键又可转给 ADP 形成 ATP，本身变为 3－磷酸甘油酸。

$$\underset{\text{3－磷酸甘油醛}}{\begin{array}{l} \text{O} \\ \| \\ \text{C—H} \\ | \\ \text{H—C—OH} \\ | \\ \text{CH}_2\text{OPO}_3\text{H}_2 \end{array}} + H_3PO_4 \xrightleftharpoons[]{NAD^+ \quad NADH+H^+} \underset{\text{1，3－二磷酸甘油酸}}{\begin{array}{l} \text{O} \\ \| \\ \text{C—O}\sim\text{PO}_3\text{H}_2 \\ | \\ \text{H—C—OH} \\ | \\ \text{CH}_2\text{OPO}_3\text{H}_2 \end{array}} \xrightleftharpoons[]{ADP \quad ATP} \underset{\text{3－磷酸甘油酸}}{\begin{array}{l} \text{O} \\ \| \\ \text{C—OH} \\ | \\ \text{H—C—OH} \\ | \\ \text{CH}_2\text{OPO}_3\text{H}_2 \end{array}}$$

在此反应中，高能磷酸键的生成过程只有脱氢作用，没有氧参加。

2. 非氧化性磷酸化（non-oxidative phosphorylation）

除了氧化磷酸化外，在生物机体内还存在另一类磷酸化作用，其高能磷酸键通过非氧化性而生成。这种磷酸化作用是既不脱氢也没有氧参加的反应。

例如，在糖的无氧分解代谢中，2-磷酸甘油酸脱水生成磷酸烯醇式丙酮酸的脱水过程中就有分子内部能量发生重新分布，形成一个高能磷酸键。在磷酸烯醇式丙酮酸转变为丙酮酸时，将此高能磷酸键转给 ADP 而形成 ATP。

$$\underset{\text{2-磷酸甘油酸}}{\mathrm{H{-}\overset{\displaystyle COOH}{\underset{\displaystyle CH_2OH}{C}}{-}O{-}PO_3H_2}} \xrightarrow{-H_2O} \underset{\text{磷酸烯醇式丙酮酸}}{\mathrm{\overset{\displaystyle COOH}{\underset{\displaystyle CH_2}{C}}{-}O \sim PO_3H_2}} \xrightarrow{ADP \quad ATP} \underset{\text{丙酮酸}}{\mathrm{\overset{\displaystyle COOH}{\underset{\displaystyle CH_3}{C}}{=}O}}$$

非氧化性磷酸化及底物磷酸化是生物体在缺氧情况下，特别是厌氧微生物进行糖类中间代谢时获取能量的重要方式；而呼吸链磷酸化则是所有生物在有氧存在下获取能量的主要方式。

五、氧化磷酸化的机制

1961 年英国微生物生物化学家 Peter Mitchell（1920－1992）提出的化学渗透假说（chemiosmotic hypothesis）是目前公认的阐述氧化与磷酸化偶联机制的假说。其要点是：在电子传递和 ATP 形成之间起偶联作用的是 H^+ 电化学梯度；在偶联过程中，线粒体内膜必须是完整的、封闭的才能进行；呼吸链的电子传递体系是一个主动的转移 H^+ 离子体系，电子传递过程像一个 H^+ "泵"，促使着基质中的 H^+ 离子穿过线粒体内膜，形成 H^+ 离子浓度内低外高的梯度，这就蕴藏了电化学的能量，此能量可使 ADP 和无机磷酸形成 ATP。

化学渗透假说的具体解释如下（图 8-12）：①呼吸链中递氢体和递电子体是间隔交替排列的，并在内膜中有特定的位置，催化电子定向传递。②当递氢体从内膜内侧接受由底物传来的氢（2H）后，可将其中的电子（2e）传给位于其后的递电子体，而将两个质子（H^+）"泵"到内膜外侧，即递氢体起着"质子泵"的作用（注意图中顺序与前面讲的不完全一致，CoQ 位于 Cytb 和 c 之间）。③因 H^+ 不能自由回到内膜内侧，以致内膜外侧的 H^+ 浓度高于内侧，造成 H^+ 浓度的跨膜梯度。此 H^+ 浓度梯度使内膜外侧的 pH 较内侧低 1 个单位左右，从而使原有的外正内负的膜电位增高。这个电位差中就包含着电子传递过程中所释放的能量，好像电池两极的离子浓度差造成电位差而含有能量一样，并且此 H^+ 浓度所含的能量可用于 ATP 的合成。④在内膜三联体（ATP 合酶）的柄部有传递能量的中间物 X^- 和 IO^-，它们与被泵出膜外的 H^+ 结合成酸式中间物 XH 和 IOH；两者脱水结合成 X～I，其结合键（～）中含有来自 H^+ 浓度差（或电位差）的能量。⑤X～I 扩散入膜内侧面，在三联体头部 ATP 合酶（F）的催化下，将键间的能量转移给 ADP 和 Pi，从而合成 ATP。

$$\left.\begin{aligned} 2H^+ + X^- + IO^- &\longrightarrow XH + IOH \\ XH + IOH &\longrightarrow X\sim I + H_2O \end{aligned}\right\}\text{在内膜外侧进行}$$

$$X\sim I + ADP + Pi \xrightarrow[\text{（三联体头部）}]{\text{ATP 合酶}} ATP + X^- + IO^- + 2H^+ \text{（内侧）}$$

上述 3 个反应的总和不但合成了 ATP，并使中间物 X 和 I 恢复成 X^- 和 IO^-，更重要的是将膜外侧的 $2H^+$ 转化成膜内侧的 $2H^+$，后者被位于内侧的下一个递氢体接受，重新开始上述 2~3 步的循环，在最后一次循环后，内侧生成的 $2H^+$ 则可交给 O^{2-} 离子而生成 H_2O。

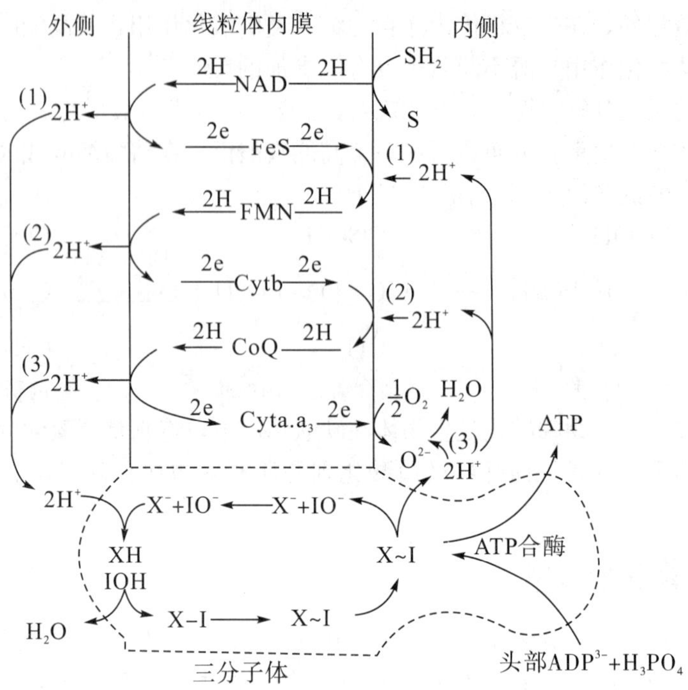

（1），（2），（3）分别表示 3 次偶联磷酸化时 3 对氢的来源和去路

图 8－12　化学渗透假说示意图

六、线粒体外的氧化磷酸化

线粒体是糖、脂、蛋白质等能源物质的最终氧化场所，这些物质的彻底氧化是在线粒体内通过呼吸链而生成 ATP。但是，能源物质的全部氧化过程不是都在线粒体内进行的，因为糖、脂、蛋白质等大分子不能通过线粒体膜，它们必须在线粒体外的胞液中进行部分氧化（不完全分解），分解成小分子后再进入线粒体内被彻底氧化，在胞液中氧化时，所产生的 NADH 和 NADPH 也不能直接透过线粒体膜，它们要经过一个所渭“穿梭机制”（shuttle mechanism）才能进入线粒体和呼吸链。

在线粒体内膜上存在一些转运物质的载体（carrier），是膜上的镶嵌蛋白。具有相应载体的物质才能通过线粒体膜。二羧酸载体（dicarboxylic acid carrier）转运苹果酸、琥珀酸、谷氨酸、天冬氨酸和 α 一酮戊二酸；三羧酸载体（tricarboxylic acid carrier）转运柠檬酸和异柠檬酸；ADP－ATP 转运酶（ADP－ATP transferase）转运 ATP 和 ADP，这个载体系统受苍术苷（atractyloside，一种有毒糖苷）的抑制；丙酮酸载体（pyruvate carrier）转运丙酮酸等。在胞液中产生的还原辅酶 NADH 和 NADPH，没有相应载体. 必须通过穿梭作用进行能量转换。

1. 异柠檬梭穿梭作用（isocitrate shuttle）

一般说来，线粒体内某些物质脱氢产生的 NADPH 可通过转氢酶的作用将氢交给 NAD^+ 生成 NADH，从而进入呼吸链；线粒体外物质脱氢产生的 NADPH 在多数情况下可用于物质的合成代谢，但也可以通过呼吸链产生能量，此时就需要借助于异柠檬酸穿梭作用。

异柠檬酸脱氢酶（isocitrate dehydrogenase）有两种，一种以 NAD 为辅酶，另一种以 NADP 为辅酶，前者位于线粒体内，后者位于线粒体外。在胞液中，由异柠檬酸脱氢酶摧化，使代谢产生的 $NADPH+H^+$ 将氢转交给 α－酮戊二酸而转变成异柠檬酸；后者可通过线粒体膜进入线粒体，在线粒体基质内，异柠檬酸脱氢酶（以 NAD^+ 为辅酶）催化异柠檬酸氧化，脱下来的氢由 NAD^+ 接受转变为 $NADH+H^+$，从而进人呼吸链。异柠檬酸脱氢后转变成 α 一酮戊二酸，后者又可透出线粒体膜进入胞液，从而形成循环（图 8－13）。

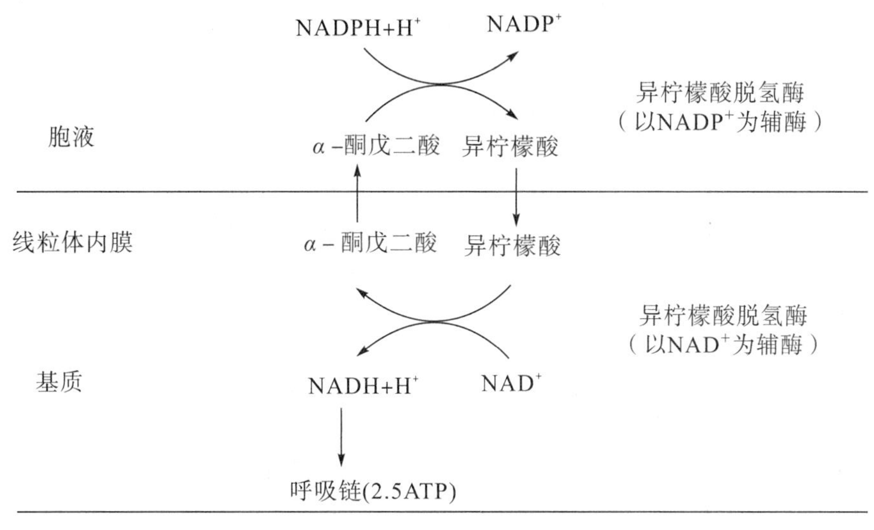

图 8－13　异柠檬酸穿梭作用

2. 磷酸甘油穿梭作用（phosphoglycerol shuttle）

α－磷酸甘油脱氢酶（phosphoglycerol dehydrogenase）有两种：线粒体外的磷酸甘油脱氢酶（以 NAD^+ 为辅酶）和线粒体内的磷酸甘油脱氢酶（是以 FAD 为辅基的一种不需氧黄酶）。胞液中代谢产生的 $NADH+H^+$ 可在 α－磷酸甘油脱氢酶的催化下将氢交给磷酸二羟丙酮，使之转变为 α－磷酸甘油；后者通过线粒体膜进入线粒体基质，在线粒体内的磷酸甘油脱氢酶（以 FAD 为辅基）催化下，脱氢氧化成磷酸二羟丙酮，再透出线粒体。脱下的氢由酶的辅基 FAD 接受而转变成 $FADH_2$，进入呼吸链。由此可见，通过这种穿梭作用，线粒体外的 $NADH+H^+$ 只能产生 1.5 个 ATP，比线粒体内的 $NADH+H^+$ 氧化少生成 1 个 ATP（图 8－14）。此机制在人和动物中主要存在于脑和骨骼肌。在昆虫的飞行肌中这种穿梭作用最突出。

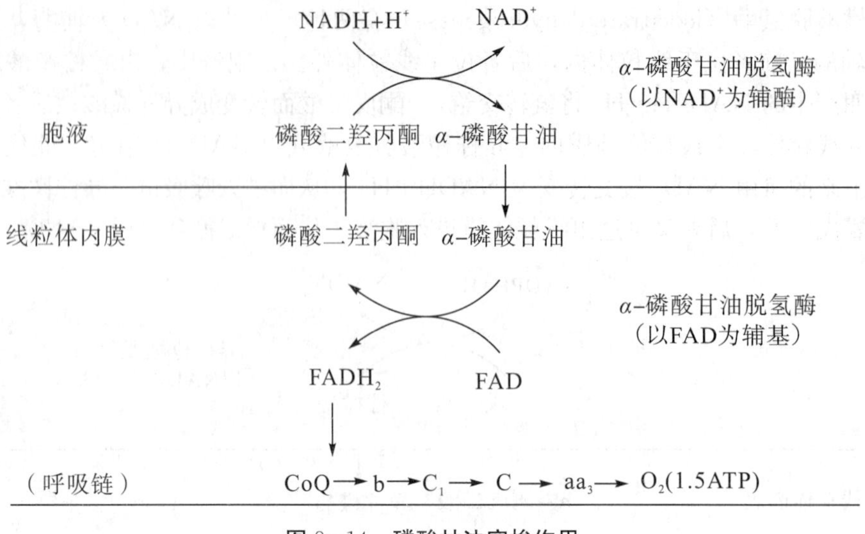

图 8-14　磷酸甘油穿梭作用

3. 苹果酸穿梭作用（malate shuttle）

线粒体内外都具有苹果酸脱氢酶（malate dehydrogenase），而且辅酶相同（NAD）。NADH+H^+在线粒体外的苹果酸脱氢酶催化下，把氢交给草酰乙酸，使草酰乙酸转变为苹果酸。后者通过线粒体膜进入线粒体内，在线粒体内的苹果酸脱氢酶催化下被氧化成草酰乙酸，被还原的辅酶（NADH+H^+）即进入呼吸链，产生 2.5 个 ATP。草酰乙酸不能穿过线粒体膜，而要通过转氨作用（见第十二章）转变为天冬氨酸，才能通过线粒体膜转移到胞液中。NADH+H^+通过苹果酸穿梭的机制（图 8-15），在动物心脏和肝脏细胞中这种穿梭作用比较强。

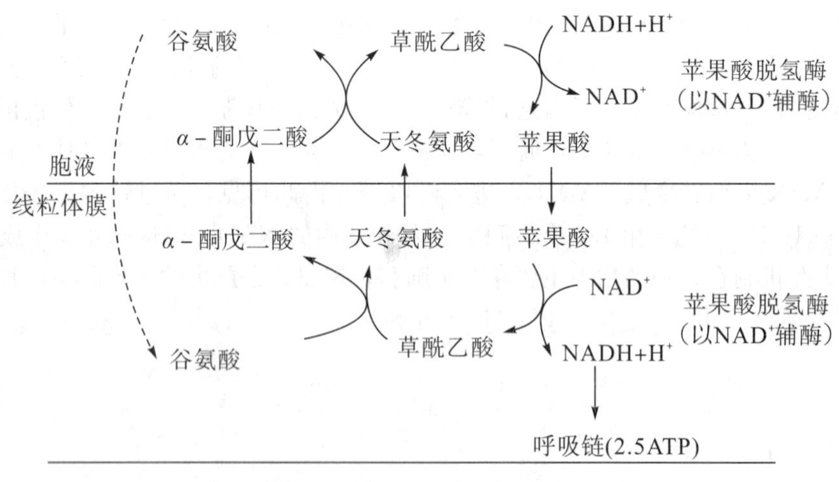

图 8-15　苹果酸穿梭作用

七、高能磷酸键的储存和转移利用

从低等的单细胞生物到高等的人类，能量的释放、贮存和利用都以 ATP 为中心。在细胞内，ATP 作为能量载体几乎参与所有生理过程：肌肉收缩、生物合成、细胞运动、细胞分裂、主动运输、物质转换、分子加工、神经传导等，它作为一种通用“能量货币”在体内周转。因此，ATP 是生物界普遍的供能物质，体内的分解代谢与合成代谢的偶联都以 ATP 为偶联剂。比 ATP 更富高能量的有磷酸烯醇式丙酮酸（水解时释放 61.9 kJ · mol^{-1}）、1，3—二磷酸甘油酸（水解时释放 49.3 kJ · mol^{-1}）和磷酸肌酸（水解时释放 43 kJ · mol^{-1}）等，当它们水解时可将能量转移给 ADP 而生成 ATP。当 ATP 分解时又可将能量转移给一些低能化合物。ATP 分子含有两个高能磷酸键，在体外标准条件下（pH 7.0，25℃）测定，每个高能磷酸键水解时释放约 30.54 kJ · mol^{-1}（7.3 kcal · mol^{-1}）的能量〔在生理条件下可释放 50 kJ · mol^{-1}（12 kal · mol^{-1}）〕。另一个和核苷相连的磷酸键（酯键）分解时只能产生约 14.23 kJ · mol^{-1}（3.4 kcal · mol^{-1}）的能量，因此为低能磷酸键。

体内多数合成反应都以 ATP 为直接能源，但有些合成反应也以其他核苷三磷酸作为能量的直接来源，如 UTP 用于多糖合成，CTP 用于磷脂合成，GTP 用于蛋白质合成等。不过这些三磷酸核苷分子中高能键的合成都来源于 ATP，ATP 是中心的能源物质。

ATP 在细胞内是反应间的能量偶联剂，是能量传递的中间载体，不是能量的储存物质。因为它的“周转率”高，不适宜作为能量的储存者。在细胞内，如脊椎动物肌肉和神经组织的磷酸肌酸（creatine phosphate）和无脊椎动物的磷酸精氨酸（arginine phosphate）才是真正的能量储存物质。当机体消耗 ATP 过多而致使 ADP 增多时，磷酸肌酸可将其高能键能转给 ADP 生成 ATP，以供生理活动之用。催化这一反应的酶是肌酸磷酸激酶（creatine phosphokinase，简写 CPK）。

$$\underset{\text{肌酸}}{HOOC{-}CH_2{-}N(CH_3){-}C({=}NH){-}NH_2} + ATP \xrightleftharpoons{\text{肌酸磷酸激酶}} \underset{\text{磷酸肌酸}}{HOOC{-}CH_2{-}N(CH_3){-}C({=}NH){-}NH{\sim}P({=}O)(OH)_2} + ADP$$

肌酸磷酸激酶（简称肌酸激酶）已发现几种同工酶，具有组织特异性，由两个相同亚基组成。在骨骼肌细胞中为 M 型（MM），脑细胞中为 B 型（BB），心肌细胞中有两种类型（MM 和 MB）。

当机体代谢中需要 ATP 提供能量时，ATP 可以多种形式实现能量的转移和释放。

（1）ATP 末端磷酸基转移给醇型羟基、酰基或胺基，本身变成 ADP。

催化这类反应的酶通常称为激酶（kinase）。如己糖激酶（hexokinase）催化葡萄糖第六碳羟基磷酸化生成 6—磷酸葡萄糖。

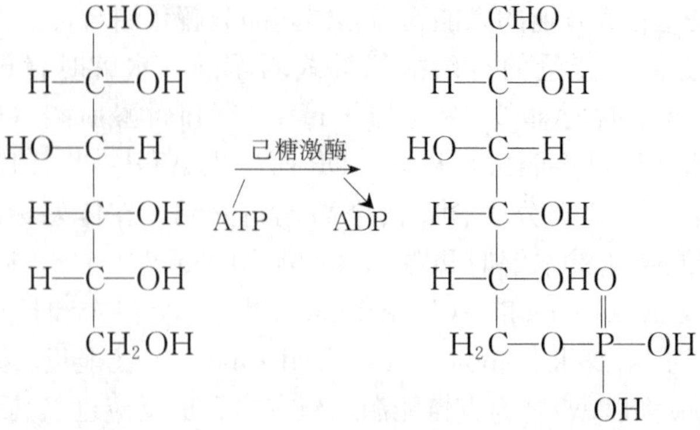

葡萄糖 $\xrightarrow[\text{ATP} \quad \text{ADP}]{\text{己糖激酶}}$ 6－磷酸葡萄糖

（2）ATP 将其焦磷酸基转移给其他化合物，本身变为 AMP。

例如，核苷酸合成中所需要的核糖来自磷酸核糖焦磷酸（phosphoribosyl pyrophosphate，简称 PRPP)，它就是由 ATP 提供焦磷酸基给 5－磷酸核糖（ribose－5－phosphate）而生成。

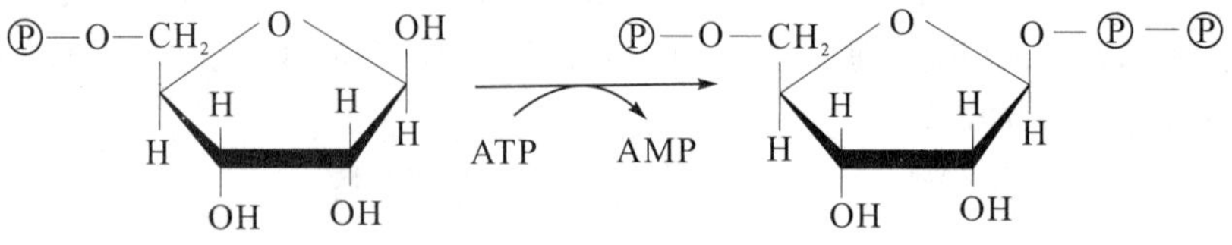

5 — 磷酸核糖 $\xrightarrow[\text{ATP} \quad \text{AMP}]{}$ 5 —磷酸核糖—1—焦磷酸

（3）ATP 将其腺一磷（AMP）转移给其他化合物，本身变为焦磷酸。

例如在蛋白质合成中，氨基酸要先“活化”才能接到肽链上去，氨基酸的活化即是将 ATP 中的 AMP 转移给氨基酸生成氨基酰腺一磷。

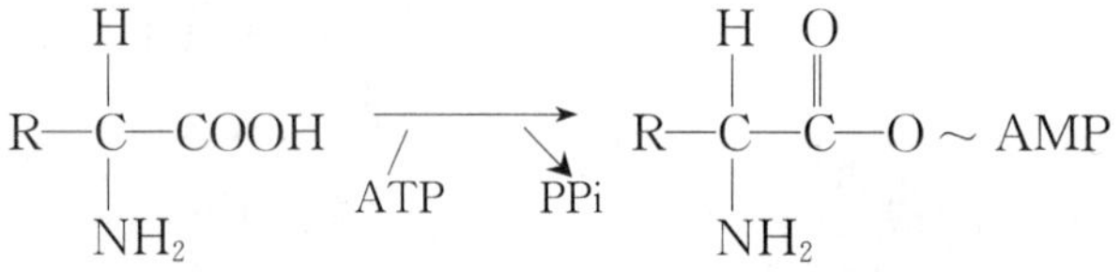

$$R-CH(NH_2)-COOH \xrightarrow[\text{ATP} \quad \text{PPi}]{} R-CH(NH_2)-C(=O)-O\sim AMP$$

氨基酸　　　　氨基酰腺一磷

（4）ATP 将其腺苷转移给其他化合物，本身转变为焦磷酸和正磷酸。

如一碳代谢中 S－腺苷甲硫氨酸的合成。

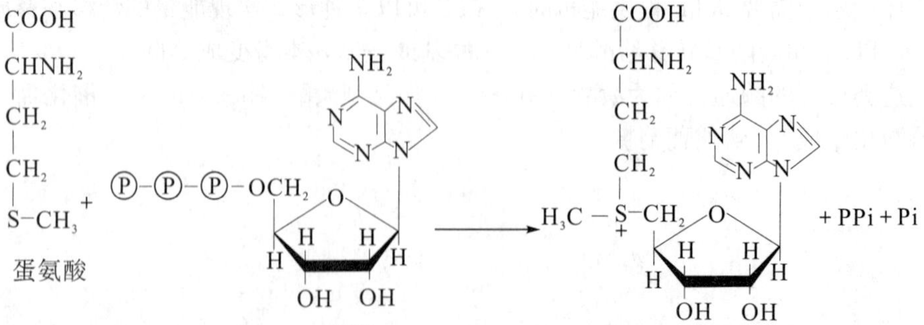

蛋氨酸 + ATP ⟶ S—腺苷蛋氨酸 + PPi + Pi

八、氧化磷酸化的抑制作用和解偶联作用

氧化磷酸化包括物质的氧化（脱氢）、电子传递（能量释放）、能量用于 ADP 磷酸化，从而生成 ATP，其中任何一个环节受阻，都将不会有 ATP 的生成。

1. 氧化磷酸化的抑制作用

某些物质可抑制递氢或电子传递，如阿米妥（amytal）、鱼藤酮（rotenone）、抗霉素（antimycin）、一氧化碳和氰化物等，它们可分别抑制呼吸链中不同的环节，从而使氧化作用受阻，能量释放减少，ATP 不能生成。

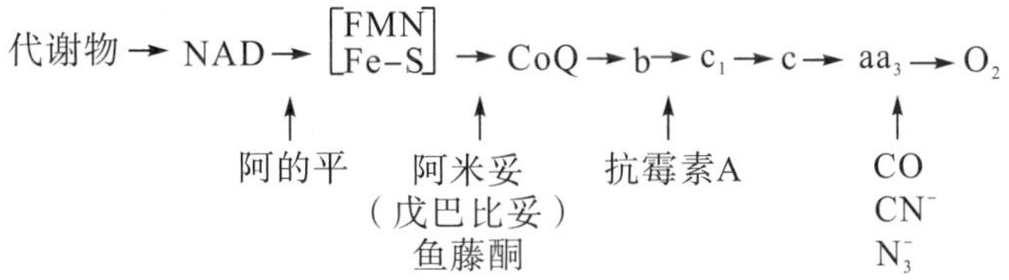

代谢物 → NAD → [FMN / Fe-S] → CoQ → b → c_1 → c → aa_3 → O_2

↑ 阿的平（NAD → FMN/Fe-S）；↑ 阿米妥（戊巴比妥）、鱼藤酮（FMN/Fe-S → CoQ）；↑ 抗霉素A（b → c_1）；↑ CO、CN^-、N_3^-（aa_3 → O_2）

阿米妥（amytal）、鱼藤酮（rotenone）、粉蝶雷素 A（piericidin A）等可与复合物Ⅰ中的铁硫蛋白结合，从而阻断电子由 NADH 向 CoQ 的传递；抗霉素 A（antimycin A）和二巯基丙醇（dimereaptopropanol）抑制复合物Ⅲ中 Cytb 与 Cytc 间的电子传递；一氧化碳（carbon monooxide，CO）、氰化物（cyanide，CN^-）、叠氮化物（azide，N_3^-）及硫化氢（hydrogen sulfide，H_2S）抑制细胞色素氧化酶，使电子不能传给氧。CN^- 和 N_3^- 与细胞色素氧化酶的高铁形式（Fe^{3+}）作用，而 CO 和 H_2S 抑制它的亚铁形式（Fe^{2+}）。这儿种抑制剂的存在，所有底物均不能氧化，因此是呼吸作用中最毒的抑制剂。在目前不少火灾中，由于装饰材料中的 N 和 C 经高温要形成 HCN，因此常常除因燃烧不完全造成 CO 中毒外，还兼有 CN^- 中毒，很容易致人死亡。

寡霉素（oligomycin）能特异抑制 ATP 酶复合体的柄部蛋白（OSCP），抑制高能中间物的形成，但并不抑制电子传递过程。

还有一类抑制剂称为离子载体抑制剂，大多为抗生素，如缬氨霉素（valinomycin）、短杆菌肽（gramicidin）等。这些抗生素可与 K^+ 或 Na^+ 形成脂溶性复合物，将这些离子进行跨膜转移，从线粒体内转移到胞液，这种离子的转移耗去氧化产生的能量，使之不能用于 ATP 的生成。

2. 氧化磷酸化解偶联作用

氧化磷酸化是氧化（电子传递）及磷酸化的偶联反应。磷酸化作用所需的能量由氧化作用供给，氧化作用所释放的能量要通过磷酸化储存，这是需氧生物进行新陈代谢维持正常生命活动最关键的反应。如果破坏二者的偶联，氧化磷酸化就受到抑制，甚至将影响生命的存亡。

由于异常因素的影响，氧化与磷酸化相偶联的作用遭到破坏，从而使氧化磷酸化受到阻抑，称为氧化磷酸化**解偶联作用**（uncoupling）。这种作用使产能过程与贮能过程相脱离，能量不能用于 ATP 的生成，而以热的形式释放。

引起解偶联作用的物质称为解偶联剂（uncoupler）。解偶联剂并不抑制电子传递过程，只抑制由 ADP 形成 ATP 的磷酸化过程。其机制是破坏 H^+ 的正常转移，在内膜两侧不能形成质子电化学梯度，使 ATP 生成受到抑制。例如，最常见的解偶联剂是**2，4—二硝基苯酚**

(2，4—dinitrophenol，DNP) 在 pH7 的环境中，它以解离的形式存在，即它的酚羟基释放质子，成为带负电的形式，这种形式不能透过膜。在膜的酸性侧（内膜外侧），它与 H^+ 结合，成为中性分子，此种形式容易透过膜（因为它是脂溶性的）。在膜的碱性侧（基质侧）又将 H^+ 释放，从而破坏了跨膜的质子梯度。杀黑星霉素（venturicidin）因抑制 ATP 合酶，因而也没有 ATP 生成。

解偶联剂除上述 DNP 这类小分子的脂溶性质子载体而外，还有一类是天然的**解偶联蛋白**（uncoupling protein，UCP）。这类蛋白质在线粒体内膜上形成质子通道，使质子不通过 ATP 合酶就能返回到线粒体基质。目前至少已发现 5 种类型的 UCP，即 UCP1～UCP5。UCP1 又名产热素（thermogenin），它主要存在于动物的褐色脂肪组织，与对抗寒冷做出的产热反应有关，在寒冷刺激下，氧化产生的能量用于产热，而不用于合成 ATP。UCP2 存在于多数组织，UCP3 主要存在于骨骼肌，UCP4 和 UCP5 存在于脑。它们都是受到调控的蛋白质，一旦激活，即可使氧化磷酸化解偶联，以增加热量的产出。

氧化磷酸化解偶联作用具有重要生理意义。在人和大多数哺乳动物（尤其是新生儿和动物）中，存在棕色脂肪组织，这种组织的线粒体内膜具有解偶联蛋白（uncoupling protein），它在内膜上可形成质子通道，H^+ 可经此通道返回线粒体基质中，同时释放热能，用以维持新生儿（或新生动物）的体温。冬眠动物也可通过此方式维持体温。

本章学习要点

生物体在进行物质代谢的同时，总伴随着能量代谢，物质的分解代谢要放出能量，合成代谢要消耗能量。放出与消耗能量都是以 ATP 偶联。在呼吸作用中物质分解放出能量，实际上是在细胞内发生氧化还原反应，称为生物氧化。在这个过程中有机物质氧化分解，产生 CO_2 和水，并消耗氧，同时伴随能量的释放和利用。

1. 生物氧化中，物质氧化的方式包括失电子、脱氢、加氧和加水脱氢，其中脱氢和加水脱氢更具普遍性和重要性。CO_2 的生成是有机羧酸在脱羧酶催化下发生脱羧生成的。与能量代谢关系密切的是氧化脱羧作用。生物氧化的一个重要特点是水的作用和能量的缓慢释放。

2. 参与生物氧化的酶类有脱氢酶、氧化酶、传递体等，它们各自具有不同辅酶（或辅基），其中以 NAD（或 NADP）为辅酶的脱氢酶最广泛，催化底物氧化时产能最多。还有一类加氧酶，虽与能量代谢没有直接关系，但也催化一些重要反应，如羟化反应。

3. 线粒体是生物氧化的主要场所，其内膜上存在电子传递链和 ATP 合成装置，基质中存在能源物质氧化分解的主要途径。线粒体具有细胞色素氧化酶体系，物质氧化产生的 1 个 NADH 通过这个体系可产生 2.5 个 ATP，$FADH_2$ 可产生 1.5 个 ATP。

4. 物质氧化释放能量与 ADP 磷酸化生成 ATP 的偶联，是生物氧化的核心，称为氧化磷酸化。按照化学渗透假说，物质氧化脱氢造成线粒体内膜内外侧的电化学梯度（质子浓度和 pH 差异）是导致 ATP 生成的基本能源。因此，物质的氧化、电子传递、氧化与磷酸化的隅联等任何一个环节受阻，都不可能有 ATP 的生成。

5. 体内高能化合物中所含的高能键，主要有高能磷酸键和高能硫酯键。ATP 是普遍的能量转换物质，磷酸肌酸和磷酸精氨酸是能量的储存形式。

Chapter 8 BIOLOGICAL OXIDATION

The mass metabolism of organsm is in progress with the energy metabolism. Catabolism of organism will release energy but anabolism will consume energy. Releasing and consuming energy are coupling with ATP. Mass decomposition and releasing energy in respiration are named biological oxidation. It is in fact a kind of oxidation-reduction reaction in cells. Organic substances release CO_2 and H_2O and consume O_2 by oxidation and decomposition in these process. In the meantime, there are releasing and utilizing of energy.

1. The fashions of mass oxidation include losing electron, dehydrogenation, adding oxygen and adding water dehydrogenation in biological oxidation. Dehydrogenation and adding water dehydrogenation are normal and important. CO_2 is delarboxylated from carhoxylic acid that is catalyzed by decarboxylase. The process is named oxidation-decarboxylation which is closely related to energy metabolism. The important character of biological oxidation is the function of water and slow releasing of energy.

2. Enzymes that take part in biological oxidation have dehydrogenase, oxidase and carrier, etc. These enzymes have different coenzymes (or prosthetic groups). Dehydrogenase of which coenzyme is NAD (or NADP) release the most energy when it catalyze the oxidation of substrate. Although oxygenase is not directly related to energy metabolism, but it can catalyze some important reactions, such ns hydroxylation.

3. Mitochondrion is the main place of biological oxidation. It's inner membrane has electron transfer chain and ATP synthesis installation. It's stroma has main pathway of oxidation and decomposition of energy-substance. Mitochondrion has cytochrome oxidase system. One NADH produced by mass oxidation can bring 2. 5 ATP through this system, but $FADH_2$ can bring 1. 5ATP.

4. The core of biological oxidation is oxidative phosphorylation. It is refer to that mass oxidation releasing energy is coupling with ADP phosphorylation producing ATP. According to the chemiosmotic hypothesis, electrochelnical gradient (proto-oncon centration and difference of pH) of inner menbrane of mitochondrion is the basic energy source to produce ATP. Any link of maes oxidation, electron transfer and oxidative phosphorylation is impeded, it is impossible to produce ATP.

5. High-energy bonds of high-energy compounds mainly have high-enerey phosphate bond and high-energy thioester bond. ATP is normlal substance of energy transition. Phosphocreatine and phosphoarginine are the form of energy reserve.

习 题

1. 用对或不对回答下列问题。如果不对，请说明原因。

(1) 不需氧脱氢酶就是在整个代谢途径中并不需要氧参加的生物氧化酶类。

(2) 需氧黄酶和氧化酶都是以氧为直接受体。

(3) ATP 是所有生物共有的能量储存物质。

(4) 无论线粒体内或外，NADPH+H^+ 用于能量生成，均可产生 2.5 个 ATP。

(5) 当有 CO 存在时，丙酮酸氧化的 P/O 值为 1.5。

2. 在由磷酸葡萄糖变位酶催化的反应 G—1—P $\rightleftharpoons$ G—6—P 中，在 pH 7.0，25℃下，起始时〔G—1—P〕为 0.020 mol/L，平衡时〔G—1—P〕为 0.001 mol/L，求 $\Delta G^{\circ\prime}$值。

3. 当反应 ATP+H_2O $\rightleftharpoons$ ADP+Pi 在 25℃时，测得 ATP 水解的平衡常数为 250 000，而在 37℃时，测得 ATP、ADP 和 Pi 的浓度分别为 0.002、0.005 和 0.005 mol/L。求在此条件下 ATP 水解的自由能变化。

4. 在有相应酶存在时，在标准情况下，下列反应中哪些反应可按箭头所指示的方向进行?

(1) 丙酮酸+NADH+H^+ $\longrightarrow$ 乳酸+NAD^+

(2) 琥珀酸+CO_2+NADH+H^+ $\longrightarrow$ α−酮戊二酸+NAD^+

(3) 乙醛+延胡索酸 $\longrightarrow$ 乙酸+琥珀酸

(4) 丙酮酸+β−羟丁酸 $\longrightarrow$ 乳酸+乙酰乙酸

(5) 苹果酸+丙酮酸 $\longrightarrow$ 草酰乙酸+乳酸

5. 设 ATP（相对分子质量 510）合成，$\Delta G^{\circ\prime}=41.84\ \text{kJ}\cdot\text{mol}^{-1}$，NADH+$H^+$ $\longrightarrow$ H_2O，$\Delta G^{\circ\prime}=-217.57\ \text{kJ}\cdot\text{mol}^{-1}$，成人基础代谢为每天 10 460 kJ。问成人每天体内大约可合成多少（kg）ATP?

6. 在充分供给底物、受体、无机磷及 ADP 的条件下，并在下列情况中肝线粒体的 P/O 值各为多少?

底 物	受 体	抑 制 剂	P/O
苹果酸	O_2	—	
琥珀酸	O_2	—	
琥珀酸	O_2	戊巴比妥	
琥珀酸	O_2	KCN	
琥珀酸	O_2	抗霉素 A	

第九章　糖代谢

根据生物利用什么样的物质（有机物或无机含碳化合物）作为碳源和能源，可将生物分为异养生物（heterotroph）和自养生物（autotroph）两大类。人、动物和某些微生物属于异养生物，它们都需要从环境中摄取有机物质作为养料提供碳源和能源。摄取的养料在体内经过一系列化学变化，变为机体本身所特有的物质，这个过程称为同化作用（assimilation）；同时，体内原有的物质又不断地分解，变为机体所不需要的废物排出体外，这个过程称为异化作用（dissimilation）。生物体借助于同化作用和异化作用，不断地与外界环境进行物质交换。

人体和动物机体从环境中取得氧气、水和食物，又把代谢产生的二氧化碳、水和其他排泄物排到环境中去。

绿色植物从环境中取得二氧化碳和水，并利用太阳光能，通过光合作用（photosynthesis）合成机体的糖类物质，并放出氧气。绿色植物和动物一样，也要进行呼吸作用，消耗氧和有机物，并产生植物体生理活动所需要的能量。

微生物的生活方式是多种多样的，有的自养，有的异养，同时和它们周围的环境进行不断的物质交换。

生物的这种物质交换过程称为物质代谢（metabolism）。实际上，机体内的所有成分都是通过物质代谢而不断除旧更新的，所以物质代谢又叫做新陈代谢。

在生物机体内的各种化学变化过程中，凡是由较小分子转变为较大分子的物质代谢过程都称为合成代谢（anabolism）；反之，由大分子转变为小分子的物质代谢过程称为分解代谢（catabolism）。一般说来，物质代谢中的同化作用主要是合成代谢，异化作用主要是分解代谢（但这也不是绝对的，同化作用中也有分解代谢，异化作用中也有合成代谢）。无论是合成代谢还是分解代谢，都是逐步进行的，是由许多中间反应组成的。这一连串的中间反应过程称为中间代谢（intermediary metabolism）。在物质代谢过程中，总伴随着能量的变化，即能量代谢（energy metabolism）。物质代谢和能量代谢是密切联系在一起的，同化作用和异化作用这一对矛盾的两方面也存在一定的联系。正是因为同化作用和异化作用的对立统一过程，组成了生物机体的新陈代谢过程。

机体内的各种物质都具有合成代谢和分解代谢。本章主要介绍糖的分解代谢，同时介绍人及动物体内的糖的合成代谢。植物体中糖的合成代谢（光合作用）在下章介绍。

第一节　糖的消化、吸收和运转

糖类的分解一方面为机体生命活动提供必需的能量，另一方面又为机体合成其他生命物质（如氨基酸、核苷酸、脂肪酸等）提供碳原子或碳链骨架，因此，糖类是一切异养生物的主要能源和碳源。异养生物的碳源和能源虽然可以来自机体内多糖的分解，但更主要的是大量地来自食物，即来自植物光合作用所制造的多糖。

一、多糖及寡糖的降解

作为异养生物能源和碳源的多糖主要是淀粉（starch）和糖原（glycogen），它们需经过酶的作用降解成单糖后才能被利用。多糖在细胞内和细胞外的降解方式不同，细胞外的降解（如动物消化道的消化，微生物的胞外酶作用）是一种水解的过程；细胞内的降解则是磷酸解的方式（加磷酸分解）。催化水解的酶称为糖苷酶（glycosidase），包括淀粉酶类（amylases）；催化磷酸解的酶称为磷酸化酶（phosphorylase）。

1. α－淀粉酶（α－amylase）（又称淀粉－1，4－糊精酶或液化酶）

α－淀粉酶水解淀粉的α（1→4）糖苷键，不能水解α（1→6）糖苷键。同位素标记实验表明，此酶断裂 C_1—O 键，而不水解 O—C_4 键。它能将直链淀粉水解产生葡萄糖，少量麦芽糖和麦芽三糖（maltotriose）。作用于支链淀粉，除了产生直链淀粉水解相同成分外，还产生短片段的糊精，因而它又称α－糊精酶（α－dextrinase）。

α－淀粉酶存在于人和动物的唾液、胰液，还存在于麦芽、枯草杆菌（*Bacilluts subtilis*）、芽孢杆菌（*Bacillus*）、米曲霉（*Aspergillus oryzae*）、黑曲霉（*A. niger*）等中。

2. β－淀粉酶（β－amylase）（又称淀粉－1，4－发芽糖苷酶）

β－淀粉酶只能水解α（1→4）糖苷键，不能水解α（1→6）糖苷键。其作用方式是从淀粉链的非还原性端开始依次切下两个葡萄糖单位，产物为麦芽糖。当作用于直链淀粉时，最后可全部水解为麦芽糖（maltose）；作用于支链淀粉时，除了得到麦芽糖外，还得到核心糊精（core dextrin）（一种与碘反应呈红色的低聚糖。）此酶在水解淀粉的α（1→4）糖苷键的同时起了一个基团异位反应，将α－型转变为β－型，水解产物为β－麦芽糖，故称为β－淀粉酶。β－淀粉酶主要存在于麦芽中，其他如麸皮、大豆、甘薯以及某些细菌和霉菌中也有。

核心糊精可以在异麦芽糖酶（isomaltase）的作用下，切断α（1→6）糖苷键，然后被进一步水解。

3. γ－淀粉酶（淀粉－1，4－葡萄糖苷酶或糖化酶）

存在于动物中的γ－淀粉酶（γ－amylase）可作用于淀粉的α（1→4）糖苷键和α（1→6）糖苷键，从非还原端开始，顺次切下一个葡萄糖分子。因此，无论作用于直链淀粉或支链淀粉，最终产物都是葡萄糖。

4. 纤维素酶（cellulase）

纤维素酶可水解β（1→4）糖苷键，因此，它能将纤维素水解成纤维二糖和葡萄糖。纤维素酶只存在于微生物中，某些微生物所含的水解纤维素的酶实际上是多种酶组合成的酶体系。某些动物（如牛、羊）的肠道细菌可分解纤维素，就是因为它们具有纤维素酶。人体消化道细菌没有纤维素酶，因而纤维素对人来说没有营养价值。但纤维素有促进肠胃蠕动、防止便秘的作用，并且食物中含一定量的纤维素有利于降低血清胆固醇。

5. 磷酸化酶及脱支酶

细胞内的多糖降解主要是指糖原的磷酸解。因为糖原分子中存在α（1→4）糖苷键和α（1→6）糖苷键，因而细胞内有两种降解糖原的酶。降解α（1→4）糖苷键的酶称为磷酸化酶（phosphorylase），降解α（1→6）糖苷键的酶称为脱支酶（debranching enzyme）。糖原磷酸化酶降解糖原的产物都是1－磷酸葡萄糖。

大分子的淀粉不能直接被动物和人体吸收，必须经过消化道水解酶的作用，变成小分子的葡萄糖后才能被吸收。

淀粉的消化从口腔开始，唾液中含α－淀粉酶，可以催化淀粉的水解。但因食物在口腔中停留时间很短，所以淀粉的水解程度不大。当食物进入胃后，唾液淀粉酶受到胃酸的作用，很快失去活性，淀粉的消化作用随即停止。因此，淀粉的消化主要是在小肠腔内和肠粘膜上皮细胞表面进行。

小肠是消化糖最重要的器官。肠腔中含有来自胰腺的胰α－淀粉酶，能催化淀粉分子内部的α（1→4）糖苷键水解形成带α（1→6）糖苷键支链的寡糖α－糊精，以及含2～9个葡萄糖单位的麦芽糖和麦芽寡糖。糊精及各种寡糖可进一步在肠粘膜上皮细胞表面被酶解。

$$\text{麦芽糖}\xrightarrow{\text{麦芽糖酶}}2\text{分子葡萄糖}$$

$$\text{蔗　糖}\xrightarrow{\text{蔗糖酶}}\text{葡萄糖}+\text{果糖}$$

$$\text{乳　糖}\xrightarrow{\text{乳糖酶}}\text{葡萄糖}+\text{半乳糖}$$

二、糖的吸收和运转

1. 糖的吸收

在动物和人体内，糖经过消化酶解成单糖后可被肠道粘膜细胞吸收。各种单糖的吸收速度不同，若以葡萄糖的吸收速度为100，则各种单糖的相对吸收速率为：

D—半乳糖（110）＞D—葡萄糖（100）＞D—果糖（43）＞
D—甘露糖（19）＞L—木酮糖（15）＞L—阿拉伯糖（9）

单糖的吸收有两种机制：①主动吸收。这是需能的主动运输，与Na^+共同吸收。这是由存在于小肠粘膜细胞膜上的特异蛋白系统来完成的，这种蛋白称为Na^+－单糖共运输蛋白（Na^+－monosaccharide transporter，SLUT），是一种四聚体蛋白。这种系统对葡萄糖和半乳糖具专一吸收。Na^+和单糖与该蛋白结合后，可引起构象改变，使葡萄糖或半乳糖由肠腔转运到上皮细胞内，Na^+则由ATP供能的Na^+/K^+泵（pump）泵出细胞。这种需Na^+转运可被根皮苷（phlorhizin）抑制；②易化扩散。这是不依赖于Na^+的运输系统（GLUT－5），该系统主要对果糖吸收专一。此外，在小肠上皮细胞肠腔的对侧质膜上存在另外一种不依赖于Na^+的易化扩散系统（GLUT－2），它能运输葡萄糖、果糖和甘露糖。GLUT－2也存在于肝和肾。

在正常生理条件下，位于消化道、肝和肾的GLUT－2负责将葡萄糖运输出细胞，进入血液。而红细胞和脑细胞上的GLUT－1或脂肪组织和肌肉组织的GLUT－4主要负责葡萄糖的吸收，即将血液中的葡萄糖运输到各自的细胞内（图9－1）。

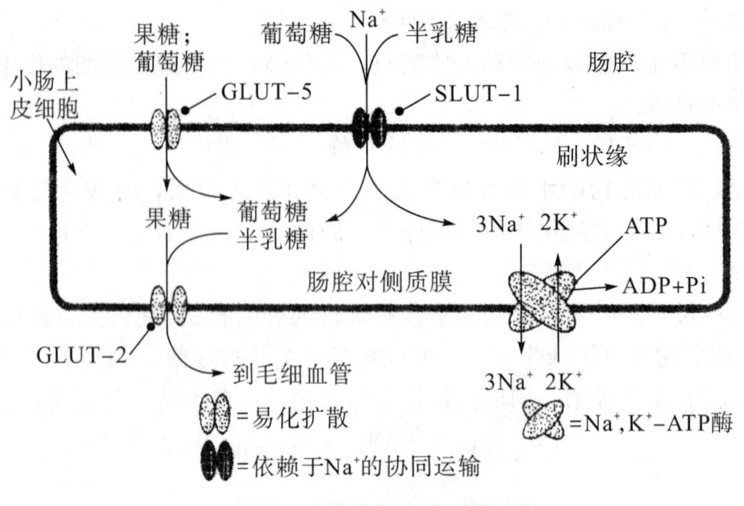

图 9-1　单糖的吸收及跨膜运输

2. 糖的运转

单糖被人和动物吸收后进入血液。血液中的糖主要是葡萄糖，常称之为血糖（blood sugar）。糖在体内是以葡萄糖的形式进行转运的。血糖的来源与去路见图 9-2 所示。

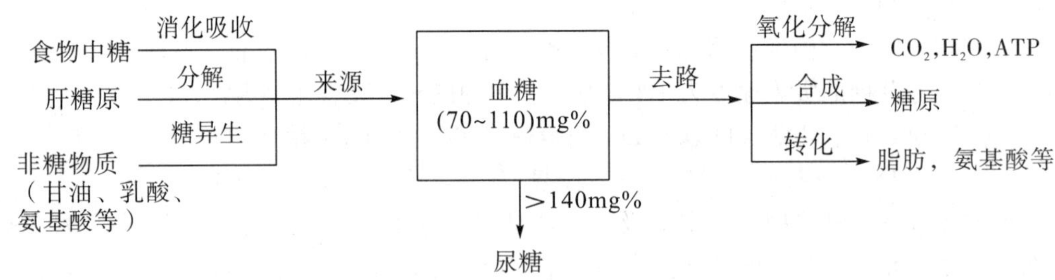

图 9-2　血糖的来源与去路

血糖含量是表示体内糖代谢的一项重要指标。对于正常人而言，血糖浓度为（3.9～6.1)m mol/L [或（70～110)mg/100 mL 血)。血糖浓度高于 7.8 m mol/L（140 mg%）称为高血糖，低于 3.8 m mol/L（70 mg%）称为低血糖。这两种情况都由代谢引起。在正常机体内，通过体内的调节可维持血糖的恒定。血糖高时，可促进血中葡萄糖合成肝糖原或肌糖原而贮存；反之，血糖降低时，又可由肝糖原的分解得以补充。

三、糖的中间代谢概况

糖的中间代谢是指糖类物质在细胞内合成和分解的化学变化过程，合成代谢对于植物及某些微生物来说，主要是利用光合作用合成它们本身所需的糖类物质；对于动物及人而言，是利用葡萄糖合成糖原，或由非糖物质（如乳酸、甘油、某些氨基酸等）合成糖原。合成代谢是吸能反应。

糖的分解代谢是指单糖的氧化分解过程。分解代谢是放能反应。分解代谢有 3 种不同的类型：

1. 需氧分解（或称有氧氧化）

自然界中绝大多数生物都必须在有氧气的环境中才能生活，不仅绝大多数异养生物需要氧，而且绿色植物和其他自养生物也都需要氧气才能维持生命。氧参与糖类物质（和脂肪等其他物质）的分解作用，CO_2 是分解作用的产物，同时在分解过程中还放出大量的能量。

在有氧存在的条件下，葡萄糖在生物体内彻底分解的总过程可用下式表示：

$$C_6H_{12}O_6+6O_2 \longrightarrow 6CO_2+6H_2O$$

生物将 1 mol 葡萄糖完全氧化生成 CO_2 和水时，可产生 2870 kJ（686 kcal）的自由能。这些能量中的一部分用于体内的代谢活动。

生物化学上将糖在有氧存在下分解为 CO_2、水和放出能量的过程称为有氧呼吸（aerobic respiration），有时也称呼吸作用。有氧呼吸在糖的分解代谢中占主导地位，它产生的能量最多。

2. 不需氧分解（或称无氧氧化）

自然界中也有少数生物或生物的某些组织可以在缺氧或暂时缺氧的环境中生活。在这种情况下，糖虽然也可以分解释放出能量，但分解不完全，停留在二碳物或三碳物的中间状态，这种分解方式放出的能量，大大少于在有氧条件下所释放的能量。在生物化学上常把糖的无氧分解过程称为无氧呼吸（anaerobic respiration）。高等动物的肌肉和酵母菌是能够进行无氧呼吸的典型例子。

高等动物及人的肌肉在缺少氧气供应时（如剧烈运动），肌肉收缩所需的能量是由肌肉细胞内的糖通过无氧分解提供的，分解产物是乳酸。通常把糖类物质在细胞内进行无氧呼吸形成乳酸的过程称为酵解（glycolysis）。这个过程的 $\Delta G^{\circ\prime}=-196.6\ kJ\cdot mol^{-1}$（$-47kca\cdot mol^{-1}$）。总反应如下：

$$\underset{\text{葡萄糖}}{C_6H_{12}O_6} \xrightarrow{\text{酵解}} \underset{\text{丙酮酸}}{2CH_3\overset{\overset{\displaystyle O}{\|}}{C}—COOH} \longrightarrow \underset{\text{乳　酸}}{2CH_3—\overset{\overset{\displaystyle OH}{|}}{C}H—COOH} +\text{能量}$$

酵母菌在缺氧条件下能够缓慢生长，其所需能量由糖分解为乙醇和 CO_2 的过程中获得。酵母菌中所进行的无氧呼吸和肌肉中进行的无氧呼吸略有不同。在生物化学上将酵母菌的无氧呼吸过程（产生乙醇和 CO_2）称为发酵（fermentation）。其总反应式如下（$\Delta G^{\circ\prime}=-217.6\ kJ\cdot mol^{-1}$. 即 $-52\ kcal\cdot mol^{-1}$）：

$$\underset{\text{葡萄糖}}{C_6H_{12}O_6} \xrightarrow{\text{发酵}} \underset{\text{丙酮酸}}{2CH_3\overset{\overset{\displaystyle O}{\|}}{C}—COOH} \longrightarrow 2CO_2+\underset{\text{乙　醇}}{2C_2H_5OH}+\text{能量}$$

3. 以无机物为受氢体的无氧呼吸

在一些厌氧微生物中，还存在一种特殊的无氧呼吸作用，它们既不以氧作为最终受氢体，也不以糖分解代谢的中间产物为受氢体，而是以无机物为受氢体。例如，硫细菌（Thiobacillus）是以无机硫作为受氢体，硝酸盐还原菌（nitrate reduction bacteria）可以硝酸盐或亚硝酸盐为受氢体。在糖的分解中，微生物也从中获取部分能量。

第二节　糖的无氧分解

发酵和酵解是糖的无氧分解的两种主要形式，在分解代谢中，这两种途径的主要代谢步骤都是相同的，说明它们在进化上有相似之处。当地球上刚有生命出现的时候，大气中缺乏氧，原始生物靠糖的无氧分解来提供能量，以维持其生命活动。

发酵的起始物质是葡萄糖，酵解的起始物质是葡萄糖或糖原。从葡萄糖到生成丙酮酸的过程，二者都是相同的。其后由丙酮酸转变为乙醇，称为发酵，由丙酮酸还原为乳酸，则称为酵解。

发酵和酵解都在细胞的胞浆（或称胞液）中进行。

一、糖分解代谢的共同阶段

葡萄糖是大多数生物都能利用的能源和碳源，而且许多单糖都能转变为葡萄糖，葡萄糖的无氧分解也是大多数生物所共有的，因此，葡萄糖代谢是糖的主要代谢途径。

无论是糖的无氧分解，或是糖的有氧氧化，从葡萄糖到丙酮酸经历的 10 步反应都是相同的。通常将这个阶段称为 EMP 途径（Embden-Meyerhof-Parnas Pathway）或称为**糖酵解途径**。这是因为两位德国生物化学家 Gustav Embden 和 Otto Meyerhof 对这个途径的研究做出了重要贡献，并首先提出了糖酵解这一概念而得名。

1. 葡萄糖磷酸化转变成 6－磷酸葡萄糖（glucose－6－phosphate）

葡萄糖进入细胞后，首先要经磷酸化作用（phosphorylation）形成 6－磷酸葡萄糖（简称 G－6－P）。这步反应有两方面的意义：糖经磷酸化后变得稳定，容易参与代谢；磷酸化后的糖含有带负电荷的磷酸基团，不能透过细胞质膜，因此是细胞的一种保糖机制。这个反应是需能反应，由 ATP 提供能量，这是酵解过程的第一个限速步骤。式中的 P 代表磷酸基，以下反应均以 P 代表磷酸基。

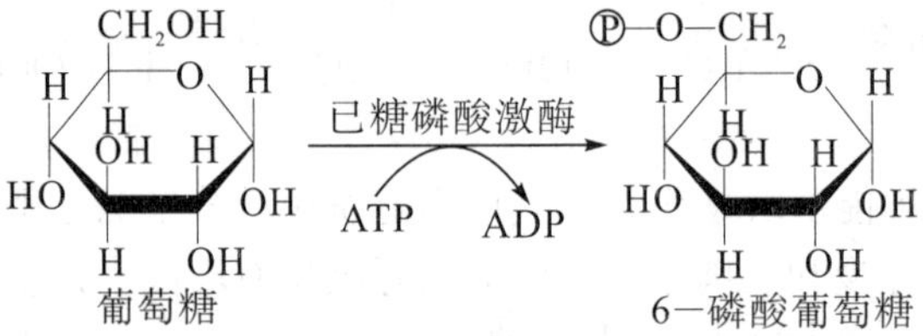

催化此反应的酶是己糖磷酸激酶或简称**己糖激酶**（hexokinse）。需 Mg^{2+} 参与反应。现已发现有 4 种类型的己糖激酶同工酶（A、B、C、D 或Ⅰ、Ⅱ、Ⅲ、Ⅳ）Ⅰ型主要存在骨骼肌中，Ⅱ型存在于骨骼肌和心肌中，Ⅲ型存在于肝和肺中，Ⅳ型仅存在于肝脏中。酵母己糖激酶相对分子质量为 108000。专一性不强，除催化上述反应外，也能催化其他己糖如甘露糖（M）、果糖（F）和半乳糖（Gal）分别形成 M－6－P、F－6－P 和 Gal－1－P。此酶催化的反应不可逆，其活性受产物 G－6－P 的抑制。但无机磷酸可解除这种抑制。Ⅰ型酶对无机磷酸最敏感。己糖激酶是糖酵解中第一个调节酶。

在肝脏中存在的己糖激酶为同工酶Ⅳ，又称为**葡萄糖激酶**（glucokinase），它只能催化葡萄糖生成 G－6－P 的反应，不催化其他己糖的磷酸化，其活性不受产物 C－6－P 的抑制。

G－6－P 在肝、肾小管上皮和小肠上皮三种组织的细胞中被水解为葡萄糖释放到血液循环中。催化这个反应的酶为**磷酸（酯）酶**（phosphomonoesterase），其 $\Delta G^{\circ\prime}=-13.811\ kJ\cdot mol^{-1}$（$-3.3\ kJ\cdot mol^{-1}$）。

$$G-6-P+H_2O\xrightarrow{\text{磷酸酶}}G+H_3PO_4$$

此酶存在于内质网的脂质层中。

2. 6－磷酸葡萄糖异构化转变成 6－磷酸果糖（fructose－6－phosphate）

这是个异构化反应，由磷酸己糖异构酶（phosphohexoisomerase）催化，6－磷酸葡萄糖（经过烯二醇中间物）转变为 6－磷酸果糖（F－6－P）。反应不需要辅助因子，反应较快，为可逆反应（$\Delta G^{\circ\prime}=+1.6\ \text{kJ}\cdot\text{mol}^{-1}$）。人骨骼肌的此酶相对分子质量为 130000。

这个磷酸醛糖和酮糖的互变异构是完全必要的。因为在 6－磷酸葡萄糖分子中，C_1 位的羰基（开链结构）或半缩醛羟基（环状结构）不像醇羟基那样易于磷酸化，6－磷酸葡萄糖转变为 6－磷酸果糖后，分子的 C_2 位为羰基，C_1 位为伯醇基，因此 C_1 位就容易磷酸化了。所以，这个醛酮异构反应为分子的第二次磷酸化作好了准备，并为下面分子的等长裂解提供了条件。

果糖在有 ATP 参与下，由己糖激酶催化变为 6－磷酸果糖，由此进入分解代谢途径。

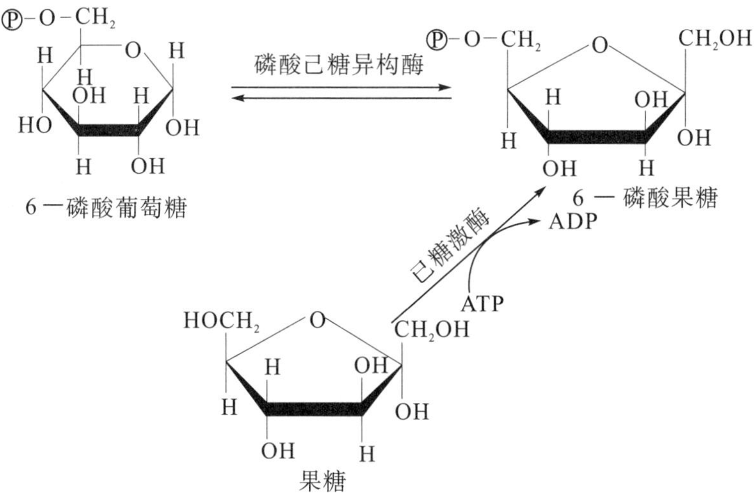

3. 6－磷酸果糖磷酸化生成 1，6－二磷酸果糖（fructose－1，6－bisphosphate）

磷酸果糖激酶－1

ATP　ADP

6－磷酸果糖　　1,6—二磷酸果糖

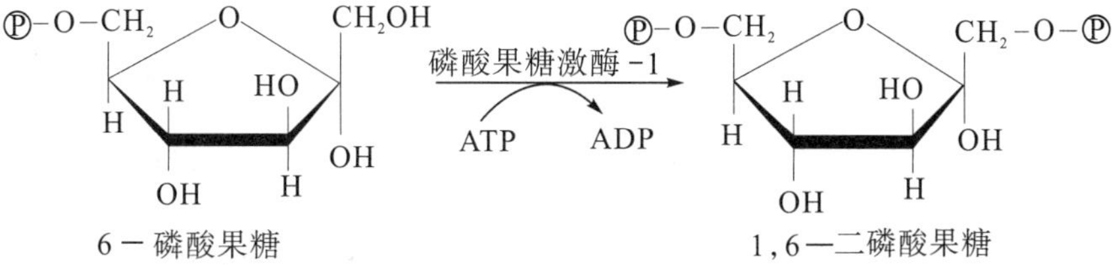

$\Delta G^{\circ\prime}=-14.2\ \text{kJ}\cdot\text{mol}-1\ (-3.4\ \text{kcal}\cdot\text{mol}^{-1})$

这个反应与第一步反应类似，也是需能反应，由 ATP 提供能量和磷酸，需要 Mg^{2+} 参加，使 6－磷酸果糖再一次磷酸化，生成 1，6－二磷酸果糖（fructose－1，6－bisphosphate，简写 F－1，6－P_2。旧称 fructose－1，6－diphosphate。之所以将“di”改为“bis”，是因为 diphophate 表示两个磷酸基连在一起，而 bisphosphate 表示两个磷酸基是分开的）。催化此反应的酶是磷酸果糖激酶－1（phosphofructokinas，PFK）。已从动物组织、酵母和细菌中分离出此酶，相对分子质量为 320000，含有 4 个亚基。在人及动物中已发现有 3 种同工酶：A 型分布在骨骼肌和心肌，B 型存在于肝及红细胞中，C 型存在于脑中。此酶催化的反应为不可逆反应。这是酵解过程的第二个限速步骤。

$F-1,6-P_2$ 可在其磷酸酶催化下水解脱去磷酸，生成 $F-6-P$。

$$F-1,6-P_2+H_2O \xrightarrow[Mg^{2+}]{磷酸酶} F-6-P+H_3PO_4$$

$F-1,6-P_2$ 磷酸酶与 $F-6-P$ 激酶同时存在于细胞质中。

1974 年 R. E. Reeves 等从植物中发现一种新酶，催化由 PPi 提供 Pi，使 $F-6-P$ 磷酸化生成 $F-1,6-P_2$，称为焦磷酸-6-磷酸果糖磷酸转移酶（pyrophosphate－fuctose－6－phosphate－1－phosphotransierase，简称 PFP）。

$$F-6-P+PPi \xrightarrow{PFP} F-1,6-P_2+Pi$$

动物细胞中 $F-1,6-P_2$ 的生成由磷酸果糖激酶（PFK）催化，在植物细胞中同时存在 PFP 和 PFK，而且 PFP 的活性常常高于 PFK，说明在植物体内，PFP 可能是参与糖代谢的一个重要酶。

4. 1，6－二磷酸果糖裂解为两分子磷酸丙糖（triose phosphate）

这是一个裂解反应，由一个六碳糖裂解为两个三碳糖。

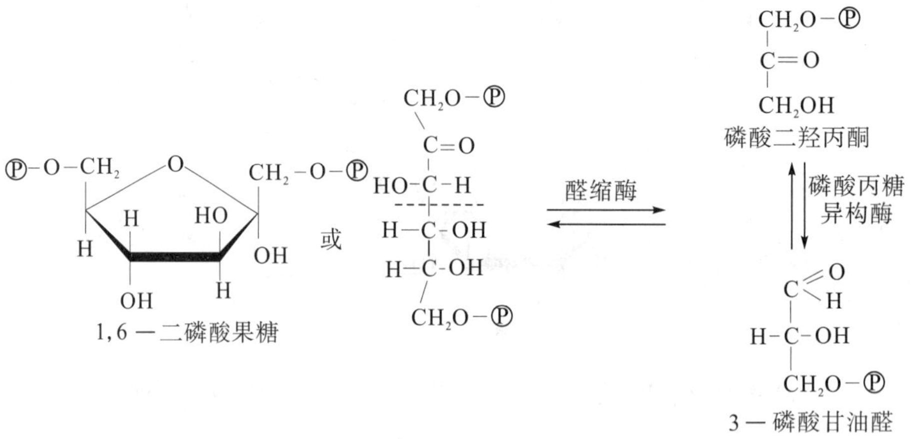

1,6－二磷酸果糖 或 醛缩酶 磷酸二羟丙酮 磷酸丙糖异构酶 3－磷酸甘油醛

$\Delta G^{\circ\prime}=+24\ kJ\cdot mol^{-1}$（$+5.7\ kcal\cdot mol^{-1}$）

虽然这个反应在热力学上是不利的（吸收能量），但由于1，6－二磷酸果糖的生成是放能的（ATP 分解），加之后面 3－磷酸甘油醛的氧化也释放出大量能量，因此，在一个连续的反应中，热力学上不利的反应可被热力学上有利的反应所推动。所以这个反应在体内能正向进行。

1，6－二磷酸果糖由醛缩酶（aldolase）催化在 C_3 和 C_4 之间断裂，分裂成两分子磷酸丙糖：磷酸二羟丙酮（phosphodihydroxyacetone）和 3－磷酸甘油醛（glyceralehyde－3－phosphate）这个反应是酵解过程中很重要的一步，反应可逆。由于逆反应实质上是一个醇醛缩合反应，故催化此反应的酶称为醛缩酶或醇醛缩合酶。此酶有两种类型，I 型酶存在于高动植物中，为共价催化，在反应中底物与酶活性中心的赖氨酸残基形成 schiff 氏碱共价中间物；Ⅱ型酶存在于微生物和藻类，其活性中心含 Zn^{2+}，为金属催化。从动物组织中纯化的此酶由 4 个亚基组成，相对分子质量为 160000。来自动物组织的Ⅰ型醛缩酶有 3 种同工酶：肌肉型、肝型和脑型。它们不需要辅助因子，但来自酵母及细菌的酶需 Fe^{2+}、Ca^{2+} 和 Zn^{2+} 等二价金属离子，此外还需要 K^+。

两个磷酸丙糖在磷酸丙糖异构酶（phosphotriose isomerase）催化下可以互变（经过烯

二醇中间物），（$\Delta G^{\circ\prime}=+7.66\ kJ\cdot mol^{-1}$）达平衡时磷酸二羟丙酮占96%，3－磷酸甘油醛占4%。尽管如此，因为3－磷酸甘油醛不断进入分解代谢过程，所以反应仍向3－磷酸甘油醛生成的方向进行。

磷酸丙糖异构酶相对分子质量为56000，是由不同亚基组成的二聚体。磷酸对此酶具有弱竞争性抑制作用。

含6个碳原子的葡萄糖，经过上述几步反应裂解为两分子三碳糖。由同位素示踪实验表明，葡萄糖分子的3、4位碳原子转变成了两分子3－磷酸甘油醛的醛基碳原子，葡萄糖分子的第1、6位碳原子变成了3－磷酸甘油醛的第3位碳原子。

5. 3－磷酸甘油醛氧化为1，3－二磷酸甘油酸（1，3－bisphosphoglyceric acid）

3－磷酸甘油醛在磷酸甘油醛脱氢酶（phosphoglyceraldehyde dehydrogenase）催化下脱氢氧化生成1，3－二磷酸甘油酸。其过程是：3－磷酸甘油醛先和酶结合（此酶的活性基团是—SH），形成一个活泼的中间物，此中间物脱氢时在第一位碳原子上形成一个高能硫酯键，此键被磷酸分解生成1，3－二磷酸甘油酸，同时将酶释放出来。1，3－二磷酸甘油酸的C_1醛基氧化形成具高能量的酰基磷酸键。脱下的氢被辅酶Ⅰ（NAD^+）所接受，形成还原型辅酶Ⅰ（$NADH+H^+$）。这个反应实际包括了一个氧化反应（$\Delta G^{\circ\prime}=-43.1\ kJ\cdot mol^{-1}$）和一个酰基磷酸化反应（$\Delta G^{\circ\prime}=+49.4\ kJ\cdot mol^{-1}$），总的自由能变化为$\Delta G^{\circ\prime}=49.4-43.1=+6.3\ kJ\cdot mol^{-1}$。

磷酸甘油醛脱氢酶是一含巯基的酶，来自酵母及家兔肌肉的酶，相对分子质量为140000，由4个相同的亚基组成。此酶对强酵解抑制剂—碘乙酸特别敏感。此外，重金属离子和砷酸盐对此酶也有较强的抑制作用。

H—C(=O)—H—C—OH—CH_2—O—Ⓟ ⇌（磷酸甘油醛脱氢酶）[Ⓗ—C(—OⒽ)—S—酶 / H—C—OH / CH_2—O—Ⓟ] ⇌（NAD^+ → $NADH+H^+$）C(=O)～S—酶 / H—C—OH / CH_2—O—Ⓟ ⇌（Pi，酶-SH）C(=O)—O～Ⓟ / H—C—OH / CH_2—O—Ⓟ

3-磷酸甘油醛　　　　1,3-二磷酸甘油酸

6. 1，3－二磷酸甘油酸转变为3－磷酸甘油酸（3－phosphoglyceric acid）

1，3－二磷酸甘油酸在磷酸甘油酸激酶（phosphogtycerate kinase）的催化下，可将高能磷酸键转移给ADP而生成一分子ATP及3－磷酸甘油酸。这是个可逆反应。酶是根据逆反应命名的，相对分子质量为50000。

C(=O)—O～P / H—C—OH / CH_2—O—P ⇌（磷酸甘油酸激酶，Mg^{2+}，ADP → ATP）C(=O)—OH / H—C—OH / CH_2—O—P

1，3－二磷酸甘油酸　　　3－磷酸甘油酸

$$\Delta G^{\circ\prime}=-18.9\ kJ\cdot mol^{-1}\ (-4.5\ kcal\cdot mol^{-1})$$

此步反应由 ADP 生成 ATP 为底物水平磷酸化（见第八章第四节）。

7. 3－磷酸甘油酸转化为 2－磷酸甘油酸（2－phosphoglyceric acid）

这一反应由**磷酸甘油酸变位酶**（phosphoglycerate mutase）催化，酵母的此酶相对分子质量约为 65700。磷酸变位机制是 3－磷酸甘油酸与 2，3－二磷酸甘油酸（2，3－bisphosphoglyceric acid）互换磷酸基，互换作用由磷酸甘油酸变位酶的磷酸化型和非磷酸化型的互变而进行。2，3－二磷酸甘油酸不仅是磷酸甘油酸变位酶的竞争性抑制剂，而且它直接影响红细胞对氧的亲和力（见第三章第八节）。来自小麦胚的磷酸甘油酸变位酶并不需要 2，3－二磷酸甘油酸，它催化 3－磷酸甘油酸分子内磷酸基团的转移，直接生成 2－磷酸甘油酸。

$$\begin{matrix} \text{O} \\ \| \\ \text{C—OH} \\ | \\ \text{H—C—OH} \\ | \\ \text{CH}_2\text{—O—P} \end{matrix} \xrightleftharpoons{\text{磷酸甘油酸变位酶}} \begin{matrix} \text{O} \\ \| \\ \text{C—OH} \\ | \\ \text{H—C—O—P} \\ | \\ \text{CH}_2\text{OH} \end{matrix}$$

3－磷酸甘油酸　　　　　　　　2－磷酸甘油酸

$\Delta G^{\circ\prime}+4.44\ \text{kJ}\cdot\text{mol}^{-1}$（$+1.06\ \text{kcal}\cdot\text{mol}^{-1}$）

3－磷酸甘油酸＋酶－P $\rightleftharpoons$ 2，3－二磷酸甘油酸＋酶 $\rightleftharpoons$ 2－磷酸甘油酸＋酶－P。

8. 2－磷酸甘油酸脱水形成 2－磷酸烯醇式丙酮酸（2－phosphoenolpyruvic acid，PEP）

$$\begin{matrix} \text{O} \\ \| \\ \text{C—OH} \\ | \\ \text{H—C—O—P} \\ | \\ \text{CH}_2\text{OH} \end{matrix} \xrightleftharpoons[\text{Mg}^{2+}\text{或 Mn}^{2+}]{\text{烯醇化酶}} \begin{matrix} \text{O} \\ \| \\ \text{C—OH} \\ | \\ \text{C—O}\sim\text{P} \\ \| \\ \text{CH}_2 \end{matrix} + \text{H}_2\text{O}$$

2－磷酸甘油酸　　　　　　磷酸烯醇式丙酮酸

$\Delta G^{\circ\prime}=+1.84\ \text{kJ}\cdot\text{mol}^{-1}$（$0.44\ \text{kcal}\cdot\text{mol}^{-1}$）

此反应由**烯醇化酶**（enolase）催化，并需 Mg^{2+} 或 Mn^{2+}。2－磷酸甘油酸在脱水过程中分子内部发生能量的重新分配，一部分能量集中于磷酸键上，使原来的低能磷酸键变为高能磷酸键，故形成富含能量的 2－磷酸烯醇式丙酮酸（2－phosphoenolpyruvic acid，简称 PEP）。

烯醇化酶（相对分子质量 88000）是由两个相同亚基组成的二聚体。Mg^{2+} 或 Mn^{2+} 与酶紧密结合，有利于酶促反应。由于氟化物 F^- 能与 Mg^{2+} 形成 MgF_2，并结合到酶分子上，可使酶失活。因此，氟化物也是糖酵解的一种强抑制剂。

9. 磷酸烯醇式丙酮酸转变为烯醇式丙酮酸（enolpyruvic acid）

$$\begin{matrix} \text{O} \\ \| \\ \text{C—OH} \\ | \\ \text{C—O}\sim\text{P} \\ \| \\ \text{CH}_2 \end{matrix} \xrightarrow[\text{ADP ATP}]{\text{丙酮酸激酶}\quad \text{Mg}^{2}\text{，K}^{+}} \begin{matrix} \text{O} \\ \| \\ \text{C—OH} \\ | \\ \text{C—OH} \\ \| \\ \text{CH}_2 \end{matrix}$$

2—磷酸烯醇式丙酮酸　　　　　　烯醇式丙酮酸

$\Delta G^{\circ\prime}=-31.4\ \text{kJ}\cdot\text{mol}^{-1}$（$-7.5\ \text{kcal}\cdot\text{mol}^{-1}$）

这个反应由丙酮酸激酶（Pyruvate kinase）催化，必须有 Mg^{2+} 及 K^{+} 激活。磷酸烯醇式丙酮酸的高能磷酸键转给 ADP 而生成 ATP（此 ATP 的生成为非氧化性磷酸化，见第八章第四节），并得到烯醇式丙酮酸。这是酵解过程的第三个限速步骤。因为反应的自由能变化较大，这步反应实际上是不可逆的（早先曾误认为这个反应是可逆的，所以催化此反应的酶以逆反应命名）。长链脂肪酸和乙酰辅酶 A 能抑制该酶的活性。当 F－1，6－P_2 存在时，琥珀酰辅酶 A 对该酶具有强抑制作用。此外，极低浓度的 Cu^{2+} 对该酶也有抑制作用。

丙酮酸激酶已从动物组织和酵母中结晶纯化，酵母丙酮酸激酶的相对分子质量为 250000，是一个四聚体。哺乳动物的丙酮酸激酶，有 4 种同工酶：L、M、K 和 R，分别分布于肝、肌肉、肾髓质及红细胞。

10. 丙酮酸的生成

丙酮酸的烯醇式结构在热力学上是很不稳定的，具有强烈转变为酮式结构的趋势。所以很容易转变成丙酮酸（pyruvic acid），勿需酶催化。事实上，当丙酮酸激酶催化磷酸基从磷酸烯醇式丙酮酸转移至 ADP 而生成 ATP 时，所需的相当一部分能量来自烯醇式向酮式转变时所释放出来的能量。

COOH　　　　　COOH
|　　　　　　　|
C—OH ———→ C═O
‖　　　　　　　|
CH_2　　　　　　CH_3
烯醇式丙酮酸　　丙酮酸

由上述反应可以看出，糖酵解的中间产物都是磷酸化的，即都与磷酸基连接。这具有一定生物学意义：①糖酵解处于胞浆中，各中间物磷酸化后成为带负电荷的离子，因而不易透过质膜而丢失；②磷酸化的中间物易于被酵解酶所识别，因为磷酸可起到信号基团的作用；③在酵解过程中形成 ATP 时，通过基团转移反应易于从某些磷酸化的中间物将磷酸基转移给 ADP。

现将糖分解代谢的上述共同阶段的反应总结于图 9－3。

二、酵解作用

酵解（glycolysis）是人及动物体内糖的不需氧代谢的一种形式，在某些组织细胞（如成熟红细胞）甚至仅仅依靠这种方式获取能量。酵解可以从葡萄糖开始，也可以从糖原开始，经过一系列反应，最终产物为乳酸（lactic acid）。从葡萄糖到生成丙酮酸的反应见前所述。如果从糖原开始，则糖原先经磷酸化酶（phosphorylase）作用，磷酸解为 1－磷酸葡萄糖，再由磷酸葡萄糖变位酶（phosphoglucomutase）催化，转变为 6－磷酸葡萄糖，从而进入共同分解途径。

上述共同途径第五步 3－磷酸甘油醛氧化成 1，3－二磷酸甘油酸时，产生还原型 CoⅠ（$NADH+H^{+}$）。在有氧存在下。此还原型 CoⅠ的两个氢可通过穿梭作用进入呼吸链；在无氧情况下，这两个氢转给糖分解产生的丙酮酸，这样，丙酮酸就还原为乳酸。

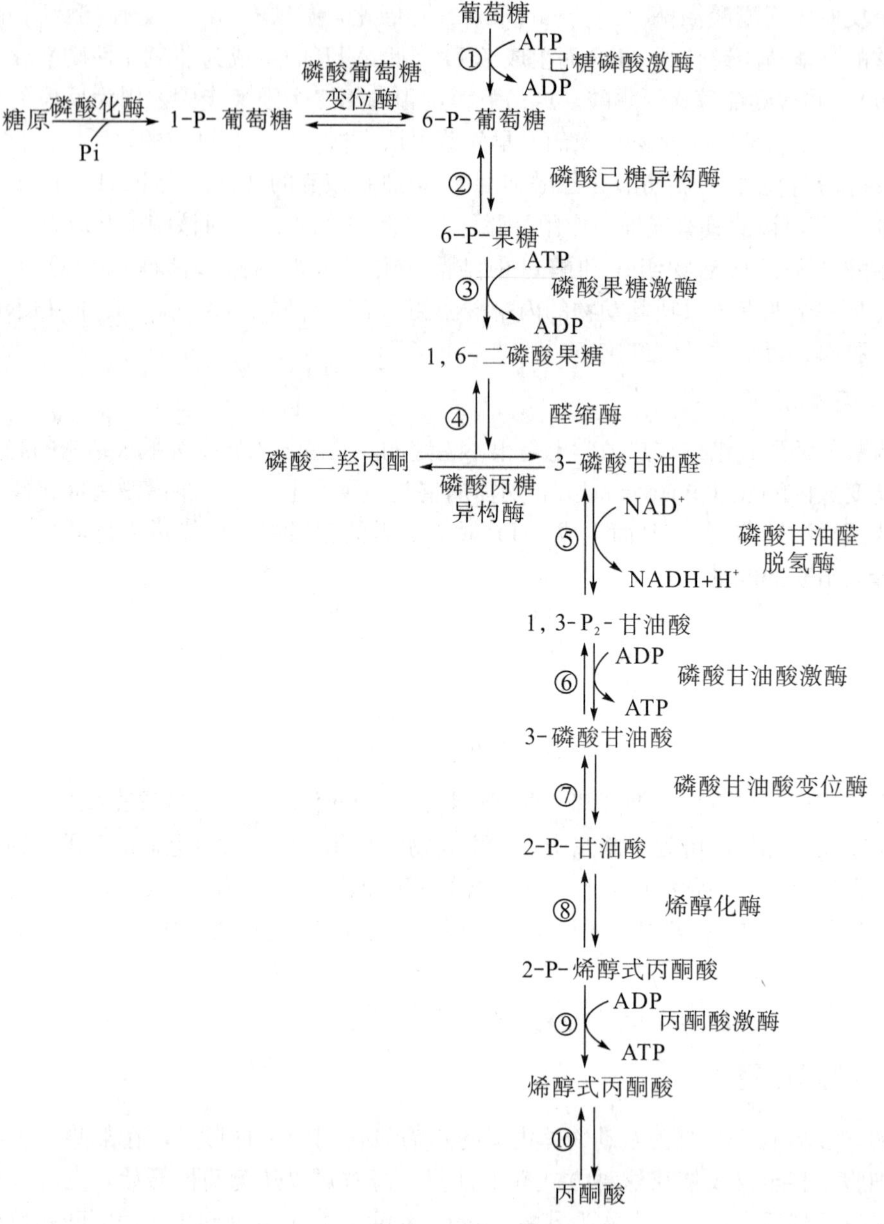

图 9−3　糖分解代谢的共同阶段（EMP）

$$\underset{\text{丙酮酸}}{\begin{array}{c} CH_3 \\ | \\ C{=}O \\ | \\ COOH \end{array}} \underset{NADH+H^+ \quad NAD^+}{\overset{\text{乳酸脱氢酶}}{\rightleftharpoons}} \underset{\text{乳　酸}}{\begin{array}{c} CH_3 \\ | \\ CHOH \\ | \\ COOH \end{array}}$$

$$\Delta G^{\circ\prime} = -25\ \text{kJ} \cdot \text{mol}^{-1}\ (-6\ \text{kcal} \cdot \text{mol}^{-1})$$

此反应由乳酸脱氢酶（lactate dehydrogenase）催化，产物为 L（+）−乳酸。此酶已纯化，相对分子质量 140000，有 5 种同工酶（见第五章）。

酵解作用是在缺氧情况下的糖分解代谢。例如，正常健康人在休息时，血液中的乳酸含量极少，但在运动时，则血中乳酸量显著升高。这是因为人在剧烈运动时，氧气供应不足，糖代谢主要发生酵解作用，即有大量乳酸产生（此时肌肉感到酸痛）。运动状态一旦停止，血中的乳酸经过肝脏被转变为糖原，或重新转变为丙酮酸而被彻底氧化成 CO_2 和水。

肌肉里经常保持着少量的 ATP，它是肌肉收缩的最直接的能量来源。通过肌肉里的 ATP 酶，将 ATP 分解成 ADP 并释放能量。

在非运动状态的肌肉组织中，ATP 的量是很少的，每克哺乳动物肌肉中大约只有 5×10^{-6} mol ATP，但在运动时每克肌肉每秒钟则大约需要 10^{-3} mol ATP。这个矛盾一方面由糖酵解产生 ATP 来补充，另一方面通过其他高能化合物（主要是磷酸肌酸）将能量转给 ADP 而生成 ATP。

三、发酵

发酵（fermentation）这个名词最初是指糖类在微生物中进行无氧分解，由糖生成酒精（alcohol）的过程。现在这个词的含义已很广泛了，它不仅指微生物对糖的无氧分解，也指有氧代谢；不仅指糖代谢，其他物质代谢也包括在内。凡利用微生物来生产某一种产品，不管需氧不需氧，也无论是糖代谢或其他物质代谢，统称为发酵。为了区别起见，将糖的不需氧分解产生乙醇的过程称为生醇发酵（alcoholic fermentation）。它是由酵母菌（*Saccharomyces*）在无氧条件下将葡萄糖分解成乙醇（ethanol）和 CO_2，在分解糖的过程中酵母菌获得它生长所必需的能量。

酵母细胞内存在一种丙酮酸脱羧酶（pyruvate decarboxylase），它催化由上述共同阶段产生的丙酮酸脱羧而生成乙醛（acetaldehyde）；乙醛再在醇脱氢酶（alcohol dehydrogenase）催化下，以 NADH＋H^+ 作为供氢体（第五步 3－磷酸甘油醛脱下的氢），将乙醛还原为乙醇。

$$\underset{\text{丙酮酸}}{\begin{matrix}CH_3\\|\\C{=}O\\|\\COOH\end{matrix}} \xrightarrow[\text{TPP, }Mg^{2+}\ \searrow CO_2]{\text{丙酮酸脱羧酶}} \underset{\text{乙醛}}{\begin{matrix}CH_3\\|\\CHO\end{matrix}} \underset{NADH+H^+ \qquad NAD^+}{\overset{\text{醇脱氢酶}}{\rightleftharpoons}} \underset{\text{乙醇}}{\begin{matrix}CH_3\\|\\CH_2OH\end{matrix}}$$

动物和人体不存在丙酮酸脱羧酶。只存在于酵母和其他能进行酒精发酵的生物（包括某些植物）。这个酶需要焦磷酸硫胺素（TPP）作为辅酶，TPP 以非共价键紧密地与酶结合。酵母的醇脱氢酶是一个含 4 个亚基的四聚体蛋白，每个亚基结合一个 Zn^{2+}。哺乳动物的醇脱氢酶含有 2 个亚基，每个亚基含有两个 Zn^{2+}。这个酶在肝脏内可使肠道细菌代谢产生的乙醇或外源性酒精氧化。

四、糖酵解的调节

在一个代谢途径中，各种酶所催化的反应对整个代谢途径所起的作用不是等同的。在物质代谢的整个反应链中，某一步反应常常决定整个反应链的速度，这一步反应称为限速反应或关键反应（limiting reaction），催化此步反应的酶称为限速酶或关键酶（limiting enzynme）。多种调节因素常常作用于限速酶实现对代谢途径的调控。

糖酵解途径中的限速酶有 3 个，即催化 3 个不可逆反应的激酶：磷酸果糖激酶－1、已糖激酶和丙酮酸激酶。这 3 个酶所催化的反应是高度放能的，因而是不可逆反应。

1. 磷酸果糖激酶－1

这是糖酵解途径中最重要的一个调节酶，是变构酶。ATP 和柠檬酸是此酶的变构抑制剂（allosteric inhibitor）。这个酶所催化的反应需要 ATP，但随酵解的进行。ATP 逐渐积累，高浓度的 ATP 对此酶活性又有抑制作用。这是因为磷酸果糖激酶－1 有两个 ATP 结合位点，一个处于活性中心内，ATP 作为底物与之结合；另一个位于活性中心外，为变构效应物结合的部位，此位点与 ATP 的亲和力较低，只有高浓度 ATP 存在时它才与 ATP 结合，从而使酶变构而失活。

糖酵解作用不仅在缺氧情况下为机体提供能量，而且也为一些物质的合成提供碳骨架。柠檬酸的高浓度可提供生物合成的前体，而无需由葡萄糖降解来提供前体。因此，柠檬酸对磷酸果糖激酶－1 有抑制作用。

AMP、ADP、6－磷酸果糖和 2，6－二磷酸果糖（F－2，6－P_2）是磷酸果糖激酶－1 的变构激活剂（allosteric acttvator）。AMP 和 ADP 可与 ATP 竞争变构结合部位，抵消 ATP 的抑制作用。2，6－二磷酸果糖是由磷酸果糖激酶－2（PFK－2）催化，由 F－6－P 的 C_2 位磷酸化生成。F－2，6－P_2 的作用是与 AMP 一起取消 ATP、柠檬酸对磷酸果糖激酶－1 的变构抑制作用。磷酸果糖激酶－2 是个双功能酶，它有两个分开的活性中心，一个具有激酶活性，另一个具有磷酸酶活性（切去 F－2，6－P_2 的 C_2 位磷酸，而产生 F－6－P）。这种活性是两个丝氨酸的磷酸化/去磷酸化来调节的。当葡萄糖缺乏时，两个 Ser 磷酸化，此时激酶活性受到抑制，磷酸酶活性激活，结果 F－2，6－P_2 减少，酵解受抑制；相反，当葡萄糖浓度高时，两个 Ser 脱磷酸，此时激酶活性增强，磷酸酶活性被抑制，结果 F－2，6－P_2 生成，激活糖酵解。

2. 丙酮酸激酶

6－磷酸果糖和 1，6－二磷酸果糖是丙酮酸激酶的变构激活剂，而 ATP 是它的变构抑制剂。此外，丙氨酸、乙酰 CoA 和脂肪酸也是它的抑制剂。此酶通过两种方式调节活性。一种是共价修饰：磷酸化后失去活性，当血液中葡萄糖水平下降时，促进肝中丙酮酸激酶磷酸化而失去活性，使酵解作用降低。另一种是聚合与解聚：这个酶有二聚体和四聚体两种形式，通常二者保持动态平衡。当底物或上述酵解中间物激活剂存在时，平衡倾向于形成四聚体，活力升高，K_m 值减小；上述抑制因子则可稳定二聚体的构象，活力降低，K_m 值增大。所以，此酶也通过二聚体与四聚体的互变来调节酶活性的高低。

3. 己糖激酶

己糖激酶对糖酵解的调节，相对而言不如以上两种酶的作用。己糖激酶主要受脂代谢的调控，乙酰 CoA 和脂肪酸均具有抑制作用。另外，此酶催化的产物 6－磷酸葡萄糖是它的变构抑制剂。肝脏中的葡萄糖激酶（己糖激酶同工酶Ⅳ）不受 6－磷酸葡萄糖抑制，但可被 6－磷酸果糖抑制。

上述几种酶（还有少数几种激素）对糖酵解的调节，主要受着细胞内能量状况的影响。例如，在骨骼肌中，当能量消耗多，细胞内 ATP/ADP（以及 ATP/AMP）比例降低时，磷酸果糖激酶－1 和丙酮酸激酶均被激活，加速葡萄糖的分解；相反，细胞内 ATP 储存丰富，或脂肪酸代谢加强时，葡萄糖的酵解就降低。

糖酵解的调节总结于图 9－4。

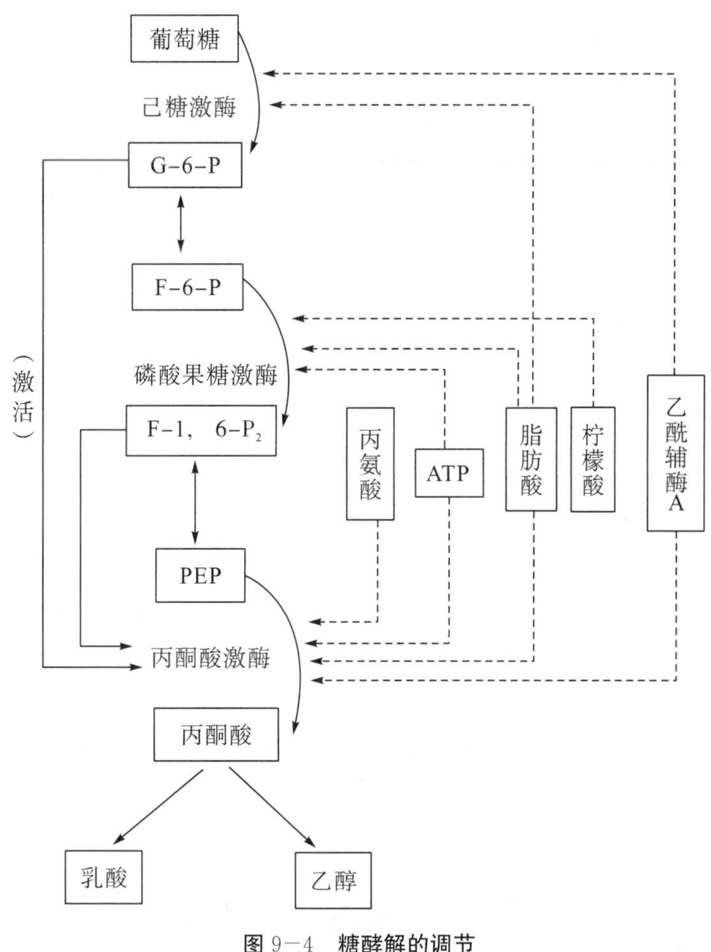

图 9-4　糖酵解的调节

五、糖无氧分解的生理意义

从低等生物到人体，普遍存在糖的无氧分解途径，这是生物进化过程中所保留下来的古老的代谢方式。在生物繁衍的初期，地球上缺氧，生物主要靠糖的无氧分解产生能量，维持生命活动。经过漫长的进化过程以后，对人类来说，糖酵解已不是主要供能途径，但至今在生物界仍广泛存在，并具有普遍的生理意义。

1. 为机体提供能量

从糖的分解代谢反应可以看出（图 9-3），在葡萄糖到丙酮酸的阶段中，有两个反应消耗 2 分子 ATP，有两个反应生成 ATP。生成 ATP 的反应，一个是 1，3-二磷酸甘油酸转变为 3-磷酸甘油酸，一个是磷酸烯醇式丙酮酸转变为烯醇式丙酮酸。因为一分子葡萄糖（六碳）裂解成 2 分子三碳糖，故上述两个反应共生成 4 分子 ATP，除去消耗掉的 2 分子 ATP，还净生成 2 分子 ATP。所以，无论发酵还是酵解，从葡萄糖开始的无氧代谢，机体均可获得 2 分子 ATP。

如果从糖原分解开始，因为糖原分解是磷酸解过程。没有消耗 ATP，因此，比葡萄糖开始的酵解作用少消耗 1 分子 ATP，即净生成 3 分子 ATP（图 9-3）。

考虑到能量生成情况，酵解和发酵的总反应式可写为：

$$C_6H_{12}O_6+2ADP+2H_3PO_4 \xrightarrow{\text{酵解}} 2CH_3CHOHCOOH+2ATP+2H_2O$$

葡萄糖　　　　　　　　　　　　乳　酸

$$\Delta G^{\circ\prime}=-196.6\ kJ\cdot mol^{-1}\ (-47\ kcal\cdot mol^{-1})$$

$$C_6H_{12}O_6+2ADP+2H_3PO_4 \xrightarrow{\text{发酵}} 2CH_3CH_2OH+2CO_2+2ATP+2H_2O$$

葡萄糖　　　　　　　　　　　　乙　醇

$$\Delta G^{\circ\prime}=-217.6\ kJ\cdot mol^{-1}\ (-52\ kcal\cdot mol^{-1})$$

据此可以计算糖无氧代谢的贮能效率（每生成 1 molATP 以贮能 30.54 kJ 计）：

酵解：$$\frac{2\times 30.54}{196.6}\times 100\%=31\%$$

发酵：$$\frac{2\times 30.54}{217.6}\times 100\%=28\%$$

2. 为某些厌氧生物及组织细胞生活所必需

一些厌氧微生物是生活在缺氧的环境中的，它们生活所需要的能量就完全依靠糖的无氧代谢。对动物和人而言，有少数组织即使在有氧条件下，也依靠酵解作用获取能量。如视网膜、睾丸、肾髓质及成熟红细胞等则主要依靠葡萄糖的酵解作用提供能量。此外，在某些病理情况下，糖酵解也有其重要意义。例如，在癌细胞中，酵解作用强，即使在有氧存在下，酵解作用对有氧分解也具有抑制作用，这种现象称为 Crabtree 效应，或称**反巴斯德效应**。因为 Pasteur 发现在许多正常组织细胞，在有氧存在时，糖的有氧分解总是抑制无氧分解（酵解），这种现象称为**巴斯德效应**（Pasteur effect）。

第三节　糖的需氧分解

糖的需氧分解与不需氧分解是以氢的最终受氢体来区分的。在不需氧分解中。代谢物脱下的氢以代谢中间物为最终受氢体；而在需氧分解中，则是以分子氧为最终受氢体，最后生成水。

葡萄糖的需氧分解主要有两条途径：一条是从葡萄糖经 EMP 到丙酮酸生成，而后进行一个环式代谢（三羧酸循环），最后氧化成二氧化碳和水；另一条是从葡萄糖开始就进行氧化的磷酸戊糖途径。我们先讨论第一个途径，这是主要的途径，通常说的有氧氧化或需氧分解就是指的三羧酸循环氧化途径。

一、糖的有氧氧化的反应历程（三羧酸循环途径）

在有氧存在时，活细胞可将葡萄糖彻底分解为 CO_2 和水，并从中获得能量。这一反应历程包括了许多酶促反应，大体上可分为 3 个阶段。

1. 丙酮酸的生成

葡萄糖被氧化为丙酮酸，这与不需氧代谢相同，经过 10 步反应。不同的是 3−磷酸甘油醛所脱下的氢在不需氧代谢中是以乙醛或丙酮酸为受氢体，在需氧代谢中则是以分子氧为受氢体。这个阶段的反应在细胞浆中进行，所产生的丙酮酸进入线粒体，在线粒体内再进一步被氧化分解。

2. 丙酮酸被氧化脱羧生成乙酰辅酶 A

丙酮酸进入线粒体，在丙酮酸脱氢酶系（pyruvate dehydrogenase system）的催化下，丙酮酸被氧化脱羧后，再与 CoA_{SH}（也可写成 $_{HS}CoA$）结合，生成乙酰辅酶 A（acetyl－CoA）。这是哺乳动物丙酮酸转变为乙酰 CoA 的惟一途径。

$$\underset{丙酮酸}{CH_3COCOOH} + \underset{辅酶A}{_{HS}CoA} \xrightarrow[NAD^+ \ \searrow \ NADH+H^+]{丙酮酸脱氢酶系} \underset{乙酰CoA}{CH_3CO\sim sCoA} + CO_2$$

$$\Delta G^{\circ\prime} = -33.4\ kJ \cdot mol^{-1}\ (-8\ kcal \cdot mol^{-1})$$

催化这步反应的酶系是一个很复杂的多酶复合体（muttienzyme complex），称为丙酮酸脱氢酶系或称丙酮酸氧化脱羧酶系。此酶系包括 3 种不同的酶及 6 种辅因子。这 3 种酶是：丙酮酸脱羧酶（pyruvate decarboxylase，E_1）、硫辛酸乙酰转移酶（lipoate acetyl transferase，E_2）、二氢硫辛酸脱氢酶（dihydrolipoyl dehydrogenase，E_3）。这 3 种酶构成一个具有一定空间构象的复合体。此酶系包括 6 种辅因子：焦磷酸硫胺素（TPP）、辅酶 A（CoA_{SH}）、FAD、NAD^+、硫辛酸（lipoic acid）和 Mg^{2+}。除硫辛酸（6，8－二硫辛酸）外，其他几种辅因子已在第六章讨论过。硫辛酸是一个含硫的 8 碳羧酸，为脂溶性维生素。其结构如下：

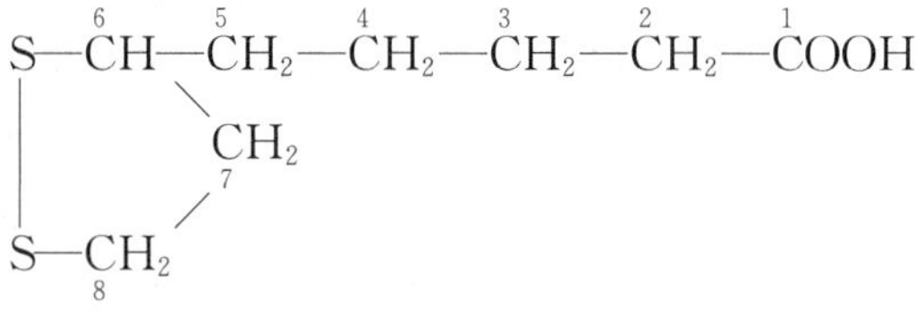

$$\begin{array}{l} S-\overset{6}{C}H-\overset{5}{C}H_2-\overset{4}{C}H_2-\overset{3}{C}H_2-\overset{2}{C}H_2-\overset{1}{C}OOH \\ | \qquad \quad \diagdown \\ | \qquad \qquad \underset{7}{CH_2} \\ | \qquad \quad \diagup \\ S-\underset{8}{C}H_2 \end{array}$$

简写

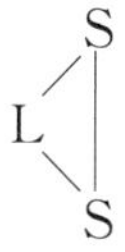

$$L\begin{matrix} \diagup S \\ | \\ \diagdown S \end{matrix} \quad 或 \quad \begin{matrix} S \\ | \\ S \end{matrix}\!\!\!\!\!\!\!\!\rangle\!-\!(CH_2)_4COOH$$

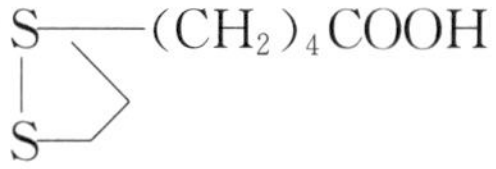

丙酮酸氧化脱羧的过程如图 9－5。

丙酮酸首先在丙酮酸脱羧酶催化下脱下 CO_2，余下的二碳单位与该酶的辅酶焦磷酸硫胺素（TPP）结合，生成所谓活性乙醛（active acetaldehyde）这样一个中间物，活性乙醛很快将其二碳单位转交给氧化型硫辛酸，生成乙酰硫辛酸（acetyl-lipoic acid）。接着乙酰硫辛酸再在第二个酶硫辛酸乙酰转移酶催化下，将乙酰基转移给 CoA_{SH} 而生成乙酰 CoA（acetyl CoA），同时生成二氢硫辛酸（还原型硫辛酸），它再在第三个酶二氢硫辛酸脱氢酶的催化下脱氢生成氧化型硫辛酸（硫辛酸再生）。这个酶是个双辅因子酶，脱下的氢先由 FAD 接受，然后再转交给 NAD^+ 而生成 $NADH+H^+$。所以，丙酮酸氧化脱羧的结果，除产生 CO_2 外，还产生 NADH 和乙酰 CoA。

在上述反应中丙酮酸脱羧酶催化的反应不可逆，其余反应可逆。由于第一步不可逆，所以整个酶体系催化的反应也不可逆，即只能从丙酮酸向乙酰 CoA 方向进行。丙酮酸脱羧酶为限速酶。砷酸盐除抑制酵解外，有机砷化物还可与还原型硫辛酸的巯基发生共价结合，从而使 E_2 失活。

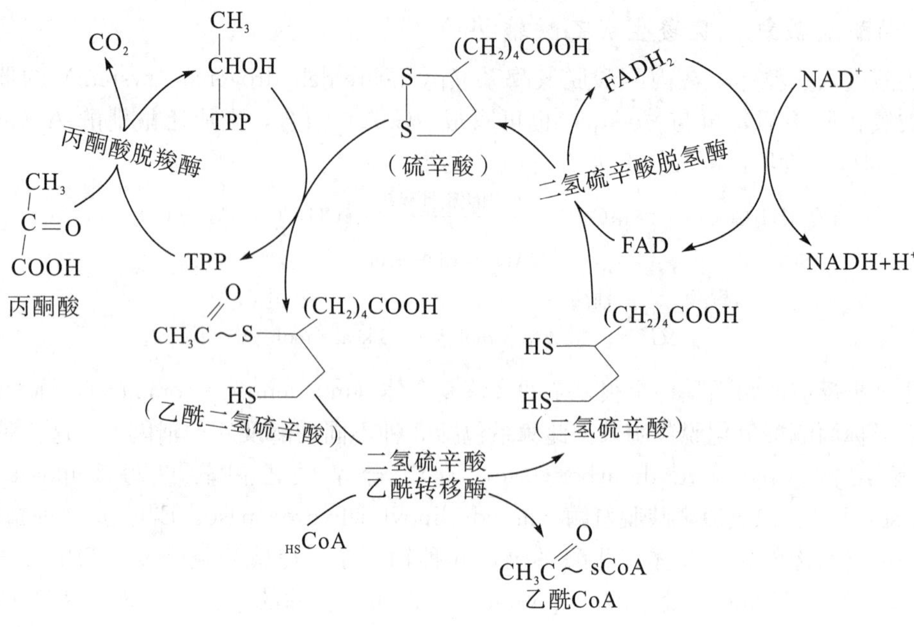

图 9－5 丙酮酸脱氢酶系

20 世纪 90 年代 Lester Reed 对大肠杆菌这个多酶体系复合体进行了深入研究，它是一个比糖核体还大的一个多面体结构，直径约 30 nm，相对分子质量 50×10^6，由 60 条多肽链组成。其中 E_1 和 E_2 各含 24 条肽链，E_3 含 12 条肽链。在真核生物中，这个复合体更复杂，E_2 含 60 条肽链，E_1 含 12 条肽链，E_3 含 6 条肽链。此外，真核丙酮酸脱氢酶复合体还含 12 个无活性的并与 E_2 相似的蛋白质 X 和 1 至 3 分子的丙酮酸脱氢酶激酶（pyrurate dehydrogenase kinase）和丙酮酸脱氢酶磷酸酶（pyruvate dehydrogenase phosphatase）。这两个酶可使该复合体磷酸化和脱磷酸化，以调节其活性。

E_2 是整个复合体的核心，E_1 和 E_3 在 E_2 的外面环绕它排列。E_2 有一个由赖氨酸的 ε－NH_2 与硫辛酸以酰胺键连接形成的一个长臂，这个长臂伸长后可达 1.4 nm，它像“塔吊”的长臂一样可以灵活地转动，可方便地将丙酮酸脱氢酶复合体所催化的底物在转变过程中，从一个酶转送到另一个酶。

3. 三羧酸循环（TCA 循环）

第二阶段产生的乙酰 CoA 要完全氧化成 CO_2 和 H_2O，还须经过一个环式代谢途径。因为这个环式代谢有 4 个三羧酸，故称为三羧酸循环（tricarboxylic aicd cycle，简写 TCA）。因第一个产物是柠檬酸，也称柠檬酸循环（citrate cycle）；又因为此循环途径首先由 Hans Krebs（1900－1981）于 1937 年发现，故又称 Krebs 循环。三羧酸循环主要在细胞的线粒体基质中进行。全部过程包括下列 10 步反应：

（1）柠檬酸的生成

乙酰 CoA 和草酰乙酸（oxaloacetic acid）缩合成柠檬酸（citric acid）。乙酰 CoA 由于失去乙酰基而释放 CoA_{SH}，它又可以参与丙酮酸的氧化脱羧。

$$CH_3CO \sim sCoA + HO-\overset{\displaystyle CH-COOH}{\overset{\|}{C}}-COOH + H_2O \xrightarrow{\text{柠檬酸合酶}} HO-\underset{\displaystyle CH_2-COOH}{\underset{|}{\overset{\displaystyle CH_2-COOH}{\overset{|}{C}}}}-COOH + CoA_{SH}$$

乙酰 CoA　　草酰乙酸　　柠檬酸

$\Delta G^{\circ\prime}=-32.2\ kJ\cdot mol^{-1}$（$-7.7\ kcal\cdot mol^{-1}$）

催化此反应的酶为柠檬酸合酶（citrate synthase），哺乳动物的柠檬酸合酶的相对分子质量为 98000，由两个相同亚基组成。这是三羧酸循环中第一个调节酶，它的活性受 ATP、NADH、琥珀酰 CoA、脂酰 CoA 的抑制。这步反应一般不可逆。因为正反应是放热反应，在合成柠檬酸时，乙酰 CoA 的高能硫酯键分解以提供能量。反应高度趋向于柠檬酸形成。而且柠檬酸合酶对草酰乙酸的 K_m 很低，因此即使线粒体内草酰乙酸的浓度很低（约 10mmol/L），反应也能顺利进行。

这个反应是典型的二底物有序反应机制。草酰乙酸首先与酶结合，诱导出酶的构象变化，产生乙酰 CoA 的结合部位，然后乙酰 CoA 再与酶结合，形成中间物柠檬酰 CoA（citryl－CoA），再水解成柠檬酸，同时释放 CoA_{SH}。

（2）顺乌头酸的生成

柠檬酸在顺乌头酸酶（aconitase）的催化下失水生成顺乌头酸（aconitic acid）。

$$HO-\underset{\displaystyle CH_2-COOH}{\underset{|}{\overset{\displaystyle H-CH-COOH}{\overset{|}{C}}}}-COOH \xrightleftharpoons{\text{顺乌头酸酶}} \underset{\displaystyle CH_2-COOH}{\underset{|}{\overset{\displaystyle HC-COOH}{\overset{\|}{C}}}}-COOH + H_2O$$

柠檬酸　　顺乌头酸

$\Delta G^{\circ\prime}=+8.4\ kJ\cdot mol^{-1}$（$+2\ kcal\cdot mol^{-1}$）

顺乌头酸实际上是柠檬酸转变为异柠檬酸时的一个不稳定中间物。

顺乌头酸酶本质上是一个铁硫蛋白。在哺乳动物中已发现两种顺乌头酸酶，一种位于线粒体基质参与三羧酸循环，另一种位于胞浆，其功能是作为细胞内的铁离子感应器，参与铁蛋白和转铁蛋白受体合成时的调节控制。

（3）异柠檬酸的生成

顺乌头酸在同一种顺乌头酸酶的催化下，加水生成异柠檬酸（isocitric acid）。

$$\underset{\displaystyle CH_2-COOH}{\underset{|}{\overset{\displaystyle HC-COOH}{\overset{\|}{C}}}}-COOH + H_2O \xrightleftharpoons{\text{顺乌头酸酶}} \underset{\displaystyle CH_2-COOH}{\underset{|}{\overset{\displaystyle HO-CH-COOH}{\overset{|}{CH}}}}-COOH$$

顺乌头酸　　异柠檬酸

$\Delta G^{\circ\prime}=2.1\ kJ\cdot mol^{-1}$（$-0.5\ kcal\cdot mol^{-1}$）

以上 2 和 3 两步反应都是可逆反应，都由顺乌头酸酶催化。此酶在有 Fe^{2+}、还原型谷胱甘肽或半胱氨酸存在时，活性最大。猪心肌顺乌头酸酶相对分子质量为 89000，由两个亚基组成。顺乌头酸酶在催化柠檬酸转变为异柠檬酸时实际上起异构化作用。它含有一个铁硫簇（4Fe－4S），在这种异构化中起重要作用。反应平衡时，柠檬酸约占 90%，顺乌头酸占 4%，异柠檬酸占 6%。但由于在线粒体内，异柠檬酸不断往下反应，整个反应仍趋向于异柠檬酸的生成方向。

(4) α－酮戊二酸的生成

异柠檬酸在异柠檬酸脱氢酶（isocitrate dehydrogenase）作用下，脱氢生成草酰琥珀酸（oxalosuccinic acid）。草酰琥珀酸并不离开酶分子，它与酶结合成的复合物形式即自发地脱羧形式 α－酮戊二酸（α－ketoglutaric acid）。因此草酰琥珀酸只是个不稳定的中间物。脱羧产生的 CO_2 来自草酰乙酸，而不是乙酰 CoA。

$$\begin{matrix} HO-CH-COOH \\ | \\ CH-COOH \\ | \\ CH_2-COOH \\ \text{异柠檬酸} \end{matrix} \underset{NAD^+ \quad NADH+H^+}{\overset{\text{异柠檬酸脱氢酶}}{\rightleftharpoons}} \begin{matrix} O=C-COOH \\ | \\ CH-COOH \\ | \\ CH_2-COOH \\ \text{草酰琥珀酸} \end{matrix} \xrightarrow[CO_2]{} \begin{matrix} O=C-COOH \\ | \\ CH_2 \\ | \\ CH_2-COOH \\ \alpha\text{－酮戊二酸} \end{matrix}$$

$$\Delta G^{\circ\prime}=-8.4\ kJ \cdot mol^{-1}\ (-2\ kcal \cdot mol^{-1})$$

细胞内存在两种异柠檬酸脱氢酶，一种以 NAD^+ 为辅酶（仅存在于线粒体基质中，需 Mg^{2+} 和 Mn^{2+} 激活），另一种以 $NADP^+$ 为辅酶（大多存在于胞浆中，线粒体中有少量）。

从牛心肌中分离出来的异柠檬酸脱氢酶是相对分子质量为（3～4）$\times 10^5$ 的寡聚酶。ADP 促使酶聚合成有活性的四聚体，而 ATP 却使其解离成无活性的二聚体。

异柠檬酸脱氢酶是三羧酸缩环的第二个调控点，它被 ADP 激活，受 ATP 和 NADH 的抑制。

(5) α－酮戊二酸氧化脱羧生成琥珀酰辅酶 A

α－酮戊二酸在 α－酮戊二酸脱氢酶系（α－ketoglutarate dehydrogenase system）催化下，氧化脱羧生成琥珀酰 CoA（succinyl CoA）。这里释放出的 CO_2 同样来自原初草酰乙酸部分，而不是来自乙酰 CoA 的乙酰基。

$$\begin{matrix} O=C-COOH \\ | \\ CH_2 \\ | \\ CH_2-COOH \\ \alpha\text{－酮戊二酸} \end{matrix} \xrightarrow[CoA_{SH} \quad NAD^+ \quad NADH+H^+]{\alpha\text{－酮戊二酸脱氢酶系}} \begin{matrix} CH_2-CO\sim sCoA \\ | \\ CH_2-COOH \\ \text{琥珀酸 CoA} \end{matrix} + CO_2$$

$$\Delta G^{\circ\prime}=-33.4\ kJ \cdot mol^{-1}\ (-8\ kcal \cdot mol^{-1})$$

α－酮戊二酸脱氢酶系的作用机理与丙酮酸脱氢酶系十分相似，也包括 3 种酶（α－酮戊二酸脱羧酶、硫辛酸琥珀酰基转移酶和二氢硫辛酸脱氢酶）和 6 种辅因子（TPP、NAD^+、$_{HS}CoA$、FAD、硫辛酸和 Mg^{2+}），在猪心肌线粒体中，以 24 条肽链构成的硫辛酸琥珀酰基转移酶为核心，排布着含 6 条肽链的 α－酮戊二酸脱羧酶和含 6 条肽链的二氢硫辛酸脱氢酶。这里的二氢硫辛酸脱氢酶与丙酮酸脱氢酶系的二氢硫辛酸脱氢酶（E_3）是相同的。这个酶体系所催化反应的特点也类似于丙酮酸氧化脱羧，也是不可逆反应，因此也是一个调节酶，受 ATP、NADH 和琥珀酰 CoA 的抑制。和丙酮酸脱氢酶系不同的是：丙酮酸脱氢酶复合体中的 E_1 受磷酸化/脱磷酸化的共价修饰调节，E_1 磷酸化后失去活性。α－酮戊二酸脱氢酶系的 α－酮戊二酸脱羧酶不受磷酸化/脱磷酸化的共价修饰调节。

(6) 琥珀酸的生成

琥珀酰 CoA 由琥珀酸硫激酶（succinate thiokinase）或称琥珀酰 CoA 合成酶（这是根据其逆反应命名的）催化，在 GDP、无机磷酸和 Mg^{2+} 参与下，生在琥珀酸（succinic acid）。高能硫酯键的能量转移给 GDP 而生成 GTP。GTP 可在二磷酸核苷激酶（nucleoside diphosphate kinase）催化下，将高能磷酸键转给 ADP，从而生成 ATP。

$$\underset{\text{琥珀酸 CoA}}{\begin{array}{l}CH_2CO\sim sCoA\\ |\\ CH_2—COOH\end{array}} + H_3PO_4 \xrightleftharpoons[\text{GDP} \; Mg^{2+} \; \text{GTP} \;\; CoA_{SH}]{\text{琥珀酸硫激酶}} \underset{\text{琥珀酸}}{\begin{array}{l}CH_2—COOH\\ |\\ CH_2—COOH\end{array}}$$

$$\Delta G^{\circ\prime}=-3.4\ kJ\cdot mol^{-1}\ (-0.8\ kcal\cdot mol^{-1})$$

长期以来一直认为，动物组织中的琥珀酰 CoA 合成酶只能催化 GDP 的磷酸化，植物和微生物的琥珀酰 CoA 合成酶主要催化 ADP 的磷酸化，但现已发现，某些动物组织中有分别对 GDP 和 ADP 专一性的两种琥珀酰 CoA 合成酶。

（7）延胡索酸的生成

在琥珀酸脱氢酶（succinate dehydrogenase）的催化下，琥珀酸氧化脱氢生成延胡索酸（fumaric acid）。脱下的氢转给 FAD，使 FAD 被还原为 $FADH_2$，$FADH_2$ 再通过呼吸链氧化。

$$\underset{\text{琥珀酸}}{\begin{array}{l}CH_2—COOH\\ |\\ CH_2—COOH\end{array}} \xrightleftharpoons[\text{FAD} \;\; FADH_2]{\text{琥珀酸脱氢酶}} \underset{\text{延胡索酸}}{\begin{array}{r}HC—COOH\\ \|\\ HOOC—CH\end{array}}$$

$$\Delta G^{\circ\prime}\approx 0\ kJ\cdot mol^{-1}\ (0\ kcal\cdot mol^{-1})$$

琥珀酸脱氢酶为三羧酸循环中惟一存在于线粒体内膜上的酶。它是线粒体内膜复合物Ⅱ的成员。三羧酸循环的其他所有酶都处于线粒体基质中。从心肌线粒体内膜分离的酶，相对分子质量为 100000，由两个亚基组成：大亚基（M_r 70000）结合 FAD 并具底物结合位点；小亚基（M_r 29000）与铁硫蛋白结合。含有 3 个铁硫簇：2Fe－2S、3Fe－4S 和 4Fe－4S。此酶催化琥珀酸氧化产生反丁烯二酸（延胡索酸或称富马酸），而不生成顺丁烯二酸（马来酸），后者对机体有毒。

（8）苹果酸的生成

延胡索酸在延胡索酸酶（fumarase）催化下，加水生成苹果酸（malic acid）。在延胡索酸分子上加水，H^+ 和 OH^- 以反式加成，因而生成的苹果酸为 L 构型。

$$\underset{\text{延胡索酸}}{\begin{array}{r}HC—COOH\\ \|\\ HOOC—CH\end{array}} + H_2O \xrightleftharpoons{\text{延胡索酸酶}} \underset{\text{苹果酸}}{\begin{array}{l}CH_2—COOH\\ |\\ CHOH—COOH\end{array}}$$

$$\Delta G^{\circ\prime}=-3.76\ kJ\cdot mol^{-1}\ (-0.9\ kcal\cdot mol^{-1})$$

由猪心肌线粒体获得的酶，M_r 为 200000，由 4 个相同的亚基（M_r 48500）组成，含有 3 个为酶活性必需的自由巯基。

（9）苹果酸氧化生成草酰乙酸

在苹果酸脱氢酶（malate dehydrogenase）的催化下，苹果酸氧化脱氢生成草酰乙酸。虽然在离体标准条件下，反应不利于草酰乙酸的生成，但由于草酰乙酸与乙酰 CoA 缩合生成柠檬酸的反应是高度放能的（$\Delta G^{\circ\prime}=-32.2\ kJ\cdot mol^{-1}$），草酰乙酸不断被消耗，使苹果酸氧化成草酰乙酸的反应得以进行。所以，在热力学上一个不利的反应可被有利的反应所推动。

$$\underset{\text{苹果酸}}{\begin{array}{l}CH_2—COOH\\|\\CHOH—COOH\end{array}} \xrightleftharpoons[NAD^+ \quad NADH^+ + H^+]{\text{苹果酸脱氢酶}} \underset{\text{草酰乙酸}}{\begin{array}{l}CH_2—COOH\\|\\O=C—COOH\end{array}}$$

$$\Delta G^{\circ\prime} = +29.7\ kJ \cdot mol^{-1}\ (+7.1\ kcal \cdot mol^{-1})$$

草酰乙酸经烯醇化作用，形成烯醇式草酰乙酸，又可参加上述第一步反应，即与另一分子乙酰 CoA 缩合生成柠檬酸，然后参加上述第二步反应。这就是三羧酸循环的全部历程。每循环一次，经历两次脱羧过程，使一分子乙酰辅酶 A 氧化成 CO_2 和水（虽然两步脱羧所产生的两个 CO_2 不是直接来自乙酰 CoA，但一分子乙酰 CoA 进入循环后产生两分子 CO_2，相当于乙酰 CoA 被彻底氧化）。

现将三羧酸循环总结如图 9－6（见下页）。

二、三羧酸循环的调节

三羧酸循环这个有氧代谢途径，不仅为机体提供能量，而且它的一些中间物为合成某些重要物质提供碳骨架。因此，三羧酸循环的活性与细胞的两个需要紧密相关：一是细胞对能量的需要，二是细胞内的生物合成对某些中间物的需要。这两种需要是通过对三羧酸循环的调节控制而得到满足。

三羧酸循环的调节是对两个环节来进行的，即调节丙酮酸的氧化脱羧和三羧酸循环的自身调节。细胞的能量状态是对这两个环节调节的主要因素。

1. 丙酮酸脱氢酶复合体活性的调节

丙酮酸氧化脱羧转变为乙酰 CoA，是葡萄糖生物氧化进入三羧酸循环的关键步骤。丙酮酸脱氢酶复合体的活性调节有两种机制，即变构调节和共价修饰。

（1）变构调节

丙酮酸脱氢酶复合体的活性强烈地依赖于线粒体内的〔ATP〕/〔AMP〕、〔乙酰 CoA〕/〔CoA〕和〔NADH〕/〔NAD^+〕这三个浓度比值。当这些比值高时，意味着细胞富于高能量状态，因此抑制丙酮酸脱氢酶的活性，三羧酸循环的速度减慢；当细胞需要能量时，这些比值较低，刺激丙酮酸脱氢酶，乙酰 CoA 合成加强，三羧酸循环加强。

这种调节是通过酶的变构作用来实现的。ATP 对丙酮酸脱羧酶有反馈抑制作用，乙酰 CoA 反馈抑制硫辛酸转乙酰基酶，而 NADH 抑制二氢硫辛酸脱氢酶的活性。

（2）共价修饰调节

丙酮酸脱氢酶复合体中含有两种调节该复合体活性的酶，即丙酮酸脱氢酶激酶和丙酮酸脱氢酶磷酸酶，这两种酶使丙酮酸脱氢酶复合体（主要是 E_1）的磷酸化/脱磷酸化作用调节酶的活性。ATP、乙酰 CoA 和 NADH 可刺激上述激酶的活性，从而使 E_1 磷酸化而失去活性。

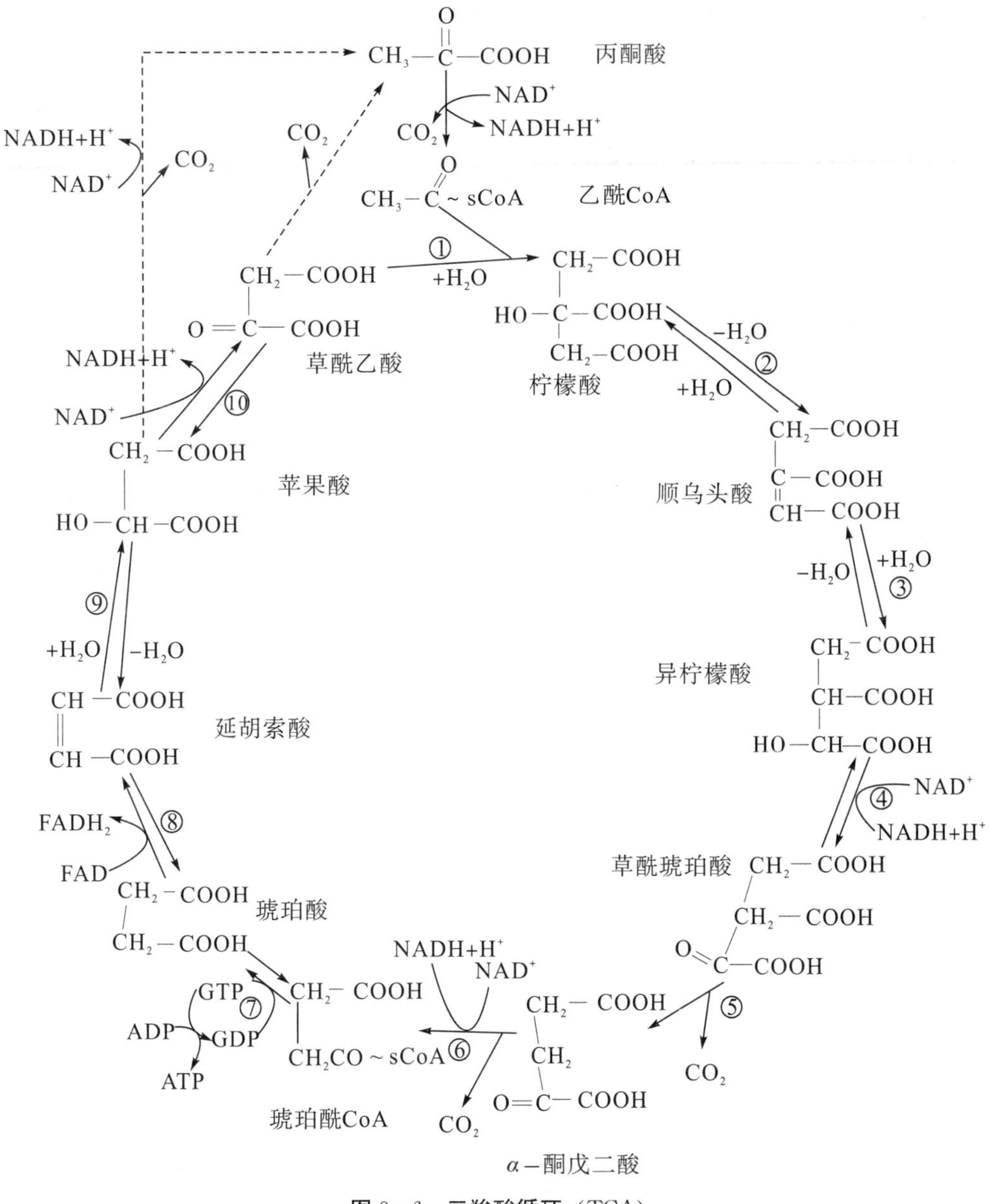

图 9－6 三羧酸循环（TCA）

①柠檬酸合酶 ②、③顺乌头酸酶 ④、⑤异柠檬酸脱氢酶 ⑥α－酮戊二酸脱氢酶系 ⑦琥珀酸硫激酶 ⑧琥珀酸脱氢酶 ⑨延胡索酸酶 ⑩苹果酸脱氢酶

2. 三羧酸循环活性的调节

三羧酸循环中有 3 个限速酶，即催化 3 个不可逆反应的酶：**柠檬酸合酶、异柠檬酸脱氢酶和α－酮戊二酸脱氢酶系**。最重要的调控点是异柠檬酸脱氢酶，其次是α－酮戊二酸脱氢酶系，至于柠檬酸合酶的调控，主要存在于原核生物。

（1）柠檬酸合酶

ATP 是柠檬酸合酶的变构抑制剂，AMP 可解除这种抑制。AMP 积累意味着 ATP 浓度降低，AMP 作为一个低能量状态的信号促使此酶活性增高，三羧酸循环加速。可见，柠檬酸合酶的活性决定了乙酰 CoA 进入三羧酸循环的速率。乙酰 CoA 和草酰乙酸浓度升高，有利于三羧酸循环的进行，而柠檬酸的积累则抑制该酶活性。

（2）异柠檬酸脱氢酶

Ca^{2+} 和 ADP 是异柠檬酸脱氢酶的变构激活剂，当细胞内 ATP 积累时，ADP 浓度低，此酶的活力不高；但当细胞处于低能量状态时，ATP 大量分解产生 ADP，ADP 浓度增高，于是激活异柠檬酸脱氢酶，使三羧酸循环加速进行。

细菌的异柠檬酸脱氢酶受磷酸化的抑制。它的活性由异柠檬酸激酶和磷酸酶控制，这两种酶活性在同一条肽链上。

（3）α－酮戊二酸脱氢酶系

α－酮戊二酸脱氢酶系和丙酮酸脱氢酶系这两个多酶体系，其调节机制相同，即受 ATP 和 NADH 的抑制，AMP（或 ADP）可使之激活，此外，Ca^{2+} 也可激活。其调节机制都是通过变构效应进行调节。此外，α－酮戊二酸脱氢酶系还具有共价修饰调节。

曾经认为柠檬酸合酶是三羧酸循环的主要调控点，但是，其催化产物柠檬酸可转移至胞浆，分解成乙酰 CoA，用于合成脂肪酸（见第十一章），因此该酶活性升高不一定加速三羧酸循环的运转。目前认为异柠檬酸脱氢酶和 α－酮戊二酸脱氢酶系才是三羧酸循环的主要调节点。

此外，三羧酸循环还受脂代谢的影响。当脂肪酸氧化分解加强时，抑制柠檬酸合酶、异柠檬酸脱氢酶和丙酮酸脱氢酶系，总的结果是：脂肪分解加强时，抑制糖的有氧氧化。

现将三羧酸循环的调节总结于图 9－7。

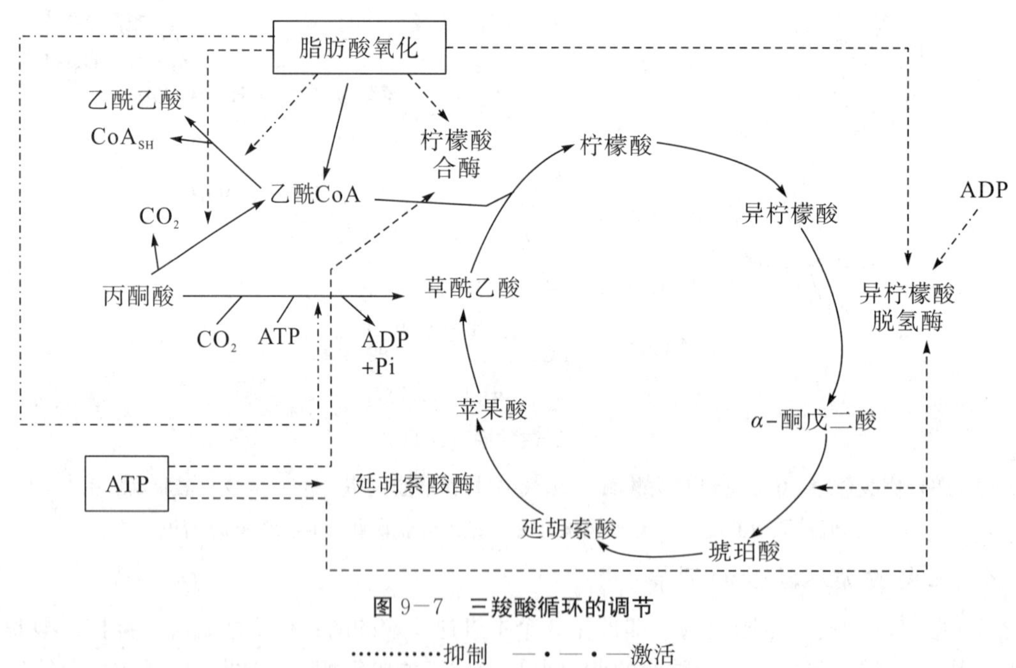

图 9－7　三羧酸循环的调节

…………抑制　—·—·—激活

三、糖需氧分解的生理意义

1. 糖的需氧代谢是机体获取能量的主要途径

糖的需氧分解比酵解所产生的能量多得多。在有氧分解中，从葡萄糖到丙酮酸的共同阶段，除了产生与酵解相同的 2 分子 ATP（净生成）外，3－磷酸甘油醛脱氢产生的 $NADH^+$

$+H^+$通过不同的穿梭作用进入线粒体，通过呼吸链可产生 2.5 分子或 1.5 分子 ATP，1 分子葡萄糖生成 2 分子 3－磷酸甘油醛，所以生成 5 分子或 3 分子 ATP。因此，在这个阶段中，1 mol 葡酸糖可产生 7 mol ATP 或 5 mol ATP。

丙酮酸氧化脱羧产生一个 $NADH+H^+$，通过呼吸链可生成 2.5 mol ATP。1 mol 葡萄糖产生 2 mol 丙酮酸，故生成 5 mol ATP。

在三羧酸循环中，有 4 次脱氢，其中 3 次产生 $NADH+H^+$，生成 7.5 mol ATP；1 次产生 $FADH_2$，生成 1.5 mol ATP；再加上由琥珀酰 CoA 生成琥珀酸产生 1 mol ATP，因此，一次循环共产生 10 mol ATP。1 mol 葡萄糖产生 2 mol 乙酰 CoA，所以必须经 2 次三羧酸循环才能完全氧化成 CO_2 和水，即产生 20 mol ATP。从葡萄糖开始，完全氧化成 CO_2 和 H_2O，1 mol 葡萄糖可产生 32 mol 或 30 mol ATP。

因此，可将葡萄糖完全氧化分解的总反应表示如下；

$$C_6H_{12}O_6+32ADP+32H_3PO_4 \longrightarrow 6CO_2+6H_2O+32ATP$$

葡萄糖在体内氧化磷酸化的效率，可根据上述情况进行估计。1 mol 葡萄糖完全燃烧被氧化为 CO_2 和水时，共放出 2870 kJ 的能量，每 mol 葡萄糖氧化为 CO_2 及水时，产生 32 mol ATP，每 mol ADP 磷酸化生成 ATP 储能 30.54 kJ（7.3 kcal），32 mol ATP 共储能 977.28 kJ，约相当于总放出能量（2870 kJ）的 34%。即 1 mol 葡萄糖氧化成水和 CO_2 的贮能效率为 34%，剩余的能量以其他方式散失了。

2. 糖的需氧代谢是物质代谢的总枢纽

凡能转变为糖需氧分解途径中间物的物质都可参加三羧酸循环，被氧化为 CO_2 和水，并放出能量。所以，三羧酸循环不仅是糖分解代谢的重要途径，也是脂质、蛋白质分解代谢完全氧化成 CO_2 和水的重要途径。例如蛋白质中的丙氨酸、天冬氨酸、谷氨酸可以转变为相应的丙酮酸、草酰乙酸、α－酮戊二酸，脂肪酸氧化分解产生的乙酰 CoA，也可通过三羧酸循环被彻底氧化。同时糖代谢产生的 3－磷酸甘油醛和乙酰 CoA 也可作为合成脂肪的原料。因此，三羧酸循环能使糖类、脂类和蛋白质代谢彼此有机地联系在一起。

3. 三羧酸循环的中间产物

三羧酸循环的中间产物也可作为合成细胞组织成分碳骨架的前身物质，如柠檬酸可合成脂肪酸，α－酮戊二酸可合成谷氨酸、脯氨酸、羟脯氨酸等，琥珀酰 CoA 为卟啉合成的前体，草酰乙酸可合成天冬氨酸、色氨酸、嘧啶类等。所以，虽然三羧酸循环是个环式代谢途径，也不能保证各中间物质的恒定。为保证循环的不断进行，必须使草酰乙酸的量不断补充，才能使乙酰 CoA 不断进入三羧酸循环被氧化。

草酰乙酸可由丙酮酸通过另外的途径转变而来。重要的途径有 3 种：

（1）由苹果酸酶和苹果酸脱氢酶催化（动物、植物、微生物）

$$\underset{\text{丙酮酸}}{CH_3-CO-COOH}+CO_2 \underset{NADPH+H^+ \ \to \ NADP^+}{\overset{\text{苹果酸酶}}{\rightleftharpoons}} \underset{\text{苹果酸}}{HOOC-CH_2-CH(OH)-COOH} \underset{NAD^+ \ \to \ NADH+H^+}{\overset{\text{苹果酸脱氢酶}}{\rightleftharpoons}} \underset{\text{草酰乙酸}}{HOOC-CH_2-CO-COOH}$$

(2) 由丙酮酸羧化酶 (pyruvate carboxylase) 催化 (动物、酵母)

$$\begin{array}{c} CH_3 \\ | \\ C{=}O \\ | \\ COOH \end{array} \xrightarrow[\text{生物素, } Mg^{2+};\ ATP \to ADP]{CO_2\ \text{丙酮酸羧化酶}} \begin{array}{c} COOH \\ | \\ CH_2 \\ | \\ C{=}O \\ | \\ COOH \end{array} + H_3PO_4$$

丙酮酸　　　　草酰乙酸

(3) 由磷酸丙酮酸羧化酶 (phosphopyruvate carboxylase) 催化 (植物、微生物)

$$\begin{array}{c} CH_2 \\ \| \\ C{-}O \sim P \\ | \\ COOH \end{array} + CO_2 + H_2O \xrightarrow[ADP \to ATP]{\text{磷酸丙酮酸羧化酶}} \begin{array}{c} COOH \\ | \\ CH_2 \\ | \\ C{=}O \\ | \\ COOH \end{array}$$

磷酸烯醇式丙酮酶　　　　草酰乙酸

四、磷酸己糖旁路

糖酵解及糖的有氧氧化是糖在体内的主要分解途径,但不是仅有的分解途径。加入糖酵解抑制剂(如碘乙酸或氟化物),虽然糖的无氧代谢与三羧酸循环途径被阻断,但葡萄糖照常可被分解,说明细胞内还存在糖的其他分解途径。这些途径称为分解代谢支路或旁路(Hexose Monophosphate Shunt,HMS) (catabolism shunt)。其中磷酸己糖旁路(又称磷酸戊糖途径 phosphopentose pathway) 是这些支路中较为重要的一种。动物体中约有 30% 的葡萄糖通过此途径分解。这个代谢支路存在于胞浆内。

1. 磷酸己糖旁路的反应历程

磷酸己糖旁路的起始物质为 6-磷酸葡萄糖,整个过程大体上为:6-磷酸葡萄糖经脱氢生成 6-磷酸葡萄糖酸,再经脱羧转变为磷酸戊糖,最后通过转酮和转醛作用进行分子基团的转换,重新生成 6-磷酸葡萄糖,形成一个环式代谢,环式代谢的一个终产物是 3-磷酸甘油醛(反应式中均用 P 代表磷酸根)。

(1) 6-磷酸葡萄糖氧化生成 6-磷酸葡萄糖酸

6-磷酸葡萄糖 —[6-磷酸葡萄糖脱氢酶, Mg^{2+}; $NADP^+ \to NADPH + H^+$]→ 6-磷酸葡萄糖酸内酯 ⇌[内酯水解酶, H_2O, Mg^{2+}] 6-磷酸葡萄糖酸

6—磷酸葡萄糖　　6—磷酸葡萄糖酸内酯　　6—磷酸葡萄糖酸

6-磷酸葡萄糖在 6-磷酸葡萄糖脱氢酶 (glucose-6-phosphate dehydrogenase) 催化下,脱氢生成 6-磷酸葡萄糖酸内酯 (6-phosphogluconolactone),脱下的氢由辅酶Ⅱ($NADP^+$) 接受。6-磷酸葡萄糖酸内酯在葡萄糖酸内酯水解酶催化下,酯键断裂,生成 6-磷酸葡萄糖酸 (6-phosphogluconic acid)。

（2）6－磷酸葡萄糖酸脱羧生成5－磷酸核酮糖

此反应由6－**磷酸葡萄糖酸脱氢酶**（6－phosphogluconic acid dehydrogenase）催化，Mg^{2+}为激活剂，使6－磷酸葡萄糖酸脱氢和脱羧，生成5－磷酸核酮糖（ribulose－5－phosphate）。脱下的氢由$NADP^+$接受。

```
    COOH
     |
 H—C—OH                                              CH2OH
     |                                                  |
HO—C—H                                                C=O
     |            6—磷酸葡萄糖酸脱氢酶                   |
 H—C—OH    ————————————————————→    H—C—OH    +CO2
     |              ↗          ↘                        |
 H—C—OH       NADP+        NADPH+H+            H—C—OH
     |                                                  |
    CH2O—P                                             CH2O—P
6—磷酸葡萄酸                                        5—磷酸核酮糖
```

（3）5－磷酸核酮糖经分子异构化，转变成5－磷酸核糖（ribose－5－phogphate）

催化这步反应的酶为**磷酸核糖异构酶**（phosphoribose isomerase），这个反应是核糖的醛糖和酮糖的互变反应。这种异构化反应像糖酵解中6－磷酸葡萄糖与6－磷酸果糖互变、3－磷酸甘油醛与磷酸二羟丙酮互变一样，都要经过烯二醇中间产物而进行。

```
    CH2OH                         CHO
     |                             |
    C=O                        H—C—OH
     |       磷酸核糖异构酶         |
 H—C—OH    ⇌             H—C—OH
     |                             |
 H—C—OH                     H—C—OH
     |                             |
    CH2O—P                        CH2O—P
5—磷酸核酮糖                  5—磷酸核糖
```

在某些细胞内分子代谢条件下，5－磷酸核糖完全被用于核苷酸的合成，几乎没有剩余。而NADPH作为生物还原剂参与生物合成，因此，对于这些细胞而言，磷酸己糖旁路到此实际上已经结束，不再进行下面的异构化及分子重排反应。

（4）5－磷酸木酮糖的生成

第二步生成的5－磷酸核酮糖在**磷酸戊酮糖差向异构酶**（phosphoketopentose epimerase）或称**表构酶**的催化下，还可生成另一种产物，即5－磷酸木酮糖（xylulose－5－phosphate）。

```
    CH2OH                              CH2OH
     |                                   |
    C=O                                 C=O
     |       磷酸戊酮糖差向异构酶          |
[ H—C—OH ]     ⇌       [ HO—C—H ]
     |                                   |
 H—C—OH                           H—C—OH
     |                                   |
    CH2O—P                              CH2O—P
5—磷酸核酮糖                        5—磷酸木酮糖
```

（5）7－磷酸庚酮糖及3－磷酸甘油醛的生成

反应4生成的5－磷酸木酮糖与反应3生成的5－磷酸核糖相互作用，生成7－磷酸庚酮糖或称7－磷酸景天糖（sedoheptulose－7－phosphate）及3－磷酸甘油醛。催化此反应的酶为**转酮酶**（transketolase），以 TPP 为辅酶。转酮反应是将酮糖的二碳单位（羟乙醛基）转移到醛糖的 C_1 上，生成新的酮糖。转酮酶要求二碳单位的供体酮糖及产物酮糖的 C_3 都是 L 构型。

```
                          O                              CH2OH
                          ‖                              |
      CH2OH               C—H                            C═O               CHO
      |                   |              转酮酶           |                 |
      C═O          + H—C—OH        ───────────→    HO—C—H         + H—C—OH
      |                   |           TPP，Mg2+          |                 |
   HO—C—H            H—C—OH                           H—C—OH            CH2O—P
      |                   |                              |
    H—C—OH           H—C—OH                           H—C—OH
      |                   |                              |
      CH2O—P              CH2O—P                       H—C—OH
                                                         |
                                                         CH2O—P
  5—P—木酮糖          5—P—核糖                       7—P—庚酮糖        3—P—甘油醛
```

（6）4—磷酸赤藓糖和 6—磷酸果糖的生成

上步反应生成的 7—磷酸庚酮糖与 3—磷酸甘油醛在**转醛酶**（transaldolsse）的催化下又可相互作用，生成 4—磷酸赤藓糖（erythrose—4—phosphate）和 6—磷酸果糖（fructose—6—phospate）。转醛酶是催化酮糖的三碳单位（二羟丙酮基）转移到醛糖的 C_1 上，此酶不需辅酶。

```
      CH2OH                                                     CH2OH
      |                                                         |
      C═O                                                       C═O
      |                                                         |
   HO—C—H           CHO                   CHO               HO—C—H
      |              |         转醛酶       |                    |
    H—C—OH    + H—C—OH      ⇌        H—C—OH         +     H—C—OH
      |              |                      |                    |
    H—C—OH          CH2O—P              H—C—OH               H—C—OH
      |                                     |                    |
    H—C—OH                                 CH2O—P               CH2O—P
      |
      CH2O—P
  7—P—庚酮糖      3—P—甘油醛          4—P—赤鲜糖            6—P—果糖
```

（7）6—磷酸果糖及 3—磷酸甘油醛的生成

反应 4 生成的 5—磷酸木酮糖与反应 6 生成的 4—磷酸赤藓糖在转酮酶的催化下，发生酮醇基转移而生成 6—磷酸果糖及 3—磷酸甘油醛。

```
      CH2OH                                       CH2OH
      |                                           |
      C═O            CHO                          C═O
      |               |          转酮酶            |                  CHO
   HO—C—H      + H—C—OH     ──────────→     HO—C—H                |
      |               |        TPP，Mg2+           |           + H—C—OH
    H—C—OH         H—C—OH                       H—C—OH              |
      |               |                            |                 CH2O—P
      CH2O—P         CH2O—P                      H—C—OH
                                                   |
                                                   CH2O—P
  5—P—木酮糖      4—P—赤藓糖                   6—P—果糖          3—P—甘油醛
```

（8）6—磷酸葡萄糖的生成

反应 6 和 7 所生成的 6—磷酸果糖在**磷酸己糖异构酶**（phoshohexoisomerase）催化下，转变为 6—磷酸葡萄糖。

$$
\begin{array}{c}
CH_2OH \\
| \\
C{=}O \\
| \\
HO{-}C{-}H \\
| \\
H{-}C{-}OH \\
| \\
H{-}C{-}OH \\
| \\
CH_2O{-}P
\end{array}
\xrightleftharpoons{\text{磷酸己糖异构酶}}
\begin{array}{c}
CHO \\
| \\
H{-}C{-}OH \\
| \\
HO{-}C{-}H \\
| \\
H{-}C{-}OH \\
| \\
H{-}C{-}OH \\
| \\
CH_2O{-}P
\end{array}
$$

6－P－果糖　　　　　　　　6－P－葡萄糖

此反应生成的6－磷酸葡萄糖又可重复反应，从而形成一个环式代谢途径。此途径除第1、2步为不可逆外，其余步骤均为可逆反应。

综上所述，HMS环式代谢如图9－8示。

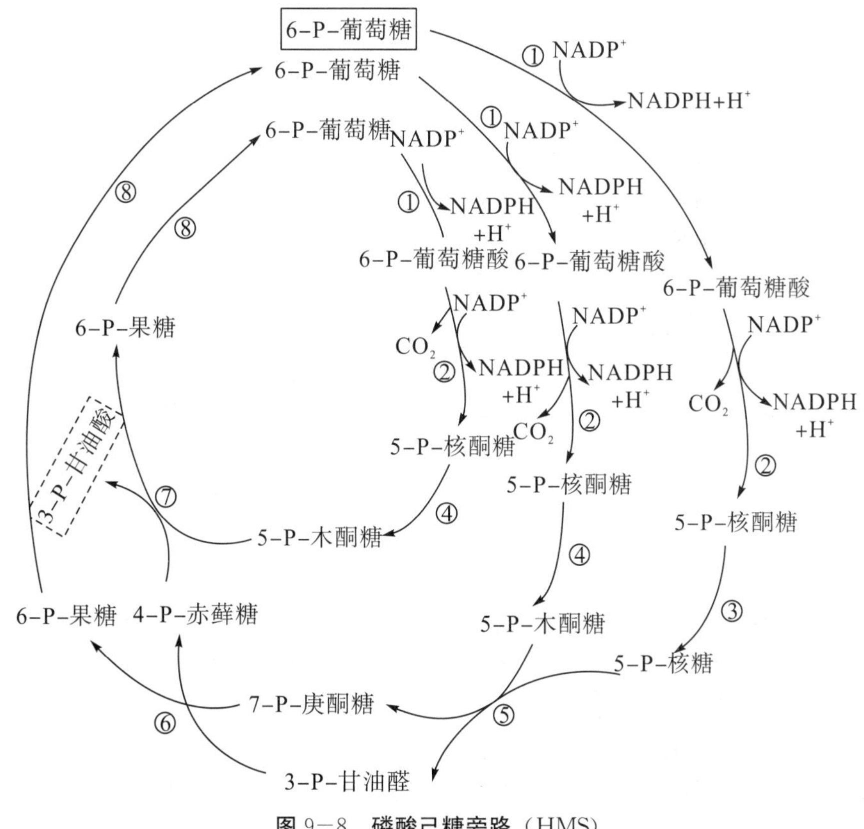

图9－8　磷酸己糖旁路（HMS）

2. 磷酸戊糖途径的调节及与酵解和三羧酸循环的协调

磷酸戊糖途径的第一步反应为限速反应，是此途径的调控点。因此，6－磷酸葡萄糖脱氢酶是关键酶，最重要的调控因子是$NADP^+$的浓度。$NADP^+$/NADPH这个比值直接影响6－磷酸葡萄糖脱氢酶的活性。对大白鼠肝细胞测得的$NADP^+$/NADPH为0.014，比同样条件下测得的肝细胞中NAD^+/NADH比值（约700）低几个数量级，表明$NADP^+$对磷酸戊糖途径的调节比NAD^+对酵解和三羧酸循环的调节灵敏得多。$NADP^+$/NADPH这个比值很小还意味着$NADP^+$浓度只要有很小的变化，即可改变磷酸戊糖途径的速度。这在那些还原性生物合成（需 NADPH）旺盛的组织具有重要意义。

在细胞内，6－磷酸葡萄糖作为糖分解代谢的共同起始物，它主要是经糖酵解和三羧酸循环代谢，还是经磷酸戊糖途径代谢，以及它们是如何协调的，可用同位素示踪法来解决这一问题。因为在糖酵解和三羧酸循环中，C_1 位和 C_6 位均等地脱羧，而在磷酸戊糖途径中，只有 C_1 位的脱羧。因此，用含 $^{14}C_1$ 和 $^{14}C_6$ 标记的葡萄糖培养细胞，收集放出的 CO_2，并测定带放射性标记的 CO_2 量。如 $^{14}C_6/^{14}C_1=1$，说明葡萄糖是通过糖酵解和三羧酸循环途径被分解的；如果 $^{14}C_6/^{14}C_1<1$，说明主要是经磷酸戊糖途径分解。

葡萄糖经糖酵解和三羧循环分解的主要产物是 ATP，而经磷酸戊糖途径氧化的主要产物是 NADPH、ATP 和 5－磷酸核糖，这两个途径进行的程度受细胞对这些产物的需要而加以调节。即在不同的情况下各反应的进行速度有所不同。

（1）细胞主要需要 ATP

当机体或细胞能耗较大，ADP 浓度增高，NAD^+/NADH 和 ADP/ATP 比值增大，此时葡萄糖主要通过糖酵解和三羧循环途径分解，以产生大量 ATP。

（2）细胞需要大量 NADPH

NADPH＋H^+ 主要用于脂肪酸、胆固醇等还原性生物合成反应。因此，在这些合成旺盛的组织磷酸戊糖途径较强，因为 NADPH＋H^+ 主要由磷酸戊糖途径产生，在这种情况下，葡萄糖以磷酸戊糖途径氧化占优势。1 分子 6－磷酸葡萄糖被氧化分解为 6 分子 CO_2 产生 12 分子 NADPH＋H^+（见下）。

（3）细胞对 5－磷酸核糖的需要远远超过对 NADPH 的需要

5－磷酸核糖是合成核酸的重要原料，因此，在细胞分裂期，需要 5－磷酸核糖用于合成 DNA。在这种情况下，6－磷酸葡萄糖经磷酸戊糖途径转变为 6－磷酸果糖和 3－磷酸甘油醛，然后经转酮酶和转醛酶催化的逆反应以及磷酸戊糖的相互转变生成 5－磷酸核糖。5 分子 6－磷酸葡萄糖转变生成 6 分子 5－磷酸核糖：

$$5\ 6\text{－磷酸葡萄糖}+ATP \longrightarrow 6\ 5\text{－磷酸核糖}+ADP+Pi$$

（4）细胞既需要 NADPH 又需要 5－磷酸核糖

在某些情况下（例如植物的光合作用），细胞需要大量的 NADPH 和 5－磷酸核糖，此时，6－磷酸葡萄糖主要通过磷酸戊糖途经的 1 至 3 步反应，生成 NADPH 和 5－磷酸核糖：

$$6\text{－磷酸葡萄糖}+2NADP^+ \longrightarrow 5\text{－磷酸核糖}+CO_2+2NADPH+H^+$$

（5）细胞既需 NADPH 又需要 ATP（但不需要 5－磷酸核糖）

在这种情况下，6－磷酸葡萄糖经磷酸戊糖途径的第 1、2 步反应生成 NADPH，生成 5－磷酸核糖继续经转酮和转醛作用，生成 6－磷酸果糖和 3－磷甘油醛。然后，6－磷酸果糖和 3－磷酸甘油醛进入糖酵解途径，产生 ATP 和丙酮酸：

$$3\ 6\text{－磷酸葡萄糖}+6NADP^+ +5NAD^+ +8ADP+8Pi \longrightarrow$$
$$5\text{丙酮酸}+3CO_2+6NADPH+6H^+ +5NADH+5H^+ +8ATP$$

丙酮酸可进入三羧酸循环，产生更多的 ATP。

3. 磷酸戊糖途径的生理意义

（1）提供 NADPH 作为供氢体参与多种代谢反应

糖酵解和三羧酸循环途径主要产生 NADH，NADH 通过呼吸链产生 ATP。HMS 主要产生 NADPH（但 HMS 不是产生 NADPH 的惟一途径，还有异柠檬酸脱氢酶、谷氨酸脱氢酶、苹果酸酶和光合作用等也可产生 NADPH），NADPH 在生物体内作为重要的还原力参与许多代谢反应。

①NADPH 是一些重要合成反应的供氢体。在体内一些重要的还原性合成反应，如脂肪酸和胆固醇的合成、核苷酸合成、神经递质的合成、由 α－酮戊二酸及 NH_3 合成谷氨酸并进一步合成其他一些氨基酸，以及叶酸的还原、单糖还原为糖醇等，都需要由 NADPH 提供氢。因此，在脂肪酸、胆固醇合成旺盛的组织，例如脂肪组织、乳腺、肾上腺皮质等，其磷酸戊糖途径是比较活跃的。

②NADPH 参与加单氧反应。加单氧反应（羟化反应）是一些物质的合成、转化及毒物和药物转化的重要反应，这些反应都由 NADPH 提供氢。例如，由胆固醇合成胆汁酸和类固醇激素、维生素 D_3 的活化、胆色素代谢等，都具有由 NADPH 供氢的羟化反应。

③NADPH 维护红细胞及含巯基蛋白的正常。NADPH 是谷胱甘肽还原酶（glutathione reductase）的辅酶，此酶催化氧化态谷胱甘肽（GssG）还原为还原态谷胱甘肽（G_{SH}），使其 G_{SH}/GssG 比值维持在正常范围（约 500∶1），这种还原作用由 NADPH 提供氢。

G_{SH}是体内重要的抗氧化剂，它可以保护红细胞膜蛋白的完整性，使某些含 SH 基酶不被氧化，可维持红细胞的完整性。NADPH 缺乏，G_{SH}浓度降低，红细胞易破坏，常发生溶血性贫血。NADPH 还可维持高铁血红蛋白还原酶（methemoglobin reductase）的活性，使高铁血红蛋白（含 Fe^{3+}）还原为血红蛋白（含 Fe^{2+}），保证血红蛋白的正常输氧功能。因此，在红细胞中磷酸戊糖途径也是比较活跃的。在人类有一种遗传性疾病，病人的红细胞内缺乏 6－磷酸葡萄糖脱氢酶，因而 HMS 不正常，NADPH 不足，难以维持谷胱甘肽还原性，此时红细胞尤其是较老的红细胞容易破裂，形成溶血性贫血。特别是在食用蚕豆后容易诱发，故称为蚕豆病（Favism）。

（2）HMS 是联系戊糖代谢的途径并为多种活性物质的合成提供核糖

三碳糖、四碳糖、五碳糖、六碳糖和七碳糖都是 HMS 的中间物，尤其是四碳糖、五碳糖和七碳糖必须经 HMS 再进入 EMP 途径分解，而且也须经过 HMS 途径合成这些单糖。5－磷酸核糖与核酸合成和光合作用紧密相关。5－磷酸核糖是合成重要生物分子 ATP、CoA、NAD（P）、FAD、RNA 和 DNA 的原料。5－磷酸核糖可由 6－磷酸葡萄糖经 HMS 的氧化、脱羧生成，也可由糖酵解途径的中间产物 3－磷酸甘油醛和 6－磷酸果糖经转酮、转醛反应的逆反应生成。5－磷酸核糖生成的这两种方式因物种而异。

（3）HMS 也可为细胞提供能量

在正常情况下，HMS 主要产生 NADPH，但在某些情况下（如三羧酸循环受阻），此途径也可成为主要的供能形式。每 1 mol 6－磷酸葡萄糖经过此途径完全氧化，可产生 30 mol ATP。

由图 9－8 可见，反应 1 和反应 2 都要脱氢，由 $NADP^+$ 接受。此处有 3 mol 磷酸葡萄糖参加反应，1，2 两步反应共生成 6 mol NADPH，通过呼吸链，可生成 15 mol ATP（经异柠檬酸穿梭）。

3 mol 6－磷酸葡萄糖经一次 HMS，产生 3 个 CO_2 和 1 个 3－磷酸甘油醛，另有 2 mol 6－磷酸葡萄糖再生；6 mol 6－磷酸葡萄糖经两次 HMS，则产生 6 个 CO_2（相当 1 mol 6－磷酸葡萄糖完全氧化），产生 2 mol 3－磷酸甘油醛，有 4 mol 6－磷酸葡萄糖再生。2 mol 3－磷酸甘油醛（其中 1 mol 异构化为磷酸二羟丙酮）经 EMP 逆行，又使第 5 mol 6－磷酸葡萄糖再生。因此，1 mol 6－磷酸葡萄糖完全氧化成 CO_2 和水，需经 2 次 HMS，每循环 1 次产生

15 mol ATP，所以总共可产生 30 mol ATP。

五、乙醛酸循环

在许多微生物和植物中除具有三羧酸循环的糖氧化途径外，还存在另一条途径，即乙醛酸循环（glyoxylate cycle）。这些微生物可利用乙酸作为惟一的能源和碳源，因为它们具有乙酰 CoA 合成酶，此酶可催化乙酸转变为乙酰 CoA 而进入乙醛酸循环。

$$\underset{\text{乙酸}}{CH_3COOH+CoA_{SH}} \xrightarrow[\text{ATP}\ \searrow\ \text{AMP+PPi}]{\text{乙酰 CoA 合成酶}} \underset{\text{乙酰 CoA}}{CH_3CO\sim sCoA+H_2O}$$

乙醛酸循环途径如图 9－9 所示。

在乙醛酸循环中，重要的酶是**异柠檬酸酶**（或称**异柠檬酸裂解酶** isocitrate lyase）和**苹果酸合酶**（malate synthase）。

由图 9－9 可知，乙醛酸循环与三羧酸循环不同的是：①异柠檬酸不进行脱羧生成 α－酮戊二酸，而是在异柠檬酸裂解酶的催化下，异柠檬酸被直接分解为乙醛酸；②乙醛酸又在乙酰 CoA 参与下，由苹果酸合酶催化，生成苹果酸，苹果酸再氧化脱氢生成草酰乙酸；③乙醛酸循环是将两个乙酰 CoA 分子转变为一分子草酰乙酸，同时产生琥珀酸；④乙醛酸循环只产生 $NADH+H^+$ 不产生 $FADH_2$；⑤乙醛酸循环不生成 CO_2。

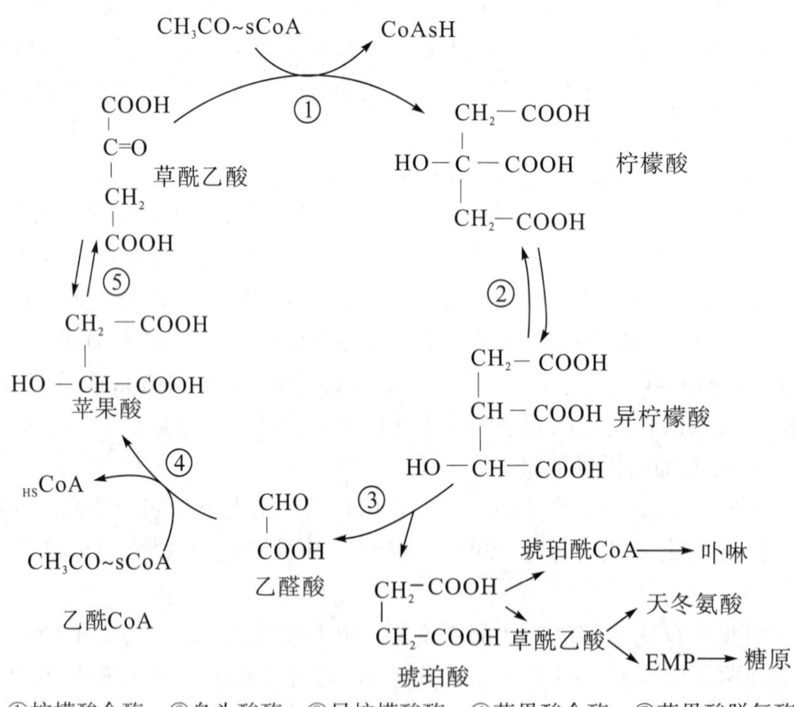

①柠檬酸合酶　②乌头酸酶　③异柠檬酸酶　④苹果酸合酶　⑤苹果酸脱氢酶

图 9－9　乙醛酸循环

将乙醛酸循环与三羧酸循环比较，可以看出，三羧酸循环的综合效果是乙酸（或乙酰 CoA）彻底氧化成 CO_2 和水；而乙醛酸循环的综合效果是乙酸（或乙酰 CoA）转变成四碳二羧酸（琥珀酸、苹果酸等），显然，这些四碳二羧酸可以进入三羧循环。因此，乙醛酸循环也是三羧酸循环中间产物的补充方式之一。

有些微生物不能利用乙酸作为营养物，是因为这些微生物体内没有乙酰 CoA 合成酶，无法使乙酸转变成乙酰 CoA 参加代谢。葡萄糖可抑制异柠檬酸裂解酶的活性，因而有葡萄糖存在时，不能进行乙醛酸循环，而走三羧酸循环的途径。只有当乙酸作为惟一碳源时才能进行乙醛酸循环。

在植物中，乙醛酸循环主要存在于乙醛酸循环体（glyoxysome）内，但这种细胞器并不出现在植物的所有细胞，也不会始终存在。当富含油脂的种子发芽时，乙醛酸循环体即在细胞内形成。

乙醛酸循环在微生物代谢中占有重要地位。它对某些利用乙酸作为惟一碳源和能源的微生物的生长十分重要。只要有极微量的四碳二羧酸作为起始物，乙酸就可以不断地转变为四碳二羧酸和六碳三羧酸。一部分乙酸通过三羧酸循环氧化供能，另一部分则用作原料通过乙醛酸循环生成四碳二羧酸，它们可以沿 EMP 逆行生成葡萄糖，并继而合成多糖；也可以利用外加的氮源从有关的酮酸转变为氨基酸，合成蛋白质；而乙酸通过乙酰 CoA 还可以合成脂肪酸。这样便可以从乙酸出发合成细胞的主要成分，满足生长的需要。

由此可见，乙醛酸循环的主要生理意义就在于它解决了在动物细胞中乙酰 CoA 不能净转变成葡萄搪的难题，使得具有此途径的生物能够以乙酸作为惟一的碳源。因为每当 1 分子乙酰 CoA 进入三羧酸循环，最后总有 2 个碳原子以 CO_2 丢失。如果乙酰 CoA 进入乙醛酸循环，则迈过了两次脱羧反应，并无碳单位的丢失，而是净合成了糖异生前体苹果酸。

六、其他单糖的分解

各种己糖和戊糖均可从不同部位插入葡萄糖的分解途径（图 9－10），因此葡萄糖代谢的 EMP 和 TCA 也是各种单糖的总代谢途径：

乳糖（lactose）是一种二糖，它在乳糖酶（lactase）的催化下可分解为葡萄糖和半乳糖（galactose），半乳糖在半乳糖激酶（galactokinase）作用下，由 ATP 提供磷酸基而生成 1－磷酸半乳糖（galactose－1－phosphate）。再在尿苷酰转移酶（uridyl transferase）催化下，1－磷酸半乳糖与二磷酸尿苷葡萄糖（UDPG，见第四节糖原合成）交换二磷酸尿苷基，从而生成 1－磷酸葡萄糖和二磷酸尿苷半乳糖（UDP－Gal），前者转变为 6－磷酸葡萄糖，进入 EMP，后者在异构酶作用下又可转变为 UDPG。

甘露糖（mannose）在激酶作用下生成 6－磷酸甘露糖，再在异构酶催化下转变为 6－磷酸果糖，从而进入 EMP 途径。

由蔗糖分解产生的果糖可由己糖激酶（主要是肝、肾及小肠粘膜）催化直接转变为 6－磷酸果糖进入 EMP；或者由果糖激酶（主要是肝）催化先生成 1－磷酸果糖，再由磷酸果糖激酶催化转变为 1，6－二磷酸果糖进入 EMP；1－磷酸果糖还可在醛缩酶作用下裂解为甘油醛和磷酸二羟丙酮，甘油醛经激酶作用生成 3－磷酸甘油醛，磷酸二羟丙酮则由异构酶作用转变为 3－磷酸甘油醛，从而均可进入 EMP 途径。

所有戊糖的分解首先须经 HMS 途径，转变为 3－磷酸甘油醛后再进入 EMP。

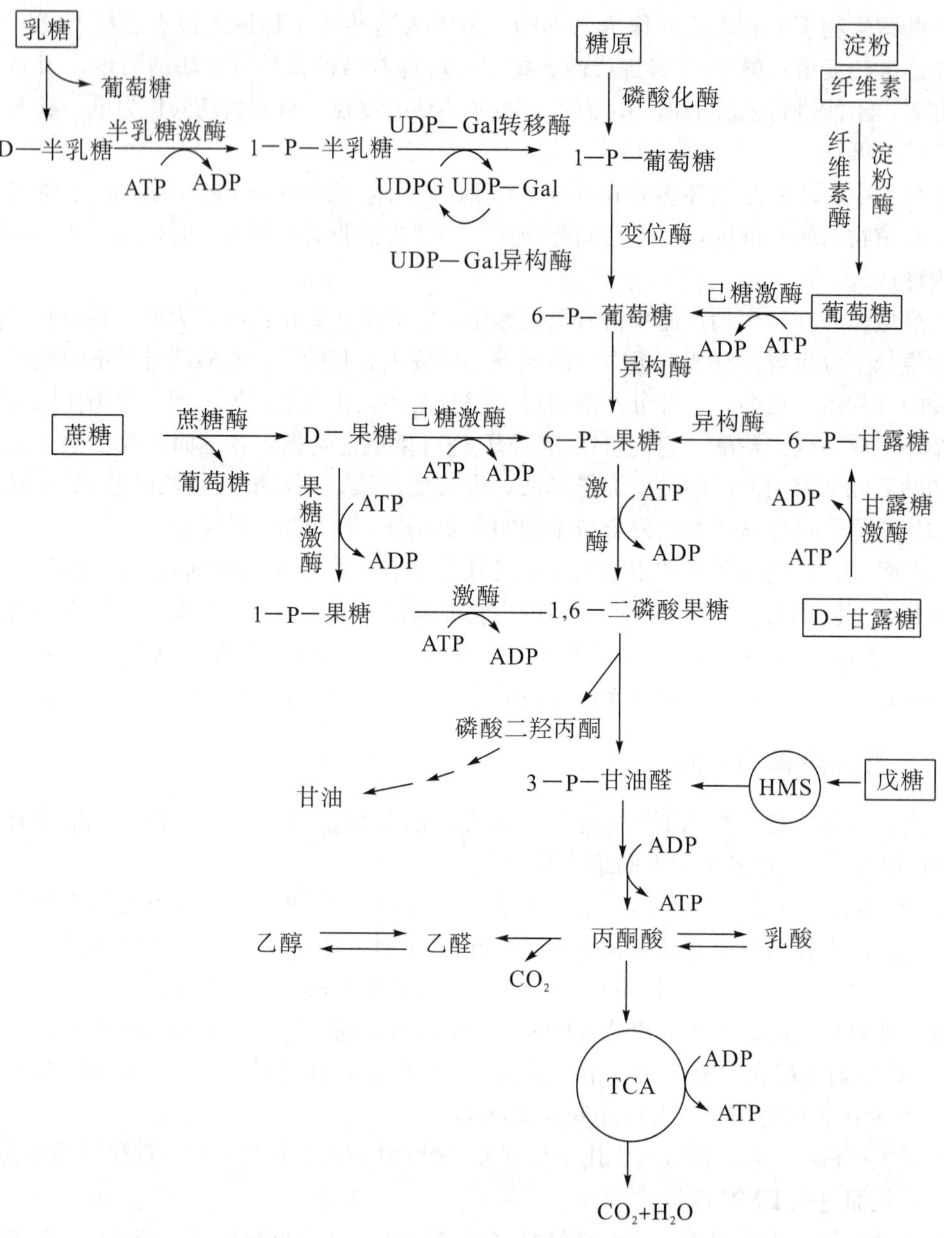

图 9—10　糖分解代谢总结图

第四节　糖原代谢

糖原是动物体内葡萄糖的储存形式，而淀粉是植物体内葡萄糖的储存形式。在动物体内，从食物中摄入的糖类大部分转变为脂肪后储存于脂肪组织，只有一小部分以糖原形式储存于肝脏和肌肉，分别称为肝糖原和肌糖原。肝糖原对维持血糖的稳定性具有重要作用。血液中葡萄糖称为血糖，正常人的血糖水平为每 100 mL 血液含有约 70 mg～110 mg 葡萄糖，相当于（4～6）m mol/L。当饥饿时，机体首先动员肝糖原分解，产生葡萄糖进入血液，以维持血糖稳定。肌肉中的肌糖原主要是为肌肉运动时分解产生能量以供其需要。

动物体内储存的脂肪比糖类多得多，而且脂肪是主要的储能物质（见第十一章）。既然如此，为什么还要选择糖原作为储能物质呢？这至少有下列三方面的原因：①动物不能将脂肪酸转变为葡萄糖的前体，因此脂肪酸代谢不可能维持血糖的正常水平。脂肪分解产生的甘油虽然可以转变为葡萄糖，但其转变速度远不如糖原分解产生葡萄糖来得快；②肌肉在运动时不可能像动员糖原那样迅速动员储存的脂肪分解，以满足对能量的需求；③肌肉在剧烈运动时糖原分解的葡萄糖可进行无氧代谢提供能量，而脂肪分解的脂肪酸在无氧条件下不能进行分解。

因此，糖原作为储能物质也是必需的，尤其是对于一些依赖于葡萄糖作为主要能量来源的组织或细胞，如脑、红细胞等更为重要。

一、糖原的分解代谢

糖原的分解一般指肝糖原降解产生葡萄糖，以补充血糖，主要涉及下列几步反应：

1. 糖原磷酸解生成1－磷酸葡萄糖

$$(\text{糖原})_n + \text{Pi} \xrightleftharpoons[\text{(磷酸吡哆醛)}]{\text{糖原磷酸化酶}} (\text{糖原})_{n-1} + 1-\text{磷酸葡萄糖}$$

糖原首先在糖原磷酸化酶（glycogen phosphorylase）的催化下加磷酸分解，从糖原的非还原末端开始，逐个切下一个葡萄糖基，生成1－磷酸葡萄糖。糖原磷酸化酶只断裂α（1→4）糖苷键，而不能作用于α（1→6）糖苷键。断裂方式是从葡萄糖基的C_1和相邻葡萄糖C_4形成的糖苷氧原子之间的键切断，断键后氧原子仍留在相邻葡萄糖C_4上。虽然反应是可逆的，但在细胞内由于无机磷酸盐的浓度约为1－磷酸葡萄糖的100倍，所以实际上反应有利于向糖原分解方向进行。

糖原磷酸化酶有a和b两种，二者都由两个相同亚基构成，每个亚基含842个氨基酸残基，亚基相对分子质量为97000。磷酸化酶a为活性形式，其第14位丝氨酸被磷酸化；磷酸化酶b为无活性形式，第14位丝氨酸脱去磷酸，为去磷酸化形式。磷酸化酶的活性需要磷酸吡哆醛作为辅酶，它的磷酸基作为广义酸－碱催化剂而起作用。

糖原的降解采用磷酸解而非水解，这至少具有两方面的意义：第一，磷酸解使降解下来的葡萄糖分子直接带上磷酸基团，在生理条件下磷酸基团解离而带负电荷，以离子状态出现使葡萄糖不致扩散到细胞外，因而实际上是一种保糖机制；第二，糖原降解产生的1－磷酸葡萄糖可直接转变为6－磷酸葡萄糖，而不需要另外提供能量。而葡萄糖转变为6－磷酸葡萄糖，需ATP分解成ADP提供能量。

2. 糖原脱支酶水解分支处的α（1→6）糖苷键

磷酸化酶从糖原各分支的非还原末端逐个降解（磷酸解）葡萄糖，直至分支前约4个葡萄糖基时不能再作用，这时由糖基转移酶（glycosyl transferase）将3个葡萄糖基切下并转移到邻近糖链的末端，仍以α（1→4）糖苷键连接，并可由磷酸化酶继续作用（图9－11）。剩下1个以α（1→6）糖苷键与糖链形成分支的葡萄糖基被α（1→6）糖苷酶（α－1，6－glucosidase）作用（水解），产生葡萄糖。上述两种酶活性存在于同一条肽链上，是同一种酶的两种催化功能，统称为脱支酶（debranching enzyme）。

由糖原磷酸化酶和脱支酶共同作用于糖原的结果，最终产生约85％的1—磷酸葡萄糖和15％的游离葡萄糖。

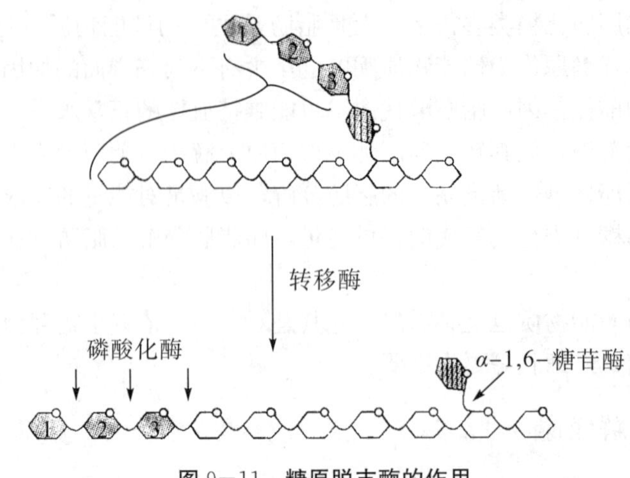

图 9—11 糖原脱支酶的作用

3. 1—磷酸葡萄糖转变为 6—磷酸葡萄糖

糖原由磷酸化酶催化主要产生 1—磷酸葡萄糖，它必须转变为 6—磷酸葡萄糖后才能进入酵解途径或磷酸戊糖途径进行分解，或转变为葡萄糖进入血液（血糖）。这由磷酸葡萄糖变位酶（phosphoglucomutase）催化：

$$1\text{—磷酸葡萄糖}\underset{(1,\ 6\text{—二磷酸葡萄糖})}{\overset{\text{磷酸葡萄糖变位酶}}{\rightleftharpoons}}6\text{—磷酸葡萄糖}$$

磷酸葡萄糖变位酶是由 561 个氨基酸残基构成的单体酶，活性部位为一个磷酸化的丝氨酸残基。在催化该反应时，酶分子丝氨酸残基上的磷酸基团转移到底物 1—磷酸葡萄糖的 C_6 位羟基上，生成 1，6—二磷酸葡萄糖中间物。而后 1，6—二磷酸葡萄糖的 C_1 位磷酸基又转回到酶的原丝氨酸残基上，1，6—二磷酸葡萄糖即转变为产物 6—磷酸葡萄糖。

磷酸葡萄糖变位酶需要少量 1，6—二磷酸葡萄糖存在，其活性更能充分发挥。这个反应与糖酵解第七步磷酸甘油酸变位酶催化的反应十分相似。它催化 3—磷酸甘油酸与 2—磷酸甘油酸的互变反应，需要 2，3—二磷酸甘油酸存在。

4. 6—磷酸葡萄糖转变为血糖

在肝、肾等细胞内 6—磷酸葡萄糖在葡萄糖—6—磷酸酶（glucose—6—phosphatase）作用下，水解掉 C_6 位磷酸而生成葡萄糖，释放入血即为血糖，通过血液循环运送到各组织细胞。

$$6\text{—磷酸葡萄糖}+H_2O\xrightarrow{\text{葡萄糖—6—磷酸（酯）酶}}\text{葡萄糖}+Pi$$

葡萄糖—6—磷酸酶只存在于肝、肾中，而不存在于肌肉中。因此只有肝糖原和肾糖原可补充血糖，以维持血糖的稳定；而肌糖原不能分解成葡萄糖，只能进行糖酵解或有氧氧化。

在肝细胞、肾细胞和肠细胞内，葡萄糖—6—磷酸酶存在细胞光滑内质网膜的内腔面，因此上述反应是在内质网内进行。在胞浆中产生的 6—磷酸葡萄糖必须由胞浆转运到内质网腔，产生的无机磷酸和葡萄糖由内质网腔转运到胞浆中。这分别由存在内质网膜上转运蛋白 T_1（转运 6—磷酸葡萄糖）、T_2（转运无机磷酸）和 T_3（转运葡萄糖）来完成。此外，葡萄糖—6—磷酸酶的作用还需要存在于内质网膜上的钙—结合稳定蛋白（Ca—binding stabilizing protein）的参与。

二、糖原的合成代谢

糖原的生物合成主要在动物和人的肝脏及骨骼肌的细胞浆中进行。糖原的合成是与糖原分解不同的途径进行的，所涉及的酶也不同。合成糖原的原料虽然是葡萄糖，但作为合成糖原糖基的直接供体，既不是葡萄糖，也不是1－磷酸葡萄糖，而是二磷酸尿苷葡萄糖（UDPG），这是阿根廷生物化学家 Luis Leloir 于1957年发现的。糖原合成主要包括下列步骤：

1. 葡萄糖磷酸化生成6－磷酸葡萄糖

在肝中，葡萄糖首先在葡萄糖激酶（glucokinase）（即己糖激酶同工酶Ⅳ）的催化下，由 ATP 提供磷酸基和能量，生成6－磷酸葡萄糖。

$$\text{葡萄糖} + \text{ATP} \xrightarrow{\text{葡萄糖激酶}} \text{6－磷酸葡萄糖} + \text{ADP}$$

2. 6－磷酸葡萄糖转变为1－磷酸葡萄糖

6－磷酸葡萄糖在磷酸葡萄糖变位酶（phosphoglucomutase）的催化下，转变为1－磷酸葡萄糖。这个反应可以视为糖原分解中变位酶催化的逆反应。此反应有1，6－二磷酸葡萄糖中间物的生成。

$$\text{6－磷酸葡萄糖} \xrightleftharpoons{\text{磷酸葡萄糖变位酶}} \text{1－磷酸葡萄糖}$$

3. 二磷酸尿苷葡萄糖（UDPG）的生成

1－磷酸葡萄糖在UDPG焦磷酸化酶（UDPG pyrophosphorylase）催化下，与三磷酸尿苷（UTP）作用生成二磷酸尿苷葡萄糖（uridine diphosphate glucose，UDPG），并释放出焦磷酸 PPi。

$$\text{1－磷酸葡萄糖} + \text{UTP} \xrightarrow{\text{焦磷酸化酶}} \text{UDPG} + \text{PPi}$$

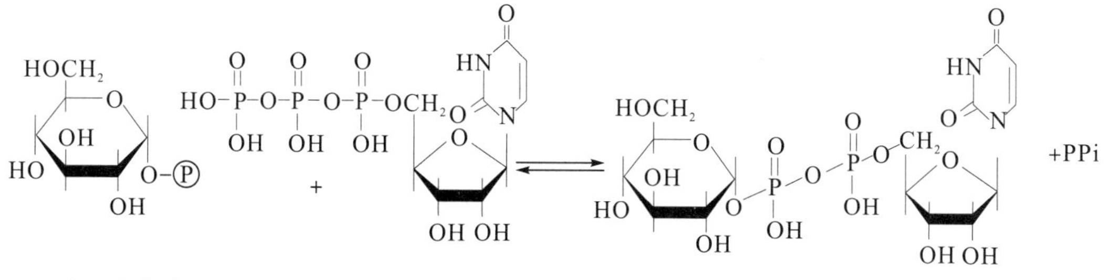

1- 磷酸葡萄糖　　UTP　　UDPG　　焦磷酸

释放出的焦磷酸（PPi）被焦磷酸酶（pyrophosphatase）迅速水解为无机磷酸。虽然1－磷酸葡萄糖与 UTP 作用生成 UDPG 的反应属可逆反应（$\Delta G^{\circ\prime} \approx 0$），但由于焦磷酸的分解放出大量自由能（$\Delta G^{\circ\prime} = -29.7$ kJ/mol），所以反应有利于 UDPG 的生成，实际上成为一个不可逆反应。由焦磷酸水解来推动一些合成反应，在生物体内具有普遍的生理意义。此反应所生成的 UDPG 称为糖核苷酸（sugar nucleotide），这类糖核苷酸（还有 ADPG 等）是葡萄糖的一种活化形式，是双糖、糖原、淀粉、纤维素和更复杂的细胞内多糖合成时糖基的直接供体。

4. 以 α（1→4）糖苷键连接的线性葡聚糖的生成

糖原合成中，UDPG 的葡萄糖基 C_1 位羟基与称为“引物”（primer）的糖基 C_4 位羟基

缩合生成 α（1→4）糖苷键，使其增加 1 个葡萄糖单位，继后由 UDPG 提供葡萄糖基，使葡聚糖链从非还原端不断延长，催化这个反应的酶称为糖原合酶（glycogen synthase），之所以称为"合酶"（synthase）而不是"合成酶"（synthetase），是因为在反应中没有 ATP 直接参加反应，如果需要 ATP 直接参加反应分解而提供能量，则称为合成酶。糖原合酶是由两个相同亚基构成的二聚体蛋白，每个亚甚含有 737 个氨基酸残基，其中有 9 个丝氨酸残基，如果被蛋白激酶催化磷酸化后则其活性受到抑制。

糖原合酶只能催化 α（1→4）糖苷键的形成，不能催化 α（1→6）糖苷键的生成，从糖原主糖链或分支的非还原末端加长糖链，形成线性的多聚葡萄糖。而且它只能催化将葡萄糖残基加到已经具有 4 个以上葡萄糖残基的葡聚糖分子上。因此，糖原合成开始时糖原合酶并不能催化"从头合成"，而是需要一个"引物"，现已知糖原合成的引物有两种，一种为还没有完全被降解的糖原分子，其残基的非还原端可直接作为引物，其合成已如上述；另一种引物是一种相对分子质量为 37000 的特殊蛋白质，称为生糖原蛋白或称糖原引物蛋白（glycognin）。在酪氨酸葡萄糖基转移酶（tyrosine glucosyltransferase）作用下，将一个葡萄糖基（由 UDPG 提供）结合到生糖原蛋白 194 位酪氨酸残基的酚羟基上，然后再由 UDPG 继续提供葡萄糖基，生糖原蛋白自身催化再添加 7 个糖基，这样，在生糖原蛋白分子上以 α（1→4）糖苷键连接的 8 个葡萄糖基即成为糖原合成的引物，糖原合酶即在这个引物的 C_1 上，由 UDPG 提供葡萄糖基延伸糖链。此时生糖原蛋白随之解离。

5. 糖原分支的形成

糖原合酶催化生成的是直链糖链，分支的形成需另一种酶催化，即糖原分支酶（glycogen branching enzyme）或称糖基 4→6 转移酶（glycosyl 4→6 trans ferase）。它催化从糖链的非还原性末端约 7 个葡萄糖残基的片段在 1→4 连接处切断，然后转移到同一糖链或另一糖链某个葡萄糖残基的 C_6 上，以 1→6 连接。每个被转移的片段至少含有 7～11 个糖基的糖链，新的分支点必须至少离另一个分支点 4 个糖残基的距离（图 9－12）。

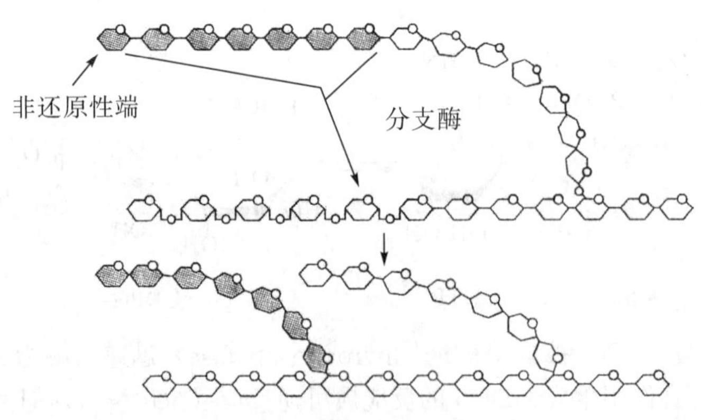

图 9－12　糖原分支酶的作用

试比较一下糖原降解的脱支酶和糖原合成的分支酶可以看出它们的区别：脱支包括 α（1→4）糖苷键的断裂和形成，可以认为只有 α（1→6）糖苷键的水解，使分支脱掉；分支则是 α（1→4）糖苷键的断裂和 α（1→6）糖苷键的形成，生成新的分支。脱支需要两步反应，分支则只需一步反应。

以葡萄糖为原料合成糖原整个过程是耗能的。首先，葡萄糖磷酸化生成 6－磷酸葡萄糖时消耗 1 个 ATP；其次焦磷酸水解成 2 分子无机磷酸时损失 1 个高能磷酸键，共消耗 2 个

ATP。糖原合酶能化的反应中生成的 UDP 必须借助 ATP 重新生成 UTP，即 ATP 中的高能磷酸键转移给了 UTP，反应虽消耗 1 个 ATP，但无高能磷酸键的损失。

三、糖原代谢的调节

糖原的分解和糖原的合成是两个不同的代谢途径，但二者是相互协调、相互影响的。当糖原分解加强时（例如，饥饿时血糖降低或肌肉收缩时），糖原合成受到抑制；反之亦然。糖原磷酸化酶和糖原合酶是糖原分解和合成的关键酶，它们的活性决定了糖原代谢的速度。这两种关键酶都具有共价修饰和变构两种调节方式，其活性受多种因素的影响。

1. 糖原代谢关键酶的共价修饰调节

糖原磷酸化酶和糖原合酶的共价修饰都是通过磷酸化和脱磷酸调节其活性，但磷酸化酶是磷酸化后为活性形式，而糖原合酶是脱磷酸后才为活性形式。两种酶的磷酸化由特异激酶催化，由 ATP 提供磷酸基，而激酶活性由激素和 cAMP 控制。由激素控制的糖原代谢，是通过一系列相关酶逐级调节并将信号放大，所形成的一系列连锁反应系统，称为瀑布效应或级联放大效应（cascade effect）（图 9－13）。这种效应至少有两方面的意义：其一，通过多种酶的连续激活，可使微弱的原始信号（如肾上腺素浓度为 10^{-5}～10^{-7} mmol/L）引起强烈的效应（产生的葡萄糖浓度可达 5 mmol/L），整个过程将信号放大 6～8 个数量级。

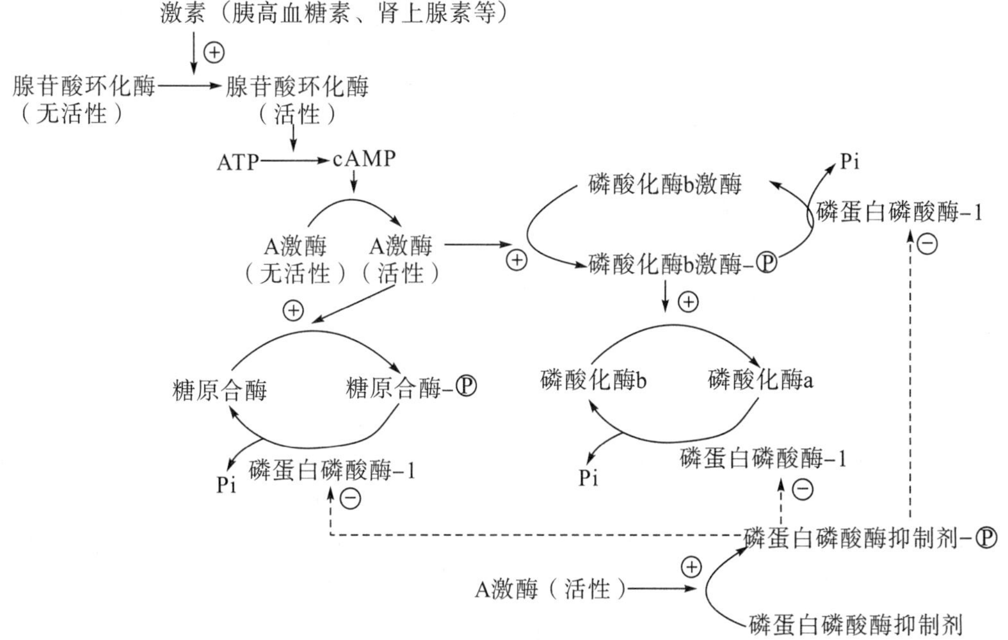

图 9－13　**糖原代谢的共价修饰调节**

（1）糖原磷酸化酶的调节

糖原磷酸化酶由两个完全相同的亚基组成，每个亚基相对分子质量为 97000，各共价结合一分子磷酸吡哆醛辅基。

糖原磷酸化酶有两种形式：一种是有活性的，称为磷酸化酶 a；另一种为无活性的，称为磷酸化酶 b。当磷酸化酶 b 的第 14 位丝氨酸磷酸化后即转变为活性的磷酸化酶 a。磷酸化酶 b 的磷酸化由磷酸化酶 b 激酶催化。磷酸化酶 b 激酶（phosphorylase b kinase）是由 4 种不同亚基构成的寡聚蛋白，用（$\alpha\beta\gamma\delta$）$_4$ 或 $\alpha_4\beta_4\gamma_4\delta_4$ 表示，其相对分子质量为 1200000。磷酸化酶 b 激酶也有两种形式，磷酸化后为活性形式. 脱磷酸后为无活性或低活性形式。γ 亚基由 386 个氨基酸残基组成，含酶的催化部位，其他 3 个亚基为调节亚基。磷酸比酶 b 激酶是一种依赖 Ca^{2+} 的蛋白激酶，当 Ca^{2+} 结合到酶 δ 亚基时可激活该酶的活性。δ 亚基上有 4 个 Ca^{2+} 结合部位，当全部与 Ca^{2+} 结合时酶的活性最大。

磷酸化酶 b 激酶的磷酸化由一种称为依赖于 cAMP 的蛋白激酶催化。依赖于 cAMP 的蛋白激酶（cAMP－dependent protein kinase，简称 A 激酶）由 4 个亚基组成（用 $\alpha_2\beta_2$ 表示），有两个调节亚基（R），两个催化亚基（C）（因此 A 激酶也可表示为 R_2C_2）。调节亚基与催化亚基相结合时是无活性的，当二者分开后催化亚基即成为有活性的 A 激酶。可催化糖原磷酸化酶 b 激酶和糖原合酶的磷酸化，还可催化多种蛋白质（酶）的磷酸化。A 激酶的激活必需 cAMP，没有 cAMP 时，A 激酶为无活性的四聚体，只有当 cAMP 与调节亚基 R 结合后，才促进四聚体解聚成为有活性的单体。因此，细胞内 cAMP 的浓度决定 A 激酶的活性，而 cAMP 的浓度受腺苷酸环化酶（adeneylcy clase）和特异磷酸二酯酶（phosphate diesterase）的控制，前者催化由 ATP 生成 cAMP，后者催化 cAMP 转变为 AMP，腺苷酸环化酶的活性受肾上腺素和胰高血糖素等激素的影响。

（2）糖原合酶的调节

糖原合酶也有两种：糖原合酶 a（或Ⅰ）为活性形式，当其磷酸化后即转变为无活性的糖原合酶 b（或 D）。糖原合酶由 4 个相同的亚基组成，每个亚基含有 737 个氨基酸残基。人肌糖原合酶中有 9 个丝氨酸残基可被磷酸化，A 激酶、磷酸化酶 b 激酶等 6 种蛋白激酶都可催化糖原合酶磷酸化而失活，A 激酶可使其多个丝氨酸残基磷酸化，磷酸化酶 b 激酶可使其中 1 个丝氨酸残基磷酸化。

糖原合酶的调控十分复杂，至今尚未完全阐明。

（3）磷蛋白磷酸酶－1 系统的控制

上述几种蛋白激酶是催化糖原代谢中不同酶的磷酸化，使其活化或钝化。相反，磷酸化的酶在改变了的条件下必须脱掉磷酸，即去磷酸化，以使相关酶的活性发生改变。催化去磷酸化的酶称为磷蛋白磷酸酶（phosphoprotein phosphatase，PP），或简称蛋白磷酸酶。

磷蛋白磷酸酶有 3 种类型：Ser/Thr 型磷蛋白磷酸酶（水解 Ser 或 Thr 连接的磷酸）、Tyr 磷蛋白磷酸酶（水解 Tyr 连接的磷酸）和双重底物特异性磷蛋白磷酸酶（既可以从 Ser/Thr 又可从 Tyr 残基上脱去磷酸基团的蛋白磷酸酶）。其中 Ser/Thr 型磷蛋白磷酸酶是存在最广泛、也是最重要的一类磷蛋白磷酸酶，它又可分为 4 类：分别用 PP1、PP2A、PP2B 和 PP2C 表示。

参与糖原代谢调控的主要是磷蛋白磷酸酶－1（PP1），有两个亚基：调节亚基称为 G 亚基，相对分子质量 160000；催化亚基相对分子质量为 37000。G 亚基又称糖原结合亚基，因为它与糖原的亲和力高。在肌肉中，PP1 与糖原结合才有活性，而在肝脏中，PP1 的活性则受到它与糖原磷酸化酶 a 结合的控制。PP1 在糖原代谢中可使糖原磷酸化酶 a、磷酸化酶 b 激酶脱去磷酸而失活，PP1 也可使糖原合酶去磷酸化而使其激活。

磷蛋白磷酸酶－1 的活性受到磷蛋白磷酸酶抑制剂的抑制。磷蛋白磷酸酶抑制剂有两种，均为对热稳定的小分子多肽，相对分子质量分别为 18000 和 25000。它们被 A 激酶催化磷酸化后才有抑制 PP1 的活性。

2. 糖原代谢关键酶的变构调节

糖原磷酸化酶和糖原合酶不仅受到磷酸化去磷酸化的共价修饰调节，而且可由效应物（effectors）引起其构象的改变（变构）调节其活性。这些效应物包括 AMP、ATP、6－磷酸葡萄糖等。磷酸化酶可被 AMP 激活，而 ATP、6－磷酸葡萄糖和咖啡碱（caffeine）则抑制该酶的活性；相反，糖原合酶被 AMP、胰高血糖素和肾上腺素抑制，被 6－磷酸葡萄糖和葡萄糖激活。这两个关键酶被上述效应物引起的活性变化是通过酶的构象改变来实现的。

糖原磷酸化酶 a 和 b 均有两种构象，分别称为T 态（取自 tense 的词头，紧张态）和R 态（取自 relaxed 的词头，松弛态），T 态为钝化状态，R 态为活化状态。当 AMP 浓度高时，由于酶与 AMP 结合，促使其由 T 态转变为 R 态。通过 X－射线衍射分析，虽然在 R 态和 T 态时，酶的两个亚基的核心结构没有什么不同，但两种构象改变时两个亚基间的界面却发生了重大变化。在 T 态，238 位的 Asp 带负电荷的侧链羧基面向活性部位，这不利于底物磷酸的结合，所以酶处于去磷酸化状态（不带磷酸）；当转变为 R 态时，238 位的 Asp 从活性部位移开，此处被 569 位的 Arg 取代。因为 Arg 在生理条件下带正电荷，因而为底物磷酸的结合提供了有利条件，使酶易于磷酸化而成为活性状态。

在生理条件下，糖原磷酸化酶 b 主要以 T 态存在，糖原磷酸化酶 a 基本上以 R 态存在。糖原磷酸化酶的活性主要取决于它的磷酸化和去磷酸化的速度，而效应物的结合直接影响磷酸化和去磷酸化的速度。

3. 葡萄糖和激素对糖原代谢的调节

（1）血糖浓度对糖原代谢的调节作用

血中葡萄糖的浓度（血糖）对肝糖原的代谢具有重要意义。当血中葡萄糖浓度较高时，葡萄糖可与磷酸化酶 a 结合，使磷酸化酶 a 从 R 状态（活化态）转变为 T 状态（钝化态），葡萄糖成为该酶构象变化的刺激信号。磷酸化酶的这种构象变化使得酶 Ser14 的磷酸基暴露，有利于去磷酸化反应。此时 PP1 将 Ser14 上的磷酸基水解掉，使磷酸化酶 a 转变为磷酸化酶 b。实际上 PP1 通常与磷酸化酶 a 结合在一起，当磷酸化酶 a 转变为磷酸化酶 b 后 PP1 即释放出来，PP1 不能与磷酸化酶 b 结合。激离的 PP1 即可参与糖原合酶的激活，使糖原合酶 b（无活性）上的磷酸基被水解下来，糖原合酶 b 即转变为糖原合酶 a（活性）。肝脏在需要供给葡萄糖时（如血糖低于正常值），磷酸化酶 a 的浓度比磷蛋白磷酸酶的浓度大约高 10 倍。因此只有当绝大多数的磷酸化酶 a 都转变为磷酸化酶 b 时，糖原合酶的活性才开始升高。

血糖浓度的变化通过对磷酸化酶和糖原合酶活性的调节，从而控制糖原的分解和合成。在正常情况下，血糖的浓度如果超过阀值（3.9m mol/L～6.1m mol/L 或 70 mg%～110 mg%），肝脏就利用葡萄糖合成糖原；如果低于阀值，肝脏就降解糖原从而释放葡萄糖。

（2）胰高血糖素的调节作用

胰高血糖素（glucagon）是体内主要升高血糖的激素。当血糖低于阀值时，胰岛的 α－细胞便分泌胰高血糖素，经血液到达肝细胞表面，并同它的专一性受体结合，而后激活腺苷酸环化酶，产生 cAMP，cAMP 再刺激依赖于 cAMP 的蛋白激酶（A 激酶），最后激活磷酸化酶，促进糖原分解（图 9－13）。糖原降解产生的 6－磷酸葡萄糖经肝脏 6－磷酸葡萄糖磷酸酶水解后，游离的葡萄糖即进入血液，补充血糖，以提高血糖浓度，并经血液运送到其他组织。

胰高血糖素升高血糖的机制包括下列几个方面：(1) 激活依赖 cAMP 的蛋白激酶，从而激活磷酸化酶，迅速使肝糖原分解，同时抑制糖原合酶，使血糖升高；(2) 通过抑制磷酸果糖激酶－2，激活二磷酸果糖磷酸酶－2（切去 F－2，6－P_2 的 C_2 位磷酸），从而减少 2，6－二磷酸果糖的生成，从而抑制糖酵解，间接提高血糖浓度；(3) 促进磷酸烯醇式丙酮酸羧激酶的合成，抑制肝丙酮酸激酶，加速肝从血中摄取氨基酸，从而加强糖异生（见下）；(4) 激活脂肪组织的脂肪酶，加强脂肪的动员，利用脂肪酸的分解提供能量供各组织利用，减少糖原的动员，从而间接升高血糖水平。

(3) 肾上腺素的调节作用

肾上腺素（epinephrine）和去甲肾上腺素（norepinephrine）主要作用于肌肉等组织。在肌细胞等靶组织细胞膜上存在这种激素的两种受体：一种是 β－肾上腺素能受体，与腺苷酸环化酶系统相联系；另一种是 α－肾上腺素能受体，可导致细胞内 Ca^{2+} 浓度升高。

肾上腺素通过几个途径调节糖原的降解：①肾上腺素与肌细胞膜上的 β－肾上腺素能受体结合，增高细胞内 cAMP 的水平，激活一系列蛋白激酶，导致糖原分解，并加强酵解作用，引起乳酸增高；②肾上腺素促进胰高血糖素的分泌，从而加速肝糖原的降解，提高血糖水平；③肾上腺素也可直接与肝细胞膜上的 α－和 β－肾上腺素能受体结合，同 β－肾上腺素能受体结合后，提高肝细胞内 cAMP 浓度，从而促进糖原降解，使血糖浓度升高。

(4) 胰岛素的调节作用

胰岛素是体内惟一降低血糖的激素，也是惟一同时促进糖原、脂肪和蛋白质合成的激素。胰岛素对糖原代谢的调节，总的效果是促进糖原合成，抑制糖原降解，从而使血糖水平降低。其机制也是一种级联放大效应（图 9－14）。主要通过去磷酸化作用来实现促进糖原合成和降低糖原的降解。

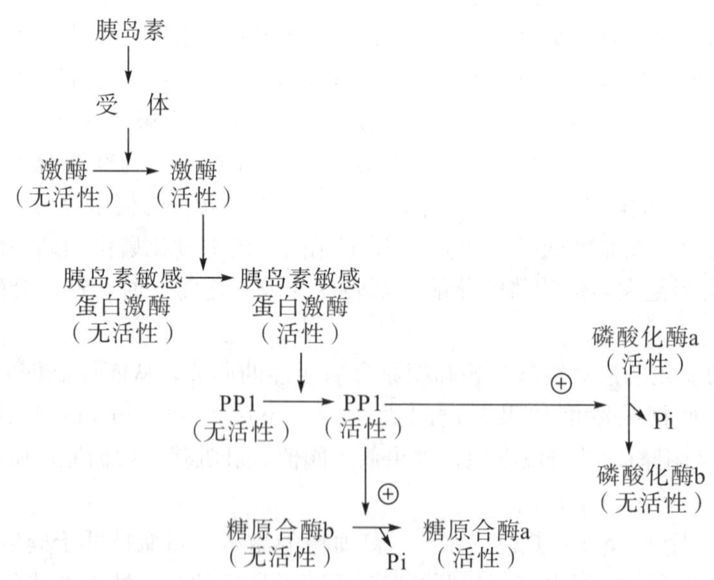

图 9－14　胰岛素对糖原合酶和磷酸化酶活性的调节

胰岛素的分泌受血糖的控制，当血糖高于阀值时，刺激胰岛 β－细胞分泌胰岛素，它作用于细胞质膜上的胰岛素受体。胰岛素受体为一个四聚体蛋白，两种亚基各两个，用 $\alpha_2\beta_2$ 表示。胰岛素和 α－亚基结合，β－亚基实际上是一种酪氨酸激酶。当胰岛素同 α－亚基结合后，β－亚基即可催化本身一个酪氨酸磷酸化，自身磷酸化的受体激活一种激酶，此激酶又激活胰岛素敏感蛋白激酶（insulin-sensitive protein kinase，ISPK），活化的 ISPK 再激活磷蛋白磷酸酶－1（PP1），从而使糖原合酶去磷酸化而激活，同时使磷酸化酶脱磷酸而钝化。糖原合成加强，糖原降解被抑制，血糖浓度降低。

胰岛素降低血糖不仅是调节糖原代谢关键酶的活性，而且通过几个方面来实现对血糖的控制：①促进肌肉、脂肪组织等的细胞膜葡萄糖载体将血液中的葡萄糖转运入细胞；②通过增强对 cAMP 特异的环核苷酸磷酸二酯酶（将 cAMP 转变为 AMP）的活性，降低 cAMP 水平，从而使糖原合酶活性增强、磷酸化酶活性降低，加速糖原合成，抑制糖原降解；③通过激活丙酮酸脱氢酶，加速丙酮酸氧化脱羧为乙酰 CoA，从而加速葡萄糖的氧化；④通过抑制磷酸烯醇式丙酮酸羧激酶的合成，促进氨基酸进入肌肉组织用于蛋白质合成，减少糖异生的原料，从而抑制糖异生作用；⑤通过抑制脂肪组织的脂肪酶，减缓脂肪的动员，促进肝、肌肉、心肌等组织对葡萄糖的利用。

（5）糖皮质激素的调节作用

糖皮质激素可使血糖水平升高，主要通过三种途径：①通过抑制丙酮酸的氧化脱羧，从而抑制肝对组织摄取和利用葡萄糖；②促进肌蛋白分解产生氨基酸，从而使糖异生加强；③促进脂肪组织对脂肪的动员，使得血中游离脂肪酸升高，从而间接抑制周围组织对葡萄糖的摄取和利用。

上述各种因素对糖原代谢的调节不是单一进行的，而是彼此协调、统一的。机体内存在一套精密而复杂的调节控制系统，对糖原代谢和血糖水平的维持起着严密的调节控制作用。

第五节 糖异生作用

机体内糖原的储备是很有限的。人体内正常储存的糖原仅能提供 180g～200g 葡萄糖，而人体每日大约消耗 160g 葡萄糖（其中 3/4 为脑所消耗），也就是说体内储存的糖原仅供一天的消耗，但是，即使在禁食 24 小时后，血糖仍然保持在正常范围，长期饥饿时也只略为下降。因此，此时仅有糖原的降解是不够的，在这种情况下除了周围组织减少对葡萄糖的利用外，主要依靠肝细胞将一些非糖物质转变成葡萄糖，并不断补充血糖。这种由非糖物质转变成葡萄糖或糖原的过程，称为糖异生作用（gluconeogenesis）。对于一些主要由葡萄糖提供能量的组织（包括脑、红细胞、肾髓质、睾丸、眼晶状体以及剧烈运动时的肌肉组织等），不仅饥饿时具有较强的糖异生作用，在正常情况下，也要由一些非糖物质不断转变为葡萄糖，以保证其能量的供应。

一、糖异生的原料

在动物体内用来合成葡萄糖的非糖物质主要包括丙酮酸、乳酸、丙酸、甘油和一些氨基酸。

在肌肉细胞内葡萄糖经酵解途径产生丙酮酸，在剧烈运动时，肌肉细胞处在无氧条件下，丙酮酸转变为乳酸。丙酮酸和乳酸都是葡萄糖未彻底分解的中间物，还含有大量能量尚未利用。因此，它们并不是作为废物排出体外，而是通过糖异生作用重新转变为葡萄糖。

丙酸可以转变为丙酰 CoA，并进一步转变为三羧酸循环的中间物琥珀酰 CoA（见第十一章奇数碳脂肪酸的代谢），而三羧酸循环的中间物都可作为糖异生的原料合成葡萄糖。

脂肪分解产生甘油和脂肪酸，甘油可以通过糖异生途径转变为葡萄糖。但脂肪酸分解产生乙酰 CoA，哺乳动物不含有将乙酰 CoA 转变为葡萄糖的途径，因此，脂肪酸和乙酰 CoA 不能作为糖异生的原料。

蛋白质降解产生的氨基酸，绝大多数可以转变为丙酮酸或三羧酸循环的中间物，因此这些氨基酸都可作为糖异生的原料，称为生糖氨基酸（glucogenic amino acid）。但是，Leu 分解后只产生乙酰 CoA，因此它不是糖异生的原料。而 Ile、Lys、Phe、Trp 和 Tyr 分解代谢中产生部分乙酰 CoA，因此这几种氨基酸的糖异生作用很弱。

二、糖异生途径

糖异生的代谢途径主要存在于肝脏（占 90%）和肾（占 10%），虽然脑和肌肉等组织是利用葡萄糖的主要组织，但它们并不能进行糖异生，在这些组织中代谢产生的丙酮酸、乳酸及氨基酸等糖异生原料，经过血液运送到肝才能进行糖异生，而肝、肾糖异生产生的葡萄糖再通过血液运输到脑、肌肉等组织，供其氧化分解产生能量。

从丙酮酸转变成葡萄糖的反应过程称为糖异生途径，此途径基本上是酵解途径（EMP）的逆行过程。但在 EMP 中有 3 个酶催化的反应是不可逆的，这 3 个酶是己糖激酶、磷酸果糖激酶和丙酮酸激酶，因此，这三步反应由另外的酶催化。由己糖激酶和磷酸果糖激酶所催化的两个反应的逆行过程，是由两个特异的磷酸酶（phosphatase）水解磷酸酯键完成的。催化 6－磷酸葡萄糖（G－6－P）水解生成葡萄糖的酶是 6－磷酸葡萄糖磷酸酶（G－6－P phosphatase，PGP），催化 1，6－二磷酸果糖（F－1，6－P_2）水解生成 6－磷酸果糖（F－6－P）的酶是二磷酸果糖磷酸酶－1（bisphosphofruetose phosphatase－1. BPFP－1）。

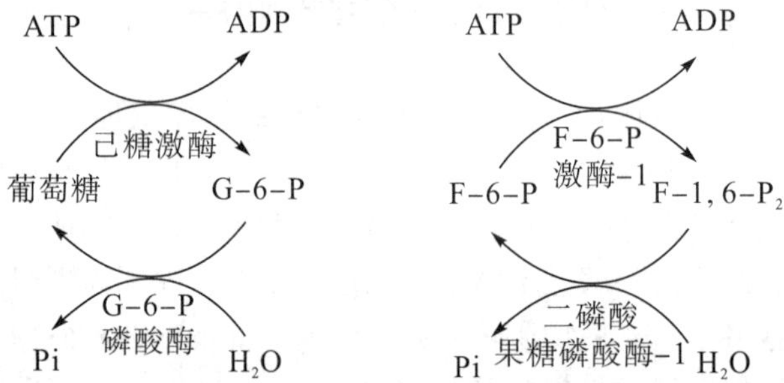

一般将两种底物的互变分别由不同酶催化的单向反应称为底物循环（substrate cycle）。当催化两个单向反应酶的活性相等时，就不能将代谢向前推进，结果仅是 ATP 分解释放能量，故又称之为无效循环（futile cycle）。

由丙酮酸激酶催化的反应，其逆反应包括两个反应，分别由丙酮酸羧化酶（pyruvate carboxylase，PC）和磷酸烯醇式丙酮酸羧激酶（phosphoenolpyruvate carboxykinase，PEPCK）催化，这个底物循环称为丙酮酸羧化支路（pyruvate carboxylation shunt），如图 9－15 所示。

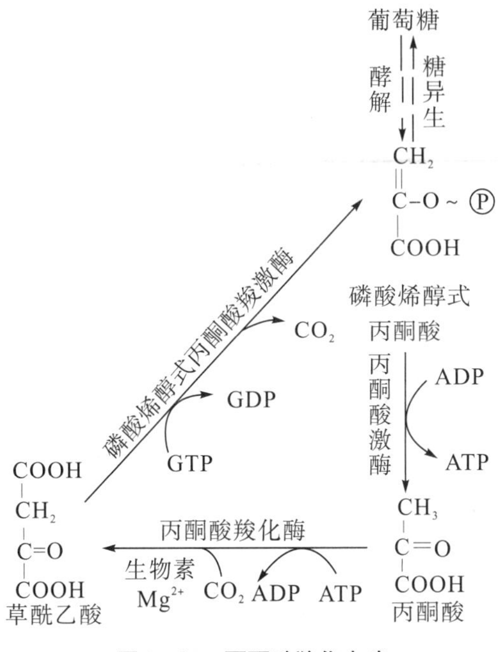

图 9-15 丙酮酸羧化支路

人和哺乳动物的丙酮酸羧化酶存在于线粒体中，胞液中的丙酮酸必须首先进入线粒体才能羧化成草酰乙酸。而草酰乙酸要生成糖，又必须逸出线粒体，才能成为磷酸烯醇式丙酮酸羧激酶的底物。但是，草酰乙酸本身不能透过线粒体内膜，从线粒体内向胞液转运草酰乙酸有两种机制：一是在线粒体内经谷草转氨酶（见第十二章）的作用转变成天门冬氨酸后逸出线粒体，进入胞液中的天门冬氨酸再经胞液中的谷草转氨酶催化而转变成草酰乙酸；二是线粒体内的草酰乙酸经苹果酸脱氢酶催化，还原成苹果酸，苹果酸通过二羧酸转运系统转运到胞液中，再通过胞液的苹果酸脱氢酶催化，氧化成草酰乙酸。这个途径还可为糖异生提供NADH。

现将肝脏和肾皮质中糖的氧化与糖异生作用总结于图 9-16。

哺乳动物肝线粒体内的丙酮酸羧化酶是由 4 个相同亚基构成的寡聚酶，相对分子质量为500000。每个亚基有 3 个结构域，分别具有生物素羧基载体蛋白、生物素羧化酶和转羧基酶活性。每个亚基结合一分子生物素和一个两价金属离子（Mg^{2+} 或 Mn^{2+}）。此酶是糖异生的一个调节酶。乙酰 CoA、脂酰 CoA 有激活作用，高 ATP/ADP 比值也有促进作用。若 ATP 含量升高，则三羧酸循环降低，糖异生作用加强。因此，丙酮酸羧化酶是联系三羧酸循环和糖异生的一个重要酶。

糖异生的第二个重要酶是磷酸烯醇式丙酮酸羧激酶。这是一个单体酶，相对分子质量为74000。此酶在细胞内的定位随生物种类不同而不同。在鸟和兔仅存在于线粒体；在大白鼠和小白鼠存在胞液中；在人肝细胞中，在线粒体和胞液中几乎等量存在。因此对人而言，草酰乙酸可在线粒体中直接转变为磷酸烯醇式丙酮酸再进入胞液，也可在胞液中转变为磷酸烯醇式丙酮酸，然后沿酵解途径逆行，用于合成葡萄糖。

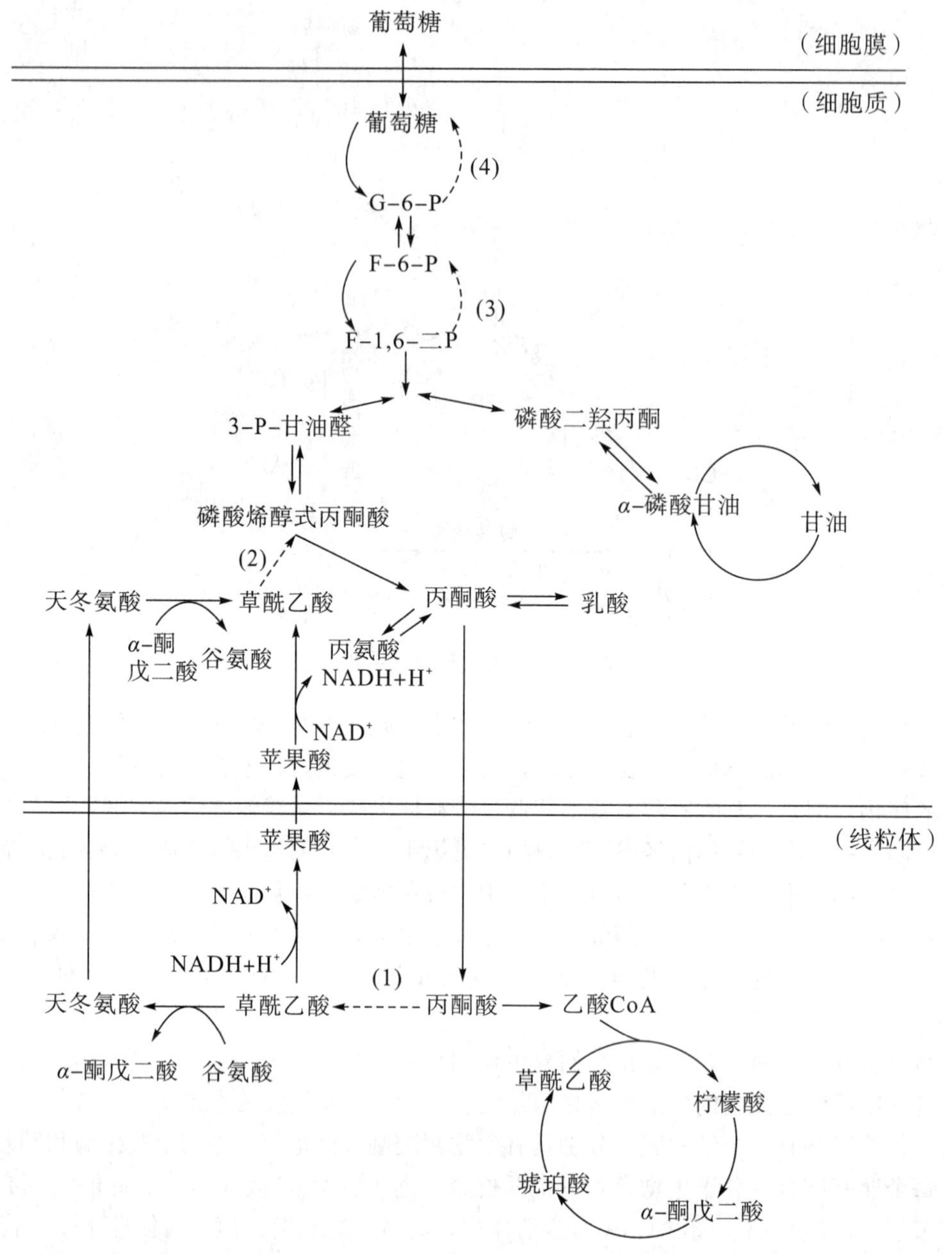

〔图中（1）、（2）、（3）、（4）为糖异生作用的关键反应〕

图 5−16　肝及肾皮质中糖氧化与糖异生作用的通路

乳酸作为糖异生的原料，涉及细胞定位及运输。乳酸产生的场所主要是肌细胞和红细胞（酵解），而糖异生的场所主要是肝细胞。因此肌细胞和红细胞产生的乳酸先由血液运输到肝细胞，在肝细胞糖异生形成葡萄糖离开肝细胞，再经血液循环运送到肌细胞和红细胞，供糖酵解产能，又生成乳酸，从而形成一个循环，称为 Cori 循环（Coricycle）或乳酸循环（图 9−17）。该循环的生理意义在于：一方面避免乳酸的损失，其储存能量可再利用；另一方面可防止因乳酸积累而导致酸中毒。

至于利用丙氨酸作为糖异生的原料一般发生在饥饿情况下，此时糖原消耗将尽，蛋白质分解，产生的丙氨酸需经过丙氨酸−葡萄糖循环（alanine-glucose cycle）进入肝细胞，丙氨酸转变为丙酮酸后再通过糖异生而生成葡萄糖（图 9－17）。该循环的生理意义在于：一方面可使糖原供应不足的情况下，蛋白质产生的丙氨酸的碳骨架（丙酮酸）转变为糖；另一方面又使氨（NH_3）得以转运（见第十二章第三节），避免氨中毒。

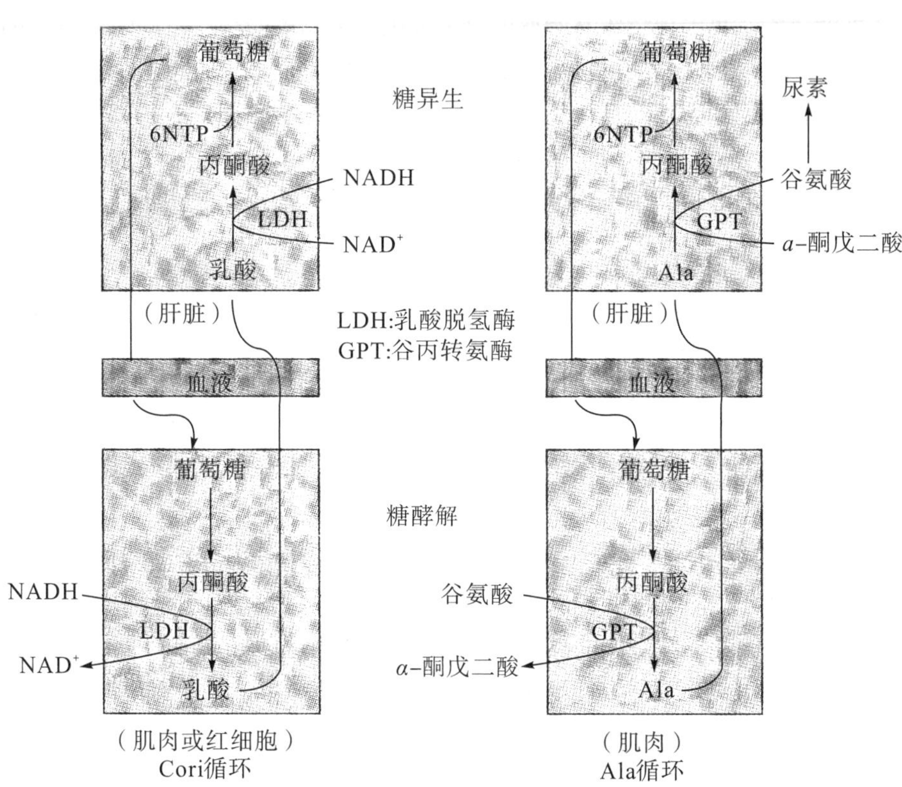

图 9－17　Cori 循环和丙氨酸循环

三、糖异生的生理意义

糖异生是糖代谢的正常途径，不仅在饥饿等状态下有较强的糖异生，而且一些组织在正常情况下也进行较强的糖异生作用，因为它具有多方面的生理作用。

1. 维持血糖浓度的恒定

血糖正常浓度的维持，不仅依赖于糖原的分解和合成，而且糖异生也起着重要的作用。脑组织不能利用脂肪酸，主要依靠葡萄糖提供能量；红细胞没有线粒体，完全通过葡萄糖酵解供给能量；骨髓、神经等组织代谢很活跃，也经常进行糖酵解作用。这些组织所利用的葡萄糖都直接来自血糖。在饥饿或空腹时，由于血糖浓度降低，这时一方面促进糖原分解，另一方面也促进肝细胞的糖异生，使得氨基酸、甘油等转变为葡萄糖，以补充血糖。

一个正常成年人每天需要葡萄糖约 160 g（其中脑占 120 g），血液中存在的葡萄糖约为 20g，糖原分解后可利用的葡萄糖约为 190g。因此，直接储存的葡萄糖只能满足大约一天中机体对葡萄糖的需要。在饥饿时间较长时，就必须通过糖异生的非糖物质转化为葡萄糖，以供生命活动的需要。在饥饿早期，随着脂肪组织中脂肪分解的加强，运送至肝的甘油增多，每天约可生成 10g～15g 葡萄糖。但糖异生的主要原料还是氨基酸。肌肉组织蛋白质分解后的多数氨基酸以丙氨酸和谷氨酸由脑运送至肝，通过糖异生每天约生成 90g～120g 葡萄糖。

此外，肌肉运动后产生的乳酸，通过血液运送至肝，也通过糖异生产生葡萄糖。

2. 补充肝糖原

过去曾经一直认为，在饥饿进食后肝糖原积累是由于肝细胞直接吸收葡萄糖用以合成了糖原。近年来的研究结果发现这不是主要的途径。因为葡萄糖激酶（己糖激酶Ⅳ）的 K_m 值高，约为 2×10^{-2} mol/L（肠粘膜细胞己糖激酶的 K_m 值约为 10^{-6} mol/L～10^{-10} mol/L），因此肝细胞摄取葡萄糖的能力是很低的。用同位素标记葡萄糖的不同碳原子供饲动物后，分析其肝脏中葡萄糖标记的情况，结果表明：摄入的相当一部分葡萄糖先分解成丙酮酸、乳酸等三碳化合物，然后再通过糖异生转变成糖原；另外，通过灌注实验表明，如果在灌注液中加入甘油、丙酮酸、乳酸、谷氨酸，则肝糖原迅速增加。

由此看来，饥饿后进食引起糖原增加，主要是由糖异生作用引起。糖异生是补充或恢复糖原储备的重要途径。

3. 调节酸碱平衡

剧烈运动后，肌细胞酵解增强的结果，引起血乳酸增加，这些乳酸不及时处理，可引起pH 降低，导致酸中毒。这些乳酸一部分可在运动后休息时通过需氧呼吸而被分解；另一部分则通过糖异生转变为葡萄糖。

长期饥饿时，体液的 pH 值降低，H^+ 离子浓度的升高可刺激肾小管的磷酸烯醇式丙酮酸羧激酶的合成，从而使肾糖异生增强。肾糖异生增强会促使肾中的 α－酮戊二酸转变为葡萄糖，从而促进谷氨酰胺脱氨转变为谷氨酸，以便补充 α－酮戊二酸。脱下的 NH_3 分泌入肾小管的管腔中，与原尿中的 H^+ 结合成 NH_4^+ 与 Cl^- 结合排出体外，这有利于排氢保钠，同时调节了酸碱平衡，防止酸中毒。

四、糖异生的调节

糖异生是糖代谢的一个正常途径，尤其是在饥饿时为补充血糖和糖原的重要途径。由非糖物质转变为葡萄糖或糖原的糖异生，主要通过两个底物循环进行调节。

1. 6－磷酸果糖与 1，6－二磷酸果糖循环

在酵解中 F－6－P 转变为 F－1，6－P_2 由磷酸果糖激酶－1（PFK－1）催化，在糖异生中 F－1，6－P_2 转变为 F－6－P 由二磷酸果糖磷酸酶－1（BPFP－1）催化。PFK－1 是糖酵解的关键酶，BPFP－1 为糖异生的关键酶。ATP 刺激 PFK－1，抑制 BPFP－1；相反，柠檬酸激活 BPFP－1，而抑制 PFK－1。AMP 同柠檬酸的效应相同。另外，目前认为在肝内调节糖分解与糖异生，比以上效应物更重要的是 2，6－二磷酸果糖（F－2，6－P_2），它激活PFK—1，而抑制 BPFP－1。所以，F－2，6－P_2 促进糖分解，抑制糖异生。F－2，6－P_2 由PFK－2 催化生成，胰高血糖素可使 PFK－2 共价修饰，使其磷酸化而失活。所以胰高血糖素降低 F－2，6－P_2，从而促进糖异生和糖原分解，抑制葡萄糖的酵解。胰岛素的作用刚好相反。

2. 磷酸烯醇式丙酮酸与丙酮酸循环

在酵解中磷酸烯醇式丙酮酸（PEP）转变为丙酮酸（PA）由丙酮酸激酶（PK）催化，PK 为关键酶；在糖异生中 PA 转变为 PEP 丙酮酸羧化酶（PC）是关键酶。ATP 刺激 PC，抑制 PK，ADP 则相反。因此，ATP 促进糖异生和糖原合成，抑制糖酵解，ADP 则促进糖

酵解，抑制糖异生。

F－1，6－P_2 可协调以上两个底物循环。F－1，6－P_2 是 PK 的变构激活剂。胰高血糖素通过降低 F－1，6－P_2 浓度，从而减少 F－1，6－P_2 的生成，这样一方面激活 BPFP－1，另方面又降低了 PK 的活性，总的效果是糖异生加强，糖酵解减弱。

本章学习要点

多糖和寡糖通过水解（胞外）或磷酸解（胞内）成为单糖. 吸收入血成为血糖。血糖成分为葡萄糖，进入细胞内，经氧化分解为细胞提供 ATP；血糖在肝脏、肌肉和肾脏中也可用于合成糖原而储存。另外，一些非糖物质也可经糖代谢途径用于合成糖，称为糖异生。

1. 糖的分解途径包括有氧分解和无氧分解。无氧分解是在没有氧存在下葡萄糖转变为乳酸（酵解）或乙醇（发酵）的过程，是一种不完全的分解形式。糖的有氧分解是彻底分解方式，也是主要分解方式。无论有氧或无氧分解都经过一个相同阶段，即由葡萄糖转变为丙酮酸的 10 步反应，称为 EMP。有氧分解与无氧分解的最终受氢体不同：酵解中最终受氢体是丙酮酸，发酵中是乙醛，而有氧分解则是分子氧。

有氧分解主要是三羧酸循环（TCA）途径，其次是磷酸己糖旁路（HMS）和乙醛酸循环。

2. 在真核细胞中 EMP 和 HMS 存在于胞浆中，TCA 存在于线粒体基质，乙醛酸循环则存在于某些微生物和植物的乙醛酸循环体中。无论真核或原核，1 mol 葡萄糖经发酵和酵解均产生 2 mol ATP，经有氧分解，真核细胞产生 32 或 30 mol ATP，原核细胞产生 32 mol ATP。

EMP 和三羧酸循环途径是糖、脂、蛋白质三大物质代谢的枢纽，并为蛋白质和核酸这些基本物质及一些活性物质的合成提供碳源和能源。

HMS 的主要生理意义在于产生 NADPH，为许多物质的合成及转化提供还原力；维持含巯基蛋白（酶）的还原状态；联系戊糖代谢、核酸代谢及光合作用；也可为细胞提供能量。

3. 沿酵解途径的逆行，是糖合成的基本途径，用葡萄糖合成糖原为糖原生成作用；用乳酸、甘油、丙氨酸等合成糖为糖异生作用。人和动物血糖高于 6.1m mol/L 时（如饭后），通过糖原生成作用合成糖原而储存；低于 3.9m mol/L 时（如饥饿），通过糖原分解及糖异生，以维持血糖正常。

4. 糖的代谢通过关键酶（限速酶）进行调节，调节的基本因素是细胞的能量状态，取决于 ATP/AMP（或 ATP/ADP）及 $NADH/NAD^+$ 比例。EMP 的关键酶是磷酸果糖激酶－1、丙酮酸激酶和己糖激酶；TCA 的关键酶是异柠檬酸脱氢酶、α－酮戊二酸脱氢酶系和柠檬酸合酶；HMS 的关键酶是 6－磷酸葡萄糖脱氢酶；糖原合成的关键酶是糖原合酶；糖异生的关键酶为二磷酸果糖磷酸酶－1 和丙酮酸羧化酶。

Chapter 9　CARBOHYDRATE METABOLISIVI

Potysacchafides and oligopolysaccharides can transfer to monosaccharides by hydrolysis (extracellular degrudation) or phosphorolysis (intracdlular degradation). Monosaccharides which are absorbed into blood are named blood glucoses. The component of blood glucose is glucose. Glucose supply ATP for cell by oxidation-decomposition in cell; Blood glucose can be used to synthesis glycogen and store in liver, musde and kidney. Gluconeogenesis refer to that some non-saccharides substance can transfer carbohydrate by the way of carbohydrate metabolism.

1. The way of degradation of carbohydrate include aerobic decomposition and anaerobic decomposition. Anaerobic decomposition is the process that glucose transfer to lactic acid (glycolysis) or alcohol (fermentation) without oxygen. It is a kind of incomplete decomposition. Aerobic decomposition of carbohydrate is a kind of complete decomposition and the main way. Aerobic and anaerobic decomposition have a same stage which named EMP (Emoden-Meyerbof-Parnas paihway) refers to the tentage reactions that glucose transfer to pyruvatic acid. The terminal hydrogen receptor of aerobic and anaerobic decomposition are different: the terminal hydrogen receptor of glycolysis is pyruvatic acid; the terminal hydrogen of ermentation is ethyl aldehyde but oxygen is the terminal hydrogen receptor of aerobic decomposition.

The major way of aerobic decomposition is tricarboxylic acid cycle (TCA). The secondary ways of it are hexose monophosphale shunt (HMS) and glyoxylate cycle.

2. EMP and HMS of eucaryotic cell exist in cytoplasm. TCA exists in stromas of mitochondrion. Glyoxylate cycle exists in glyoxysome of some millcroorgarllsms and plants. No mailer eucaryote and procaryote. 1 mole glucose can produce 2 mole ATP by fermentation and glycolysis. Eucaryotic cell produce 32 or 30 mole ATP by aerobic decomposition. Procaryotic cell produte 32 mole ATP by aerobic decomposition.

EMP and TCA are pivot of mass metabolism of carbohydrate, lipid and protein. They also provide carbon source and energy source for protein, nucleic acid and some active substance synthesis.

The main physiology meaning of HMS is that NADPH can provide reducing power for many substance synthesis and transformation; It can keep the reducing state of protcin (enzyme) with sulfhydryl group; It can contact pentose metabolism, nucleic acid metabolism and photosynthesis. It also can provide energy for cells.

3. The adverse pathway of glycolysis is the basic pathway of carbohydrate synthesis. Glycogenesis is that glycogen is compounded by glucose; Glyconeogenesis is that carbohydrate is synthesis by lactic acid, glycerol and alanine. When the blood sugar of mankind and animal is higher than 6.1 m mol/L (such as after meal), glycogen is compounded and stored by glycogenesis; When blood sugar is lower than 3.9 m mol/L (such as hunger), it can adopt glycogen decomposytion and glyconeogenesis to keep the normal level of blood sugar.

4. Carbohydrate metabolism is regulated by some key enzymes (rate－determining enzyme). The basic regulation element is energy state of call. It is depended on the ratio of ATP/AMP (or ATP/ADP) and $NADH/NAD^+$. The key enzymes of EMP are phosphofruectokinase－1, pyruvate kinase and hexokinase; The key enzymes of TCA are

isocitrate dehydrogenase, α-ketoglutamate dehydrogenase system and citrate synthase; The key enzyme of HMS is glucose-6-phosphate dehydrogenase; The key enzyme of glycogen synthesis is glycogen synthase; The key enzymes of glyconeogenesis are bisphosphofructose phosphatase and pyruvate carboxylase.

习　题

1. 用对或不对回答下列问题。如果不对，请说明原因。

（1）在糖的分解代谢中，碳原子数的减少主要是靠脱羧作用。

（2）糖代谢中所有激酶催化的反应都是不可逆的。

（2）丙酮酸氧化脱羧产生的 CO_2，是来自于葡萄糖的 C_1 和 C_6。

（4）糖原生成和糖异生作用都是耗能的。

（5）5 mol 葡萄糖经 HMS 途径完全氧化分解，可产生 150 mol ATP。

2. 1710 g 蔗糖在动物体内经有氧分解为水和 CO_2，总共可产生多少 ATP？多少 CO？（单位用 mol）

3. 在某厂的酶法生产酒精中，用淀粉作原料，液化酶和糖化酶的总转化率为 40%，酒精酵母对葡萄糖的利用率为 90%，问投料 5 吨淀粉，可生产多少酒精（酒精比重 0.789）？酵母菌从中获得多少能量（多少 ATP）？（单位用 mol）

4. 1 mol 乳酸完全氧化可生成多少 mol ATP？每生成 1 mol ATP 若以贮能 30.54 kJ 计算，其贮能效率为多少？如果 2 mol 乳酸转化成 1 mol 葡萄糖，需要消耗多少 ATP？（单位用 mol）

5. 用 ^{14}C 标记葡萄糖的第三碳原子，将这种 ^{14}C 标记的葡萄糖在无氧条件下与肝匀浆保温，那么所产生的乳酸分子中哪个碳原子将是含 ^{14}C 标记的？如果将此肝匀浆通以氧气，则乳酸将继续被氧化，所含标记碳原子在哪步反应中脱下的 CO_2 含 ^{14}C？

6. 在三羧酸循环中，柠檬酸→顺乌头酸＋H_2O 反应，若在 25℃与 0.4 $mmol \cdot L^{-1}$ 顺乌头酸成平衡时，求反应平衡常数（K_{eq}）和柠檬酸的浓度（已知在 25℃时，柠檬酸、顺乌头酸和 H_2O 的标准生成自由能 $\Delta G^{\circ\prime}$ 分别为 −1168.2、−922.6 和 237.2 $kJ \cdot mol^{-1}$）。

7. 下列各物质各 1 mol，经完全氧化分解，各产生多少 ATP 和多少 CO_2？（单位用 mol）

（1）棉子糖；（2）磷酸二羟丙酮；（3）丙酮酸；（4）琥珀酸：（5）核糖。

第十章 光合作用

第一节 光合作用的基本概念

一、光合作用的概念

生物界的能量来源主要有两种，一种是化学能，一种是光能。糖类物质的分解代谢是机体生命活动的能量来源，这种能是化学能。除糖类而外，其他有机物的分解也可提供能量，但是无机界自行合成的有机物是很少很少的，远远不能满足生物界的需要。因此，生物界要存在并发展，必须自己能从无机物制造大量的有机物，而有机物的合成常常又是以糖类作为起始物质的，因此，糖类的生物合成在各种有机物质的合成代谢中占有重要的地位。

自然界中的糖类是由绿色植物和光合细菌（如紫色硫化菌、绿色硫化菌等）借助于太阳光能、CO_2 和水合成的。这就是生物界利用另一种能量—光能来进行生命活动的一种重要形式。根据能量来源不同，常常将生物划分为化养生物（chemotroph）和光养生物（phototroph）。藻类、高等植物以及某些细菌能直接从太阳辐射中获得能量，并用这种能量来合成必需的食物，这些生物称为光养生物；人、动物和绝大多数菌类则不能直接利用太阳光作能源，而是通过分解其他现成的有机物来获得能源。这些生物称为化养生物。由此可见，太阳能是地球上所有代谢能的最终来源，所有生命形式的维持都有赖于光合作用。

通过光合作用，地球上的绿色植物可将 2×10^{11} t 的碳转化为有机物，同时放出 5.35×10^{11} t 氧气。所以，绿色植物既是地球上最大的绿色工厂，最大的能量转换站，又是最有效的 CO_2 处理站。

绿色植物及其他光养生物吸收光能并利用二氧化碳和水，经过复杂的转变而合成糖类并释放氧气的过程，叫做光合作用（photosynthesis）。

绿色植物的光合作用可用下列基本公式表示：

$$nCO_2+nH_2O\xrightarrow[\text{叶绿素}]{\text{光}}(CH_2O)_n+nO_2$$

或

$$6CO_2+12H_2O\xrightarrow[\text{叶绿素}]{\text{光}}C_6H_{12}O_6+6H_2O+6O_2$$

这个过程并不如此简单，而是十分复杂的。

光合作用所要讨论的基本问题是：

1. 光合作用的部位

光合作用的部位—植物的绿色部分（如绿叶、绿茎、绿穗、绿果等）

植物的绿色部分含有大量的叶绿体（chloroplastid），叶绿体内含有叶绿素（chlorophyll）等光合色素，故绿色植物的光合作用在叶绿体中进行；光合细菌和蓝绿藻

（蓝细菌 cyanophyta 或 cyanobacteria）在载色体（chromatophore）中进行。

2. 光合作用的原料

光合作用的原料—水和二氧化碳。水是根系从土壤中吸收后，通过导管输送到叶中的。空气中的二氧化碳通过叶表面上的气孔进入叶细胞。二氧化碳和水都是异养生物呼吸作用的产物。

3. 光合作用的产物

光合作用的产物—糖类和氧气。CO_2 和水在植物体内经过复杂的变化而转化为糖。糖类在另一些物质参与下，经过一系列代谢变化而生成各种有机物，用以构成植物的躯体，维持植物的生命活动，并形成各种各样的有机产物（如农产品等）。产生的氧气除一部分用于植物体本身的呼吸作用外。其余的通过气孔排到大气中去。

4. 光合作用的能源

光合作用的能源—太阳光。从热力学的观点来看，原料（CO_2 和 H_2O）是低能体系，产物〔$(CH_2O)_n$ 和 O_2〕是高能体系，由原料转变为产物，自由能提高了，因此，这个过程需要外界供给能量，这个能量来自太阳所发射的可见光。可见光由光合色素吸收和传递，并通过光合作用，光能就转变为化学能而贮存于光合产物之中。光合作用须有足够强的可见光照射才能进行，因此，光合作用在时间上有局限性。

从量上看，光合作用是生物界规模最大的一个生物过程；从质上看，光合作用也是生物界中一个基本的生物化学过程，它是生物界物质转化和能量转化的基础，它给生物界提供了生存和发展所必需的碳源、氢源、氧源和能源。

二、叶绿体及光合色素

1. 叶绿体的结构

叶绿体是绝大多数植物进行光合作用的场所，是植物细胞中微小的绿色工厂。它具有许多奇异的特性，其中主要的特征是将光能转换成化学能，从而完成了地球上贮存太阳能的最重要的生物过程。

叶绿体的形状和大小随不同植物的种类而异。就叶绿体的形状而言，藻类的叶绿体有杯状、星状、带状等多种形状，高等植物的叶绿体呈扁椭球形。

叶绿体外面具有连续的、半通透性的称为叶绿体被膜（envelope）的双层膜。被膜以内是叶绿体基质（stroma），基质中分布着许多双层的片层结构（lamellar structure），每一片层结构含有两层双层膜。这些片层结构形成类似布袋的扁平囊状物—类囊体（thylakoid）。在许多植物的叶绿体中每隔一定间隔就有几个类囊体整齐地重叠成叠状物，这种叠状物称为基粒（grana）。构成基粒的片层结构称为基粒片层（granal lamellar）。基粒与基粒之间由类囊体片层连接，这种片层结构称为基质片层（stroma lamellar），这使得叶绿体内所有片层结构得以互相联系。叶绿体的光合色素主要集中在基粒中。片层膜几乎是由一半脂质（其中半乳糖脂占约 40%），和一半蛋白质构成。蛋白质能催化酶促反应，并使膜具有一定的机械强度。叶绿素 a 及 b 存在于片层结构中，并与特殊的膜蛋白结合在一起，片层膜脂质的存在有利于能量贮藏，并为糖类、盐类、底物等提供选择透性。光能的量子转换与光合作用的联合电子传递反应，都发生在片层内。

叶绿体内片层结构之间的部分称为间质。间质中含有核糖体、DNA 和许多可溶性蛋白质及醌类物质等。

在叶绿体的组成成分中，约 50%为蛋白质，光合作用所必需的全部酶类都存在于叶绿体中，40%为脂质，其余为水溶性小分子。脂质部分主要是叶绿素，约占 23%，5%为类胡萝卜素，其他还含有磷脂、质醌（plastoquinone）以及一些糖脂。

2. 光合色素

光合色素（photopigment）包括从植物藻类中发现的叶绿素、类胡萝卜素、藻胆素和细菌的光合色素等。光养生物种类不同，所含色素也就不同，各光合色素的吸收光谱不同，它们能吸收不同波长的光。叶绿素主要吸收蓝光和红光，类胡萝卜素主要吸收蓝绿光，藻胆素吸收不被叶绿素和类胡萝卜素吸收的光，而细菌的光合色素（细菌叶绿素）能有效地吸收红外光。

（1）叶绿素（chlorophyll）

叶绿素是含有四吡咯环的卟啉衍生物，其骨架结构与血红素相似，不同的是四吡咯环中央是一个镁原子。叶绿素至少有 a、b、c、d 四种，它们之间的区别仅仅是一个基团的不同（图 10−1，叶绿素 c 与 a 比较，仅仅是卟啉 7 位连一个丙烯基；叶绿素 d 则是 2 位为−OCHO）。四个吡咯环和一个环戊酮构成一个平面，这个平面具有亲水性，能与蛋白质结合。在吡咯环的侧链中有两个羧基基团，但都已酯化，一个和甲醇酯化，另一个和植醇或称为叶绿醇（phytol）酯化。叶绿醇是一个含有 20 个碳原子的长链一元醇。因此，整个叶绿素分子形成一个卟啉“头”和一条叶绿醇“尾巴”。在细胞中，叶绿素夹在叶绿体片层的蛋白质层和脂质层之间，“头”部与蛋白质结合，“尾巴”伸向脂质层。叶绿素不溶于水，能溶于有机溶剂。

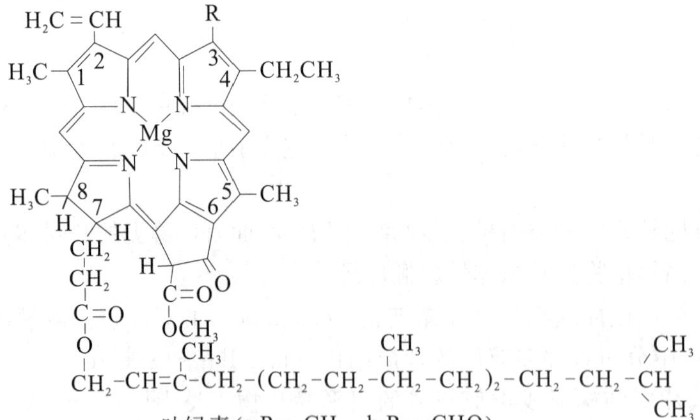

叶绿素 (a:R=$-CH_3$，b:R=$-CHO$)

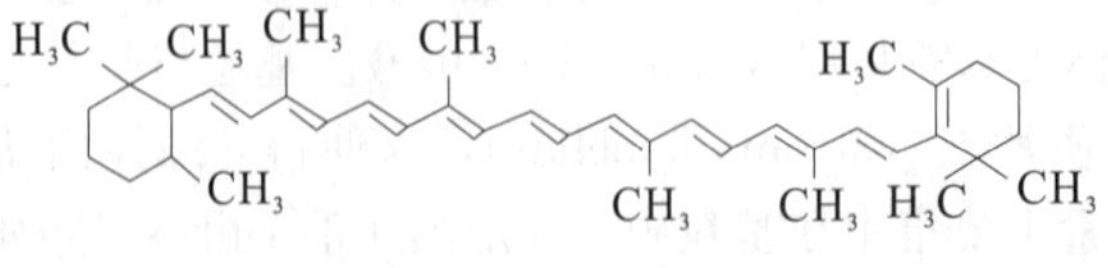

β-胡萝卜素

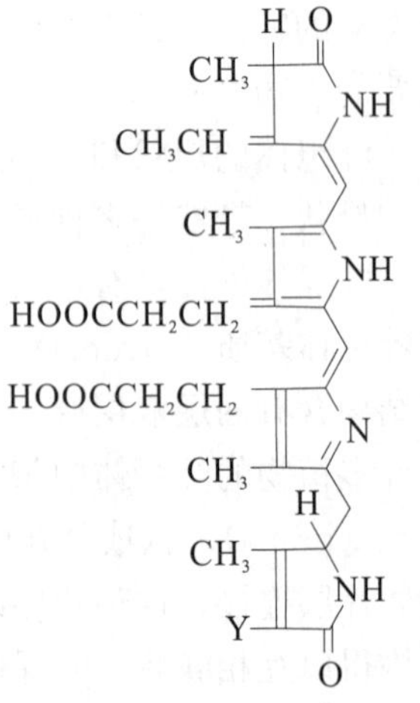

藻胆色素

藻胆色素分子中，Y=$CH_2=CH$（为藻红蛋白），Y=CH_3CH_2（为藻青蛋白）

图 10−1　光合色素

叶绿素 a 呈蓝色，存在于放 O_2 的所有光合有机体中；叶绿素 b（约占叶绿素 a 含量的 1/3）呈淡黄绿色，存在于高等植物、绿藻（chlorophyta）等藻类中；叶绿素 c 存在于金藻（chrysophyta）和褐藻（phaeophyta）中；叶绿素 d 存在于红藻（rhodophyta）中。在其他藻类中还有另外一些色素，它们大多是叶绿素的衍生物。

细菌的叶绿素型色素叫细菌叶绿素（bacterichlorophyll），其结构与叶绿素 a、b 相似。

（2）类胡萝卜素（carotenoid）

类胡萝卜素包括胡萝卜素（carotene）和叶黄素（xanthophyll），它们分别呈橙色和黄色。迄今发现参与光合作用的类胡萝卜素达 70 余种，存在于所有的光合细胞中。

胡萝卜素中常见的是 α－胡萝卜素和 β－胡萝卜素。叶黄素有多种，但都是胡萝卜素的衍生物，其结构已在第六章讨论过。类胡萝卜素不但可吸收光能，将光能转移给叶绿素 a 用于光合作用，而且还能保护叶绿素分子免遭强光的光氧化伤害。

（3）藻胆素（phycobilin）

藻胆素存在于蓝细菌（旧称蓝绿藻）和红藻中，它包括藻红素（phycoerythrobilin，红色）和藻蓝素（phycocyanobilin，蓝色）。藻胆素是一类线型四吡咯环化合物（图 10－1），其发色团与蛋白质以共价键结合，两者不易分开，形成水溶性的藻胆素蛋白质。叶绿素和类胡萝卜素与蛋白质则以氢键结合，彼此容易分开。

藻胆素具有收集和传递光能的作用，也是光合辅助色素。它所收集的光能可 100％地传送给叶绿素 a。

因为大多数叶绿素 a 分子并不直接参加光化学反应，它们只是起到收集光的作用，就像天线收集电波一样。因此，在上述各种光合色素中，叶绿素 a 被称为天线色素（antenna pigment）或色素主体（bulk）。叶绿素 a 吸收光量子后进入激发态，这种激发态的能量被有效地传递到光反应中心，光反应中心由少数特殊形式的叶绿素 a 分子所组成，在反应中心电子激发能被转换成氧化还原化学能，引起进一步的化学反应，称为光化学反应。其他各种色素，包括叶绿素 b、c、d、类胡萝卜素、藻胆素以及光反应中心以外的叶绿素 a 都称为辅助色素或捕光色素（accessory pigment），它们的功能就是收集光能，并不直接参加光化学反应。辅助色素将它们所吸收的光能，传递给叶绿素 a，再传递给光反应中心引起化学反应。

三、光合作用的一般过程

光合作用的总过程可分为两大步：第一步是光能转变成化学能，即叶绿素利用光能产生 ATP 和 NADPH 的反应，此反应称为**光反应**（light reaction）；第二步是 CO_2 还原成糖的过程，不需要光，是由光反应产生的 ATP 和 NADPH 参加的酶催化的纯生物化学过程，称为**暗反应**（dark reaction）。光合作用全过程包括下列 3 个反应：

①水的光解：
$$H_2O \xrightarrow[\text{叶绿体}]{(\text{光})} 2[H] + \frac{1}{2}O_2$$

②光合磷酸化：
$$NADP^+ + 2H^+ \longrightarrow NADPH + H^+$$
$$ADP + Pi \longrightarrow ATP$$

③CO_2 的固定：
$$CO_2 + ATP + NADPH + H^+ + H_2O \longrightarrow CH_2O + NADP^+ + ADP + H_2O + \frac{1}{2}O_2$$

水的光解是在离体叶绿体的悬浮液中加入高铁盐、苯醌等，给以光照就有 O_2 放出，高铁盐被还原。该反应由剑桥大学的 Robert Hill（1939 年）发现，故名希尔反应。

反应②中的两步反应是光合作用的还原能力及光合磷酸化过程。早在 20 世纪 60 年代曾对这个过程提出了所谓光系统Ⅰ及光系统Ⅱ，认为还原能力及光合磷酸化过程是通过这两个系统间的电子传递来实现的。

第三个反应是利用光合作用的能量使 CO_2 形成碳水化合物的过程，称为暗反应。

第二节　光合作用中的能量转换——光反应

一、光合作用的两类反应

光合作用包括光反应和暗反应。光反应是利用太阳光能裂解水，释放出氧气，并生成 ATP 和 NADPH 的过程。包括光的吸收、传递、转化、水的光解、电子传递、$NADP^+$ 还原和光合磷酸化等一系列反应。光反应的反应速率与光强度有关，受温度影响较小。光反应在叶绿体基质内的膜相结构上进行。

光反应由原初反应、电子传递和光合磷酸化三个部分组成。所谓原初反应是指从叶绿素分子吸收光被激发到引起光化学反应为止的过程；电子传递是指各种捕光色素被光照射后将其能量传递到反应中心的叶绿素 a，被激发的叶绿素 a 引起电荷分离，高能电子按照一定途径在电子传递体中传递，像呼吸作用的呼吸链一样（但电子传递体不同于呼吸链）；光合磷酸化就是利用太阳光的能量（借助电子传递）使 ADP 磷酸化生成 ATP 的过程，即将太阳光能转变成了生物机体可利用的活跃化学能。

暗反应是利用光反应形成的 ATP 和 NADPH 将 CO_2 转变成糖的过程。暗反应是不需要光的“纯”生物化学反应，其速率受温度的影响。但暗反应并不是只能在晚上或无光下进行，在光照下同样进行。在足够强的光照条件下，光合作用的速率主要取决于暗反应的速度。暗反应在叶绿体的非膜相可溶性组分中进行。

二、反应中心及光合单位

光合作用中，各种色素所吸收的不同波长的光并非各自进行一系列反应，而是将所吸收的光子通过一定传递系统，将能量传递给一个特殊的色素分子，称为反应中心（reaction center）。光合作用的原初反应过程就是在反应中心进行的。各种色素分子在结构上与反应中心联系，排列整齐、精确。

所谓反应中心，就是能在叶绿体（植物）或载色体（细菌）中进行光合作用原初反应最基本的色素蛋白结构。

实验证明，在进行一次光反应的时间内，需要 2500 个叶绿素分子参与才能释放一个氧分子（或同化一个 CO_2 分子），比数为 2500：1。由此推测，每个叶绿素分子并不是单个地与暗反应相联系，而是形成一定大小的集体起作用。从而提出了光合单位（photosynthetic unit）的概念：2500 个叶绿素分子构成一个集团，与一个反应中心相联系，吸收一定数量的光子，导致释放一个氧分子。

光合作用的原初反应包括光物理和光化学反应。光物理过程主要指光能被吸收与传递的过程，光化学反应是指一系列的氧化还原反应。光合作用的原初反应又是在光合单位内完成的，因此，光合单位可以认为是捕光色素和反应中心在内的能独立完成光合作用原初反应的基本结构单位。光合单位、反应中心与捕光色素三者之间存在下列关系：

光合单位=反应中心+捕光辅助色素

如果从光合作用的“量子需要”出发，$\phi=8$，即释放一个氧分子需要吸收8个“红”光子，则光合单位为300个（2500/8）叶绿素分子构成一个结构单位，与一个化学反应中心相联系，吸收一个光量子，引起一个化学反应。这个结构单位中的任何一个叶绿素分子吸收了一个光量子，就将其能量在该单位中传递，达到反应中心，导致化学反应产生，即一个电子的运动。因此，反应中心可能就是将光能转变成电能的地点。在光合作用中，每吸收一个光量子后释放的 O_2 分子数，称为光合作用的量子效率（quantum efficienty）。

三、叶绿体的离体光化学反应

1. 叶绿素的光反应

叶绿体中的叶绿素可用适当有机溶剂从植物叶中提取出来。在有光照和适当电子供体（还原剂）或电子受体（氧化剂）存在时，叶绿素可发生光还原或光氧化反应。

叶绿素的光氧化（photooxidation）：将叶绿素溶于甲醇中，再加入 $FeCl_3$，并照光，此时叶绿素发生脱色现象。这表明叶绿素已被氧化（失去电子），并形成了带正电的自由基，但在暗中又逆反回去。

$$\mathrm{Chl}+\mathrm{Fe}^{3+}\underset{\text{暗}}{\overset{\text{光}}{\rightleftharpoons}}\mathrm{Chl}^{+}+\mathrm{Fe}^{2+}$$

叶绿素的光还原（photoredution）：将叶绿素溶于吡啶中，再加上维生素C（还原剂），排氧，并照光，此时叶绿素便形成粉红色物质。这表明叶绿素已被还原（得电子）成为带负电的自由基，但在暗中又逆反回去。

$$\mathrm{Chl}+\text{维生素 C}\underset{\text{暗}}{\overset{\text{光}}{\rightleftharpoons}}\mathrm{Chl}^{-}+\text{维生素 C}^{+}$$

这两个实验说明，叶绿素吸收光后能与其他物质发生电子交换，将光能转变为电能。

2. 水的光解（希尔反应）

当有氧化剂（电子受体）存在时，离体叶绿体可将水分子分解而释放出氧，这个反应称为希尔（Hil）反应。例如当有高铁盐（铁氰化钾）存在时. 即可发生水的光解：

$$\underset{\text{电子受体}}{4\mathrm{Fe}^{3}}+2\mathrm{H_2O}\xrightarrow[\text{叶绿体}]{\text{光}}4\mathrm{Fe}^{2+}+4\mathrm{H}^{+}+\mathrm{O_2}$$

与光合作用相比较，显然此类反应是以 Fe^{3+} 代替了 CO_2。除高铁盐外，苯醌（quinone）、靛酚（indophenol）染料等也具有类似反应。在离体实验中，代替 CO_2 起氧化剂作用的这些物质称为希尔氧化剂。如果以 A^+ 代表希尔氧化剂，则希尔反应可以表示如下：

$$4\mathrm{A}^{+}+2\mathrm{H_2O}\xrightarrow[\text{叶绿体}]{\text{光}}+4\mathrm{A}+4\mathrm{H}^{+}+\mathrm{O_2}$$

这个反应有两个特征：一是光能转变为化学能（电子传递—氧化还原反应）；二是氧以分子态出现，氧的释放来自水分子。以化学当量计算，所产生的氧等于物质的还原量（1个氧分子的产生需供4个电子的氧化剂量）。另外，用含 ^{18}O 的水做水的光解实验也证明释放的氧来自于水。

绿色植物和蓝细菌（cyanobacteria）的光合作用是以水为供氢体，利用光能裂解水，使

CO_2 还原为有机物并释放 O_2；其他光合细菌则以 H_2S、H_2 或某些有机物作为供氢体，并不释放 O_2。例如，红硫细菌科（*Chromatiaceace*）的光合作用以 H_2S 作为供氢体（被氧化的硫沉积于细胞外），如红硫细菌（*Chromatium*）。

$$H_2S + X \xrightarrow{光} S + XH_2$$

绿硫细菌科（*Chlorobiaceae*）有时以硫代硫酸钠为还原剂。红色无硫细菌科（即红螺菌科 *Rhodospirillaceae*）则以异丙醇、乙醇以及琥珀酸等有机物为供氢体，如红微菌（*Rhodomicrobium*）和红螺菌（*Rhodos pkillum*）等。

$$\underset{异丙醇}{CH_3CHOHCH_3} + X \xrightarrow{光} \underset{丙\quad酮}{CH_3COCH_3} + H_2X$$

由上可见，绿色植物和细菌的原初光反应都是氧化还原反应，水的光解本质上也是氧化还原反应。

3. 辅酶的光还原

高铁、苯醌、染料等希尔氧化剂都是外源性非生理性物质，在光合体内的氧化剂（受氢体）则是 $NADP^+$。完整的离体叶绿体，在适当的悬浮液中照光时能使 $NADP^+$ 还原，并放出氧。

$$\underset{电子受体}{2NADP^+} + \underset{电子供体}{2H_2O} \xrightarrow[叶绿体]{光} 2NADPH + 2H^+ + O_2$$

$NADP^+$ 的光还原，可看成是特殊的希尔反应。体内直接为 $NADP^+$ 提供电子的电子传递体是一种含铁和硫的蛋白质，即铁氧还蛋白（ferrdoxin，简称 fd）。在光合作用中 fd 首先被还原，再将电子传递给 $NADP^+$。该反应由 fd－NADP 氧化还原酶（ferrdoxin－NADP oxidoreductase）催化，此酶是一种黄素蛋白。

四、光反应系统

所谓光系统（photosystem，PS）是指由聚光复合体、反应中心和初级电子受体构成的光能吸收、转移和转换的功能单位。聚光复合体就是由天线色素和与之相结合的蛋白质组成的复合物。

光合作用的效率与入射光波长有关。1943 年美国伊利诺斯大学的 R. Emexson 在研究小球藻的光合作用时发现：在较短波长（<680 nm）光下，光合量子效率恒定，但在长波长（>680 nm）光下，光合效率下降，这种现象称为红降（red drop）。后来（1956）又发现，如果在长波长光之外，再补充短波长光，则光合量子效率大大增强，大于两种波长光单独作用的量子效率之和，这种现象称为爱默生增益效应（Emerson enhancement effect）或双光效应。这两种效应说明光合细胞内存在两个光反应，需要不同的色素。于是 1960 年 R. Hill 和 F. Bendal 提出了两个光系统（photosystem，PS）的概念，即 PSⅠ和 PSⅡ。光系统Ⅰ（PSⅠ）与 $NADP^+$ 的光还原有关，光系统Ⅱ（PSⅡ）与水的光氧化放 O_2 有关。两个光系统所含的色素种类和数量不同。PSⅠ约含有 200 个叶绿素 a 和 50 个类胡萝卜素分子、细胞色素 f 和质蓝素各一分子、2 个细胞色素 b_{563}、1～2 个膜结合铁氧还蛋白和 1 个 P_{700} 分子。PSⅠ反应中心叶绿素 a 的最大吸收波长为 700 nm 左右，因此将这种叶绿紫 a 分子命名为 P_{700}。[P 为色素（pigment）的缩写]。P_{700} 是特殊叶绿素 a 分子的二聚物，是 PSⅠ的最初电子供体。PSⅠ是一个至少含 12 个多肽链组成的跨膜复合体，由反应中心、电子受体和 PS Ⅰ捕光复合体三个部分组成。PSⅡ含有约200个叶绿素a和50个类胡萝卜素分子、4个质体醌、2个细胞色素b_{559}和1个P_{680}分子。PSⅡ反应中心叶绿素a的最大吸收波长约为680 nm，因此，将该叶绿素a命名为P_{680}，它也是叶绿素a的一种特殊形式。PSⅡ含有20多个多肽链，包括一对膜内在蛋白D_1和D_2、两个叶绿素结合蛋白和一个称为放氧复合体的含锰外在膜蛋白。

现在一般认为，两个反应系统都是由叶绿素a激发，不过两个系统的叶绿素a不同。其他辅助色素的作用主要是向光系统Ⅱ的反应中心叶绿素a传递光能。

五、光反应电子传递链

紫色细菌和绿色硫细菌等光合细菌的光合作用不产生氧，它们只具备一个光系统（PSⅠ）。蓝细菌、藻类和高等植物为放氧光合生物，它们含有两个光系统，即PSⅡ（P_{680}）和PSⅠ（P_{700}）。由这两个光系统所吸收的光能驱动电子从H_2O流向$NADP^+$。PSⅡ发生水的光解并释放氧、在PSⅠ发生$NADP^+$的还原。在这两个光系统之间存在一个电子传递链，各电子递体按一定顺序传递电子，像呼吸链一样。在光合作用中的这个电子传递链称为**光合链**（photosythetic chain）。

电子通过光合链从H_2O流向$NADP^+$，使NADP还原。每吸收两个光子（每个光系统吸收1个），使得1个电子从H_2O流到$NADP^+$。为形成一个分子O_2，要求4个电子从两个H_2O传递给两个$NADP^+$，因此总共需要8个光子，每个光系统吸收4个光子。整个电子传递体系包括3个复合体：PSⅡ复合体、细胞色素b_6f复合体和PSⅠ复合体。两个光系统间各电子传递体按其氧化还原电位其顺序为：

$$P_{680} \longrightarrow P_{680}^{*} \longrightarrow PQ \longrightarrow Cytb \longrightarrow Cytf \longrightarrow PC \longrightarrow P_{700}$$

目前普遍认为真核光合细胞的电子传递途径呈一个倒写的“Z”字形（图10－2）。

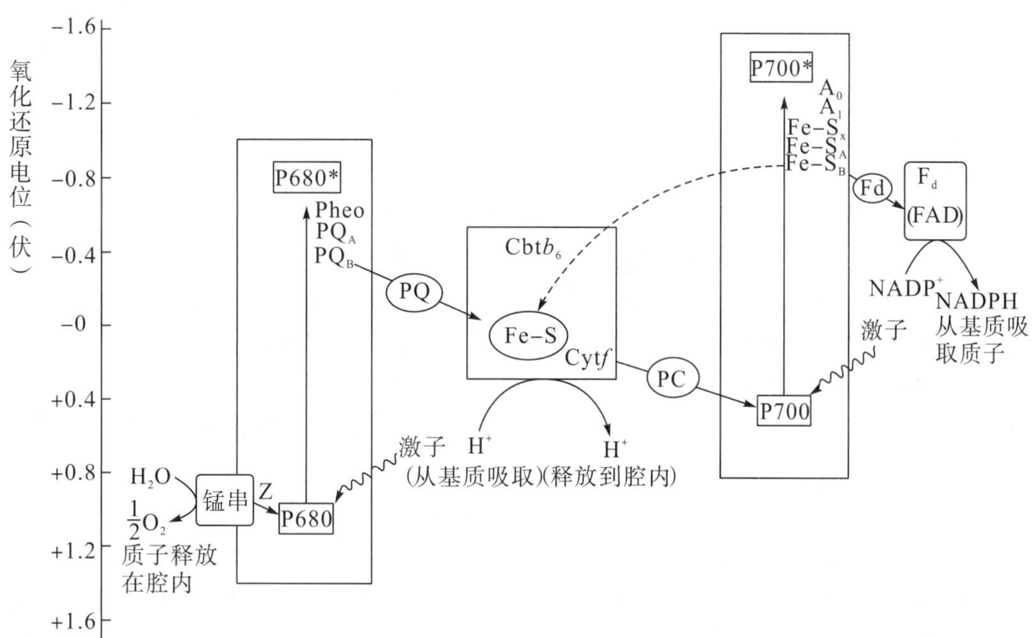

图10－2　真核光合细胞电子传递模式

PSⅡ被小于 680 nm 的光激发形成一个很强的氧化剂 P^+_{680} 和一个弱的还原剂脱镁叶绿素 pheo；在 PSⅠ则形成一个强氧化剂 P^+_{700} 和一个强还原剂 A^-_0。当 PSⅡ受光激发后 P_{680} 转变为激发态 P^*_{680}，P^*_{680} 是一个很好的电子供体，将一个电子传给脱镁叶绿素（pheo）而成为阴离子 phe-o。P^*_{680} 因失去电子转变为阳离子 P^+_{680}，Ps^+_{680} 可从水中得到电子而重新变为 P_{680}。Phe-o 很快将额外电子传递给质体醌（plastoquinone）PQ_A，PQ_A 又将电子传递给另一个质体醌 PQ_B（类似于呼吸链的 CoQ）。经过两次传递，PQ_B 获得两个电子，并从基质水相中获得两个质子，从而还原为还原态的氢醌。还原态的氢醌进入膜中的质体醌库。质体醌库中的还原态质体醌（PQ_BH_2，将电子传递给细胞素 b_6f 复合体。细胞色素 b_6f 复合体类似于线粒体的复合物Ⅲ，它含有 2 个细胞色素 b_6（在 559 nm 有一特征吸收带）、一个细胞色素 C_{522} 或称细胞色素 f（在 552 nm 有一特征吸收带）和一个铁硫蛋白。从细胞色素 b_6f 复合体将电子传递到 PSⅠ，还需质体蓝素（plastocyanin，PC）的介导。PC 是一个含铜的单体蛋白（Mr：10.5×10^3），通过铜离子的氧化还原将电子传递给 PSⅠ。

PSⅠ复合体由反应中心、电子受体和 PSⅠ捕光复合体三部分组成。由于中心色素分子吸收最大波长为 700 nm 的光，故称为 P_{700}。它被光照射后转变为激发态 P^*_{700}，并立即释放一个电子给称之为 A_0 的一个特殊叶绿素 a 分子，形成 A^-_0，P^*_{700} 失去电子而转变为 P^+_{700}。为一个强氧化剂，很容易从质体蓝素（PC）获得一个电子。A_1 是一个很强的还原剂，它很快将电子传递给一个特化的醌质 A_1（如维生素 K_1），A_1 将电子传递给铁硫蛋白（共 3 个），铁硫蛋白再将电子传给铁氧还蛋白（ferredoxin，Fd）。Fd 最后将电子交给 $NADP^+$，使其还原。最后这一步由铁氧还蛋白—$NADP^+$ 氧化还原酶（一种黄素蛋白）催化，从而完成了电子从 H_2O 到 $NADP^+$ 的传递。

六、光合磷酸化

早在 20 世纪 50 年代（D. Arnon 等，1954）就已发现，离体叶绿体把光能转变为化学能是通过 ADP 磷酸化形成 ATP 来实现的。这种磷酸化过程与生物氧化中的氧化磷酸化不同。它除了吸收光能外，没有其他化学作用提供能量。因此，将这种利用光能使 ADP 与 Pi 反应生成 ATP 的过程称为**光合磷酸化**（photosynthetic phosphorylation）。光合磷酸化是在电子传递过程中释放出的能量与 ADP 的磷酸化相偶联而实现的。

在两个光系统间电子传递的结果，由于电位降释放出的能量带来两个结果：一是导致 NADPH（还原力）的产生，NADPH 也是富于能量的物质；二是在类囊体膜的两侧形成跨膜的质子梯度。像线粒体一样，这种跨膜质子梯度就是形成 ATP 的源泉。光合作用的反应中心、电子传递体和 ATP 合酶都位于类囊体膜上。电子传递与 ATP 合成的偶联如图 10−3。

质子的跨膜转移主要发生在两个部位：一是放氧复合体（即 PSⅡ），这是由于水光解产生质子；二是细胞色素 b_6f 复合体，这是由于还原态醌（PQ_BH_2）释放电子后产生质子。一般认为，每当 4 个电子从 H_2O 转移到 $NADP^+$（同时形成一分子 O_2），大约有 12 个 H^+ 从基质转移到类囊体腔内，其中 4 个质子由放氧复合体转运（在腔内产生），8 个质子由细胞色素 b_6f 复合体转运（每传递 1 个电子跨膜转运两个质子）。这 8 个跨膜转运的质子，就使得类囊体腔被酸化（其 pH 接近 4），使类囊体膜两侧形成约 3.5pH 单位的跨膜梯度，相当于 0.2 V 或−20.1 kJ/mol 的自由能。每个 ATP 合成平均有 3 个质子流过 ATP 合酶复合体，这相当于每产生 1 mol ATP 就输入了 60.21 kJ 的自由能。

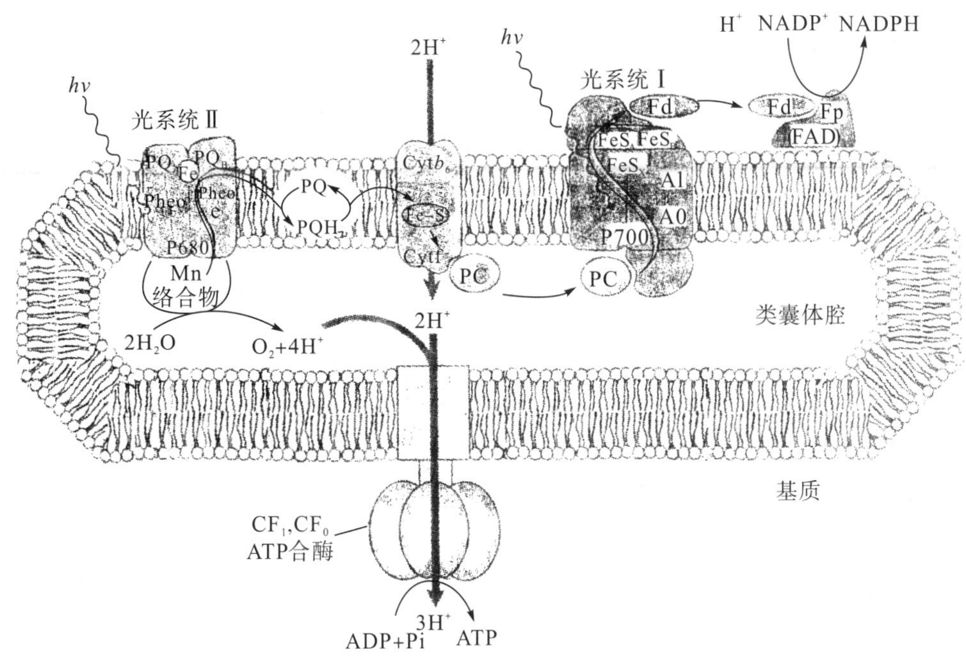

图 10—3　光合磷酸化的机制示意图

叶绿体中催化 ADP 磷酸化生成 ATP 的 ATP 合酶复合体存在于基质片层和基粒片层的非垛叠区，包括 CF_1 和 CF_0 两部分（C 为叶绿体缩写），CF_0 为疏水的跨膜蛋白质，是质子转移通道。CF_1 为亲水的膜外周蛋白，由 9 个亚基组成：$\alpha_3\beta_3\gamma\delta\varepsilon$，其中 β 亚基即是 ATP 酶，它既催化 ATP 合成，也可催化 ATP 分解。α 和 β 亚基与底物 ADP 结合，γ 亚基控制质子流动，δ 亚基与 CF_0 结合，ε 亚基在暗处抑制 ATP 的水解作用。由于 CF_1 处于基质一边，因此所合成的 ATP 不断释放到基质中去。像线粒体一样，CF_0 受寡霉素抑制，光合磷酸化可被 2，4—二硝基酚类化合物解偶联。

第三节　光合作用的碳素途径——暗反应

水的光解、放氧及光能转化为 ATP 及 NADPH 形式出现的化学能的过程，是光合作用中重要的基础过程，这个过程需要光，称为光反应。除此而外，光合作用还存在另一个重要过程，即 CO_2 的参与及糖类和其他有机物质的生成，此过程不需要光，在夜间进行，所以称为暗反应，这是“纯”生物化学过程。由于植物生长在多种多样的环境和气候条件，长期适应环境的结果，产生了多条不同的代谢途径，将 CO_2 转变成糖类，其中主要代谢途径有 3 条：

（1）卡尔文循环或称 C_3 途径，这是主要的代谢途径。

（2）C_4 途径：卡尔文循环途径中，固定 CO_2 后的直接产物为三碳物（故称 C_3 途径），在一些热带和亚热带植物中，还存在另一代谢途径：固定 CO_2 后的产物不是三碳物，而是四碳物，将这种途径称为 C_4 途径。

（3）景天酸途径：一些半干旱地区的肉质植物，与一般植物不同，它们将 CO_2 的吸收和 CO_2 固定在时间上分开进行，气孔白天关闭、夜间开放（与非肉质植物相反）。这是景天科（*Crassulaceae*）肉质植物的共同特点，称为景天酸代谢途径。

一、卡尔文循环

植物叶绿体利用光反应产生的 ATP 和还原力，在酶的催化下可将 CO_2 转变为糖，这个过程称为 CO_2 固定或 CO_2 同化，是一个复杂的环式代谢途径。这是美国加州大学的卡尔文（Melvin Calvin）、本森（Andrew Bensen）和班萨姆（Jama Bassham）等，于 1946 年开始，利用小球藻（*chlorella pyenoidasa*），和斜生栅藻（*Scendesmus obliguns*）为材料，进行了 CO_2 固定的系统研究，花了约 10 年的时间终于阐明了这个反应历程，因此将其称为 Calvin-Bensen 循环，简称为 Calvin 循环（Calvin cycle）。

卡尔文及其同事用放射性 ^{14}C 标记的 CO_2 注入照光的藻悬浮液，藻即进行正常的光合作用，经不同时间后用沸乙醇终止反应，用双向低层析分析不同时间产生的带放射性的中间物，从而分析暗反应的步骤，最后揭示整个反应历程。

卡尔文循环反应历程可分为 3 个阶段：羧化、还原和再生。

1. 羧化阶段

CO_2 和 H_2O 作用生成碳酸，此反应不需酶催化。

$$CO_2 + H_2O \longrightarrow H_2CO_3$$

碳酸再与绿叶细胞中原有的 1，5－二磷酸核酮糖（ribulose－1，5－bisphosphate，简写 RuBP）反应，生成两分子 3－磷酸甘油酸（3－phosphoglyceric acid，简写 PGA）。可见光合碳素途径中 CO_2 的受体是 RuBP。催化此步反应的酶是二磷酸核酮糖羧化酶（ribulose－1，5－bisphosphate carboxylase），这是光合碳素途径的一个关键酶，因为它对光合效率影响较大。此酶存在于叶绿体基质中，其含量约占叶绿体可溶性蛋白的 50%。此酶可被光活化，活化程度随光强度的增加而增加。在高等植物中，这个酶由 8 个大亚基（Mr：53×10^3）和 8 个小亚基（Mr：14×10^3）组成（$\alpha_8\beta_8$），大亚基是酶的催化单位，小亚基是酶活性的调节单位。在光合细菌中这个酶只有两个亚基，而在绿藻中为八聚体蛋白。

由于 RuBP 羧化酶还兼有加氧酶（oxygenase）活性，因此它经常被简写为 Rubisco。此酶的催化效率很低，每秒钟只能固定 3 个 CO_2，所以细胞内此酶的含量很高。

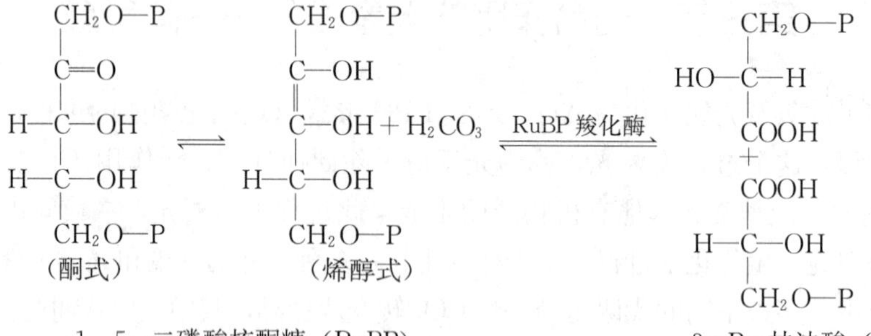

CH₂O—P / C=O / H—C—OH / H—C—OH / CH₂O—P（酮式） ⇌ CH₂O—P / C—OH / ‖ C—OH / H—C—OH / CH₂O—P（烯醇式） + H_2CO_3 —RuBP 羧化酶→ CH₂O—P / HO—C—H / COOH + COOH / H—C—OH / CH₂O—P

1，5－二磷酸核酮糖（RuBP）　　　3－P－甘油酸（PGA）

2. 还原阶段

3－磷酸甘油酸的羧基被还原为醛基，包括两个酶促反应。PGA 在 ATP 参与下，由磷酸甘油酸激酶（PGA kinase）催化，生成 1，3－二磷酸甘油酸（1，3－bisphosphoglyceric acid，简写 BPGA）。

```
   COOH                                      O
    |                                        ‖
H—C—OH   +ATP ——PGA激酶——→                  C—O—P
    |                                        |
   CH2O—P                                 H—C—OH        +ADP
                                             |
                                            CH2O—P
   PGA                              1，3－二磷酸甘油酸（BPGA）
```

BPGA 在 3－磷酸甘油醛脱氢酶（GAP dehydrogenase）催化下生成 3－磷酸甘油醛（glyceraldehyde－3－phosphate，简写 GAP），此步反应需还原剂 $NADPH+H^{+}$。ATP 和 $NADPH+H^{+}$ 均来自光反应。

```
    O
    ‖
    C—O—P                                              CHO
    |            3—磷酸甘油醛脱氢酶                       |
 H—C—OH   ————————————————————————→                H—C—OH
    |        ↗          ↘        ↘                     |
    CH2O—P  NADPH+H+     NADP+    Pi                    CH2O—P

   BPGA                                             3—P—甘油醛
                                                      (GAP)
```

3－磷酸甘油醛除在叶绿体内用于合成淀粉外，也可转运到细胞质转变成蔗糖后被转运到植物的生长区，或是在细胞质直接被降解，为植物生长提供能量。

3. 再生阶段

在光合作用的暗反应中，3－磷酸甘油醛经一系列反应，重新生成 CO_2 的受体 RuBP，称为再生阶段。主要经历下列步骤：

（1）3－磷酸甘油醛沿 EMP 逆行生成 6－磷酸果糖

一分子 3－磷酸甘油醛在磷酸丙糖异构酶催化下，生成磷酸二羟丙酮，再沿 EMP 途径逆行，生成 6－磷酸果糖（见第九章糖酵解作用）。

（2）己糖与丙糖合成戊糖和丁糖

6－磷酸果糖在转酮酶（transketolase）催化下，将 1、2 碳转移到磷酸甘油醛（第三分子）的醛基上，生成 4－磷酸赤藓糖（erythrose－4－phosphate，简写 E_4P）和 5－磷酸木酮糖（xylulose－5－phosphate，简写 XU_5P）。

```
     CH2OH                                                    CH2OH
     |                                                        |
     C=O                                                      C=O
     |               CHO                  CHO                 |
 HO—C—H              |       转酮酶        |              HO—C—H
     |        +  H—C—OH    ⇌         H—C—OH       +          |
  H—C—OH             |        TPP         |               H—C—OH
     |               CH2O—P   Mg2+     H—C—OH                 |
  H—C—OH                                  |                   CH2—O—P
     |                                    CH2—O—P
     CH2—O—P

  6－P－果糖         3－P－甘油醛       4－P－赤藓糖（E4P）    5－P－木酮糖（XU5P）
```

5－磷酸木酮糖在磷酸戊酮糖差向异构酶（phosphoketopentoepimerase）催化下转变为 5－磷酸核酮糖（ribulose－5－phosphate，简写 RU_5P）。

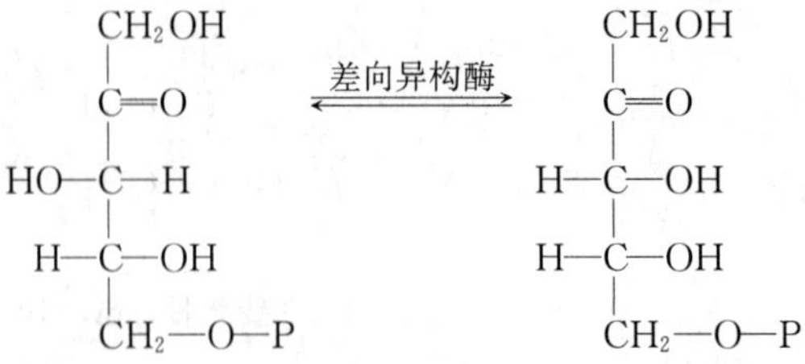

$$CH_2OH-C(=O)-CHOH(HO-C-H)-CH(OH)-CH_2-O-P \xrightleftharpoons{\text{差向异构酶}} CH_2OH-C(=O)-CH(OH)-CH(OH)-CH_2-O-P$$

XU_5P　　　　5－P－核酮糖（RU_5P）

（3）7－磷酸庚酮糖的生成

4－P－赤鲜糖与一分子磷酸二羟丙酮缩合生成 1，7－二磷酸庚酮糖（sedoheptose 1，7－bisphosphate，简写 SBP）；后者在磷酸酶作用下水解掉 C_1 上的磷酸基，生成 7－P－庚酮糖（sedoheptose－7－phosphate，简写 S_7P）。

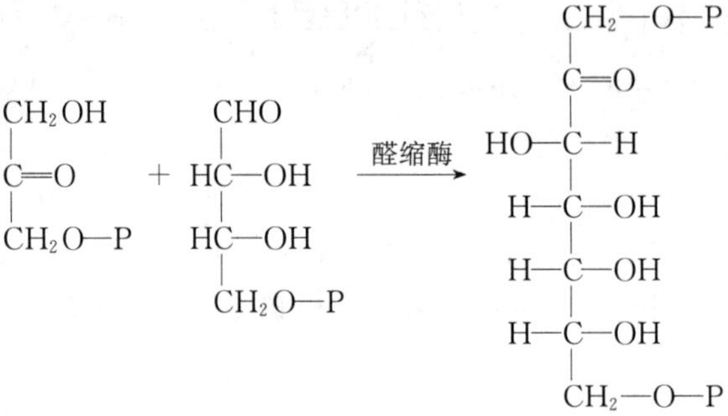

$$CH_2OH-C(=O)-CH_2O-P + CHO-HC(OH)-HC(OH)-CH_2O-P \xrightarrow{\text{醛缩酶}} CH_2-O-P-C(=O)-(HO-C-H)-(H-C-OH)-(H-C-OH)-(H-C-OH)-CH_2-O-P$$

磷酸二羟丙酮　　　　E_4P　　　　1，7－二磷酸庚酮糖（SBP）

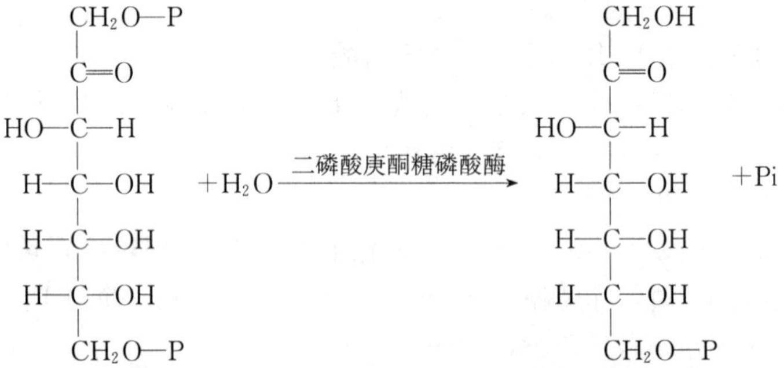

$$CH_2O-P-C(=O)-(HO-C-H)-(H-C-OH)-(H-C-OH)-(H-C-OH)-CH_2O-P + H_2O \xrightarrow{\text{二磷酸庚酮糖磷酸酶}} CH_2OH-C(=O)-(HO-C-H)-(H-C-OH)-(H-C-OH)-(H-C-OH)-CH_2O-P + Pi$$

SBP　　　　7－磷酸庚酮糖（S_7P）

（4）第二、三分子 5－磷酸核酮糖的生成

上步生成的 7－磷酸庚酮糖与第五分子 3－磷酸甘油醛通过转酮作用生成两分子磷酸戊糖，即一分子磷酸木酮糖和一分子磷酸核糖。

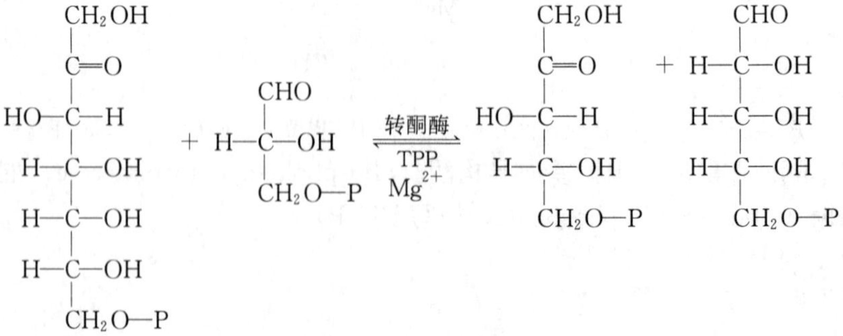

$$CH_2OH-C(=O)-(HO-C-H)-(H-C-OH)-(H-C-OH)-(H-C-OH)-CH_2O-P + CHO-(H-C-OH)-CH_2O-P \xrightleftharpoons[\text{TPP}\ Mg^{2+}]{\text{转酮酶}} CH_2OH-C(=O)-(HO-C-H)-(H-C-OH)-CH_2O-P + CHO-(H-C-OH)-(H-C-OH)-(H-C-OH)-CH_2O-P$$

S_7P　　　　GAP　　　　5－P－木酮糖（XU_5P）　　5－P－核糖（R_5P）

生成的两种磷酸戊糖（XU_5P 和 R_5P）各在相关的异构酶催化下转变为 5－磷酸核酮糖（RU_5P）。

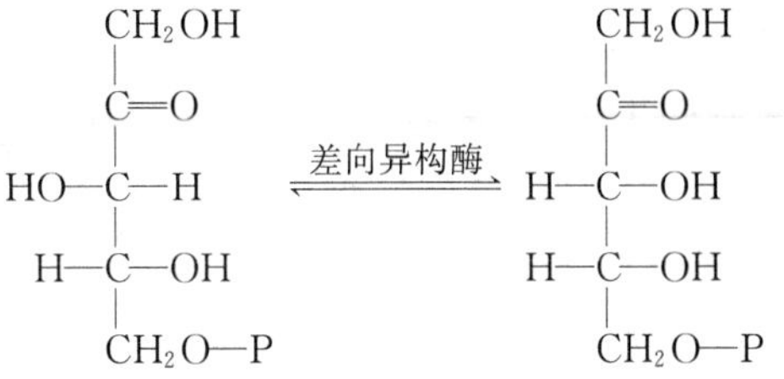

```
    CH2OH                        CH2OH
    |                            |
    C=O                          C=O
    |          差向异构酶         |
HO—C—H        ⇌          H—C—OH
    |                            |
 H—C—OH                    H—C—OH
    |                            |
    CH2O—P                       CH2O—P
    XU5P                         RU5P
```

```
    CHO                          CH2OH
    |                            |
 H—C—OH                         C=O
    |        磷酸戊糖异构酶       |
 H—C—OH       ⇌          H—C—OH
    |                            |
 H—C—OH                    H—C—OH
    |                            |
    CH2O—P                       CH2O—P
    R5P                          RU5P
```

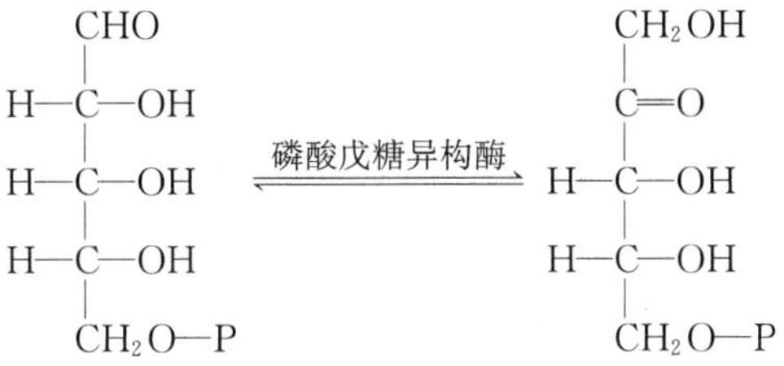

（5）1，5－二磷酸核酮糖（RuBP）的生成

上述第 2 及第 4 两步生成的 3 分子 5－磷酸核酮糖在激酶催化及 ATP 参与下生成 1，5－二磷酸核酮糖。

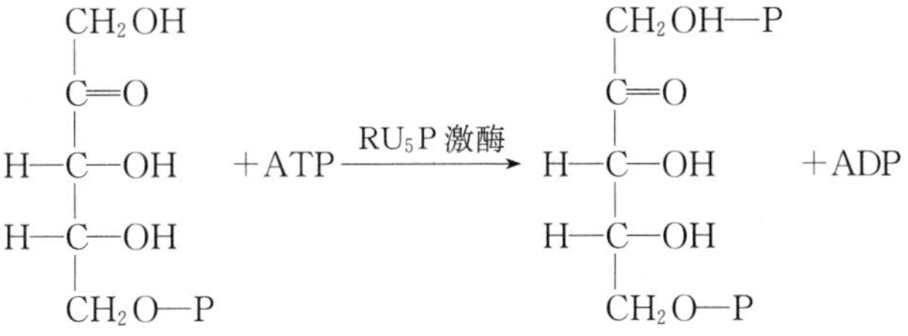

```
    CH2OH                          CH2OH—P
    |                              |
    C=O                            C=O
    |            RU5P 激酶          |
 H—C—OH  +ATP ——————→  H—C—OH   +ADP
    |                              |
 H—C—OH                      H—C—OH
    |                              |
    CH2O—P                         CH2O—P
    RU5P                           RuBP
```

将上述所有反应连接起来就构成一个循环图式（图 10－4）。因为 CO_2 固定的产物（PGA）和还原物（GAP）都是三碳化合物，故 Calvin 循环又称为“C_3 循环”。

此循环运转一次，中间产物“收支平衡”，其中羧化 3 次：3 分子二磷酸核酮糖固定 3 分子 CO_2，生成 6 分子 3－磷酸甘油醛，其中 5 分子参与再循环，剩余 1 分子 3－磷酸甘油醛可通过糖酵解途径逆转形成磷酸葡萄糖，被用于合成多糖，也可通过酵解途径（顺行）生成丙酮酸，被用于合成脂肪酸或氨基酸。

从上述循环可以看出，CO_2 的固定是吸能过程，每生成一分子 3－磷酸甘油醛（循环一周）需消耗 9 分子 ATP，需 6 分子 $NADPH+H^+$ 提供氢。ATP 及 $NADPH+H^+$ 均来自光反应。总反应可简单表示为：

$$3RU_5P+3CO_2 \xrightarrow{9ATP+6NADPH+6H^+ +5H_2O} GAP+3RU_5P$$

C_3 循环的酶系存在于叶绿体的基质中。

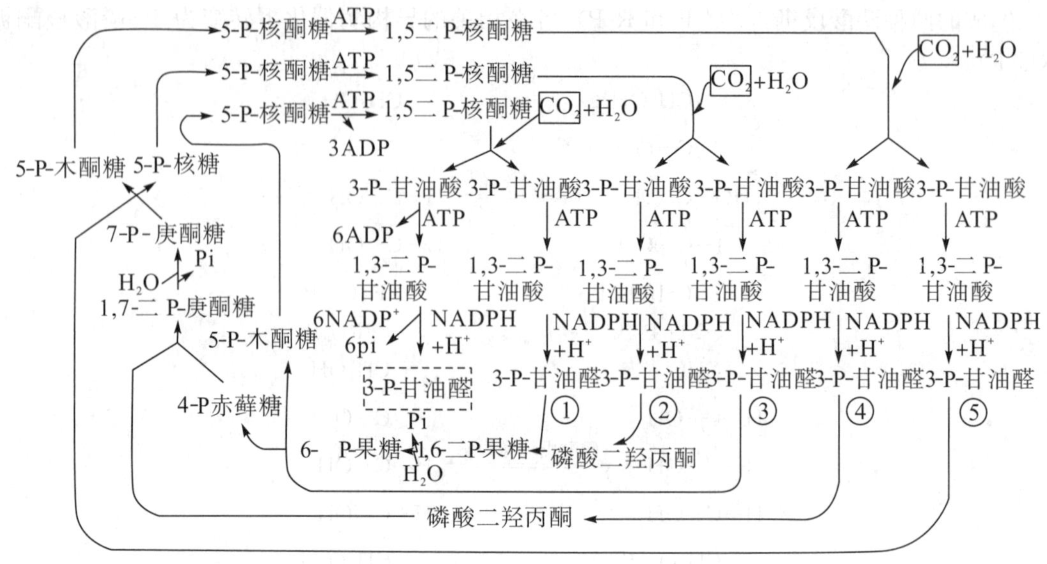

图 10－4 光合作用 C_3 循环（Calvin 循环）

二、卡尔文循环的调节

植物在白天通过光合作用，将 CO_2 固定产生糖；在夜晚通过呼吸作用将糖分解产生 CO_2。糖的合成和分解依靠植物细胞内的调节控制机制使二者协调，这种调节控制机制保证只有当光合作用的光反应产生 ATP 及 NAKPH 时，卡尔文循环才正常进行。光照引起的一些效应调节着卡尔文循环关键酶的活性，从而控制该循环的进行。也就是说在照光下，光能用以产生 CO_2 固定所需的 ATP 及 NADPH 时，卡尔文循环即进行，暗中不能产生 ATP 及 NADPH，CO_2 固定即停止，卡尔文循环受抑制。光照刺激卡尔文循环关键酶，引起其活性变化的主要因素有下列几种：

1．pH 的变化

光照下质子从基质向类囊体腔转移，使得基质的 pH 由 pH7.0 增加到 pH8.0，从而基质中的 RuBP 羧化酶活性增加，因为 RuBP 羧化酶的最适 pH 在 8.0 左右。所以，基质 pH 值升高时，CO_2 固定被激活。此外，1，6－二磷酸果糖磷酸酶、5－磷酸核酮激酶、3—磷酸甘油醛脱氢酶的活性也增强（它们的最适 pH 都在碱性范围），这就使得整个卡尔文循环加速进行。

2．Mg^{2+} 的激活作用

在光诱导质子从基质流入类囊体腔的同时，伴随 Mg^{2+} 从类囊体腔外流至基质，而 Mg^{2+} 是卡尔文循环两个关键酶即 RuBP 羧化酶和 1，6－二磷酸果糖磷酸酶的激活剂，从而刺激卡尔文循环的进行。

3．巯基酶的调节作用

卡尔文循环中几种重要酶都是巯基酶，包括 1，6－二磷酸果糖磷酸酶、1，7－二磷酸庚酮糖磷酸酶和 5－磷酸核酮糖激酶等，当它们的几个二硫键还原成巯基时酶被激活，此反应由一种硫氧还蛋白（thioredoxin）介导，它有一个二硫键，当它还原成两个巯基（由 NADPH 供氢）时，即可激活上述几种酶，而光反应（包括 NADPH 的产生）可诱导硫氧还蛋白二硫键的还原，因此促进卡尔文循环。

4. CalP 的抑制作用

2－羧基阿拉伯糖醇－1－磷酸（2－carboxyarabimitol－1－phosphate，CalP）是 RuBP 羧化酶的强抑制剂，它是天然存在的过渡态类似物，许多植物在暗时都能合成。因而有时称它为“夜间抑制剂”（noctural inhibitor）。光照下可破坏 CalP，从而解除抑制。此外，RuBP 羧化酶活化酶（RuBP carboxylase activase）可使与 RuBP 羧化酶结合在一起的 CalP 释放，从而也解除抑制，使 RuBP 激活。

三、C_4 循环（C_4 双羧酸 CO_2 固定途径）

20 世纪 50 年代到 60 年代，正当人们将注意力集中研究 C_3 循环的时候，1965 年澳大利亚植物生化学家 M. D. Hatch 和 C. R. Slack 发现用 $^{14}CO_2$ 在甘蔗中进行光合作用时，同化 $^{14}CO_2$ 的早期产物不是 3－磷酸甘油酸和 3－磷酸甘油醛这样的 C_3 植物，而是四碳二羧酸及其衍生物，后来在玉米中也得到相同结果。

甘蔗叶片光合同化 $^{14}CO_2$ 的时间进程是：一秒针内，^{14}C 进入苹果酸（在其 C_4 标记）和天门冬氨酸两种物质的量占 93%，然后进入 3－磷酸甘油酸（在其 C_1 标记），最后进入蔗糖。

于是提出了除 C_3 循环（卡尔文循环）外，可能存在其他的碳素途径。到 70 年代后证实了这个途径的存在，取名 C_4 循环，或 Hatch－Slack 途径。

1. C_4 循环的反应步骤

已知这一途径存在两种略有差异的类型：苹果酸型和天门冬氨酸型。下面先介绍苹果酸型的 C_4 途径。

（1）苹果酸型的 C_4 途径

①此途径对 CO_2 的固定不是通过二磷酸核酮糖羧化酶系，而是通过磷酸烯醇式丙酮酸羧化酶系催化。催化第一步反应的酶是磷酸烯醇式丙酮酸羧化酶（phosphoenolpyruvate carboxylase，简称 PEPC），它使大气中的 CO_2 固定于叶肉细胞（mesophyll cell）内的磷酸烯醇式丙酮酸分子上形成草酰乙酸。

$$\begin{array}{l}CH_2\\ \| \\ C{-}O\sim P\\ | \\ COOH\end{array} + CO_2 + H_2O \xrightarrow{PEPC} \begin{array}{l}COOH\\ | \\ CH_2\\ | \\ C{=}O\\ | \\ COOH\end{array} + Pi$$

磷酸烯醇式丙酮酸（PEP）　　　草酰乙酸（OAA）

羧化发生在 PEP 的第三碳原子上，即 β－位羧化。反应是放热的，$\Delta G^{\circ\prime}=-(25\sim34)$ $kJ\cdot mol^{-1}$，未发现逆反应。PEPC 广泛分布于植物及某些微生物中，现已从高粱叶及玉米叶中分离到两种有 PEPC 活性的同工酶，其相对分子质量分别为 38 万和 9.3 万。实验表明，此酶可能是由相同亚基组成的四聚体。在光照条件下，叶片中 PEPC 活性大大提高。有人认为，光照提高 PEPC 活性的作用机制是因为光诱导了酶蛋白的重新合成，而不是引起酶的活化所致。

②草酰乙酸在苹果酸脱氢酶催化下，还原成苹果酸。由 $NADPH+H^+$ 提供氢。

$$\begin{array}{c}COOH\\ |\\ CH_2\\ |\\ O{=}O\\ |\\ COOH\\ \text{OAA}\end{array} \xrightleftharpoons[NADPH+H^+ \quad NADP^+]{\text{苹果酸脱氢酶}} \begin{array}{c}COOH\\ |\\ CH_2\\ |\\ CHOH\\ |\\ COOH\\ \text{苹果酸（MA）}\end{array}$$

③苹果酸在苹果酸酶催化下，氧化脱羧，生成丙酮酸。

$$\begin{array}{c}COOH\\ |\\ CH_2\\ |\\ CHOH\\ |\\ COOH\\ \text{MA}\end{array} \xrightarrow[NADP^+ \quad NADPH+H^+]{\text{苹果酸酶}} \begin{array}{c}CH_3\\ |\\ C{=}O\\ |\\ COOH\\ \text{丙酮酸（PA）}\end{array} + CO_2$$

④丙酮酸在丙酮酸无机磷酸双激酶（pyruvate phosphate dikinase）催化下，转变成磷酸烯醇丙酮酸。

$$\begin{array}{c}CH_3\\ |\\ C{=}O\\ |\\ COOH\\ \text{PA}\end{array} + ATP + Pi \xrightarrow{\text{PA 磷酸双激酶}} \begin{array}{c}CH_2\\ \|\\ C{-}O\sim P\\ |\\ COOH\\ \text{PEP}\end{array} + AMP + PPi$$

丙酮酸磷酸双激酶是在 C_4 植物中新发现的一种酶，它需要 ATP 及无机磷酸的存在，并把无机磷酸结合到焦磷酸中去。此酶在光下活化，暗中失活。

⑤AMP 转化为 ADP：

$$AMP + ATP \xrightarrow{\text{腺苷酸激酶}} 2ADP$$

⑥焦磷酸水解成无机磷酸：

$$PPi + H_2O \xrightarrow{\text{焦磷酸酶}} 2Pi$$

ADP 和 Pi 作为原料又可参与光反应生成 ATP。

上述各主要步骤连接起来构成的环式代谢途径称为 C_4 循环（苹果酸型）（如图 10−5 所示）。

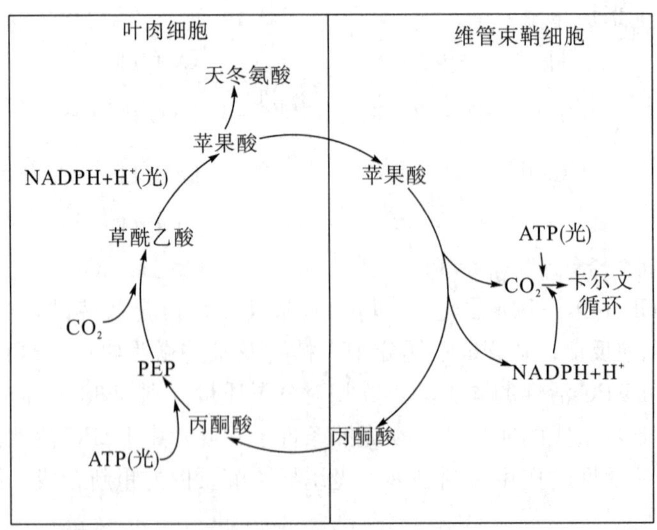

图 10−5　C_4 循环（苹果酸型）

（2）天门冬氨酸型的 C_4 循环

C_4 循环的第二种类型是天门冬氨酸型。此途径与苹果酸型的区别在于没有苹果酸生成，而是通过转氨作用（见第十二章）使草酰乙酸生成天门冬氮酸（Asp）。

此途径包括以下步骤：

①由 PEP 羧化酶催化生成 OAA 同前。

②由转氨酶催化，OAA 接受氨基酸（如谷氨酸）的氨基而生成天冬氨酸（Asp）。

$$
\underset{\text{OAA}}{\begin{array}{c} COOH \\ | \\ CH_2 \\ | \\ C{=}O \\ | \\ COOH \end{array}}
+
\underset{\text{Glu}}{\begin{array}{c} COOH \\ | \\ CH_2 \\ | \\ CH_2 \\ | \\ H{-}C{-}NH_2 \\ | \\ COOH \end{array}}
\xrightleftharpoons{\text{谷草转氨酶}}
\underset{\text{Asp}}{\begin{array}{c} COOH \\ | \\ CH_2 \\ | \\ H{-}C{-}NH_2 \\ | \\ COOH \end{array}}
+
\underset{\alpha\text{－酮戊二酸}}{\begin{array}{c} COOH \\ | \\ CH_2 \\ | \\ CH_2 \\ | \\ C{=}O \\ | \\ COOH \end{array}}
$$

③天冬氨酸通过转氨作用失去氨基，又生成草酰乙酸。

④草酰乙酸由草酰乙酸脱羧酶（oxaloacetate decarboxylase）催化生成丙酮酸。

$$
\underset{\text{OAA}}{\begin{array}{c} COOH \\ | \\ CH_2 \\ | \\ C{=}O \\ | \\ COOH \end{array}}
\xrightarrow{\text{OAA 脱羧酶}}
\underset{\text{PA}}{\begin{array}{c} CH_3 \\ | \\ C{=}O \\ | \\ COOH \end{array}}
+CO_2
$$

⑤丙酮酸由丙酮酸无机磷酸双激酶催化转化为磷酸烯醇式丙酮酸，从而完成循环（天冬氨酸型），如图 10－6 所示。

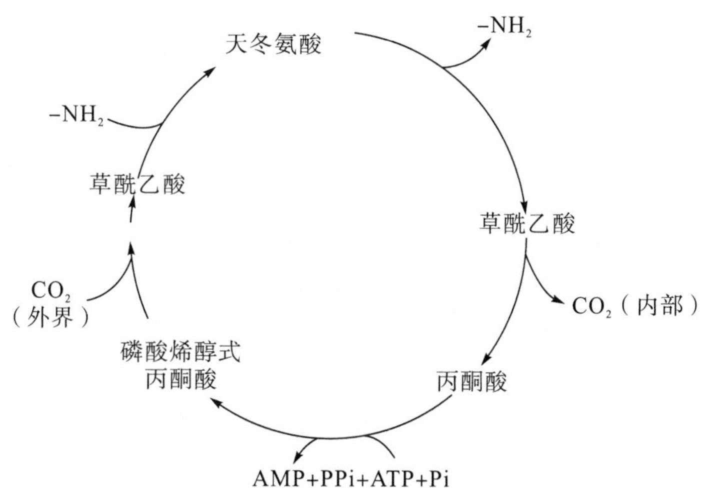

图 10－6 C_4 **循环（天门冬氨酸型）**

2. C_4 循环的生理意义

由上述反应历程可见，CO_2 被 PEP 固定后，经过循环又释放出来，并没有起到固定 CO_2 从而合成有机物的作用。那么，C_4 循环在植物体中有什么生理意义呢？

C_4 植物叶片的结构特点是：在叶片维管束周围有一圈含叶绿体的维管束鞘细胞（bundle sheath cell），在它的外面环列着几层叶肉细胞（mesophyll cell），C_4 循环途径涉及这两种细胞。由于它的叶片具有特殊结构，再加上 PEP 羧化酶的出现使得 Rubisco 周围 CO_2 的浓度提高 20～120 倍。

C_4 植物利用 CO_2 的效率特别高，因为它的叶肉细胞中 PEP 羧化酶浓度很高。用 ^{14}C 的放射性标记试验表明，在 1 秒钟内就有 90%以上的放射性固定在四碳酸中。C_4 循环的初产物—草酰乙酸在 NADPH+H^+ 作用下还原成苹果酸，苹果酸被输送到维管束鞘细胞内，经脱羧作用，产生丙酮酸和 CO_2。丙酮酸又重新加入 C_4 循环，CO_2 则通过 C_3 循环被用来合成糖及淀粉（图 10-7）。

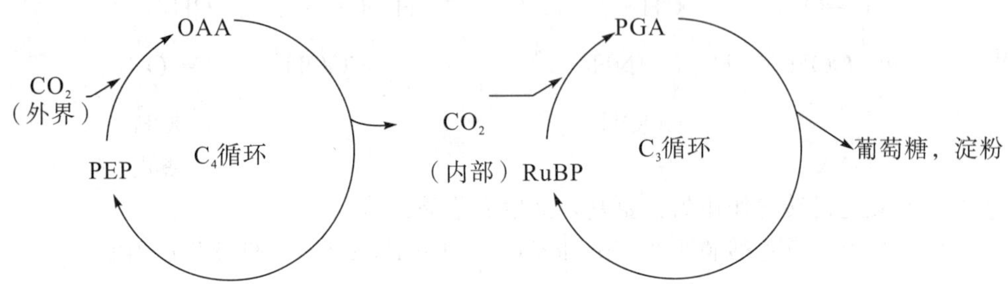

图 10-7　C_4 循环与 C_3 循环的关系

由此可见，C_4 循环并不还原 CO_2，而是只对 CO_2 起固定和转运给 C_3 循环还原成糖的作用，C_4 循环把外界大气中的 CO_2 转移到叶内，使叶内的 CO_2 浓度增加，其作用就好像是以 ATP 为动力的“CO_2 泵”。所以，C_4 植物中 CO_2 的固定和还原在时间和空间上是分割开的。

C_3 循环固定 CO_2 的酶是 RuBP 羧化酶，C_4 循环固定 CO_2 的酶是 PEP 羧化酶，这两种酶对 CO_2 的亲和力不相同。这一点可从两种酶的米氏常数看出：RuBP 羧化酶的 K_m（对 CO_2）=450μmol/L，PEP 羧化酶的 K_m（对 CO_2）=7μmol/L；可见，PEP 羧化酶与 CO_2 的亲和力比 RuBP 羧化酶大许多。RuBP 羧化酶只在外界 CO_2 浓度很高的情况下才能充分起作用，而 PEP 羧化酶在外界 CO_2 浓度很低的条件下仍然能起作用。虽然 C_4 循环要多消耗 ATP（每循环一次，转运 1 分子 CO_2 要消耗 2 分子 ATP），但却保证了叶内高浓度 CO_2 的供应，使 RuBP 羧化酶以及 C_3 循环处于比大气 CO_2 浓度更高的内环境中，从而更多地同化 CO_2 以制造糖类。当周围大气中的 CO_2 浓度低时，一般会增加 C_3 植物的光呼吸速率，但不影响 C_4 植物光合固定 CO_2 的速率。

热带、亚热带植物以及甘蔗、高粱、玉米等农作物为 C_4 植物，它们在较高的气温下，气孔为避免水分的过分丧失常常关闭，这就影响了 CO_2 进入叶内。此时，在近乎叶表皮处的叶肉细胞内，由 PEP 羧化酶对 CO_2 的亲和力高，启动 C_4 循环，促进 CO_2 向内转运，确保 C_3 循环对 CO_2 的需求，以保证光合效率的提高。

可见，对 C_4 循环代谢途径及其调控的研究，对农业增产具有重要意义。

四、景天酸代谢途径

一些肉质植物如景天科（Crassulaceae）和仙人掌科（Cactaceae）具有耐旱性，它们与其他植物不同，在炎热的干旱环境中为减少水分的丧失，它们白天气孔关闭，晚上开放，吸收 CO_2。吸入的 CO_2 直接与磷酸烯醇式丙酮酸结合生成草酰乙酸（由磷酸烯醇式丙酮酸羧化酶催化）。草酰乙酸还原为苹果酸，并在液泡中贮存至天明。在白天苹果酸从液泡中释放，

经脱羧产生 CO_2 和丙酮酸，CO_2 即进入卡尔文循环。因为这个途径是景天科等肉质植物特有的代谢途径，并涉及草酰乙酸和苹果酸等有机酸，故名景天酸代谢（crassulacean acid metabolism，CAM）途径。

五、光呼吸与乙醇酸途径

1. 什么是光呼吸

植物体中存在着两种不同类型的呼吸作用，即暗呼吸（dark respiration）与光呼吸（photorespiration）。所谓暗呼吸指的是不需要光的一种吸收氧放出 CO_2 的过程，即通常讲的呼吸作用；所谓光呼吸是指绿色植物在因光照而吸收 O_2 放出 CO_2 的过程。两类呼吸作用无论在呼吸速率方面，还是代谢途径方面都有显著的区别。例如：

底物：光呼吸底物直接来自光合作用，常为乙醇酸；暗呼吸底物来自光合作用的产物，如葡萄糖。

氧浓度：光呼吸随氧气浓度的增加而增加，氧浓度即使增至100%，光呼吸作用仍会增加；但暗呼吸当氧浓度达2%时活力即达饱和。

CO_2 浓度：CO_2 的影响与 O_2 浓度相反。CO_2 浓度增高时光呼吸减弱，高浓度 CO_2 对光呼吸有抑制作用，但高浓度 CO_2 对暗呼吸影响不大。

暗呼吸是释放能量的过程，而光呼吸则是消耗能量的过程。

此外，温度、光照、抑制剂等多种因素对这两类呼吸作用的影响都不相同。由此可见，光呼吸尽管也是吸 O_2、放 CO_2，但它是与一般呼吸作用不同的另一种代谢途径。

2. 光呼吸的代谢途径—乙醇酸途径

实验证明，在适宜的光、温度和水分条件下，光合碳素固定的效率主要受周围 CO_2 和 O_2 浓度的调节。在高浓度 CO_2 与低浓度 O_2（2%）的条件下，大部分碳素都被光合作用所固定。当 O_2 浓度增高，CO_2 浓度降低时，一部分碳素就不进入光合碳循环，而是进入光呼吸过程。因此，C_3 植物的光合碳同化由两个并行反应组成，一个称为光合碳还原（卡尔文循环），另一个称为光呼吸氧化（光呼吸）。光呼吸的底物是乙醇酸（glycollic acid），所以又称为乙醇酸途径。二者联在一起共同参与 C_3 光合碳代谢。由此可见，C_3 植物光合碳素固定是光合碳还原和光呼吸碳氧化两种反应途径共同活动的结果。

光合碳还原（PCR）和光呼吸碳氧化（PCO）的共同底物都是1，5－二磷酸核酮糖（RuBP），催化此分支点反应的酶是 RuBP 羧化酶。此酶可催化两种反应：一是 CO_2 与 RuBP 结合，羧化生成两分子磷酸甘油酸（PGA），再进入 C_3 循环；二是 RuBP 羧化酶对 O_2 有一定的敏感性，当 O_2 与 RuBP 结合时，RuBP 被氧分子裂解，生成一分子 PGA 和一分子磷酸乙醇酸，后者再由乙醇酸磷酸酶水解成乙醇酸，作为光呼吸的底物。因此，O_2 浓度升高，PCO 增强，PCR 减弱；当 CO_2 浓度增加，O_2 浓度降低时，PCO 减弱，PCR 增强。

1，5—二磷酸核酮糖羧化酶是一个双功能酶，它既可催化 CO_2 与 RuBP 反应生成3—磷酸甘油酸（CO_2 的固定），又可催化 O_2 与 RuBP 反应生成乙醇酸，因此，常将此酶又称为1，5—二磷酸核酮糖羧化酶/加氧酶，简称 Rubisco。CO_2 和 O_2 竞争性地结合于此酶的同一活性部位，对 CO_2 的 K_m 约为 $10\mu mol/L$，对 O_2 的 K_m 约为 $350\mu mol/L$。

光呼吸时所产生乙醇酸的进一步转变要通过三种细胞器：叶绿体、过氧化物酶体及线粒体。整个途径与其他中间代谢，特别是氮代谢关系密切（图 10−8）。

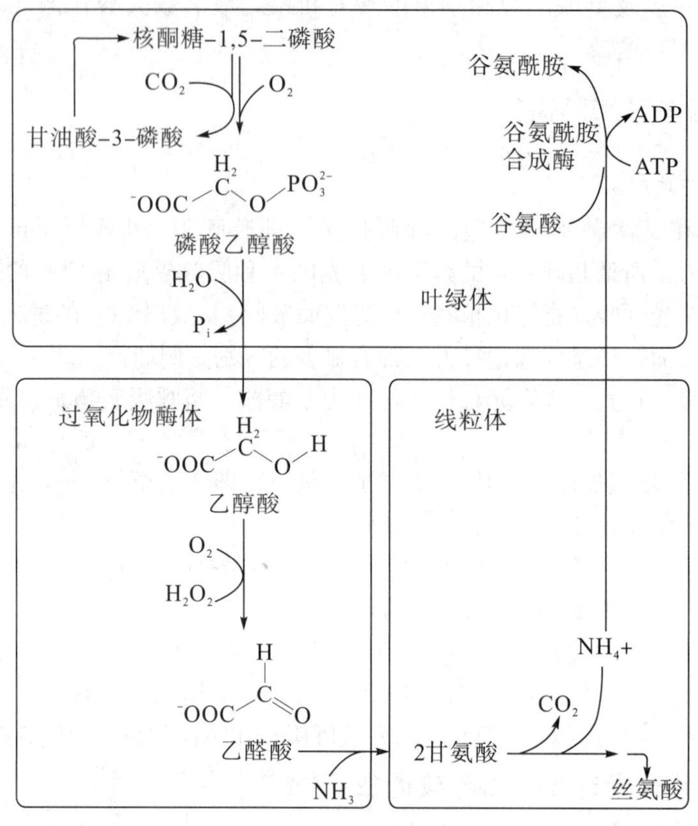

图 10−8　乙醇酸途径

乙醇酸在叶绿体内形成后就转移到过氧化物酶体（peroxisome），在过氧化物酶体中被乙醇酸氧化酶氧化成乙醛酸和 H_2O_2。此步是光呼吸中的需氧反应。反应产生的 H_2O_2 被过氧化氢酶分解。形成的乙醛酸有三条去路：一是再回到叶绿体中，被 NADP—乙醛酸还原酶（NADP—glyoxylate reductase）还原为乙醇酸而形成一个循环（此机制可处理掉叶绿体中过剩的还原力）；二是被乙醛酸氧化酶（glyoxylate oxidase）缓慢氧化成草酸；三是经过两种转氨酶（transaminase）的作用生成甘氨酸，这是乙醛酸的主要去路。

甘氨酸的进一步转化是在线粒体中进行的。在丝氨酸羟甲基转移酶系（serine transhydroxymethylase system）催化下，甘氨酸转变为丝氨酸，同时放出一分子 CO_2 和一分子 NH_3。此反应涉及到甲酰四氢叶酸（甲酰 FH_4）的形成，故被认为是植物光合作用中所有一碳基团的源泉。光呼吸放出的 CO_2 也来自甘氨酸向丝氨酸的转变。

丝氨酸被利用的途径都是不需氧的可逆反应。丝氨酸在过氧化物酶体中脱氨形成羟基丙酮酸，羟基丙酮酸被还原成甘油酸，甘油酸进入叶绿体并在激酶催比下与 ATP 反应生成磷酸甘油酸，后者进入光合碳素途径，用以合成糖。

2. 光呼吸的生理意义

光呼吸作用的发现及其生化过程的阐明，在理论上及实践上均具有重要的意义。有些过去一直未弄清的问题，如氧对光合作用的影响，现在可从光呼吸作用得到至少是部分的解释。另外，由于乙醇酸代谢途径的初步查明，我们有可能探索植物叶内进行的 C_3 还原循环、

C_4二羧酸途径、戊糖氧化途径、景天酸代谢、三羧酸循环、氨基酸和蛋白质代谢过程之间的相互关系。

光呼吸对光合作用具有促进作用。计算表明，光呼吸每放出1摩尔CO_2，就消耗6摩尔ATP和3摩尔NADPH，而固定1摩尔CO_2只需要3摩尔ATP、2摩尔NADPH。光呼吸对能量的大量消耗对光合作用具有保护和促进作用。因为若光合作用在光反应中产生的同化力超过了碳同化的需求，尤其在强光和CO_2浓度不足的条件下，这些过剩的同化力如不被需能的生化反应所利用，必将损伤光合器的组织结构和钝化碳素固定。通过光呼吸对过剩同化力的消耗，平衡了同化力的需求关系，保护了光合作用的正常运行。另外，光呼吸可防止O_2对光合碳同化的抑制作用。因为乙醇酸途径是需氧很高的反应，通过耗氧可降低叶绿体周围的O_2/CO_2比值，防止CO_2浓度降低到不适于光合作用的水平。同时，光呼吸产生的CO_2可部分或大部分进入光合碳还原途径，保证光合作用对CO_2的需求。

第四节 蔗糖及淀粉的合成

一、蔗糖的合成

蔗糖是植物界普遍存在的数量最大的一种双糖，是某些植物如甘蔗、甜菜等贮存糖的主要形式。

在光合组织中，蔗糖是由C_3循环的中间产物合成的；在非光合组织中，蔗糖也可由单糖合成。

合成蔗糖的原料主要是6－磷酸果糖和葡萄糖。从组成上看，蔗糖是由一分子葡萄糖和一分子果糖缩合而成的。但是不能直接以葡萄糖为原料合成蔗糖。无论是6－磷酸果糖还是葡萄糖都需活化以转变成二磷酸尿苷葡萄糖（UDPG），才能用于合成蔗糖。

若起始物是6－P－果糖（F－6－P），可通过下列反应生成UDPG：

$$\underset{(F-6-P)}{6-\text{磷酸果糖}} \xrightarrow{\text{磷酸己糖异构酶}} \underset{(G-6-P)}{6-\text{磷酸葡萄糖}} \xrightarrow{\text{磷酸葡萄糖变位酶}} \underset{(G-1-P)}{1-\text{磷酸葡萄糖}}$$

$$G-1-P+UTP \xrightarrow{\text{UDPG 焦磷酸化酶}} UDPG+PPi$$

若起始物是葡萄糖，则通过下列反应生成UDPG：

$$\text{葡萄糖}+ATP \xrightarrow{\text{葡萄糖磷酸激酶}} G—1—P+ADP$$

$$G—1—P+UTP \xrightarrow{\text{UDPG 焦磷酸化酶}} UDPG+PPi$$

UDPG生成后，可通过两条不同的酶促反应途径合成蔗糖。

（1）将UDPG中的葡萄糖基转移到果糖上形成蔗糖

催化此反应的酶是**蔗糖合成酶**（sucrose synthetase）。

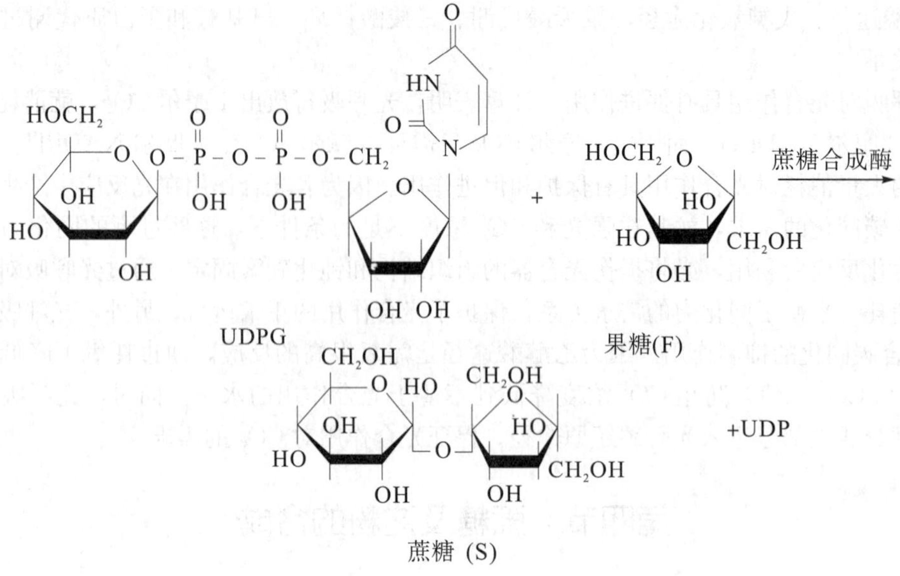

(2) 将 UDPG 中的葡萄糖基转移到 6－磷酸果糖上形成磷酸蔗糖（S—P）

催化这步反应的酶是**磷酸蔗糖合成酶**（phosphate sucrose synthetase）。

$$UDPG+F—6—P \xrightleftharpoons{\text{磷酸蔗糖合成酶}} S—P+UDP$$

生成的磷酸蔗糖（S—P）在磷酸蔗糖磷酸酶（phosphate sucrose phosphatase）的催化下水解生成蔗糖（S）：

$$S—P+H_2O \xrightarrow{\text{磷酸蔗糖磷酸酶}} S+Pi$$

磷酸蔗糖合成酶的活性较高，存在量大。用^{14}C标记葡萄糖“喂饲”实验表明，^{14}C在自由果糖中出现的速度较慢，在蔗糖分子的果糖部分出现的速度较快而且浓度较高，所以，第二条途径被认为是蔗糖生物合成的主要途径。

用$^{14}CO_2$“喂饲”叶片进行光合作用时，^{14}C能很快地进入 UDPG、F—6—P 和 S—P 中。测定叶绿体中的标记蔗糖，发现累积较慢，而在细胞质中则累积较快。故推测，C_3循环的中间产物—磷酸二羟丙酮（DHAP）能很快地透过叶绿体膜进入细胞质，再转化为蔗糖。因此，蔗糖的合成是在细胞质中完成的（图 10－9）。

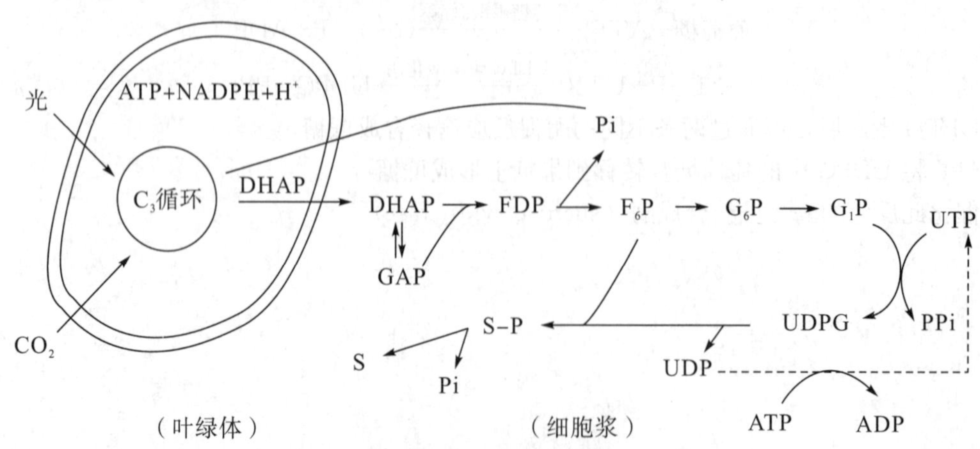

图 10－9　蔗糖合成部位图解

现将蔗糖代谢的主要途径概括于图 10－10 中。

ATP ADP
G → G_6P → G_1P
UTP PPi
UDPG
ADP ATP UDP F_6P
S－P → S → G → UDPG → {UDP半乳糖；UDP半乳糖醛酸；UDP木糖→UDP阿拉伯糖；UDP甘露糖；糖苷；UDP鼠李糖；淀粉}
Pi F

图 10－10　蔗糖代谢途径

二、淀粉的合成

光合组织能将 H_2O 和 CO_2 合成淀粉，非光合组织也能利用葡萄糖或蔗糖合成淀粉。

植物体内淀粉的合成与动物体内糖原的合成类似，它们虽然都是用葡萄糖连接起来的，但葡萄糖分子不能直接作为合成淀粉的原料，必须经过活化生成 UDPG 或 ADPG 后，方能作为合成淀粉的底物。合成淀粉的底物形式不同，催化反应的酶亦不同，因此，淀粉的合成途径绝非只有一条。

1. 直链淀粉〔α（1→4）糖苷键〕的合成

目前已知催化直链淀粉合成的酶系不下几种：

（1）磷酸化酶（phosphorylase）

磷酸化酶可催化 G－1－P 合成淀粉。该反应需要一个短糖链作为引物，最小引物为麦芽三糖（即 $n \geqslant 3$）。

$$G—1—P+引物\ (G)_n \xrightleftharpoons{磷酸化酶} 淀粉+Pi$$

现已在植物体中发现的磷酸化酶达 3、4 种之多，有的催化淀粉磷酸解，有的催化淀粉合成，有的需要引物，有的不需要引物。磷酸化酶的催化作用与细胞中 Pi 的浓度有关，当 Fi 浓度高时，磷酸化酶主要起分解作用，当 Pi 浓度低时则催化淀粉的合成。

（2）尿二磷葡萄糖转葡萄糖基酶系（UDPG transglucosylase system）

此酶系主要有两种酶，即 UDPG 焦磷酸化酶（UDPG pyrophosphorylase）和 UDPG 转葡萄糖基酶（UDPG transglucosylase）。

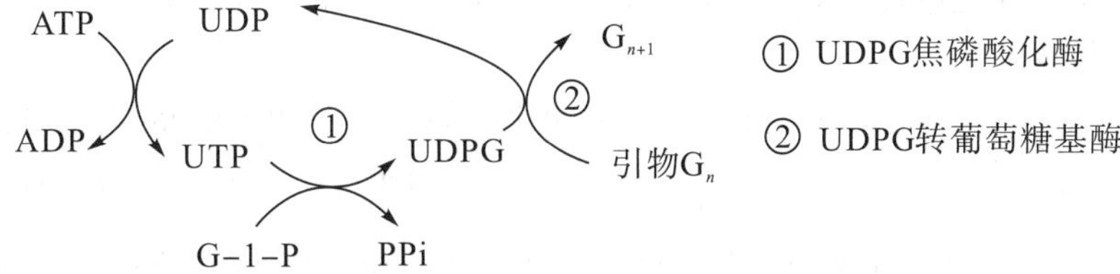

UDPG 转葡萄糖基酶在催化淀粉合成时，所需最小引物为麦芽糖（即 $n \geqslant 2$）。

UDPG 转葡萄糖基酶在多种植物中含量丰富，但转换率低。

（3）腺二磷葡萄糖转葡萄糖基酶系（ADPG transglucosylase system）

此酶系在植物中分布广泛，有可溶的和不可溶的两种形式，存在有同工酶。此酶系催化淀粉合成时，在玉米中不需要引物，在水稻则要求不同长度的引物。

实验证明，ADPG 转葡萄糖基酶系是合成淀粉的主要途径。

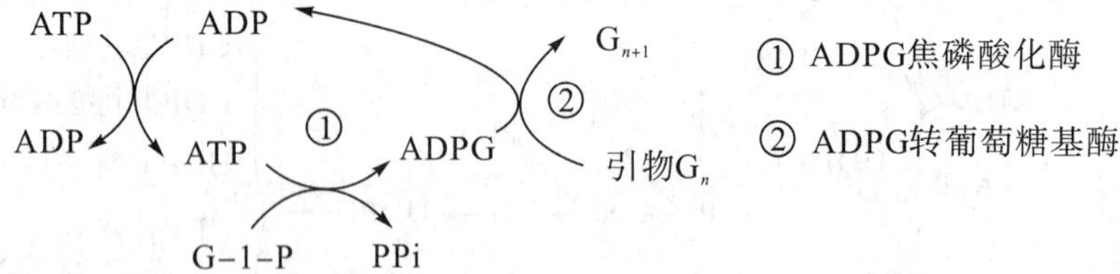

2. 支链淀粉〔α（1→6）糖苷键〕的合成

支链淀粉中的 α（1→6）糖苷键的分支由直链淀粉转化而来。催化此反应的酶叫分支酶或 Q 酶，其作用方式如下：

（1）Q 酶与直链淀粉的非原端结合，拆下一个片段

○—○—○—○—○—○—○—○—C_1 $\xrightarrow{\text{Q酶}}$ ○(Q酶)—○—○—○—C_1 + ○—○—○—○—C_1

非还原端　　　　还原端

（2）将这个片段移植到受体直链的 C_6 位上形成 1→6 键

○(Q酶)—○—○—○—C_1 + ○—○—●(C_6)—○—○—○—○—C_1 ⟶ ○—○—●—○—○—○—○—C_1

　　　　　　　　　　　　　　　　　　　　　　　　　　C_6—C_1—○—○—○—○—C_1

如此重复作用，即生成多分支的胶淀粉。

到目前为止，对于淀粉的种类、结构、分解与合成的酶系催化反应途径及淀粉的形成等问题，均尚未完全弄清。因此，对直链淀粉与支链淀粉的合成酶系和途径还有待进一步研究。

本章学习要点

光合作用是绿色植物和光合细菌利用太阳光能，将无机物（CO_2 和水）合成糖类等有机物的过程，即将光能转变为化学能而贮存于有机物内，再通过呼吸作用将有机物的化学能转变为 ATP 等可利用的自由能，以供生物体各种生理活动之需。

1. 光合作用包括两个过程：光反应和暗反应。光反应是光养生物中的光合色素捕获太阳光能并将其转化为 ATP 和 NADPH 这样一些活跃的化学能（称为同化力）；暗反应则是利用 ATP、NADPH 这些能量，在酶的作用下将 CO_2 和水用于合成糖类。整个能量转换过程可简单表示为：

$$\text{光能} \xrightarrow[H_2O]{\text{原初反应}} \text{电能} \xrightarrow[ADP,Pi\quad NADP^+]{\text{电子传递，光合磷酸化}} \underset{(ATP,\ NADPH)}{\text{活跃化学能}} \xrightarrow[CO_2]{\text{碳同化}} \underset{(\text{糖及其他有机物})}{\text{储存化学能}}$$

2. 光合作用在叶绿体（细菌为载色体）中进行。捕光色素将其捕获的光能传给一种特殊叶绿素分子（P_{680}），引起激发而放出高能电子，这种高能电子经过光合链的传递，将能量逐渐释放出来，用于生成 ATP。长波长的光照射可引起另一种特殊叶绿素分子（P_{700}）的激发，释放出高能电子，这种电子的能量使得 $NADP^+$ 还原，生成 NADPH。发生这两类反

应，在高等植物中是由两个光系统来完成的。光系统Ⅱ（含有 P_{680}）中有水的光解和放 O_2 的过程，光系统Ⅰ（含有 P_{700}）有 $NADP^+$ 的还原。这两个光系统间由电子传递链（光合链）联系。

3. 暗反应是酶促反应过程。叶绿体利用光反应产生的 ATP 和 NADPH 使 CO_2 固定、转化并最后合成糖类。CO_2 的受体是 1，5－二磷酸核酮糖，它与 CO_2 结合后转变为三碳糖，经过一个环式代谢途径（Calvin 循环或 C_3 循环），每固定 3 个 CO_2，合成 1 分子三碳糖，消耗 9 个 ATP 和 6 个 NADPH。固定 6 个 CO_2 即合成 1 分子葡萄糖。合成过程的关键酶是二磷酸核酮糖羧化酶。

在某些植物除具有 C_3 循环外，还具有 C_4 循环，这些植物称为 C_4 植物。C_4 循环可以提高光合效率。

4. 在植物体内糖的合成代谢，主要是利用葡萄糖进一步合成蔗糖和淀粉。合成蔗糖的原料为 UDPG，合成淀粉的原料为 UDPG 或 ADPG。

Chapter 10　PHOTOSYNTHESIS

Photosynthesis is the course that plant and photosynthetic bacteria use light energy and transform inorganic substance（CO_2 and H_2O）into organic substance（carbohydrate，etc）. It also mean that convert light energy into chemical energy and store in organic substance. Chemical energy can be converted Into free energy（ATP）and provide for many physiological activities of organisms through respiration.

1. Photosynthesis has two processes：light reaction and dark reaction. Light reation is that photosynthetic pigment of phototroph capture light energy and convert it into active chemical energy，such as ATP and NADPH（named assimilation power）；Dark reaction is that phototroph utilize ATP and NADPH and convert CO_2 and H_2O into carbohydrate with the function of enzymes. The whole processes of energy convertion can be simply expressed like this：

$$\text{light energy} \xrightarrow[H_2O]{\text{original reaction}} \text{electric energy} \xrightarrow[ADP,\,Pi \qquad NADP^+]{\text{electron transmissinon photosynthetic phosphorylation}} \text{active chemical energy (ATP, NADPH)} \xrightarrow[CO_2]{\text{carbon assimilation}} \text{stored chemical energy (carbohydrate and other organic substances)}$$

2. The place of photosynthetic is chloroplastid（or chromatophore of bacteria）. Capture light pigment transmit light energy to chlorophyll（P_{680}）and cause excitation and loose high-energy electron. The high-energy dectron gradually loose energy for ATP synthesis through photosynthetic chain. Long wave-length light cause chlorophyll（P_{700}）excitation and loose high-energy electron. The energy of high-energy electron can reduce $NADP^+$ to NADPH. These two reactions are accomplished by two photosystems of senior plant. PhotosystemⅡ（have P_{680}）have photolysis of water and lossing of O_2. Photosystem Ⅰ（have P_{700}）have the reducing of $NADP^+$. These two photosystems are contacted by electron cnrrier chain（named photosynthetic chain）.

3. Dark reaction is enzymic reaetion. Chloroplastid fixate and transform CO_2 and

synthesis carbohydrate using ATP and NADPH formed by light reaction. The receptor of CO_2 is RuBP (ribulose-1, 5-bisphosphate). It is combined with CO_2 and convert into triose through a cyclic metabolism way (Calvin cycle or C_3 cycle). In this way, fixating three CO_2 can compound one triose and comsume nine ATP and six NADPH. Fixating six CO_2 can eompound one glucose. The key enzyme of this process is ribulose-1, 5-bisphosphate carboxylase.

In some plants, there is C_4 cycle apart from C_3 cycle. These plants is named C_4 plant. C_4 cycle can improve the efficiency of photosynthesis.

4. The anabolism of carbohydrate in plant is using glucose and compounding sucrose and starch. The material of socrose synthesis is UDPG. The materials of starch synthesis are UDPG or ADPG.

习 题

1. 用对或不对回答下列问题。如果不对，请说明原因。

(1) 所有光养生物在进行先合作用时都要释放 O_2。

(2) 光反应只能在有光照时才能进行，暗反应则只能在没有光时才能进行。

(3) 1，5—二磷酸核酮糖羧化酶的活性决定 C_3 循环的速度。

(4) C_4 植物只具有 C_4 循环途径，而没有 C_3 循环途径。

(5) P_{700} 和 P_{680} 都是特殊的叶绿素 a 分子。

2. 什么是光合作用？光合磷酸化与氧化磷酸化有什么异同？光合链与呼吸链比较，有什么特点？

3. 光反应的主要产物是什么？暗反应的主要产物是什么？

4. 某光合生物体吸收 5 爱因斯坦波长为 700 nm 的红光进行光合作用。若光合磷酸化的能量转换效率为 41%，该光合生物可合成多少 mol ATP（1 爱因斯坦光子具有的能量为 11.9×10^4 kJ/λ，λ 为波长）？

5. 当光系统Ⅰ在标准条件下吸收 700 nm 的光时，总能量中有几分之几是以可传递电子的自由能方式被捕获的？(参考图 10—2 的电位变化)。

第十一章　脂质代谢

脂质是脂肪和类脂的总称，它广泛存在于动植物及微生物体内。类脂是构成机体的组织结构成分，因而常称为结构脂质；脂肪（真脂）是高等动植物的重要能源，它常常大量储存于一些组织和细胞内，故称为储存脂质；脂肪作为能源物质在氧化时可比其他能源物质提供更多的能量。在营养上，通常把 1 g 某化合物在恒压下彻底氧化时所释放的能量. 称为该化合物的卡价（calorie value）（或燃烧值）。每克脂肪氧化可释放能量 38.9 kJ（9.3 kcal），而每克糖氧化仅释放 17.2 kJ（4.1 kcal）的能量，每克蛋白质氧化释放 22.4 kJ（5.6 kcal）。同时，脂肪是疏水性化合物，它以无水形式储存，而糖原是极性化合物，它以水合形式储存，代谢时比糖释放的能量必然多得多。故机体以脂肪作为能源物质的主要储存形式显得更为经济合理。

脂肪的分解与脂肪的合成是在细胞内不同部位进行的。合成在胞浆中，分解在线粒体内；合成以 NADPH 提供还原力，而分解以 FAD 和 NAD^+ 为质子和电子受体，这就使得分解与合成不致互相干扰，而且不会做无用功。

第一节　脂肪的消化、吸收及转运

一、脂类的消化

脂类不溶于水，必须在小肠经胆汁中胆汁酸盐作用，乳化并形成微团（micelles）后，才能被酶消化。

胰腺分泌入十二指肠中消化脂类的酶有胰脂酶（pancreatic lipase）、磷脂酶 A_2（phospholipase A_2）、胆固醇酯酶（cholesteryl esterase）和辅脂酶（colipase）。胰脂酶可催化三酰甘油的 C_1 位和 C_3 位酯键的水解（C_2 位酯键是被另一种脂肪酶作用）。胰脂酶虽然依赖于胆汁酸盐的存在，但在肠腔内胰脂酶又受胆汁酸盐的抑制。辅脂酶可完全解除这种抑制作用。同时，由于脂肪的消化是在脂质—水的界面处进行，辅脂酶一方面通过氢键与胰脂酶结合，另一方面它又通过疏水键与脂肪结合，这样就使得胰脂酶处于水油界面，并可防止在水油界面引起酶的变性失活。所以，辅脂酶虽然不具有脂肪酶的催化活性，但在胰脂酶对脂肪的消化作用中，它却是不可缺少的辅助因子。

磷脂酶（phospholipase）有多种，如卵磷脂酶、甘油磷脂酶、胆胺磷脂酶等。它们作用于磷脂，可产生多种产物：甘油、脂肪酸、磷酸、胆碱（choline）、胆胺（cholamine）等。

二、脂质的吸收

被消化后的脂质类产物，在胆汁酸盐的帮助下，在十二指肠的下部和空肠的上部被吸收。短碳链（2C～4C）和中等长度碳链（6C～10C）构成的三酰甘油，经胆汁酸盐乳化后即可被吸收。在肠粘膜细胞内被脂肪酶作用产生的脂肪酸和甘油，经门静脉进入血液循环；长碳链脂酸（12C以上）和不能被胰脂酶作用的2－甘油一酯吸收入肠粘膜细胞后，在滑面内质网经脂酰CoA转移酶（acyl CoA transfrase）作用下，再合成三酰甘油，然后，它们再在粗面内质网与载脂蛋白、磷脂、胆固醇等结合成乳糜微粒，经淋巴进入血液循环。

胆固醇的吸收和转运必须依赖于脂蛋白。吸收的胆固醇可通过胆汁再排入肠腔，称为再循环（re－cycle）。被肠粘膜细胞吸收的胆固醇与脂肪酸形成胆固醇酯，通过淋巴系统进入血液循环。

三、血脂

脂质代谢中，参与合成代谢或分解代谢的脂质均须经过血液，血液为运输脂质的要道。因此，了解人体及动物血腋中脂质的含量及变化情况，对于研究脂质代谢具有一定的意义。

1. 血脂的含量及组成

血浆中所含的脂质统称为血脂（blood lipid）。组成血脂的脂质包括：①三酰甘油及少量二酰甘油和单酰甘油；②磷脂：主要是卵磷脂，此外尚有溶血卵磷脂和脑磷脂、神经磷脂等；③胆固醇和胆固醇酯；④游离脂肪酸。

血浆中的这些脂类，有的是从消化道吸收来的，有的是体内合成或从体内组织中转运出来的，并且这些脂类又经常被组织细胞摄取利用，因此血脂含量不如血糖恒定。随着膳食和各种生理条件的影响，血指的含量和成分均有变动。但是，在神经和各种激素调节之下，血脂含量的变动有一定范围，如果超出此范围，则为异常，表现为机体的病态。

血浆中的脂类并非以游离状态存在．而常常以脂蛋白（lipoprotein）的形式存在。脂蛋白包括高密度脂蛋白（high density lipoprotein，简写HDL）、极低密度脂蛋白（very low density lipoprotein，VLDL）、低密度脂蛋白（low density lipoprotein，LDL）及乳糜微粒（chylomicon，CM）等几类（见第三章）。由于脂质与蛋白质结合成的脂蛋白具亲水性，这对于脂质的转运及代谢具有重要意义。在运输过程中，游离脂肪酸与血清蛋白结合，其他脂质与载脂蛋白结合。

2. 血脂的来源和去路

血脂多来源于食物中的脂肪及储存脂肪，也有一些由糖或某些氨基酸转变而来。血脂的去路是一部分储存于体内，以备必要时需用；一部分作为构成非肝组织的组织脂；另一部分则进入肝脏为肝脂；还有一部分分泌入肠管或由皮肤排出体外。肝组织可以合成和改造脂类及氧化脂酸，非肝组织同样也可合成脂类和氧化脂酸，小肠在吸收脂酸时也可合成脂类。血脂的来源和去路可总结于图11－1。

储存在脂肪组织中的脂肪，在脂肪酶的作用下，逐步水解为游离脂肪酸及甘油并释放入血，供其他组织利用，这个过程称为脂肪动员（fat mobilization）。甘油和游离脂肪酸各自进入分解途径被氧化分解。

在脂肪动员过程中，脂肪细胞内的脂肪酶是脂肪分解的关键酶，其活性受多种激素的调节，因此称为激素敏感性脂肪酶（hormone－sensitive lipase）。肾上腺素、胰高血糖素等激素可激活此酶，将脂肪分解成甘油和脂肪酸。游离脂肪酸进入血液，与清蛋白结合被运送到各组织。

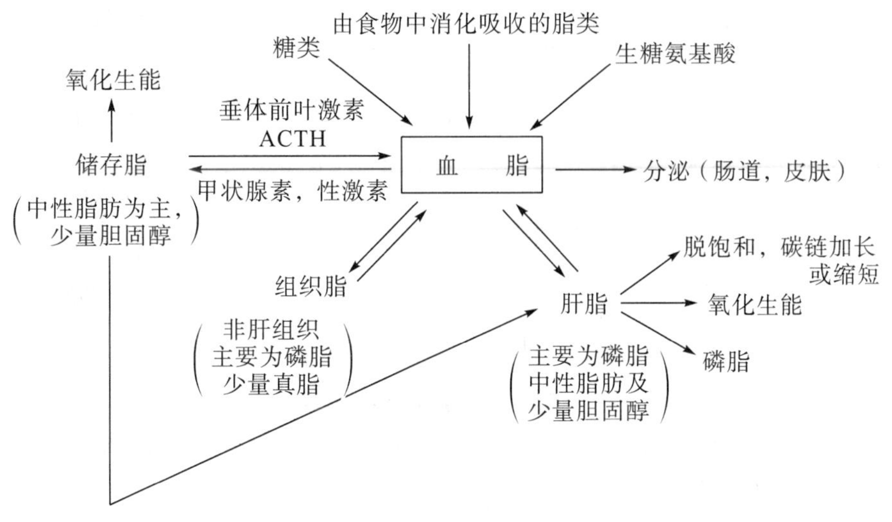

图 11－1　血脂的来源与去路

总之，无论是肠道吸收的食物脂类，或是肝脏合成的脂类，或是脂肪组织动员的贮存脂肪，都必须通过血液循环才能输送到其他组织。脂类在体内各组织间的运转代表着脂类在体内代谢的概况，而且，各种脂类都是以脂蛋白的形式在血液中运输的，所以，脂蛋白不仅是脂质在血浆中的存在形式，也是脂质运转的形式。它们在一定的组织中形成，并通过血浆运到一定的组织中降解，即是说，脂蛋白在不断地进行新陈代谢。

第二节　脂肪的分解代谢

脂肪（真脂）在脂肪酶催化下水解为甘油和脂肪酸，甘油和脂肪酸在生物体内沿着不同途径进行分解代谢与合成代谢。

一、甘油的分解与合成代谢

甘油在 ATP 存在下，由甘油激酶（glycerolkinase）催化，首先转变为 α－磷酸甘油（α－phosphoglycerol）（由于脂肪组织及脂肪细胞中不存在甘油激酶，其甘油经血液运至肝脏才能发生氧化分解），这个反应是不可逆反应。α－磷酸甘油在脱氢酶（以 NAD^+ 为辅酶）催化下，转变为磷酸二羟丙酮。磷酸二羟丙酮是糖酵解途径的一个中间产物，它可以沿着酵解途径逆行合成葡萄糖及糖原；它也可以沿着酵解途径顺行转变为丙酮酸，从而进入三羧酸循环被彻底氧化（见图 11－2）。

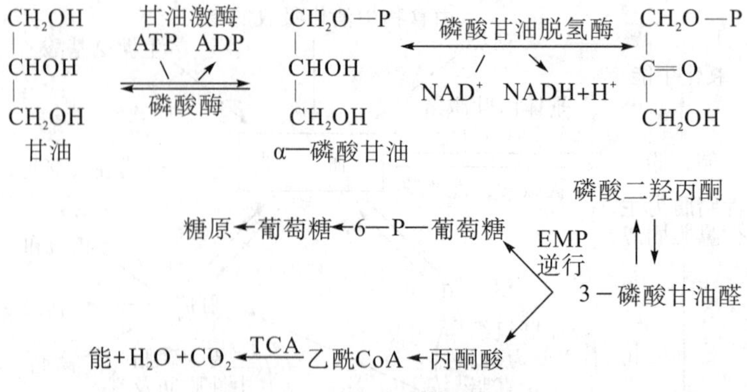

$$\begin{array}{c} CH_2OH \\ | \\ CHOH \\ | \\ CH_2OH \\ \text{甘油} \end{array} \underset{\text{磷酸酶}}{\overset{\text{甘油激酶}\ ATP\ \ ADP}{\rightleftharpoons}} \begin{array}{c} CH_2O-P \\ | \\ CHOH \\ | \\ CH_2OH \\ \alpha\text{—磷酸甘油} \end{array} \underset{NAD^+ \quad NADH+H^+}{\overset{\text{磷酸甘油脱氢酶}}{\longleftrightarrow}} \begin{array}{c} CH_2O-P \\ | \\ C=O \\ | \\ CH_2OH \end{array}$$

磷酸二羟丙酮

$\uparrow\downarrow$

糖原←葡萄糖←6—P—葡萄糖 ←(EMP 逆行)— 3－磷酸甘油醛

能+H_2O+CO_2 $\xleftarrow{TCA}$ 乙酰CoA←丙酮酸 ←— 3－磷酸甘油醛

图 11－2　甘油分解与合成途径

由上可见，脂代谢与糖代谢有着密切的关系。磷酸二羟丙酮是联系甘油代谢与糖代谢的关键物质。甘油分解代谢途径的逆行，即是甘油的合成途径。

二、脂肪酸的分解代谢

1904 年德国生化学家 Franz Knoop 根据烃链在代谢中可以全部被氧化分解，而苯环不被氧化分解的性质，用化学方法以苯环做标记，制备一系列 ω－苯脂酸（phenyl－fattyacid）（即远离羧基端的 ω－碳原子上连一苯环），做动物实验，通过解毒机制，从尿中排出，然后分析排泄物。发现凡含偶数碳原子的苯脂酸均变为苯乙尿酸（phenyl－ethyl－glycine）（苯乙酸与甘氨酸的缩合产物）；凡含奇数碳原子的苯脂酸均变为马尿酸（hippurlc acid）（苯甲酸与甘氨酸的缩合产物）。由此，Knoop 认为脂肪酸在分解时，每次切下一个二碳单位，即从 α 与 β 碳原子之间断裂，β－碳原子被氧化成羧基，故将脂肪酸的这种分解方式称为β－氧化（β－oxidation）。后来，Albert Lehninger 证明 β－氧化发生在线粒体基质。F. Lynen 和 E. Reichart 进一步确定释放出来的二碳单位为乙酰 CoA。

脂肪酸的 β－氧化在线粒体中进行。脂肪酸经过活化，转运进入线粒体，然后经脱氢、加水、再脱氢和硫解等步骤，最后产生乙酰 CoA，进入三羧酸循环、被彻底分解。

1. 脂肪酸的活化

脂肪酸在进行 β－氧化分解前必须经过活化，活化过程是脂肪酸转变为脂酰辅酶 A（fatty acyl－CoA）的过程。脂酰 CoA 的水溶性比游离脂肪酸大得多，并且细胞内分解脂肪酸的酶只能氧化分解脂酰 CoA，而不能氧化分解游离脂肪酸，故脂肪酸要经过活化过程。脂肪酸的活化由脂酰 CoA 合成酶（fatty acyl－CoA synthetase）催化，并由 ATP 提供能量。脂酰 CoA 合成酶（又称脂肪酸硫激酶 1，fatty thokinase 1）已发现几种，重要的有两种：一种存在于内质网和线粒体外膜，活化含 12 个碳原子以上的长链脂肪酸；另一种存在于线粒体基质，催化具有 4～10 个碳原子的中、短碳链脂肪酸的活化。

反应分两步进行：首先脂肪酸与 ATP 作用生成脂酰一磷酸腺苷，后者再与 CoA 化合生成脂酰 CoA。

$$\underset{\text{脂肪酸}}{RCH_2CH_2CH_2COOH} + ATP \rightleftharpoons \underset{\text{脂酰－磷酸腺苷}}{RCH_2CH_2CH_2\overset{\overset{O}{\|}}{C}\sim AMP} + PPi$$

$$RCH_2CH_2CH_2\overset{\overset{O}{\|}}{C}\sim AMP+CoA_{SH}\rightleftharpoons RCH_2CH_2CH_2\overset{\overset{O}{\|}}{C}\sim sCoA+AMP$$

脂酰 CoA

虽然反应是可逆的，但由于反应生成的焦磷酸（PPi）立即被焦磷酸酶水解，从而阻止了逆反应的进行。

2. 脂酰 CoA 转运入线粒体

催化脂酰 CoA 氧化分解的酶全部分布在线粒体基质中，可是游离脂肪酸及长链脂酰 CoA 均不能透过线粒体内膜，脂酰 CoA 必须借助于一种脂酰 CoA 载体肉碱（carnitine）才能转运到线粒体内。即脂酰 CoA 在存在于内膜上的肉碱脂酰转移酶（carnitine acyl transferase）催化下，与肉碱反应，生成脂酰肉碱而通过内膜（大于 18 碳以上的脂酰 CoA 不能通过肉碱进入线粒体）。

$$\text{脂酰 CoA}+\text{肉碱}\xrightleftharpoons{\text{肉碱脂酰转移酶}}\text{脂酰肉碱}+CoA_{SH}$$

肉碱是由赖氨酸转化生成的（见第十二章），其化学本质是 3－羟－4－三甲氨基丁酸：

$$(CH_3)_3\overset{+}{N}-\overset{4}{C}H_2-\underset{OH}{\overset{3}{C}H}-\overset{2}{C}H_2-\overset{1}{C}OO^-$$

存在于线粒体内膜上的肉碱脂酰转移酶有两种同工酶，即酶Ⅰ和酶Ⅱ。其中酶Ⅰ位于线粒体内膜的外侧，催化脂酰 CoA 转变为脂酰肉碱，从而使后者能转入膜内；酶Ⅱ位于内膜的内侧，催化上述反应的逆反应，即脂酰肉碱转变为脂酰 CoA，从而使脂酰 CoA 进入线粒体基质进行氧化分解。脂酰肉碱从内膜外侧转运到内膜内侧需借助于内膜上一种称为转位酶（translocase）的特殊载体。

现将脂酰 CoA 转入线粒体内的过程概括于图 11－3。

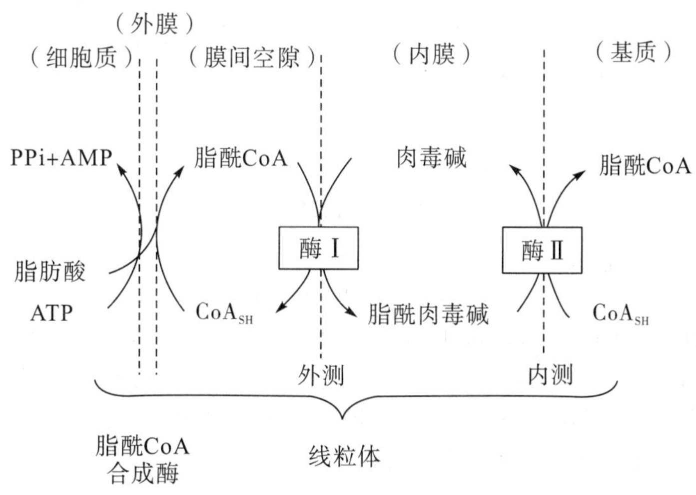

图 11－3 脂酰 CoA 转运入线粒体示意图

肉碱脂酰转移酶Ⅰ是脂肪酸氧化的限速酶，脂酰 CoA 转入线粒体是脂肪酸 β－氧化的主要限速步骤。

3. β－氧化的反应过程

脂酰 CoA 是在线粒体的基质中进行氧化分解的，脂酰 CoA 每进行一次 β－氧化要经过

第二篇 生命物质的化学变化

脱氢（dehydrogenation）、水化（hydration）、再脱氢和硫解（thiolysis）4 步反应，同时释出一分子乙酰 CoA。这样，原来的脂酰 CoA 就变成了少两个碳的新的脂酰 CoA。如此循环反复进行，直到脂酰 CoA 全部变成乙酰 CoA 为止。

（1）脱氢。脂酰 CoA 在脂酰 CoA 脱氢酶（fattyacyl－CoA dehydrogenase）的催化下，在 α 和 β 碳原子上各脱去一个氢原子而生成反式的 α，β－烯脂酰 CoA，脱下的氢由 FAD 接受。

$$\underset{\text{脂酰 CoA}}{R-CH_2-\overset{\beta}{C}H_2-\underset{\alpha}{C}H_2-\overset{O}{\overset{\|}{C}}\sim sCoA} \xrightarrow[FAD\ \ FADH_2]{\text{脂酰 CoA 脱氢酶}} \underset{\text{烯脂烯 CoA（反式）}}{R-CH_2-\underset{H}{\underset{|}{C}}=\overset{H}{\overset{|}{C}}-\overset{O}{\overset{\|}{C}}\sim sCoA}$$

$$\Delta G^{\circ\prime}=-20\ kJ\cdot mol^{-1}\ (-4.8\ kcal\cdot mol^{-1})$$

已从猪肝线粒体中纯化出 3 种脂酰 CoA 脱氢酶，分别作用于不同长度碳链的脂酰 CoA：C_4～G_8，C_8～C_{12}，C_8～C_{16}。反应都以 FAD 为辅基，每分子酶含两分子 FAD。

（2）水化。烯脂酰 CoA 在烯脂酰 CoA 水合酶（enoyl－CoA hydratase）催化下，发生水化作用，即在 β－碳原子上加一羟基，在 α－碳原子上加一个氢（共加一分子水）生成 β－羟脂酰 CoA。这个反应是可逆的。此酶的底物要求为反式构型．产物为 L（＋）—构型。

$$\underset{\text{烯脂烯 CoA（反式）}}{R-CH_2-\underset{H}{\underset{|}{C}}=\overset{H}{\overset{|}{C}}-\overset{O}{\overset{\|}{C}}\sim sCoA} \xrightleftharpoons[\pm H_2O]{\text{烯脂酰 CoA 水合酶}} \underset{\text{L（＋）－}\beta\text{－羧脂酸 CoA}}{R-CH_2-\underset{H}{\underset{|}{\overset{OH}{\overset{|}{C}}}}-\underset{H}{\underset{|}{\overset{H}{\overset{|}{C}}}}-\overset{O}{\overset{\|}{C}}\sim sCoA}$$

$$\Delta G^{\circ\prime}=-3.1\ kJ\cdot mol^{-1}\ (-0.75\ kcal\cdot mol^{-1})$$

从牛肝线粒体中仅分离出一种烯脂酰 CoA 水合酶，不含任何辅基，对脂肪酰碳链长短无专一性。

（3）再脱氢。β－羟脂酰 CoA 在 β－羟脂酰 CoA 脱氢酶（hydroxyacyl－CoA dehydrogenase）的催化下，脱氢生成 β－酮脂酰 CoA。脱下的氢由 NAD^+ 接受。此脱氢酶具有立体异构专一性，即只催化 L－羟脂酰 CoA 脱氢。

$$\underset{\text{L—}\beta\text{－羟脂酰 CoA}}{R-CH_2-\underset{H}{\underset{|}{\overset{OH}{\overset{|}{C}}}}-CH_2-\overset{O}{\overset{\|}{C}}\sim sCoA} \xrightarrow[NAD^+\ \ NADH+H^+]{\beta\text{－羟脂酰 CoA 脱氢酶}} \underset{\beta\text{－酮脂酰 CoA}}{R-CH_2-\overset{O}{\overset{\|}{C}}-CH_2-\overset{O}{\overset{\|}{C}}\sim sCoA}$$

$$\Delta G^{\circ\prime}=+15.7\ kJ\cdot mol^{-1}\ (+3.75\ kcal\cdot mol^{-1})$$

（4）硫解。在 β－酮脂酰 CoA 硫解酶（β－ketoacyl－CoA thiolase）作用下，β－酮脂酰 CoA 被一分子 CoA 所分解，生成一分子乙酰 CoA 和一分子比原来少两个碳原子的脂酰 CoA。少了两个碳原子的脂酰 CoA，可再次进行脱氢、水化、再脱氢和硫解反应，每经历上述几步后即脱下一个二碳单位（乙酰 CoA）。

$$\underset{\beta\text{－酮脂酰 CoA}}{R-CH_2-\overset{O}{\overset{\|}{C}}-CH_2-\overset{O}{\overset{\|}{C}}\sim sCoA} \xrightarrow[CoA_{SH}]{\text{硫解酶}} \underset{\text{脂酰 CoA（比原来少两个碳原子）}}{R-CH_2-\overset{O}{\overset{\|}{C}}\sim sCoA} + \underset{\text{乙酰 CoA}}{CH_3-\overset{O}{\overset{\|}{C}}\sim sCoA}$$

$$\Delta G^{\circ\prime}=-28\ kJ\cdot mol^{-1}\ (-6.7\ kcal\cdot mol^{-1})$$

整个 β－氧化反应过程可用图 11－4 表示。

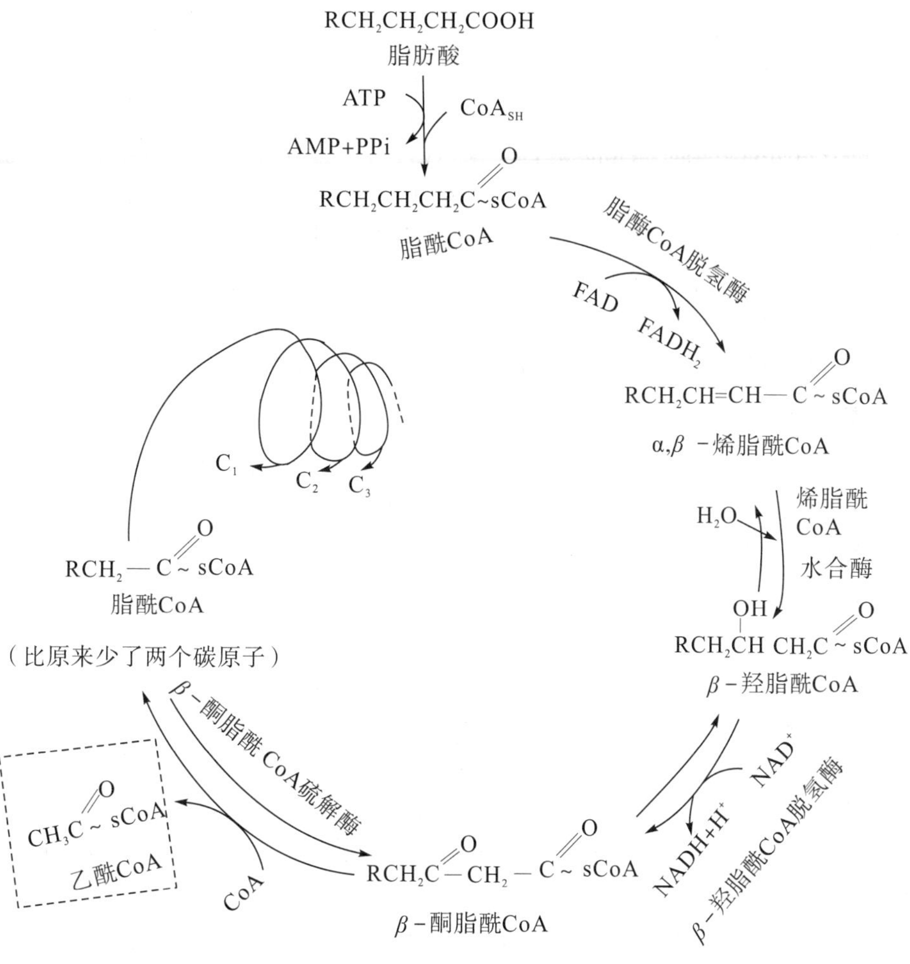

图 11－4 脂肪酸 β－氧化分解途径

虽然 β－氧化的几个反应基本上是可逆的（第一个反应的逆反应由另一种酶催化），但由于硫解酶所催化的反应为放能反应，自由能变化比较大（$-28\ kJ \cdot mol^{-1}$），因此，整个体系平衡点偏向于分解方面。已发现参与 β－氧化的这些酶是一个松散的多酶复合体，故在没有完成氧化步骤之前，各种中间产物不易离开此复合物。

含 18 碳以上的长链脂肪酸难以进入线粒体进行 β－氧化，而是进入过氧化物酶体或乙醛酸循环体进行 β 氧化。这些脂酰 CoA 进入这两种细胞器需要膜上的一种运输蛋白，但不需要肉碱。进行 β－氧化的酶不是脂酰 CoA 脱氢酶，而是脂酰 CoA 氧化酶（一种需氧黄酶），而且产生 H_2O_2，并不生成 ATP。

4. 脂肪酸 β－氧化的生理意义

（1）脂肪酸的完全氧化可为机体生命活动提供能量，其供能效率比糖的氧化还高。例如硬脂酸（18 碳）经过 8 次 β－氧化可完全分解成 9 个乙酰 CoA，每个乙酰 CoA 经过三羧酸循环被氧化成 CO_2 和 H_2O 时可生成 10 分子 ATP（见第九章），则 9×10＝90ATP。

每一次 β－氧化有两个脱氢反应，第一个脱氢反应（由脂酰 CoA 脱氢酶催化）脱下的氢由 FAD 接受生成 $FADH_2$，通过呼吸链磷酸化而相应生成 8×1.5＝12ATP；第二个脱氢反应（由羟脂酰 CoA 脱氢酶催化）脱下的氢由 NAD^+ 接受，生成 $NADH+H^+$，经呼吸链相应生成 8×2.5=20ATP。即硬脂酸经 β－氧化脱下的氢通过呼吸链磷酸化过程后可生成 32 个高能磷酸键，也就是生成 32ATP。

由此可见，一分子硬脂酸经过 β－氧化完全分解成 CO_2 和 H_2O，总共可生成 90＋32＝122ATP，减去脂肪酸活化时消耗的 2 个 ATP（因 ATP 分解为 AMP，消耗两个高能键，故可视为消耗 2 个 ATP），净生成 120ATP。这说明脂肪酸是一种重要的供能物质。除脑组织外，大多数组织均能以这种方式氧化脂肪供能，其中肝和肌肉最强。

（2）β－氧化的产物乙酰 CoA 除了可以氧化产生能量供机体需要外，还可作为合成脂肪酸、酮体和某些氨基酸的原料。

（3）β－氧化过程产生的大量的水可供陆生动物对水的需要。

5. 奇数碳饱和脂肪酸的氧化

天然存在的脂肪酸大多含偶数碳原子。动物脂肪中含有少量奇数碳脂肪酸（占总脂肪酸量的 1%～5%），而在石油酵母脂类中含有大量 C_{15}、C_{17} 的奇数碳脂肪酸。含奇数碳原子的脂肪酸与偶数碳脂肪酸氧化相似，经 β－氧化后，除产生乙酰 CoA 外，最后还产生一分子丙酰 CoA（propionyl－CoA）。在人和动物体内脂酰 CoA 脱氢酶对丙酰 CoA 不起作用，丙酰 CoA 沿另外的代谢途径转变成琥珀酰 CoA（succinyl－CoA），从而进入三羧酸循环，在植物中则转变为乙酰 CoA。

在动物及人体细胞内存在一种丙酰 CoA 羧化酶（propionyl－CoA corboxylase）（以生物素为辅酶），在有 ATP、CO_2 参与下，它能催化丙酰 CoA 羧化，即 CO_2 加到丙酰 CoA 分子上生成甲基丙二酸单酰 CoA（methylmalonyl－CoA）；它再在甲基丙二酸单酰 CoA 变位酶（methylmalonyl—CoA mutase）催化下，经分子重排转变成琥珀酰 CoA（此反应需维生素 B_{12}）；琥珀酰 CoA 即进入三羧酸循环被彻底氧化。

维生素 B_{12} 有两种辅酶形式，即甲基钴胺素和 5－脱氧腺苷钴胺素。前者为甲基转移酶的辅酶，参与蛋白质合成；后者为变位酶的辅酶，参与奇数碳脂肪酸代谢及核陔苷酸代谢。

$$CH_3CH_2\overset{\overset{\displaystyle O}{\|}}{C}\sim sCoA + ATP + CO_2 \xrightarrow[\text{生物素}]{\text{丙酰 CoA 羧化酶}} CH_3\overset{\overset{\displaystyle COOH}{|}}{CH}-\overset{\overset{\displaystyle O}{/\!/}}{C}\sim sCoA + ADP + Pi$$

丙酰 CoA　　　　　　　　　　　　甲基丙二酸单酰 CoA

↓ 甲基丙二酸单酰 CoA 变位酶（B_{12} 辅酶）

$$TCA \leftarrow HOOC-CH_2-CH_2-\overset{\overset{\displaystyle O}{\|}}{C}\sim sCoA$$

琥珀酰CoA

丙酰 CoA 羧化酶催化丙酰 CoA 羧化的产物是 D－甲基丙二酸单酰 CoA，它必须转变为 L—甲基丙二酸单酰 CoA 才能成为变位酶的正常底物，因此还需一个甲基丙二酸单酰 CoA 消旋酶（methylmalonyl－CoA racemase）催化，使 D 型转变为 L 型。

一些反刍动物（牛、羊等）消化道中的丙酸杆菌可将葡萄糖转变为丙酸和乙酸进入血液，丙酸在硫激酶催化下转变为丙酰 CoA，从而也进入上述途径分解。

在植物体内，丙酰 CoA 还可通过另一途径转变为乙酰 CoA，再进入三羧酸循环。这是奇数碳脂肪酸代谢的一个次要途径，称为β－羟丙酸支路（β－hydoxy－propinonate shunt）。

$$\text{丙酰 CoA}\xrightarrow[\text{FAD}\quad\text{FADH}_2]{\text{丙酰 CoA 脱氢酶}}\text{丙烯酰 CoA}\xrightarrow[H_2O]{\text{丙烯酰 CoA 水合酶}}\beta\text{－羟丙酰 CoA}$$

$$\xrightarrow[H_2O\quad \text{CoA}_{SH}]{\beta\text{－羟异丁酰 CoA 水解酶}}\beta\text{－羟基丙酸}\xrightarrow[NAD^+\quad NADH+H^+]{\beta\text{－羟基丙酸脱氢酶}}\text{丙二酸半醛}\xrightarrow[\text{CoA}_{SH}\quad NADP^+\quad NADPH+H^+\quad CO_2]{\text{丙二酸半醛脱氢酶}}\text{乙酰 CoA}$$

6. 脂肪酸的其他氧化方式

（1）ω－氧化

在动物肝脏的微粒体中存在着一种酶系，它能催化长链脂肪酸末端碳原子（称 ω 碳原子）先氧化成为 ω－羟脂肪酸，然后再氧化成为 α，ω－二羧酸。第一步反应由加单氧酶催化，需要 NADPH、O_2 和细胞色素 P_{450}参加。二羧酸形成后可转移到线粒体内，从分子的任一末端继续进行 β－氧化，最后余下的琥珀酰 CoA 可直接参加三羧酸循环。

这种分解方式也发现于浸油土壤中分离出来的一些需氧细菌中，这些细菌不仅以 ω－氧化方式分解脂肪酸，而且也以 ω－氧化方式分解直链烷烃，借此可用于清除海洋浮油污染。细菌的 ω－氧化与动物微粒体中的 ω－氧化有一些反应步骤相同，它们均涉及羧化作用，先产生醇，继而被醇脱氢酶氧化成醛，再进一步被氧化成羧酸。但是，二者的电子传递体系不同，在动物微粒体中是由细胞色素 P_{450} 传递电子，而在细菌中是由一种特殊的非血红素铁蛋白（rubridoxin）来传递电子（图 11－5）。

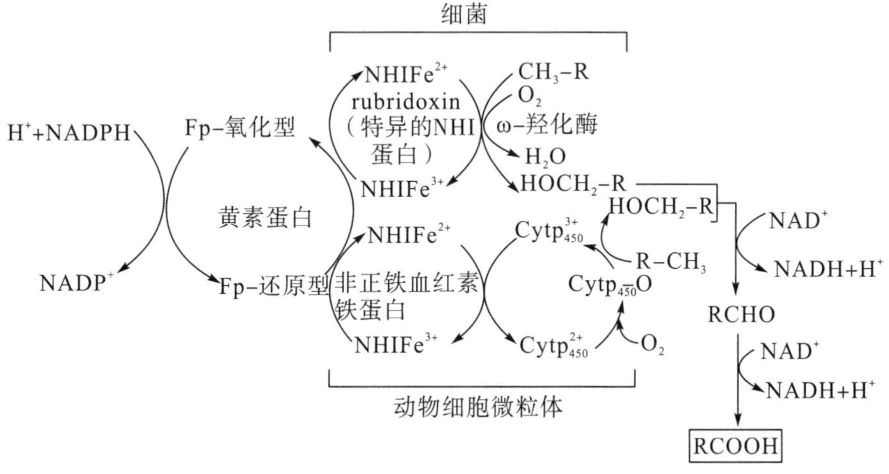

图 11－5　细菌及动物系统中直链烃的 ω－氧化体系

（2）α－氧化

这种氧化方式首先发现于植物种子及叶组织中，继后发现动物肝脏及脑中也存在这种氧化方式。在这个系统中，仅游离脂肪酸能作为底物（脂肪酸勿需活化为脂酰 CoA），由 O_2 参加反应，有氧化作用和脱羧作用。每次脱羧脱去 α－羧基，即减少一个碳原子，因此，经过 α－氧化的产物既有 α－羟基脂肪酸，也有少一个碳原子的脂肪酸。羟基脂肪酸继续氧化脱羧便成为含奇数碳原子的脂肪酸。

$$\underset{\text{脂肪酸}}{RCH_2COOH}\xrightarrow{\text{加单氧酶}}\underset{\alpha\text{－羟脂酸}}{R\overset{\overset{OH}{|}}{C}HCOOH}\xrightarrow{\text{脱氢酶}}\underset{\alpha\text{－酮脂酸}}{R\overset{\overset{O}{\|}}{C}COOH}\xrightarrow[CO_2]{\text{脱羧酶}}\underset{\text{脂肪酸（少一个碳原子）}}{RCOOH}$$

α－氧化不产生 ATP，既可在内质网中进行，也可在线粒体或过氧化物酶体中进行。

某些动物脂肪、牛奶和奶制品含有植烷酸（phytanic acid），叶绿素中的叶绿醇在动物体内也转变成植烷酸，它是一种含 4 个甲基支链的 20 碳脂肪酸，因 β－位有一个甲基，不能直接进行 β－氧化。先由羟化酶催化发生 α－位羟化，再发生 α－氧化，以后再进一步发生 β－氧化。有一种遗传病—— Resfum 病，由于缺乏 α－氧化，造成体内植烷酸积累，出现外周神经炎、运动失调等症状。

7．不饱和脂肪酸的氧化

不饱和脂肪酸的氧化途径与饱和脂肪酸的氧化途径基本相同，所不同的是，含一个双键的不饱和脂肪酸（如油酸），还需要一个顺－反－烯脂酰 CoA 异构酶（cis－trans－enoyl－CoA isomerase）将不饱和脂肪酸分解产物中的顺式结构中间产物变为反式结构，使其成为 β－氧化中烯脂酰 CoA 水合酶的正常底物（要求反式结构）。含一个以上双键的脂肪酸除需要顺－反－烯脂酰 CoA 异构酶外，还需要一个 β－羟脂酰 CoA 差向异构酶（β－hydroxyacyl－CoA epimerase）将中间产物中的 D－β－羟脂酰 CoA 转变成 L（＋）－β－羟脂酰 CoA，才能按照 β－氧化途径氧化分解。

油脂酰 CoA 经 3 次 β－氧化产生 3 分子乙酰 CoA 后，剩余部分为 $\Delta^{3,4}$－顺烯月桂酰 CoA，这种底物在 $\Delta^{3,4}$－顺－$\Delta^{2,3}$－反－烯脂酰 CoA 异构酶的催化下，将 $\Delta^{3,4}$－顺式转变为 $\Delta^{2,3}$－反式结构，后者即可为 β－氧化中的烯脂酰 CoA 脱氢酶的底物。

例如，油脂酰 CoA 的氧化：

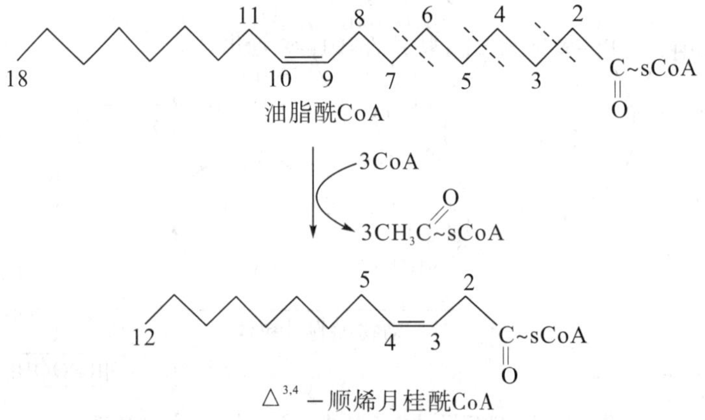

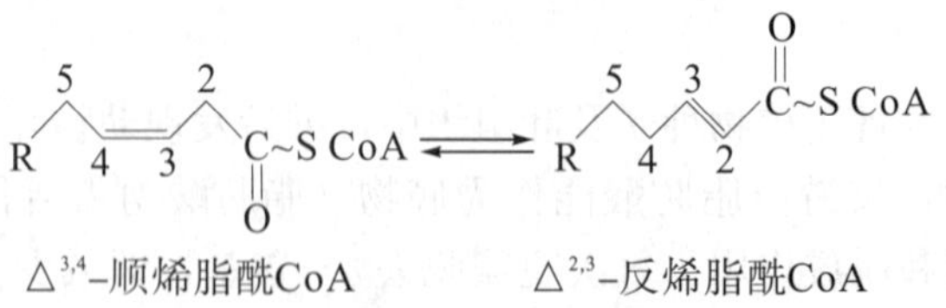

11 8 6 4 2
18 10 9 7 5 3 C~sCoA
O
油脂酰CoA

3CoA
$3CH_3\overset{O}{C}$~sCoA

5 2
12 4 3 C~sCoA
O
$\Delta^{3,4}$－顺烯月桂酰CoA

5 2 / 5 3 O
R 4 3 C~S CoA ⇌ R 4 2 C~S CoA
O
$\Delta^{3,4}$–顺烯脂酰CoA　　$\Delta^{2,3}$–反烯脂酰CoA

三、酮体代谢

脂肪酸在心肌、骨骼肌等组织中经 β－氧化生成的乙酰 CoA，可通过三羧酸循环被彻底氧化。但在肝中被三羧酸循环氧化很有限。脂肪酸在肝脏中经 β－氧化生成的乙酰 CoA 常转变成丙酮（acetone）、乙酰乙酸（acetoacetlc acid）、β－羟丁酸（β－hydroxybutyric acid）等中间产物，这些中间产物统称为酮体（ketone body）。

1. 酮体的生成

脂肪酸在肝细胞线粒体中经β−氧化生成的乙酰 CoA 是合成酮体的原料，合成过程包括三步反应：

（1）由乙酰 CoA 缩合成乙酰乙酰 CoA

肝细胞线粒体中的乙酰 CoA 在**硫解酶**（thiolase）的催化下缩合成乙酰乙酰 CoA（acetoacetyl CoA），放出一分子 CoA_{SH}。

$$\underset{\text{乙酰 CoA}}{CH_3\overset{O}{\overset{\|}{C}}\sim sCoA} + \underset{\text{乙酰 CoA}}{CH_3\overset{O}{\overset{\|}{C}}\sim sCoA} \xrightarrow[\searrow CoA_{SH}]{\text{硫解酶}} \underset{\text{乙酰乙酰 CoA}}{CH_3\overset{O}{\overset{\|}{C}}—CH_2\overset{O}{\overset{\|}{C}}\sim sCoA}$$

（2）3−羟−3−甲基戊二酸单酰 CoA 的生成

乙酰乙酰 CoA 在**羟甲戊二酸单酰 CoA 合酶**（hydroxymethylglutaryl−CoA synthase）的催化下再加进一分子乙酰 CoA，生成 3−羟−3−甲基戊二酸单酰 CoA（hydroxymethylglutaryl−GoA，简写 HMG−CoA），并放出一分子 CoA_{SH}。

$$\underset{\text{乙酰乙酰 CoA}}{CH_3\cdot\overset{O}{\overset{\|}{C}}\cdot CH_2\cdot\overset{O}{\overset{\|}{C}}\sim sCoA} + \underset{\text{乙酰 CoA}}{CH_3\overset{O}{\overset{\|}{C}}\sim sCoA} \xrightarrow[\swarrow H_2O\quad \searrow CoA_{SH}]{\text{HMG—GoA 合酶}} \underset{\text{HMG−CoA}}{HOOC\cdot CH_2\cdot\overset{OH}{\overset{|}{\underset{CH_3}{\underset{|}{C}}}}\cdot CH_2\cdot\overset{O}{\overset{\|}{C}}\sim sCoA}$$

（3）乙酰乙酸的生成

3−羟−3−甲基戊二酸单酰 CoA 在裂解酶（lyase）催化下，生成乙酰乙酸和乙酰 CoA。乙酰 CoA 可以再次参加酮体的合成。

$$\underset{\text{HMG−CoA}}{HOOC\cdot CH_2\cdot\overset{OH}{\overset{|}{\underset{CH_3}{\underset{|}{C}}}}\cdot CH_2\cdot\overset{O}{\overset{\|}{C}}\sim sCoA} \xrightarrow{\text{HMG−CoA 裂解酶}} \underset{\text{乙酰乙酸}}{CH_3\overset{O}{\overset{\|}{C}}\cdot CH_2COOH} + \underset{\text{乙酰 CoA}}{CH_3\overset{O}{\overset{\|}{C}}\sim sCoA}$$

生成的乙酰乙酸可以在线粒体中受β−羟丁酸脱氢酶（β−hydroxybutyrate dehydrogenase）的催化而被还原成β−羟丁酸。所需氢由 $NADH+H^+$ 提供，还原的速度由线粒体内 $NADH+H^+/NAD^+$ 的比值决定。同时，乙酰乙酸脱羧也可生成丙酮。

$$\underset{\text{丙 酮}}{CH_3\overset{O}{\overset{\|}{C}}—CH_3} \xleftarrow[\swarrow CO_2]{\text{乙酰乙酸脱羧酶}} \underset{\text{乙酰乙酸}}{CH_3\overset{O}{\overset{\|}{C}}\cdot CH_2\overset{O}{\overset{\|}{C}}—OH} \xrightarrow[\swarrow NADH+H^+\quad \searrow NAD^+]{\beta\text{−羟丁酸脱氢酶}} \underset{\beta\text{−羟丁酸}}{CH_3\overset{OH}{\overset{|}{C}}HCH_2\overset{O}{\overset{\|}{C}}—OH}$$

上述酮体的生成过程实际上是一种循环反应（图 11−6）。

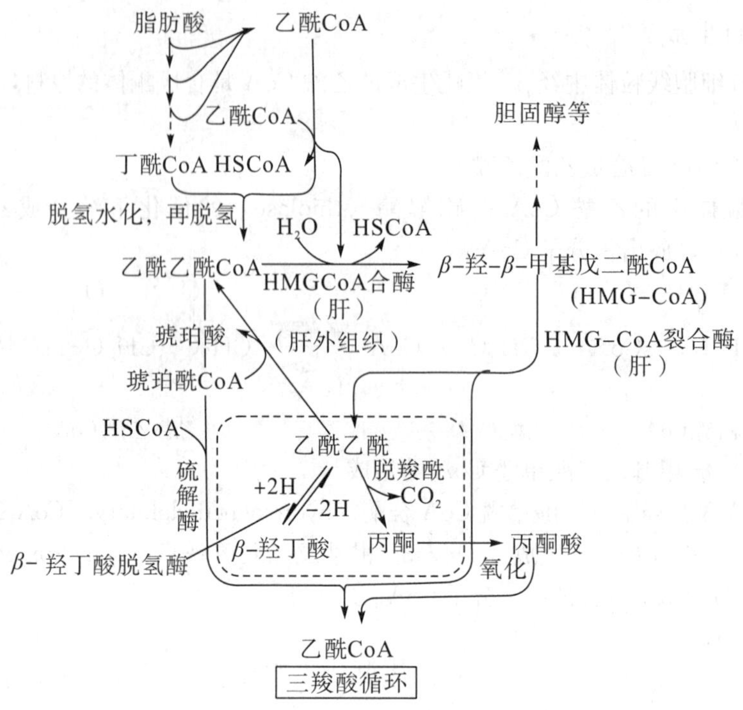

图 11－6 酮体的生成与氧化

2. 酮体的氧化

由于肝中缺乏分解酮体的酶，因而酮体在肝中生成后，不能在肝中氧化分解。酮体分子小，易溶于水，因此，在肝细胞内生成后很容易透出细胞进入血液循环，运送到肝外组织（心肌、肾、肌肉等）进行氧化。

β－羟丁酸及乙酰乙酸的去路：*β*－羟丁酸在 *β*－羟丁酸脱氢酶的作用下脱氢变为乙酰乙酸，乙酰乙酸在琥珀酰 CoA 转硫酶（succinyl－CoA transsulfurase）（肝外组织活性高）的催化下活化成为乙酰乙酰 CoA。

$$\underset{\beta\text{－羟丁酸}}{CH_3\cdot \overset{\overset{OH}{|}}{CH}\cdot CH_2COOH}+NAD^+ \xrightarrow{\beta\text{－羟丁酸脱氢酶}} \underset{\text{乙酰乙酸}}{CH_3\overset{\overset{O}{\|}}{C}\cdot CH_2COOH}+NADH+H^+$$

$$\underset{\text{乙酰乙酸}}{CH_3\overset{\overset{O}{\|}}{C}\cdot CH_2COOH}+\underset{\text{琥珀酰 CoA}}{HOOC\cdot CH_2\cdot CH_2\overset{\overset{O}{\|}}{C}\sim sCoA} \xrightarrow{\text{琥珀酰 CoA 转硫酶}}$$

$$\underset{\text{乙酰乙酰 CoA}}{CH_3\overset{\overset{O}{\|}}{C}\cdot CH_2\overset{\overset{O}{\|}}{C}\sim sCoA}+\underset{\text{琥珀酸}}{HOOC\cdot CH_2\cdot CH_2\cdot COOH}$$

在肝外组织中形成的乙酰乙酰 CoA 并不转变成乙酰乙酸，而是在硫解酶（thiolase）的作用下分解成两分子乙酰 CoA，乙酰 CoA 主要进入三羧酸循环而被氧化。

丙酮的去路：丙酮先转变为 1，2－丙二醇（中间物），1，2－丙二醇继而氧化为丙酮酸，也可氧化成甲酸及乙酸。丙酮酸可以氧化脱羧成为乙酰 CoA，也可沿着酵解途径逆行而合成糖原。乙酸经过活化成为乙酰 CoA，甲酸则作为一碳单位代谢的材料。

酮体代谢的全貌见图 11－6。

3. 酮体代谢的生理意义

酮体是脂肪酸在肝内正常的中间代谢产物，是肝输出能源的一种形式。是肌肉，尤其是脑组织的重要能源（尤其是在饥饿时）。脑组织不能氧化脂肪酸，但能利用酮体。

在正常人血中含有少量的酮体，每 100 mL 血中含 0.2 mg～0.9 mg，每昼夜随尿排出的量约为 40 mg。在异常情况下，如食物脂肪比例特高、胃炎、饥饿、糖尿病等，脂质代谢显著增高，因而酮体含量高。如患较严重糖尿病的人体中，每 100 mg 血中酮体可高达 300 mg～400 mg，此即称为酮血症（acetonemia）；尿中的酮体也显著增高，随尿排出的酮体可比正常人增高数十倍，这就称为酮尿症（acetonuria）。酮症的主要危害是酸中毒（acidosis），因为酮体是酸性物质。酮体与 Na^+ 等正离子结合着，随着尿的排出，大量酮体和 Na^+、K^+ 等正离子也随之排出。因此，酮体引起的酸中毒是：一方面扰乱了体内的正常 pH，另一方面也破坏了机体的水盐代谢平衡。

某些氨基酸（如注射亮氨酸、异亮氨酸、苯丙氨酸及酪氨酸等）可使酮症加剧，原因是这些物质在体内可以变成酮体，这类氨基酸称为**生酮氨基酸**（ketogenic amino acid）。另一些氨基酸（精氨酸、天门冬氨酸、谷氨酸等）能减轻酮症，这些氨基酸称为**抗生酮氨基酸**（antiketogenic amino acid）。

第三节　脂肪的合成代谢

合成脂肪的直接原料是 α－磷酸甘油和脂酰辅酶 A，它们是沿着不同的途径合成的。二者比较，脂肪酸的合成更复杂、更重要，因此，要重点讨论脂肪酸的合成代谢。

一、α－磷酸甘油的生成

磷酸甘油主要由糖的分解代谢转化而来。因为在糖的有氧代谢和无氧代谢过程中均要产生磷酸二羟丙酮，磷酸二羟丙酮由 α－磷酸甘油脱氢酶（phosphoglycerol dehydrogenase）催化，并由 $NADH+H^+$ 供氢就可生成 α－磷酸甘油。

α－磷酸甘油生成的另一途径是由食物中吸收的甘油（主要为脂肪消化分解产生）在甘油磷酸激酶（glycerophosphate kinase）催化下，由 ATP 供给磷酸使其磷酸化，从而生成 α－磷酸甘油。

二、脂肪酸的合成代谢

一般说来，生物都能利用糖类物质或者更简单的碳源物质来合成脂肪酸。例如油料作物利用 CO_2 作碳源合成脂肪酸，微生物利用糖或乙酸作碳源来合成脂肪酸，动物及人也能利用糖来合成脂肪酸。脂肪酸的合成主要有两种方式：一种是从二碳物开始**全程合成途径**（或称“从无到有”途径），这种合成途径的酶系存在于线粒体外的胞液中，只催化软脂酸的合成；另一种是在已有的脂肪酸链上加上二碳物使碳链增长，这种合成脂肪酸的方式存在于线粒体和微粒体中，催化 18 碳以上长链脂肪酸的合成。

1. 胞液中的脂肪酸合成系统

在动物及人体的多种组织（特别是肝、脑、肺、乳腺和脂肪组织等）的细胞胞液中都存在着合成脂肪酸的酶系（其中肝是主要合成器官）。合成原料是乙酰 CoA，但一个脂肪酸长链并不是由若干乙酰 CoA 直接缩合成的。例如软脂酸所需的 8 个乙酰 CoA 单位中，只有碳链末端的 15 和 16 两个碳直接来自乙酰 CoA，其余 7 个二碳单位皆以丙二酸单酰 CoA（malonyl－CoA）形式参与合成。丙二酸单酰 CoA 由乙酰 CoA 和 CO_2（HCO_3^-）羧化形成。乙酰 CoA 和 7 个丙二酸单酰 CoA 连续缩合，释出 7 分子 CO_2 就形成软脂酸。所以，在脂肪酸合成中，一分子乙酰 CoA 只起引物作用，而丙二酸单酰 CoA 才是构成脂肪酸二碳单位的直接来源。

在脂肪酸合成中，起酰基载体作用的不同 CoA_{SH}，而是一种小分子结合蛋白—酰基载体蛋白（acyl carier protein，简写 ACP）。酰基载体蛋白同 CoA_{SH}一样，也含有一个辅基磷酸泛酰巯基乙胺（phosphantheine），其部分结构如下：

```
       OH            CH2OH  O                       O
       |             |    |  ‖                      ‖
    O—P—O—CH2—C—CH—C—NH—CH2—CH2—C— NH—CH2 —CH2—SH
    |  ‖             |
    |  O             CH3         （泛酸）            （巯基乙胺）
—亮—丝—天冬—丙—
```

酰基载体蛋白（ACP）部分结构

ACP 的活性基团是巯基（故与 CoA_{SH}一样，也可写成$_{SH}$ACP），通过硫酯键与脂肪酸合成的中间物连接，从而起转移和携带酰基的作用。从大肠杆菌分离出的 ACP 含 77 个氨基酸（相对分子质量 8847），辅基与 36 位丝氨酸残基连接。

（1）脂肪酸合成的化学反应历程

①乙酰 CoA 羧化生成丙二酸单酰 CoA。乙酰 CoA 在乙酰 CoA 羧化酶（acetyl－CoA carboxylase）（以生物素为辅因子）的催化下羧化形成丙二酸单酰 CoA（反应需要 ATP 提供能量）。

在大肠杆菌和植物中，乙酰 CoA 羧化酶为含 3 种蛋白质的复合体：

a. 生物素羧基载体蛋白（biotin carboxyl carrier protein，BCCP），含有共价结合的生物素，由两个相同相对分子质量（23000）的亚基组成，无酶活性。

b. 生物素羧化酶（biotin carboxylase，BC），由两个相同相对分子质量（49000）的亚基组成，含有 ATP、HCO_3^- 及 Mn^{2+}的结合位点。

c. 羧基转移酶（carboxyl transferase，CT），由两个 α 亚基（Mr：30000）和两个 β 亚基（Mr：35000）组成。

哺乳动物和鸟类的乙酰 CoA 羧化酶由两个相同的亚基构成（亚基 Mr：130000），而且 BCCP、BC 和 CT 都在同一条肽链上。

乙酰 CoA 羧化酶催化乙酰 CoA 羧化生成丙二酸单酰 CoA 的反应分两步进行。

第一步是与 BCCP 共价结合的生物素羧化，由生物素羧化酶催化：

$$\text{BCCP—生物素} + HCO_3^- + ATP + H_2O \xrightarrow{BC} \text{BCCP—生物素—}COO^- + ADP + Pi$$

第二步是将生物素连接的羧基转移给乙酰 CoA，生成丙二酸单酰 CoA。这一步由羧基转移酶催化：

$$\text{BCCP—生物素—}COO^- + \text{乙酰 CoA} \xrightarrow{CT} \text{BCCP—生物素} + \text{丙二酸单酰 CoA}$$

合并上述两步反应，总反应为：

$$CH_3\overset{O}{\overset{\|}{C}}\sim sCoA\ (乙酰\ CoA) + CO_2 \xrightarrow[生物素,ATP\quad ADP+Pi]{乙酰\ CoA\ 羧化酶} HOOC—CH_2—\overset{O}{\overset{\|}{C}}\sim sCoA\ (丙二酸单酰\ CoA)$$

②酰基移换反应。乙酰 CoA 在ACP 转酰基酶（ACP－acyltransferase）催化下，将其酰基转移到 ACP 上生成乙酰－ACP。接着乙酰基转移到另一种酶 β－酮脂酰－ACP 合酶（β－ketoacyl－ACP synthase）的半胱氨酸残基上：

$$CH_3—\overset{O}{\overset{\|}{C}}\sim sCoA + {}_{HS}ACP \rightleftharpoons CH_3—\overset{O}{\overset{\|}{C}}\sim sACP + {}_{HS}CoA$$

乙酸 CoA　　　　乙酰 ACP

$$CH_3—\overset{O}{\overset{\|}{C}}\sim sACP + HS—合酶 \rightleftharpoons CH_3—\overset{O}{\overset{\|}{C}}\sim S—合酶 + {}_{HS}ACP$$

丙二酸单酰 CoA 在丙二酸单酰 CoA－ACP 转酰基酶（ACP－malonyl－transferase）催化下，将其丙二酰基转移到 ACP 上生成丙二酸单酰 ACP。

$$HOOC—CH_2—\overset{O}{\overset{\|}{C}}\sim sCoA + {}_{HS}ACP \rightleftharpoons HOOC—CH_2—\overset{O}{\overset{\|}{C}}\sim sACP + {}_{HS}CoA$$

丙二酸单酰 CoA　　　　丙二酸单酰 ACP

③缩合反应。乙酰化的 β－酮脂酰－ACP 合酶与丙二酸单酰－ACP 反应，将其乙酰基转移给丙二酸单酰－ACP 分子的亚甲基碳原子上，同时丙二酸单酰－ACP 自由羧基发生脱羧作用释出 CO_2。

$$CH_3\cdot\overset{O}{\overset{\|}{C}}\sim S—合酶 + \overset{COOH}{\overset{|}{CH_2}}—\overset{O}{\overset{\|}{C}}\sim sACP \longrightarrow CH_3\cdot\overset{O}{\overset{\|}{C}}\cdot CH_2\cdot\overset{O}{\overset{\|}{C}}\sim sACP + 合酶—SH + CO_2$$

丙二酸单酰 ACP　　　　乙酰乙酰 ACP

④乙酰乙酰 ACP 的还原。在 β－酮脂酰－ACP 还原酶（β－ketoacyl－ACP reductase）的催化下，乙酰乙酰 ACP 被 $NADPH+H^+$ 还原成 β－羟丁酰－ACP（此羟丁酰 ACP 为 D 构型，分解代谢中羟丁酰 CoA 为 L 构型）。

$$CH_3\cdot\overset{O}{\overset{\|}{C}}\cdot CH_2\cdot\overset{O}{\overset{\|}{C}}\sim sACP \underset{还原酶}{\overset{NADPH+H^+\quad NADP^+}{\rightleftharpoons}} CH_3\cdot\overset{OH}{\overset{|}{CH}}\cdot CH_2\cdot\overset{O}{\overset{\|}{C}}\sim sACP$$

乙酰乙酰 ACP　　　　β－羟丁酰 ACP

⑤β－羟了酰－ACP 的脱水。β－羟丁酰－ACP 在 β－羟脂酰－ACP 脱水酶（β－hydroxyacyl－ACP dehydrase）的催化下，其 α，β 碳原子间失去一分子水而生成 α，β－丁烯酰—ACP（反式）。

$$CH_3\cdot\overset{OH}{\overset{|}{CH}}\cdot\overset{H}{\overset{|}{CH}}\cdot\overset{O}{\overset{\|}{C}}\sim sACP \overset{脱水酶}{\rightleftharpoons} CH_3\cdot CH{=}CH\cdot\overset{O}{\overset{\|}{C}}\sim sACP + H_2O$$

β－羟丁酰 ACP　　　　α，β－丁烯酰 ACP

⑥丁烯酰－ACP 的还原。丁烯酰－ACP 在烯脂酰－ACP 还原酶（enoyl－ACP reductase）催化下，接受由 $NADPH+H^+$ 提供的两个氢原子而还原为丁酰－ACP。

$$CH_3\cdot CH{=}CH\cdot\overset{O}{\overset{\|}{C}}\sim sACP \underset{还原酶}{\overset{NADPH+H^+\quad NADP^+}{\rightleftharpoons}} CH_3\cdot CH_2\cdot CH_2\cdot\overset{O}{\overset{\|}{C}}\sim sACP$$

α，β－丁烯酰 ACP　　　　丁酰 ACP

丁酰－ACP 又可以在 β－酮脂酰－ACP 合酶的催化下，与丙二酸单酰 ACP 缩合成丁酰－乙酰－ACP（同上述反应③，增加两个碳原子）。这样继续重复上述 3～6 步反应，最后生成己酰－ACP。己酰 ACP 又可与丙二酸单酰 ACP 缩合，重复上述反应。这样，每重复一次，由于加入一分子丙二酸单酰 ACP，就使其增长两个碳单位（脱去一分子 CO_2），重复 6 次后便形成 16 碳的软脂酰 ACP。16 碳的软脂酰－ACP 再经转酰基酶的作用，与一分子 CoA 反应，形成软脂酰 CoA，后者即可用于脂肪的合成。

现将胞液中脂肪酸的合成途径总结于图 11－7。

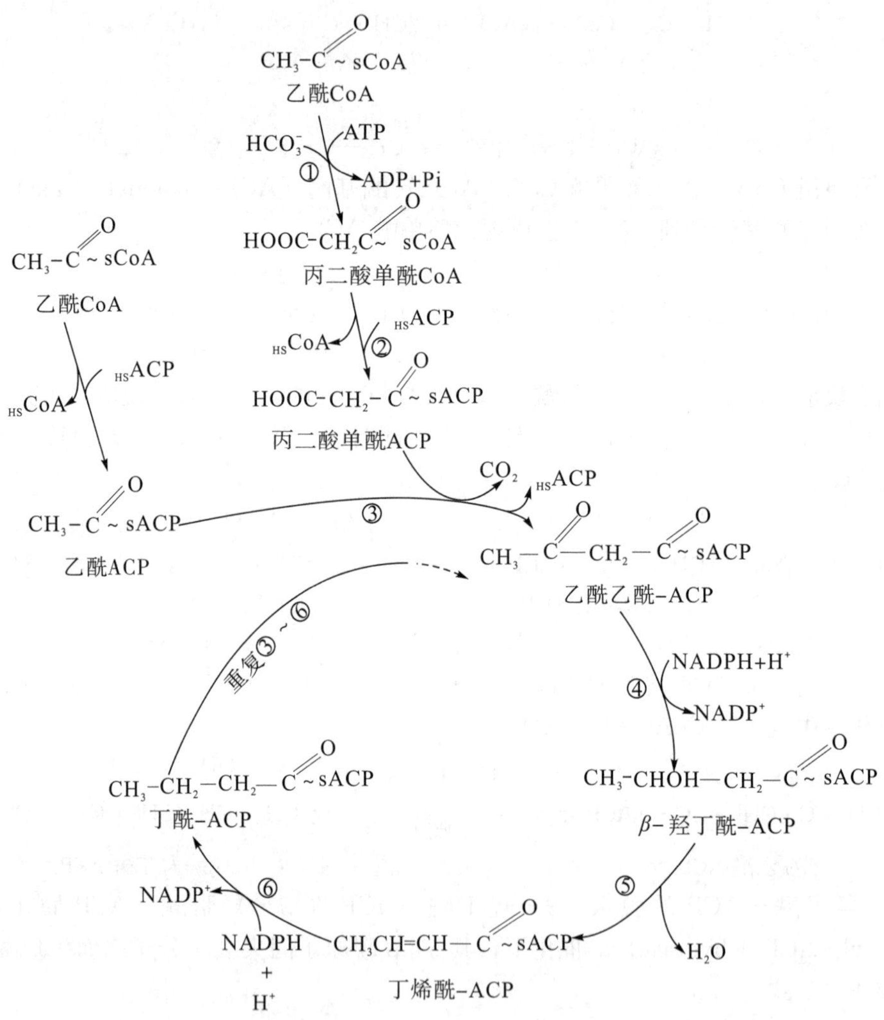

①乙酰 CoA 羧化酶　②丙二酸单酰 CoA－ACP 转酰基酶 ③β－酮脂酰 ACP 合酶
④β－酮脂酰 ACP 还原酶⑤β－羟脂酰 ACP 脱水酶 ⑥烯脂酰 ACP 还原酶

图 11－7　胞浆中脂肪酸的合成途径

多数生物能以此途径合成软脂酸，而不能形成多两个碳原子的硬脂酸。奇数碳原子的饱和脂肪酸也由此途径合成，只是起始物为丙酰 ACP，而不是乙酰 ACP。

在大肠杆菌和植物中，上述脂肪酸合成中的 6 种酶与酰基载体蛋白共同组成一个多酶体系，ACP 为多酶体系的核心，在它周围有序地排列着合成脂肪酸各种酶。随着核心 ACP 的转动，依次发生上述各步反应。

在酵母中，6 种酶活性分布在两条多肽链上：一条多肽链上有 ACP 功能和两种酶活性（β－酮酯酰合酶和还原酶），其余 4 种酶活性位于另一条多肽链上。

在高等动物中，不是多酶体系．而是一种多功能酶，有 7 种酶活性集中在一条肽链上，酶的活性形式是两条完全相同的肽链形成二聚体（每条肽链相对分子质量为 250000），二聚体解聚则成为无活性形式。比大肠杆菌和酵母多出的酶活性称为软脂酰 ACP 硫酯酶（palmitoyl－ACP thioesterase），它催化最后生成的软脂酰 ACP 水解，产生软脂酸和 ACP。

（2）脂肪酸合成中乙酰 CoA 的来源

乙酰 CoA 是脂肪酸合成的原料，主要来自糖分解代谢、丙氨酸脱氨和乳酸脱氢等产生的丙酮酸，经氧化脱羧生成。这个过程发生在线粒体内，因此乙酰 CoA 主要在线粒体内生成。脂肪酸合成在胞液，乙酰 CoA 必须从线粒体内转运到线粒体外。乙酰 CoA 本身不能通过线粒体膜，必须通过其他物质作为载体结合其乙酰基进行转运。目前已知有几种不同的转运机制。

①柠檬酸转运。在线粒体内乙酰 CoA 与草酰乙酸缩合成柠檬酸，通过线粒体膜上高活性的三羧酸阴离子转运载体（carrier），将柠檬酸转运到线粒体外，然后由液浆中的柠檬酸裂解酶（citrate lyase）将其分裂为乙酰 CoA 和草酰乙酸，此乙酰 CoA 即可用于脂肪酸合成。在胞液中产生的草酰乙酸由苹果酸脱氢酶催化（NADH 供氢）转变为苹果酸．再由苹果酸酶（$NADP^+$ 为辅酶）催化氧化成丙酮酸，丙酮酸再进入线粒体，由丙酮酸羧化酶催化，而生成草酰乙酸，从而形成一个环式代谢途径，称为丙酮酸－柠檬酸循环（pyruvate citrate cycle）（图 11－8）。这个途径是转运乙酰 CoA 的主要方式。在转运乙酰基的同时，还可为脂肪酸合成提供部分 NADPH。在这个途径中，柠檬酸不仅作为乙酰基的载体形式参与转运，而且对柠檬酸裂解酶还具有激活作用，可见柠檬酸在脂肪酸合成中具有多方面的调节作用。而 ADP 却可竞争 ATP 而抑制此裂解酶，故 ATP 供应充足时，有利于脂肪酸的合成。

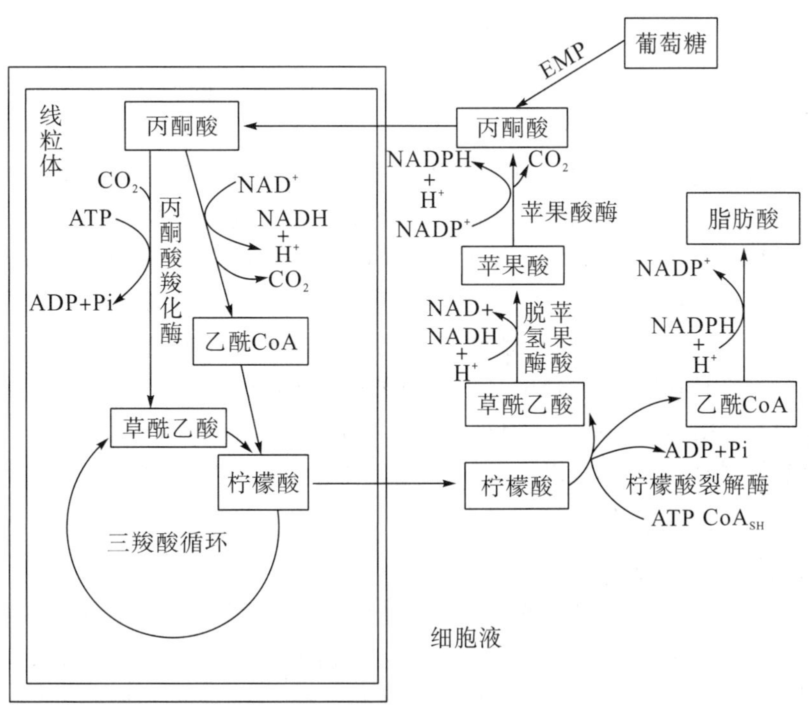

图 11－8　丙酮酸－柠檬酸循环

②α－酮戊二酸转运。在动物肝脏和脂肪组织中，由谷氨酸氧化脱氨产生或三羧酸循环中的α－酮戊二酸，通过线粒体膜上的二羧酸转运系统，由线粒体内转运到胞液，然后由胞液中的异柠檬酸脱氢酶催化，还原为异柠檬酸（NADPH 供氢），后者再转变为柠檬酸而为脂肪酸合成提供乙酰 CoA。此外，异柠檬酸也可从线粒体内转运到线粒体外，参与脂肪酸的合成（图 11－9）

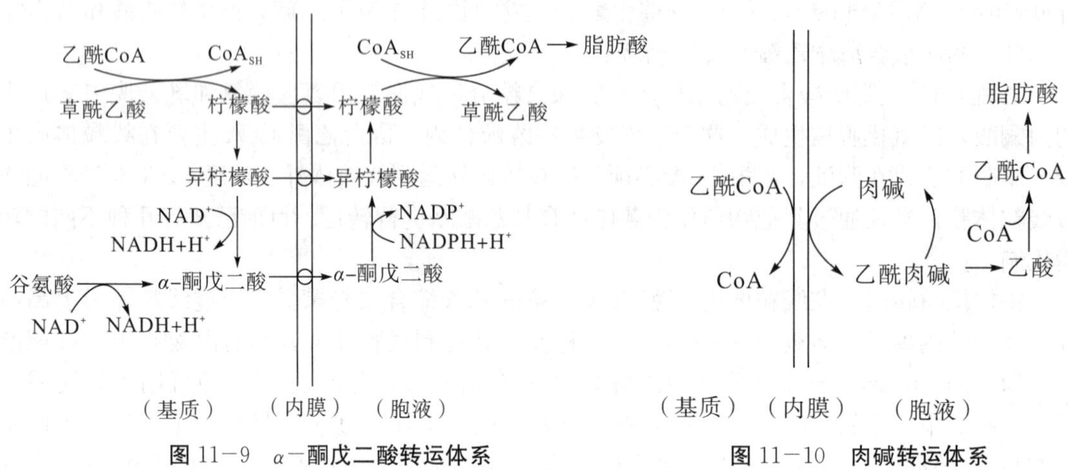

图 11－9　α－酮戊二酸转运体系　　　　图 11－10　肉碱转运体系

③肉碱转运。肉碱作为酰基载体，除了可将线粒体外的脂酰 CoA 转运到线粒体内，还可将线粒体内的乙酰 CoA，以乙酰肉碱的形式通过线粒体内膜转运到线粒体外（见图 11－10）。在胞液中乙酰肉碱被乙酰肉碱水解酶（acerylcarnitinehydrolase）催化，水解释放乙酸，再由乙酰 CoA 合成酶使乙酸活化为乙酰 CoA。这个途径提供的乙酰 CoA 十分有限，因此是一个次要的途径。

2. 线粒体和微粒体系统中的脂肪酸合成

在线粒体系统和微粒体系统中，脂肪酸的合成主要是碳链的加长。在由胞液系统合成软脂酸后，可在线粒体或内质网系统中延长成 C_{18}、C_{20}、C_{24} 等高级脂肪酸。

在线粒体中，软脂酸或其他饱和脂肪酸碳链的延长是将乙酰 CoA 连续加到软脂酸羧基末端。线粒体内脂肪酸的延长途径和脂肪酸的氧化途径类似，基本上为其β－氧化的逆转。软脂酸以软脂酰 CoA 的形式和乙酰 CoA 缩合，形成β－酮硬脂酰 CoA，然后由 NADPH＋H^+ 供氢，还原为β－羟硬脂酰 CoA，再经脱水形成α，β－烯硬脂酰 CoA，再由 NADPH＋H^+ 还原，形成硬脂酰 CoA。这一体系也可延长不饱和脂肪酸的碳链。

微粒体（滑面内质网）也能延长饱和或不饱和脂酰 CoA 的碳链。它的特点是利用丙二酸单酰 CoA 而不是用乙酰 CoA，还原过程需 NADPH＋H^+ 供氢。中间过程与脂肪酸合成酶体系相同，只是微粒体系统不是以 ACP 作为酰基载体，而是 CoA 作为酰基载体。

3. 不饱和脂肪酸的合成

（1）烯脂酸（monoenoic acid）的合成

在动物组织中，软脂酸和硬脂酸去饱和后形成相应的棕榈油酸（palmitoleic acid，Δ^9－十六烯酸）和油酸（oleic acid，Δ^9－十八烯酸），这两种脂肪酸在 Δ^9 位有一顺式双键。虽然绝大多数生物都能形成棕榈油酸和油酸，但是需氧生物和厌氧生物所需的酶不同。脊椎动物及其他需氧生物 Δ^9 位双键的形成是由一个去饱和酶复合体催化完成的。这个复合体包括两种酶和一种细胞色素：$Cytb_5$ 还原酶、去饱和酶和 $Cytb_5$。在需氧生物中，虽然电子都来自 $NADPH+H^+$，但动物、植物和微生物的电子传递系统的成员却不同(图 11－11)。

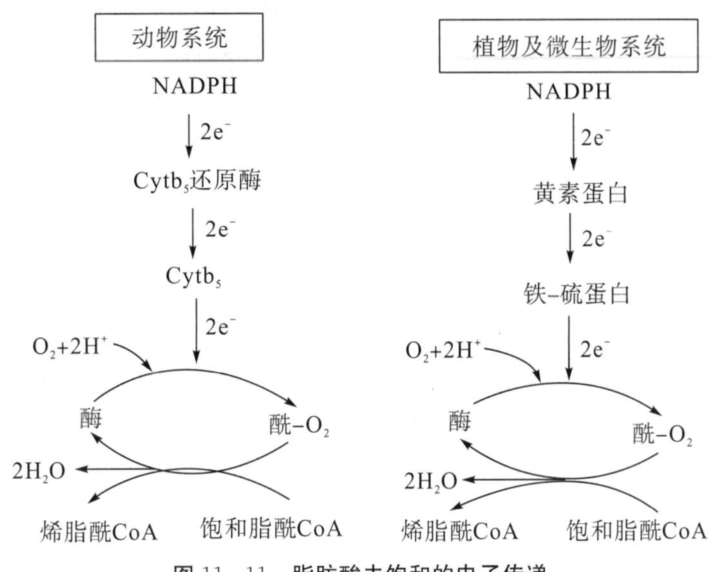

图 11－11　脂肪酸去饱和的电子传递

许多细菌则是通过另外不需氧的途径形成烯脂酸，即通过一个中等长度的 β－羟酰基－ACP 的脱水作用而不是羟脂酰 CoA 的氧化去饱和作用。在大肠杆菌中，棕榈油酸的合成是由脂肪酸合成酶系统合成的 β－羟癸脂酰－ACP（含 10 碳）开始的。β－羟癸脂酰－ACP 在 β－羟癸脂酰－ACP 脱水酶的催化下形成 β，γ（即 Δ^3）—癸烯脂酰—ACP，接着以 3 分子丙二酸单酰 ACP 在不饱和 10 碳脂酰－ACP 的羧基端相继叁加 3 次就形成棕榈油酰－ACP。

（2）多烯酸（multienoic acid）的合成

高等植物和动物含有丰富的多烯酸，细菌不含多烯酸。哺乳动物的多烯酸根据其双键的数目常分为 4 大类，即棕榈油酸（palmitoleic acid）、油酸（oleie acid）、亚油酸（linoleic acid）和亚麻酸（linolenic acid）。其命名来源于它们的前体脂肪酸。哺乳动物的其他多烯酸都由这 4 种前体通过碳链的延长或再次去饱和而衍生成。动物和人体只有 Δ^4，Δ^5，Δ^8 及 Δ^9 去饱和酶（desaturase），没有 Δ^9 以上的去饱和酶，因此不能合成亚油酸（$\Delta^{9,12}-C_{18}$）和亚麻酸（$\Delta^{9,12,15}-C_{18}$），只能从植物获取。这两种不饱和脂肪酸称为**必需脂肪酸**（essential fatty acid）。

亚油酸通过去饱和作用可转变为 γ－亚麻酸（$\Delta^{8,9,12}-C_{18}$），通过延长碳链形成二十碳三烯酸（$\Delta^{8,11,14}-C_{20}$）。二十碳三烯酸为前列腺素 PG_1 的前体。二十碳三烯酸通过去饱和形成花生四烯酸（$\Delta^{5,8,11,14}-C_{20}$），它是转变为几种重要活性物质的前体，这些活性物质包括前列腺素（G_2、E_2、$F_{2\alpha}$）、白三烯（leukotrienes）和凝血噁烷（thromboxane）。白三烯是过敏反应的慢反应物质，可使支气管平滑肌收缩，还可调节白细胞的功能，促进炎症及过敏反应的发展，凝血噁烷可促进血小板聚集，血管收缩，促进凝血及血栓形成。前列腺素的作用很广泛，其主要生理功能见第七章。

植物中脂肪酸的去饱和作用形成烯酸时，常常不是由游离脂肪酸作为底物，而是在磷脂等类脂中的脂肪酸通过去饱和作用形成多烯酸。

三、脂肪酸合成的调节

乙酰 CoA 羧化酶是脂肪酸合成途径的关键酶，细胞内有几种不同的机制调节此酶的活性。①变构调节。此酶是一个变构酶，终产物长链脂肪酸或脂酰 CoA 可引起它的构象改变，从而抑制酶的活性；②聚合与解聚。乙酰 CoA 羧化酶有两种存在形式：一种是无活性的原体（protomer），另一种是有活性的聚合体（polymer）。原体的相对分子质量为 40 万～50 万，含有 45 个亚基。每一个原体有一个 HCO_3^- 结合部位（即含有一个生物素辅基）、一个乙酰 CoA 结合部位和一个柠檬酸结合部位。由 10～20 个原体聚合成有活性的聚合体。动物组织的乙酰 CoA 羧化酶聚合体是一种相对分子质量为 500 万至 1000 万的纤维状分子。③共价修饰。乙酰 CoA 羧化酶也受磷酸化/去磷酸化调节，它被一种依赖于 AMP（而不是 cAMP）的蛋白激酶磷酸化而失活。

柠檬酸和异柠檬酸通过几个途径促进脂肪酸合成：促进乙酰 CoA 羧化酶由原体聚合成聚合体；引起乙酰 CoA 羧化酶的变构、提高活性；激活柠檬酸裂解酶，促进柠檬酸由线粒体内向胞浆转运，并裂解生成乙酰 CoA。当糖代谢加强时，由于 ATP 的积累而抑制异柠檬酸脱氢酶，因此造成柠檬酸和异柠檬酸积累，刺激脂肪酸合成。

相反，当脂肪酸合成加强后，由于长链脂肪酸或脂酰 CoA 促进乙酰 CoA 羧化酶解聚及变构，而抑制脂肪酸的合成。

胰高血糖素和 AMP 通过激活蛋白激酶而使乙酰 CoA 羧化酶磷酸化失活，因而抑制脂肪酸合成。肾上腺素、生长素也抑制脂酸肪合成。胰岛素则相反，促进脂肪酸合成。因为胰岛素刺激 6－磷酸葡萄糖脱氢酶、6－磷酸葡萄糖酸脱氢酶和苹果酸酶的活性，而这 3 种酶是细胞内产生 NADPH 的主要途径，这就促进 NADPH 用于脂肪酸的合成。

四、三酰甘油的合成

α－磷酸甘油和脂酰 CoA 在脂酰转移酶（acyltransferase）的催化下，缩合成 α－磷酸甘油二酯（即磷脂酸），它再在磷酸酶作用下脱去磷酸，并与另一分子脂酰 CoA 缩合成三酰甘油。其反应如下：

α- 磷酸甘油 +2 脂酰 CoA —脂酰转移酶→ 磷脂酸 + $2CoA_{SH}$

磷脂酸 —磷酸酶→ 二酰甘油 + Pi

二酰甘油 + 脂酰CoA → 三酰甘油 + CoA_{SH}

所形成的甘油三酯（三酰甘油）的性质取决于与甘油结合的脂肪酸。

第四节　磷脂代谢

磷脂是构成生物机体所有生物膜的基本脂类化合物，因而属于结构脂质，分为甘油磷脂和鞘磷脂两大类。甘油磷脂是由磷酸甘油的衍生物和几种含氮有机碱衍生物所组成的一类化合物。磷脂在血液和淋巴液中是脂蛋白的组成成分，它在三酰甘油和胆固醇的消化吸收中有促进乳化的作用，因而有利于这些脂质的消化吸收。磷脂在生物体内分布广泛，含量丰富的部分有肝、血浆、神经髓鞘、蛋黄、豆科植物种子、线粒体和各种生物膜。甘油磷脂主要有磷脂酰胆碱、磷脂酰胆胺、磷脂酰丝氨酸等。

一、甘油磷脂的代谢

1. 甘油磷脂的分解代谢

甘油磷脂消化吸收的最大特点是在肠腔中的广泛水解。小肠中存在多种水解磷脂的酶。大部分磷脂可被完全水解成脂肪酸、甘油、磷酸及其他成分，然后被吸收进入体内；小部分磷脂可不经过水解而包含在乳糜微粒中完整地吸收。

参与磷脂分解代谢的酶主要有**磷脂酶**（phospholipase）A、B、C 和 D，它们作用于磷脂中不同的化学键。

```
                    1
            CH2O ─── COR1
      2      |
R2OC ─── OCH           O                    OH
             |      3  ‖  4                 |
            CH2O ───── P ───── OCH2CH2 N(CH3)3
                       |
                       OH
```

磷脂酶 A：凡作用于磷脂中一个脂肪酰基的酶统称为磷脂酸 A。其中水解键 1 的称为磷脂酶 A_1，水解键 2 的称为磷脂酶 A_2，A_2 以酶原的形式存在于动物胰腺中。A_1 及 A_2 作用后的产物都具有溶血作用，所以均称为溶血磷脂（是一种强乳化剂）。A_2 酶在蛇毒、蜂毒、蝎毒及某些细菌中含量丰富。

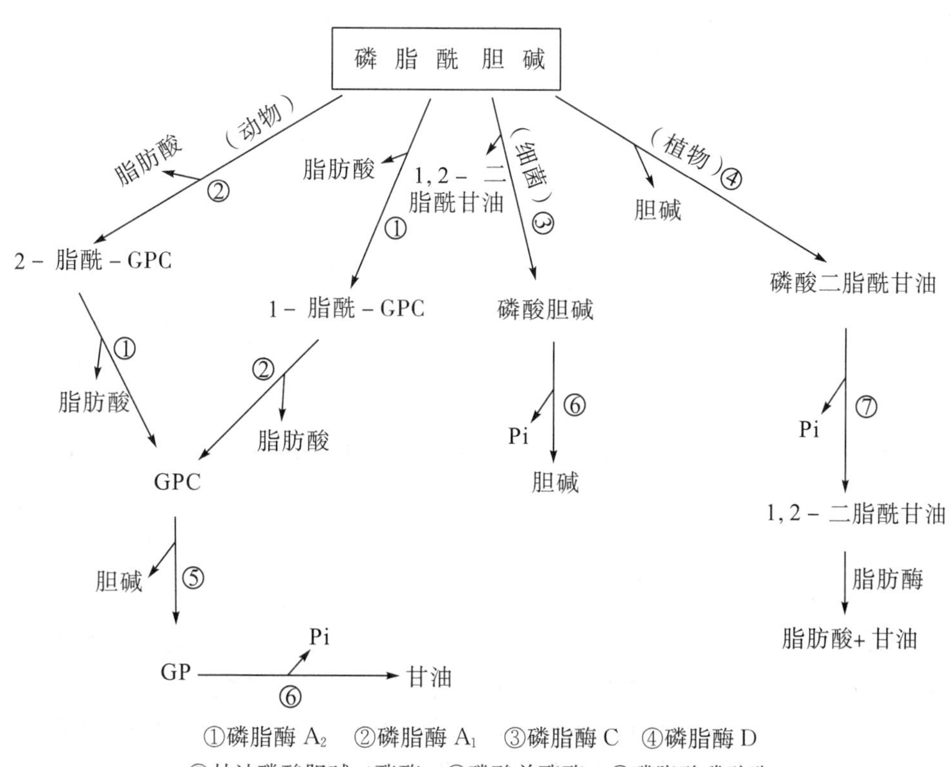

①磷脂酶 A_2　②磷脂酶 A_1　③磷脂酶 C　④磷脂酶 D

⑤甘油磷酸胆碱二酯酶　⑥磷酸单酯酶　⑦磷脂酸磷酸酶

图 11－12　卵磷脂的分解途径

磷脂酶B：这是早先文献上的名称，近来一般认为它是 A_1 和 A_2 酶的混合物，因而既能作用于被 A_1 作用的产物，也能作用于被 A_2 作用的产物。B 酶作用的产物称为甘油磷酸胆碱（或甘油磷酸乙醇胺等）。

磷脂酶C：分解键 3，使磷酸甘油酯键断裂。C 酶主要存在于微生物中，蛇毒和动物脑中也具有。

磷脂酶D：作用于键 4，即作用于磷酸胆碱（或胆胺）酯键使游离出胆碱（或胆胺）。D 酶主要存在于高等植物中。

在不同的生物中，磷脂分解代谢的途径不同。卵磷脂（磷脂酰胆碱）的分解代谢有三条不同的途径（图 11−12）。

（1）在动物组织中的分解途径　卵磷脂通过磷脂酶 A_1 或 A_2 的作用，转变成 2−脂酰−甘油磷酸胆碱（2−脂酰−GPC）或 1−脂酰−甘油磷酸胆碱（1−脂酰−GPC）；2−脂酰−GPC 被磷脂酶 A_2 催化生成甘油磷酸胆碱（GPC），而 1−脂酰−GPC 被磷脂酶 A_1 催化生成 GPC；然后 GPC 被 GPC−二酯酶和磷酸单酯酶所作用，水解生成胆碱、甘油和磷酸。

（2）在细菌中的分解途径　卵磷脂被卵磷脂酶 C 作用，生成 1，2−二酰甘油和磷酸胆碱；磷酸胆碱再被磷酸单酯酶作用，生成胆碱和磷酸。

（3）在植物中的分解途径　卵磷脂被磷脂酶 D 作用，生成胆碱和磷酸甘油二酯；再被磷脂酸磷酸酶作用，生成 1，2−二酰甘油和磷酸。

上述代谢途径中所产生的各种产物的去路如下：

脂肪酸及二酰甘油（由脂肪酶催化产生两分子脂肪酸及一分子甘油）可经过脂肪酸 β−氧化途径分解，并提供能量。

甘油经过磷酸二羟丙酮阶段进入三羧酸循环，或者沿着酵解途径逆行合成糖原。

胆碱可沿下述途径最后合成氨基酸。

$$(H_3C)_3N^+—CH_2—CH_2—OH \xrightarrow[\text{氧化}]{FAD,\ NAD^+} (H_3C)_3N^+—CH_2—COOH$$

胆碱　　　　甜菜碱

甜菜碱 + $HS·CH_2·CH_2CH(NH_2)·COOH$（同型半胱氨酸）→ $(H_3C)_2N—CH_2—COOH$ + $CH_3·S·CH_2·CH_2·CH(NH_2)·COOH$

二甲基甘氨酸　　　　甲硫氨酸

$(H_3C)_2N—CH_2—COOH \xrightarrow{-CH_3^-} H_3C—CH(NH_2)—COOH$

丙氨酸

2. 甘油磷脂的合成代谢

在人体和动物体中，磷脂的合成差不多能在所有组织中进行，但主要在肝脏中合成，因此，即使较长时间不进食磷脂类食物，也不致于对健康产生大的影响。

合成磷脂的材料脂肪酸、甘油和磷酸胆碱（或乙醇胺）可由不同的代谢途径而来。脂肪酸可由脂肪酸合成途径产生，甘油则由糖代谢产生。在卵磷脂的合成中，是以二酰甘油和磷酸胆碱（或乙醇胺）为直接原料。主要有两条合成途径。

（1）二酰甘油合成途径

这是磷酯酰胆碱（卵磷脂）和磷脂酰乙醇胺（脑磷脂）的主要合成途径。这两种磷脂在体内含量最多，约占总磷脂的 75%以上。以前体磷脂酸（经磷酸酶作用）先生成二酰甘油（1，2－甘油二酯），然后再加入活化的胆碱（或乙醇胺）。所谓活化胆碱就是在 CTP 参与下生成的 CDP－胆碱（或 CDP－乙醇胺），分两步进行：

$$\text{胆碱}\xrightarrow[\text{ATP}\quad\text{ADP}]{\text{胆碱激酶}}\text{磷酸胆碱}$$

$$\text{磷酸胆碱}+\text{CTP}\xrightarrow{\text{转移酶}}\text{CDP—胆碱}+\text{PPi}$$

CDP－胆碱再在磷酸胆碱转移酶（choline phosphotransferase）作用下，将磷酸胆碱转移给二酰甘油的 3 位碳上，而生成磷脂酰胆碱。

$$\text{CDP－胆碱}+\text{二酰甘油}\xrightarrow{\text{磷酸胆碱转移酶}}\text{磷脂酰胆碱}+\text{CMP}$$

（2）CDP－二酰甘油合成途径

这是肌醇磷脂、丝氨酸磷脂及心磷脂的主要合成途径。仍然以磷脂酸为前体，但在这个途径中磷脂酸不是被磷酸酶作用转变为二酰甘油，而是在磷脂酰胞苷酸转移酶作用，在 CTP 参与下，生成 CDP－二酰甘油。CDP－二酰甘油作为合成这几种磷脂的直接前体，在相应合成酶催化下，与肌醇、丝氨酸或磷酯酰甘油缩合，即生成肌醇磷酯、丝氨酸磷脂或心磷脂（二磷酰甘油）。

$$\text{CDP－二酰甘油}+\text{肌醇}\xrightarrow{\text{CDP－二酰甘油：肌醇磷脂酰转移酶}}\text{肌醇磷脂}+\text{CMP}$$

$$\text{CDP－二酰甘油}+\text{丝氨酸}\xrightarrow{\text{CDP－二酰甘油：丝氨酸磷脂酰转移酶}}\text{丝氨酸磷脂}+\text{CMP}$$

$$\text{CDP－二酰甘油}+\text{磷脂酰甘油}\xrightarrow{\text{CDP－二酰甘油：磷脂酰甘油转移酶}}\text{心磷脂}+\text{CMP}$$

除了上述甘油磷脂的基本合成途径外，还存在其他一些次要途径。例如，磷脂酰胆碱也可由磷脂酰乙醇胺从 5－腺苷甲硫氨酸（见第十二章）获得甲基生成，磷脂酰丝氨酸可由磷脂酰乙醇胺羧化或其乙醇胺与丝氨酸交换生成。

甘油磷脂的合成在内质网膜外侧进行。近年发现，在胞液中存在一类能促进磷脂在细胞内膜之间进行交换的蛋白质，称为磷脂交换蛋白（phospholipid exchange protein）。有多种磷脂交换蛋白（Mr：16000～30000），分别使不同磷脂在内膜系统之间进行交换。新合成的磷脂即可通过这种蛋白质将其转移到不同细胞器膜上，使膜上磷脂得以更新。

二、鞘磷脂的代谢

1. 鞘磷脂的降解

动物的肝、肾、脑等组织中，其细胞的溶酶体内具有神经鞘磷脂酶（sphingomyelinase），可将鞘磷脂分子中的磷酸酯键水解，生成磷酸胆碱和神经酰胺。磷酸胆碱除用于合成新的鞘磷脂外，也可用于合成卵磷脂。神经酰胺可用于合成鞘磷脂或鞘糖脂。

2. 鞘磷脂和鞘糖脂的合成

鞘磷脂由神经鞘氨醇和磷酸胆碱合成。

（1）神经酰胺的合成　合成神经酰胺的原料为软脂酰 CoA 和丝氨酸，另外需要磷酸吡哆醛、NADH 及 FAD 等辅酶。在内质网首先由 3－酮二氢鞘氨醇合酶（磷酸吡哆醛为辅酶）催化下，软脂酰 CoA 与丝氨酸缩合成 3－酮鞘氨醇（3－ketosphinganine）；然后再由 3－酮鞘氨醇还原酶催化，使其还原（由 NADH 供氢）为二氢鞘氨醇（sphinganine 或 dihydrosphingosine）；在 1 分子脂酰 CoA 参与下，与二氢鞘氨醇通过形成酰胺键而生成 N－脂酰二氢鞘氨醇（N－acylsphinganine）；最后由还原酶催化，脱氢（由 FAD 接受）而生成神经酰胺。

（2）神经鞘磷脂的合成　在神经酰胺磷酸胆碱转移酶（ceramide-choline phosphotransferae）作用下，由 CDP—胆碱提供磷酸胆碱，与神经酰胺合成神经鞘磷脂。该酶存在于高尔基体膜的腔侧。

（3）鞘糖脂的合成　鞘磷脂和鞘糖脂都含有鞘氨醇。二者不同之处是鞘磷脂还含有磷酸胆碱，而鞘糖脂含有糖。鞘糖脂的合成也起始于神经酰胺，由 UDP—糖基提供糖源，生成不同的鞘糖脂（脑苷脂）。

$$\text{神经酰胺}+\text{UDP}-\text{葡萄糖}\longrightarrow\text{葡萄糖脑苷脂}+\text{UDP}$$
$$\text{神经酰胺}+\text{UDP}-\text{半乳糖}\longrightarrow\text{半乳糖脑苷脂}+\text{UDP}$$

神经节苷脂的结构比脑苷脂更复杂，所含糖组分不是单糖，而是含有几个单糖衍生物的寡糖，它的合成是在相应糖基转移酶的催化下，在脑苷脂糖基末端羟基分别依次与 UDP－半乳糖、UDP－N－半乳糖胺、CMP－N－乙酰唾液酸等反应，生成在脑苷脂末端带一个寡糖的神经节苷脂。

第五节　胆固醇代谢

一、胆固醇的运输

胆固醇的合成和转化主要在肝细胞中进行，食物中的胆固醇需运输到肝，而肝中合成的胆固醇需运输到肝外组织，转变成一些活性物质。在运输中胆固醇都需与载脂蛋白结合。当然，在胆固醇运输的同时，脂蛋白的其他脂质也需要运输到不同组织细胞。

1. 乳糜微粒（CM）

CM 在 5 种脂蛋白中体积最大，密度最小。它由食物中的脂被消化吸收以后，在小肠上皮细胞的内质网和高尔基体装配而成。由小肠分泌后由淋巴系统进入血液（图 11－13）。

CM 的主要成分是脂肪（95%），含有少量胆固醇和胆固醇酯（5%）。CM 的载脂蛋白有 ApoB－48、Apo C－Ⅱ和 ApoE。随着运输过程中不同载脂蛋白的结合，脂肪被逐步水解，释放出的脂肪酸即供应一些组织细胞氧化利用，而胆固醇的比例升高。所以，CM 的主要功能就是将食物中的脂肪运输到脂肪组织及其他细胞作为燃料，同时将食物中的胆固醇转运到肝细胞。

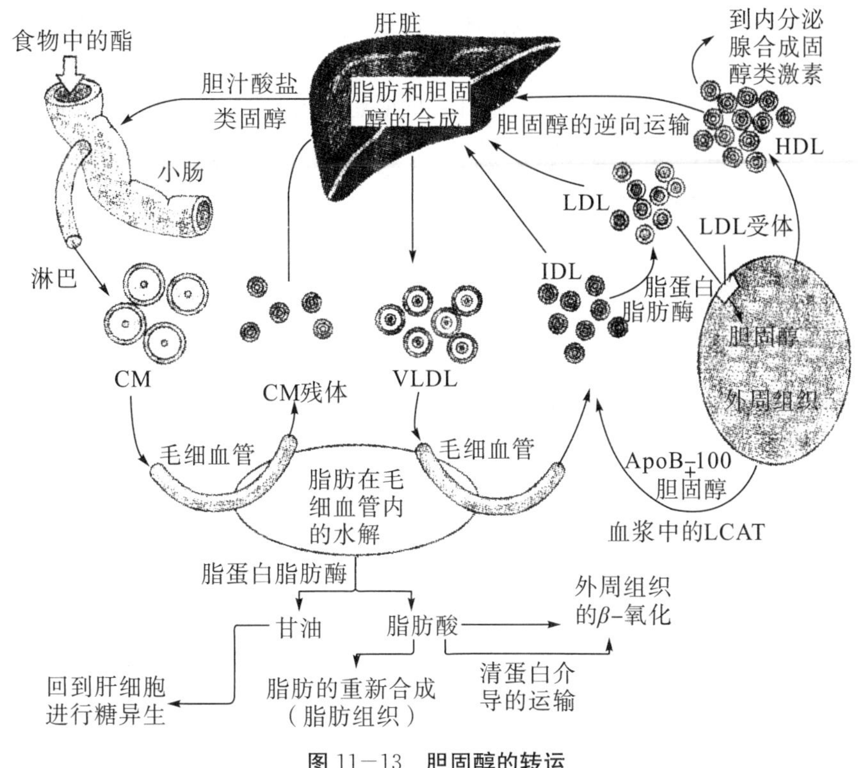

图 11－13　胆固醇的转运

2. 极低密度脂蛋白（VLDL）

VLDL 在肝细胞中装配而成，分泌后直接进入血液。其内含有 55%的脂肪，25%的胆固醇和胆固醇脂，其余为载脂蛋白。载脂蛋白中开始仅有 ApoB－100，而后逐渐结合 ApoC－Ⅱ和 ApoE。像 CM 一样，ApoC－Ⅱ激活毛细管壁上的脂蛋白脂肪酶，使脂肪水解。随着脂肪的水解，其体积减小，密度增大，VLDL 经 IDL 转变为 LDL。所以，VLDL 的功能是将内源性脂肪从肝细胞运输到肝外组织作为燃料，其中的胆固醇和胆固醇酯的去向则由 LDL 决定。

3. 中间密度脂蛋白（IDL）

IDL 由 VLDL 转变而来，其脂肪的比例降低到 20%，而胆固醇的比例则上升到 40%。血液中的 IDL 约有一半被肝细胞吸收，另一半则丢失更多的脂肪而转变成 LDL。

4. 低密度脂蛋白（LDL）

LDL 由 IDL 转变而来，其中的脂肪比例已降到 5%，而胆固醇的比例上升到 50%。此外，LDL 将绝大多数 Apo C－Ⅱ和 Apo E 返还给 HDL，因此，它主要的载脂蛋白为 Apo B－100。由于大多数细胞膜上都有 LDL 的受体，通过它可将 LDL 吸收入细胞内。LDL 的主要功能就是将肝细胞中的胆固醇转运至外肝外细胞。

LDL 的组成或结构改变可导致 LDL 无法被细胞吸收利用，血浆中的 LDL－水平会严重超际，就会诱发或加速动脉粥样硬化。所以，LDL 中的胆固醇俗称为“坏胆固醇”，就是因为它与动脉粥样硬化（atherosclerosis）有直接关系。

5. 高密度脂蛋白（HDL）

HDL 由肝细胞和小肠上皮细胞装配和分泌，其脂肪和胆固醇的含量分别为 5%和 20%。

HDL 富含各种载脂蛋白，它既可以为其他酯蛋白提供载脂蛋白，也可以从其他脂蛋白接受载脂蛋白。

HDL 主要是将肝外组织的胆固醇运回肝，同时也将其转运到一些内分泌腺，以合成固醇激素。进入肝细胞的胆固醇可转变为胆汁酸排出体外，也可重新装配在 VLDL 上，进入循环。HDL 中的胆固醇被称为“好胆固醇”，因为它在血液中起“清道夫”的作用。一个人血液中 HDL 量越高，其动脉粥样硬化发生率越低。

二、胆固醇的合成代谢

生物体内各种组织都能合成胆固醇（cholesterol）。人和高等动物除脑和成熟红细胞外，其他组织都能合成，其中以肝脏的合成为主，约 70%～80%胆固醇由肝脏合成。血浆胆固醇主要来自肝脏。

生物体内不少的次生物质如胡萝卜素、橡胶、胆固醇等都是以异戊二烯（isoprenoid）为碳架通过加成作用而形成的。乙酸（乙酰 CoA）是合成异戊二烯的前体，因此，合成胆固醇的原始材料是乙酸（乙酰 CoA）。整个合成过程包括三个大的步骤：第一步乙酰 CoA 首先缩合为甲羟戊酸（mevalonic acid，简写 MVA）；第二步由 MVA 转变为鲨烯（squalene），这一步包括 MVA 磷酸化，而后相互缩合增长碳链，成为含三十碳六烯化合物—鲨烯；第三步为环化反应，形成胆固醇。现分述如下。

1. 甲羟戊酸的生成

$$2CH_3-\overset{O}{\overset{\|}{C}}\sim sCoA \xrightarrow[\searrow HSCoA]{\text{乙酰乙酰 CoA 硫解酶}} CH_3-\overset{O}{\overset{\|}{C}}-CH_2-\overset{O}{\overset{\|}{C}}\sim sCoA$$

乙酰 CoA　　　　乙酰乙酰 CoA

$$\xrightarrow[CH_3-\overset{O}{\overset{\|}{C}}\sim sCoA \swarrow \quad \searrow HSCoA]{\text{羟甲基戊二酸单酰 CoA 合酶}} HOOC-CH_2-\underset{CH_3}{\underset{|}{\overset{OH}{\overset{|}{C}}}}-CH_2-\overset{O}{\overset{\|}{C}}\sim sCoA$$

3－羟－3－甲基戊二酸单酰 CoA（HMG－CoA）

$$\xrightarrow[2NADPH+H^+ \swarrow \quad \searrow 2NADP^+ \quad \searrow HSCoA]{\text{羟甲基戊二酸单酰 CoA 还原酶}} HOOC-CH_2-\underset{CH_3}{\underset{|}{\overset{OH}{\overset{|}{C}}}}-CH_2CH_2OH$$

3－甲基－3，5－二羟戊酸（MVA）

由羟甲戊二酸单酰 CoA 还原酶（HMG CoA reductase）催化的这一步反应是胆固醇合成中的一个关键反应，整个合成速度由这步反应决定。

2. 鲨烯的生成

鲨烯（squalene）是含 30 个碳原子的开链烯烃。经同位素实验证明，它是由 6 分子异戊二烯单位缩合而成的。由 MVA 到鲨烯的生成要经历下列反应：

$$HOOC-CH_2-\underset{CH_3}{\underset{|}{\overset{OH}{\overset{|}{C}}}}-CH_2CH_2OH \xrightarrow[ATP \swarrow \ Mg^{2+} \ \searrow ADP]{\text{激酶}} HOOC-CH_2-\underset{CH_3}{\underset{|}{\overset{OH}{\overset{|}{C}}}}-CH_2CH_2-O-P$$

MVA　　　　5－磷酸 MVA

$$\xrightarrow[\text{ATP}\ \ \text{Mg}^{2+}\ \ \text{ADP}]{\text{激酶}} \text{HOOC—CH}_2\text{—}\underset{\text{CH}_3}{\overset{\text{OH}}{\text{C}}}\text{—CH}_2\text{—CH}_2\text{O—P}\sim\text{P} \xrightarrow[\text{ATP}\ \ \text{ADP+Pi}\ \ \text{CO}_2]{\text{脱羧酸}}$$

5—焦磷酸 MVA

$$\text{CH}_2\text{=}\overset{\text{CH}_3}{\text{C}}\text{—CH}_2\text{—CH}_2\text{O—P}\sim\text{P} \underset{}{\overset{\text{异构酶}}{\rightleftharpoons}} (\text{H}_3\text{C})_2\text{C=CH—CH}_2\text{O—P}\sim\text{P}$$

焦磷酸异戊烯（IPP）
(isopentenyl pyrophosphate)

二甲基焦磷酸丙烯
(dimethylallyl pyrophosphate)

$$(\text{H}_3\text{C})_2\text{C=CH—CH}_2\text{O—P}\sim\text{P} + \text{CH}_2\text{=}\overset{\text{CH}_3}{\text{C}}\text{CH}_2\text{CH}_2\text{OP}\sim\text{P} \xrightarrow[\text{PPi}]{\text{缩合酶}} (\text{H}_3\text{C})_2\text{C=CH—CH}_2\text{—CH}_2\text{—}\overset{\text{H}_3\text{C}}{\text{C}}\text{=CH—CH}_2\text{—O—P}\sim\text{P}$$

焦磷酸异戊烯

牻牛儿醇焦磷酸脂（10 碳）
(geranylpyrophosphate)

$$\left.\begin{array}{c}\text{牻牛儿醇焦磷酸脂}\\+\\\text{焦磷酸异戊烯}\end{array}\right\}\xrightarrow[\text{PPi}]{\text{缩合酶}} (\text{H}_3\text{C})_2\text{C=CH—CH}_2\text{—CH}_2\text{—}\overset{\text{CH}_3}{\text{C}}\text{=CH—CH}_2\text{—CH}_2\text{—}\overset{\text{CH}_3}{\text{C}}\text{=CH—CH}_2\text{—O—P}\sim\text{P}$$

姜草醇焦磷酸酯（15 碳）
(farnesylpyrophosphate)

$$\begin{array}{c}\text{2分子姜草醇}\\\text{焦磷酸酯}\end{array}\xrightarrow[\text{2NADPH}^{+}\text{H}^{+}\ \ \ \text{2NADP}^{+}]{\text{鲨烯合酶}\ \ \text{2PPi}}\ \text{鲨烯}$$

鲨烯（30碳）

3. 胆固醇的生成

由鲨烯转变为胆固醇是由多个反应完成的，并由一套氧化环化酶系统所催化。其详细机制尚不完全清楚．大体上要经历羊毛固醇（lanosterol）、酵母固醇（zymosterol）、纤维固醇（desmosterol）等几个中间物生成阶段：

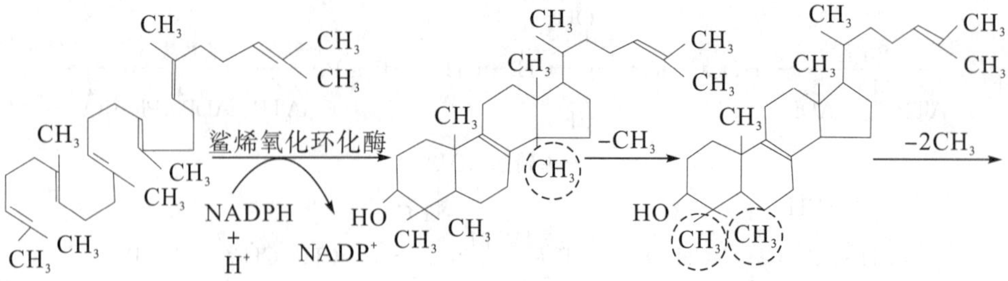

鲨烯氧化环化酶　NADPH + H^+　$NADP^+$　$-CH_3$　$-2CH_3$

鲨烯　　羊毛固醇　　酵母固醇

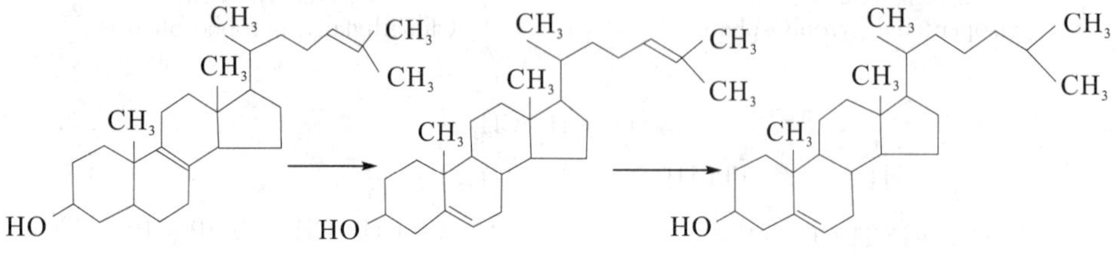

霉固醇　　纤维固醇　　胆固醇

胆固醇合成酶系存在于胞浆和微粒体中。由乙酰 CoA 到鲨烯合成在胞浆中进行，鲨烯由固醇载体蛋白转运到内质网，在其中再形成胆固醇。

每合成 1 分子胆固醇需 18 分子乙酰 CoA，36 分子 ATP 及 16 分子 NADPH+H^+。

三、胆固醇合成的调节

胆固醇合成的关键酶是羟甲戊二酸单酰 CoA 还原酶（HMG−CoA 还原酶）。多种因素通过对该酶活性的影响来调节胆固醇的合成。HMG−CoA 还原酶存在于内质网膜上，它是一种由 887 个氨基酸残基构成的糖蛋白，相对分子质量 97000。其 N−端约 35000 相对分子质量的结构域富含疏水氨基酸，跨内质网膜固定于膜上，C−端约 62000 相对分子质量的亲水性结构域伸向胞液，是酶的催化活性部位。影响该酶活性从而调节胆固醇合成的主要因素有下列几种：

1. 酶的共价修饰

HMG−CoA 还原酶可通过磷酸化/去磷酸化调节其活性。去磷酸后为活性形式，通过一种蛋白激酶（依赖于 AMP，而非依赖 cAMP）使其磷酸化后即失去活性。胞液中的磷蛋白磷酸酶可使磷酸化的 HMG−CoA 还原酶脱去磷酸而恢复其活性。

2. HMG−CoA 还原酶合成的调节

HMG−CoA 还原酶量的多少也决定了胆固醇合成的水平。酶量由酶的合成及酶的降解两方面决定。酶的合成由其相应基因的表达程度决定，多种因素影响 HMG−CoA 还原酶的合成：①胆固醇对该酶的合成具有反馈抑制作用。实现证明，当胆固醇过量时，HMG−CoA 还原酶的 mRNA 量减少，表明胆固醇抑制 HMG−CoA 还原酶基因的表达；②饥饿或禁食可使 HMG−CoA 还原酶的合成减少。大鼠禁食 48 小时，肝合成减少 11 倍，禁食 96 小时减少 1 7 倍。相反，摄取高糖、高饱和脂肪酸膳食后，肝 HMG−CoA 还原酶的合成增加；③不同激素对 HMG−CoA 还原酶合成的影响不同。胰岛素和甲状腺素可诱导肝 HMG−CoA 还原酶的合成，而胰高血糖素和皮质醇则抑制 HMG−CoA 还原酶的合成。

3. HMG－CoA 还原酶的降解

HMG－CoA 还原酶半寿期（其量减少 50％所需时间）为 2～4 小时，约为内质网中其他蛋白质半寿期的十分之一。也就是说，HMG－CoA 还原酶在细胞内降解得很快。HMG－CoA 还原酶的降解速度受胆固醇含量的影响，胆固醇含量丰富时，酶的降解速度快。

4. HMG－CoA 还原酶活性具有昼夜节律性

生物钟对酶的活性有影响，在子夜时 HMG－CoA 还原酶的活性最高，中午时酶的活性最低。因此，胆固醇的合成也是具有昼夜节律性，子夜合成最高，中午合成最低。因此，作为抑制胆固醇合成的药物以晚上给药为最佳时间。例如，阿托伐他汀（Atorvastatin）类药物是 HMG－CoA 还原酶的竞争性抑制剂，作为心脑血管类药物起抑制胆固醇合成的作用，一般在晚上 9～10 点钟服药为最佳。

四、胆固醇的转化

生物体内各种类固醇都可由胆固醇转化而来。“胆固醇的分解代谢”实际上就是指其转化过程，它可转化为多种具有生物活性的物质（图 11－14）。

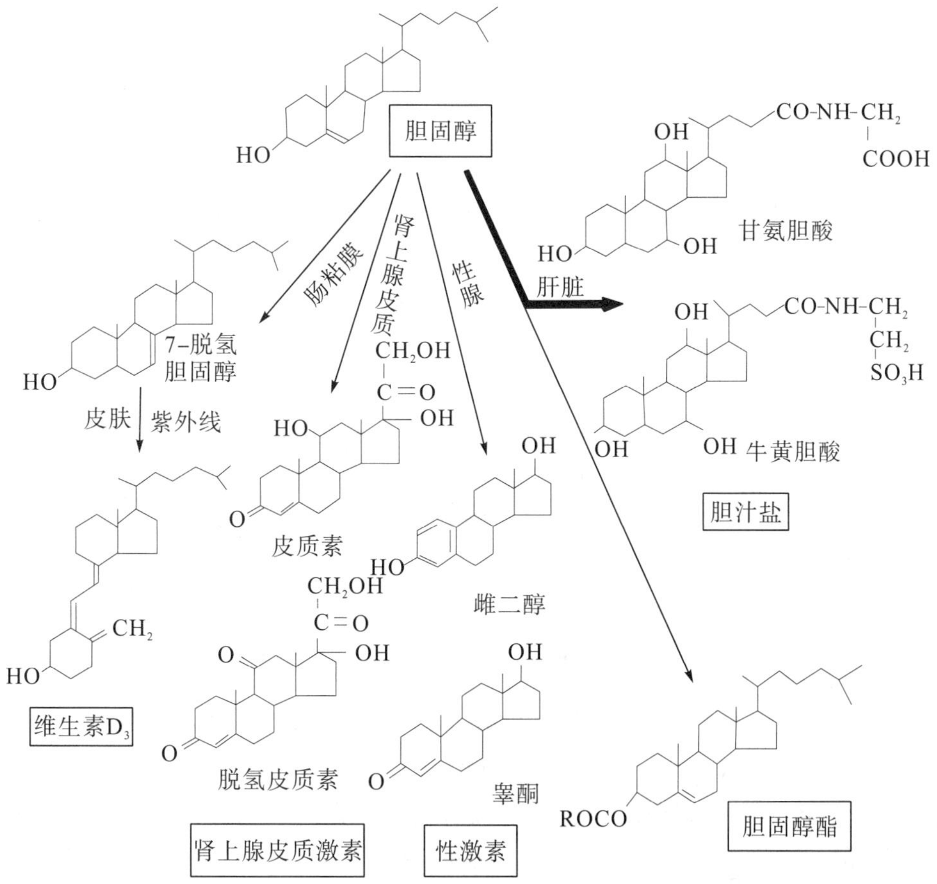

图 11－14　胆固醇的转化

由胆固醇转化为类固醇，大部分在肝脏中进行，但类固醇激素（肾上腺皮质激素及性激素）则在相关的内分泌腺中生成，再由血液循环运输到肝脏等组织中进一步转化。

体内大部分胆固醇在肝中转变为胆酸（cholic acid），胆酸及少量胆固醇随胆汁排入肠腔，其中的大部分胆酸及胆固醇又被肠粘膜再吸收回去（称为再循环），仅少量胆固醇经肠道细菌还原（加氢）变成粪固醇（coprosterol）而排出体外。

有少量胆固醇在一些内分泌腺中转变成重要的类固醇激素：在肾上腺皮质中转变为肾上腺及质激素（adrenal cortical hormone），在性腺（睾丸和卵巢）中转变为性激素（sex hormone）。这些类固醇激素主要在肝脏中丧失活性，成为易于排出的形式，大部分从尿中排出。

此外，胆固醇还可以在肠粘膜内形成维生素 D_3 原（7－脱氢胆固醇，7－dehydrocholesterol），它在皮下经紫外线（日光）照射后转变为维生素 D_3。

现对类固醇激素的生成简单介绍如下：

由胆固醇转变成类固醇激素是在肾上腺、睾丸和卵巢这些内分泌腺中进行的。它们的可溶性酶能催化胆固醇侧链 C_{20} 和 C_{22} 间的键裂解，产生孕烯醇酮（pregnenolone）和异己醛（isocaproaldehyde）。此反应需要 $NADPH+H^+$ 和分子氧。反应过程如下：

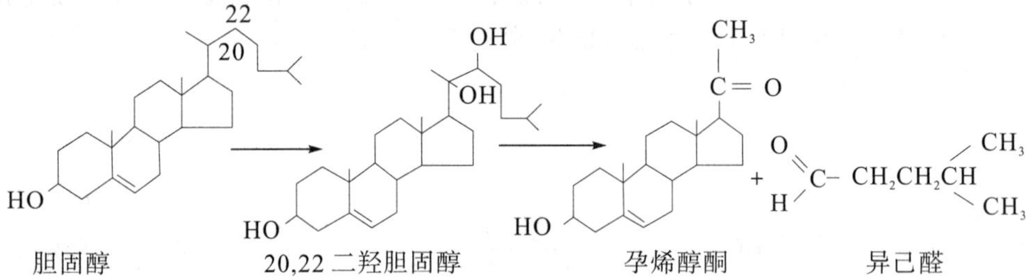

胆固醇 → 20,22 二羟胆固醇 → 孕烯醇酮 + 异己醛

孕烯醇酮是一些类固醇激素和肾上腺皮质激素的前体。由孕烯醇酮变成性激素的过程如下：

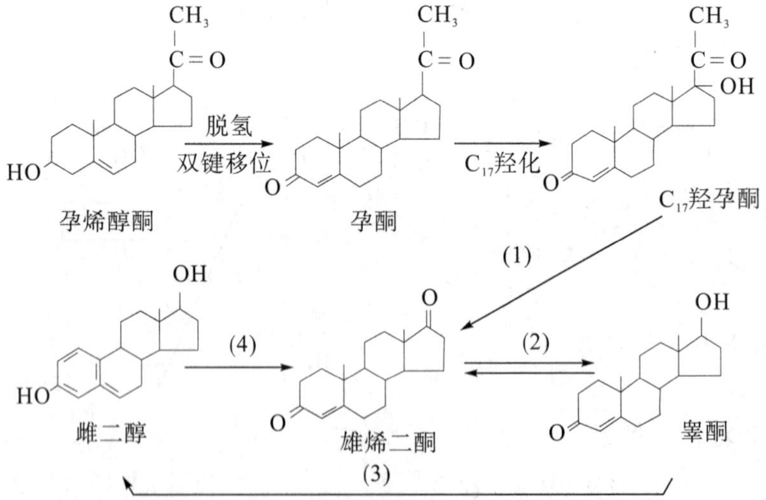

孕烯醇酮 —脱氢、双键移位→ 孕酮 —C_{17}羟化→ C_{17}羟孕酮

C_{17}羟孕酮 —(1)→ 雄烯二酮；雄烯二酮 ⇌(2) 睾酮；雌二醇 —(4)→ 雄烯二酮；睾酮 —(3)→ 雌二醇

虽然以上一系列反应都能在睾丸、卵巢及肾上腺皮质中发生，但在正常人的肾上腺皮质中这些反应都很弱。在睾丸中以（1）、（4）为主，在卵巢中以（1）、（3）为主。

由孕酮（progesterone）转变成肾上腺皮质激素的过程如下：

孕　酮　→(C_{21}羟化)→　11-脱氧皮质酮　→(C_{11}羟化)→　皮质酮　→(-2H)→　11-脱氢皮质酮

醛皮质酮

17-羟-孕酮　→(C_{21}羟化)→　11-脱氧-17-羟皮质酮　→(C_{11}羟化)→　氢化可的松　→(-2H)→　可的松

本章学习要点

脂肪是体内的储存能源物质，其氧化分解后比糖产生多得多的能量，这主要是由于脂肪酸含有高比例的氢氧比，含氢多，脱氢机会多，产能必然高。磷脂是生物膜的基本组分，膜成分的不断更新，有赖于磷脂代谢的正常。胆固醇不仅本身是膜的组分，参与脂质代谢，而且它是多种活性物质的前体，与多种生理活动紧密相关。

1. 脂肪酸的分解有 β-氧化、α-氧化和 ω-氧化等方式，其中 β-氧化是绝大多数生物氧化分解脂肪酸的主要方式。每次减少 2 个碳原子，产生 1 个乙酰 CoA，不仅乙酰 CoA 进入三羧酸循环氧化产生 ATP，β-氧化循环本身也产生 ATP。调节脂酸氧化的关键酶是肉碱脂酰转移酶 I 和脂酰 CoA 合成酶。脂肪酸的代谢需要酰基载体 CoA_{SH}、ACP_{SH}和肉碱。

2. 在胞浆中的脂肪酸合成是主要途径，以乙酰 CoA 为原料，丙二酸单酰 CoA 为直接前体，在一个多酶体系（大肠杆菌）或多功能酶（高等动物）的催化下合成软脂酸，乙酰 CoA 羧化酶是关键酶。在微粒体（内质网）和线粒体中的合成，主要是碳链的加长或去饱和作用，生成长链脂酸和不饱和脂酸。

3. 磷脂在几种不同磷脂酶催化下，可分解成甘油、脂酸、磷酸、胆碱（或胆胺、丝氨酸）等，它们分别进入糖代谢途径，或转化成氨基酸。磷脂的合成需 CTP，合成的不同磷脂通过磷脂交换蛋白使生物膜的磷脂得以更新。

4. 胆固醇的合成以乙酰 CoA 为原料，需线粒体、胞浆和内质网的参与，经历一个复杂过程而合成，其中羟甲基戊二酸单酰 CoA 还原酶是调节胆固醇合成的关键酶。胆固醇在体内可转化为多种活性物质，包括维生素 D_3、胆汁酸、固醇激素（肾上腺皮质激素和性激素）等。

Chapter 11 LIPID METABOLISM

Lipids are store energy source substances of body. Lipids can produce more and more energy than carbohydrate through oxidation and decomposition. The main reason is that fatty acid has high ratio of H/O. Fatty acid has more hydrogens and more chance of dehydrogenation, so it can produce more energy. Phospholipid is basic component of biomembrane. Renewal of biomembrane components rely on the normal metabolism of phospholipid. Cholesterol is not only the component of biomembrane and take part in the metabolism of lipid, but also the precursors of many active substances and related closely to many physiology activities.

1. The ways of decomposition of fatty acid have β-oxidation, α-oxidation and ω—oxidation, etc. β-oxidation is the main way of oxidation and decomposition of most fatty acids. In this process, reducing two carbon atoms can produce one acetyl CoA. Not only aceyl CoA produce ATP by TCA but also β-oxidation cycle can produce ATP. The key enzymes of regulating oxidation of fatty acid are carnitine acyl transferase I and fatty acyl-CoA synthetase. The metabolism of fatty acid needs acyl carriers, such as CoA_{SH}, ACP_{SH} and carnitime, etc.

2. The main pathway of fatty acid synthesis exists in cytoplasm. The material of fatty acid synthesis is acyl-CoA and the direct precusor of fatty acid synthesis is malonyl-CoA. Palmitic acid synthesis was catalized by multienzyme system (E. *coli*) or multifunctional enzyme (senior animal). The key enzyme is acetyt-CoA carboxylase. Fatty acid synthesis which exists in microsome (endoplasmic reticulum) and mitachondrion is to lengthen carbon chain or desaturation and produce long chain fatty acid and unsaturated fatty acid.

3. Phospholipid can be decomposed into glycerol, fatty acid, phosphate and choline (or cholamine, serine, etc.) by the catalysis of different phospholipase. They can insert the way of carbohydrate metabolism or tansform into amino acid. Phospholipid synthesis needs CTP. Different compounding phospholipids renew the biomembrane through phospholipid exchange proteins.

4 Acetyl-CoA is the material of cholesterol synthesis. Cholesterol synthesis needs the participation of mitochondrion. cytoplasm and endoplasmic reticulum. The key enzyme of regulating cholesterol synthesis is β-hydroxy-β-methylglutaryl-CoA (HMG GoA) reductase. Cholesterol can transform into many active substances, including VD_3, bile acid and sterol hormone (adrenal cortical hormone and sex hormone), etc.

习 题

1. 用对或不对回答下列问题。如果不对，请说明原因。

(1) 乙酰 CoA 是脂肪酸β—氧化的惟一产物。

(2) 脂肪酸的氧化分解只能从羧基端开始。

(3) 无论脂肪酸的分解代谢或合成代谢，其中间物均需与酰基载体连接。

(4) 磷脂中的磷酸基是直接来自于 ATP。

(5) 合成 1 分子软脂酸需要 8 分子乙酰 CoA，7 分子需要羧化，故需消耗 7 分子 ATP。

2. 为什么说脂肪氧化可产生大量内源性水？

3. 如果用^{14}C标记乙酰 CoA 的两个碳原子，并加入过量的丙二酸单酰 CoA，用纯化的脂肪酸合成酶体系来催化脂肪酸的合成，在合成的软脂酸中，哪两个碳原子是被标记的？

4. 1 mol 三软脂酰甘油酯完全氧化分解，产生多少 mol ATP？多少 mol CO_2？如由 3 mol 软脂酸和 1 mol 甘油合成 1 mol 三软脂酰甘油酯，需要多少 mol ATP？

5. 1 mol 下列含羟基不饱和脂肪酸完全氧化成 CO_2 和水，可净生成多少 mol ATP？

$$CH_3—CH_2—CH_2—\underset{\displaystyle |}{\overset{OH}{CH}}—CH_2—CH{=}CH—COOH$$

6. 在动物细胞中由丙酮酸合成 1 mol 己酸，需净消耗多少 mol ATP 及 NADPH？

第十二章　蛋白质的降解和氨基酸代谢

氨基酸是构成蛋白质的基本单位，蛋白质在体内经过多种酶作用，降解成氨基酸，而氨基酸在体内主要是作为合成蛋白质的原料，氨基酸也可以进一步分解为机体提供能量和为其他某些物质（如核酸等）的合成提供原料。氨基酸代谢包括氨基酸的分解和氨基酸的合成两个方面，在不同生物种系或同一种生物中的不同生理状态下，二者的强度有所不同。例如，在细菌中，多数细菌体内的氨基酸代谢是以合成为主，但在以氨基酸作为惟一碳源的细菌中，则是以氨基酸的分解为主。在高等植物中，随着植物体的生长需要大量氨基酸用于合成蛋白质和酶，因此，氨基酸的合成强于分解。在动物和人体的不同生理状态下，氨基酸的分解和合成变化较大。

第一节　蛋白质的降解及营养作用

一、蛋白质的营养作用

1. 氮平衡（nitrogen balance）

人和动物从食物中摄取的蛋白质，在消化道中经多种酶的作用水解成氨基酸，然后被吸收入体内。吸收的氨基酸同体内原有氨基酸（由组织蛋白分解产生）一起，用于合成组织蛋白质，以补偿在代谢过程中被消耗的组织成分；如果还有剩余，则多余的氨基酸分解为含氮的废物而排出体外。这种多余的氨基酸在分解过程中也可为机体提供部分能量。

另一方面，机体内组织蛋白质在不断更新，每天总有一定量的组织蛋白质分解成氨基酸，氨基酸再经过一系列变化，最后生成水、二氧化碳和一些含氮的废物排出体外。

食物中的含氮物质主要是蛋白质，而且蛋白质分子中的含氮量比较恒定（约为16%），所以食物中的含氮量可以反映食物中的蛋白质量。食物蛋白质被消化吸收后，在体内进行代谢，其代谢含氮废物主要随尿排出，随汗排出者甚少；其未被消化者则随粪便排出。所以，排出的氮量也可以反映体内蛋白质的分解量。比较一个人（或动物）每日摄入的氮量和排出的氮量之间的关系叫做**氮平衡**。氮平衡是从量的方面观察组织蛋白质分解与摄入蛋白质之间关系的一个重要指标，也是研究蛋白质营养价值和需要量以及判断组织生长情况的重要方法之一。

（1）总氮平衡（all nitrogen balance）

摄入的氮量与排出的氮量相等，这种情况称为总氮平衡。这表明组织蛋白质的分解与合成处于动态平衡状态。正常成人摄入的蛋白质除补偿每日消耗了的组织蛋白外，余下的便分解供能，故表现为总平衡。

（2）正氮平衡（positive nitrogen balance）

摄入的氮量多于排出的氮量，这种情况称为氮的正平衡。这表明摄入的蛋白质除了补偿组织的消耗外，还有一部分构成了新的组织成分而被保留，如儿童、孕妇、恢复期的病人，因体内有大量组织新生，故表现为氮的正平衡。

（3）负氮平衡（negative nitrogen balance）

排出的氮量多于摄入的氮量，这种情况称为氮的负平衡。这表明体内蛋白质的分解量多于合成量。在慢性消耗性疾病、组织创伤或食入蛋白质过少时，均可表现为负氮平衡。

体内氮的平衡与食进蛋白质的量和质有关，要维持氮的总平衡，就必须食进足够的、质量良好的蛋白质。同时，膳食还必须具备其他营养因素，才能维持成人的总氮平衡或儿童的正氮平衡。

虽然现在临床上不再进行氮平衡指标的检测，但测定氮平衡对于了解机体对蛋白质的需求仍然是重要的，根据氮平衡测定来计算，在不进食蛋白质时，成人每天最低分解约20g蛋白质。由于食物蛋白质与人体蛋白质组成的差异，不可能全部被利用，故成人每日最低需要30g～50g蛋白质。我国营养学会推荐成人每日蛋白质需要量为80g。

二、必需氨基酸和非必需氨基酸

人和动物体的蛋白质是由20余种氨基酸组成的。所有这些氨基酸对于合成体内蛋白质都是不可缺少的。但是通过实验发现，当食物中缺乏某几种氨基酸时，人和动物体即无法维持氮平衡；而当食物中缺乏另一些氨基酸时，对氮平衡没有影响。这说明机体不能自行合成前一类氨基酸，而必须由食物获取，这一类氨基酸称为**必需氨基酸**（essential amino acid）；后一类氨基酸可由人和动物自行合成，这一类氨基酸称为**非必需氨基酸**（non-essential amino acid）。

动物种类不同，所需的必需氨基酸也不同。对成人而言，有8种必需氨基酸：即赖氨酸、色氨酸、缬氨酸、亮氨酸、异亮氨酸、苏氨酸、甲硫氨酸、苯丙氮酸。对发育中的儿童. 除上述8种氨基酸外，还要加上精氨酸和组氨酸。精氨酸和组氨酸在人体内虽能合成，但合成速度较慢，常常不能满足机体组织建造的需要，因而有人将这两种氨基酸称为**半必需氨基酸**（semi－essential amino acid）。对许多动物而言，精氨酸和组氨酸也是必需氨基酸。

食物中的蛋白质消化成氨基酸后被吸收，进入细胞内的氨基酸不能全部用于合成蛋白质。这是因为食物蛋白质所含的氨基酸在种类、含量和比例方面与机体本身蛋白质都有一定的差别。因此，总有一部分氨基酸不能用于合成蛋白质，最后在体内分解。这样，不同的食物蛋白质就有不同的利用率，利用率愈高的蛋白质，对人体的营养价值就愈高。

蛋白质营养价值的高低，决定于其所含必需氨基酸的种类、含量及其比例是否与人体所需要的相近似。愈相近似的营养价值愈高，相差很远的营养价值就低。一般说来，动物蛋白质所含的必需氨基酸在组成和比例方面都较合乎人体的需要，植物蛋白质则差一些，所以动物蛋白质的营养价值一般比植物蛋白质高。

三、蛋白质的降解

体内的蛋白质并不是一成不变的，而是不断更新和转换。细胞利用氨基酸合成所需的酶和各种功能蛋白质，又把那些不正常的蛋白质、积累过多的酶和调节性蛋白降解，这样才能保证机体代谢的正常。因此，蛋白质的降解与蛋白质的合成同样重要，是蛋白质代谢不可缺少的环节。

蛋白质的降解可分为细胞外降解和细胞内降解。

1. 蛋白质的胞外降解

在动物和人体内蛋白质的胞外降解是指蛋白质在消化道中的消化过程。消化过程不仅是将食物蛋白质水解为氨基酸和小肽，便于吸收，而且还可消除食物蛋白质的特异性和抗原性。有时某些抗原、毒素蛋白可少量通过粘膜细胞进入体内，会产生过敏反应或毒性反应。

(1) 蛋白质在胃中的消化

唾液中不含水解蛋白质的酶，故食物蛋白质在口腔中不能消化。食物进入胃后，刺激胃粘膜产生胃泌素（又称促胃酸激素，gastrin），它再刺激胃中壁细胞（parietal cell）分泌胃酸（盐酸），胃酸再激活由主细胞（chief cell）分泌的胃蛋白酶原（pepsinogen），形成胃蛋白酶（pepsin）。胃蛋白酶原也可由胃蛋白酶的自身催化作用而形成胃蛋白酶。

胃蛋白酶能催化水解芳香族氨基酸（Phe、Tyr、Trp）、蛋氨酸（Met）、亮氨酸（Leu）、谷氨酸（Glu）等羧基侧的肽键。可见，胃蛋白酶对蛋白质的降解其专一性较低，在胃中它可将蛋白质水解为相对分子质量较小的脲（proteose）、胨（pepton）及多肽（polypeptide）。胃蛋白酶是消化道中能够水解胶原的主要消化酶。

(2) 蛋白质在小肠中的消化

在胃中被消化和未经消化的蛋白质，连同胃液进入小肠。在胃液中的酸性刺激下，小肠分泌肠促胰液肽（secretin）进入血液，刺激胰腺分泌碳酸进入小肠以中和胃酸，以便于多种蛋白酶的作用。

在肠液和胰脏分泌的胰液中含有多种水解蛋白质的酶，这些酶都能以酶原的形式从细胞中分泌出来，经过激活才转变为有活性的酶。由胰腺细胞分泌的胰蛋白酶原经肠液中的肠激酶（enterokinase）激活，转变为胰蛋白酶（trypsin）。胰蛋白酶也可自身激活（但作用较弱），即已具活性的胰蛋白酶切下酶原 N 端的一个六肽，使胰蛋白酶原转变为有活性的胰蛋白酶。胰蛋白酶水解碱性氨基酸（Lys、Arg）羧基侧的肽键；胰凝乳蛋白酶原经胰蛋白酶的激活，转变为胰凝乳蛋白酶（chymotrypsin，或称糜蛋白酶），催化断裂芳香族氨基酸（Phe、Tyr、Trp）羧基侧肽键；弹性蛋白酶原经胰蛋白酶激活，转变为弹性蛋白酶（elastase），主要催化具小侧链脂肪族氨基酸（Ala、Ser、Thr 等）羧基侧肽键。

通过胃蛋白酶和上述胰腺分泌的蛋白酶并不能将食物蛋白质水解彻底，水解产物中氨基酸仅占 1/3，其余 2/3 为寡肽。寡肽的水解主要在肠粘膜细胞内进行。因为粘膜细胞内存在一些寡肽酶（oligopeptidase），如氨基肽酶（aminopeptidase）、二肽酶（dipeptidase）等。氨基肽酶将寡肽从氨基端逐个水解成氨基酸，最后剩下二肽，由二肽酶水解成氨基酸。

高等植物细胞内也具有不少蛋白水解酶，如木瓜蛋白酶（papain）、菠萝蛋白酶（bromelain）、无花果蛋白酶（ficin）等。这些酶对蛋白质的水解作用专一性低。它们在植物细胞内的确切功能尚不清楚，可能在种子萌发中起作用，使种子储存的蛋白质水解成氨基酸，以供胚芽生长的需要。

微生物中的许多蛋白酶也能水解多种蛋白质，一般专一性较低。这些蛋白酶与感染宿主有关。

2. 蛋白质的胞内降解

动物和人体消化系统中蛋白质的降解主要是作用于外源性蛋白质，机体通过这种胞外降解将食物中的蛋白质降解为氨基酸，以供机体利用。另一方面细胞内的组织蛋白和功能蛋白也在不断地降解和合成，不断更新。因此，各种蛋白质都有一定寿命，但其寿命的长短差异很大，短的不到1小时，长的可达数月。蛋白质的寿命通常用半存活期或半寿期（half-life）来表示，即蛋白质降解至其浓度一半所需的时间。例如，人血浆蛋白的半寿期约为10天，而细胞色素C约为150天。不同蛋白质在细胞内的更新速度主要取决于它们的功能和在代谢途径中所处的地位，此外，也与细胞的营养状态和激素状态有关。1986年Alexander Varshavsky发现决定一个蛋白质半寿期的重要因素是其N端的氨基酸种类（被称为N端规则）。某些氨基酸起稳定作用，它的存在能延长蛋白质的半寿期（如Met、Gly、Ala等）；而某些氨基酸能缩短蛋白质的半寿期（如Arg、Leu、Lys、Pro等）。

蛋白质的胞内降解有多种途径，目前比较清楚的有下列两种途径：

（1）溶酶体酶的降解

溶酶体（lysosome）是一种含单层膜的细胞器，其内包含有大约50种水解酶，包括多种蛋白质水解酶，称为组织蛋白酶（cathepsin）。溶酶体中的这些组织蛋白酶对蛋白质的降解是无选择性的，主要降解从细胞外摄入细胞内的蛋白质。它通过细胞的自体吞噬（autophagic）或胞吞作用（endocytosis）来降解细胞内蛋白或非正常蛋白。这种降解不需要ATP提供能量。

（2）借助泛素的降解

在真核细胞中溶酶体酶是降解蛋白质的重要途径，但不是惟一途径，因为缺乏溶酶体的网织红细胞同样能够降解非正常蛋白质。通过对网织红细胞的研究发现了另一个蛋白质的降解途径。

在真核细胞的胞液中存在一种含量丰富，具广泛存在的含76个氨基酸残基的蛋白质单体，取名泛素（ubiqnitin）（相对分子质量85000），它与欲降解的蛋白质结合成泛素－蛋白质复合体，然后在一种称为蛋白酶体（proteasorne）中多种酶的作用下将蛋白质降解。降解的大体过程如下：

①泛索首先在泛素活化酶（ubiquitin activating enzyme，称为E_1）作用下被活化（泛素的羧基末端通过硫酯键与酶连接），此反应需ATP分解提供能量。它是由两个相同亚基组成的寡聚酶，Mr为105000。

②活化的泛素随即与胞液中的几种特异小蛋白质（Mr 25000～27000）中的一种结合（通过硫酯键）而形成泛素－载体蛋白（ubiquitin－carrier protein，称为E_2）。

③E_2再与一种称为泛素－蛋白连接酶（ubiqmtm－protein ligase，称为E_3）的特异蛋白连接（通过与Lys的ε－NH_2连接），并催化泛素与那些欲降解的“无用”蛋白质连接。而且通常是若干泛素分子与待降解的蛋白分子连接，形成多泛肽链。

E_1、E_2、E_3及其他若干相关蛋白质结合成一个蛋白复合体，称为蛋白酶体，与泛素结合的蛋白质选择性地被逐步降解。

这种降解途径对蛋白质具有选择性，是耗能的（ATP分解）。几乎所有短半寿期的蛋白质都经这个途径降解，而且是降解内源性蛋白的主要途径。

三、氨基酸及肽的吸收

蛋白质的消化产物主要以氨基酸的形式吸收，其次是二肽、三肽等寡肽也可被粘膜细胞吸收。小肠上皮细胞几乎不能吸收长于3个氨基酸组成的寡肽，但能吸收二肽和三肽，吸收进入细胞后被肽酶水解成氨基酸。近年也有报导个别多肽甚至蛋白质也有被吸收的例子。主要吸收部位是小肠粘膜细胞，肾小管细胞和肌肉细胞也能吸收。这些吸收都是耗能的主动转运过程。在肠粘膜细胞的质膜上存在几类转运氨基酸的载体蛋白（carrier protein），能与氨基酸及 Na^+ 结合，并将氨基酸和 Na^+ 同时转运入细胞，Na^+ 再借“钠泵”排出细胞外。

不同载体蛋白转运不同的氨基酸。中性氨基酸载体转运脂肪族氨基酸、芳香族氨基酸、含硫氨基酸，以及 His、Gin、Asn 等。这种载体转运氨基酸的速度最快；碱性氨基酸载体转运 Lys 和 Arg，转运速度较慢，仅为中性氨基酸载体转运速率的 10%；酸性氨基酸载体转运 Glu 和 Asp；亚氨酸及甘氨酸载体转运 Pro、Hpr 和 Gly，转运速度很慢。

除了上述通过氨基酸载体的吸收外，1969 年 A. Meister 提出了另一吸收机制，即γ-谷氨酰循环（γ-glutamyl cycle），认为氨基酸的吸收或向各组织细胞内的转移是通过谷胱甘肽（glutathione）起作用的。这是一个主动运输氨基酸通过细胞膜的循环，通过几步连续的酶促反应将氨基酸转运入细胞液内。氨基酸在进入细胞之前先在细胞膜上转肽酶（transpeptidase）的催化下，与细胞内谷胱甘肽作用生成 γ-谷氨酰氨基酸（γ-glutamyl amino acid）并进入细胞液内，然后再由另外的酶催化将氨基酸释放出来，并使同时生成的谷氨酸重新合成谷胱甘肽，进行再一次转运氨基酸的作用（图 12-1）。这种转运吸收过程的关键酶是 γ-谷氨酰转移酶，它位于细胞膜上。

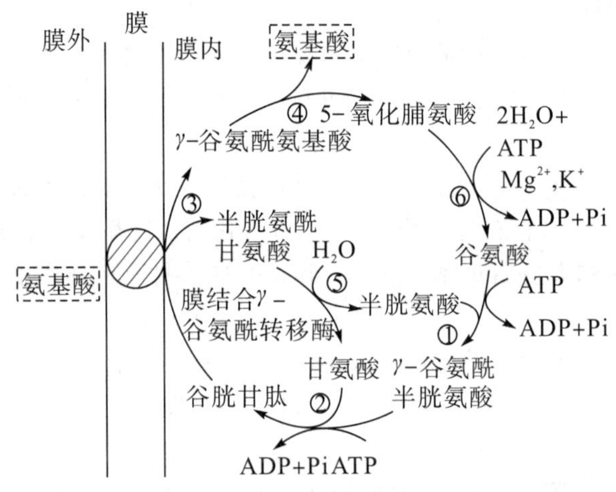

图 12-1　γ-谷氨酰循环

①γ-谷氨酰半胱氨酸合成酶　②谷胱甘肽合成酶　③谷氨酰转移酶
④γ-谷氨酰环化转移酶　⑤肽酶　⑥氧化脯氨酸酶

催化这个循环中 一些反应的酶已发现存在于小肠粘膜细胞、肾和脑组织中，看来很可能是一种氨基酸转运的广泛机制。

四、氨基酸的转化

经消化吸收后的氨基酸，由血液运输，进入各组织细胞，在细胞内可用于合成机体本身所需的组织蛋白质和功能蛋白质，用于合成卟啉、肌酸等物质。氨基酸除作为氮源合成上述物质外，还可通过脱氨后，其碳骨架被氧化分解，也能为机体提供能量，或转化为糖及脂质。氨基酸的转化（中间代谢）概况如图 12-2。

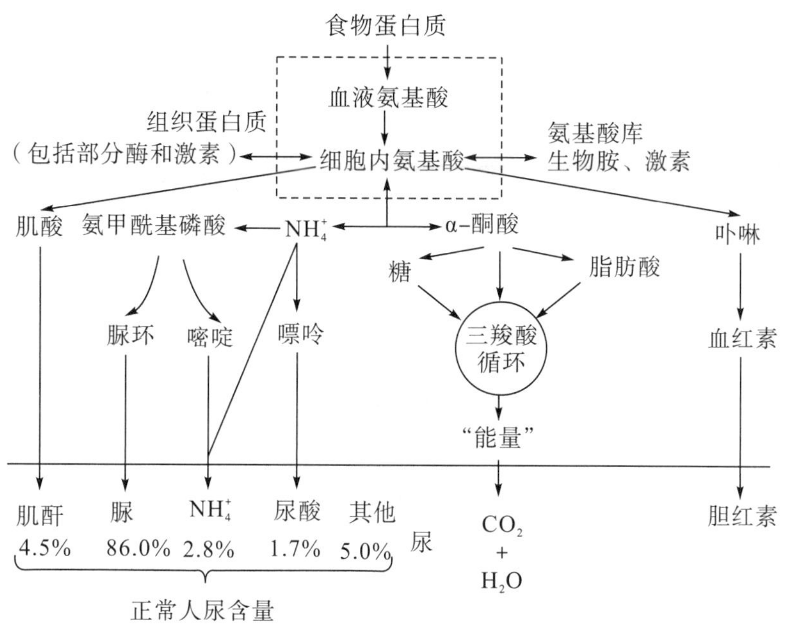

图 12-2　高等动物细胞内氨基酸的转化

食物蛋白质经消化而被吸收的氨基酸（称外源性氨基酸）与体内组织蛋白质降解产生的氨基酸（称内源性氨基酸）加在一起，参与体内各组织代谢，称为氨基酸代谢库（metabolic pool）。消化吸收的大多数氨基酸在肝中分解，支链氨基酸主要在骨骼肌中分解。而血浆氨基酸是体内各组织之间氨基酸转运的主要形式。

五、蛋白质的腐败作用

在动物和人体内的消化过程中，一小部分未经消化的蛋白质，以及未被吸收的消化产物进入大肠后，受到大肠下部细菌的作用。细菌对蛋白质或蛋白质消化产物的作用，称为腐败作用（putrefaction）。腐败作用是细菌本身的代谢活动，其代谢产物有胺、脂肪酸、醇、酚、吲哚、甲基吲哚、硫化氢、甲烷、氨、二氧化碳及某些维生素等物质。这些物质，有的对人有毒，如胺、酚、氨、吲哚、甲基吲哚等；有的则是有益物质，如脂肪酸、维生素等。有益的物质被重吸收利用，有毒的物质经过生理解毒作用后变成无毒物质排出体外。

六、生理解毒作用

糖和脂肪的代谢产物大多没有毒性，即使渗入血液，对机体也没有什么害处。但蛋白质和氨基酸的腐败产物多半有毒，这些毒物大部分随粪便排出，少量被肠粘膜吸收后，在肝脏内发生解毒作用（detoxification），故不致引起机体中毒。

肝脏的解毒作用主要是在一些酶的参与下通过一系列生化反应，先消除有毒物质的毒性，再将它们排出体外。解毒的机制有氧化解毒和结合解毒两种。

氧化解毒（oxidative detoxification）：指有毒物质在专一性酶的催化下，被氧化成 CO_2、H_2O 和氨，再由排泄器官排出体外。例如：

$$\underset{\text{尸　胺}}{H_2NCH_2(CH_2)_3CH_2NH_2} \xrightarrow[+O_2]{\text{酶促氧化}} 5CO_2+4H_2O+2NH_3$$

结合解毒（conjugative detoxification）：指有毒物质和机体内常有的无毒物质结合，生成一种无毒的产物，再随尿排出体外。例如：

$$\text{吲哚（有毒）} \xrightarrow[+\frac{1}{2}O_2]{\text{酶促氧化}} \text{吲哚酚（–OH）} \xrightarrow[-H_2O]{+H_2SO_4} \text{尿兰母（无毒）（–O–SO}_2\text{–OH）}$$

吲哚（有毒）　吲哚酚　尿兰母（无毒）

$$C_6H_5-\overset{\overset{O}{\|}}{C}-OH + H_2N-CH_2-COOH \xrightarrow{-H_2O} C_6H_5-\overset{\overset{O}{\|}}{C}-\overset{\overset{H}{|}}{N}-CH_2-COOH$$

苯甲酸（有毒）　甘氨酸　马尿酸（无毒）

第二节　氨基酸代谢的共同途径

体内氨基酸在满足体内组织蛋白质及其他含氮物质（主要是血红素、谷胱甘肽、活性胺、核苷酸及核苷酸辅酶等）的修补及合成之后，剩余的氨基酸不能以游离氨基酸形式或蛋白质形式大量贮存于体内，也不能直接以氨基酸形式排出体外，而是在体内参与分解代谢以提供能量。在氨基酸的分解代谢中，许多氨基酸都有共同的分解途径，这些共同分解途径的逆行正是许多非必需氨基酸的合成途径。

氨基酸分子均含有氨基和羧基，因此，在这两个基团上，各种氨基酸（脯氨酸及羟脯氨酸除外）都有共同的代谢规律，称为氨基酸的一般代谢。氨基酸上的氨基可以脱去而形成酮酸或不饱和有机酸；氨基也可以转移给另一个酮酸，使酮酸转变成氨基酸，或者转变为废物排出体外；氨基酸的羧基可以脱去 CO_2 而生成胺。

一、氨基酸的脱氨基作用（deamination）

氨基酸脱去氨基生成 α－酮酸的过程叫做脱氨基作用。体内各氨基酸脱氨基的方式不完全相同，主要有氧化脱氨基、转氨基、联合脱氨基及非氧化性脱氨基等几种方式。

1. 氧化脱氨基作用（oxidative deamination）

在酶的催化下，氨基酸通过氧化脱氢，同时释放出游离氨，这一过程称为氧化脱氨基作用。氧化脱氨基反应包括脱氨与水解两个步骤。第一步是氨基酸在氨基酸脱氢酶（amino acid dehydrogenase）的催化下脱掉 α－碳原子和 α－氨基上各一个氢原子而成为亚氨基酸（imino acid），第二步是亚氨基酸遇水自发水解成 α－酮酸及氨：

$$\underset{\text{氨基酸}}{R-\underset{\underset{NH_2}{|}}{CH}-COOH} \xrightleftharpoons{\text{氨基酸氧化酶}} \underset{\text{亚氨基酸}}{R-\underset{\underset{NH}{\|}}{C}-COOH} + 2H$$

$$R-\underset{\underset{NH}{\|}}{C}-COOH \xrightleftharpoons{+H_2O} \underset{\alpha\text{－酮酸}}{R-\underset{\underset{O}{\|}}{C}-COOH} + NH_3$$

催化氨基酸氧化脱氨的酶（习惯上称氨基酸氧化酶，amino acid oxidase）有两类：一类专门催化 L－氨基酸的氧化（脱氢），这类酶称为 L－氨基酸氧化酶；另一类催化 D－氨基酸的氧化（脱氢），这类酶称为 D－氨基酸氧化酶。这两类都是需氧脱氢酶，以 FAD 或 FMN 为辅基。它们催化氨基酸脱氢，以氧分子为直接受氢体，生成过氧化氢，过氧化氢再在过氧化氢酶的催化下，进一步分解为水和 O_2。L－氨基酸氧化酶虽然可以催化 L—氨基酸的氧化脱氨基作用，但该酶在体内分布不普遍，活性低；D－氨基酸氧化酶在体内虽然分布较广，但体内 D－型氨基酸不多，它对 L－氨基酸也不起作用（体内的氨基酸主要是 L－氨基酸），因此，这两类酶在体内氨基酸的氧化脱氨中不起重要作用。

在体内存在比较广泛，在代谢中又具有重要作用的是 L－谷氨酸脱氢酶（L-glutamate dehydrogenase），这是一种不需氧脱氢酶，以 NAD^+ 或 $NADP^+$ 为辅酶。L－谷氨酸脱氢酶的特异性很高，它只催化 L－谷氨酸氧化脱氨产生 α－酮戊二酸及氨，而不能催化其他氨基酸氧化脱氨。在真核细胞中此酶主要分布在线粒体基质中。它是氨基酸分解的限速酶，由 6 个相同亚基组成（每个亚基相对分子质量为 56000）。GTP 和 ATP 为此酶的变构抑制剂，GDP 和 ADP 为变构激活剂。

$$\underset{\text{L－谷氨酸}}{\begin{array}{l}COOH\\|\\CH_2\\|\\CH_2\\|\\CHNH_2\\|\\COOH\end{array}} \xrightleftharpoons[NAD^+ \quad NADH+H^+]{\text{L—谷氨酸脱氢酸}} \begin{array}{l}COOH\\|\\CH_2\\|\\CH_2\\|\\C{=}NH\\|\\COOH\end{array} \xrightleftharpoons{+H_2O} \underset{\alpha\text{－酮戊二酸}}{\begin{array}{l}COOH\\|\\CH_2\\|\\CH_2\\|\\C{=}O\\|\\COOH\end{array}} + NH_3$$

L－谷氨酸脱氢脱氨后所产生的 α－酮戊二酸可进入三羧酸循环彻底氧化而产生能量；相反，在糖代谢中所产生的 α－酮戊二酸在该酶的作用下也可生成 L－谷氨酸。因此，这个酶是联系糖代谢与氮代谢的一个重要因素。

2. 氨基移换作用（aminotransferation）

氨基酸分子中的 α－氨基在氨基移换酶（aminotransferase）（或称转氨酶，transaminase）的作用下转移到 α－酮酸的酮基位置上，使酮酸变为相应的 α－氨基酸，原氨基酸失去氨基变成相应的 α－酮酸。这一反应称为氨基转换作用或转氨作用。

$$\underset{\alpha\text{－氨基酸}}{\begin{array}{l}R_1\\|\\CH{-}NH_2\\|\\COOH\end{array}} + \underset{\alpha\text{－酮酸}}{\begin{array}{l}R_2\\|\\C{=}O\\|\\COOH\end{array}} \xrightleftharpoons{\text{转氨酶}} \underset{\alpha\text{－酮酸}}{\begin{array}{l}R_1\\|\\C{=}O\\|\\COOH\end{array}} + \underset{\alpha\text{－氨基酸}}{\begin{array}{l}R_2\\|\\CH{-}NH_2\\|\\COOH\end{array}}$$

参与氨基转换的 α－酮酸主要是 α－酮戊二酸，其次是草酰乙酸。体内的大多数氨基酸都可以和 α－酮戊二酸发生转氨阼用，产生相应的 α－酮酸和谷氨酸。所以体内转氨基作用以 L－谷氨酸与 α－酮酸的转氨体系最为重要。

转氨酶的种类很多（迄今发现至少在 50 种以上），除 Gly、Lys、Pro、Thr 不能转氨外，其余氨基酸均具有转氨作用，大多以 α－酮戊二酸为氨基受体。最常见而作用最强的是谷氨酸－丙酮酸转氨酶，简称谷丙转氨酶（glutamate pyruvate transaminase，简写 GPT）和谷氨酸－草酰乙酸转氨酶，简称谷草转氨酶（glutamate oxaloacetate transaminase，简写 GOT）。真核细胞线粒体基质及胞浆均具有转氨酶。

所有转氨酶的辅酶都是磷酸吡哆醛（phosphopyridoxal）或磷酸吡哆胺（phosphopyridoxamine），它们都是维生素 B_6 的衍生物。通过二者的相互转变起着传递氨基的作用。

谷丙转氨酶所催化的转氨基反应可用下式来表示（图 12－3）。

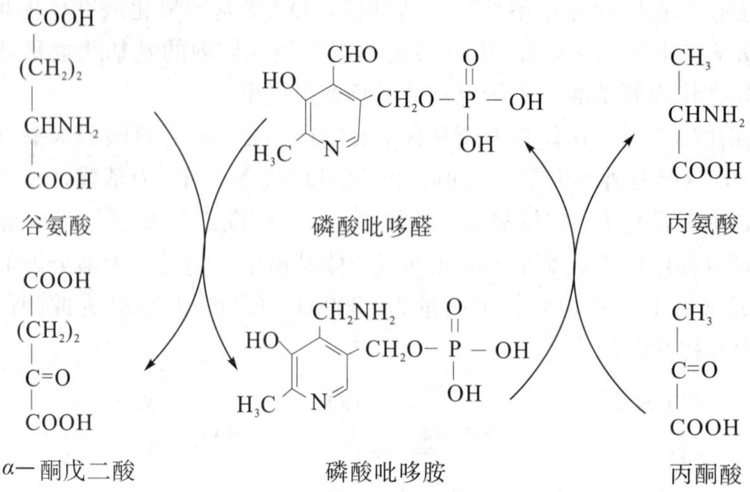

COOH
$(CH_2)_2$
CHNH$_2$
COOH
谷氨酸

CHO
HO
$CH_2O-P(=O)(OH)-OH$
H_3C N
磷酸吡哆醛

CH_3
CHNH$_2$
COOH
丙氨酸

COOH
$(CH_2)_2$
C=O
COOH
α－酮戊二酸

CH_2NH_2
HO
$CH_2O-P(=O)(OH)-OH$
H_3C N
磷酸吡哆胺

CH_3
C=O
COOH
丙酮酸

图 12－3　谷丙转氨酶催化的转氨作用

在正常情况下，转氨酶主要分布在细胞内，血清中的活性很低，在肝脏和心脏中活性最高。当心脏或肝脏患急性炎症时，由于细胞膜通透性增加，转氨酶可大量进入血液，于是血清转氨酶活性增高。临床上测定血清转氨酶的活力即可诊断心脏及肝脏的疾患。例如急性肝炎患者血清 GPT 活性显著升高；心肌梗死患者血清 GOT 明显上升。

3. 联合脱氨基作用

上述氨基移换作用虽然是在体内普遍进行的一种脱氨基方式，但它仅仅是氨基酸代谢的第一步，它只将－NH_2 转移到一分子 α－酮酸分子上生成另一分子氨基酸，从代谢整体看，氨基并未脱去，氨基酸并未发生分解作用；另一方面，氧化脱氨作用仅限于 L—谷氨酸这一种的作用较强，其他氨基酸不能直接通过这一途径。实际上，生物体内绝大多数氨基酸的脱氨基作用，是上述两种方式联合作用的结果。即氨基酸的脱氨基既通过转氨作用，又通过氧化脱氨基作用，这种联合脱氨基的方式称为联合脱氨作用。

联合脱氨作用是氨基酸先与 α－酮戊二酸进行氨基转换作用，将－NH_2 转移给 α－酮戊二酸，本身转变为 α－酮酸；α－酮戊二酸接受－NH_2 后转变为谷氨酸，在 L－谷氨酸脱氢酶催化下，进行氧化脱氨基作用而生成氨及 α－酮戊二酸。此 α－酮戊二酸又可参与氨基移换作用，去接受氨基酸的氨基，如此反复进行。因此，联合脱氨基作用的结果是氨基酸脱去氨基转变为 α－酮酸及氨，α－酮戊二酸只是一种氨基传递体，在整个联合脱氨基作用中它并不被消耗。联合脱氨作用可用图 12－4 表示。

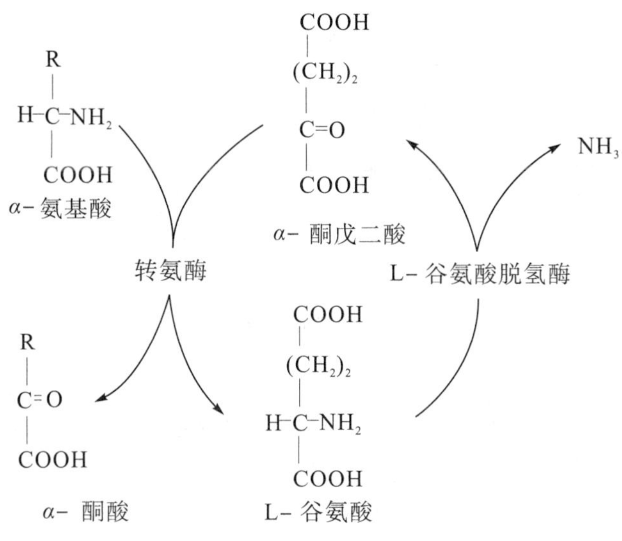

图 12—4　氧化脱氨与转氨偶联的联合脱氨基作用

实验证明，联合脱氨基作用是体内脱氨基作用的主要方式。这个过程是可逆的，因此也是体内合成氨基酸的重要途径。

体内某些组织如骨骼肌及心肌中的 L—谷氨酸脱氢酶的活性低，上述联合脱氨作用的活性也不高，在这些组织中是以另一种联合脱氨基作用方式，即所谓腺嘌呤核苷酸循环（adenie nucleotide cycle）进行脱氨基作用的。这些组织含有丰富的腺苷酸脱氨酶（adenylate deaminase），能催化腺苷酸脱氨而生成次黄嘌呤核苷酸（IMP）和氨。

同时，肌肉组织通过转氨作用所生成的天门冬氨酸可和次黄嘌呤核苷酸作用，重新生成腺苷酸（AMP）。

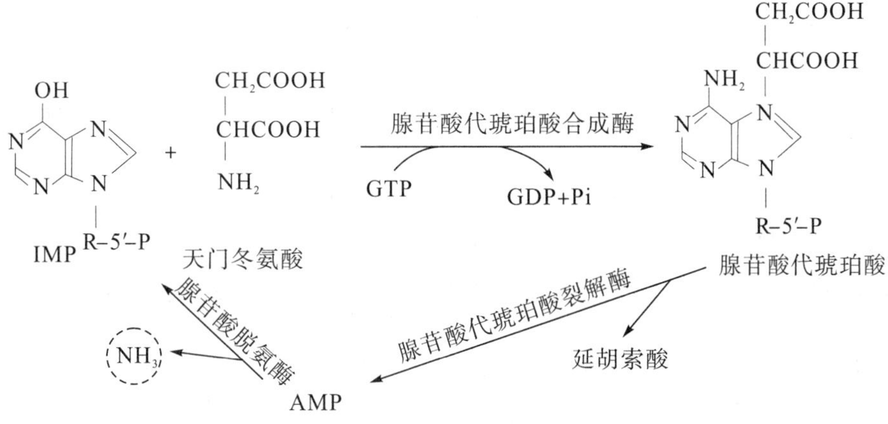

如果转氨基作用和上述这些反应联合进行，则肌肉等组织中的氨基酸的脱氨基作用即可通过这种腺嘌呤核苷酸循环来完成，从而会产生游离的氨（图 12—5）。脑组织中的氨约 50％是通过此途径生成的。

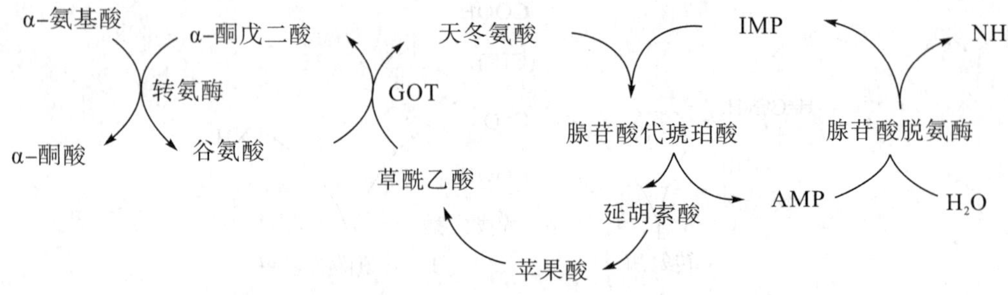

图 12−5　腺嘌呤核苷酸循环

4. 非氧化脱氨基作用

氨基酸的脱氨基作用除上述氧化脱氨基作用、氨基移换作用及联合脱氨基作用外，有些氨基酸还可以进行其他方式的脱氨基作用，这些主要存在于微生物中的脱氨基方式统称为非氧化脱氨基作用。非氧化脱氨基作用主要有下列几种类型：

（1）直接脱氨基作用（direct deamination）

这是大肠杆菌等微生物体内存在的一种方式。氨基酸脱氨基后生成不饱和脂肪酸。如 L－天冬氨酸直接脱氨生成延胡索酸。

$$\underset{\text{天冬氨酸}}{\begin{array}{c} H \\ | \\ HOOC-C-H \\ | \\ H-C-NH_2 \\ | \\ COOH \end{array}} \xrightarrow{\text{天冬氨酸酶}} \underset{\text{延胡索酸}}{\begin{array}{c} HOOC-CH \\ \| \\ HC-COOH \end{array}} + NH_3$$

（2）脱水脱氨基作用（dehydrated deamination）

在动物及大肠杆菌等微生物体内，含羟基氨基酸 L－丝氨酸和 L－苏氨酸可在脱水酶（dehydratase）催化下脱水先生成亚氨基酸，而后自发转变为 α－酮酸及氨。

$$\underset{\text{丝氨酸}}{\begin{array}{c} CH_2OH \\ | \\ HC-NH_2 \\ | \\ COOH \end{array}} \xrightarrow[-H_2O]{\text{脱水酶}} \underset{\alpha\text{－氨基丙烯酸}}{\left[\begin{array}{c} CH_2 \\ \| \\ C-NH_2 \\ | \\ COOH \end{array}\right]} \xrightleftharpoons{\text{分子重排}} \underset{\text{亚氨基丙酸}}{\left[\begin{array}{c} CH_3 \\ | \\ C=NH \\ | \\ COOH \end{array}\right]} \xrightarrow{+H_2O} \underset{\text{丙酮酸}}{\begin{array}{c} CH_3 \\ | \\ C=O \\ | \\ COOH \end{array}} + NH_3$$

（3）脱硫化氢脱氨基作用（desulfurated hydrogen deamination）

含硫氨基酸可在脱硫化氢酶催化下脱下硫化氢生成亚氨酸，而后自发转变成 α－酮酸及氨。

$$\underset{\text{半胱氨酸}}{\begin{array}{c} CH_2SH \\ | \\ HC-NH_2 \\ | \\ COOH \end{array}} \xrightarrow[-H_2S]{\text{半胱氨酸脱硫酶}} \underset{\alpha\text{－氨基丙烯酸}}{\left[\begin{array}{c} CH_2 \\ \| \\ C-NH_2 \\ | \\ COOH \end{array}\right]} \xrightleftharpoons{\text{分子重排}} \underset{\text{亚氨基丙酸}}{\left[\begin{array}{c} CH_3 \\ | \\ C=NH \\ | \\ COOH \end{array}\right]} \xrightarrow{+H_2O} \underset{\text{丙酮酸}}{\begin{array}{c} CH_3 \\ | \\ C=O \\ | \\ COOH \end{array}} + NH_3$$

（4）水解脱氨（hydrolyze deamination）

某些微生物（丙酸梭状菌）能将苏氨酸水解成丁酸和丙酸，同时脱氨。

$$3\ \begin{array}{c} CH_3 \\ | \\ HO—CH \\ | \\ HC—NH_2 \\ | \\ COOH \end{array} + H_2O \longrightarrow \begin{array}{c} CH_3 \\ | \\ CH_2 \\ | \\ CH_2 \\ | \\ COOH \end{array} + 2\begin{array}{c} CH_3 \\ | \\ CH_2 \\ | \\ COOH \end{array} + 3NH_2 + 2CO_2$$

苏氨酸　　　　丁酸　　　　丙酸

（5）还原脱氨（reducing deamination）

厌氧微生物体内的氨基酸在氢化酶（hydrogenase）的催化下，可加氢生成脂肪族有机酸和氨。

$$H—\begin{array}{c} R \\ | \\ C \\ | \\ COOH \end{array}—NH_2 \xrightarrow[+H_2]{\text{氢化酶}} \begin{array}{c} R \\ | \\ CH_2 \\ | \\ COOH \end{array} + NH_3$$

二、氨基酸的脱羧基作用（decarboxylation）

1. 氨基酸脱羧作用的方式

氨基酸脱羧作用是在氨基酸脱羧酶（amino acid decarboxylase）催化下，氨基酸脱羧而产生胺及二氧化碳的过程。氨基酸脱羧酶在微生物中分布较广，高等动植物体内也有存在。一般说来，脱羧酶都是比较专一的，往往只作用于某一种 L－氨基酸。利用比较专一的脱羧酶可以对一定的氨基酸作定量测定，从释放出来的 CO_2 的量可以推算出该氨基酸的量。例如在谷氨酸发酵工业上常用从大肠杆菌中制备的谷氨酸脱羧酶（glutamate decarboxylase）来测定发酵过程中谷氨酸的产量。

除组氨酸脱羧酶不需辅酶外，其他氨基羧脱羧酶都以磷酸吡哆醛为辅酶。氨基酸的氨基先与磷酸吡哆醛的醛基缩合失水，然后缩合物脱去 CO_2，最后加水分解而成为胺及磷酸吡哆醛。

2. 氨基酸脱羧作用的生理意义

氨基酸脱羧作用不是氨基酸分解代谢的主要途径，但却是一种氨基酸的正常代谢途经。脱羧作用的产物在生物体内具有不同的生理作用。

氨基酸脱羧产生的胺类物质一般具有毒性，有的有强烈的生理效应。组氨酸脱羧产生的组胺（histamine）有降低血压、扩张血管、引起支气管痉挛和促进胃液分泌的作用；谷氨酸脱羧产生的γ－氨基丁酸（γ－aminobutyric acid）对中枢神经系统具有抑制作用，同时又是神经组织的能量来源；色氨酸经氧化和脱羧作用产生的5—羟色胺（5—hydroxytryptamine）可促进微血管收缩、血压升高和促进胃肠运动，并且和神经兴奋传导有关；此外，由酪氨酸脱羧产生的儿茶酚胺（catecholamine）是中枢和周围神经系统的传递介质。在植物体中某些氨基酸的脱羧产物可作为合成生物碱及生长刺激素的前体。例如天门冬氨酸脱羧后产生的 β－氨基丙酸（β－aminopropionie acid）对酵母、苹果、马铃薯和豆科植物有生长刺激的作用；色氨酸脱羧产生的色胺（tryptamine）可转变为植物生长素 β－吲哚乙酸（β－indoleacetic acid）。

第三节　氨基酸脱氨产物的代谢

氨基酸经脱氨基后产生 α－酮酸和氨（NH_3），脱羧基后所产生的胺，经胺氧化酶作用，也分解产生氨。氨既是废物，又是氮源，在体内经历几个不同途径的代谢。

一、氨的代谢

1. 氨的来源

动物和人体内氨主要有 3 个来源：①氨基酸脱氨基作用产生和胺分解产生（胺在胺氧化酶作用下分解成醛和氨）。②肠道吸收。肠内氨基酸和肠道尿素经肠道细菌作用产生。③肾小管上皮细胞分泌。主要来自谷氨酰胺的分解，这由谷氨酰胺酶（glutaminase）催化谷氨酰胺分解为谷氨酸和 NH_3，在肾小管腔中与 H^+ 结合成 NH_4^+，以铵盐的形式排出体外。酸性尿有利于肾小管细胞中的氨扩散入尿随尿排出；碱性尿则妨碍肾小管细胞中氨的分泌，此时氨被吸收入血成为血氨的另一来源。

2. 氨的转运

氨对机体是有毒的，正常人血浆中氨的浓度一般不超过 0.60 μmol/L（0.1 mg/100 mL）。因此氨在血液中不是以游离态 NH_3 形式转运的，而是通过丙氨酸和谷氨酰胺两种形式运输的。

（1）丙氨酸－葡萄糖循环

在肌肉中，通过转氨作用使氨基酸的氨基转给丙酮酸，而生成丙氨酸，丙氨酸经血液运至肝中，通过联合脱氨基作用，释放出氨，用于合成尿素。转氨后生成的丙酮酸经糖异生途径生成葡萄糖。葡萄糖再经血液运至肌肉，经 EMP 生成丙酮酸。再发生转氨。于是形成一个环式途径，称为丙氨酸—葡萄糖循环（alanine-glucoge cycle）（见第九章第五节）。通过此循环途径，既使肌肉组织中的氨以无毒的丙氨酸形式运输到肝，同时肝又为肌肉组织提供了生成丙酮酸的葡萄糖。

（2）谷氨酰胺转运氨

在脑、肌肉等组织中谷氨酰胺合成酶（glutamine synthetase）的活性较高，它催化氨与谷氨酸反应生成谷氨酰胺，再由血液运送至肝或肾，经谷氨酰胺酶催化，发生上述反应的逆反应，将氨释放出来。由此可见，谷氨酰胺既是氨的解毒产物，又是氨的储存及运输形式。因为谷氨酰胺还可以提供酰胺基，使天门冬氨酸转变为天门冬酰胺，这由天门冬酰胺合成酶（asparagine sythetase）催化。

3. 氨的排泄

上述氨用于合成氨基酸及酰胺，是氨的再利用或储存。作为废物排出体外，不同动物则以不同形式排出。有些动物（如鱼类、原生动物等水生动物）可以直接排氨；有些动物（鸟类、爬行类等）则把氨转变成尿酸（uric acid）排出体外；人类以及其他哺乳动物则以尿素（urea）的形式排出。

4. 尿素的生成机制——乌氨酸循环（ornithine cycle）

在哺乳动物体内，有毒的氨在肝脏中转变成无毒的尿素后，经血液运送到肾，然后随尿排出体外。尿中的尿素含量随体内蛋白质分解的量而变化。

用同位素标记实验证明，合成尿素的原料是 NH_3 和 CO_2，但二者不能直接化合而成。尿素的合成要经过一个由 Hans Krebs 和他的学生 Kurt Henseleit 共同提出的（1932）称为鸟氨酸循环的环式代谢途径。这个代谢途径主要包括三个步骤：首先，鸟氨酸先与一分子 NH_3 及一分子 CO_2 结合形成瓜氨酸（citrulline）；其次，瓜氨酸再与氨反应生成精氨酸；最后精氨酸被精氨酸酶水解，产生一分子尿素和一分子鸟氨酸（见图 12－6）。可见，通过此循环，使 2 分子 NH_3 和 1 分子 CO_2 合成 1 分子尿素。鸟氨酸在此循环中的作用与草酰乙酸在三羧酸循环中的作用类似，其含量不变。

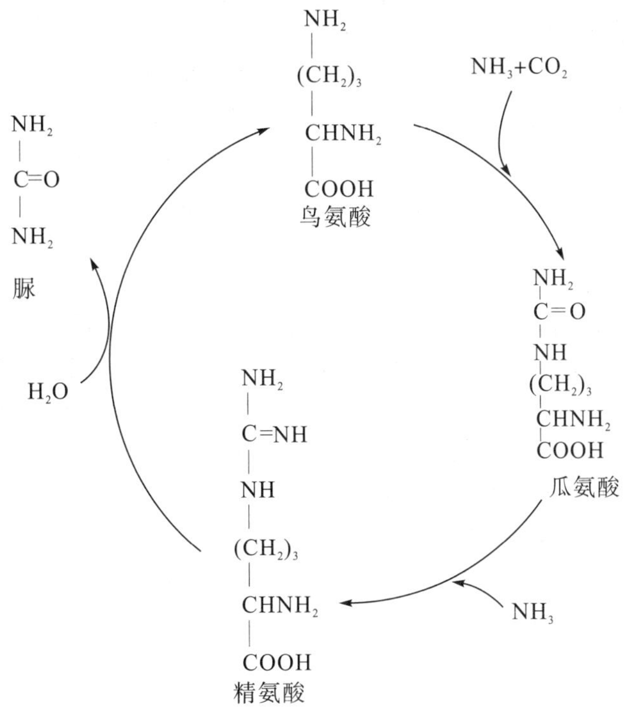

图 12－6　鸟氨酸循环

进一步的研究表明．鸟氨酸循环并不如此简单，它是一个需要多种酶催化的比较复杂的过程。现分述如下：

（1）瓜氨酸的生成

在鸟氨酸循环中，NH_3 与 CO_2 并非直接和鸟氨酸合成瓜氨酸，而是先与 ATP 反应生成含有高能磷酸键的氨基甲酰磷酸（carbamyl phosphate），然后氨基甲酰磷酸将氨甲酰基转移给鸟氨酸才形成瓜氨酸。这两个反应由两种酶催化．前一步（称为氨的活化）由氨基甲酰磷酸合成酶Ⅰ（carbamyl phosphate synthetase Ⅰ）催化，需 ATP 及 Mg^{2+}；后一步则由鸟氨酸氨基甲酰转移酶（ornithine transcarbamylase）催化，两种酶均存在于线粒体中。

$$CO_2 + NH_3 + 2ATP \xrightarrow[Mg^{2+}]{\text{氨基甲酰磷酸合成酶Ⅰ}} H_2N{-}\overset{\overset{\displaystyle O}{\|}}{C}{-}O \sim PO_3H_2 + 2ADP + H_3PO_4$$

氨基甲酰磷酸

$$\underset{\text{氨基甲酰磷酸}}{H_2N-CO-O\sim PO_3H_2} + \underset{\text{鸟氨酸}}{H_2N-(CH_2)_3-CHNH_2-COOH} \xrightarrow[\text{生物素}]{\text{鸟氨酸氨基甲酰转移酶}} \underset{\text{瓜氨酸}}{H_2N-CO-NH-(CH_2)_3-CHNH_2-COOH} + H_3PO_4$$

哺乳动物细胞内有两种氨基甲酰磷酸合成酶，即合成酶Ⅰ和Ⅱ，它们催化反应的产物都是高能化合物氨基甲酰磷酸。但两者处于不同的代谢途径中，合成酶Ⅰ位于肝细胞线粒体中，以 CO_2 和 NH_3 为原料合成氨基甲酰磷酸，该酶需 N－乙酰谷氨酸（N－acetyl glutamic acid，简写 AGA）作为变构激活剂；合成酶Ⅱ位于生长迅速的组织细胞的胞液中，它以谷氨酰胺作为氮源来催化合成氨基甲酰磷酸，不需要 AGA 激活，该酶与嘧啶合成有关（见第十三章核酸代谢）。原核细胞只有一种氨基甲酰磷酸合成酶，对精氨酸及嘧啶合成都有催化作用，而且都以谷氨酸为氮源。

（2）精氨酸的合成

上述反应生成的瓜氨酸可以穿过线粒体膜而继续氨基化生成精氨酸。反应中掺入的的氨基不是直接来源于 NH_3，而是由天门冬氨酸供给。这个过程由两种酶催化，第一种酶是**精氨酸代琥珀酸合成酶**（argininosuccinate synthetase），催化瓜氨酸与天门冬氨酸缩合成精氨酸代琥珀酸；第二种酶是**精氨酸代琥珀酸裂解酶**（argininosuccinate lyase），催化精氨酸代琥珀酸分解成精氨酸及延胡索酸。延胡索酸又可经加水脱氢反应变为苹果酸及草酰乙酸，草酰乙酸与谷氨酸进行氨基移换作用，又变成天门冬氨酸。谷氨酸的氨基可来自多种氨基酸。由此可见，许多氨基酸的氨基都可通过天门冬氨酸而参与尿素合成。此外。通过天门冬氨酸和延胡索酸又使鸟氨酸循环和三羧酸循环联系起来。

$$\underset{\text{瓜氨酸}}{H_2N-CO-NH-(CH_2)_3-CHNH_2-COOH} + \underset{\text{天门冬氨酸}}{H_2N-CH(COOH)-CH_2-COOH} \xrightarrow[\text{ATP}\ \ \text{AMP+PPi}]{\text{精氨酸代琥珀酸合成酶}} \underset{\text{精氨酸代琥珀酸}}{H_2N-C(=N-CH(COOH)-CH_2-COOH)-NH-(CH_2)_3-CHNH_2-COOH}$$

$$\underset{\text{精氨酸代琥珀酸}}{H_2N-C(=N-CH(COOH)-CH_2-COOH)-NH-(CH_2)_3-CHNH_2-COOH} \xrightarrow{\text{精氨酸代琥珀酸裂解酶}} \underset{\text{精氨酸}}{H_2N-C(=NH)-NH-(CH_2)_3-CHNH_2-COOH} + \underset{\text{延胡索酸}}{HOOC-CH=HC-COOH}$$

(3) 精氨酸的水解

在精氨酸酶 (arginase) 的作用下，精氨酸水解成尿素和鸟氨酸。所生成的鸟氨酸可通过线粒体膜上的特异转运体系进入线粒体，再参与循环。

$$\underset{\text{精氨酸}}{NH_2-C(=NH)-NH-(CH_2)_3-CHNH_2-COOH} + H_2O \xrightarrow{\text{精氨酸酶}} \underset{\text{鸟氨酸}}{NH_2-(CH_2)_3-CHNH_2-COOH} + \underset{\text{尿素}}{NH_2-C(=O)-NH_2}$$

现将尿素的生成机制总结于图 12−7 中。

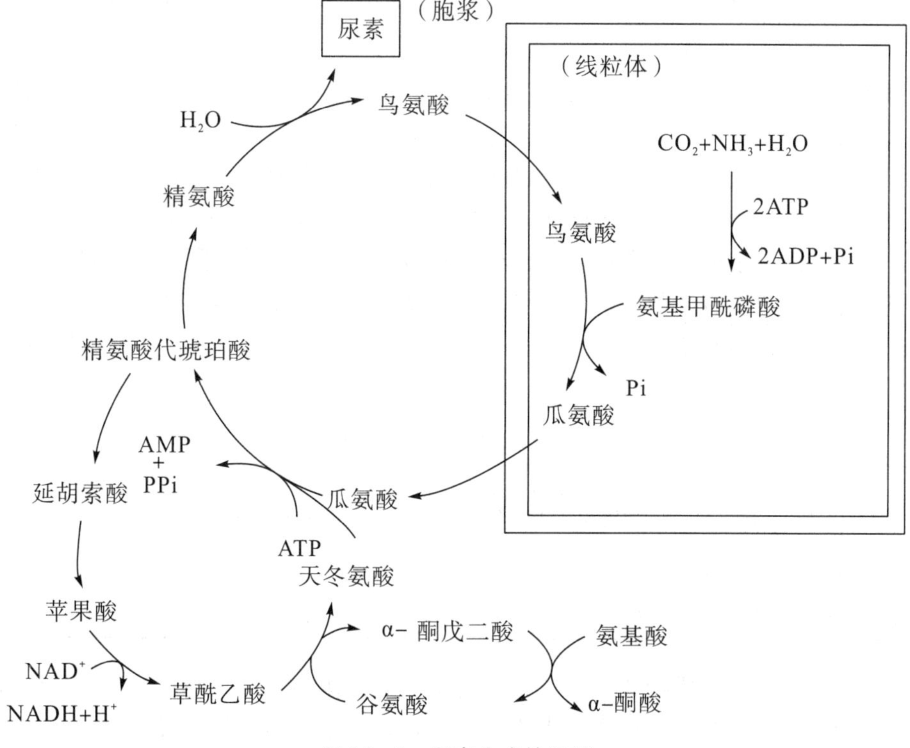

图 12−7 尿素生成的机制

5. 尿素合成的调节

精氨酸代琥珀酸合成酶是鸟氨酸循环的限速酶，调节着尿素合成的速度。另外，氨甲酰磷酸合成酶Ⅰ受精氨酸浓度的影响。此酶的变构激活剂是 N−乙酰谷氨酸，而 N−乙酰谷氨酸由乙酰 CoA 和谷氨酸反应生成。由 N−乙酰谷氨酸合酶 (N−acetyl glutamic acid synthase) 催化，精氨酸是此酶的激活剂。所以，当精氨酸浓度增高时，可加速尿素的合成。

二、α−酮酸的代谢

氨基酸脱去氨基后生成的 α−酮酸在体内的代谢途径有 3 种：

1. 合成氨基酸

体内的氨基酸脱氨基作用与 α－酮酸的氨基化作用是一对可逆反应。在正常情况下成为动态平衡状态。当体内氨基酸过剩时，脱氨基作用就比较旺盛；在机体需要氨基酸时，氨基化作用又会增强。

$$\alpha\text{－氨基酸} \underset{\text{氨基化作用}}{\overset{\text{脱氨基作用}}{\rightleftharpoons}} \alpha\text{－酮酸} + NH_3$$

α－酮酸氨基化生成氨基酸是生成非必需氨基酸的途径之一。氨基化作用包括氧化脱氨作用、转氨作用和联合脱氨基作用的逆转。α－酮戊二酸则可由酶催化而直接氨基化转变为谷氨酸。

2. 氧化成 CO_2 及水

当体内需要能量时，α－酮酸可被氧化成 CO_2 及水，并释放能量。氧化的主要途径是三羧酸循环。例如丙酮酸、草酰乙酰、α－酮戊二酸均可通过三羧酸循环被氧化。

3. 转变为脂肪及糖

α－酮酸在体内可以转变为糖及脂肪储存起来。实验证明，用一些氨基酸喂饲患人工糖尿病的动物时，其尿中葡萄糖增加，表明这些氨基酸在动物体内能转变成葡萄糖，所产生的葡萄糖可以继续合成糖原。这种由非糖物质（氨基酸等）合成糖原的作用称为糖原异生作用(glyconeosenesis)。这些能转变成糖的氨基酸称为**生糖氨基酸**（glucogenic amino acid）。所有非必需氨基酸都是生糖氨基酸；少数几种氨基酸可以使葡萄糖和酮体的含量同时增加，这些氨基酸称为**生糖兼生酮氨基酸**；个别氨基酸（亮氨酸）可使实验动物尿中的酮体增加，而不影响尿糖量，这种氨基酸称为**生酮氨基酸**（ketogenic amino acid）。生糖、生酮氨基酸见表 12－1。

表 12－1　生糖、生酮氨基酸

生糖氨基酸	丙氨酸　精氨酸　天门冬氨酸　胱氨酸　半胱氨酸　谷氨酸　甘氨酸　组氨酸　脯氨酸　羟脯氨酸　甲硫氨酸　丝氨酸　苏氨酸　缬氨酸
生酮氨基酸	亮氨酸
生糖兼生酮氨基酸	异亮氨酸　赖氨酸　苯丙氨酸　色氨酸　酪氨酸

氨基酸之所以能转变成糖或酮体，是因为氨基酸代谢的某些中间产物与糖代谢或脂代谢直接相关。因此，糖、脂、蛋白质三大物质代谢是紧密相关的，是通过一定中间产物联系起来的（图 12－8）。

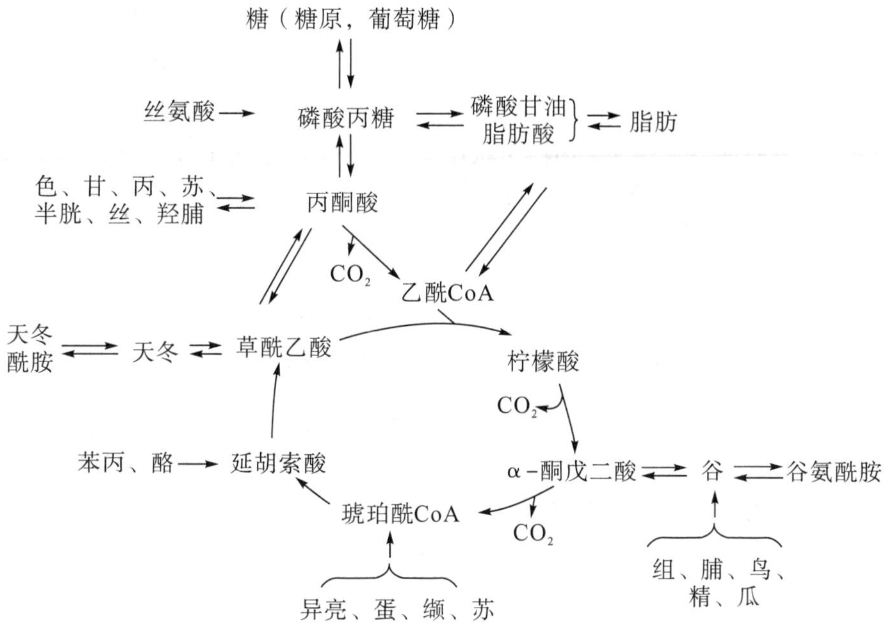

图 12－8　氨基酸与糖、脂肪代谢的关系

第四节　氨基酸的分解代谢

上节讨论了各种氨基酸共同代谢的途径，由于各种氨基酸的化学结构不同，因此在代谢上又各具有特殊性。本节讨论氨基酸的分解代谢，下节讨论合成代谢。

一、一碳基团代谢

生物机体在合成嘌呤、嘧啶、肌酸、胆碱等化合物时，需要某些氨基酸参与，这些氨基酸提供一个碳原子的化学基团，这些在生物合成中可以转移一个碳原子的化学基团称为一碳基团（one carbon group）或一碳单位（不包括 CO_2）。凡是这种有关一个碳原子的转移和代谢，都统称为一碳基团代谢。

正如乙酰 CoA（二碳化合物）在糖、脂、氨基酸代谢中起枢纽作用一样，一碳基团在氨基酸代谢和核苷酸代谢中起另一枢纽作用。

体内参与氨基酸代谢和核苷酸代谢的一碳基团有多种，它们分别来自组氨酸、甘氨酸、丝氨酸和甲硫氨酸等氨基酸。例如：

甲基：$-CH_3$（来自甲硫氨酸）　　亚氨甲基：$-CH=NH$（来自组氨酸）

甲酰基：$-CHO$（来自甘氨酸）　　亚甲基（又称甲叉基、甲烯基）：$-CH_2-$

羟甲基：$-CH_2OH$（来自丝氨酸）　次甲基（又称甲川基、甲炔基）：$-CH=$

在氨基酸代谢和核苷酸代谢中。携带一碳基团的物质（一碳基团载体）为四氢叶酸（tetrahydrofolic acid），用 FH_4 或 THFA 表示。它是由维生素叶酸（folic acmid）经还原而成的。

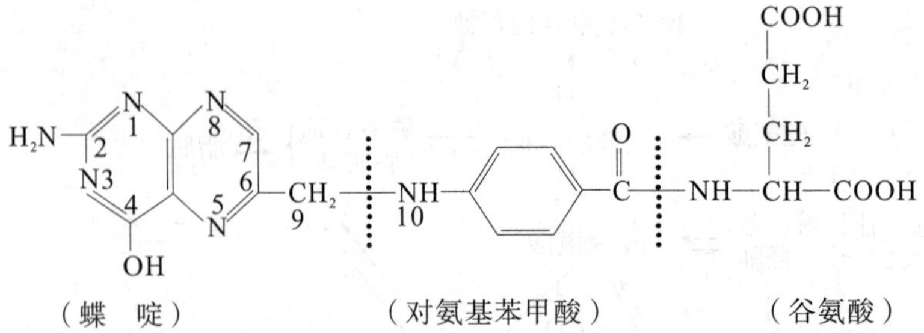

（蝶　啶）　　　（对氨基苯甲酸）　　　（谷氨酸）

$$\text{叶酸（F）}\xrightarrow[\text{NADPH+H}^+\ \ \text{NADP}^+]{\text{叶酸还原酶}}\underset{(5,6)}{\text{二氢叶酸（FH}_2\text{）}}\xrightarrow[\text{NADPH+H}^+\ \ \text{NADP}^+]{\text{二氢叶酸还原酶}}\underset{(5,6,7,8)}{\text{四氢叶酸（FH}_4\text{）}}$$

一碳基团连接部位，通常在 N^5 和 N^{10} 位，分别形成 N^5－甲酰 FH_4、N^{10}－甲酰 FH_4、N^5－甲基 FH_4、N^5，N^{10}－甲叉 FH_4、N^5，N^{10}－甲川 FH_4 等，统称为叶酸辅酶。这些叶酸辅酶可由甲酸和多种氨基酸转化生成。如：

$$\text{甲酸}+FH_4\xrightarrow[\text{ATP}\ \ \text{ADP+Pi}]{\text{甲酰 }FH_4\text{ 合成酶}}N^{10}\text{－甲酰 }FH_4$$

$$\text{丝氨酸}+FH_4\xrightleftharpoons[\text{（磷酸吡哆醛）}]{\text{转羟甲基酶}}\text{甘氨酸}+N^5\text{，}N^{10}\text{－甲烯 }FH_4$$

$$N^5\text{，}N^{10}\text{－甲烯 }FH_4\xrightleftharpoons[\text{NADP}^+\ \ \text{NADPH+H}^+]{\text{甲烯 }FH_4\text{ 脱氢酶}}N^5\text{，}N^{10}\text{－甲川 }FH_4$$

现将一碳基团的来源、转变及参与体内重要物质的合成总结于图 12－9 中。

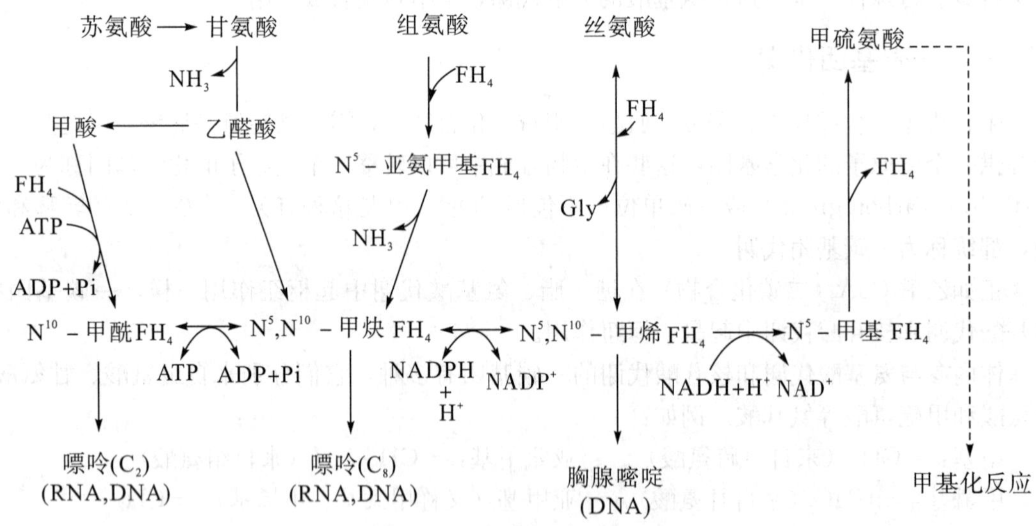

图 12－9　一碳基团的来源和转变

二、甘氨酸及丝氨酸的分解代谢

甘氨酸经甘氨酸氧化酶（glycine oxidase）催化而生成乙醛酸，乙醛酸可将甲酰基转移给四氢叶酸，生成 N^5，N^{10}－甲川 FH_4（N^5，N^{10}＝CH－FH_4）和甲酸，而甲酸可与四氢叶酸反应生成 N^{10}－甲酰 FH_4。乙醛酸也可以氧化成草酸。

$$\underset{\text{甘氨酸}}{\begin{matrix}CH_2NH_2\\ |\\ COOH\end{matrix}} \xrightarrow[\searrow NH_3]{\text{甘氨酸氧化酶}} \underset{\text{乙醛酸}}{\begin{matrix}CHO\\ |\\ COOH\end{matrix}} \xrightarrow[FH_4\ \ N^5,N^{10}\text{—甲川}FH_4]{} \underset{\text{甲酸}}{HCOOH}$$

甘氨酸除上述氧化途径外，还可作为合成多种化合物的原料（见图 12—10）。

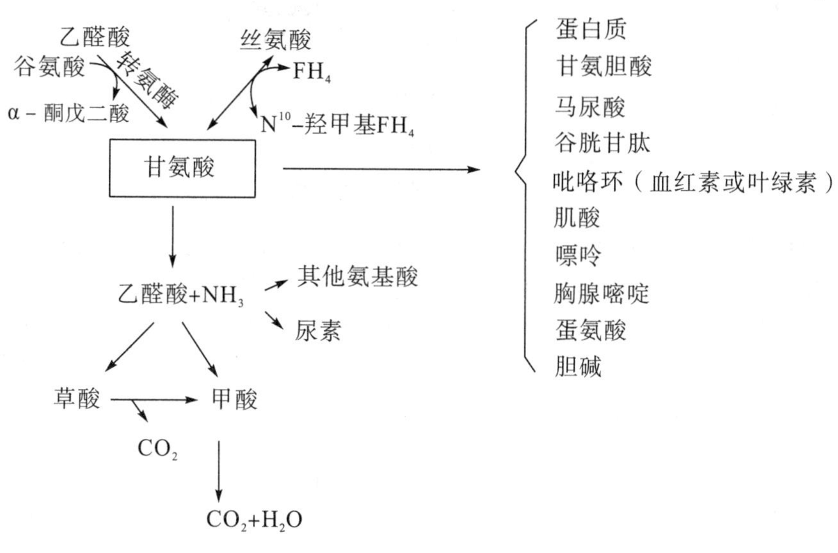

图 12—10 **甘氨酸代谢途径**

丝氨酸在转羟甲基酶（transhydroxymethylase）催化下，除了可与甘氨酸互相转换外，也可由丝氨酸脱水酶（serine dehydratase）催化，通过脱水脱氨而生成丙酮酸，从而进入三羧酸循环，被彻底氧化（见第二节非氧化性脱氨基作用）。

三、含硫氨基酸的分解代谢

体内的含硫氨基酸有 3 种，即半胱氨酸、胱氨酸和蛋氨酸，这 3 种氨基酸的代谢是互有联系的。半胱氨酸和胱氨酸通过氧化还原互变；在体内蛋氨酸可变为半胱氨酸和胱氨酸，但后两者不能变为蛋氨酸。所以，蛋氨酸是必需氨基酸，而半胱氮酸和胱氨酸是非必需氨基酸。

1. 甲硫氨酸的分解

在生物机体中，甲硫氨酸（蛋氨酸）主要是作为一碳代谢的甲基供体，许多物质（如肌酸、胆碱、肾上腺素等大约 50 种以上）在合成中所需的甲基均来自于甲硫氨酸。在这些物质的合成中，甲硫氨酸上的甲基转移到受体物质上的作用称为**转甲基作用**（transmethylation）。在转甲基作用中，甲硫氨酸并不能直接提供甲基，必须转变成 S—腺苷甲硫氮酸（活性甲硫氨酸）后才能提供甲基（见下页反应式）。

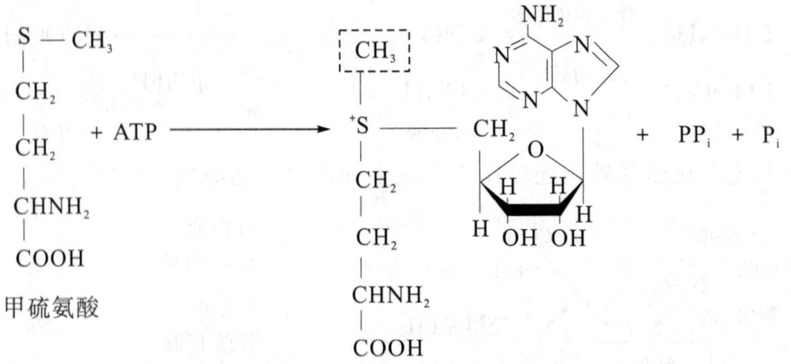

甲硫氨酸 + ATP → S-腺苷甲硫氨酸 + PP_i + P_i

上述反应的结果使甲硫氨酸的 S 原子带上了腺苷，故称为 S－腺苷甲硫氨酸（S－adenosylmethionine）（S－腺苷蛋氨酸）。S－腺苷甲硫氨酸在甲基转移酶（transmethylase）的作用下，可将甲基转移至另一种物质分子上（称为甲基受体），S－腺苷甲硫氨酸变成 S－腺苷同型半胱氨酸（或称 S－腺苷高半胱氨酸，S－adenosylhomocysteine）。后者脱去腺苷即成为同型半胱氨酸（或称高半胱氨酸，homocysteine）。

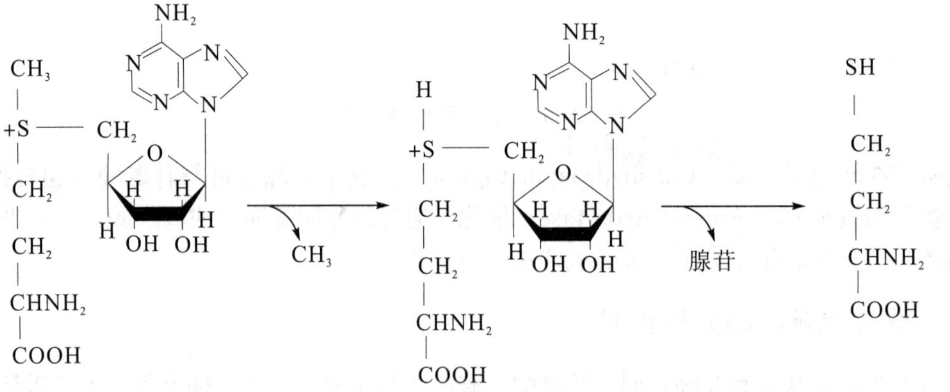

S-腺苷甲硫氨酸 →（CH_3）→ S-腺苷同型半胱氨酸 →（腺苷）→ 同型半胱氨酸

同型半胱氨酸又可以在甲基四氢叶酸的参与下，经过甲基转移作用而生成甲硫氨酸。从甲硫氨酸形成的 S－腺苷甲硫氨酸进一步变成同型半胱氨酸，然后又从同型半胱氨酸再合成甲硫氨酸（见图 12－11），这一循环称为**S－腺苷甲硫氨酸循环**。据目前所知，由同型半胱氨酸转变为蛋氨酸，由 $N^5-CH_3 \cdot FH_4$ 提供甲基，这是体内惟一利用甲基四氢叶酸的反应。由蛋氮酸合成酶催化，此酶的辅酶为维生素 B_{12}。当缺乏维生素 B_{12} 时，$N^5-CH_3 \cdot FH_4$ 上的甲基不能转移，这不仅影响甲硫氢酸的合成，而且也不利于四氢叶酸的再生，使细胞中的游离四氢叶酸含量减少，不利于一碳基团代谢，导致核酸合成和蛋白质合成障碍，影响细胞分裂。所以，维生素 B_{12} 不足时可产生巨幼红细胞贫血。

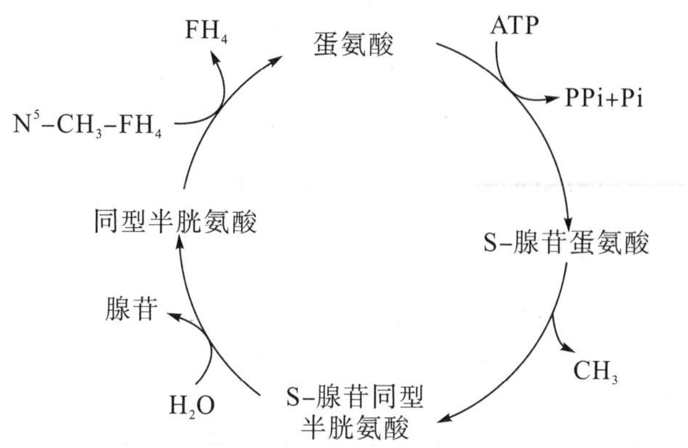

图 12—11　S—腺苷甲硫氨酸循环

在上述循环中。虽然同型半胱氨酸由 $N^5-CH_3 \cdot FH_4$ 提供甲基可生成甲硫氨酸，但体内不能净合成同型半胱氨酸，它只能由甲硫氨酸转变而来，所以实际上体内仍然不能合成甲硫氨酸，只能由食物供给。

甲硫氨酸除参与甲基转移反应外。也可完全氧化分解。上述反应产生的高半胱氨酸与丝氨酸缩合，生成丙氨酸丁氨酸硫醚（简称胱硫醚，cystathionine），再由裂解酶分解产生 α－酮丁酸（α－ketobutyrate），继而氧化成丙酰 CoA（propionyl CoA）. 按奇数碳脂肪酸分解途径，转变为琥珀酰 CoA，进入三羧酸循环。

$$\underset{\text{高半胱氨酸}}{HS-CH_2-CH_2-CHNH_2-COOH} \xrightarrow[\text{丝氨酸}]{\text{胱硫醚合酶}} \underset{\text{胱硫醚}}{HOOC-CHNH_2-CH_2-CH_2-S-CH_2-CHNH_2-COOH} \xrightarrow[NH_3\ \ \text{半胱氨酸}]{\text{裂解酶}} \underset{\alpha-\text{酮丁酸}}{CH_3-CH_2-C(=O)-COOH}$$

$$\xrightarrow[CoA\ \ NAD^+\ \ NADH+H^+\ \ CO_2]{\alpha-\text{酮酸脱氢酶}} \underset{\text{丙酰 CoA}}{CH_3-CH_2-C(=O)-sCoA}$$

2. 半胱氨酸和胱氨酸的分解

细胞内游离的胱氨酸是极少的。蛋白质分子中的胱氨酸是由半胱氨酸参入后，经氧化而成。蛋白质经酶水解后生成的胱氨酸可通过还原作用生成半胱氨酸，即在细胞内半胱氨酸与胱氨酸可以互相转化。因此，胱氨酸的代谢途径与半胱氨酸基本是一致的。

半胱氨酸在体内的分解代谢有几条途径：①半胱氨酸直接脱去巯基和氨基而生成丙酮酸、NH_3 和 H_2S。H_2S 经氧化生成 H_2SO_4。②半胱氮酸分子中的巯基先氧化成亚磺基，然后脱去氨基和亚磺基，最后生成丙酮酸和亚硫酸，后者经氧化后变为硫酸。③半胱氨酸经氧化和脱羧作用可生成牛磺酸（taurine），它是胆汁盐组成成分。半胱氨酸虽有不同的代谢途径，但其主要代谢产物是丙酮酸和硫酸（图 12—12)。半胱氨酸是体内硫酸基的主要来源。

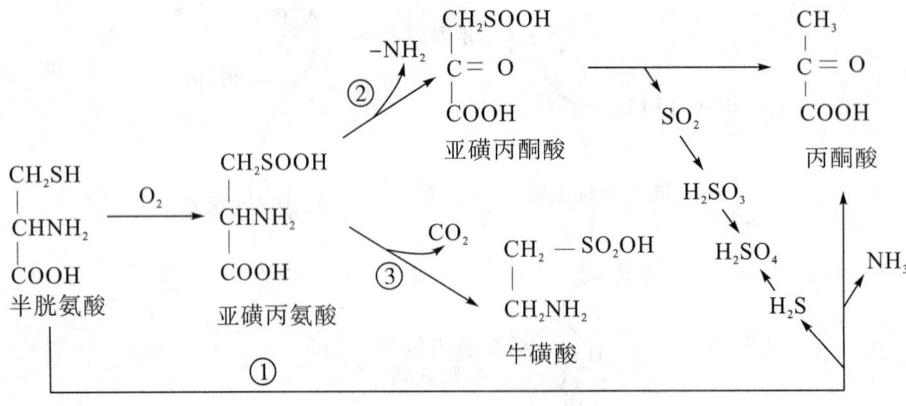

图 12－12　半胱氨酸的分解代谢

含硫氨基酸经氧化分解后均可产生硫酸。体内的硫酸一部分可随尿排出，一部分经活化转变为“活性硫酸根”。活性硫酸根就是3′－磷酸腺苷 5′－磷酸硫酸（3′－phosphoadenosine－5′－phosphosutfate。简写 PAPS）。它的生成需 ATP 参与，与 ATP 作用时，ATP 分子脱去一分子焦磷酸，SO_4^{2-} 即 在 AMP 分子上生成 AMP－SO_3^- 。后者再与 ATP 作用，在 AMP SO_3^- 分子中的 3′位置再带上一个磷酸基，即生成 3′－磷酸腺苷－5′－磷酸硫酸（图 12－13)。

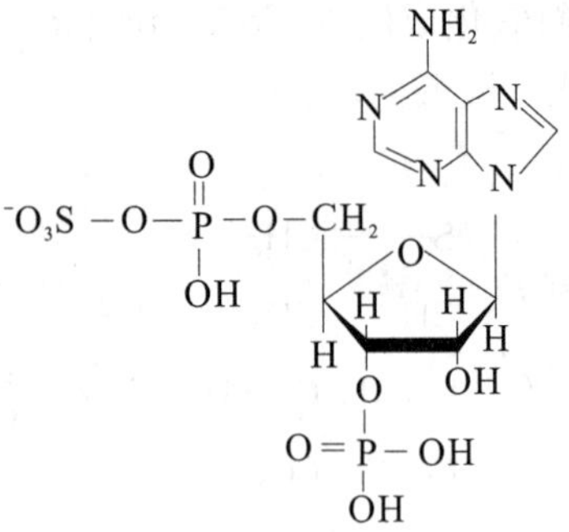

图 12－13　PAPS 的结构

$$ATP+SO_4^{2-} \xrightarrow{\searrow PPi} AMP—SO_3^- \xrightarrow{ATP \quad ADP} 3'-P—AMP—SO_3^-$$

PAPS 的性质比较活泼，它可使某些物质形成硫酸酯。例如某些类固醇激素可形成硫酸酯而被灭活，某些有毒的物质（如酚、吲哚等）形成硫酸酯而排出体外，一些粘多糖（如硫酸软骨素、硫酸角质素等）的硫酸根等都来源于 PAPS。

现将 3 种含硫氨基酸的代谢小结于图 12－14。

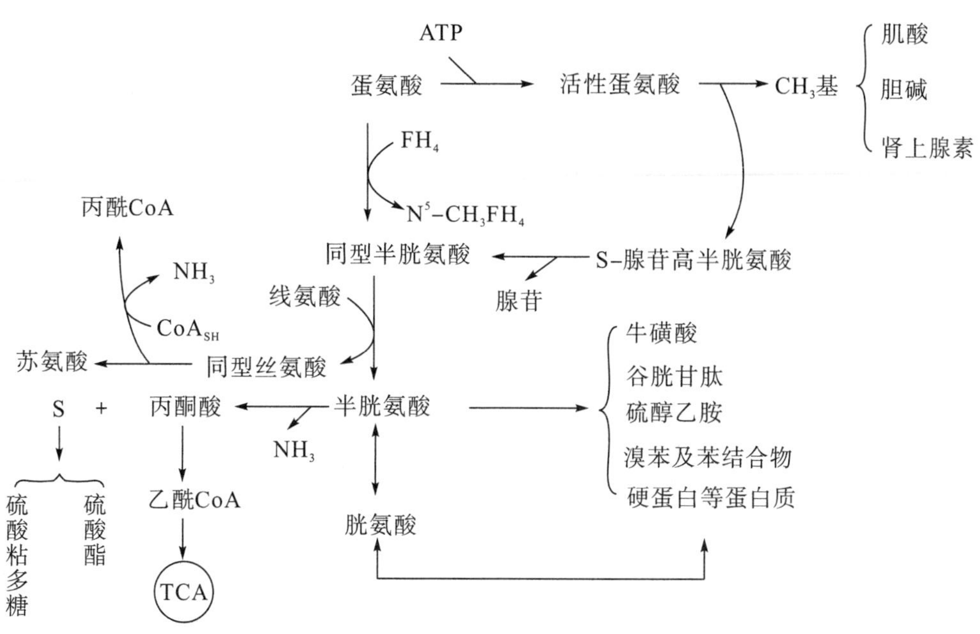

图 12－14　含硫氨基酸的代谢途径

四、芳香族氨基酸的分解代谢

芳香族氨基酸包括苯丙氨酸、酪氨酸和色氨酸。苯丙氨酸与酪氨酸的结构相似，代谢途径相同。

1. 苯丙氨酸和酪氨酸的分解代谢

苯丙氨酸和酪氨酸的分解代谢途径如图 12－15。苯丙氨酸经羟化作用（加单氧）即可转变为酪氨酸，催化这个反应的酶为苯丙氨酸羟化酶（phenylalanine hydroxylase），其辅酶为四氢生物蝶呤（tetrahydrobiopterin）。

酪氨酸分解的第一步由酪氨酸转氨酶作用，生成对羟苯丙酮酸（*p*－hydroxyphenylpyruvate），而后经过氧化、脱羧生成尿黑酸（homogentisic acid），最后转变为延胡索酸和乙酰乙酸。

在人类，由于氨基酸代谢中某个酶的缺乏（由相应基因突变引起），而导致一些疾病，称为先天性氨基酸代谢缺陷症，病人常常排出某些代谢中间物。这类疾病在芳香族氨基酸代谢中尤为多见。如缺乏苯丙氨酸羟化酶，苯丙氨酸不能转变为酪氨酸，而生成苯丙酮酸，进入血液，最后随尿排出，称为苯丙酮尿症（phenylketonuria）；尿黑酸氧化酶缺乏，尿黑酸可氧化聚合成尿黑酸色素，随尿排出，使尿变黑，称为黑酸尿症（alcaptonuria）。

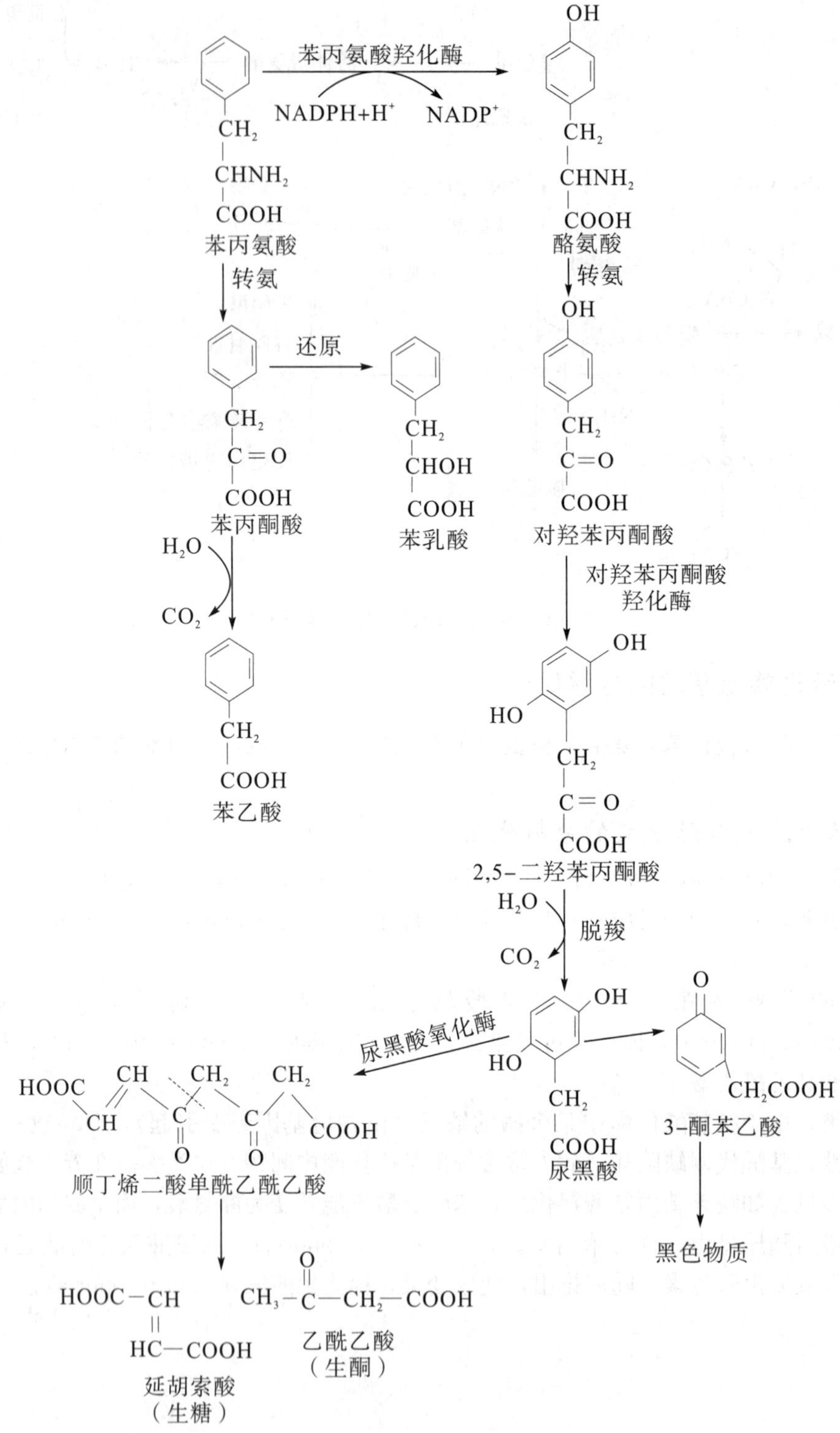

图 12-15　苯丙氨酸和酪氨酸的分解代谢

除芳香族氨基酸外，其他氨基酸代谢的一些酶缺乏．也可导致相应的代谢缺陷症。

2. 色氨酸的分解代谢

色氨酸的一个重要分解途径是加双氧、去甲酰基而形成犬尿氨酸（kynurenine），而后经历 5 步及 7 步反应形成尼克酸和乙酰 CoA（图 12－16）。前者用于 NAD 及 NADP 的合成，后者进入三羧酸循环被彻底氧化。

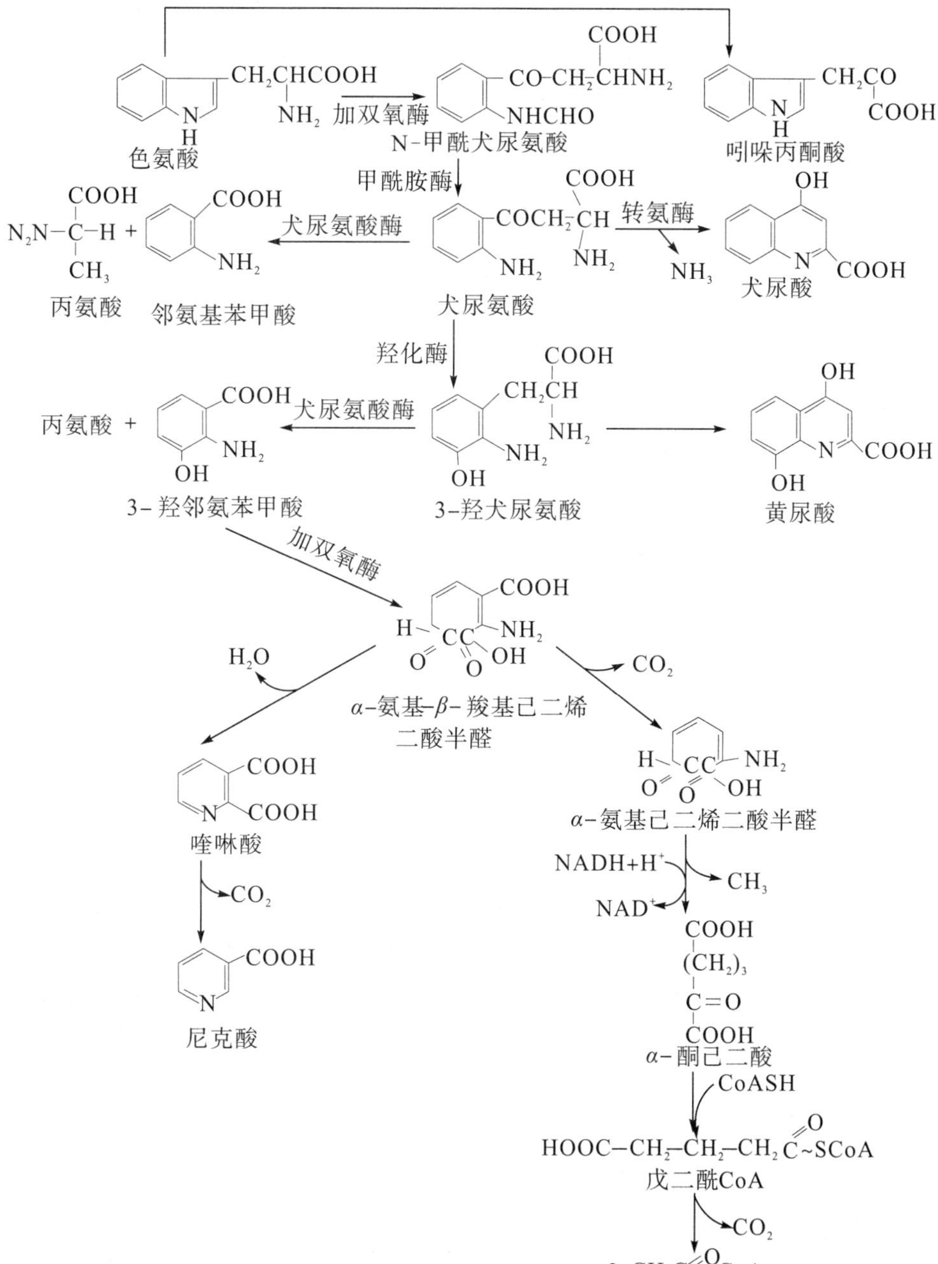

图 12－16　色氨酸的分解代谢

五、其他氨基酸的分解代谢

1. 分支氨基酸的分解

分支氨基酸包括亮氨酸、异亮氨酸和缬氨酸，它们的分解代谢途径非常相似，经过转氨、脱羧、脱氨、水化等反应，亮氨酸产生乙酰 CoA 和乙酰乙酸（进一步生成乙酰乙酰 CoA，最后也生成乙酰 CoA），异亮氨酸和缬氨酸均可生成乙酰 CoA 和丙酰 CoA，丙酰 CoA 通过奇数碳脂肪酸代谢途径生成琥珀酰 CoA，进入三羧酸循环。现以亮氨酸的分解代谢为例（图 12−17），其他两种分支氨基酸分解催化各步反应的酶及产物均与之类似。

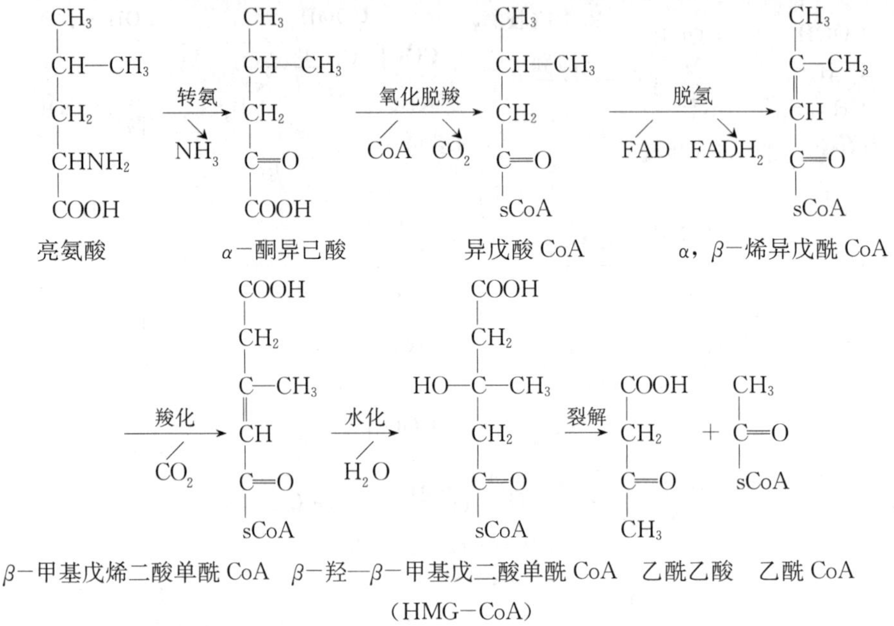

$CH_3-CH(CH_3)-CH_2-CHNH_2-COOH$ 亮氨酸 —转氨（↘ NH_3）→ $CH_3-CH(CH_3)-CH_2-C(=O)-COOH$ α−酮异己酸 —氧化脱羧（CoA ↗，↘ CO_2）→ $CH_3-CH(CH_3)-CH_2-C(=O)-sCoA$ 异戊酸 CoA —脱氢（FAD ↗，↘ $FADH_2$）→ $CH_3-C(CH_3)=CH-C(=O)-sCoA$ α，β−烯异戊酰 CoA

—羧化（CO_2 ↗）→ $COOH-CH_2-C(CH_3)=CH-C(=O)-sCoA$ β−甲基戊烯二酸单酰 CoA —水化（H_2O ↗）→ $COOH-CH_2-C(OH)(CH_3)-CH_2-C(=O)-sCoA$ β−羟−β−甲基戊二酸单酰 CoA（HMG−CoA） —裂解→ $COOH-CH_2-C(=O)-CH_3$ 乙酰乙酸 + $CH_3-C(=O)-sCoA$ 乙酰 CoA

图 12−17　亮氨酸的分解代谢

2. 苏氨酸的分解

苏氨酸的分解有 3 个途径：①在动物的肝、肾及一些微生物中，由苏氨酸醛缩酶（threonine aldolase）催化，苏氨酸分解为甘氨酸和乙醛。乙醛可氧化为乙酸，进而转变为乙酰 CoA；②由苏氨酸脱水酶（threonine dehydratase）催化脱水脱氨，苏氨酸转变为 α−酮丁酸（α−ketobutyrate），再由脱羧酶催化，生成丙酰 CoA，从而进入奇数碳脂肪酸氧化途径。

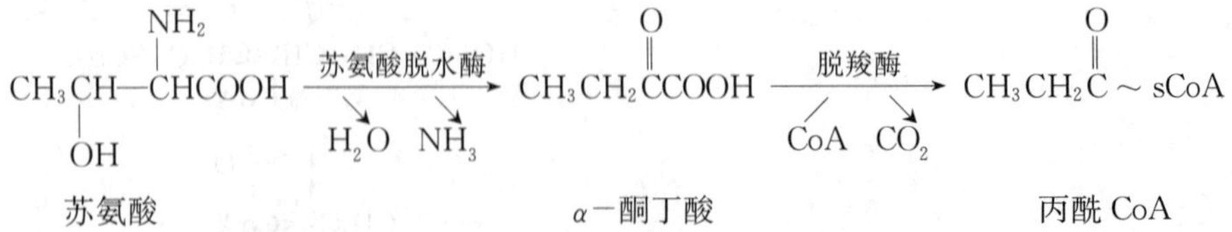

$CH_3CH(OH)-CH(NH_2)COOH$ 苏氨酸 —苏氨酸脱水酶（↘ H_2O，↘ NH_3）→ $CH_3CH_2C(=O)COOH$ α−酮丁酸 —脱羧酶（CoA ↗，↘ CO_2）→ $CH_3CH_2C(=O)\sim sCoA$ 丙酰 CoA

③在某些细菌（如丙酸梭菌）中苏氨酸可水解为丁酸和丙酸，从而进入脂肪分解途径。

3. 组氨酸的分解

组氨酸经脱氨、水解、转移甲氨基等 4 步反应转变为谷氨酸，而后进入谷氨酸的分解途径。其反应步骤如图 12−18。

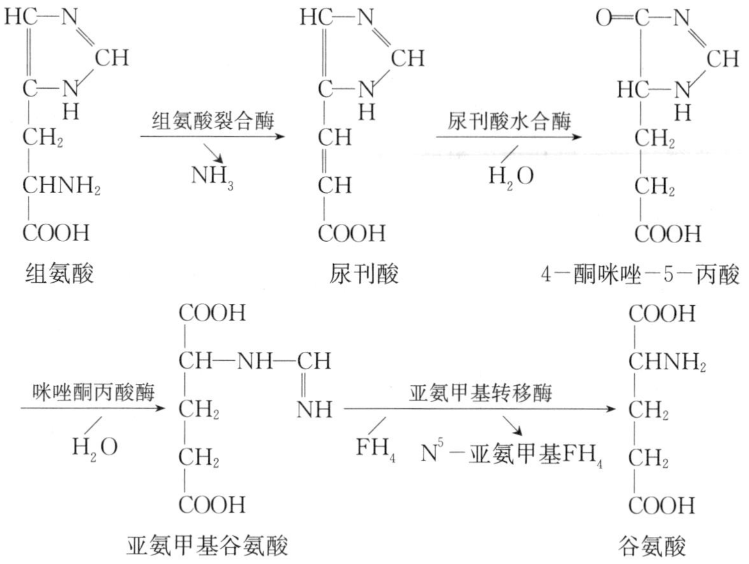

组氨酸 →(组氨酸裂合酶, $-NH_3$)→ 尿刊酸 →(尿刊酸水合酶, $+H_2O$)→ 4－酮咪唑－5－丙酸 →(咪唑酮丙酸酶, $+H_2O$)→ 亚氨甲基谷氨酸 →(亚氨甲基转移酶, FH_4 → N^5－亚氨甲基FH_4)→ 谷氨酸

图 12－18　组氨酸的分解代谢

4. 赖氨酸的分解

在赖氨酸的分解代谢中，有 α－酮戊二酸的参与，并有谷氨酸产生，但这并不是转氨作用（不存在赖氨酸转氨酶），而是赖氨酸先与 α－酮戊二酸还原缩合生成酵母氨酸（saccharopine），而后再裂解产生谷氨酸，并生成 α－氨基己二酸半醛（α－aminoadipic semialdehyde），后者经过转氨、脱羧、水化、脱氢等反应，最后生成乙酰乙酰 CoA（图 12－19）。

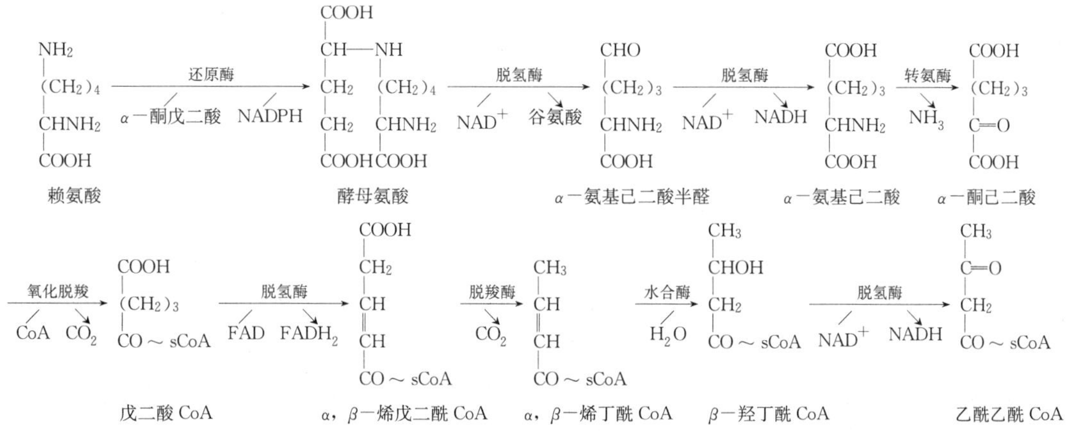

赖氨酸 →(还原酶, α－酮戊二酸, NADPH)→ 酵母氨酸 →(脱氢酶, NAD^+ → 谷氨酸)→ α－氨基己二酸半醛 →(脱氢酶, NAD^+ → NADH)→ α－氨基己二酸 →(转氨酶, $-NH_3$)→ α－酮己二酸 →(氧化脱羧, CoA, $-CO_2$)→ 戊二酸 CoA →(脱氢酶, FAD → $FADH_2$)→ α，β－烯戊二酰 CoA →(脱羧酶, $-CO_2$)→ α，β－烯丁酰 CoA →(水合酶, $+H_2O$)→ β－羟丁酰 CoA →(脱氢酶, NAD^+ → NADH)→ 乙酰乙酰 CoA

图 12－9　赖氨酸的分解代谢

5. 精氨酸的分解

在精氨酸酶（arginase）作用下，精氨酸水解形成尿素和鸟氨酸，后者再由鸟氨酸转氨酶催化，将 α－氨基转移给 α－酮戊二酸，本身变为谷氨酸半醛（glutamate semialdehyde）。再由脱氢酶催化，使醛基氧化为羧基，从而形成谷氨酸。

6. 丙氨酸、谷氨酸和天门冬氨酸的分解

这 3 种氨基酸通过转氨及氧化脱氨基作用，分别形成丙酮酸、α－酮戊二酸和草酰乙酸。这 3 种 α－酮酸分别从不同部位插入三羧酸循环被彻底氧化。

7. 脯氨酸的分解

脯氨酸在分解代谢中通过形成谷氨酸而被分解。脯氨酸在脯氨酸氧化酶（proline oxidase）作用下，氧化生成Δ′－吡咯－5－羧酸（Δ′－pyrolline－5－carboxylate），再自发形成谷氨酸－γ－半醛，进而氧化成谷氨酸。

六、氨基酸分解代谢的小结

各种氨基酸在体内的分解代谢虽然各有其不同的途径。但20种基本氨基酸在分解代谢中大体上可形成5种产物而进入三羧酸循环，最后被彻底氧化为CO_2和水。这5种产物是乙酰CoA、α－酮戊二酸、琥珀酰CoA、延胡索酸和草酰乙酸（图12－20）。

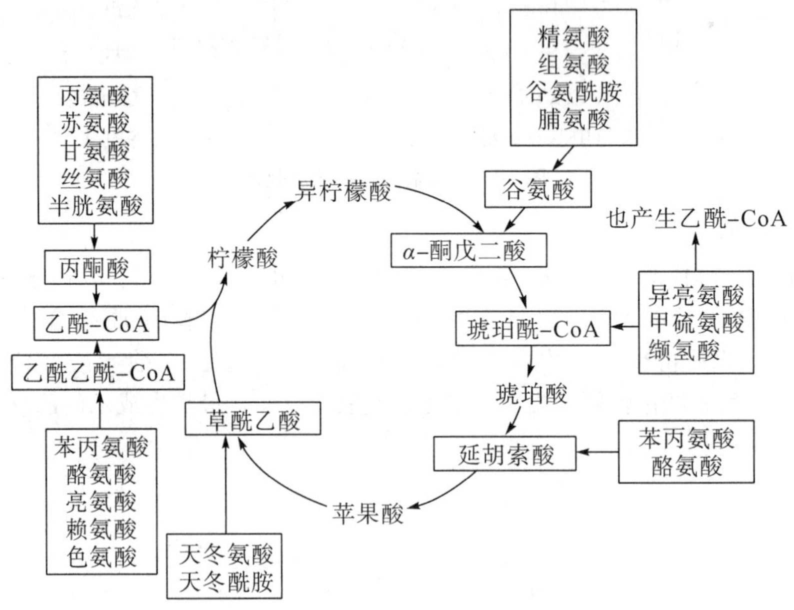

图12－20　氨基酸代谢与三羧酸循环的关系

1. 产生乙酰CoA的氨基酸

丙氨酸、甘氨酸、丝氨酸、苏氨酸和半胱氨酸分解代谢中通过产生丙酮酸，进一步氧化脱羧生成乙酰CoA。丙氨酸通过转氨直接生成丙酮酸；甘氨酸经转羟甲基酶催化生成丝氨酸，丝氨酸由脱水酶催化，脱水脱氨而生成丙酮酸；苏氨酸经醛缩酶催化分解为甘氨酸和乙醛，甘氨酸经丝氨酸生成丙酮酸，乙醛氧化成乙酸，进一步形成乙酰CoA；半胱氨酸可直接脱巯基和氨基而生成丙酮酸，也可经亚磺酸而转变成丙酮酸。

苯丙氨酸、酪氨酸、亮氨酸、赖氨酸和色氨酸的分解代谢可转变为乙酰乙酰CoA，再在硫解酶催化下，形成2分子乙酰CoA。苯丙氨酸和酪氨酸经对羟苯丙酮酸、尿黑酸等中间物，进一步氧化生成延胡索酸和乙酰乙酸（图12－15），后者在CoA_{SH}的参与下活化生成乙酰乙酰CoA，进而形成乙酰CoA；亮氨酸经转氨、氧化脱羧、脱氢、羧化等步骤生成羟甲戊二酰CoA（HMG－CoA），而后裂解为乙酰乙酸和乙酰CoA，乙酰乙酸活化生成乙酰CoA；赖氨酸在有α－酮戊二酸参与下，经脱氢、脱氨、脱羧、水化等步骤产生谷氨酸和乙酰乙酰CoA；色氨酸经加氧、氧化、脱羧等8步反应转变为α－酮己二酸，而后经历4步反应生成乙酰乙酰CoA。

2. 产生 α－酮戊二酸的氨基酸

谷氨酸、谷氨酰胺、精氨酸、组氨酸和脯氨酸的分解代谢中可转变为 α－酮戊二酸，从而进入三羧酸循环被彻底氧化。

谷氨酸经转氨或由谷氨酸脱氢酶催化氧化脱氨而生成 α－酮戊二酸；精氨酸分解产生鸟氨酸，进一步形成谷氨酸，脱氨生成 α－酮戊二酸；组氨酸分解中经 4 步反应也生成谷氨酸；脯氨酸经氧化、加水等步骤形成谷氨酸 γ—半醛，再脱氢形成谷氨酸。

3. 产生琥珀酰 CoA 的氨基酸

甲硫氨酸、异亮氨酸和缬氨酸 3 种氨基酸分解代谢均可转变为琥珀酰 CoA，从而进入三羧酸循环。这 3 种氨基酸分解中均产生丙酰 CoA，羧化成甲基丙二酸单酰 CoA，进一步被变位酶催化形成琥珀酰 CoA。

4. 产生延胡索酸的氨基酸

苯丙氨酸和酪氨酸在分解代谢中除产生乙酰乙酸外还产生延胡索酸而进入三羧酸循环。所以这两种氨基酸的分解代谢从乙酰 CoA 和延胡索酸两处进入三羧酸循环被彻底氧化。

5. 产生草酰乙酸的氨基酸

天门冬酰胺和天门冬氨酸转变为草酰乙酸进入三羧酸循环被氧化。天门冬酰胺脱掉酰胺基转变为天门冬氨酸，而后经过转氨而形成草酰乙酸。

第五节　氨基酸转变的生物活性物质

生物活性物质是指具有一定生理功能或具有调节代谢的一些生物分子，通常这些生物分子其量很少，但却能发挥重要的生物功能。多种氨基酸是用于合成一些重要生物活性物质的原料（表 12－2）。

表 12－2　由氨基酸转化的生物活性物质

氨基酸	转变的活性物质	生理功能	备　注
甘氨酸	嘌呤碱	核酸及核苷酸成分	与一碳单位、CO_2、Asp 和 Glu 共同合成
	肌　酸	储能物质	Arg、Met 共同合成
	卟　啉	血红素、叶绿素及细胞色素成分	与琥珀酸 CoA 等共同合成
	谷胱甘肽	参与生物氧化还原作用，保证巯基蛋白功能正常	与谷氨酸和半胱氨酸共同合成
	甘氨胆酸	结合胆汁酸成分，促进脂肪的消化吸收	与胆酸共同合成
丝氨酸	乙醇胺及胆碱	磷脂成分	胆碱由 Met 提供甲基
	乙酰胆碱	神经递质	
半胱氨酸	牛磺酸	结合胆汁酸成分，促进脂肪消化吸收	与胆酸结合成牛磺胆酸
	PAPS	为硫酸化组分提供硫酸基	与磷酸化腺苷共同合成
天门冬氨酸	嘧啶碱	核酸及核苷酸成分	与 CO_2、Gln 共同合成
	——	兴奋性神经递质	

第二篇　生命物质的化学变化

续表

氨基酸	转变的活性物质	生理功能	备　注
谷氨酸	γ—氨基丁酸 —— 谷胱甘肽	抑制性神经递质 兴奋性神经递质 参与生物氧化还原作用，保证巯基蛋白功能正常	由 Glu 脱羧产生 与 Gly、Gys 共同合成
组氨酸	组　胺	神经递质，降低血压，刺激胃酸分泌	由 His 脱羧产生
酪氨酸	儿茶酚胺类 甲状腺素 黑色素	神经递质 促进基础代谢及蛋白质生物合成 毛发及皮肤形成黑色	肾上腺素由 Met 提供甲基
色氨酸	5—羟色胺 黑色紧张素 烟酸 吲哚乙酸	神经递质，升高血压，促进平滑肌收缩 松果体激素，调节睡眠 维生素 PP，促进糖、脂代谢 植物生长刺激素	
鸟氨酸	多　胺	促进细胞增值，调节细胞生长	
精氨酸	一氧化氮	胞外信息分子、舒张血管、抗血栓形成等	
赖氨酸	肉　碱	酰基载体，将脂肪酸从线粒体外转运入线粒体	

现介绍部分由氨基酸转化的重要生物活性物质的合成途径。

一、儿茶酚胺类

儿茶酚胺（catecholamine），即含邻苯二酚的胺类化合物，包括肾上腺素（epinephrine）、去甲肾上腺素（norepinephrine）和多巴胺（dopamine），它们都是由酪氨酸衍生的。酪氨酸由酪氨酸羟化酶（tyrosine hydroxylase）作用，生成 3，4－二羟苯丙氨酸（3，4－dihydroxyphenylalanine。又称多巴，dopa），此酶与苯丙氨酸羟化酶类似，以四氢生物蝶呤为辅酶。多巴再经脱羧酶作用，脱羧即转变为多巴胺。多巴胺是脑中的一种神经递质，帕金森病（Parkinson disease）与多巴胺减少有关。在肾上腺髓质中，多巴胺侧链的 β 碳原子被羟化，生成去甲肾上腺素。去甲肾上腺素再经 N－甲基转移酶催化，由 S－腺苷甲硫氨酸提拱甲基，即生成肾上腺素。

另外，在黑色素细胞中，酪氨酸由酪氨酸酶（tyrosinase）催化转变为多巴，多巴经氧化、脱羧等反应转变成 5，6－吲哚醌（5，6－indolequinone），5，6－吲哚醌进一步聚合即形成黑色素（melanin pigment）。人体缺乏酪氨酸酶，黑色素合成障碍，皮肤、毛发等发白，称为白化病（albinism）。

儿茶酚胺类及黑色素的合成途经如图 12－21。

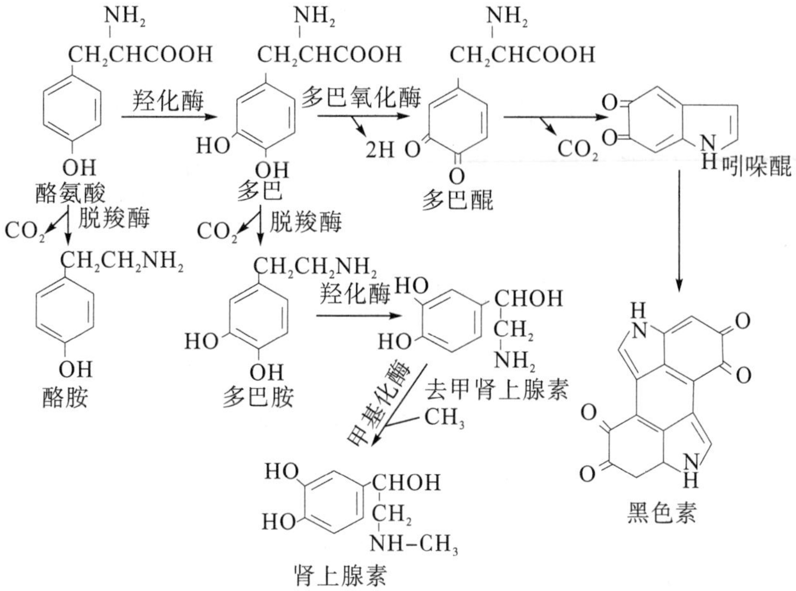

图 12－21　酪氨酸转化为儿茶酚胺类及黑色素的途径

二、5－羟色胺及吲哚乙酸

在动物体内，色氨酸经氧化和脱羧作用可产生 5－羟色胺（serotonin），5－羟色胺具有使组织和血管收缩的作用，在脑中是一种抑制性神经递质。5－羟色胺还可进一步被氧化成 5－羟吲哚乙醛，后者再经脱氢酶作用氧化成 5－羟吲哚乙酸（5－hydoxyindoleacetic acid），并以这种形式排出体外（图 12－22）。

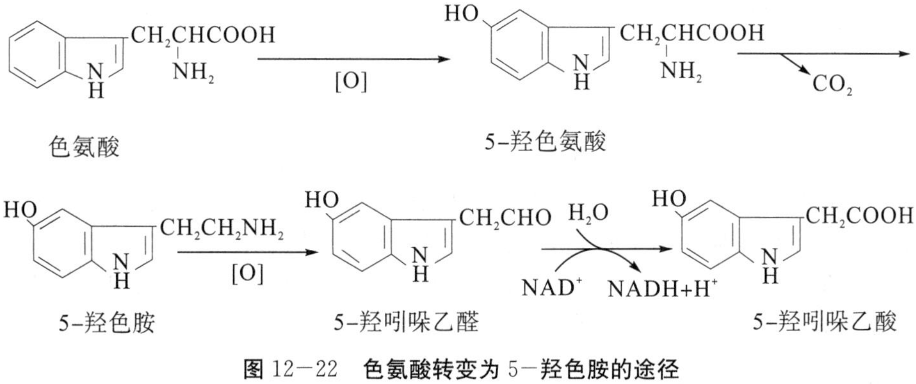

图 12－22　色氨酸转变为 5－羟色胺的途径

在微生物和植物体内色氨酸通过氧化脱羧，经过上述类似的反应可形成吲哚乙酸（indoleacetic acid）（图 12－23），吲哚乙酸是一种植物生长刺激素。在动物体内，由肠道细菌分解色氨酸而转变成的吲哚乙酸以及吲哚等物质则随粪便排出体外。

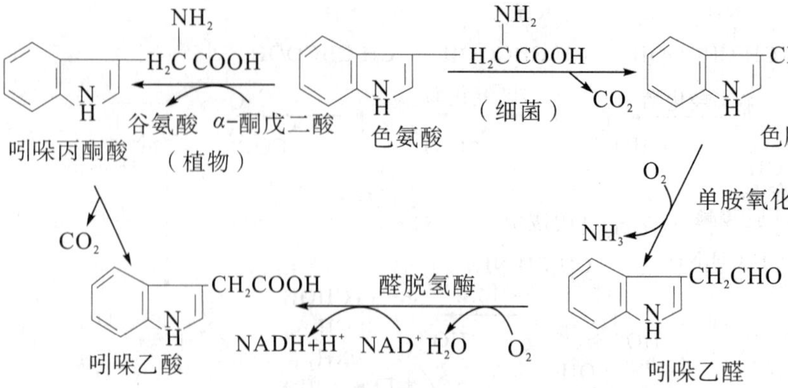

图 18－23　色氨酸转变为吲哚乙酸的途径

三、多胺

一些氨基酸发生脱羧作用后可产生含多个氨基的物质，统称为多胺（polyamino），包括腐胺（putrescine）、精胺（spermine）和精脒（spermidine）等。鸟氨酸脱羧基后产生腐胺，S－腺苷甲硫氨酸脱羧基后产生 S－腺苷甲硫基丙胺，腐胺与 S－腺苷甲硫基丙胺反应即生成精脒，精脒再与腐胺反应即生成精胺。反应如下：

$$\text{鸟氨酸}\xrightarrow[\searrow CO_2]{\text{鸟氨酸脱羧酶}} H_2N—(CH_2)_4—NH_2\ \text{（腐胺）}$$

$$\text{S－腺苷甲氨酸}\xrightarrow[\searrow CO_2]{\text{脱羧酶}} \text{腺苷}—\overset{CH_3}{\overset{|}{S^+}}—(CH_2)_3—NH_2\ \text{（S－腺苷甲硫基丙胺）}$$

$$\text{腐胺}+\text{S－腺苷甲硫基丙胺}\xrightarrow[\searrow 5'\text{－甲硫基腺苷}]{\text{丙胺转移酶}} H_2N—(CH_2)_4—NH—(CH_2)_3—NH_2\ \text{（精脒）}$$

$$\text{精咪}+\text{S－腺苷甲硫基丙胺}\xrightarrow[\searrow 5'\text{－甲硫基腺苷}]{\text{丙胺转移酶}} H_2N—(CH_2)_3—NH—(CH_2)_4—NH—(CH_2)_3—NH_2\ \text{（精胺）}$$

精胺和精脒是调节细胞生长的重要物质。多胺合成途径中鸟氨酸脱羧酶是限速酶，在一般组织细胞中活性不高，因此产生腐胺较少。腐胺是有毒的，可通过肝脏进行生理解毒。在生长旺盛的组织，如胚胎、再生肝、生长激素作用的细胞及癌组织等，鸟氨酸脱羧酶的活性较强，因此产生多胺较多。多胺促进细胞增殖的机制可能与其稳定细胞结构、与核酸分子结合、并增强核酸及蛋白质的合成有关。

四、肌酸和磷酸肌酸

肌酸（creatine）由精氨酸、甘氨酸和甲硫氨酸合成，甲基来自甲硫氨酸（直接由 S－腺苷甲硫氨酸提供），磷酸肌酸（creatine phosphate）则由肌酸激酶（creatine kinase）催化，使肌酸磷酸化（ATP 提供磷酸基和能量）而生成。

$$\text{精氨酸}+\text{甘氨酸}\xrightarrow[\searrow \text{鸟氨酸}]{\text{脒基转移酶}} H_2N—\overset{NH}{\overset{\|}{C}}—NH—CH_2—COOH\ \text{（胍基乙酸）}$$

$$\text{胍基乙酸}+\text{S－腺苷甲硫氨酸}\xrightarrow{\text{转甲基酶}} H_2N—\overset{NH}{\overset{\|}{C}}—\overset{CH_3}{\overset{|}{C}}—CH_2—COOH\ \text{（肌酸）}$$

$$\text{肌酸}\xrightarrow{\text{肌酸激酶}} \mathrm{H{-}N(\sim P(=O)(OH)OH){-}C(=NH){-}N(CH_3){-}CH_2{-}COOH}\quad\text{（磷酸肌酸）}$$

肌酸和磷酸肌酸存在于动物的肌肉、脑和血液。磷酸肌酸是脊椎动物能量储存的形式。当细胞分解代谢较强，产生富足的 ATP 时，部分 ATP 的能量即转移给肌酸，生成磷酸肌酸；当组织细胞需要能量时，磷酸肌酸即断裂高能磷酸键，将能量转移给 ADP，而生成 ATP，磷酸肌酸本身即变为肌酸。

五、组胺

组胺（histamine）又称组织胺，是组氨酸脱羧基的产物，即组氨酸在组氨酸脱羧酶（histidine decarboxyase）催化下，脱下一个 CO_2 后即产生组胺。肺、肝、肌肉、乳腺、神经组织及胃黏膜细胞都存在组胺。它是一种强烈的血管舒张物质，能增加毛细血管的通透性。它还有刺激胃黏膜分泌胃蛋白酶和胃酸的作用。在神经组织中它是感觉神经的一种递质，和周围神经的感觉与传递有密切关系。在创伤性休克或炎症病变部位有组胺的释放。

六、γ—氨基丁酸

谷氨酸本身在脑和脊髓中是一种兴奋性神经递质（天门冬氨酸也具有此作用），谷氨酸脱羧基后产生 γ—氨基丁酸（γ—aminobutyric acid，简称 GABA），则是一种抑制性神经递质（甘氨酸、牛磺酸等也具有类似作用），它可增加突触后神经细胞膜对 Na^+ 的通透性。

在脑组织中通过一个称为γ—氨基丁酸代谢支路（GABA 支路）可将 Gln、Glu 和三羧酸循环联系起来（图 12—24）。

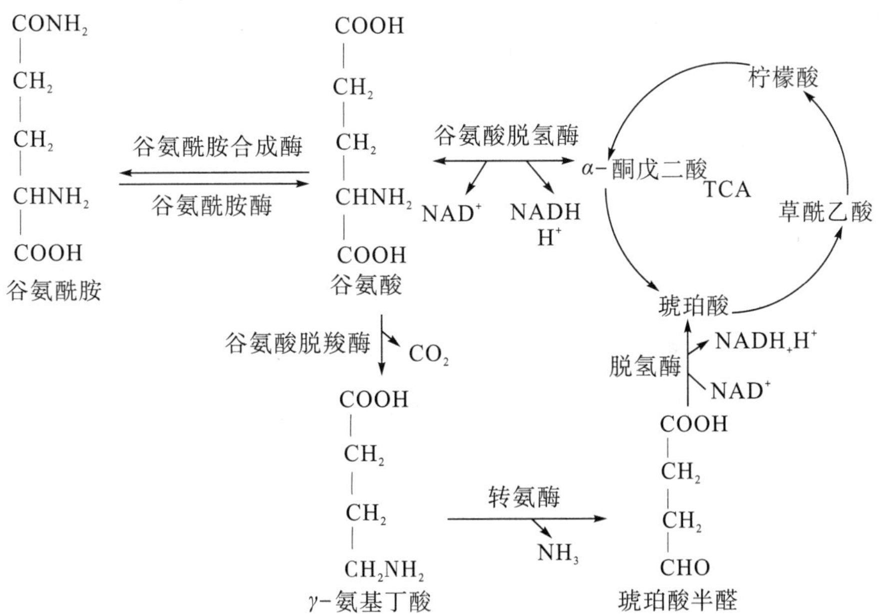

图 12—24　γ—氨基丁酸代谢支路

七、一氧化氮（NO）

精氨酸除在肝中由精氨酸酶催化水解为尿素和鸟氨酸外，在脑及平滑肌等组织，还可由一氧化氮合酶（nitric oxide synthase，NOS）催化，精氨酸与 O_2 反应生成瓜氨酸和 NO。NOS 是一种加单氧酶，辅酶中含有 FAD、FMN、NADPH 及四氢生物蝶呤（BH_4）等。

$$\text{精氨酸} + O_2 \xrightarrow{\text{一氧化氮合酶}} \text{瓜氨酸} + NO$$

（BH_4 → BH_2；NADPH+H^+ → $NADP^+$）

一氧化氮（NO）是新近发现的重要胞外信息分子（见第十七章），具有舒张血管、抗血栓形成、抗血管平滑肌增殖、在中枢神经系统中起兴奋性神经递质等生理活性。一氧化氮合酶在脑内的活性很高，说明 NO 在脑中可能有重要作用。

八、谷胱甘肽

谷胱甘肽（glutathione）由谷氨酸、半胱氨酸和甘氨酸为原料合成，主要由两个酶催化：γ－谷氨酰半胱氨酸合成酶（γ－glutamyl cystein synthetase）和谷胱甘肽合成酶（glutathione synthetase）。一分子谷胱甘肽合成需消耗两分子 ATP。

谷氨酸 —γ－谷氨酰半胱氨酸合成酶（半胱氨酸，ATP → ADP+Pi）→ γ－谷氨酰半胱氨酸 —谷胱甘肽合成酶（甘氨酸，ATP → ADP+Pi）→ 谷胱甘肽

谷胱甘肽参与体内氧化还原反应，还原型谷胱甘肽（G_{SH}）的巯基可保护含巯基蛋白（包括巯基酶），避免其巯基处于氧化态，此外还与一些药物和毒物结合，减小其毒性。

九、肉碱

肉碱（carnitine）是以赖氨酸为原料合成，但起始步骤并非游离赖氨酸，而是特定蛋白质分子上的赖氨酸残基，在甲基转移酶催化下，将 S－腺苷甲硫氨酸上的甲基转移到赖氨酸残基的 ε－氨基上，生成三甲基赖氨酸残基，在特异蛋白酶作用下水解释出，游离的三甲基赖氨酸在特异的加氧酶催化下，生成 ε－N－三甲基—β－羟赖氨酸，进一步在醛缩酶催化下裂解为甘氨酸和 γ－丁基甜菜碱醛，后者氧化成 γ－丁基甜菜碱（r－butyrobetaine），最后在加氧酶作用下羟化生成毒碱。

NH_2－$(CH_2)_4$－肽链 —甲基转移酶（S－腺苷甲硫氨酸）→ $N^+(CH_3)_3$－$(CH_2)_4$－肽链 —蛋白酶（H_2O）→ $N^+(CH_3)_3$－$(CH_2)_4$－HCNH₂－COOH（ε－N－三甲基赖氨酸） —加氧酶（O_2）→ $N^+(CH_3)_3$－$(CH_2)_3$－HCOH－HCNH₂－COOH（ε－N－三甲基－β－羟基赖氨酸）

—醛缩酶（→甘氨酸）→ $N^+(CH_3)_3$－$(CH_2)_3$－CHO（γ－丁基碱菜碱醛） —脱氢酶（H_2O，NAD^+ → NADH+H^+）→ $N^+(CH_3)_3$－$(CH_2)_3$－COOH（γ－丁基甜菜碱） —加氧酶（O_2）→ $N^+(CH_3)_3$－CH_2－CHOH－CH_2－COOH（肉　碱）

肉碱是长链脂肪酸从胞浆向线粒体内转移的重要载体（见第十一章），因此在脂肪酸的分解代谢中占有重要地位。

第六节　氨基酸的合成代谢

一、概述

氨基酸是用于构成蛋白质的元件，在不同生物体内，利用20种氨基酸可以组装成各种各样的蛋白质。但是，氨基酸本身的合成在不同生物中，有较大的差异。动物只能合成非必需氨基酸，高等植物可合成本身所需的全部氨基酸，微生物合成氨基酸的能力则有很大差异。不仅不同生物合成氨基酸的能力不同，而且合成氨基酸的种类、原料等也有所不同。然而许多氨基酸的合成途径，在不同生物中也有共同之处。

氨基酸的生物合成主要需要碳骨架和氮源。碳骨架来自三羧酸循环、糖酵解和磷酸戊糖途径的几个重要中间物。氮源在不同生物有所不同：某些微生物通过固氮作用可将空气中的氮转变为氨；大多数植物及微生物则利用土壤中的硝酸盐、亚硝酸盐还原为氨，或将尿素分解为氨；在动物体内，氨被同化入氨基酸分子，谷氨酸和谷氨酰胺在这种同化中起重要作用，它们是重要的氨供体。谷氨酰胺分解出酰胺基而产生谷氨酸，多数氨基酸的合成可通过转氨基作用从谷氨酸得到α－氨基。催化谷氨酸和谷氨酰胺合成的酶是谷氨酸脱氢酶和谷氨酰胺合成酶，在植物和细菌中还有谷氨酸合酶，它催化α－酮戊二酸还原氨基化生成两分子谷氨酸。大部分的谷氨酸是由谷氨酰胺合成酶和谷氨酸合酶催化完成的。所以，在氨基酸的合成中，氨掺入碳骨架主要依靠**转氨酶**、**谷氨酸脱氢酶**、**谷氨酰胺合成酶**及**谷氨酸合酶**等几个重要酶的作用。

在不同氨基酸的生物合成中，其起始物分别来自于糖代谢的几个中间物。按照起始物可将氨基酸的合成分成几个家族组，用以合成非必需氨基酸，而动物营养必需氨基酸的合成，主要是指存在于微生物或植物中的合成途径。

1. 谷氨酸族（或α－酮戊二酸族）

该族包括谷氨酸、谷氨酰胺、脯氨酸、精氨酸和赖氨酸。

2. 天门冬氨酸族（或草酰乙酸族）

该族包括天门冬氨酸、天门冬酰胺、苏氨酸、甲硫氨酸和异亮氨酸。

3. 丙酮酸族

该族包括丙氨酸、缬氨酸和亮氨酸。

4. 磷酸甘油酸族

该族包括甘氨酸、丝氨酸和半胱氨酸

5. 芳香族

该族包括苯丙氨酸、酪氨酸和色氨酸。

除上述19种氨基酸外，组氨酸的合成为一独立系统。

二、谷氨酸族（或α－酮戊二酸族）

$$\begin{array}{ccccc} & & \text{Gln} & & \\ & & \updownarrow & & \\ \alpha\text{—酮戊二酸} & \longrightarrow & \text{Glu} & \longrightarrow \text{鸟氨酸} \longrightarrow & \text{Arg} \\ \downarrow & & \downarrow & & \\ \alpha\text{－氨基己二酸} \rightarrow \text{Lys} & & \text{Pro} & & \end{array}$$

这组氨基酸合成以α－酮戊二酸为碳骨架，分别合成谷氨酸、谷氨酰胺、脯氨酸、鸟氨酸和精氨酸，此外，在真菌和眼虫藻中还为赖氨酸合成的6个碳原子中提供4个碳原子。

1. 谷氨酸和谷氨酰胺的合成

$$\alpha\text{—酮戊二酸} \xrightarrow[NH_3 \quad NADPH+H^+ \quad \searrow NADP^+]{\text{谷氨酸脱氢酶}} \text{谷氨酸} \xrightarrow[NH_3 \quad ATP \quad \searrow ADP+Pi]{\text{Gln 合成酶}} \text{谷氨酰胺}$$

由α－酮戊二酸合成谷氨酸除由谷氨酸脱氢酶催化使其还原氨基化外，在植物和细菌中还可由谷氨酸合酶催化使α－酮戊二酸从谷氨酰胺接受酰胺基，生成2分子谷氨酸。

谷氨酰胺合成酶是催化氨转变为有机含氮物的主要酶，也是这些含氨物合成的一个调节控制点。谷氨酰胺可为9种含氮物合成提供酰胺氮：甘氨酸、丙氨酸、丝氨酸、组氨酸、色氨酸、AMP、CTP、氨甲酰磷酸和6－磷酸葡萄糖胺。

2. 脯氨酸的合成

由α－酮戊二酸转变成的谷氨酸，经还原、环化等步骤合成脯氨酸，还原由相应的脱氢酶催化，NADPH提供氢，而环化反应一般可自发进行。

$$\underset{\text{谷氨酸}}{\begin{array}{c}COOH\\|\\CH_2\\|\\CH_2\\|\\CHNH_2\\|\\COOH\end{array}} \xrightarrow[NADPH \quad \searrow NADP^+]{\text{还原酶}} \underset{\text{谷氨酸}-\gamma-\text{半醛}}{\begin{array}{c}CHO\\|\\CH_2\\|\\CH_2\\|\\CHNH_2\\|\\COOH\end{array}} \xrightarrow[\searrow H_2O]{\text{自发环化}} \underset{\Delta^1-\text{二氢吡咯}-5-\text{羧酸}}{\begin{array}{l}CH_2\text{——}CH_2\\|\qquad\quad\ |\\CH\qquad CH\text{—}COOH\\\ \ \ \backslash\!\!\backslash\quad /\\\qquad N\end{array}}$$

$$\xrightarrow[NADPH \quad \searrow NADP^+]{\text{还原酶}} \underset{\text{脯氨酸}}{\begin{array}{l}CH_2\text{——}CH_2\\|\qquad\quad\ |\\CH_2\qquad CH\text{—}COOH\\\ \ \ \backslash\quad /\\\qquad \underset{H}{N}\end{array}}$$

3. 精氨酸的合成

由谷氨酸合成精氨酸，先要乙酰化，经生成鸟氨酸、瓜氨酸等中间物后，再转变成精氨酸。

$$\text{谷氨酸} \xrightarrow[\text{乙酰CoA} \quad \searrow \text{CoA}]{\text{转乙酰基酶}} N-\text{乙酰谷氨酸} \xrightarrow[NADPH \quad \searrow NADP^+]{\text{还原酶}} N-\text{乙酰谷氨酸半醛} \xrightarrow{\text{转氨}} \text{鸟氨酸}$$

$$\xrightarrow[\text{氨甲酰磷酸}]{\text{氨甲酰转移酶}} \text{瓜氨酸} \xrightarrow[\text{天冬氨酸}]{\text{合成酶}} \text{精氨酸代琥珀酸} \xrightarrow[\searrow \text{延胡索酸}]{\text{裂解酶}} \text{精氨酸}$$

4. 赖氨酸的合成

人和哺乳动物体内不能合成赖氨酸，因此是必需氨基酸。微生物和植物有两条途径合成赖氨酸：一条为α－氨基己酸途径，另一条是二氨基庚二酸途径。前者属谷氨酸族，后者属天门冬氨酸族。α－氨基己二酸途径（α－aminoadipic pathway）是大多数真菌合成赖氨酸的途径。以α－酮戊二酸为起始物，与乙酰 CoA 缩合成高柠檬酸（homocitrate，比柠檬酸多一个－CH_2－基）。从高柠檬酸到α－酮己二酸这一段反应过程，与三羧酸循环中从柠檬酸到α－酮戊二酸的反应历程类似。然后经过转氨、还原、脱氢等反应，最后生成赖氨酸。

α－酮戊二酸 —合酶（乙酰CoA）→ 高柠檬酸 —高顺乌头酸酶→ 高异柠檬酸 —脱氢酶（NAD^+ → NADH，CO_2）→ α－酮己二酸

—转氨、还原→ 酵母氨酸 —脱氢酶（NAD^+ → NADH，α－酮戊二酸）→ 赖氨酸

二氨基庚二酸途径（diaminopimelate pathway）是细菌和高等植物合成赖氨酸的途径。以天门冬氨酸为起始物，活化后首先还原为半醛，再在丙酮酸、琥珀酰 CoA 参与下，中间产物有较复杂的变化，经历二氨基庚二酸，最后合成赖氨酸。

天冬氨酸 —激酶（ATP → ADP）→ 天冬氨酸磷酸 —还原→ 天冬氨酸半醛 →→→ 二氨基庚二酸 → 赖氨酸

三、天门冬氨酸族和丙酮酸族

天门冬氨酸族氨基酸合成以草酰乙酸或天门冬氨酸为原料，合成苏氨酸、甲硫氨酸和异亮氨酸；丙酮酸族氨基酸合成以丙酮酸为原料，合成丙氨酸、缬氨酸和亮氨酸。

草酰乙酸 → Asp（↕ Asn）→ 天冬氨酸半醛 → 高丝氨酸（→ Met）→ Thr → Ile

天冬氨酸半醛 ↓（细菌、植物）二氨基庚二酸 → Lys

丙酮酸（↕ Ala）→ α－酮戊二酸 ↗ Val，↘ Leu

1. 丙氨酸、天门冬氨酸和天门冬酰胺的合成

丙酮酸 —谷丙转氨酶（Glu → α－酮戊二酸）→ 丙氨酸

草酰乙酸 —谷草转氨酶（Glu → α－酮戊二酸）→ 天门冬氨酸 —天门冬酰胺合成酶（Gln → Glu，ATP → ADP+Pi）→ 天门冬酰胺

由天门冬氨酸合成天门冬酰胺，在动物和植物中由谷氨酰胺提供酰胺基，ATP 分解为 ADP+Pi；在细菌中则由 N^+H_4 提供酰胺基的氮源，ATP 分解为 AMP+PPi。

2. 苏氨酸的合成

苏氨酸、甲硫氨酸和异亮氨酸都是人体必需氨基酸。在细菌和真菌的合成途径中，前段反应从天门冬氨酸到高丝氨酸，几种氨基酸都是相同的。

$$\underset{\text{天门冬氨酸}}{\begin{array}{l}COOH\\|\\CH_2\\|\\CHNH_2\\|\\COOH\end{array}}\xrightarrow[ATP\ \ \ \ ADP]{\text{激 酶}}\underset{\text{天门冬氨酸磷酸}}{\begin{array}{l}COOPO_3H_2\\|\\CH_2\\|\\CHNH_2\\|\\COOH\end{array}}\xrightarrow[NADPH\ \ \ \ NADP^+\ \ \ \ Pi]{\text{脱氢酶}}\underset{\text{天冬门氨酸}-\beta-\text{半醛}}{\begin{array}{l}CHO\\|\\CH_2\\|\\CHNH_2\\|\\COOH\end{array}}$$

$$\xrightarrow[NADPH\ \ \ \ NADP^+]{\text{脱氢酶}}\underset{\text{高丝氨酸}}{\begin{array}{l}CH_2OH\\|\\CH_2\\|\\CHNH_2\\|\\COOH\end{array}}$$

高丝氨酸经激酶和苏氨酸合酶催化即生成苏氨酸。

$$\underset{\text{高丝氨酸}}{\begin{array}{l}CH_2OH\\|\\CH_2\\|\\CHNH_2\\|\\COOH\end{array}}\xrightarrow[ATP\ \ \ \ ADP]{\text{激酶}}\underset{\text{高丝氨酸磷酸}}{\begin{array}{l}CH_2OPO_3H_2\\|\\CH_2\\|\\CHNH_2\\|\\COOH\end{array}}\xrightarrow[H_2O\ \ \ \ Pi]{\text{苏氨酸合酶}}\underset{\text{苏氨酸}}{\begin{array}{c}CH_3\\|\\HO-C-H\\|\\H-C-NH_2\\|\\COOH\end{array}}$$

3. 甲硫氨酸的合成

甲硫氨酸的合成以天门冬氨酸为原料，从天门冬氨酸到高丝氨酸反应阶段与苏氨酸的合成相同。高丝氨酸可通过不同途径形成高半胱氨酸，而后甲基化形成甲硫氨酸。

$$\text{天门冬氨酸}\longrightarrow\underset{\text{高丝氨酸}}{\begin{array}{l}CH_2OH\\|\\CH_2\\|\\CHNH_2\\|\\COOH\end{array}}\xrightarrow[\text{琥珀酸}]{\text{转酰基酶}}\underset{\text{琥珀酰高丝氨酸}}{\begin{array}{l}\qquad\ \ O\\\qquad\ \ \|\\CH_2OCCH_2\\|\qquad\ \ |\\CH_2\quad\ CH_2\\|\qquad\ \ |\\CHNH_2COOH\\|\\COOH\end{array}}\xrightarrow[Cys\ \ \ \ \text{琥珀酸}]{\text{合成酶}}\underset{\text{丙丁硫醚}}{\begin{array}{l}CH_2-S-CH_2\\|\qquad\qquad |\\CH_2\qquad CHNH_2\\|\qquad\qquad |\\CHNH_2\quad COOH\\|\\COOH\end{array}}$$

$$\xrightarrow[\text{丙酮酸}\ \ \ \ NH_3]{\text{裂解酶}}\underset{\text{高半胱氨酸}}{\begin{array}{l}SH\\|\\CH_2\\|\\CH_2\\|\\CHNH_2\\|\\COOH\end{array}}\xrightarrow[N^5-\text{甲基}FH_4\ \ \ \ FH_4]{\text{甲基转移酶}}\underset{\text{甲硫氨酸}}{\begin{array}{l}S-CH_3\\|\\CH_2\\|\\CH_2\\|\\CHNH_2\\|\\COOH\end{array}}$$

4. 缬氨酸、亮氨酸和异亮氨酸的合成

缬氨酸和亮氨酸的合成以丙酮酸为原料，异亮氨酸合成以苏氨酸为原料（其中 4 个碳原子来自天门冬氨酸，2 个碳原子来自丙酮酸），三者合成途径的中间物属于同系物，催化的酶也相同。

苏氨酸 —脱氨→ α-酮丁酸 → α-乙酰羟丁酸 → α,β-二羟-β-甲基戊酸 → α 酮-β-甲基戊酸 → 异亮氨酸
（脱氨放出 NH_3）
合成酶　　还原异构酶　　脱水酶　　转氨酶
丙酮酸 → α-乙酰乳酸 → α,β-二羟异戊酸 → α-酮异戊酸 → 缬氨酸

α-酮异戊酸 —乙酰CoA，合成酶→ α-异丙基苹果酸 —异构酶→ β-异丙基苹果酸 —脱氢酶（放出 CO_2）→ α-酮异己酸 —转氨酶→ 亮氨酸

四、磷酸甘油酸族

3—磷酸甘油酸 → Ser → Gly；Ser → Gys

1. 丝氨酸和甘氨酸的合成

丝氨酸和甘氨酸合成的起始物来自糖酵解的 3—磷酸甘油酸，继后氧化成磷酸羟基丙酮酸（phosphohydroxypyruvate），经转氨形成丝氨酸。甘氨酸则由丝氨酸转化。

3—P—甘油酸 —脱氢酶（NAD^+ → NADH）→ 3—磷酸羟基丙酮酸 —转氨酶（Glu）→ 3—磷酸丝氨酸 —磷酸酶（→ Pi）→ 丝氨酸 —转羟甲基酶（FH_4 → N^5,N^{10} 甲叉 FH_4）→ 甘氨酸

2. 半胱氨酸的合成

在动物体内，半胱氨酸可以通过高半胱氨酸和丝氨酸的转硫作用形成。

高半胱氨酸 —丙丁硫醚合成酶（丝氨酸）→ 丙丁硫醚 —裂解酶（→ 高丝氨酸）→ 半胱氨酸

在大多数植物和微生物中，则以丝氨酸和乙酰 CoA 为原料，先合成乙酰丝氨酸（acetylserine），再形成半胱氨酸。

五、芳香族

PEP＋4—P—赤藓糖 → 分枝酸 → 预苯酸 → Phe；预苯酸 → Tyr；分枝酸 → Trp

芳香族氨基酸包括苯丙氨酸、酪氨酸和色氨酸，都只能由微生物和植物合成。它们都以糖酵解中间产物磷酸烯醇式丙酮酸（PEP）和磷酸戊糖途径中间产物 4—磷酸赤藓糖为起始物，到分枝酸（chorismate）生成的前 7 步反应是共同的（图 12—25）。分枝酸通过变位酶催化形成预苯酸（prephenate），而后通过脱水、脱羧和转氨即分别形成苯丙氨酸和酪氨酸。由分枝酸经 5 步反应形成色氨酸（图 12—26）。

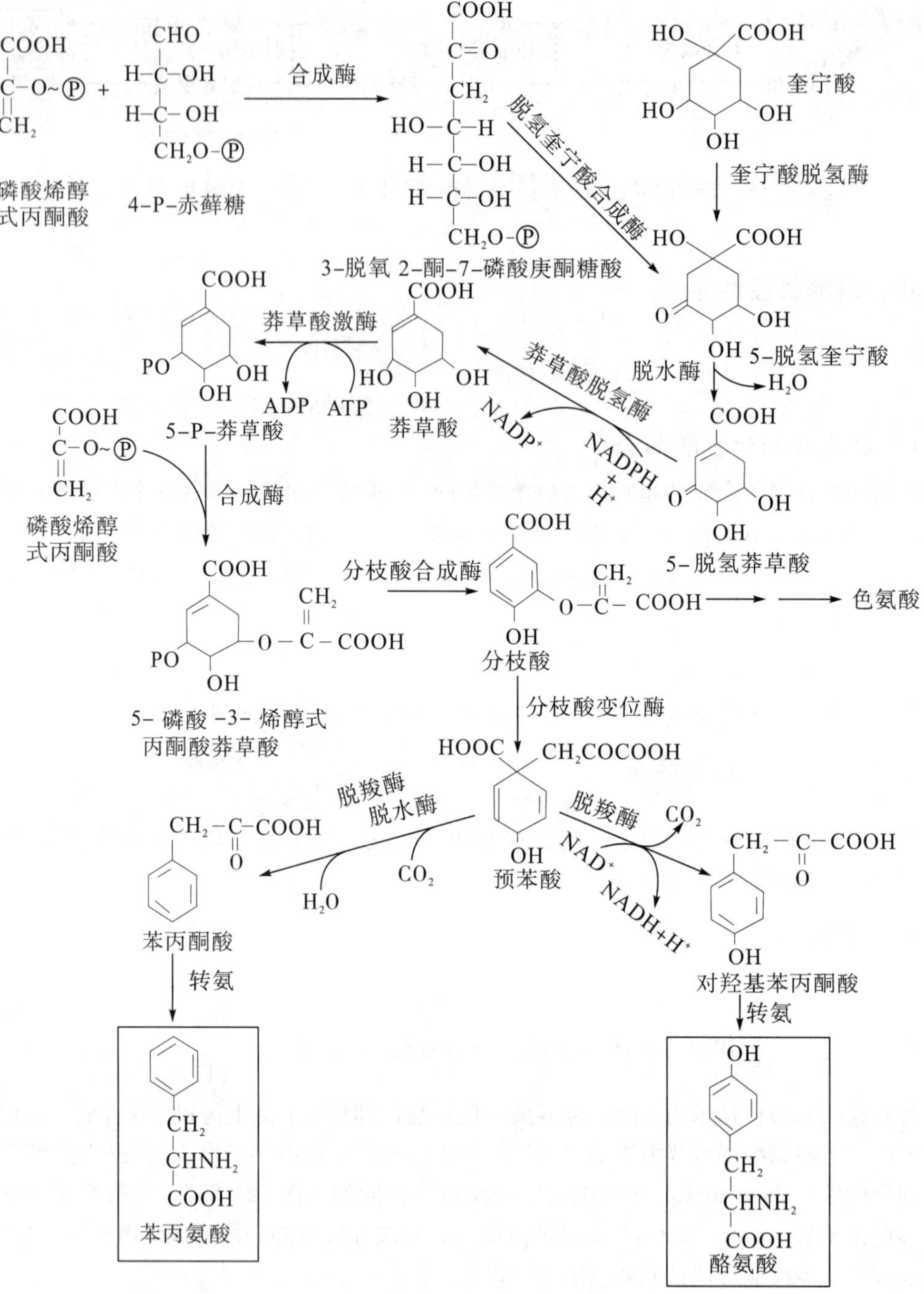

图 12-25 苯丙氨酸和酪氨酸的合成代谢

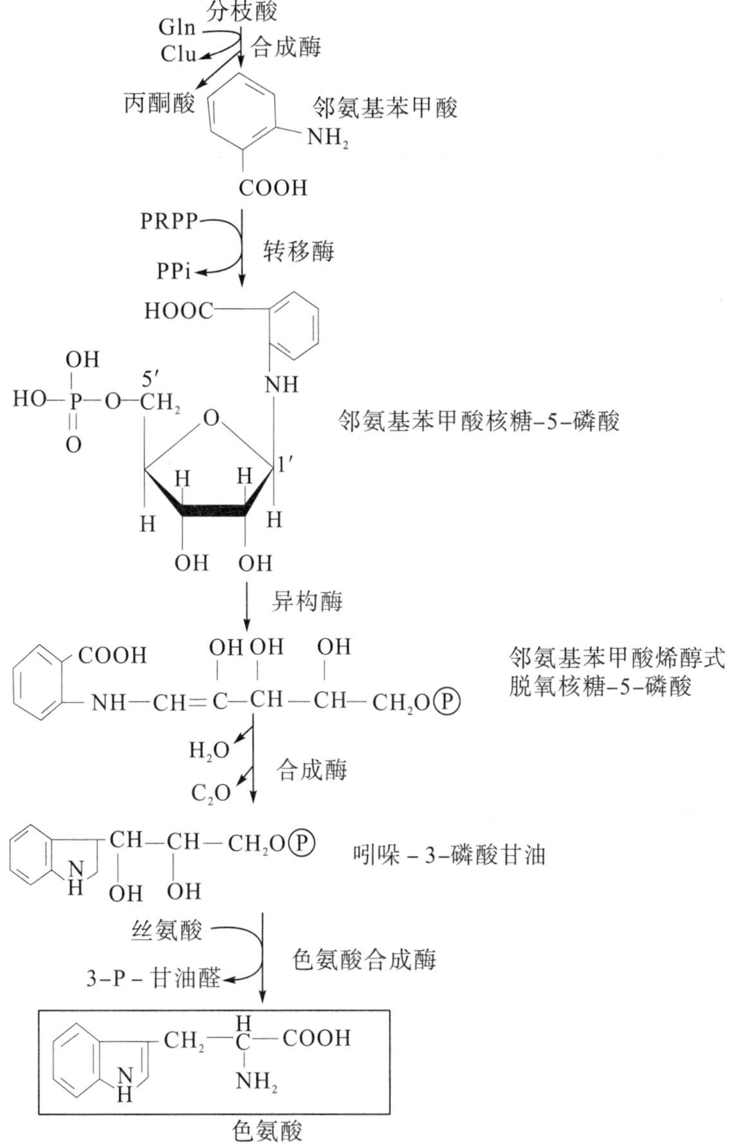

图 12－26　**色氨酸的合成代谢**

在色氨酸、组氨酸合成以及核苷酸合成中都需要一种核糖衍生物：5－磷酸核糖－1－焦磷酸（5－phosphoribosyl－1－pyrophosphate，简称 PRPP），它通过 5－磷酸核糖（来自磷酸戊糖途径）被焦磷酸激酶（pyrophophate kinase）催化生成。

磷酸核糖焦磷酸激酶

ATP　AMP

5-磷酸核糖
(R-5-P)

5-磷酸核糖-1-焦磷酸
(PRPP)

六、组氨酸的合成代谢

以磷酸核糖焦磷酸（PRPP）为起始物，由 9 个酶催化，经 10 步反应，包括开环、异构、基团转移等，最后合成组氮酸（图 12－27）。

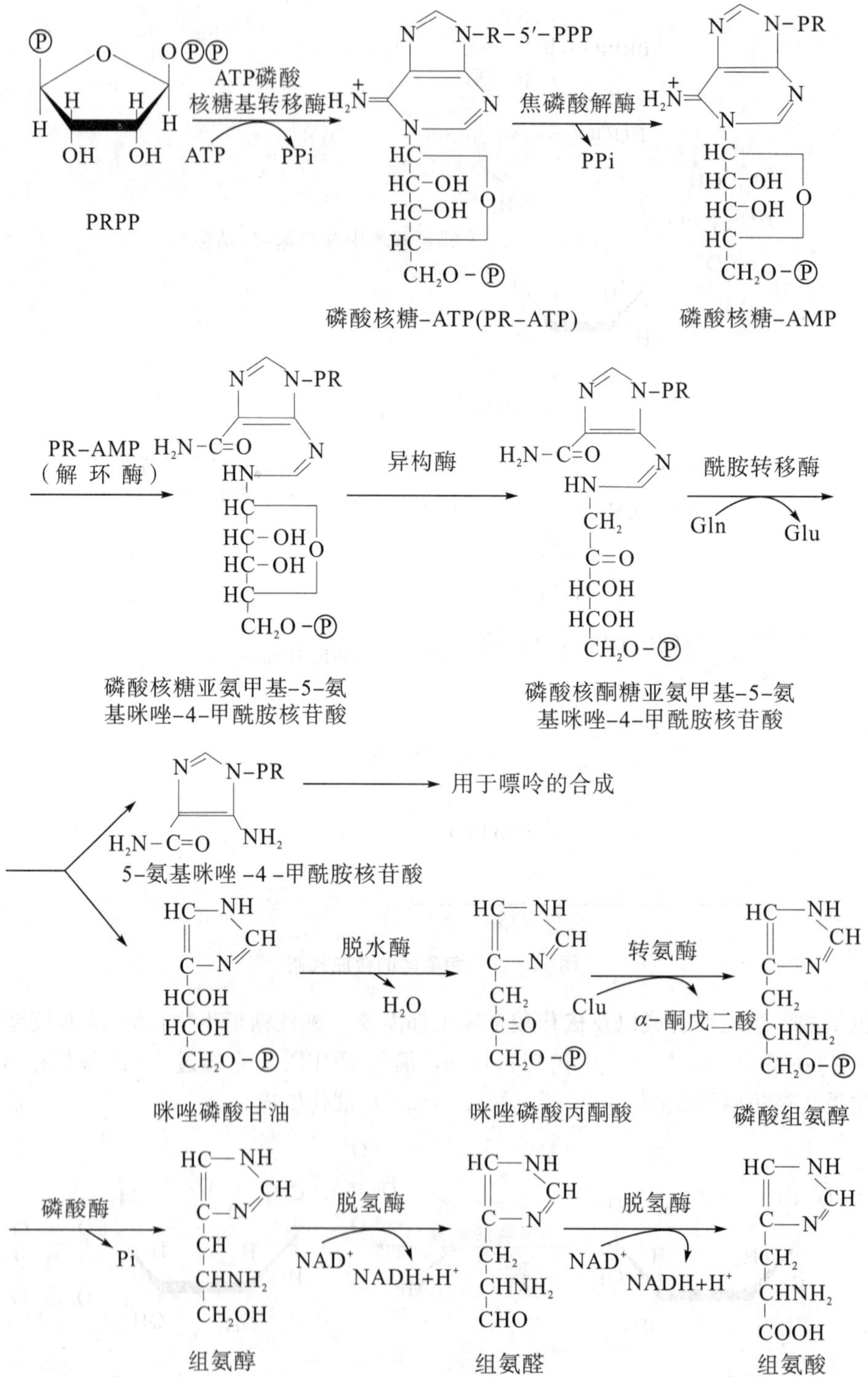

图 12－27 **组氨酸的合成代谢**

本章学习要点

各种生物利用氮源的方式虽有所不同，如固氮微生物可直接利用大气中的 N_2，植物和一些微生物可利用硝酸盐、亚硝酸盐和氨等无机物为氮源，动物和人利用现成的氨基酸来合成蛋白质和核酸。然而各种生物在构成蛋白质的基本构件氨基酸的分解与合成途径上，却有许多相同或相似之处，当然各种生物在氮的代谢上也有自身的特点。

1. 蛋白质在动物和人体内的胃液、胰液和肠液中多种蛋白酶的作用下消化水解成氨基酸和寡肽，寡肽再在肠粘膜细胞内被寡肽酶水解成氨基酸。氨基酸通过膜上的氨基酸载体或谷胱甘肽转运吸收进入细胞内，然后通过血液运输至肝脏等多种器官或组织中用于建造蛋白质，或进入分解途径被氧化分解，用于产能或转化成其他活性物质。

2. 氨基酸的脱氨基作用主要包括氧化脱氨、转氨和联合脱氨，其中联合脱氨普遍存在，氨化脱氨基本上只有 L－谷氨酸能进行。在转氨作用中大多以 α－酮戊二酸为氨基受体。

3. 在氨基酸的分解中，通过脱氨基作用和脱羧基作用，产生氨、α－酮酸、CO_2 和胺。胺被胺氧化酶作用分解为醛和氨，醛进一步氧化为酸。氨在人和哺乳动物肝中转变成尿素，由肾排出。α－酮酸则进入糖代谢途径被分解，或转变为糖及脂。由氨转变为尿素是通过鸟氨酸循环完成的，氨基甲酰磷酸合成酶 I 和精氨酸代琥珀酸合成酶是这个循环的关键酶。

4. 在个别氨基酸代谢中一碳基团代谢、转甲基作用、含硫氨基酸代谢和芳香族氨基酸代谢显得相对重要些。芳香族氨基酸代谢与多种人类遗传性疾病有关。

Chapter 12　PROTEIN AND AMINO ACID METABOLISM

The ways by which different organisms utilize nitrogen source are different. Nitrogen fixation microorganism can directly utilize N_2 of air. Plants and some microorganisms can utilize nitrate, nitrite and ammonia, etc. Animals and peoples utilize amino acids to compound proteins and nucleic acids. But the processes of amino acid decomposition and synthesis of different organisms have many same point or similar point. Nitrogen metabolisms of different organisms have their own characteristics.

1. Protein can be hydrolyzed into amino acid and oligopeptide by many proteases in gastric juice, pancreatic juice and intestinal juice of animals and peoples. Oligopeptide can be hydrolized into amino acid by oligopeptidase in mesentery cells. Amino acid enter cells is transmission through amino acid carrier of membrane or glutathione. Then arino acid is transported into many organs (such as liver) or tissues by blood to construct proteins. Amino acid also can be decomposed to produce energy or transfered to be other active substances.

2. Deamination of amino acid includes oxidative deamination, aminotransferation and combined deamination. Combined deamination is general. Only L-glutamic acid can carry out oxidative deamination. The main receptor of amino group in aminotransferation is α-ketoglutaric aicd.

3. Decomposition of amino acid can produce ammonia, α-keto acid, CO_2 and amine

through deamination and decarboxylation. Amine can be decomposed into aldehyde and ammonia by amine oxidase. Aldehyde can oxidate to carboxylic acid. Ammonia is transfered to be urea in the liver of people and manmal, then urea is excreted through kidney, α-keto acid is decomposed through the way of carbohydrate metabolism or transfered to be carbohydrate and lipid. Ammonia is transfered to be urea through ornithine cycle. The key enzymes of this cycle are carbamyl phosphate synthetase Ⅰ and argininosuccinate synthetase.

4. One carbon group metabolism, transmethylation, sulfur amino acid metabolism and aromatic amino acid metabolim are relatively important. Aromatic amino acid metabolism is related to many genetic diseases of mankind.

习　题

1. 用对或不对回答下列问题。如果不对，请说明原因。

(1) 非必需氨基酸是在体内蛋白质代谢中可有可无的氨基酸。

(2) 在体内蛋白质分解产生的所有氨基酸均可发生氧化脱氨。

(3) 氨基酸的α-氨基氮转变成 NH_3 是一个氧化过程. 每生成 1 分子 NH_3 需要 1 分子氧化剂 NAD^+。

(4) 在动物和人体内，亮氨酸分解只产生乙酰 CoA，因此它只能是生酮氨基酸。

(5) 分解代谢总体说来是产能的，但尿素生成却是耗能的。

2. 一已知食物每天可产生 1.2×10^4 kJ 能量，一体重 70 kg 重的人每天排出脲 27 g，求他每天蛋白质供能的百分率（已知 1.0 g 蛋白质产生 23.4 kJ 能量和 0.16 g 脲）。

3. 在人及哺乳动物体内丙氨酸是如何完全分解的？1 mol 丙氨酸完全分解可产生多少 mol ATP?

4. 葡萄糖、丁酸、丙氨酸在人体内完全氧化时每个碳原子平均各产生多少 ATP? 当由丙酮酸分别合成 1 mol 上述三种物质时，各消耗多少 mol ATP 及还原性辅酶（NADH 或 NADPH)?

5. 大多数转氨酶优先利用α-酮戊二酸作为氨基受体。在氨基酸代谢中有什么意义?

6. 许多生物细胞内有两种催化氨基甲酰磷酸合成的酶，即酶Ⅰ（线粒体内），以 NH_3 为氨基供体；酶Ⅱ（胞液中），以谷氨酰胺为氨基供体。利用不同底物但能催化相同产物形成的两种不同酶的代谢意义是什么?

第三篇　细胞信息转导

第十三章　DNA 的生物合成（复制）

第一节　核酸代谢概貌

核酸与糖、脂和蛋白质不同，它不是能源物质，也不为生命物质的合成提供碳源和氮源。因此，核酸不是营养必需物质。但它却是非常重要的物质，与生命现象和生物本质紧密相关。核苷酸也不是营养必需物质，因为机体基本上都能自行合成。核苷酸不仅是构建核酸的基本单位，而且它还具有许多独特的生理功能，就此而言，也可将核苷酸视为生物的活性物质。

一、核酸的降解

动物和人食物中的核酸多以核蛋白形式存在。核蛋白在胃中经胃酸的作用分解成核酸与蛋白质。核酸在小肠中受胰液中的核酸酶、肠液中的多核苷酸酶（磷酸二酯酶）作用，水解为单核苷酸，再通过核苷酸酶（磷酸单酯酶）的进一步作用，核苷酸被分解为核苷和磷酸。核苷酸及其水解产物核苷及磷酸均可被细胞吸收，被吸收的核苷酸及绝大部分核苷在肠黏膜细胞中被进一步分解，分解产生的戊糖被吸收进入体内的戊糖代谢途径，嘌呤碱和嘧啶碱绝大部分被分解为尿酸等物质排出体外。因此，实际上食物来源的嘌呤碱和嘧啶碱很少被机体利用，只有戊糖和磷酸可被机体利用。

细胞内核酸降解为核苷酸，以及核苷酸的进一步分解，均类似于上述食物中核酸的消化过程。

某些异养型微生物虽然也能分泌消化酶来分解体外核蛋白和核酸类物质，以获取少量核苷酸，但微生物细胞所需核苷酸，主要还是机体自身合成的。

二、核苷酸的生物学作用

细胞内存在多种游离核苷酸，它们在细胞内多种物质代谢中均发挥着重要作用，几乎参与细胞内所有生化过程。归纳起来，核苷酸有下列诸方面的生物学作用。

①作为原料，参与 DNA 和 RNA 的生物合成。

②形成体内能量利用的形式，主要是 ATP，其他核苷三磷酸也可提供能量。

③形成多种物质代谢的调节分子，如 cAMP、cGMP 参与多种物质代谢的调节；ppGpp 是氨基酸饥饿的信号，Ap_4A 是促进 DNA 复制及翻译的调节因子等。

④作为原料，参与某些活性物质的合成。如腺苷酰基、尿苷酰基是酶活性共价修饰基团；AMP 是构成 NAD、NADP、FAD 和辅酶 A 的组成成分；腺苷是辅酶 B_{12}（5－脱氧腺苷钴素）、PAPS 等活性物质的组成成分。

⑤活化中间代谢物。核苷酸可以作为多种活化中间代谢物的载体。例如，UDP－葡萄糖

和 ADP－葡萄糖是合成糖原、糖蛋白、淀粉或蔗糖（植物）的活化原料，CDP－二酰基甘油是合成磷脂的活化原料，S－腺苷甲硫氨酸是活性甲基的载体等。ATP 还可作为磷酸激酶催化反应中磷酸基团的供体。

三、核酸的生物合成

核酸的生物合成涉及到生物遗传信息的传递。由于绝大多数生物都以 DNA 作为遗传信息的载体，因此在细胞增殖时，DNA 所储藏的遗传信息必须精确地从上一代传到下一次，也就是说亲代和子代的 DNA 结构必须完全一样，故 DNA 的合成称为复制（replication）。RNA 的合成是将储存在 DNA 中的 RNA 或蛋白质的信息由 DNA 传向 RNA，称为转录（transcription），这涉及细胞的某些生物功能或生物性状的表现。

原核生物每个细胞只含一个染色体，真核生物每个细胞含有多个染色体。在细胞周期（见本章第五节）的一定阶段整个染色体组都要进行精确的复制（包括 DNA 和组蛋白），复制后的两套染色体分配到两个子细胞中去，然后再发生细胞分裂，成为两个子代细胞。因此，DNA 的复制与细胞的增殖紧密相关。DNA 的复制一般在细胞周期的 S 期进行。

染色体外的遗传因子，包括细菌的质粒（见第十八章）、真核生物线粒体、叶绿体等细胞器的 DNA，它们的复制有的受核染色体复制的控制，有的不受核染色体复制的控制。前者与染色体复制同步，后者可在细胞周期的任何时期进行。对于某个细胞器 DNA 分子而言，进入或不进入复制是随机的，因而有些细胞器 DNA 分子在细胞周期中复制不只一次，有些则不发生复制（也可能在下一个细胞周期中发生多次复制），然而就整体而言，每一细胞周期中细胞器 DNA 的总量将增加一倍，从而使得每个细胞的细胞器 DNA 数量恒定。

细胞内各种 RNA 的生物合成，包括用于蛋白质合成的 mRNA、tRNA 和 rRNA，以及具有各种特殊功能的小分子 RNA，都以相应 DNA 段落（各自的基因）为模板进行合成，这种合成称为转录。从核酸的生物合成角度而言，基因的复制（DNA 合成）是无选择性的，即 DNA 复制一当开始，DNA 分子上的所有基因都必须进行复制。但基因的转录却是有选择性的，随着机体的不同生长发育阶段和所处内外条件（环境）的改变而转录不同的基因。

无论 DNA 的合成，还是 RNA 的合成，都是在多种酶、蛋白因子参与下严密、精确、高度协调控制的生物化学过程，某些控制条件的改变，可导致突变、致病、致畸、致癌、甚至死亡。

第二节　核苷酸的代谢

一、核苷酸的分解代谢

体内核苷酸的分解代谢类似于食物中核苷酸的消化过程。核苷酸被核苷酸酶（nucleotidase）或磷酸单酯酶（phosphomonoesterase）作用水解为核苷和磷酸。磷酸单酯酶有特异性的和非特异性的，特异性磷酸单酯酶只水解 3′－核苷酸或 5′－核苷酸，分别称为 3′－核苷酸酶或 5′－核苷酸酶；非特异性磷酸单酯酶对所有核单酸均能作用，无论磷酸基在核苷的 5′位、3′位或 2′位均可被水解下来。

核苷被核苷酶（nucleosidase）作用进一步水解为碱基（嘌呤或嘧啶）和核糖（或脱氧核糖），核糖通过糖代谢途径被氧化。分解核苷的酶有两类，一类是核苷磷酸化酶

(nucleoside phosphorylase)，将核苷加磷酸分解为碱基和 1－磷酸核糖；另一类为核苷水解酶（nucleoside hydrolase)，将核苷水解为碱基和核糖。

$$\text{核苷} + \text{磷酸} \xrightleftharpoons{\text{核苷磷酸化酶}} \text{嘌呤碱或嘧啶碱} + 1\text{－磷酸核糖}$$

$$\text{核苷} + H_2O \xrightarrow{\text{核苷水解酶}} \text{嘌呤碱或嘧啶碱} + \text{核糖}$$

核苷磷酸化酶存在广泛，所催化反应是可逆的。核苷水解酶主要存在于植物和微生物体内，它只能水解核糖核苷，而不水解脱氧核糖核苷，而且反应不可逆。

核苷分解产生的嘌呤碱和嘧啶碱再沿不同途径分解成含氮废物排出体外（食物来源的嘌呤碱和嘧啶碱很少被机体利用）。

1. 嘌呤的分解代谢

腺嘌呤在腺嘌呤脱氨酶（adnine deaminase）作用下脱氨产生次黄嘌呤，次黄嘌呤在次黄嘌呤氧化酶（hypoxanthine oxidase）作用下氧化成黄嘌呤。鸟嘌呤在鸟嘌呤脱氨酶（guanine deaminase）催化下也生成黄嘌呤。人和大鼠缺乏腺嘌呤脱氨酶，而由腺嘌呤核苷酸脱氨酶和腺嘌呤核苷脱氨酶催化，故在人体内腺嘌呤脱氨基作用是在核苷酸或核苷水平进行的。

腺嘌呤 →（$+H_2O$，腺嘌呤脱氨酶，$-NH_3$）→ 次黄嘌呤

鸟嘌呤 →（$+H_2O$，鸟嘌呤脱氨酶，$-NH_3$）→ 黄嘌呤

次黄嘌呤 →（次黄嘌呤氧化酶，[O]，H_2O → H_2O_2）→ 黄嘌呤

黄嘌呤在黄嘌呤氧化酶（xanthine oxidase）作用下生成尿酸（uric acid）。黄嘌呤氧化酶是含有 FAD、Mo 和 Fe_4S_4 中心的需氧黄酶，含两个相同亚基。人类、灵长类、鸟类、爬虫类及大多数昆虫，其嘌呤的最终产物为尿酸，即以尿酸的形式排出体外。

黄嘌呤 →（黄嘌呤氧化酶，[O]，H_2O → H_2O_2）→ 尿酸（烯醇式）⇌ 尿酸（酮式）

别嘌呤醇（allopurinol）结构与次黄嘌呤很相似（仅 7 位氮与 8 位碳互换），它对黄嘌呤氧化酶有强抑制作用，因而临床上用于治疗痛风症（gout），可抑制尿酸生成。

除人和猿以外的哺乳动物、双翅目昆虫以及腹足类动物等不是排泄尿酸，而是排泄尿囊素（allantoin）。尿囊素是尿酸在尿酸酶（uricase）作用下氧化而成的。人及灵长类不具有

尿酸酶。

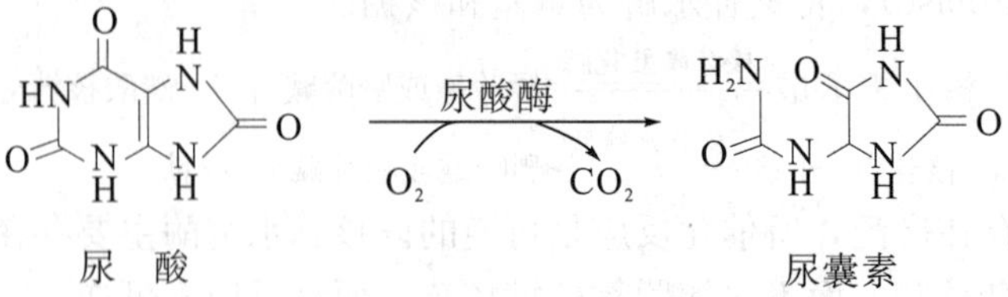

尿酸 $\xrightarrow[O_2 \quad CO_2]{尿酸酶}$ 尿囊素

某些硬骨鱼类的体内含**尿囊素酶**（allantoinase），此酶能水解尿囊素生成尿囊酸（allantoic acid）。

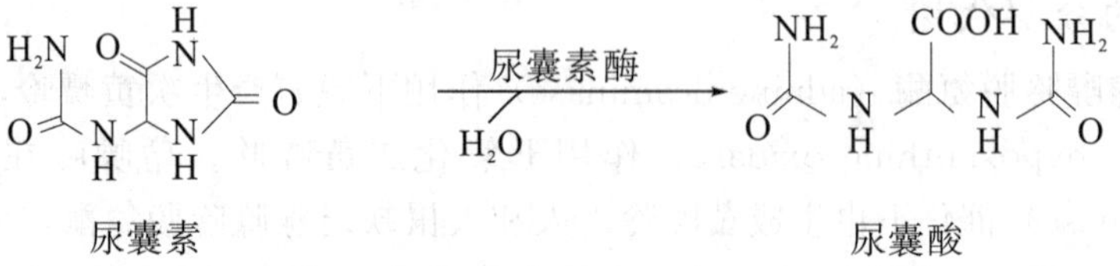

尿囊素 $\xrightarrow[H_2O]{尿囊素酶}$ 尿囊酸

大多数鱼类、两栖类不仅具有尿酸酶、尿囊素酶，而且还具有**尿囊酸酶**（allantoicase），后者能将尿囊酸水解为尿素（urea）。所以，这些动物体内的嘌呤最终代谢产物为尿素。

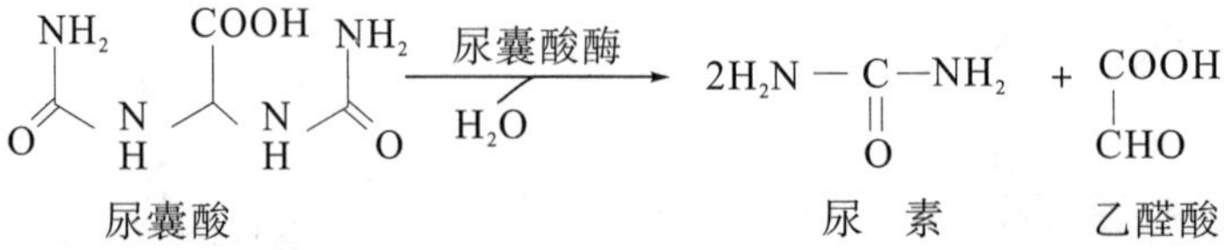

尿囊酸 $\xrightarrow[H_2O]{尿囊酸酶}$ $2H_2N-\overset{\overset{O}{\|}}{C}-NH_2$（尿素） + $COOH-CHO$（乙醛酸）

植物及微生物体内嘌呤碱的分解途径大致与动物相似。植物体内存在尿囊素酶、尿囊酸酶、脲酶等酶及尿囊素、尿囊酸等中间物。微生物分解嘌呤可产生氨和一些有机酸（甲酸、乙酸、乳酸等）。

2. 嘧啶的分解代谢

胞嘧啶或甲基胞嘧啶经脱氨及氧化等作用后，分别转变为尿嘧啶及胸腺嘧啶。尿嘧啶和胸腺嘧啶再被还原成二氢尿嘧啶（dihydrouracil）和二氢胸腺嘧啶（dihydrothymine），然后分解成β-丙氨酸和β-氨基异丁酸（β-aminoisobutyric acid）。在人体内β-丙氨酸和β-氨基异丁酸还可继续分解，但部分β-氨基异丁酸也可随尿排出体外。

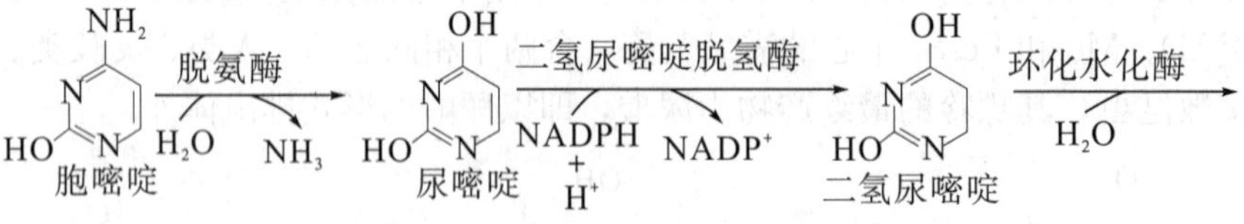

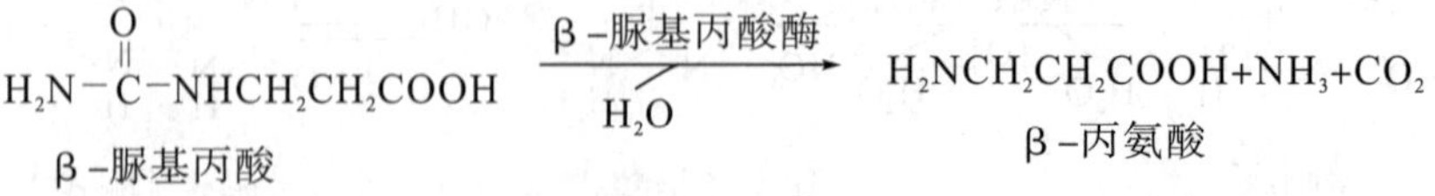

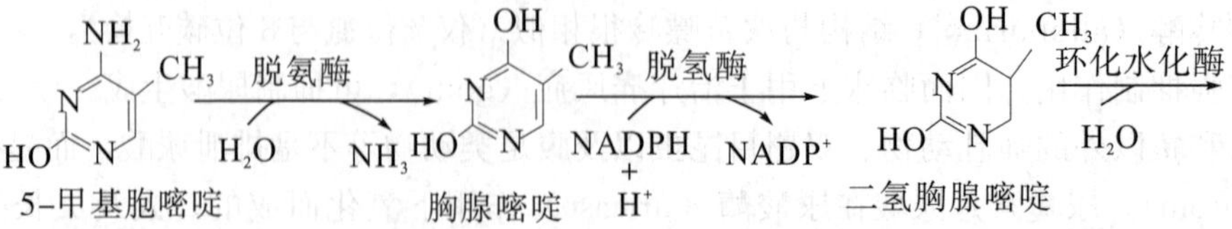

胞嘧啶 $\xrightarrow[H_2O \quad NH_3]{脱氨酶}$ 尿嘧啶 $\xrightarrow[NADPH+H^+ \quad NADP^+]{二氢尿嘧啶脱氢酶}$ 二氢尿嘧啶 $\xrightarrow[H_2O]{环化水化酶}$

$H_2N-\overset{\overset{O}{\|}}{C}-NHCH_2CH_2COOH$（β-脲基丙酸） $\xrightarrow[H_2O]{\beta-脲基丙酸酶}$ $H_2NCH_2CH_2COOH+NH_3+CO_2$（β-丙氨酸）

5-甲基胞嘧啶 $\xrightarrow[H_2O \quad NH_3]{脱氨酶}$ 胸腺嘧啶 $\xrightarrow[NADPH+H^+ \quad NADP^+]{脱氢酶}$ 二氢胸腺嘧啶 $\xrightarrow[H_2O]{环化水化酶}$

$$\underset{\beta\text{-脲基异丁酸}}{H_2N-\overset{\overset{O}{\|}}{C}-NHCH_2-\overset{\overset{CH_3}{|}}{CH}-COOH} \xrightarrow[H_2O]{\beta\text{-脲基异丁酸酶}} \underset{\beta\text{-氨基异丁酸}}{H_2N-CH_2-\overset{\overset{CH_3}{|}}{CH}-COOH}+NH_3+CO_2$$

在微生物体内还可通过氧化作用将嘧啶分解成尿素。

$$\underset{\text{尿嘧啶}}{\text{尿嘧啶}} \xrightarrow[O_2]{\text{氧化酶}} \underset{\text{巴比妥酸}}{\text{巴比妥酸}} \xrightarrow[NHDPH + H^+ \to NADP^+]{} \underset{\text{尿素}}{O=C(NH_2)_2} + \underset{\text{丙二酸}}{COOH-CH_2-COOH}$$

二、核苷酸的合成代谢

无论嘧啶核苷酸还是嘌呤核苷酸，其合成代谢都有两条不同的途径。一条是以氨基酸等为原料逐渐掺入原子合成碱基；另一条是以现存碱基为原料合成核苷酸。前一条途径称为全程合成或从头合成（de novo synthesis）途径，后一条途径称为补救途径（salvage pathway）。二者在不同组织中的重要性不同，如肝等多种组织为从头合成途径，而脑、骨髓则只能进行补救途径。一般而论，各种生物（包括人及动物）从头合成是主要的途径。

1. 嘌呤核苷酸的合成

（1）主要合成途径

由同位素标记实验证明，嘌呤环中的各个原子来源于不同的物质（图 13－1）。

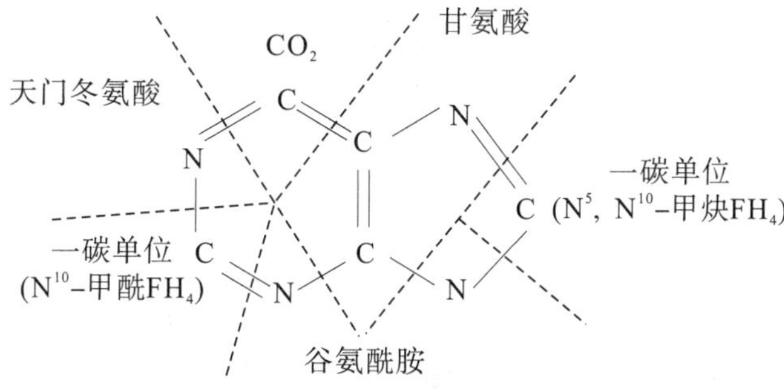

图 13－1　嘌呤环碳原子及氮原子的来源

嘌呤核苷酸的合成不是先合成嘌呤环，而是核糖与磷酸先合成磷酸核糖，然后逐步由谷氨酰胺、甘氨酸、一碳基团、CO_2 及天门冬氨酸掺入碳原子或氮原子形成嘌呤环，最后合成嘌呤核苷酸。合成的起始物质是 5－磷酸核糖－1－焦磷酸（简写 PRPP），它是由糖代谢的磷酸核糖转变来的（见第十二章第六节）。

从 PRPP 到嘌呤核苷酸的生成要经历复杂的反应过程，大体上可分为两个阶段，即先由 PRPP 经历 10 个反应合成次黄嘌呤核苷酸（IMP），然后再由 IMP 分别合成腺苷酸（AMP）和鸟苷酸（GMP）（见图 13－2）。

首先，PRPP 在酰胺转移酶的催化下接受谷氨酰胺的酰胺基生成 5－磷酸核糖胺（PRA）；PRA 在合成酶的作用下与甘氨酸缩合成甘氨酰胺核苷酸（GAR）；GAR 被 N^5，N^{10}－甲炔四氢叶酸甲酰化产生甲酰甘氨酰胺核苷酸（FGAR）；后者又被谷氨酰胺氨基化而生成甲酰甘氨酰胺咪唑核苷酸（FGAIR）；FGAIR 脱水环化，产生 5－氨基咪唑核苷酸

(AIR)；AIR 经羧化生成 5－氨基－4－羧基咪唑核苷酸（CAIR)；CAIR 与天门冬氨酸缩合成 5－氨基－4－琥珀酸甲酰胺咪唑核苷酸（SAICAR)；SAICAR 分解脱去延胡索酸，生成 5－氨基－4－氨基甲酰咪唑核苷酸（AICAR)；AICAR 又从 N^{10}－甲酰四氢叶酸接受甲酰基而生成 5－甲酰胺－4－氨甲酰咪唑核苷酸（FAICAR)；最后 FAICAR 脱水环化生成次黄嘌呤核苷酸（IMP)。

由 IMP 生成腺苷酸有两步反应，其中间产物是腺苷酸代琥珀酸（AMPS)。由 IMP 合成鸟苷酸的中间产物是黄嘌呤核苷酸（图 13－3)。在整个嘌呤核苷酸的合成途径中，调节合成速度的关键酶有 3 个。即 PRPP 酰胺转移酶、**腺苷酸代琥珀酸合成酶**和**次黄嘌呤核苷酸脱氢酶**。PRPP 酰胺转移酶是一个变构酶，受 IMP、AMP 和 GMP 的抑制，而 PRPP 则激活此酶。同时它又是一个寡聚酶，二聚体形式无活性，解聚成单体形式时为活性形式。分支后的两个酶，受终产物的控制：AMP 抑制 AMPS 合成酶，GMP 抑制 IMP 脱氢酶。此外，由图 13－3 可见，由 IMP 转变为 AMP 时需要 GTP，由 IMP 转变为 GMP 时需要 ATP，即 GTP 促进 AMP 生成，ATP 促进 GMP 生成，这种交叉调节对维持 ATP 和 GTP 的浓度平衡具有重要意义。

鸟苷酸的合成，在动物和人体内由谷氨酰胺提供酰胺基，而在细菌可直接以氨作为氨基供体。

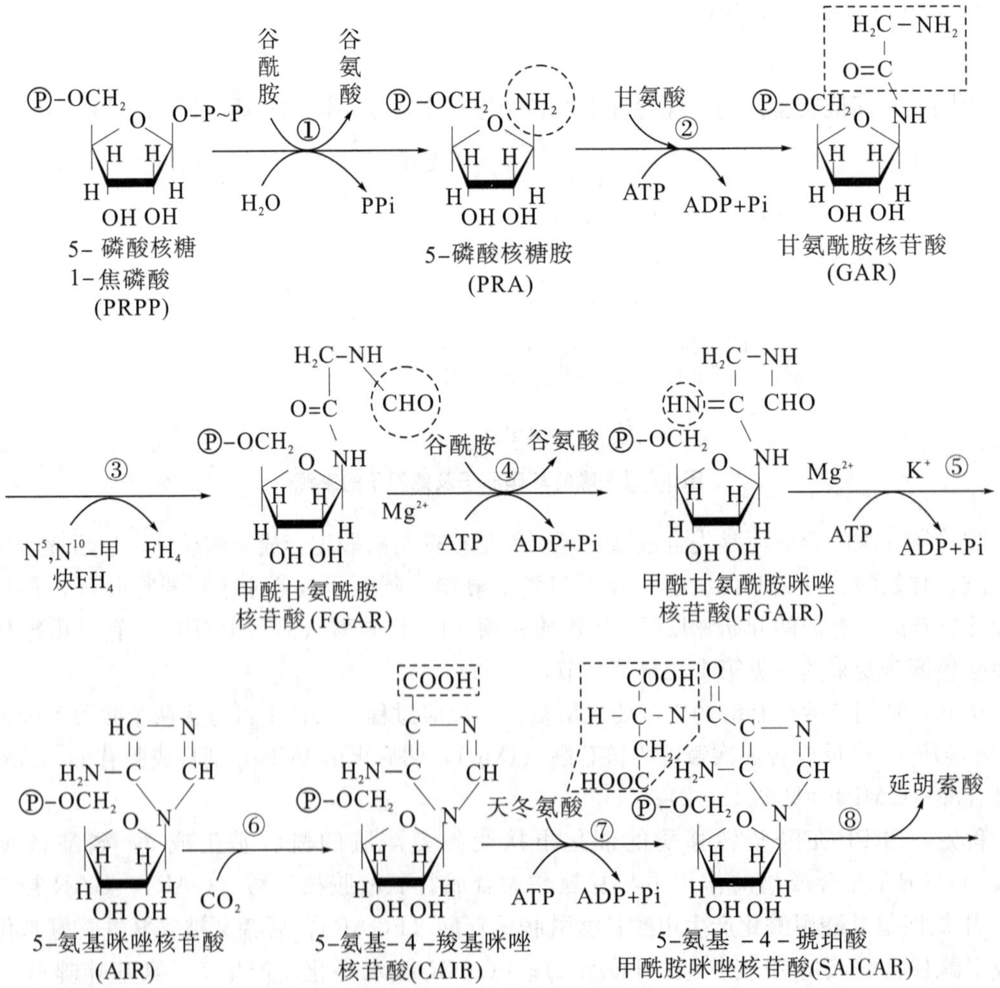

5-磷酸核糖1-焦磷酸(PRPP) —① 谷酰胺, H_2O → 谷氨酸, PPi → 5-磷酸核糖胺(PRA) —② 甘氨酸, ATP → ADP+Pi → 甘氨酰胺核苷酸(GAR)

—③ N^5,N^{10}-甲炔FH_4 → FH_4 → 甲酰甘氨酰胺核苷酸(FGAR) —④ 谷酰胺, Mg^{2+}, ATP → 谷氨酸, ADP+Pi → 甲酰甘氨酰胺咪唑核苷酸(FGAIR) —⑤ Mg^{2+}, K^+, ATP → ADP+Pi

5-氨基咪唑核苷酸(AIR) —⑥ CO_2 → 5-氨基-4-羧基咪唑核苷酸(CAIR) —⑦ 天冬氨酸, ATP → ADP+Pi → 5-氨基-4-琥珀酸甲酰胺咪唑核苷酸(SAICAR) —⑧ → 延胡索酸

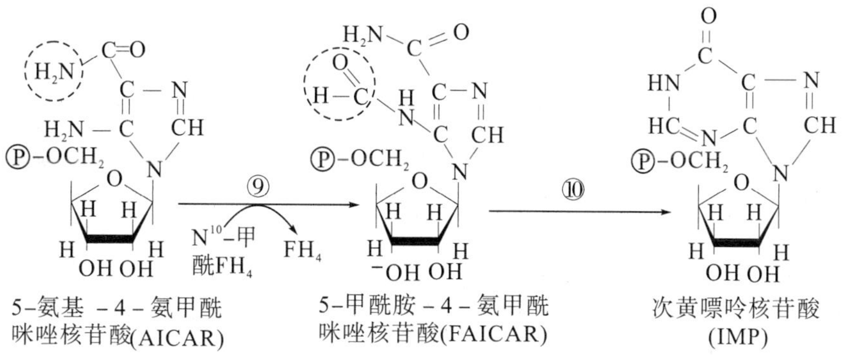

5-氨基-4-氨甲酰咪唑核苷酸(AICAR) ⑨ N^{10}-甲酰FH_4 → FH_4 5-甲酰胺-4-氨甲酰咪唑核苷酸(FAICAR) ⑩ → 次黄嘌呤核苷酸(IMP)

图 13-2 次黄嘌呤核苷酸的合成

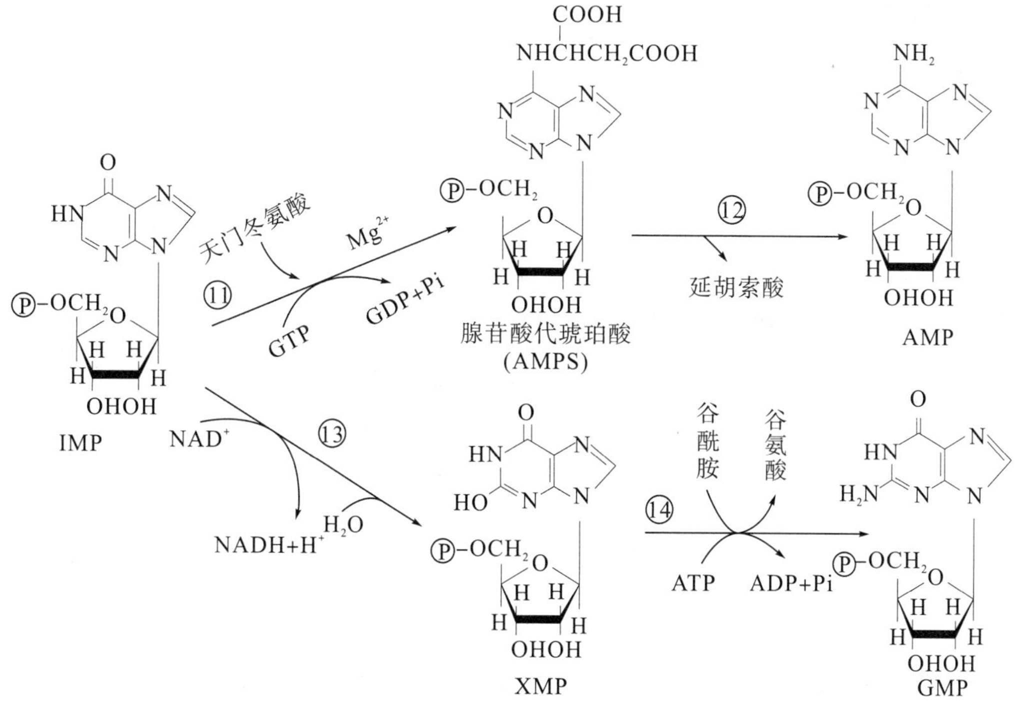

图 13-3 AMP 和 GMP 的合成

上述途径中各步反应的酶见表 13-1。

表 13-1 参与嘌呤核苷酸合成的酶类及所需条件

反应	酶 类	所需条件
①	PRPP 酰胺转移酶（PRPP transamidase）	谷氨酰胺
②	甘氨酰胺合成酶（glycinamide synthetase）	甘氨酸，ATP，Mg^{2+}
③	甘氨酰胺核苷酸转甲酰酶（glycinamide ribotide transformylase）	N^5，N^{10}-甲川 FH_4
④	甲酰甘氨酰胺核苷酸合成酶（formylglycinamidine ribotide synthetase）	谷氨酰胺，ATP，Mg^{2+}
⑤	氨基咪唑核苷酸合成酶（aminoimidazoole ribotide synthetase）	ATP，Mg^{2+}，K^+

续表

反应	酶　类	所需条件
⑥	5－氨基咪唑核苷酸羧化酶（5－aminoimidazole ribotide carboxylase）	CO_2
⑦	氨基琥珀酸甲酰胺咪唑核苷酸合成酶（aminoimidaz lesuccino-carboxamide ribotide synthstase）	天冬氨酸，ATP，Mg^{2+}
⑧	氨甲酰咪唑核苷酸琥珀酸裂解酶（aminoformylimidazole ribotide succinate lyase）	
⑨	甲酰转移酶（transformylase）	N^{10}－甲酰 FH_4
⑩	次黄嘌呤核苷环化脱水酶（inosine phosphate cyclodehydrase）	
⑪	腺苷酸代琥珀酸合成酶（adenylsuccinate synthetase）	天冬氨酸，GTP，Mg^{2+}
⑫	腺苷酸代琥珀酸裂解酶（adenylsuccinate lyase）	
⑬	次黄嘌呤核苷酸脱氢酶（inosine phosphate dehydrogenase）	NAD^+，K^+
⑭	鸟苷酸合成酶（guanylate synthetase）	谷氨酰胺，ATP，Mg^{2+}

AMP 和 GMP 可转变成相应的二磷酸核苷和三磷酸核苷。反应是先后由一磷酸核苷激酶（nucleoside monophosphate kinase）及二磷酸核苷激酶（nucleoside diphosphate kinase）催化，并由 ATP 提供高能磷酸基团。

$$AMP \xrightarrow[ATP \searrow ADP]{\text{一磷酸核苷激酶}} ADP \xrightarrow[ATP \searrow ADP]{\text{二橉酸核苷激酶}} ATP$$

$$GMP \xrightarrow[ATP \searrow ADP]{} GDP \xrightarrow[ATP \searrow ADP]{} GTP$$

在动物体内肝脏是从头合成嘌呤核苷酸的主要器官，其次是小肠黏膜和胸腺。现已证明，并不是所有细胞都具有从头合成嘌呤核苷酸的能力。

（2）补救途径

除上述主要途径外，在动物的某些组织（如脑、骨髓和脾脏）和微生物体内还存在着另外一条嘌呤核苷酸合成途径，即以现存嘌呤碱为原料进行合成。其合成有两种方式：

①在核苷酸焦磷酸化酶（nucleotide pyrophosporylase）或称磷酸核糖转移酶（phosphoribsyl transferase）的催化下，以嘌呤碱和 PRPP 为原料合成嘌呤核苷酸。

$$\text{腺嘌呤}+PRPP \xrightleftharpoons{\text{腺苷酸焦磷酸化酶}} \text{腺苷酸}+PPi$$

$$\text{鸟嘌呤}+PRPP \xrightleftharpoons{\text{鸟苷酸焦磷酸化酶}} \text{鸟苷酸}+PPi$$

②嘌呤还可在核苷磷酸化酶（nucleoside phosphorylase）催化下与 1－磷酸核糖作用生成嘌呤核苷，嘌呤核苷再在核苷磷酸激酶（nucleoside kinase）催化下与 ATP 作用形成嘌呤核苷酸。

$$\text{嘌呤}+1-\text{磷酸核糖} \xrightleftharpoons{\text{核苷磷酸化酶}} \text{嘌呤核苷}+Pi$$

$$\text{嘌呤核苷} \xrightarrow[ATP \searrow ADP]{\text{核苷磷酸激酶}} \text{嘌呤核苷酸}$$

2. 嘧啶核苷酸的合成

用同位素标记证明，嘧啶是由天门冬氨酸、谷氨酰胺和 CO_2 合成的。

嘧啶核苷酸的合成过程也同样有两条途径：一条是在一个尚未完成的嘧啶环上接上磷酸核糖（主要途径），然后再转变为嘧啶核苷酸；另一条是由已经完成的嘧啶来合成核苷酸（补救途径）。

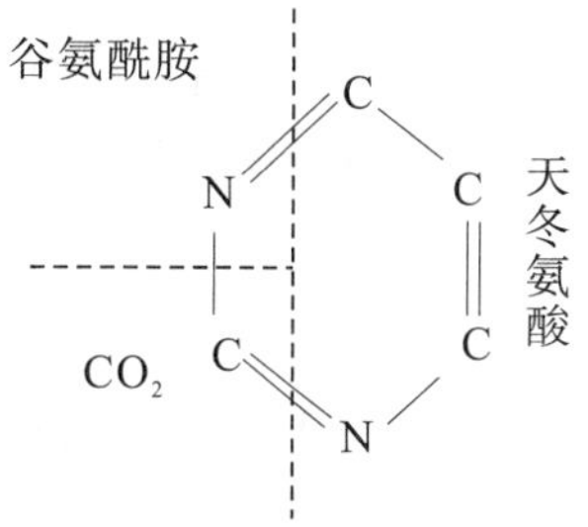

谷氨酰胺　　天冬氨酸　　CO_2

（1）主要合成途径

嘧啶核苷酸的合成与嘌呤核苷酸的合成不同，起初物质并非 PRPP，而是先合成一个嘧啶环骨架，再与 PRPP 结合形成嘧啶核苷酸。合成可分为三个阶段：

①以 CO_2 和谷氨酰胺为原料合成氨基甲酰磷酸。

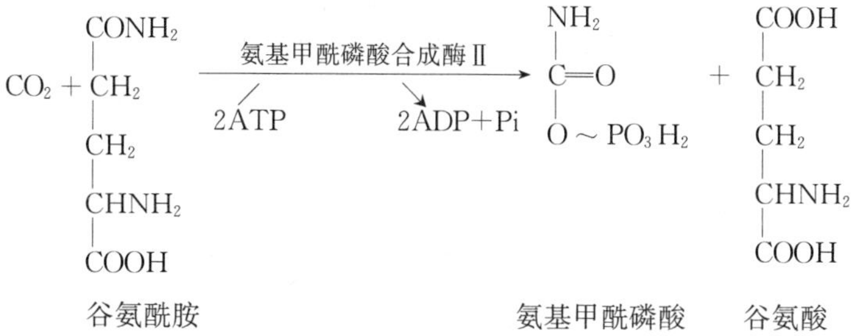

$$CO_2 + \underset{\text{谷氨酰胺}}{CONH_2-CH_2-CH_2-CHNH_2-COOH} \xrightarrow[2ATP \quad 2ADP+Pi]{\text{氨基甲酰磷酸合成酶 II}} \underset{\text{氨基甲酰磷酸}}{NH_2-C(=O)-O\sim PO_3H_2} + \underset{\text{谷氨酸}}{COOH-CH_2-CH_2-CHNH_2-COOH}$$

氨基甲酰磷酸合成酶Ⅱ不同于氨基甲酰磷酸合成酶Ⅰ，前者存在于胞液，不需 N-乙酰谷氨酸（AGA）作激活剂。在哺乳动物中，氨基甲酰磷酸合成酶Ⅱ是嘧啶核苷酸合成的关键酶。

②氨基甲酰磷酸和天门冬氨酸缩合生成氨基甲酰天冬氨酸。催化此步的酶天冬氨酸氨甲酰转移酶（aspartate carbamyl transferase）在细菌中是嘧啶核苷酸合成途径的关键酶。氨基甲酰天冬氨酸经过脱水、脱氢而形成乳清酸（orotic acid）。

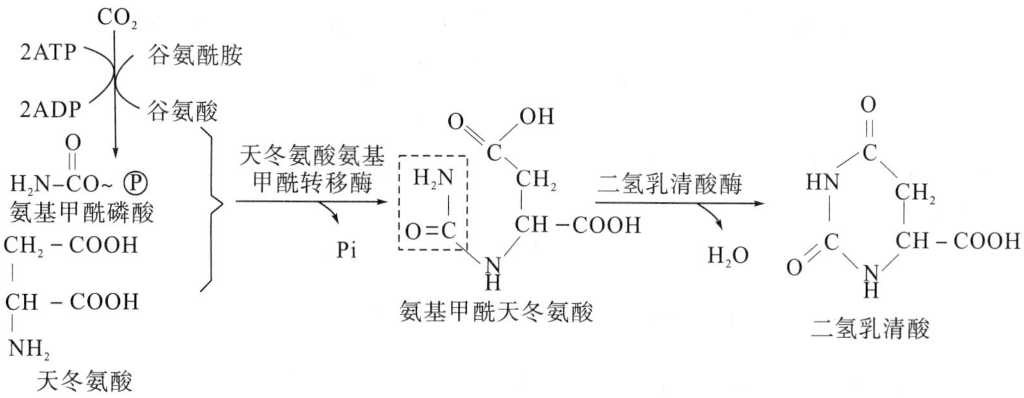

$$CO_2 + \text{谷氨酰胺} \xrightarrow[2ATP \rightarrow 2ADP]{} \underset{\text{氨基甲酰磷酸}}{H_2N-CO\sim Ⓟ} + \text{谷氨酸}$$

$$\text{氨基甲酰磷酸} + \underset{\text{天冬氨酸}}{CH_2(COOH)-CH(NH_2)-COOH} \xrightarrow[-Pi]{\text{天冬氨酸氨基甲酰转移酶}} \text{氨基甲酰天冬氨酸} \xrightarrow[-H_2O]{\text{二氢乳清酸酶}} \text{二氢乳清酸}$$

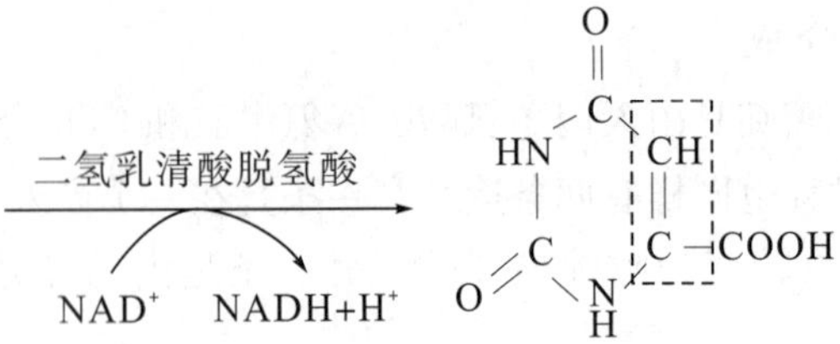

$$\xrightarrow[NAD^{+}\ \ NADH+H^{+}]{\text{二氢乳清酸脱氢酸}}\ \text{乳清酸}$$

乳清酸

③乳清酸接受 PRPP 的 5－磷酸核糖生成乳清酸核苷酸（orotidine monophosphate，简称 OMP），并进一步脱羧生成尿嘧啶核苷酸（UMP）。

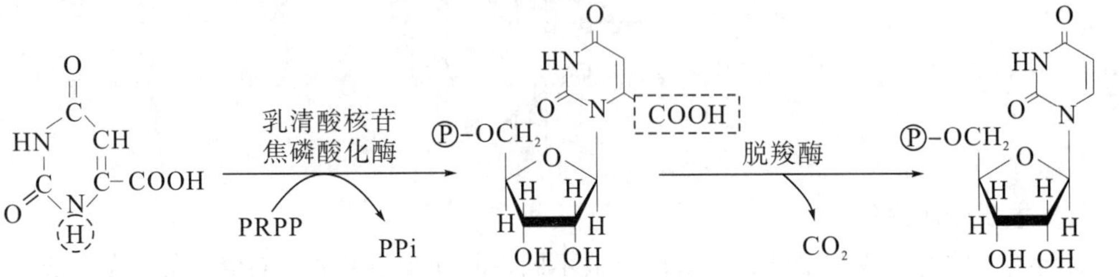

$$\text{乳清酸}\xrightarrow[PRPP\ \ PPi]{\text{乳清酸核苷焦磷酸化酶}}\text{乳清酸核苷酸 (OMP)}\xrightarrow[CO_2]{\text{脱羧酶}}\text{尿苷酸 (UMP)}$$

乳清酸　　乳清酸核苷酸 (OMP)　　尿苷酸 (UMP)

在嘧啶核苷酸合成中的前 3 个酶，即氨基甲酰磷酸合成酶Ⅱ、天冬氨酸氨基甲酰转移酶和二氢乳清酸酶，在真核细胞中是位于同一条肽链上（M_r200 000），因此是一个多功能酶。而乳清酸核苷焦磷酸化酶（或称乳清酸磷酸核糖转移酶）和乳清酸核苷酸脱羧酶也是位于同一条链上的多功能酶。

UMP 生成后，可由激酶催化和 ATP 提供高能磷酸键而生成 UDP 及 UTP。

$$UMP\xrightarrow[ATP\ \ ADP]{\text{一磷酸核苷激酶}}UDP\xrightarrow[ATP\ \ ADP]{\text{二磷酸核苷激酶}}UTP$$

尿嘧啶核苷酸可经氨基化生成胞嘧啶核苷酸（CMP）。这一反应是在三磷酸核苷水平上进行的。在哺乳动物中，氨基来自谷氨酰胺。

$$UTP\xrightarrow[\text{谷氨酰胺}\ \ \text{谷氨酸}\ \ ATP\ \ ADP+Pi]{\text{CTP合成酶，}Mg^{2+}}CTP$$

（2）补救途径

尿嘧啶在尿核苷磷酸化酶（uridine phosphorylase）催化下，可与核糖－1－磷酸结合成尿嘧啶核苷。然后在尿苷激酶（uridine kinase）作用下，尿苷磷酸化生成尿苷酸。

$$\text{核糖－1－磷酸}+\text{尿嘧啶}\xrightarrow{\text{尿核苷磷酸化酶}}\text{尿苷}+Pi$$

$$\text{尿苷}+ATP\xrightarrow{\text{尿苷激酶}}UMP+ADP$$

尿嘧啶也可与 PRPP 作用生成 UMP。此反应由尿核苷－5－磷酸焦磷酸化酶（pyrophosphorylase）催化。

$$\text{尿嘧啶}+PRPP\xrightarrow{\text{焦磷酸化酶}}UMP+PPi$$

三、脱氧核糖核苷酸的合成

脱氧核糖核苷酸是由核糖核苷酸转变来的，即用氢原子取代核糖 C_2 位上羟基而生成。

对于多数生物来说，这种转变都是在二磷酸核糖核苷的水平进行的，但也有一些生物是在核苷三磷酸水平上进行。这种转变需要一套酶参与，这套酶系统称为核苷酸还原酶系（nucleotide reductase system）。此酶系由核糖核苷酸还原酶、硫氧化还原蛋白和硫氧还蛋白还原酶等几种蛋白质组成。二磷酸核苷（NDP）还原成二磷酸脱氧核甘（dNDP）时，所需的氢由 NADPH+H^+ 提供。供氢过程是 NADPH+H^+ 首先使氧化态硫氧化还原蛋白还原成还原态的硫氧化还原蛋白，后者再氧化时即将氢传递给 NDP，使其还原成 dNDP。dADP、dGDP、dCDP 都能以这种途径合成。

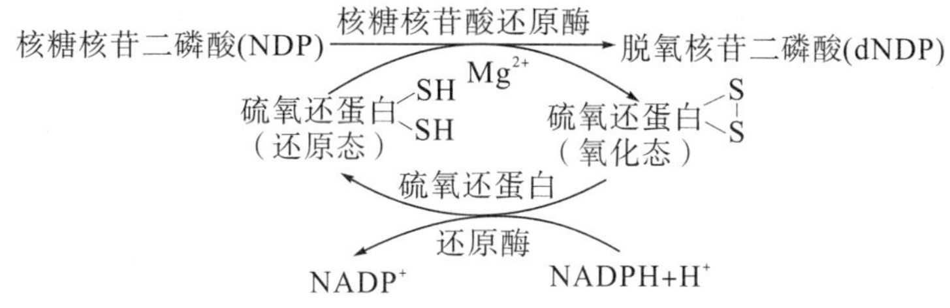

核糖核苷酸还原酶（ribonucleotide reductase）由 R_1、R_2 两个亚基组成，只有 R_1 和 R_2 结合时才具有酶活性。R_1 亚基相对分子质量为 160 000，由两条相似的 α 肽链组成，每条肽链含有一个底物结合部位和两个效应物结合部位。底物结合部位结合被还原的核苷酸（NDP）；两个效应物结合部位中，一个具有底物专一性，另一个则调节酶的总催化活性。R_2 亚基相对分子质量为 78 000，由两条相似的 β 链组成，每条肽链含有一个酪氨酰基和一个双核铁（Fe^{3+}）辅因子（binuclear iron cofactor）。双核铁辅因子起稳定由酪氨酸产生的自由基的作用。自由基是催化反应所必需的。酶的活性部位存在于两个亚基的交界处。

硫氧还蛋白（thioredoxin）是一种对热稳定的小分子蛋白质，相对分子质量 12 000，由 108 个氨基酸残基构成。它广泛参与氧化还原反应，通过两个巯基的脱氢与加氢来实现氧化还原。氧化态硫氧还蛋白的氢供体为 NADPH。

硫氧还蛋白还原酶（thioredoxin reductase）是一种含 FAD 的黄素酶，相对分子质量 68 000，由两条相同肽链组成，每条肽链含有一个－S－S－基和一个 FAD。它催化来自 NADPH 的氢传给氧化态硫氧还蛋白，使其还原。

在核苷二磷酸还原为脱氧核苷二磷酸的反应中，除硫氧还蛋白系统外，还存在一种谷氧还蛋白系统，这个系统包括谷氧还蛋白（glutaredoxin）、谷氧还蛋白还原酶（glutaredoxin reductase）和谷胱甘肽还原酶（glutathione reductase）。其还原过程是：首先由谷胱甘肽还原酶催化，由 NADPH 供氢，使氧化态谷胱甘肽还原，还原态的谷胱甘肽再将氢传给氧化态谷氧还蛋白使其还原（由谷氧还蛋白还原酶催化），然后还原态谷氧还蛋白再将氢传给核糖核苷二磷酸，使之还原为脱氧核糖核苷二磷酸（由核糖核苷酸还原酶催化）。

核糖核苷酸还原酶的活性除受各种核糖核苷二磷酸和脱氧核糖核苷二磷酸浓度的影响外，还受三磷酸核苷浓度的影响。因为，某一种 NDP 被还原酶还原成 dNDP 时，需要 NTP 的促进，同时也受另一些 dNTP 抑制（表 13－2）。通过这样的调节，使用于合成 DNA 的 4 种脱氧核苷酸具有合理的比例。

表 13-2 核糖核苷酸还原酶活性的调节因素

底 物	主要促进剂	主要抑制剂
CDP	ATP	dATP、dGTP、dTTP
UDP	ATP	dATP、dGTP
ADP	dGTP	dATP、ATP
GDP	dTTP	dATP

胸腺嘧啶脱氧核苷酸的合成通过两条不同的途径：一是以胸腺嘧啶为原料，一是由 UMP 转变而成（图 13-4）

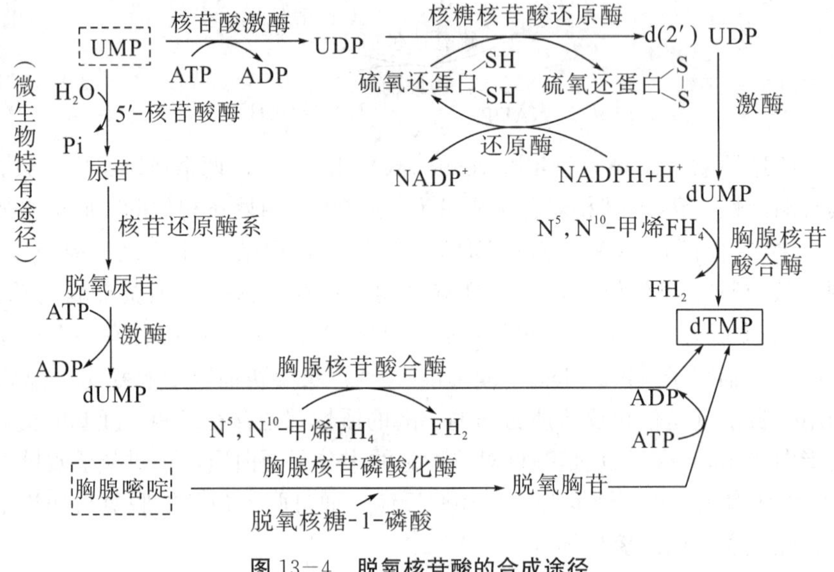

图 13-4 脱氧核苷酸的合成途径

第三节 DNA 复制的酶及蛋白因子

现在，已有大量证据证明绝大多数生物体的遗传性状来源于 DNA，即遗传信息基本上是储存于 DNA 中的。细胞分裂时，通过 DNA 的复制把亲代的遗传信息传递给子代，这样，子代就表现出亲代的遗传性状。

生物体内 DNA 的合成主要包括三个方面：①在细胞周期的 S 期进行的 DNA 复制，亲代细胞通过 DNA 自身复制将遗传信息传给子代；②当体内 DNA 受到某些损伤时，可以进行修复。这一过程主要是 DNA 局部段落的合成，是机体保持遗传信息得以稳定的重要措施。以上两种情况都是以 DNA 作为模板合成 DNA；③在某些病毒中存在的以 RNA 为模板的 DNA 合成。

DNA 复制是一个十分复杂而精确的过程，涉及的酶及蛋白因子很多，现择其几种重要的予以介绍。

一、DNA 聚合酶（DNA polymerase，DNA pol）

DNA 聚合酶是体内以脱氧核苷三磷酸（dNTP）作为底物催化合成 DNA 的一类酶。此酶催化的反应是以 DNA 作为模板，并且需要一段引物，从引物的 3′－OH 末端合成 DNA 新链。添加的脱氧核苷酸种类由模板 DNA 决定。

现已从细菌、植物和哺乳动物等多种生物分离出 DNA 聚合酶，其中对大肠杆菌（*E*・*coli*）DNA 聚合酶研究得较为深入。从大肠杆菌中迄今已分离得到 5 种不同的 DNA 聚合酶，即 DNA 聚合酶Ⅰ、Ⅱ、Ⅲ、Ⅳ和Ⅴ。

1. 原核生物的 DNA 聚合酶

原核生物 DNA 聚合酶研究得最清楚的是大肠杆菌 DNA 聚合酶。大肠杆菌有 5 种 DNA 聚合酶。

（1）大肠杆菌 DNA 聚合酶Ⅰ（DNA pol Ⅰ）

DNA pol Ⅰ是 1956 年首先由 Arthur Kornberg 发现的，因此，又称为 Kornberg 酶。此酶为一条肽链，含 928 个氨基酸残基，相对分子质量 109000。含有一个锌原子。这个酶是个多功能酶，具有下列 5 种催化活性：①聚合作用；②3′→5′外切活性（即由 3′端水解 DNA 链）；③5′→3′外切活性（即自 5′端水解 DNA 链）；④使 DNA 自 3′端发生焦磷酸解（加焦磷酸分解）；⑤无机焦磷酸与 dNTP 之间的焦磷酸基交换。其聚合作用是以 dNTP 为底物，单链 DNA 作模板（template）以具 3′－OH 末端的低聚脱氧核苷酸为引物（primer），按 5′→3′方向（模板为 3′→5′）合成一条与模板互补的新链。因为这种合成必须以 DNA 做模板，因此又称为依赖于 DNA 的DNA 聚合酶（DNA dependent DNA polymerase，简称 DDDP）。DNA Pol Ⅰ合成速度较慢，每秒约 10 个核苷酸，而且新链长 20 个核苷酸后，酶即脱离模板。

DNA Pol Ⅰ还有两种外切酶活性，其中 3′→5′外切活性主要是在链延伸过程中，错误碱基的掺入，由酶的这种活性纠正错误，所以具有校正作用（suppression）；5′→3′外切活性具有切除引物和 DNA 损伤的修复作用。

Hans Klenow 使用枯草杆菌蛋白酶（subtilisin）处理 DNA pol Ⅰ可得到两个片段，大片段（M_r：76000，含 604 个残基）称为 Klenow 片段，具有聚合活性和 3′→5′外切活性，是分子生物学研究中常用的工具；小片段（M_r：36000，含 323 个残基），具有 5′→3′外切活性。

（2）大肠杆菌 DNA 聚合酶Ⅱ（DNA pol Ⅱ）

Tom Kornberg 在 P. DeLucia 和 J. Cairns 研究一株大肠杆菌变异株（polA$^-$）的基础上于 1970 年发现了 DNA polⅡ。DNA polⅡ是一个多亚基酶，其聚合作用亚基为一条肽链，相对分子质量 120000，具有 5′→3′聚合作用和 3′→5′外切活性，但没有 5′→3′外切活性。DNA pol Ⅰ和Ⅱ对于双链 DNA 中，一条链完整，另一条有缺口，两种酶均能通过其 5′→3′聚合作用将缺口补齐，但Ⅰ酶可补大缺口，Ⅱ酶补小缺口（＜100 个核苷酸）。反应需要 Mg^{2+} 和 NH_4^+。DNA polⅡ的真实功能尚不清楚，现仅知道在 pol Ⅰ和 pol Ⅲ不存在时，pol Ⅱ才起作用。

（3）大肠杆菌 DNA 聚合酶Ⅲ（DNA pol Ⅲ）

M. Gefter 于 1971 年发现 DNA pol Ⅲ。DNA pol Ⅲ是一种大分子寡聚酶，相对分子质量 900000，由 10 种共 22 个亚基组成，每种亚基都有两个，形成两个催化合成 DNA 的活性中心。整个分子形成一个二聚体（图 13－5），可以像面包圈一样将双螺旋 DNA 包裹。α、ε 和 θ 三个亚基构成核心酶（core enzyme）。α 亚基具有 DNA 聚合酶活性，ε 亚基具有 3′→5′外切活性，θ 亚基起组装作用。其余 7 种亚基（β、γ、δ、δ′、τ、χ、ψ）的功能大致为：β

亚基的功能好像一个夹子，两个β亚基夹住 DNA 分子，所以称之为滑动钳（sliding clamp），可防止核心酶从模板 DNA 上掉下来（没有β亚基时只能合成 20 个左右核苷酸酶就离开模板），其余 6 种亚基中的 5 种（γ、δ、δ′、χ、ψ）形成一个集合体，称为γ复合物或钳载复合物（clamp-loading complex），它促进β亚基二聚体转移并结合于 DNA 双螺旋—引物处。最后一种亚基τ的功能是促进核心酶形成二聚体。

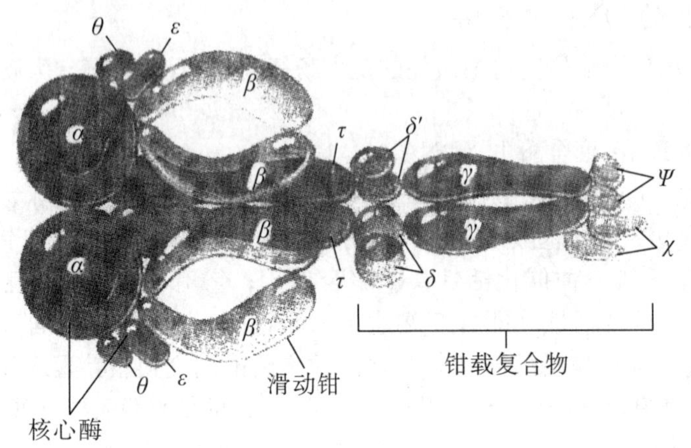

图 13—5　DNA 聚合酶Ⅲ全酶装配模式图

大肠杆菌 DNA polⅠ、Ⅱ、Ⅲ在每个细胞内的量分别为 400、40、20，pol Ⅲ的量虽少，但它的催化活性高，每秒可掺入 1000 个以上核苷酸，因此，一般认为在大肠杆菌等原核细胞中，真正的 DNA 复制酶（replicase）是 DNA pol Ⅲ，它在催化 DNA 复制时是以 RNA 为引物，而不是 DNA 片段；而 DNA pol Ⅰ为修复酶（repairase），它在 DNA 复制中的作用是切除引物，并填补切去引物后的空隙，以及在 DNA 损伤中起修复作用。

（4）大肠杆菌 DNA 聚合酶Ⅳ和Ⅴ（DNA pol Ⅳ和Ⅴ）

DNA pol Ⅳ和Ⅴ是 1999 年才发现的，它们与 DNA 的错误倾向修复（errorprone repair）有关。就是在 DNA 受到严重损伤时才诱导产生这两个酶。它能在许多损伤部位继续复制 DNA，而前述几种酶却不能。这两种酶使 DNA 复制的准确性较差。

2. 真核细胞 DNA 聚合酶

现在在哺乳动物细胞中已发现 5 种 DNA 聚合酶，分别称为 DNA pol α、β、γ、δ、和ε。其中 pol α和δ在新链的延长中起作用。pol α占总聚合酶活力的 80%以上，它主要在合成起始起作用，催化引物的生成。pol δ延长新链的合成。现在普遍认为，pol α和 pol δ共同参与 DNA 复制，pol α合成引物，pol δ既有持续合成 DNA 链的能力，又有校正功能。

pol β为一条单链（M_r 45000），在 DNA 的重组修复（recombinationrepair）中起作用。此外，在没有其他 DNA 聚合酶存在时，它也发挥 DNA 聚合作用。

pol γ也是单链（M_r 6000），位于线粒体和细胞核内，负责线粒体 DNA 的复制，因此，也曾将它称为线粒体 DNA（mitochondria DNA，mtDNA）复制酶。不仅具有聚合活性，也具有 3′→5′外切活性。

pol ε有点类似于大肠杆菌的 DNA pol Ⅰ，具有聚合作用和 3′→5′外切活性，在 DNA 复制中起校正、修复和填补缺口的作用，因此它是一种修复酶。

除了上述 5 种外，近年来又在真核细胞中发现 10 种新的 DNA 聚合酶，分别称为θ、ξ、

η、κ、τ 等（按希腊字母顺序命名）。这些新发现的 DNA 聚合酶一般缺乏 3′→5′外切酶活性（θ 例外），因此没有校对的功能，它们主要参与 DNA 的跨越合成（bypass synthesis），以克服损伤对 DNA 复制的不利影响。

二、DNA 连接酶（DNA ligase）

在 DNA 的合成中，在一条链上断裂一个磷酸二酯键，称为切口（nick），如果失去一段单链，则称为缺口（gap）。1967 年 H. Gobind Khorana 发现 DNA 连接酶。这是一类可将双链 DNA 中一条链的切口（磷酸二酯键断裂）的 3′－OH 和它邻近的 5′－磷酸通过形成磷酸二酯键而将切口连接起来的酶。有两种不同类型的 DNA 连接酶，一种存在于被噬菌体感染过的大肠杆菌和哺乳动物体内，要求 ATP 作为辅酶；另一种存在于大肠杆菌，以 NAD 为辅酶。二者均需 Mg^{2+}。

DNA 连接酶的作用方式（图 13－6）是先由连接酶与 ATP 或 NAD 反应，形成连接酶－腺苷酸复合体（E－AMP）；然后 E－AMP 与 DNA 切口处的 5′－P 结合形成焦磷酸键而被活化；最后连接酶使已被活化的 5′－P 与相邻的 3′－OH 形成二酯键而将切口连接起来，同时释放 AMP。

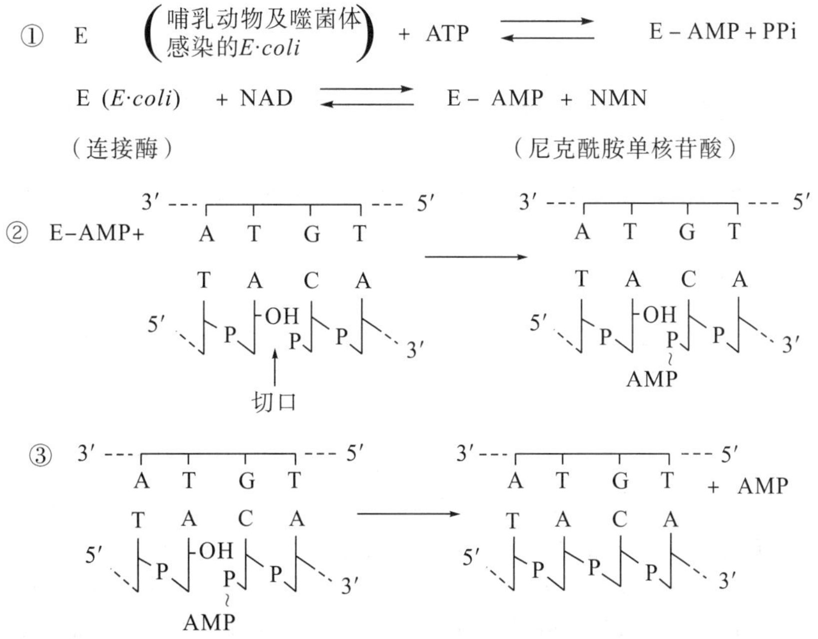

① E（哺乳动物及噬菌体感染的 *E·coli*）＋ ATP ⇌ E－AMP＋PPi

E（*E·coli*）＋ NAD ⇌ E－AMP ＋ NMN

（连接酶）　　（尼克酰胺单核苷酸）

② E-AMP＋ 3′---A T G T---5′ / 5′---T P A ⌐OH P C P A---3′（切口） → 3′---A T G T---5′ / 5′---T P A ⌐OH P~AMP C P A---3′

③ 3′---A T G T---5′ / 5′---T P A ⌐OH P~AMP C P A---3′ → 3′---A T G T---5′ / 5′---T P A P C P A---3′ ＋ AMP

图 13－6 DNA 连接酶的作用机制

DNA 连接酶所催化的酶促反应需要 DNA 双螺旋结构中有一条链有切口，并且 3′－OH 与 5′－P 必须在相邻的位置上。至于切口处的核苷酸残基是由什么碱基组成的并无要求。而且，不管单链切口是怎样产生的，DNA 连接酶都能将它们愈合，可见此酶是一个特异性不高的酶。在 DNA 不连续合成、重组及损伤修复中此酶都有着重要的作用，不过在不同情况下所使用连接酶的种类不同。已在哺乳动物中发现 4 种 DNA 连接酶，分别在复制、重组及修复中起作用。

三、与解除DNA高级结构有关的酶及蛋白因子

天然DNA分子无论是线形的还是环状的均处于紧缩的超螺旋状态。DNA复制时，双螺旋的二级结构和超螺旋的三级结构均必须解除。目前已知这种高级结构的解除需要多种酶及蛋白因子参与。现对一些重要的有关酶及蛋白因子简介如下：

1. 解螺旋酶（helicase）

DNA解螺旋酶或称解链酶，是解开DNA的双螺旋，使其成为单链。到目前为止，已在原核细胞和真核细胞中发现许多种DNA解螺旋酶。例如，在大肠杆菌中已发现12种，在酵母细胞中至少发现50种，而在人基因组中，最保守的估计也有百多种DNA解螺旋酶。这些酶结构不尽相同，有的为单链，有的为二聚体，有的是六聚体。所有DNA解螺旋酶都能同DNA结合，这种结合与DNA序列无关。大多数酶优先结合DNA的单链区域，少数优先结合于双链。

DNA解螺旋酶除结合DNA外，还可结合ATP（少数结合GTP），并同时具有依赖于DNA的ATPase活性，使其ATP分解，为DNA解链提供能量。每解开一对碱基，需要水解2分子ATP。

所有DNA解螺旋酶都具有移位酶的活性，使得它不断沿DNA进行单向移动，以不断解开DNA的双链区域。根据移动方向的不同，有3类不同的DNA解螺旋酶：第一类为5′→3′解螺旋（如大肠杆菌的Dna B蛋白），它们沿所结合DNA单链的5′→3′方向移向双链区；第二类为3′→5′解螺旋酶（如大肠杆菌的Rep蛋白），它们沿所结合DNA单链的3′→5′方向移向DNA双链区；第三类为双极性酶（可同时从两个方向移位。如炭疽热细菌中的Pcr解螺旋酶）。

2. 拓扑异构酶（topoisomerase）

拓扑异构酶是能够引起DNA的拓扑异构反应的一类酶。拓扑性质是指物体或图像做弹性移动时保持物体不变的性质。DNA的三级结构具有拓扑性质。按照作用于DNA的方式不同而分为两类：Ⅰ型酶可使DNA一定部位的一条链上水解一个磷酸二酯键，使DNA一条链断裂（称为切口反应），同时也可使断裂链再连接起来（称为封口反应），反应不需提供能量；Ⅱ型酶可使DNA两条链同时发生切口—封口反应（nicking-closing reaction），同时还可使DNA形成超螺旋。这种引入超螺旋的反应需ATP分解提供能量。

大肠杆菌拓扑异构酶Ⅰ（Top Ⅰ），曾称为ω蛋白、转轴酶（swivelase）、解旋酶（untwisting enzyme）等，由相对分子质量为110000的一条肽链构成。它通过切口—封口反应可解除DNA的超螺旋。首先将DNA的一条链切开一个切口，切口的5′-磷酸基与酶的酪氨酸残基形成酯键，即使磷酸二酯键由DNA转移到蛋白质。这种切口的产生，使维持DNA超螺旋的作用力释放，解除超螺旋。其方式是：断链的末端沿螺旋轴拧松螺旋方向转动，另一条完整链得以穿越，即解除一个超螺旋。然后使原来断裂的链重新连接，磷酸二酯键又从蛋白质转移到DNA。整个过程并不发生键的不可逆水解，没有能量的丢失。因此，Top Ⅰ使DNA解除超螺旋，发生切口——封口反应中不需ATP水解提供能量。原核生物的TopⅠ只能解除负超螺旋，而不能解除正超螺旋。真核生物的TopⅠ对正、负超螺旋均可作用。

拓扑异构酶Ⅱ（TopⅡ），又称旋转酶（gyrase）。大肠杆菌的TopⅡ由α、β两种亚基组

成，α 相对分子质量 105000，具有磷酸二酯酶活性；β 相对分子质量 95000，具有 DNA 依赖性的 ATP 酶活性。全酶分子共 4 个亚基 $\alpha_2\beta_2$，相对分子质量 400000。这个酶既可使 DNA 双链发生切口—封口反应，解除超螺旋，又可形成超螺旋。在没有 ATP 存在时，可解除负超螺旋，使 DNA 变为松弛型（但不作用于正超螺旋）；在有 ATP 分解提供能量时，可形成负超螺旋。

真核生物有拓扑异构酶Ⅰ、Ⅱ、Ⅲ。TopⅠ能消除正超螺旋和负超螺旋，但 TopⅢ只能消除负超螺旋。TopⅡ有两种：TopⅡ$_\alpha$ 和 TopⅡ$_\beta$，它们能消除正超螺旋和负超螺旋，但不能形成负超螺旋。

3. 单链结合蛋白（single-strand binding protein，简称 SSB）

单链结合蛋白，曾称为解旋蛋白（unwinding protein）、螺旋去稳定蛋白（helixdestabilizing protein）等，是一种能与单链结合的特异蛋白。具有几方面作用：①当它与解开成单股的 DNA 链结合后，两条 DNA 链就不能再形成双螺旋；②SSB 同 DNA 的结合还可防止核酸酶的降解作用；③可刺激某些酶的活性，如噬菌体 T_4 的 SSB 能够刺激 T_4DNA 聚合酶的活性。

从原核生物中得到的 SSB 与 DNA 单链的结合一般表现出协同效应，比如第一个 SSB 与 DNA 的结合能力为 1，第二个 SSB 的结合能力则可高达 1000。这种协同效应可能是因蛋白和蛋白之间的相互作用增加了结合力（不同分子 SSB 之间互相影响），或者是 SSB 的结合使得 DNA 链的构象变化，有利于后来的 SSB 结合，或者两者兼而有之。真核生物（如牛、鼠、人）细胞中得到的 SSB 与单链 DNA 的结合不表现协同效应。

不同生物来源的 SSB 的相对分子质量变化较大，结构也完全不同，例如噬菌体 T_4SSB 的相对分子质量为 35000，分子呈长形，每个 SSB 可覆盖 7～10 个核苷酸；大肠杆菌的 SSB 相对分子质量约 74000。以四聚体形式存在，可覆盖 32 个核苷酸；噬菌体 T_7SSB 的相对分子质量约为 10000，以二聚体形式存在，与 8 个核苷酸相结合。

四、引物酶（primase）

对多种生物 DNA 复制的研究发现，任何一种 DNA 聚合酶都不能从头起始进行 DNA 合成，都需要一个引物（primer），只能在引物的一端逐渐加上脱氧核苷酸以延长 DNA 链。作为 DNA 合成的引物有多种，多数情况下以 RNA 片段作为引物，有的以 DNA 片段为引物，有的以 tRNA 为引物等。促进这些引物合成的酶称为引物酶或引发酶。由于引物不同，因而引物酶也有多种。如以 RNA 作为引物时，引物酶为 RNA 聚合酶。大肠杆菌和单链噬菌体（G4、Φ174）的引物酶为基因 DnaG 蛋白。这些引物酶有的存在于宿主细胞内，有的则是病毒本身的基因所编码的蛋白质（*dan*A、*dna*B 等代表基因，其产物 *dna*A 蛋白、*dna*B 蛋白等分别用 dnaA、dnaB 等表示）。

事实上 DNA 复制的引发是一个非常复杂的过程，除引物酶外，还有一种更为复杂的引发体（primosome）参与，这种引发体至少含有 6 种不同的蛋白质。

五、切除引物的酶

引物（RNA）只是用于启动 DNA 复制，它最终必须除去。原核细胞切除 RNA 引物的酶是 DNA 聚合酶Ⅰ（它的 5′→3′外切活性）和 RNaseH。真核细胞的 DNA 聚合酶均不具有 5′→3′外切活性，切除 RNA 引物是靠另外的蛋白，如 RNase HI/FEN1 或 FEN1/Dna2。

FEN1 称为翼式核酸内切酶（flap endonuclease），曾被称为成熟因子（maturation factor 1，MF1），具有 5′→3′外切核酸酶和内切酶活性。如果 DNA 双螺旋分子的一端发生解旋，Dna2 使一条链的 5′端部分序列游离，即形成翼式结构时，FEN1 表现内切酶活性，可有效地切割翼式结构的分支点，释放未配对的片段；如果 DNA 的 5′端序列完全配对，没有翼式结构，此时 FEN1 表现 5′→3′外切酶活性。一般认为，RNase HI 负责切割连接在 DNA 链 5′端的 RNA，但会在 5′端残留一个核糖核苷酸，而留下来的最后一个核糖核苷酸由 FEN1 的 5′→3′外切酶活性切除。

DNA 的复制非常复杂，并十分严谨，通过复制能准确地将遗传信息从亲代传到子代。这种复制的精确性由许多酶和蛋白因子的协同作用来保证。现将大肠杆菌 DNA 复制有关的部分酶及蛋白因子小结于表 13－3 中。

表 13－3　参与大肠杆菌 DNA 复制的部分酶及蛋白因子

酶或蛋白质	相对分子质量	亚基数目	每个细胞中的分子数	功能
DNA 聚合酶Ⅰ	109000	1	400	修复，切除 RNA 引物，填补缺口
DNA 聚合酶Ⅱ	120000	1	40	修复
DNA 聚合酶Ⅲ	900000	22	10～20	DNA 复制（起始、延长、终止、校正）
DNA 连接酶	74000	1	300	连接切口
拓扑异构酶Ⅰ	110000	1		解除负超螺旋
拓扑异构酶Ⅱ	400000	4		形成负超螺旋
解螺旋酶Ⅰ	180000		600	解开双螺旋
解螺旋酶Ⅱ	75000	1	6000	解开双螺旋
解螺旋酶Ⅲ	20000		20	解开双螺旋
rep 蛋白	66000	1	50	解开双螺旋
单链结合蛋白	74000	4	300	稳定解开的 DNA 单链
引物酶	60000	1	50	合成引物
i 蛋白（X 因子）	80000	4	50	预引发（引发体组成蛋白）
n 蛋白（Y 因子）	25000	1	30	预引发（引发体组成蛋白）
n′蛋白（Z 因子）	55000	1	70	识别起点，ATP 酶（引发体组成蛋白）
n″蛋白	11000	1		预引发（引发体组成蛋白）
dnaC 蛋白	25000	1	100	预引发（引发体组成蛋白）
dnaB 蛋白	300000	6	20	可移动启动因子，ATP 酶（引发体组成蛋白）
dnaA 蛋白	480000		200	复制起始
尿嘧啶糖苷酶				除去 DNA 中的尿嘧啶
AP 核酸内切酶				水解无嘌呤或无嘧啶 DNA 的磷酸二酯键
dUTP 酶	64000	4	350	降解 dUTP

第四节　DNA 复制的基本规律

一、半保留复制

碱基配对规律和双螺旋结构是 DNA 复制的分子基础。Watson 和 Crick 在提出 DNA 双螺旋结构模型时即指出，当细胞分裂时，DNA 的双链拆开，以拆开后的双链中的每一链分别作为模板，由依赖于 DNA 的 DNA 聚合酶催化，以 4 种脱氧核苷三磷酸作为底物，按照碱基配对的原则，分别合成与两条模板互补的两条新链。每一条新链和一条旧链构成一分子 DNA 双链（即子代 DNA 分子中一条链来自亲代，另一条链为新合成的），这样，就形成了既彼此全同又和原来DNA分子相同的两个完整的DNA分子。两个DNA分子分别进入两个子细胞，于是，两个子细胞就具有和原来母细胞相同的基本性状。DNA的这种合成方式称为半保留复制（sermiconservative replication）（图13-7）。

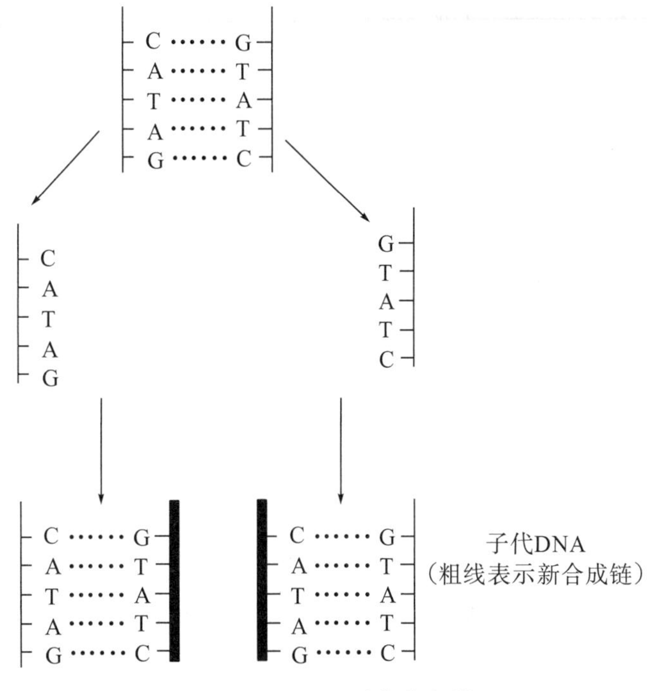

图13-7　DNA半保留复制

DNA半保留复制假说于1958年由Matthew Meselson和Franklin Stahl所做的一个精巧实验所证实。该实验应用密度梯度离心法与同位素标记法相结合，其要点如下：

（1）将大肠杆菌培养在含$^{15}NH_4Cl$的培养基中，繁殖14代后大肠杆菌的所有DNA的N都为^{15}N。

（2）将上述培养好的细菌转入到含$^{14}NH_4Cl$的普通培养基中继续培养。在该实验条件下，大肠杆菌每分裂一次（繁殖一代）的时间为30分钟左右。在细菌刚转入$^{14}NH_4Cl$中时取样作为0代，然后每隔30分钟取样，分别为1、2、3、4代。

（3）将所取各代样品用十二烷基硫酸钠盐（SDS）处理，使大肠杆菌的细胞壁破坏，DNA透出细胞，然后应用密度梯度离心，在CsCl的浓溶液中（DNA密度为1.71 g/cm^3）高速长时间离心（140000 g，20小时），由于含^{15}N和^{14}N的两种DNA比重不同，因此，在CsCl梯度溶液中离心时在离心管中所处的地位也不同，重的在离心管下面，轻的在上面。用紫外光吸收照相法，可以显示出各种组分在离心管内所占的地位。

0代的DNA离心后集中在比较重的一端形成均匀的一个带，这相当于全部DNA为含^{15}N的重的DNA。在^{14}N中分裂一次后（第一代），离心所得到的是比前略轻的一个带（在离心管中居略高的地位），这相当于“杂种”分子，因为有一条链是新合成的含有较轻的^{14}N。细菌分裂两次后（第二代），就会出现两种DNA分子，一种是由含^{14}N新链复制的，只含^{14}N的DNA，另一种是由原来含^{15}N的旧链复制的“杂种”分子。这两种DNA分子离心后分成两层，一层较重，位置与第一代DNA相同，表示这层为含$^{15}N-^{14}N$的“杂种”分子；另一层较轻，处于离心管较上部位，表示这层为$^{14}N-^{14}N$的DNA。以上对实验的解释可用图 13-8 来表示。

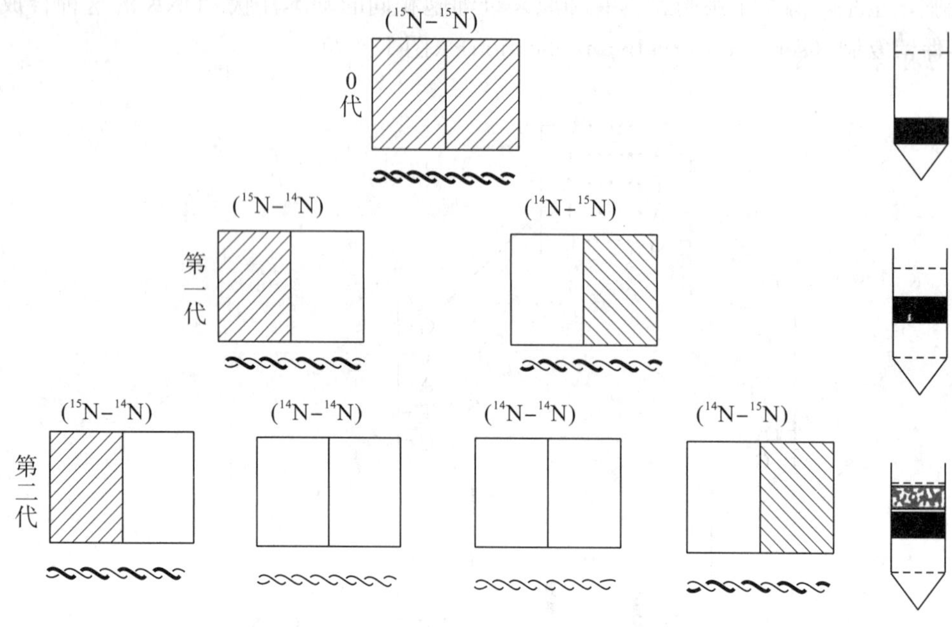

图 13-8　Meselson **实验图示**

在以后几代中，未标记的 DNA（^{14}N）越来越多，而标记的“杂种”分子的量保持不变。

这个实验证实了 DNA 是按半保留方式进行复制的。

二、DNA 半不连续复制

由实验知，双链 DNA 复制时，以拆开的两条单链为模板的合成是齐头并进的。可是 DNA 的两条链方向相反，即一条链是 5′→3′，另一条链是 3′→5′，而至今发现的 DNA 聚合酶都只能催化从模板的 3′端向 5′端前进的反应（即新合成链的方向只能是 5′→3′），看来两条单链齐头并进的复制似乎是不可能的。

为了解决这个问题，冈崎（Reij Okazaki，1968）等人作了如下的实验：用噬菌体 T_4 感染的大肠杆菌作为实验材料，用^3H 标记的脱氧胸苷作为原料，用于 DNA 合成。在短时间内测定同位素掺入的情况（称为短期脉冲标记），这样可以鉴别噬菌体 T_4 的 DNA 合成是否连续。如果合成是连续的，那么脉冲标记应该出现在大分子 DNA 上，这种大分子 DNA 比较容易沉降；如果合成是不连续的，则脉冲标记应该出现在分子质量比较低的片段上，这种片段比较不容易沉降；如果一条链是连续合成的，另一条链是不连续合成的，那么应该有一半容易沉降的 DNA 上带有标记。实验表明，短时间（2s）标记出现在分子质量较小的 DNA 片段上，只有在标记时间较长（30s 以上）的实验中，标记才出现在分子质量较大的 DNA 中。这个实验说明 DNA 的合成是不连续的，即先合成一些 DNA 小片段，然后再通过 DNA 连接酶将它连接起来。这些小片段称为冈崎片段（Okazaki 片段），其大小约含 1000～2000 个核苷酸残基，相当于一个基因的大小（细菌及病毒）。在真核生物中，冈崎片段较短，约为 200 个核苷酸残基的长度，相当于一个核小体 DNA 的大小。

此外，在温度敏感的 T_4 噬菌体突变型内也证明确实有冈崎片段存在。这种突变型的

DNA连接酶在25℃时有活力，在42℃时没有活力。在42℃的温度中使T_4突变型感染大肠杆菌，用同位素标记可以测定出更多的冈崎片段，证明DNA的合成确实是通过不连续的方式进行的。

从理论上讲，以5′→3′链为模板的合成必须是不连续的，但以3′→5′链为模板的合成，新链可以是不连续的，也可以是连续的。由于DNA复制酶系不易从模板上解离下来，因此，以3′→5′链为模板的合成应当是连续的，以后的实验也证明了这一点。所以，DNA的复制，一条链是连续的，另一条链是不连续的，称为半不连续复制（semidiscontinuous replication）（图13-9）。

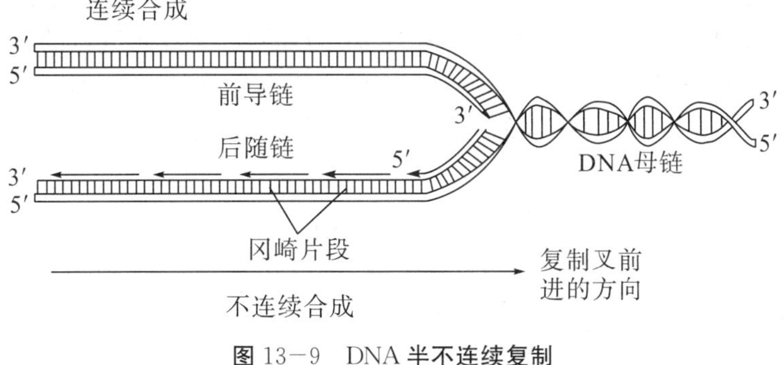

图13-9　DNA半不连续复制

三、复制的起点和复制方式

在基因组中能独立进行复制的单位称为复制子（replicon）。原核生物染色体只有一个复制子，真核生物的基因组中有许多复制子。哺乳动物复制子的长度大多在100 kb～200 kb（千碱基对）之间。人体细胞有23对染色体，单倍体基因组大约有（3×10^9）bp，平均每个染色体有1000个复制子。

1. DNA复制的起点

在DNA复制时，是从DNA分子上固定部位开始，还是从任一部位开始？可用大肠杆菌基因频率分析研究来确定DNA复制是否有固定起始点。若DNA合成是从某一个固定点开始，则距起点越近的基因总是先合成，离起点远的基因后合成。在一个生长的群体中几乎所有的染色体都在复制过程中，在某一时间停止DNA合成来检查基因出现的频率。若是定点合成，则愈靠近起点的基因出现频率应愈高，离起点愈远的基因出现频率愈低；相反，若DNA合成是从任意点开始的，则各基因出现的频率应大体一致。

实验证明，DNA复制有固定的起始点（origin，ori）。大肠杆菌的复制起始点*ori*C位于基因图谱的ilv位点处（83分钟附近），含有245 bp。有两个区域在复制起始中起关键作用，一处是含4个9核苷酸的重复序列（4×TTATCCACA），用9 mer或9 bp表示。另一处是含3个13核苷酸的重复序列（3×GATCTNTTNTTTT），用13 mer或13 bp表示。在DNA复制起始时，此序列因富含AT，因此首先解开成单链（因为A-T对含2个氢键，而G-C对含3个氢键，所以A-T对在解链时所需能量较少）。

2. DNA复制的方向

DNA复制从起始点开始，是从一个方向复制还是从起点的两个相反方向复制？这仍可用基因频率实验来进行验证：若是单方向进行的，从起点开始各基因出现频率应是单向递减梯度；若是双向进行的，则应是双向递减梯度。

用同位素标记同步培养的放射自显影实验可以判断DNA复制的方向。应用大肠杆菌的温度敏感突变株（胸腺嘧啶营养缺陷型，thy^-）作为实验材料，这种突变株在25℃时DNA复制正常，在42℃时DNA复制可继续进行，但不能起始。这样可以造成同步生长条件。首先，在25℃时先用低放射性^3H标记的脱氧胸苷作为原料进行DNA复制，几分钟后升高温度至42℃（造成同步），再降至25℃后将高放射性的^3H－脱氧胸苷加入到培养基中继续培养，而后终止DNA合成，进行放射自显影。在放射自显影图像上，复制起始区的放射性标记密度比较低，感光还原的银粒子密度就较低；继续合成区标记密度较高，银离子密度也就较高。若是单向复制，银粒子的密度分布应是一端低，一端高；若是双向复制，则应是中间密度低，两端密度高。实验证明，大肠杆菌DNA的复制，是双向进行的。除大肠杆菌外，许多细菌和真核生物染色体DNA复制都是双向的。但也有单向复制的，例如，E. *coli* 质粒Col E_1（产生大肠杆菌素E_1）DNA的复制就是定点单向进行。

3. DNA复制的方式

原核生物的染色体和质粒DNA，以及真核细胞的细胞器（线粒体、叶绿体）DNA都是环状双链分子，它们都从固定的起始点开始复制。大多为等速、双向进行，形成两个复制叉(replication fork)。复制叉就是已解开的单链和未解链的双链交界处，随着复制的进行，复制叉不断向前移动。在等速双向复制的情况下，两个复制叉前进的速度是一样的。

大多数生物染色体DNA的复制是双向、等速、对称的，但也有少数例外。例如，枯草杆菌（*Bucillus subtilis*）染色体DNA的复制是双向，但不等速，因此为一种不对称的复制。在这种情况下，两个复制叉移动的距离不同，一个复制叉仅在染色体上移动五分之一距离，然后停下来等待另一复制叉完成五分之四距离。大肠杆菌质粒R_6K（具有抗α－氨基苄青霉素和链霉素）DNA复制也是双向、不对称的，先从起点开始按一个方向复制20%，然后从同一起点开始按另一方向进行复制，完成80%。

真核生物线粒体DNA的复制也是双向、不对称方式进行。

第五节　DNA的复制过程

在病毒、细菌及真核细胞中，其DNA复制的基本过程相同，可分为起始、延伸和终止3个阶段。但原核和真核细胞DNA复制叉各有其特点。下面主要以大肠杆菌DNA复制为例，介绍复制过程。

在大肠杆菌的DNA复制中，有30多种酶和蛋白因子参与，它们合理、精巧地分布在复制叉处，既可解离、聚合，又彼此协调，形成一个高效、高精度的复杂复合物，称为DNA复制体(replisome)。复制一当开始，复制体形成，复制即不间断地进行下去，直到复制终上，复制体才最后解体。

一、起始(initiation)

DNA复制的起始包括对起点的识别、模板DNA超螺旋及双螺旋的解除，以及引物的合成等，有多种蛋白参与（图13－10）。这几个步骤统称为引发(priming)。

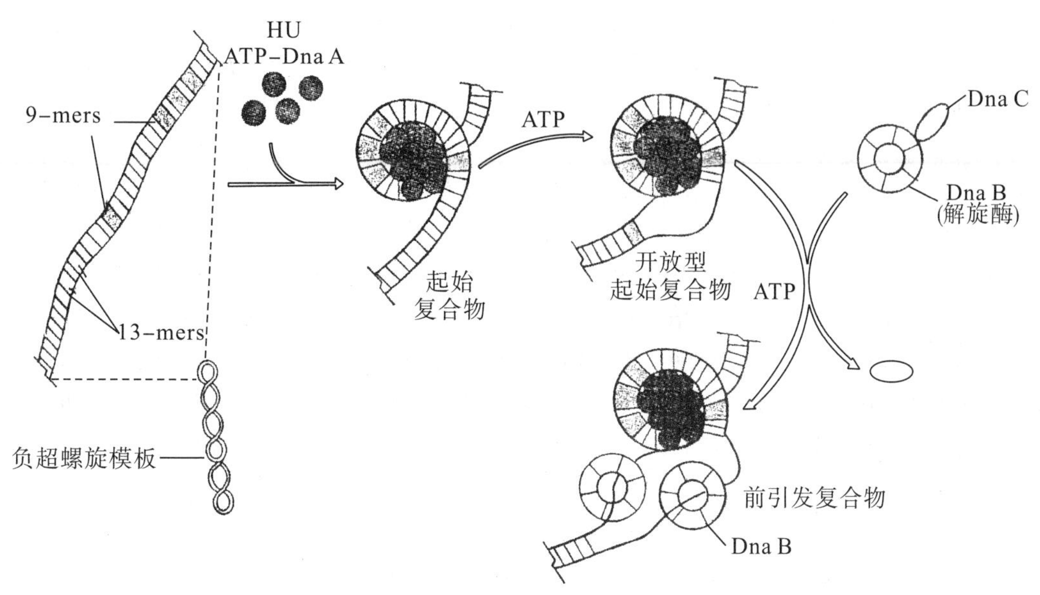

图 13-10 大肠杆菌 DNA 复制起始模示图

1. 起点的识别和 DNA 解链

前已述及，大肠杆菌 DNA 复制的起始点称为 *ori* C，由 245 bp 构成，其右端（下游）含有 4 个 9 bp 重复序列，左端（上游）含有 3 个 13 bp 重复序列。Dna A 蛋白首先与 9 bp（或称 9mer）位点结合，大约有 20～40 个 Dna A 蛋白与此处结合（每一个 Dna A 带有一个 ATP）。Dna A 蛋白是由相同亚基组成的四聚体。Dna A 蛋白对起始点有识别作用。与 DNA 起点结合的 Dna A 蛋白互相聚集在一起，DNA 缠绕其上，形成类似于真核细胞核小体的结构，称为起始复合物（initial complex）。在此期间还有 HU 蛋白的结合，HU 蛋白为类组蛋白，它的结合引起链弯曲，并促进邻近的 13 bp 区域变性，成为开链复合物（open complex）。DNA 变性所需能量由 ATP 分解提供。然后在 Dna C 的帮助下 Dna B（解螺旋酶）六聚体结合于解链区，并借 ATP 水解的能量，Dna B 沿 DNA 链 $5'\rightarrow3'$方向移动，两个 Dna B 分别从起点的两个相反的方向夹住单链模板，形成前引发复合物（prepriming complex）后向前解链。解链的同时还需 DNA 旋转酶（TopⅡ）解除超螺旋和单链结合蛋白（SSB）与已解开的单链结合。此时，复制叉已初步形成，由于 SSB 的结合在一定时间内使复制叉保持适当的长度，以利于核苷酸的掺入。

由上可见，在 *E. coli* DNA 复制起始阶段，对起点的识别和促进 DNA 解链有下列蛋白因子参与：拓扑异构酶（解除超螺旋三级结构）、解螺旋酶（解除双螺旋）、SSB（与单链 DNA 结合）、Dna A、Dna B、Dna C 和 HU 蛋白等。Dna A（Mr 50000，由基因 *dna* A 编码）主要识别起始位点，并与 HU 蛋白一起与 DNA 结合成起始复合物。Dna B（Mr 52000，由 *dna* B 编码）的作用有三：①利用其解旋酶活性使 DNA 双螺旋解开；②指示引物酶合成引物；③作为一个夹子将模板 DNA 夹住。Dna C 的作用是将 Dna B 递送给 DNA，使其与模板结合。

2. 引发体和引物的合成

所有 DNA 合成都需要引物（primer），引物是由引物酶（在大肠杆菌为 Dna G 蛋白）催化合成的短链 RNA 分子。引物的合成由引发体（primosome）介导。引发体是一个以

Dna B（解螺旋酶）和 Dna G（引物酶）为主体的能引发 DNA 复制的大复合体，约含 10 种蛋白质。在适当的位置上，引物酶依据模板的碱基序列，从 5′→3′方向催化 NTP（不是 dNTP）的聚合，生成短链的 RNA 引物，引物的 3′－端为 3′－OH，引物的 5′－端通常是 pppA，个别为 pppG，其长度从几个到几十个核苷酸。细菌为 50～100 个核苷酸，噬菌体为 20～30，有的质粒 DNA 的合成，引物仅 2～4 个核苷酸。哺乳动物细胞 RNA 引物都较短，约 10 个核苷酸。在 DNA 复制中，RNA 引物的长度通常不是恒定不变的。

在复制起始时 DNA 呈负超螺旋，但解链是一种高速的反向旋转，其下游势必出现打结现象，并形成正超螺旋。此时。由拓扑异构酶Ⅱ在打结处一条链上切开一个切口，使完整的另一条链穿越切口并作一定程度的旋转，再将切口连接。即使不打结或形成正超螺旋，也通过这种形式解除正超螺旋而形成负超螺旋。因为负超螺旋比正超螺旋更适合作为模板，因为扭得不那么紧的超螺旋（负超螺旋）当然比过度扭紧的超螺旋（正超螺旋）更容易解开成单链。

二、链延伸（elongation）

在起始阶段形成的前引发复合体上由引物酶催化合成引物 RNA 后即进入延伸阶段。由 DNA 聚合酶Ⅲ（真核先由 DNA pol α 合成 4、5 个核苷酸后再由 pol δ）催化，按照模板 3′→5′链上的顺序，在引物 3′－OH 端掺入相应的脱氧核苷酸（每掺入 1 个核苷酸，从底物 dNTP 上切下一个焦磷酸）。新链的合成按 5′→3′的方向进行，这条链称为前导链或领头链（leading strand）。前导链一般是连续合成的。与前导链合成稍滞后，以另一条链（5′→3′）作为模板，合成冈崎片段，这条链称为滞后链或随从链（lagging strand）。

滞后链的合成是不连续、分段进行的，这条链的合成要比前导链复杂得多。其复杂性在于如何保持它与前导链合成的协调一致。前导链和滞后链都是由同一个 DNA 聚合酶Ⅲ催化合成的，为使滞后链的合成与前导链合成同步进行，滞后链必须绕成一个环(图 13－11)，进行退行性的复制。合成冈崎片段需要 DNA 聚合酶Ⅲ不断与模板脱开，然后在新的位置又与模板结合，合成新的冈崎片段。这种作用由酶的 β 夹子和 γ 复合物来完成。

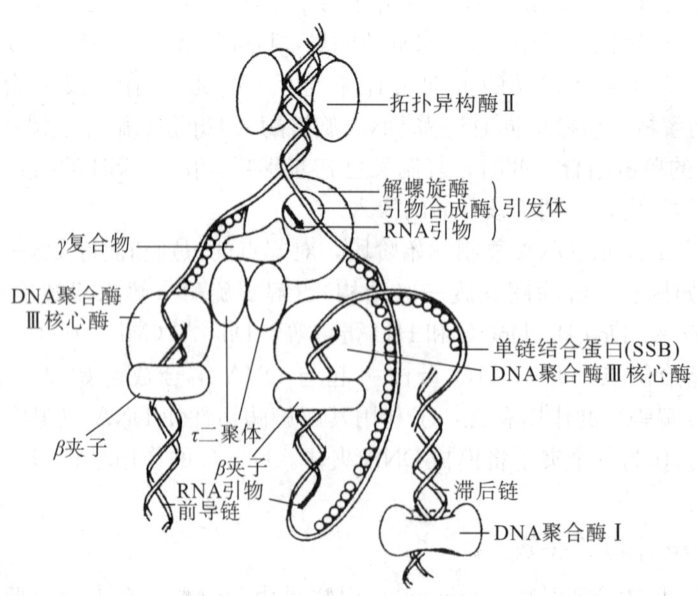

图 13－11　大肠杆菌 DNA 复制体结构示意图

DNA聚合酶Ⅲ的β亚基（β夹子）与引物和模板结合，并使模板DNA链拆成一个环，以及完成冈崎片段合成后将环拆开并使β夹子移位，都是在γ复合物（$\gamma_2\delta\delta'\chi\varphi$）的协助下完成的，并都需要ATP水解提供能量。

在滞后链的合成中，当合成的冈崎片段抵达前一个片段的RNA引物5′端时，合成停止，此时由RNase H和DNA pol Ⅰ发挥5′→3′外切酶功能，切除引物，并由该酶继续催化延长DNA链（pol Ⅰ的聚合作用，填补切除引物后形成的空隙，最后由连接酶将它与前一个冈崎片段连接起来，封闭切口。

DNA复制链的延伸速度相当快。大肠杆菌在营养充足的条件下，大约20分钟即可繁殖一代。大肠杆菌基因组全长约3000 kb，所以，它的链延伸速度为：

$$\frac{3000\text{kb}}{20\text{ min}}=\frac{3000000\text{ bp}}{1200\text{s}}=2500\text{ bp/s}$$

三、合成终止（termination）

DNA复制的终止在线性DNA和环状DNA分子中有所不同。对线性DNA，当复制叉到达分子末端时，复制即终止。对于环状DNA分子，多数为定点、双向、对称、等速的方式进行复制，其复制终点一般距离起点180°左右，两个复制叉在此处相遇，合成即告终止。在终止处的序列称为终止子（terminator），在终止时有特异蛋白与终止子结合，这些蛋白质称为Tus（terminus utilization substance）。例如，*E. coil* DNA为环状双链，为了基因定位的方便将其分为100等分（在大肠杆菌的性结合实验中，F因子从雄性完全转移到雌性细胞内需100分钟），其复制起点*ori* C在83位点，复制终点*ter*在33位点，二者相差180°。在两个复制叉汇合的33位点两侧约100 bp处各有一个终止区，分别称为*ter* E、*ter* D、*ter* A和*ter* C、*ter* B、*ter* F。前3个位点为一个复制叉移动终止的位点，后3个位点为另一复制叉移动终止的位点。所有这些*ter*序列中都含有一个23 bp的共有序列与复制终止有关。Tus蛋白识别并结合于终止位点的23 bp共有序列。Tus蛋白这种终止因子具有反解旋酶（contrahelicase）的活性，能阻止Dna B蛋白的解旋作用，从而抑制复制叉的前进。

两复制叉在终止位点相遇后即停止复制，复制体解体，其间仍有大约50～100 bp未被复制。其后两条亲代链解开，通过修复方式填补空缺。此时两环状染色体互相缠绕，形成连锁体（catenane），最后由拓扑异构酶Ⅳ将两个连锁环解开。

四、原核生物与真核生物DNA的复制特点

1. 原核生物DNA的复制

大肠杆菌DNA的复制研究得较清楚。大肠杆菌DNA的复制过程已由John Cairns和Ric Davern（1963）的同位素标记实验所阐明。在这个实验中，大肠杆菌被放在含^{3}H标记的胸腺嘧啶脱氧核苷培养基中生长两代左右，用溶菌酶把细胞壁消化掉，然后提取出DNA，将DNA十分小心地放在显微镜载片上的一张透析膜上，盖上放射乳胶，在暗处曝光两个月。在此期间，由^{3}H的放射性衰变放出β粒子，β粒子使乳胶曝光，显影以后，发射的β粒子就以黑点记录下来（因为^{3}H的β粒子能量较低，只能透过1 nm厚度）。银粒子的位置正确地代表了〔^{3}H〕在染色体DNA上的位置，乳胶中黑点的数目代表了〔^{3}H〕在DNA分子中的密度。把显影好的底片板放在光学显微镜下即可观察到复制中染色体的形状。Cairns等从这个实验观察到大肠杆菌DNA为一环状分子，其DNA复制的中间产物为θ字形，因

第三篇　细胞信息转导

此称大肠杆菌 DNA 的复制为θ方式（或 Cairns 方式）（图 13－12）。

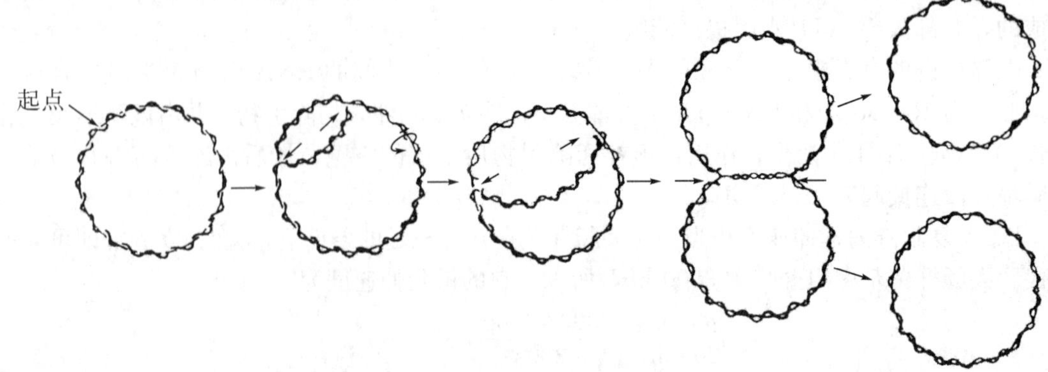

图 13－12　**大肠杆菌 DNA 的复制模型**

大肠杆菌两条链的复制由同一点开始，从相反的方向以半不连续、半保留的方式进行。复制从起点 *ori* C 开始，向两侧（反方向）进行，终点在 *ter* 位点。大肠杆菌 DNA 的这种复制速度为每秒 1000～2500 个核苷酸，复制速度与细菌的生长速度成正比。

噬菌体中 ΦX174 可作为单链 DNA 病毒的代表，其复制不同于大肠杆菌。Walter Gilbert（1968）提出滚环模型（rolling circle model）来解释 ΦXl74DNA 的复制（图 13－13）：首先由特异核酸内切酶（A 蛋白）在环状双链 DNA（称为 RF 型、增殖型，即单链 DNA 已复制一次成双链）的一条链上切开切口产生 5′－P 末端和 3′－OH 末端。5′－P 末端与细胞质膜连接，被固定在膜上，然后环形的双链通过滚动而进行复制。以完整链（正链）为模板进行的 DNA 合成是在 DNA 聚合酶参与下，在切口的 3′－OH 末端按 5′→3′的方向逐个添加核苷酸；以 5′－P 末端结合在细胞膜上的链（被切断的负链）作模板所进行的 DNA 合成也是由 DNA 聚合酶催化，先按 5′→3′方向形成短链（冈崎片段），然后再通过 DNA 连接酶连接起来。随着模板链（正链）的滚动，两条新链不断延长，可达病毒本身 DNA 的 20～50 倍，然后再由特异切割酶切成单个基因组长度。

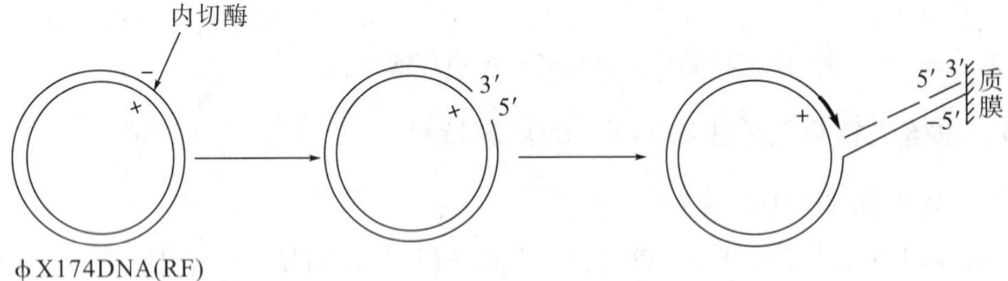

图 13－13　ΦX174DNA **复制的滚环模型**

这种按滚环方式进行复制的病毒 DNA，有的有一个切口，有的可有多个切口，复制是同时进行的。除了 ΦX174 外，噬菌体 λ 等双链 DNA 以及非洲瓜蟾（*Xenopus laevis*）卵母细胞 rRNA 基因扩增都按这种滚环方式进行。

2. 真核生物 DNA 的复制

（1）细胞周期

细胞分裂是生物体得以繁衍的基本保证，细胞分裂后即产生两个子细胞，它们就不断地生长增大，然后进入下一次分裂。细胞这种生长与分裂的周期即称为细胞周期（cell cycle）。具体时相上系指细胞从上一次分裂结束到下一次分裂完成所经历的时间，包括分裂期（M 期）和分裂间期，后者又可分为 DNA 合成期（S 期）和细胞生长分化期（G_1 期和 G_2 期）。各期的时相顺序为：M 期→G_1 期→S 期→G_2 期，G_2 期一当结束立刻进入下一次分裂期。

染色质 DNA 复制发生在 S 期，而线粒体、叶绿体等细胞器 DNA 的复制可发生在细胞分裂间期（G_1、S、G_2）的任何时间。

（2）复制的起始

真核生物染色质 DNA 比原核大得多，原核 DNA 只有一个复制子，真核每个染色体 DNA 都有 1000 个以上的复制子（为多复制子），因此，有许多个复制的起始点。但每个复制子的复制并不一定是同步进行的，而是以分组方式激活。

真核生物复制起始点比 *E. coli* 的 *ori* C 短。酵母 DNA 的复制起始点约含 150 bp，称为自主复制序列（autonomously replication sequence，ARS）或称复制基因（replicator），其中含有 11 bp 富含 AT 的核心序列。单倍体酵母有 17 个染色体，其基因组约有 400 个复制基因。有一种相对分子质量为 400000 的 6 个蛋白质结合的复合物，它可以与复制基因结合成起点识别复合物（origin recognition complex，ORC），二者一当结合，可促进起始。

复制的起始需要 DNA pol α 和 pol δ 参与，前者有引物酶活性，后者有解螺旋酶活性，此外还需要拓扑异构酶和复制因子，如 RP－A（replication protein A）、RF－C（replication factor C）等。RP－A 是真核生物的单链 DNA 结合蛋白，相当于 E. *coli* 的 SSB 蛋白，RF－C 是夹子装置器，相当于 E. *coli* 的 γ 复合物。增殖细胞核抗原（proliferation cell nuclear antigen，PCNA）是复制起始和链延长中起关键作用的复制因子。PCNA 相对分子质量为 29000，它相当于大肠杆菌 DNA 聚合酶Ⅲ的 β 亚基，它能形成环状夹子，将 DNA 夹住。PCNA 安装到双链 DNA 上以及拆下来都需要 RF－C 的协助，并由 ATP 分解提供能量。

（3）链的延伸

在复制叉及引物生成后，DNA pol δ 在 PCNA 的协助下，逐步取代 pol α，在引物的 3′－OH 端延伸，前导链连续合成。滞后链引物也由 pol α 催化合成，同样在 PCNA 的协同下，pol δ 置换 pol α，合成冈崎片段。冈崎片段合成完成后，引物的切除不但需要核内 RNA 酶（RNase H_1），还需核酸外切酶（MF－1，5′→3′外切酶）。说明真核 DNA 合成的引物除 RNA 外还有 DNA 片段作为组成成分。即 RNase H_1 将引物 RNA 切除后，MF－1 还将新合成的 DNA 链从 5′向 3′切几个脱氧核苷酸。显然，这样做的目的是为了减少 DNA 合成的错误率，因为开始合成的错误总是高于后面的合成。

真核生物的冈崎片段长度大致与一个核小体所含 DNA 量相当，即 156 bp～260 bp 之间，平均 200 bp。滞后链合成到一个冈崎片段之末时，DNA pol δ 会脱落，而 pol α 再结合上去，引发下一个冈崎片段引物的合成。pol α 与 pol δ 之间的转换频率高，每次转换 PCNA 都在其中发挥作用。

真核生物的 DNA 合成，就酶的催化速率而言，远比原核生物慢，约为每秒掺入 50 个脱氧核苷酸。但真核生物为多复制子复制，总体速度也不慢。原核生物 DNA 复制速度与其培养（营养）条件有关。例如，*E. coli* 一般在 30～40 分钟繁殖一代，但在营养丰富的培养基中生长，20 分钟即可繁殖一代。真核生物在不同组织器官、发育时期和生理状况下，其复制速度大不一样。

总之，真核生物与原核生物比较，在 DNA 的复制中各有其特点：①真核生物为多点复制（多复制子），原核生物为单点复制（单复制子）；②真核DNA复制中引物及冈崎片段的长度均比原核短；③真核细胞在DNA复制时，还需合成组蛋白构成核小体。现在一般认为DNA复制是半保留的，而组蛋白的合成是全保留的，即原组蛋白全部进入一个子细胞，另一个子细胞的组蛋白为新合成的；④真核细胞染色体在全部复制完成之前，各个起始点不能再开始下一轮的复制，但原核细胞可连续开始进行新的复制；⑤参与DNA复制的酶及蛋白因子，在真核和原核生物中有所不同（表13-4）。

表13-4 细菌和真核生物复制体组成比较

组成成分	细　菌	真核生物
复制酶	DNA聚合酶Ⅲ全酶	DNA聚合酶α、DNA聚合酶δ
进行性因子	β夹子	PCNA
定位因子	γ-复合物	RF-C
引物酶	Dna G	DNA pol α
去除引物因子	RNase H和DNA聚合酶Ⅰ	RNase H_1 和MF-1
滞后链修复	DNA聚合酶Ⅰ、DNA连接酶	DNA聚合酶ε、DNA连接酶
解螺旋酶	Dna B（定位需要Dna C）	T抗原
解除拓扑张力	旋转酶	拓扑异构酶Ⅱ
单链结合蛋白	SSB	RP-A

五、新链5′-末端复制

无论真核还是原核，合成终止的关键是新链5′端缺口的填补。滞后链的各个冈崎片段可由DNA pol Ⅰ（真核为RNase H_1、MF-1及pol ε）切除引物、填补空隙，并由连接酶连接成完整的新链。但无论前导链还是滞后链，其5′端引物切除后的空隙是如何填补的呢？如果不补齐，新合成链就会越来越短。对于新链5′-末端空隙的填补原核与真核细胞具有不同机制。

1. 原核生物新链末端的复制

原核生物DNA复制中如何补全5′-端，对环状DNA分子而言，其5′-端冈崎片段的RNA引物切除后可借助另半圈DNA链向前延伸来填补原引物的缺口。对线性DNA分子，则要复杂得多。一些病毒DNA的复制为此提供了线索。

某些线性DNA噬菌体，如T_4和T_7，它们的DNA链末端具有互补性，复制产生的不完整DNA分子可以通过其末端碱基序列的互补而缔合。这种末端的缔合为DNA pol Ⅰ的作用提供了所需的3′端，结果缺口被填满，并由DNA连接酶连接而生成二联体（dimer）。这一过程可重复进行，直到形成为原长的20多倍的多联体（multimer）。最后，多联体经病毒DNA编码的核酸酶的特异性切割而形成基因组长度的DNA分子〔图13-14（a）〕。

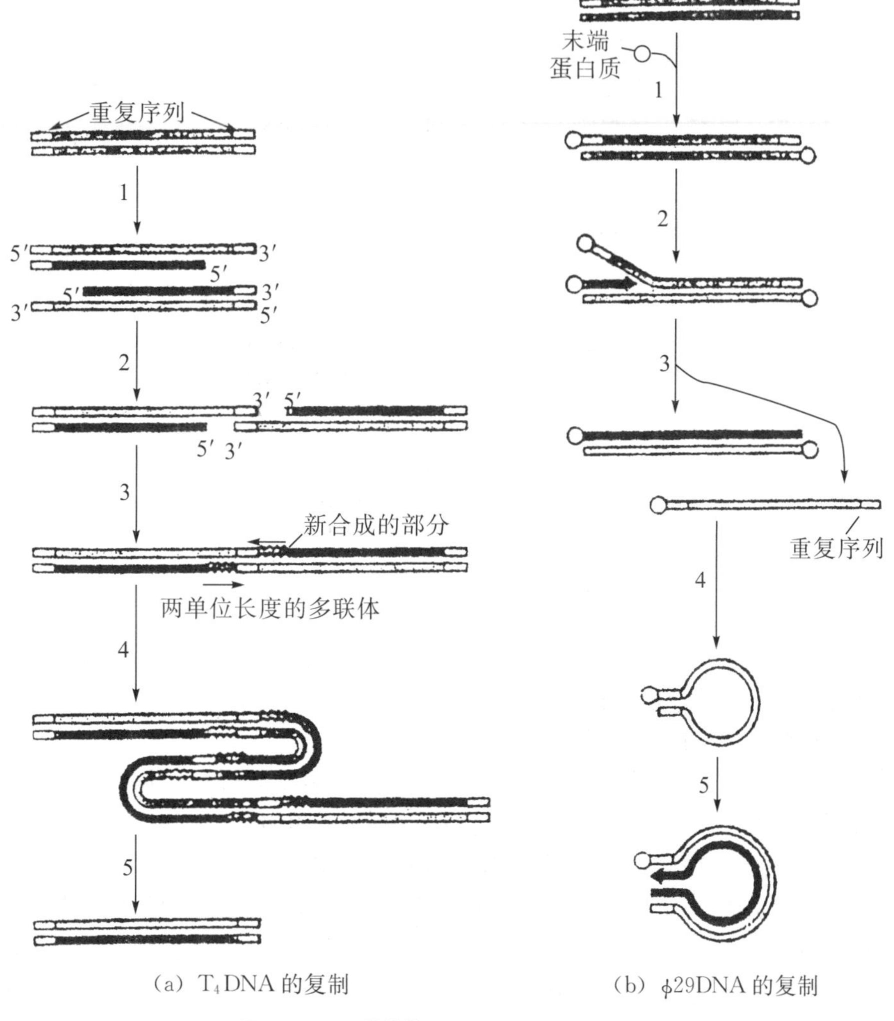

(a) T_4DNA 的复制　　(b) ϕ29DNA 的复制

图 13－14　**噬菌体** T_4 **和** Φ29DNA **的复制**

Φ29 噬菌体和腺病毒（adenovirus）则是另一种方式〔图 13－14（b)〕。这些病毒基因组的末端含有反向重复序列（reverse repeted sequence）。在复制时，有一种特异的末端蛋白与 DNA 链的 5′端共价结合。在腺病毒，末端蛋白的丝氨酸与 DNA 末端 dCTP 中的 dCMP 结合，后者即成为 DNA 合成的引物，复制从其互补链开始，同时置换另一条链的 5′端。当后者一旦被完全置换，它的两端就相互配对形成短的双链区，并开始进行新一轮的复制。Φ29 噬菌体 DNA 的复制与腺病毒相似，只是利用 dAMP 为引物。

2. 真核生物新链末端的复制

真核生物 DNA 复制中 5′－端缺口的填补依赖染色体上的一种特殊结构—端粒和端粒酶。端粒（telomere）是真核细胞染色体末端一种膨大的粒状结构，在这个结构中其 DNA 有富含 GC 的重复序列，重复序列的成分因生物种属而异，人的 DNA 端粒重复序列为 TTAGGG。端粒的功能是稳定染色体末端结构，防止染色体末端连接，并可弥补滞后链 5′末端在切除 RNA 引物后造成的空缺。端粒酶（telomerase）是一种由 RNA（约 150 个碱基）和蛋白质组成的能催化 DNA 合成的酶，这种合成以酶本身的 RNA 为模板。

由端粒和端粒酶来填补真核细胞 DNA 复制中 5′-端缺口的步骤如下（图 13-15）。

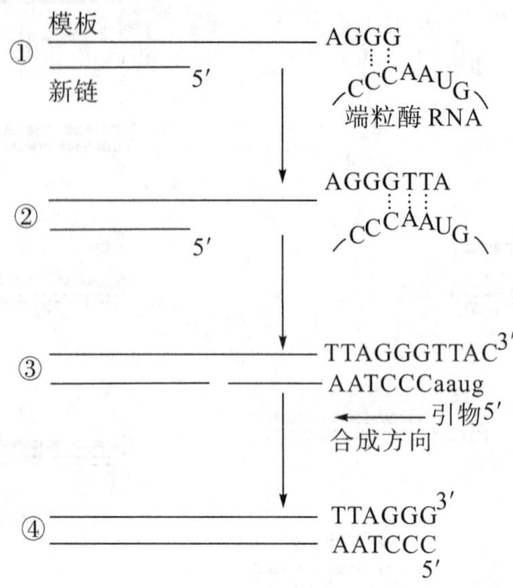

图 13-15　端粒酶催化的 DNA 合成

（1）在 DNA 合成模板的 3′-端（端粒），由端粒酶的 RNA 与之配对，然后由酶的 RNA 作为模板合成 DNA，使模板的 3′-端延长。

（2）随着端粒酶的移位，模板 DNA3′端继续延长。

（3）模板 DNA3′端延长后，以延长部分为模板，由引物酶合成引物（5′→3′方向），然后在引物的 3′-端由 DNA pol δ 催化使新链的 5′-端缺口补齐。

（4）最后由连接酶连接，并将引物及模板延长部分切去。

端粒的长度不是固定不变的，它随细胞的衰老而逐渐缩短。生殖细胞（包括胚胎干细胞）和肿瘤细胞端粒的长度要比体细胞的端粒长得多。胚胎细胞和大多数癌细胞内的端粒酶活性很高，而多数体细胞几乎检测不到端粒酶的活性。这说明端粒酶活性的高低与端粒的长短有十分密切的关系。由于体细胞的端粒酶活性很低，因此，它们每分裂一次，端粒就缩短一点。当端粒缩短到一定长度的时候，细胞死亡。

六、真核细胞器 DNA 的复制

真核生物线粒体 DNA（mtDNA）、叶绿体 DNA（chDNA）等细胞器的 DNA 为环状双链，它们能独立复制，其复制方式称为D-环式，因为复制的中间产物类似“D”字。这是一种不对称复制，一条链先复制，另一条链保持单链而被取代。因此又称其为取代环式。两条链的复制起点是分开的，首先从一条链的起点开始复制，到另一条链的起点时，又开始以另一条链为模进行反向复制，从电镜下观察为“D”字形。催化线粒体 DNA 复制的酶是 DNA pol γ

七、DNA 复制的调节

对 DNA 复制的调节，主要是控制起始阶段。复制一旦起始，就一直进行到完成。现在已知，DNA 复制的发动与 DNA 起点的特异甲基化和质膜的相互作用有关。在大肠杆菌的 *ori* C 245 bp 中有 11 个 4 bp 回文序列 GATC，特异 Dam 甲基化酶（DNA adnine methylase）

可使该序列中腺嘌呤第 6 位 N 甲基化。当 DNA 起点两条链 GATC 序列中的 A 都被甲基化后，Dna A 蛋白才能结合，从而使复制得以起始。但是在复制中，新合成链这种甲基化存在一个延迟过程，即当 DNA 合成完成后，*ori* C 的亲代链保持甲基化，而新合成的链未甲基化，形成半甲基化的 DNA。这种半甲基化 DNA 不能重新起始，大约经过 13 min 后新链才甲基化。同样，与 *ori* C 靠近的 *dna* A 基因甲基化也有个延迟期，于是产生的 Dna A 蛋白也较少，不利于起始。

实验表明，半甲基化 *ori* C DNA 之所以延期甲基化，是因它与质膜结合，而全甲基化 DNA 不能结合。推测有可能因 *ori* C 与膜结合而阻碍了 Dam 甲基化酶对 GATC 位点的甲基化，也抑制了 Dna A 蛋白与起点的结合。这种机制就使得正在复制中的 DNA 可随着细胞膜的生长而被移向细胞的两半部分。此过程完成后，DNA 复制的起点才从膜上掉下来，并被甲基化，于是又开始新一轮的复制起始，在延迟期内细胞得以完成有关的功能。

当 DNA 复制完成、细胞质组分加倍后，即进入细胞分裂。细胞分裂是细胞繁殖的重要阶段。细胞是否分裂，决定于细胞周期的 $G_1 \rightarrow S$ 及 $G_2 \rightarrow M$ 这两个关键点，蛋白激酶的活性调节这两个关键步骤，它通过磷酸化激活或脱磷酸化抑制各种复制因子而实施调控作用。蛋白激酶有两种亚基，调节亚基称为**细胞周期蛋白**（cyclin），分为 A、B、D_1、D_2、D_3 和 E 等种类；催化亚基称为**细胞周期蛋白依赖激酶**（cyclin dependent kinase，CDK），也分为 CDK_1、CDK_2、CDK_3 和 CDK_4 四种。这两种特异蛋白不同组合，可实现对 DNA 复制的多样化和精确的调节。

人和哺乳动物细胞内存在天然抑制 CDK 的蛋白质，例如锚蛋白（ankynin）是 CDK_4 的特异抑制物，P21 蛋白能抑制多种 CDK。锚蛋白和 P21 蛋白属于抑癌蛋白类，它们可阻止细胞进入 S 期进行 DNA 复制。P21 蛋白除抑制 CDK 类外，还能抑制 PCNA，也就是说，它既抑制 DNA 复制的起始，也抑制链延伸过程。

P21 基因的表达受抑癌基因 P53 的调控。P53 蛋白是 P53 基因的产物，为含 393 个氨基酸残基的四聚体蛋白。它在维持细胞正常生长、抑制恶性增殖中起着重要作用。P53 蛋白时刻监控着基因的完整性，一旦细胞的 DNA 遭到损害，P53 就与相应基因的 DNA 结合，活化 P21 基因转录使细胞停滞于 G_1 期，抑制解螺旋酶活性，并与复制因子 Dna A 相互作用，参与 DNA 的复制与修复。如果修复失败，P53 蛋白即启动程序性死亡（凋亡）过程，诱导细胞自杀，阻止有癌变倾向突变细胞的生成，从而防止细胞恶变。

第六节　RNA 指导的 DNA 合成（逆转录）

前面讨论的 DNA 合成都是以 DNA 作为模板。在一些病毒和真核生物中，还存在以 RNA 为模板合成 DNA 的机制。在遗传信息的传递中，以 DNA 为模板合成 RNA，称为转录（transcription），所以，这种以 RNA 为模板合成 DNA，则称为**逆转录**或**反转录**（reverse transcription）。

一、逆转录酶

能够引起哺乳动物白血病和其他肿瘤的致癌 RNA 病毒与一般 RNA 病毒不同，前者受放线菌素 D（actinomycin D）的抑制，而后者不受其抑制。放线菌素 D 抑制 DNA→RNA 的过程（见第十四章第四节）。Howard M. Temin 早先（1964）曾提出前病毒（provirus）的假设，认为致癌RNA病毒的复制需经过一个DNA中间体（即前病毒），它可部分或全部整合（integration）到宿主DNA中，并随宿主基因一起复制和表达。

前病毒假说是否成立，关键是必须证实RNA为模板合成DNA的事实。1970年，H. Temin和David Baltimore分别在劳氏肉瘤病毒（*Rous sarcoma vzrus*，RSV）和鼠白血病病毒（*Moloney murine leukemia virus*，MLV）中发现了逆转录酶（reverse transcriptase），从而证实了Temin的假设是正确的。这两种病毒都是致癌RNA病毒，因为它们基因组的复制都要经过逆转录过程，因此将这类病毒称为逆转录病毒（retrovirus）。

禽类成髓细胞病毒（RSV）的逆转录酶由一个α亚基和一个β亚基组成。α亚基（Mr 65000）是由β亚基（Mr 90000）经蛋白酶水解产生的一个片段。鼠类白血病病毒（MLV）的逆转录酶由一条多肽链组成，Mr 84000。逆转录酶与DNA聚合酶一样，含有Zn^{2+}，其所催化的反应是以RNA作为模板，4种dNTP为底物，以病毒RNA本身所带引物或宿主tRNA为引物，合成一条与病毒RNA互补的DNA链。聚合反应还需二价金属离子Mg^{2+}和Mn^{2+}，以及保护酶蛋白中巯基的还原剂。新合成链的延伸方向也是5′→3′。

逆转录酶是一种多功能酶，它具有3种酶活力：①RNA指导的DNA聚合酶活力，因而此酶又称为依赖于RNA的DNA聚合酶（RNA dependent DNA polymerase，RDDP），即以RNA为模板，合成出与之互补的DNA，形成RNA－DNA杂合分子；②DNA指导的DNA聚合酶活力，即以新合成的DNA链为模板，合成另一条互补的DNA链，形成双链DNA分子；③具RNaseH活力，专一性地水解RNA－DNA杂合分子中的RNA。由于此酶不具备3′→5′校正的外切核酸酶活性，故合成中出现相当高的错误率，大约每掺入20000个核苷酸会出现1个错误核苷酸。

二、逆转录病毒的基因组

一个典型的逆转录病毒颗粒内含有两个相同的约38S RNA基因组（二倍体），每个RNA基因组长约7000～10000个核苷酸，含有3～4个功能基因。如劳氏肉瘤病毒（RSV）基因组以*gag*－*pol*－*env*－*src*顺序进行组织，前3个基因对病毒的繁殖和感染是必需的。*gag*为病毒的结构蛋白基因，编码几种核心蛋白，包括病毒的衣壳（capsid，CA）、核衣壳（nucleocapsid，NC）和基质（matrix，MA）；*pol*基因也编码3个蛋白质：逆转录酶、整合酶（integrase）和一种特异蛋白酶。通常*gag*和*pol*指导合成出一条长的多肽链，由病毒的特异蛋白酶将其切成上述6个蛋白。*env*基因编码病毒被膜蛋白（envelope protein），对病毒吸附于宿主细胞表面起重要作用。*src*携带病毒癌基因，导致宿主细胞癌变，这个基因对病毒本身繁殖并非需要。

逆转录病毒基因组的5′端有“帽子”结构（$m^7G^{5'}$pppN－），3′端有poly A“尾”结构，与真核生物mRNA相似。病毒RNA（＋链）靠近5′端处带有1分子的宿主tRNA，以作为逆转录的引物。某些鸟类逆转录病毒携带的是$tRNA^{Trp}$，鼠类逆转录病毒和人嗜T淋巴细胞病毒（HTLV）携带的是$tRNA^{pro}$，而艾滋病毒却是$tRNA^{Lys}$。

三、逆转录过程

逆转录病毒感染宿主时，借助病毒的表面蛋白（surface protein）和跨膜蛋白（transmembrane）（这两种蛋白均由*env*基因编码）使病毒与宿主细胞融合，其基因组RNA、引物（tRNA）和酶（逆转录酶、整合酶）得以进入宿主细胞内。在细胞质中，以病毒 RNA（+链）为模板合成互补的 DNA 链（称为负链），再由逆转录酶的 RNase H 活性将 RNA—DNA 杂合分子中的 RNA 切除，并以 DNA（−）为模板合成互补的 DNA（+），成为双链 DNA，此双链 DNA 进入细胞核，在整合酶的帮助下，整合到宿主染色体 DNA 上，成为前病毒，并随染色体 DNA 一起复制和转录。

前病毒 DNA 可以负链为模板转录形成逆转录病毒 RNA，转运到细胞质进行翻译，产生病毒蛋白质。病毒基因组 RNA 和病毒蛋白质在质膜处装配，然后以“出芽”的方式形成新的病毒颗粒排出细胞外。

四、逆转录的生物学意义

对于逆转录酶的发现，以及逆转录病毒逆转录机制的研究，无论在理论上还是实践中都具有重要意义。

（1）遗传信息传递的研究。传统观念认为遗传信息由 DNA 传向 RNA（转录），逆转录现象的发现，遗传信息也可由 RNA 传向 DNA（逆转录）。说明 RNA 同样具有遗传信息储存和传代的功能，至少在某些生物中是如此。

（2）新基因产生的来源之一。逆转录酶不仅存在于逆转录病毒，也普遍存在于真核生物。如网织红细胞和正在分裂的淋巴细胞中都有逆转录酶。端粒酶也是一种逆转录酶，只不过其活性只存在于胚胎和肿瘤细胞中。研究表明，逆转录现象在细胞中是频繁发生，这就有可能使其产生的 DNA 整合入染色体，从而产生新基因，引起生物的进化或突变。

（3）拓宽了病毒致癌理论。上世纪初就有人提出病毒致癌的假说，1911 年即已发现劳氏肉瘤病毒（RSV）可以使鸟类得癌，进一步的研究导致癌基因（oncogene）的发现。至今，癌基因的研究仍是病毒学、肿瘤学和分子生物学的重大课题。逆转录病毒与致癌关系的研究，使过去对致癌理论的病毒学说与基因学说有趋于统一的可能。

（4）为一些致病病毒的防治提供了理论基础。致癌 RNA 病毒和乙型肝炎病毒（hepatitis B virus）都含有逆转录酶，其复制中都存在逆转录。但致癌 RNA 病毒基因组为 RNA，其复制方式为 RNA→DNA→RNA，而乙型肝炎病毒基因组为 DNA，其复制方式为 DNA→RNA→DNA。人类免疫缺损病毒（human immune deficiency virus，HIV）是一种逆转录病毒，感染宿主（主要是 T 淋巴细胞）后即杀死细胞，造成宿主机体免疫系统损伤，引起艾滋病（acquired immune deficiency syndrome，AIDS）。一般逆转录病毒侵入细胞后并不杀死宿主细胞，而是发生病毒基因组的整合，带有癌基因的病毒可以引起宿主细胞转化。

（5）用于指导肿瘤的防治和药物设计。根据对逆转录病毒致癌机制的了解，设计一些药物以干扰病毒的生活周期，从而达到对肿瘤防治的目的。例如，用核苷酸类似物抑制艾滋病毒（HIV）的逆转录酶活性。目前已用的有叠氮胸苷（3′−azido−2′，3′−Azidothymidine，AZT）和双脱氧肌苷（2′，3′−dideoxyinosine，DDl）。当 AZT 被 T 淋巴细胞吸收后，转变为 AZT 三磷酸，HIV 对 AZT 三磷酸有很高的亲和力，从而竞争性抑制逆转录酶对 dTTP 的结合。当 AZT 加入到 DNA 链生长的 3′端时，病毒 DNA 链的合成即刻终止。由于 T 淋巴细胞 DNA 聚合酶对 AZT 的亲和力低，因此毒性较小。然而对骨髓细胞却有较大毒性，尤其是红细胞的前身细胞，因此用 AZT 治疗艾滋病常会引起贫血。DDI 的作用类似。

（6）用于基因工程。在分子生物学研究中应用逆转录酶，作为获取基因工程目的基因的一种重要方法，称为 cDNA 法，用以建立 cDNA 文库（cDNA library）（见第十八章第二节）。用逆转录酶催化在 RNA（如 mRNA）模板指引下 dNTP 的聚合，生成 RNA−DNA

杂化分子。用酶或碱把杂化双链上的 RNA 除去，剩下的 DNA 单链再作第二链合成的模板。在试管内以 DNA pol Ⅰ的大片段，即 Klenow 片段催化 dNTP 聚合。第二次合成的双链 DNA，称为 cDNA。c 是互补（complementary）的意思。cDNA 就是编码蛋白质的基因，通过转录又可得到原来的模板 RNA，而且可以得到相应蛋白质。

第七节　DNA 的突变、损伤与修复

一、DNA 的突变

从细胞遗传学的角度而言，所谓突变（mutation）就是指可遗传的变异。每一细胞周期中所能发生的突变称为突变率（mutation rate）。细菌个别性状的突变率为 10^{-9}～10^{-10}。从分子生物学的角度而言，突变则是指 DNA 上碱基错误配对或排列顺序的改变。突变的单位是碱基对。因此，这种突变又称为基因突变或点突变。基因突变不仅是生物进化的基础，也是机体衰老和遗传性疾病发生的原因。

1．突变的意义

一般容易把突变误解为都是有害的，其实突变在生物界是普遍存在的，是有积极意义的。

（1）突变是生物进化和分化的分子基础

遗传性的保守性是相对的，没有这种保守性生物就不可能保证物种的稳定性；遗传性的变异性是绝对的，没有这种变异性就没有物种的进化，就不可能有今天五彩缤纷的生物界。从分子遗传学看来，这种变异性就是指 DNA 突变，它是生物进化和分化的动力，这也是同一物种总是存在个体差异的原因。

（2）突变是某些疾病的发病基础

在迄今已发现的人类 4000 余种疾病中，有 1/3 以上属于遗传性疾病或有遗传倾向性的病，而遗传性疾病总是与 DNA 突变相关的。例如，地中海贫血是血红蛋白的基因突变，血友病是凝血因子基因突变等。高血压、糖尿病、肿瘤等疾病是具有遗传倾向的疾病。这些疾病虽然与生活环境紧密相关，但也涉及某些基因的突变，只不过不是单一基因，而是若干基因发生了变异。

（3）突变是产生生物多态性的一种原因

有些突变只有基因的改变，而没有可察觉的表型改变，也不致病。但这种突变造就了同一物种个体之间的差异，称为多态性（polymophism）。利用核酸杂交原理，可以设计多种技术用于识别个体差异和种间或株间差异，并用于疾病预防与诊断和其他目的。例如，器官移植的配型、个体对某些易感性分析、个体化医疗设计，以及法医学上的个体识别、亲子鉴定等。

（4）致死性突变

如果突变发生在对生命过程十分重要的基因上，可导致细胞或个体死亡，这种突变称为致死性突变（lethal mutation）。可利用这种特性消灭人类的有害病原体，农业上用以消灭某些害虫。

2．突变的类型

突变可分为碱基的错配（mismatch）和移码突变（frameshift mutation）两种类型。

（1）碱基的错配

碱基按非标准配对，错误的碱基掺入，造成碱基对的置换，即一个碱基对被另一碱基对取代。这种突变又可分为两种情形：一种是同型碱基的置换，即一种嘌呤取代另一种嘌呤，或一种嘧啶取代另一种嘧啶，这种突变称为转换（transition）；另一种是异型碱基的置换，即嘌呤被嘧啶取代或嘧啶被嘌呤取代，这种突变称为颠换（transversion）。转换和颠换只引起 DNA 分子中个别碱基的改变，因此称为点突变（point mutation）。如果点突变发生在蛋白质基因的编码区，可导致氨基酸的改变，称为错义突变（missense mutation）。

（2）移码突变

在多核苷酸链中丢失一个或几个核苷酸称为缺失（deletion），增加一对或几对核苷酸称为插入（insertion）。无论缺失或插入通常会使缺失或插入处以后的遗传密码发生改变，因此称为移码突变或移框突变（frame-shift mutation）。染色体上大片段的缺失或插入，是可以用细胞生物学方法从形态学上检测出的，这已成为遗传病、肿瘤等疾病诊断和研究的重要方法之一。

3. 引起突变的因素

在自然条件下发生的突变称为自发突变或自然突变（spontaneous mutation），引起自发突变的原因至今尚未十分清楚。在某些生物因素、物理因素或化学因素的作用下，突变率可大大提高，这些因素称为诱变剂（mutagen）。生物因素主要指某些病毒（如逆转录病毒）、细菌（如黄曲霉所产生黄曲霉毒素等）所诱发的突变。而实验室用来诱发突变，也是生物环境中导致突变的因素，主要是物理因素和化学因素。许多理化因素诱变剂的作用机制已经清楚，不少诱变剂也是致癌物（carcinogen），因此对诱变剂的研究在环境保护和医疗实践等方面具有重要意义。

（1）化学诱变剂

已知作用机制的化学诱变剂有 5－溴尿嘧啶、2－氨基嘌呤、亚硝酸、羟胺、烷化剂、嵌合剂等。这些化合物诱发突变的机理各不相同，有的引起碱基的置换，有的引起移码突变，有的可使碱基之间或 DNA 两链之间发生交联，有的可在 DNA 分子上造成碱基或 DNA 片段的缺失或插入等等。

引起碱基置换的化学诱变剂有：

5－溴尿嘧啶、2－氨基嘌呤、亚硝酸、羟胺和烷化剂可引起碱基的置换，在 DNA 复制时发生错配。

5－溴尿嘧啶（5－bromouracil，BU）是胸腺嘧啶类似物（5 位 Br 原子取代甲基），它可与腺嘌呤配对。但 BU 有酮式与烯醇式互变异构，它极易转变为烯醇式（由于 5 位溴原子强负电荷的影响），此时它相当于胞嘧啶，与鸟嘌呤配对。经过几轮复制，可使碱基发生转换。即若 BU 以酮式参与 DNA 复制时，可使 GC 对转变为 AT 对，若 BU 以烯醇式参与时，可使 AT 对转变为 GC 对。

2－氨基嘌呤（2－aminopurine，AP）是腺嘌呤的类似物（氨基在 2 位而不在 6 位），2 位的氨基可以转变为亚氨基。AP 的 2 位为氨基时可与胸腺嘧啶配对，2 位为亚氨基时可与胞嘧啶配对。前者可引起 AT 对转变为 GC 对，后者可使 GC 对转变为 AT 对。

亚硝酸能使含氨基的碱基脱氨，从而改变配对性质，使碱基发生转换。腺嘌呤脱氨后变为次黄嘌呤，它与胞嘧啶配对，而不是与原来的胸腺嘧啶配对；胞嘧啶脱氨后变为尿嘧啶，与腺嘌呤配对，而不再与鸟嘌呤配对。DNA 经过两次复制后，由于 A 脱氨而使 AT 对转变为GC对，由于C脱氨而使GC对转变为AT对。鸟嘌呤脱氨后变为黄嘌呤，仍与胞嘧啶配对，因此不发生碱基转换。

羟胺（NH_2OH）可与胞嘧啶作用，生成4-羟胺胞嘧啶，而与腺嘌呤配对，不再与鸟嘌呤配对，结果经过复制使GC对转变为AT对。

烷化剂（alkylating agent）是强化学诱变剂，最常见的有硫酸二甲酯（dimethyl sulfate）、氮芥（nitrogen mustard，二氨乙基胺衍生物）、硫芥（sulfur mustard，二氯乙基硫衍生物）、乙基甲烷磺酸（ethyl methanes sulfonate）、乙基乙烷磺酸（ethyl ethane sulfonate）、乙基硝基脲（ethyl nitrosourea）、亚硝基胍（nitrosoguanidin）等。烷化剂的作用是使DNA碱基上的氮原子烷基化，烷基化后的碱基容易发生错误配对，从而引起碱基转换或颠换。

最常见的是鸟嘌呤第7位氮原子的烷基化，烷基化后使其成为一个带正电荷季铵基团的鸟嘌呤，从而产生几种特殊效应：①第7位N烷基化后，可削弱第9位的N-糖苷键容易水解断裂，从而丢失核苷酸，在修复时错误碱基掺入即发生错配；②促进第1位N上质子的解离，使得这种修饰的鸟嘌呤不能和胞嘧啶配对，而与胸腺嘧啶配对，使得GC对转变为AT对。氮芥和硫芥能使DNA鸟嘌呤形成二聚体，这种交联可发生在一条链上，也可发生在两条链间，发生这种交联后DNA不能正常修复。

引起移码突变的化学诱变剂有：

原黄素（proflavin）、吖啶橙（acridin orange）、溴化乙锭（ethidium bromide）等染料为一扁平的稠环分子，其大小与碱基的大小相当，它们可以将两相邻碱基对间的距离撑大一倍，刚好占据一个碱基对的位置。当其插入DNA两个碱基对之间时，将它们分割开，复制时就会出现一个或几个碱基的插入或缺失，造成移码突变。这类诱变剂称为嵌合剂。

化学诱变剂大多是致癌物。现已知从化工原料、化工产品、工业排放物、农药、汽车废气、食品防腐剂或添加剂等检出的致突变化合物达6万余种之多，而且每年还大量增加新品种。这些化合物不仅诱发染色体DNA突变，也可引起线粒体DNA突变，并导致许多疾病。例如，$tRNA^{Leu}$基因碱基第3243位A转变为G的突变，与非胰岛素依赖性糖尿病、神经性耳聋等疾病有关；$tRNA^{Gln}$基因第4336位发生A→G的突变，与帕金森病和老年痴呆有关；$tRNA^{Val}$基因由G→A的突变，见于亚急性坏死性脑脊髓症（Leigh综合征），表现为婴儿早期发病，逐渐发生肌张力减退、四肢无力、视力减弱、听力障碍等，最终发展为肌僵木、无张力、无反射、呼吸困难，最终衰竭死亡。

（2）物理因素

χ射线、γ射线等高能离子辐射可引起DNA分子失去电子，从而造成断链、碱基和戊糖损伤等。非离子辐射可引起分子内振动或电子的能级跃迁，导致新化学键的形成。紫外线照射可引起DNA分子的多种损伤，包括断链、双链交联、嘧啶的水合作用，以及形成嘧啶二聚体。尤其是紫外线照射后对DNA的损伤以形成嘧啶二聚体最常见，这种二聚体可在两链间形成，也可在一条链内相邻嘧啶间形成。嘧啶环的5、6位双键之间起加成反应，使两个嘧啶以共价键交联。DNA复制时在交联处就不能解链。在一条链内形成的二聚体若不修复，复制时将阻止正确碱基的掺入与配对，其结果是新链的合成要么终止，要么错配。

嘧啶间形成二聚体，CC、CT、TT均可发生，以TT形成二聚体（以$\widehat{TT}$表示）最常见。

二、DNA 损伤的修复

由于自然存在或外界理化因素的影响，对 DNA 结构的破坏，或在复制中产生碱基的错配、交联、链断裂或产生缺口，都称为 DNA 损伤，这些损伤可导致突变，甚至死亡。然而在一定条件下，生物机体通过多种修复机制可使损伤得到修复。不同损伤通过不同方式进行修复。

1. 错配修复（mismatch repair）

在 DNA 复制过程中由于复制速度很快，加之内外环境因素的影响，难免出现差错。如果有错误的碱基掺入，由 DNA 聚合酶（大肠杆菌为 pol Ⅰ，真核为 pol δ）的 $3' \rightarrow 5'$ 外切活力进行较正。如果还出现错配，则由细胞的错配修复系统进行修复。在 DNA 复制中有个半甲基化的机制，这与错配修复有关。新链合成并不立即甲基化，而是延迟一段时间后再甲基化，此时模板链已甲基化，而新链尚未甲基化，所以为半甲基化。此时若新链有错配碱基，即将未甲基化的链切除，并以甲基化的链为模板进行修复合成，然后再由 Dam 甲基化酶催化 GATC 序列中 A 的 N^6 位甲基化。

大肠杆菌的错配修复系统由 *mut* 基因编码，称为 Mut HLS 系统，包括几种特异蛋白质。其中 Mut H 蛋白是一种核酸内切酶，它能分辨甲基化的亲链和未甲基化的子链。Mut S 能识别并结合到 DNA 的错配碱基部位。其修复过程如下：①Mut S 蛋白（二聚体）首先与 DNA 结合；②Mut L 蛋白（二聚体）与 Mut S 结合，形成 Mut SL 复合物；③Mut SL 沿 DNA 可向两个方向移动（由 ATP 分解提供能量），直到错配部位附近的 GATC 处；④Mut H 与 Mut SL 结合，并在未甲基化链的 GATC 处切开，切开处位于错配碱基的 $3'$端或 $5'$端，分别由不同的核酸外切酶将其切除（切除过程中有解螺旋酶和 SSB 帮助链的解开），切除的缺口可达 1000 个核苷酸以上；⑤所产生的缺口由 DNA 聚合酶 I 和 DNA 连接酶催化合成及连接。

真核生物具有与大肠杆菌类似的错配修复系统。真核的 Mut Sα 和 Mut Sβ 与大肠杆菌的 Mut S 类似，Mut Sα 识别并结合于错配碱基，Mut Sβ 主要结合于插入或缺失的碱基处。人类的 *hMSH* 2（human Muts homolog 2）和 *hMLH* 1（human Mut L homolog 1）基因编码的蛋白能识别错配碱基和 GATC 序列，相当于大肠杆菌的 Mut S 和 Mut L。

2. 直接修复（direct repair）

直接修复是指经特异酶促反应进行修复的方式，包括光修复、暗修复和单个酶的直接作用。

紫外线照射造成的嘧啶二聚体可通过光修复或暗修复作用使其恢复正常。光修复（light repair）或称光复合，是指在可见光（400 nm 左右）照射下激活了光复活酶（photolyase），直接切断嘧啶二聚体交联的共价键。大肠杆菌的光复活酶是相对分子质量为 60000 左右的单体酶，含两个 FAD 和 N^5，N^{10}－甲酰 FH_4。

虽然光复合酶在生物界分布很广，但哺乳动物却没有。在哺乳动物中是进行暗修复（dark repair），是通过酶切除含嘧啶二聚体的一段 DNA 链，然后再修复合成。

单个酶对 DNA 损伤的直接修复，是指一种特殊的酶直接作用损伤部位，使其恢复到原来状态。现已发现几种这样的酶，如 O^6－甲基鸟嘌呤－DNA 甲基转移酶（O^6－methylguanime－DNA methyltransferase），它可将 O^6－甲基鸟嘌呤的甲基转移到酶本身的半胱氨酸残基上，使鸟嘌呤恢复正常。

3. 切除修复(excision repair)

大多数修复系统的修复策略就是将受伤的核苷酸连同周围的一些正常核苷酸一起切除,然后以另外一条互补链上没有受损伤的核苷酸序列作为模板,重新合成,以取代原来异常的核苷酸。这种修复称为切除修复。包括去除损伤的DNA,填补空隙和连接。对原核生物DNA损伤修复的研究,早先是用紫外线照射来建立损伤修复的模型,据目前研究看来,这种修复机制并不局限于某些单一原因造成的损伤,而是一种具有普遍意义DNA损伤的修复方式。

在大肠杆菌等原核生物,参与切除修复的是多个基因的产物,取名为UvrA、UvrB、UvrC(uvr:ultra-voilet resistant)。UvrA和UvrB识别并结合于损伤部位,然后由UvrB和UvrC将包括损伤部位在内的一段DNA链切下来(UvrB切开损伤部位3′侧第5个磷酸二酯键,UvrC切开损伤部位5′侧第8个磷酸二酯键),产生的缺口由DNA聚合酶Ⅰ和连接酶填补。被切掉的损伤部位原核生物含有12~13个核苷酸,真核生物所产生的缺口更大一些,含有27~29个核苷酸。

4. 重组修复(recombination repair)

对于损伤面较大,来不及修复而DNA又在进行复制时,对损伤部位可进行重组修复。由于损伤部位的DNA链不能作模板,DNA复制到此处时,可进行分子间重组,即从相应的另一子代DNA分子完整的母链上将相应的碱基顺序片段转移至新合成链的缺口处,然后用再合成的多核苷酸链来补上母链产生的缺口,如图13-16所示。图中"×"表示DNA受损伤的部位,虚线表示通过复制新合成的DNA链,锯齿线表示重组后缺口处再合成的DNA链。

在大肠杆菌中,有一套重组基因*rec*A、*rec*B、*rec*C等,它们编码的蛋白质来完成上述重组修复过程。其中RecA蛋白起着关键作用,它具有交换DNA链的活力。其余几个基因编码一个多功能蛋白RecBCD,具有解螺旋酶、核酸酶和ATP酶活性。此外,重组修复还需要DNA聚合酶Ⅰ和连接酶。

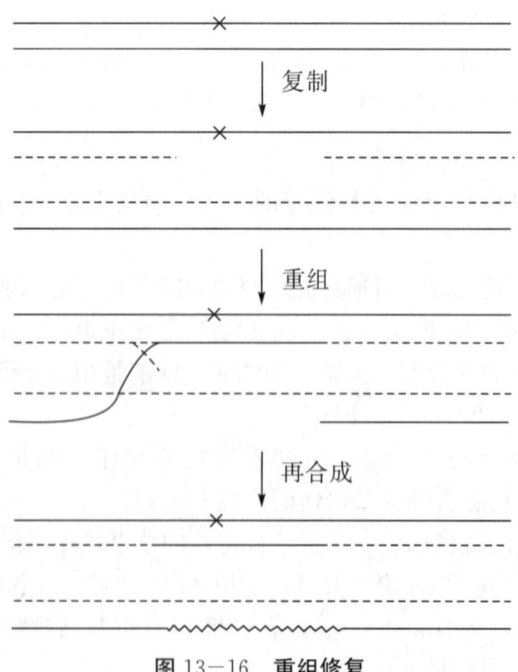

图13-16 重组修复

5. 应急反应与易错修复（error-prone repair）

当 DNA 受到广泛损伤而又难以继续复制时，细胞内可诱发出一系列复杂反应，将其命名为国际通用的求救信号（SOS）类似的 SOS 修复，这是细胞在紧急情况下，为求得生存而出现的应急效应。通过 SOS 修复，复制可能继续进行，细胞得以存活。但这种修复产生的错误较多，容易产生多种突变。

大肠杆菌 DNA 聚合酶Ⅰ具有 3′→5′外切酶活性，因此在复制时出现的错配可通过它校对。但如果校对后合成的新链还有错误，于是它又得切除、合成，如此，它可能在错配处原地循环而不前进，就有可能造成合成终止。SOS 反应诱导产生的 DNA 聚合酶Ⅳ和Ⅴ，不具有 3′→5′外切的校正功能，于是在 DNA 链的损伤部位即使出现不配对碱基（称为易错修复），但复制仍能继续进行（采取越过损伤部位而进行复制的方式）。在这种情况下允许错配可增加存活机会。

SOS 系统包括切除、重组修复系统，此外还有重要的调控蛋白 Lex A 等。Lex A 蛋白是许多基因的阻遏物，当 Rex A 蛋白激活后可激活 Lex A 自身的蛋白水解酶活性，促进 LexA 自身分解，使得一系列基因得以表达，其中包括紫外线损伤修复的基因、重组修复基因、切除修复基因，以及与细胞分裂有关的基因等。

SOS 修复系统广泛存在于原核生物和真核生物，它是生物在不利条件下求得生存的基本功能。这种修复在一般环境中并不启动，因为它导致突变的频率较高。但是在 DNA 受到严重损伤以及复制被抑制的特殊条件下，通过这种应急反应有利于生物的生存，即使以发生突变作为代价。此外，这种反应可能在生物进化中也起作用。实验证明，大多数能在细菌中诱导产生 SOS 反应的因素（如 X 射线、紫外线、烷化剂、黄曲霉素等），对高等动物都是致癌的，而不能致癌的诱变剂（如 5－溴尿嘧啶）却并不能诱导 SOS 反应。据此，可根据 SOS 反应的原理来设计有关致癌物的检测方法。

本章学习要点

核酸是遗传变异的物质基础，核酸既是遗传信息的携带者，又是遗传信息的传递者。因此，核酸的代谢，特别是核酸的生物合成在生物化学及分子生物学中占有很重要的地位。

1. 核酸大分子经多种酶的作用，降解为核苷核，进一步分解产生戊糖、磷酸和碱基。在人及其他一些动物中，嘌呤分解最终产生尿酸，嘧啶分解产生 β－丙氨酸和 β－氨基异丁酸。由 PRPP 和 Asp、Gly、Gln、CO_2 及一碳基团合成 AMP 和 GMP，中间经历重要的中间物 IMP。控制嘌呤核苷酸合成的关键酶是 PRPP 酰胺转移酶、腺苷酸代琥珀酸合成酶和肌苷酸脱氢酶。在嘧啶核苷酸的生物合成中是先合成环，后加上 PRPP。中间经过乳清酸核苷酸，而后合成 UMP。控制此途径的关键酶，在哺乳动物中是氨基甲酰磷酸合成酶Ⅱ，在细菌中则是天冬氨酸氨基甲酰转移酶。

2. DNA 的生物合成（复制）是十分复杂的过程，有多种酶及蛋白因子参与，其中重要的是 DNA 聚合酶、DNA 连接酶、解螺旋酶及拓扑异构酶等。合成中以 DNA 为模板，RNA 为引物，dNTP 为底物，按 5′→3′方向合成一条与模板互补的 DNA 链，合成按半保留、半不连续方式进行，多数 DNA 合成是定点、双向、等速合成的，而真核和原核 DNA 合成又各有其特点。

在 DNA 复制中，新合成链的碱基顺序是严格按模板碱基顺序互补掺入的，如发生错配，则造成DNA损伤，有几种机制来进行校正和修复。不能修复，即造成突变。

在DNA合成中另一种以RNA为模板的合成，称为反转录。这在一些RNA病毒（包括某些致癌病毒）的繁殖中占有重要地位。

Chaper 13 DNA BIOSYNTHESIS（REPLICATION）

Nucleic acid is the material base of heredity and variation. Nucleic acid is not only the carrier and storage but also transmitter of genetic information. Nucleic acid metabolism, especially nucleic acid synthesis is very important in biochemistry and molecular biology.

1. Nucleic acid can be degraded into nucleotide by many enzymes. Nucleotide can be degraded into pentose, phosphoric acid and base.

In mankind and some other animals, purine can be decomposed into uric acid, pyrimidine can be decomposed into β—alanine and β—aminoisobutyric acid. AMP and GMP are compounded by PRPP, Asp, Gly, Gln, CO_2 and one carbon group. The important intermediate is IMP. The Key enzyme of controling purine nucleotide synthesis are PRPP amidetransferase, AMPS synthetase and inosinic acid dehydrogenase.

The first step of pyrimidine nucleotide synthesis is circle synthesis, then PRPP is inserted into the circle. The intermediate is orotidine monophosphate. Finally UMP is compounded. The Key enzyme controling this process is carbamyl phosphate syntetase Ⅱ in mammals and aspartate carbamyl transferase in bacterium.

2. DNA biosynthesis (replication) is a very complicated process. There are many enzymes and protein factors taking part in the process. The important enzymes of them are DNA polymerase, DNA ligase, helicase and topoisomerase, etc. Template of DNA synthesis is DNA chain and primer is RNA and substrate is dNTP. DNA synthesis ocuvrs in a $5'\rightarrow3'$ direction and compounds a complementary strand with template. The way of DNA synthesis is semiconservativl and semidiscontious. Most of DNA synthesis is fixed site, bi-direction and samerate DNA synthesis of eucaryote and prokaryote has their own characteristies.

The sequence of bases of new compounding strand is strictly complementary to the sequence of bases of template. If misincorporation happens, it would damage of DNA. There are a few of ways to suppress and repairing. If not repairing are mutation.

There is another DNA synthesis named reverse transcription. It's template is RNA. It is very important in the propagation of RNA virus (include some oncogenic virus).

习 题

1. 用对或不对回答下列问题。如果不对，请说明原因。

(1) CO_2、Asp和Gln是合成嘌呤和嘧啶的共同原料。

(2) DNA的复制是从固定点开始，并以固定点结束。

(3) DNA连接酶对于双链DNA和单链DNA所产生的切口（相邻核苷酸）均能

连接。

(4) 在 DNA 合成的底物中，如果用 UTP 代替 dTTP，DNA 照常可继续合成。

(5) 所有 RNA 病毒均不受放线菌素 D 的抑制，

2. 在组织培养条件下，哺乳动物细胞双股 DNA 长 1.2 米/细胞，细胞的 S 期长 5h。若这些细胞 DNA 链的延伸速率与大肠杆菌相同，约 16 μm/min，问当染色体复制时，将会有多少个复制子在进行合成?

3. John Cairns 在用放射自显影术对大肠杆菌的 DNA 复制进行研究时，他在原来的染色体复制模型中提出闭环双链结构只有一个复制叉，并且靠近复制起始处只有一个转环，在这里螺旋可以解开。按照这个模型，假定染色体复制一轮需要 38 min，那么在转环点上 DNA 螺旋的旋转速度是多少?（大肠杆菌染色体长度为 1300 μm）

4. 在 Meselson—Stahl 的实验中，在一次增殖之后，子代 DNA 作为单一的带出现在 ^{15}N—DNA 和 ^{14}N—DNA 的中间。如果复制不是半保留的而是全保留（即亲代 DNA 进入一个子细胞，新合成的 DNA 进入另一个子细胞）的方式进行，这种子代 DNA 应出现在什么部位?

5. 按平均计，大肠杆菌约 40 min 完成一次复制。已知大肠杆菌 DNA 的长度约 1.4 mm,复制方式是定点、双向、等速进行。

(1) 计算大肠杆菌复制时，每个复制叉解链的速度有多大（轮/分钟)?

(2) 实验表明，在某些条件下，大肠杆菌每 20 min 即可完成一次世代。此时复制叉以多大速度向前移动? 解释你的回答。

(3) 如果染色体保持完整，那么整个 DNA 分子的复制叉头部也必须以这个速度旋转，即会引入正超螺旋。为了保持正常的复制速度，这个问题如何解决?

第十四章　RNA 的生物合成（转录）

RNA 的生物合成包括以 DNA 作为模板合成 RNA（称为转录），以及 RNA 为模板合成 RNA（称为复制）两个方面。它们是由不同的酶所催化的合成过程。两者相比，前者更为重要，我们重点讨论前者。

第一节　有关 RNA 合成的酶及转录方式

一、RNA 聚合酶（RNA polymerase）

RNA 聚合酶是以 DNA 为模板，以 4 种核苷三磷酸为底物，并在二价阳离子参与下催化 RNA 合成的酶。这种酶由于以 DNA 为模板，故又称为依赖于 DNA 的 RNA 聚合酶（DDRP）。因为这个过程是遗传信息由一种核酸（DNA）传向另一个种核酸（RNA），其意思就是把 DNA 的碱基序列转抄成 RNA，所以称为转录（transcription），故此酶又称为转录酶（transcriptase）。它以 DNA 作模板，4 种核苷三磷酸（NTP）为底物。按 $5'\rightarrow3'$ 的方向合成一条与模板互补的 RNA 链，RNA 链的合成勿需引物。

1. 细菌 RNA 聚合酶

在细菌的 RNA 聚合酶中，大肠杆菌的 RNA 聚合酶研究得最多。大肠杆菌 RNA 聚合酶由 5 个亚基构成：两条 α 链，一条 β 链，一条 β′链和一条 σ 因子。在某些酶制剂中还存在 ω 链。它们的相对分子质量分别为：全酶 480000，α 37000，β 151000，β′ 156000，σ 70000 和 ω 9000。其中 α、β 和 β′亚基的相对分子质量比较恒定，但 σ 因子的相对分子质量变化较大。现已发现原核生物有多种 σ 亚基，一般以它们的相对分子质量来命名。如 M_r 为 70000，命名为 σ^{70}。有一种 σ^{32}，称为热休克（heat shock）转录起始因子，可启动一套应付环境变化的基因，称为热休克基因（heat shock gene）。大肠杆菌培养温度由 37℃升高到 42℃时，它可合成平常没有的 17 种蛋白，称为热休克蛋白（Hsp），可应达热刺激。

以上各亚基结合在一起时称为全酶（holoenzyme），用 $\alpha_2\beta\beta'\sigma$ 表示。缺 σ 因子的酶称为核心酶（core enzyme），用 $\alpha_2\beta\beta'$ 表示。在某些酶分子中，由核心酶和 σ 因子结合成全酶时还可结合一个 ω 链。ω 亚基的功能长期以来一直是个谜，认为它对聚合酶的功能似乎不是必需的。然而，现已知道，ω 亚基为体外变性的 RNA 聚合酶成功复性所必需，这可能和它同时与 β′亚基的 N 端和 C 端结合有关。而且，在某些细菌如水生嗜热杆菌（*Thermus aquatzcus*）RNA 聚合酶不可缺少的一部分。核心酶具有催化活性，σ 因子本身没有催化活性，它也不能单独与 DNA 结合，它的作用是识别 DNA 模板上 RNA 合成的起始信号，在 RNA 合成中起发动作用。开始合成一条 RNA 链时，必须要有 σ 因子存在，一旦合成开始以后，σ 因子便释放出来，因为在链的延伸中并不需要 σ 因子。没有 σ 因子的核心酶也能催化RNA的合成，但合成的产物是不均一的，即起始点不固定。核心酶（碱性蛋白）与模板DNA（酸性分子）的结合，主要是静电结合，为非特异性结合，对DNA特殊序列没有识别作用。酶中其他几个亚基在RNA合成中的功能，通过单个亚基或亚基集合体的功能特征、亚基特异探针和混合重组的研究表明，β′亚基参与酶和底物的结合，以及参与σ因子和核心酶的结合。此外，β′亚基还结合有两个酶必需的Zn原子。某些抗生素（利福霉素）与细菌RNA聚合酶的结合主要是与其中的β亚基结合，从而影响RNA的合成；β亚基也与σ因于同核心酶的结合相关，并参与DNA合成的引发、延伸，促进第一个磷酸二酯键的形成；α亚基则负责酶的组装、对起点的识别和结合。

细菌的RNA聚合酶具有复杂的亚基结构，除了催化RNA合成外，可能在转录的调节中也具有一定作用。一些噬菌体（如T_3和T_7）RNA聚合酶仅由一条肽链构成（相对分子质量11000），有一种细菌（*Holobacterium catirubrum*）RNA聚合酶只由α、β两个亚基组成。

2. 真核细胞RNA聚合酶

原核生物的RNA聚合酶只有一种类型，各种RNA的合成均由它催化，真核生物则有多种形式的RNA聚合酶。对不同形式的RNA聚合酶，其结构、功能、在细胞内的分布、模板的特异性、层析行为、二价阳离子的活化作用等不尽相同。一般根据对特异性抑制剂鹅膏蕈碱的敏感性和亚基的组成来命名及区分。最初对真核RNA聚合酶的命名是基于它在DEAE—Sephadex柱上洗脱的次序分别称为酶Ⅰ、Ⅱ和Ⅲ，后来Chambon基于对鹅膏蕈碱（amanitin）的敏感程度而引入了酶A、B、C的称法。几种RNA聚合酶的功能及在细胞内的分布不同（见表14—1）。

表14—1 真核生物RNA聚合酶的分类及命名

酶类型	别　名	细胞定位	合成RNA的类型	α—鹅膏蕈碱抑制程度
Ⅰ（A酶）	rRNA聚合酶	核仁	rRNA	$>10^{-3}$mol/L 抑制（不敏感）
Ⅱ（B酶）	不均一RNA聚合酶	核质	HnRNA 多数核内小RNA	$(10^{-9}\sim10^{-10})$ mol/L 抑制（高度敏感）
Ⅲ（C酶）	小分子RNA聚合酶	核质	5SrRNA，tRNA 部分snRNA和scRNA	$(10^{-5}\sim10^{-4})$ mol/L 抑制（中度敏感）

真核生物RNA聚合酶的亚基组成相当复杂，亚基种类有4～6种，数目在4～10个不等。几种类型的RNA聚合酶相对分子质量相差不大，都在500000左右，都含有Zn^{2+}。每种RNA聚合酶都有两个大亚基（Mr大于100000）作为催化亚基，相当于大肠杆菌的β和β′亚基。还有一种小亚基（Mr 50000左右），相当于大肠杆菌的α亚基。但是三种聚合酶小亚基的数目不同，分别为10、7和11个。RNA聚合酶Ⅱ的C末端具有由含羟基氨基酸为主体的重复序列，称为羧基端结构域（carboxyl terminal domain，CTD），它由7个共同的氨基酸（Tyr·Ser·Pro·Thr·Ser·Pro·Ser）重复序列组成。这些丝氨酸和苏氨酸在蛋白激酶作用下容易被磷酸化，这与转录从起始过渡到链延长有重要作用。

在催化RNA合成中，真核RNA聚合酶和原核RNA聚合酶一样也需要DNA模板、4种核苷三磷酸和二价阳离子（Mg^{2+}或Mn^{2+}），不需要引物。但真核RNA聚合酶没有与原核σ相当的亚基，它是靠另外的机制来识别和发动起始的（见后）。

此外，线粒体和叶绿体有独立的 RNA 聚合酶，其结构比核 RNA 聚合酶简单，能催化所有类型 RNA 的合成。

二、RNA 复制酶（RNA replicase）

在某些不含 DNA 而只含 RNA 的病毒（如 TMV）和噬菌体（如 MS_2）中，它们的 RNA 既是遗传信息载体又是信使，在感染宿主时本身要复制。这种 RNA 的合成由 RNA 复制酶催化。这种酶催化 RNA 合成时需要 RNA 为模板，4 种核苷三磷酸为底物，故此酶又称为依赖于 RNA 的 RNA 聚合酶（RDRP）。

RNA 病毒可根据其 RNA 基因组是否直接为蛋白编码（coding）而区分为正链 RNA 病毒和负链 RNA 病毒。例如脊髓灰质炎病毒（poiiovirus）和噬菌体 Qβ、f_2、MS_2 以及大多数植物病毒都是正链病毒，它们的 RNA 本身就可作为 mRNA，成为蛋白质合成的模板。在感染过程中先由正链 RNA 合成负链 RNA，再由负链 RNA 合成更多的正链 RNA；而狂犬病病毒（rabies virus）则属于负链病毒，先由负链 RNA 合成正链 RNA，这种正链 RNA 才是合成蛋白质的模板，也是在繁殖时合成子代基因组负链 RNA 的模板。无论正链 RNA 病毒或负链 RNA 病毒其 RNA 合成均由 RNA 复制酶催化。

感染大肠杆菌的噬菌体 Qβ 是一种含正链 RNA 的噬菌体，其 RNA 含有约 4500 个核苷酸，为 3～4 个蛋白质编码，其基因顺序为 5′－成熟蛋白基因－外壳蛋白（或 A_1 蛋白）基因－复制酶 β 亚基基因－3′。因为外壳蛋白的氨基酸顺序与 A_1 蛋白 N 端的一段完全一样，这可能是一个重复基因，从同一个起点开始，到达第一个终点时产生外壳蛋白，若越过此终点到达第二个终点时就产生 A_1 蛋白。

Qβ 的复制酶有 4 个亚基，QβRNA 只编码其中的 β 亚基，其余 3 个亚基（α、γ、δ）来自宿主细胞。其中 α 亚基就是核糖体小亚基蛋白质 S_1，γ 和 δ 亚基是宿主细胞蛋白质合成中的肽链延伸因子 EF－Tu 和 EF－Ts（见第十五章）。各亚基的基本功能为：α 亚基与 QβRNA 结合；β 亚基为真正的 RNA 复制酶，催化链的延长；γ 亚基识别模板并与底物结合；δ 亚基稳定 α 和 γ 亚基的结构。

噬菌体 QβRNA 的复制方式：当 QβRNA 侵入大肠杆菌后，以它作为模板，借助大肠杆菌的蛋白质合成系统合成 Qβ 复制酶的 β 亚基，然后与宿主的几个相应蛋白组装成复制酶。酶与 QβRNA（＋）的 3′端结合，以此正链为模板合成出负链 RNA，而后负链从模板释放，酶再与负链 RNA 的 3′端结合，以负链为模板合成正链。

RNA 复制酶的特异性高，噬菌体 Qβ 的复制酶只能以 QβRNA 为模板，其他噬菌体 RNA 和宿主的 RNA 都不能作模板。

依赖于 RNA 的 RNA 聚合酶不仅发现于被噬菌体感染的细菌，也发现于被 RNA 病毒感染的高等动物和植物。由于哺乳动物网织细胞（reticulocyte）血红蛋白 mRNA 也能以这种方式复制，因此，这种细胞也有 RNA 复制酶的活性。

三、多核苷酸磷酸化酶（polynucleotide phosphorylase）

多核苷酸磷酸化酶广泛地存在于微生物中，它催化以核苷二磷酸为底物合成多核苷酸的反应：

$$n\,(\mathrm{NDP}) \underset{\mathrm{Mg^{2+}}}{\overset{\text{酶}}{\rightleftharpoons}} (\mathrm{NMP})_n + n\mathrm{Pi}$$

这个酶在生物体内的作用可能主要是催化RNA分解为核苷二磷酸（在生物体内，核苷二磷酸可以作为合成脱氧核苷酸的前体），而不是起合成RNA的作用。在实验室内，这个酶被用来人工合成多核苷酸。这个酶的专一性不强，由不同的核苷二磷酸作底物，可以合成不同的多核苷酸聚合物。如用ADP作底物，可合成多聚A（polyA）；用CDP作底物，可合成多聚C；若用等摩尔的ADP和UDP的混合物作底物，则可合成多聚AMP—UMP等。所生成的多聚核苷酸也是由3′，5′－磷酸二酯键连接。

在人工合成多核苷酸时，若用该酶的粗制品，不需要引物就可以发生反应；若用高纯度的酶制剂，则反应进行得很慢。如果加入少量的多核苷酸或寡核苷酸（如pApA或pApApA等）作为引物，可以使反应在一开始就较快地进行。因此，该酶在催化RNA合成反应时，对所需引物的基本要求是：引物必须至少含两个核苷酸，3′－末端必须不带磷酸，即3′－端的羟基必须是游离的。

四、转录的方式

DNA分子是双链，RNA分子为单链，在转录中以DNA作为模板，究竟以DNA哪条链作为模板，或是两条都作为模板？遗传信息贮存在DNA分子上，是贮存在一条链上还是两条链上？这些问题都涉及到转录的方式。

1. 不对称转录

在体内基因的转录基本上都是以DNA的一条链作为模板，另一条链并不作模板，这种转录方式称为**不对称转录**（asymmetric transcription）。作为模板的链叫做**模板链**或**有义链**（sense strand）或转录链，或用符号“－”表示（负链）。这条链的碱基顺序并不直接决定蛋白质氨基酸的顺序，因而称为**非编码链**（noncoding strand）或非信息链或Watson链。不作转录模板的那条链称为**非转录链**或**反义链**（antisence strand）或非模板链，或用符号“＋”表示（正链）。遗传信息实际上是贮存在这条链上的，因而又称为**编码链**（coding strand）或信息链或Crick链。因为mRNA与转录链的碱基互补，而非转录链又与转录链碱基互补，所以实际上编码链（非转录链）的碱基顺序与mRNA是完全一样的，只是T代替了U。

值得注意的是，对有义链和反义链的定名有时有混淆。有的书籍将编码链称为有义链，而将转录模板链称为反义链。这是从贮存遗传信息而言，而非从转录而言的。为避免繁琐，文献上的DNA序列，一般只写编码链。对于单链病毒（无论DNA病毒或RNA病毒）其基因组都是编码链（即“＋”链）。

无论原核生物还是真核生物，转录都从模板特定位点开始，到另一特定位点结束。从转录起始点到终止点的整个区域称为转录单位。一个转录单位可以是一个基因（在转录中又称作顺反子），也可以是若干基因。前者称为单顺反子转录，后者称为多顺反子转录。真核生物为单顺反子转录，原核生物常出现多顺子转录。

不对称转录是针对一个转录单位而言的。在一个转录单位中DNA的一条链为模板链，但在另一个转录单位中也可能以另一条DNA链作为模板。

此外，转录只发生在DNA分子上某些特定区域，也称为不对称转录。

2. 对称转录

在转录中若以DNA两条链同时作为模板，合成两条互补的RNA，这种转录称为**对称**

转录（symmetic trnscription）。在离体培养下常常出现对称转录。在原核生物及真核 DNA 中的一些重复序列，可进行这种转录。某些与调节基因活性有关的小分子核 RNA 可通过对称转录产生。

第二节　RNA 的合成过程（转录机制）

在绝大多数生物体内，RNA 的合成都是以 DNA 作为模板，即 DNA 分子储存的遗传信息通过合成 RNA 而传给 RNA，这个过程称为转录（transcription）。RNA 的合成可分为以下几个步骤：

一、RNA 合成的起始

RNA 聚合酶（DDRP）首先与 DNA 模板上的特异起始部位结合，DNA 上这个与转录起始有关的部位称为启动子（promoter）。在原核生物和真核生物中，启动子的结构和特点有较大差异。原核生物是 RNA 聚合酶首先与启动子结合再开始转录，真核生物不是 RNA 聚合酶识别启动子，而是称为转录因子的蛋白质识别启动子。

1. 原核生物转录的起始

通常应用足迹法（footprint）研究启动子的结构。即用 RNA 聚合酶与双链 DNA 结合，而后用脱氧核糖核酸酶水解，就可以得到被酶保护的片段，除去酶蛋白后测定这个片段的碱基顺序，即可了解启动子的结构。应用这个方法 David Pribnow（1975）测定了几种不同来源 DNA 的启动子，发现在启动子中存在一个具有 7 个碱基的同源区，即 TATAATG，富含 A—T 对。这个区域能与 RNA 聚合酶牢固地结合，后来将这个区域称之为Pribnow 框（box），其中心位于转录起始点前大约 10 个 bp 位置，记为－10（通常以转录起点为标准，记为+1，起点后转录 RNA 相应的 DNA 顺序称为下游，用“+”表示；相反，起点前左侧称为上游，碱基数目从起点前第一个碱基算起，记为－1，上游用“－”表示，没有 0）。此外，在对噬菌体 λ 和病毒 SV_{40}的研究表明，在上游 35 个 bp 以外还存在一个 RNA 聚合酶结合区，也有一个同源序列 TTGACA，这是 RNA 聚合酶全酶识别并首先结合的部位。由此看来，启动子结构至少包括三个部位：第一个称为开始识别部位，这是 RNA 聚合酶的识别信号，位置在－35 区；第二个部位称为牢固结合部位，这是酶的紧密结合位点，位于－10 区；第三个为转录的起始点，它总是一个嘌呤，不是 G 便 A，G 更为常见。

在转录起始时，RNA 聚合酶首先与－35 区结合（比较疏松），这主要靠 σ 因子识别，没有 σ 的核心酶不能准确地结合于此位点。酶的结合 DNA 并未解链，这种酶－双螺旋 DNA 复合物称为封闭复合物（closed complex）。然后酶迅速滑向－10 区，并牢固地同 DNA 结合，同时 RNA 聚合酶使 DNA 解链（此区因富含 AT 对，比较容易解开双螺旋），这时酶同启动子结合形成开放复合物（open complex）。此时 DNA 的两条链局部解开（约 17 bp），形成的解链区称为转录泡（transcription bubble）。转录泡形成后即可从起始点上开始转录（图 14－1）。

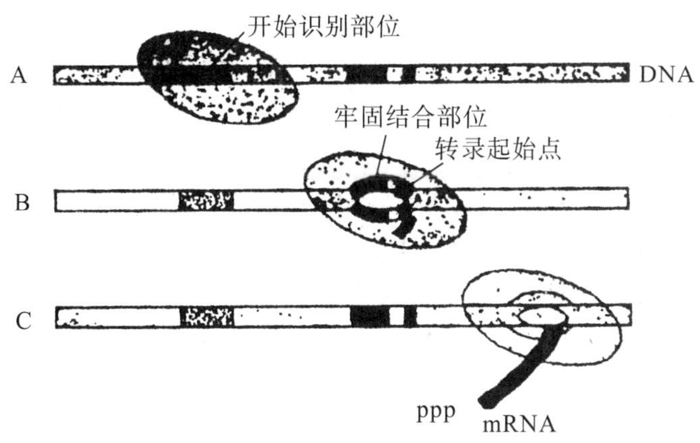

图 14-1　转录起始和延伸示意图

RNA 聚合酶覆盖 DNA 上 50 bp～60 bp，有 12 bp～17 bp 发生解链。不同基因的转录由不同 σ 因子启动，因此 σ 因子成为各个基因活化的一个调节因素。不同 σ 因子的启动效率和速度不一样，有的是 10 分钟或十多分钟启动一次，有的仅 1～2 秒即启动一次。而且各种启动子的使用频率也不一样，其中 σ^{70} 使用频率最高。但即使同一个 σ^{70} 对不同启动子其起始的快慢也不一致，因为启动子有强弱之分。启动子的强弱在很大程度上取决于整个启动子的序列以及同 RNA 聚合酶间的亲和力。

2. 真核生物转录的起始

真核生物转录的起始比原核生物复杂得多，它不是 RNA 聚合酶直接识别启动子，而是靠一些特异蛋白（称为转录因子）来识别。在 DNA 分子上与转录起始有关、对转录起调节控制作用的一些保守序列称为顺式作用元件（cis-acting element），因为这些序列与被转录的基因处于同一染色体上，故称"顺式"。顺式作用元件实为 DNA 分子上可影响（或调控）转录的各种特有序列。此外，在真核生物转录中有多种特异蛋白因子参与，其中能直接或间接辩认和结合 DNA 特异区段或与 RNA 聚合酶结合的蛋白质，称为反式作用因子（trans-acting factor）。这些蛋白因子本身的基因通常位于另外的染色体上。包括 3 种类型：直接与基本启动子（见下）结合的，称为通用转录因子（general transcription factor，GTF）或基本转录因子（basal transcription factor）；识别并作用于上游顺式作用元件的，称为上游因子（upstream factor）；能结合应答元件（见下），只在某些特殊生理情况下才被诱导产生的，称为可诱导因子（inducible factor）。这几种类型的特异蛋白可统称为转录因子。

真核生物有 3 种 RNA 聚合酶，分别作用于 3 种不同类型的启动子，而且有不同的顺式作用元件和反式作用因子，以各具特色的方式转录不同的 RNA。

(1) RNA 聚合酶Ⅰ（Ⅰ类）启动子起始的转录

Ⅰ类启动子主要控制除 5S rRNA 基因以外的 rRNA 前体的转录起始。这类启动子由两个部分组成：①核心启动子或称核心元件（core element）位于起始点附近，从-45 至+20，因而又称为近启动子（near promoter）。它的功能是决定转录起始的精确位置。②上游控制元件（upstream control，element，UCE），位于-180 至-107。因它距起始点较远，故又称为远启动子（far promoter），其功能是影响转率的频率。如果此区域结合了特异转录因子，可使核心启动子的转录频率提高 10～100 倍。因为聚合酶Ⅰ具有种属特异性，各种生物都有特定的转录因子与 RNA 聚合酶Ⅰ结合，从而影响转录起始的频率。这两个控制区域都有富含 GC 的区域，这是转录因子结合的部位。

RNA 聚合酶Ⅰ催化的转录需要两种转录因子：上游结合因子（UBF）和选择因子（SL_1）。上游结合因子（upstream binding factr，UBF）是一类可结合于上述两个控制区的 GC 序列处。一分子 UBF 与一个控制区的 GC 结合，当两个部分的富含 GC 区都结合 UBF 后，通过蛋白质-蛋白质相互作用，使得两个相距甚远位点的 DNA 链绕成一个环，这样就将 UCE 贴近于核心启动子，便能大幅度地提高核心启动子的转录效率。

RNA 聚合酶Ⅰ转录所需另一个转录因子为选择因子（selectivity factor 1 SL_1），它是个四聚体蛋白，其中一个为另两种 RNA 聚合酶（即Ⅱ酶和Ⅲ酶）起始转录也需要的 TBP（TATA binding protein），另 3 个为不同的转录辅助因子 TAF（TATA associate factor）。SL_1 的作用类似于细菌的 σ 因子，它通过与 UBF 协同作用来扩展 RNA 聚合酶Ⅰ在 DNA 上的覆盖面，促进酶对核心启动子的识别，准确从起始点开始转录。

（2）RNA 聚合酶Ⅱ（Ⅱ类）启动子起始的转录

RNA 聚合酶Ⅱ是催化决定各种蛋白质结构的 mRNA 合成的，因此这类启动子和相关转录因子都十分复杂。转录的起始也比其他两类 RNA 的合成更精致、更复杂。

①Ⅱ类启动子的结构。这类启动子包括 4 种控制元件：基本启动子、起始子、上游元件和应答元件。

基本启动子（basal promoter）位于转录起点上游的－25～－30 范围，其中心为含有 7 bp 的保守序列：5′－TATAAA（A 或 T）－3′，称为 TATA 框（TATA box）或 Goldberg-Hogness 框，相当于大肠杆菌的 Pribnow 框。这个控制元件的功能是：使 RNA 聚合酶Ⅱ精确定位，并决定转录的起始点位置。

起始子（initiator）与下游元件（downstreamd ement）：含有转录起点（A）的一个保守序列称为起始子：PyPyAN（T 或 A）PyPy（Py 为嘧啶碱）。起始子常与 TATA 框一起构成核心启动子。此外还有许多附加序列作为影响 RNA 聚合酶Ⅱ活性的转录因子的结合位点，这些附加序列或围绕 TATA 框，或位于起始子下游，称为下游元件。

上游元件（upstream element）是位于起点上游 100 bp～200 bp 或更远范围的一些特殊序列，包括 CAAT 框（共有序列为 GCCAATCT）、GC 框或 SP1 框（共有序列为 GGGCGG 和 CCGCCC）、八聚体框（共有序列为 ATGCAAAT）和增强子（enhancer）等。上述基本启动子和起始子对于 RNA 聚合酶Ⅱ的转录是必要的，但是不够的，它们单独转录其效率很低。因此，必须要有多种上游元件的配合，才能达到正常的转录水平。各个上游元件的基本功能不一样，例如，位于－75 的 CAAT 框与 RNA 聚合酶Ⅱ的结合有关，GC 框影响转录的起始频率。

应答元件（response element）是对外界刺激产生快速反应的一些特征序列，包括与核受体、激素受体、维生素受体、药物受体、某些转录激活因子等相结合的 DNA 特征序列。例如，热休克效应元件（HSE）的共有序列是 GNNGAANNTCCNNG，可被热休克因子（HSF）识别和作用，转录产生热休克蛋白（HSP）；γ－干扰素效应元件（IGRE）的共有序列 TTNCNNNAA 可被信号转导及转录活化蛋白（STAT）识别和作用，促进产生 γ－干扰素等。

上述各种控制元件并不是一成不变的，它们之间的不同组合，再加上其他序列的变化，就可构成数量十分庞大的各种启动子。它们受相应转录因子的识别和作用。上述 4 类控制元件中前 3 类基本上在各种细胞中均可表达，称为组成型的，而第 4 类应答元件受时间、空间和环境条件的影响，称为诱导型的。

②参与转录起始的因子。迄今已发现至少有 20 种以上的蛋白因子参与聚合酶Ⅱ转录的起始。可以大致上将它们分为 3 类：通用因子、上游因子和可诱导因子。

通用（转录）因子（general factor）或称基本因子（basal factor），是结合在基本启动子 TATA 序列附近的蛋白因子，在转录起始点附近与 RNA 聚合酶Ⅱ形成复合物，并识别起始位点。一般用 TFⅡX 来表示，其中 X 按发现先后次序用英文字母定名。如 TFⅡA、TFⅡB、TFⅡD、TFⅡE、TFⅡ F、TFⅡH 等，各种因子具有不同功能。例如 TFⅡD 是目前已知真核生物中惟一能同 TATA 框结合的蛋白质（是一种寡聚蛋白），它首先与 TATA 框结合；TFⅡE 具有 ATP 酶活力；TFⅡF 具有解旋酶活性等。

上游因子（upsteam factor）或称转录辅助因子（transcription ancillary factor），是识别上游元件的转录因子，这些蛋白因子有的存在于所有细胞，有的只存在于一定细胞或某一发育时期。通常一个上游元件可以被几个上游因子识别和结合。例如，识别 CAAT 框的因子有 CTF（CAAT binding transcription factor）家族的成员 CP1、CP2 和 NF－1（nuclear factor－1）；识别 GC 框的因子是 SP1（serand protein）；上游因子 C/EBP（CAAT/enhancer binding protein）既可与 CAAT 框结合，也可与增强子结合。这些与增强子结合的因子通常都是激活剂蛋白。除上述 C/EBP 外，HNF－1（a heparocyte-specific homeobox protein，肝细胞特异的同源异型框蛋白）、HNF－3（a hepatocyte specific homeobox protein winged-helix protein，肝细胞特异的有翼螺旋蛋白）等都属于这类激活剂蛋白，其作用是提高基本启动子的基础转录水平。

可诱导因子（inducible factor）是与应答元件结合的转录因子，它们的功能类似于上游因子，即调节转录效率。但上游因子的活性不被调节，而可诱导因子的活性可通过磷酸化/脱磷酸化的共价修饰调节。可诱导因子主要负责时间、空间和环境条件改变的转录调节。

③反式作用因子相互作用的多样性。尽管现已发现有数以百计的转录因子，但是何以满足上万基因表达的调控？按人类基因组计划（human genome proiect，HGP）的研究，人类基因大约有 3.5 万个，其中包括所有蛋白质及 RNA 的基因，还有许多调节控制的基因。如果一个基因的转录需要 3～5 个转录因子，那么 3.5 万个基因够用吗？何况转录因子也是蛋白质，也需要基因为它们编码，也需要转录因子。现在有一种拼板理论（piecing theory）认为：各种转录因子可以有选择性地相互搭配、组合，再与不同的顺式作用元件结合，从而调节不同的基因转录。转录因子的这种针对不同基因的相互辩认、搭配，就像儿童玩具七巧板那样，搭配得当就能拼出多种不同的图形。除转录因子外，DNA 上的顺式作用元件也有类似的作用规律。二者相互辩认和结合的多样性也就决定了对各种各样基因转录调节的多样性。

④转录起始复合物。原核生物 RNA 聚合酶依靠 σ 因子辨认并结合启动子而起始转录。真核生物 RNA 聚合酶不与 DNA 直接结合，对启动子的识别并直接结合的是若干转录因子。首先是 TFⅡD 的作用。TFⅡD 由两种亚基构成，一个 TBP 亚基（TATA binding protein），它首先与 TATA 框结合，然后是 TFⅡD 的另一种亚基 TAF（TATA associate factor）与之结合。TFⅡD 的 TAF 亚基有多种，在不同基因或不同状态转录时，与 TBP 作不同搭配。TAF 同启动子结合时，还需另两种转录因子的促进：TFⅡA 结合于 TAF 覆盖 DNA 的 5′端，TFⅡB 结合于 TAF 覆盖 DNA 的 3′端（图 14－2）。

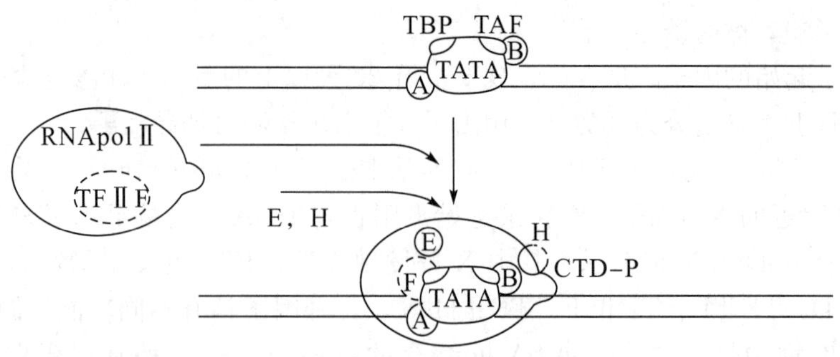

图 14-2 转录起始复合物的形成

TFⅡB 松弛地结合于 TATA 框下游处并与 TAF 结合后，朝 3′方向伸展，如此给 RNA 聚合酶Ⅱ的识别模板提供一个表面，对模板链起保护作用。促进已与 TFⅡF 结合的聚合酶Ⅱ进入启动子的核心区 TATA。TFⅡF 由两个亚基组成，大亚基具有解旋酶活性，小亚基相似于原核生物的 α 因子。聚合酶Ⅱ进入 TATA 区后，借具 ATPαse 活性的 TFⅡE 的作用，使 ATP 分解提供的能量，TFⅡF 的大亚基即解开此部分 DNA 的双链。最后 TFⅡH 进入，调整各转录因子的位置，从而装配成转录起始复合物（transcription initiation comlex）。此时 RNA 聚合酶Ⅱ即可催化第一个磷酸二酯键的生成，转录即开始。TFⅡH 有几种酶活性，包括 ATPase、解旋酶和蛋白激酶活性，此时它的后一种活性催化聚合酶Ⅱ的 CTD（羧基末端结构域）磷酸化，促使酶的构象改变，便于离开启动子向下游移动。一旦聚合酶Ⅱ的 CTD 被磷酸化，TFⅡD、TFⅡB、TFⅡA 等逐步从起始复合物解离下来，只有 TFⅡF 等少数因子保留，然后形成延伸复合物，使链延伸。

（3）RNA 聚合酶Ⅲ（Ⅲ类）启动子起始的转录

RNA 聚合酶Ⅲ负责 5S rRNA、tRNA、胞质小 RNA（scRNA）和少数核小 RNA（snRNA）基因的转录。这些 RNA 合成的启动子与前两类启动子不同，5SrRNA 基因和 tRNA 基因的启动子位于转录起始点的下游，称为下游启动子（downstream promoter）或内部启动子（internal promoter），因为它们位于基因内部（但 snRNA 基因的启动子位于起点的上游）。5S rRNA 基因的启动子有 3 个顺式元件：A 框（位于+50 至+65 位碱基处）、中间元件和 C 框（位于+81 至+99 位碱基处）；tRNA 基因和腺病毒 VA RNA 基因的启动子有两个顺式元件：A 框和 B 框；snRNA 基因启动子有 3 个上游元件：TATA 框、PSE（proximal sequence element，邻近序列元件）和 OCT（octamer motif，表示八聚体基序）（图 14-3）。

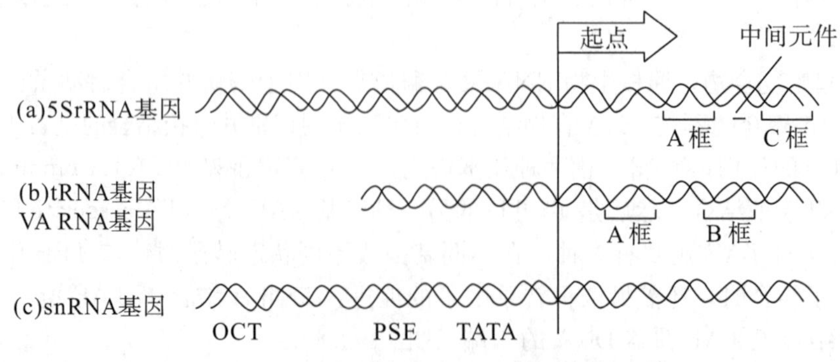

图 14-3 三种类型的真核 RNA 聚合酶Ⅲ启动子

RNA聚合酶Ⅲ的启动子有3种类型，它们分别由不同的转录因子识别和结合各顺式元件。

（1）类型Ⅰ启动子起始的转录。

与5S rRNA基因启动子各元件结合的转录因子有3种：TFⅢA、TFⅢB和TFⅢC。TFⅢA是一种锌指蛋白（见第十六章）、TFⅢB由一个TBP和两个TAF组成，TFⅢC含有5个以上亚基，相对分子质量较大（约500000）。TFⅢA和TFⅢC为“装配因子”（assembly factor），其作用是协助TFⅢB结合在启动子的正确位置上。TFⅢA首先与A框结合，然后促使TFⅢC与C框结合，二者再促进TFⅢB在转录起点结合，并引导RNA聚合酶Ⅲ的结合。所以TFⅢB是使RNA聚合酶Ⅲ正确定位的“定位因子”（positioning factor）。几个转录因子及聚合酶Ⅲ结合后即形成起始复合物，开始转录。

（2）类型Ⅱ启动子起始的转录。

tRNA基因和腺病毒VA RNA基因的启动子含有A框和B框，这两个序列又是编码tRNA的D环和TΨC环的区段。由TFⅢC识别B框，其结合区域包括A框和B框，然后引导TFⅢB和RNA聚合酶Ⅲ结合。TFⅢB含有3个亚基：TBP、BRF（TFⅢB相关因子）和β′亚基。

（3）类型Ⅲ启动子起始的转录。

snRNA基因启动子的3个上游元件中，TATA框起转录起始作用，其余两个元件的作用是提高转录效率。相应转录因子与它们结合后，可提高转录效率8～20倍。

有些snRNA基因由RNA聚合酶Ⅱ转录，其余snRNA基因由RNA聚合酶Ⅲ转录，究竟由哪个酶转录，主要由转录因子和TATA框的序列决定。TATA框由TBP识别，TBP又与另几个蛋白质结合，这些因子的不同搭配决定了是由聚合酶Ⅱ转录还是聚合酶Ⅲ转录。

二、RNA链的延伸

由聚合酶催化的RNA合成一当启动，RNA链即可按模板DNA链相对应的碱基顺序增长。这个反应以NTP为底物，在RNA链的3′-OH末端逐渐接上一磷酸核苷，并释放出焦磷酸。转录起始后直到形成9个核苷酸的短链是通过启动子阶段，RNA聚合酶一旦成功地合成9个以上的核苷酸时，σ因子释放，酶的构象发生改变，与模板DNA的结合变得不那么紧密，便于沿模板滑动，使模板DNA不断解旋，而原来部位重新形成完整的双螺旋。随着新生RNA链的延伸，转录泡前沿的解旋DNA产生正超螺旋，转录泡后面的DNA产生负起螺旋（图14-4）。为了防止σ因子与延伸中的聚合酶结合，此时一种新的蛋白质-Nus A代替它与核心酶结合。

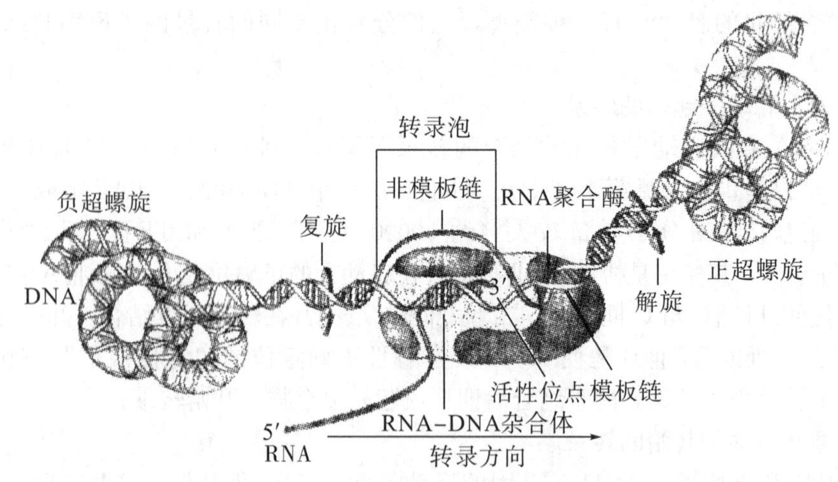

图 14-4 RNA 合成链延伸示意图

随着酶的滑动和酶对模板碱基的识别，相应的碱基就不断地掺入。RNA 链合成的方向是 5′→3′，这可用 3′-脱氧腺苷-5′-三磷酸掺入 RNA 合成即终止而得到证实。大肠杆菌 RNA 聚合酶催化 RNA 的合成，链延伸速度为每秒 30～50 个核苷酸。但是，延伸速度并不是恒定不变的，有时聚合酶移动的速度趋于迟缓，甚至暂停。如果发生这种情况，重新启动 RNA 合成需要内源性核酸酶-GreA 和 GreB 来解除暂停状态：先是 RNA 聚合酶倒退，然后 GreA 和 GreB 切除 3′端几个核苷酸，以便让 RNA 的 3′-OH 能重新回到活性中心。总之，暂停并不一定就是 RNA 合成的一种障碍，可能就是一种正常行为。因为它作为一种转录的策略或机制，既可以使原核生物的转录与翻译偶联，也可以减慢聚合酶移动的速度，以方便调节蛋白起作用。而且倒退有时作为一种转录校对的手段，可通过 GreA 和 GreB 将错误核苷酸切除。与此同时，在合成中当第一个 RNA 聚合酶使链延伸，第二个 RNA 聚合酶又可与启动子结合，开始另一个 RNA 分子合成的起始。

真核生物转录延伸过程大体上与原核生物相似，但因有组蛋白的存在，其链延伸又要复杂一些。RNA 聚合酶的大小和核小体组蛋白八聚体大小差不多，酶在移动时处处都要遇到核小体。体外实验观察到，链的延伸过程核小体有位移和解聚现象，而且组蛋白分子上的精氨酸可能发生乙酰化。推测在转录泡前随着 DNA 形成正超螺旋的同时，由于精氨酸的乙酰化降低组蛋白的正电荷，使核小体发生解聚；在转录泡后随着 DNA 形成负超螺旋，精氨酸去乙酰化使核小体重新发生聚合。

一般说来，RNA 合成一旦起始，通常都能不断延伸，直至终止。但在转录延伸阶段如果 RNA 聚合酶遇到障碍，转录会受阻甚至停顿。真核生物中有一些称为延伸因子（elongation factor）的蛋白质，它们与 RNA 聚合酶结合后可防止受阻或停顿。如因子 TEFb、TFⅡS 可防止受阻，延伸蛋白（elongin）可防止停顿。

三、RNA 合成的终止

RNA 合成的终止是由 DNA 的特定序列和某些蛋白因子决定的，在 DNA 上决定 RNA 合成终止的信号（特异序列）称为终止子（terminator），协助 RNA 聚合酶识别终止子的蛋白质称为终止因子（termination factor）。

在原核生物的转录中，转录终止信号可被 RNA 聚合酶本身所识别，有的则需特异终止

因子 ρ 因子的协助识别。因此转录的终止可分为两类。

1. 不依赖 ρ 因子的转录终止

用噬菌体 fd、Φ80、T_4 和 T_7 的 DNA 作模板进行 RNA 合成时，当 RNA 聚合酶移动到模板 DNA 特定序列时即告终止，勿需 ρ 因子参与。这种终止称为不依赖 ρ 因子的终止。在大肠杆菌的转录中发现，在转录终点前其转录产物上有一个寡聚尿苷酸结构，在它的上游还有一段富含 GC 的序列并形成茎环结构。DNA 与此结构相应的部分可能就是 RNA 合成的终止信号。RNA 聚合酶遇到这种茎环结构后导致其构象发生变化，最终导致转录终止。因为此时转录物 3′端的寡聚 U 与模板 DNA 链以较弱的 A—U 碱基对结合。

2. 依赖于 ρ 因子的转录终止

在大肠杆菌和一些噬菌体的转录终止研究中发现，还有一些转录的终止必须要有特异蛋白因子参与。这种终止的特异序列中不含富有 GC 区，也没有寡聚 U 结构。有种能使转录终止的蛋白因子称为 ρ（Rho）因子，这是 1969 年 J. Roberts 在研究被 T_4 噬菌体感染的大肠杆菌中发现并命名的。当有 ρ 因子存在时转录终止，无 ρ 因子存在时转录不终止，合成出更大分子的 RNA。这种现象称为通读（reaathrough）。

ρ 因子是一种相对分子质量为 46000 的蛋白质，常以六聚体形式存在。ρ 因子有两种酶活性：依赖 RNA 的核苷三磷酸酶（NTPase）活性和解螺旋酶活性。即 ρ 因子在有 RNA 存在时，可以水解核苷三磷酸提供能量。ρ 因子首先附着在新生 RNA 链上，随后沿 5′→3′方向朝 RNA 聚合酶移动（图 14－5），当 ρ 因子与 RNA 聚合酶结合后，引起二者构象发生变化，从而使 RNA 聚合酶停顿，解螺旋酶活性使 DNA—RNA 杂合体双链拆离，并使产物 RNA 从复合物中释放出来。

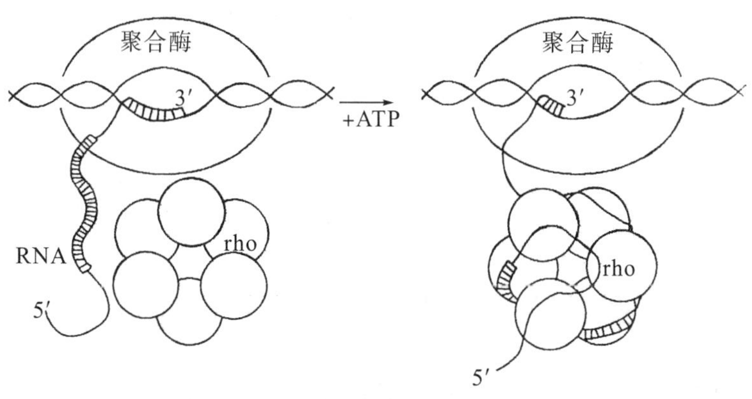

图 14－5　ρ 因子终止转录的作用

转录的终止除 ρ 因子参与外，还有一些蛋白因子与终止紧密相关。如 Nus A、Nus B、Nus E、Nus G 等（Nus 是 N 蛋白 utilization substance 的缩写）。Nus A 因子可提高终止效率，因为它促进 RNA 聚合酶在终止子处停顿。但一些因子的结合可起抗终止作用。例如，Nus E 是 *nus* E 基因编码的蛋白质，它实际上是核糖体蛋白 S_{10}，Nus B 与 S_{10} 形成的二聚体 Nus B－S_{10} 可与 RNA 聚合酶结合，改变其性质，从而使依赖于 ρ 因子的终止子发生通读，不停止。Nus A 和 σ 因子都能与 RNA 聚合酶的核心酶结合，σ 因子结合后辨认起始位点，促进转录起始；如果核心酶与 Nus A 因子结合，则识别终止位点，促进转录终止。一旦合成终止，RNA 和酶脱离 DNA，此时 Nus A 也与核心酶分离，于是核心酶又可与 σ 因子结合，开始新一轮的转录，从而形成一个循环。

无论是否依赖ρ因子的终止，在接近终止子附近的DNA上都具有回文结构（见第四章），即碱基具有旋转对称性排列。这种结构指导合成的产物容易形成茎环结构（或称Gierer结构）（图14－6），这种二级结构是阻止转录继续向下推进的关键。其机理为：①由于茎环结构的形成，改变了RNA聚合酶的构象（因为RNA聚合酶的分子很大，它不但结合一部分DNA，而且也覆盖新生成的RNA3′端的一段），酶构象的改变使得酶—模板结合方式也改变，使酶不再向下移动；②转录复合物（酶－DNA－RNA）上包括RNA－DNA杂化链。RNA由于形成茎环结构，DNA也要形成双链（复旋），因而减小了RNA与DNA形成杂化双链的作用力，本来不稳定的杂化双链就更不稳定，促进转录复合物解体。

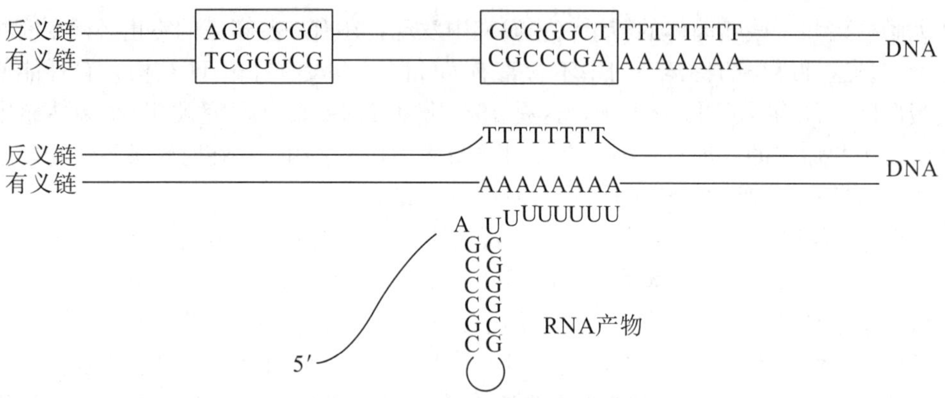

图14－6　原核生物转录终止区的回文结构及茎环结构

有关真核生物转录的终止还知之甚少。与原核生物比较，一个重要的特点是转录终止与转录后修饰密切相关。真核mRNA的3′端polyA结构看来是在转录后加上去的，因为在模板链上没有相应的poly dT。在编码框的下游有一组共同序列，再往下还有若干GT序列。这些序列称为转录终止的修饰点（modification locus）。转录通过修饰点后，mRNA在修饰点处被切断，随即加入poly A尾及5′－帽子结构。这种修饰点可能与转录的终止有关。因为即使修饰点下游继续转录也将很快被RNA酶降解。

第三节　RNA的转录后修饰加工

RNA聚合酶催化转录的直接产物称为原初转录物（primary transcript），它们是各种RNA的前体（precursor），这种前体是没有活性的，需经过一系列修饰加工才转变为成熟（mature）RNA。这些修饰加工包括前体链的裂解、5′端和3′端的切除和特殊结构的形成、核苷的修饰，以及剪接、编辑等。这些过程统称为转录后修饰加工（post－transcriptional modification and processing）。

一、mRNA前体的修饰加工

原核生物mRNA合成的特点：一是多顺反子转录，即几个结构基因（决定蛋白质或RNA结构的基因）转录在一条mRNA（前体）链上；二是转录和翻译（由mRNA作模板合成蛋白质）相偶联。原核生物没有细胞核，转录和翻译没有核膜隔开，mRNA还未转录完成，翻译即已开始；三是原核生物 mRNA 的寿命比较短，*E. coli* mRNA 的半寿期只有几分钟甚至更短。

真核生物 mRNA 的合成为单顺反子转录，一个结构基因只转录一个 mRNA 分子；转录和翻译不偶联，转录在核内先进行，而后再在胞质中进行翻译；真核 mRNA 寿命比原核长（一般半寿期为几小时，神经细胞某些 mRNA 可长达几年）。不仅如此，真核 mRNA 及其前体 hnRNA 在结构上也比原核生物 mRNA 复杂。hnRNA 的结构如图14－7。

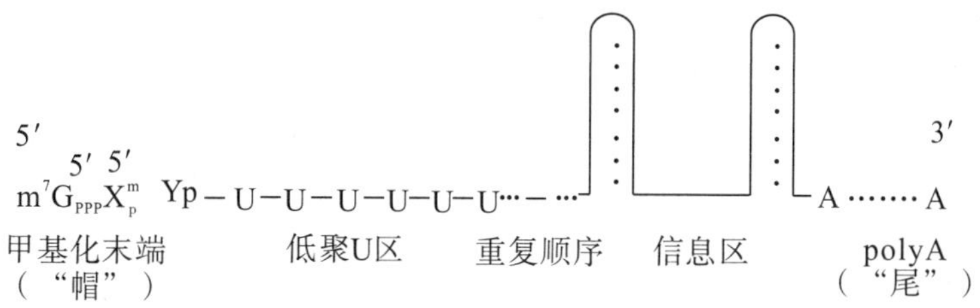

图 14－7　hnRNA **的结构**

由图 14－7 可见，hnRNA 和 mRNA 都具有相同的末端结构，即 5′端有“帽”结构（$m^7G^{5'}ppp^{5'}NmpNp^-$），3′端有“尾”结构（polyA）（组蛋白基因等少数基因的转录产物例外，即无“帽”也无“尾”）。

原核生物因转录和翻译偶联，转录产生的 mRNA 勿需加工，直接作为蛋白质合成的模板。但也有少数多顺反子转录产生的 mRNA，需要核酸内切酶将转录初产物切成较小的单位，再进行翻译。这种加工方式有利于对翻泽的调控。

真核生物 hnRNA 转变成 mRNA 的修饰加工比较复杂，既涉及“帽”“尾”结构，又因真核生物存在大量断裂基因（interrupted gene）（见第四章）。那些存在于 hnRNA 分于上的居间序列（即内含子部分）以及其他非信息部分必须除去，所以，真核生物的转录后修饰加工包括：①5′端加帽；②3′端加尾；③通过剪接除去内含子序列；④特异核苷酸的甲基化修饰等。

1. 5′端加帽

真核细胞 mRNA 的“帽”结构至少具备下列 4 方面的功能：①提高 mRNA 的稳定性；②翻译中参与识别起始信号；③有助于 mRNA 从细胞核转运到细胞质；④提高剪接反应效率。

5′端的帽结构在转录结束前形成。hnRNA5′端第一个核苷酸通常是嘌呤核苷三磷酸，首先由磷酸酶作用切去一个磷酸，再与 GTP 反应生成 5′，5′相连的三磷酸键，最后由 S－腺苷甲硫氨酸（SAM）提供甲基使其甲基化而生成。

$$pppN_1pN_2p-RNA \xrightarrow{\text{三磷酸酶}} ppN_1pN_2p-RNA+Pi$$

$$ppN_1pN_2p-RNA+GTP \xrightarrow{\text{鸟苷酰转移酶}} G^{5'}ppp^{5'}N_1pN_2p-RNA+PPi$$

$$G^{5'}ppp^{5'}N_1pN_2p-RNA+SAM \xrightarrow{N^7\text{－鸟嘌呤甲基转移酶}} m^7G^{5'}ppp^{5'}N_1pN_2p-RNA+S\text{－腺苷高半胱氨酸}$$

$$m^7G^{5'}ppp^{5'}N_1pN_2p-RNA+SAM \xrightarrow{\text{核苷－}2'\text{甲基转移酶}} m^7G^{5'}ppp^{5'}N_1mpN_2p-RNA+S\text{－腺苷高半胱氨酸}$$

5′端“帽”结构与翻译有关，而且对 mRNA 可稳定其构象，并避免 5′端被核酸外切酶水解。

2. 3′端加尾

真核生物 mRNA3′端的 poly A 尾一般为 20～250 个腺苷酸，hnRNA 为 150～250 个。这个数目很难准确测定，因为它随 mRNA 的寿命而缩短。转录初生成的 hnRNA 的 3′末端往往长于成熟的 mRNA。因此认为，加入 poly A 之前，先由核酸外切酶切去 3′端一些过剩的核苷酸，然后再加入 poly A。

由两种因素控制加尾反应：一种为顺式元件，它位于 mRNA 前体内部，为特殊的核苷酸序列，充当加尾信号；另一种为识别加尾信号的蛋白质或加尾反应的酶。

在 RNA 聚合酶Ⅱ转录物的 3′端有一段保守序列 UUAUUU，离多聚腺苷酸位点大约 11～30 个核苷酸，它就是加尾信号，由 RNA 聚合酶Ⅲ从此处切断，然后再由 poly A 聚合酶催化生成 poly A。因此，这一保守序列为 3′末端链的切断和多聚腺苷酸化提供了信号。

参与加尾反应的蛋白质包括剪切特异因子、刺激因子、poly A 聚合酶、poly A 结合蛋白等。

3′端这种腺苷酸化作用可被冬虫夏草素（cordycepin）（即 3′－脱氧腺苷）所阻断。但它并不影响 hnRNA 的合成，只是加入该抑制剂后，细胞质中不再出现新的 mRNA。另一方面，当 mRNA 由细胞核转移到细胞质后，其尾部 poly A 常有不同程度的变短。由此说明，尾部的多聚腺苷酸化在 mRNA 的成熟和由细胞核向细胞质转移中起重要作用，但对翻译并不产生影响，因为实验发现去掉 mRNA 的 poly A 后翻译可照常进行。

3. 非信息序列的剪接

真核生物存在大量的断裂基因，转录时将含有信息序列和非信息序列在内的 DNA 段落全部转录于原初产物（hnRNA）中，在成熟过程中必须将非信息序列（内含子）切除，再将信息序列（外显子）连接起来成为连续的 mRNA，这个过程称为剪接或拼接（splicing）。真核生物 mRNA、rRNA、tRNA 前体的加工都有剪接过程。

剪接的机制（或方式）有多种，有的转录物中内含子可以催化自身剪接（self-splicing），有的内含子需要在剪接体（splicesome）中进行剪接，此外还有选择性剪接（alterative splicing）等。电镜观察到，在剪接中内含子区段弯曲，使相邻的两个外显子互相靠近而利于剪接，这种结构称为套索（lariat）。近来发现，在 RNA 的剪接中，内含子存在一些共有特征序列。在内含子的近 3′端嘌呤甲基化，它是形成套索结构所必需的。大多数内含子 5′端为 GU，3′端为 AG_{OH}，即 5′GU…AG_{OH}3′，称为剪接接口（splicing junction）或边界序列。

（1）自我剪接

自我剪接就是不需要酶（蛋白质）的催化，而是借助 RNA 的自身催化功能（核酶）将内含子切除，并使相邻外显子连接起来。这种剪接是通过磷酸酯键的破坏和形成，即所谓转酯反应（transesterification）来实现。

自我剪接有两种类型，即Ⅰ型和Ⅱ型。两种类型的自我剪接内含子都要形成套索结构，以便使由内含子连接的两个外显子互相靠近。Ⅰ型内含子剪接需要鸟苷酸作为辅助因子，它提供游离 3′－OH。第一次转酯反应是一个内含子的 5′－磷酸基转移到鸟苷酸的 3′－OH 上，紧接着发生第二次转酯反应，由一个外显子产生的 3′－OH 攻击另一个外显子的 5′－磷酸基，生成磷酸酯键。这样，两个相邻外显子即连接起来，内含子形成套索而被剪下（图 14－8，a）。Ⅱ型内含子自我剪接与Ⅰ型基本相似，也是通过两次转酯反应来完成剪接，只不过Ⅱ型不需要鸟苷酸，而是由内含子 3′端的腺苷酸 2′－OH 攻击外显子的 5′－磷酸基引起（图 14－8，b）。

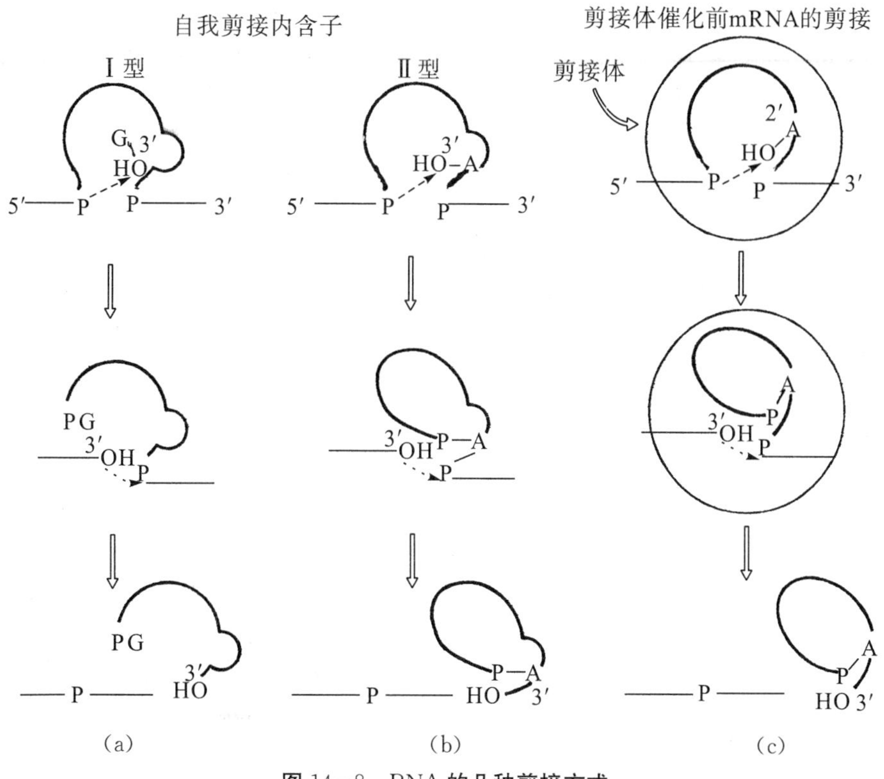

图 14－8　RNA 的几种剪接方式

Ⅰ型自我剪接主要存在于线粒体和叶绿体基因、低等真核生物的 rRNA 基因，以及细菌和噬菌体个别基因转录产物的剪接，Ⅱ型自我剪接主要存在于植物叶绿体基因和真菌线粒体基因转录产物的剪接。两类自我剪接均不需要提供能量，因为转酯反应并不发生水解作用，以磷酸酯键的形式将能量贮存起来了。

（2）hnRNA 的剪接

mRNA 前体（hnRNA）的剪接类似于上述Ⅱ型自我剪接，但它是在一种称为剪接体（splicesome）中完成的（图 14－8，c）。剪接体是由 5 种 U 系列 snRNA（核内小分子RNA）和 50 余种蛋白质所构成的复合体，它是 hnRNA 剪接的场所。所谓 U 系列是指富含尿苷酸的核内小分子 RNA，其中 U_1、U_2、U_4、U_5 和 U_6 参与形成剪接体，而 U_3 与 rRNA 前体剪接有关。这些 U 系 snRNA 都与蛋白质结合，构成 snRNP（核糖核蛋白）。此外，在剪接体中还有一些称为剪接因子（splicing factor）的特异蛋白因子。这些 snRNA 和蛋白质在 hnRNA 的剪接中逐渐结合形成剪接体，它们在剪接中各有不同的作用。

①内含子 5′端和 3′端的边界序列分别与 U_1、U_2 snRNA 配对，使 snRNP 结合在内含子的两端；

②U_4、U_5、U_6 snRNP 加入，形成完整的剪接体。此时内含子发生弯曲形成套索，内含子上、下游外显子互相靠近；

③进行剪接体结构的调整，U_1、U_4 和 U_5 释放，U_2 和 U_6 形成催化中心，然后发生两次转酯反应。

此种方式的剪接需要 ATP 分解提供能量。

(3) 反式剪接

上述几种剪接方式是发生在 RNA 前体分子内部的剪接，称为顺式剪接(cistranscription)。剪接也可发生在两种 RNA 前体之间，这种剪接方式称为反式剪接(antitranscription)或交叉剪接(cross transcription)。在反式剪接中，一个 RNA 前体分子含 5′剪接点，另一个分子含 3′剪接点，二者靠近后通过类似顺式剪接的方式切断内含子，使具 3′剪接点分子的上游序列与另一具 3′剪接点另一分子的下游序列相连。被切除的内含子序列形成类似套索的 Y 字形结构。锥虫 mRNA5′端有一段含 35 个核苷酸的前导序列(leader sequence)，它不是自己转录单位编码的，而是来自其他转录物的上游序列。通过反式剪接将其连接到锥虫 mRNA 的 5′末端。

(4) 选择性剪接

在不同的组织细胞或发育的不同阶段、不同生理状态下，同一个基因的转录产物通过不同方式的剪接产生不同的 mRNA，这种剪接方式称为选择性剪接(alternative splicing)。通过这种剪接一个基因可以产生多个蛋白质，称为同源体(isoform)。选择性剪接是在同一基因的转录产物上，变换选择位点进行剪接，这样产生多种不同的 mRNA。有几种不同的情况：有的通过剪接后缺失一个或几个外显子；有的保留部分缺失外显子；有的保留一个或几个内含子；有的切去内含子的一部分等。例如，大鼠编码 α－原肌球蛋白的基因，其产物通过选择性剪接可产生 10 种不同的蛋白质；肌钙蛋白基因转录物通过选择性剪接可产生 64 个同源体蛋白。这种选择性剪接广泛存在，在基因表达的调控中起着重要作用。

4. 内部甲基化

真核生物 mRNA 内部核苷酸的甲基化，主要是 N^6－甲基腺嘌呤的生成，这个甲基化成分在 hnRNA 中已存在。但在某些真核 mRNA 中并没有。这种甲基化的意义尚未清楚，可能与前体加大有关。

5. RNA 的编辑

RNA 编辑(RNA editing)是 RNA 转录后通过碱基置换、插入或缺失，扩大或改变原来模板 DNA 的遗传信息，从而产生多种不同蛋白质的过程。编辑主要发生在 mRNA，rRNA 和 tRNA 也存在编辑作用。

(1) 通过碱基置换的编辑

含氨基的碱基，通过脱氨酶的作用可脱去氨基，使一种碱基变成另一种碱基，从而使密码子(codon)改变，造成蛋白质分子中一种氨基酸被另一种氨基酸取代。例如，人的基因组中只有一个载脂蛋白 B(Apo B)基因，它为肝中的 Apo B100(Mr：512000)编码，但是在小肠中这个基因编码的蛋白质为 Apo B48(Mr：241000)，它是由于 Apo B—mRNA 第 6666 位的 C 发生脱氨基作用，C→U，导致一个关键位点上的 Gln 密码子变成了终止密码子，因此蛋白质合成到此便终止了；又如，脑细胞谷氨酸受体(Glu R)是一种重要的离子通道，GluR－mRNA 发生脱氨基使 A→I(相当于 G)，导致一个关键位点上的 Gln 变成了 Arg。含 Arg 的 Gln R 不能通过 Ca^{2+}。以此控制神经递质引起的离子流，同时使不同功能的脑细胞有选择性地产生不同的受体。

(2) 通过碱基插入或缺失的编辑

在 mRNA 上通过插入或缺失碱基，可以纠正基因的移码突变，或产生不同的蛋白质。

例如，锥虫（Trytpanosoma）线粒体 DNA 的细胞色素氧化酶第 2 个亚基Ⅱ基因（*cox* Ⅱ）在－1 处存在一个移码突变，但其功能正常。这是由于在其 mRNA 的 4 个碱基之间插入了不被基因编码的 4 个 U，恰好纠正了移码突变；又如，副粘病毒 Svs 的 *p* 基因编码两个蛋白质 V 蛋白（含 222 个残基）和 P 蛋白（含 250 个残基），但所产生的两个蛋白质分别含有 222 个和 393 个氨基酸。研究其 mRNA 发现，通过编辑作用在第 164 个氨基酸编码区插人了两个 G，导致下游阅读框改变，从而合成含 393 个残基的 P 蛋白。

（3）指导 RNA 的编辑作用

在线粒体的一些 mRNA 编辑中，有一种小分子 RNA（约含 60 个核苷酸），与被编辑 mRNA 5′端序列互补，它可作为编辑的模板，这种 RNA 称为指导 RNA（guide RNA，gRNA）。gRNA 的 3′端有一个 poly U 结构，它可以为被编辑 mRNA 插入或删除 U，由此改变 mRNA 上的信息。编辑过程沿 mRNA 的 3′端向 5′端进行，gRNA 与 mRNA 配对，遇到不能配对的核苷酸时，mRNA 即被一个酶复合物切断，然后通过两次转酯反应，以与 RNA 剪接类似的方式完成编辑。

（4）RNA 编辑的生物学意义

RNA 编辑这一修饰加工作用具有重要的生物学意义：①借助编辑可以消除部分基因移码突变带来的为害，甚至某些基因在突变过程中丢失达一半以上的遗传信息都可借 gRNA 补足起来；②RNA 编辑扩大了基因的遗传信息，增加了基因产物的多样性。由同一基因转录物经编辑可以产生多种同源蛋白质；③RNA 编辑与生物发育和分化有关，是基因调控的一种重要方式；④RNA 编辑的结果，有可能使基因产物获得新的结构和功能，防止生物的衰退，有利于进化；⑤是生物适应变化环境的一种机制，通过 RNA 编辑产生新的蛋白质或付与某些蛋白质新的功能，以增强免疫能力或抵御恶变环境的功能；⑥脑细胞 RNA 编辑还可能与动物的学习和记忆有关。

二、rRNA 的转录后加工

1. 原核生物 rRNA 前体的加工

大肠杆菌有 7 个 rRNA 转录单位，每个转录单位含有几个 rRNA 基因（rDNA），它们的排列顺序为：16S rRNA－tRNA－23S rRNA－5S rRNA。转录的原初产物即 rRNA 前体的沉降常数为 30 S（约含 6500 个核苷酸）。经过切割先转变为一些中间前体，然后再形成成熟（m）rRNA，即分别产生 16SrRNA（m16）、23SrRNA（m23）、5SrRNA（m5）和 tRNA（图 14－9）。rRNA 前体需先经甲基化修饰，然后再进行切割。

参与原核生物 rRNA 前体加工的酶有两类：一是切割前体成特定长度 rRNA 分子的酶，如大肠杆菌的 RNaseⅢ、RNase E 和枯草杆菌的 RNase M_5 等。另一类主要是使 rRNA（5S rRNA 除外）核糖 2 位上甲基化的修饰酶。RNaseⅢ是一种加工 rRNA 的核酸内切酶，它特异切割 16S rRNA 和 23S rRNA 两侧多余的附加序列，产生 P16 和 P23，并进一步产生 16S rRNA 和 23S rRNA。RNaseE 切除前体中 5S rRNA 两侧的附加序列，RNase M_5 作用于枯草杆菌 5S rRNA 两侧多余序列，产生 5S rRNA。甲基化酶在 30 S 前体经过第一次加工后，对 16S rRNA 前体（P16）修饰 10 个甲基，对 23S rRNA 前体（P23）修饰 20 个甲基，其中 N^4，2′－O－二甲基胞苷（m^4C_m）是 16S rRNA 特有的成分。5S rRNA 不进行甲基化修饰。

第三篇　细胞信息转导

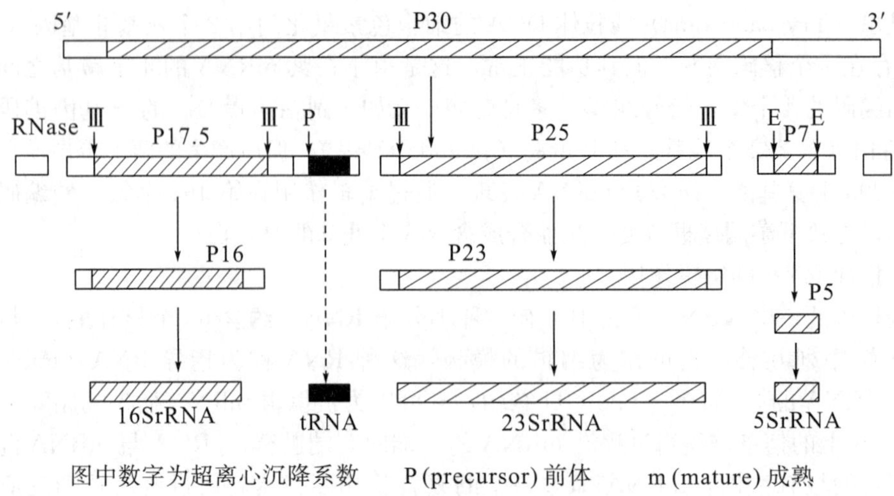

图 14－9 大肠杆菌 rRNA 的成熟过程

2. 真核生物 rRNA 前体的加工

真核生物 rRNA 前体比原核生物大，哺乳动物为 45S，果蝇为 38S，酵母为 37S。真核生物的 28S rRNA、5.8S rRNA 和 18S rRNA 产生于同一个转录单位，由 RNA 聚合酶Ⅰ催化，5S rRNA 由另一个转录单位产生，由 RNA 聚合酶Ⅲ催化，初始转录产物勿需加工。

在真核生物 rRNA 前体的加工中仍是 RNaseⅢ等核酸内切酶起重要作用，而且真核生物 rRNA 的甲基化程度比原核生物 rRNA 的甲基化程度高。rRNA 前体的甲基化、假尿苷酸化（pseudouridylation）和剪切都是由核仁中的核仁小 RNA（snoRNA）指导。这种小分子 RNA 上含有几个调节序列：C 框（AUGAUGA）、D 框（CUCA）用来识别 rRNA 上甲基化位点和切割位点，含 H 框的 snoRNA 可识别假尿苷酸化的位点。

多数真核生物 rRNA 基因不存在内含子，有些 rRNA 基因即使含有内含子但也不转录。

三、tRNA 的转录后加工

1. 原核生物 tRNA 前体的加工

大肠杆菌大约有 60 个 tRNA 基因（tDNA），它们大多成簇存在，或与 rRNA 基因、或与蛋白质结构基因组成混合转录单位，转录时按多顺子转录方式进行。tRNA 前体的加工包括下列几方面的内容。

(1) 切断（cutting）。用特异核酸内切酶在 tRNA 前体的特异位点切断磷酸二酯键，以便得到一定大小的 tRNA 分子。在大肠杆菌中有两种内切酶：RNase P 和 RNase F。RNase P 从 tRNA 的 5′端切掉多余的附加序列，RNase F 切掉 tRNA 3′端的附加序列。RNase P 是含有蛋白质和 RNA 的特殊酶（核酶），其中 RNA 链含有 377 个核苷酸。在去除蛋白质部分后，所余 RNA 部分单独也能切去 tRNA 前体的 5′端序列。

(2) 修剪（trimming 或 clipping）。特异核酸外切酶从前体的一端逐个切除多余附加序列。例如，大肠杆菌的 RNase D，它可从前体 3′端逐步修剪，直至 tRNA 的 3′端。

(3) 添加 $CCA_{OH}3'$。所有 tRNA 的 3′端必须具备 CCA_{OH}结构，因为此结构对于 tRNA 携带氨基酸是至关重要的。tRNA 的 3′端形成 CCA_{OH}有两种情况，一种是 tRNA 前体的 3′端区域本身含有 CCA，这可通过 RNase D 先修剪，逐渐去除前体 3′端，直至暴露出 CCA；

另一种是前体本身并没有 CCA 序列，此时必须先由 RNaseF 切掉 3′端后，再由 tRNA 核苷酰转移酶（nucleotidyl transferase）催化，由 CTP 和 ATP 提供胞苷酸和腺苷酸，逐步反应完成。

（4）核苷酸的修饰。tRNA 分子上有许多修饰成分，这是由多种修饰酶（modification enzyme）在 tRNA 的特定位置上对碱基进行修饰而产生的。这些修饰酶对被修饰的碱基及 tRNA 序列均有着严格的要求。修饰酶包括 tRNA 甲基化酶，使 tRNA 特定碱基甲基化（S－腺苷甲硫氨酸为甲基供体）；tRNA 假尿嘧啶核苷合酶，使尿苷的糖苷键发生移位，由尿嘧啶的 N_1 变为 C_5，即 U→Ψ；tRNA 硫转移酶，催化生成含硫核苷（由半胱氨酸提供硫）；tRNAΔ^2 异戊烯转移酶，例如催化生成 $N^6-\Delta^2$－异戊烯腺苷（i^6A）等。

原核生物 tRNA 前体的加工见图 14－10。

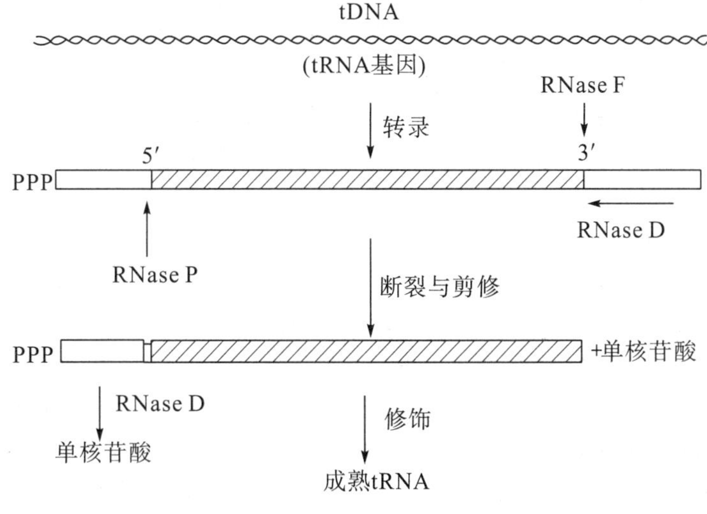

图 14－10　大肠杆菌 tRNA 的成熟过程

2. 真核生物 tRNA 前体的加工

真核生物 tRNA 基因的数目比原核生物多得多。啤酒酵母有 320～400 个，果蝇有 850 个，爪蟾 1150 个，人体细胞有 1300 个。真核生物 tDNA 也是成簇排列，有间隔序列将它们分开。由 RNA 聚合酶Ⅲ合成 tRNA 的前体，前体比成熟 tRNA 约多 30 个核苷酸。在反密码子处有 12～30 个核苷酸的插入序列（内含子）。

真核生物 tRNA 前体的加工与原核生物类似，也包括切断、修剪、3′端添加 CCA_{OH} 和修饰。切断 tRNA 两端多余序列的酶与原核生物类似，只是 RNase P 中的 RNA 单独存在时无切割活性。tRNA 前体本身不含 CCA 序列，必须由核苷酰转移酶将 CCA 添加到 3′端。前体 3′端的切割和修剪需几种核酸内切酶和外切酶。

真核 tRNA 前体内含子的切除机制不同于 mRNA 和 rRNA。以酵母 tRNA 前体内含子的剪接为例：首先由核酸内切酶识别内含子序列，在特异位点切割产生缺口的 3′端部分带有 2′，3′－环磷酸和缺口的 5′端为羟基的两个部分，释放内含子。经折叠后两个部分靠近，5′－部分经激酶作用使其带上磷酸基，3′－部分由磷酸单酯酶作用切下磷酸基（带羟基），再由 RNA 连接酶将其连接。

tRNA 的修饰成分由多种修饰酶催化形成。真核生物的 tRNA 除含有修饰碱基外，还有核糖 2 位的甲基化修饰。

第四节 RNA 生物合成的抑制剂

在核酸代谢研究中，常常使用一些抑制剂。某些抑制剂还可作为抗肿瘤和抗病毒的药物，临床上用于治疗某些疾病。用于 RNA 合成的抑制剂可分为 3 类：碱基类似物、与模板 DNA 作用的抑制剂和与 RNA 聚合酶作用的抑制剂。

一、碱基类似物

用人工合成的碱基类似物（base analogue）可以干扰 RNA 的合成。有的作为抗代谢物抑制核苷酸合成有关的酶，有的作为异常代谢物，直接掺入到核酸分子中去，合成出异常的 RNA 或 DNA。常用的碱基类似物有：6－巯基嘌呤（6－mercaptopurine）、6－巯基鸟嘌呤（6－metcaptoguanine）、2，6－二氨基嘌呤（2，6－diaminopurine）、8—氮杂鸟嘌呤（8－azaguanine）、5－氟尿嘧啶（5－fluorouracil）、6－氮杂尿嘧啶（6－azauracil）等。

6－巯基嘌呤作为次黄嘌呤的类似物，它可转变为6－巯基嘌呤核苷酸，并以此抑制 IMP 转变为腺苷酸和鸟苷酸，因此 RNA 不能正常合成。6－巯基嘌呤是重要的抗癌药物，已用于治疗急性白血病和绒毛膜上皮癌等。

8－氮杂鸟嘌呤是鸟嘌呤第 8 位 C 被 N 取代，在细胞内它转变成核苷酸后除能抑制嘌呤核苷酸的合成外，它还能掺入到 RNA 中去，从而干扰蛋白质的合成。

一些卤素取代的嘧啶类似物常能抑制 RNA 的合成。例如，5－氟尿嘧啶（尿嘧啶的 5 位连一个氟原子），它能掺入 RNA（但不能掺入 DNA）。由它转变成的脱氧核糖核苷酸（FdUMP），能抑制胸腺嘧啶核苷酸合酶，使 dTMP 合成受阻，因而使 DNA 不能正常合成。借此，可用 5－氟尿嘧啶治疗胃癌、直肠癌及结肠癌等。癌细胞不能分解 5－氟尿嘧啶，正常细胞则可分解。

6－氮杂尿嘧啶（尿嘧啶第 6 位 C 被 N 取代）在细胞内形成的核苷酸是乳清酸核苷酸脱羧酶的抑制剂，因而抑制尿苷酸的合成。它的核苷三磷酸抑制 RNA 聚合酶，因而均影响 RNA 的合成。

二、破坏 DNA 模板作用的抑制剂

RNA 合成的模板 DNA 可被一些化合物作用，破坏其结构，或形成链间交联，或引起碱基的置换，都将改变 DNA 的模板作用，从而抑制 RNA 合成。这些物质包括一些烷化剂、抗生素和某些染料。

（1）烷化剂。某些烷化剂（见十三章第七节）容易使鸟嘌呤第 7 位 N 烷基化，烷基化后的鸟嘌呤易被水解脱落，这既影响 DNA 复制，也干扰转录，DNA 不能成为正常模板。有些带双功能基团的烷化剂还可使 DNA 两链发生交联，不能解链，因而不能成为转录的模板。

有些烷化剂具有选择性地杀死肿瘤细胞而被用作治癌药物。例如，环磷酰胺（cyclophosphamide）在体外无毒性，但进入肿瘤细胞后受磷酰胺酶（phosphamidase）作用水解成活性氮芥，容易使 DNA 烷基化，临床上用于多种癌症的治疗。又如，苯乙丁酸氮芥（chlorambucil）因含有羧基（带负电荷）不易进入正常细胞，但癌细胞因糖酵解作用强，大

量乳酸使细胞 pH 值较低，故容易进入癌细胞。在细胞内分解释放出氮芥，使 DNA 烷基化。

（2）放线菌素。某些抗生素能与 DNA 形成非共价复合物，从而破坏 DNA 的模板作用。用得最多的是放线菌素 D（actinomycin D），它能特异地插入双链 DNA 的两个 dG-dC 对之间，从而破坏 DNA 的模板作用。一般在低浓度（1 m mol/L）时即可抑制 RNA 合成。在高浓度（10 m mol/L）下，放线菌素 D 也可抑制 DNA 的复制。在实验室常用于核酸研究。

除放线菌素 D 外，作用于模板 DNA 而抑制 RNA 合成的还有纺锤菌素（netropsin）、色霉素 A_3（chromomycin A_3）、远霉素（distamycin）、诺加霉素（nogalamycin）、橄榄霉素（olivomycin）、光神霉素（mithramycin）和黄曲霉素（aflatoxiil）等。

（3）染料。某些具有扁平芳香族发色团的染料，可以插入双链 DNA 相邻碱基对之间，既可干扰 DNA 的复制，也影响其转录。根据使用染料的多少，可以造成不同数目碱基的缺失或插入。这类染料常有吖啶（acridine）环，常用的有原黄素（proflavine）、吖啶橙（acridine orange）、吖啶黄（acridine yellow）等。

三、RNA 聚合酶的抑制剂

有些抗生素和化学药物可直接作用于 RNA 聚合酶，抑制其活性，从而影响 RNA 的合成。

利福霉素（rifamycin）是强烈抑制革兰氏阳性菌和结核杆菌的一种抗生素，其半合成产品利福霉素 B 衍生物利福平（rifampicin），对结核杆菌有高效抑制作用，已用于治疗肺结核等疾病。此外，它还能杀死麻疯杆菌，并具有抗病毒作用等。利福平可与细菌 RNA 聚合酶（β 亚基）发生非共价结合，一分子核心酶可结合一分子利福平。一当利福平结合后，它阻止第一个核苷三磷酸与 RNA 聚合酶的结合，也阻止 σ 因子的结合，因此，利福平抑制转录的起始。利福平是一个具有高度特异性的细菌 RNA 聚合酶抑制剂，但它并不抑制 DNA 的合成。真核 RNA 聚合酶对利福平不敏感，对噬菌体 T_3、T_7RNA 聚合酶也没有抑制作用。

利链霉素又称链霉溶菌素（streptolydigin）也可与细菌 RNA 聚合酶的 β 亚基结合，从而抑制 RNA 合成。它通过抑制磷酸二酯键的生成和降低酶与 UTP 的结合能力而抑制转录过程，既抑制合成的起始，也干扰链的延伸。

α-鹅膏蕈碱（α-amanitin）是从一种毒蕈鬼笔鹅膏（*Amanita phalloides*）分离出的一个八肽化合物。它抑制真核生物的 RNA 聚合酶，对细菌 RNA 聚合酶抑制很微弱。α-鹅膏蕈碱主要抑制Ⅱ型聚合酶，抑制 RNA 链的延长，对 RNA 合成的起始没有作用。

本章学习要点

RNA 的生物合成主要以 DNA 为模板，故称为转录。在 RNA 聚合酶（真核有 3 种）的作用下，从定点开始，以 NTP 为底物，按 $5'\rightarrow 3'$的方向合成一条与模板 DNA 链互补的 RNA 新链。这种合成在 DNA 上有严格的起点和终点，分别称为启动子和终止子。转录除需要 DNA 上一些特定序列（顺式作用元件）作为信号外，还有多种特异蛋白因子（反式作用因子）参加，称为转录因子。

转录的初级产物通常为成熟 RNA 的前体，需经过加工修饰后才转变为成熟 RNA，这种修饰加工，不仅 3 种 RNA 有其异同点，而且原核生物与真核生物也有区别。

Chapter 14 RNA BIOSYNTHESIS（TRANSCRIPTION）

The template of RNA synthesls is DNA，so it is named transcripti on. RNA synthesis starts at asingle origin and itrs substrate is NTP. It occurs in a 5′→3′ direction and compounds a new RNA strand complementary to the template——DNA strand by RNA polymerase（there are three sorts in eucaryote）. There are strict initiation site and termination site in DNA. They are named promoter and terminator，respectively. Transcription needs not only DNA（itrs privileged sequence is signal of transcription）but also many special protein factors（named transcription factor）to take port in.

The primary product of transcrlption is generally the precursor of mature RNA. The precursor is transfered to be mateure RNA through processing and modification. The processing and modification of three RNA have their own characterlstics. The two processes of eucaryote and prokaryote are different.

习 题

1. 用对或不对回答下列问题。如果不对，请说明原因。

（1）原核的 Pribnow 框与真核的 Hogness 框其基本顺序是一样的。

（2）原核细胞的 RNA 聚合酶可直接识别启动子，真核细胞的 RNA 聚合酶不能直接识别启动子。

（3）在真核细胞中，与 RNA 聚合酶Ⅰ、Ⅱ、Ⅲ相关的反式作用因子都是与相应的顺式作用元件相结合后才能起作用。

（4）真核细胞转录的终止像某些原核细胞一样，终止子是不固定的。

（5）在原核生物中，tRNA 只能由 tRNA 前体加工生成，而不能由其他前体加工生成。

2. 以两种 DNA 作为模板进行 RNA 合成，得到下列数据。试判断是对称转录，还是非对称转录，为什么？

DNA	DNA 中 A+T/G+C	合成的 RNA 中 AMP	UMP	GMP	CMP
DNA 甲	1.85	0.56	0.57	0.30	0.31
DNA 乙	2.39	1.83	1.04	0.35	0.85

3. 若 ΦX174 噬菌体 DNA 的碱基组成为 Ade，21%；Gua，29%；Cyt，26%；Thy，24%，问由 RNA 聚合酶催化其转录产物 RNA 的碱基组成如何？

4. 有下列一段 ΦX174DNA，写出其复制与转录的产物（并注明其合成方向）。

5′ATGTACTTGACG3′

5. 根据对下表各抑制剂的反应情况，试判断病毒的类别（即是感染真核还是原核的病毒，是 RNA 病毒还是 DNA 病毒）（“－”表示被抑制，“×”表示不被抑制）。

抑制剂	利福霉素	放线菌素 D	α－鹅膏蕈碱	病毒类别
1	—	—	×	
2	×	×	×	
3	×	—	—	

6. 在有 $\beta-^{32}p$－GTP 存在下合成 mRNA 时，为什么真核细胞的新合成 mRNA 带有 ^{32}p 标记，而原核细胞新合成的 mRNA 没有 ^{32}p 标记？

第十五章　蛋白质的生物合成（翻译）

第一节　蛋白质合成体系

一、中心法则

在 DNA 分子上决定蛋白质和 RNA 结构的基因，称为结构基因（structural gene），结构基因经过转录产生 mRNA，然后再以 mRNA 作为模板合成蛋白质，这个遗传信息由 DNA 传向蛋白质的整个过程，称为基因表达（gene expression）。基因表达的后一个过程是将 mRNA 中的遗传信息（核苷酸顺序）转换成蛋白质分子中的氨基酸顺序，是两种分子语言的转换，故称为翻译（translation）。

可见，基因表达涉及 DNA、RNA 和蛋白质这 3 种生物分子的相互关系，遗传信息在这 3 种分子间的传递过程及其相互关系，早在 1958 年 Crick 曾总结出一个规律，称为中心法则（central dogma），并在以后做了适当修改。指出了在绝大多数生物体遗传信息均是按此规律进行传递（图 15－1）。

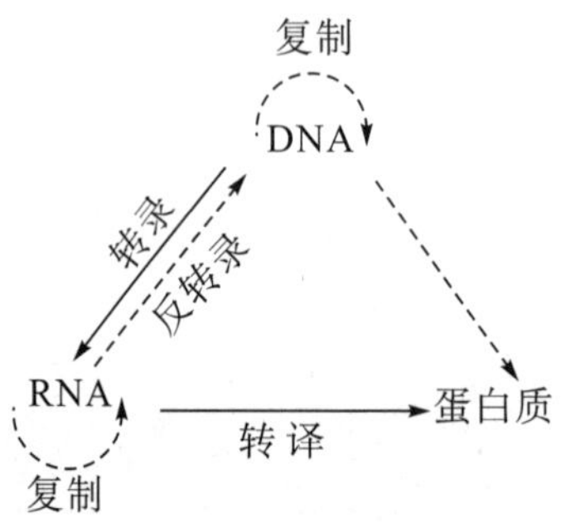

图 15－1　**中心法则**

概括而言，中心法则指的是：蕴藏在核酸中的遗传信息可传向蛋白质，遗传信息一旦传递给蛋白质即不能逆转。所谓遗传信息（genetic message 或 genetic information），在这里指的是核酸分子中核苷酸的排列顺序或蛋白质分子中氨基酸的排列顺序。核酸分子中的遗传信息可以通过 DNA 或 RNA 的复制（replication）传向 DNA 或 RNA，这是生物在繁殖中的传递。在细胞分化及基因表达中，DNA 分子中的遗传信息可以传向 RNA，这便是多数生物中的转录（transcription），而 RNA 再传向蛋白质即为翻泽（translation）。1970 年 Howard Temin 和 David Baltimore 发现了反转录（reverse transcription）现象，说明遗传信息也可以从 RNA 传向 DNA。这是一种比较稀有的传递方式，主要存在于一些反转录病毒（retrovirus）中，在这类病毒中遗传信息的传递方式为：

$$RNA \xrightarrow{\text{反转录}} DNA \xrightarrow{\text{转录}} RNA \xrightarrow{\text{翻译}} \text{蛋白质} \longrightarrow \text{生物性状}$$

图 15－1 中实线箭头表示遗传信息的主要流动方向，虚线箭头则为次要或稀有流动方向。DNA 储存的遗传信息通过转录和翻译传给了蛋白质，最后以蛋白质来表现生物性状。至于 DNA 的遗传信息是否可以不经 RNA 而直接传递给蛋白质，迄今没有任何实验依据，即使有可能也是极为罕见的。

二、蛋白质生物合成所涉及的内容

蛋白质的生物合成是个十分复杂的过程，据目前所知，大约需要 300 多种生物大分子参加。大肠杆菌参与蛋白质生物合成的大分子总量达细胞干重的 35％。而且蛋白质的生物合成是个十分耗能的过程，细胞用于合成蛋白质所消耗的能量，约占细胞所有生物合成总耗能的 95％，这些能量主要来自 ATP 和 GTP 的分解。这足以证明蛋白质生物合成在细胞的生命活动中占有核心的地位。

蛋白质的生物合成需要 mRNA、rRNA、tRNA 以及参与某些调控的小分子 RNA，需要多种酶及许多辅助因子。合成过程包括起始、延伸和终止，先合成蛋白质前体，而后还要经过翻译后修饰，空间构象的形成，才能成为有生物功能的蛋白质。许多蛋白质合成后还要定向运送到一定的细胞部位或运送到另外的细胞中才能发挥作用。各种细胞为本身生命活动的需要和为适应多变环境的要求，必须快速、大量地合成各种蛋白质。某些抗生素可干扰、抑制细菌或病毒的蛋白质生物合成过程，从而可选择性地作为抗菌药物使用。

蛋白质合成是在核糖体（ribosome）内进行的，以 mRNA 作为模板。mRNA 上的核苷酸顺序代表蛋白质中氨基酸的顺序，mRNA 每 3 个核苷酸代表 1 个氨基酸，称为密码子（codon），所以 mRNA 密码子的排列顺序就代表蛋白质中氨基酸的顺序。细胞液中的氨基酸必须要由 tRNA 携带到核糖体中，才能进行蛋白质合成。此外，在整个合成过程中还有许多辅助蛋白因子参与，包括起始因子、延伸因子、终止因子等。

三、核糖体

核糖体或称核蛋白体，是蛋白质合成的场所，在细胞内数量相当多，如一个迅速生长的大肠杆菌细胞内约有 20000 个核糖体，而真核细胞内可高达 10^6 个。在真核细胞中，有的游离存在于细胞液内，有的附着于内质网上的（即构成粗面内质网），许多分泌性蛋白质就在内质网上核糖体中合成。

核糖体是一种无膜的细胞器，由大、小两个亚基构成，在大肠杆菌内小亚基称 30 S 亚基，大亚基称 50 S 亚基，二者结合后为一完整核糖体，其大小为 70 S。核糖体及其亚基形态如图 15－2。

核糖体由 rRNA 和蛋白质构成，大、小亚基 rRNA 和蛋白质种类见第四章。大肠杆菌小亚基上 21 种蛋白质分别以 S_1 至 S_{21} 表示（small subunit protein），大亚基上的 34 种蛋白质分别以 L_1 至 L_{34} 表示（large subunit protein）。在字母 S 和 L 下脚的数字表示蛋白质在双向电泳中的迁移率。有一种蛋白质有 4 个拷贝（$L_7=L_{12}$），其他蛋白质都是单拷贝。还有一种蛋白质（L_{26}）与小亚基中的 S_{20} 完全一样。各种 rRNA 以其复杂的三维构象构成大、小亚基的结构骨架，各种核糖体蛋白附着其上，构成核糖体亚基。

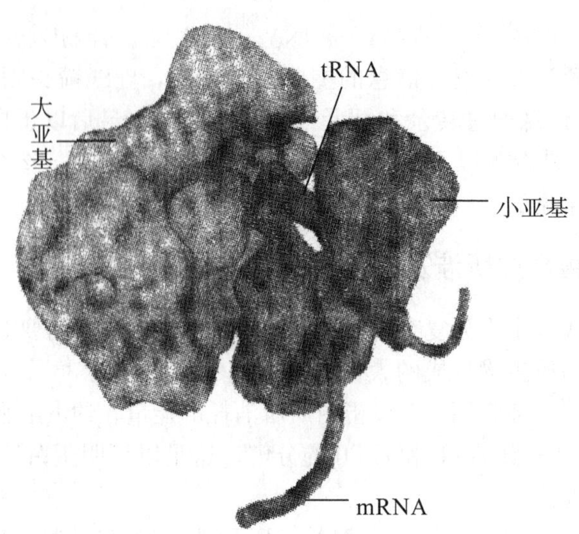

图 15−2 大肠杆菌核糖体及其亚基的形态

核糖体的基本功能有 3 个：识别 mRNA 上的起始位点并开始翻译；密码子（codon）与 tRNA 上的反密码子（anticodon）正确配对；合成肽键，但要完成每一项功能却是十分复杂的。核糖体上有多个活性中心，每一个活性中心都由一组特殊蛋白质组成。虽然有些蛋白质本身具有催化活性，但若将它们从核糖体分离出来时，这种活性完全丧失。除此而外，核糖体蛋白除了作为核糖体的成分参与翻译以外，还具有其他功能，包括 DNA 复制、修复、转录、转录后加工、基因表达的自体调控和发育调节等。

对核糖体各组分功能的研究来自多方面的分析：如各组分的重建，蛋白质特异性抗体对功能的抑制作用，应用特异抗生素，导向活性部位的试剂与核糖体的反应等。通过这些研究，不仅了解了像肽键形成的催化中心位于大亚基上，在起始阶段 mRNA 的专一性结合发生在小亚基上等大的原则，而且对某些核糖体蛋白质及 rRNA 的特殊作用也有所了解。例如：大亚基上的 L_7 和 L_{12}（二者的氨基酸数目和顺序完全相同，只是 L_{12} 的 N 端为 Ser，而 L_7 的 N 端 Ser 被乙酰化），它们是许多可溶性蛋白因子出入大、小亚基间的门户，包括翻译的起始因子（IF）、延伸因子（EF）、释放因子（RF）等都首先与 L_7/L_{12} 相结合而发挥作用，并且在蛋白质能量利用上起关键作用；小亚基上的 S_1 可使 16SrRNA3′端的“发夹”式二级结构松开，从而使 16SrRNA3′端与 mRNA5′端的一个特殊区域相结合，便于翻译开始；S_5 与 S_2 和 S_4 的结合可提高蛋白质合成时延伸因子的 GTP 酶活性等。

核糖体上具有多个活性中心或活性部位（表 15−1，这些活性部位比较大，它们占据了核糖体的相当大部分，而不像酶的活性中心只占酶分子的一小部分。

表 15−1 大肠杆菌核糖体的活性位点

活性位点	功 能	位 置	组 分
mRNA 结合位点	结合 mRNA 和 IF	30 S，接近 P 位点	S_1，S_{18}，S_{21}；还有 $S_{3\sim5}$，S_{12} 及 16SrRNA 的 3′端区段
P 位点	结合 fMet−tRNA 和肽酰−tRNA	大部在 30 S	L_2，L_{27}；还有 L_{14}，L_{18}，L_{24}，及 L_{33} 靠近 16SrRNA3′端区段

续表

活性位点	功　能	位　置	组　分
A位点	结合氨基酰－tRNA	大部在50 S	L_1，L_5，L_7/L_{12}，L_{20}，L_{30}，L_{33}；16S和23SrRNA
E位点	结合并释放无负载tRNA	50 S	主要是23SrRNA
肽酰转移酶	将肽转移至氨酰tRNA	50 S，靠近P和A位点	$L_{2\sim4}$，L_{15}，L_{16}；23SrRNA
EF－Tu结合位点	氨酰tRNA进入	30 S表面	
EF－G结合位点	移位	50 S靠近30 S处	
L_7/L_{12}	GTP酶需要	50 S的柄	L_7，L_{12}

由表15－1可见，小亚基上有mRNA结合位点和延伸因子EF－Tu结合位点，肽酰tRNA结合位点大部分也在小亚基上，此外，小亚基上还有起始因子结合位点等。大亚基上具有氨酰tRNA结合位点、延伸因子EF－G结合位点、肽酰转移酶位点、E位点，以及L_7/L_{12}蛋白，它是GTP酶活性所必需的，但它本身并不是GTP酶。

用氯化铯密度梯度离心，可以将核糖体蛋白质分为两部分，一种称为核心蛋白（core protein，CP），另一种称为脱落蛋白（split protein，SP），将这两种蛋白质与rRNA一起保温，可很快的自行组装成30 S亚基和50 S亚基。可见，核糖体的形成是一个自动装配（self－assembly）的过程，而两个亚基的拆分需借助一些可溶性蛋白因子。

四、tRNA和氨基酰tRNA

tRNA在蛋白质合成中是氨基酸的携带者，氨基酸只能与tRNA结合后被携带进入核糖体，用于合成肽链，游离氨基酸不能进入核糖体。每一种氨基酸都有自己特有的tRNA携带，携带20种氨基酸的tRNA各不相同，而且有的氨基酸可以被几种tRNA携带。携带同一种氨基酸的几种tRNA称为氨基酸的同工受体（isoaceptor）或同工tRNA。这是因为一种氨基酸有几个密码子的缘故，通常是有一个密码子就有一个tRNA，有几个密码子就有几个tRNA，携带同一种氨基酸，且由同一个酶催化。所以，通常一个细胞内有70多种tRNA。

对于tRNA及携带了氨基酸的tRNA（称为氨基酰－tRNA或负载tRNA），通常用下列方法表示：将所携带的氨基酸符号写在tRNA的右上角，若有负载，则将其氨基酸符号写在tRNA的前面（或后面）。如Ala－$tRNA^{Ala}$、Phe－$tRNA^{Phe}$等。携带甲硫氨酸的tRNA有两种，一种在翻译起始时使用（$tRNA_i^{Met}$或$tRNA_f^{Met}$），另一种在肽链延伸中使用（$tRNA_e^{Met}$）。这两种tRNA在结构上也略有差异：$tRNA_f^{Met}$的氨基酸接受区第一对碱基不配对，而其他所有tRNA这一对碱基都是配对的。在原核细胞中，负责起始的甲硫氨酰tRNA（$tRNA_f^{Met}$或写为$tRNA^{fMet}$），其所携带的甲硫氨酸α－氨基被甲酰化，称为甲酰甲硫氨酰tRNA（fMet－$tRNA_f^{Met}$）。二者在一级结构上有几个核苷酸不同，但其反密码子相同。都是$^{3'}$UAC$^{5'}$。在大肠杆菌中，$tRNA_f^{Met}$约占70%，$tRNA_e^{Met}$严约占30%。甲酰化过程是：在$tRNA_f^{Met}$携带了甲硫氨酸后由转甲酰酶（transformylase）催化，由N^{10}－甲酰四氢叶酸提供甲酰基（－CHO），使Met的α－氨基被甲酰化（formylation）：

$$Met—tRNA_f^{Met}+N^{10}-甲酰\ FH_4 \xrightarrow{转甲酰酶} fMet—tRNA_f^{Met}+FH_4$$

氨基酸与携带它的 tRNA 是如何识别和结合成氨酰 tRNA 的呢？这涉及下列生化过程。

1. 氨基酸与 tRNA 连接的反应

氨基酸与 tRNA 连接实际上也是氨基酸的活化，氨基酸只有活化后才能用于合成肽链。氨基酸与 tRNA 连接形成氨基酰 tRNA 包括两步反应：首先是氨基酸与 ATP 反应，生成活化的氨基酰腺苷酸（AA~AMP），其中，氨基酸的 α－羧基是以高能键连接于腺苷酸的磷酸基上；然后氨基酸由 AA~ AMP 转移给 tRNA 而生成氨基酰 tRNA。

$$AA+ATP \xrightleftharpoons{氨基酰\ tRNA\ 合成酶} AA\sim AMP+PPi$$

$$AA\sim AMP+tRNA \xrightleftharpoons{氨基酰\ tRNA\ 合成酶} AA\sim tRNA+AMP$$

以上两步反应合并的总反应为：

$$AA+ATP+tRNA \xrightarrow{氨基酰\ tRNA\ 合成酶} AA\sim tRNA+AMP+PPi$$

此反应的平衡常数接近于 1，自由能降低极少，说明 tRNA 与氨基酸之间的键是一个高能酯键，这个键水解时的 ΔG 为－30.51 kJ。由此可见，氨基酸与 tRNA 的连接（氨基酸的活化）是一个耗能过程，由 ATP 分解提供能量，因为 ATP 分解为 AMP，相当于消耗 2 个高能键。因此，这个反应是不可逆的。

氨基酸在与 tRNA 连接时，因为 tRNA3′端的腺苷核糖上有 2′和 3′位上两个游离羟基，究竟与哪个生成酯键呢？实验统计表明，这与氨基酸的密码子中间（第二个）碱基有关，密码子中间为 U 的氨基酸，主要连于 tRNA3′端 A 的 2′位上，密码子中间为 C 的氨基酸，主要连于 3′位上。中间为 A 或 G 的其连接无一定规律。

2. 氨基酰 tRNA 合成酶

上述氨基酸与 tRNA 连接的两步反应是由同一个酶催化的，此酶称为氨基酰 tRNA 合成酶（aminoacyl－tRNA synthetase）。它所催化的第一步氨基酸的活性反应（酰化）并不是严格专一的。例如，大肠杆菌的异亮氨酰 tRNA 合成酶，也可催化亮氨酰～AMP 或缬氨酰～AMP 的合成；缬氨酰 tRNA 合成酶也可催化苏氨酰～AMP 的合成。

但是由此酶催化的第二步酯化反应，却表现出高度的专一性。异亮氨酰 tRNA 合成酶虽然可以合成缬氨酰～AMP，但不能得到 Val－$tRNA^{Ile}$，因为这个酶能以很快的速度将 Val－$tRNA^{Ile}$水解为 $tRNA^{Ile}$和 Val。异亮氨酰 tRNA 合成酶对异亮氨酸的亲和力比缬氨酸大 225 倍，虽然细胞内 Val 的浓度比 Ile 高 5 倍，Val 被错误活化掺入到 Ile 位点上去的几率应是 1/40，但实际上错误率只有 1/10000，表明酶具有一种校正活性（proofreading activity），可将错误活化纠正。同样，苯丙氨酰 tRNA 合成酶不能水解 Phe－$tRNA^{Phe}$，而能把 ILe－$tRNA^{Phe}$水解为 $tRNA^{Phe}$和 Ile。因此，从总的反应来看，氨基酸与其相应 tRNA 的连接是高度专一的。氨基酰 tRNA 合成酶的这种专一性有十分重要的生理意义，它可以避免 tRNA 携带错误的氨基酸掺入蛋白质合成，是减少蛋白质合成错误几率的手段之一。

氨基酰 tRNA 合成酶一般相对分子质量都较大，大多在 85000～110000 之间。它们中有的仅是一条肽链，有的由几个亚基组成。活性中心为巯基。一般一种氨基酸对应一种氨基酰 tRNA 合成酶，但大肠杆菌有 21 种氨基酰 tRNA 合成酶，因为 Lys 有两种合成酶。但也有某些生物所含氨基酰 tRNA 合成酶不足 20 种。如嗜热的产甲烷菌（*Thermophilic methanogens*）无半胱氨酰 tRNA 合成酶，携带半胱氨酸的 tRNA 由脯氨酰 tRNA 合成酶催化。

3. 氨基酰 tRNA 合成酶对底物的识别作用

一种 tRNA 只能携带一种氨基酸，这二者之间并不存在识别作用，它们均是靠氨基酰 tRNA 合成酶来识别的。因此，氨基酰 tRNA 合成酶的底物包括两类化合物，即氨基酸和 tRNA。酶分子上有两个识别位点，一个位点识别并结合特异氨基酸，另一个位点识别并结合特异 tRNA。

氨基酰 tRNA 合成酶能在 20 种氨基酸中区分和活化它专一的氨基酸，但一些氨基酸类似物也可被氨基酰 tRNA 合成酶活化。这一类实验可以用来探索氨基酸与酶结合的部位。研究较多的是大肠杆菌苯丙氨酰 tRNA 合成酶对苯丙氨酸类似物的活化与结合。实验结果表明，这个酶的一个疏水区是与苯丙氨酸的苯环相结合的。

对于氨基酰 tRNA 合成酶与 tRNA 结合部位的研究，涉及酶的结构和 tRNA 的结构这两方面。在这方面的研究现多采用特异化学试剂处理 tRNA，使 tRNA 分子中某些区域的碱基改变，然后观察它与酶的亲和力。实验发现，氨基酰 tRNA 合成酶可以使不同来源的 tRNA 氨酰化。例如酵母苯丙氨酰 tRNA 合成酶可以使大肠杆菌 $tRNA^{Met}$、$tRNA^{Ile}$、$tRNA^{Val}$等氨酰化。分析这些 tRNA 的一级结构，发现这些 tRNA 的二氢尿嘧啶环的茎部有几个核苷酸排列顺序相同。看来这几个核苷酸是 tRNA 与氨基酰 tRNA 合成酶相结合所必需的。

研究氨基酰 tRNA 合成酶与 tRNA 之间关系的另一种方法是用核酸水解酶处理氨基酰 tRNA 合成酶与 tRNA 形成的复合物。酶与 tRNA 结合的部分不被核酸酶水解，而 tRNA 中其他未结合部分被水解掉。用这种方法发现苯丙氨酰 tRNA 合成酶是与 $tRNA^{Phe}$的反密码区和二氢尿嘧啶区结合，酵母丝氨酰 tRNA 合成酶同 tRN^{Ser}的反密码区结合，而大肠杆菌甲硫氨酰 tRNA 合成酶的结合与 $tRNA^{Met}$的反密码区、3′端茎部的一部分以及附加区有关。由此可推测，不同 tRNA 与氨基酰 tRNA 合成酶的结合部位可能不同。

此外，近年来用酶法对 tRNA 的拆合实验，以及用人工合成 tRNA 片段来研究氨基酰 tRNA 合成酶与相应 tRNA 结构功能的关系方面也有较大的进展。

五、mRNA

mRNA 是蛋白质合成的直接模板，由它指导多肽链的合成。也就是说 mRNA 的结构决定蛋白质的结构，mRNA 分子上的核苷酸顺序决定蛋白质分子中的氨基酸顺序。这种遗传信息的转换是靠遗传密码（genetic code）来实现的（见第二节）。在一个 mRNA 分子上至少含有一个开放阅读框架（open reading frame，ORF）。即 mRNA 分子上从起始密码子到终止密码子之间的一段连续核苷酸序列。在原核生物中一个 mRNA 分子上常常有多个开放阅读框架。

第二节　遗传密码

一、三联体密码的确立

基因上所带的密码（code）是如何翻译成蛋白质的？即是说，核苷酸怎样决定氨基酸的顺序？首先要知道密码比例如何，即几个核苷酸代表 1 个氨基酸？通过多方面的证实，认为是 3 个连续的核苷酸代表 1 个氨基酸，即每 3 个核苷酸组成 1 个密码子（codon），称为**三联体密码**（triplet code）。

首先，从数学观点分析，核酸中有 4 种核苷酸，而组成蛋白质的氨基酸是 20 种，因此，一种核苷酸作为一种氨基酸的密码是不可能的；假若 2 种核苷酸为一组来代表 1 个氨基酸，它们所能代表的氨基酸数也只有 16 种（4^2）；如果 3 个核苷酸对应 1 个氨基酸，则可能的密码数就是 $4^3=64$ 种，这是能够将 20 种氨基酸全部包括在内的最低比例。

密码为三联体这个结论主要由 Crick 和 Brennes 的一个重要实验所证实。

用 E. *coli* 噬菌体 T_4 的一个基因为材料，应用前黄素（吖啶染料）作诱变剂（mutagen），它的作用是可在一条核苷酸链的两个邻近核苷酸之间插入一个额外的碱基，或者造成一个碱基的缺失，从而引起突变。Crick 等人的实验结果是：用诱变剂处理后，当造成多核苷酸链中一个碱基缺失时，噬菌体就发生突变（不能侵染大肠杆菌）；如果缺失两个碱基，也造成突变；如果缺失一个碱基，同时加入一个别的碱基，噬菌体仍能侵染大肠杆菌；如果缺失（或加入）3 个或 3 的倍数的碱基则均未造成突变。

对于上述实验结果，用三联体密码即能圆满地解释（图 15－3）。

	TCA	TCA	TCA	TCA	TCA	TCA……
	1	2	3	4	5	6
－1（A）	TCA	TCT	CAT	CAT	CAT	CAT
－1（A），－1（T）	TCA	TCC	ATC	ATC	ATC	ATC
－1（A），＋1（X）	TCA	TCT	CXA	TCA	TCA	TCA
＋3（X）	TCX	AXT	CAX	TCA	TCA	TCA

图 15－3　前黄素引起噬菌体突变的解释

____代表正常密码　～～～代表变异密码

假定 DNA 的一部分碱基排列如图 15－3 第一排所示，密码以 3 个碱基为一组，TCA 相当于某一氨基酸。当用诱变剂处理后缺失一个碱基 A，则第二个密码子变为 TCT，第三个以后全变成 CAT。它们均代表不同的氨基酸，这样合成的蛋白质分子变异很大，此时噬菌体表现为突变；如果缺失两个碱基（第三排），其变化情形与上同，也表现突变；如果缺一碱基，另加一个碱基（第四排）或者插入（或缺失）3 个碱基，在整个 DNA 链中，引起异常的三联体密码很少。如果根据二三个变化了的密码子翻译出的二三个氨基酸并不明显地影响蛋白质的结构（如酶的非活性中心），那么，噬菌体能表现出正常功能，可侵染大肠杆菌。事实上，确实发现插入和缺失靠得很近的噬菌体可表现功能正常，但随着插入与缺失之间距离的增大，噬菌体的正常功能表现为异常的趋势也增大。

二、密码破译（一个三联体代表某一个氨基酸的证明）

上面讨论了由 3 个核苷酸代表一个氨基酸的问题，下面将讨论三联体编码对应氨基酸的问题。这可从下面两个方面来确证。

1. 生物化学方法

用人工合成一个简单的多核苷酸作为 mRNA，观察这种 RNA 可以指导合成怎样的多肽，就可以推测出氨基酸的密码。

1961 年，Marshall Nirenberg 在大肠杆菌无细胞体系（cell-free system，即无完整细胞，由亚细胞和细胞抽提液组成的系统）中加入蛋白质合成的必需因素，如 tRNA、氨基酰

tRNA合成酶、ATP和用同位素标记的氨基酸混合物，再加上由多核苷酸磷酸化酶催化合成的多核苷酸（作为人工mRNA）。首先用多聚尿苷酸（polyU）作为人工mRNA，结果发现只有苯丙氨酸掺入到可溶于酸的蛋白质产物中。掺入的过程可用^{14}C标记的氨基酸追踪，所生成的蛋白质状物质为多聚苯丙氨酸。这个实验结果说明苯丙氨酸的密码子与几个U连在一起的结构有关，即苯丙氨酸的密码子应为UUU。然后，用人工合成的多聚腺苷酸（poly A）做模板，结果有赖氨酸掺入，证明赖氨酸的密码子为AAA。同样，用多聚C做实验，证明CCC为脯氨酸的密码子。多聚鸟苷酸（playG）因易于形成多股螺旋，不宜用作mRNA。

用多核苷酸磷酸化酶来催化合成人工mRNA时，其产物的性质取决于所用底物核苷二磷酸的种类和各自的浓度。例如，以UDP和CDP为底物时，由于产物中U与C的随机联结，会出现不同的排列形式（如UUU、UUC、CCU、UCU等）。这些排列形式可以用概率统计方法进行计算，把各种密码子出现的几率与各种氨基酸出现的几率进行对比，找出密码组成与氨基酸的对应关系，由此即可找出各种氨基酸的相应密码。通过这个方法，在以poly（UC）为人工模板的情况下，推测出UCU为丝氨酸的密码子，CUC为亮氨酸的密码子。

Khorana巧妙地应用化学合成和酶促合成制备了一系列人工模板，如poly（UC）、poly（AG）、poly（UUC）、poly（UUAC）等，利用这些模板在大肠杆菌无细胞体系中进行蛋白质合成，以此来推断各种氨基酸的密码。

应用上述方法，花了4年时间，于1965年完全查清了20种氨基酸的全部密码，并编制出了遗传密码字典，（表15－2）。表中代表了18种氨基酸和2种酰胺。蛋白质组分胱氨酸和羟脯氨酸没有相应的密码子，说明这两种氨基酸是在多肽形成之后通过氧化和其他反应而生成的。

表15－2　遗传密码表

5′端碱基	中间的碱基				3′端碱基
	U	C	A	G	
U	UUU UUC } Phe UUA UUG } Leu	UCU UCC UCA UCG } Ser	UAU UAC } Tyr UAA 终止 UAG 终止	UGU UGC } Cy_{SH} UGA 终止 UGG Trp	U C A G
C	CUU CUC CUA CUG } Leu	CCU CCC CCA CCG } Pro	CAU CAC } His CAA CAG } Cln	CGU CGC CGA CGG } Arg	U C A G
A	AUU AUC AUA } Ile AUG Met	ACU ACC ACA ACG } Thr	AAU AAC } Asn AAA AAG } Lys	AGU AGC } Ser AGA AGG } Arg	U C A G
G	GUU GUC GUA GUG } Val	GCU GCC GCA GCG } Ala	GAU GAC } Asp GAA GAG } Glu	GGU GGC GGA GGG } Gly	U C A G

表中有 3 个密码子（UAA，UGA 和 UAG）不代表任何一种氨基酸，它们称为**终止密码子**（termination codon），在多肽合成中起着终止的作用。另外，UGA 在特定的序列中还作为含硒半胱氨酸的密码子，而 UAG 在特定序列中还是吡咯赖氨酸的密码子。其余 61 个密码子中，不少密码子所代表的氨基酸是重复的，即一种氨基酸有几个密码子（最多达 6 个）。如 UUU 和 UUC 都代表苯丙氨酸，因此，UUU 和 UUC 称为**同义密码子**或**简并密码子**（degenerate codon）。另外，AUG 除代表甲硫氨酸外，还是翻译的起始信号，称为**起始密码子**（initation codon）。AUG 是主要的起始密码子，在原核细胞中，GUG 和 UUG（更罕见的还有 AUU）有时也作为起始密码子。在细菌基因组中 90%以 AUG 为起始密码子，8%以 GUG 为起始密码子，1%以 UUG 为起始密码子。大肠杆菌蛋白质合成起始因子 IF_3 可能是惟一使用 AUU 为起始密码子的蛋白质。

2. 遗传学方法

用遗传学方法可以从另一方面来证实密码子的可靠性。这个方法是用已知作用机制的诱变剂使生物发生定向突变，再检查密码子的可靠性。例如，已知亚硝酸对生物的诱变作用是由于它对核酸分子的碱基起了脱氨基作用，从而使碱基的结构发生改变。用亚硝酸处理后，含氨基的胞嘧啶变为尿嘧啶（C→U），腺嘌呤变为次黄嘌呤（A→H）。

次黄嘌呤在配对性质上和鸟嘌呤相似，所以亚硝酸对腺嘌呤作用后的产物从配对角度而言，可以看作鸟嘌呤。

用亚硝酸处理从烟草花叶病毒（TMV）中抽提出的 RNA，然后用处理过的 RNA 去感染烟草植株，结果产生了 TMV 的许多突变型。这些 TMV 的突变型在生长的特性上都不相同，它们的外壳蛋白肽链（由 158 个氨基酸构成）上有 22 个位置的氨基酸被其他氨基酸所取代。如 24 位的异亮氨酸（野生型）变成了缬氨酸（突变型）。异亮氨酸的密码子为 $\mathrm{AU}\begin{matrix}\mathrm{C}\\ \mathrm{U}\\ \mathrm{A}\end{matrix}$，经亚硝酸处理后变为 $\mathrm{GU}\begin{matrix}\mathrm{U}\\ \mathrm{U}\\ \mathrm{G}\end{matrix}$，这刚好是缬氨酸的密码子。又如第 66 位的天门冬氨酸（野生型）变成了甘氨酸（突变型）。天门冬氨酸的密码子是 $\mathrm{GA}\overset{\mathrm{U}}{\mathrm{C}}$，经亚硝酸处理后变为 $\mathrm{GG}\overset{\mathrm{U}}{\mathrm{U}}$，GGU 正是甘氨酸的密码子。

从这个实验还可看到氨基酸的这种替代只能单方向进行，即只能从甲→乙，而不能从乙→甲。例如只有异亮氨酸变为缬氨酸，而没有缬氨酸变为异亮氨酸。这是由于亚硝酸只能使 A→H（G），C→U，而不能使 H（G）→A 和 U→C。此外，也没有发现过其他氨基酸替代苯丙氨酸的现象。

三、密码的性质

1. 密码子不重叠（nonoverlapping）

在一条 RNA 链上，3 个连续的核苷酸决定一个氨基酸时是重叠的，还是不重叠的？例如，在一条由 9 个核苷酸所组成的多核苷酸 CAGCAGCAG 中，以 3 个核苷酸为一单位，便可划分为 3 个单位，每个单位（即每一个 CAG）代表一个氨基酸，这样就叫不重叠；如果在 CAGCAGCAG 中，CAG 代表一个氨基酸，AGC 代表另一个氨基酸，GCA 代表第三个氨基酸等，这样就称为重叠（相邻两个密码子共用 2 个核苷酸）；如果 CAG 代表一个氨基酸，GCA、AGC 代表另外的氨基酸，这样也是重叠（相邻两个密码子共用 1 个核苷酸）。

用亚硝酸处理 TMV 的 RNA，分析其突变型的蛋白质后看到，当一个核苷酸发生变化时，蛋白质中只有一个氨基酸发生变化，而不是连续 2 个或连续 3 个氨基酸都发生变化。这一事实说明了密码三联体是不重叠的。

2. 密码的通用性（universal）和变异性（variation）

如果将家兔网织红细胞中的 mRNA（作为模板）加入到大肠杆菌的蛋白质合成系统中，结果合成了正常的家兔血红蛋白。可见家兔密码的涵义和大肠杆菌密码的涵义是一样的。同样，烟草花叶病毒的 RNA 在大肠杆菌的无细胞体系中，可以合成病毒的外壳蛋白。

上述实验和其他实验都证明了密码是通用的，即所有的生物都共用一套密码。

但是在真核细胞的线粒体和叶绿体中，密码的含义与染色质 DNA 所含密码的含义有所不同，如在线粒体中，UGA 不是终止密码子，而是 Trp 的密码子；AUA 不是 Ile 的密码子，而是 Met 的密码子；AGA 和 AGG 不是 Arg 的密码子，而是终止密码子等。除线粒体外，某些生物的核基因组编码也出现一定变异。如支原体的 UGA 也代表色氨酸，而不是终止，嗜热四膜虫的另一终止密码 UAA 被用来编码谷氨酰胺。

3. 密码的简并性（degeneracy）

从密码表中可以看出，除色氨酸和甲硫氨酸各有一个对应的密码子外，其他氨基酸的密码子都在两种以上。亮氨酸、精氨酸和丝氨酸最多，各有 6 种密码子。有 6 种氨基酸具有 4 种密码子，只有异亮氨酸具有 3 种密码子。一个氨基酸具有 2 个以上的密码子就称为密码简并（或兼并）。对于同一种氨基酸的不同密码子，称为同义密码子（synonymous codon）。氨基酸的密码子数目与该氨基酸残基在蛋白质中的使用频率有关，使用频率越大，密码子数目也越多，但二者并没有严格的对应关系。

从表 15－2 可看出，密码子的简并情况多数是第三位核苷酸不同，通常是一种嘌呤代替了另一种嘌呤，或一种嘧啶代替了另一种嘧啶。因此，生物体中的$\frac{AT}{GC}$比例尽管变化很大（如细菌中 GC 可占 30%～70%），但氨基酸组成和相对比例变化却不大。因 GC 含量高者，可多用第三位为 GC 之密码子，因而不影响氨基酸的组成和比例。

密码的简并性对生物物种的稳定性有一定意义，因为当突变引起密码子内某一核苷酸改变时，可由变成同一氨基酸的另一个密码子代替，合成出与原来没有区别的蛋白质；相反，如果由变成另一种氨基酸的密码子替代，则合成出性质、功能对生物体有或大或小影响的另一种新蛋白质。这是生物发生变异和进化的根据之一。

密码的简并性中碱基的种类与蛋白质中氨基酸的种类具有一定的相关性。氨基酸的极性通常由密码子的第二位（中间）碱基决定，而简并性由第三位碱基决定：中间碱基为 U，它编码非极性氨基酸；中间是 C 的，基本上编码不带电荷的极性氨基酸；中间碱基是 A 或 G 的，基本上编码极性氨基酸；酸性氨基酸的密码子前两位都是 GA 等。这种分布使得密码子中一个碱基被置换，其结果是要么仍然编码相同的氨基酸，要么被理化性质十分接近的氨基酸取代，从而使基因突变可能造成的危害减小到最低程度。密码子形成的这种规律性是生物在长期进化选择的结果，是密码的一种防错措施。

4. 密码的连续性（commaless）

两个密码子之间没有任何核苷酸加以隔开。因此，要正确地阅读密码，必须从一个正确的起点开始阅读，此后连续不断地一个密码子挨一个密码子往下读，直至终止密码子出现为止。正因为密码子之间无间隔，因此如插入或删去1个碱基，就会导致其后密码子的阅读框架（reading frame）改变，造成移码误译，称为移码突变（frame shift mutation）。

5. 摆动性（wobble）

在翻译过程中，氨基酸的正确掺入，必须是 tRNA 的反密码子（阅读方向 3′→5′）与 mRNA 上的密码子（阅读方向 5′→3′）正确辨认，由于携带同种氨基酸的 tRNA 只有1个反密码子（同工 tRNA 的反密码子相同），而一种氨基酸有几个密码子，这就涉及1个反密码子必须与几个密码子配对辨认的问题。比较密码子与反密码子的配对关系，发现密码子的第一、二两个碱基的配对是标准配对，而第三个碱基为非标准配对。因此，tRNA 反密码子的第三个碱基必然可以与几个不同的碱基配对。例如丙氨酸的密码子有3个：GCC、GCU 和 GCA，都可和 $tRNA^{Ala}$ 的反密码子 CGI 配对，可见 I 能辨认 C、U 和 A，这种碱基识别作用有一定摆动性。但不是任何碱基都可以配对，当反密码子第三位碱基是 A 或 C 的。只能识别一种密码子；第三位碱基是 G 或 U 时，能识别两种密码子；第三位是 I 时，则可识别三种密码子。

密码子与反密码子配对的摆动性在生物进化上有积极的意义，可以减少突变频率，因为即使 mRNA 密码子的第三位碱基发生改变，也不一定引起蛋白质结构的改变。

第三节 蛋白质合成的机制

一、蛋白质合成的方向

蛋白质的合成是从氨基端开始，还是从羧基端开始？Howard Dintzis（1961）设计了一个巧妙的实验来证实这一问题。他用同位素标记合成的多肽来证实合成的方向。在血红蛋白合成开始后，加入用 ^{3}H 标记的氨基酸，待反应进行一定阶段后，用胰蛋白酶降解血红蛋白，得到许多小肽。用“指纹法”检查标记氨基酸在各种小肽内的分布情况，发现放射性氨基酸的含量是羧基端远远高于氨基端，并且从氨基端至羧基端的放射性逐渐增加。这说明血红蛋白的合成方向是从氨基端开始向羧基端延伸的。

二、密码子的识别

tRNA 的反密码子通过碱基配对识别 mRNA 的密码子。对密码子的识别是由 tRNA 决定，还是由氨基酸决定？如果由 tRNA 识别，连接在 tRNA3′－末端的氨基酸对密码子的识别有无影响？这个问题可由下列实验得到回答。

$tRNA^{Cys}$ 末端连接的半胱氨酸可用 Raney 镍还原为丙氨酸：

$$\underset{tRNA^{Cys}-Cys}{tRNA^{Cys}-O-\overset{O}{\overset{\|}{C}}-\underset{NH_2}{\underset{|}{\overset{H}{\overset{|}{C}}}}-CH_2-\boxed{SH}} \xrightarrow[\text{镍}]{\text{Raney}} \underset{tRNA^{Cys}-Ala}{tRNA^{Cys}-O-\overset{O}{\overset{\|}{C}}-\underset{NH_2}{\underset{|}{\overset{H}{\overset{|}{C}}}}-CH_2\boxed{H}}$$

上述反应得到“杂化”分子 $tRNA^{Cys}$－丙氨酸，其中丙氨酸连接在半胱氨酸专一的 $tRNA^{Cys}$ 上。如果这样的“杂化”分子能识别丙氨酸的密码子，就说明同一个 tRNA 分子由于末端连接的氨基酸发生了变化，它识别的密码子也相应发生了变化，在这种情况下，氨基酸在识别过程中起决定作用；反之，如果这种“杂化”分子仍然可以识别半胱氨酸的密码子，不能识别丙氨酸的密码子，就说明对密码子的识别起决定作用的是 tRNA 本身，而不是氨基酸。这可以从下面的实验得到证实。

在无细胞蛋白质合成体系中，以多聚（UG）为模板进行多肽合成，在一般情况下，合成的肽链中应含有半胱氨酸（因为此模板有它的密码子 UGU），而不含丙氨酸（因为此模板中没有它的密码子 GCX）。在这个体系中加入“杂化”分子 $tRNA^{Cys}$－丙氨酸，合成的多肽链中有丙氨酸掺入。这表明，“杂化”分子 $tRNA^{Cys}$－丙氨酸可以识别半胱氨酸的密码子。另外，用血红蛋白 mRNA 作模板，在血红蛋白合成过程中加入“杂化”分子 $tRNA^{Cys}$－〔^{14}C〕丙氨酸，合成的血红蛋白用胰蛋白酶水解，分析水解后的肽段，发现原来含有半胱氨酸的肽段中有同位素标记的丙氨酸，而原来含有丙氨酸的肽段却没有〔^{14}C〕标记的丙氨酸。

上述实验表明，tRNA 所携带的氨基酸对识别密码子没有影响，而 tRNA 分子本身起着决定作用。

三、蛋白质合成的步骤

蛋白质的生物合成过程可分为起译（起始）、肽链延伸和合成终止三个阶段。

1. 蛋白质合成的起始（initation）

大肠杆菌的核糖体由 30 S 和 50 S 两个亚基组成，但起译的发动主要与 30 S 亚基相关。用人工合成的多聚 AUG 作模板时，发现 $tRNA^{fMet}$ 可以和 30 S 亚基相结合，但如果要使其他氨基酰 tRNA 结合上去，就必须有 50 S 亚基参加。

在翻译的起始中有特殊的蛋白因子参加，称为**起始因子**（intiation factor，IF）。大肠杆菌中有 3 种起始因子，即 IF－1、IF－2 和 IF－3，其相对分子质量分别为 9000、82000～120000 和 20000。真核生物的起始因子（冠以字头 e，即 eukayte）迄今发现至少有 9 种，分别称为 eIF－1、eIF－2 等。

细菌翻译的起始需要下列 7 种成分：①30 S 亚基；②模板 mRNA；③ fMet－$tRNA^{fMet}$；④起始因子 IF－1、IF－2、IF－3；⑤GTP；⑥50 S 亚基；⑦Mg^{2+}。这些组分组合成起始复合物。起始过程可分为 3 步进行（图 15－4）。

（1）核糖体的解离

参与翻译起始的核糖体（70 S）的两个亚基（30 S 和 50 S）必须解离，两个亚基分开后才被激活。这主要由 IF－3 起作用，并需 IF－1 协助。分离后 IF－3 和 IF－1 便同 30 S 亚基结合。

真核生物核糖体大小亚基的分离，是 eIF－2B 和 eIF－3 首先与小亚基结合，然后再在 eIF－6 的参与下，促进 80 S 核糖体解离成 60 S 和 40 S 两个亚基。

（2）30 S 起始复合物的形成

30 S 亚基专一性地在翻译起始位点处与 mRNA 结合。IF－3 不仅促进核糖体亚基的分离，而且也促进 30 亚基与 mRNA 结合。然后 fMet－$tRNA^{fMet}$ 在 IF－2 的作用下与 30 S 亚基结合，tRNA 的反密码子与 mRNA 上的起始密码子配对。GTP 加强二者的结合。

这里涉及对起始信号的识别问题。

在原核生物中，起始密码子 AUG 可以在 mRNA 上的任何位置。30 S 亚基和负载起始

tRNA（原核为 fMet－tRNA^{fMet}，真核为 Met－tRNA$_i^{Met}$ 如何准确定位于起始密码子处呢？原核和真核生物对起始密码子的识别上存在差别，这种差别主要与二者 mRNA 的结构有关。在原核生物中，这种定位作用涉及两仲机制。

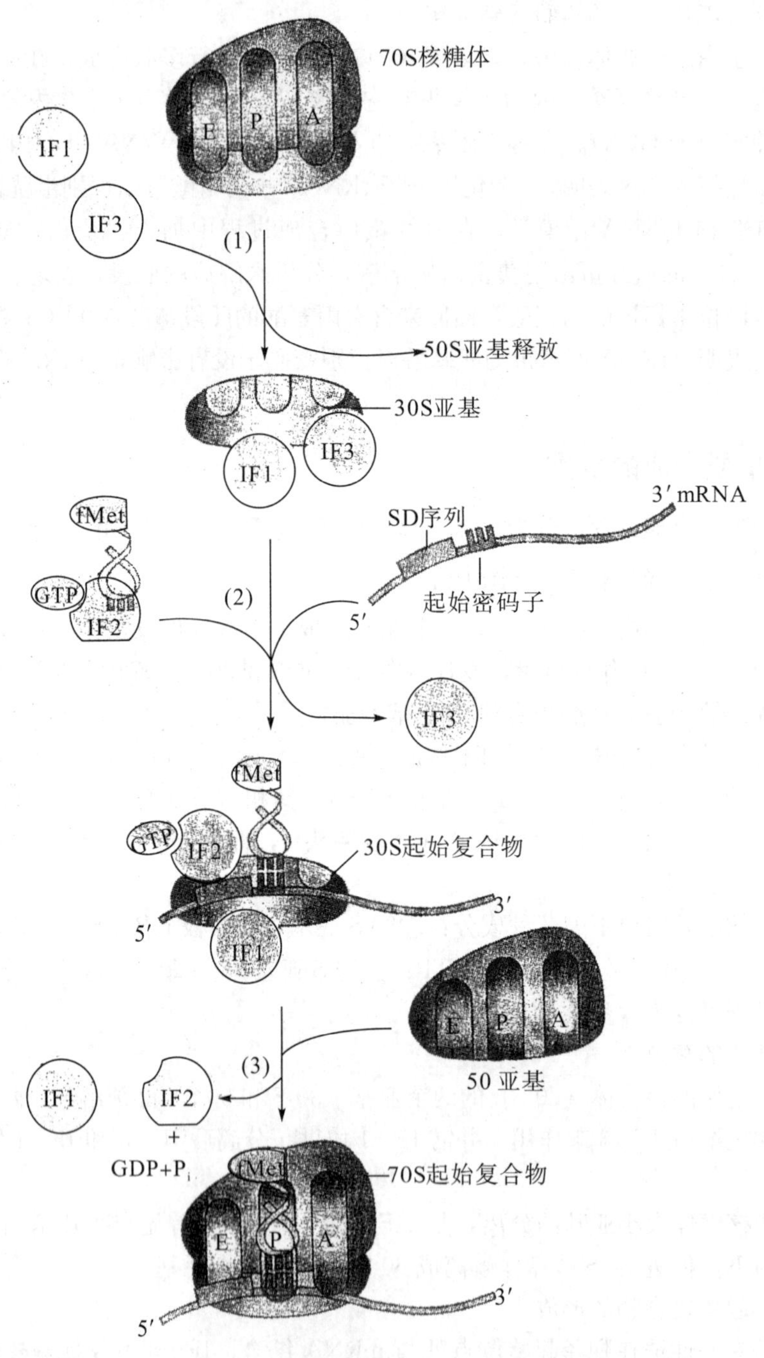

图 15－4　**大肠杆菌翻译起始复合物的形成**

其一，在原核生物各种 mRNA 起始密码上游约 8～13 个核苷酸部位，存在一个 4～9 核苷酸的共同序列，富含嘌呤碱基。如通常为 AGGAGGU，这是 John Shine 和 Lynn Daigarno 于 1974 年发现的，故定名为SD序列。而 30 S 亚基的 16S rRNA 的 3′端有一富含嘧啶的序列，如 UCCUCCA，刚好与 SD 序列互补，二者能很好结合。

SD序列　　S_1 识别序列

mRNA　　5′−AGGAGGUUUPuPuAUC−3′

16S rRNA 3′−UCCUCCA−5′

其二，mRNA 上紧接 SD 序列后有一小段序列，为核糖体小亚基蛋白 S_1 识别并结合的位点。通过上述 RNA−RNA 和 RNA−蛋白质的相互作用使 mRNA 的起始密码子 AUG 在核糖体上精确定位，并形成复合物。

各种 mRNA 的核糖体结合位点中能与 16S rRNA 配对的核苷酸数目及这些核苷酸到起始密码子之间的距离是不一样的，反映了起始信号的多样性。一般说来，二者互补的核苷酸越多，30 S 亚基与 mRNA 起始位点结合的效率也越高；而互补的核苷酸与 AUG 之间的距离直接影响 mRNA−核糖体复合物的形成及其稳定性。

真核生物翻译中对起始位点的识别不同于原核生物。真核生物没有 SD 序列，但 mRNA 的 5′端"帽"结构与 mRNA 在核糖体上的就位有关。起始因子 eIF−4E 是一种帽结合蛋白（cap-binding protein），它与 mRNA 的"帽"结合后，促使 mRNA 与小亚基（40 S）特定部位结合。在翻译起始时，原核生物是 mRNA 先于起始 $tRNA^{fMet}$ 与核糖体小亚基（30 S）结合，而真核生物则是先由 eIF−2 与 Met−$tRNA_i^{Met}$ 及 GTP 结合成复合物，在 eIF−3 和 eIF−4G 的帮助下，结合到 40 S 亚基上，然后从 mRNA5′端起进行扫描，直到 AUG 与 Met−$tRNA_i^{Met}$ 的反密码子配对，才完成准确定位，结合成 40 S 起始复合物。

（3）70 S 起始复合物的形成

核糖体上有 3 个特殊部位，一个是接受氨基酰 tRNA 的部位，称为A 位（aminoacyl site 或受位 acceptor site）；另一个是肽酰 tRNA 结合的部位，称为P 位（peptidyl site 或给位 donor site），二者都是由大小亚基蛋白组分共同组成；第三个是排出卸载 tRNA 的部位，称为E 位（exit site），主要由大亚基蛋白成分构成。

前一步形成 30 S 起始复合物后，IF−3 即释放，随即由 IF−2（具 GTPase 活性）促进 GTP 水解，释放的能量用于 50 S 亚基与 30 S 起始复合物结合，一当结合后即形成 70 S 起始复合物，此时 IF−1、IF−2、GDP 和 Pi 释放。在 70 S 起始复合物中，fMet−$tRNA^{fMet}$ 结合于 P 位，它的反密码子与 mRNA 的起始密码子 AUG 配对，此时 mRNA 上的第二个密码子正处于核糖体的 A 位，等待对应负载 tRNA 进入。

2. 肽链延伸（elongation）

肽链延伸包括结合、转肽和移位三个步骤（图 15−5）。三步反应形成一个循环，每循环一次即掺入一个氨基酸。

（1）结合（combining）

这是氨基酰 tRNA 进入核糖体 A 位的过程。因此又称这个步骤为进位（entry）。对应于 mRNA 上第二个密码子的氨基酰 tRNA 进入 A 位与核糖体结合，这是一个需能过程，由 GTP 提供能量，此外还需要两个蛋白因子 EF−Tu 和 EF−Ts 参与作用。EF−Tu、EF−Ts 以及下面要讲到的移位酶（G 因子）统称为肽链延伸因子（peptide chain elogation factor，EF）。

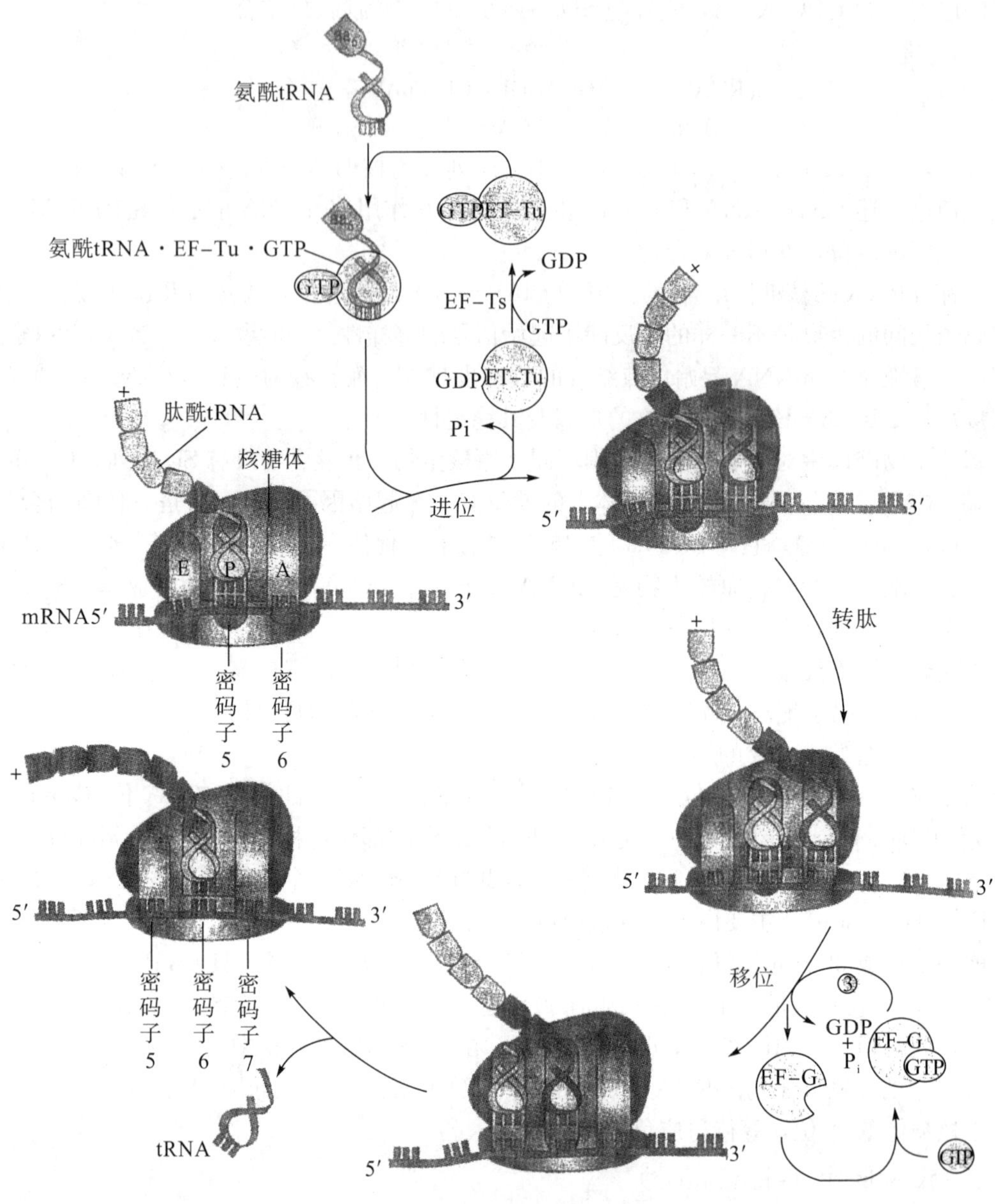

图 15-5　**大肠杆菌肽链延伸循环**

$tRNA^{fMet}$和其他氨基酰 tRNA 不同，它不能和 EF—Tu、EF—Ts 结合，这也是$tRNA^{fMet}$不能进入到肽链合成内部的原因。

EF-Tu 和 EF-Ts 为延伸因子 EF-T 的两个亚基。Ts 对热稳定，Tu 对热不稳定。在真核生物中与这两个 T 因子具有相似功能的是 EF-1 因子，它是一个多亚基蛋白，具有 EF-Tu 和 EF-Ts 两种活性。EF-Tu 先与 GTP 结合。再与氨基酰 tRNA 形成复合物，从而进入 A 位，一当氨基酰 tRNA 进入 A 位，即释出 EF-Tu · GDP，EF-Tu · GDP 再与 EF-Ts 及 GTP 反应，重新生成 EF—Tu · GTP，以供下一个氨基酰 tRNA 的结合，可见 EF—Tu 和 EF-Ts 都是帮助氨基酰 tRNA 进入 A 位并与 mRNA 结合的蛋白因子。

（2）转肽（transpeptidation）

结合过程一旦完成立即进行转肽。所谓转肽就是肽键形成过程。A 位上氨基酰 tRNA 所带氨基酸的 α－氨基与 P 位上的甲酰甲硫氨酰（或肽酰）tRNA 的羧基碳发生亲核攻击而形成肽键。实质上是将一个酯键转变为肽键。新的肽键一旦形成，则 P 位的 tRNA 即成为"无负载"的。

在大肠杆菌中，肽键的生成并不需要任何蛋白因子参与，而是靠核糖体大亚基的 23S rRNA 催化，这也是蛋白质合成过程中，rRNA 参与催化的惟一反应（但在真核生物中还没有证据表明肽酰转移酶活性由 rRNA 承担）。

可见，在此反应中 23S rRNA 起着过去称之为"肽酰转移酶"的作用，它具有两种活性：水解酯键和形成肽键活性。此反应勿需 GTP 或 ATP 提供能量，形成肽键所需能量来自酯键的水解。

（3）移位（translocation）

携带着肽酰基的 tRNA 连同 mRNA 移动一个三联体的距离（由 mRNA5′→3′的方向），由 A 位移到 P 位。肽酰基 tRNA（P－tRNA）从核糖体的 A 位移到 P 位这一过程称为移位。这个过程由移位酶（translocase）催化，并必须有供能的 GTP 参与。大肠杆菌的移位酶为 EF－G，真核生物为 EF－2。与此同时，P 位上原有的 tRNA（已无负载）转移到 E 位点，并由 E 位点释放出来，核糖体从 mRNA 的 5′端向 3′端方向移动，于是第三个密码子进入 A 位，等待第三个氨基酰 tRNA 进入。

以上结合、转肽、移位 3 步重复进行，核糖体沿 mRNA 每移动一个三联体单位，肽链就加长一个氨基酸。由核糖体释放的 tRNA（无负载）游离于细胞质中，又可再去携带相应的氨基酸。

3. 肽链合成终止（termination）

在密码表中有 3 个称为终止密码子的三联体，即 UAA、UAG 和 UGA，它们是肽链合成的终止信号。当核糖体沿 mRNA 移动至终止密码子进入 A 位时，没有任何氨基酰 tRNA 再进入 A 位，合成自动终止（图 15－6）。

合成终止及肽链释放需要释放因子 RF（release factor），原核生物有 3 种释放因子：RF－1 识别 UAA 和 UAG，RF－2 识别 UAA 和 UGA，RF－3 并不识别终止密码子，但对 RF－1 和 RF－2 的功能有促进作用。当终止密码子进入 A 位时，RF－1（或 RF－2）在 RF－3 和 GTP 的协同下进入核糖体 A 位，使核糖体发生构象改变，诱导"肽酰转移酶"（23S rRNA）的酯酶活性，使 P 位上的 tRNA 与肽链间的酯键水解，肽链释放，此时处于 P 位的 tRNA 成为无负载的，在 RF－3 的作用下，无负载的 tRNA 从 P 位转移至 E 位，然后从核糖体释放出来。这个过程所需能量来自 GTP 的分解。最后释放因子、GDP、Pi 都从核糖体释放。核糖体又可在起始因子 IF－3 作用下，两个亚基分离，重新开始蛋白质合成。

大肠杆菌的 3 个释放因子都是酸性蛋白质，其相对分子质量分别为：RF－1 44000，RF－2 49000，RF－3 46000。真核生物只有一种释放因子 RF（Mr：150000～250000）具有原核生物三种释放因子的活性。

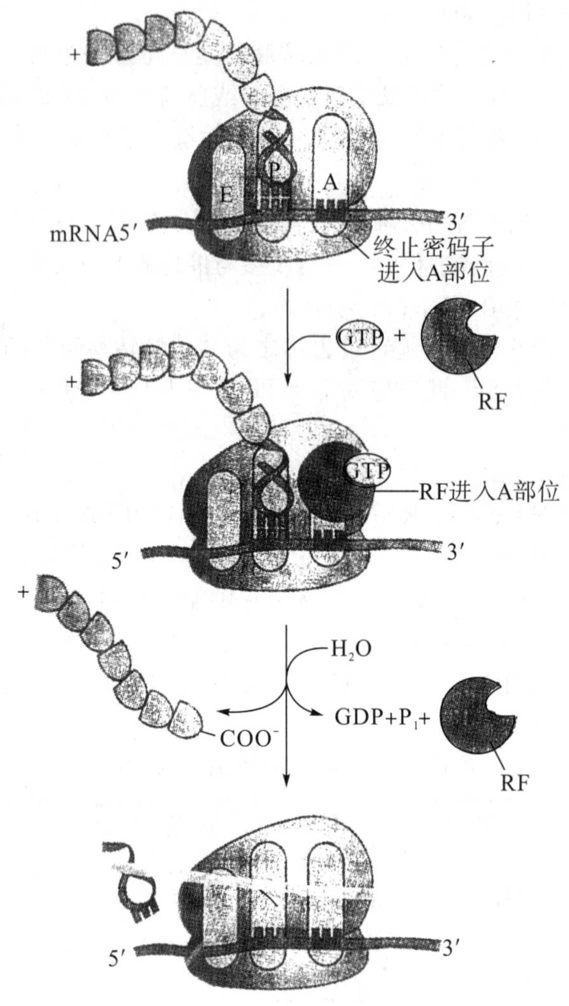

图 15－6　肽链合成终止

四、含硒半胱氨酸和吡咯赖氨酸掺入的翻译

含硒半胱氨酸（selonocysteine，Sec）是新近发现的一种氨基酸，存在于一些特殊的蛋白质分子中，如细菌的甲酸脱氢酶（formate dehydrogenase）、哺乳动物谷胱甘肽过氧化物酶、四碘甲状腺素 5′－去碘酶（tetraiodothyronine 5′－deiodionase）和含有多个含硒半胱氨酸残基（7～10 个）的硒蛋白 P（selenoprotein P）等。

通常 UGA 为终止密码子，但具有含硒半胱氨酸蛋白质在翻译时，UGA 不代表终止信号，而是含硒半胱氨酸的密码子，于是在 UGA 处时翻译不终止，而是含硒半胱氨酸掺入，并继续翻译下去（称为通读，read-through）。那么，机体如何识别 UGA 是终止密码子，还是含硒半胱氨酸的密码子？原来这些特异蛋白的 mRNA 具有含硒半胱氨酸插入序列（setonocysteine insertion sequence，SECIS），它在含硒半胱氨酸密码子附近可形成茎环结构，避免翻译终止，而发生通读。

吡咯赖氨酸（pyrrolysine，Pyl）是于 2002 年才发现的第 22 种标准氨基酸，它的掺入也是一种特异通读，在这里 UAG 不代表终止密码子，而代表吡咯赖氨酸。这种含吡咯赖氨酸的蛋白质合成时，与含硒半胱氨酸蛋白合成类似，由一段被称为吡咯赖氨酸插入序列（pyrrolysine insertion sequence，PYLIS）形成特殊的茎环结构，而发生通读使 Pyl 掺入蛋白质分子中。

五、多聚核糖体（polyribosome 或 polysome）

核糖体的两个亚基从 mRNA 上一旦释放出来，IF_3 即与 30 S 亚基结合，这种结合可防止 30 S 亚基与 50 S 亚基结合。因此，与 IF3 结合的 30 S 亚基又可用于合成起始，从而形成一个环式代谢，称为核糖体循环（ribosomal cycle）。

由实验知，在活细胞中，每条 mRNA 链在蛋白质合成中并不是只同一个核糖体相结合，而是同时与若干核糖体结合形成念珠状结构，此结构称为多聚核糖体。这样的结构可以在电子显微镜下直接观察到，最早是在合成血红蛋白旺盛的家兔网织细胞中观察到的，每条 mRNA 链上“串联”有 5 个核糖体。用核糖核酸酶温和地处理，使 mRNA 链断裂，则多聚核糖体结构破坏，释放出单个核糖体。

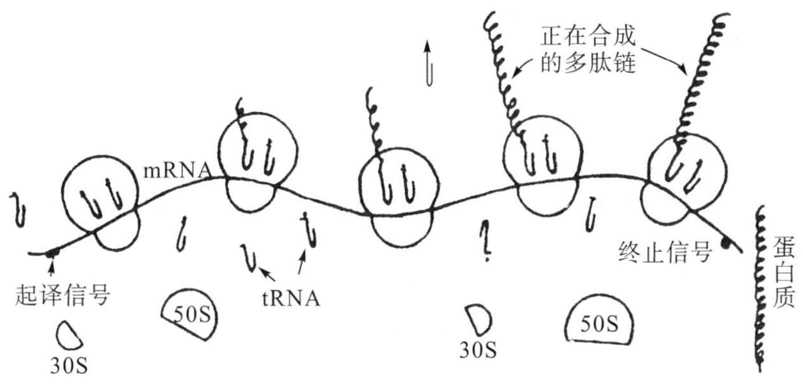

图 15－7　多聚核糖体

每一条 mRNA 链上所“串联”的核糖体数目与生物种类有关。如家兔网织细胞是5～6个，细菌中含有 4～20 个，在个别例子中也有多达 100 个核糖体的（例如与细菌的色氨酸合成酶有关的多聚核糖体）。至于核糖体之间的距离也是随生物种类而异，一般为 5 nm～10 nm。图 15－7 为一个多聚陔糖体的结构示意图。

多聚核糖体是生物体合成蛋白质最经济的一种形式，因为这样既可避免每一条多肽链需要一条 mRNA 链，也可避免由于合成过多量的同种 mRNA 造成错误而导致突变。这也是体内蛋白质的种类和数量很多，而 mRNA 的量并不很大（占 5%）的原因。

第四节　蛋白质合成后加工和运送

从核糖体完成合成并释放出来的新生肽链是没有活性的，它是蛋白质的前体，还需经过加工、修饰后才能转变为具有多种生理功能的活性蛋白。这种加工处理称为后修饰作用（post-modification），包括肽链的末端修饰、共价修饰和空间构象的形成，分泌性蛋白、膜蛋白和各细胞器特异蛋白还涉及肽链的分拣、分泌和靶向运送等。所有这些加工处理都是在一级结构的基础上进行的，即不同蛋白质具有不同的后修饰作用。对于这些后修饰作用的机制至今知之甚少，远不如对蛋白质生物合成过程的了解，这里仅就目前所知做一些概貌性地介绍。

一、蛋白质前体的加工

翻译后从核糖体释放出来没有活性的多肽链，称为蛋白质的前体。对前体首先进行一级结构的修饰，包括下列几种加工处理作用。

1. 肽链末端修饰

在原核生物中，无论以 AUG 或 GUG 开始的合成，总是代表甲酰甲硫氨酸(formylmethionine)，照此，所有蛋白质的 N－末端都应是甲酰甲硫氨酸，但事实并非如此。在大肠杆菌中蛋白质的 N－末端为：以甲硫氨酸开始的占 45%，以丙氨酸开始的占 30%，以丝氨酸开始的占 15%，其余 10%为其他氨基酸。

出现上述结果，是由于肽链在以甲酰甲硫氨酸开始的合成完成后，其 N－末端经过酶的修饰才形成以不同氨基酸为 N－末端的肽链。在大肠杆菌中发现了两种酶参与这种末端修饰，一种为脱甲酰酶（deformylase），它可水解掉甲酰甲硫氨酸的甲酰基；另一种为特异氨基肽酶（aminopeptidase），它可自 N－端逐个切去几个氨基酸残基。这种修饰作用不一定在肽链合成终止后进行，也可边合成边修饰。

2. 肽链的共价修饰

由于不同蛋白质的结构与功能不同，其后修饰作用也就有所不同。这种差异常常表现在不同残基的共价修饰上。有的需要磷酸化（如糖原磷酸化酶等），有的要乙酰化（如组蛋白）或甲基化（如细胞色素 C、肌肉蛋白等），有些还要接上各种糖基（各种糖蛋白），有的需要硫酸化，有的 N 末端需焦谷氨酸化，有的 C 末端要酰胺化等。经共价修饰后，普遍可提高活性，有的可延长在生理活动中的寿命，有的参与生物活性调控，参与细胞周期、分化、发育调节等。

这种共价修饰作用，通常在细胞的内质网中进行。

3. 肽链的水解修饰

在高等动物和人体，一些活性肽或蛋白质常常由其前体经水解后产生，尤其是一些脑肽，翻译后产生一个大分子的肽链，再经水解修饰产生若干个活性肽或蛋白质。例如，由脑垂体经翻译作用产生的促黑素促皮质激素原（proopiomelanocortin，POMC），由 265 个残基构成，经水解后可产生多个活性肽：β－内啡肽（β－endophin，11 肽）、β－促黑激素（β－MSH，18 肽）和 γ－促黑激素（27 肽）、促肾上腺皮质激素（ACTH，39 肽）、β－脂肪酸释放激素（β－LPH，91 肽）等（图 15－8）。

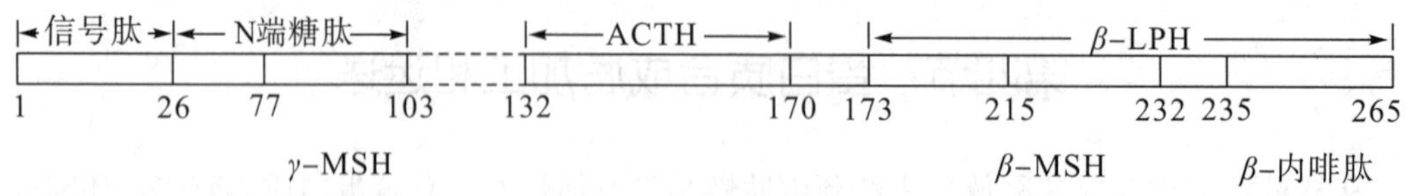

图 15－8　促黑素促皮质激素原（牛，人）

此外，一些分泌蛋白其 N 端带有信号肽（或导肽）（singnal peptide），对于穿过膜是必需的，但以后必须水解切除（见后）。

二、空间构象的形成及修饰

1. 肽链的折叠

蛋白质的空间构象（三维结构）与其功能有更紧密的关系。新生肽链的折叠发生在肽链合成中和合成后，事实上许多蛋白质只要N端合成后即开始发生折叠作用。通过折叠产生二级结构、结构域和三级结构。

多肽链的折叠方式多种多样，但都是由其一级结构决定的，即多肽链自身的氨基酸顺序蕴藏着蛋白质折叠的信息。蛋白质的折叠虽然是放能过程，但大多数天然蛋白质的折叠都不是自发进行，而是需要一些酶和特异蛋白质辅助。现已知促进蛋白质折叠的有下列几类特异蛋白（酶）。

（1）分子伴侣（molecular chaperone）

分子伴侣是一类保守蛋白质，它可识别细胞中肽链的非正常构象，抑制新生肽链不恰当的聚集，排除与其他蛋白质不合理的结合，帮助多肽链的正确折叠。

①热休克蛋白（heat shock protein，HSP）或称为热激蛋白，是一类应激蛋白，可被高温诱导产生。包括HSP70、HSP40（因Mr分别为70000和40000而得名）和GreE三族。它们协助肽链正确折叠的方式是：与待折叠的多肽片段结合，再释放该片段进行折叠，形成HSP和多肽片段依次结合、解离的循环，直至正确折叠为止。HSP70具有ATPase活性，可使ATP分解为折叠提供能量。HSP40主要是促进肽段同HSP70结合，GrpE是核苷酸交换因子，与HSP40作用，促使ATP与ADP交换，使HSP40－HSP70－ADP－多肽复合物变得不稳定而解离，使多肽片段释放而进行正确折叠。

②伴侣素（chaperonin）是分子伴侣的另一家族，如大肠杆菌的Gro EL和Gro ES，以及真核细胞的HSP60和HSP10。它们的主要作用是为非自发性折叠蛋白质提供形成天然空间构象的微环境。

（2）二硫键异构酶（disulfide isomerase）

蛋白质分子中不同半胱氨酸间形成二硫键可形成不同的构象。天然蛋白质分子无论是链内或链间的二硫键都是由一定位置的半胱氨酸形成的，如果发生不正确位置的半胱氨酸氧化形成二硫键，此时就由二硫键异构酶催化错配二硫键断裂，然后再形成正确二硫键。这个反应主要在细胞内质网进行。

（3）脯氨酰顺反异构酶（prolyl cis-trans isomerase）

第三章已介绍，脯氨酸作为一种亚氨酸在蛋白质形成三级结构中的重要性。肽键都是反式结构，若遇到脯氨酸时，由于它少一个氢原子，形成顺式结构的趋势就提高。此时肽链中形成的顺式脯氨酸就由脯氨酰顺反异构酶催化，把它转变为反式脯氨酸，以维系天然蛋白质的构象。

2. 蛋白质空间结构的修饰

蛋白质折叠形成一定构象后，还需经进一步的修饰，才能表现生物功能。不同功能蛋白质，其空间结构的修饰不同。

（1）亚基的聚合

由两个以上亚基构成的寡聚蛋白，在每一条肽链合成并完成正确折叠后，亚基与亚基间还要通过次级键按一定方式聚合，形成四级结构。例如乳酸脱氢酶，它的α、β两个亚基按不同方式聚合成4聚体，即构成各种乳酸脱氢酶的同工酶。有些蛋白质的二硫键在构成四级结构中也是必需的，而且是不能任意改变的，否则其功能将发生改变。例如，免疫球蛋白重链与轻链间的连接。

(2) 辅基的结合

结合蛋白质由蛋白质肽链和非蛋白组分的辅基组成，如糖蛋白、脂蛋白、色蛋白等。辅基和肽链的结合方式是多种多样的。有共价结合，也有非共价结合。糖蛋白的辅基单糖或寡糖在各种糖基转移酶的催化下，与肽链的丝氨酸、苏氨酸等氨基酸残基形成糖苷键而连接起来；血红蛋白的辅基血红素以盐键、配位键、疏水作用等化学键与肽链连接等。

辅基与蛋白质肽链的结合主要在细胞的内质网和高尔基体等部位进行。

(3) 脂链与膜蛋白的共价连接

膜蛋白分为外周蛋白和内在蛋白。内在蛋白是嵌入脂质双层的膜蛋白，它又有两种不同的类型，一种是靠蛋白质本身的疏水部分嵌入脂双层，另一种是蛋白质与脂质共价连接，依靠脂质嵌入脂双层，这类蛋白质称为脂锚定蛋白（Lipid-anchored protein)。脂锚定蛋白是蛋白质肽链在合成并折叠后，一定部位的氨基酸与脂质共价连接。这些氨基酸包括甘氨酸、丝氨酸、苏氨酸、赖氨酸等，连接的脂质包括豆蔻酸、软脂酸、硬脂酸、油酸、某些硫脂和异戊二烯等。

在脂锚定蛋白中，一个重要特点是脂质与蛋白质的连接是可逆的，并具有瞬时性，即连接与脱离均能在很短时间内完成。这种特性是真核细胞中控制信号转导途径（见第十七章）的一个因素。

三、蛋白质的靶向运送

细菌合成的蛋白质，去向有三：一部分保留在胞液中；另一部分被运送到质膜、外膜或膜间隙；第三部分是分泌到胞外。真核细胞合成的蛋白质也有三种去向：保留在胞液中；进入线粒体、叶绿体和细胞核等细胞器；分泌到体液，再运送到相应的靶器官和靶细胞中。后两种去向的蛋白质都涉及运送的问题，这是通过一定的机制将合成的蛋白质定向运送到最终发挥生物功能的目的地，因此称为靶向运送（tergcting)。

蛋白质靶向运送的机制有两种：翻译运送同步机制和翻译后运送机制。分泌性蛋白质大多是以翻译运送同步机制运送的，由细胞液进入细胞器的蛋白质大多以翻译后运送机制运送。而参与生物膜形成的蛋白质，则依赖于上述两种不同的运送机制镶嵌入膜内。这些蛋白质进入内质网后，经过短暂的加工，再形成由被膜包裹的转运小泡，转运到高尔基体，经过分拣，再运送到溶酶体、质膜等目的地。

1. 分泌蛋白的靶向运送

真核细胞中游离核糖体合成的蛋白质，它们只供装配线粒体和叶绿体等细胞器的膜，而内质网上的核糖体则合成分泌蛋白、溶酶体蛋白和构成质膜骨架的蛋白。这几类蛋白质的合成是边翻译边运送，都要进入内质网，然后由高尔基体分泌出去。这些蛋白质要穿越内质网膜进入内质网，是通过新生肽链N末端一段称为信号肽的特殊序列，涉及到蛋白质的识别、定向、穿膜等一系列作用，有多种大分子和大分子体系参与。

(1) 信号肽

分泌蛋白新生链的N端都具有一个长约13～36个残基的保守序列，称为信号肽(signal pepeide)，由3部分构成：N端含有1个或几个带正电荷的碱性氨基酸，中间区段含有 10～15 个疏水性氨基酸，C 端含有几个小侧链的极性氨基酸。这个区段含有信号肽酶（signal peptidase）的切割位点。因为信号肽将新生肽链部分引入内质网后信号肽要被该酶切掉。

信号肽的疏水区段对肽链穿膜是很重要的，因为一般蛋白质很难通过膜脂双层，而信号肽比较容易通过。

去除了信号肽的蛋白质，为什么有的是分泌蛋白，有的却是膜蛋白？为什么有的膜蛋白穿越膜仅一次，有的则穿越多次？不同类型的膜蛋白（内侧、外侧、部分镶嵌、全穿越等）又是如何运送的？

原来在新生肽链中除了在 N 端具有信号肽序列外，一些膜蛋白的 C 端也存在一些对肽链穿越内质网膜有影响的肽段，使得肽链穿越膜的过程终止。这部分肽段称为终止运送序列或终止肽（termination peptide，TP）。除去终止肽，原来整合在膜上的蛋白质就会变成分泌蛋白。因此，终止肽在某种意义上也起信号作用。

（2）分泌蛋白进入内质网的过程

一是分泌蛋白进入内质网所需大分子体系。分泌蛋白进入内质网是个比较复杂的过程，除需要新生肽链 N 末端的信号肽外，还有多种蛋白质参与，其中大多为各种受体，它们共同组成转运新生肽链的穿膜体系。

信号肽识别颗粒（signal recognition particle，SRP）。由 1 条 7S RNA（约 300 个核苷酸）和 6 条肽链构成，它有两个功能：一个是识别信号肽，引导正在合成的肽链与内质网结合；另一个是终止肽链的延伸作用。

信号肽识别颗粒受体（signal recognition particle receptor，SRPR）或称停泊蛋白（docking prgtein，DP）。它是内质网膜上的整合蛋白，由 α、β 两个亚基构成，其相对分子质量分别为 69000 和 30000。它有两个功能：①介导正在合成肽链的核糖体与内质网膜结合；②同时结束 SRP 的循环，使 SRP 再生游离。此外，α 亚基还具有 GTPase 活性。

信号序列受体（signal sequence receptor，SSR）或称肽转位复合物（peptide translocation complex，PTC）。是镶嵌于内质网膜上的一种糖蛋白，由 α 亚基（Mr：39000）和 β 亚基（Mr：22000）构成。由于 SSR 除了可以和信号序列作用外，还可和新生肽链其他部位作用，因此有人认为它可能是一个通道，促进新生肽链穿越内质网膜。

核糖体受体（ribosome receptor，RR），也星内质网膜蛋白，可结合核糖体大亚基使其与内质网膜稳定结合。

二是分泌蛋白进入内质网。分泌蛋白进入内质网的过程如图 15－9。

①核糖体组装，形成起始复合物。

②从 N 端首先合成信号肽，然后继续合成约 70 个氨基酸残基。

③SRP 与新生肽链 N 端信号肽结合，并进一步结合 GTP。在 SRP 的引导下，SRP－肽链－核糖体复合物靠近内质网膜。由于 SRP 的结合，肽链合成暂时停止。

④SRP－肽链－核糖体复合物与内质网膜上的 SRPR 结合。核糖体大亚基与核糖体受体结合，锚定内质网膜上，水解 GTP 供能，诱导 SSR 形成通道，新生蛋白信号肽插入内质网膜。

⑤借助 GTP 水解的能量，使 SRP 释放，并可再利用，称为 SRP 循环。

⑥肽链不断延伸，并不断进入内质网腔。

⑦信号肽完成了将新生肽链导入内质网的任务，被信号肽酶（signal peptidase）水解

切除。

⑧多肽合成结束，核糖体解离并恢复到翻译起始前的状态。

质膜骨架蛋白、溶酶体蛋白具有与分泌蛋白类似的转运机制，都是同步运送机制。

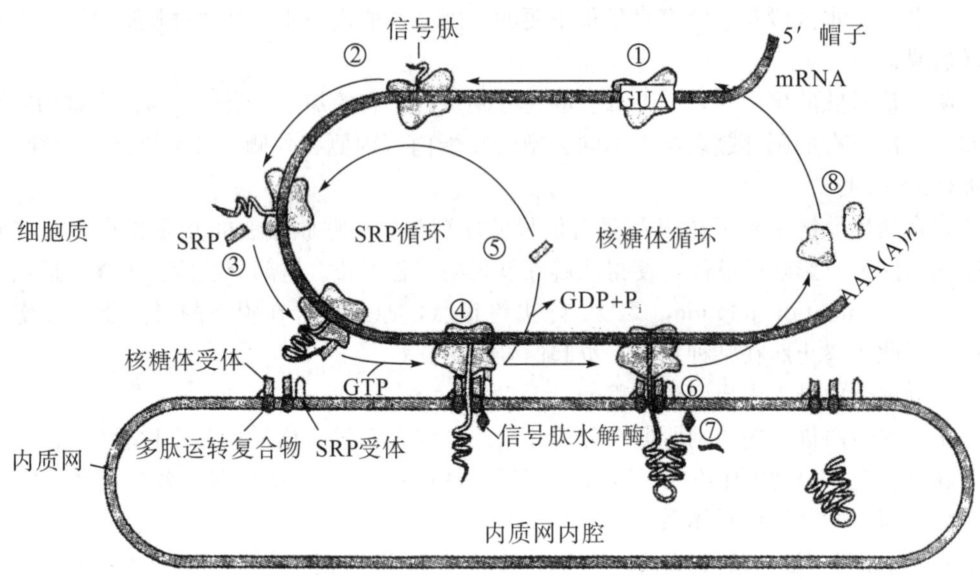

图 15-9 分泌蛋白进入内质网的过程

2. 线粒体蛋白的靶向运送

线粒体 RNA 全部由线粒体基因组编码，但线粒体蛋白质只有 10%是由线粒体基因组编码，其余 90%都由核基因组编码。也就是说，线粒体的大部分蛋白质（包括酶）都是在胞液中由游离核糖体合成后，再运送入线粒体。它们分别定位于外膜、内膜、膜间隙和基质内。这种转运机制称为翻译后运送（post-translational transport）。

由胞液向线粒体运送的蛋白质都以前体形式跨膜，它们的跨膜导向信息位于 N 端一段延伸肽上，称为**导肽**（leader peptide），长约 20～80 个氨基酸残基，富含碱性氨基酸（尤其是 Arg）和含羟基氨基酸。带正电荷的碱性氨基酸对于穿膜很重要，因为它与酸性的脂膜结合，可被外膜上的特异受体识别。膜蛋白和基质蛋白存在着不同的水解导肽的酶，导肽水解不同肽段可引导成熟蛋白全穿膜，或停留于外膜或内膜。此外，有些导肽含有“止运入”肽段，当该肽段被跨膜通道中的受体识别时，所运送的肽链将被定位在膜上。

现以线粒体基质蛋白的穿膜说明其运送过程（图 15-10）。

①胞液核糖体合成的线粒体蛋白前体首先与分子伴侣 HSP70 或线粒体输入刺激因子（MSF）结合，蛋白质肽链以非折叠形式运送到线粒体外膜附近。

②蛋白质通过导肽识别并结合于外膜受体复合物（Tom 受体）。

③蛋白质-Tom 受体复合物移动到由外膜转运体（Tom）和内膜转运体（Tim）组成的通道，肽链通过通道进入基质。蛋白质跨膜运送所需能量来自 HSP70 引发的 ATP 分解和跨内膜的电化学梯度。

④蛋白质前体导肽序列被酶水解，并在 HSP70 的帮助下折叠成成熟蛋白质。叶绿体蛋白质和核定位蛋白质具有线粒体蛋白类似的转运机制，均属于翻译后运送。

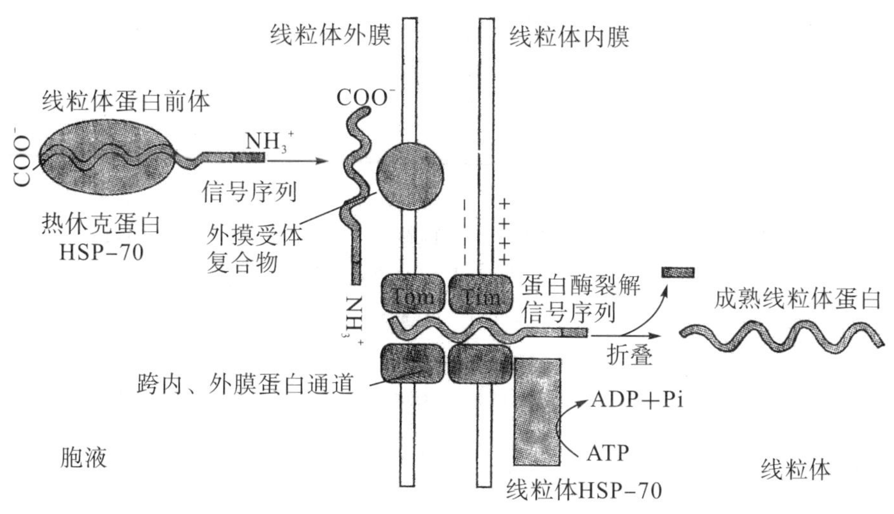

图 15－10 线粒体蛋白的靶向运送机制

第五节 蛋白质合成的抑制作用

多种因素可干扰基因表达，抑制蛋白质的生物合成。由于原核、真核生物蛋白质合成体系存在某些差异，根据这些差异，发现和研究某些抑制剂对它们的作用，对于探讨基因表达、药物设计、疾病防治等方面具有重要意义。

干扰蛋白质生物合成的抑制剂主要有抗生素、毒素和抗代谢物等。

一、抗生素

抗生素（antibiotics）为一类微生物来源的药物，可杀灭或抑制细菌。抗生素的杀菌作用主要表现在两个方面：有的抗生素主要破坏细菌细胞壁，引起溶菌；更多的抗生素是干扰核酸和蛋白质的生物合成。上一章已介绍抑制核酸合成的杭生素，这里主要介绍破坏蛋白质合成的抗生素。抗生素对蛋白质生物合成的抑制主要是作用于核糖体的大小亚基。

链霉素（streptomycin）、金霉素（chlortetracycline）、四环素（tetracycline）、土霉素（oxytetracycline）和卡那霉素（kanamycin）等抗生素可特异结合于细菌的核糖体小亚基；氯霉素（chloramphenicol）、红霉素（erythromycin）、螺旋霉素（spiramycin）等结合于核糖体的大亚基，从而抑制蛋白质合成。

上述抗菌素除了与核糖体的亚基结合，干扰核糖体的正常功能外，还有另外一些干扰机制。链霉素和卡那霉素是通过与 30 S 亚基的蛋白质 S_{12} 结合，阻碍 fMet－$tRNA^{fMet}$ 的结合，不能形成正常的起始复合物，翻译不能起始。此外，还由于与 30 S 亚基结合后，引起小亚基的构象改变，导致读码错误。结核杆菌对这两种抗生素特别敏感。

包括土霉素、金霉素在内的四环素族抗生素，与 30 S 亚基结合后妨碍甲酰甲硫氨酰 tRNA 与 30 S 亚基结合，也阻止氨基酰 tRNA 进入核糖体的 A 位。这些抗生素可通过细菌的细胞膜，进入细胞内，从而抑制蛋白质合成。真核生物核糖体本身对这些抗生素也是敏感的，但它们不能通过真核生物细胞膜，因而不能抑制真核细胞的蛋白质合成。

氯霉素主要抑制 50 S 亚基的肽酰转移酶，它可与该酶附近的多种蛋白质相互作用，使该酶不能发挥正常功能。此外，氯霉素也抑制氨基酰 tRNA 与核糖体的结合。

放线菌酮（cycloheximide）可特异抑制真核生物肽键的生成反应，可用于研究而不作药物。

二、毒素

干扰素（interferon，IF）是病毒感染宿主细胞产生的一种具有多功能的蛋白质。人体在被病毒感染后可产生 3 类干扰素：α－干扰素（白细胞产生）、β－干扰素（成纤维细胞产生）、γ－干扰素（T 淋巴细胞产生），每一类中又有若干亚类。

干扰素的产生，实际上是机体对病毒感染的一种保护性反应，它干扰病毒的蛋白质合成等。干扰素不是直接抑制或杀灭病毒，而是通过细胞间接发挥作用。干扰素首先活化抗病毒蛋白基因（antivirus gene，AVP），这个基因产生 3 种酶：一种蛋白激酶、2′－5′A 合成酶和一种磷酸二酯酶（RNase L）。蛋白激酶可使 eIF_2 磷酸化，从而抑制病毒蛋白质的合成；2′－5′A 合成酶催化产生一种少见的寡核苷酸，称为 2′－5′A（通过 2′，5′－磷酸二酯键连接的寡聚腺苷酸）。2′－5′A 即活化 RNase L，后者可降解病毒 mRNA。

干扰素除了干扰病毒的翻译外，对病毒的复制、转录、病毒颗粒的装配等均起抑制作用。

白喉毒素（diphtheria toxin）是由白喉杆菌（*Corynebacterium diphtheria*）分泌的一种毒素，它通过抑制蛋白质合成来杀死细胞。

白喉毒素是一条多肽单链（M_r：63000），有两个二硫键，可分为两个结构域。当 β 结构域与一种细胞表面的受体结合后，毒素蛋白质即水解断裂和二硫键还原，生成两个片段：A 片段（M_r：21000）和 B 片段（M_r：42000），接着 B 片段帮助 A 片段通过细胞膜而进入细胞。在细胞内 A 片段起十分专一的蛋白质修饰酶作用，它催化 ADP－核糖基化（ribosylation），接着使 EF－2（真核延伸因子－2）钝化：

$$\text{EF-2} + \text{NAD}^+ \rightleftharpoons \text{ADP-核糖} - \text{EF-2} + \text{烟酰胺} + \text{H}^+$$

这个反应在体外是可逆的，但在细胞内的 pH 及烟酰胺浓度条件下，它是不可逆的。EF－2 被 ADP－核糖基化后即再不能起延伸因子的作用，从而抑制了蛋白质合成。

霍乱毒素（choleragen）的作用机制有一部分也与白喉毒素类似。霍乱毒素由 1 条 A 链与 5 条 B 链组成，A 链具有蛋白质修饰酶活性，B 链促进 A 链进入细胞。A 链催化一种关键性的信号－偶联蛋白（signal-coupling protein）ADP－核糖基化，结果导致腺苷酸环化酶（adenylate cyclase）持续活化，产生大量 cAMP，引起细胞内许多反应（包括基因表达）无节制地进行。

蓖麻毒素（ricin）可使真核生物核糖体大亚基的 28S rRNA 的特异腺苷酸发生脱嘌呤，导致 60 S 亚基失活，从而阻断真核生物蛋白质合成。

三、抗代谢物

抗代谢物（antimetabolite）是指在结构上与参加反应的天然代谢物相似的物质，它能竞争性地抑制代谢中某一种酶或其他反应。有多种物质的结构类似于遗传信息传递中某些反应底物，因此，有的在临床上已用于治疗肿瘤。

嘌呤霉素（puromycin）是白色链霉菌（*Streptomices alboniger*）产生的一种抗生素，其结构与 $\text{Tyr-tRNA}^{\text{Tyr}}$ 十分相似，即嘌呤霉素是在腺苷的糖 3′位不是通过－OH 与 Tyr 缩合，而是$-NH_2$与 Tyr 缩合；腺嘌呤的N^6位氨基被 2 个甲基取代。因此，嘌呤霉素可代替 Tyr$-$tRNA^{Tyr}进入核糖体的 A 位，并连于延伸肽链的 C 端，此时其他氨基酸就再不能掺入了，使肽链合成提前终止。

此外，6－巯基嘌呤（6－mercaptopurine）、5－氟尿嘧啶（5－fluorouracil）等碱基的类似物可抑制 DNA 复制，已用于肿瘤治疗。

本章学习要点

遗传信息大多数生物贮存于 DNA，少数生物（RNA 病毒）贮存于 RNA，而生物性状是由蛋白质表现的。因此，遗传信息必须由 DNA 传向蛋白质，这种传递必须经过一种中间传递体，即 mRNA。因为只有如此才能保证遗传性的稳定性，同时也有使遗传信息得以放大的作用。遗传信息的这种传递方式，即为 Crick 提出的中心法则：DNA→RNA→蛋白质，前一步称为转录，后一步称为翻译或转译。在某些 RNA 病毒中，遗传信息还可以由 RNA 传向 DNA，称为反转录。

1. 一个蛋白质合成体系应包括：核糖体、tRNA、mRNA、原料氨基酸、氨基酰 tRNA 合成酶等多种酶及许多小分子可溶性蛋白因子。

2. 核糖体是蛋白质合成的场所，有的游离存在于细胞质内，有的附着于内质网上（构成粗面内质网）。许多分泌性蛋白即在内质网上的核糖体中合成。核糖体分为大、小两个亚基，具有几种 rRNA 和几十种蛋白质。它们与翻译的起始、链延长及合成终止均有关。核糖体中有多个活性位点，包括 P 位、A 位、E 位等，各自具有特定的功能。

3. 作为合成蛋白质的原料氨基酸首先需要活化，即在特异氨基酰 tRNA 合成酶的催化下，氨基酸与其相应的 tRNA 结合生成氨基酰 tRNA，这是个耗能反应，由 ATP 分解提供能量，每活化一个氨基酸消耗 2 个高能键。氨基酸与 tRNA 之间没有互相识别作用，二者由氨基酰 tRNA 合成酶识别。

4. mRNA 作为蛋白质合成的模板，它的核苷酸顺序决定了蛋白质的氨基酸顺序，每 3 个核苷酸决定 1 个氨基酸，称为密码。密码具有通用性、不重叠性、简并性和连续性。有的氨基酸有两个以上密码子，最多达到 6 个。密码子的数目与氨基酸的使用频率有关。AUG 为起始密码子，起始时在原核生物代表甲酰甲硫氨酸，真核代表甲硫氨酸。在原核生物中有时 GUG 和 UUG 也是起始信号。另外，有 3 个终止密码子．是合成的终止信号。

5. 蛋白质合成的起始除需 30 S 亚基，fMat$-$tRNA^{fMet}、mRNA 外，还需起始因子，原核为 IF，真核为 eIF；链延伸中需延伸因子 EF，合成终子时需释放因子 RF，这些因子都是可溶性的小分子蛋白质，有的就是核糖体的成分。蛋白质合成是耗能的过程，每合成一个肽键消耗 2 个 GTP（第一轮消耗 3 个）。

6. 肽链合成完成后还要经过后修饰作用才能成为活性蛋白质。在蛋白质合成中有多种因子具有干扰抑制作用，这对药物设计、疾病防治及翻译机制的研究均具有重要意义。

Chapter 15　PROTEIN BIOSYNTHESIS

Most of genetic information are stored in DNA. The minority (RNA virus) is stored in RNA. But biological character is expressed by protein. So genetic information must be transmitted from DNA to protein. The intermediate transmiter is mRNA. Only this process can ensure the stability of genetic information and in the meantime enlarge the genetic information. This transmittiry way of genetic information is central dogma which was proposed by Crick: DNA→RNA→Protein. The preceding step is named transcription. The later step is named translation. Genetic information also can be transmitted from RNA to DNA, this process is named reverse transcription.

1. One protein synthesis system includes ribosome, tRNA, mRNA, materia amino acid, aminoacyl-t RNA synthetase and many soluble protein factors.

2. Ribosome is the place of protein synthesis. Some ribosome exist in cytosome, some ribosome adhere endoplasmic reticulum (rough endoplasmic reticulum). Many secretion proteins are synthesized at ribosome in endoplasmic reticulum. Ribosome is departed into big and small subunit and has a few of rRNA and many proteins. They are related to the initiation of translation, strand elongation and the termination of synthesis. Ribosome has many active site, include p site, A site and E site, etc. They have their own special founctions.

3. Amino acid which is material of protein synthesis needs to bc activated first. Amino acid combined with it's corresponding tRNA and is compounded to be aminoacyl-tRNA by the catalyzation of aminoacyl-tRNA synthetase. This reaction will consume energy which is provided by ATP decomposition. Activating one amino acid will consume two high-energy bonds. Amino acid can not recognize with tRNA, they are recognized by aminoacyl-tPNA synthetase.

4. mRNA is the template of protein synthesis. The nucleotide sequcnce of mRNA decides the amino acid sequence of protein. Three nucleotides decide one amino acid. It is named code. Code has universal, disoverlapping, degeneracy and continuous characteristics. Some amino acids have above two codons, the most is six. The number of codon is related to the usage frequency of amino acid. AUG is original codon. If represents formylmethionine in prokaryote and methionine in eucaryote. Sometimes GUG and UUG are original codon in prokaryote. There are three terminal codons, they are terminal signal of synthesis.

5. The initiation of protein synthesis needs not only 30 S subunit, fMcl—tRNA fMet, mRNA but also initiation factor. Initiation factor in prokaryote is IF, but in eucaryote is eIF; Strand elongation needs elongation factor: EF; The termination of synthesis needs releasing factor: RF; These factors are soluble small molecule proteins. Some of them are components of ribosome. Protein synthesis will consume energy. Compounding one peptide bond consume two GTP. (first step need three GTP).

6. Peptide transfers to be active protein through post-modification. There are many factors have interference and suppression function in protein synthesis. It has important meaning for medicine design, disease prevention and translation mechanism research.

习 题

1. 用对或不对回答下列问题。如果不对，请说明原因。

（1）一种生物的基本遗传信息只能储存于一种核酸，要么是DNA，要么是RNA。

（2）在原核生物中，所有蛋白质的合成都是从甲酰甲硫氨酸开始。

（3）氨基酸对mRNA上相应密码子的识别，是由氨基酸的结构特征决定的。

（4）作为翻译起始信号的AUG必定处于mRNA的5′末端附近。

（5）翻译的起始仅仅是AUG是不够的，还需有特定序列或蛋白因子参与。

2. 在下列各组氨基酸的互变中，哪种改变可以由一个单一核苷酸的改变而产生？

①Met↔Arg　②Val↔Tyr　③Cys↔Trp　④Pro↔Ala　⑤Glu↔His

3. 在蛋白质分子中，通常含量较高的是Ser和Leu，其次是His和Cys，含量最少的是Met和Trp。一种氨基酸在蛋白质分子中出现的频率与它的密码子数量有什么关系？这种关系的选择其优点如何？

4. 有下列一段细菌DNA，写出其复制、转录及翻译的产物，并注明产物的末端及合成方向。

5′G T A G G A C A A T G G G T G A A G T G A C T T A T A 3′（非转录链）
3′C A T C C T G T T A C C C A C T T C A C T G A A T A T 5′（转录链）

5. 设有下列一段病毒DNA，用亚硝酸处理后产生一新的突变株，试写出该突变株中由此段DNA所产生的两种相应蛋白质的一级结构。

5′—GATCAGACG—3′
3′—CTAGTCTGC—5′

6. 假设反应从游离氨基酸、tRNA、氨基酰tRNA合成酶、mRNA、80 S核糖体以及翻译因子开始，那么翻译一分子牛胰核糖酸酶要用掉多少个高能磷酸键？翻译一分子肌红蛋白需要消耗多少个高能磷酸键？

7. 噬菌体T_4DNA的相对分子质量为1.3×10^8（双链），假定全部核苷酸均用于编码氨基酸，试问：

（1）T_4DNA可为多少氨基酸编码？

（2）T_4DNA可为多少相对分子质量为55000的不同蛋白质编码？（核苷酸对相对分子质量按618计，氨基酸平均相对分子质量按120计）

第十六章　物质代谢的调节控制

第一节　代谢调节的类型

生物体作为统一的有机体，各种物质的代谢是既相互联系又相互制约的，即各种物质代谢的过程是协调而统一的。这是由于机体内存在一套完整的自我调节机制，这套自我调节机制能协调各种代谢过程。

生物体内的自我调节机制，是在长期进化过程中不断适应多变的内外环境而逐步形成的。生物进化程度愈高，其适应能力愈强，因而代谢调节机制愈完善、愈复杂。根据代谢调节的复杂程度以及调节水平的不同，可将代谢调节分为三种类型：细胞水平的调节，激素水平的调节和整体水平调节。

细胞水平的调节作用是最原始的一种调节机制，属于物理化学反应的调节水平。这种调节作用主要是通过代谢物浓度的改变来调节一些酶促反应的速度，因此这种调节又称“酶水平的调节”。它是借酶在细胞内的分布情况及酶与代谢产物的相互作用而实现的一种调节机制。细菌等单细胞生物即是借此机制来调节细胞内的代谢。在多细胞生物中除了具有细胞水平的调节外，高等生物具有专司调节功能的内分泌细胞及内分泌器官，它们分泌的激素发挥调节作用。这种调节称为激素水平的调节。激素可以改变细胞内代谢物的浓度，也可以改变某些酶的活性或含量，从而影响代谢反应的速度。在高等动物中，不但有分泌激素的内分泌系统，而且有功能复杂的神经系统。在中枢神经的控制下，神经系统通过神经纤维及神经递质直接对靶细胞发生作用（神经调节），或通过激素的分泌来调节某些细胞的代谢及功能（神经体液调节），对机体实现综合调节，称为整体调节。

一、细胞水平的调节作用

这是在一个细胞内各种物质代谢的协调与平衡，是最基础的调节作用。无论原核生物或真核生物都具有这种最基本的调节方式。细胞水平的调节主要是通过对酶的控制来实现，因此又称为酶水平调节，包括酶在细胞内分布的差异、酶活性的改变及酶量的变化等方式改变代谢速度。

1. 区域定位的调节

细胞内的不同部位分布着不同的酶，称为酶的区域定位（compartmemtation）或酶分布的分隔性，这个特性就决定了细胞内的不同部位进行着不同的代谢。原核细胞没有细胞器，但各种代谢的酶在细胞内的分布仍存在部位的差异，有一些酶分布在质膜上，另一些酶存在于细胞液。真核细胞内存在细胞器和复杂的膜系统。真核细胞不同细胞器分布着不同的酶实现区域化调节，这种区域化的分布，使得各种代谢途径不致互相干扰，而又彼此协调。例如，脂肪酸的分解酶系存在于线粒体内，而脂肪酸的合成酶系主要存在胞液中，它们的代谢是相互制约的：合成脂肪酸的原料乙酰 CoA 要由线粒体内转移到线粒体外，脂肪酸氧化分解的原料要由线粒体外向线粒体内转运。所以，酶的分布局限决定了代谢途径的区域化，这样的区域化分布为代谢调节创造了有利条件。某些调节因素可以较专一地影响某一细胞组分中的酶活性，并不影响其他组分中的酶活性。换言之，当一些因素改变某种代谢速度时，并不影响其他代谢的进行。

现将一些重要的酶在真核细胞的区域化定位列于表 16−1。

表 16−1 一些重要酶在细胞内的分布

<table>
<tr><th colspan="2">细胞部位</th><th>酶</th><th>相关代谢</th></tr>
<tr><td colspan="2">细胞膜</td><td>ATP 酶、腺苷酸环化酶等</td><td>能量及信息转换</td></tr>
<tr><td colspan="2">细胞核</td><td>DNA 聚合酶、RNA 聚合酶、连接酶、RNA 前体修饰酶</td><td>DNA 复制、转录、转录后修饰</td></tr>
<tr><td rowspan="4">线粒体</td><td>外膜</td><td>单胺氧化酶、脂酰转移酶、NDP 激酶</td><td>胺氧化、脂酸活化、NTP 合成</td></tr>
<tr><td>膜间间隙</td><td>腺苷酸激酶、NDP 激酶、NMP 激酶</td><td>核苷酸代谢</td></tr>
<tr><td>内膜</td><td>呼吸链酶类、肉碱脂酰转移酶、ATP 酶</td><td>呼吸电子传递、脂酸转运、ATP 合成</td></tr>
<tr><td>基质</td><td>TCA 酶类、β−氧化酶类、氨基酸氧化脱氨及转氨酶类</td><td>糖、脂酸及氨基酸的有氧氧化</td></tr>
<tr><td colspan="2">溶酶体</td><td>各种水解酶类</td><td>糖、脂、蛋白质的水解</td></tr>
<tr><td colspan="2">粗面内质网</td><td>蛋白质合成酶类</td><td>蛋白质合成</td></tr>
<tr><td colspan="2">滑面内质网</td><td>加氧酶类、合成糖、脂酶系</td><td>羟化反应、糖蛋白及脂蛋白加工</td></tr>
<tr><td colspan="2">核糖体</td><td>蛋白质合成酶类</td><td>蛋白质合成</td></tr>
<tr><td colspan="2">叶绿体</td><td>ATP 酶、卡尔文循环酶系、光合电子传递酶系</td><td>光合作用</td></tr>
<tr><td colspan="2">过氧化体</td><td>过氧化氢酶，过氧化物酶</td><td>处理 H_2O_2</td></tr>
<tr><td colspan="2">胞液</td><td>EMP 酶类、HMS 酶类、脂酸合成酶系、卟啉合成酶、谷胱甘肽合成酶系、氨酰 tRNA 合成酶</td><td>糖分解、脂酸合成、谷胱甘肽代谢、氨基酸活化</td></tr>
</table>

2. 酶活性的调节

机体内各种物质代谢都是由酶催化的多个化学反应组成的，因此可以通过控制酶的活性来控制代谢速度。对酶活性的控制主要是由改变酶的分子结构来实现。但这种改变并不是对一个代谢途径中所有的酶进行，而是针对途径中少数起关键作用的酶进行控制，这种可被控制并对代谢途径产生重要影响的酶称为关键酶（key enzyme）。因为关键酶所催化的反应通常是最慢的，因而又称为限速酶（limiting velocity enzyme）。代谢途径中的关键酶具有下列特点：①它催化的反应速度最慢，因此决定整个代谢途径的总速度；②一般催化单向反应，或非平衡反应，因此它的活性决定代谢途径的方向；③关键酶为寡聚酶，其活性受多种形式的调节；④一个代谢途径的第一个酶以及分支代谢中分支后的第一个酶，通常就是关键酶。

对关键酶活性的调节大致有两种方式，一种是快速调节，一般在数秒或数分钟内即可发生或完成。这种调节是通过激活或抑制体内原有的酶分子的活性，主要通过共价修饰、激活剂或抑制剂对酶的非共价作用，以及亚基的聚合与解聚等方式改变酶分子的结构，从而迅速改变酶的活性。另一种调节方式是迟缓调节，一般需几小时后才能实现。其机制主要是通过改变酶分子的合成或降解以及酶原转化的速度来调节细胞内酶分子的浓度。

（1）酶的共价修饰（covalent modification）

对酶分子中一定氨基酸侧链基团（如活性中心的必需基团）进行化学修饰，使其共价连接某些化学基团，或去掉这些基团，酶的活性可以发生改变。最普遍而又特别重要的是磷酸化和脱磷酸。磷酸化是由 ATP 提供磷酸基，与酶的某个丝氨酸或苏氨酸的羟基缩合成磷酸酯，这个磷酸化过程由蛋白激酶（protein kinase）催化；脱磷酸是在磷蛋白磷酸酶（phosphoprotein phosphatase）作用下，水解掉磷酸化的酶中的磷酸基。磷酸化与脱磷酸这两种修饰酶的形式，其活性的变化，因酶而异。有的酶磷酸化后为活性态（或活性升高），另一些酶脱磷酸后为活性态（表 16－2）。

表 16－2　常见的磷酸修饰调节酶

磷酸化形式为活性态	脱磷酸后为活性态	磷酸化形式为活性态	脱磷酸后为活性态
糖原磷酸化酶	糖原合酶	酪氨酸羟化酶	谷氨酰胺合成酶（*E. coli*）
糖原磷酸化酶 b 激酶	丙酮酸激酶（L 型）	HMG－CoA 还原酶激酶	HMG－CoA 还原酶
果糖磷酸激酶	丙酮酸脱氢酶	依赖 cAMP 蛋白激酶	支链 α－酮酸脱氢酶
果糖－1，6－二磷酸酶	磷酸果糖激酶	依赖 cGMP 蛋白激酶	肌球蛋白 P－轻链激酶
三酰甘油酯酶	乙酰 CoA 羧化酶	cAMP 磷酸二酯酶	
卵磷脂酶	甘油磷酸基转移酶	RNA 聚合酶	
胆固醇酯酶	谷氨酸脱氢酶	eIF_2 激酶	

酶的共价修饰除磷酸化/脱磷酸外，还有腺苷酰化/脱腺苷、尿苷酰化/脱尿苷、甲基化/脱甲基、乙酰化/脱乙酰、ADP－糖基化、S－S/SH 等多种形式。酶的磷酸化至少具有下列几个优点：①酶的磷酸化 1 分子亚基消耗 1 分子 ATP，这与合成酶蛋白所消耗的 ATP 相比显然要少得多，且作用迅速；②磷酸基在生理条件下带两个负电荷，这有利于与带正电荷的蛋白质的相互作用；③磷酸基可以形成三个氢键，这也有利于与某些分子的相互作用，同时还可使反应高度定向；④磷酸化酶通常具有放大效应，使少许信息产生显著效果。因此，磷酸化/脱磷酸的修饰是体内调节酶活性经济而有效的方式。

（2）亚基的聚合与解聚（polymerization and depolymerization）

有一些寡聚酶通过与一些小分子调节因子结合，使得酶的亚基发生聚合或解聚，从而使酶发生活性态与非活性态互变，这也是代谢调节的一种重要方式。调节因子通常与酶的调节中心（regulatory center）以非共价结合（因此不同于共价修饰）。在这种调节酶中，多数是聚合时为活性态，解聚时为非活性态，少数例外（表 15－3）。

表 15－3　酶的聚合与解聚

酶（来源）	分子变化	调节因子	活性变化
磷酸果糖激酶（兔骨骼肌）	聚　合 解　聚	F6P，FDP ATP	激活 抑制
异柠檬酸脱氢酶（牛心）	聚　合 解　聚	ADP NADH	激活 抑制
苹果酸脱氢酶（猪心）	单体→二聚体	NAD^+	激活
丙酮酸羧化酶（羊肾）	聚　合	乙酰 CoA	激活

续表

酶（来源）	分子变化	调节因子	活性变化
G6P脱氢酶（人红细胞）	单体→二聚体→四聚体	$NADP^+$	激活
糖原磷酸化酶b	四聚体→二聚体	糖原	抑制
糖原合酶（鼠肌）	寡　聚 解　聚	UDPG+G6P ATP或K^+	激活 抑制
乙酰CoA羧化酶（脂肪组织）	聚　合	柠檬酸，异柠檬酸	激活
谷氨酸脱氢酶（牛肝）	聚　合 解　聚	ADP，Leu GTP（或GDP），NADPH	激活 抑制
谷氨酰胺酶（猪肾）	聚　合	α-酮戊二酸，苹果酸，Pi	激活
丙酮酸激酶	聚　合	FDP，PEP，K^+	激活

丙酮酸激酶为糖酵解的一个调节酶，以二聚体和四聚体两种形式存在，其中二聚体为低活性形式，四聚体为高活性形式。当激活剂FDP、磷酸烯醇式丙酮酸和K^+存在时，酶由二聚体聚合成四聚体，活力升高，K_m减小；当抑制剂ATP、柠檬酸、乙酰CoA存在时，四聚体解聚为二聚体，活力降低，K_m增大。

乙酰CoA羧化酶是脂肪酸合成的关键酶，由4种不同的亚基组成，亚基的聚合与解聚，使酶存在三种形态。当有激活剂柠檬酸或异柠檬酸与之结合后，酶由无活性（或低活性）的原体聚合成活性的多聚体；长链脂肪酸及ATP-Mg^{2+}则使其解聚。

$$\underset{（无活性，M_r：100000）}{4个不同亚基} \rightleftharpoons \underset{（无活性，M_r：409000）}{原　体} \underset{脂肪酸，ATP—Mg^{2+}}{\overset{柠檬酸，异柠檬酸}{\rightleftharpoons}} \underset{[活性,M_r:(4\sim8)\times10^6]}{多聚体}$$

谷氨酸脱氢酶由6个相同亚基组成（每个亚基含506个残基），每3个亚基组成一个三聚体，6个亚基聚合时形成双层的六聚体分子。这个酶有两种活性形式：X型和Y型，成聚合态时为X型，催化丙氨酸脱氢；X型解聚为Y型时，催化谷氨酸脱氢；但若X型进一步聚合，三聚体层数增加呈长纤维状，此种聚合体为非活性型。可见，这是一种更为复杂的聚合/解聚形式。

$$\underset{（催化Glu脱氢）}{Y型} \underset{GTP（或GDP），NADPH}{\overset{ADP和Leu}{\rightleftharpoons}} \underset{（催化Ala脱氢）}{X型} \rightleftharpoons \underset{（无活性）}{多聚体型}$$

（3）变构（allostery）

许多调节酶有两种或多种构象，其构象的改变可导致活性改变，从而引起代谢速度改变，这种由酶的空间结构改变进行的调节，称为变构调节（见第二节）。

3. 酶量变化的调节

细胞内酶的浓度的改变也可改变代谢速度。细胞内酶的浓度与酶蛋白相应基因表达的调控（见第三节）、酶的降解速度以及酶原的激活程度等因素有关。其中主要是对基因表达的调节，活化基因则合成相应的酶，酶量增加；钝化基因则基因关闭，停止酶的合成，酶量降低。因为这涉及基因表达程序，所以这种调节方式为迟缓调节，所需时间较长，但作用时间持久。

二、激素水平的调节

激素对物质代谢起着调节控制作用，不同激素对代谢的影响不同。对同一种物质的代谢，可由一种激素来调节（多数为促进），也可由作用相反的两种激素来调节，个别还由多种激素来调节；另一方面，一种激素也可以调节几种物质的代谢，以促进各种物质的分解代谢之间、分解代谢与合成代谢之间的协调。

激素对代谢的调节主要通过两方面来进行：激素本身分泌的调节以及激素对某种代谢的特殊效应。

1. 激素分泌的调节

体内有几种不同的机制来控制激素的分泌。

(1) 级联系统调节（cascade system modulation）

不少激素的分泌受到下丘脑－脑下垂体－内分泌腺－靶细胞这样一个系统的调节。即下丘脑（hypothalamus）正中隆起附近的神经细胞末梢分泌的促激素释放激素或抑制激素，进入下丘脑正中隆起的毛细血管，再经垂体门静脉系统进入垂体（hypophysis），起着促进或抑制垂体前叶促激素的生成和分泌，促激素再经血液运送至内分泌腺，产生相应的激素，再经血液循环，运送至靶细胞（target cell）发挥作用。可见，下丘脑既是植物性神经系统的一个较高级的中枢，本身又是一个内分泌器官，当然它的活动也要受到高级中枢大脑皮层的控制。

这种机制对于激素的分泌不仅受到多级控制，而且具有逐级放大的作用。

(2) 反馈调节（feedback modulation）

激素的分泌积累对上一级内分泌腺的影响，或者由于激素效应所产生的产物对激素分泌的影响，均称为反馈（feedback），如果这种影响是抑制性的，即称为负反馈（negative feedback）。激素的反馈调节基本上是负反馈。

血液中代谢物浓度的变化，常常影响内分泌腺的代谢和功能，影响激素的分泌。例如，血糖对肾上腺素和胰岛素分泌的影响。血糖浓度的下降是刺激肾上腺素分泌的信号，而血糖浓度的升高是胰岛素分泌的信号。

(3) 激素活性的调节（hormone activity modulation）

激素的活化是激素与其相应受体（receptor）的结合，不同的激素受体存在于不同的细胞中，激素调节该细胞内的代谢后被迅速灭活（inactive），因此血清中激素的浓度很低，大约在（10^{-12}～10^{-7}）mol/L 水平，而且寿命也仅仅几分钟。

激素的灭活或钝化的方式随激素而不同。多肽激素或者通过血清和细胞表面蛋白酶的作用，或者在细胞内由溶酶体（lysosome）的降解作用，或者通过肾小球（glomerular）的滤过作用，从循环系统中被除去；类固醇激素则由肝吸收，经过羟化（加单氧）、硫酸酯化或与糖醛酸结合成灭活形式等，然后排泄到胆管或回到血液中由肾脏清除掉；儿茶酚胺类激素则通过 O－甲基化、脱氨，以及形成硫酸酯或与糖醛酸结合等形式被灭活。

2. 激素的调节效应

激素对代谢的调节主要具有两个特点：组织特异性和效应特异性。即一种激素只作用于一定的细胞，一种激素只产生一定的生理效应。激素之所以对特定的组织或细胞（称靶组织或靶细胞）发挥作用，是由于该组织或细胞存在可特异识别并结合一定激素的受体，因而激素只能在相应靶组织或靶细胞中活化。

根据激素受体在细胞内存在的部位不同，可将激素分为两类：

①膜受体激素。蛋白质类、肽类和儿茶酚胺类激素的受体存在细胞质膜上，为膜上镶嵌

的糖蛋白。这类激素包括生长激素、胰岛素、促甲状腺激素、促性腺激素、肾上腺素等，激素与膜受体结合后，经过膜上另外的转导蛋白作用，刺激细胞内产生第二信使（second messenger），再导致细胞内一系列代谢变化（见第十七章）。

②胞内受体激素。一些相对分子质量较小的疏水性激素的受体存在细胞内，主要存在于核内，或存在于胞液中，激素—受体结合后再转入核内，调节基因活性，刺激基因表达。这类激素包括类固醇激素、甲状腺素、前列腺素等。

许多激素对细胞内代谢的调节都具有级联放大效应（cascade amplification），即很少的激素通过一系列激活，可引起靶组织或靶细胞内大量的代谢变化。

三、整体水平的调节

1. 神经调节及神经体液调节

高等动物及人体的形态和功能都很复杂，它们的新陈代谢调节机制都处于中枢神经系统（central nervous system）的控制之下。神经系统既能直接影响代谢活动，又能影响内分泌腺（endocrine gland）分泌激素而间接控制新陈代谢的进行。

神经调节与激素调节比较，神经系统传递信息是依靠一定的神经通路，以电位变化的形式传布，激素信息的传递则依靠体液；神经系统的作用短而快，激素的作用则缓慢而持久；激素的调节往往是局部性的，调节部分代谢，神经系统的调节则具有整体性，协调全部代谢途径。许多激素是由内分泌腺分泌的，而内分泌腺分泌激素又是由神经系统控制，因此，激素调节离不开神经系统的作用。

当人情绪紧张时，血糖浓度升高，并可引起糖尿；刺激丘脑下部和延脑的交感中枢也能引起血糖升高。这是因为外界刺激通过神经系统促进肝细胞中糖原分解的缘故。丘脑下部的损伤可引起肥胖症，摘除大脑两半球的实验动物，肝中的脂肪含量增加，这都是中枢神经系统调节脂代谢的例子。以上例子说明神经系统有直接调节代谢的作用。

然而，神经系统对代谢的控制在很大程度上是通过激素而发挥作用的。神经系统对内分泌腺活动的控制有两种方式：一种是直接的，一种是间接的。例如，肾上腺髓质受中枢—交感神经的直接支配而分泌肾上腺素，胰岛的β细胞受中枢—迷走神经的刺激而分泌胰岛素。在实验动物中，当大脑皮层兴奋时，甲状腺的活动增加，而当皮层处于抑制状态时，甲状腺的活动即降低，这些都是神经系统对激素调节的直接控制。此外，中枢神经系统还可以通过垂体前叶激素的作用间接控制内分泌腺的活动。例如甲状腺、性腺及肾上腺皮质分别受垂体前叶分泌的促甲状腺素、促性腺激素及促肾上腺皮质激素的刺激而分泌甲状腺素、性激素和肾上腺皮质激素。垂体产生的这些促激素还须有丘脑产生的促激素释放因子参加作用。由此可知，垂体和丘脑的活动都是受中枢神经控制的。

2. 应激的调节

整体水平调节不仅在正常情况下，对于协调、统一各种物质代谢（包括分解与合成）具有重要意义，在饥饿、应激等异常情况下更能体现整体调节的重要性。现以应激作为例子加以说明。

应激（stress）是高等动物和人体受到一些异乎寻常的刺激所做出的一系列反应的总称。这些刺激包括创伤、疼痛、烧伤、冻伤、缺氧、中毒、感染以及剧烈情绪激动等，在这些特殊状态下，机体处于紧张状态，通过神经调节和神经体液调节，引起一系列代谢的变化。例如，应激时交感神经兴奋、肾上腺激素分泌增加、血浆胰高血糖素及生长素水平增加、胰岛素分泌减少，从而导致物质代谢变化。

(1) 血糖升高　应激状态下，由于交感神经兴奋引起肾上腺素及胰高血糖素大量分泌，激活细胞内多种蛋白激酶，促进糖原分解；肾上腺皮质激素及胰高血糖素还引起糖异生作用加强；肾上腺皮质激素及生长素使周围组织对糖的利用降低。因此，总的效应是血糖浓度升高。这对保证大脑、红细胞及心肌细胞的供能具有重要意义。

(2) 脂肪动员加强　肾上腺素和胰高血糖素的分泌增强，可激活脂肪酶，促进脂肪分解，血浆游离脂肪酸升高，成为心肌、骨骼肌及肾等组织的主要能量来源。

(3) 蛋白质分解增强　应激时肾上腺素及皮质醇分泌增加，使肌肉蛋白质分解加强，血中游离氨基酸浓度升高，成为糖异生的原料。同时尿素生成及尿氮排出增加，机体出现负氮平衡。

总之，应激时三大物质代谢的分解加强，合成减弱，因而糖、脂、蛋白质分解代谢的中间产物在血液中的浓度急剧升高。

第二节　反馈调节

代谢底物、中间产物及终产物常常可以作为影响关键酶的效应物（effertor)。对关键酶的活性起到促进或抑制作用，这就是前馈和反馈调节。

一、前馈与反馈的概念

前馈（feedforward）和反馈（feedback）这两个术语来自电子学。前馈指“输入对输出的影响”，反馈则指“输出对输入的影响”。借用于代谢调节中，则指代谢底物和代谢产物对代谢速度的影响。

1. 前馈—代谢底物的调节作用

前馈是指代谢底物或代谢途径中早期的中间产物，对途径中后面某步反应酶活性的影响，从而影响整个代谢途径的速度。如果底物（或中间产物）浓度增高，使酶激活，或酶活提高，称为正前馈（positive feedforward)；相反，底物浓度增高，酶活下降，使代谢速度减慢，称为负前馈（negative feedforward)。

正前馈即前体激活，常见于分解代谢途径。如在糖酵解中6—磷酸葡萄糖对丙酮酸激酶的激活作用。粪链球菌（*Streptococcus faecalis*）的乳酸脱氢酶活性被1，6－二磷酸果糖促进，粗糙脉孢菌的异柠檬酸脱氢酶的活性受柠檬酸的促进，这些都是正前馈的例子。负前馈的例子不多见，在脂肪酸合成中，高浓度的乙酰CoA对乙酰CoA羧化酶有抑制作用就是一例，这种情况通常在底物过量时才产生。

2. 反馈—终产物的调节作用

在更多的情况下，一个代谢途径的终产物（或某些中间产物）对关键酶的活性产生更重要的影响，称为反馈。如果终产物浓度增高。刺激关键酶的活性，称为正反馈（positive feedback)；反之，终产物的积累抑制关键酶的活性，称为负反馈（negative feedback)。

在细胞内的反馈调节中，广泛地存在负反馈，正反馈的例子不多，而且有的正反馈还常与另一负反馈相偶联。单独的正反馈例子，如在糖的有氧氧化三羧酸循环中，乙酰CoA必须先与草酰乙酸结合才能被氧化，而草酰乙酸又是乙酰 CoA 经三羧酸循环氧化后的终产物。草酰乙酸的量若增多，则乙酰 CoA 被氧化的量亦增多；草酰乙酸的减少（如部分 α－酮戊二酸转变为谷氨酸，导致草酰乙酸生成量减少），则乙酰 CoA 的氧化量亦减少，这是草酰乙酸对乙酰 CoA 氧化正反馈控制的例子。

二、反馈抑制的类型

负反馈又称反馈抑制（feedback inhibition），是反馈调节中最普遍、最重要的形式。根据代谢途径的不同可分为线性反馈与分支代谢反馈，在分支代谢反馈中又有不同类型。

1. 线性代谢的反馈调节

所渭线性代谢，是指由一定的代谢底物开始，一个反应接着一个反应，前一个反应的产物是后一个反应的底物，形成连续的、线性代谢途径，直到整个代谢终产物的形成。随着终产物的积累，对整个途径产生反馈抑制作用。在线性反馈调节中又有直接反馈抑制和连续（或逐级）反馈抑制之分。

在脂肪酸的合成中，终产物脂肪酸（或脂酰 CoA）的积累，反馈抑制关键酶乙酰 CoA 羧化酶；胆固醇合成中，终产物胆固醇对关键酶羟甲基戊二酸单酰 CoA 还原酶的反馈抑制，都是直接反馈的例子。

连续反馈或逐级反馈的例子，如糖酵解途径中，作为终产物之一的 ATP 不是直接抑制第一个关键酶己糖激酶，而是首先抑制磷酸果糖激酶，这样必然造成 6－磷酸葡萄糖的积累，它再反馈抑制己糖激酶，最后才使整个代谢停止。

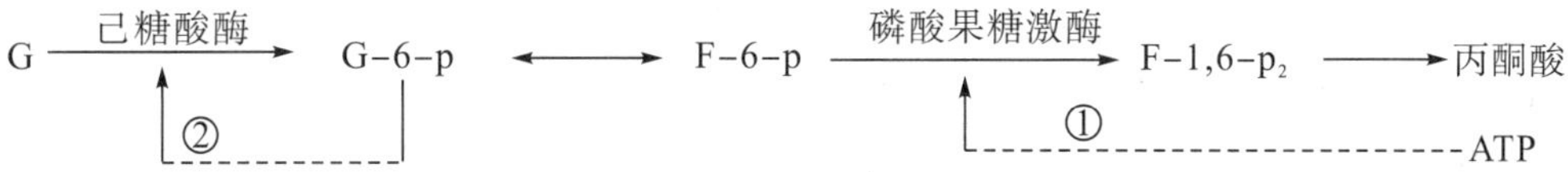

G ——己糖酸酶——→ G－6－p ←——→ F－6－p ——磷酸果糖激酶——→ F－1,6－p_2 ——→ 丙酮酸

（② G－6－p 反馈抑制己糖酸酶；① ATP 反馈抑制磷酸果糖激酶）

2. 分支代谢的反馈调节

在许多物质的合成中，常常由相同的原料合成两种或多种终末产物，称为分支代谢（branching metabolism）。其特点是每一个分支途径的终产物常常控制分支后的第一个酶，同时每一个终产物又对整个途径的第一个酶有部分抑制。这是细菌等原核生物中普遍存在的调节方式。不同的原核生物中分支代谢途径的调节方式又有区别，常见的有下列几种不同的调节方式（图 16－1）。

（1）多价反馈抑制（multivalent feedback inhibition）

当一条代谢途径中有两个以上终产物时，每一终产物单独存在并不对整个代谢途径起抑制作用，只有几个最终产物同时过多时才能对途径中第一个酶产生抑制作用，这种调节方式称为多价反馈抑制（图 16－1a）。

不少微生物都具有这种调节作用。例如，在夹膜红极毛杆菌中，在天门冬氨酸族氨基酸合成过程中的第一个酶，即天门冬氨酸激酶（aspartic acid kinase 简写 AK），就要受到赖氨酸、苏氨酸、甲硫氨酸的多价反馈抑制作用。天门冬氨酸激酶的活力必须在赖氨酸、苏氨酸同时过多的情况下才被严重地抑制。

（2）协同反馈抑制（concerted feedback inhibition）

协同（或称协调）反馈抑制与多价反馈抑制的相同之处，是几个终产物同时过量时才抑制关键酶的活性。两者的区别在于：在多价反馈抑制中，一个终产物单独过量时并不产生抑制作用，但在协同反馈抑制中，一个终产物单独过量虽不抑制途径中的第一个酶，但它可抑制相应分支上的第一个酶的活性，因而并不影响其他分支上的代谢，只有在所有终产物都过量时，才抑制整个途径中的第一个酶（见图 16−1b）。例如，同样是由天门冬氨酸合成 Lys、Thr、Met 的代谢中，在多粘芽孢杆菌（*Bacillus polymax*）就是通过协同反馈抑制来控制的。

（3）累积反馈抑制（cumulative feedback inhibition）

几个最终产物中任何一个产物过多时都能对某一酶发生部分抑制作用，但要达到最大效果，则必须几个最终产物同时过多，各终产物的反馈抑制有累积作用，这样的调节方式称为累积反馈抑制（见图 16−1c）。

大肠杆菌的谷氨酰胺合成酶（glutamine synthetase）的调节是最早观察到累积反馈抑制的例子。谷氨酰胺是合成甘氨酸、丙氨酸、组氨酸、色氨酸、AMP、CTP、氨基甲酰磷酸和 6−磷酸葡萄糖胺的前体，它的合成受这 8 种终产物的累积反馈抑制。这几种产物单独存在及几种产物同时存在的抑制效果可根据表 16−4 进行计算。

表 16−4　大肠杆菌谷氨酰胺合成酶累积反馈抑制

终产物	单独存在抑制	同时存在在对对酶活力的抑制
色氨酸	16%	16%
CTP	14%	(100%−16%) ×14%=11.8%
氨基甲酰磷酸	13%	(100%−16%−11.8%) ×13%=9.4%
AMP	41%	(100%−16%−11.8%−9.4%) ×41%=25.7%

由表 16−4 可见，当色氨酸和 CTP 同时过量时，可抑制酶活 16%+11.8%=27.8%；当色氨酸、CTP 和氨基甲酰磷酸 3 者都同时过量时，可抑制酶活 16%+11.8%+9.4%=37.2%。依此类推。只有当 8 种终产物都同时过量时，酶活力才完全被抑制。

（4）合作反馈抑制（cooperative feedback inhibition）

任何一个终产物单独过多时，只部分地抑制第一个酶的活性，几个终产物同时过多时，可引起强烈抑制，其抑制程度大于各自单独存在时抑制作用的总和，这种调节称为合作反馈抑制，或增效反馈抑制（synergistic feedback inhibition）（见图 16−1d）。例如，催化嘌呤核苷酸生物合成最初反应的谷氨酰胺磷酸核糖焦磷酸酰胺转移酶（glutamine phosphoribosylpyrophosphate aminotransferase）分别受 GMP、IMP、AMP 等终产物的反馈抑制，但是当两者混合（AMP+GMP 或 IMP+AMP 或 IMP+GMP 等）时，抑制效果比各自单独存在时的和还大。显然，这是不同于累积反馈抑制和协调反馈抑制的另一种反馈调节方式。

（5）顺序反馈抑制（sequential feedback inhibition）

如图 16−1e 所示，终产物 X 和 Y 首先分别反馈抑制各自支路上第一个酶 c 和 c′，从而使中间产物 C 积累。然后终产物 X 和 Y 以及中间产物 C 再对共同途径第一个酶 a 产生反馈抑制。这种调节方式首先发现于枯草杆菌（*Bacillus subtilis*）的芳香族氨基酸合成。Tyr、Trp、Phe 单独过量时，各自首先抑制自身支路代谢途径，继而引起它们的共同前体分支酸（chorismate）和预苯酸（prephenate）的积累，这些中间产物最后才反馈抑制共同途径第一个酶的活性。

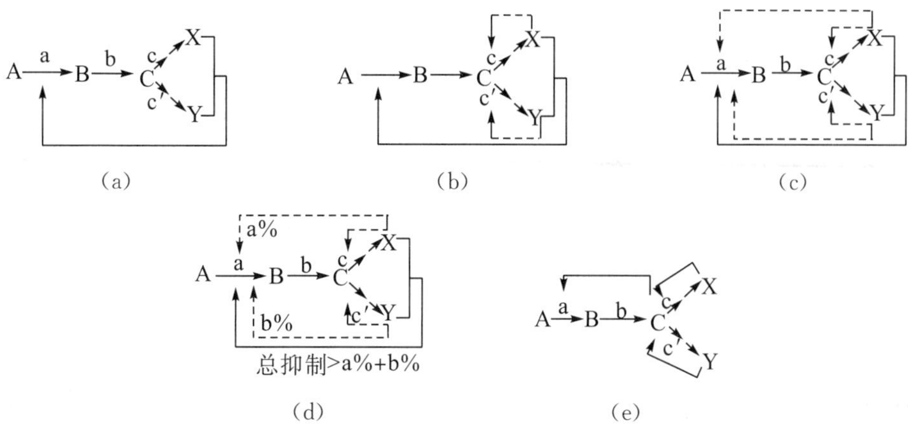

(a) 多价反馈抑制；(b) 协同反馈抑制；(c) 累积反馈抑制；(d) 合作反馈抑制；(e) 顺序反馈抑制

图 16-1 分支代谢途径的反馈抑制类型

——抑制作用强 ·········抑制作用弱

以上分支代谢途径的调节主要存在于微生物中。之所以有多种不同的调节方式（或类型），是生物长期进化的结果。虽然它们在调节效果上存在差异，但从总体而言它们有着共同的特点，即保证细胞内分支代谢的几种产物浓度不因某一个产物浓度过高而降低，不因一个产物的过量而影响其他产物的生成。

三、反馈调节的机制

终产物（或中间产物）浓度的变化如何调节关键酶的活性？显然，终产物必须作用于关键酶，二者发生结合，但这种结合是非共价的、可逆的，因此不同于共价修饰。具有反馈调节的酶通过结构的变化来改变酶活性涉及到几种不同的调节机制。

1. 变构酶调节

这是反馈调节的主要机制。通过构象的变化来改变酶的活性，这种酶称为**变构酶**（allosteric enzyme）。因为这种酶分子上具有底物结合部位和产物结合部位，两个特异部位彼此是分开的，所以又称为**别构酶**（见第五章）。能同底物结合的部位称为催化部位（catalytic site），能同产物（或产物类似物）结合的部位称为调节部位（regulatory site）。有许多变构酶这两个活性部位分别位于不同亚基上，在这种情况下则分别称为催化亚基和调节亚基。

当底物同酶的催化部位（或催化亚基）结合时，酶处于一种具有活性的构象，于是就催化底物转变为产物；当代谢途径的终产物（或中间产物）不断生成而浓度增高时，它们同调节部位（或调节亚基）结合，此时酶分子构象改变，变构后的酶分子再也不能同底物结合，于是酶的活性被抑制，反应终止（见图 16-2）。在这里调节酶活性的效应剂是终产物（或中间产物），称为变构剂（allosteric agent）。在负反馈中称为**抑制变构剂**，在正反馈中称为**激活变构剂**。

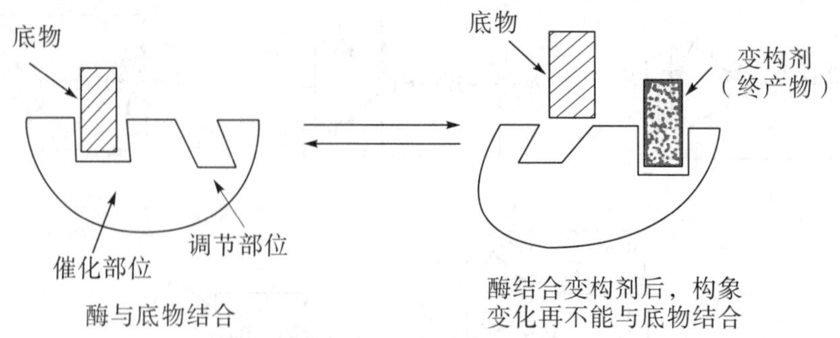

图 16—2　变构作用示意图

由于变构酶的催化亚基和调节亚基具有不同的空间结构，可以选择性地利用一些变性条件使调节亚基的敏感性明显降低或丧失，但仍保留酶的催化活性（催化亚基不变性），这种现象称为脱敏作用（desensitization）。利用脱敏作用可证明酶的变构现象。例如，大肠杆菌的天门冬氨酸氨基甲酰转移酶（aspartate transcarbomylae，ATCase）是嘧啶核苷酸合成的关键酶，它受终产物 CTP 的反馈抑制。当用对氯汞苯甲酸处理 ATCase，再经蔗糖密度梯度离心，可将该酶分为 5.8S 和 2.8S 两种亚基，其中 5.8S 亚基有酶催化活性，但不受 CTP 抑制，2.8S 亚基没有酶活性。如果将这两种亚基在巯基乙醇存在下，按 1∶1 比例混合，保温，则酶重组。得 11.2S 组分，它和天然的 ATCase 一样，并受 CTP 抑制。说明 5.8S 亚基是仅有活性中心的催化亚基，2.8S 亚基是仅有变构中心的调节亚基。

在生产实践中，常利用酶的脱敏作用来生产某些产品。利用一些代谢产物类似物来改变代谢终产物（或中间产物）对关键酶的反馈抑制作用，从而使终产物积累。这是使关键酶的调节亚基结构改变降低对终产物的敏感性。

此外，在微生物的分支代谢中，还存在多价变构酶（polyvalent allosteric enzyme）的调节机制。这种酶分子上具有多个调节部位，可分别与每一个分支代谢的终产物结合，一种终产物与酶结合时是一种构象，可抑制酶的部分活性；第二种终产物再结合时，酶分子通过变构成为另一种构象，进一步抑制酶的活性；所有终产物都同酶结合后，又形成一种新的构象，此时酶的活性被全部抑制。累积反馈抑制即是以此机制来调节代谢速度。

2. 同工酶调节

在分支代谢中。在分支点之前的一个较早反应（关键反应）是由几个同工酶催化时，分支代谢的几个终产物分别对这几个同工酶产生抑制作用，从而起到协同调节的功效。一个终产物控制一种同工酶，只有在所有终产物都过量时，几个同工酶才全部被抑制，反应完全终止。例如，在鼠沙门氏伤寒菌（*Salmanella typhimurium*）中，催化天门冬氨酸族氨基酸合成的第一步反应是 3 种天门冬氨酸激酶（aspartate kinase，AK）同工酶，即 AKⅠ、AKⅡ和 AKⅢ，它们分别受终产物苏氨酸、甲硫氨酸和赖氨酸的反馈抑制。在这个代谢途径中还有第二个控制点，即高丝氨酸脱氢酶（homoserine dehydrogenase，HSDH），也有两种同工酶，即 HSDHⅠ和 HSDHⅡ，分别受苏氨酸和甲硫氨酸的反馈抑制。所以，在这个代谢途径中，实际上是：苏氨酸控制 AKⅠ和 HSDHⅠ，甲硫氨酸控制 AKⅡ和 HSDHⅡ，赖氨酸控制 AKⅢ，通过这么两级同工酶进行反馈调节。

同工酶调节可能是生物体对环境变化或代谢变化的一种适应性调节机制，当其中一种同工酶受到抑制或相应基因突变而引起变化时，另外的同工酶仍然起作用，从而保证了代谢的正常进行。

3. 多功能酶调节

多功能酶（multifunctinal enzyme）是指一种酶分子具有两种或多种催化活力的酶。如果一个多功能酶既具有催化分支代谢中共同途径第一步反应的活性，又具有催化分支后第一步反应的活性，那么这种调节将是比同工酶调节更灵活、更精密的调节机制。因为一个终产物的过量，在使共同途径第一步反应受到部分抑制的同时，分支途径第一步反应也受到抑制，使代谢沿着其他分支进行。因此，一个产物的过量不致干扰其他产物的生成。

同样是天门冬氨酸族氨基酸的合成，在鼠沙门氏伤寒菌为同工酶调节，但在大肠杆菌却是多功能酶调节机制。在大肠杆菌中，AKⅠ和 HSDHⅠ组成一个多功能酶分子（合成苏氨酸），由 4 个相同亚基组成。两种酶活性中心在同一个亚基上，其中 N－端部分具有天门冬氨酸激酶活性，C－端部分具有高丝氨酸脱氢酶活性。当苏氨酸过量时，AKⅠ和 HSDHⅠ同时受到抑制。同样，AKⅡ和 HSDHⅡ也构成一个多功能酶，受甲硫氨酸的控制。

第三节　基因表达的调节控制

基因表达是指储存于 DNA 中的遗传信息，通过转录和翻译而合成蛋白质的过程，这个过程在细胞内是在严密的自我调节控制下进行的，无论是转录或翻译过程都有一定的调节控制机制。但是就整个基因表达而言，转录的调控占主导地位，尤其是原核生物，由于转录和翻译相偶联，边转录边翻译，因此，基因表达的调节主要在转录水平上进行。我们重点讨论转录水平的调控。

一、原核生物基因表达的调控

原核生物基因表达受多级调控，包括转录起始、转录终止、转录后加工、翻译调控、翻译后调控，以及 RNA 和蛋白质的稳定性等，但关键的调控主要是转录的起始。对转录起始的调控涉及 DNA 本身的结构和多种参与调控的蛋白质等因子。

1. 操纵子学说

关于原核生物转录的调控，Francois Jacob 和 Jacques Monod 总结了分子遗传学和生物化学的有关实验结果，于 1961 年提出了操纵子学说（operon theory）。此学说经后来的发展，可概括于图 16－3。

图中 R 为调节基因（regulator gene），它对整个转录过程起着调节控制作用（Rp 为它的启动基因）；P 为启动子，它与 RNA 聚合酶结合，转录便由此开始；O 称为操纵基因（operator），这也是一个起调节控制的基因，它可与调节基因（R）所产生的一种蛋白因子（阻遏物）相结合，如果这种结合阻止了基因表达，即称为负调控，如果二者的结合是激活基因的表达，则称为正调控；a、b、c、d 都是结构基因（structure gene），每一个结构基因通过转录和翻译作用可产生一种蛋白质。文献上也常将一个结构基因称为一个顺反子或作用子（cistron）。

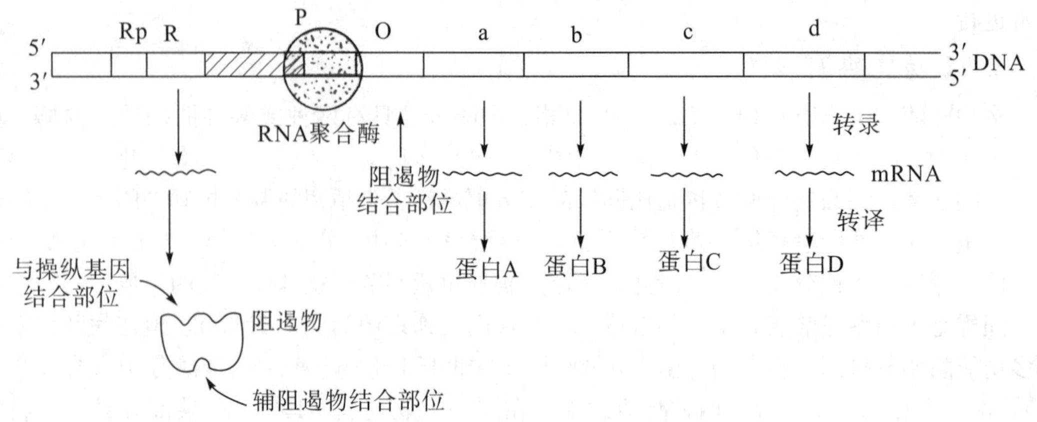

图 16-3 操纵子模型

在 DNA 分子中基因表达的一个协调单位（即上图中由 P 至 d 所包括的范围）称为一个操纵子（operon），即一个操纵子包括几个结构基因和紧靠近它们的操纵基因以及启动子。在不同的操纵子中，几个结构基因有的连在一起，有的并不连在一起，而分处于不同的部位。例如与乳糖分解直接有关的 3 个酶的结构基因（3 个结构基因）和操纵基因紧密相连而构成乳糖操纵子，而大肠杆菌中有关精氨酸合成的 8 个结构基因，则并不都在一起，而是处于 5 个部位，其中有 4 个基因连在一起。这 8 个结构基因虽然不都在一起，但都为同一个操纵基因所控制。由同一种调节蛋白控制的几个操纵子构成的调节系统，称为调节子（regulon）。

由 DNA 上基因转录成 mRNA，再由 mRNA 翻译成蛋白质，结构基因的特性通过蛋白质（酶）而表现出来，这就称为基因表达。对基因表达的调节有促进因素和抑制因素之分。如果某因素对基因表达起促进作用就称为正调控（positive control）；如果某因素对基因表达起抑制作用就称为负调控（negative control）。

在上述操纵子模型中，由调节基因（R）转录和翻译产生一种蛋白质，这种蛋白质称为阻遏物（repressor）。阻遏物有一个特殊部位可与操纵子的操纵基因（O）结合，阻遏物一当与操纵基因结合，即阻止结合于启动子（P）部位的 RNA 聚合酶的滑动，使转录不能开始。由此可见，阻遏物在转录中起负调控作用。

什么因素决定阻遏物能同操纵基因相结合呢？原来在阻遏物上还存在另一特殊部位，当某种小分子物质与这个部位结合时，阻遏物发生构象变化，刚好能与操纵基因相结合（图 16-4）。这种小分子物质称为共阻遏物或辅阻遏物（corepressor）。共阻遏物通常是为这个操纵子的结构基因所产生的酶所催化的代谢产物。

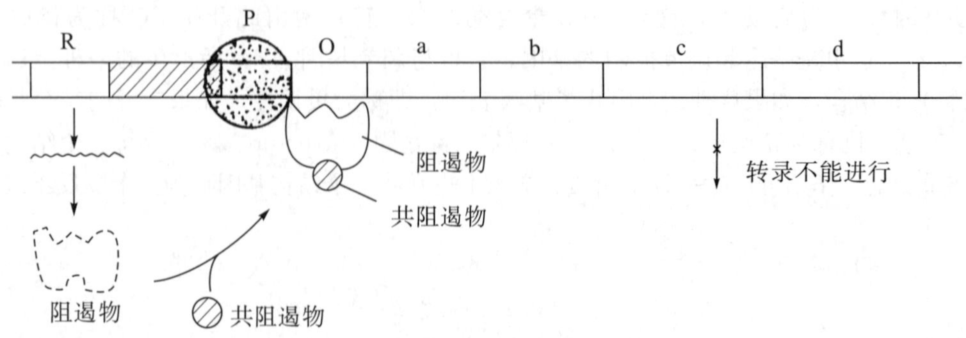

图 16-4 操纵子处于阻遏状态

阻遏物的这个特殊部位除了可与共阻遏物相结合，从而阻止转录的进行外，它还可与另一种小分子物质结合，使整个阻遏物的构象变成另一种型式，构象发生变化后的阻遏物不能与操纵基因结合，因而具有促进转录进行的作用（图 16-5）。

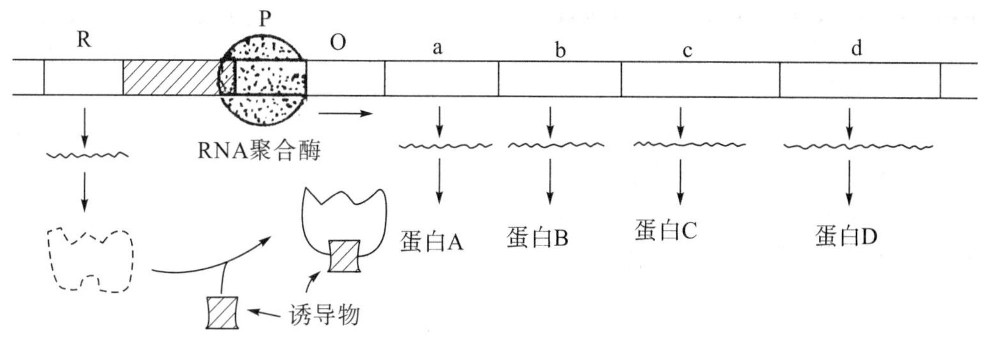

图 16-5 操纵子处于去阻遏状态

这种与阻遏物结合后，阻遏物再不能与操纵基因结合，从而引起转录得以进行的小分子物质称为诱导物（inducer）。诱导物常常是某种酶作用的底物。

由上可见，诱导物起正调控作用，而共阻遏物起负调控作用。诱导物和共阻遏物通常都是对遗传信息的传递（转录过程）起调节控制的小分子物质，故总称为效应物（effector）。

2. 调控因子

对转录的调控，除了 DNA 本身某些特异序列（如各种调控基因）外，还有一些 DNA 以外的因子参与。这些调控因子一部分是蛋白质（称调控蛋白），另一部分为一些小分子非蛋白因子。它们中有的起正调控作用，有的起负调控作用。

（1）σ 因子

细菌 RNA 聚合酶包括核心酶和 σ 因子（或称 σ 亚基），核心酶是比较恒定的，很少有变化，但 σ 因子却有许多种。RNA 聚合酶之所以能够在不同情况下转录不同的基因，主要就是由于核心酶与不同 σ 因子结合，可以识别不同基因的启动子。

现已在大肠杆菌中发现多种 σ 因子：σ^{70}、σ^{32}、σ^{54}、σ^{28}、σ^{38} 等（右上角数字为该 σ 因子的相对分子质量。如 σ^{70}，M_r 为 70000）。σ^{70} 是最常见的 σ 因子，广泛地转录多种基因；σ^{32} 由 *rpo*H 基因编码，σ^{32} 识别热休克基因（heat shock gene）。当温度升高时，σ^{32} 启动这个基因，产生大量热休克蛋白，发生热应激反应；σ^{54} 是在氮饥饿情况下被使用，编码 σ^{54} 的基因称为 *rpo*N。当培养基中缺乏氮时，*rpo*N 基因产生 σ^{54}，启动能利用其他氮源的基因；σ^{28} 是启动细菌的趋药性和与鞭毛结构有关的基因；σ^{38} 能识别细胞静止期表达的基因，有点类似于 σ^{70}。随着新的 σ 因子的不断发现，σ 因子调节基因转录的机制愈来愈清楚。

（2）阻遏蛋白

即阻遏物（repressor），由调节基因编码，是一种变构蛋白，它有两种构象，当与操纵基因（O）结合时为活性形式，脱离操纵基因后为非活性形式。在操纵子中与阻遏蛋白结合的区域即是操纵基因，它位于启动子（P）的上游或下游，常常与启动子有部分重叠。

阻遏蛋白常为一个二聚体，两个结构域，一个结构域与 DNA（操纵基因）结合，另一个结构域与效应物结合。如果是诱导物与它结合，阻遏蛋白即成为无活性形态，不能与操纵基因结合，于是基因开放，得以转录；如果共阻遏物与它结合，阻遏蛋白即活化，即与操纵基因结合，基因关闭。可见，阻遏蛋白是一种负调控蛋白。

效应物中的诱导物常是分解代谢的底物，共阻遏物常常是合成代谢的终产物。

(3) CAP 蛋白

CAP 蛋白即分解代谢物基因活化蛋白（catabolite gene activator protein，CAP）是一种激活蛋白，因为细菌的许多启动子为弱启动子，本身与 RNA 聚合酶的作用较弱，在有 CAP 蛋白这类激活蛋白存在下，可使 RNA 聚合酶与启动子的亲和力增强。CAP 蛋白的活性强烈依赖 cAMP，所以该蛋白又称为环腺苷酸受体蛋白（cAMP receptor protein，CRP）。

CAP 可将葡萄糖饥饿信号传递给许多操纵子，使细菌在缺乏葡萄糖的环境中利用其他碳源。CAP 特异结合 DNA 特定序列，这种结合受 cAMP 控制。cAMP 与 CAP 结合成复合物后，再同 DNA 的 cAMP−CAP 结合位点结合，CAP 此时为一种活性构象，激活邻近基因的转录。cAMP 水平降低时，cAMP 与 CAP 解离，CAP 又变回原来的无活性构象，并脱离 DNA。

(4) ntrC 蛋白

ntrC 蛋白是大肠杆菌氮代谢基因的激活蛋白。例如，谷氨酰胺合成酶基因的上游有两个 ntrC 蛋白结合位点，当 ntrC 蛋白与此位点结合后，可提高 RNA 聚合酶解开 DNA 双螺旋的能力，从而促进基因表达，合成谷氨酰胺合成酶，使谷氨酰胺得以合成，以满足对氮源的需要。ntrC 本身的活性通过磷酸化/脱磷酸修饰调节，磷酸化后与 ntrC 结合位点结合，促进转录。

(5) 鸟苷多磷酸

现已发现 pppGpp、ppGpp 等几种鸟苷多磷酸，可降低 rRNA 和 tRNA 合成的速度，这是在氨基酸缺乏时细菌的一种适应性反应，称为严谨反应（stringent response），是细菌的应急反应。在大肠杆菌，当氨基酸贫乏时，RelA 蛋白催化 ppGpp 和 ppGpp 生成，pppGpp 可在核糖体上的延伸因子 EF−Tu 或 EF−G 的作用下水解成 ppGpp，ppGpp 与 RNA 聚合酶结合，形成 ppGpp−RNA 聚合酶复合物。并使 RNA 聚合酶构象改变，活性降低，rRNA 和 tRNA 合成减少或停止，从而抑制细菌的生长和繁殖。也有人认为，在转录起始点附近有一些特异序列，它们与 ppGpp 结合后，RNA 聚合酶不再结合，从而关闭基因。

由上可见，上述各种因子中，σ 因子、CAP 蛋白、ntrC 蛋白对基因表达起正调控作用，而阻遏蛋白、鸟苷多磷酸等起负调控作用。

3. 翻泽水平的调控

上述调控因子主要是对转录起始的调控，在不同情况下启动或关闭基因的转录，或改变转录的速度，以适应细胞的生长发育，或适应环境的变化。在转录水平的调控是最基本，也是最经济的调控形式，但转录生成 mRNA 后，再在翻译和翻译后“微调”，是对转录调控的补充，它使基因表达的调控更好地适应生物本身的需求和外界条件的变化。所谓“外界条件的变化”，在原核生物主要指营养状况和环境因素的改变，从而诱发转录和翻译水平的调控。

(1) 翻译起始的调控

不同 mRNA 具有不同的翻译能力，包括翻译速度、翻译频率、各密码子的使用频率等。与这种能力直接相关的是 mRNA 的核糖体结合位点，即 SD 序列。与核糖体的结合强度取决于SD 序列的结构及其与起始密码子 AUG 之间的距离。一般最佳距离为 9 个核苷酸左右；SD 序列与 16SrRNA 互补越多，起始效率越高。

此外，mRNA 的二级结构也是翻译起始调控的重要因素。因为核糖体 30 S 亚基与 mRNA 结合，要求 mRNA 的 5′端有一定的空间结构。SD 序列的微小变化，往往会导致表达效率上百倍的差异，这是由于核苷酸的变化改变了形成 mRNA5′端二级结构的自由能，影响了核糖体 30 S 亚基与 mRNA 的结合，从而造成蛋白质合成效率上的差异。

在简并密码子中，尽管几个密码子代表同一氨基酸，但各个密码子的使用频率不同，这也影响蛋白质合成的效率。例如，*dna*G（编码 DNA 复制的引物酶）、*rpo*D 及 *rps*U（编码 30 S 亚基的 S_{21} 蛋白）三个基因属于大肠杆菌基因组上的同一个操纵子，转录产生一个多顺子 mRNA，但经过翻译，产生的三个蛋白质数量却相差很大，*dna* G 蛋白仅有 50 个拷贝，而 *rpo D* 蛋白有 2800 个，*rps*U 更高达 40000 个。经研究发现，这是由于翻译中稀有密码子引起的。因为采用常用密码子的 mRNA 翻译速度快，稀有密码子比例高的翻译速度慢。例如，在一般结构蛋白中使用 AUA 的频率仅为 1%，而在 *dna*G 蛋白合成中 AUA 的使用频率高达 32%，所以 AUA 这个密码子限制了引物酶（*dna*G 蛋白）的合成速度。在细胞内引物酶过多对细胞是有害的。

在翻译水平还有另外一种重要的调控机制，即翻译阻遏（translatinal repression），这是保持相关大分子之间协调的一种机制。例如，核糖体蛋白质的合成必须与 rRNA 的合成协调一致，一般核糖体蛋白质一旦合成，首先必定与 rRNA 结合以组装成核糖体。但是，一旦 rRNA 的合成变慢或停止，游离的核糖体蛋白便会积累。此时它们就与其自身的 mRNA 结合，从而终止进一步的翻译。在这里核糖体蛋白本身起着阻遏物的作用，关闭翻译（而不是关闭转录），这种调节即是翻译阻遏。

又比如，大肠杆菌噬菌体 Qβ 基因组有 3 个基因：成熟蛋白基因（与噬菌体的组装有关）、外壳蛋白基因和 RNA 复制酶基因。这三种蛋白合成必须保持一定比例，才能完成病毒颗粒的正确组装。当 Qβ 感染大肠杆菌后，首先利用病毒的“+”链 RNA 合成复制酶，并与宿主中已有的亚基结合行使复制功能。但是，Qβ（+）RNA 链上此时已有不少核糖体，它们从 5′→3′方向翻译，必然影响复制酶从 3′→5′方向进行的 Qβ（−）RNA 链的合成。此时，复制酶作为一种阻遏物可与外壳蛋白翻译起始区结合，从而阻止了核糖体的结合。这样，RNA 的复制可正常进行，而外壳蛋白和成熟蛋白的合成暂时终止。这也是一种翻译阻遏。

（2）反义 RNA 的调控

反义 RNA（antisense RNA）是指由 DNA 的非转录链（信息链）作为模板合成的与 mRNA 具有互补序列的 RNA。它可以通过互补序列与特定的 mRNA 相结合，从而抑制 mRNA 的翻译。反义 RNA 与 mRNA 结合的部位包括 mRNA 与核糖体结合的序列（SD 序列）和包含起始密码子在内的起始区。

反义 RNA 不仅通过与 mRNA 结合阻止翻译，而且也可与 DNA 复制的引物 RNA 结合，从而抑制 DNA 复制。反义 RNA 除了起负调控作用外，也可以起正调控作用。

应用反义 RNA 对基因表达的调控，特别是抑制一些有害基因的表达或失控基因的过度表达，反义 RNA 在临床上可用于某些重大疾病的基因治疗，在这方面的研究进展很快，不久将用于临床实践。

（3）mRNA 的结构及稳定性的调节

mRNA 的结构变化和寿命也控制翻译作用。mRNA 的 5′端和 3′端通常都具有发夹结构，这种结构可保护 mRNA 不被核酸酶水解。而这种发夹结构的稳定性与另一些特异蛋白有关。

mRNA 的降解速度是翻译调控的另一个重要机制。*E. coli* 的许多 mRNA 在 37℃时的平均寿命约为 2 分钟。但在不同生长发育期或不同营养环境条件下，mRNA 寿命的变化很大。mRNA 与核糖体结合的稳定性也与 mRNA 的寿命有关，不与核糖体结合的 mRNA 容易降解，而与核糖体结合的 mRNA 就不被降解。所以，一当蛋白质合成达到一定量后，核糖体不再与 mRNA 结合，于是 mRNA 就被酶降解。

二、真核生物基因表达的调控

原核生物基因表达调节的目的是为了更有效和更经济地对环境的变化做出反应，而多细胞真核生物基因表达调节的主要目的是细胞分化，它需要在不同生长时期和不同发育阶段具有不同的基因表达模式。

真核生物基因组比原核生物大得多，存在大量的重复序列和断裂基因，而且 DNA 与组蛋白和非组蛋白结合构成染色质，在转录时并不像原核生物那样几个相关的基因形成多顺反子转录，真核生物单顺反子转录使得几个相关基因必然存在多个基因的协调表达。因此，真核生物基因表达的调控必然比原核生物要精细得多、复杂得多。

真核生物基因表达的调控有两种类型，第一种类型为瞬时调控或称可逆调控，相当于原核生物对环境条件变化所做出的反应。主要是对代谢物或激素水平变化，或细胞周期不同阶段做出的反应，表现为酶活性变化或某些特殊蛋白质合成的变化；第二种类型为长期调控或不可逆调控，它决定真核生物的生长、分化、发育的进程。根据在基因表达中发生的先后次序，又可将其分为转录前水平的调控、转录水平的调控和转录后水平调控，其中转录后水平调控又分为 RNA 加工修饰的调控、翻译水平的调控、翻译后水平的调控等。

1. 转录前水平的调控

转录前水平的调控发生在染色质水平或 DNA 水平的变化，包括染色质 DNA 的断裂、某些序列的删除、扩增、重排和修饰，以及发生异染色质化（heterochromatinization）等。这些变化通常是永久性的，使得基因组结构和染色质结构发生改变，从而使基因表达也发生变化。

（1）染色质丢失

在一些低等真核生物中，常发现在核发育过程中有染色质断裂，并不同程度地删除部分染色质基因组 DNA。而高等动物红细胞在成熟过程中甚至整个细胞核都丢失了。实验证明，在一些真核细胞中染色质 DNA 在删除某些序列前并不表现转录活性，而删除后即可进行转录。因此，丢失部分可能对转录有抑制作用。

（2）基因扩增

在细胞发育分化的某个阶段或环境改变时，对某种基因产物的需要量剧增，而单纯依靠调节表达活性难以满足其需要，只有增加这种基因的拷贝数来满足需要。这是调控基因表达活性的一种有效方式。例如，一些脊椎动物和昆虫的卵母细胞（oocyte），为贮备大量核糖体以供卵母细胞受精后发育的需要。通常都要通过基因扩增来增加编码 rRNA 的基因（rDNA）。非洲爪蟾（*Xenopus laecis*）卵母细胞的 rDNA 通过基因扩增，其拷贝数可由 1500 增至 2000000。

（3）基因重排

基因重排是指 DNA 的一段序列从一个位点转移到另一位点，一般是将远离启动子的基因转移到启动子附近。重排的结果可以使由一种基因的表达转变为表达另一种基因，或产生新的基因，从而产生新的表达产物。例如，在 B 淋巴细胞和浆细胞生成过程中，免疫球蛋白基因通过重排，产生出大量的抗体，以适应免疫作用的需要。基因重排（或称基因放大）是DNA水平调控的重要方式之一。

（4）DNA修饰

DNA修饰主要是某些特定位置碱基的甲基化，主要形成5－甲基胞嘧啶（m^5C），这种序列在基因组中的分布并不均一，它们通常成簇存在，称为CpG岛（CpG island），另有少量6－甲基腺嘌呤（m^6A）。甲基化最常发生在某些基因5′侧的CpG序列（又称“CpG”岛）。甲基化的程度与基因的表达呈反比关系，即甲基化程度高，则基因的表达降低。去甲基化后，基因表达又增高。处于转录活化状态的基因CpG序列一般是低甲基化的。

甲基化影响基因表达的可能机制为：①甲基化改变了基因的部分结构，影响DNA特定序列与转录因子的结合，从而使基因不能转录；②基因5′侧序列甲基化后，可与核内甲基化CpG序列结合蛋白（methyl CpG-binding protein）结合，阻止转录起始因子与基因形成转录起始复合物；③DNA甲基化作用能引起染色质结构、DNA构象、DNA稳定性以及DNA与蛋白质相互作用方式的改变；④真核生物的m^5C主要发生在CpG中，C甲基化后极易发生脱氨，而成为胸腺嘧啶，这可引起基因突变。若发生在功能区，则引起转录紊乱。

（5）DNA构象变化

天然状态的双链DNA均以负超螺旋存在，而在基因活化时，DNA的构象将发生改变。RNA聚合酶前方的转录区DNA为正超螺旋构象，聚合酶后面的DNA为负超螺旋构象（见图14－4）。负超螺旋构象有利于核小体结构的再形成，而正超螺旋构象促进组蛋白H2A－H2B二聚体的释放，核小体解体，有利于RNA聚合酶向前移动，促进转录。有时也可使DNA由右旋变为左旋（Z－DNA），以利于解旋。

（6）染色质结构变化

真核生物的染色质是高度压缩的，凝缩状态的染色质称为异染色质，而松散状态的染色质称为常染色质。转录活性高的基因都位于常染色质中，异染色质中的基因是不具转录活性的。因此，异染色质化常常使一些基因钝化。

染色质结构的变化是由组蛋白结构的改变引起的。组蛋白某些丝氨酸的磷酸化，精氨酸的乙酰化，都使组蛋白正电荷减少，与DNA的结合能力降低，从而去除了组蛋白对转录的阻遏，使DNA暴露，有利于转录。

此外，非组蛋白具有种属特异性和组织特异性，与细胞的发育、分化有关，在基因表达中也起重要作用。事实上，与染色质结合的一些非组蛋白就是调节转录的转录因子。

2. 转录水平的调控

由于原核生物的DNA绝大多数处于完全暴露的状态，而真核生物的DNA大部分被组蛋白遮挡并形成染色质。因此，原核生物DNA转录的“默认状态”是开放，其调控机制主要是通过阻遏蛋白进行负调控，而真核生物DNA转录的“默认状态”是关闭，其调控机制主要是通过激活组蛋白进行的正调控。

转录水平的调控是真核生物基因表达调节最关键的步骤。转录水平的调控就是基因活性的调节。分为两个环节：首先是在某些调节因子的作用下，使染色质的结构改变，使其疏松化（活化）；其次才是由反式作用因子与相关基因的顺式作用元件的相互作用，启动、增强或降低其转录活性。

（1）染色质的活化

一个基因在表达前后，其所在位置的染色质结构会发生变化（称为活化），染色质结构的改变是从核小体的变化开始的，而核小体的变化是从组蛋白的共价修饰和去修饰开始的。

首先是组蛋白的变化，富含赖氨酸的 H1 减少，H2A－H2B 二聚体不稳定性增加，H3、H4 发生乙酰化、磷酸化及泛素化修饰，使核小体变得不稳定，进而解体，染色质变得疏松。其次是 DNA 的超螺旋和双螺旋改变，对核酸酶的敏感性增加。当用 DNase Ⅰ处理时染色质 DNA 会出现一些 DNase Ⅰ超敏感位点（hypersensitive site），它们大多位于某些基因的 5′侧启动区，少数在其他位置。说明在这些部位已缺少组蛋白的保护作用。超敏感位点的产生可能是染色质结构规律性变化的结果，正是由于这种变化，使 DNA 容易与 RNA 聚合酶和其他转录调控因子相结合，从而启动基因表达。再其次是去甲基化，特别是 CpG 岛的去甲基化。

原核细胞的 RNA 聚合酶直接与启动子结合并进行转录，以负性调节（阻遏蛋白）为主。真核细胞的 RNA 聚合酶自身对启动子并没有识别作用和特殊亲和力，单独不能进行转录。转录需要多种转录因子和辅助因子，转录调节以正性调节为主。正性调节比负性调节更优越，这是因为采用正性调节机制更精确，而且比负性调节要经济。比如，人类基因组 3～4 万个基因如果都采用负性调节，那么每个细胞必须合成 3～4 万个阻遏蛋白，这显然是不经济、也无法实现的。在正性调节中，大多数基因不结合调节蛋白，所以是没有活性的；只要细胞表达少量的激活蛋白时，相关靶基因才被激活。

（2）顺式作用元件

参与基因表达调控的顺式作用元件包括启动子、增强子、沉默子、绝缘子和各种反应元件。

启动子。第十四章已经述及，DNA 上的一些特殊序列与转录的起始有关，包括 TATA 框、CAAT 框和 GC 框等，对于可诱导基因而言，除这些基本控制元件之外，还具有信号分子作用的应答元件。所有这些特异序列加上转录起始点区一起构成转录起始的启动子，它们与各种转录因子的识别和结合，构成复杂的转录调节系统。而且 3 种 RNA 聚合酶有各自相应的启动子和转录因子，使转录的调节更精细、更灵活，也更协调。

增强子、沉默子和绝缘子。增强子（enhancer）是能增强启动子转录活性的 DNA 序列，可使转录效率增强 10～200 倍，甚至上千倍。增强子通常距离转录起始点很远（1 kb～30 kb），长度一般在 70 bp～200 bp 之间，但不同细胞不同基因转录的增强子其大小和结构差别很大。最早发现的病毒 SV_{40}的增强子是一个含 72 bp 的重复序列。实际上一个增强子也是由若干功能组件构成的。增强子与启动子的上游控制元件并无本质差别，实际上有些保守序列在二者中都有，只不过在增强子中更集中而已。增强子常存在于 DNA 的超敏感部位。增强子有两个特性：一是它无方向性，即对在它上游或下游的启动子都有增强作用；二是它与启动子的相对位置无关，它可与启动子相隔上千个核苷酸仍有作用。如果与它相邻的有几个启动子，增强子总是优先作用于最近的启动子。另外，增强子还具有组织特异性，这种特性为发育过程或成熟机体不同组织中基因表达的差别提供了基础。

增强子的增强机制可能有下列几种：①影响作为转录模板附近的 DNA 双螺旋结构，导致 DNA 双螺旋发生弯曲，或在反式作用因子的参与下，使增强子与启动子之间的 DNA 段落形成一个环，因此，即使增强子离启动子很远，同样能活化基因转录；②将模板固定在核内特定位置，有利于 DNA 拓扑异构酶改变 DNA 的超螺旋和双螺旋的作用力，促进 RNA 聚合酶Ⅱ在 DNA 链上的结合与滑动；③增强子区可以作为某些转录因子和 RNA 聚合酶Ⅱ与 DNA 结合的敏感区域，这些蛋白质首先在这里与 DNA 结合。

沉默子（silencer）的结构特征和作用特点与增强子极为相似，只是作用效果正好与增强子相反，它作为阻遏蛋白结合位点，抑制特殊基因的表达。

绝缘子（insulator）是一种位于启动子与增强子或启动子与沉默子之间的顺式作用元件，它具有两个重要功能：①作为染色质上转录活性基因与非活性基因间的界限，在与特殊转录因子结合后可防止激活或阻遏扩展到相邻的基因；②如果位于一个增强子（或沉默子）和一个启动子之间，绝缘子可阻断增强子（或沉默子）对其下游基因的激活（或抑制），但它不干扰启动子的功能；如果它位于增强子（或沉默子）的上游，则对增强子（或沉默子）的作用无影响。

反应元件或称应答元件（response element）是细胞为了应对各种信号刺激做出反应的DNA上特殊序列，这些序列存在于某些基因的上游，与增强子、沉默子和启动子一起调节它下游基因的表达。如激素反应元件（HRE）、热激反应元件（HSE）、金属反应元件（MRE）、血清反应元件（SRE）、cAMP反应元件（CRE）等。

（3）反式作用因子

反式作用因子或称为转录因子（transcription factor，TF），是识别、结合顺式作用元件的特异蛋白质，按功能可将其分为普通转录因子和特殊转录因子。普通转录因子（或称基本转录因子）是RNA聚合酶转录所有结构基因表达所需要的，是普遍存在的，如TFⅡD；特殊转录因子为个别基因转录所必需，或仅存在于某些细胞类型中，决定某些基因在时间、空间上的特异性表达，这类转录因子的存在与否或是否有活性，决定于真核细胞的功能。特殊转录因子有的对转录起激活作用，有的起抑制作用。前者称为转录激活因子（transcription activator），后者称为转录抑制因子（transcription inhibitor）。转录激活因子通常是一些增强子结合蛋白。多数转录抑制因子是沉默子结合蛋白，少数抑制因子不通过DNA起作用，而是通过蛋白质－蛋白质相互作用，例如与激活因子或TFⅡD作用，降低它们对转录起始激活作用。

反式作用因子这种蛋白质分子上具有3个功能结构域：DNA识别结合域、转录活性域和与其他蛋白质的结合域。因此，反式作用因子与DNA顺式作用元件结合后调节其附近基因的转录是通过核酸－蛋白质、蛋白质－蛋白质这样一些分子间的相互作用而发挥效应的。

反式作用因子的DNA识别结合域是非常重要的结构域，具有下列几种特殊结构形式。

锌指结构（Zinc finger motif）。在一些反式作用因子中，有一种含有锌离子的形如指状的结构，锌离子与肽链上的Cys和His结合。现已发现3种类型的锌指结构：①最先发现调节5SrRNA合成的TFⅢA锌指，Zn分别与两个Cys和两个His配位，每一个锌指结构约有30个氨基酸残基，形成一个反平行β－折叠，其后是一个α－螺旋，β－折叠上的两个半胱氨酸与α－螺旋的两个组氨酸与锌构成四面体配位结构（图16－6）。α螺旋与DNA大沟结合，α螺旋上不同氨基酸残基识别不同碱基；②糖皮质激素受体的DNA结合结构域锌指，Zn与4个Cys配位，共有两个锌指，称为Cys2/Cys2锌指；③反转录病毒中一个小DNA结合蛋白的锌指，Zn分别与1个His和3个Cys配位。一个反式作用因子上常常有多个重复的锌指结构，每个锌指结构的指尖部分可以进入DNA双螺旋的大沟或小沟，并与DNA相结合。

亮氨酸拉链结构（leucine ziper）。亮氨酸拉链结构是首先发现于酵母转录GCN_4和哺乳动物转录因子C/EBP等几种反式作用因子的蛋白质中的一种特殊结构，这种结构大约为含35个氨基酸残基的区域，每间隔7个残基是一个亮氨酸，由于α－螺旋的重复周期为3.6个残基，因此如果此区域形成 α－螺旋，这些 Leu 在螺旋的一边排成一行（每两圈有一个 Leu），形成疏水区，而另一边以带电荷残基（Asp、Arg 等）排成一行，形成亲水区。这样两条链形成二聚体，Leu 对 Leu，尤如拉链一样（图 16－7）。两条链的 N－端是碱性氨基酸区域，这是与 DNA 结合的区域。

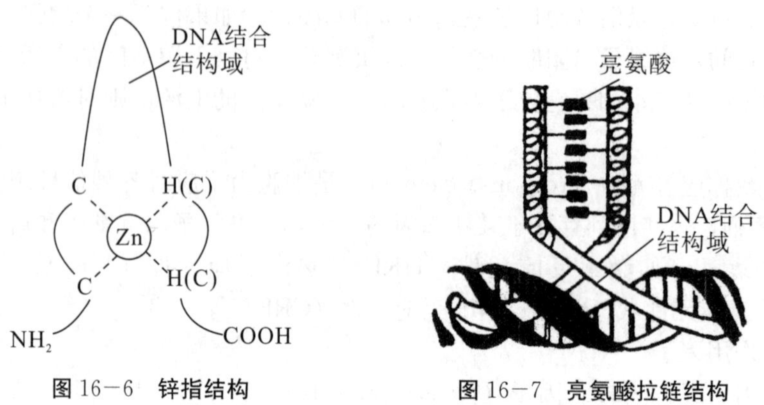

图 16－6　锌指结构　　图 16－7　亮氨酸拉链结构

螺旋－环－螺旋结构（helix－loop－helix，HLH）。HLH 结构发现于能与免疫球蛋白 κ 链基因增强子相结合的反式因子 E_{12} 和 E_{47}。这两种蛋白质的 C－端约 100～200 个残基肽段具有两个能形成 α－螺旋的区域，螺旋区附近有一个富含碱性氨基酸区。两个螺旋间形成一个突环，约含 40～50 个残基。螺旋区容易形成二聚体，碱性氨基酸区为 DNA 结合结构域。

除了 DNA 识别结合域外，转录活性域也是反式作用因子的重要结构域，它是 DNA 结合域以外的 30～100 个残基构成，具有 3 种类型：①带负电荷的酸性螺旋结构；②富含 Gln 的结构；③富含 Pro 的结构。这种结构域并不与 DNA 结合，而是与其他转录因子结合，通过蛋白质－蛋白质相互作用调节基因活性。

（4）转录起始的调控

真核基因表达转录起始的调控主要涉及反式作用因子的激活、反式作用因子的作用等。

反式作用因子的激活：反式作用因子本身的活性可通过多种方式调节，包括表达后即有活性、共价修饰（磷酸化、糖基化等）、配体结合、与其他蛋白质结合等。因为并不是所有转录调控因子都能与 DNA 结合，有不少反式作用因子必须与另外的蛋白因子相结合，才能起调节控制作用。由于转录控制因子种类繁多，因此，这种蛋白质－蛋白质相互作用的花样也是千姿百态的，正是因为这种不同因子和不同的结合方式，来启动和调节不同基因得以转录和表达。

反式作用因子的作用方式：反式作用因子与增强子或其他顺式作用元件结合，一般说来距转录的起始点都较远，或有相当长的一段距离，它们形成怎样的结构来影响转录起始的呢？现在还了解甚少，仅提出了几种不同的模式：①成环：反式作用因子与增强子结合后. DNA 弯曲成环，使增强子与 RNA 聚合酶结合区域靠近：②扭曲：结合后使 DNA 构象改变（如解旋，左旋等）；③滑动：反式作用因子先与 DNA 特定序列结合，然后再滑向另一特定序列；④“多米诺”骨牌效应：一种反式作用因子与顺式作用元件结合后，促进另一反式作用因子与其邻近的另一顺式元件结合，后者再刺激第三种反式作用因子与它邻近的顺式元件结合，这样一级一级地传递到转录起始部位；⑤组合式调控：反式作用因子与反式作用因子之间，或反式作用因子与其他蛋白因子之间的协同作用，对转录起始起促进或抑制作用。

3. 转录后水平的调控

(1) RNA 稳定性的调节

转录后水平的调控主要是通过 RNA 前体的加工、成熟、转运、编辑及 RNA 的降解等环节进行的。真核生物 mRNA5′端的“帽”及 3′端“尾”结构，核糖体在核内组装而不在胞浆中组装，tRNA 的特殊空间结构，这些都可保证在翻译前 mRNA、rRNA 及 tRNA 的稳定性，不被核酸酶降解。另外，成熟 mRNA 无论在核内或核外胞浆中，只要是不处于翻译状态，都与蛋白质结合成核蛋白体复合物（RNP），这也是保持 mRNA 稳定性的重要机制。

此外，mRNA 在细胞内的降解还受到某些因素的影响。例如，铁转运蛋白受体 mRNA 的降解受细胞内铁浓度的调节。当细胞内铁足量时，铁转运蛋白受体 mRNA 降解速度加快，致使这种受体水平很快下降；当细胞内铁不足时，铁转运蛋白受体 mRNA 稳定性增强，受体蛋白合成增多。这种稳定性的调节与其 mRNA 近 3′端的一个特殊重复序列有关，称为铁反应元件（iron-response element），大约长 30 个碱基。其他一些 mRNA 稳定性调节也存在一些相应的反应元件，调节其降解速率。

(2) mRNA 剪接的调节

mRNA 前体加工中选择性剪接（alternative splicing）是重要的转录后调控机制。有几种不同的剪接方式：①外显子选择：一种是外显子全部保留，二是删除一个或几个外显子；②内含子选择：一是内含子全部删除，二是保留某一个内含子；③互斥外显子选择：有某一对外显子，一种剪接方式是在成熟 mRNA 中保留其中一个外显子，在另一种剪接方式中保留另一个外显子。两个外显子不同时出现在同一个成熟 mRNA 分子中；④内部剪接位点选择：通过对外显子或内含子内部 5′端剪接位点或 3′端剪接位点的选择，保留全部外显子或剪接掉某一外显子的部分序列，或去掉全部内含子或保留某一内含子的一部分序列。

例如，抗体基因是一个断裂基因，其重链转录产物就是通过不同的剪接所形成的 mRNA 经翻译产生两种抗体分子：一种为分泌性抗体，它的羧基端为亲水肽段；另一种为膜结合抗体，它的羧基端为疏水肽段。

经过转录和转录后水平的调控，一个基因可以产生一个以上蛋白质。如细菌每个基因大约平均可产生 1.2～1.3 种蛋白质，酵母每个基因可产生 3 种蛋白质，人类每个基因能产生 10 种蛋白质。

(3) mRNA 转运的调控

成熟 mRNA 从核内向胞浆的转运也是受调节控制的。并不是所有成熟 mRNA 都转运到胞浆，大约只有 20%的 mRNA 进入胞浆，留在核内的 mRNA 大约在 1 小时内即被降解为小片段。这种转运调控的机制至今尚不清楚。

4. 翻译水平的调控

翻译水平的调控包括 mRNA 结合物的控制、mRNA 特定序列控制、翻译起始因子的控制、蛋白质的自我剪接等。

(1) mRNA 结合物的控制

成熟 mNNA 由核转运到胞浆后，如果不即时与核糖体结合进行翻译，它总是与另外一些小分子蛋白质结合成核蛋白，称为信息体（informosome）。这一方面可保证 mRNA 的稳定性，即不被核酸酶水解；另方面可对翻译的起始起调节作用。信息体中除主要是细胞浆中几种小分子蛋白质和翻译起始因子外，还有一种小分子 RNA，称为翻译控制 RNA (tsRNA)，它可以抑制翻译作用。其中有些具有寡聚尿苷酸，可与 mRNA 的 polyA 结合，形成双链，从而抑制翻译。另外，胞浆中有种双链 RNA 熔解因子（melting factor），可使这种双链解开，从而促进翻译。

（2）mRNA 特定序列的控制

在真核生物蛋白质合成起始时，对起始密码子的识别是采取“扫描式”进行，即核糖体 40 S 亚基及有关翻译起始因子首先结合于 mRNA 的 5′末端，然后向 3′末端方向滑行（扫描），发现起始密码子 AUG 时，再与 60 S 亚基结合形成 80 S 起始复合物。

那么，为什么核糖体小亚基与 mRNA 形成的复合物滑行到第一个 AUG，即在离 5′末端最近的起始密码子位点就停下来并起始翻译呢？原来这是由 AUG 的前（5′方向）和后（3′方向）mRNA 的特异序列决定的。研究了 200 多种真核生物 mRNA 中 5′末端第一个 AUG 前后序列发现，除少数例外，绝大多数都具有 A（或 G）NNAUGG 序列，它可能就是识别起始密码子的信号。

此外，mRNA5′端和 3′末端非翻译区的序列对翻译的效率也起着重要的调控作用。

（3）翻译起始因子的控制

有两种起始因子 eIF－4 和 eIF－2 对翻译起始起调控作用，二者通过磷酸化/脱磷酸的共价修饰来实现这种调节。eIF－4 磷酸化后为活性形式，eIF－2 则相反。细胞内某些信号（生长因子、热休克、病毒感染、有丝分裂和血红素变化等）能够诱发这两种因子磷酸化或脱磷酸。eIF－2 磷酸化后将失去活性。eIF－2 激酶可使 eIF－2 的 α 亚基磷酸化而失去起始作用。eIF－2 激酶本身的活性也受磷酸化/脱磷酸的调节，磷酸化后为活性形式。eIF－2 激酶的活性受某些蛋白质合成调节物的调节，例如，血红素对珠蛋白合成的调节。

（4）小分子 RNA 的调控

新近发现的一类被称为干扰 RNA（interference RNA，iRNA 或 RNAi）的小分子 RNA，它们可通过双链 RNA 使目的 mRNA 降解，从而特异抑制目的蛋白质的合成。其中 miRNA 和 siRNA 已有较多报道。miRNA 是指微 RNA（microRNA），其长度仅为 21～25 个核苷酸，由内源性基因编码，如线虫的 lin－4 和 let－7，长度分别为 22 和 21 个核苷酸；由 *lin*－4 基因编码，它抑制 lin－14 蛋白质的合成。lin－14 蛋白质是一种核蛋白，它调控发育生长的时间选择。因此，有时也将 miRNA 称为小分子时间 RNA（stRNA，small temporal RNA）。它们通常与目标 mRNA 的 3′端非编码区结合，从而阻止翻译，但并不导致目标 mRNA 的水解。siRNA 是指短干扰 RNA（short-interfering RNA），长度也是 21～25 个核苷酸，多数来自外源性双链 RNA，其作用是高度特异的，与目标 mRNA 结合后，可导致 mRNA 的降解。

iRNA 的作用与细胞内几种特异酶有关。在产生 iRNA 的果蝇胚胎中发现一种能水解目标 mRNA 的核酸酶，它与小分子 RNA 结合在一起，称为Drosha。Drosha 实际上是一种细胞核 RNA 酶Ⅲ，它将 iRNA 前体剪切成小的片段，产生 iRNA，然后通过它们激活或引导核酸酶与目标 mRNA 结合而启动干扰过程。另一种酶称为Dicer 酶，它能将长的双链 RNA 切割成小的双链 RNA（miRNA 和 siRNA），这些小 RNA 通过结合到与之同源互补的 mRNA 上，并在结合部位切断 mRNA，从而抑制基因表达。

关于 iRNA 的生物学意义，目前普遍认为，它在植物和昆虫体内相当于一种免疫系统，起着保卫基因组的作用，它能够防止外来的有害基因或病毒基因整合到自身的基因组中。此外，它还参加基因的表达调控，将那些不按一定程序（如时间程序）表达产生的 mRNA 降解，以保证基因表达按时空程序进行。

第四节　诱导与阻遏调节机制

前面对基因表达调节控制的一般原理做了介绍，本节通过对诱导和阻遏机制的介绍，对几种不同类型操纵子的简述，以了解原核生物基因表达调控的多样性与复杂性。

一、组成酶与适应酶

根据机体内酶的合成对环境影响的反应不同，可分为两大类：一类是构成酶或组成酶（constitutive enzyme），如酵解系统的酶，这个酶系的蛋白合成量十分稳定，不大受代谢状态的影响，它是保证机体基本能源供给的酶系统。这一类酶的基因称为管家基因（housekeeping gene）或组成型基因（constitutive gene），这种基因在细胞中为持续性表达，只受启动子与 RNA 聚合酶的相互影响，而不受其他机制调节。另一类酶，它的合成量受环境营养条件及细胞内有关因子的影响，有的随环境条件变化酶的合成量增加，称为诱导酶（inducible enzyme），相反，酶合成随环境条件改变而降低，称为阻遏酶（repressible enzyme）。诱导酶和阻遏酶的合成均涉及基因表达，是在某种环境信号的作用下调节基因活性，从而促进或抑制基因表达。引起诱导酶生成的物质称为诱导剂（inducer），减少酶合成（即关闭基因）的物质称为阻遏剂（repressor）。

二、诱导机制

在正常条件下，大肠杆菌细胞内的 β－半乳糖苷酶（β－galactosidase）的量极少，但在培养基中加入乳糖后这种酶的量就大大增加。有人测定在未加乳糖以前每个细胞中只含 2～3 个酶分子，加入乳糖 2～3 分钟后，酶分子增加到 3000 个（每一细胞的 β－半乳糖苷酶分子数目可借助于一种带有人造荧光物质的底物与酶结合后，用荧光计测定，其灵敏度甚至连单个酶分子都可检测），即有乳糖存在时，β－半乳糖苷酶成千倍地增加，这种现象称为诱导（induction）。诱导现象可用操纵子学说加以解释。

大肠杆菌乳糖操纵子（lactose operon）是一个与乳糖分解代谢有关的基因表达的协同单位，它包括 3 个结构基因，这 3 个结构基因产生的 3 种酶可将乳糖分解为半乳糖和葡萄糖。操纵子上的 *lac*Z 基因决定 β－半乳糖酶（β－galactosidase）的结构。此酶能将乳糖分解为葡萄糖和半乳糖；*lac*Y 基因决定半乳糖苷透性酶（galactoside permease）的结构；*lac*A 基因决定半乳糖苷乙酰基转移酶（galactoside acetyltransferase）的结构。透性酶决定 β－半乳糖苷（乳糖）进入菌体的速度。这 3 个结构基因紧密连锁，基因表达时转录为一个 mRNA（多顺反子转录）。乳糖操纵子结构如图 16－8。

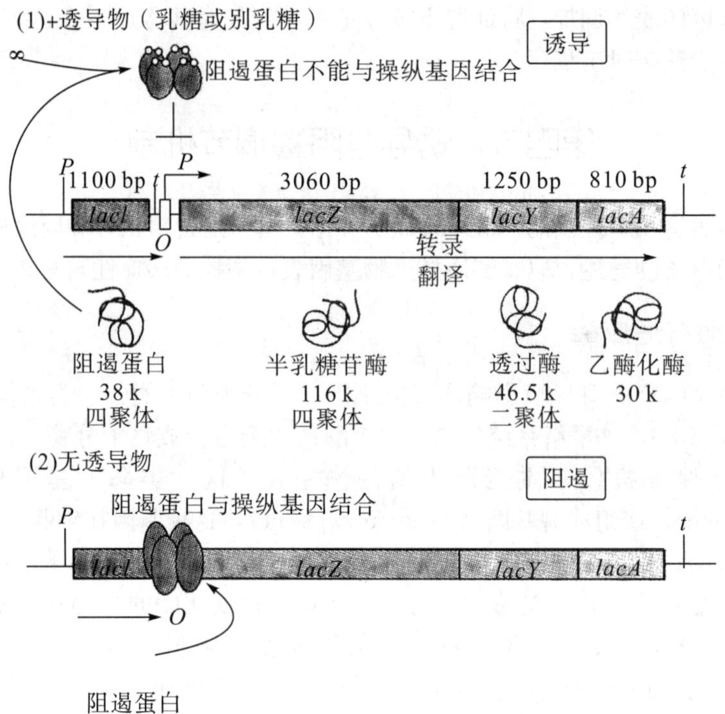

图 16－8　大肠杆菌乳糖操纵子

*lac*A 基因的产物半乳糖苷乙酰基转移酶虽然在乳糖降解中不起作用，但它可使半乳糖苷乙酰化，可降低半乳糖苷对细胞的毒害作用。因为不少半乳糖苷衍生物高浓度时是细胞生长的抑制物。β－半乳糖苷酶不仅仅作用于乳糖，它可以分解许多 β－半乳糖苷化合物，所产生的 β－半乳糖苷被乙酰化后对细胞生长即不再产生抑制作用。

在乳糖操纵子中，除上述 3 个结构基因外，还包括操纵基因（O）和启动基因或启动子（P）。一般不将调节基因（*lac*I）纳入操纵子内。调节基因产生一种可控制操纵子结构基因表达的物质，是一种特异蛋白质，称为阻遏蛋白或阻遏物（repressor）。阻遏蛋白是含有 4 条相同肽链的四聚体，相对分子质量 148000。每条肽链含有 347 个氨基酸，M_r 为 37000。阻遏物以四聚体的形式为其活性形式。有两个特殊结构域，一个能同操纵基因结合，另一个可同诱导物结合。

操纵基因（operator）含有 21 个碱基对，这个区域是阻遏蛋白特异结合区。如果有阻遏蛋白的结合，则基因关闭，结构基因便不被转录。利用阻遏蛋白与操纵基因结合后免被核酸酶水解的特点，可测定操纵基因的结构（图 16－9）。这 21 对碱基以第 11 位碱基为中心，两侧的碱基呈反向重复对称（二元旋转对称）。共有 16 个碱基对是这种对称的，这种对称性使得四聚体阻遏物的两个亚基能同时和操纵基因结合。

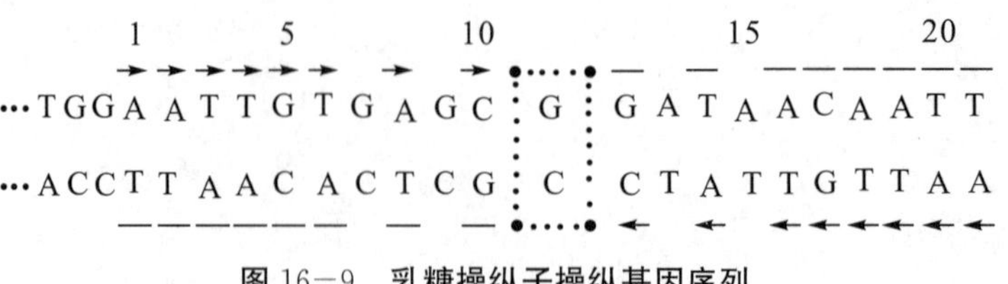

图 16－9　乳糖操纵子操纵基因序列

启动基因或启动子（promoter）大约含有 1100 对碱基。这个部位有两个功能不同的区域，一个是 RNA 聚合酶结合区，包括 RNA 合成的起始位点；另一个是与调控因子 CAP 结合的位点。转录的起点位于操纵基因内，因此，乳糖操纵子的启动区与操纵区有部分的重叠。

在通常情况下，乳糖操纵子的操纵基因与阻遏蛋白结合着（这种操纵子为负性调控操纵子）。由于操纵基因与启动子的部分重叠，当有阻遏物与操纵基因结合时，RNA 聚合酶就不能同启动子结合，因而 3 个结构基因处于关闭状态。若向培养基中加入乳糖，乳糖作为一种诱导物（实际上是乳糖的异构物别乳糖作为乳糖操纵子的真正诱导物）与阻遏蛋白结合，结合了乳糖的阻遏蛋白发生构象变化，再也不能同操纵基因结合而脱离操纵基因，于是 RNA 聚合酶就与启动子结合，引起结构基因的转录，再通过翻译而生成 3 种酶，从而将乳糖分解。

实验证明，乳糖不是使乳糖操纵子活化的惟一因素，乳糖操纵子功能的表现还受到 cAMP 及一种特异蛋白质的影响，这种蛋白质称为降解物基因活化蛋白（CAP，catabolite gene activator protein）或称环腺苷酸受体蛋白（CRP，cAMP receptor protein），由 *crp* 基因编码。cAMP 与 CAP 结合成复合物后，此复活物结合于 CAP 位点，即可促进 RNA 聚合酶的结合，并加速转录速度。CAP 是一个二聚体蛋白，M_r 约为 44000。cAMP－CAP 的结合位点（与启动子有重叠）含有 TGTGA 序列，cAMP－ CAP 复合物与之结合后，可使 DNA 发生 94 度弯曲，这样使得 RNA 聚合酶能同启动子更好结合，从而促进转录。显然，cAMP 和 CAP 都是正调控因子。

三、阻遏机制

酶的阻遏与酶的诱导现象非常相似，可以用一个统一的理论（操纵子模型）来解释。在合成代谢中，产物的积累可反作用于酶的合成，即阻遏（repression）。这种被终产物阻遏的操纵子称为可阻遏操纵子。阻遏也有多种不同形式。

1. 终产物阻遏调节

在合成代谢中，某些合成产物可作为辅阻遏物（aporepressor）与调节基因产生的阻遏蛋白结合，这种结合使基因关闭，酶的合成反应也因此减慢而停止。这种由于终产物的积累而抑制酶的合成常常被称为反馈阻遏（feedback repression）。这种操纵子属于阻遏型，称为可阻遏型操纵子。色氨酸操纵子的调节就是一个典型的阻遏调节的例子。

色氨酸操纵子（trp operon）是色氨酸合成的调节功能单位。芳香族氨基酸的合成是一个分支代谢途径，从原料 4－磷酸赤藓糖和磷酸烯醇式丙酮酸开始，到生成分支酸（chorismate），是共同途径，从分支酸分成 3 个途径分别合成苯丙氨酸、酪氨酸和色氨酸。从分支酸到色氨酸这个阶段即由色氨酸操纵子控制。这个操纵子共有 5 个结构基因（图 16－10），分别编码 3 个酶。*trp*E 和 *trp*D 分别编码邻氨基苯甲酸合成酶的两个亚基。*trp*C 编码吲哚甘油磷酸合成酶，它是一个双功能酶。*trp*B 和 *trp*A 分别编码色氨酸合成酶的 β 亚基和 α 亚基。控制色氨酸操纵子的调节基因（*trp*R）与色氨酸操纵子并不连锁，相隔较远。

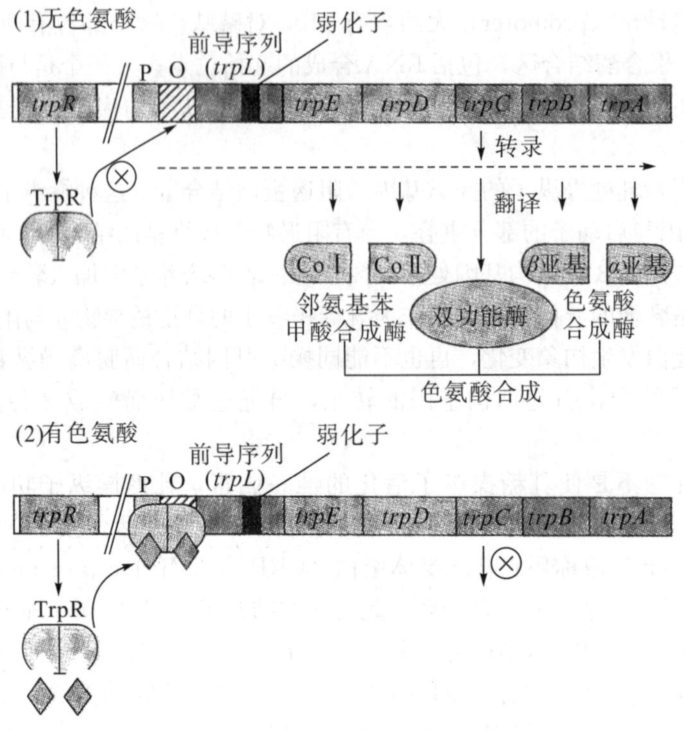

图 16—10　色氨酸操纵子

色氨酸操纵子的阻遏作用与乳糖操纵子不同。*trp*R 产物是一个无活性的阻遏物，而 *lac*I 的产物为单体，但聚合成四聚体后即具有阻遏活性，可直接与 *lac*O 结合。*trp*R 所产生的阻遏物只有与辅阻遏物色氨酸（实际上是 Trp－tRNA^{Trp}）结合后（称为活性阻遏物）才能与 *trp* 操纵子的操纵基因 *trp*O 结合，从而阻断 5 个结构基因的表达。*trp*O 位于启动子 *trp*P 的内部，因此活性阻遏物与 *trp*O 结合后，完全排斥 RNA 聚合酶的结合。这样做的结果可使转录降低 70 倍。

由上述 *lac* 操纵子和 *trp* 操纵子两个例子可见，前者为可诱导操纵子，在正常情况下（无诱导物存在）基因是关闭的，而后者为可阻遏操纵子，在正常情况下（无辅阻遏物存在）基因是开放的。在这里，效应物（诱导物和辅阻遏物）就成为调节基因活性的重要因子。

2. 色氨酸操纵子的衰减作用

由实验观察到，*trp* 操纵子的阻遏作用只能使转录降低 70 倍，但在高浓度和低浓度色氨酸存在时 *trp* 操纵子的表达水平相差约 600 倍，说明除了阻遏作用 *trp* 操纵子还有另外的调控机制。经研究发现，在高浓度色氨酸存在时，转录受到高度抑制，它通过转录到达第一个结构基因之前过早终止来控制转录。这种调控通过一种称为衰减作用的机制来实现。

所谓衰减作用或称弱化作用（attenuation）是通过由 L 基因（前导区，其内具有衰减子）产生、位于 mRNA5′端的称为前导序列（leader sequence）的特殊二级结构使转录弱化过程。因为细菌的转录与翻译偶联，下游色氨酸 mRNA 还在转录的同时，前导序列通过翻译产生一个 14 肽，称为前导肽（leader peptide），它参与衰减作用。阻遏作用和衰减作用都是转录水平上的调控，但二者的机制完全不同。阻遏是一级开关，主管转录是否启动，相当于“粗调”；而衰减作用决定已经启动的转录是否继续进行下去，是比阻遏作用更为精细的

"细调"。

色氨酸 mRNA 的前导序列长 162 个核苷酸，它可形成特殊的茎环结构和成串（7 个）的 U，成为一种终止信号。当 RNA 合成启动后除非缺色氨酸，否则 mRNA 只合成 140 个核苷酸即终止。前导序列编码一个含 14 个残基的前导肽。

衰减作用可用图 16－11 来加以说明。

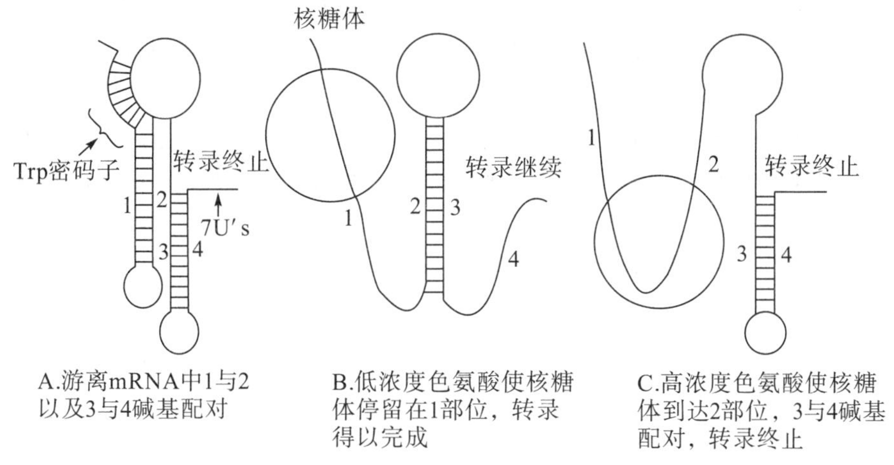

图 16－11　色氨酸操纵子的衰减机制

（1）当氨基酸缺乏时，前导肽不能合成，转录在终止信号处（RNA 形成特殊的茎环结构和寡聚 U）停止（图 16－11，A），此时区域 1 与 2 配对，3 与 4 配对。

（2）如果环境中缺乏色氨酸但有其他氨基酸存在，Trp－tRNA^{Trp}不能形成，前导肽翻译至色氨酸的终止密码子处停止，此时核糖体与区域 1 结合，区域 2 与 3 配对，终止信号不能形成（图 16－11，B）。于是转录继续进行，通过翻译合成色氨酸。

（3）当环境中有足够量氨基酸存在或生成过量（高浓度色氨酸），前导肽被正常合成。此时核糖体占据区域 1 和 2 位置，3 与 4 配对，终止信号形成，故转录终止（图 16－11，C）。

除色氨酸外，苏氨酸、亮氨酸、异亮氨酸、缬氨酸、苯丙氨酸和组氨酸的合成也具有衰减机制。

2．降解物阻遏

大肠杆菌在只含乳糖而不含葡萄糖的培养基上生长时，必须经过一段生长停顿的时间，在这段时间内逐渐诱导形成能使乳糖进入细胞的透性酶以及分解乳糖的 β－半乳糖苷酶。如果大肠杆菌在含葡萄糖和乳糖两种碳源的培养基上生长，乳糖便不能诱导这两种酶的合成。这是由于葡萄糖对这两种酶的合成起着抑制作用。因此，大肠杆菌的 β－半乳糖苷酶的合成实际上受到双重控制，即乳糖对它的诱导和葡萄糖对它的抑制。葡萄糖是自然界中最为丰富的碳源，大肠杆菌细胞中具备着利用葡萄糖的构成酶系，在含有葡萄糖和乳糖的培养基中，葡萄糖被优先利用，同时葡萄糖抑制 β－半乳糖苷酶的诱导合成，葡萄糖的这种特殊的效应称为葡萄糖效应（glucose effect）。因为葡萄糖可由乳糖降解产生，因此，又称降解物阻遏（cstabolite repression）。

进一步的研究表明，β－半乳糖苷酶的合成所以被葡萄糖阻遏，是由于细胞内缺少了 cAMP。葡萄糖分解代谢的中间产物可抑制腺苷酸环化酶（见第十七章）的活性，同时增强磷酸二酯酶的活性，因此，在含葡萄糖的培养基上生长的大肠杆菌，其细胞内 cAMP 的量很少，β−半乳糖苷酶的合成也很少；如果加入 cAMP，酶的合成速度就大大增加。cAMP 对 β−半乳糖苷酶合成的促进作用是发生在转录水平，而不是在翻译水平上，这是因为在有或者没有 cAMP 的条件下培养大肠杆菌所形成的乳糖操纵子 mRNA 的量不同。用异丙基硫代半乳糖苷（IPTG，isopropyl−β−D−thiogalactoside）诱导的细菌培养在含葡萄糖的培养基上时，乳糖操纵子 mRNA 的量极少，接近于未经诱导的水平；如果加入 cAMP，则 mRNA 的量大为增加，几乎达到在不含葡萄糖的培养基上经 IPTG 诱导的水平。

IPTG 是一种 β−半乳糖苷类似物，它可诱导 β−半乳糖苷酶的生成，但它不被该酶分解。IPTG 的结构如图 16−12。

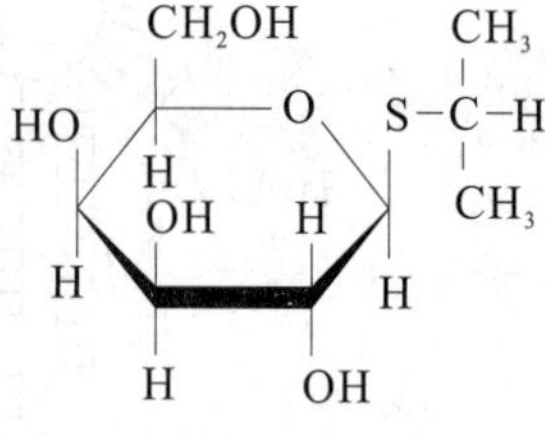

图 16−12　异丙基 β−D—硫代半乳糖苷（IPTC）

cAMP 对 mRNA 形成的促进作用与降解物活化蛋白（CAP）密切相关。缺乏 CAP 的某些菌株即使利用 IPTG 诱导也没有 mRNA 生成。从野生型菌株中抽提出来的这种蛋白质可以刺激 mRNA 的生成。可见 CAP 也是个很重要的调节因素。

由上述讨论可知，细胞内酶的合成受两类操纵子的控制，一类如乳糖操纵子，诱导物作为一种信号，使阻遏蛋白变构失活，从而使基因得以表达，酶被大量合成。这种操纵子称为诱导型操纵子，除乳糖操纵子外，其他诱导型操纵子见（表 16−5）。另一类如色氨酸操纵子，代谢终产物使阻遏蛋白活化，关闭基因，停止酶的合成，这种操纵子称为阻遏型操纵子（表 16−6）。

表 16−5　大肠杆菌中的诱导型操纵子

名称	代号	结构基因数	所产酶的功能
乳糖操纵子	*Lac*	3	β−半乳糖苷的水解和转运
半乳糖操纵子	*Gal*	3	将半乳糖转变成 UDPG
阿拉伯糖操纵子	*Ara*	5	将 L−阿拉伯糖转变为 D−木酮糖
组氨酸利用操纵子	*Nut*	4	将组氨酸转变为谷氨酸和甲酰胺
麦芽糖操纵子	*Mal*	7	麦芽糖的转运和分解

表 16−6　大肠杆菌中的阻遏型操纵子

名称	代号	结构基因数（编码酶数）	所产酶的功能
色氨酸操纵子	*Trp*	5（3）	将分支酸转变成色氨酸
苯丙氨酸操纵子	*Phe*	2（2）	从分支酸合成苯丙氨酸
苏氨酸操纵子	*Thr*	4（4）	从天门冬氨酸合成苏氨酸
亮氨酸操纵子	*Leu*	4（3）	从 α−酮戊二酸合成亮氨酸
异亮氨酸操纵子	*Ile*	8（7）	从苏氨酸合成异亮氨酸和缬氨酸
组氨酸操纵子	*His*	7（10）	组氨酸的全程合成
精氨酸调节子	*Arg*	9（8）	从谷氨酸合成精氨酸
嘧啶调节子	*Pyr*	8（7）	UTP 全程合成
生物素操纵子	*Bio*	6（5）	将葡萄糖转变为生物素

诱导型操纵子通常情况下结构基因是关闭的，处于阻遏状态；阻遏型操纵子通常情况下结构基因是开放的，处于去阻遏状态。诱导型操纵子一般与分解代谢相关，阻遏型操纵子与合成代谢相关。

四、调节子

调节子（regulon）为基因表达的协调单位，是指不同的操纵子受同一种调节蛋白的表达调节系统。通过调节子可以协调一系列在空间上分离，但功能上相关的操纵子的转录活动。

大肠杆菌中发现有多个调节子。精氨酸调节子含 9 个结构基因（编码 8 个酶），它们并不连锁，其中 4 个连锁，其余 5 个分别处于另外的部位，但表达时，9 个基因统一由一个调节基因产生的阻遏蛋白控制；核苷酸代谢调节子负责协调各种与核苷酸代谢的操纵子的基因表达活性；SOS 调节子，负责协调参与 SOS 修复有关的几个操纵子基因的表达，起协调作用的调节蛋白是 Lex A 蛋白（见第十三章第七节）；热激反应调节子则协调有关热激反应操纵子的表达。

本章学习要点

无论高等生物还是低等生物，体内都存在着各种物质的分解与合成。但是，各种物质的代谢均保持着高度的协调、统一，这是生物长期进化的结果，在进化中存在并发展了多种不同代谢调节控制的机制，以实现机体生理活动的统一性和完整性。

1. 生物体内存在细胞水平、激素体液水平和整体水平三级调控模式，其中细胞水平调节是最基本的，真核、原核生物均具备。激素调节主要存在于高等动植物，而神经系统调节是更高层次的调节，仅存在于人和高等动物。

细胞水平的调节，主要是对酶的调节，包括酶的区域化、酶活性调节（共价修饰、变构、聚合与解聚）和酶量的调节（诱导与阻遏）。

2. 反馈调节是酶活性调节的一种重要方式，其中反馈抑制更为普通。终产物对关键酶活性的控制作用，在分支代谢中有多种不同的反馈机制，包括多价反馈、协调反馈、累积反馈、合作反馈和顺序反馈等。反馈的机制主要是酶的变构，此外还有同工酶及多功能酶等形式。

3. 诱导与阻遏是调节细胞内酶量的主要方式，诱导通常与分解代谢相关，阻遏与合成代谢相关。诱导与阻遏均涉及基因的表达，可用操纵子学说来解释诱导与阻遏现象。以乳糖操纵子和色氨酸操纵子说明诱导与阻遏的机制。

4. 基因表达的调节控制是当今生物化学和分子生物学极为重视的课题，但迄今仍有许多不明之处。原核生物基因表达的调控是按操纵子学说加以阐述。操纵子中含有两类基因：信息基因和调控基因，前者决定蛋白质及 RNA 的结构，后者对基因表达实行调控。在调控中除与 DNA 上一些特定序列有关外，还有多种蛋白因子参与，包括 σ 因子、阻遏蛋白、CAP 蛋白、ntrC 蛋白等。

真核生物基因表达涉及 DNA 特定序列（如启动子、增强子、沉默子等，统称为顺式作用元件）、特异调控蛋白（如各种转录因子，统称为反式作用因子）以及这些调控蛋白因子与 DNA 特定序列的相互作用，其具体作用机制目前所知不多。

Chapter 16 METABOLIC REGULATION

No matter senior organism or inferior organism there are substance decomposition and synthesis in body. But every substance metabolism keep highly coordination and unity. This is the result of evolution of organism. There are many different mechanisms of metabolism regulation and control exist and develop in evolution for realizing the integration and completing of physiological activities.

1. There are three level regulation type in organism. They are cell level, hormore and humor level and nervous system level regulation. Cell level regulation is the basic regulatory type. Eucaryote and prokaryote all have this regulation mechanism. Hormone level regulation mainly exist in senior animal and plant. But nervous system regulation. is the higher level regulation It only exist in mankind and senior animals.

Cell level regulation mainly refer to the regulation of enzyme. It includes enzyme compartmentation, enzyme activity regulation (covalent modification, allosterism, polymerization and depolymerization) and enzyme quantity regulation (induction and repression).

2. Feedback regulation is an important way of enzyme activity regulation. Feedback inhibition is more common. It refers to the control of end product to key enzyme. There are many different feedback mechanisms in branched metabolism. It includes multivalent feedback, concerted feedback, cumulative feedback, cooperative feedback and sequence feedback, etc. The main mechanism of feedback is allostery of enzyme. Apart from this, there are isozyme and multifunctinal enzyme, etc.

3. Induction and repression are the main ways of enzyme quantity regulation. Induction is normally to catabolism and repression is related to anabotism. Induction and repression are all related to expression of genes. Induction and rcprcssion can be cxplaincd by operon theory. Lac operon and try operon can explain the mechanisms of induction and repression.

4. Regulation of expression of genes is the important problem of biochemistry and molecular biology tobay. But there are many disunderstanding points up to now. Regulation and control of expression of prokaryote genes is explaincd by operon theory. Operon has two Kinds of genes: message gene and centrolling gene. Message gene decide the structure of protein and RNA. Centrolling gene regulate the expression of genes. This kind of regulation is related to not only some special sequence of DNA but also many protein σfactors. These protein factors include factor, repressers, CAP protein and ntrC protein, atc.

Expressi on of eucaryote genes is related to special sequence of DNA (such as promoter, enhancer, silencer, etc. They are all named cis-acting element), special regulator protein (such as every kinds of transcription factors. They are all, named trans-acting fator) and the interaction of regulator protein factor and special sequence of DNA. The concrete mechanisim is not known many, today.

习 题

1. 用对或不对回答下列问题，如果不对，请说明原因。

(1) 细胞水平的调节是真核细胞和原核细胞都具备的调节方式。

(2) 在反馈调节中，所有途径的终产物都是作用于第一个酶。

(3) 酶的共价修饰涉及共价键的变化，酶的变构调节涉及次级键的变化。

(4) 酶量变化的调节比酶活性调节更耗能。

(5) 诱导型操纵子的阻遏蛋白通常是无活性的，只有在诱导物存在下才活化。

2. 乙酰 CoA 羧化酶是脂肪酸合成的关键酶。这个酶可通过哪些调控机制来调节脂肪酸的合成?

3. 在原核生物的基因表达中，哪些是正调控因子? 哪些是负调控因子?

4. 现有几种大肠杆菌突变型菌株，请指出在下列各种情况下，它们分别可能是调节乳糖操纵子表达中的何种基因发生了突变?

(1) 培养基中虽加入乳糖，但也没有 β—半乳糖苷酶的生成;

(2) 培养基中不加乳糖，仍有 β—半乳糖苷酶的大量生成;

(3) 在 (2) 情况下，培养基中另外加入一定浓度的阻遏蛋白，则 β—半乳糖苷酶不再合成;

(4) 在 (3) 的情况下，仍有 β—半乳糖苷酶的大量生成。

5. 虽然 β—半乳糖苷酶和 β—糖苷转乙酰基酶受到协同调节，能够协同表达，但最终表达产生的多肽链量是不等的。这是因为它们 mRNA 的半衰期和翻译速度不等。mRNA 的半衰期分别是 90 s 和 55 s，在一条 mRNA 翻译起始时间的平均间隔分别为 3 s 和 16 s，试计算这两种多肽链合成的相对速度。

第十七章　细胞信号转导

单细胞生物直接与外界进行物质和能量的交换。多细胞生物特别是高等动植物，要实现代谢的整体性和协调性。必然涉及细胞与细胞间的信息交流，即细胞间的相互识别、联络和相互作用，称为细胞通讯（cell conmmnication），细胞之间最简单的通讯方式是细胞之间的直接接触，如间隙连接（gap junction），而比较复杂的细胞通讯是依靠细胞信息或信号的传递来实现的。

信息（information）与信号（signal）是两个密切相关但又有区别的概念。信息同物质、能量一样，属于基本概念；信号则是信息的物质体现形式及物理或化学过程。

细胞信号有胞内信号与胞间信号之分，胞内信号传递细胞生理状态信息和一种物质代谢与其他物质代谢间的信息，以及各种细胞结构（细胞器）间的联络；胞间信号则是传递来自其他细胞的信息，以及高一级调节机构（如神经系统）对代谢等生理过程的信息。胞内信号与胞间信号是彼此既有分工，又相互联系、协调统一的。胞间信号与胞内信号以及胞内信号与胞内信号间的相互联系，即为细胞信号转导（cell signal transduction）。

在胞间信号联系中，向胞外分泌信号分子的细胞称为信息细胞（information cell），接受胞外信号的相应细胞称为靶细胞（terget cell）。根据信息细胞与相应靶细胞距离的远近，以及传递信号分子方式的不同，可分为 3 种类型：①自分泌（autocrine）：信息细胞和靶细胞为同一细胞；②旁分泌（paracrine）：信号分子经组织间液作用于邻近的靶细胞；③内分泌（endocrine）：信号分子经血液运输作用于较远距离的靶细胞。

第一节　细胞信号的类别及特点

细胞信号包括大分子结构信号、物理信号和化学信号。

生物大分子结构信号系指蛋白质、核酸和多糖，它们既蕴藏着一定信息，又是一定的细胞信号。这些信号在细胞内部交流时，负责细胞成分的组装，决定细胞的基本结构和基本的代谢形式，指导细胞代谢及其调节；在细胞间交流时，决定同种细胞的粘连（adhesion）、聚集（aggregation）及融合（fusion）等。

物理信号系指光、电、声、磁在体内器官间、组织间或细胞间传递信息，其中最常见的是电信号。细胞膜静息电位（resting potential）（即未受刺激细胞的膜电位）改变时所引起动作电位（action potential）的定向传播，在外界刺激－细胞反应的偶联中起信号作用。所谓动作电位，就是指细胞在受到外界刺激时，在静息电位的基础上，细胞膜发生一次短暂的电位波动。一次刺激导致一个电位波动，代表一次兴奋。例如，肌肉收缩时即产生动作电位。

化学信号系指在某些细胞生理活动中在细胞间或细胞内起信号作用的化学物质，因此可将它们分为胞间信号和胞内信号。这是本章所要重点讨论的。

一、细胞间化学信号

一种细胞分泌而调节其他细胞生理活动的化学物质，统称为胞间信号。其化学本质包括蛋白质和肽（如胰岛素、生长因子、细胞因子等）、氨基酸及其衍生物（如甘氨酸、甲状腺素、肾上腺素等）、类固醇激素（如肾上腺皮质激素和性激素）、脂肪酸衍生物（前列腺素）和一氧化氮等。所有胞间信号，发挥作用都需要相应受体。根据作用特点和作用方式的不同，可分为 3 类。

1. *内分泌信号*（endocrine signal）

由内分泌腺分泌的多种激素，如胰岛素、胰高血糖素、甲状旁腺素等。其作用特点是经过血液循环，输送到另外的细胞（靶细胞）中发挥作用，作用距离最远，以米（m）为单位计。这类信号的受体有的存在于膜上（膜受体），有的存在于细胞内（胞内受体），作用时间较长。

内分泌信号分子在分泌之前其 N 端都有一个信号肽（signal sequence），这是分泌的需要。此外，在分泌时还需信号序列识别蛋白体（signal recognition particle，SRP）、信号识别蛋白体受体（SRP receptor，SRPR）、信号序列受体（signal sequence receptor，SSR）等一些存在于胞浆及内质网膜上的特异蛋白质（见第十五章）。

内分泌信号分子在血液内的运输有两种形式，一种是以游离分子形式运输，另一种是与血浆中激素载体蛋白相结合，以复合物的形式运输。前者如胰高血糖素、肾上腺素、去甲肾上腺素等。但更多的激素是与相应载体结合而运输。这种运输方式具有几个显著优点：①防止激素在运输中被酶解、过滤、排泄，因而具有保护作用。②使血液中游离激素保持低水平，因为靶细胞对激素十分敏感，过多的游离激素对非靶组织会产生不利影响或造成浪费。③维持血液中激素的恒定状态，使激素的结合态与游离态处于动态平衡，这有利于激素的调节作用。因为结合型激素相当于血液中激素的临时“储库”，根据代谢的需要，游离态可与结合态互变。④结合型激素通过肝脏时被破坏的过程减慢，有利于延长激素作用的时间。

2. *局部化学介质*（part chemical medium）

又称为旁分泌信号（paracrine signal），其特点是细胞分泌出来后，不进入血液循环，而是通过在组织间液中扩散并作用于邻近的靶细胞，因此它的作用距离较短，以微米（μm）计。这类化学信号包括细胞因子（如白细胞介素）、生长因子（如表皮生长因子、血管生长因子、胰岛素样生长因子等）、细胞分化发育因子（如骨形成蛋白、转化生长因子 β 等）、前列腺素、一氧化氮和组胺等。这类化学信号除生长因子外，一般作用时间较短。其受体都是膜受体。

3. *神经递质*（neurotransmitter，NT）

又称为突触分泌信号（synaptic signal），由神经元突触前膜分泌，使突触后膜兴奋或抑制，实现神经细胞间的信号传递，或刺激相邻靶细胞产生胞内信号，引起一系列细胞反应。因此其作用距离最短，以纳米（nm）计。这类信号包括胆碱类的乙酰胆碱，单胺类的多巴胺，氨基酸衍生物类的肾上腺素和去甲肾上腺素、5-羟色胺，氨基酸类的 Gly、Glu、Asp、γ-氨基丁酸，此外，还有神经肽和P—物质等。

神经递质的受体都是膜受体。递质信号被突触后膜上的受体接收后，如果毗邻的是另一个神经元的轴突（axon），即可引起其动作电位变化；如果是靶细胞，则引起胞内信号生成。递质随后被重吸收或被酶催化失活，如肾上腺素与多巴胺，大部分被突触前膜吸收，小部分被突触后膜吸收，或者在突触间隙被儿茶酚胺甲基转移酶或单胺氧化酶破坏。乙酰胆碱则在突触后膜或间隙处被乙酰胆碱酯酶水解为乙酸和胆碱，胆碱被重吸收入神经末梢，在胞浆内由胆碱乙酰基转移酶催化合成乙酰胆碱，以供再利用。

有些化学信号分子，既是激素，又是神经递质。例如，去甲肾上腺素，作为一种激素，起刺激心脏及臂腿肌收缩的作用；作为一种神经递质，它可作用于交感神经，使血管收缩，血压升高。

二、细胞内化学信号

细胞外的各种化学信号作用于靶细胞，引起靶细胞内的代谢变化，不是胞外信号直接作用于代谢途径中的各种酶，而是引起胞内产生一些信息物质，再将信号传递给相应的酶。如果将胞外的化学信号称为第一信使（first messenger)，胞内的化学信号则称为第二信使(secondary messenger)。

胞内信号的化学本质也是多种多样的，包括无机离子（如 Ca^{2+}）、核苷酸（如 cAMP、cGMP)、糖类衍生物（如三磷酸肌醇 IP_3 和四磷酸肌醇 IP_4）、脂类衍生物（如二脂酰甘油、N－脂酰鞘氨醇）以及某些起信号作用的蛋白质（如某些癌基因产物)。这些胞内信号中作为第二信使的有：cAMP、cGMP、二脂酰甘油（DG)、IP_3、Ca^{2+}、神经酰胺、花生四烯酸和 NO 等。

胞内信号主要是通过改变酶的活性、开启或关闭细胞膜离子通道、使基因开放或关闭等形式调节细胞代谢、繁殖与分化。在完成使命后，通过酶促降解、代谢转化或细胞摄取等方式被灭活。

第二节　细胞信号受体

胞外信号发挥作用必须通过存在于质膜上或细胞内的相应受体（receptor)。受体就是能够识别并与之结合胞外信号的特异蛋白质（个别为糖脂)。与受体结合的胞外生物活性物质，称为配体（ligand)，除作为胞间信号的激素、神经递质和局部化学介质外，配体还包括某些药物、毒物和维生素。

根据在细胞内的分布不同，细胞信号受体分为膜受体和胞内受体两大类。

一、膜受体

膜受体存在于细胞质膜表面，因此又称为表面受体。所有膜受体都具有疏水区域，而且常形成 α－螺旋。与配体结合部位都面向细胞外。按照其结构和接收信号的种类及转换方式，可将膜受体分为三种类型：离子通道型受体、G 蛋白偶联受体和具有酶活性受体（图 17－1)。

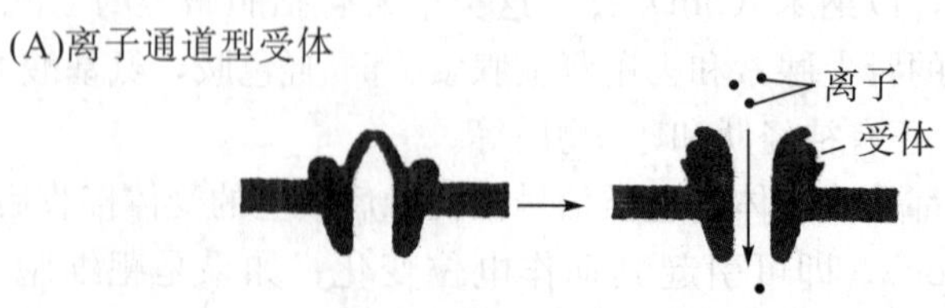

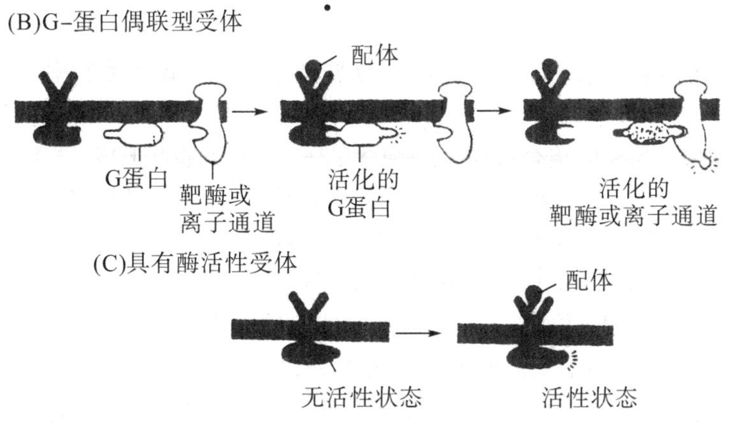

图 17-1　膜受体的三种类型

1. 离子通道型受体

离子通道是位于细胞膜上的水溶性通道，其功能是允许或阻止离子和其他一些小分子进出细胞。

神经细胞（神经元）的膜离子通道有两类：一类是通过膜电位的变化使 Na^+ 或 K^+ 通过，称为电位门控通道；另一类是由神经递质与相应受体引起离子转运，称为配体门控通道。这类通道由一种存在于质膜上既是离子通道又是受体的跨膜多亚基蛋白。这类受体对跨膜的信号转导无需中间媒体，没有中间转换步骤，因此反应快，只需几毫秒。属于此类的主要是神经递质受体，如烟碱型乙酰胆碱受体（nAchR）、γ-氨基丁酸受体（GABAR）、甘氨酸受体（GlyR）、单胺类受体（MAR）等。

nAchR 是突触后膜上的一种整合蛋白，含有 4 种亚基，其中 α 亚基有两个，成为五聚体：$\alpha_2\beta\gamma\delta$。乙酰胆碱（Ach）结合部位处于两个 α 亚基上，这两个亚基位于膜的外侧，并被糖基化。这个受体转运 Na^+，因为 Na^+ 是被水膜包裹着的，故不会与通道壁上的电荷基团发生相互作用。

GABAR 也是一个五聚体蛋白，含有 α、β、γ、δ、ε 五种亚基，它是一种抑制性神经递质受体，为 Cl^- 通道。在神经元细胞膜对 Cl^- 的通透性增高时．由于胞外 Cl^- 浓度高于胞内，Cl^- 就由细胞外进入细胞内；在末梢轴突膜对 Cl^- 的通透性增高时，由于轴浆（axoplasm）内 Cl^- 浓度比轴突外高，所以 Cl^- 由轴突内流向轴突外。Cl^- 的流动必然产生电位差，从而进行信号转导。

2. G 蛋白偶联型受体

这种受体接受胞外信号后，不能直接影响细胞内变化，而是需要质膜上一种特异蛋白质的介导。这种蛋白质称为鸟苷酸结合蛋白，简称G 蛋白。这种受体是一种跨膜糖蛋白，一条肽链，其 N 端处于膜外表面，为胞外信号结合部位；C 端处于膜内侧，是与胞内效应蛋白相互作用的区域；跨膜的疏水部分形成 7 个 α-螺旋，每个 α-螺旋由 20～25 个疏水性氨基酸组成。尽管不同的 G 蛋白偶联型受体的三维空间结构十分相似，均为 7 个跨膜 α-螺旋，但其氨基酸序列不同，这种序列特异性决定与何种 G 蛋白结合，将信号传给胞内何种效应蛋白。

肾上腺素 α 及 β 受体、毒蕈碱型乙酰胆碱受体（mAchR）和视网膜视紫红质受体等属于这类受体。

3. 具有酶活性的受体

这类受体的结构特点是仅有一个跨膜α－螺旋的糖蛋白。有两种类型，一种是其膜外表部分为配体结合区域，其膜内侧部分具有酪氨酸蛋白激酶活性，称为催化型受体。其胞外区含500～850个残基，为配体结合部位，跨膜含22～26个残基，形成α－螺旋，C端胞内区为功能区；另一种是本身并不具有酶活性，而是同配体结合后，可与酪氨酸蛋白激酶偶联而表现出酶活性。属于前一种类型的如胰岛素受体、表皮生长因子受体等，属于后一种类型的有生长激素受体、干扰素受体和促红细胞生成素受体等。

这类受体活化后（与配体结合）既可使受体本身磷酸化，又可催化底物蛋白的特定酪氨酸残基磷酸化。这种受体与细胞的增殖、分化及癌变有关。

另一种具有酶活性的受体是具有鸟苷酸环化酶活性的受体。这类受体分为膜受体和可溶性受体。膜受体的配体包括心钠素（arrionatriuretic peptide，一种调节心血流量的小分子肽）和鸟苷蛋白。可溶性受体的配体包括NO和CO。膜受体的胞外区与心钠素结合，跨膜含1条α一螺旋。胞内区为鸟苷酸环化酶结构域，可催化cGMP的生成。

二、胞内受体

膜受体接受的信号一般是水溶性的信号分子，包括氨基酸类、肽类、蛋白质类和细胞因子等。前列腺素虽为脂溶性激素，但它的受体也是膜受体。这些信号分子一般相对分子质量较大，难于通过细胞膜；胞内受体接受的信号一般是脂溶性的小分子，它们要通过细胞膜进入细胞后再与相应受体结合。这类受体主要存在细胞核内，有的虽然存在于胞浆中，但当与配体结合后也要转入核内。胞内受体激素主要是类固醇激素，甲状腺素虽是亲水性激素，但它的受体也存在于胞内。

胞内受体多为反式作用因子（见第十四章），当与相应配体结合后，能同DNA顺式作用元件结合，调节基因转录。在没有配体作用时，受体与热休克蛋白（抑制蛋白）形成复合物，因此阻止了受体向核转移以及与DNA的结合。当配体（如甾类激素）与受体结合后，受体构象改变，使热休克蛋白与其脱离，暴露出DNA结合位点，于是就可与DNA相关顺式作用元件结合（图17－2）。

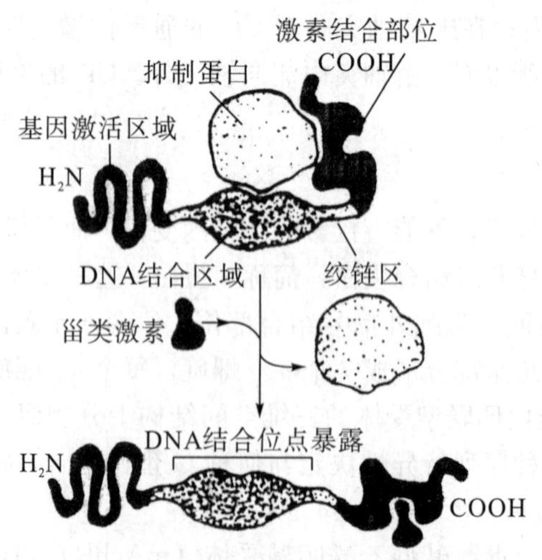

图17－2　类固醇激素及其受体的作用机制示意图

胞内受体通常为400～1000个残基组成的单体蛋白质，包括4个区域：①基因激活区。其长度变化较大，具有一个非激素依赖性的转录激活功能区；②DNA结合区。有一个含66～68个氨基酸残基组成的核心结构，具两个“锌指”；③绞链区；④激素结合区。位于C末端。其作用包括与配体结合、与热休克蛋白结合、具有核定位信号、激活转录等。

三、受体的性质

受体分子都具有两个功能区域：一是与配体结合的区域（结合域），其构象决定了配体的特异性；另一个是活性功能区域。一般受体与配体结合后都要发生构象改变。

受体与配体结合，在发挥其识别和信号转导中具有下列特性：

1. 专一性

信号分子与受体的结合具有高度专一性，这种特点由二者的结构决定。受体的氨基酸序列及其空间结构、糖基化程度、脂类修饰等都对受体与信号分子的特异性结合具有决定性的影响。虽然如此，在某些情况下，同一信号分子可能有两种或两种以上的受体。例如，乙酰胆碱有烟碱型和毒蕈型两种受体，肾上腺素有α和β两种受体（β－受体是与配体结合后，在信号转导中有cAMP参与，α－受体则不经cAMP进行信号转导）。同一信号分子与不同类型受体结合可产生不同的细胞效应。如肾上腺素作用于皮肤粘膜血管上的α－受体使血管平滑肌收缩，作用于支气管平滑肌则使其舒张。

2. 高亲和性

激素在非常低的浓度下［多肽激素在血液中的生理浓度为（10^{-10}～10^{-9}）mol/L］，就能被受体捕获，其结合率很高。例如，胰岛素可在比它高10万倍的其他蛋白质存在时，能特异地同胰岛素受体结合。亲和力用50％受体被配体结合时的配体浓度表示，其值愈小，亲和力愈高。胰岛素的此值为0.12 μg/mL。

3. 可饱和性

在配体与受体的结合中，很容易达到饱和，即再增加配体数量，并不能增加配体－受体复合物的数目。说明受体在靶细胞上的数目是一定的。但不同细胞的同一受体或同一细胞的不同受体，其数目是相差很大的。如甲状腺中每个细胞的促甲状腺激素受体仅500个，而电鳗的电器官中每个靶细胞有乙酰胆碱受体数目高达10^{11}个。

4. 可逆性

受体同配体的结合为非共价结合，当导致生物效应发生后，受体即与配体分离，受体恢复为原来状态，配体被灭活。

从生理效应而言，受体可分为刺激性受体（stimulation receptor，Rs）和抑制性受体（inhibition receptor，Ri）。迄今已发现几十种Rs，如肾上腺素β－受体、ACTH受体、促性腺激素受体等；Ri已知的如肾上腺素α_2－受体、阿片受体（opiate receptor）、乙酰胆碱毒蕈碱型M_1受体等。

乙酰胆碱（Ach）有两种受体，因此产生两类不同的效应。一种受体广泛存在于副交感神经节后纤维支配的效应器细胞上，当Ach与这类受体结合后就产生一系列副交感神经末梢兴奋的效应，包括心脏活动的抑制、支气管和胃肠道平滑肌的收缩、瞳孔括约肌的收缩、消化腺分泌增加等。因为这类受体也能与毒蕈碱（muscarine）结合，产生相似的效应。因此这类受体称为毒蕈碱型受体（muscarinic receptor，简称M型受体）。

另一种乙酰胆碱受体存在于交感神经和副交感神经节神经元的突触后膜和神经肌肉接头的终板膜（end-plate membrane）上，Ach与这种受体结合后可导致节后神经元和骨骼肌的兴奋。这类受体也能与烟碱（nicotine）结合，产生相似的效应。所以这类受体称为烟碱型受体（nicotinic receptor，简称N型受体）。

5. 可产生强大的生物效应

激素与受体结合后，在细胞内产生多级反应，10^{-9} mol/L浓度的激素能够导致靶细胞代谢物的浓度发生10^6倍的变化。

四、受体的调节作用

胞外信号配体与受体的亲和力以及受体在细胞质膜上的数目受着一定因素的调节，而且一种化学信号不仅作用于本身的特异受体，也常常影响其他受体。因此，激素等胞外信号本身就是调节受体亲和力与受体数目的因素之一。

1. 配体与受体亲和力改变的调节

配体与受体结合的亲和力受多种因素的影响：

（1）磷酸化和脱磷酸作用　这种共价修饰对不同激素与受体的亲和力影响不同。胰岛素受体和表皮生长因子受体分子的酪氨酸残基被磷酸化后，可促进受体与相应配体的结合；但磷酸化却使类固醇激素受体与配体的结合能力下降。

（2）膜磷脂代谢的调节　膜磷脂在膜受体活性的调节中也起重要作用。例如，质膜的磷脂酰乙醇胺被甲基化转变成磷脂酰胆碱后，可明显增强肾上腺素β受体激活腺苷酸环化酶的能力，从而提高胞内cAMP水平。

（3）酶促水解作用　有些酶受体可被溶酶体酶降解，从而减少受体数目。

（4）G蛋白的调节作用　当一受体系统被激活而使cAMP水平升高时，就会通过G蛋白降低同一细胞受体对配体的亲和力。

2. 协同效应

一种受体与配体结合后影响其他受体的结合，称为协同效应（cooperativity）。当某种受体分子与激素结合后，增强其他受体分子对同一激素的结合，称为正协同效应；相反，一种受体分子与激素结合后，减弱其他受体分子对同一激素的结合能力，称为负协同效应。胰岛素受体就具有负协同效应。胰岛素结合的受体愈多，余下未结合受体再与胰岛素结合的能力愈弱。

受体的负协同效应具有调节的意义，它可以起到“缓冲”的作用。当激素在循环中浓度低的情况下，受体的反应灵敏；激素浓度高时，由于负协同效应，可避免引起过激作用。在正常生理条件下，激素浓度很低，而受体数目远远多于激素，靶细胞质膜上只要1%～5%的受体被结合，就足以启动细胞内的一系列反应。这种机制既保证了对激素作出反应的巨大潜力，同时又保证激素作用不能超过一定限度。

受体数目随细胞不同变化很大，一般每个细胞含2000至10000个不等，平均约占质膜总蛋白的1%，但个别神经感受细胞受体数目可多达千万个以上。

3. 受体数目的调节

激素等信号分子不仅影响受体的亲和性，而且还可以调节受体在质膜外表面的数目，从而影响细胞内的代谢活动。这也是机体灵活调节代谢的有效措施之一。

有的激素与受体结合后可使受体数目减少或大部分消失，这种现象称为下向调节(down-regulation)；相反，若激素与受体结合后使受体数目增加，称为上向调节（up-regulation)。下向调节和上向调节对于激素分泌异常时是细胞调节信号转导的一种机制，即使胞外信号异常，对细胞代谢的影响也会降到最小。

五、G 蛋白与信号转导

在 3 种膜受体中，与 G 蛋白偶联的受体显得更为广泛和重要。G 蛋白是存在于细胞膜上的 GTP 结合蛋白的简称，它是一种脂锚定蛋白，有多种不同类型。其中调节腺苷酸环化酶活性的分为激动性 G 蛋白 Gs 和抑制性 G 蛋白 Gi 两种类型；作用于磷酸肌醇系统的 G 蛋白称为 Gp；激活磷脂酶 C 的 G 蛋白称为 Gq；刺激视网膜 cGMP 磷酸二酯酶的转导蛋白称为 Gt 等。Gs 偶联刺激性受体（Rs），并激活腺苷酸环化酶（adenylate cyclase，AC）；Gi 偶联抑制性受体（Ri）并抑制环化酶。Gs 和 Gi 均为三聚体蛋白，含有 α、β、γ 三个不同亚基。α 亚基能结合激素的受体、腺苷酸环化酶、氟化物（一种外源激活物）和 GTP，此外，α 亚基还有缓慢的 GTP 酶活性。Gs 和 Gi 的 β、γ 亚基相同，β 的 M_r 为 36000，γ 为 8000；Gs 和 Gi 的 α 亚基不同，M_r 分别为 45000 和 40000。G 蛋白有两种构象，一种为 αβγ 三聚体形式并与 GDP 结合（结合于 α 亚基），为非活化态；另一种构象是当 α 亚基与 GTP 结合后即与 βγ 亚基分离，成为活化态。活化态的 G 蛋白即可激活腺苷酸环化酶（AC）。

不同的 G 蛋白可将受体与不同的效应酶相偶联。各种 G 蛋白 α 亚基除都有一个 GTP 结合位点外，还存在一个霍乱毒素或百日咳毒素进行 ADP－核糖基化修饰部位。这两种细菌毒素可改变 G 蛋白的功能，霍乱毒素（choleragin）可激活 Gs，从而持久性激活 AC，使得肠内皮细胞内 cAMP 水平持续性升高，引起大量水和 Na^+ 外流到肠腔，造成严重腹泻。百日咳毒素（pertussis）则激活 Gi，从而抑制 AC。

绝大多数 G 蛋白的功能依赖于两种辅助蛋白：一种是促进 GTP 水解的 GTP 酶激活蛋白（GTPase activating protein，GAP)，另外一种辅助蛋白是促进 GDP/GTP 交换的鸟苷酸交换因子（guanine nucleotide exchange factor，GEF)。膜上的三聚体 G 蛋白的 α 亚基虽然具有 GTP 酶活性，但 GAP 是其负调节物，它能激活 G 蛋白的 α 亚基。GEF 则使 G 蛋白由与 GDP 结合变为与 GTP 结合。

G 蛋白将激素受体与 AC 相偶联的机制如下：当激素等配体与受体结合后，配体－受体复合物是一种不稳定的二元复合物，当它与 G 蛋白结合成三元复合物后，方能激活腺苷酸环化酶。胞外信号的跨膜转导过程的主要步骤如图 17－3。

激动性激素等信号分子与受体 Rs 结合后使受体蛋白的构象改变，暴露出 G 蛋白的结合位点，使它易于与 G 蛋白结合，激素－受体二元复合物和 G 蛋白均能在膜上做横向运动，二者碰撞后很快形成三元复合物。

三元复合物中的 G 蛋白 α 亚基上原来结合 GDP 的位点，释放 GDP，而被 GTP 取代，即生成 Gsα－GTP，使得 α 亚墓与 βγ 亚基分离。GTP 的结合又改变了 G 蛋白 α 亚基的构象而活化，使之易于与低活性的 AC 结合，α 亚基－GTP 复合物一旦与 AC 结合，就使 AC 激活，成为高活性的环化酶，从而催化 ATP 转变为 cAMP。

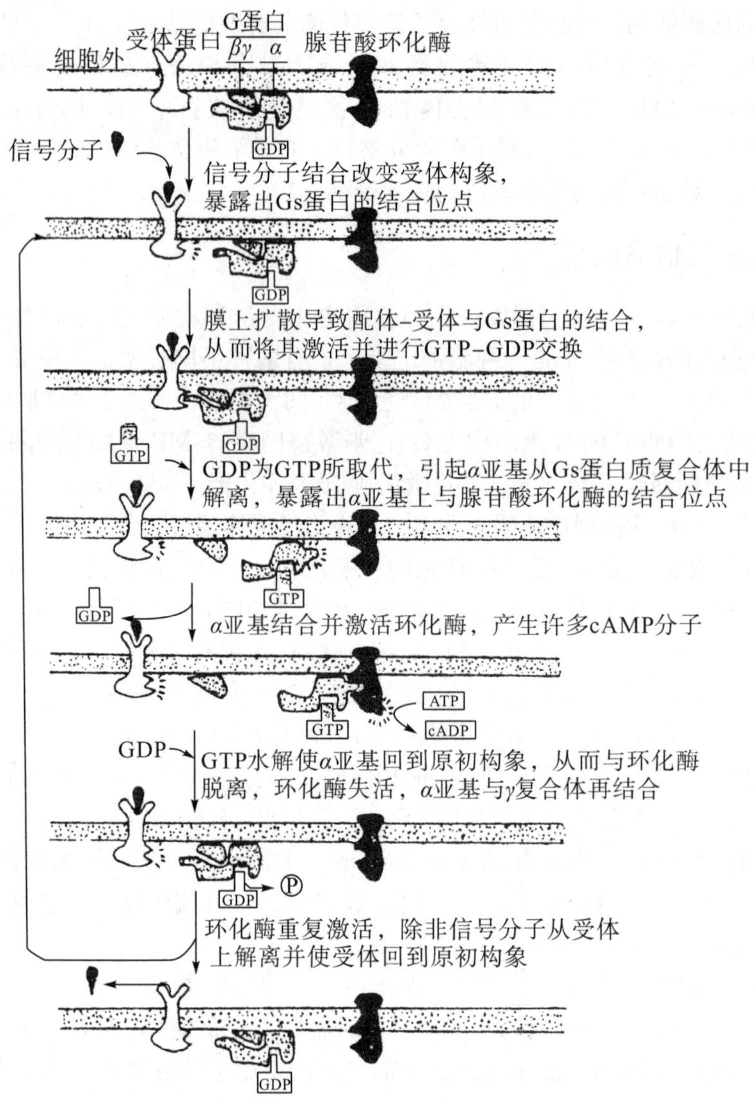

图 17－3　G 蛋白偶联受体和环化酶模型

G 蛋白 α 亚基结合的 GTP，被该亚基所具备的 GTPase 活性将其水解，生成 Gsα－GDP，AC 又回到原来的基态。G 蛋白自身也回复到钝化状态，即完成一次信号转导。

与 Gs 的作用相反，抑制性激素 Hi 等信号分子引起的 Gi 活化，从而抑制 AC 活性，可以通过两个途径来实现：①Giα－GTP 直接抑制环化酶；②Gi 的 α 亚基与 βγ 亚基解离后，βγ 在膜上可与 Gsα 结合生成非活性的 G 蛋白，从而间接抑制环化酶。由于 Giα 对鸟苷酸的亲和力比 Gsα 高，βγ 亚基主要来源于 Gi 解离，因此，Gi 的抑制作用似乎主要靠第二个途径。

由上可见，腺苷酸环化酶的活性受配体、受体、G 蛋白、GTP 等多种因素的调节。

为什么生物在进化中形成如此复杂、多阶段的信号产生机制呢？为什么受体的数目比与之结合的配体的数目多得多呢？为什么在受体与腺苷酸环化酶之间又需要 G 蛋白参与呢？这种模式的首要生物学意义在于细胞外信号对代谢调节的初级放大作用。因为一个活化的受体蛋白可以与许多 G 蛋白分子碰撞并使之活化，从而导致 AC 的激活；另一种可能是，一种类型的激素受体除了能与 AC 偶联外，还可和其他不同的酶和离子通道发生偶联，从而引起多种生物效应。事实证明，G 蛋白可以偶联许多效应分子，具有广泛的生理功能。

第三节 信号转导途径

包括激素在内的胞外信号的作用过程有下列几个步骤：①激素等胞外信号的合成与分泌；②胞外信号被运送到靶细胞；③激素等与靶细胞膜或靶细胞内的特异性受体结合，导致受体激活；④靶细胞内的一条或几条信号转导途径被启动；⑤靶细胞内产生特定的生理生化效应；⑥激素等胞外信号灭活，信号终止。

胞外信号在靶细胞内的转导，按其受体分为膜受体介导的转导途径和胞内受体介导的转导途径，本节先重点介绍由膜受体介导的途径，最后简要介绍由胞内受体介导的特异途径。

在研究激素对代谢调节作用的机理时，早在 20 世纪 50 年代末就发现了 3′，5′－环腺苷酸（cAMP），并陆续发现许多激素调节细胞内的物质代谢，都要通过 cAMP 而起作用。因此，Earl Sutherland 首先（1958）提出了“第二信使”的概念，将激素等胞外化学信号视为调节代谢的第一信使，cAMP 即称为第二信使。第二信使为胞内化学信号。继 Sutherland 之后，美国药理学家 Goldberg（1963）又发现了环鸟苷酸（cGMP）。于是提出了激素→受体→cAMP（cGMP）的信号转导途径。70 年代以后又发现 Ca^{2+} 及肌醇磷脂（lipositol）的第二信使作用，并发现了多种蛋白激酶，于是提出了至少 5 条不同的转导途径，概括于图 17－4。

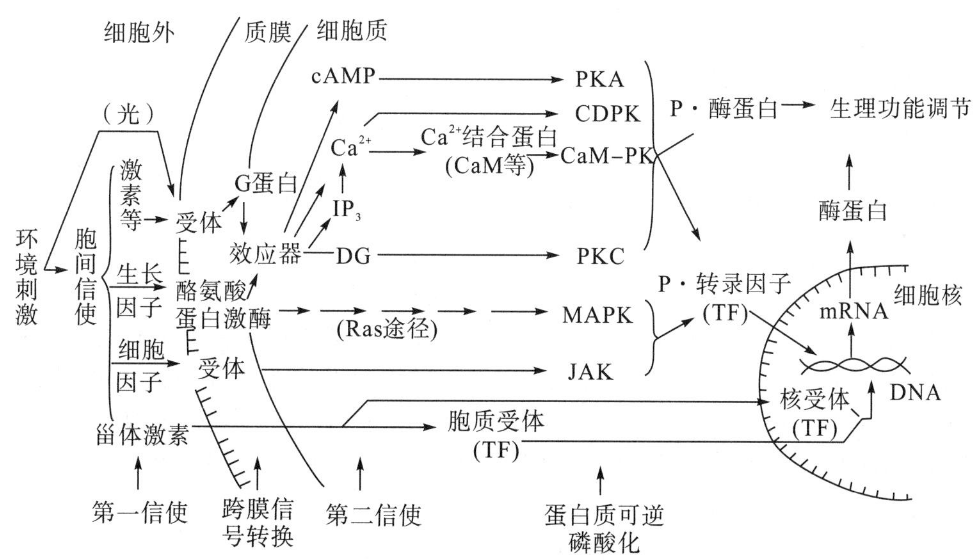

图 17－4 细胞信号转导主要途径模式图

IP_3：三磷酸肌醇 DG：二酰甘油 PKA：依赖 cAMP 的蛋白激酶

PKC：依赖 Ca^{2+} 及磷脂的蛋白激酶 CaM·PK：依赖 Ca·CaM 的蛋白激酶

CDPK：依赖 Ca^{2+} 的蛋白激酶 MAPK：有丝分裂原蛋白激酶

JAK：另一种蛋白激酶 TF：转录因子

由膜受体介导的转导途径包括 cAMP－蛋白激酶 A 途径、cGMP－蛋白激酶 G 途径、IP_3 及二脂酰甘油途径、钙离子转导途径和酪氨酸蛋白激酶途径等。

一、cAMP－蛋白激酶A途径

这是胞外信号转导的主要途径，其模式为：激素→受体→G蛋白→AC→cAMP→cAMP依赖性蛋白激酶（PKA）→特异蛋白磷酸化→生物学效应。

1. cAMP的产生与灭活

cAMP在生物体内分布广泛，从细菌到哺乳动物细胞都含有，在体内含量甚微，多在（10^{-9}～10^{-12}）mol/L水平，其浓度的变化与多种代谢紧密相关。

cAMP由腺苷酸环化酶（AC）催化，由ATP转化生成。除成熟红细胞外，几乎所有细胞都存在AC，在人体内已发现至少有9种由不同基因编码的AC同工酶。AC处于质膜的内侧，为糖蛋白，M_r约为150000。一些激素（如肾上腺素、去甲肾上腺素、胰高血糖素、ACTH、促甲状腺素等）及其相应的刺激性受体（Rs）和G蛋白（Gs）可激活AC，因而使胞内cAMP浓度升高；另一些激素（如血管紧张素、作用于α_2受体的儿茶酚胺类）可抑制AC的活性，胰岛素、生长激素抑制素活化受体后使Gi解离，从而抑制AC。

在细胞内cAMP发挥生理效应后，很快被cAMP特异的环核苷酸磷酸二酯酶（cAMP－PDE）催化水解，产生5′－AMP，从而将信号灭活。

$$\text{ATP} \xrightarrow{\text{AC}} \text{cAMP} \xrightarrow{\text{cAMP}-\text{PDE}} 5'-\text{AMP}$$

因此，细胞内的cAMP浓度直接受这两个酶的影响，凡影响这两个酶活性的因素，调节着细胞内cAMP的含量，从而影响细胞内代谢。Mg^{2+}对这两个酶都起激活作用，胰岛素激活cAMP－PDE，而咖啡碱（caffeine）和茶碱（theophyltine）对cAMP－PDE有抑制作用。

2. cAMP的作用机制

在胞间信号的刺激下，经过受体、G蛋白和AC的转导，在胞内产生cAMP。cAMP作为胞内信使调节细胞的生理活动，是通过激活依赖cAMP蛋白激酶（PKA），简称A激酶。PKA含有两个相同的调节亚基（R）和两个相同的催化亚基（C），即由4个亚基组成（R_2C_2）。4个亚基呈聚集态时为无活性态。这是因为R亚基上含有一个假底物序列，其中的一个Ala残基取代了靶蛋白底物上的Ser/ Thr残基，这种缺乏磷酸化羟基的假底物序列与C亚基的活性中心结合，封闭了活性中心，使得活性中心不能结合真正的底物（图17－5）。cAMP可同R结合，每个调节亚基上有2个cAMP结合位点，当4个cAMP同酶结合后，R即与C脱离，呈解聚状态，从而暴露出活性中心。游离的C即为AC活性态，可催化多种蛋白（酶）的特定丝氨酸或苏氨酸磷酸化而被激活或被抑制，产生各种效应。

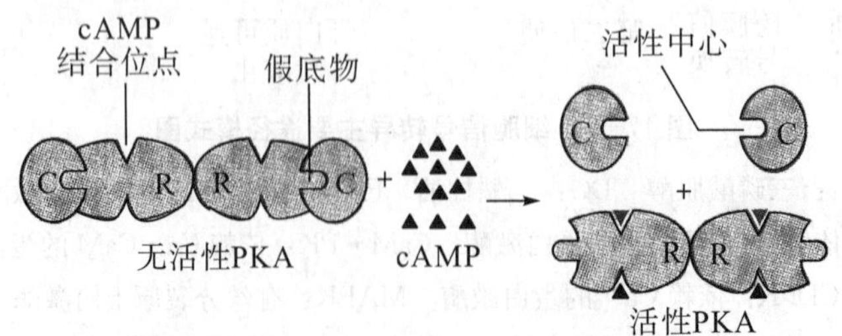

图17－5 PKA的激活

细胞膜上有一种称为A激酶锚定蛋白（A kinase anchoring protein）能够与PKA的R亚基结合，从而将PKA限定在细胞特定的区域。

胞外信号经过受体、G蛋白、AC、cAMP、PAK这么几个阶段，信号被逐级放大（称为级联效应，cascade effect），可使信号放大1000倍以上。

3. cAMP对代谢的调节

cAMP作为胞内信使，在细胞中具有广泛的生理调节功能（表17－1）。

表17－1　cAMP参与调节的一些生理过程

生理过程	组织细胞
促进糖原分解，抑制糖原合成	肝、肌肉、脂肪组织
促进糖异生	肝、肾
促进三酰甘油及胆固醇酯水解	脂肪组织、肝、肌肉、产生类固醇细胞
抑制脂类合成	肝、脂肪组织
促进类固醇激素合成	肾上腺皮质、黄体、睾丸间质细胞
促进分泌反应	胰腺、唾液腺、甲状腺、胰岛素、胃、脑垂体
增强膜透性（离子）	神经细胞、肌肉细胞、视网膜
增强膜透性（水）	肾、膀胱、皮肤
基因转录，酶诱导合成	原核操纵子，真核细胞核
蛋白质合成	分解效应（肝），选择性蛋白质合成（肾上腺皮质）
细胞分裂与分化	肿瘤细胞等

（1）cAMP对糖代谢的调节

当饥饿或血糖下降时，肾上腺素或胰高血糖素可通过cAMP－PKA途径促进糖原分解。其机制如下（参看第九章第四节）。肾上腺素的靶细胞不止一种，其受体也不止一种。肝细胞的细胞膜上有肾上腺素的β受体，它是一个典型的7次跨膜受体。当肾上腺素与β受体结合后，受体即发生构象变化，充当GEF刺激细胞质中的GTP取代原来与Gs蛋白α亚基结合的GDP，Gs因而被激活，Gsα－GTP与βγ亚基发生解离，于是Gsα－GTP便激活腺苷酸环化酶（AC），AC催化ATP生成cAMP，cAMP与PKA的R亚基结合，游离出的C亚基催化糖原磷酸化酶b激酶（GPK）磷酸化而被激活，它再激活糖原磷酸化酶b，从而促进糖原分解。

另一方面，PKA对促进糖原合酶的磷酸化，使活性的糖原合酶a转变为无活性的糖原合酶b，从而抑制糖原的合成。

肾上腺素可同时作用于胰腺，它与胰腺β细胞的α_2受体结合，通过Gi抑制腺苷酸环化酶，进而抑制胰岛素的分泌，抑制糖原合成。至于Gi如何抑制AC，尚有两种观点：一种观点认为Gi与Gs一样直接作用于AC，由Giα－GTP直接抑制AC；另一种观点则认为抑制作用由β亚基来完成。具体过程是：肾上腺素与α_2受体的结合导致Gi蛋白的Giα与βγ亚基的解离，被解离的βγ亚基复合物再与Gs蛋白的Gsα重新缔合成Gs蛋白，从而终止了Gs对AC的激活作用。

上述磷酸化的酶，即GPK、磷酸化酶a等可被磷蛋白磷酸酶催化脱磷酸失活，使糖原合酶b脱磷酸而活化。PKA可使磷蛋白磷酸酶抑制剂Ⅰ磷酸化而被激活，从而抑制了磷酸酶的活性，仍然保证了糖原分解的加强，糖原合成的减弱。

可见，cAMP及PKA在糖代谢调节中，从三个方面起作用，这三方面的作用都是通过蛋白质的磷酸化：①活化GPK和磷酸化酶；②钝化糖原合酶；③活化磷蛋白磷酸酶抑制剂，从而使磷蛋白磷酸酶失活。

cAMP 对糖代谢的调节参见第九章第四节，并见图 9−12。

(2) cAMP 对脂代谢的调节

在脂肪组织、肝、肌肉等组织中，由肾上腺素和胰高血糖素刺激 AC，使 cAMP 浓度升高，刺激 PKA 活化，PKA 催化脂肪酶磷酸化而成为活性态，于是脂肪分解为脂肪酸（图 17−6）。同样磷酸化的脂肪酶被磷酸酶作用脱去磷酸后而失活。

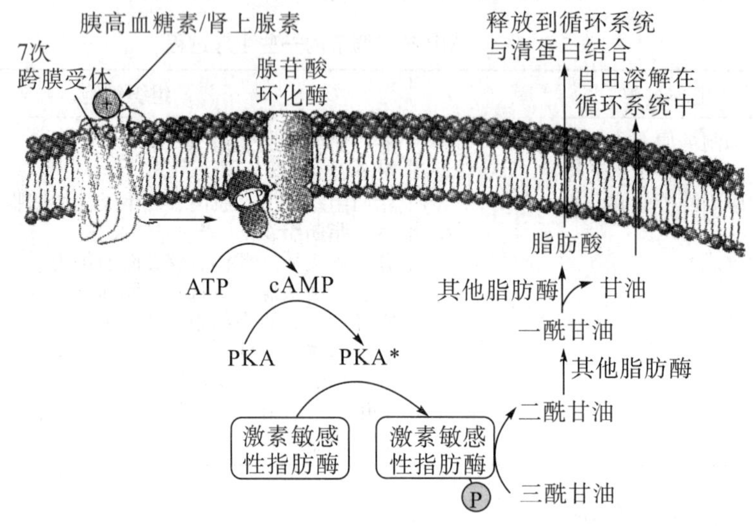

图 17−6　cAMP 促进内源性脂肪分解

乙酰 CoA 羧化酶是脂肪酸合成的关键酶，它除了聚合与解聚、变构调节外，也通过磷酸化与脱磷酸调节其活性。磷酸化后为失活态，脱磷酸后为活性态。当 cAMP 浓度升高引起 PKA 激活后，促使乙酰 CoA 羧化酶磷酸化而失活。因此，cAMP 和 PKA 促进脂肪的分解，抑制脂肪的合成。

(3) 对细胞分裂及基因表达的调节

cAMP 对细胞分裂与分化均可进行调节。对分化的调节可发生在转录水平，也可发生在翻译水平。cAMP 激活的 PKA 可使组蛋白磷酸化（主要是 H2B），从而降低组蛋白与 DNA 的亲和力，去除对基因的阻遏作用。

cAMP 对转录水平的调节，在原核生物中从两方面进行：①cAMP 激活 PKA，使 σ 因子磷酸化，促进 σ 因子与核心酶结合，从而促进转录起始；②在某些操纵子（如乳糖操纵子）中，cAMP 同 CAP 结合后，cAMP−CAP 复合物结合于 CAP 位点，促进基因转录。在真核生物，cAMP 除了通过直接调节许多蛋白质或酶的活性产生所谓的快反应以外，它还能通过激活一种特殊的转录因子来调节特定的基因表达，从而产生慢反应（图 17−7）。具体过程是：激素与相应受体结合，刺激 Cs，激活 AC，产生 cAMP，cAMP 激活 PKAⅡ，PKAⅡ的 RⅡ亚基与 C 亚基分离，C 亚基进入细胞核。在 DNA 的顺式作用元件中有一种 cAMP 应答元件（cAMP response element，CRE），它可与 cAMP 应答元件结合蛋白(CREB）相互作用而调节基因活性。进入核的 C 亚基催化 CREB 磷酸化，磷酸化的 CREB 形成二聚体，与 DNA 上的顺式作用元件 CRE 结合，从而激活受 CRE 调控的基因转录。

cAMP 除了对转录调节外，也可对翻译进行调控。蛋白激酶可以使某些翻译元件磷酸化而激活。例如，在真核细胞中翻译起始因子 eIF−2 有磷酸化与脱磷酸两种形式，磷酸化后失去活性。cAMP 激活 PKA，PKA 再催化 eIF－2 激酶磷酸化而被激活，活化的 eIF－2 激酶即促进 eIF－2 磷酸化，从而抑制翻译的起始。血红素是珠蛋白合成的调节物。有血红素存在时，PKA 不被 cAMP 激活，eIF－2 激酶以无活性的脱磷酸形式存在，eIF－2 具有起始活性；当血红素缺乏时，PKA 被 cAMP 活化，eIF－2 激酶以磷酸化的活性形式存在，使 eIF－2 被磷酸化而失活，珠蛋白合成不能起始。

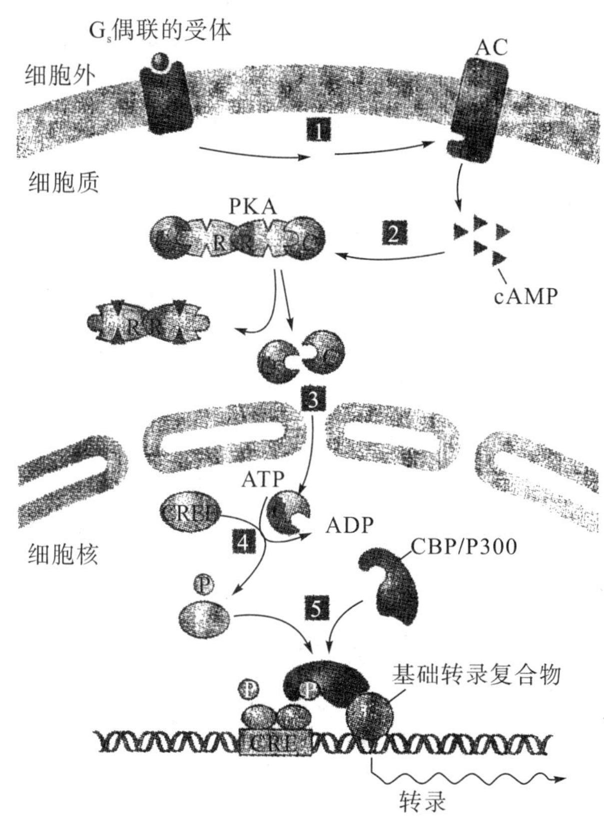

图 17－7　cAMP 对基因表达的调节

二、cGMP－蛋白激酶 G 途径

1. cGMP 的产生与灭活

cGMP 在细胞内的浓度比 cAMP 低 2～3 个数量级。通过鸟苷酸环化酶（guanylate cyclase，GC）催化，由 GTP 转变生成，产生效应后由磷酸二酯酶催化转变成 5′－GMP 而灭活。

有两种 GC，一种存在于细胞质中，为可溶性酶，主要分布于脑、肺、肝、肾等组织；另一种存在于细胞膜上，主要存在于心血管组织细胞、小肠、视网膜杆状细胞等。GC 的激活间接地依赖 Ca^{2+}，由磷脂酶 A_2 使膜磷脂水解产生花生四烯酸，后者再转变成前列腺素而激活 GC。整个转导过程勿需 G 蛋白参与。

心钠素受体是一种具 GC 活性的膜受体，它与心钠素结合后可刺激 cGMP 生成，心钠素是一种小分子肽，当心脏的血流负载过大时，心房细胞即分泌心钠素。

细胞质内的 GC 为一个异二聚体（αβ），含有血红素。在血管平滑肌细胞中，可溶性 GC 可为氧化氮（NO）所激活，从而在调节血管的功能中起重要作用。

2. cGMP 依赖性蛋白激酶

cGMP 生成后在细胞内激活的酶称为 cGMP 依赖性蛋白激酶（PKG）或称 G 激酶。PKG 与 PKA 不同，为一单体酶，分子中有一个 cGMP 结合位点，一当与 cGMP 结合后，即引起构象改变而被激活。PKG 与 PKA 的许多底物相同，而且都是使底物蛋白的 Set 或 Thr 磷酸化。虽然多数 PKG 为一条肽链，与 cGMP 结合部位和催化部位处于同一肽链上。但也曾从哺乳动物细胞中分离出一种 PKG，由两个亚基组成，每个亚基都有 cGMP 结合部位，故没有单独的调节亚基。由于此酶可催化组蛋白 H_1 第 37 位 Ser 磷酸化，而 H_1 的磷酸化与细胞分裂的速度呈正相关，并且磷酸化时间总是在细胞周期的 S 期和 G_2 期，因此认为 PKG 与细胞分裂和增殖相关。

3. cGMP 在 NO 信号转导中的作用

一氧化氮（NO）和一氧化碳（CO）都是新近发现的气体胞外信号分子，二者具有相似的作用。NO 由 L－Arg 氧化分解生成，由一氧化氮合酶催化：精氨酸＋O_2＋NADPH→NO＋瓜氨酸＋$NADP^+$。作为一种胞外信号分子，NO 可使血管舒张、抗血小板凝集、在中枢神经系统中介导兴奋性神经传导等。现以内皮细胞依赖性血管舒张为例，说明 NO 的信号转导方式及 cGMP 所起的作用（图 17－8）。

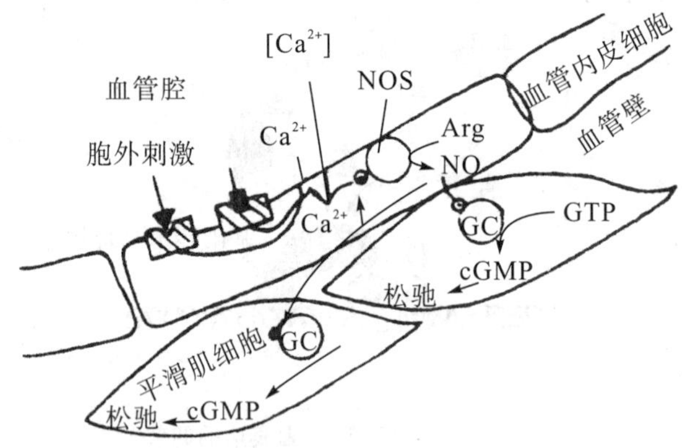

图 17－8 内皮细胞 NO－cGMP 调节血管舒张模式

乙酰胆碱（Ach）或舒缓激肽（bradykinin，一种 9 肽）等胞外信号作用于血管内皮细胞的相应受体，引起细胞膜上 Ca^{2+} 通道开放，细胞内 Ca^{2+} 浓度升高，激活了 NO 合酶（NOS），使 NO 生成。NO 作为一种信号分子刺激邻近细胞的鸟苷酸环化酶（GC）活化，生成 cGMP，cGMP 作为胞内信号使血管平滑肌松弛。实际上这里的鸟苷酸环化酶就是 NO 和 CO 的具酶活性的受体。

可见，在这个信号转导途径中，在血管内皮细胞内 Ca^{2+} 和 NO 作为信号分子是对外界刺激的一种应答，而 cGMP 是在血管平滑肌细胞中作为一种信号分子导致松弛反应，这又是对 Ca^{2+} 和 NO 信号分子的一种应答关系。在这个奇特的信号转导途径中，起关键作用的是 NOS 和 GC 这两个产细胞信号的酶。

临床上使用硝酸甘油作为血管扩张剂，就是因为它可持续、缓慢地释放 NO，从而通过此途径使血管平滑肌松弛，血管扩张，以缓解心脏的供血不足。

CO 能与鸟苷酸环化酶的血红素 Fe^{2+} 结合，激活鸟苷酸环化酶，从而使细胞内 cGMP 浓度增高，产生与 NO 相同的效应。

最新的研究表明，在植物体内 NO 也是一种重要的信号分子，它调节下列生理过程：①调节植物发育。促进发芽、叶子伸展和根生长，推迟叶子衰老和果实成熟；②NO 为植物抵抗不容性病原体（incompatible pathogen）的关键信号，能诱发抗性相关的高敏感细胞死亡；③NO 能激活一些防御基因的表达，从而在植物获得系统性抗性中起作用；④NO在蛋白质的翻译后加工－亚硝基化（nitrosylation）中也发挥作用。

三、IP_3 及二脂酰甘油转导途径

肾上腺素 α－受体和加压素对肝，抗原或凝集素对 β－淋巴细胞，以及乙酰胆碱（M 受体）、凝血酶对血小板和生长因子等的信号传递并不通过环化酶－PKA 途径，而是通过一个双信号系统途径，这个途径中有两种第二信使，即肌醇（1，4，5）三磷酸（IP_3）和二脂酰甘油（DG 或 DAG）。

1. IP_3 和 DG 的产生与灭活

IP_3（其结构见第二章）由生物膜上的一种肌醇磷脂产生。膜上的磷脂酰肌醇（PI）通过激酶的作用可生成磷脂酰肌醇－4，5－二磷酸（PIP_2），它是 IP_3 和 DG 的前体。PIP_2 经磷脂酶 C（PLC）催化水解即生成 1，4，5－三磷酸肌醇（IP_3）和二脂酰甘油（DG）。DG 因脂溶性较强，因此并不离开细胞膜，而 IP_3 是一种可溶性的小分子，生成后即释放进入细胞质。IP_3 和 DG 在细胞内起第二信使的作用，调节胞内 Ca^{2+} 浓度并产生一系列生理效应。

IP_3 和 DG 完成使命后被进一步转化而灭活。IP_3 被激酶催化而生成 1，3，4，5－四磷酸肌醇（IP_4），IP_4 也可能是一种第二信使，在信号转导中起一定作用。IP_4 还可被磷酸酯酶作用，切去 5 位磷酸，产生 1，3，4－三磷酸肌醇〔Ⅰ（1，3，4）P_3〕。DG 可被酯酶水解，生成花生四烯酸，参与前列腺素等代谢调节物质的合成。

2. IP_3 的第二信使作用

当 5－羟色胺（血清素）等外部信号与质膜上的钙联受体（calcium ion－linked receptor，常称为 R_1，为 7 次跨膜受体）结合后，即活化膜上的磷脂酶 C，导致 PIP_2 水解产生 IP_3 和 DG。IP_3 的第二信使作用主要是动员内质网中的 Ca^{2+} 向胞浆转运，使胞浆 Ca^{2+} 浓度升高（图 17－9）。内质网、线粒体和肌肉细胞中的肌浆网（sarcoplasmic reticulum）是细胞内 Ca^{2+} 储存的部位，称为钙库（calcium pool）。钙库中 Ca^{2+} 的动员依赖于 IP_3 作为第二信使传递胞外信号。内质网膜上有专一性识别 IP_3 的受体（R_2），IP_3 和受体 R_2 相互作用后，再通过膜上的另一种 G 蛋白（Gp）的介导，才引起 Ca^{2+} 的释放。

IP_3 的其他生理功能包括引起平滑肌收缩、糖原分解、胞吐作用（exocytosis）。IP_3 与 DG 一起协同作用，参与肝细胞糖原分解、肥大细胞释放组胺、血小板释放 5—羟色胺、血小板凝集、胰岛素分泌、肾上腺素分泌，以及无脊椎动物的视觉转换等。

IP_3 只能动员内质网钙库中的 Ca^{2+} 转运到胞浆。胞外 Ca^{2+} 向胞内转运主要通过钙通道，而钙通道的打开以 IP_4 作为第二信使。C. A. Hansen 等人曾提出肌醇磷脂系统调节胞内 Ca^{2+} 的模式：在外界信号（第一信使）作用于钙联受体（R_1）后，通过膜上的一种特异 G 蛋白（称为 Gp 或 Gq）激活磷脂酶 C，由 PIP_2 分解产生的 IP_3 首先促使内质网钙库中 Ca^{2+} 的释放（第Ⅰ阶段），随后 IP_3 被特异激酶催化转变为 IP_4，IP_4 再打开质膜上的钙通道，控制着细胞外 Ca^{2+} 的进入（第Ⅱ阶段）。

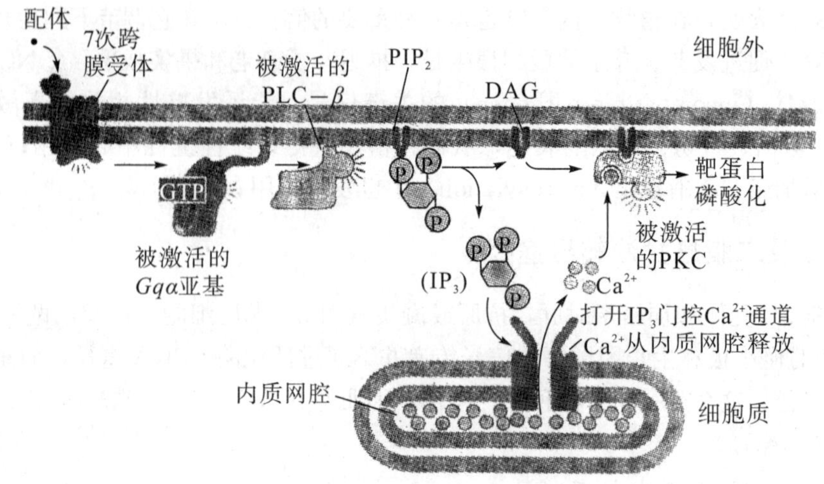

图 17－9　IP_3 的第二信使作用

一般说来，神经细胞 Ca^{2+}，浓度升高主要是胞外向胞内的转运，而肝、胰、血小板、平滑肌和腺细胞主要是钙库（尤其是内质网）中 Ca^{2+} 的释放。

3．DG－蛋白激酶 C 途径

PIP_2 分解除产生 IP_3 外，另一个产物是二酰甘油（DG），它作为一个第二信使激活一种蛋白激酶，称为 PKC。然后再由 PKC 激活一系列蛋白质，产生生物效应。

PKC 的激活除需要 DG 外，还需要 Ca^{2+} 和磷脂酰丝氨酸（PS），其活性形式是 PKC、1 个 DG、1 个 Ca^{2+} 和 4 个 PS 的复合物。PKC 类似于 PKG，由一条肽链构成，M_r 约 77000（含 672 个氨基酸残基）。有两个功能域：一个是 N 端的调节域，另一个是 C 端的催化域。一旦 PKC 的调节域与 DG、Ca^{2+} 和 PS 结合，PKC 即发生构象改变而暴露出活性中心。PKC 有两种存在形式，在胞浆中游离存在时无活性，激活后先固定于膜上，而后再溶解于细胞质中，作用于相应底物。

PKC 有广泛的生理效应，可催化多种靶蛋白磷酸化，包括膜受体（表皮生长因子受体、胰岛素受体、促生长因子 C 受体、转铁蛋白受体）、膜蛋白（Ca^{2+} 运载 ATP 酶、Na^+－K^+－ATP 酶、Na^+－通道蛋白、强心 C 蛋白）、多种酶（糖原磷酸化酶激酶、糖原合酶、磷酸果糖激酶、HMG－CoA 还原酶）及其他蛋白。

PKC 的生理功能，从整体代谢而言，PKC 和细胞的分裂及分化均有关，其途径有几种：①通过活化膜上的 Na^+/H^+ 交换运输载体，由于 Na^+ 内运及 H^+ 外运的结果，使胞内 pH 升高，有利于细胞增殖。②通过磷酸化膜的 Ca^{2+}－ATP 酶，使胞内升高的 Ca^{2+} 浓度降低，以维持细胞内生理 Ca^{2+} 浓度。这是 PKC 对 Ca^{2+} 信号的负反馈作用。当 IP_3 促进内质网钙库的 Ca^{2+} 向胞浆转运，其浓度超过一定限度时，通过 DG/PKC 系统的负反馈作用，抑制 Ca^{2+} 的转运。③PKC 对血小板、中性粒细胞、脑下垂体细胞等的钙联受体、生长因子受体也具有反馈抑制作用。④PKC 可使某些反式作用因子磷酸化而调节基因的转录活性。

四、钙离子转导途径

1．Ca^{2+} 的第二信使作用

Ca^{2+} 在细胞内外的含量有很大差异，如真核细胞内 Ca^{2+} 的浓度 $\leqslant 10^{-7}$ mol/L，而胞外浓

度为 10^{-3} mol/L，二者相差 10^4 倍。如果细胞内 Ca^{2+} 浓度升高，它可以作为一种第二信使，在细胞内发挥广泛的生理作用。

在细胞膜上存在一种与 Ca^{2+} 转运相关的特异受体－钙联受体，它与膜上的钙通道偶联，当胞外信号作用于受体时，使钙通道打开，胞外 Ca^{2+} 即向胞内转运。Ca^{2+} 再与胞浆中的能与 Ca^{2+} 特异结合的蛋白质结合，这种结合蛋白称为钙调蛋白或钙调素（calmodulin，CaM）。这是美籍华裔科学家张槐耀首先发现的。CaM 由一条肽链构成，含有 148 个氨基酸残基，富含酸性氨基酸，因而便于与 Ca^{2+} 结合。CaM 分子上有 4 个 Ca^{2+} 结合位点，结合不同数目的 Ca^{2+}，可引起 CaM 不同构象变化，从而具有不同生理效应。当 Ca^{2+} 与 CaM 结合后，Ca^{2+}－CaM 复合物再同靶蛋白（酶）结合，从而使靶蛋白（酶）活化（图 17－10）。

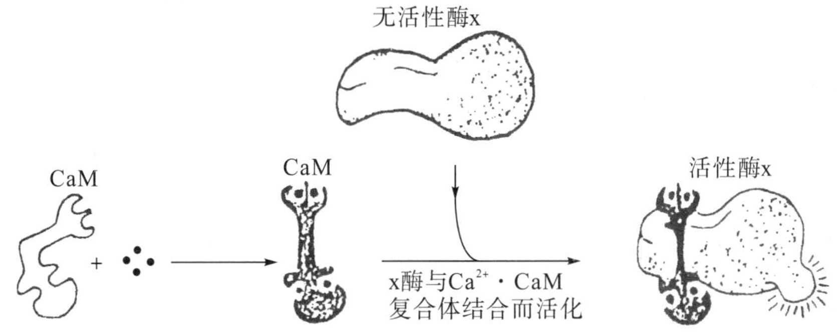

图 17－10　Ca^{2+} 通过 CaM 对酶的活化

受 CaM 调控的酶较多，许多生理活动受其调控，如第二信使 cAMP 的合成与分解的调节、胞内 Ca^{2+} 浓度的调节、细胞分裂的调节、神经递质与激素合成与分泌的调节等。

Ca^{2+} 作为第二信使参与多方面细胞功能的调节，包括细胞运动、细胞粘合与胞间通讯、肌肉收缩、染色体运动、神经递质的释放、吞噬及胞饮作用、分泌作用、细胞分裂等。Ca^{2+} 作为第二信使调节细胞内代谢速度非常快，一般为毫秒数量级，而 cAMP 为秒或分钟。

Ca^{2+} 完成第二信使作用后，可通过下列方式转运到胞外，或降低胞浆中的浓度：①质膜上的 Ca^{2+}－ATPase（钙泵）利用 ATP 的水解将 Ca^{2+} 泵出细胞（通常在〔Ca^{2+}〕$<10^{-5}$ mol/L 时）；②某些细胞中，靠细胞内外的 Na^+ 浓度差，依靠对向转运（antiport）机制，Na^+ 流入胞内，而 Ca^{2+} 转运到胞外（〔Ca^{2+}〕$>5\times10^{-5}$ mol/L）；③内质网（特别是肌细胞的肌浆网）上的 Ca^{2+}－ATPase 逆浓度梯度，将胞浆中的 Ca^{2+} 转入钙库；④线粒体内膜两侧的电化学位梯度，将 Ca^{2+} 从胞浆转移到线粒体基质中；⑤胞浆中的磷酸盐和某些蛋白质分子可结合 Ca^{2+}，从而减小游离 Ca^{2+} 的浓度。

2. Ca^{2+}－钙调蛋白依赖性蛋白激酶途径

Ca^{2+} 及钙调蛋白（CaM）的调节功能，常常通过激活一种特异蛋白激酶而起作用，这个激酶称为 Ca^{2+}－CaM 依赖性蛋白激酶（Ca^{2+}－calmodulin dependent protein kinase，CMK），活化的 CMK 再使其他蛋白质（酶）磷酸化，对某些生理活动起促进或抑制作用，CMK 的底物非常广泛，对某些生理活动可起双向性调节。如 CMK 既可激活腺苷酸环化酶，又能激活磷酸二酯酶，即它既加速 cAMP 的合成，又加速其降解，这取决于细胞内的生理状态。

CaM 和 cAMP 对蛋白激酶的激活作用二者的关系十分密切，它们既有相似之处，而又有区别，同时还常有交叉，形成复杂的调节网络。

例如，脑中的 PKA 和 CMK 都可使色氨酸羟化酶及酪氨酸羟化酶磷酸化，因而都能调节神经递质 5−羟色胺和多巴胺的合成；大鼠肝中的 PKA 和 CMK 都可使糖原合酶磷酸化，但对糖原分解的酶，PKA 激活磷酸化酶，CMK 却不能使其磷酸化。

CaM 可以调节 cAMP 的合成及降解酶的活性；而 PKA 也可以磷酸化钙通道及钙泵，从而影响 CaM 及 CMK 的活性。

所以，cAMP 和 Ca^{2+} 的作用可以相互交错、重叠，这两种信号转导途径可以协同、拮抗或单独发挥作用，但又各有其特点，Ca^{2+} 的功能远比 cAMP 广泛。实际上，生物体内信号从胞外向胞内传递，从而调节细胞内的代谢活动，其途径和过程是复杂的。不同生物信号分子作用于同一细胞表面的不同受体，在胞内的传递途径可以不同，也可以相同，但在胞内产生的生理效应也可能相同，也可能不同。

五、酪氨酸蛋白激酶途径

酪氨酸蛋白激酶（tyrosine protein kinase，TPK）是不同于 PKA、PKG、PKC 和 CMK 的另一类蛋白激酶，这 4 种蛋白激酶都是使底物蛋白特定部位的 Ser 或 Thr 磷酸化，而 TPK 是催化底物蛋白特定部位的 Tyr 磷酸化。TPK 在细胞的增殖、生长、分化等过程中起重要调节作用。并与肿瘤的发生有密切关系。

细胞中的 TPK 有两类：一类位于细胞质膜上，本身就是受体，称为**受体型** TPK 或催化型受体，如胰岛素受体、表皮生长因子受体，以及某些原癌基因（*erb*−*B*、*kit*、*fms* 等）编码的受体；另一类存在于胞液中，称为**非受体型** TPK，如一类具有激酶结构的连接物蛋白 JAK（janus kinase）和某些原癌基因（*src*、*yes*、*bet*−*abl* 等）编码的 TPK。

当催化型受体与相应配体结合后，通常发生二聚化后即活化，聚合后的两个受体相互使对方特定 Tyr 磷酸化，称为自身磷酸化；而非催化型受体的 Tyr 则被非受体型 TPK 磷酸化。

受体型 TPK 和非受体型 TPK 具有不同的信息传递途径。

1. 受体型 TPK−Ras−MAPK 途径

催化型受体与配体结合后，发生自身磷酸化而激活，从而使一些连接物蛋白的 Tyr 磷酸化，这些蛋白包括 GRB_2（growth factor receptor bound protein 2，一种接头蛋白）、Sos（son of sevenless，一种鸟苷酸释放因子）等，进而激活 Ras 蛋白。

Ras 蛋白是由一条多肽链组成的单体蛋白，由原癌基因 *ras* 编码而得名。其相对分子质量为 21000，故又称其为 P_{21} 蛋白。Ras 蛋白性质类似于 G 蛋白 α 亚基，与 GDP 结合时无活性，与 GTP 结合时为活性形式。磷酸化的 Sos 可促进 GDP 从 Ras 脱落，使 Ras 与 GTP 结合而活化。活化的 Ras 蛋白进一步活化 Raf 蛋白。

Raf 蛋白具有 Set/Thr 蛋白激酶活性，它活化后再激活有丝分裂原激活蛋白激酶（mitogen-activated protein kinase，MAPK）。MAPK 具有广泛的催化活性，它既能催化 Ser/Thr 残基又能催化 Tyr 残基的磷酸化。MAPK 除调节花生四烯酸的代谢（调节前列腺素等的生成）和细胞微管形成之外，更重要的是它催化细胞核内许多反式作用因子 Ser/Thr 的磷酸化，从而调节基因的转录。

2. 各受体型 TPK−PLC−RKC 途径

膜上受体型 TPK 活化后可使磷脂酶 C 受体（PLCR）的 Tyr 磷酸化，活化的 PLCR 可整合到膜上，与磷脂酶 C 结合，从而催化 PIP_2 水解生成第二信使 IP_3 和 DG，进一步激活蛋白激酶 C（PKC），再引起一系列生物效应。

3. 非受体型 TPK 途径

许多细胞因子，如干扰素、红细胞生成素（erythropoietin）、白细胞介素（IL－2、IL－6 等）、粒细胞集落刺激因子（granulocyte colony stimulating factor）等，其受体分子本身缺乏 TPK 活性，但它们能借助于细胞内的一类具有激酶结构的连接蛋白 JAK 完成信息传递。当配体与非催化性受体结合后，再与 JAK 结合并使其活化。活化的 JAK 具有 TPK 活性，可使受体及 JAK 本身酪氨酸磷酸化，磷酸化的受体－JAK 复合物再与另一类蛋白质—信号转导子和转录激动子（signal transductor and activator of transcription，STAT）结合，使其二聚化、磷酸化而激活。活化的 STAT 可进入核内，结合到 DNA 的调控序列，最终影响基因转录。故将此途径又称为 JAK－STAT 途径。

激活后的受体可与不同的 JAK 和不同的 STAT 相结合，从而调节不同的基因转录和转录速率，因此该途径对信号转导具有多样性和灵活性。

六、细胞内受体介导的信号转导途径

通过细胞内受体转导的信号分子主要是类固醇激素和甲状腺素，包括糖皮质激素、盐皮质激素、性激素、甲状腺素和 1，25－（$OH)_2$－D_3 等。细胞内受体有的位于核内，有的位于胞浆中。

类固醇激素受体主要位于胞浆中，当其与相应激素结合，以二聚体的形式穿过核孔进入核内，因构象改变而暴露出与 DNA 结合的区域，激素－受体复合物作为反式作用因子，与 DNA 上特异基因的顺式作用元件—激素反应元件结合，从而控制基因的活性，更容易或难于进行转录。

甲状腺素 T_3 和 T_4 进入细胞的机制与类固醇激素有所不同。在靶细胞膜上、胞浆中及核内均有其受体。T_3 和 T_4 即使在胞浆中与受体结合，但并不以激素－受体的形式进入核内，在进入细胞核前，T_3 或 T_4 与胞浆受体分离，进入核内后，再与核内受体结合。但与核内受体的结合能力 T_3 比 T_4 大 10 倍以上。激素－受体复合物再作用于基因系统，一般促进基因表达。

甲状腺素对氧化磷酸化的促进作用，就是 T_3 与线粒体膜受体结合后，将信号传入线粒体内引起。

七、感觉信号转导途径

1. 视网膜光电系统转导途径

视网膜细胞（包括视杆细胞和视椎细胞）中存在将光信号转变为电信号的系统，这也是由 G 蛋白介导的，这种 G 蛋白称为Gt 或称传导素（transducin）。

Gt 也由 α、β、γ 三个亚基组成，α 亚基（含 350 个残基）与其他 G 蛋白的 α 亚基在一级结构上差别较大，而 β 亚基（340 个残基）和 γ 亚基（69 个残基）与其他 G 蛋白的 β 和 γ 亚基差异很小。在视网膜细胞的细胞膜衍生的圆盘状小囊泡膜上存在光子的受体，这种受体的本质即视紫红质（rhodopsin），由视蛋白和视黄醛组成。在没有接受光子的时候，视紫红质中的视黄醛为 11－顺视黄醛，当接受一个光子以后，11－顺视黄醛即转变成反视黄醛，同时视蛋白发生构象变化，每一种构象都有特定的光吸收峰。吸收光后所处特异构象的视蛋白称为激发态视蛋白（oxcited state opsin）。

激发态视蛋白可作用于 Gt 蛋白，导致 GTP 取代与 Gtα 结合的 GDP，Gtα－GTP 立即与 βγ 亚基分离，并激活膜上一种专门水解 cGMP 的磷酸二酯酶，该酶催化 cGMP 分解为 GMP，使得 cGMP 浓度降低，而 cGMP 浓度的变化直接影响细胞膜上受 cGMP 控制的 Na^+ 通道，cGMP 浓度降低使 Na^+ 通道关闭，导致视网膜细胞膜的超极化，这样就实现了从光信号到电信号的转换。产生的电信号通过神经末梢传到视觉中枢，最终产生视觉。

2. 嗅觉信号传导途径

嗅觉产生的分子机制长期以来一直是神经分子生物学研究的焦点之一。人如何识别和记忆约 100000 种不同气味的原理一直是个谜。2004 年诺贝尔医学或生理学奖得主 Richard Axel 和 Linda Buck 的一系列开创性研究终于初步揭示了这种信号转导的分子机制。

嗅觉感受细胞（olfactory receptor cell）的质膜上具有嗅觉受体，这是由上千个不同基因编码的特异感受蛋白。人体约有几万个嗅觉感受细胞，而狗有 10 亿左右嗅觉感受细胞（因此狗的嗅觉比人的嗅觉灵敏 300～10000 倍）。每一个嗅觉受体细胞只表达多个嗅觉受体蛋白基因中的 1 个，因此，每一个嗅觉受体细胞膜上只有 1 种类型的嗅觉受体蛋白。但是，每一种受体可以在几十个感受细胞中表达。一种嗅觉受体细胞并不是只对一种气味物质作出反应，而是能对几种结构相关的气味物质作出反应。一种气味物质常常含有多种气味分子，每种气味分子可以激活几种嗅觉受体，而一种受体可以在几千个感受细胞中表达。由此可见，对各种气味的嗅觉和识别是由许许多多细胞共同协作来完成的。

当一种气味分子与嗅觉受体细胞的相应受体结合，受体蛋白发生构象变化，激活与它偶联的 G 蛋白，这种 G 蛋白称为Golf 蛋白。激活的 Golf 再激活 AC，导致 cAMP 生成。cAMP 作为第二信使打开嗅觉受体细胞膜上的离子通道，致使 Na^+ 和 Ca^{2+} 内流，使得膜去极化。膜的去极化作为一种电信号通过神经传导到脑内嗅球（olfactory bulb）内，从这里信息还可以进一步传递到脑的更高级部分，最终被加工产生特定的嗅觉。

Axel 和 Buck 发现的嗅觉产生原理也适用于味觉。舌头上的味蕾细胞具有各种味觉分子（tastant）的相应受体，通过另一种 G 蛋白（味觉素）刺激产生第二信使（cAMP 或 IP_3），再由第二信使诱发味觉感受细胞（taste receptor cell）的去极化和 Ca^{2+} 的释放，将信息通过神经传到中枢，产生味觉。

本章学习要点

生物机体内组织与组织、细胞与细胞，以及各种物质代谢之间的协调统一，各种生理活动的正常进行，有赖于各种信息的交流。这种信息的交流是通过细胞信号转导来实现的。细胞信号包括胞间信号和胞内信号，其形式有大分子结构信号、物理信号和化学信号，本章重点讨论化学信号及其转导。

1. 胞外化学信号包括内分泌激素、神经递质和局部化学介质。各种化学信号不仅化学本质不同，生理功能各异，而且作用距离和时间长短也有很大区别。有的化学信号很难人为地归入哪一类。各种化学信号的转导途经及调控体系构成了机体内错综复杂的调节网络。

2. 胞内化学信号常称为“第二信使”，包括 cAMP、cGMP、IP_3、DG 和 Ca^{2+} 等。它们

由胞外信号（第一信使）的刺激而产生，又通过相应的蛋白激酶活化后使多种蛋白质磷酸化而引起多种生理效应。这些蛋白激酶包括由 cAMP 激活的 PKA，由 cGMP 激活的 PKG、由 DG、Ca^{2+} 和 PS（磷脂酰丝氨酸）激活的 PKC、由 Ca^{2+}－CaM（钙调素）激活的 CMK 和酪氨酸蛋白激酶（PTK）。各种蛋白磷酸酶催化蛋白激酶的反向过程，共同构成信号转导系统。

3. 各种胞外信号向胞内转导，通常首先必须与各自特异的受体结合。受体分为膜受体和胞内受体。膜受体包括离子通道型受体、G 蛋白偶联受体（7 次跨膜受体）和具酶活性的受体（单次跨膜受体）。其中 G 蛋白偶联受体最为广泛和重要。G 蛋白是膜上的鸟苷酸结合蛋白，有多种，包括 Gs、Gi、Gp、Ct 等，它介导受体与环化酶，构成多个重要的转导途经。

4. 体内信号转导实际上是个非常复杂的网络体系，现已经研究的至少包括 5 个不同的转导途径：①cAMP－PKA 途径；②cGMP－PKG 途径；③IP_3、DG－PKC 途径；④Ca^{2+}．CaM－CMK 途径；⑤PTK 途径。普遍存在的 cAMP－PKA 途径可简单表述为：胞外信号（第一信使）→受体→G 蛋白→环化酶→cAMP（第二信使）→PKA→多种蛋白质（酶）磷酸化→生理效应。

Chapter 17　CELLSIGNAL TRANSDUCTION

The coordinate and unity of tissue and tissue, cell and cell and every substance metabolism and normal progress of every physiological activity rely on the exchange of every information. The exchange of information is realized through cell signal transduction. Cell signals include extracellular signal and endocellular signal. Their forms have big molecular structure signal, physical signal and chemical signal. The important points of this chapter are chemical signal and its transduction.

1. Exotracelluar chemical signals incldude endocrine hormone, neurotransmitter and part chemical medium. Not only the chemical essence and physiology function of every chemical signal but also the distance and time length of action are very different. Some chemical signals canrt be classified by people. The way of transduction and modulation system of every chemical signal constitute the in vivo complicated regulation net.

2. Endocellular chemical signal is named second messenger. It includes cAMP, cGMP, IP_3, DG and Ca^{2+}, etc. They are produced by the stimulation of extracellular signal (first messenger) and activated by corresponding proteinkinase. They can make many protein phosphorylate and cause many physiology functions. These proteinkinases include PKA which is activated by cAMP, PKG which is activated by cGMP, PKC which is activated by DG, Ca^{2+} and PS (phosphatidyl serine), CMK which is activated by Ca^{2+}-CaM (calmodulin) and PTK (tyrosine-protein Kinase). The reverse process that protein phosphoenzyme catalyze proteinkinase they together instituted signal transduction system.

3. The first stop of exterior cell signal transducin to interior cell is combined with their special receptors. Receptors are classified into membrane receptor and endocellular receptor. Membrane receptor includes ion channd receptor, G-protein coupling receptor and enzymatic

receptor. G-protein coupling receptor is the most extensive and important. G-protein is the guanylic acid conjugated protein in membrane and includes Gs, Gi, Gp, Gt, etc. It intervenes receptor and cyclic enzyme and constitute a certain number important transduction way.

4. Smgnal transduction in body is in fact a complicated net system. There are five different fransduction ways that have been researched. Thcy are: ①cAMP-PKA pathway; ②cGMP－PKG pathway; ③ IP_3, DG-PKC pathway; ④ Ca^{2+}. CaM-CMK pathway; ⑤ PTK pathway. The universal way of cAMP-PKA can be simply expresscd is: extracellular signal (the first messengcr) →receptor→G-protein→cyclic enzyme→cAMP (the second messenger) →PKA phosphorylation of many proteins (enzymes) →physiological effect.

习 题

1. 用对或不对回答下列问题。如果不对。请说明原因。

(1) 激素作为一种胞外信号，一般首先必须与其相应受体结合后才起作用。

(2) 所有激素受体都是跨膜糖蛋白。

(3) 在各种蛋白激酶对底物蛋白的磷酸化中，被修饰残基为 Ser 的占大多数，其次是 Thr，Tyr 被磷酸化所占比例很小。

(4) cAMP 对 PKA 的激活其本质是磷酸化作用。

(5) 有的受体又具激酶活性，而有的激酶又具受体功能。

2. 在细胞化学信号转导中，胞外信号主要指哪些物质，胞内信号包括哪些物质?

3. 在肽类及蛋白质激素的调控中，激素、受体、G 蛋白、环化酶等组分之间有什么样的关系?

4. 试比较 PKA、PKG、PKC 和 CMK 在结构及功能表现中的特点。

第十八章　基因工程和蛋白质工程

20 世纪后半叶，尤其是进入 21 世纪以来，生命科学的发展在技术领域有一系列突破，出现不少新的领域或学科。其中 DNA 重组技术和单克隆抗体技术尤其令人瞩目，其发展不仅推动了基础理论研究，而且带来了巨大经济效益和社会效益。生物学基础理论研究的深入发展，又进一步促进新技术向更大的深度和广度发展，新的生物技术不断涌现，包括基因操作技术、生物治疗技术、转基因技术、蛋白质工程技术、基因组技术、后基因组技术、蛋白质组学技术、生物信息技术、生物芯片技术等。新生物技术是一场革命，是生产力的一次大解放，不仅是 20 世纪人类的一项最伟大的贡献，而且被公认为生物技术和信息技术是 21 世纪关系到国家命运的关键技术和作为高兴技术产业的经济发展增长点。

本章简要介绍基因工程及基因组学、蛋白质工程及蛋白质组学以及生物芯片的基本技术和基本原理。

第一节　基因工程的概念

一、基因工程的含义

基因工程（gene engineering），又称基因操作（gene manipulation）、DNA 重组技术（DNA recombination）、基因克隆（gene cloning）、分子克隆（molecular cloning）等。所谓克隆（clone）就是来自同一始祖的相同副本或拷贝（copy）的集合，而获取同一拷贝的过程则称为克隆化（cloning），也就是无性繁殖。所谓重组，是指不同来源的 DNA 分子通过末端共价连接而形成重新组合的 DNA 分子，这种分子可以保留不同来源 DNA 的遗传信息。

生物体内存在天然的 DNA 重组现象，例如 B 淋巴细胞免疫球蛋白基因发生重组，形成具有不同抗原特异性的抗体基因；病毒或噬菌体感染宿主细胞后，整合入宿主细胞的基因组中等。DNA 的人工重组即基因工程，是指不同生物的遗传物质（基因），在体外经人工“剪裁”（cut）、“组合”（unite）和“拼接”（splicing），使遗传物质重新组建，然后通过适当载体（vactor），将其转入微生物或细胞内，并使所需要的基因（称为目的基因）在细胞内表达，产生出人们所需要的新产品，或创建新的生物类型。

二、限制酶

在基因工程操作中，首先必须获得所需要的基因，称为目的基因（target gene），主要有两个来源：一是从已有生物基因组中分离，二是用反转录酶合成 cDNA（complemantary DNA）。cDNA 是指由反转录酶催化，合成与 RNA（常为 mRNA 或病毒 RNA）互补的单链 DNA。再由单链 DNA 进一步合成双链 cDNA。无论哪种来源，一般 DNA 分子都很大，要从成千上万个基因中获得目的基因，就需将 DNA 特异切断，这个难题由于限制酶的发现已得到很好的解决。

限制酶是限制性内切核酸酶（restriction endonuclease）的简称，是一类水解双链 DNA 的磷酸二酯酶。存在于细菌中，与一些特异甲基化酶共同构成细菌的限制－修饰体系，限制酶水解外源性 DNA，修饰酶（甲基化酶）将自身 DNA 修饰而不被限制酶作用。从 20 世纪 70 年代初发现限制酶以来，至今已有 3000 多种限制酶从细菌中分离得到。

1. 限制酶的命名

限制酶的名称用 3 个英文字母表示，第一个字母（大写）代表产生该酶的细菌属名，后两个字母（小写）代表种名。若该菌株有品系，其株名字母放在第三个字母之后。如果同一菌株中存在几个限制酶，则用罗马数字区分（一般以发现先后排序）。例如，EcoR Ⅰ：E 代表 Escherichia 属，co 代表 coli 种，R 代表 RY13 株，Ⅰ代表该菌株中首次分离到的限制酶；从流感嗜血杆菌 d 株（*Haemophilus influenzae* d，d 表示该菌株的血清型）中分离得到三种限制酶，分别命名为 *Hin* d Ⅰ、*Hin* d Ⅱ、*Hin* d Ⅲ。

2. 限制酶的分类

根据酶的结构、断裂 DNA 的方式、分子大小及所需辅因子的不同，将限制酶分为三种类型。第一类酶的特点是相对分子质量较大（30 万以上），结构复杂，常含有三种不同亚基。对 DNA 有专一识别序列，但切割位点在识别位点下游 100 bp～1000 bp，甚至更远，具有限制和修饰两种酶活性。作用时需要 ATP、Mg^{2+} 和 S－腺苷甲硫氨酸为辅因子；第二类酶是基因工程最常用的一类酶。这类酶在迄今发现的限制酶中占绝大多数。相对分子质量较小（小于 10 万），对 DNA 有恒定的专一识别及切割位点，切割位点处于识别序列内或其邻近，其作用仅需 Mg^{2+} 为辅因子；第三类酶类似于第一类酶，具有限制和修饰活性，有专一识别序列，切割位点在识别序列 3′端 24 bp～26 bp 处。其作用需要 ATP 和 Mg^{2+}，S－腺苷甲硫氨酸可提高酶活性。

3. 限制酶的识别及切割位点

常用于基因工程的第二类限制酶识别双股 DNA 上含 4 bp～6 bp 的特异序列，在这个序列内（或其邻近）有酶的切割点。酶的识别序列通常具有 180°旋转对称的回文结构（palindrome）。例如，Eco RⅠ识别的碱基序列是 GAATTC，其切割方式为：

$$\begin{matrix}5'\cdots G\downarrow AATT\quad C\cdots 3'\\ 3'\cdots C\quad TTAA\uparrow G\cdots 5'\end{matrix}\xrightarrow{Eco\ R\,\text{I}}\begin{matrix}5'\cdots G\\ 3'\cdots CTTAA\end{matrix}+\begin{matrix}AATTC\cdots 3'\\ G\cdots 5'\end{matrix}$$

Pst Ⅰ识别及切割方式为：

$$\begin{matrix}5'\cdots C\quad TGCA\downarrow G\cdots 3'\\ 3'\cdots G\uparrow ACGT\quad C\cdots 5'\end{matrix}\xrightarrow{Pst\ \text{I}}\begin{matrix}5'\cdots CTGCA\\ 3'\cdots G\end{matrix}+\begin{matrix}G\cdots 3'\\ ACGTC\cdots 5'\end{matrix}$$

上述一类限制酶作用于 DNA 后所得产物的 3′端或 5′端存在一个单链末端，同一种酶作用的产物是互补的，可以重新“粘接”起来而形成双链，因此这种末端称为粘性末端（sticky end）。此外，还有一些限制酶作用于双链 DNA 后，由于它们不是交错切割，形成的末端为平端（blunt end）。如：

$$\begin{matrix}5'\cdots GTT\downarrow AAC\cdots 3'\\ 3'\cdots CAA\uparrow TTG\cdots 5'\end{matrix}\xrightarrow{H_{Pa}\ \text{I}}\begin{matrix}5'\cdots GTT\\ 3'\cdots CAA\end{matrix}+\begin{matrix}AAC\cdots 3'\\ TTG\cdots 5'\end{matrix}$$

从已发现的限制酶中，有些酶虽然来源不同，但具有相同的识别序列，这种酶称为同裂酶或异源同工酶（isoschizomer）。同裂酶中，有的不仅识别序列相同，而且切点也相同，称为同切点酶。如 *Sau*AⅠ和 *Mbo*Ⅰ识别序列和切点都是 5′…↓GATC。有的同裂酶，虽然识别序列相同，但切点不同。如 *Xma* Ⅰ切点为 5′…C↓CCGGG，而 *Sma* Ⅰ虽与 *Xma* Ⅰ识别序列相同，但切点不同：5′…CCC↓GGG。前者产生粘性末端，后者产生平端。此外还有一些酶的识别序列不同，但切出的粘性末端相同，称为同尾酶（isoaudamer）。如 *Bam* HⅠ切 G↓GATCC，而 QS*Bgl* Ⅱ切 A↓GATCT，二者可产生相同的粘性末端 CTAG（3′→5′）。

不同限制酶所识别 DNA 核苷酸序列长短不一，因此在 DNA 分子中其切点出现的几率不等。如果 DNA 中序列是随机的，那么识别四核苷酸序列可能在每 256 bp（4^4）出现一次，六核苷酸序列出现的间隔为 4096 bp（4^6），八核苷酸序列出现的间隔为 65536 bp（4^8）。这种计算是在假定核苷酸随机排列下进行的。在实际操作中述因其他因素（如 GC 含量）等而有变化。如 λDNA 长 49 kb，对地识别元碱基的酶应该有 12 个切割位点，实际上要少一些。如 BglⅡ只有 6 个，BamHⅠ只有 5 个。

现将基因工程中一些常用的限制酶列于表 18－1。

表 18－1　一些常用的限制酶

名　称	识别序列及切点	来　源
切割后产生 5′粘性末端		
Ava Ⅰ	5′C↓PyCGPuG3′	*Anabaena variabilis*（变链蓝藻球菌）
Bam H Ⅰ	G↓GATCC	*Bacillus amyloliqueefaciens*（解淀粉芽孢杆菌）
Bcl Ⅰ	T↓GATCA	B. *caldolyticus*（嗜乳芽孢杆菌）
Bgl Ⅱ	A↓GATCT	B. *globigii*（球状芽孢杆菌）
Cla Ⅰ	AT↓CGAT	*Caryophanon latuml*（阔显核菌）
Eco R Ⅰ	G↓AATTC	*Escherichia coli RY*13（大肠杆菌）
Hin d Ⅲ	A↓AGCTT	*Haemophilus influenzae Rd*（流感嗜血菌）
Hpa Ⅱ	C↓CGG	*H. parainfluenzae*（副流感嗜血菌）
Mbo Ⅰ	↓GATC	*Moraxella bovis*（牛莫拉氏菌）
Sal Ⅰ	C↓TCGAC	*Streptomyces albus*（白色链霉菌）
Sau A Ⅰ	↓GATC	*Staphylococcus aureus* 3*A*（金黄色葡萄球菌）
Xba Ⅰ	T↓CTAGA	*Xaxthomonas badrii*（巴氏黄单胞菌）
Xho Ⅰ	C↓TCGAG	*X. holcicola*（绒毛草黄单胞菌）
Xma Ⅰ	C↓CCGGG	*X. malvacearum*（锦葵黄单胞菌）
切割后产生 3′粘性末端		
Hha Ⅰ	GCG↓C	*Haemophilus haemolyticus*（溶血嗜血菌）
Kpn Ⅰ	GGTAC↓C	*Klebsiella pneumoniae*（肺炎克雷伯氏菌）
Pst Ⅰ	CTGCA↓G	*Providencia stuartii* 164（普罗威登斯菌）
Sac Ⅱ	CCGC↓GG	*Streptomyces achromogenes*（不产色链霉菌）
Sst Ⅰ	GAGCT↓C	*S. stamford*（斯坦福链霉菌）
切割后产生平端		
Hae Ⅲ	GG↓CC	*Haemophilus aeqyplius*（埃及嗜血菌）
Hpa Ⅰ	GTT↓AAC	*H. parainfluenzae*（副流感嗜血菌）
Pvu Ⅱ	CAG↓CTG	*Proteus vulgaris*（普通变形菌）
Sma Ⅰ	CCC↓GGG	*Serratia marcescens*（粘质沙雷氏菌）

三、基因载体

在基因工程中通常用大肠杆菌作为受体菌，直接将外源 DNA 引入受体菌，并不能进行复制和表达，因此必须借助于一些在受体细胞中能够复制或能够表达的 DNA 将目的基因转入受体菌。前者称为克隆载体（cloning vector），后者称为表达载体（expression vector）。作为基因工程中所使用的基因载体必须满足几个条件：①能自主复制或随受体细胞染色体DNA一起复制；②易于鉴定和筛选；③限制酶对其作用的切割点少；④易于引入受体细胞；⑤使用安全。目前基因工程中所使用的载体主要是质粒和病毒（噬菌体）。

1. 质粒

质粒（plasmid）是细菌染色体外的小型环状双链DNA，小的2 kb～3 kb，大的可达数百kb。质粒是能够进行复制的遗传物质，其复制有的受染色体复制的严格控制，称为严紧型控制质粒（stringent plasmid）；有的自行复制时并不受染色体复制的严格控制，称为松弛型控制质粒（relaxed plasmid）。后者常用于基因工程作基因载体。质粒在细菌内所表达的性状，有抗药性、决定性性状、产抗生素、产细菌素、抗金属离子等，用于基因载体时，选用那些表型性状清楚并容易鉴别的质粒。如具抗药性或产细菌素的质粒，或将其改造后的衍生质粒。如pSC101、Col E1、pMB9、pBR322等。

（1）pSC101质粒

这是大肠杆菌的一个抗药性质粒R6－5经机械切割后，产生的一个小质粒。它带有四环素抗性基因（tet^r）及复制区域，具有一个限制酶*Eco* RⅠ切点及一个*Hin* dⅢ切点，外源DNA的插入不影响对四环素的抗性，也不影响质粒的复制。

（2）CoE 1质粒

这是产生大肠杆菌素E 1（coticin E1）的质粒。它的复制由DNA聚合酶Ⅰ催化，需RNA作引物。用CoE 1质粒作基因载体具有几个优点：①CoE 1为松弛型控制质粒，容易复制。每个细胞中约有20～40拷贝。有氯霉素存在时仍可大量扩增。在含有CoE 1的大肠杆菌培养物达到对数生长后期时加入氯霉素，使蛋白质合成受到抑制。由于染色体复制需要蛋白质合成，而CoE 1合成不需要，所以此时染色体复制停止，而CoE 1复制继续进行。在加入氯霉素后10小时，可使质粒拷贝数达到1000～3000。②对限制酶*Eco* RⅠ只有一个切点。③*Eco* RⅠ切割损坏了大肠杆菌素产生的基因，因此，外源DNA插入*Eco* RⅠ切点后，大肠杆菌素不能生成，引起了表型变化，便于鉴别。④转化频率高，即使插入了外源DNA，转化频率一般也可达10^{-3}～10^{-4}。

在基因工程发展的初期大多采用天然质粒，即未经改造的细菌质粒。为克服使用天然质粒的一些缺陷，现多采用经过改造的衍生质粒，如pMB9、pBR322等都是衍生质粒，比天然质粒有更大的优越性。

（3）pMB9质粒

这是CoE 1的一种衍生质粒，由CoE 1和pSC101构建。它既具有CoE 1质粒复制的优点，又具有四环素抗性易于选择的长处。此质粒对限制酶*Eco* RⅠ和*Hin* dⅢ都只有一个切割点。

（4）pBR322质粒

这是用得更普遍的一个人工构建的质粒（图18－1），含4346 bp，为松弛型控制质粒，是由天然质粒pSC101、CoE1和pSF2124构建而成。这个质粒具有四环素抗性（tet^r）、氨苄青霉素抗性（amp^r）和对大肠杆菌素E1的免疫性，这些特征可作为选择标记。有多种单一的限制酶切点，在四环素抗性基因上有*Bam*HⅠ、*Sal*Ⅰ、*Sph*Ⅰ等酶切点，在氨苄青霉素抗性基因上有*Pst*Ⅰ、*Pva*Ⅰ、*Sca*Ⅰ等酶切点。将质粒pBR322用这几种限制酶处理后，在这些位点上插入外源DNA片段，由于相应的抗抗生素基因被破坏，因此宿主细胞就失去了抗四环素和抗氨苄青霉素的能力，这样就可以判断外源 DNA 片段是否插入质粒，即对两种抗生素具有抗性的就没有插入外源 DNA，不具有抗性的就表明已经插入外源 DNA。

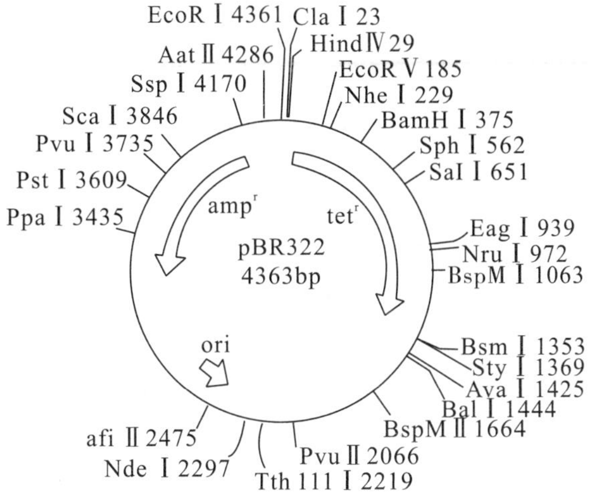

图 18－1　**大肠杆菌** pBR322 **质粒**

按上述原则，根据不同特点和实验要求，可以构建各种各样的质粒。

一般说来，一种质粒只能在某一种宿主中复制，如 CoE1、pBR322 只能在大肠杆菌中复制。而在其他受体则需构建另外的质粒，如已使用于枯草杆菌的来自金黄色葡萄球菌（*Staphylococcus aureus*）的质粒 pC194（抗氯霉素）、pE194（抗红霉素）、pUB110（抗卡那霉素）等。

为发展真核生物基因工程，以酵母为受体细胞的应用质粒也取得了很大进展，如已采用的 2μ 质粒，它是染色体外一环状 DNA，因其长为 2 μm 而得名。但这种质粒的缺点是不稳定和易丢失，故又构建一些新的质粒，如 SCP_1、SCP_2、SCP_3 等。

在基因工程中为了操作的方便，还构建了既能在大肠杆菌中复制，又能在酵母中复制的质粒，称为穿梭质粒（shuttle plasmid）。它有两个复制起点，一个能在大肠杆菌中使质粒 DNA 复制，另一个是在酵母中使质粒 DNA 复制。同样，也可以构建在大肠杆菌和枯草杆菌中都能复制的穿梭质粒，如 pHV14、pHV15 等。

2. 噬菌体和病毒

噬菌体（phage）是感染细菌的病毒。噬菌体对细菌的感染有两种不同的方式，一种称为溶菌性（lytic），另一种称为溶原性（lysogenic）。溶菌性是指噬菌体感染细菌后，连续增殖，直到细菌细胞裂解，释放出噬菌体又去感染新的细菌；溶原性是指噬菌体感染细菌后，将自身的 DNA 整合到细菌的染色体中去，并随细菌染色体一起复制。溶原作用和溶菌作用均具备的噬菌体称为温和噬菌体（temperate phage）；只有溶菌作用而无溶原作用的噬菌体称为烈性噬菌体（lytic phage）。基因工程中常选用温和噬菌体作为基因载体，主要是 λ 噬菌体和 M13 噬菌体。另有 λDNA 经改造的载体，有 λgt 系列（插入型载体）和 EMBL 系列（替换型载体）。以及柯斯质粒（Cosmid）。经改造的 M13 载体有 M13 mp 系列和 pVC 系列。

（1）λ 噬菌体

野生型 λ 噬菌体 DNA 全长 48.5 kb，为双链线性分子，两端有 12 个碱基的单链粘性末端，复制时可形成环状。λ 噬菌体之所以用于基因工程作基因载体，理由之一是它的遗传结构已经较清楚，而且其宿主大肠杆菌的遗传结构与功能也知道得较详尽；其二是易于使细菌感染，易于使外源 DNA 导入宿主细胞。因为在 λDNA 中只有 60%是溶菌生长所必需，中间 40%的区域是非必需的，用作载体时，可以将这部分切除，插入外源 DNA 片段。所以，这种载体称为替换型载体（replacement vector）。但是天然 λ DNA 作为基因载体，突出的缺点是基因组上存在过多的限制酶切位点，不便于操作。因此，通常用点突变（point mutation）、碱基置换（replacement）或缺失（deletion）等方法将 λ DNA 改造，而产生一系列衍生载体，如 λgt、EMBL、Charon 等系列。

（2）科斯质粒

科斯质粒（cosmid）一词是由“cos site-carrying plasmid”缩写而成，其原意是指带有粘性末端位点（称为 cos）的质粒，所以也称粘性质粒。它是由 λ DNA 的 cos 序列与质粒构建而成的环状双链 DNA，是具有较大容量（可插入 40 kb～50 kb 外源 DNA）的基因载体。因为它由 λ cos 区与质粒 pBR322 DNA 构建，因此，既具有抗四环素基因和抗氨苄青霉素基因，又含有 λ DNA 粘性末端，这种载体比较容易地包裹到 λ 噬菌体颗粒中，以便有效地引入大肠杆菌。一旦被引进，重组科斯质粒在细菌细胞中作为一个质粒进行复制。

（3）Charon 系列

这是 F. R. Blattner 等人通过点突变、缺失或转换等方法改建的一类 λ 噬菌体，现已有 30 多种。这种载体的主要特点是：①可以携带较大容量的外源 DNA（几个到 24 kb。而质粒只能携带几个到几千个碱基）。②由于它带有大肠杆菌的 β－半乳糖苷酶基因（*Lac* Z），这使得携带有外源 DNA 的重组噬菌体在接种有大肠杆菌的特殊指示板上产生的噬菌斑颜色与不带外源 DNA 的噬菌体有明显区别，便于筛选。③载体上有强的启动子，因此使得每个噬菌体颗粒有几乎 100%的感染几率，有利于外源 DNA 的高效表达。

（4）M13 噬菌体

M13 为单链 DNA，基因组全长 6.5 kb。使用 Ml3 噬菌体作为基因载体的最大优点是噬菌体含的是单链 DNA，便于作为模板用于 DNA 序列分析，或者制备单链 DNA 探针用于分子杂交分析，检测 DNA 或 RNA，或者作为基因定点突变的载体；用于蛋白质工程。

在基因操作中，除了上述质粒和噬菌体外，还用 SV_{40} 等病毒作为基因载体，用于真核生物基因工程。在人类基因组计划中，还使用了酵母人工染色体（yeast artificial chromosome，YAC）和细菌人工染色体（bacterial artificial chromosome，BAC）作为载体。YAC 的克隆容量达 0.5 Mb～2 Mb（百万碱基对），而 BAC 的克隆容量为 0.1 Mb～0.4 Mb。

第二节　基因工程的基本技术

DNA 人工重组（基因工程）用于不同目的，其操作程序有些差异，但都包括下列几个基本步骤：制备目的基因和所需载体，含目的基因的外源 DNA 片段与载体 DNA 体外连接，重组体导入受体细胞，DNA 重组体的筛选与鉴定，外源 DNA 在受体细胞中扩增或表达（图 18－2）。

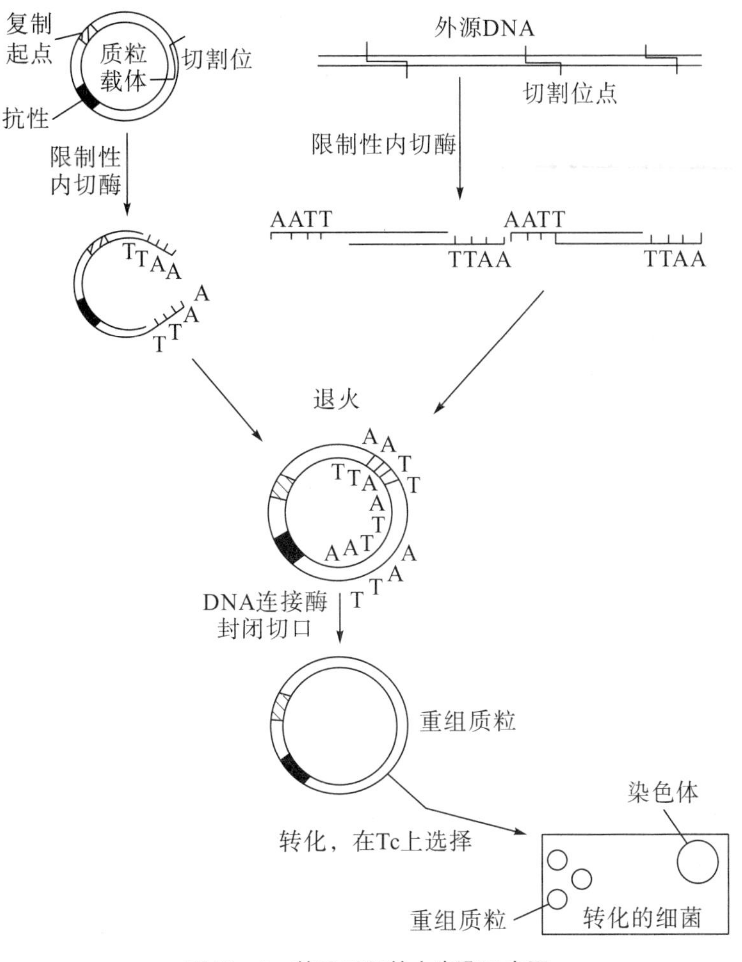

图 18－2　基因工程基本步骤示意图

一、目的基因的获得

所谓目的基因（target DNA）是指所要研究或应用的基因，或为了某种目的而感兴趣的 DNA 片段。为获取这种基因（片段），常常从多种 DNA“文库”中索取。

2. DNA 文库

（1）基因组文库

用限制酶将基因组切成片段，每一个片段都与一个载体分子拼接成重组 DNA，并将所有的重组体 DNA 都引入宿主细胞进行扩增，这样得到的一套分子克隆混合体，称为**基因组文库**（genomic library）。一个基因组的 DNA 文库包含基因组的全部基因信息，包括目的基因。在建立基因组文库后，再选用适当方法对含有目的基因的菌落进行扩增，分离提取目的基因。

（2）cDNA 文库

cDNA 是以 mRNA 做模板，用反转录酶合成的与 mRNA 互补的 DNA（complementary DNA）。将 mRNA 与 cDNA 分开，用 DNA 聚合酶复制成双链 cDNA 片段，与载体连接后引入受体菌。将一个细胞能够制备出的所有 mRNA 都作同样处理，即可制得一套克隆分子混合体，称为**cDNA 文库**（cDNA library）。cDNA 文库是某种特定细胞及特定状态下的全部 cDNA 克隆，只有在细胞内存在的 mRNA，才能建立相应的 cDNA 文库，所以不同种类不同状态的细胞有不同的 cDNA 文库。为了获得目的基因，再应用适当的方法从适当的 cDNA 文库中筛选目的 cDNA。目前许多蛋白质的基因都用这种方法来制备。

2. 获取目的基因的方法

（1）DNA 片段直接提取

用限制酶将 DNA 分子切成大小不等的片段后，采用一般制备 DNA 的方法，如凝胶过滤、离子交换、密度梯度离心等。用这种方法提取的 DNA 片段，其大小变化较大，在提取过程中也有被破坏的危险，而且盲目性较大。但由于此法简单，并不需要复杂的操作技术，故也有人采用。

曾经使用过的“鸟枪法”（shotgun approach），是利用营养缺陷型（autotroph）变异株来筛选或鉴定目的基因。这种方法是利用溜散弹射击的原理去“命中”某个基因。即用限制酶将染色体 DNA 切断成为基因水平的许多片段，并使它们与一定载体结合，引入到受体菌使之扩增。受体菌一般选用目的基因营养缺陷型，然后再从这种营养缺陷型菌株中将重组 DNA 取出，回收目的基因。

（2）从基因组文库和 cDNA 文库获取

要取得某种蛋白质的编码基因，从蛋白质的结构推知基因结构固然是个办法，但常常要测定一个大分子蛋白质的一级结构（氨基酸顺序）也不是一件易事。如果已建立了某生物的基因组文库或 cDNA 文库，只要知道目的基因编码的部分氨基酸顺序，也可以很方便地获得目的基因。

一个好的基因组文库或 cDNA 文库应包含了基因组中的所有 DNA 片段，或所有 mRNA 的基因信息。所以只要知道目的蛋白质的部分序列，由此反推出这部分序列的编码核苷酸，然后用人工合成并带上同位素标记的这段寡核苷酸（称为探针）与基因组文库（或 cDNA 文库）中的互补 DNA 部分杂交，从而就可从基因组中筛选出该蛋白质的结构基因。

（3）用 PCR 技术扩增目的基因

利用 PCR 技术（见第四章）可以在比较简便的条件下，使目的 DNA 片段在很短的时间内能按一定数量级扩增。可以直接从染色体 DNA 片段或 cDNA 快速简便地获得待克隆的基因片段。PCR 技术扩增目的基因的前提是必须知道目的基因片段两侧或附近的 DNA 序列。

（4）用化学合成目的基因

现多采用固相合成法人工合成 DNA 片段，可以直接合成目的基因，如果基因很大，则先分段合成，然后再用连接酶连接。前提条件是对目的基因的序列必须清楚。现在对 DNA 的化学人工合成已经自动化。

二、外源 DNA 与载体连接

获得目的基因后，首先应将它与已经选择或构建的载体 DNA 连接，即用连接酶将外源 DNA 与载体 DNA 通过共价连接，形成重组体（recombinant）。其连接方式根据所用限制酶的不同而略有差异。若用同一种限制酶（如同尾酶）处理供体细胞的染色体 DNA 和基因载体，其切口产生粘性末端，则带有目的基因的 DNA 片段可以同载体 DNA 切口“粘接”起来，再通过 DNA 连接酶连接，形成重组体；如果切口处形成的是平端，DNA 连接酶也可连接，不过效率很低（只有粘性末端的 1%）；或者用末端核苷酸转移酶（terminal nucleotidyl transferase）催化，分别在载体切口和外源 DNA 片段一条链的 3′－OH 末端添加寡聚 T（或寡聚 C），在另一链的 3′－OH 末端添加寡聚 A（或寡聚 G），这样用人为的方法形成粘性末端，便于形成重组体。

三、重组 DNA 导入宿主细胞

含有目的基因的外源 DNA 与载体形成重组体后，需导入受体细胞中，随受体细胞的生长、繁殖，重组 DNA 得以复制和扩增。重组体导入受体细胞的方式有转化、感染或转染、电穿孔和脂质体介导等。

转化（transformation）是指质粒或其他外源 DNA 导入处于感受态（competence）的细菌细胞，并使其获得新的表型的过程。所谓感受态就是容易吸收外源 DNA 的生理状态；感染（infection）或称转导（transduction）是指感受态细菌细胞捕获和表达噬菌体和病毒 DNA 分子的过程；而转染（transfection）是真核细胞主动摄取或被动导入外源 DNA 片段而获得新的表型的过程。由此可见，这几个概念的差别主要在于 DNA 的供体或受体的不同，外源 DNA 的导入过程是基本相同的。此外，近年来也有人使用高压脉冲短暂作用于细菌也能显著提高转化效率，这称为电穿孔（electroporation）。用电穿孔法处理培养的哺乳动物细胞可使细胞出现可逆性穿孔，从而使 DNA 导入细胞内。还可用脂质体（liposome）包装 DNA，通过与宿主细胞的细胞膜融合而将 DNA 导入细胞。

重组 DNA 导入受体细胞的成功与否，主要取决于受体细胞是否处于感受态。虽然许多细菌细胞和真核细胞能够吸收外源 DNA，但其频率很低，约为 10^{-6}。为了使受体细胞处于感受态，一般使用（0.01～0.05）mol/L $CaCl_2$ 处理，可以使外源 DNA 比较容易进入大肠杆菌、枯草杆菌等细菌细胞，这是因为 Ca^{2+} 改变了细胞膜的通透性。此外，也可用电穿孔法（electroporation），在高频电流的作用下，使受体细菌细胞壁出现许多小孔，便于外源 DNA 进入。在这种情况下，受体细胞不一定处于感受态。

另外，引入的重组 DNA 必须避免受体细胞核酸酶的降解。因此，选择受体菌株最好用核酸酶缺陷型菌株。

进行克隆时选用的受体菌还应符合安全标准。现一般采用从大肠杆菌 K－12 改造的安全宿主菌，这种菌在人的肠道几乎无存活率或存活率极低。

四、重组体的筛选

在众多细菌的群体培养中，从中选出已转化（或感染）并含有目的基因的重组体，这个过程称为筛选（screening）。其方法有两类：一是遗传学方法，二是通过检测含有目的基因的核苷酸序列或基因产物的方法。前者称为直接法，后者称为非直接法。

1. 插入失活法

在基因工程操作中，所使用的载体通常都是经过加工改造的衍生载体，它们要么带有一个或几个可供选择的遗传标记，要么具有可被选择的遗传功能。例如。质粒载体具有抗药性或营养标记，噬菌体载体形成噬菌斑的能力或特征有所变化。

通常使用的质粒载体都有抗药性标记，当限制酶切割在载体 DNA 的抗药性基因上并在此位点插入外源 DNA 后，带有这种重组体的细菌在培养中就对该药物由抗性转为具有敏感性，便可筛选出已被转化的细菌。此外，由于插入失活基因的翻译产物必定发生变化，也可借此进行筛选。

例如，用限制酶 *Bam* HⅠ处理外源 DNA 和质粒 pBR322，该质粒仅有一个 *Bam* HⅠ切点，且位于抗四环素基因（tet^r）上（图 18－1），外源 DNA 的 *Bam* HⅠ酶切片段插入此处后，即失去抗四环素的能力。将此重组体转化大肠杆菌，可能出现 3 种情况：①大部分细胞将不被转化。②一些细胞将被 pBR322 转化。③有少数细胞被重组体质粒（带有外源 DNA）转化。将它们放在两个含普通培养基的培养皿中培养，其中一个加氨苄青霉素，另一个加氨苄青霉素和四环素。经过培养后在含氨苄青霉素培养平板上出现，而在含氨苄青霉素和四环素两种抗生素的培养平板上消失的菌落，就可能是已经转化带有外源 DNA 质粒的细菌。

2. 核酸杂交法

对菌落或噬菌斑进行原位分子杂交是从基因文库、cDNA 文库或重组质粒中筛选目的基因的一种快速而有效的方法。先将带有重组质粒或感染了重组噬菌体的细菌生长在琼脂平板上，形成单个菌落或噬菌斑。再用圆形硝酸纤维素滤膜或尼龙膜覆盖在长有菌落或噬菌斑的琼脂平板表面，然后把滤膜揭起，膜上粘附部分菌落或噬菌斑，用碱溶液处理，使菌落破裂，并使 DNA 变性。因为变性 DNA 同硝酸纤维素滤膜有很强的亲和力，便留在了滤膜上。再用 ^{32}P 标记的 RNA（或 DNA）作为探针同滤膜上的菌落杂交。经过一段时间后，用含有一定离子强度的溶液将非专一性结合的、仅仅是吸附在膜上的放射性物质洗去，烘干滤膜，进行放射自显影。凡是含有放射性探针互补序列的菌落，就会在 X 光胶片上出现曝光点，即代表已杂交上的菌落（图 18－3）。再按底层上菌落的位置找出培养基上相应的菌落。如是需要，将它扩大培养后，再做进一步分析。

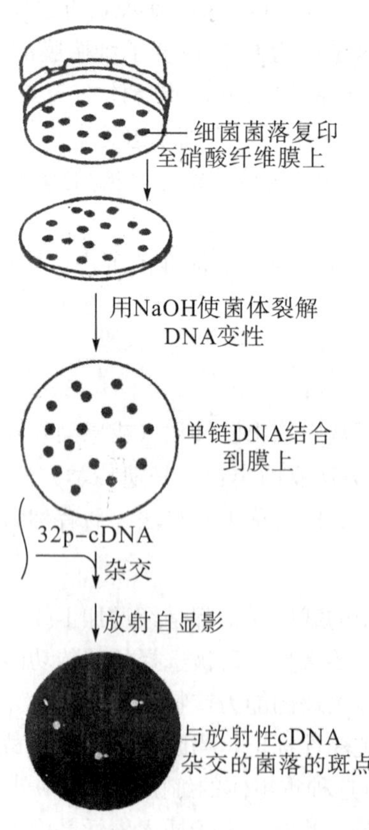

图 18－3　分子杂交筛选 DNA 重组体

3. 免疫测定法

这是一种非直接检测法，是利用特异抗体与目的基因表达产物的相互作用进行筛选。这种方法灵敏度高、特异性强，尤其适用于筛选不为宿主菌提供任何选择标志的基因。只要一个克隆的目的基因能够在宿主细胞中表达，合成出外源蛋白质，就可用这种方法进行检测。

免疫测定法分为放射性抗体测定法和免疫沉淀测定法。放射性抗体测定法是将固体培养基上由菌落所产生的蛋白质，转移到硝酸纤维膜上，再用相应的带有放射性标记的抗体与它进行反应，洗去非特异性吸附的放射性物质，用放射自显影显示其结果。免疫沉淀测定法是用一种特异抗体与外源基因表达产物蛋白质，在固体培养基上发生抗体-抗原沉淀反应，根据沉淀物所产生的白色沉淀圈来加以检测。

4. RCR 扩增法

应用聚合酶链反应（PCR，见第四章）可在很短的时间内将目的基因扩增至上百万倍，通过电泳，可以直接进行筛选。先用牙签将菌落挑出，放到 PCR 缓冲液和水中，95℃加热变性 2～3 分钟，冷却后加入 dNTP、引物和 *Taq* DNA 聚合酶，进行 PCR，凝胶电泳观察结果。

应用 PCR 鉴定阳性克隆十分有效，而且不必制备 DNA。所需时间短（几个小时）。

五、克隆基因的表达

外源目的基因经过重组、转化（或转导）、筛选后，最终目的是要目的基因在受体细胞中得以表达，产生具有功能性的蛋白质或肽。因为基因表达是在一定调节控制下进行的，而且原核与真核基因表达的调控有很大差异，如果真核生物基因转移到原核生物，要使其表达，必须考虑下列问题：

（1）真核基因与原核基因在结构上的差异。真核存在许多断裂基因，基因中有插入顺序（内含子），而原核没有。因此，真核基因即使在细菌中得以转录，由于细菌中不存在真核细胞的 RNA 加工修饰酶，不能正确地将转录产物转变为成熟 mRNA。

（2）真核基因与原核基因具有不同的启动子，RNA 聚合酶的结构也不同。因此，细菌 RNA 聚合酶不一定能识别真核启动子。

（3）真核 mRNA 5′端有一个甲基化鸟苷“帽”结构，3′端有一个 polyA“尾”结构。细菌细胞设有这一套加工“帽”和“尾”结构的酶体系。

（4）在翻译中，真核 mRNA 没有 Shine-Dalgarno 序列，不能很好地同细菌核糖体结合。而且，许多真核基因表达的产物蛋白质，要经过糖基化、磷酸化等后修饰加工，才能转变为功能性蛋白质，而大多数这类修饰作用在细菌中并不存在。

（5）细菌的蛋白酶，往往能够识别外来真核基因所产生的蛋白质分子，并把它们降解。

对上述问题必须加以充分考虑和正确处理，因为在基因表达中任何一个环节考虑不周，都将导致基因工程失败。

目前，在基因工程中对上述问题已采取了某些措施，使得一些基因得以正确表达。在转录上，在克隆的目的基因上游接一个原核细胞的启动子，这种原核细胞的启动子作为一种强启动子就可以启动真核基因在原核细胞中转录。现已广泛使用的有 4 种原核启动子：大肠杆菌乳糖操纵子的 Lac 启动子，大肠杆菌色氨酸操纵子的 trp 启动子，λ 噬菌体的 P_L 启动子和 pBR322 质粒载体的 β-内酰胺酶（lactam enzyme）启动子。在翻译上，大肠杆菌 mRNA 的结合位点是起始密码子和 SD 序列，这在真核 mRNA 上没有，为此，现一般不采用大肠杆菌核糖体结合位点，而是采用载体上的核糖体结合位点。此外，目的基因插入的方向必须与载体 DNA 方向一致，并要求保持目的基因的翻译相位不产生错位，保持原有的阅读框架。

为克服插入顺序的障碍，有两种办法：其一是如果能够从真核细胞中纯化出已完成加工的 mRNA，即可用反转录酶合成 cDNA，并连接到载体上去，在细菌中转录后就没有内含子部分；其二是用化学合成法合成不含内含子的真核 DNA 片段，但此法目前还只能合成相对分子质量不大的片段。

为了避免目的基因表达产物蛋白质被受体细胞蛋白酶降解，现在一般采用合成融合蛋白的方法。所谓融合蛋白（fusion protein）是指它的氨基端是原核细胞序列，羧基端是真核细胞序列。因为在细菌中真核基因表达的融合蛋白比非融合蛋白质稳定，不容易被细菌蛋白酶降解。因此，将真核基因引入原核细胞表达时，通常在真核基因的上游接一个原核基因，再接一个信号顺序，以便合成产物能分泌到细胞外，另外接一个原核基因的启动子。这样，真核基因就比较容易在原核细胞中表达，合成出所需要的功能蛋白质。

第三节　蛋白质工程

一、蛋白质工程的概念

蛋白质工程（protein engineering）是受基因工程的影响，并在它的基础上发展起来的，有人称为第二代基因工程。由于基因工程的发展，从生物化学理论中，知道基因决定蛋白质的结构。如果搞清了蛋白质的结构以及结构与功能的关系，就可以人为地设计一个新蛋白质，并按这个设计的蛋白质结构去改变其基因结构，就能生产出新的蛋白质，这就是 20 世纪 80 年代提出来的蛋白质工程的基本涵义。简而言之，这是一种从改造基因入手，定做新的蛋白质的技术。

另一方面，从蛋白质结构与功能的关系出发，定向地改造天然蛋白质的结构，特别是对功能基因的修饰，也可以制造新型蛋白质。蛋白质工程也应包括这方面的内容。特别是对酶的修饰与改造。

1. 基因定点突变（gene site-directed mutagenesis）

这是指将基因的某一个或某些位点进行人工替换或删除的过程。人们长期以来一直希望能够创造出比天然蛋白质性能更好的新型蛋白质。曾经采用有机合成的方法从头合成蛋白质，但局限性很大，即使按一级结构合成了多肽链，也并不一定能够折叠成天然蛋白质的构象，因为这个过程至今仍未搞清。因此，受基因工程的启发，解决合成新蛋白质的捷径还得从 DNA 分子水平入手。根据新设计的蛋白质氨基酸序列，使 DNA 在体外发生突变或重组，形成新基因，然后利用基因工程的手段，得到所需的蛋白质。这种突变是在 DNA 分子上一定位点的碱基替换或删除，所以称为定点突变。可见，蛋白质工程是基因工程与蛋白质结构研究相融合的产物，它是在基因工程的基础上发展起来的，而且仍然需要基因工程的全套技术。但二者也有区别：基因工程要解决的问题是把天然存在的蛋白质通过克隆其基因大量生产出来；而蛋白质工程则致力于对天然蛋白质的改造，制备各种想要的新蛋白质。

2. 蛋白质设计（protein design）

蛋白质工程的首要任务是对新蛋白质的设计。从理论上讲，可以像建筑学家根据建筑力学的理论基础，随意设计建造千姿百态的高楼大厦一样，生物化学和分子生物学家也可以按照蛋白质构效关系的理论基础，随意设计出各种各样的、比天然蛋白质性能优越得多的新型蛋白质。但正如前面所指出的，从生物化学现有发展水平来看，对蛋白质这些知识的了解，仍然是局部、片面的，缺乏系统的理论。所以，今天的蛋白质设计，仅仅是对天然蛋白质的修饰。

蛋白质设计完全依赖于蛋白质结构测定和分子模型的建立。蛋白质结构测定虽然近年来采用了扫描隧道电镜、二维核磁共振等技术，但仍然是以 X 射线晶体衍射技术为主。分子模型的建立过去是用金属线、木棒及塑料小球等进行组装，现在已逐步为计算机所建立的模型所取代。在屏幕上可清楚地显示蛋白质结构的骨架，以及在特定环境下的表面结构。而且可以用透视方法，从不同角度观察其立体形象和彩色图。用电脑设计的模型易于操作、组装、贮存和修改。所以电脑设计分子模型已成为蛋白质设计的有力工具。

蛋白质设计一般具有下列步骤：①应用基因工程技术使编码欲研究蛋白质的基因克隆并表达，测定表达产物蛋白质的性质，并估计其应用价值；②测定该蛋白质的结构，从蛋白质的三维结构角度，应用结构与功能的相关知识选择适当的修饰位点，在电脑屏幕上设计出第二代蛋白质模型；③利用定点突变等蛋白质工程技术按照设计蓝图生产出新一代的蛋白质；④研究第二代蛋白质的三维结构，为第三代蛋白质的设计提供信息指导，上一次设计中未能预见到的细微结构改变，可以在这次设计中考虑进去。如此反复进行，直到得到满意的新型蛋白质。

二、蛋白质工程的一般技术

1. 蛋白质工程的理论设计

所谓理论设计也就是指设计的指导思想，通常包括活性设计、专一性设计、框架设计等方面。活性设计（activity design）主要考虑被研究蛋白质的功能，涉及选择化学基团及其空间取向。这有赖于对天然蛋白质研究建立的经验数据，或借助于量子力学计算，来推论产生活性所需的基团。这种为活性所需的化学基团，常由氨基酸来提供，或者为一些小分子的化学基团。例如，酶活性中心的必需基团或酶的辅因子。所谓专一性设计（specificity design），是指功能性蛋白质在发挥其生理功能时，总是与其他分子发生专一性相互作用，如酶与底物、抗体与抗原、激素与受体等。因此，在设计中必须考虑这种结合的专一性或特异性。框架设计（frame design）或称 Scaffold 设计，是指对蛋白质分子的立体设计。因为，“功能来自构象”，比如酶，真正起催化作用的仅仅是分子中两三个氨基酸的侧链基团，但这几个基团要很好发挥作用，其关键条件就是整个分子的框架化。也就是说，催化部位（以及和底物结合的部位）必须适当地安排在大分子骨架之中，给予各个基团以适当的空间排布。在当前的水平下，人工设计的蛋白质分子的框架不一定要像天然蛋白质框架那样复杂，因为天然蛋白质除了它本身的基本功能外，还涉及其他方面的一些功能，如别构效应、信息传递、分泌等。所以框架设计不一定需要那么完美，不需要太严谨，结构太严谨反而会妨碍行使功能。同时由于底物的结合，常常还会引起框架的改变。

在对蛋白质空间结构设计中，从对一些小肽的设计，初步积累了一些经验。蛋白质空间结构的关键是二级结构，在已有一级结构对二级结构影响知识的基础上设计了大量多肽，发现当 Lys 和 Glu 以 i、i+4 顺序位置出现在肽链中时，具有稳定的 α－螺旋结构，推测 Lys 和 Glu 间形成离子键有助于 α－螺旋的形成。氨基酸的组成和位置是形成二级结构的关键。

Ala、Leu、Glu 和 Lys 是有利于形成 α－螺旋的氨基酸，但它们所处的位置不同，对螺旋形成有很大影响。Asp、Glu、Asn、Ser 常位于螺旋的 N－端；Lys、Arg、His 常位于 C－端。这些带电荷的侧链基团位于螺旋的两极，对于平衡螺旋的电荷极性，起到稳定螺旋的作用。

β－转角的设计涉及的残基数较少，Pro、Gly 常处于转角中。像 Tyr・Pro・Tyr・Asp 和 Tyr・Pro・Gly・Asp・Val 等小肽很容易形成成 β－转角。

β－折叠包括两条以上肽链（或一条肽链的两个特定部分）的远程相互作用，设计要困难得多。

对二级以上结构的设计，积累的经验更少。从已经设计的一些例子看来，疏水作用是形成超二级结构和三级结构的驱动力。因此，在一级结构上，在特定位置安排适当的疏水氨基酸，对形成三级结构至关重要。此外，在色蛋白中金属离子和金属卟啉环对形成三级结构也有重要影响。

一般而论，从蛋白质的稳定性考虑，一个蛋白质的第 20 位和第 50 位残基在无规变性（amorphous denaturation）状态下它们之间的距离为 2 nm，但在天然状态时它们之间的距离以 1 nm 为最佳。在作用力方面，对于蛋白质空间结构的稳定性，除疏水作用外，还与氢键、立体效应和静电效应密切相关。氢键主要影响蛋白质的堆积方式，只要有利于形成氢键，其稳定性也好。范德华相互作用（Van der Waal's bond）与分子的立体效应关系密切，这种作用越近越好，直至平衡距离。静电作用对蛋白质的影响很复杂，一般认为将正负电荷埋在分子内部形成离子键对稳定性不利，而在分子表面的静电作用对蛋白质稳定性有利。蛋白质在等电点附近是处于最稳定状态的 pH 范围，因此，通过改变蛋白质分子的带电残基来改变 pH 值，可使蛋白质在中性条件下稳定。

2. 定点突变技术

此技术是通过删除或置换 DNA 片段中的核苷酸，使基因发生突变，从而产生新的蛋白质。它可用于改变为蛋白质编码的个别密码子，从而改造蛋白质的结构，使调控区的序列改变，以确定 DNA 的特定功能区域。在指定位置上除去某种限制酶切位点或加入便于使用的限制酶切位点，以方便基因操作，还可删除不需要的序列（如内含子及编码 mRNA 非翻译区的 DNA 序列），并将不同的结构单位（如启动子和结构基因）精确地连在一起。

改变 DNA 核苷酸序列，现已采用以下几种方法：

（1）基因的化学合成

用化学合成方法时，首先按蛋白质的氨基酸顺序，合成几个寡核苷酸片段，这些片段中包括蛋白质的结构基因、转录的起始及终止信号，并设计适当的限制酶切位点。同时根据设计要求取代几个氨基酸的密码子。然后用连接酶将各片段连接起来。合成的基因 DNA 片段末端为粘性末端，以此与质粒连接，转入大肠杆菌或枯草杆菌，最后表达，产生新的蛋白质。这种方法的优点是：①可以按需要在一个或多个位置上任意改变核苷酸序列，以获得多点突变的蛋白质产物；②可以按需要在核苷酸序列中安排限制酶切点，便于随后进一步的修饰及基因操作。此法的缺陷是消耗大量人工合成的寡核苷酸，因此，所需费用较高。已用此法合成了人血细胞干扰素、胰岛素、生长素释放抑制素、脱乙酰基胸腺素等的基因。

（2）基因直接修饰法

对基因的调控区进行缺失、插入、预定位点的碱基对置换，可以改变基因调控单元的功能。如果是进行两个酶切位点之间的 DNA 片段缺失，可先对一个质粒进行部分酶切，分离得到大量只缺失一个内切酶片段的酶切产物，并用连接酶连接成环状，其中相当一部分还会有生物活性。要制造比较短的缺失，可用一种内切酶将克隆 DNA 双链切开一个切口，使其环状 DNA 变为线状的，然后用一种外切酶（如 *Bal*31）从线性化的 DNA 两端逐步切掉一到数个碱基对，最后用连接酶环化，见图 18－4（a）。所需要的 DNA 缺失克隆可以从一系列不同程度的缺失克隆中筛选出来。

如果要求单个碱基对的改变来进行基因定点突变，即可采用寡核苷酸介导的定点突变（oligonucleotide－directed mutagenests）。首先将克隆 DNA 变性使成为单链，用一段人工合成的寡核苷酸与克隆 DNA 中欲突变部位进行杂交，以这一段外源寡核苷酸（其中有一个碱基是不配对的）为引物，用 DNA 聚合酶（Klenow 片段）和连接酶催化合成双链，然后转化细胞，经过复制就产生野生型（正常克隆）和突变型两种 DNA 分子，如图 18－4（b），经过进一步筛选就可得到所需要的突变克隆。

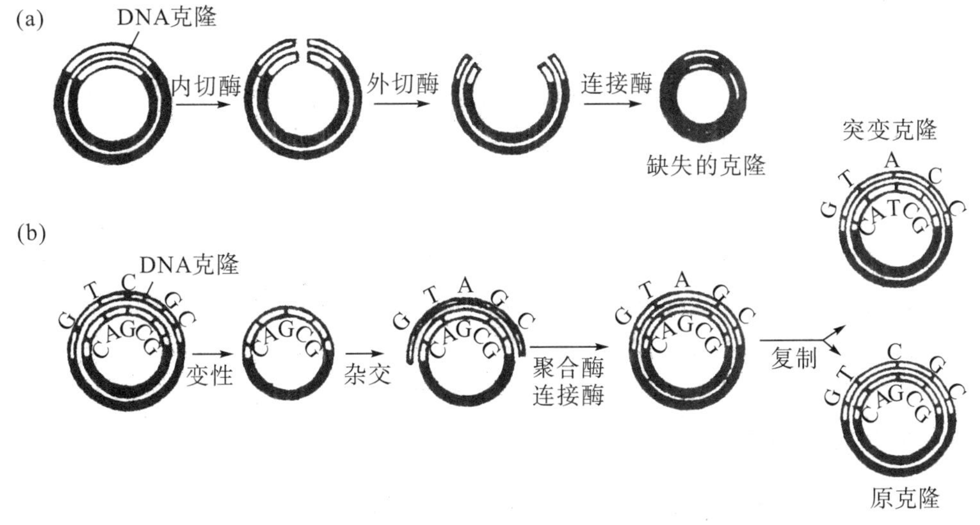

图 18－4　基因直接修饰突变

含有突变位点的寡核苷酸长度一般为 20～30 个碱基，而且最好将突变碱基的位置以放在这个片段的中间为最好，如果太靠近末端，有被 DNA 聚合酶外切活性将其切去的可能。

基因直接修饰法避免了化学合成法需消耗大量合成寡核苷酸的缺点，但要求找到一种适宜的内切酶或限制酶，其切点刚好位于被修饰的部位，便于按需要插入另外的核苷酸或片段。用此法已做过 β－内酰胺酶（β－lactamase）、酪氨酰 tRNA 合成酶、二氢叶酸还原酶等酶蛋白基因的修饰。

（3）盒式突变技术

上述方法可使基因发生定点突变，但氨基酸的取代结果，其预见性很有限。在这种情况下，就必须将每一种氨基酸进行一一取代，显然这是费时费力的。为克服此缺点，J. A. Wells 提出了一种盒式诱变（cassette mutagenesis）技术，可以大大提高工作效率。一组实验可以同时应用 4～5 个氨基酸进行取代。方法是用几种不同氨基酸密码子取代同一位置合成寡核苷酸片段，插入带有目的基因载体的限制酶切口，形成几种不同的质粒，用这种混合质粒转化大肠杆菌，筛选出突变体质粒，再表达形成几种具有不同取代的蛋白质（均为一个氨基酸的取代）测定每种产物蛋白质的功能和特性，从而确定哪种取代是最好的。如此经过 4～5 组实验，即可将 20 种氨基酸全部进行取代。

利用此技术曾经成功地进行枯草杆菌蛋白酶的定点突变。这个酶活性中心 Ser−221 的邻位为 Met−222，由于这个 Met 的存在，使该酶易被氧化失活。于是设计定点突变，将此残基进行取代。但哪种氨基酸取代它最好，要求既要改善对氧化的稳定性，又要不使酶活性降低。应用盒式突变技术，每 5 个氨基酸取代的质粒进行一组实验，4 个组实验就将其余 19 种氨基酸分别取代 Met−222，从中选出最佳结果。

三、蛋白质工程的应用示例

蛋白质工程目前主要用于酶学研究，改造和修饰酶，其次是在作为药物的某些蛋白质或肽，用蛋白质工程加以改造和研究新药。

1. 蛋白质工程酶

用蛋白质工程改造酶，目前的研究主要涉及以下几个方面：

(1) 改变酶的催化活性

在改变时要对酶活性中心的必需基团进行置换、增加或删减，很多情况下引起酶活性下降，但也有使酶活性升高的例子。如酪氨酰 tRNA 合成酶，若将第 51 位的 Thr 被 Pro 取代，酶的催化活力揭高 25 倍，对 ATP 的亲和性提高 100 倍。

(2) 改变酶的底物专一性

用定点突变技术将胰蛋白酶底物结合部位在第 216 和第 226 两个 Gly 被 Ala 取代后，提高了酶对底物的专一性。其中第 216 的取代对含 Arg 底物的专一性有提高，第 226 位的取代对含 Lys 底物的专一性有提高。枯草杆菌蛋白酶活性中心的 Ser 改为 Cys 后，对蛋白质和肽的水解能力消失，但却出现了催化硝基苯酯（nitrobenzene ester）等底物水解的活性。

(3) 提高酶的稳定性

T_4 溶菌酶分子中第 3 位的 Ile 被 Cys 置换后，由于它可与第 97 位的 Cys 氧化形成二硫键，结果修饰后的 T_4 溶菌酶其活性不变，但对热的稳定性大大提高；β−内酰胺酶第 70 位的 Ser 换成 Cys 后，其抵抗胰蛋白酶水解的性能提高 3 倍。

(4) 改变酶的反应特性

对二氢叶酸还原酶进行双突变：第 44 位 Arg 变为 Thr，第 63 位 Ser 变为 Glu，对辅酶的要求由 NADPH 变为 NADH；枯草杆菌蛋白酶第 222 位 Met 改为 Lys 后，酶的最适 pH 值由 8.6 变为 9.6；细胞色素 C 第 87 位 Phe 改为 Ser 或 Gly 后，其还原电位下降 50 mV，说明其传递电子的性质发生了改变。

(5) 产生新酶

P. G. Schultz 等用蛋白质工程改造抗体，用 His 取代免疫球蛋白轻链第 37 位的 Tyr，然后用大肠杆菌表达重组的轻链，再将它与重链结合，得到既具有抗体免疫性质，又具酶活力的抗体酶（abzyme）。

2. 药物研制

在药物的研制中，人们总希望药物的疗效更高，副作用更小，代谢半衰期更长，应用蛋白质工程来改造药物或研制新药也总是围绕着这几个特点来进行。

(1) β−干扰素

抗病毒药 β−干扰素的稳定性较差，这是因为分子中有 3 个 Cys，其中两个氧化形成二硫键，而有一个（第 17 位）Cys 的巯基游离。两分子 β−干扰素的这个巯基通过氧化时，分子形成二聚体，β－干扰素就失去活性。用蛋白质工程将β－干扰素第 17 位的 Cys 用其他氨基酸（如 Ala 或 Phe）取代，就再不能形成二聚体。即保持β－干扰素的活性稳定。

利用蛋白质工程，使干扰素基因缺失或增加几个氨基酸密码子，或把来自不同类型的干扰素基因重新拼接，有望研制出具有独特功能的干扰素类似物和干扰素杂合体（interferon hybrid）。

（2）白细胞介素 2

白细胞介素（interieukin IL）是在白细胞间发挥生理作用的一类淋巴因子，种类很多。白细胞介素 2（IL－2）可刺激淋巴细胞增殖、分化，激活巨噬细胞等。IL－2 中有 3 个 Cys，其中一个游离，容易使分子聚合而降低活性。美国 Cetus 公司利用定点突变蛋白质工程技术，用改造β－干扰素类似的方法，将 IL－2 中的游离 Cys 用 Ser 置换，从而降低了其聚合倾向，提高了 IL－2 的生物活性，延长了贮存寿命。

（3）胰岛素

将人胰岛素 B 链第 27 位的 Thr 改为 Arg，使 B 链羧基端氨基化，并将 A 链第 21 位 Asn 改为 Gly 后，在血浆中的半衰期可延长至 35.3 小时，成为长效胰岛素。这是因为胰岛素做了上述改造后，其等电点由 5.4 上升为 6.8，在生理 pH 下容易结晶，从而延缓了吸收速度，因此实际上是延长了吸收的半衰期。

在正常生理情况下，胰岛素是在不断地进行分泌，以维持血糖的正常水平。但对糖尿病人不可能不断注射胰岛素，而且皮下注射吸收很慢，在注射后 1.5～2 小时，体内胰岛素水平未达到高峰，因而会引起高血糖；3～5 小时后胰岛素水平仍维持高水平，又会导致低血糖。为了克服这个缺点，关键是改变胰岛素的吸收速度。单体容易吸收，有锌参与结合成六聚体后吸收很慢。注射用胰岛素通常为六聚体。通过蛋白质工程，将 B9 位的 Ser 用带负电荷的 Asp 取代，B27 位的 Thr 用 Glu 取代，这样就在胰岛素二聚体之间形成连续带负电荷的侧链，就不容易形成六聚体，从而提高了胰岛素的吸收速度。

适当位置氨基酸的置换，可以提高胰岛素与其受体的亲和性，从而提高胰岛素的活性。例如，将 B10 位的 His 改为 Asp，其体外活性可提高 5 倍；除去 B26～B30 后其体外活性提高 11.7 倍。

尽管蛋白质工程的发展历史很短，但由于它在理论上对生命科学发展的贡献，以及商业上可能带来的巨大价值，使得它的发展是异军突起，迅猛异常。例如，作物中的核酮糖－1，5－二磷酸羧化酶在光合作用中使 CO_2 固定，转变为糖类。但它也可利用分子氧进行光呼吸（photorespiration），这样就使大约 50％被固定的碳白白损失。因此有人提出通过蛋白质工程消除或降低该酶的光呼吸作用，必将大大提高光合作用的效率，使作物的产量将成倍增长；在家畜育种中，可利用蛋白质工程改良畜禽品种，提高畜禽品质、繁殖力及抗病性等；医药上可借蛋白质工程改造现行药物和研制新药；甚至可以利用蛋白质工程制造新材料，如适当改变制造蚕丝这样一些天然蛋白质的基因，就能制造出具有高强度的纤维等。总之，由于蛋白质工程能按人的意愿定向地改造蛋白质和酶，必然有着无限广阔的发展前景。

第四节　基因组学

分子生物学和传统分子遗传学通常是一次只研究一个基因或少数几个基因，而生物机体的生长、发育和各种功能活动决不是单个基因或少数几个基因所能决定的，而是由众多基因，甚至整个基因组决定的系统行为。随着生命科学的进一步发展，人们渴求对生物进化、生命本质、生物多样性、以及人类复杂的行为、疾病等机制的更深刻了解，除需要继续研究个别基因的结构和功能外，更应该了解整个基因组及其产物是如何协同作用的，于是基因组学应运而生。如果说 DNA 重组、克隆技术是狭义的基因工程，那么基因组学（基因组工程）可以视为广义的基因工程。

一、基因组学的概念

基因组（genome）是指一个物种染色体（单倍体）的数目及其所携带的全部基因，包括决定蛋白质和核酸结构的编码区，以及并不直接决定蛋白质和核酸结构的非编码区。所有生物的基因组都是由核酸构成的。人类的基因组包括核基因组和线粒体基因组，核基因组含有 3×10^9 对核苷酸，分布在 24 条染色体上。线粒体基因组是一个长度为 16 569 bp 的环状 DNA 分子。

基因组学（genomics）这个名词是美国科学家 Thomas Roderick 在 1986 年 7 月提出来的，它着眼于研究并解析生物体整个基因组的所有遗传信息。它是对一个基因组内所有基因进行作图，并进行碱基序列分析，以及基因定位和基因功能分析的一门学科。基因组学起源于对人类基因组的研究，并受其推动和发展。通过人类基因组计划（human genome project，HGP）的实施，首先对人类基因组进行大规模测序，制定基因组图谱，从而揭示基因结构，这称为结构基因组学（structural genomics）；继而需要鉴定基因组全部基因的功能，以及各个基因的表达和调控模式，这称为功能基因组学（functional genomics）。在功能基因组学中，可以在转录水平观察、分析某一特殊功能状态下的细胞全套 mRNA 转录谱，称为转录组学（transcriptomics），也可以在翻译水平研究某一特殊功能状态下的细胞全套蛋白质表达谱，称为蛋白质组学（proteomics）。为了实现转录组学、蛋白质组学的研究目标，不仅要有对基因组结构的全面认识，还需要高效、快速的检测分析技术。于是创建了生物芯片、改进的 2—D（双向电泳）、飞行质谱等技术。随着结构基因组学和功能基因组学的研究，必将产生大量信息资料，包括 DNA 和蛋白质的序列信息、结构信息及其衍生的相关信息，对这些快速增长信息的搜集、整理、储存、提取、加工分析和发布等必须实现计算机化管理，于是便产生了生物信息学（bioinformatics）。随着基因组学研究的不断深入和其他学科的渗入，逐步产生了一系列新兴的交叉学科，如营养基因组学（nutritional genomics）、环境基因组学（environmental genomics）、药物基因组学（phamarcogenomics）、病理基因组学（pathogenomics）、生殖基因组学（reproductive genomics）和代谢组学（metabonomtcs）等。所有这些研究和新技术的建立，必将为生命科学注入新的内涵，而成为现代新的系统生物学（systemic biology）。

二、人类基因组计划

20 世纪 40 年代第一颗原子弹爆炸，60 年代人类首次登上月球和 90 年代提出并基本完成的人类基因组计划，是 20 世纪人类科学技术发展史上的三大创举。人类基因组计划（human genome project，HGP）的实施和完成，促进和带动了一大批新的生命科学和技术的诞生和发展，这些新兴科学和技术将在更大规模、更深层次上对诸如生物进化、生命本质、疾病机理、生物与环境的关系等方面展开前所未有的研究，并将取得更加令人欢欣鼓舞的成果，将成为一次新的生命科学革命，并对世界经济和社会产生迄今无法估量的影响。

HGP最初由美国科学家在20世纪80年代中期提出，美国于1990年正式实施，打算用15年的时间耗资30亿美元，完成人类基因组DNA全部碱基对排列顺序的测定，并在此基础上进行人类基因的定位和分离。

此后，又对HGP研究内容进行了修订和补充。修订后的内容包括：人类基因组作图及序列分析、基因的鉴定、基因组研究技术的建立和创新、模式生物基因组作图和测定、信息系统的建立、储存及相关软件的开发、相应产业的建立和发展等。

在国际人类基因组组织的协调和统一下，HGP开展了国际合作，2001年2月16日，由中、美、英、法、德、日等6国科学家与美国私人公司Celera联合公布了人类基因组图谱及初步分析结果，人类基因由31.64亿对碱基组成，共有（3～3.5）万个基因（远少于早先估计的10万个基因）。与蛋白质合成有关的基因只占整个基因组的2%，基因组的35.5%是重复序列。

人类基因组的结构组成主要包括结构基因及其相关序列、基因家族（gene family）、假基因（pseudogene）、散布重复序列（dispersed repeative sequence）、串联重复序列（clustered repeative sequence）和数目可变衔接重复序列（variable number tandem repeats）等。在此基础上，2003年4月14日又公布了更详尽的人类基因组测序图。

2007年10月12日第一个中国人全基因组序列图公布，这是我国科学家独立完成的人类基因组全序列测定。

在开展人类基因组计划的同时，许多科学家进行了一些模式生物基因组的研究，这对于人类基因组研究也是很有帮助的。因为研究模式生物基因组所获得的信息，对于解释人类相关基因研究中所获得的资料具有重要的参考价值。模式生物基因组的研究是分析人类正常基因调控、遗传性疾病以及生物进化的重要基础。现已开展的模式生物基因组计划的有大肠杆菌（4.2 Mb）、酿酒酵母（150 Mb）、金银线虫（100 Mb）、果蝇（120 Mb）、小鼠（3000 Mb）和拟南芥（100 Mb）等。

DNA序列图的绘制成功，仅仅是对人类基因组这部“天书”的读出。认识了这部书的单词和一些简单句，对遗传信息的认识还仅仅处于小学生阶段。今后的任务是要将这部“天书”读懂，即利用这些单词或句子写成与生物进化、发育分化、与疾病的关系等相关的文章，写出一部“基因组辞典”或“基因组大百科全书”。

从上述人类基因组研究可见，在人的染色体DNA中，编码蛋白质的基因仅占2%左右，90%以上的非编码序列和大量的重复序列有什么作用？结构基因的表达是如何协调调控的？与一些疾病相关的若干基因在疾病的发生和发展中是如何起作用的？DNA的大量非编码区在生物进化、个体发育分化、个体间的体质、适应性、抗病和免疫性、对药物的敏感性及抗性等差异中起什么样的作用？对这些内容的研究是更为艰巨的任务，这些研究称为后基因组计划或功能基因组计划。所以，人类基因组计划促进和带动了基因组学和后基因组学的诞生和发展；反之，这些新兴学科的发展也必定加速人类基因组计划的完成和更加完善等。

可以设想，随着基因组学和后基因组学的研究和成熟，点石成金（生物采矿）、化废为宝（将垃圾变为生产原料或方便地转化为能源）、植物生产牛奶、动物生产人的组织器官、电脑变人脑、人主要是老死而不是病死、危害人类的重大疾病基本根除等都将成为现实。基因组学和后基因组学技术成熟的标志就是细胞能做什么，人类在工厂里也能做什么。由此产生的经济效益和社会效益将是无法估量的。

三、基因组工程与基因工程的差异

基因组工程（基因组学）在研究技术和手段上与基因工程有许多不同（表 18−2）。

表 18−2 基因组工程与基因工程比较

项　目	基因工程	基因组工程
目标基因数目	单个或几个	可达几十、几百至几千个
DNA 长度	Kb 级	Mb 级
操作手段	限制性内切酶、连接酶等	同源重组
F 段检测	物理图谱、序列分析等	DNA 叠连群、DNA 芯片等
克隆载体	质粒、噬菌体、黏粒、病毒	人工染色体
导入方式	转化、转导、转染、注射、电穿孔	细胞融合、注射、电穿孔
克隆宿主	各种细胞或动植物个体	各种细胞或动植物个体
产物形式	蛋白质	次生代谢产物、全新个体
检测方法	蛋白质检测或酶作用产物分析	代谢分析、生物芯片
信息水平	单个或几个信息	系统和网络信息

1. 基因载体

基因工程常用的基因载体是质粒和病毒，可容纳的基因只有一个或几个；基因组工程采用的载体是人工染色体（artificial chromosome），即对天然 DNA 加以改造而构建成的新型染色体，包括噬菌体原人工染色体（Pl phage-derived artificial chromosome，PAC）、细菌人工染色体（BAC）、酵母人工染色体（YAC）、哺乳类动物人工染色体（MAC）、人类人工染色体（HAC）等，其中 YAC 和 BAC 用得最多。人工染色体的主要特点是容量大，一般可容纳基因几十、几百到几千个，而 HAC 甚至可容纳 10 Mb。也就是说，基因组工程用以表达的是基因群体，而不是单个基因。

2. 宿主

用于克隆和扩增的宿主，在基因工程中有细菌、真菌、动植物细胞，大多以大肠杆菌为主；在基因组工程中，宿主也可用细菌、真菌和动植物细胞，但主要以酵母和哺乳类动物培养细胞为主。

3. 操作技术

基因工程是以 DNA 重组技术为基础，进行 DNA 小片段的切割和转移。依赖于限制性核酸内切酶切割、DNA 连接酶连接各个片段，并以质粒或病毒为基因载体，用大肠杆菌为宿主等。利用**转化**（transformation）（指外源 DNA 导入处于感受态的宿主细胞，并使其获得新的类型的过程）、**转导**（transduction）（指由噬菌体或病毒介导的遗传转移过程）、**转染**（transfection）（指真核细胞导入外源 DNA 而获得新表型的过程）等手段将基因导人宿主；基因组工程则是以人工染色体为载体，利用遗传同源重组技术，进行 DNA 大片段（Mb 级）的切割和整合，利用酵母和培养细胞的转化及融合技术（fusion technique），培养和克隆干细胞和体细胞，因而不是表现单基因的效应，而是体现多基因或基因群的效应。

4. 表达产物的检测

基因或基因群导入宿主后，需要对其表达产物进行检测，方能了解它们的功能或其变化。在基因工程中，利用限制酶、DNA 转移技术（包括转移双链 DNA 的 Southern 印迹、转移单链 DNA 的 Northern 印迹）、PCR 技术，以及序列分析等手段进行测定；在基因组工程中，由于操作的基因数量大，产物十分复杂，因此除了用常规手段检测基因及表达外，常常需用大规模的研究手段来进行验测，如蛋白质组技术、生物芯片等。

5. 信息处理

基因工程中，无论在操作中或结果所获取信息是相对单一的，用某一种或几种方法可获得结果。如利用存活菌落数、核酸杂交或免疫测定即可检测到经过基因工程得到的重组体；但在基因组工程中，所产生的信息量将是十分庞大的，对这些信息的处理也是十分复杂的，包括数据的累计、组织、储存、分析比较、综合等，因此，必须建立计算机资料库和程序化管理系统，这些都是生物信息学的基本任务。

生物信息学（bioinformatics）是在人类基因组计划实施中产生的一门新生命科学学科，它以计算机为工具，数据库为载体，以互联网为媒介，对实验生物学中产生的大量生物学数据进行储存、检索、处理和分析，并用生物学知识对结果进行解释，最终以用于基因组学和后基因组学的研究。

由上述可见，基因组学（基因组工程）与基因工程既有联系，又有区别。基因组学的原理、技术和方法是以基因工程、DNA 重组技术为根基的，二者均是研究基因或基因群乃至整个基因组的结构和功能，不过二者研究的范围和规模不同，因而其应用价值也存在很大差异。

现在一般认为基因组学包括下列 3 个亚领域，即结构基因组学、功能基因组学和比较基因组学。

四、结构基因组学

结构基因组学（structural genomics）是制作高分辨率的基因组物理图谱和遗传图谱，以完成人类和其他模式生物整个基因组 DNA 序列测定，作出每个基因的定位和鉴定，从而弄清基因组的结构。

1. 基因组物理图谱

基因组物理图谱是以特异 DNA 序列为标志作出的染色体图，用几种不同的方法描绘出各特异标识位点在染色体上的位置。特异序列标志之间的距离用物理距离如碱基对（bp）、千碱基对（kb）、兆碱基对（Mb）等来表示。最粗略的物理图是染色体组型图（即染色体的细胞系区带图），最精细的物理图是核苷酸顺序图。基因组学研究中主要是后者。

物理图谱按目前研究水平制作的有序列标记位点图、限制酶谱图、辐射杂种细胞图等。

（1）STS 图谱

序列标记位点（sequence tagged site，STS）图谱是以碱基对为标尺，以 STS 为位标所绘出的物理图。STS 是以单拷贝 DNA 序列为基础发展而来的一对 PCR 引物，每个位标在基因组内有惟一的位置特征，用它来识别某种人工染色体（如 YAC）克隆，能得到确定的克隆顺序。利用 STS 位标将众多的人工染色体克隆依照它们在染色体上的位置排列起来，构建一个所谓克隆重叠群（cotig）。构建大量的重叠群后，对人工染色体进行 DNA 测序，即可把结果串联起来，得到全染色体序列。用 STS 技术绘制基因组物理图是到目前为止最有效的方法。

（2）限制酶切图谱

由于 DNA 限制性内切酶都有特定的识别序列和切割位点，因此将这种序列作为标志在

DNA长链上作图。不同DNA片段有多种不同的酶切图形，同一个克隆一定有相同的图形，相重叠的克隆可依据其相同部分进行重叠，是用作识别DNA的可靠标志。采用部分酶切法，一个酶切产物各DNA片段的长度即表示一个识别位点的位置。同一个DNA片段（如YAC或Cosmid DNA片段克隆）可用几种限制酶分别酶解，可以测定出各DNA标记所在的DNA片段，从而推测出DNA标志间的相对距离。具体方法是：一般用稀切点限制酶（如*sfi*Ⅰ、*Not*I、*Nru*I等）将YAC DNA（不必纯化）酶解，经电泳分离，转移后与人或其他生物DNA探针杂交，放射自显影后，根据酶切片段的长度即可制作酶切图谱。

（3）辐射杂种细胞图谱

由于射线可以造成染色体的随机断裂，因此当用射线照射杂种细胞（如含某一单个染色体的中国仓鼠细胞）时，其染色体断裂，随后相互连接，有可能得到许多染色体新组合细胞，筛选出那些只含有人染色体片段的仓鼠细胞，可以得到含有全套人类染色体片段的细胞组群，每个细胞株分别含有人类染色体片段。用特定的STS可以识别特定的人类染色体片段。要确认一个DNA克隆是从哪一个染色体的哪个部位来的，只要选用该DNA片段上的STS作为探针，与上述杂种细胞组群中的每一个细胞克隆DNA作PCR反应，对所有具阳性反应的克隆数据进行分析，即可制作图谱。此方法的优点是：①可得到高分辨率的物理图谱；②既适用于多态性DNA标志，也适用于非多态性标志；③由于使用的是PCR技术，因而方法简便快捷。

（4）DNA序列图

制作基因组物理图谱，最终需制作DNA序列图，即测定整个染色体DNA的核苷酸序列。这有赖于DNA大规模测序技术，这种技术是将DNA测序与计算机技术和荧光技术相结合，使用DNA自动测序仪来完成。因为染色体DNA是一个巨大的分子，不可能从一端直接测到另一端。因此，首先是将它打断，制作各片段克隆，并将大DNA克隆在染色体上定位，然后通过DNA自动测序仪测定每个克隆的DNA序列。现在由于采用了STS作为位标，分析序列起始位点，大大减少了对序列重叠部分的鉴定，提高了测定效率。

2. 基因组遗传图谱

遗传图（gengtic map）又称连锁图（linkage map）。“连锁”在遗传学上是指两个或多个基因出现在同一染色体上，连锁图则是指基因根据重组频率在染色体上的线性分析，基因的这种线性排列图就是遗传图谱。它表明基因或DNA标志在染色体上的相对位置和遗传距离，这种距离不是以碱基对等物理距离来表示，它没有明确的物理距离，而是用连锁（linkage）或重组（recombination）的方法测定，以交换率（crossing over rate）来表示，单位为分摩尔根（centimorgen，cM）。在人类1 cM大致相当于10^6 bp。cM值越大，两者之间的距离越远。研究中所使用的DNA标志越多，越密集，所得到的遗传图的分辨率就越高。

遗传学上连锁分析是通过分析同一遗传位点在不同个体中等位基因的不同（称为多态性）来研究同一染色体上两个位点之间的相互关系。在基因组学研究中曾用下列几种不同方法制作遗传图。

（1）限制性片段长度多态性

第一代遗传标记是采用限制性片段长度多态性（restriction fragment length poiymorphlsm，RFLP）。DNA序列上的微小变化，甚至1个核苷酸的变化，也能引起限制性内切酶切点的丢失或产生，导致酶切片段长度变化。曾用此方法发现某一多态性与某一疾病发生相互关联，因而被采用。但 RFLP 仅局限于 1 个或少数几个核苷酸的突变，一般只能产生限制性酶切位点的“切”与“不切”两种情况，所提供的“多态性”信息量较小，加之比较费时，手续麻烦，因此用得不多。

（2）重复序列多态性

第二代遗传标记是利用重复序列多态性（repeat sequence polymorphism，RSP）。在人类基因组中存在大量重复序列，包括重复单位长度在 15～65 个核苷酸的小卫星 DNA（minisatellite DNA）和重复单位长度在 2～6 个核苷酸之间的微卫星 DNA（microsatellite DNA）。这种短重复序列的重复次数（即 DNA 区的长度）在个体间存在差异，即具有多态性。尤其是微卫星 DNA，在人类基因组中已定位的微卫星位点超过 10000 处，所提供信息量大，而且因其重复次数在不同个体间呈高度变异性，因而广泛用于遗传分析和疾病诊断中。此外，还可用于个体鉴别，作刑事侦察用。

在同一个体的两个等位基因之间，其杂合状态的大小可作为衡量一种 DNA 标志的遗传分析价值。微卫星 DNA 标志比限制酶片段长度多态性具有更大的杂合优势，因而在制作基因组遗传图谱时更常用。通常在串联重复序列（微卫星 DNA）的两侧是单拷贝序列。这种序列在基因组中的惟一性高，可以此序列设计 PCR 引物，以 PCR 反应进行多态性检测，既省时、省力，又便于自动化。

（3）单核苷酸多态性

第三代 DNA 遗传标记为单核苷酸多态性（single nucloeotide polymorphism，SNP）。这是指存在于 DNA 分子上的单个碱基变化，包括缺失、插入和单个碱基的置换。在 SNP 中碱基的置换更为常见。置换包括转换（一种嘌呤被另一种嘌呤取代，或一种嘧啶被另一种嘧啶取代）和颠换（嘌呤与嘧啶的互换），在 SNP 中，转换多于颠换，二者的比例为2∶1。

由于该标记中的所有“遗传多态性”都来自单个核苷酸的差异，SNP 有可能在密度上达到人类基因组“多态”位点数目的极限。比如，人类个体间核苷酸的差异约为 0.1%，那么人基因组 30 亿碱基中约有 300 万 SNP 位点，即 1200 万种差异，这是其他“多态性”无法比拟的。

SNP 位点绝大多数处于非编码区。寻找和研究 SNP 不仅是新一代的遗传标志，而且 SNP 极有可能对基因的功能和调节起着重要作用。由于 SNP 作为遗传标志制作的 SNP 图谱，将有助于阐明个体间的表型差异，不同个体对环境的适应能力和抗拒能力、逆境时的应变能力、对疾病的易感性、对药物的耐受性等方面奠定了理论基础。

SNP 与 RFLP 和重复序列多态性标记的主要不同之处在于，它不再以 DNA 片段的长度变化作为检测手段，而直接以序列变异作为标记。SNP 遗传标记的分析完全摒弃了传统的凝胶电泳，代之以最新的 DNA 芯片技术（见第六节）。

在基因组学研究中，几种图谱是相互关联的，在实际应用中。常常是几种图谱联合使用于某种研究中（图 18－5）。

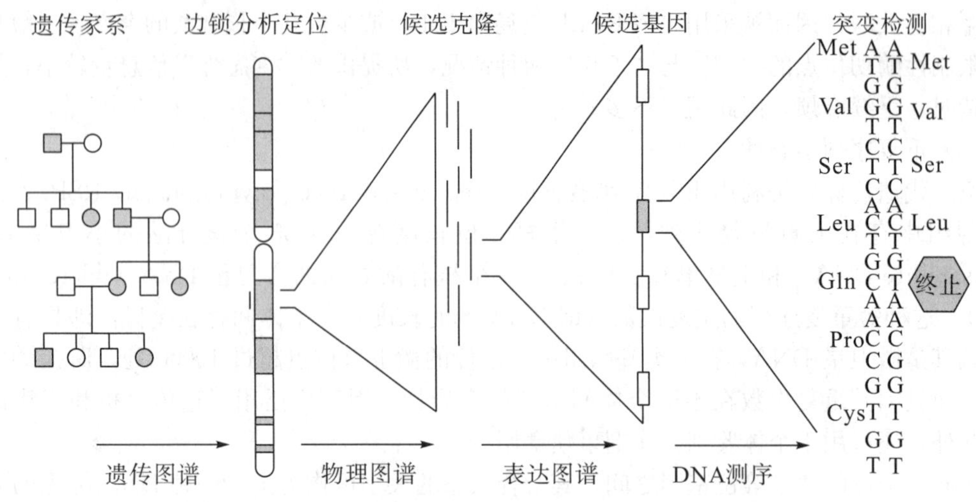

图 18－5　几种图谱在人基因组疾病基因克隆研究中的应用

五、功能基因组学

在完成一个生物整个基因组测序后，可了解基因组结构，进一步需研究基因组的功能，包括基因的表达及其调控模式，这就是功能基因组学（functional genomics）。功能基因组学目前是侧重从基因与环境的相互关系来研究基因组的功能，其主要内容包括：①建立以单核苷酸多态性（SNP）为代表的DNA序列变异的系统目录；②了解基因组在转录和翻译水平的表达及其调控机制；③阐明人类疾病和其他生物学性状（包括对药物的反应性等）的遗传学基础；④通过对生物进化及发育分化不同阶段生物体基因组序列的比较，揭示基因组结构与功能的关系；⑤利用各种模式生物的基因剔除和转基因来研究基因的功能。

在基因表达的不同阶段研究基因组功能，通常涉及转录组学和蛋白质组学的研究。蛋白质组学将在下一节介绍，这里简单说明转录组学的基本研究。

1. 转录组学

转录组学（transcriptomics）是在基因组水平研究、分析某一特殊功能状态下的细胞全套mRNA转录图谱。转录图（transcription map）又称表达图（expression map）所采用的染色体位标不是DNA的物理距离，也不是遗传单位，而是基因的转录产物，即mRNA。机体的每一细胞、每一组织，在不同的发育、分化阶段，不同的生理（和病理）状态下，其表达的基因种类以及每一基因的表达程度都是各不相同的，且此种差别存在严格调控的时空特异性，因此更能反映基因的特性。

制作转录图通常不是直接制作mRNA图，而是使用cDNA，即以mRNA为模板，用逆转录酶催化产生的互补DNA。通过构建处于某一特定状态下的细胞或组织cDNA文库，进行大规模cDNA测序，收集cDNA序列片段，定性定量分析其mRNA群体组成，从而描绘该特定细胞或组织在特定状态下的基因表达种类和表达程度，这样编制成的数据表就称为转录图谱。这种图谱从mRNA水平反映了细胞或组织特异性表型和表达模式，因而可反映基因的功能。转录图谱的制作是功能基因组学研究的必需手段。

2. 生物信息学的研究

对于功能基因组学的研究，仅仅依靠分子生物学实验室的工作是不够的，还需与生物信息学紧密结合，所谓生物信息学是以生物大分子为研究对象，以计算机为辅助工具，运用数学和信息学的观点、理论和方法去研究生命现象，组织和分析呈指数级增长的生物信息数据的一门学科。通过计算机科学技术，对基因表达和蛋白质组分相关数据进行整理、比较、推理和发现等来描述基因功能、发现新基因等。

（1）鉴定 DNA 序列中的基因

首先，必须对基因组测序的信息进行处理。在基因组测序中，先必须将基因组打碎，再对每一小片段测序，然后将它们重新拼接起来。这种程序是相当繁杂的，而且常常容易发生拼接错误。为此，生物信息学提供了自动而高速地拼接序列的算法，根据数据库和相关软件提供的信息进行计算即可得出正确结果。作出序列测定，利用计算机程序进行全基因组扫描，鉴定内含子与外显子之间的衔接，寻找全长开放阅读框，确定多肽链编码序列，从而鉴定和描述推测的基因、非基因序列及其功能。

（2）同源搜索设计基因功能

由于同源基因在进化过程中来自共同的祖先，通过核苷酸（或氨基酸）序列的同源性比较，就可以推测基因组内具有相似功能的基因。同源搜索可以通过计算机的序列比较分析来实现。现已有专门的软件程序供研究者使用。

（3）实验性设计基因功能

大部分基因的功能是通过研究其编码蛋白质的功能来认识的。通过缺失或过量表达对机体造成的影响、人为造成突变后对机体的影响等方法来进行。例如，用基因剔除（knock out）后观察到的表型变化推测基因功能。

基因剔除常用的方法是人为地破坏目的基因，用一段外源 DNA 序列插入目的基因，或替换目的基因的一段 DNA，造成原基因的不连续或部分缺失，不能产生有活性的编码产物。用基因剔除法可以制备疾病基因缺失的动物模型，为研究该基因的功能、基因治疗创造了有用的工具。

对基因功能的研究，不可能大规模地做，只能一个基因一个基因专门研究，对功能相近（或相似）的基因进行结构比较，通过生物信息学的处理，可以摸索到一些结构与功能的关系。

（4）发现新基因

在基因组研究中，大部分新基因是靠理论方法预测出来的。用理论方法预测基因使用的序列数据主要来自表达序列标志（expressed sequence tag，EST）序列数据库和基因组序列数据库。目前，用生物信息学寻找新基因的方法有两种：①通过计算机分析，从 EST 数据库中拼接得到完整的新基因编码区。由于 EST 是随机产生的，所以属于同一基因的若干 EST 序列间必然有大量重复小片段。利用这些小片段作为标志，就可以把不同的 EST 序列连起来，直接获得全长基因。②通过计算分析，从基因 DNA 序列中确定新编码区。这主要是根据编码区与非编码区的特点，将二者区别而鉴定新基因。有两种方法：一种是基于编码区所具有的独特信号，如起始密码子、终止密码子等；另一种是基于编码区与非编码区碱基组成的差异。现已有许多有效算法和软件用于识别编码区。

（5）非编码区结构与功能的研究

从高等生物和低等生物的基因组比较发现，随着进化、生物体功能的完善和复杂化，基因组的非编码区序列明显增加。例如，非编码区占整个基因组序列的比例，细菌占 10%到 20%，而人的基因组中约占 95%到 97%。由此表明，非编码区序列可能具有重要的生物功能。普遍认为，它们与基因在四维时空的表达调控有关。

目前已知，非编码区序列包括内含子、卫星 DNA、小卫星 DNA、微卫星 DNA、短散布重复元件（short interspersed element）、长散布重复元件（long interspersed element）、假基因（pseudogene）等。如果用生物信息学的方法把不同成分的序列分别搜集起来，建立专门的数据库，对于了解非编码区的功能将是十分有用的。

另一方面，通过对非编码区的研究，还可进一步探讨“遗传密码”的含义，寻找新的编码方式。已经知道 DNA 与蛋白质之间的信息传递是三联体密码，DNA 与 RNA 间信息的传递是单体密码，在基因表达的调控、肽链折叠形成高级结构等方面又需要几联体密码呢？通过对非编码区的生物信息学研究可能会找到一些线索。

六、比较基因组学

比较基因组学（comparative genomics）是在结构基因组学和功能基因组学的基础上，比较不同物种的整个基因组，以便深入了解每个基因组的功能和进化关系。由于生物在进化上是相互关联的，对一种生物基因组的研究可以为了解其他生物基因组的结构和功能提供有价值的信息。比较基因组学研究能够根据对一种生物相关基因的认识来理解、诠释甚至克隆分离另一种生物的基因。

利用生物信息学对不同来源基因组的比较，可能从遗传本质上解释一些重大生物学问题。如生命是如何起源的？生命是怎样进化的？遗传密码是如何起源的？最小独立生活的生物体至少需要多少基因？等等。只有通过在基因组水平上的比较分析，才能更为准确地解答这一系列重大问题。对远缘基因组间的比较，为认识生物学机制的普遍性、寻找研究复杂生理（和病理）过程所需的实验模型提供理论依据；对近缘基因组间的比较则可为认识基因结构与功能的细节提供参数。所以，为充分认识理解人类基因组，必须对一系列近缘和远缘的模式生物基因组进行比较分析研究。

1. 基因组结构的比较研究

通过比较基因组学研究发现，低等真核生物如酵母、线虫以及高等植物拟南芥，不但基因组比较小，基因密度比较高（间隔序列少），百万碱基对中含 200 个或更多个基因；而且异染色质的比例较低，基因组 90%以上由常染色质组成，而果蝇和人类基因组中异染色质的比例较高，占基因组的 20%～40%。

人类基因组研究发现，人类基因的平均长度为 27 kb 左右，含有 8.8 个长约 145 bp 的外显子，内含子的长度大大超过外显子，达到 3365 bp 左右。人类基因的 3′非翻译区的平均长度为 770 bp，5′非翻译区的平均长度为 300 bp，开放读码框的平均长度只有 1340 bp，编码 447 个氨基酸。

对原始的流感嗜血杆菌（*Haemophihus influenzae*）基因组与酵母、线虫、果蝇和拟南芥基因组进行比较后发现，原始生物细胞中单拷贝基因较多，在流感嗜血杆菌中单拷贝基因占 88.8%，在酵母中占 71.4%，在果蝇中占 72.5%，在线虫中占 55.2%，而在高等植物拟南芥中只占 35.0%。

2. 基因组大小与密度的比较研究

尿殖道支原体（mycomplasma）是已知最小的基因组，只有 0.58Mb，流感嗜血杆菌基因组大小为 1.83Mb，二者相差 3 倍多。基因组的大小是影响基因的大小，还是影响基因的数目？流感嗜血杆菌基因的大小平均 900 bp，尿殖道支原体基因为 1040 bp，二者大小差不多。但流感嗜血杆菌中平均 1042 bp 有 1 个基因，尿殖道支原体中平均 1235 bp 有 1 个基因。可见，基因组尺度减小并不引起基因密度的增加和基因本身尺寸的减小，二者的差别在于基因的数量上。通过对尿殖道支原体与流感嗜血杆菌这两个亲缘关系较远的生物基因组的比较，选取其共同的基因（共 240 个），再加上一些其他必需的基因，最后组成一套含 256 个基因的基因组，估计这可能是最小的基因组。

3. 基因组组织的比较研究

鼠和人的基因组大小相似，都含有 30 亿 bp，基因的数目也类似，而且大多同源。但人和鼠差异如此之大，为什么？通过比较基因组学研究发现，尽管二者基因组大小和基因数目相似，但基因组的组织却差别很大。如存在于鼠 1 号染色体上的基因却分布在人的 7 个染色体上。

4. 进化的比较基因组学研究

比较不同物种基因组内基因和非基因序列的整体组织排列，可揭示物种间基因组的进化关系。主要是通过对不同物种基因序列或非基因序列间广泛、特异的相似性和差异，来发现它们间的亲缘关系。

古细菌产甲烷球菌（*Mathanobacterium SP*）与原核生物有着共同的染色体组织与结构，它的与能量产生相关基因和固氮基因与原核生物也有很高的同源性。与细胞分裂有关的蛋白质基因及 20 多个编码与无机离子转运相关的蛋白基因也与细菌同源，而且其调控模式也类似于原核生物。然而，产甲烷球菌在细胞遗传信息传递，尤其是转录和翻泽系统，以及分泌系统等重要体系与真核生物同源，说明该细菌与真核生物亲缘关系较近。比较基因组学提供的结果表明，在进化系统树上，古细菌与真核生物亲缘关系比原核生物更近。说明在自养生物的 3 个分支，细菌、古细菌和真核生物中，细菌的分化发生较早。

第五节　蛋白质组学

人类基因组计划的执行和完成，使科学家们感到越来越紧迫的问题是：研究基因的目的是要了解基因的功能，从而探索各种生命现象的本质。基因组结构的阐明并不能探明其功能。于是一些科学家开始从揭示生命的所有遗传信息转移到在整体水平上对生物功能的研究。这也就是后基因组计划的目标。如何探寻基因组的生物功能呢？基因的直接产物是 mRNA，对细胞内 mRNA 或 cDNA 的研究可以部分反映基因的功能，但生命活动的最终表现者是蛋白质，基因表达不仅具有转录水平的调控，还具有翻译水平调控和翻译后的调控（修饰与加工），因此蛋白质的数量并不等于 mRNA 的数量，也就是说，对蛋白质的研究更能体现基因的功能。但传统的生物化学研究，对象是单个的蛋白质，显然，这种研究也不能阐明基因组的功能。澳大利亚 M. R. Wilkins 和 K. L. Williams 在 1994 年首次提出了蛋白质组（proteome）的概念，引起了极为广泛的关注。随后，多个国家的十多个实验室开展了对支原体、酵母、线虫以及人体的一些病理组织和细胞的蛋白质组开展了研究，于是就产生了一个新的学科领域—蛋白质组学（proteomics）。

一、蛋白质组学概述

1. 蛋白质组的定义

蛋白质组不是简单地区别于单个蛋白质或细胞内的一组蛋白，它不仅指细胞内的全部蛋白质，而且是一个动态的概念。1995 年 V. C. Wasinger 首次将蛋白质组定义为：一个基因组编码的全部蛋白质；1997 年 Wilkins 和 Willams 在有关蛋白质组研究的第一部专著中将其定义为：一个基因组或组织所表达的全部蛋白质；1999 年英国《Nature))杂志将蛋白质组进一步定义为：在一个细胞的整个生命过程中的基因组表达的以及表达后修饰的全部蛋白质。由此可见，对蛋白质组这个概念的认识是随着研究的深入而更加深刻、更加广泛。现在普遍认为：蛋白质组是包括一个细胞或组织，或一个生物机体的一个基因组在生命的全过程中所表达产生的所有蛋白质。由于蛋白质的种类和数量在新陈代谢中总是处于动态过程中，同一细胞在不同时期、不同生长条件（正常与异常）下，其所表达产生的蛋白质是不相同的。因此，在蛋白质组的研究中，对某种生物的蛋白质组而言，必须标明时期和条件，在什么情况下产生的，才能接近阐明在该条件下基因组的确切功能。

如果说对一种蛋白质的设计、修饰、改造或创建一个新的蛋白质为狭义蛋白质工程，那么蛋白质组学（蛋白质组工程）也可看作广义的蛋白质工程。

2. 蛋白质组学的含义

蛋白质组学是蛋白质概念的延伸和扩展，它是在整体水平上研究细胞内蛋白质的组成、数量及其在不同生理条件下变化规律的学科。主要研究细胞内所有蛋白质在生命活动过程中的时空表达、蛋白质分子间的相互作用、翻译后的各种修饰等。与传统的针对单一蛋白质进行的研究相比，蛋白质组学的研究不仅在研究手段上是全新的、大规模和高通量的，而且由于一个细胞蛋白质的复杂性、多样性和可变性，对其分离、分析都要相对困难得多。

蛋白质组和基因组都是一个整体的概念，但二者有明显的差别：一个生物体只有一个确定的基因组，组成该生物体的所有细胞共享同一个基因组；一个生物体的蛋白质组数却不是一个，蛋白质组的数目不仅不同细胞有所不同，而且同一细胞在不同时空条件下其蛋白质组数目变化也很大。这是因为基因组内各个基因表达的条件和表达的程度随时间、地点和环境条件而不同，因而它们表达产物的种类和数量随时间、地点和环境也不相同。因为存在基因表达的调控和后修饰作用，一个基因表达的蛋白质数目不等于一，而是大于一。例如，在最简单的能自我复制的生物体—衣原体（chlarnadia）中，蛋白质数目比基因数多 24%。有人估计，在人体内，蛋白质的数目比基因的数目可能多 3 倍以上，这也可部分说明人基因组中基因数目为什么那样少。

基于上述原因，在某种程度上蛋白质组比基因组更能直接地反映生理功能的过程及其变化，因此，蛋白质组学的研究必然是后基因组计划的重要内容。

实际上，在对基因组功能研究中，不仅蛋白质组学，还出现更多的分支，如代谢组学等。它们之间的关系可以大体上这样理解：基因组代表可能是什么，蛋白质组代表的是表达的什么，而代谢组表示的则是细胞或组织当前状况是什么。

二、蛋白质组学研究的技术体系

蛋白质组的研究技术不同于生物化学中传统的蛋白质研究技术，因为传统的生物化学研究是对一种或一类蛋白质进行分离分析，而蛋白质组研究的对象是细胞内上千种的蛋白质。因此在方法学上既借鉴了传统的蛋白质研究技术，但又有重要的创新。一个完整的蛋白质组研究的技术体系句括下列步骤：

样品制备→第一相等电聚焦→第二相 SDS－PAGE→蛋白质检测→

图谱数字化分析→质谱分析→建立数据库

1．双相电流

在蛋白质组研究中，用于蛋白质分离的技术主要是双相电泳，即一相用等电聚焦电泳（IEF），另一相用变性聚丙烯酰胺凝胶电泳（SDS－PAGE），前者是根据不同蛋白质等电点的差异，后者是根据不同蛋白质相对分子质量的差异而进行分离。由于两种电泳的方向不同，故也称为双向电泳（图 18－6）。

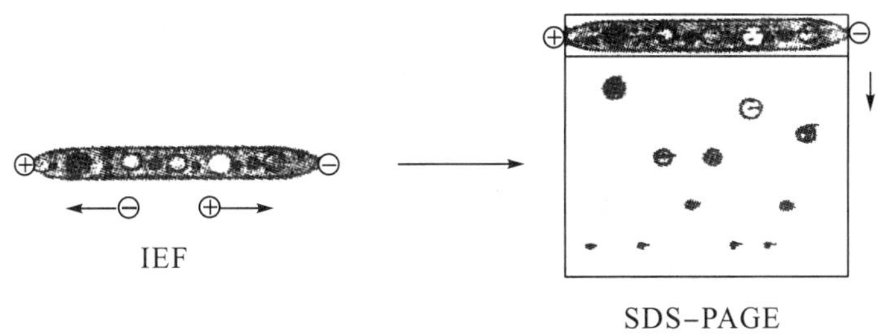

图 18－6　双向电泳示意图

传统的 IEF 和 SDS－PAGE 在最好状态下可在各自方向分辨 100 个不同的蛋白质区带，因此，理论上双相电泳分辨能力可达到 10000 个点，实际上一般实验室目前仅能分辨 1000～3000 个点。

（1）样品制备　电泳前样品需做一系列处理，包括蛋白质的溶解、变性及还原，去除非蛋白质杂质等，目的是解除蛋白与蛋白之间以及蛋白与其他分子（如核酸）之间的相互作用。在蛋白质的溶解液中通常含有去垢剂尿素和还原剂，以解除蛋白质的二级结构，使蛋白质的不同带电状态转变为单一带电状态，这就可避免同一蛋白的多个构象在等电聚焦时出现在不同的位置。还原剂是破坏蛋白质的二硫键（因此，严格说来，双相电泳分离所得到的其实是构成蛋白质的亚基，而非完整的功能蛋白质），传统使用二硫苏糖醇（DTT）或 β－巯基乙醇，但这些试剂带电荷，可引起含二硫键多的蛋白丢失，因而现多采用不带电荷的三正丁基膦（TBP），加上增溶剂硫脲，所制得样品效果较好。

（2）双相电泳　第一相等电聚焦电泳是利用不同蛋白质等电点不同在大孔径凝胶中将蛋白质分离开。在传统等电聚焦电泳中是用小分子两性电解质载体在胶条上形成 pH 梯度，当蛋白质在电场下移动至与本身等电点相同的 pH 位置时，就停止移动。由于蛋白质带电状态与其二级结构紧密相关，因此，要达到最好的分辨率，必须使蛋白质充分变性。由于传统的用小分子两性电解质载体所建立的 pH 梯度是临时性的，其稳定性有限，而且机械性能也不好，易断裂，每次制胶的重复性难于控制。因此，在蛋白质组研究中，一个重要创新就是采用了固相 pH 梯度等电聚焦（IPG）。该技术是在丙烯酰胺凝胶预聚合时共价引入酸碱缓冲基团，利用一种偏酸性丙烯酰胺缓冲液和一种偏碱性丙烯酰胺缓冲液根据所需 pH 范围按比例制得。这种胶具有机械性能好、重现性好、上样量大等特点，因而适于蛋白质组研究用。

第二相 SDS—PAGE 是利用不同蛋白质相对分子质量不同而进行的分离。当第一相电泳完成后ⅠPG胶在SDS平衡液中还原和烷基化，将蛋白质由第一相胶条上转移至第二相胶条上，然后进行电泳。平衡液的主要作用是使第一相胶条上的蛋白质变性。SDS（十二烷基硫酸钠）是一种阴离子去污剂，在溶液中加入SDS，使蛋白质与SDS的质量比为1∶1.4时，蛋白质分子带过量的负电荷，此时各蛋白质的迁移率与其相对分子量成正比，即可依其分子大小而加以分离。

一相胶与二相胶相接触的质量是影响分离效果和重复性的一个重要因素。如果两相胶接触界面有气泡或不均匀，将会产生点的扭曲、扩散和拖尾现象。

（3）蛋白质检测　电泳后胶上蛋白质的检测有多种方法，灵敏度和分辨率有一些差异。检测某种蛋白质是否存在时，常用Western印迹，显示蛋白质全谱时多用银染检测。也有人应用荧光检测。目前蛋白质组研究中常用两种染色法相结合：经银染分析寻找有意义点后，再加大上样量，用考马斯亮蓝染色，再进一步做质谱鉴定。

2. 图像数字化分析

经双相电泳分离、染色后所得图谱需经过图像扫描、计算机数字化处理，确定每个蛋白质点的等电点和相对分子质量，对蛋白质做出初步鉴定。这一套图像处理系统已有现存的软件，经过分析鉴定，即可建立蛋白质组数据库。由于互联网上数据库的构建，不同实验室的研究结果可做对比研究，有的电泳分析软件可以设定直接进入联合电泳数据库。图18－7为人肺巨细胞蛋白质组电泳图谱处理前后的效果。

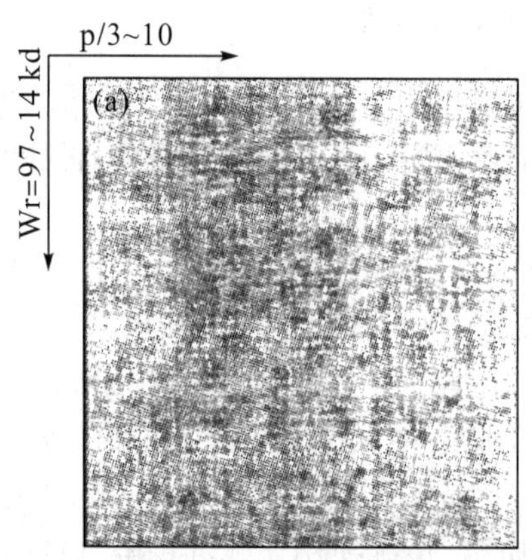

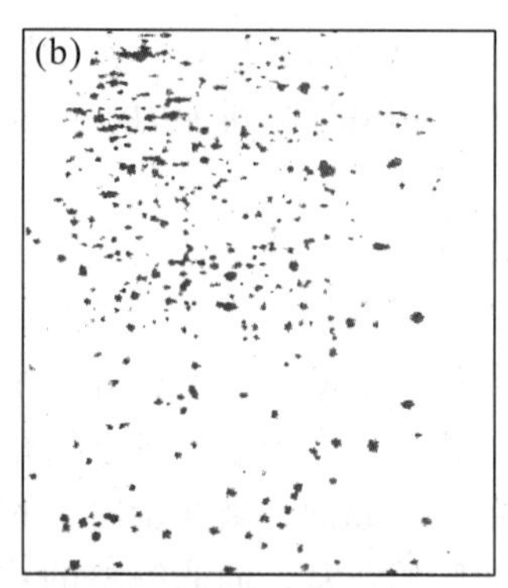

（a）人肺巨细胞双相电泳图谱，垂直SDS－PAGE；
（b）PDQuest软件背景消减和高斯拟合处理后的图谱

图18－7　电泳图谱图像处理前后对比

3. 质谱分析技术

蛋白质组研究中一个很重要的步骤是对双相电泳分离的各蛋白质点进行鉴定，鉴定是依据蛋白质的多种属性参数的差异，如相对分子质量、等电点、氨基酸组成、序列、肽质量指纹谱等。其中利用质谱技术分析蛋白质相对分子质量是蛋白质组研究中最常用的。

质谱技术是样品分子经离子化后，根据不同离子间质荷比（m/z）的差异来分离并鉴定相对分子质量。应用于蛋白质组研究的质谱技术，因为分析鉴定的是蛋白质大分子，因而在离子化方法上主要采用了所渭“软电离”的技术，即样品分子电离时，保留整个分子的完整性，不形成碎片离子。常用的有两种方法：电喷雾离子化（ESⅠ）和基质辅助的激光解离离子化（MALDⅠ）。根据这两种离子化技术设计的两类质谱仪在实际应用中各有特点，效果上各有千秋，应用范围上各有侧重，难以互相取代，可以相互补充。

蛋白质经过双相电泳后，将分离到的点切割下来，进行胶内酶解，酶解后的产物可用质谱仪分析肽谱或测定肽段序列，与已知蛋白质的肽质谱比较，就可以确定蛋白质是否已知，或是何种蛋白质。如果在已知蛋白肽质谱数据库中找不到，就有可能发现了新蛋白，需经过序列分析，合成 DNA 探针来表达、分离和鉴定这一蛋白。

质谱技术除了上述通过肽质谱和序列分析来鉴定蛋白质外，还用于鉴定具有翻译后修饰的蛋白质。许多功能蛋白质在翻译后常常进行了后修饰，包括磷酸化、糖基化、N 末端封闭等。采用质谱法可通过特征离子监测的方法确定磷酸化，通过串联质谱（MS/MS）确定磷酸化位点；在糖蛋白分析中，质谱可鉴定糖基化位点，分析糖链组成、结构以及分支情况。此外，质谱技术在蛋白质组研究中还可用于二硫键的定量与定位、蛋白质二级结构分析、蛋白质与蛋白质的相互作用以及蛋白质与其他分子的相互作用等。

4. 蛋白质组数据库的建立

经过双相电泳、质谱分析等得到一系列图谱和数据等大量信息后，最后必须建立蛋白质组数据库。数据库建立后可以进行不同实验室研究结果的比较、正常细胞与癌细胞之间的比较等。目前已经建立了许多蛋白质组数据库，包括蛋白序列数据库（如 SWISS－PROT，TrEMBL）、蛋白模式数据库（Prosite）、蛋白双向电泳图谱数据库、质谱数据库、蛋白三维结构数据库（PDB，PSSP）、蛋白质翻译后修饰数据库（O－GLYC－BASE）、基因序列数据库（Genbank，EMBL）、基因组数据库（GOB，OMIM）、代谢数据库（ENZYME）等。

三、蛋白质组学的应用前景

蛋白质组学最初是对映于基因组学而提出来的，针对一个基因组所表达的全部蛋白质为研究对象，逐步衍生出针对某些与特定生物学机理相关联的蛋白质组群的研究。例如，比较不同生长时期蛋白质组的差异，正常细胞与异常细胞蛋白质组的差异，细胞在用药和不用药的情况下蛋白质组的差异等，这称为比较蛋白质组学（comparative proteomiscs）或功能蛋白质组学（functional proteomics）。研究正常与疾病状态下某一组织的蛋白质组，称为疾病蛋白质组学（disease proteomics），已进行了多项研究。例如，发现 B 型钙粒蛋白（calgranlin B）仅在肿瘤组织中表达；通过肥大细胞与正常细胞比较，发现一些蛋白质在这两种细胞中表达量有差异；在患有进行性老年痴呆疾病的脑组织中，发现与神经发育有关的蛋白质 Snap 25 的表达量降低。

1999 年瑞士生物信息学研究所（CIB）和欧洲生物信息学研究所（EBI）发布了启动人类蛋白质组学的研究计划（HPI，Human poteomics initiative），此计划包括完成 SWISS－PROT 数据库中的所有已知人类蛋白质的序列数据；完成其他哺乳动物（主要是老鼠）的蛋白质序列及与人类蛋白质序列的同源性比较；在蛋白质序列上，找出所有已知的人类多态性（单核苷酸多态性，单氨基酸多态性）；完成人类蛋白质所有已知的翻译后修饰的数据等。2000 年著名的私人公司 Celera 也宣布启动人类蛋白质组计划，开展工业规模的人类蛋白质组研究。此外，对细胞凋亡、信号转导，以及一些重要植物和微生物的蛋白质组开展了大量研究。由此看来，蛋白质组学不仅在认识生命本质上将发挥重要作用，而且在应用上也有着广阔的前景。

第六节　生物芯片

生物芯片（biochip）这个概念是20世纪80年代提出来的，科学家们最初的意图是想把有机功能分子或生物活性分子进行组装，构建微功能元件，实现信息的获取、储存、处理和传输等功能，以便研制仿生信息处理系统和生物计算机。随着人类基因组计划的执行，产生大量生物信息，需要及时地搜集和处理，于是很快出现了用于DNA测序等方面的基因芯片。此技术一经发明，便以迅猛的速度发展，陆续出现了不同用途、不同性能的多种生物芯片，使生物学实验技术真正实现了高通量、自动化。基因组学研究、生物信息学研究促进了生物芯片的诞生和发展；反之，生物芯片的应用和发展也使基因组学、生物信息学等新生物科学的研究得以顺利进行，并促进这些学科的发展。

现在，生物芯片已广泛应用于生命科学的众多领域，包括基因组序列测定、基因组图谱制订、杂交测序、功能基因组研究、基因表达检测、基因突变检测、基因诊断、比较基因组学研究等。

生物芯片中最基本、也是最早应用的是基因芯片（gene chip），它是将许多特定的DNA片段或mRNA（或cDNA片段）作为探针，有规律地紧密排列并固定于单位面积的支持物上，然后与待测的荧光标记样品进行杂交，杂交后用激光共聚焦检测系统等对芯片进行扫描，通过计算机系统对每一探针位点的荧光信号做出检测、比较和分析，从而得出定性和定量的结果（图18-8）。

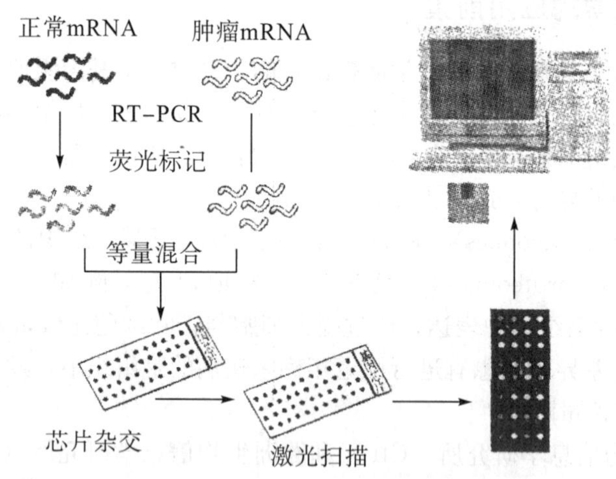

图18-8　基因芯片工作流程示意图

一、生物芯片的类别和特点

1. 生物芯片的类别

生物芯片的概念来自计算机芯片。实际上它是一种微型多参数生物传感器。它是通过微电子、微加工技术在芯片表面构建的一种微型生物化学反应系统，即在一个微小的基片表面固定大量的分子识别探针，或构建微分析元件和系统，实现对核酸、蛋白质（酶）等细胞组分实行准确、快捷、大通量的筛选、分析或检测，以实现测序、定向反应、功能分析等。

由于最初的生物芯片主要用于DNA测序、基因表达谱鉴定和突变基因的检测和分析，故将其称为DNA芯片（DNA chip)、基因芯片（gene chip）或DNA阵列（DNA array)。它是将许多特定的DNA寡核苷酸（如SNP）或DNA片段（称为探针）固定在芯片的每个预先设置的区域内，将待测样本标记后同芯片上的探针杂交，利用碱基互补配对原理进行杂交，通过检测杂交信号并进行计算机分析，从而检测与探针对映片段是否存在和存在量的多少，以用于基因组研究、基因功能研究、疾病的临床诊断和检测等。

基因芯片可方便地用于DNA研究，但不能用于蛋白质研究。为方便对蛋白质的研究，又研制了蛋白质芯片（proteinchip)。它是将多种蛋白质活性分子固定在基片上，利用蛋白质分子间的特异生物亲和力，用来检测和研究不同的蛋白质分子、分子间的相互作用，以及基因的功能表达，获得各种条件下蛋白质组的变化。因此，蛋白质芯片主要用于蛋白质组学研究。此外，根据抗原—抗体、配体—受体等特异生物亲和性，蛋白质芯片可用于配体化合物的筛选和药物先导化合物的筛选。根据蛋白质芯片衍生的生物分子识别和专家系统、分子药物筛选系统、疾病诊断系统等在生物医学中有着广泛的应用。

从事生物芯片的研究、开发的实验室，称为芯片实验室（laboratory on a chip)。研究生物芯片作用原理和研制新的生物芯片是芯片实验室的基本任务。在生物体内生物分子的各种相互作用基本上都是在液/液体系或生物膜上进行的，其反应过程和机理经过数亿年的进化，已经趋于十分合理和高效。生物芯片涉及的分子过程均是在固/液界面上进行，可是迄今对于固/液相的生物分子体系了解甚少，许多基本的物理化学过程还不清楚。这就是有求于对生物芯片的研究。为了提高生物芯片的灵敏度、准确度和工作效率，以及创建真实的仿生系统，都需要对生物芯片做大量的研究工作。此外，芯片实验室还包括缩微实验室，即通过采用类似集成电路制作过程中的半导体光刻加工的缩微技术，把生命科学研究中某些不连续的过程如样品的分离、扩增、生化反应和检测等全部集成到芯片上，使其连续化和微型化，这种生物芯片实验室即称为缩微芯片实验室（laboratory on a chip，microlab)。芯片实验室，被称为“今天的科学，明天的技术”，一旦芯片实验室的研究完成并普及，整个生命科学将实现高度自动化。

基因芯片、蛋白质芯片和芯片实验室是当前生物芯片技术的三大核心和基础。除此而外，为适应多方面研究的需要，还有各种各样的生物芯片产生。

2. 生物芯片的特点

生物芯片，尤其是现在用得最多的基因芯片，在对生物分子及其功能的检测、鉴定和分析中，与其他的基因检测或蛋白质检测技术相比，具有微型化、自动化、网络化等特点，它能同时定性、定量地检测成千上万的信息。所谓微型化，指的是它不仅所用样品量少（每个点只需1 nL)，而且成千上万种探针分子仅仅点在几平方厘米的介质上，可以实现许多生物信息分析的并行化、多样化；所谓自动化，是指测定分析的全过程，包括点样、杂交、图像处理和数据处理都可用计算机已知程序的自动化系统和半自动化系统完成，使整个过程具有高效率；所谓网络化，是指点样、数据处理等步骤都需要利用Internet网上庞大的生物信息库，这样既可以利用现存资源，又可提高分析鉴定的准确度。

二、生物芯片技术

生物芯片技术大体上分为下列几步进行：①生物学问题的提出和芯片设计与制备；②样品制备；③生物杂交反应；④结果探测：⑤数据处理和建模。

这里主要介绍基因芯片技术的基本原理和简要方法。

在生物芯片技术（biochip technique）中，基因芯片或 DNA 芯片技术是一种大规模集成的固相核酸分子杂交，即以大量已知碱基序列的寡核苷酸为探针，将待测 DNA 样品与之杂交，然后通过定性、定量分析得出待测样品的基因序列及表达的信息。其方法包括芯片制作、样品准备、分子杂交和检测分析等步骤。

1. 芯片的制作

(1) 载体材料

用于连接、吸附或包埋各种生物分子使其以水不溶性状行使功能的固相材料称为载体(vector)。所用材料分为实性材料和膜性材料两类。实性材料有硅片、玻片、瓷片等。膜性材料有聚丙烯膜、尼龙膜、硝酸纤维素膜等。载体材料必须符合下列条件：①载体表面必须具有可以进行化学反应的活性基团，以便于与生物分子偶联；②单位载体上结合的生物分子能达到最佳容量；③载体应具有化学惰性（不干扰生物分子的吸附）和稳定性（不受酸、碱及机械的影响）；④载体具有良好的生物兼容性。

(2) 载体的活化及芯片制作方法

载体必须进行预处理，即活化。其过程就是通过化学反应活化试剂使载体表面接上各种各样的活性基团，以便与配基共价结合，形成具有不同生物特异性的亲和载体。不同载体和不同活化基团可用不同活化试剂或不同活化方法。常用的方法是首先将载体表面已连接上的羧基、羟基、氨基、巯基等活性基团与光敏材料的光敏保护基团形成共价交联而被保护起来；在连接寡核苷酸探针时，用光照除去光敏保护基团，这时活化基团即可与核苷酸发生反应。膜性材料上通常包被氨基硅烷或多聚赖氨酸，使其带上正电荷，以便与带负电荷的 DNA 探针结合。

制备基因芯片通常有 3 种方法：①固定在载体表面上的核酸探针或 cDNA 片段，用同位素标记的靶基因与其杂交，通过放射显影技术进行检测；②用点样法固定在玻璃板上的 DNA 探针陈列，通过与荧光标记的靶基因杂交，用荧光法检测；③在玻璃等硬质表面上直接合成寡核苷酸探针阵列，与荧光标记的靶基因杂交进行检测。

在上述方法中第三种方法称为在片合成或原位合成，它是将微电子光刻技术与 DNA 化学合成技术相结合，由于此法可以大大提高基因芯片的探针密度，减少试剂用量，容易实现标准化和规模化生产，因此许多实验室乐于采用此法。

原位合成法分为光刻合成法、点样法、喷墨打印法等（图 18-9），光刻 DNA 合成法是将光稳定保护基团保护的 4 种 DNA 模块固定在玻片上，通过光照脱保护，用少量的保护寡核苷酸和试剂按照设计的序列进行 DNA 合成。这种方法可在 1.6 cm^2 上合成 40000 组寡核苷酸。

点样法或称点接触法或针式打印法是预先将制备好的探针溶液放置在 96 孔或 384 孔的平板上，打印针浸入探针溶液，吸取固定量的液体，移至支持物的上方，然后使打印针垂直运动触及支持物表面后留下液滴，随后清洗条印针，干燥后进行下一个位点打印。此法比较快速、经济，可在 3.6 cm^2 面积内点上 10000 个 cDNA。

喷墨打印法是用微量滴定盘装载预先合成的 DNA 探针，打印头从滴定盘上吸取探针试剂后移到处理过的支持物上，通过喷射器的动力将液滴喷射到支持物上。此法在 1 cm^2 面积上可喷射 10000 个点。

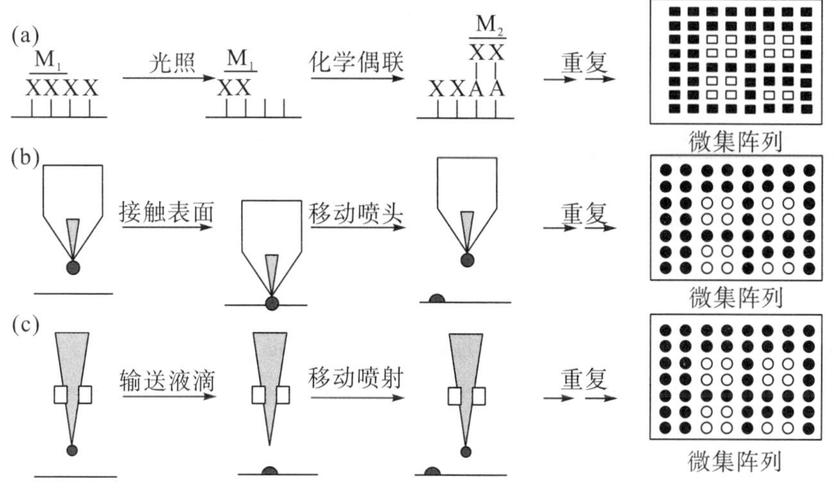

(a) 光刻合成法；(b) 点样法；(c) 喷墨打印法

图 18－9　芯片制作的三种技术示意图

此外，在光刻合成法的基础上发展的分子印章法，也是很有前途的芯片制作技术，分子印章是一种表面有微结构的硅橡胶模板，按照探针阵列要求和设计，通过光刻技术制备一套高分辨率的分子印章。不同的分子印章分别将 4 种不同碱基 DNA 合成试剂按一定的排列次序逐次压印在表面上。分子印章法可在 0.9 mm^2 上合成寡核苷酸陈列 65000 个。

2. 样品的准备

制作生物芯片作为探针的样品需经过分离、纯化、扩增和标记等步骤。用常规方法制备 DNA 或 mRNA。用作探针的寡聚核苷酸一般采用传统的 DNA 合成方法（用 DNA 合成仪），其末端需要进行修饰。目前普遍是在 5′端用氨基修饰。DNA 的合成用一般 PCR 有一定局限。现发展了一种固相 PCR 系统可用于作为探针的 DNA 合成。

在芯片技术中直接用 mRNA 常常不能满足样品的量，因而更常用 cDNA。目前主要采用两种方法来解决 mRNA 量的问题：一种是利用 PCR 技术建立单细胞 cDNA 文库；另一种方法是联合应用 cDNA 合成和模板指导下的体外转录反应来解决多重线性扩增。

样品的标记主要采用荧光标记，也可用生物素、放射性核素等标记。常用荧光色素花青素 C_y^3、C_y^5 或生物素标记 dNTP（至少一种带标记），反应中 DNA 聚合酶可以荧光标记的 dNTP 作为底物，将其掺入到新合成的 DNA 片段。通过变性后，可与基因芯片上的探针陈列进行分子杂交。也可采用末端标记法直接在引物上标记荧光。

3. 分子杂交

样品经扩增、标记后即可与芯片上的 DNA 探针进行杂交。芯片上的杂交与常规经典的分子杂交基本原理相同，但二者存在明显的区别：常规经典的分子杂交是将待测样品固定在滤膜上，与带标记的探针在一定杂交液内杂交，所需时间较长（4～24）小时，每次只能检测一个或几个样品；基因芯片杂交则是将探针固定于载体表面上，将待测的带标记样品与之杂交，由于基层上固定有各种各样的探针，因此一次可以检测成百上千的样品，杂交的时间较短，一般在 30 min 内完成。

为了提高基因芯片检测的准确性和测量范围，通常使用多色荧光技术。即将不同来源的靶基因用不同激光波长的荧光探针进行修饰，然后同时将它们与基因芯片杂交。杂交后通过比较芯片上不同波长荧光的分布图，可以直接获得不同样品中基因表达的差异。

为了提高杂交反应的速度和消除核酸空间结构对杂交的影响，有人采用一种特异的电子基因芯片和肽核酸（peptide nucleic acid。PNA）。这种芯片是带有正电荷的硅芯片。杂交时，在微电极上接上正电，使带负电的待测核酸分子在电场中迅速向各电极移动，然后与电极上探针发生杂交。通过快速反转电场的正负控制电场强度，使完全杂交的特异性核酸分子通过氢键结合而保留在陈列的表面。不完全杂交或非特异性结合的片段，在电场的作用下，与靶探针分离。这种技术可使分子杂交在 1 min 甚至数秒内完成。

肽核酸是一类以氨基酸代替糖－磷酸主链的 DNA 类似物（图 18－10），骨架由重复的 N－（2－氨乙基）－甘氨酸通过酰胺键相连构成，碱基则通过甲叉碳酸基与骨架相连。由于肽核酸分子内不存在带负电荷的磷酸基团，不会因静电作用形成二、三级结构。待测 DNA 分子与肽核酸分子容易靠近，形成杂交分子，而且 DNA－肽核酸杂交分子的稳定性和碱基配对的特异性高，更有利于单碱基错配基因的检测。

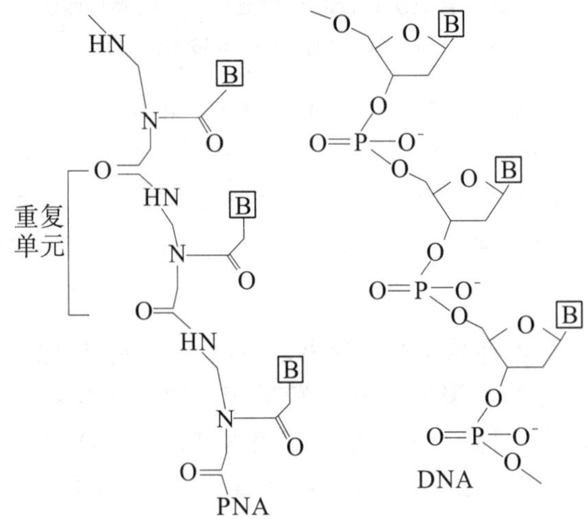

图 18－10　肽核酸与 DNA 结构比较

4. 检测分析

最后一个步骤为检测分析，基本上就是进行图像和数据处理。待测样品与芯片上探针陈列杂交后，结合在芯片的特定位置上，未杂交的分子被除去。一般采用光双标记（例如探针用 C_y^3 标记，待测样品用 C_y^5 标记），这样，在激光的激发下，二者均发射荧光。样品与探针完全杂交所发的荧光最强，不完全杂交的荧光信号较弱，完全不能杂交的则只能检测到探针所发射的荧光。所发荧光强度与样品中靶 DNA 分子的含量有一定线性关系。

随后即用芯片激光扫描仪将芯片上的杂交信号转变为数据矩阵，提取出来的数据矩阵可以直接导入数据库存储，也可以输出成文本文件的格式供其他分析软件处理。

三、生物芯片的应用

生物芯片在基因组学研究以及医学、工农业实践和国防研究中有着广阔的应用前景，并将促进一个新的产业的诞生。生物芯片的应用，在下列诸方面作为例子加以说明。

1. DNA 序列测定

基因芯片技术通过大量固定化的探针与待测样品 DNA 进行分子杂交，产生杂交图谱，由杂交图谱即可测定样品的 DNA 序列，这种测定方法称为杂交测序（sequencing by hybridization，SBH）。一个八核苷酸的探针（可有 $4^8=65536$ 个阵列）可用于测定约 200 个核苷酸的序列；含 10^6 个 12 核苷酸的阵列可以测定约 1000 个碱基的序列。杂交后将所得强荧光信号的序列进行重叠排列，即可测得顺序。例如，一个 12 核苷酸的待测序列与原位合成的 8 核苷酸阵列各探针杂交后，有 5 个探针点发出最强荧光信号：ATACGTTA、TACGTTAG、ACGTTAGA、CGTTAGAT、GTTAGATC（图 18－11）。将它们重叠排列后，即得出待测 DNA 的互补序列：ATACGTTAGATC。待测样品的 DNA 序列为：TATGCAATCTAG。

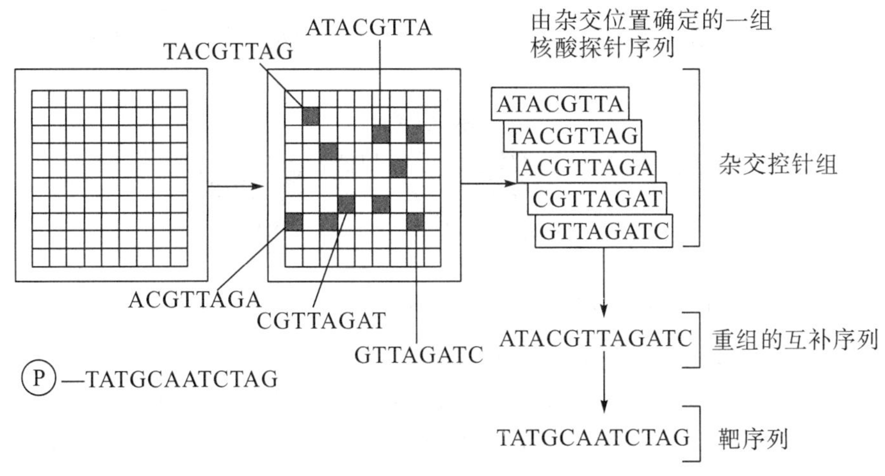

图 18－11　基因芯片的测序原理

2. 基因表达分析

基因芯片对大规模的基因表达谱的分析是十分方便的。因为它的容量大、精确度好、灵敏度高、快速高效，用于对来源于不同个体、不同组织、不同细胞周期、不同发育阶段、不同分化阶段、不同病变、不同刺激下的细胞内的 RNA 或反转录后产生的 cDNA 进行检测，从而对基因表达的个体特异性、组织特异性、发育分化阶段特异性、病变特异性、刺激特异性等进行综合分析和判断，可以研究基因的功能，以及基因与基因间的相互关系。这与常规测定方法一次只能检测一个或少数几个基因相比，可大大提高效率。目前的研究水平，一张芯片上可同时检测几万个基因，也就是说人的全部基因可在一张芯片上进行检测分析，通过比较各种基因在特定条件下是否表达及其表达量，从中找出基因间的细微差异和各种基因在不同条件下其功能的变化（图 18－12）。

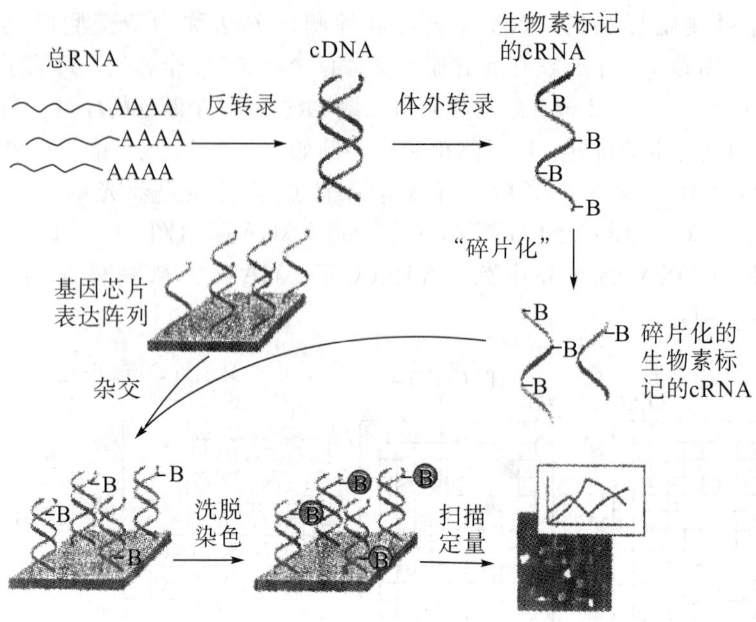

图 18—12　应用基因芯片进行基因表达分析的基本流程

3. 在对突变和多态性分析检测中的应用

在标记样品 DNA 与芯片上固定的寡陔苷酸探针杂交过程中，当探针与样品 DNA 有小至一个碱基的差异时，其 Tm 值的改变影响杂交结果的荧光信号值，从而可以根据信号来判断待测样品和芯片上哪个片段完全配对，哪个片段上有碱基取代，从而得出待测 DNA 序列上特定位点的碱基组成，以便对突变和多态性进行分析研究。

4. 疾病诊断中的应用

用于感染性疾病诊断时，是将待测病原体的特征基因片段或病原体的特征寡核苷酸固定于芯片上，将从病人血清中抽提出的病原体 DNA 或 RNA 经扩增并标记荧光后与芯片进行杂交，杂交信号由扫描仪扫描，再经计算机分析，判断阴阳性。例如，从正常人的基因组中分离出 DNA 与 DNA 芯片杂交就可得出标准图谱；从患者基因组分离出的 DNA 与 DNA 芯片杂交就可得出病变图谱。通过比较分析这两种图谱，就可得出病变 DNA 信息。

在遗传性疾病的诊断上，由于人类基因组计划和后基因组计划的开展，越来越多的遗传病相关基因被揭示出来，而且由于突变检测技术得到快速发展，已经成为对多种遗传病进行诊断的常规手段。例如，已用芯片技术对血友病、地中海贫血、异常血红蛋白、苯丙酮尿症等遗传性疾病进行了研究，并取得了可喜的成果。

基因芯片用于疾病诊断具有明显的优越性：①可在一张芯片上同时检测多种疾病，大大提高了诊断效率；②因无需通过机体免疫反应，能早诊断，缩短发病期；③具有高度的灵敏性、准确性、特异性和可靠性，并且方法快速简便；④自动化程度高，有利于推广应用；⑤还可对病原体进行分型，从而实现用药个体化。

5. 药物研究与开发中的应用

生物芯片用于药物研究，目前主要在两个方面：新药筛选和指导临床合理用药。

在新药的筛选中，关键问题是低耗、高效地筛选出新药或先导化合物，以便缩短新药发现的过程。筛选的方法一般有两种模式：一种是直接检测化合物对生物大分子（如酶、抗体、受体、离子通道）的结合及作用，另一种是检测化合物作用于细胞（特别是 mRNA）后的变化。这两种模式均涉及靶标和筛选方法的选择。在这方面基因芯片作为一种集成化的分析手段正好发挥它的作用。基因芯片可以从疾病及药物两个角度对人体的参量进行研究，以发掘筛选疾病相关因子。在这种情况下，任何一元化的分析方法均不及生物芯片这种集成化的分析手段更具有优势。基因芯片进行药物筛选就是通过用药前后表达谱的变化找出靶基因及受靶基因调控的基因是否恢复到正常状态，并研究是否影响其他基因的表达而带来毒副作用。

此外，在指导临床合理用药方面生物芯片也能发挥它的优势。在临床用药中，由于一方面小分子药物在体内作用的靶分子不可能具有绝对专一性，另一方面不同个体由于遗传多态性致使所含结合药物的载体蛋白、代谢药物的酶等存在差异，因而机体对药物的处理也会不同。通过生物芯片研究每个人的基因组，根据基因型为病人选择个性化的药物将成为可能，这将是药物治疗学上一次质的飞跃。

6. 微生物菌种鉴定及致病机制的应用

在基因芯片上筛选测定病原微生物的毒力基因、抗药基因和致病因子基因等，可对其进行菌种鉴定和流行病学研究。比如，在研究感染病毒基因组中，分析感染病毒的多态性，了解病毒致病基因和致病机理，分析药物作用下病毒基因的表达情况，了解药物作用机制与基因功能。还可用于检测感染宿主基因表达的变化，研究病原微生物的致病机制，进行细胞基因分型与菌种鉴定，筛选检测细胞抗药性基因等。

7. 农业上的应用

利用基因芯片对每一种类型的植物组织进行研究，积累其发育阶段、激素和除草剂的处理、遗传背景和环境条件等一系列影响因素数据，有可能了解植物生物学有关的众多基因，从中筛选基因突变的农作物，寻找高产、抗病、抗虫、抗逆境等经济价值高的农作物。此外，还可用于农作物的筛选、动植物疾病的快速诊断等。

现已有从事作物基因研究的公司，已研制出了大豆、玉米、油菜、小麦、西红柿和马铃薯等植物基因芯片。

除上述外，生物芯片在其他众多领域还有广泛的用途。如在军事上，用于开发生物战病原体检测系统、研制生物战防护剂；司法中用于血型和亲子鉴定、DNA 指纹鉴定；环境保护中用于大规模毒理学研究、化合物的致突变研究、快速检测污染源、寻找保护基因、寻找能够治理污染的基因产品等。

现在，一些芯片实验室正研究通过微细加工技术将多种酶、辅酶和其他一些辅助因子固定于芯片上，建立具有多种代谢系统的生化芯片；将核酸分离、扩增、标记及检测等过程集成在同一块芯片内，使生物分子分析系统进一步微型化、集成化和自动化，前景十分诱人。围绕生物芯片将逐渐形成庞大的生物产业，各国政府和企业都看好这块沃土，投入巨资，以便不久的将来获得丰厚的收益。

从以上对生命科学的几个新学科和新技术的重要讨论中可以看出：生物化学与它们的关系是多么密切、多么重要，从中我们也可看到生物化学发展的某些趋势。尽管在学习中有些内容不一定能懂，但如果从中能产生一些新的体会和理念，也就达到了我们编写本章的目的。

本章学习要点

基因工程，即DNA人工重组，是在分子水平对遗传物质进行重组、转移及表达，以创建新的生物机体，或使生物体获得新的功能。而蛋白质工程是在此基础上按照人的意愿制造蛋白质。这些技术的最终目的是为获得珍贵的药物、食品、或预防和治疗某些重大疾病。

1. 基因工程主要包括获得目的基因、基因载体的选择和构建、载体与含目的基因的DNA片段重组、重组体引入宿主细胞、目的基因在宿主细胞中表达以及产品的分离及鉴定等步骤。

2. 在基因工程中所用的工具酶包括限制性核酸内切酶（限制酶）、DNA连接酶、DNA聚合酶Ⅰ（常用Klenow片段）、反转录酶、末端脱氧核苷酸转移酶等。其中限制酶对于获取目的基因更为重要。做DNA切割时常用第二类限制酶，使外源DNA和载体DNA产生相同的粘性末端，便于重组。携带目的基因的载体常选用质粒和噬菌体，特别是经过改造后的质粒，便于对重组体的筛选、导入宿主和表达。

3. 带有外源DNA的载体经转化（或感染）后需有明显的标志（如对某些抗生素的抗性），通过这些特性的变化来对重组体进行筛选，或者通过检测目的基因表达产物进行筛选，筛选出的重组体转化菌经过扩增，即可获得大量目的基因。在构建重组体时如果按照表达调控的要求接上适当元件，则目的基因即可顺利表达。

4. 蛋白质工程是在基因工程的基础上发展起来的、按设计好的要求定做蛋白质的技术。基因工程是通过克隆蛋白质的基因，大量生产天然蛋白质；蛋白质工程则是对天然蛋白质加以改造，制备性能更佳的新蛋白。

蛋白质工程主要采用基因定点突变的方法，不断改变氨基酸的密码子，直到获得满意的改良蛋白质为止。目前，蛋白质工程在酶的改造和蛋白质及肽类药物研制方面进展很快。也是新药研制的一个主攻方向。

5. 基因组学、后基因组学、蛋白质组学、生物芯片等的含义、特点、研究内容及对生命科学的意义。

Chapter 18 GENE ENGINEERING AND PROTEIN ENGINEERING

Gene engineering is DNA recombinant technique that is recombining, transiting and expressing genetic substance in molecular level to produce new organism or gain new function far organism. Protein engineering is that according to the desire of people produce protem on the foundation of gene engineering. The final purpose of these technology is to obtain precious medicines and food or prevent and cure some major diseases.

1. Gene engineering mainly includes obtaining of target gene, choice and constituting of gene vector recombination of vector and DNA fragment with target gene, recombinant insert host cell, target gene expressing in host cell and separation and identifing of product, etc.

2. The tool enzyme in gene engineering include restriction enzyme, DNA ligase, DNA

polymerase I (usually used Klenow fragment), reverse transcriptase and terminal deoxyribonucleotide transferase, etc. Restriction enzyme is more important for obtaining the target gene. The second kind of restriction enzyme is usually used to cut DNA and produce the same sticky end of exogenous DNA and vector DNA. Plasmid and phage are often choices to be vector of target gene. Plasmid which is reformed is convenient for the screening of recombinant, inserting host and expressing.

3. Vector with exogenous DNA must has obvious mark (such as resistant to antibiotic) after transformation (or transfection). The screening of recombinant is normally according to the change of these characteristics, or through screening the expressing product of target gene. The recombinant transforming bacterium which are chose can produce a great quantity target gene after amplification. When you anstitue a recombinant. if you link the suitable element according to the demand of expressing control, the target gene can be smoothly expressed.

4. Protein engineering develop on the base of gene engineermg. It is a technotogy tbat produce protein according to the desire of design. Gene engineering is producing many nature protein by clone protein gene; protein engineering is reforming nature protein and producing new protein with the beffer characteristic.

Protein engineering mainly adopt the method of gene site-directed mutagenesis and continuously change the codon of amino and until obtain the satisfied improved protein. At present, protein engineering develop rapidly in enzyme transforming and researching of protein and peptide medicine. It is also a man direction of new medicine researching.

5. The definition, characteristic, research content and the meaning on the biological science of the genomics, post-genomics, proteomics and biochip.

习　题

1. 用对或不对回答下列问题。如果不对，请说明原因。

(1) 限制酶只作用于外源性DNA，对细菌本身DNA并不作用。

(2) 限制酶对双链、单链DNA均可作用。

(3) 用同一种限制酶处理不同来源的DNA，所得到的DNA片段其序列是相同的。

(4) cDNA文库是将细胞中所有RNA提取出来后，用反转录酶来制备的。

(5) 蛋白质工程中主要采用的手段是基因工程技术。

2. 下列各限制酶中，哪些是同裂酶，哪些是同尾酶？作用于DNA后，哪些产生粘性末端，哪些产生平端？

Bam HⅠ、*Sma* Ⅰ、*Mbo* Ⅰ、*Bgl* Ⅱ、*Sau* AⅠ、*Xma* Ⅰ、*Hae* Ⅲ

3. 求限制酶切片段的长度。①如果一个含有50%GC核苷酸对的高分子质量DNA分子的均一群体，用限制酶*Hae* Ⅲ进行消化，并假定核苷酸顺序是随机的，酶切平均长度是多少？②如果同一DNA用*Hin* dⅢ消化，片段平均长度是多少？③如果DNA只含有40%GC碱基对，经*Hin* dⅢ消化后，平均长度又是多少？

4. 两种不同的限制酶必须具备怎样的性质才能使它们的切割顺序完全一样？如果用

Eco R Ⅰ消化噬菌体 T_7 DNA，得到的所有片段都能环化吗？

5. 在蛋白质工程中，进行基因定点突变时，只需将欲改造的蛋白质分子对应基因的对应位点上置换 1～3 个核苷酸。①欲将 β—干扰素第 17 位的 Cys 改为 Ser，其基因相应位点上核苷酸如何置换？②将酪氨酰 tRNA 合成酶第 51 位 Thr 改为 Pro，核苷酸如何置换？③T_4 溶菌酶第 3 位 Ile 改为 Cys，核苷酸如何置换？④将胰岛素改造成为长效胰岛素，核苷酸如何置换？

6. 基因工程与基因组工程主要有哪些差异？

7. 蛋白质工程与蛋白质组工程（蛋白质组学）有哪些异同点？

8. 生物芯片的主要应用领域有哪些？

附　　录

常用生化名词缩写

缩写	英文名称	中文名称
A	adenosine	腺嘌呤核苷（腺苷）
AA	amino acid	氨基酸
AC	adenylate cyclase	腺苷酸环化酶
Ach	acetylcholine	乙酰胆碱
ACP（或 ACPase）	acid phosphatase	酸性磷酸酶
ACP	acyl carrier protein	酰基载体蛋白
ACTH	adrenocorticotropic hormone	促肾上腺皮质激素
Ade	adenine	腺嘌呤
ADH	alcohol dehydrogenase	醇脱氢酶
ADH	antidiuretichormone	抗利尿激素，加压素
ADP	adenosine diphosphate	腺嘌呤核苷二磷酸（二磷酸腺苷）
ADPG	ADP glucose	二磷酸腺苷葡萄糖
AFP	α－fetoprotein	甲种胎儿蛋白（甲胎蛋白）
Ag	antigen	抗原
AIDS	aguired immunodeficieney syndrome	艾滋病（获得性免疫缺陷综合症）
AKP	alkaline phosphatase	碱性磷酸酶
Ala	alanine	丙氨酸（α－氨基丙酸）
AMP	adenosine monophosphate	腺嘌呤核苷一磷酸（一磷酸腺苷）
Arg（或 R）	arginine	精氨酸（δ－胍基 α－氨基戊酸）
ASAL	argininosuccinate lyase	精氨酸代琥珀酸裂合酶
Asn（或 N）	asparagine	天冬酰胺
Asp（或 D）	aspartic acid	天冬氨酸（α－氨基丁二酸）
ATCase	aspartate carbamyl transferase	天冬氨酸转氨甲酰酶
ATP	adenosine triphosphate	腺嘌呤核苷三磷酸（三磷酸腺苷）
ATPase	adenosine triphosphatase	三磷酸腺苷酶（ATP 酶）
B	base	碱基
BAC	bacterium artifical chromosome	细菌人工染色体
BC	biotin carboxylase	生物素羧化酶
BCCP	biotin carboxyl－carrler protein	生物素羧基载体蛋白
bp	base pair	碱基对
BSA	bovine serum albumin	牛血清清蛋白
BU	5－bromouracil	5－溴尿嘧啶
C	cytidine	胞嘧啶核苷（胞苷）
cAMP	cyclic adenosine monophosphate	环腺苷酸（环腺一磷）
CAP	catabolite gene activator protein	降解物基因活化蛋白

cccDNA	covalently-closed circular DNA	共价闭环 DNA
CD	circular dichroism	圆二色性
cDNA	complementary DNA	互补 DNA
CDP	cytidine diphosphate	胞嘧啶核苷二磷酸（二磷酸胞苷）
CG	chorionic gonadotropin	绒毛膜促性腺激素
cGMP	cyclic guanosine monophosphate	环鸟苷酸（环鸟一磷）
Cit	citrulline	瓜氨酸
CM	chylomicron	乳糜微粒
CMC	carboxymethyl cellulose	羧甲基纤维素
CMP	cytidine monophosphate	胞嘧啶核苷一磷酸（一磷酸胞苷）
CoⅠ	coenzymeⅠ	辅酶Ⅰ
CoⅡ	coenzymeⅡ	辅酶Ⅱ
CoA；CoA_{SH}	coenzyme A	辅酶 A
ConA	concanavalin A	伴刀豆球蛋白 A
CoQ	coenzyme Q	辅酶 Q
CPK	creatine phosphokinase	肌酸磷酸激酶
CRE	cAMP-response element	cAMP 应答元件
CRH	corticotropin releasing hormone	促肾上腺皮质激素释放激素
CRP	cAMP receptor protein	环腺苷酸受体蛋白
CT	calcitonin	降钙素
CTD	carboxyl-terminal domain	羧基端结构域
CTP	cytidine triphosphate	胞嘧啶核苷三磷酸（三磷酸胞苷）
Cys	cystine	胱氨酸
CysH（或 C）	cysteine	半胱氨酸
Cyt	cytosine	胞嘧啶
Cyt	cytochrome	细胞色素
D（或 **Asp**）	aspartic acid	天冬氨酸
DA	dopamine	多巴胺
dA	5′−deoxy−ribosyladenosine	5′—脱氧核糖腺核苷（脱氧腺苷）
dAMP	deoxyadenosine monophosphate	腺嘌呤脱氧核糖核苷一磷酸（脱氧腺苷酸）
dADP	deoxyadenosine diphosphate	腺嘌呤脱氧核糖核苷二磷酸
dATP	deoxyadenosine triphosphate	腺嘌呤脱氧核糖核苷三磷酸
dC	5′−deoxy−ribosylcytidine	5′—脱氧核糖胞核苷（脱氧胞苷）
DCCI；DCC	N，N′−dicyclohexylcarbodimide	N，N′−二环己基碳二亚胺
dCMP	deoxycytidine monophosphate	胞嘧啶脱氧核糖核苷一磷酸（脱氧胞苷酸）
DDDP	DNA dependent DNA polymerase	依赖于 DNA 的 DNA 聚合酶
DDRP	DNA dependent RNA polymerase	依赖于 DNA 的 RNA 聚合酶
DEAE−cellulose	diethyl aminoethyl cellulose	二乙基氨乙基纤维素
DFP；DIPF	diisopropyl fluorophosphate	二异丙基氟磷酸
DG	diacylglycerol	二脂酰甘油
dG	5′−deoxy−ribosylguanosine	5′—脱氧核糖鸟核苷（脱氧鸟苷）
dGMP	deoxyguanosine monophosphate	鸟嘌呤脱氧核糖核苷一磷酸（脱氧鸟苷酸）
DHF	dihydrofolic acid	二氢叶酸
DHU；D	dihydrouridine	二氢尿嘧啶核苷

DNA	deoxyribonucleic acid	脱氧核糖核酸
cDNA	complementary DNA	互补 DNA
cccDNA	covalently closed circular DNA	共价闭合环状 DNA
ds DNA	double strand DNA	双链 DNA
mt DNA	mitochondrial DNA	线粒体 DNA
oc DNA	open circular DNA	开环 DNA
ss DNA	single strand DNA	单链 DNA
DNase	deoxyribonuclease	脱氧核糖核酸酶
DNFB	2，4－dlnltroflurobenzene	2，4 二硝基氟苯
DNP	2，4－dinitrophenyl（nol）	2，4 二硝基苯（酚）
DNP	deoxyribonucleoprotein	脱氧核糖核蛋白
dNTP	deoxynucleoside triphosphate	脱氧核苷三磷酸
DOPA	3，4－dihydroxyphenylalanine	3，4—二羟苯丙氨酸；多巴
DPG	diphosphoglyceric acid	二磷酸甘油酸
dT	thymidine	脱氧胸腺核苷（胸苷）
dTMP	deoxythymidine monophosphate	胸腺嘧啶脱氧核苷一磷酸（脱氧胸苷酸）
E（或 **Glu**）	glutamic acid	谷氨酸
EB	ethidium bromide	溴乙锭
EC	enzyme classiflcation	国际生化联合会公布的酶分类标志
EDTA	editic acid；ethylene diamine tetraacetic acid	乙二胺四乙酸
EF	elongation factor	延伸因子
EGF	pidemll growth factor	表皮生长因子
EMP	Emoden－Meyerbof－Parnas pathway	EMP 途径；糖酵解途径
EST	expression sequence tag	表达序列标签
F（或 **phe**）	phenylalanine	苯丙氨酸
FA	fatty acid	脂肪酸
FAD	flavin－adenine dinucleotide	黄素腺嘌呤二核苷酸
Fd	ferredoxin	铁氧（化）还（原）蛋白
FDP	fructose－1，6－phosphate	1，6－二磷酸果糖
FH_2	dihydrofolic acid	二氢叶酸
FH_4	tetrahydrofolic acid	四氢叶酸
fMet	N－formylmethionine	N－甲酰蛋氨酸
FMN	flavin mononucleotide	黄素单核苷酸
FP	flavin protein	黄素蛋白
F－6－P	fructose－6－phosphate	6－磷酸果糖
FRF	follicle－stimulating hormone releasing factor	促卵泡激素释放因子
FSH	follicle stimulaing hormone	卵泡刺激素
5－FU	5－fluorouracil	5－氟尿嘧啶
G	guanosine；glycine；glucose	鸟嘌呤核苷（鸟苷）；甘氨酸；葡萄糖
GA	glucuronic acid	葡萄糖醛酸
GABA	γ－amino－butyric acid	γ－氨基丁酸
Gal	galactose	半乳糖

GalNAc	N—acetylgalactosamine	N—乙酰半乳糖胺
Gal—1—P	galactose—1—phosphate	1—磷酸半乳糖
GC	guanylate cyclase	鸟苷酸环化酶
GDP	guanosine diphosphate	鸟嘌呤核苷二磷酸（二磷酸鸟苷）
GH	growth hormone	生长素
GRH	growth hormone releasing hormone	生长素释放激素
GRIH	growth hormone inhibitory hormone	生长素抑制激素
Glc	glucose	葡萄糖
Gln（或 Q）	glutamine	谷氨酰胺
Glu（或 E）	glutamic acid	谷氨酸（α—氨基戊二酸）
Gly（或 G）	glycine	甘氨酸（α—氨基乙酸）
GMP	guanosine monophosphate	鸟嘌呤核苷一磷酸（一磷酸鸟苷）
COT	glutamate—oxaloacetate transaminase	谷草转氨酶
G—1—P	glucose—1—phosphate	1—磷酸葡萄糖
G—6—P	glucose—6—phosphate	6—磷酸葡萄糖
GPT	glutamate—pyruvate transaminase	谷丙转氨酶
G_{SH}，GSSG	glutathione	谷胱甘肽（还原型及氧化型）
GTF	general trnanscription factor	通用转录因子
GTP	guanosine triphosphate	鸟嘌呤核苷三磷酸（三磷酸鸟苷）
gRNA	guide RNA	指导 RNA
Gua	guanine	鸟嘌呤
H（或 **His**）	histidine	组氨酸
HA	hydroxyapatite	羟基磷灰石
Hb	hemoglobin	血红蛋白
HbO_2	oxyhemoglobin	氧合血红蛋白
HCG	homan chorionic gonadortropin	人绒毛膜促性腺激素
HDL	high density lipoprotein	高密度脂蛋白
H—DNA	hinged DNA	铰链 DNA
HGP	Human Genome Project	人类基因组计划
His（或 H）	histidine	组氨酸（β—咪唑—α—氨基丙酸）
HMC	hydroxymethylcytosine	羟甲基胞嘧啶
HMG—CoA	β—hydroxy—β—methylglutaryl—CoA	β—羟—β—甲基戊二酸单酰辅酶 A
HMP（或 HMS）	hexose monophosphate pathway	磷酸己糖途径
HPLC	High—performance liquid chromatography	高效液相层析
5—HT	5—hydroxytryptamine	5—羟色胺
Hyp	hydroxyproline	羟脯氨酸
I	inosine；isoleucine	次黄嘌呤核苷（肌苷）；异亮氨酸
IAA	indole—3—acetic acid	吲哚—3—乙酸（植物生长素）
IDL	immediate density lipoprotein	中间密度脂蛋白
IEF	isoelectric focusing	等电聚焦
IF	initiation factor	起始因子
IF	iseclectric foculsing	等电聚焦
Ig	immunoglobulin	免疫球蛋白

IgG	immunoglobulin G	免疫球蛋白 G
Ile（或 I）	isoleucine	异亮氨酸
IMP	inosine monophosphate	次黄嘌呤核苷一磷酸（肌苷酸）
IPP	isopepentenyl pyrophosphate	异戊烯醇焦磷酸酯
IP_3	inositol 1，4，5－triphosphate	肌醇－1，4，5－三磷酸
IPTG	isopropyl thiogalactoside	异丙基硫代半乳糖苷
iRNA	interfering RNA	干扰 RNA
IU	international unit	国际单位
IUB	International Union of Biochemistry	国际生物化学联合会
IUPAC	International Union of Pure and Applied Chemistry	国际纯粹与应用化学联合会
K（或 **Lys**）	lysine	赖氨酸
Kat	Katal	开特（每秒转化 1 mol 底物所需的酶量）
kb	kilo base	千碱基
Keq	equilibrium constant	平衡常数
Ki	inhibitor constant	抑制常数
Km	Michaelis constant	米氏常数
L（或 **Leu**）	leucine	亮氨酸
LDH	lactate dehydrogenase	乳酸脱氢酶
LDL	low density lipoprotein	低密度脂蛋白
Leu（或 L）	leucine	亮氨酸（α－氨基异己酸）
LH	luteinizing hormone	促黄体生成激素，促间质细胞激素
LRH	follicle stimulating hormone releasing hormone	促卵泡激素释放激素
LHRH	luteinizing hormone releasing hormone	促黄体激素释放激素
LTH	luteotropic hormone	催乳激素
LTPP	lipothiamide pyrophosphate	二硫辛酰焦磷酸硫胺素
Lys（或 K）	lysine	赖氨酸（α，β－二氨基己酸）
M（或 **Met**）	methionine	甲硫氨酸
m_2^6A	N^6，N^6－dimethyladenosine	N^6，N^6－二甲基腺苷
Man	mannose	甘露糖
Mb	megabase	百万（10^6）碱基
m^5C	5－methylcytidine	5－甲基胞苷
MDH	malate dehydrogenase	苹果酸脱氢酶
Met（或 M）	methionine	甲硫氨酸（γ－甲硫基 α－氨基丁酸），
MHb	methemoglobin	高铁血红蛋白
m_2^2G	N^2，N^2－dimethylguanosine	N^2，N^2－二甲基鸟苷
m^1I	1－methylinosine	1－甲基次黄嘌呤核苷
micRNA	mRNA－interfering complementary RNA	信使干扰互补 RNA
6－MP	6－mercaptopurine	6－巯基嘌呤
MRF	melanocyte stimulating hormone releasing ractor	促黑（素细胞）激素释放因子
MRIF	melanocyte stimulating hormone release	促黑（素细胞）激素释放（的）抑制因子

附录

	inhibiting factor	
mRNA	messenger RNA	信使核糖核酸
MSH	melanocyte stimulating hormone	促黑激素
MVA	mevalonic acid	二羟甲基戊酸
N（或 Asn）	asparagine	天门冬酰胺
NAD	nicotinamide adenine dinucleotide	烟酰胺腺嘌呤二核苷酸（辅酶Ⅰ）
NADP	nicotinamide adenine dinucleotide phosphate	烟酰胺腺嘌岭二核苷酸磷酸（辅酶Ⅱ）
NAG	N－acetylglucosamnine	N－乙酰葡萄糖胺
NAM	N－acetylmuramic acid	N－乙酰胞壁酸
NMN	nicotinamide mononucleotide	烟酰胺单核苷酸
NMP	nucleoside monophosphate	核苷一磷酸
NMR	nuclear magnetic resonance	核磁共振
NPN	non－protein nitrogen	非蛋白氮
NTP	nucleoside triphosphate	三磷酸核苷
OAA	oxaloacetic acid	草酰乙酸
OD	optical density	光密度（旧称）
ODP	orotidine diphosphate	乳清酸核苷二磷酸
OMP	orotidne monophosphate	乳清酸核苷一磷酸
ORD	optical rotauory dispersion	旋光色散
ORF	open reading frame	开放阅读框架
Orn	ornithine	鸟氨酸（α－δ－二氨基戊酸）
OT	oxytocin	催产素
P（或 Pro）	proline	脯氨酸
P_{53}	P_{53} Protein	P_{53} 蛋白
PABA	p－aminobenzoic acid	对氨基苯甲酸
PAGE	polyacrylamide gel etectrophoresis	聚丙烯酰胺凝胶电泳
PAPS	3′－phosphoadenosine－5′－phosposulfate	3′－磷酸腺苷－5′—磷酸硫酸
（P_{CO_2}）	carbon dioxide tension	二氧化碳分压
PCR	polymerase chain reaction	聚合酶链反应
PDase	phosphodiesterase	磷酸二酯酶
PEG	polyethylene glycol	聚乙二醇
PEP	phosphoenolpyruvic acid	磷酸烯醇式丙酮酸
PFK	phosphafructokinase	磷酸果糖激酶
PG	prostaglandin	前列腺素
3－PG	3－phosphoglyceric acid	3－磷酸甘油酸
PGA	pteroylglutamic acid	蝶酰谷氨酸；叶酸；维生素 B_{11}
PHA	phytohemagglutinin	植物血凝素
Phe（或 F）	phenylalanine	苯丙氨酸（β－苯基－α－氨基丙酸）
pI	isoelectric point	等电点
Pi	inorganic phosphate	无机磷酸
PITC	phenylisothiocyanate	苯异硫腈
PKC	protein kinase C	蛋白激酶 C

PMase	phosphomonoesterase	磷酸单酯酶
PMR	proton magnetic resonance	核磁共振
PNA	peptide nucleic acid	肽核酸
PO_2	oxygen tension	氧分压
polyA	polyadenylate	多聚腺苷酸
PPi	inorganic pyrophosphate	无机焦磷酸
ppGpp	guanosine 5′−diphosphate−3′−diphosphate	鸟苷−5′−二磷酸−3′−二磷酸（鸟苷四磷酸）
pppGpp	guanosine 5′−triphosphate−3′−diphosphate	鸟苷−5′−三磷酸−3′−二磷酸（鸟苷五磷酸）
ppt	precipitate	沉淀
PQ	plastoquinene	质体醌
PRF	proactin releasing factor	催乳素释放因子
PRIF	prolactin release inhibiting factor	催乳素释放（的）抑制因子
PRL	prolactin	催乳激素
Pro（或 P）	proline	脯氨酸
PRPP	5−phosphoribosyl−1−pyrophosphate	5−磷酸核糖−1−焦磷酸
PTH	parathyroid hormone	甲状旁腺激素
PTH−AA	phenyl thiohydantion amino acid	苯乙内酰硫脲氨基酸
Pu	purine	嘌呤
Py	pyrimidine	嘧啶
Q（或 **Gln**）	glutamine	谷氨酰胺
R（或 **Arg**）	arginine	精氨酸
RDDP	RNA dependent DNA polymerase	依赖于 RNA 的 DNA 聚合酶
RDRP	RNA dependent RNA polymerase	依赖于 RNA 的 RNA 聚合酶
PF	replicative form	复制型
RF	resistance factor	抗药性因子
R_f	rate flow	比移值
RNA	ribonucleic acid	核糖核酸
ch RNA	chromosomal RNA	染色体核糖核酸
Hn RNA	nuclear heterogenous RNA	核内不均一 RNA
Ln RNA	low−molcular weight nuclcar RNA	低分子质量核 RNA
m RNA	messenger ribonucleic acid	信使核糖核酸
r RNA	ribosomal ribonuclcie acid	核糖体核糖核酸
sc RNA	small cytoplasmic RNA	细胞质小 RNA
sn RNA	small nuclear RNA	核内小 RNA
sno RNA	slnall nucleolus RNA	小核仁 RNA
t RNA	transfer ribonucleic acid	转运核糖核酸
RNAi 或 iRNA	interfering RNA	干扰 RNA
RNase	ribonuclease	核核酸糖酶
RNP	ribonucleoprotein	核糖核蛋白
r. p. m	revolution per minute	每分钟转数（旧称）
RSV	Rous sarcoma virus	劳氏肉瘤病毒
Rubisco	Ribulose Bisphosphate Carboxylase/Oxygenase	

		核酮糖-1，5-二磷酸羧化酶/加氧酶
RuBP	ribolose bisphosphate	二磷酸核酮糖
S	sedimentation constant；serine	沉降系数；丝氨酸
S. A	specific activity	比活性
SAM	S-adenosyl methionine	S-腺苷蛋氨酸
SCP	steroid carrier protein	类固醇载体蛋白
SDS	sodium dodecyin sulfate	十二烷基硫酸钠
Ser（或 S）	serine	丝氨酸（β-羟基-α-氨基丙酸）
siRNA	short-interfering RNA	短干扰 RNA
Sn	stereospecific numbering	立体异构物位次编排
SNP	single nucleotide polymorphism	单核苷酸多态性
SOD	superoxide dismutase	超氧化物歧化酶
SPDase	spleen phosphodiesterase	牛脾磷酸二酯酶
SRF	somatotropin releasing factor	促生长激素释放因子
SRIF；GRIF	somatostatin	促生长激素释放抑制因子
SRP	signal recognition particle	信号识别颗粒
SSB	single-strand binding protein	单链结合蛋白
SSR	singal seguece recoptor	信号序列受体
stRNA	smal temporal RNA	小分子时间 RNA
STS	seguence tagged site	序列标记位点
SV_{40}	simiam virus 40	猿猴病毒 40
T	ribothymidine；threonine	核糖胸核苷；苏氨酸
T_3	triiodothyronine	三碘甲腺原氨素
T_4	thyroxine	甲状腺素
TCA	trichloroacetic acid	三氯乙酸
TCA cycle	tricarboxylic acid cycle	三羧酸循环
TF	transcription factor	转录因子
TH	thyrotropic hormone	促甲状腺激素
Thr（或 T）	threonie	苏氨酸（β-羟-α-氨基丁酸）
Thy	thymine	胸腺嘧啶
TLC	thin-layer chromatography	薄层层析
Tm	melting temperature	（DNA）熔融温度
TMP	thymidine monophosphate	胸腺嘧啶核苷一磷酸（胸苷酸）
tmRNA	transfer messenger RNA	转移信使 RNA
TMV	tobacco mosaic virus	烟草花叶病毒；烟草斑纹病毒
TPK	tyrosine protein kinase	酪氨酸蛋白激酶
TPP	thiamine pyrophosphate	焦磷酸硫胺素
TRF；TRH	thyrotropin releasing factor	促甲状腺激素释放因子
Tris	trihydroxymethylaminomethane	三羟甲基氨基甲烷
tRNA	transfer RNA	转移核糖核酸
Trp（或 W）	tryptophan	色氨酸（β-吲哚-α-氨基丙酸）
TSH	thyroid stimulating hormone	促甲状腺素
TYMV	turnip yellow mosaic virus	芜菁黄花叶病毒
Tyr（或 Y）	tyrosine	酪氨酸（β-对羟苯基-α-氨基丙酸）

U	uridine	尿嘧啶核苷
UDP	uridine diphosphate	尿嘧啶核苷二磷酸（二磷酸尿苷）
UDPG	uridine diphosphoglucose	尿嘧啶核苷二磷酸葡萄糖
UDP－Gal	uridine diphosphate galactose	尿苷二磷酸半乳糖
UMP	uridine monophosphate	尿嘧啶核苷一磷酸（尿苷酸）
Ura	uracil	尿嘧啶
UTP	uridine triphosphate	三磷酸尿（嘧啶核）苷
U．V	ultraviolet	紫外线
V（或 **Val**）	valine	缬氨酸（α－氨基异戊酸）
VHDL	very high density lipoprotein	极高密度脂蛋白
VLDL	very low density lipoprotein	极低密度脂蛋白
VPDase	venom phosphodiesterase	蛇毒磷酸二酯酶
W（或 **Trp**）	tryptophine	色氨酸
X；Xao	xanthosine	黄（嘌呤核）苷
Xan	xanthine	黄嘌呤
XMP	xanthylic acid；xanthosine monophosahate	黄苷酸（黄嘌呤核苷一磷酸）
YAC	yeast artifical chromosome	酵母人工染色体
Ψ	pseudouridine	假尿（嘧啶核）苷

附录

索 引（汉英对照）

附录

E

F

附录

H

J

Z

附录

习题参考解答

第一章 糖 类

1. （1）不对。因为构型与其实际旋光性没有直接关系。如 D—型也有左旋的。

   （2）不对。二羟丙酮不具有旋光性。

   （3）对。

   （4）不对。α－和 β－D－葡萄糖只是 C_1（异头碳）排布不同，其余碳原子均相同。

   （5）对。

2. 开链戊醛糖有 3 个不对称碳原子，异构体数为 $2^3=8$。

   环状结构有 4 个不对称碳原子，异构体数为 $2^4=16$。

   故戊醛糖（包括 α、β）总异构体数为 8+16=24。

   开链结构式为：

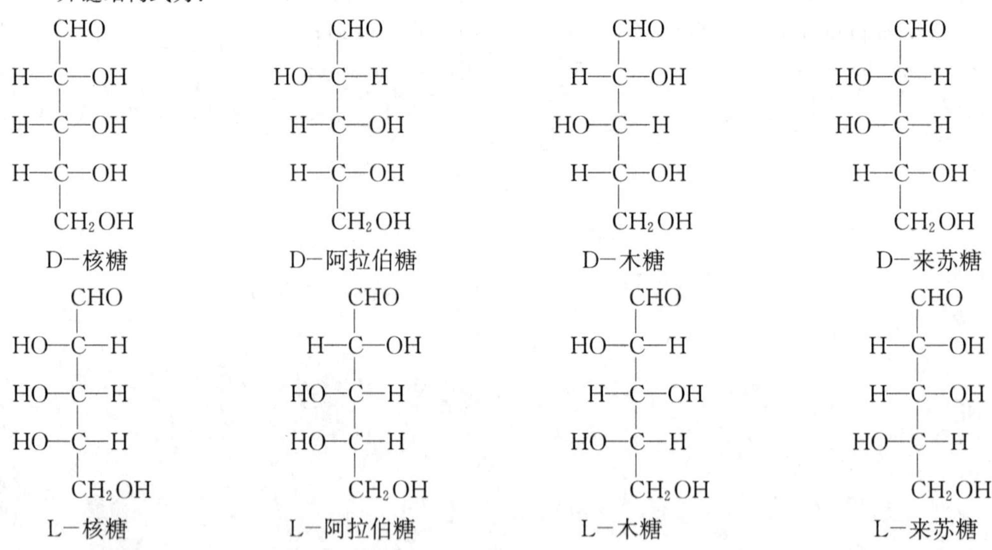

3. 还原糖有：麦芽糖、乳糖、蜜二糖、纤维二糖、龙胆二糖、海带二糖、几丁二糖、芸香糖。非还原糖有：蔗糖、海藻糖、菊二糖，以及表中的所有三、四、五、六糖。

4. 乳糖是半乳糖苷，β－苷；蔗糖既是葡萄糖苷（α－苷），又是果糖苷（β－苷）。两分子 D－吡喃葡萄糖可形成 11 种双糖。一个糖基的 $\alpha-C_1$ 羟基与另一糖基的 2，3，4，6 缩合生成 4 种；同样，β－型也生成 4 种。C_1-C_1 连接有 3 种：$\alpha-\alpha$，$\alpha-\beta$（$\beta-\alpha$），$\beta-\beta$，共 11 种。

5. 每一种 α，β 异构体对总旋光度或 $[\alpha]_D$ 所起的作用与其存在的浓度成正比。

设 α%=x，则 β%=100－x，

$$(+112.2)(x)+(+18.7)(100-x)=(100)(+52.5)$$

$$112.2x+1870-18.7x=5250$$

$$93.5x=3380$$

$x=36.1$

即 α 异构体占 36.1%，β 异构体占（100−36.1)%=63.9%。

6. 水解后所得葡萄糖为 2.35 mg/mL×10 mL=23.5 mg

即$\frac{23.5\ \text{mg}}{180\ \text{mg/m mol/L}}=0.1306$ m mol/L（180 为葡萄糖相对分子质量）

该糖原样品含有 0.1306 m mol/L 葡萄糖。但是，糖原每水解 1 个糖苷键产生 1 分子葡萄糖时需加 1 分子水，因而 1 个葡萄糖残基的相对分子质量为 180−18=162。所得葡萄糖的量相当于：

$$0.1306\ \text{m mol/L}\times162\ \text{mg/m mol/L}=21.16\ \text{mg 糖原}$$

所以，糖原样品的纯度为：$\frac{21.16}{25}\times100\%=84.6\%$

7. 纯纤维素 100 mg 水解后可产生 $100+100\times\frac{18}{162}=111.1$ mg 葡萄糖，故纯度为$\frac{95}{111.1}\times100\%=85\%$

8. ①葡萄糖的总量为$\frac{81\times10^{-3}\ \text{g}}{162\ \text{g/mol}}=500\ \mu\text{mol/L}$，2，3−二甲基葡萄糖来自分支点，因此

$$\text{分支点所占百分数}=\frac{62.5}{500}\times100\%=12.5\%$$

②每有 1 mol 分支点就有 1 mol 非还原末端基，所以，2，3，4，6−四甲基葡萄糖的量为 62.5 μmol。除分支点与非还原端外，其他葡萄糖以三甲基葡萄糖形式出现，2，3，6−三甲基葡萄糖的量为：

$$500-(2\times62.5)=375\ \mu\text{mol}$$

9. ①1 分子糖原所含葡萄糖残基数为：

$\frac{3\times10^{6}\ \text{g/mol 糖原}}{162\ \text{g/mol 残基}}=18519$ mol 葡萄糖/mol 糖原

即每分子糖原具有 18519 个葡萄糖残基。

②残基中有 12.5%的分支点 $18519\times\frac{12.5}{100}=2315$ 分支点残基/分子

③非还原端残基数：2315+1=2316。

10. 支链淀粉的葡萄糖总量为：

$$\frac{32.4\times10^{-3}}{162}=200\ \mu\text{mol}$$

（1）其他产物有：2，3−二甲基葡萄糖，其量应与非还原末端 2，3，4，6−四甲基葡萄糖的摩尔数相等，为 10 μmol。

2，3，6−三甲基葡萄糖：

$$200-(2\times10)=180\ \mu\text{mol}$$

（2）1，6 连接的为分支点：

$$\frac{10}{200}\times100=5\%$$

（3）分支点残基数：

$$\frac{1.2\times10^{6}}{162}=7407\text{（葡萄糖总残基数）}$$

$$7407\times\frac{5}{100}=370$$

第二章　脂质和生物膜

1. （1）对。

（2）对。

（3）不对。甘油磷脂的醇是甘油，鞘磷脂的醇是鞘氨醇。

(4) 对。

(5) 不对。膜脂流动性除受脂肪酸链长短及不饱和程度影响外，还受胆固醇影响。

2. 一软脂酰二硬脂酰甘油酯的相对分子质量为 862，KOH 的相对分子质量为 56。每皂化 1 mol 需 3 mol KOH。皂化 852 g 甘油三酯需 56×3=168 g KOH。故

$$皂化值=\frac{168\times10^3}{862}=194.9$$

3. 由皂化值$=\frac{3\times56\times100}{Mr}=\frac{168000}{Mr}$

$$得相对分子质量：Mr=\frac{168000}{皂化值}=\frac{168000}{210}=800$$

$$碘值=\frac{吸收碘克数/\text{mole 油脂}}{Mr}\times100$$

$$吸收碘的克数/\text{mol}=\frac{碘值\times Mr}{100}=\frac{68\times800}{100}=544$$

I_2 的相对分子质量为 126.6×2=253.2，双键数：$\frac{544}{253.2}=2$。

4. 碘值$=\frac{0.05\times(24-11.5)\times\frac{127}{1000}}{80\times10^{-3}}\times100=99.22$。

5. 移到 37℃时，可以通过掺入带有长链脂肪酸的磷脂或带有饱和度更高的脂肪酸磷脂；移到 18℃时，则相反，掺入带有短链脂肪酸的磷脂或含有更多不饱和脂肪酸的磷脂，使膜回复到原来的最适流动性。

6. (1) 每 100 g 化合物中每种元素的克原子数为：

$$C=\frac{67.8}{12}=5.65，H=\frac{9.6}{1}=9.6，O=\frac{22.6}{16}=1.41$$

相对摩尔数：$C=\frac{5.65}{1.41}=4$，$H=\frac{9.6}{1.41}=6.8$，$O=\frac{1.41}{1.41}=1$

每种元素必须是整数，因此，最简单的实验式可能为：C_4H_7O。

但是，如果元素分析是十分准确的，则可用整数乘 4∶6. 8∶1 这个比值，直到所有数均为整数为止。比例中可用 5 乘，得到可能实验式：$C_{20}H_{34}O_5$。

(2) 该化合物的最小相对分子质量为 12×20+1×34+16×5=354。

7. 在三酰甘油分子中，如果三个脂肪酸基本相同，则甘油的第二个碳原子（β-碳）为不对称碳原子，则此时有旋光性，有构型；如果 R_1 和 R_3 相同，则 C_2 为非手性碳原子，则没有旋光性，也就没有构型。由此可见，简单甘油酯没有构型，混合甘油酯有构型。

8. 膜脂的流动性主要与下列因素有关：

(1) 膜脂本身的组成成分，不同脂质流动性有差异；

(2) 膜脂中脂肪酸链的长短，长链脂肪酸流动性小；

(3) 膜脂肪酸的饱和程度及异构体类型。不饱和程度高，流动性大，顺式构型可增加流动性；

(4) 胆固醇含量。胆固醇含量高，流动性小；

(5) 膜蛋白对膜脂的影响，二者的相互作用；

(6) 温度。温度升高，流动性增加。

第三章　蛋白质

1. (1) 不对。甘氨酸无构型。除甘氨酸外的其他氨基酸均为 L-型。

(2) 对。

(3) 不对。若 N-端为焦谷氨酸，C-端被酰胺化，也测不出末端。

(4) 不对。α-端旋有右手螺旋，也有左手螺旋。

(5) 不对。球状蛋白分子中局部区段也可出现β—折叠。

2. $-NH_3^+ \rightleftharpoons -NH_2 + H^+$

根据

$$pH=pK'+\lg\frac{〔质子受体〕}{〔质子供体〕}$$

$$9.5=10.5+\lg\frac{[-NH_2]}{[-NH_3^+]}$$

$$-1=\lg\frac{[-NH_2]}{[-NH_3^+]}$$

$$10^{-1}=\frac{[-NH_2]}{[-NH_3^+]} 或 \frac{[-NH_2]}{[-NH_3^+]}=\frac{1}{10}$$

因此，供出质子的该基团份数为：

$$\frac{10}{10+1}\times100\%=\frac{10}{11}\times100\%=91\%$$

即，在 pH9.5 时，$[-NH_3^+]$ 占 91%，$[-NH_2]$ 占 9%。

3. 洗脱顺序为 Asp→Gly→Leu→His。因为在阳离子交换柱上，氨基酸的洗脱顺序为酸性氨基酸→中性氨基酸→碱性氨基酸。Gly 和 Leu 均为中性氨基酸，但 Gly 的相对分子质量比 Leu 小，即 Gly 的极性比 Leu 大，流动相为极性，所以 Gly 比 Leu 先洗下来。

4. 在 pH1.9 时，4 种氨基酸均带正电荷，都向负极运动，由正极向负极的移动速度为 Lys>His>Gly>Glu，其电泳图谱见附图 A。

在 pH6.0 时，Glu 带负电荷，向正极移动；Gly 基本不动，处于原点；His 和 Lys 带正电荷，向负极移动。移动速度 Lys>His。电泳图谱见附图 B。

在 pH7.6 时，His 基本处于原点不动；Lys 带正电荷，向负极移动；Gly 和 Glu 均带负电荷，向正极移动，移动速度 Glu>Gly。电泳图谱见附图 C。

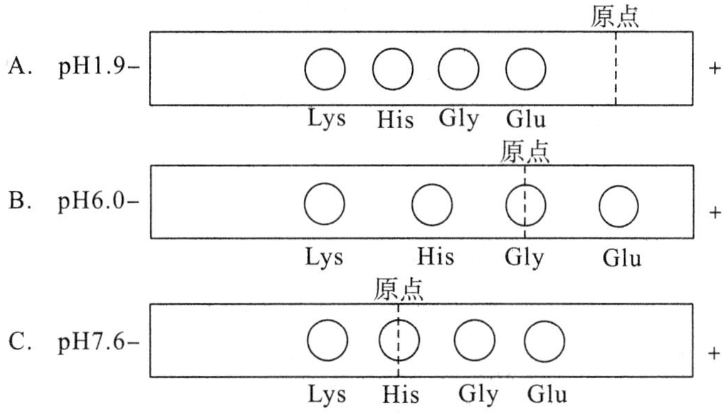

5. 设该氨基酸的分子式为 AA，在水溶液中将解离：

$$AA^+ \underset{}{\overset{2.4}{\rightleftharpoons}} AA^{\pm} \overset{9.7}{\rightleftharpoons} AA^-$$

结晶态为两性离子，当加到碱溶液中时将表现为弱酸，按下式解离：

$$AA^{\pm} \overset{9.7}{\rightleftharpoons} AA^- + H^+$$

由于最终溶液的 pH 值（10.4）与离解作用的 pK 值（9.7）相差仅在一个 pH 单位内，所加碱的量不足以完全中和这两性离子。由最终溶液的 pH 值决定了这两种离子的组成比例，按 Henderson-Hasselbalch 方程

$$pH=pKa+\lg\frac{〔质子受体〕}{〔质子供体〕}$$

所以

$$pH=9.7+\lg\frac{[AA^-]}{[AA^{\pm}]}$$

$$\lg\frac{[AA^-]}{[AA^\pm]}=10.4-9.7=0.7$$

查反对数得 $$\frac{[AA^-]}{[AA^\pm]}=5$$

由于 $$AA^\pm+[Na^+]\,OH^-\longrightarrow AA^-+Na^++H_2O$$

在最终溶液中〔AA^-〕恒等于所消耗的〔NaOH〕，即 0.1 mol/L

所以〔AA^-〕=0.1 mol/L

$$[AA^\pm]=\frac{[AA^-]}{5}=\frac{0.1}{5}=0.02\ \text{mol/L}$$

因此，当该氨基酸溶于 0.1 mol/L NaOH 溶液后

$$[总\ AA]=[AA^-]+[AA^\pm]=0.1+0.02=0.12\ \text{mol/L}$$

即 100 mL 的 0.12 mol/L 氨基酸溶液含有 1.068 g 氨基酸，所以

$$1\ \text{L 的 1 mol/L 溶液有}\ (1.068\times\frac{1000}{100}\times\frac{1}{0.12})\ \text{g}=89\ \text{g}$$

故该氨基酸的相对分子质量为 89。

假定该氨基酸的相对分子质量为 89，那么此值减去 α－碳上的化学式量即可确定 R 基。α－碳化学式量：－CH（NH_2）COOH 为 74，侧链 R 基为 89－74=15，为－CH_3。

所以，该氨基酸为丙氨酸；化学式为 CH_3·CH·（NH_2）·COOH。

6. 根据 Henderson-Hasselbalch 方程

$$pH=pKa+\lg\frac{[质子受体]}{[质子供体]}$$

$$Glu^+\xrightleftharpoons{2.19}Glu^\pm\xrightleftharpoons{4.25}Glu^-\xrightleftharpoons{9.67}Glu^{2-}\qquad pI=3.22$$

$$3.22=2.19+\lg\frac{[Glu^\pm]}{[Glu^+]}$$

$$3.22=4.25+\lg\frac{[Glu^-]}{[Glu^\pm]}$$

$$3.22=9.67+\lg\frac{[Glu^{2-}]}{[Glu^-]}$$

得 $\lg\frac{[Glu^\pm]}{[Glu^+]}=3.22-2.19=1.03$ ①

$\lg\frac{[Glu^-]}{[Glu^\pm]}=3.22-4.25=-1.03$ 即 $\frac{[Glu^\pm]}{[Glu^-]}=1.03$ ②

$\lg\frac{[Glu^{2-}]}{[Glu^-]}=3.22-9.67=-6.45$ 即 $\frac{[Glu^-]}{[Glu^{2-}]}=6.45$ ③

查反对数，1.03 的反对数为 10.7，6.45 的反对数为 2820000。

即 $\frac{[Glu^\pm]}{[Glu^+]}=10.7=\frac{[Glu^\pm]}{[Glu^-]}$ ∴〔Glu^+〕=〔Glu^-〕 ④

$\frac{[Glu^-]}{[Glu^{2-}]}=2820000$ ∴〔Glu^{2-}〕的浓度很小，可忽略。 ⑤

令〔Glu^+〕=x=〔Glu^-〕

因为溶液总离子浓度为 0.1 mol/L，即〔$Glu^\pm$〕+〔Glu^+〕+〔Glu^-〕=0.1 mol/L

所以 $$[Glu^\pm]=0.1-2x$$

代入④式 $$\frac{0.1-2x}{x}=10.7$$

$$0.1-2x=10.7x$$

$$0.1=12.7x$$

$$所以\ x=\frac{0.1}{12.7}=0.0078$$

故　$[Glu^+] = [Glu^-] = 7.8\times10^{-3}$ mol/L

$[Glu^\pm] = 0.1 - 0.0078\times2 = 8.4\times10^{-2}$ mol/L

在等电点时偶极离子占绝对优势，其浓度比正离子或负离子大一个数量级。

7. 根据 $pH = pKa + lg\frac{[碱]}{[酸]}$　$Gly^+ \rightleftharpoons Gly^\pm \rightleftharpoons Gly^-$　当加入 0.3 mol HCl 时，即有 0.3 mol 的 $[H^+]$ 中和 0.3 mol $Gly^\pm$，使其转变为 Gly^+。

所以
$$pH = pKa_1 + lg\frac{[Gly^\pm]}{[Gly^+]}$$
$$= 2.34 + lg\frac{(1-0.3)}{0.3}$$
$$= 2.34 + 0.37 = 2.71$$

当加入 0.3 mol NaOH 时，即有 0.3 mol 的 $Gly^\pm$ 转变为 Gly^-。

所以
$$pH = pKa_2 + lg\frac{[Gly^-]}{[Gly^\pm]}$$
$$= 9.6 + lg\frac{0.3}{(1-0.3)}$$
$$= 9.6 + (-0.37) = 9.23$$

8. 根据条件①，知此六肽的 N—末端为 Val；由②知 C—末端为 Phe；由③知经胰蛋白酶水解后所得的二肽和三肽的 C—端为 Arg；由条件④溴化氰从此六肽的中间断裂，靠近 N—端的三肽含 Met。据此，可推断出该六肽的氨基酸顺序为

H • Val • Arg • Met • Ala • Arg • Phe • OH。

9. 此四肽的氨基酸顺序为：H • Tyr • Arg • Met • Pro • OH（或 Hyp）。

10. 浓溶液含钼为$\frac{10.56\times10^{-6}\text{ g Mo/mL}}{95.94\text{ g/mol Mo}} = 1.1\times10^{-7}$ mol Mo/mL

$\varepsilon^{0.1\%}$是 1 mg 蛋白/mL 溶液的吸收值。浓溶液的吸收值 A 为

$$50\times0.375 = 18.75$$

$$C\text{ mg/mL} = \frac{A}{\varepsilon^{0.1\%}\times1}$$

所以
$$C = \frac{18.75}{1.5} = 12.5\text{ mg/mL}$$

最小分子质量是含有 1 个钼原子时的相对分子质量。

$$\frac{12.5\times10^{-3}\text{ g 蛋白}}{10.56\times10^{-6}\text{ g Mo}} = \frac{Mr}{95.94\text{g Mo}}$$

$$\frac{Mr}{1\text{ mol Mo}} = \frac{12.5\times10^{-3}\text{ g 蛋白}}{1.1\times10^{-7}\text{mol Mo}}$$

$$M_{(最小)} \cong 113600$$

11. Leu 的相对分子质量为 131.2，Trp 的相对分子质量为 204.2。

依 Leu 计算 Mr：

$$10^{-3}\text{g 蛋白}：58.1\times10^{-6}\text{g Leu} = Mr：131.2$$

$$Mr_{(最小)} = \frac{10^{-3}\times131.2}{58.1\times10^{-6}} = 2258$$

依 Trp 计算 Mr：

$$10^{-3}\text{g 蛋白}：36.2\times10^{-6}\text{g Trp} = Mr：204.2$$

$$Mr_{(最小)} = \frac{10^{-3}\times204.2}{36.2\times10^{-6}} = 5641$$

以上两种计算都是假定一分子蛋白质中只有一个 Leu 和一个 Trp 残基。Leu/Trp 的摩尔比值为：

$$\frac{58.1/131.2}{36.2/204.2} = \frac{0.443}{0.177} = \frac{2.5}{1}$$

在一个蛋白质分子中每种氨基酸残基的数目必须是整数。因此，实际比值为 5∶2。也就是实际的最小相对分子质量为含有 5 个 Leu 和 2 个 Trp 残基的质量。即

$$5\times2258=11290$$

$$2\times5641=11282$$

12. 该蛋白质分子所含氨基酸总数为：$\frac{250000}{100}=2500$。设在整个分子中构成 α－螺旋的氨基酸残基数为 x，构成 β－折叠的氨基残基数为 y。

则 $\begin{cases}1.5x+3.5y=5500 & ① \\ x+y=2500 & ②\end{cases}$

由②式 $y=2500-x$ 代入①式

$$1.5x+3.5(2500-x)=5500$$

$$x=1625 \quad y=2500-1625=875$$

α－螺旋：$1625\times1.5=2437.5$，$\frac{2437.5}{5500}\times100\%=44.3\%$

β－折叠：$875\times3.5=3062.5$ $\frac{3062.5}{5500}\times100\%=55.7\%$

第四章 核酸化学

1. (1) 不对。真核细胞线粒体 DNA、叶绿体 DNA 等也是环状的，原核细胞 DNA 也有线状的。
   (2) 对。
   (3) 不对。DNA 不能被稀碱水解，因为脱氧核糖 2′一位没有羟基，不能形成环状中间物。
   (4) 对。
   (5) 不对。分离大片段应用低浓度胶，分离小片段应用高浓度胶。

2. dT 脱氧胸腺嘧啶核苷；CTP 三磷酸胞苷；m^6A N^6－甲基腺苷；$m_3^{2,2,7}G$ N^2，N^2，N^7－三甲基鸟苷；φ 假尿嘧啶核苷；m^1I 1－甲基次黄嘌呤核苷（1－甲基肌苷）；ppG 5′－二磷酸鸟苷；ppGpp 5′－二磷酸－3′－二磷酸鸟苷；pGpTp 3′－磷酸鸟嘌呤胸腺嘧啶二核苷酸。

3. 根据 $C=\frac{A}{\varepsilon\cdot L}$（L 通常为 1 cm），

$$样品中含核苷酸量=\frac{1.29}{6.65\times10^3}\times340=0.06593\ (mg)$$

用于测定的样品量为 $\frac{500}{50}\times\frac{0.1}{10}=0.1\ (mg)$

故 样品纯度为$\frac{0.06593}{0.1}\times100\%=65.93\%$

4. Ade 为 23.3%，则 Thy 也为 23.3%，$Cyt=Gua=\frac{100-23.3\times2}{2}=26.7\%$

大肠杆菌 $(G+C)\%=(88-69.3)\times2.44=45.6\%$

则 $(T+A)\%=(100-45.6)\times\%=54.4\%$

故 $G=C=22.8\%$，$A=T=27.2\%$

5. 第一步：用 RNase T_1 降解

$$UG_{\uparrow}ACG_{\uparrow}AAp\xrightarrow{RNase\ T_1}UGp+ACGp+AAp$$

分别用碱水解 3 个产物，知其各片段的组成。由于 RNase T_1 作用产物的 3′－末端为 Gp，故知 AAp 一定是整个片段的 3′－末端。

第二步：用 RNase A 降解

$$U_{\uparrow} GAC_{\uparrow} GAAp \xrightarrow{RNase\ A} Up+GACp+GAAp$$

如果序列为 $GAC_{\uparrow} U_{\uparrow} GAAp$，用 RNase A 作用后会得到与上相同的 3 个产物。因此需判定 U 的位置，是在 5′端，还是在中间。

由 RNase T_1 作用产物为两个二核苷酸（UGp，AAp）和 1 个三核苷酸。若排列为 GACUGAA，则 RNase T_1 产物为 Gp+ACUGp+AAp，产生 1 个四核苷酸，这与实验结果不符，故知 U 在 5′－末端，而不是处于中间。整个片段 5′端为 UG。

中间一个片段 ACG，尚须分析 A 与 C 的顺序，两种可能：ACG 或 CAG。若是后者，即序列为 UGCAGAA，但这样一个序列的 RNase A 降解产物为 Up+GCp+AGAAp，这也是与实验事实不符的，故应为 ACG。所以，全片段顺序为

5′UGACGAAp3′

6. 该 DNA 的碱基对数：$\frac{3\times10^7}{618}=48544$ bp，双螺旋数：$\frac{48544}{10}=4854$

7. （1）RNase A 产物：ApGpGpCp+ApApCp+Up+G
   （2）RNase T_1 产物：ApGp+Gp+CpUpApApCpG
   （3）RNase U_2 产物：CpUpAp+2Gp+2Ap+CpG
   （4）VPDase 产物：3pG+2pA+2pC+pU+A
   （5）SPDase 产物：3Ap+2Gp+2Cp+Up+G

8. 根据 A=CεL，并且在某一波长下各碱基的吸收具有加和性。

$$\begin{cases} A_{260}=\varepsilon_{260}^{A}\cdot C_A+\varepsilon_{260}^{G}\cdot C_G & （C_A\text{ 为 AMP 的浓度} \\ A_{280}=\varepsilon_{280}^{A}\cdot C_A+\varepsilon_{280}^{G}\cdot C_G & C_G\text{ 为 GMP 的浓度）} \end{cases}$$

$$\begin{cases} 0.752=13.0\times10^3\cdot C_A+8.0\times10^3\cdot C_G & ① \\ 0.312=2.5\times10\cdot C_A+7.7\times10^3\cdot C_G & ② \end{cases}$$

由①式 $$C_G=\frac{0.000752-13C_A}{8}=0.000094-1.625\ C_A \quad ③$$

将③式代入②式 $0.000312=2.5\times C_A+7.7\times（0.000094-1.625C_A）$

$0.000312=2.5\times C_A+0.000724-12.5C_A$

$10C_A=0.000412$

$C_A=0.0000412=4.12\times10^{-5}$（mol/L）（或 41 μmol/L）

代入③式 $C_G=0.000094-1.625\times0.0000412=0.000027$（mol/L）

$=2.7\times10^{-5}$（mol/L）（或 27 μmol/L）。

9. ApGpCpUpApGpGpUpApUpUpGpApUpUpA。

第五章 酶学

1. （1）对。
   （2）不对。酶促反应的初速度与底物浓度有关，而且与底物浓度的增加成正比。
   （3）不对。只有在 k_2 远大于 k_3，即 k_3 可忽略时 Km 才近似地等于 Ks。不能笼统地认为 Km 就等于 Ks。
   （4）对。
   （5）不对。竞争性抑制剂只能同游离酶结合，因为它同底物“争夺”活性中心。

2. 每克淀粉酶制剂的活力单位数：

$$\frac{0.25}{5}\times60\times\frac{1000}{0.5}=6000\text{（U/g 酶制剂）}$$

3. ①1 mL 酶液中所含蛋白质量为：

$$\frac{0.2}{2}\times 6.25=0.625\ (\text{mg 蛋白/mL 酶液})$$

含活力单位：

$$\frac{1500}{60}\times\frac{1}{0.1}=250\ (\text{U/mL 酶液})$$

②比活力

$$\frac{250}{0.625}=400\ \text{U/mg 蛋白，或}\frac{250}{0.1}=2500\ \text{U/mg 蛋白氮}$$

③1 g 酶制剂总蛋白量：

$$0.625\times 1000=625\ \text{mg}=0.625\ \text{g}$$

总活力：

$$250\times 1000=250000\ (\text{U/g 酶制剂})$$

4. ①首先计算酶制剂的浓度：

$$[E]=42\ \text{U/mg 蛋白}\times 12\ \text{mg 蛋白/mL}=504\ \text{U/mL}$$

两个不同酶制剂含量的反应速度分别为：

含 20 μL 酶制剂：504 U/mL×0.02 mL=10.08 U

$v=10.08\ \mu\text{mol/mL}\cdot\text{min}$

含 5 μL 酶制剂：504 U/mL×0.005 mL=2.52 U

$$v=2.52\ \mu\text{mol/mL}\cdot\text{min}$$

②在一般情况下，酶制剂都应当稀释，以便在实验中底物不被过分消耗。例如，在 10 min 内，1 mL 反应液内含 5 μL 酶制剂，消耗的底物为：

$$\begin{aligned}[S]&=2.52\ \mu\text{mol/mL}\cdot\text{min}\times 10\ \text{min}\\&=2.52\times 10^{-3}\ \text{m mol/mL}\cdot\text{min}\times 10\ \text{min}\\&=2.52\times 10^{-2}\text{m mol/mL}\\&=2.52\times 10^{-2}\text{mol/L}\end{aligned}$$

为了保证底物的消耗低于 5%，必须使 [S] >0.5 mol/L

5.

$$K_s=\frac{k_2}{k_1}=\frac{1\times 10^2\cdot s^{-1}}{1\times 10^7\ \text{mol}\cdot s^{-1}}=1\times 10^{-5}\ \text{mol}\cdot L^{-1}$$

$$K_m=\frac{k_2+k_3}{k_2}=\frac{(1\times 10^2\cdot s^{-1})+(3\times 10^2\cdot s^{-1})}{1\times 10^7\ \text{mol}\cdot L^{-1}\cdot s^{-1}}$$

$$=\frac{4\times 10^2\cdot s^{-1}}{1\times 10^7\ \text{mol}\cdot L^{-1}\cdot s^{-1}}=4\times 10^{-5}\ \text{mol}\cdot L^{-1}$$

6. 粗提取液含：

$$\frac{0.14\ \mu\text{mol/min}}{0.01\ \text{mL}}=14\ \mu\text{mol/mL}\cdot\text{min}=14\ \text{U/mL}$$

$$14\ \text{U/ml}\times 50\ \text{mL}=700\ \text{U}\ (\text{总活力})$$

$$32\ \text{mg 蛋白/mL}\times 50\ \text{mL}=1600\ \text{mg}\ (\text{总蛋白})$$

粗提取液的比活力为：

$$\frac{14\ \text{U/ml}}{32\ \text{mg 蛋白/mL}}=0.4375\ \text{U/mg 蛋白质}$$

提纯成分含：

$$\frac{0.65\ \mu\ \text{mol/min}}{0.01\ \text{mL}}=65\ \text{U/mL}$$

$$65\ \text{U/mL}\times 10\ \text{mL}=650\ \text{U}$$

$$50\ \text{mg 蛋白/mL}\times 10\ \text{mL}=500\ \text{mg 蛋白}$$

提纯成分的比活力为：

$$\frac{65\ \text{U/mL}}{50\ \text{mg 蛋白/mL}}=1.30\ \text{U/mg 蛋白}$$

$$①回收率=\frac{提纯成分中总单位数}{粗提取液中总单位数}\times 100\%=\frac{650}{700}\times 100\%=92.86\%$$

$$②提纯倍数=\frac{提纯成分的比活}{粗提取液的比活}=\frac{1.30}{0.4375}=2.97倍$$

7. 这是因为：①His 的侧链基团是含 N 的咪唑基，它是一个较强的亲核基团，可产生共价催化；②咪唑基可进行广义的酸碱催化，因为在生理条件下（近中性），由于咪唑基的 pK′a 为 6.0，所以在体内它既可作为广义酸催化，也可作广义碱催化。特别是有些酶的活性中心有两个 His，往往起酸碱催化作用，一个起碱催化作用，一个起酸催化作用，催化效率更高；③咪唑基提供质子或接受质子的速度快，而且二者速度近乎相等，这为质子的传递提供了十分有利的条件。

8. 由表 5-7 知，作为蔗糖酶的底物，其 K_m 值棉子糖比蔗糖差不多大 12.5 倍，因此，蔗糖是蔗糖酶的最适底物。胰凝乳蛋白酶的三种底物中，N-苯甲酰酪氨酰胺的 K_m 值最小，所以，它是胰凝乳蛋白酶的最适底物。

第六章　维生素和辅酶

1. (1) 对。

(2) 不对。某些微生物也可产生维生素供人体需要，如肠道细菌。

(3) 对。

(4) 对。

(5) 不对。人体缺乏维生素 PP，易得癞皮病。脚气病是因缺乏 B_1 所致。

2. 恶性贫血，或称巨幼红细胞贫血，是因为缺乏叶酸和 B_{12} 引起。缺乏叶酸引起贫血原因有二：①叶酸缺乏时，一碳基团代谢障碍，DNA 合成被抑制，骨髓幼红细胞 DNA 合成降低，细胞分裂速度减慢，细胞体积增大，造成贫血；②叶酸缺乏，不能正常合成甘氨酸，从而不能正常合成卟啉，进一步影响合成血红素。维 B_{12} 缺乏时，一碳基团 $N^5-CH_3\cdot FH_4$ 的甲基不能转移，这样一方面影响蛋氨酸的合成，另一方面 FH_4 不能再生，影响 DNA 合成，影响细胞分裂，造成贫血。

3. 脱氢酶的辅酶有 NAD、NADP、FMN 和 FAD。前二者由维生素 PP 转化，后二者由维生素 B_2 转化。

4. 泛酸是 CoA 和 ACP（酰基载体蛋白）的组成成分，因此，缺乏泛酸时，CoA 及 ACP 缺乏，从而妨碍脂代谢、糖代谢和某些氨基酸代谢。①对脂代谢的影响：脂肪酸分解时各中间物均以 CoA 为载体，脂肪酸合成时以 ACP 为载体，因此，泛酸缺乏时，脂肪酸的分解代谢与合成代谢均受阻。②对糖代谢的影响：糖分解代谢的某些反应需要 CoA，如丙酮酸转变为乙酰 CoA，α-酮戊二酸转变为琥珀酰 CoA 等。③对氨基酸代谢的影响：生酮氨基酸和生糖兼生酮氨基酸分解时最终均有乙酰 CoA 生成，需 CoA 参与。

5. 可用稀释或透析法。将酶液稀释后再透析，若透析后失去活性（或活性降低），则金属离子为激活剂。或加入金属螯合剂（如 EDTA），失去活性，则为激活剂。

第七章　激素化学

1. (1) 对。

(2) 对。

(3) 不对。甲状腺素是在甲状腺蛋白分子上形成的，不是游离酪氨酸直接碘化形成。

(4) 对。

(5) 对。

2. 化学本质为蛋白质的激素有：生长激素、促甲状腺素、催乳素、卵泡刺激素、促黄体生成素、胰岛素、促肠液素、促绒毛膜性腺激素、耻骨松弛素等。

氨基酸衍生物激素有：甲状腺素、肾上腺素、去甲肾上腺素、退黑激素等。

3. 参与维持血糖的激素有：胰岛素（促进糖原合成，血糖降低），肾上腺素和胰高血糖素（促进糖原分解，抑制糖原合成，血糖升高）、生长素（血糖升高）、甲状腺素（促进糖异生及糖原分解，血糖升高）、糖皮质激素（促进糖异生，血糖升高）。此外，调节这些激素分泌的相关激素，如促甲状腺素、促甲状腺素释放激素、ACTH、生长素释放（及抑制）激素等也与血糖调节有关。

4. 生长素释放激素的前体是氨基酸，雄素二酮的前体是睾酮，前列腺素的前体是磷脂，甲状腺素的前体是甲状腺球蛋白中的酪氨酸，雌素二醇的前体是孕酮，肾上腺皮质激素的前体是胆固醇。

第八章　生物氧化

1. （1）不对。不需氧脱氢酶是不以氧为直接受体，整个途径仍需氧参加。

（2）对。

（3）不对。ATP 只是通用的能量转换物质，而非能量储存物质。

（4）对。

（5）不对。CO 抑制细胞色素氧化酶，物质不能氧化，P/O 值为零。

2.

$$\Delta G^{\circ\prime}=-RT\ln\frac{[B]}{[A]}$$

$$\begin{aligned}\Delta G^{\circ\prime}&=-1.364\ \lg\frac{[G-6-P]}{[G-1-P]}\\&=-1.364\ \lg\frac{0.020-0.001}{0.001}\\&=-1.364\ \lg 19\\&=-1.745\ \text{kcal}\cdot\text{mol}^{-1}\ (\text{或}\ 7.3\text{kJ}\cdot\text{mol}^{-1})。\end{aligned}$$

3. 由 $\Delta G=\Delta G^{\circ\prime}+RT\ln\frac{[B]}{[A]}$

$$\Delta G^{\circ\prime}=-1.364\ \lg K_{eq}=-1.364\ \lg 250000=-7.363\ \text{kcal}\cdot\text{mol}^{-1}$$

所以 $\Delta G=(-7.363)+2.303\times1.987\times10^{-3}\times(273+37)\ \lg\frac{0.005\times0.005}{0.002}$

$$\begin{aligned}&=(-7.363)+1.1419\ \lg 0.0125\\&=-7.363-2.700\\&=-10.063\ \text{kcal}\cdot\text{mol}^{-1}\ (\text{或}\ 42.1\ \text{kJ}\cdot\text{mol}^{-1})\end{aligned}$$

4. （1）$\Delta E_0'=-0.19-(-0.32)=0.13$　可按箭头方向进行。

（2）$\Delta E_0'=-0.67-(-0.32)=-0.35$　不能按箭头方向进行。

（3）$\Delta E_0'=-0.03-(-0.58)=0.55$　可按箭头方向进行。

（4）$\Delta E_0'=-0.19-(-0.34)=0.15$　可按箭头方向进行。

（5）$\Delta E_0'=-0.19-(-0.17)=-0.02$　不能按箭头方向进行。

5. 氧化磷酸化效率：$\frac{3\times41.84}{217.57}\times100\%=58\%$

基础代谢能量用于产生 ATP 的数值：$10460\times58\%=6066.8$ kJ

成人每天合成 ATP 的量为：$\frac{6066.8}{41.84}\times510=73950=74$ kg

6. 从上至下依次为：2.5，1.5，1.5，0，0。

第九章　糖代谢

1. （1）对。

（2）不对。有少数是可逆反应，如磷酸甘油酸激酶催化的反应。

（3）不对。是来自葡萄糖的 C_3 和 C_4。

（4）对。

（5）不对。产生 145 mol ATP，因为 5 mol 葡萄糖转变成 G－6－P，消耗 5 mol。

2. 蔗糖的 mol 数为$\frac{1710}{342}$=5 mol，因此可产生 5 mol 葡萄糖和 5 mol 果糖。果糖分解产生 ATP 数和葡萄糖一样，即相当于 10 mol 葡萄糖。

故产生 ATP 数：　$32\times10=320$ mol

产生 CO：　$6\times10=60$ mol

3. 实际用于发酵的葡萄糖量为：

$$5000\times\frac{40}{100}\times\frac{90}{100}=1800\ \text{kg}$$

可产乙醇量：　$\frac{1800}{180}\times2=20$ k mol 即 $20\times46=920$ kg

$$\frac{920}{0.789}=1166\ 升$$

产 ATP 数：因每 mol 葡萄糖转变为乙醇产 ATP 2 mol。

所以　$\frac{1800000}{180}\times2=20000$ mol。

4. 1 mol 乳酸完全氧化可生成 15 mol ATP。1 mol 完全分解的自由能变化为$\frac{2870-196.6}{2}$=1336.7 kJ

$$贮能效率：\frac{15\times30.54}{1336.7}\times100\%=34\%$$

2 mol 乳酸转化成 1 mol 葡萄糖，需消耗 6 mol ATP。

5. 乳酸分子的羧基碳原子带放射性标记。在通氧气情况下，乳酸将被彻底分解，丙酮酸氧化脱羧产生的 CO_2 将带有标记。

6.
$$\Delta G^{\circ\prime}=-RT\ln Keq$$

$$\Delta G^{\circ\prime}=-220.5+(-56.7)-(-279.2)$$

$$=2\ \text{kcal}\cdot\text{mol}^{-1}$$

$$2=-RT\ln Keq$$

$$Keq=0.035$$

根据
$$Keq=\frac{〔顺乌头酸〕}{〔柠檬酸〕}$$

$$0.035=\frac{0.4}{〔柠檬酸〕}$$

所以
$$〔柠檬酸〕=\frac{0.4}{0.035}=11.4\ \text{m mol/L}$$

7. （1）1 mol 棉子糖相当于 3 mol 葡萄糖，所以：

产 ATP 96 mol，CO_2 18 mol。

（2）磷酸二羟丙酮：产 ATP 17 mol，CO_2 3 mol。

（3）丙酮酸：　产 ATP 12.5 mol，CO_2 3 mol。

（4）琥珀酸：　产 ATP 16.5 mol，CO_2 4 mol。

（5）核糖：　产 ATP 24（或 27）mol，CO_2 5 mol。

附录

第十章 光合作用

1. (1) 不对。有的光养细菌光合作用不放 O_2。

(2) 不对。暗反应在光下也可进行。

(3) 对。

(4) 不对。C_4 植物既具有 C_4 循环途径，也具有 C_3 循环途径。

(5) 对。

2. 光合作用是绿色植物和光养细菌吸收光能并利用 CO_2 和水，经过复杂光化学和酶化学变化合成糖并释放氧气的过程。

光合磷酸化与氧化磷酸化的相同点：都是 ATP 合成机制；都是通过电子传递释放能量；都需 ATP 酶；都需要特异的生物膜装置。

不同点：光合磷酸化的能量来自光能，氧化磷酸化则来自有机物氧化分解所释放的化学能；光合磷酸化在叶绿体中进行，氧化磷酸化在线粒体中进行。

光合链和呼吸链都是由递电子体按一定顺序排列构成的，而且它们的一些成员十分相似，如细胞色素类、醌类等，这些成分都与蛋白质结合，传递电子都是通过自身的氧化还原等。但它们在细胞内处于不同的部位：光合链位于叶绿体类囊体膜，呼吸链位于线粒体内膜，而且二者与 ATP 酶偶联的方式也不完全相同。

3. 光反应的主要产物是 ATP、NADPH 和 O_2，暗反应的主要产的是 3－磷酸甘油醛。

4. 波长为 700 nm 的光能为

$$E=\frac{11.9\times10^4}{\lambda}=\frac{11.9\times10^4}{700}=170\ \text{kJ/爱因斯坦}$$

用于 ATP 合成的 $5\times170\times41\%=348.5$ kJ/爱因斯坦，每合成 1 mol ATP 以耗能 30.5 kJ 计，则可合成

$$\frac{348.5}{30.5}=11.4\ \text{mol ATP}$$

5. PSI 吸收的光使可转移电子的能量由 $E_0'=+0.4$ V 提高到 -0.6 V，$\triangle E_0'=-1.0$ V。在标准状况下，其自由能变化为：

$$\Delta G^{\circ\prime}=-nF\Delta E_0'=-(1)(23\ \text{kcal/V·mol})(-1.0\ \text{V})$$
$$=23\ \text{kcal/mol 电子（即 96.2 kJ/mol 电子）}$$

在波长 700 nm 时的光能为 170 kJ/爱因斯坦（见上题）。吸收 1 mol 光子（即 1 爱因斯担）可产生 1 mol 激发态电子。故

$$\frac{96.2}{170}\times100\%=56.6\%$$

第十一章 脂质代谢

1. (1) 不对。除乙酰 CoA 外，还有 ATP 产生（$FADH_2$ 及 NADH）。

(2) 对。

(3) 对。

(4) 对。

(5) 不对。除羧化消耗 ATP 外，乙酰 CoA 从线粒体内转移到线粒体外，再由柠檬裂解酶催化分解，也需消耗 ATP。

2. 脂肪氧化主要是脂肪酸氧化分解，产生比葡萄糖分解多得多的 ATP。由 ADP 和 Pi 每生成 1 分子 ATP，即有 1 分子水生成，所以脂肪氧化中在生成 ATP 的同时，也产生大量的水，称为内源性水，这也是

一些陆生动物（如骆驼）在干旱情况下，由其储存脂肪的分解同时获得生理需要的内源性水的一种重要途径。

3. 因在脂肪酸合成中，仅在开始时需乙酰 CoA 作“引物”，以后均是丙二酸单酰 CoA 掺入，因此，在合成的软脂酸中 15、16 两个碳是被标记的。

4. 1 分子三软脂酰甘油酯含 3 分子软脂酸和 1 分子甘油。1 分子软脂酸完全氧化分解产生 106 分子 ATP（7 次 β－氧化产生 $4\times7=28$ 个 ATP，产生 8 个乙酸 CoA，即 $10\times8=80$ 个 ATP，减去活化时消耗的 2 个高能键），1 分子甘油完全氧化产生 19.5 分子 ATP。故 1 mol 三软脂酰甘油酯完全氧化，

产生 ATP： $106\times3+19.5=337.5$

产生 CO_2： $16\times3+3=51$ mol

用软脂酸和甘油来合成脂肪时，均需先活化。1 mol 软脂酸活化生成软脂酰 CoA 需 2 mol ATP，1 mol 甘油活化为 α－磷酸甘油需 1 mol ATP。所以，由 3 mol 软脂酸和 1 mol 甘油合成 1 mol 三软脂酰甘油酯共消耗 ATP $3\times2+1=7$ mol

5. 产生 ATP：$2.5+4+2.5+10\times4=49$ mol

6. 合成 1 mol 己酸需 3 mol 乙酰 CoA。1 mol 乙酰 CoA 通过丙酮酸－柠檬酸循环由线粒体内转移到胞浆，需消耗 1 molATP（柠檬酸裂解酶催化），3 mol 乙酰 CoA 转移需 3 mol ATP。在合成中，每掺入 1 mol 乙酰 CoA 需 1 mol ATP（羧化）及 2 mol NADPH，合成己酸需两个乙酰 CoA 羧化，两次循环，因此需 2 mol ATP 和 4 mol NADPH。

3 mol 乙酰 CoA 转运并用于合成己酸，需消耗：

ATP：$1\times3+2=5$ mol，NADPH：4 mol

在线粒体内丙酮酸氧化脱羧成乙酰 CoA 时，产生 3 个 NADH，折合 9 mol ATP，另需 3 mol 丙酮酸羧化（图 11－8）成草酰乙酸，消耗 ATP 3 mol。所以线粒体内净生成 6 mol ATP。

由丙酮酸合成己酸：

ATP：$6-5=1$ mol（净生成）

消耗 NADPH：4 mol。

第十二章　蛋白质的降解和氨基酸代谢

1. （1）不对。非必需氨基酸对机体也是必不可少的，只是体内可合成，可由必需氨基酸转化。

（2）不对。在体内基本上只有 L－谷氨酸能进行氧化脱氨。

（3）对。

（4）对。

（5）对。

2. 由于 1.0 g 蛋白质可产生 0.16 g 脲，则 27 g 脲相当于 $(27\times1)/0.16=168.75$ g 蛋白质。

因为 1.0 g 蛋白质获能 23.4 kJ，则 $23.4\times168.75=3948.75$ kJ

所以蛋白质供能占的百分率为 $\frac{3948.75}{1.2\times10^4}\times100\%=32.9\%$。

3. 丙氨酸首先由谷丙转氨酶催化，与 α－酮戊二酸转氨生成丙酮酸和谷氨酸。谷氨酸由 L－谷氨酸脱氢酶催化产生 NH_3，同时 α－酮戊二酸再生。丙酮酸进入三羧酸循环被彻底氧化。NH_3 通过鸟氨酸循环生成脲。

1 mol 丙氨酸通过上述途径生成 1 mol 丙酮酸、1 mol NH_3 和 1 mol NADH（谷氨酸氧化脱氨）。1 mol 丙酮酸完全氧化生成 12.5 mol ATP，因此共生成 15 mol ATP。生成脲中的一个氨基来自 NH_3，消耗 2 mol ATP。因此，1 mol 丙氨酸完全分解产生 $15-2=13$ mol ATP。

4. 分解　葡萄糖：$32/6=5.3$（或 $30/6=5$）

丁酸：$(4+10\times2-2)\div4=5.5$

附录

丙氨酸：13/3=4.3

合成　葡萄糖：消耗 6 mol ATP，2 mol NADH。

丁酸：丙酮酸通过柠檬酸穿透线粒体膜。4 个丙酮酸转变成 2 个乙酰 CoA 和 2 个草酰乙酸，后者再转到线粒体内（通过丙酮酸羧化）（图 11－8）。

消耗 ATP：2+2+1=5，产生 2 mol NADH，消耗 2 mol NADPH。丙氨酸：不消耗 ATP 及 NADH（转氨）。

5. 大多数转氨酶催化反应的这一性质能够保证把不同氨基酸上的 α－氨基汇集到谷氨酸上。谷氨酸或是在谷草转氨酶（GOT）的作用下生成天门冬氨酸，天门冬氨酸进入鸟氨酸循环，参与尿素的生成；或是通过谷氨酸脱氢酶的催化脱去氨基，脱下的氨也参与尿素的合成。所以，转氨酶催化反应的这一性质，很好地解决了氨的去向。

6. 氨基甲酰磷酸既是尿素合成的前体（线粒体内），也是嘧啶核苷酸合成的前体（胞浆中）。前者的功能是移除氨，后者的功能是利用谷氨酰胺作为氮源合成多种生物分子，为了便于降解与合成的调节，而选择了两种酶来催化，一种参与分解代谢，一种参与合成代谢。

第十三章　NDA 的生物合成

1. （1）对。

（2）对。

（3）不对。DNA 连接酶只能连接双链中一条链的缺口，单链缺口不能连接。

（4）不对。UTP 不能作为 DNA 聚合酶的正常底物。

（5）不对。反转录 RNA 病毒受放线菌素 D 的抑制。

2. 16 μm/min 相当于复制所得 DNA 片段长 $16\times10^{-6}\times60\times5=4.8\times10^{-3}$ m/h，5h 时间间隔复制出完整的 DNA 分子应有的复制子数为

$$\frac{1.2}{4.8\times10^{-3}}=250\text{ 个}$$

3. 因为 DNA 的螺距为 3.4 nm，或 3.4×10^{-3} μm 旋转一圈，所以 1300 μm 相当于 $1300/3.4\times10^{-3}=3.8\times10^{5}$ 个螺旋。所有这些螺旋在复制一轮过程中都必须被解旋。如果复制一轮需要 38 min，那么单个 DNA 转环就必须以每分钟 10000 转的速度旋转。

4. 子代 DNA 带相当于 ^{15}N－DNA 和 ^{14}N－DNA 带的位置反映出它的 ^{15}N 和 ^{14}N 的含量。如果 DNA 的复制是全保留的，那么在一次增殖后，一半的子代 DNA 由 ^{15}－DNA 构成，另一半则为 ^{14}N－DNA。也就是说，应该有两条子代 DNA 带，一条与亲代 ^{15}N－DNA 的位置相同，另一条与 ^{14}N－DNA 的位置相同。

5. （1）$\frac{1.4\times10^{6}}{3.4\times40\times2}=\frac{1.4\times10^{6}}{272}=5147$ 轮/分钟

（2）在所有营养条件下，在固定的温度下，复制叉移动速度保持相当的恒定。因此，当大肠杆菌每 20 分钟完成一次分裂时，复制叉仍以 5147 轮/分钟（或 51470bp/分钟）的速度向前移动。但是，DNA 复制的速度是可以改变的。因为 DNA 复制的总速度由 *ori*C 起始的频率决定。当大肠杆菌在营养丰富的培养基中生长时，为了加快复制，当第一轮复制进行到一半时，第二轮复制便在子代起始区（点）上又开始了。由于复制是在两个复制叉上同时进行的，所以第二轮复制的起始，导致产生了四个新的复制叉，加上第一轮复制产生的两个复制叉，总共存在六个复制叉。这就导致多复制叉染色体（multiforked chromosome）的形成。注意，一个多复制叉染色体至少含有 4 个 *ori*C 拷贝。第一轮复制完成（约 40 分钟）并分裂成两个子细胞时，每个子细胞所含的染色体已经复制了一半，其后每个子细胞完成一次分裂就只需 20 分钟。

（3）为了保持正常的复制速度，就必须有某种机制将解链产生的正超螺旋解除。已知拓扑异构酶（gyrase）能在靠近复制叉的头部使一条链瞬间断开。这样，当解链时，只有完整 DNA 双螺旋的一短片段需要转动。断开的链以完整的单链作为转轴，旋转几圈将正超螺旋解除之后，断裂处重新接上，复制叉可

以继续向前推移。

第十四章　RNA的生物合成

1. (1) 对。

(2) 对。

(3) 对。

(4) 不对。转录的终止子是固定不变的。

(5) 不对。少数tRNA是含在rRNA前体之中，经加工后才生成成熟tRNA。

2. 按照Chargaff定则，DNA的碱基组成中A=T，G=C，因此如果以DNA两条链为模板合成RNA（对称转录），则转录产生的两条RNA也是互补链，其碱基组成应为A=U，G=C。否则为不对称转录。

据此，DNA甲为对称转录，DNA乙为不对称转录。

3. ΦX174为单链DNA噬菌体，其基因组为正链，转录前先合成一互补负链，然后再以负链为模板合成mRNA，因此，合成的RNA其碱基组成应与基因组正链DNA是一样的。即Ade，21%；Gua，29%，Cyt，26%，Ura，24%。

4. 复制产物应与基因组完全一样，而且加倍。即

2　5′ ATGTACTTGACG 3′

转录时以负链为模板，转录产物与正链一样，只是U代替T，即

5′ AUGUACUUGACG 3′

5. (1) 为原核DNA病毒，即DNA噬菌体。

(2) 为RNA病毒（包括RNA噬菌体）。

(3) 为真核DNA病毒或反转录RNA病毒。

6. 在mRNA合成时，无论真核细胞或原核细胞，以NTP为底物时，每个核苷酸掺入时是切去β—P和γ—P，故不会有^{32}P掺入其中。但真核细胞mRNA5′端具有“帽”结果，“帽”合成时^{32}P (β) GTP的β—P可掺入，故带放射性标记。原核mRNA无“帽”结构，因此不会掺入^{32}P标记。

第十五章　蛋白质的生物合成

1. (1) 对。

(2) 对。

(3) 不对。由tRNA识别密码子，而不是由氨基酸识别密码子。

(4) 不对。有的起密码子并不处于mRNA的5′端，如多顺反子转录产物。

(5) 对。

2. (1)、(3) 和 (4)。

3. 一般说来，在蛋白质分子中含量高的氨基酸，其密码子也相对多（如Ser和Leu分别有6个密码子），含量最少的氨基酸，其密码子也最少（如Met和Trp仅有1个密码子）。简并允许碱基组成的改变，减少由于碱基替换而改变编码氨基酸的可能性。

4. (1) 复制产物：按半留方式复制，产生两分子完全相同的DNA。

2　5′ G T A G G A C A A T G G G T G A A G T G G A C T T A T A 3′

3′ C A T C C T G T T A C C C A C T T C A C C T G A A T A T 5′

(2) 转录产物：以转录链为模板合成RNA

5′ GUAGGACAAUGGGUGAAGUGGACUUAUA 3′

⟶合成方向

（3）翻译产物：以 RNA 为模板合成一条肽链

H・Val・Gly・Gln・Trp・Val・Lys・Trp・Thr・Tyr・OH

⟶合成方向

5. 经亚硝酸处理后 A→I（相当于 G）C→T。因此变为：

5′—G I T T I G I T G — 3′

3′—T TI G TT TG T — 5′

转录出的 RNA 为：

5′—CCAACCCAC—3′和 3′AACCAAACA5′

翻译产物：H・Pro・Thr・His ⟶　　Gln・Asn・Thr・H ⟵

6. 每个氨基酸在活化时消耗 2 个高能键（ATP 分解为 AMP），每生成一个肽键消耗两个 GTP（氨基酰 tRNA 进入 A 位和移位），合成开始时大亚基与起始复合物结合消耗一个 GTP。

所以合成 1 分子牛胰核糖核酸酶（124 个残基）消耗高能键：

$$124\times2+123\times2+1=495$$

合成 1 分子肌红蛋白（158 个残基）消耗高能键：

$$158\times2+157\times2+1=631$$

7.（1）T_4DNA 含有：$\frac{1.3\times10^8}{618}=2.1\times10^5$ 核苷酸对

每个密码子含 3 个核苷酸，所以有 $2.1\times10^5/3=7\times10^4$ 个密码子，即可为 7×10^4 个氨基酸编码。

（2）一个氨基酸平均 Mr 为 120，一个相对分子质量为 55000 的蛋白质含有：

55000/120=458 个氨基酸

所以，7×10^4 个密码子可以产生：

$7\times10^4/458=153$ 个相对分子质量为 55000 的蛋白质

第十六章　物质代谢的调节控制

1.（1）对。

（2）不对。虽然大多数关键酶处于代谢途径第一步，但不全是。如胆固醇合成。

（3）对。

（4）对。

（5）不对。诱导型操纵子通常是关闭的，故阻遏蛋白与操纵基因结合为活性态。

2. 乙酰 CoA 羧化酶主要通过 3 种机制来调节其活性，从而控制脂肪酸的合成。①脂肪酸或脂酰 CoA 有反馈抑制作用，通过变构进行调节；②聚合与解聚。聚合时为活性态，解聚为非活性态。柠檬酸和异柠檬酸有促进聚合作用，因而可加速脂肪酸合成；③共价修饰。磷酸化后为失活态，脱磷酸后为活性态。

3. 正调控因子有：诱导物、σ 因子、cAMP、CAP、ntrC 蛋白等；负调控因子有阻遏蛋白、辅阻遏物、某些分解代谢中间物，以及鸟苷多磷酸等。

4. ①β—半乳糖苷酶基因突变；②操纵基因突变，不能与阻遏蛋白结合；或调节基因突变，其产物阻遏蛋白结构改变，不能同操纵基因结合；③调节基因突变；④操纵基因突变。

5. 两种蛋白质由同一多顺反子的 mRNA 合成。每种多肽链的合成速度与其 mRNA 的半衰期和蛋白质合成起始的速度的乘积成正比。

因此，β—半乳糖苷酶和转乙酰基酶的合成比是（90×1/3）÷（55×1/16）=8.8。

第十七章　细胞信号转导

1. (1) 对。

   (2) 不对。类固醇激素受体、甲状腺素受体等存在于胞内，而不跨质膜。

   (3) 对。

   (4) 不对。cAMP 对 PKA 的激活是促进催化亚基与调节亚基解离，而非共价修饰。

   (5) 对。

2. 胞外化学信号包括内分泌激素、神经递质和局部化学介质。胞内信号包括 cAMP、cGMP、IP_3、DG、Ca^{2+}等。胞外信号称为第一信使，胞内信号称为第二信使。近年来发现的神经酰胺、花生四烯酸和 NO、CO 等气体分子也具有第二信使作用。

3. ①激素与受体的关系：二者具有特异识别、特异亲和力，每种激素均有自己特异受体。二者的结合具有高亲和性、饱和性、可逆性，为非共价结合，二者结合后通常引起受体构象变化。②受体与受体的关系：有的受体各自单独起作用，并不与其他受体发生联系（如通道型受体）；有的受体间可发生聚合、解聚，或受着其他受体的影响，并可分为刺激性受体和抑制性受体（如 G 蛋白偶联受体）；有的受体同时具有酶的活性。③受体与 G 蛋白的关系；G 蛋白偶联受体分为 R_s（刺激性）和 R_i（抑制性），它们分别与 H_s 和 H_i结合，并与 G_s和 G_i偶联，引起相拮抗的效应。④G 蛋白与环化酶的关系：G_s激活环化酶，G_i抑制环化酶。

4. PKA 的活化剂为 cAMP，由 R_2C_2四个亚基组成，R 与 C 分开后被激活；PKG 的活化剂为 cGMP，两条肽链组成，即两个亚基不解离，结合 cGMP 后发生构象变化而激活；PKC 活化剂为 Ca^{2+}、DG 和磷脂酰丝氨酸，一条肽链，调节区和催化区分处于两个不同部位；CMK 活化剂为 Ca^{2+} 和 CaM，通过构象变化而激活。

第十八章　基因工程和蛋白质工程

1. (1) 对。

   (2) 不对。限制酶只作用于双链 DNA。

   (3) 不对。末端序列相同，整个 DNA 片段的序列不相同。

   (4) 不对。用细胞的 mRNA 做模板来制备。

   (5) 对。

2. 同裂酶：*Sau* A Ⅰ和 *Mbo* Ⅰ；*Sma* Ⅰ和 *Xma* Ⅰ。

   同尾酶：*Bam* H Ⅰ和 *Bgl* Ⅱ。

   产生粘性末端：*Bam* H Ⅰ、*Mbo* Ⅰ、*Bgl* Ⅱ、*Sau* AⅠ、*Xma* Ⅰ。

   产生平端：*Sma* Ⅰ、*Hae* Ⅲ。

3. ①*Hae* Ⅲ识别一个四核苷酸顺序 GGCC。在含有 50%GC 和随机顺序的 DNA 中的任一位置上，发现任一给定核苷酸的几率是 0.25，即 1/4。因此，任一给定四核苷酸的几率是 $(\frac{1}{4})^4$，即$\frac{1}{256}$，即平均长度应为 256 bp。

②*Hin* d Ⅲ识别六核苷酸顺序 AAGCTT。由以上讨论可知，此顺序出现的几率应是 $(\frac{1}{4})^6$即$\frac{1}{4096}$。片段平均长度应是 4096 bp。

③如果 DNA 只含有 40%GC 碱基时，那么在任一给定位置上 G 或 C 出现的几率为 0.2，A 或 T 出现的几率为 0.3。因此，2 个 GC 对和 4 个 AT 对的六核苷酸，*Hin* d Ⅲ识别顺序的出现几率应是 $(0.2)^2\times(0.3)^4=0.000324$，平均片段长度是此数的倒数，即 3068 bp。

附录

实际上，平均片段长度可能与此数值有差异，因为天然DNA中核苷酸顺序并不是随机的。

4. ①它们必须都能识别相同的碱基顺序。

②不能，因为两个末端片段有一个平齐的末端。

5. ①将Cys密码子第一个碱基由T改为A。

②将Thr密码子第一个碱基由A改为C。

③将Ile密码子第一、二个碱基由A、T改为T、G。

④将B27位Thr密码子第二个碱基由C改为G。将A21位Asn密码子的第一、二位的A改为G，并使B端氨基化。

6. ①用于操作的基因数目不同。基因工程为单个或几个基因，基因组工程为基因群，基因数可达几十到几千个；②基因载体不同。基因工程用质粒、噬菌体或病毒，基因组工程常用人工染色体；③导入宿主细胞方式不同。基因工程常用转化、转导或转染，基因组工程常用细胞融合技术；④所使用手段不同。基因工程用限制酶，基因组工程用同源DNA重组；⑤检测方法不同。基因工程用检测蛋白质或酶作用产物来进行检验，基因组工程用生物芯片或代谢产物分析进行检测。

7. 二者都是在蛋白质分子水平上操作，而且均涉及基因表达。但二者有许多不同点：①蛋白质种类及数量不同。蛋白质工程主要针对某一种蛋白质进行操作，蛋白质组工程针对一个细胞、组织甚至一个机体的全部蛋白质进行操作；②目的不同。蛋白质工程是对某种蛋白质进行改造，以改变该蛋白（酶）的持性或生物活性，蛋白质组工程是对整个细胞或组织在特定条件下的所有蛋白质进行分析研究；③使用手段不同。蛋白质工程常用基因定点突变或蛋白质分子的共价修饰，蛋白质组工程常用特定条件下基因的群体表达或协同表达；④研究方法不同，蛋白质工程实际上采用基因工程的手段，如基因突变技术。蛋白质组工程用双向凝胶电泳、电泳图像的数字化分析、质谱分析及建立蛋白质数据库。

8. 生物芯片的应用广泛，主要包括：①DNA测序；②基因表达分析；③疾病诊断；④遗传疾病研究；⑤新药研究及药物个性化研究；⑥病原微生物致病机制研究；⑦动植物优良品种筛选；⑧农作物的抗性研究等。

主要参考书目

1. 王镜岩、朱圣庚、徐长法主编. 生物化学（第三版）. 北京：高等教育出版社，2002
2. 周爱儒、查锡良主编. 生物化学（第六版）. 北京：人民卫生出版社，2004
3. 杨荣武主编. 生物化学原理. 北京：高等教育出版社，2006
4. 张楚富主编. 生物化学原理. 北京：高等教育出版社，2003
5. 郑集、陈均辉编著. 普通生物化学（第四版）. 北京：高等教育出版社，2007
6. 朱玉贤、李毅编著. 现代分子生物学（第二版）. 北京：高等教育出版社，2002
7. 陈竺、强伯勤、方福德主编. 基因组科学与人类疾病. 北京：科学出版社，2001
8. 陆德如、陈永青主编. 基因工程. 北京：化学工业出版社，2002
9. 王大成主编. 蛋白质工程. 北京：化学工业出版社，2002
10. 冯作化主编. 医学分子生物学. 北京：人民卫生出版社，2001
11. 沃伊特 D. 等编著，朱德煦、郑昌学等译. 基础生物化学. 北京：科学出版社，2003
12. 默里 R D. 等编著，宋惠萍等译. 哈珀生物化学（第 25 版）. 北京：科学出版社，2003
13. Berg J M，Tymoczko JL and Stryer L. Biochemistry. 5th ed. New York：W H Freeman and Company，2003
14. Nelson D L，Cox M M，Lehninger A L. Principles of Biochemistry. 4th ed. W H Freeman and Company，2005
15. Elliott W H，Elliott D C. Biochemistry and Molecular Biology. 3rd ed. Oxford University Press，Inc.，2005
16. Devlin T M. Textbook of Biochemistry with clinical Correlations. 6th ed. Wiley-Liss，2005
17. Whitford D. Proteins structure and function. John Wiley&Sons Ltd.，2005
18. Watson J D，Baker T A，Bell S P et al. Molecular Biology of the Gene. 5th ed. Benjamin Cummings，2004
19. Zubay G L. Biochemistry. 4th ed. The McGraw-Hill Companies，Inc，1998
20. Mckee T，Mckee J R. Biochemistry. 3rd ed. The Mc Graw-Hill Companies，Inc.，2003
21. Horton H R，Moran L A and Ochs R S et al. Principles of Biochemistry. 3rd ed. Saddle River：Prentice Hall Inc.，2002
22. Mathews C K，Van Holde K E，Ahern K G. Biochemistry. 3rd ed. Benjamin Cummings，1999

有关生物化学的主要参考网站

1. http://www.wiley.com/legacy/college/boyer/0470003790/animations/animations.htm.（一个十分有用的生物化学学习动画互动网站）
2. http://www.dnathink.org.（一个很有用的生命科学论坛）
3. http://www.bioon.com/（一个生物医学门户网站）
4. http://bcs.whfreeman.com/lehninger/default.asp.（Lehninger 生物化学原理第四版配套学习网站）
5. http://www.freebooks 4 doctors.com/（内有各种免费的生命科学和医学电子书籍衔接，包括生物化学及分子生物学）
6. http://www.indstate.edu/thcme/mwking/home.html.（一个免费的医学生物化学在线教材）
7. http://www.web-books.com/MoBio/（一个分子生物学在线教材）
8. http://www.51qe.cn/book/book 18.php.（一个生物化学和分子生物学在线教材）